Python 机器学习与深度学习

主　编　王　娟
副主编　牛言涛　孙兰银　郑　重
　　　　何俊杰　包　园

科学出版社

北　京

内 容 简 介

本书坚持理论教学环节与实验实践教学环节并重的教育理念, 不仅详细探讨了机器学习和深度学习原理, 即"模型、学习准则和优化算法", 而且对每一个模型均辅以 Python "自编码"算法设计, 详细再现了从原理分析到算法设计与应用的过程和思想, 使理论分析、优化计算与算法设计三者交互映衬, 便于读者学习掌握.

本书共包含 16 章, 既涵盖了经典的机器学习模型, 如线性模型、k-近邻、支持向量机、决策树、贝叶斯模型、集成学习、聚类等, 又涵盖了深度学习领域新兴优秀的学习模型, 如卷积神经网络、循环神经网络、自然语言处理和生成式深度学习等.

本书适用于数学与应用数学、信息与计算科学、统计学、计算机科学与技术等理工科专业的高年级本科生, 作为机器学习、神经网络或深度学习的理论教材或实验实践配套教材(加 * 的内容可供学生自主学习), 特别适合人工智能领域或相关研究领域的研究生参考学习, 或对人工智能感兴趣的工程技术人员参考阅读.

图书在版编目(CIP)数据

Python 机器学习与深度学习 / 王娟主编. --北京 : 科学出版社, 2025. 6.
ISBN 978-7-03-081750-1

Ⅰ. TP312.8; TP181

中国国家版本馆 CIP 数据核字第 20250P333D 号

责任编辑: 张中兴 梁 清 孙翠勤 / 责任校对: 杨聪敏
责任印制: 师艳茹 / 封面设计: 无极书装

科 学 出 版 社 出版
北京东黄城根北街 16 号
邮政编码: 100717
http://www.sciencep.com

保定市中画美凯印刷有限公司印刷
科学出版社发行 各地新华书店经销
*
2025 年 6 月第 一 版 开本: 720×1000 1/16
2025 年 6 月第一次印刷 印张: 39 1/2
字数: 796 000
定价: **149.00 元**
(如有印装质量问题, 我社负责调换)

前 言

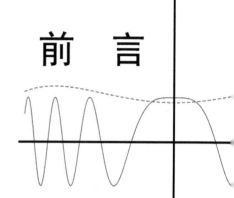

党的二十大报告指出, 要 "加强基础学科、新兴学科、交叉学科建设", 并强调要 "加强基础研究, 突出原创, 鼓励自由探索". 机器学习与深度学习是人工智能的核心课程, 具有多领域学科交叉的特点, 涉及代数学、概率论、统计学、逼近论、凸分析、最优化理论、数据科学、算法复杂度理论等, 是一门既有扎实的理论基础又突出实践教学的课程.

人工智能是新一轮科技革命和产业变革的重要驱动力量. 从 1956 年达特茅斯会议提出人工智能 (Artificial Intelligence, AI) 至今, AI 的发展历程可谓跌宕起伏, 既走过 20 世纪 70∼80 年代的低谷, 又经历过 1987∼1993 年的 "AI 之冬". 在这近 70 年的历程中, AI 的发展和突破, 不仅依托于计算机科学与技术的发展, 更离不开数学家和统计学家的理论创新. 如今, AI 已深度融入人类社会生活的方方面面, 同时也展现了人类智慧的无限潜力.

Google 的 DeepMind 团队是 AI 领域的先驱之一, 2012 年, 其研发的深度学习算法能够识别 YouTube 视频中的猫, 实现了图像识别的突破; 2016 年, AlphaGo 击败世界围棋冠军, 引发全球对 AI 的深刻思考和讨论, 其后研发的 AlphaGo Zero 仅需三天时间的学习就以 100:0 的战绩击败了 AlphaGo. 2017 年, Google Brain 团队提出了 Transformer 架构, 极大地推动了 AI 在大语言模型 (Large Language Model, LLM) 领域的变革与发展. 2020 年, OpenAI 推出了最先进的自然语言处理 (NLP) 模型 GPT-3(Generative Pre-trained Transformer 3); 2022 年, 由 OpenAI 研发的 ChatGPT 基于 GPT 架构和强大的 NLP 技术, 能够学习和理解人类语言并进行对话, 使其成为 LLM 领域的杰出代表. 2024 年 2 月, OpenAI 推出文生视频大模型 Sora, 可根据用户文本描述直接生成高质量、连贯的短视频, 标志着 AI 在视频生成领域的重大进步; 同年 5 月, OpenAI 推出的 GPT-4o 支持更复杂的多模态数据 (文本、图像、音频、视频) 的交互与生成. 多模态 AI 的发展更接近人类认知, 并推动 AI 从 "感知智能" 向 "认知智能" 转变, 是未来通用人工智能 (Artificial General Intelligence, AGI) 发展的重要基石.

2025 年 1 月, 由梁文锋等研发的 DeepSeek-R1 正式面世. DeepSeek 凭借自然语言处理、机器学习与深度学习、大数据分析、数据蒸馏技术和 "混合专家" 方法等核心技术优势, 使其在推理能力、自然语言理解与生成、图像与视频分析、语音识别与合成、个性化推荐、大数据处理与分析、跨模态学习、实时交互与响应等八大领域的表现尤其出色. DeepSeek 是 AI 发展进程中的一个典型的 "里程碑" 事件, 不仅推动了社会各领域的应用研发与变革创新, 更引发了人类对自身生活方式和工作思维的探求与革新.

机器学习与深度学习是 AI 领域的核心理论和方法, 其包含大量的学习模型和学习算法. 本教材既涵盖了经典的机器学习模型, 如支持向量机、决策树、贝叶斯模型、集成学习、聚类等, 又涉及了深度学习领域新兴优秀的学习模型, 如卷积神经网络、循环神经网络和生成式深度学习等, 广泛用于计算机视觉领域和自然语言处理领域. 机器学习模型的三要素是模型、学习准则和优化算法, 此三要素同样适用于深度学习模型. 然而, 模型和学习算法通常较为复杂, 基于大数据量样本集的训练和预测 (或生成), 其优化求解涉及时间和空间复杂度均较高的大规模数值计算, 且必然借助于计算机编码设计. 算法设计与理论创新同样重要, 不仅具有现实意义, 而且能够促进理论创新, 例如深度学习中大量神经网络优化算法来源于不断实践, 从发现问题, 到理论上解决问题, 再到实践.

本教材秉持理论教学环节与实验实践教学环节并重的教育理念, 编写特点如下:

1. 溯本源. 理论知识是灵魂, 本教材对每个模型的原理知识进行了分析与推导, 尤其是模型的建立、学习准则和优化算法, 且配有大量优美、科学的几何示意图, 将复杂问题可视化. 教材内容不限于基础的经典模型, 还结合当前最新研究成果对模型和优化算法做了深化和拓展, 使得学生扎实掌握核心理论和最新进展.

2. 自编码. 本教材基于理论知识, 借助 Python 语言中的数值计算库 NumPy 对原理进行 "自编码" 式的算法设计. 既然原理可推导、可证明, 当然也可算法化, 这使得数学理论、数值计算 (和优化) 以及算法设计互相辉映, 在较大程度上区别于调用已成熟的 sklearn 库和 TensorFlow、PyTorch 等框架. "自编码" 相当于把原理照进现实, 让"静态"的原理"走动"起来, 夯实学生基础编码的研发能力.

3. 重实践. 实验实践教学一直是高校教学的重点, 也是提升人才培养质量的关键环节. 本教材编写目的之一是从实验实践教学方面强化学生的应用能力和创新能力, 提高学生的算法素养, 即为学生当下的基础学习和未来学术研究拓展渠道, 也为教师的教学和研究提供完整的算法设计与实现思想, 并可在此基础上结合自己的研究领域进行拓展.

4. 广应用. 一方面, 人工智能本身广泛应用于社会、科学和工程技术领域; 另一方面, 本教材基于"自编码"式的算法设计, 扩展应用研究较为容易, 可为相关学科领域提供算法基础和应用拓展平台, 更可为研究生的创新理论提供算法基础"模板". 同时, 本教材也可应用于其他实验实践教学环节, 如数学建模、课程设计、毕业实习、毕业论文等.

故而, 本教材可满足多层次教学要求, 既可以作为理论教材, 又可以作为实验实践教材. 全书基本涵盖了机器学习与深度学习中的常见的经典模型方法, 共分16 章, 除 Python 与机器学习基础 (第 1 章) 和模型评估与多分类学习 (第 2 章) 之外, 核心模型部分共分 14 个问题模块, 具体包括: 线性回归 (第 3 章), 逻辑回归 (第 4 章), 判别分析与主成分分析 (第 5 章), 决策树 (第 6 章), k-近邻 (第 7 章), 贝叶斯分类器 (第 8 章), 支持向量机 (第 9 章), 集成学习 (第 10 章), 聚类 (第 11 章), 前馈神经网络 (第 12 章), 卷积神经网络 (第 13 章), 循环神经网络与自然语言处理 (第 14 章), 自组织映射神经网络 (第 15 章) 和生成式深度学习 (第 16 章). 此外, 感知机模型由于较为基础, 在第 1 章中讲解.

内容结构上, 全书对机器学习与深度学习的每个问题模块均完整呈现了算法的"自编码"过程, 算法与原理知识对应, 相当于对原理知识作了进一步"推导", 同时结合经典的数据集或案例辅助学习者理解和应用. 内容做到图文并茂, 教学相长. 为加深学习者对原理知识的认知以及强化学习者的创新实践能力, 每章均配备习题和实验题目, 有助于把学习者的兴趣和能力引向更深的层次. 当然, 编者更希望读者可以对机器学习与深度学习的全貌和应用背景有更深入的了解, 而不局限于某几个具体的算法实现上.

本教材适用于数学与应用数学、信息与计算科学、统计学、计算机科学与技术等理工科专业的高年级本科生, 作为机器学习、神经网络或深度学习的理论教材或实验实践配套教材 (加 * 的内容可供学生自主学习), 特别适合人工智能领域或相关研究领域的研究生参考学习, 或对人工智能感兴趣的工程技术人员参考阅读. 读者应具备数学分析、高等代数、概率论与数理统计、最优化理论的知识, 以及 Python 程序设计方面的初步知识.

　　感谢中国科学技术大学陈发来教授、大连理工大学罗钟铉教授和朱春钢教授对本教材提供的宝贵建议. 感谢科学出版社对本教材的鼎力支持.

　　鉴于编者水平有限, 书中难免存在疏漏之处, 恳请读者不吝赐教.

编　者
2025 年 4 月

本书程序代码

目 录

## 第 1 章

Python与机器学习基础

人工智能于 1956 年的达特茅斯会议上被提出, 自诞生以来便承载着人类的
"梦想", 历经三次 "浪潮"、两次 "凛冬", 一路发展可谓跌宕起伏. 现如今, 随着大
数据的积累、理论的创新和计算机算力的提升, 人工智能的研究与应用已进入一
个崭新的阶段, 已成为当下学术研究的热门课题和科技研发的追求目标之一. 图
1-1 以时间线的方式展示了人工智能、机器学习 (machine learning) 和深度学习
(deep learning) 的发展变革. 人工智能是人类的追求目标, 机器学习是人工智能
的分支, 是实现人工智能的核心方法, 专注于从数据中自主学习并预测; 深度学习
是机器学习中一种较重要的技术实现方法, 专注于基于神经网络的多层非线性模
型来进行特征学习和表示.

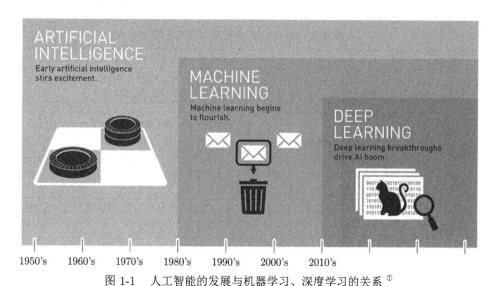

图 1-1　人工智能的发展与机器学习、深度学习的关系 [①]

机器学习是数据科学中数据建模和分析的重要方法, 既是当前大数据分析的

[①] 图片来源于 https://blogs.nvidia.com/blog/whats-difference-artificial-intelligence-machine-learning-deep-learning-ai/ [2024-1-2].

基础和主流工具, 也是通往深度学习和人工智能的必经之路[1]. 机器学习是一门多领域交叉学科, 涉及代数学、概率论、统计学、逼近论、凸分析、最优化理论、算法复杂度等多门学科. 机器学习专门研究计算机怎样模拟或实现人类的学习行为, 以获取新的知识或技能, 重新组织已有的知识结构使之不断改善自身的性能.

　　Python 是一门开源语言, 以简洁、高效、优雅的设计而闻名, 同时也是机器学习和深度学习的首选语言.

■ 1.1　Python 语言及其基本语法

1.1.1　Python 语言与开发环境

　　在计算机领域有很多天才式的人物, 读者可了解其深邃的洞察力、纯粹的思维方式、甚或 "单纯" 的初衷 (初心). Python 的作者吉多·范罗苏姆 (Guido von Rossum), 荷兰人. 在 Python 领域, 有一句谚语, "Life is short, you need Python", 该谚语也从侧面表明了 Python 语言的简洁与高效的特性. Python 语言有众多特点: 面向对象, 可扩展、移植、嵌入, 免费与开源, 边编译边执行, 动态语言, 以及丰富的库等. 表 1-1 为 Python 中常用库及其说明. 本书所有模型的算法编写主要基于 NumPy, 目的仅在于 "自编码" 能力的 "敦实", 就

表 1-1　Python 中常用库及其说明

标准库名	说明
NumPy	Numpy 是一个在 Python 中做科学计算的基础库, 重在数值计算. 或者说, NumPy 是大部分 Python 科学计算库的基础库, 多用于在大型、多维数组上执行矢量化数值运算.
SciPy	SciPy 是 Python 一个著名的基于 NumPy 之上的开源科学库, SciPy 一般都是操纵 NumPy 数组来进行科学计算、统计分析. SciPy 提供了许多科学计算的库或子模块, 如线性代数 linalg、积分 integrate、优化 optimize、统计 stats 等.
Pandas	Pandas 是 Python 的数据分析库. Pandas 在 NumPy 基础上补充了很多对数据处理特别有用的功能, 如标签索引、分层索引、数据对齐、合并数据集合、处理丢失数据等. 因此, Pandas 库已成为 Python 中执行高级数据处理的事实标准库, 尤其适用于统计应用分析.
Matplotlib	Matplotlib 是 Python 最主要的图形可视化库, 用于生成静态的、达到出版质量的 2D 和 3D 图形, 支持不同的输出格式. 可视化是计算研究领域非常重要的组成部分. 此外, Seaborn 库是基于 Matplotlib 的针对统计数据分析的高级绘图库.
scikit-learn	scikit-learn 是 Python 中最著名也是最全面的机器学习库, 常见的算法如决策树、支持向量机、集成学习、聚类、神经网络等.
mxnet[①]	mxnet 是开源深度学习框架, 由 DMLC(Distributed(Deep)Machine Learning Community) 开发, 且以陈天奇、李沐、解浚源等为代表.
TensorFlow	TensorFlow 由 Google Brain 开发和维护, 是一个端到端的开源机器学习平台, 也是目前深度学习的主流框架之一. 此外, 还有 Caffe、PyTorch、Keras 等机器 (深度) 学习框架.

---

① MXNet 教程, Dive into Deep Learning, https://d2l.ai/.

像在学习过程中需要扎实的理论知识一样. 当然也可以采用 mxnet、Tensor-Flow 等框架搭建深度神经网络学习, 尤其是深度学习模型, 但这不是本书的编写目的. 此外, 数据分析与处理也非本书编写目的, 但常见的数据集源包含 UCI (https://archive.ics.uci.edu/)、Kaggle (https://www.kaggle.com/)、Data.gov (https://data.gov/)、Quandl (https://www.quandl.com/)、HyperAI (https://hyper.ai/datasets) 等.

　　Python 是解释型语言, 在使用任何开发环境前, 请先安装 Python 解释器. Jupyter Notebook 和 PyCharm IDE 是较为常用的 Python 开发环境. 本书所有算法皆以 PyCharm IDE 为开发平台, 当然所有算法也皆可在 Jupyter 平台运行.

　　PyCharm 由 JetBrains 打造, 是目前最流行最好用的一款 Python IDE, 其带有一整套可以帮助用户在使用 Python 语言开发时提高其效率的工具, 比如调试、语法高亮、Project 管理、代码跳转、智能提示、自动完成等. PyCharm 提供了 Python 资源管理的各种方法, 读者应形成一个良好的习惯, 合理、有效地组合管理各种 Python 资源. 如图 1-2 所示, 本书源码的项目名称为 "machinelearning_deeplearning", 每章的模型算法均设计为一个独立的包 (package), 且包下包含了子包 (如测试代码包和工具函数包等) 和算法模块. 在 Python 中, 一个扩展名为 ".py" 的文件称为一个模块 (module), 一个模块中可以包括很多函数或类. "package" 就是一个目录, 其中包括一组模块和一个 "___init___.py" 文件. 其中

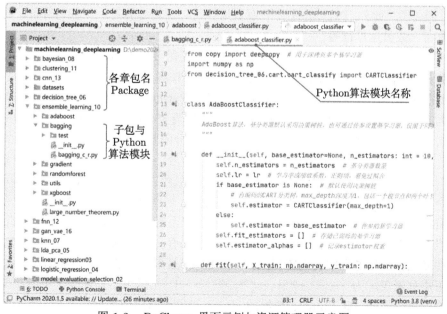

图 1-2　PyCharm 界面示例与资源管理器示意图

___init___.py 文件定义了包的属性和方法, 通常只是一个空文件, 但是必须存在, 切勿随意删除. 若删除 ___init___.py 文件, 则该 Package 仅仅是一个目录, 无法被导入或包含其他模型库和嵌套包.

1.1.2　Python 语法与面向数组计算

变量是编程的起始点, 程序用到的各种数据都存储在变量内. Python 是一门 "弱类型" 语言, 所有的变量无需声明即可使用, 变量的数据类型由变量内容决定且可以随时改变. Python3 中有六个标准的数据类型, 分类如下:

◇ 不可变数据类型 (3 个): Number (数字或数值)、String (字符串)、Tuple (元组).

◇ 可变数据类型 (3 个): List(列表)、Dict(字典)、Set(集合).

Python 支持三种不同的 Number 数值类型: int, float, complex. 如果需要对数据内置的类型进行转换, 只需要将数据类型作为函数名即可, 如 int(x) 将数值 x 转换为一个整数. Python 中布尔类型 (bool) 值使用常量 "True" 和 "False" 来表示, 且 bool 是 int 的子类 (继承 int). 布尔类型通常在选择或循环结构语句中应用, 在数据分析和数值计算中也常使用 "布尔索引数组" 选取符合要求的数据.

Python 常用的数学运算符: +(加)、−(减)、∗(乘)、/(除)、%(取余)、∗∗(幂)、//(向下取整). 若运算对象为 NumPy 数组, 则表示数组内对应元素运算 (代数学中矩阵运算 $AB \neq A \odot B$, 在 Python 中可对应表示为 $A.\text{dot}(B) \neq A * B$), 且满足广播原则. 此外, Python 中还有赋值运算符、逻辑运算符、比较运算符、身份运算符、成员运算符等.

程序不仅需要使用单个变量来保存数据, 还需要使用多种数据结构来保存大量数据. 数据结构是通过某种方式组织在一起 (按顺序排列) 的元素的集合, 包含数据的逻辑结构、存储结构以及运算 (操作). Python 中有四种内置的数据结构, 即列表、元组、字典和集合. 列表是 Python 中内置有序、可变序列, 列表的所有元素放在一对中括号 "[ ]" 中, 并使用逗号 "," 分隔开. 元组是 Python 中内置有序、不可变序列, 元组的所有元素放在一对小括号 "( )" 中, 并使用逗号 "," 分隔开. 元组与列表的区别: 列表是动态数组, 可变且可以重设长度 (改变其内部元素的个数). 元组是静态数组, 不可变, 内部数据一旦创建便无法改变. 元组缓存于 Python 运行时环境, 这意味着每次使用元组时无需访问内核去分配内存. 此外, 元组与列表在设计哲学上不同: 列表可被用于保存多个相互独立对象的数据集合, 如存储迭代优化过程中的训练损失和训练精度, 且事先无法预知可能的迭代次数, 则可用列表表示为 $\left[\left[v_1^{\text{loss}}, v_1^{\text{acc}}\right], \left[v_2^{\text{loss}}, v_2^{\text{acc}}\right], \cdots\right]$; 元组用于描述一个不会改变的事物的多个属性, 如 NumPy 数组的 shape 对象返回的即为元组类型. 字典是一种可变容器模型, 且可存储任意类型对象, 语法格式: dict = {key1 : value1, key2 :

value2 }. 如在 k-近邻算法中, 可用字典描述 k 个近邻信息:

```
# 键nearest_nodes表示近邻节点, 其值为一个列表, 用于存储k个近邻样本
neighbor_info = {"nearest_nodes": [], "y_values": [], " distances": [],
                "max_distance": np.inf, "nodes_visited": 0}
```

在机器学习算法设计中, 常涉及多维数组的预定义、数组处理、索引取值、广播原则等问题, 尤其是代数中的一维向量和二维矩阵的运算与处理, 且机器学习常把样本看作一个 "整体" 向量进行运算, 即运算的单元是向量. NumPy(Numerical Python 的简称) 是面向数组的数值计算库, 几乎是一切科学计算的基础库, 更是当下机器学习、深度学习的基础数值计算库. 这源于 NumPy 中的多维数组对象 ndarray(n-dimensional array), ndarray 数组是同质的 (数据类型相同)、带数据类型的、固定长度的数组, 它是一个具有矢量算术运算和复杂广播能力的快速且节省空间的多维数组, 可以实现对于 "整组数据" 进行快速运算的标准数学函数 (无需编写循环). 此外, ndarray 是在一个连续的内存块中存储数据, 独立于列表、元组和字典等 Python 内置对象. 故而, Python 内置数据结构不适宜参与复杂数值运算, 但却便于为数值运算的过程信息和结果信息提供存储结构. 对于大数据量的计算, 应采用 NumPy 的矢量化运算, 以提高计算的效率. math 库仅适合标量数值的计算. 在 TensorFlow 中, 又称数组为张量 (tensor).

如图 1-3 所示, NumPy 数组的维数称为秩 (rank), 秩就是轴 (axis) 的数量, 即数组的维度 (dimension), 一维数组的秩为 1, 二维数组的秩为 2, 以此类推. NumPy 中大多数函数, 在计算时可以声明参数 axis. 对于二维数组, axis=0 和 axis=1 分别表示沿着第 0 轴 (列) 和第 1 轴 (行) 进行操作或运算.

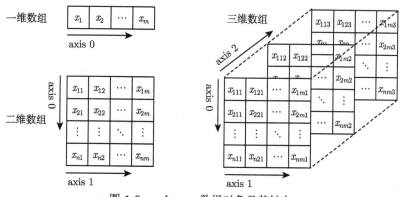

图 1-3　ndarray 数组对象及其轴向

在许多情况下, 需生成一些元素遵循某些给定规则的数组, 例如填充常量值、生成三对角矩阵、构造三对角块矩阵、生成随机数等. 表 1-2 为常见创建数组函数.

表 1-2　NumPy(别名 np) 中常见创建数组函数

函数名	说明 (可在 Jupyter 中 "? 函数名" 查看函数参数含义和用法示例)
np.array	接受一切序列型的对象 (包括其他数组),产生一个新的含有传入数据的 NumPy 数组,可接受参数 dtype,指定数据类型,如 np.float64.
np.zeros, np.zeros_like	np.zeros 创建一个指定维度和数据类型的数组,并将其填充为 0. np.zeros_like 以另一个数组为参数,并根据其形状和 dtype 创建一个全 0 数组.
np.ones, np.ones_like	np.ones 含义同 np.zeros,区别在于将其填充为 1, ones_like 含义同 zeros_like.
np.eye, np.identity	创建一个单位方阵,如 $I_{n \times n}$.
np.diag	创建一个对角阵,即指定主对角线上元素的值,并将主对角线以外的元素填充为 0.
np.arange	指定开始值、结束值和增量,创建一个具有均匀间隔数值的数组.
np.linspace, np.logspace	使用指定数量的元素,在指定的开始值和结束值之间创建一个具有均匀间隔数值的数组. np.logspace 为创建均匀对数间隔值.
np.meshgrid	使用一维坐标向量生成坐标矩阵 (和更高维坐标数组).
np.random.rand	创建一个数组,其元素值在 $[0, 1)$ 之间服从均匀分布 $U[0, 1)$.
np.random.randn	创建一个数组,其元素值服从标准正态分布 $N(0, 1)$.

NumPy 数组可以将许多种数据处理任务表述为简洁的数组表达式 (否则需要编写循环). 用数组表达式代替循环的做法, 通常被称为矢量化. 一般来说, 矢量化数组运算要比等价的纯 Python 方式快一两个数量级, 尤其是各种数值计算.

以数组形式处理数据时, 对数组进行重新排列比较常见. 重排数组不需要修改底层数组数据, 它只是通过重新定义数组的 strides 属性, 改变了数据的解释方式. 需要注意的是, 重排数组产生的是视图, 如果需要数组的独立副本, 则必须显式复制 (如 np.copy). 表 1-3 为 NumPy 中常见处理数组的函数.

表 1-3　NumPy(别名 np) 中常见处理数组的函数或方法

函数 /方法	说明 (可在 Jupyter 中 "? 函数名" 查看函数参数含义和用法示例)
np.reshape	重排一个 N 维数组. 元素的总数必须保持不变.
np.ndarray.flatten	创建一个 N 维数组的副本并将其重新解释为一维数组.
np.ravel	创建一个 N 维数组的视图,在该数组中将其解释为一维数组.
np.squeeze	移除长度为 1 的轴.
np.expand_dims, np.newaxis	向数组中添加长度为 1 的新轴,其中 np.newaxis 用于数组索引.
np.transpose, np.ndarray.T	转置数组. 转置操作对应于对数组的轴进行反转 (或置换). np.transpose 更为通用,针对多维数组,数据的轴可根据指定的轴顺序重新排序.
np.hstack, np.vstack	分别表示将一组数组水平堆栈 (沿轴 1) 和将一组数组垂直堆栈 (沿轴 0).
np.dstack	深度 (depth-wise) 堆栈数组 (沿轴 2).
np.concatenate	沿着给定轴堆栈数组.
np.resize	调整数组的大小. 用给定的大小创建原数组的新副本. 如有必要 (新数组大小大于原数组大小),将重复原数组以填充新数组.
np.append	将新元素添加到数组的尾部,创建数组的新副本.
np.insert, np.delete	在指定位置将元素插入 (删除) 元素,创建数组的新副本.

NumPy 数组的元素和子数组可以使用标准的方括号 "[ ]" 表示法来访问, 该表示法也适用于 Python 列表. 在方括号内, 各种不同的索引格式用于不同类型的元素选择. 通常, 方括号内的表达式是一个元组, 元组中每一项都指定了数组中相应维 (轴) 需要选择哪些元素.

使用切片从数组中提取的子数组是 "视图" 操作, 即引用了原始数组内存中的数据. 当视图中的元素被分配新值时, 原始数组的值也会因此而更新. 一维数组索引切片操作如表 1-4 所示. 二维数组和三维数组的索引切片在一维索引切片的基础上根据维度或轴 axis 进行操作.

表 1-4 一维数组的索引切片操作 (索引值从 0 开始, 且必须为整数)

表达式	说明
$a[m]$	选择索引为 m 的元素 (第 $m+1$ 个).
$a[-m]$	从数组末尾开始选择第 m 个元素 (倒数第 m 个).
$a[m:n]$	选择索引从 m 开始到 $n-1$ 结束的元素.
$a[:]$ 或 $a[0:-1]$	选择给定数组的所有元素, 通常省略 0 和 -1.
$a[:n]$ 或 $a[0:n]$	选择索引从 0(从头) 开始到 $n-1$ 结束的元素, 通常省略 0.
$a[m:]$ 或 $a[m:-1]$	选择索引从 m 开始到数组最后的所有元素, 通常省略 -1.
$a[m:n:p]$	选择索引从 m 开始到 $n-1$ 结束, 增量为 p 的所有元素.
$a[::-1]$	以逆序选择所有元素, 表示从头到尾, 步长为 -1, 即翻转元素.

NumPy 提供了除切片外的两种便捷的 "索引数组" 的方法, 一种是花式索引 (fancy indexing), 另一种是布尔索引 (Boolean indexing). 通过花式索引, 可以使用另一个 NumPy 数组、Python 列表或整数序列对数组进行索引, 这些数组的值将在被索引数组中选择元素. 使用布尔索引数组, 每个元素 (值为 True 或 False) 指示是否从具有相应位置选择元素, 若值为 True 则选择元素, 若值为 False 则不选择元素, 便于从数组中过滤满足条件的元素. 与使用切片创建数组不同, 使用花式索引和布尔索引返回不是视图, 而是新的独立数组. 篇幅所限, 不再具体赘述 [①].

NumPy 实现了绝大部分基础数学函数和运算符对应的函数和向量运算, 且都作用于数组中的元素. 所以二元操作要求表达式中的所有数组都具有兼容性大小. 广播 (broadcast) 是 NumPy 对不同形状 (shape) 的数组进行数值计算的方式, 对数组的算术运算通常在相应的元素上进行. 具体如下:

❖ 向量和标量运算, 标量自动复制扩充为向量;

❖ 矩阵和向量运算, 向量在没对齐的维度自动复制扩充为矩阵;

❖ 两个矩阵在两个维度上都不对齐, 且都能广播, 在每个维度上分别复制扩充.

---

① 具体参考 https://numpy.org.cn/学习.

广播的原则: 如果两个数组的后缘维度 (trailing dimension, 即从末尾开始算起的维度) 的轴长度相符, 或其中一方的长度为 1, 则认为它们是广播兼容的, 广播会在缺失和 (或) 长度为 1 的维度上进行. 表 1-5 为数组运算的广播原则示例.

表 1-5 NumPy 数组之间运算的广播原则示例

数组名称	数组维度	结果尺寸	数组名称	数组维度	结果尺寸
A	2d array	5×4	A	3d array	$15 \times 3 \times 5$
B	1d array	1	B	2d array	3×5
Result	2d array	5×4	Result	3d array	$15 \times 3 \times 5$
A	2d array	5×4	A	3d array	$15 \times 3 \times 5$
B	1d array	4	B	2d array	3×1
Result	2d array	5×4	Result	3d array	$15 \times 3 \times 5$
A	3d array	$15 \times 3 \times 5$	A	4d array	$8 \times 1 \times 6 \times 1$
B	3d array	$15 \times 1 \times 5$	B	3d array	$7 \times 1 \times 5$
Result	3d array	$15 \times 3 \times 5$	Result	4d array	$8 \times 7 \times 6 \times 5$
A	1d array	3	A	2d array	2×1
B	1d array	4	B	3d array	$8 \times 4 \times 3$
Result	两个向量后缘维度尺寸不匹配		Result	最后一个维度的第二个维度不匹配	

表 1-6 为常见的聚合函数, 聚合函数通常包含轴 axis 参数. 在默认情况下, 聚合函数会聚合整个输入数组. 使用 axis 关键字参数及对应的 ndarray 方法, 可以控制数组聚合的轴. axis 参数可以是整数, 用于指定要聚合的轴, 也可以是整数元组, 用于指定多个轴进行聚合.

表 1-6 NumPy(别名 np) 常见的聚合函数

函数名	说明
np.sum	对数组中全部或某轴向的元素求和. 零长度的数组的求和结果为 0.
np.mean	数组中元素的算术平均值. 零长度的数组的均值为 NaN.
np.std, np.var	分别为数组中元素的标准差和方差, 自由度可调 (默认为 n).
np.min, np.max	分别为数组中元素的最小值和最大值.
np.argmin, np.argmax	分别返回数组中元素的最小和最大的索引.
np.cumsum, np.cumprod	数组中所有元素的累计和、累计积.
np.ptp	计算数组中元素最大值与最小值的差.
np.percentile, np.quantile	分别表示沿指定轴计算数据的第 q 个百分位数、第 q 个分位数.
np.median	计算数组中元素的中位数.
np.average	根据在另一个数组中给出的各自的权重计算数组中元素的加权平均值. 该函数可以接受一个轴参数. 如果没有指定轴, 则数组会被展开.
np.all, np.any	np.all 表示数组中所有元素都为 True, 则返回 True; np.any 表示数组中任一元素为 True, 则返回 True.

数据标准化是数据预处理常见的方法, 如 Z-score 标准化和 Min-Max 标准化, 可使得各特征变量取值无量纲化. 如图 1-4 所示, 假设平方损失函数为 $\mathcal{L}(\boldsymbol{\theta}) = (h_{\boldsymbol{\theta}}(\boldsymbol{x}) - y)^2$, 并绘制了损失函数的等值线, 数据标准化与否, 对采用梯度下降法迭代优化求解模型参数的收敛效率影响较大. (b) 图特征变量间尺寸相差较大, 开始时, 损失函数的全局最小值方向几乎近似于垂直方向进行, 然而接下来却是一段几乎平坦的长山谷, 需要经过大量的迭代过程才可能收敛. 极端情况下, 梯度近似于 0, 可能会停滞不前, 无法到达全局最小值.

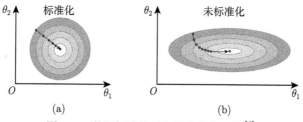

图 1-4 数据标准化对参数优化的影响[6]

设样本特征值组成的矩阵 $\boldsymbol{X} \in \mathbb{R}^{n \times m}$, Z-score 标准化和 Min-Max 标准化的具体公式分别为 (在 NumPy 广播原则意义下)

$$\tilde{\boldsymbol{X}} = \frac{\boldsymbol{X} - \boldsymbol{\mu}}{\boldsymbol{\sigma}}, \quad \tilde{\boldsymbol{X}} = \frac{\boldsymbol{X} - \boldsymbol{X}_{\min}}{\boldsymbol{X}_{\max} - \boldsymbol{X}_{\min}}, \tag{1-1}$$

其中特征均值 $\boldsymbol{\mu} \in \mathbb{R}^m$, 特征标准差 $\boldsymbol{\sigma} \in \mathbb{R}^m$, $\boldsymbol{X}_{\min} \in \mathbb{R}^m$ 和 $\boldsymbol{X}_{\max} \in \mathbb{R}^m$ 为各特征变量的最小值和最大值, 则实际计算可采样矢量化计算而无需编写循环, 且暗含了广播原则, 均值向量 $\boldsymbol{\mu}$ 和标准差向量 $\boldsymbol{\sigma}$ 可自动复制为矩阵 $\boldsymbol{A}_{\boldsymbol{\mu}} \in \mathbb{R}^{n \times m}$ 和 $\boldsymbol{A}_{\boldsymbol{\sigma}} \in \mathbb{R}^{n \times m}$, 且每行元素一致, 具体表示为 (在 NumPy 广播原则意义下)

$$\boldsymbol{A}_{\boldsymbol{\mu}} = \begin{pmatrix} \boldsymbol{\mu} \\ \boldsymbol{\mu} \\ \vdots \\ \boldsymbol{\mu} \end{pmatrix} = \begin{pmatrix} \mu_1 & \mu_2 & \cdots & \mu_m \\ \mu_1 & \mu_2 & \cdots & \mu_m \\ \vdots & \vdots & \ddots & \vdots \\ \mu_1 & \mu_2 & \cdots & \mu_m \end{pmatrix}, \quad \boldsymbol{A}_{\boldsymbol{\sigma}} = \begin{pmatrix} \boldsymbol{\sigma} \\ \boldsymbol{\sigma} \\ \vdots \\ \boldsymbol{\sigma} \end{pmatrix} = \begin{pmatrix} \sigma_1 & \sigma_2 & \cdots & \sigma_m \\ \sigma_1 & \sigma_2 & \cdots & \sigma_m \\ \vdots & \vdots & \ddots & \vdots \\ \sigma_1 & \sigma_2 & \cdots & \sigma_m \end{pmatrix},$$

$$\tilde{\boldsymbol{X}} = \frac{\boldsymbol{X} - \boldsymbol{A}_{\boldsymbol{\mu}}}{\boldsymbol{A}_{\boldsymbol{\sigma}}} = \begin{pmatrix} \dfrac{x_{1,1} - \mu_1}{\sigma_1} & \dfrac{x_{1,2} - \mu_2}{\sigma_2} & \cdots & \dfrac{x_{1,m} - \mu_m}{\sigma_m} \\ \dfrac{x_{2,1} - \mu_1}{\sigma_1} & \dfrac{x_{2,2} - \mu_2}{\sigma_2} & \cdots & \dfrac{x_{2,m} - \mu_m}{\sigma_m} \\ \vdots & \vdots & \ddots & \vdots \\ \dfrac{x_{n,1} - \mu_1}{\sigma_1} & \dfrac{x_{n,2} - \mu_2}{\sigma_2} & \cdots & \dfrac{x_{n,m} - \mu_m}{\sigma_m} \end{pmatrix}.$$

以 Z-score 标准化为例, 代码表示如下:

```
mu_features = np.mean(X, axis=0)  # 均值, 按第0轴(矩阵列方向), 形状为(m, )
std_features = np.std(X, axis=0)  # 标准差, 形状为(m, )
X_ = (X − mu_features) / std_features  # 采用了广播原则, 形状为(n, m)
```

在机器学习中, 原理公式常简洁地表示为运算符与向量 (矩阵或高维数组) 的形式, 但具体计算常涉及其元素之间的运算, 学习者应深刻理解每个数学符号所表达的含义及其具体的结构. 故而, 由公式到计算的编码, 以及 (中间) 计算结果的形式 (如 shape, ndim 等), 应该非常清楚, 避免语义或语法错误 (如不具备广播原则).

线性代数 (如矩阵乘法、矩阵分解、行列式以及其他方阵数学运算等) 是任何数组库的重要组成部分. 表 1-7 为 NumPy 中常见的线性代数函数, 其中 linalg = linear + algebra.

表 1-7　常用的 numpy.linalg (别名 np) 函数及其说明

函数名	说明	函数名	说明
np.dot	矩阵乘法, 也常表示向量间的点积运算.	np.trace	计算对角线元素的和, 即迹.
np.det	计算矩阵行列式.	np.eig	计算方阵的特征值和对应的特征向量.
np.inv	计算方阵的逆.	np.pinv	计算矩阵的 Moore-Penrose 伪逆.
np.qr	计算 QR 分解.	np.svd	计算奇异值分解 (SVD).
np.solve	解线性方程组 $\boldsymbol{Ax} = \boldsymbol{b}$, 其中 $\boldsymbol{A}$ 为一个方阵.	np.lstsq	计算 $\boldsymbol{Ax} = \boldsymbol{b}$ 的最小二乘解.
np.diag	以一维数组返回方阵的对角线 (或非对角线) 元素, 或将一维数组转换为方阵 (非对角线元素为 0).	np.norm	范数, norm(x, ord=None, axis=None, keepdims=False), 其中 x 表示要度量的向量, ord 表示范数的种类 (默认为 2, 其值包括 1,2,np.inf), axis 表示向量的计算方向, keepdims 表示设置是否保持维度不变.

■ 1.2　Python 模块化设计与感知机

1.2.1　Python 模块化设计

Python 中, 一个扩展名为 ".py" 的文件称为一个模块 (module). 试想, 一个算法较为复杂, 简单堆砌 Python 语句已不足以完成算法的设计, 自然而然按照算法的功能划分成一个一个的函数 (function); 函数越来越多且有较多的变量时, 则可用类 (class) 对函数和变量进行统一管理与定义, 而对象 (object) 则负责调用函数和类属性变量; 进而, 如果类和函数也较多, 则可以按照功能相近原则, 把类和函数放进一个一个模块中 (即 Python 文件); 更进者, 按照业务逻辑不同, 把相近的模块放在同一个包 (package) 下. 如软件开发中常见的三层架构, 即把系统的整个业务应用划分为表示层、业务逻辑层和数据访问层, 有利于系统的开发、维护、部署和扩展. 分层实现了 "高内聚、低耦合", 采用 "分而治之" 的思想, 把问题划分开来解决, 易于控制、延展, 易于资源分配.

如图 1-5 所示, 一个项目 (project) 下可以存在多个包和文件夹, 一个包下可有多个模块, 一个模块中可存在多个类或函数. 可以想象把 Python 项目看作一本书, 而包相当于书中的每一章, 模块则是每一章下的每一节, 函数或类则相当于二级节.

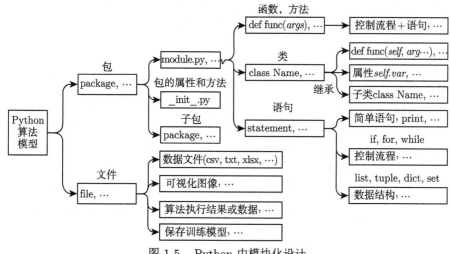

图 1-5　Python 中模块化设计

Python 提供了现代编程语言都支持的两种基本流程控制结构: 分支结构和循环结构. 其中分支结构用于实现根据条件来选择性地执行某段代码; 循环结构则用于实现根据循环条件重复执行某段代码. Python 使用 if 语句实现分支结构, while 或 for-in 语句实现循环结构, break 和 continue 控制程序的循环结构. if 分支结构常用 and、or 连接多个条件. for-in 循环专门用于遍历范围、列表、元素和字典等可迭代对象包含的元素. while 循环称为条件循环, 只要条件为真, 则一直重复, 直到条件不满足时才结束循环. 使用 zip() 函数可以把多个序列 "压缩" 成一个可迭代 zip 对象, 以实现一个循环并行遍历多个列表. Python 内置函数 reversed() 可实现序列 (如列表、字符串、range 对象等) 反向遍历, 即返回指定序列的逆序迭代器 (其是惰性迭代器), 必要时可通过 list() 函数获取逆序结果.

声明函数必须使用 "def" 关键字, 且由函数名、形参列表、函数体组成. 函数定义时参数列表中的参数就是形参, 形参可以定义类型和初始值, 而函数调用时传递进来的参数则是实参. 按照形参位置传入的参数被称为位置参数, 位置参数也称为必备参数. 如果根据参数名来传入参数值, 则无需遵守定义形参的顺序, 这种方式被称为关键字参数. 此外, 还包括可变参数和逆向参数收集.

面向对象 (Object Oriented, OO) 是一种程序设计思想. 从 20 世纪 60 年代提出面向对象的概念到现在, 它已经发展成为一种比较成熟的编程思想, 并且逐步成为目前软件开发领域的主流技术. 在 Python 中, "一切皆为对象". 面向对象设计理念是一种从组织结构上模拟客观世界的方法. 类和对象是面向对象编程 (Object Oriented Programming, OOP) 的核心概念. 图 1-6 为类的模板设计和感知机模型的示例设计. 具体为

(1) "类" 是封装对象的属性和行为的载体, 用于描述一类对象的状态和行为. 反过来说, 具有相同属性和行为的一类实体被称为类. 类的定义使用 "class" 关键字.

(2) "魔术" 方法 ___init___() 是一个特殊的方法. 在创建类后, 通常会自动创建一个 "___init___()" 方法, 且每当创建一个类的新实例时都会自动执行它. ___init___() 方法必须包含一个 "self" 参数, 并且必须是第一个参数. self 参数是一个指向实例本身的引用, 用于访问类中的属性和方法, 在方法调用时会自动传递实例参数 self, 因此, 如果 ___init___() 方法只有一个参数, 在创建类的实例时, 就不需要指定实参了.

注　如果方法没有 self 参数, 会报错. 类方法与普通函数 (方法) 只有一个特别的区别——类方法必须有一个额外的第一个参数名称 self, 但是在调用这个方法时不为 self 参数赋值, Python 会自动提供这个值.

(3) "实例属性" 是定义在类的方法中的属性, 只作用于当前实例中. 而 "类属性" 是定义在类中且在函数体外的属性, 类属性可以在类的所有实例之间 "共享

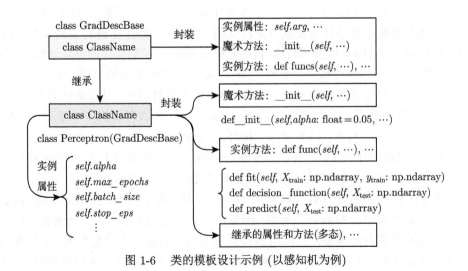

图 1-6　类的模板设计示例 (以感知机为例)

值", 也就是在所有实例化的对象中共用.

(4) "实例方法" 是指在类中定义的函数, 该函数是一种在类的实例上操作的函数, 是类的一部分, 区别于普通函数. 同魔术方法一样, 实例方法的第一个参数必须是 self.

(5) "继承" 是描述类与类之间的关系, 子类继承父类, 同时继承父类的所有公有实例属性和方法, 继承可以减少代码的冗余以及提高代码的重用性.

(6) "多态" 是对父类的同名方法进行重写, 以便更好地实现子类的特性.

图 1-7 为类的实例化对象以及感知机模型示例. "对象" 是类的一个实例, 实例化的对象有状态 (静态部分) 和行为 (动态部分), 如感知机模型的实例化对象为 pct. 静态部分被称为 "属性", 任何对象都具备自身的属性, 如感知机模型参数 W 和 b, 这些属性是客观存在的且是不能被忽视的. 动态部分指的是对象的行为或方法, 即对象执行的动作、调用的方法或函数, 如感知机模型的训练 fit 和预测 predict 方法.

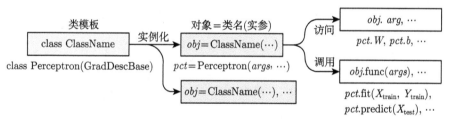

图 1-7　实例化对象 (以感知机为例)

类与对象的关系: 类是一类事物的描述, 是抽象的. 对象是一类事物的实例, 是具体的. 类是对象的模板, 对象是类的实体. 类定义了一类对象有哪些属性和方法, 但并没有实际的空间, 实例化出的对象占有实际空间, 用来存储成员变量.

注　算法从某种程度上来说, 就是处理、计算各种数据, 算法可以说就是值的计算和处理. 而变量作为数据的存储载体, 在算法设计中无处不在, 对象在实例化后, 本质上就已经传递或存储了类属性数据.

1.2.2　感知机模型

几乎所有的机器学习算法都可以被描述为一个相当简单的配方: 特定的数据集 $\mathcal{D}$、模型 f、损失函数 (loss function) $\mathcal{L}$(或学习准则或学习策略) 和优化过程 (或称学习算法)[8]. 损失函数 $\mathcal{L}(\hat{y}, y)$ 用于衡量模型预测值 $\hat{y} = f_{w,b}(\boldsymbol{x})$ 与真值 y 的差异, 故通常与样本 $(\boldsymbol{x}, y)$ 和模型参数 $(\boldsymbol{w}, b)$ 有关, 且具有连续可导的性质; 记训练集为 $\mathcal{S} \subset \mathcal{D}$, 代价函数 (cost function) 是损失函数关于训练集 $\mathcal{S}$ 的总体损失; 经验损失 (empirical loss) 或经验风险 (empirical risk) 函数是损失函数关于训

练集 $\mathcal{S}$ 上的平均损失. 本书将代价函数与经验损失函数均记为 $\mathcal{J}$, 因为对于参数优化问题而言是等价的.

感知机 (perceptron) 是一种有监督线性分类模型 (linear classification model), 1957 年由 Frank Rosenblatt 提出, 是连接主义的代表性模型之一. 设数据集 $\mathcal{D} = \{(\boldsymbol{x}_i, y_i)\}_{i=1}^{n}$, 其中样本的特征向量 $\boldsymbol{x}_i = (x_{i,1}, x_{i,2}, \cdots, x_{i,m})^{\mathrm{T}} \in \mathbb{R}^{m \times 1}$ 表示为列向量, 样本类别 $y_i \in \{-1, +1\}$, 则函数

$$f_{\boldsymbol{w},b}(\boldsymbol{x}) = \mathrm{sgn}(\boldsymbol{w} \cdot \boldsymbol{x} + b) = \mathrm{sgn}(\boldsymbol{w}^{\mathrm{T}}\boldsymbol{x} + b) \tag{1-2}$$

称为感知机, 如图 1-8(a) 所示, 其中权值向量 (weight vector) $\boldsymbol{w} = (w_1, w_2, \cdots, w_m)^{\mathrm{T}} \in \mathbb{R}^{m \times 1}$ 和偏置 (bias) $b \in \mathbb{R}$ 为感知机模型参数, 记为 $(\boldsymbol{w}, b)$, $\boldsymbol{w} \cdot \boldsymbol{x}$ 表示 $\boldsymbol{w}$ 和 $\boldsymbol{x}$ 的内积, $\mathrm{sgn}(\cdot)$ 为符号函数. 此外, $\boldsymbol{w}^{\mathrm{T}}\boldsymbol{x} + b$ 对应于神经网络正向传播计算中的一次线性变换和平移, 在几何学领域称之为仿射变换 (affine transformation).

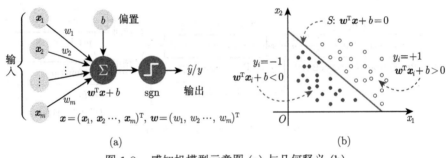

图 1-8　感知机模型示意图 (a) 与几何释义 (b)

感知机仅适用于线性可分数据集. 假设训练样本 $\boldsymbol{x} = (x_1, x_2)^{\mathrm{T}}$, 感知机的几何释义如图 1-8(b) 所示[5], 线性方程 $\boldsymbol{w}^{\mathrm{T}}\boldsymbol{x} + b = 0$ 对应特征输入空间的一个分离超平面 (separating hyperplane), 记为 S, $\boldsymbol{w}$ 为分离超平面的法向量, b 为分离超平面的截距. S 将特征空间划分为两部分, 位于两部分的样本点分别被分为正 $(+1)$、负 (-1) 两类. 感知机的学习目标是求得一个能够将训练集完全正确分类的分离超平面. 实际情况下, 数据集并非完全线性可分, 故感知机的学习目标使得误分类样本尽可能少. 记 $\tilde{\mathcal{D}} \subseteq \mathcal{D}$ 为误分类的样本集, 则 $\tilde{\mathcal{D}} = \varnothing$ 表示完全正确分类. 感知机的代价函数是误分类样本点到超平面的总距离. 对于误分类样本点 $(\boldsymbol{x}_i, y_i) \in \tilde{\mathcal{D}}$, 总有不等式 $-y_i(\boldsymbol{w}^{\mathrm{T}}\boldsymbol{x}_i + b) > 0$ 成立, 故所有误分类样本点到 S 的总距离为

$$-\frac{1}{\|\boldsymbol{w}\|_2} \sum_{\boldsymbol{x}_i \in \tilde{\mathcal{D}}} y_i(\boldsymbol{w}^{\mathrm{T}}\boldsymbol{x}_i + b). \tag{1-3}$$

忽略 $\dfrac{1}{\|\boldsymbol{w}\|_2}$, 考虑 L_2 正则化, 定义 $\tilde{\mathcal{D}}$ 上的代价函数

$$\mathcal{J}(\boldsymbol{w}, b) = -\sum_{\boldsymbol{x}_i \in \tilde{\mathcal{D}}} y_i \left(\boldsymbol{w}^{\mathrm{T}} \boldsymbol{x}_i + b\right) + \lambda \|\boldsymbol{w}\|_2^2. \tag{1-4}$$

则误分类样本尽可能少等价于代价函数最小化, 故优化问题为

$$\min_{\boldsymbol{w}, b} \mathcal{J}(\boldsymbol{w}, b) = -\sum_{\boldsymbol{x}_i \in \tilde{\mathcal{D}}} y_i \left(\boldsymbol{w}^{\mathrm{T}} \boldsymbol{x}_i + b\right) + \lambda \|\boldsymbol{w}\|_2^2. \tag{1-5}$$

求解式 (1-5) 的极小值, $\mathcal{J}(\boldsymbol{w}, b)$ 对 $\boldsymbol{w}$ 和 b 的梯度分别为

$$\nabla_{\boldsymbol{w}} \mathcal{J}(\boldsymbol{w}, b) = -\sum_{\boldsymbol{x}_i \in \tilde{\mathcal{D}}} y_i \boldsymbol{x}_i + 2\lambda \boldsymbol{w}, \quad \nabla_b \mathcal{J}(\boldsymbol{w}, b) = -\sum_{\boldsymbol{x}_i \in \tilde{\mathcal{D}}} y_i. \tag{1-6}$$

记 $\left|\tilde{\mathcal{D}}\right|$ 为误分类的样本数, 且假设 $\left|\tilde{\mathcal{D}}\right| = n'$, 基于梯度下降法 (具体内容, 参考第 3 章) 的参数更新公式为

$$\boldsymbol{w}^{(k+1)} \leftarrow \boldsymbol{w}^{(k)} - \alpha \frac{1}{\left|\tilde{\mathcal{D}}_{\mathrm{bt}}\right|} \left(-\sum_{\boldsymbol{x}_i \in \tilde{\mathcal{D}}_{\mathrm{bt}}} y_i \boldsymbol{x}_i\right) - 2\lambda \boldsymbol{w}^{(k)},$$

$$b^{(k+1)} \leftarrow b^{(k)} - \alpha \frac{1}{\left|\tilde{\mathcal{D}}_{\mathrm{bt}}\right|} \left(-\sum_{\boldsymbol{x}_i \in \tilde{\mathcal{D}}_{\mathrm{bt}}} y_i\right), \tag{1-7}$$

其中 k 为迭代次数, $\alpha \in (0, 1)$ 为学习率, $\tilde{\mathcal{D}}_{\mathrm{bt}} \subseteq \tilde{\mathcal{D}}$ 为一个批次误分类的样本子集, $\left|\tilde{\mathcal{D}}_{\mathrm{bt}}\right|$ 为一个批次误分类的样本数. 若 $\left|\tilde{\mathcal{D}}_{\mathrm{bt}}\right| = 1$, 则称为随机梯度下降法; 若 $\left|\tilde{\mathcal{D}}_{\mathrm{bt}}\right| = n'$, 则称为批量梯度下降法; 若 $1 < \left|\tilde{\mathcal{D}}_{\mathrm{bt}}\right| < n'$, 则称为小批量梯度下降法. 需注意, 式 (1-7) 考虑了平均意义下的经验损失.

　　假设经验损失函数 $\mathcal{J}$ 为凸函数, 合理的学习率 α 是优化效率的关键因素之一. 如图 1-9(a) 所示, 较小的 α 收敛速度较慢, 需经过大量迭代才能收敛, 效率低下. 较大的 α 可能越过山谷直接到达另一边 (虚线与空心点), 甚至比初始值还高, 可能导致算法发散, 值越来越大. 但由于 (a) 图中 $\mathcal{J}$ 为凸函数, 故总能找到全局最小值. 对于非凸函数, 初值的选择直接导致函数是否收敛到全局最小值. 在图 1-9(b) 中, 若选择右侧初始值 $x^{(0)}$, 则需经过很长时间才能越过整片较为平坦的 "高原", 如果停下太早, 将永远达不到全局最小值; 若选择左侧初始值 $x^{(0)}$ (空心点), 且 $x^{(0)}$ 处梯度值较大, 则更新速度较快, 优化效率也更高.

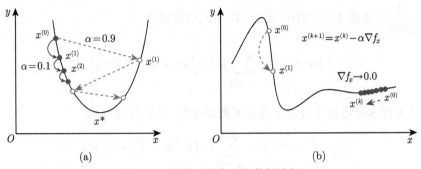

图 1-9　梯度下降法 α 参数的选择

1.2.3　感知机的算法设计

模型参数 $(\boldsymbol{w}, b)$ 的求解过程是模型基于训练集的学习过程. 如图 1-10 所示, 基于小批量梯度下降法, 在所划分的批次内, 不断根据式 (1-7) 计算模型参数的梯度并更新. 如果不满足停机精度, 则在最大迭代次数内, 继续按照小批量梯度下降法划分样本集 (每次迭代随机打乱样本顺序, 故每轮批次划分的样本均不同)、计算参数梯度、更新参数.

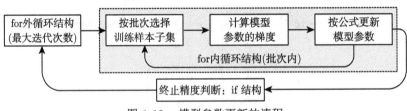

图 1-10　模型参数更新的流程

为了说明 Python 面向对象设计理念, 定义基类 GradDescBase 和子类 Perceptron.

1. 梯度下降算法基类 (GradDescBase) 设计

算法设计的核心理念是基于模型的原理与求解 (优化算法), 但算法设计思路需要遵从语言的特性和结构. 设计适应性更强的一般化算法, 需要考虑的问题颇多, 如以下问题 (包括但不限于):

(1) 算法需要传递的参数, 包括满足算法执行的必要参数 (如最大迭代次数, 停机精度), 以及超参数 (如学习率和批次数) 和模型参数 (如权重向量和偏置) 等.

(2) 优化算法本身固有的特性和改进方法, 如基于梯度下降法的不同加速优化方法 (Adam、RMSProp 等), 如非凸问题的优化. 本节仅限于普通梯度下降法.

(3) 模型参数初始化的方法, 如正态分布、均匀分布、Xavier 初始化、He 初始化, 抑或全 1 或全 0 初始化等. 本节仅基于正态分布随机初始化模型参数.

(4) 数据存储所需采用的结构, 如 ndarray 数组存储. 不同的结构所采用的数值计算方法不同. 如果使用 ndarray, 可更好地实现矢量化计算, 提高效率. 如果采用列表 list 结构, 则批次内的样本计算需要编写循环, 即仅能针对单个样本计算. 对于非数值计算的数据, 如训练过程的损失值, 由于不能事先确定预分配数组的大小, 可采用列表动态存储.

(5) 模型的训练过程是否出现了过拟合, 以及如何避免过拟合, 是否考虑正则化和提前终止训练.

(6) 模型训练结果的呈现形式, 是否可以进行有效的可视化, 如损失曲线、混淆矩阵等.

(7) 算法设计的思想, 如面向对象的设计思想, 并根据优化方法或相似机器学习模型的实例属性和方法的共性, 是否设计基类等.

基于以上考虑, 并根据 Python 面向对象的设计理念, 设计类如下:

```python
# file_name: gdbase.py
import numpy as np  # 数值计算库, 用于数据存储和矢量化计算
import pandas as pd  # 用于组织数据, 结构为DataFrame
import seaborn as sns  # 用于可视化混淆矩阵
from utils.util_font import *  # 可视化字体、公式和优化布局设置, 独立的python文件


class GradDescBase:
    """
    梯度下降法基类. 由于模型的训练和预测与样本集有关, 故不在此类中实现
    """
    def __init__(self, alpha: float = 0.05, max_epochs: int = 1000,
                 batch_size: int = 20, stop_eps: float = 1e-8,
                 decay_rate: float = 0.001, decay_method: str = "",
                 random_state=None, scale: float = 1.0):
        self.alpha = alpha   # 学习率, 默认为0.05
        self.decay_rate = decay_rate  # 控制学习率的减缓幅度
        self.decay_method = decay_method  # 学习率的衰减策略, 包括分数frac和exp
        self.max_epochs = max_epochs  # 最大迭代次数
        self.batch_size = batch_size  # 批量大小: 控制梯度下降法的三种方法
        self.stop_eps = stop_eps  # 终止迭代的最小精度
        self.random_state = random_state  # 随机种子
        self.scale = scale  # 初始模型参数的缩放因子
        self.W, self.b = None, None  # 模型参数
        self.n_samples, self.m_features = 0, 0  # 训练样本量和特征数
        self.training_loss = []  # 训练过程的损失值
```

```python
def _init_params(self):
    """
    按正态分布随机初始化模型参数
    """
    if self.random_state is not None:  # 若给出随机种子, 则设置
        np.random.seed(self.random_state)
    self.b = np.random.randn(1, 1) / self.scale  # 偏置项的初始化
    self.W = np.random.randn(self.m_features, 1) / self.scale  # 权重的初始化

def ada_learning_rate(self, epoch: int, batch_nums: int):
    """
    学习率的调整策略, 即学习率多久更新一次, 通常设置为epoch / batch_size
    """
    if epoch > 0 and epoch % batch_nums == 0:  # 训练batch_nums次更新一次学习率
        if self.decay_method.lower() == "exp":
            self.alpha *= 0.99  # 简单指数衰减策略
        elif self.decay_method.lower() == "frac":
            self.alpha *= 1.0 / np.sqrt(1.0 + self.decay_rate * epoch)  # 分数减缓
    return self.alpha

def update(self, grad_w: np.ndarray, grad_b: float, reg_term: np.ndarray):
    """
    采用普通梯度下降法更新模型参数, 此处可扩展其他优化算法
    :param grad_w, grad_b: 当前权重向量和偏置的梯度
    :param reg_term: 当前正则项
    """
    self.W -= -1.0 * self.alpha * grad_w + reg_term  # 更新权重
    self.b += self.alpha * grad_b  # 更新偏置
    return self.W, self.b

def get_params(self):
    """
    获取模型参数
    """
    return self.W.reshape(-1), self.b[0]

def plt_loss_curve(self, ls: str = "-", legend: str = "MBGD",
                   is_show: bool = True, model: str = ""):
    """
    绘制损失曲线. 参数ls表示线型, legend表示图例, model表示标题模型字符串
```

```
        """
        if is_show:  # 用于子图控制, 若绘制子图, 则值为False
            plt.figure(figsize=(7, 5))  # 非子图, 值为True, 指定画布尺寸
        n_iter = len(self.training_loss)  # 总训练次数
        # 损失曲线, 可修改plot为semilogy, 即采用对数刻度绘制
        plt.plot(range(1, n_iter + 1), self.training_loss, ls=r"%s" % ls, lw=1.5,
                 label=r"$%s: %.d$" %(legend, n_iter))
        plt.xlabel("迭代次数", fontdict={"fontsize": 18})  # x轴标记名称
        plt.ylabel("损失", fontdict={"fontsize": 18})  # y轴标记名称
        plt.title(r"%s模型训练损失曲线" % model, fontdict={"fontsize": 18})  # 标题
        plt.legend(frameon=False, fontsize=18)  # 设置图例
        plt.grid(ls=":")  # 对绘图区添加网格线
        plt.tick_params(labelsize=18)  # 修改刻度值字体大小
        if is_show: plt.show()  # 用于子图控制

    @staticmethod  # 此方法为静态方法, 无需 self参数
    def plt_confusion_matrix(confusion_matrix, label_names=None, is_show=True):
        """
        可视化混淆矩阵confusion_matrix, 采用热图函数绘制
        """
        sns.set()  # 采用默认的绘图风格和主题
        # 使用pandas中的DataFrame组织数据, 并指定类别标记名称
        cm = pd.DataFrame(confusion_matrix, columns=label_names, index=label_names)
        sns.heatmap(cm, annot=True, cbar=False, cmap="GnBu")  # 热图绘制混淆矩阵
        acc = np.diag(confusion_matrix).sum() / confusion_matrix.sum()  # 计算精度
        plt.title(r"混淆矩阵: $acc = %.5f$" % acc, fontdict={"fontsize": 18})
        plt.xticks(fontsize=18, font="Times New Roman")  # x轴刻度值大小与字体设置
        plt.yticks(fontsize=18, font="Times New Roman")  # y轴刻度值大小与字体设置
        plt.xlabel("预测值", fontdict={"fontsize": 18})  # x轴标记名称
        plt.ylabel("目标真值", fontdict={"fontsize": 18})  # y轴标记名称
        if is_show: plt.show()  # 用于子图控制
```

2. 感知机类 Perceptron 设计

通常来说, 机器学习的算法设计主要指的是基于训练集的模型训练 fit(X_train, y_train) 和对测试集的预测 predict(X_test). 当然也包括模型的验证与选择、模型的评估与性能度量标准等.

基于小批量梯度下降法, 设某个批次样本的特征变量的取值构成矩阵 $\boldsymbol{X}$, 样本标记构成列向量 $\boldsymbol{y}$, 模型参数记为 $(\boldsymbol{w}, b)$, 具体表示为

$$
\boldsymbol{X} = \begin{pmatrix} x_{1,1} & x_{1,2} & \cdots & x_{1,m} \\ x_{2,1} & x_{2,2} & \cdots & x_{2,m} \\ \vdots & \vdots & \ddots & \vdots \\ x_{k,1} & x_{k,2} & \cdots & x_{k,m} \end{pmatrix}_{k \times m}, \quad \boldsymbol{y} = \begin{pmatrix} y_1 \\ y_2 \\ \vdots \\ y_k \end{pmatrix}_{k \times 1}, \quad \boldsymbol{w} = \begin{pmatrix} w_1 \\ w_2 \\ \vdots \\ w_m \end{pmatrix}_{m \times 1},
$$

$b = (b)_{1 \times 1}$,

其中下标 k 为该批次的样本量, m 为样本特征变量数. 如下计算涉及矢量化表示和广播原则.

(1) 决策函数的计算. $\boldsymbol{X} \cdot \boldsymbol{w}$ 的结果形状 (shape) 为 $k \times 1$, 则 $(\boldsymbol{X} \cdot \boldsymbol{w})_{k \times 1} + (b)_{1 \times 1}$ 的运算需要对 $(b)_{1 \times 1}$ 进行广播, 记为 $\boldsymbol{b}_{k \times 1}$, 即

$$
\boldsymbol{X} \cdot \boldsymbol{w} + \boldsymbol{b} = \begin{pmatrix} \sum\limits_{j=1}^{m} x_{1,j} w_j \\ \sum\limits_{j=1}^{m} x_{2,j} w_j \\ \vdots \\ \sum\limits_{j=1}^{m} x_{k,j} w_j \end{pmatrix}_{k \times 1} + \begin{pmatrix} b \\ b \\ \vdots \\ b \end{pmatrix}_{k \times 1} = \begin{pmatrix} \sum\limits_{j=1}^{m} x_{1,j} w_j + b \\ \sum\limits_{j=1}^{m} x_{2,j} w_j + b \\ \vdots \\ \sum\limits_{j=1}^{m} x_{k,j} w_j + b \end{pmatrix}_{k \times 1}.
$$

$\boldsymbol{X}$ 也可表示为测试样本的特征变量取值矩阵, 此时 $(\boldsymbol{w}, b)$ 为模型训练的最佳参数.

(2) 梯度的计算. 基于式 (1-7), 假设当前批次误分类样本特征变量取值矩阵为 $\tilde{\boldsymbol{X}}_{l \times m}$, 类别标记向量为 $\tilde{\boldsymbol{y}}_{l \times 1}$, $l = |\tilde{\boldsymbol{\mathcal{D}}}_{\mathrm{bt}}|$ 为误分类样本量, 则

$$
\sum_{\boldsymbol{x}_i \in \tilde{\boldsymbol{\mathcal{D}}}_{\mathrm{bt}}} y_i \boldsymbol{x}_i = \tilde{\boldsymbol{X}}^{\mathrm{T}} \cdot \tilde{\boldsymbol{y}}
$$

$$
= \begin{pmatrix} x_{1,1} & x_{1,2} & \cdots & x_{1,m} \\ x_{2,1} & x_{2,2} & \cdots & x_{2,m} \\ \vdots & \vdots & \ddots & \vdots \\ x_{l,1} & x_{l,2} & \cdots & x_{l,m} \end{pmatrix}^{\mathrm{T}}_{l \times m} \cdot \begin{pmatrix} y_1 \\ y_2 \\ \vdots \\ y_l \end{pmatrix}_{l \times 1} = \begin{pmatrix} \sum\limits_{i=1}^{l} x_{i,1} y_i \\ \sum\limits_{i=1}^{l} x_{i,2} y_i \\ \vdots \\ \sum\limits_{i=1}^{l} x_{i,m} y_i \end{pmatrix}_{m \times 1}.
$$

第 $k+1$ 次迭代更新权重为 (把误分类样本量放入到正则项)

$$
\boldsymbol{w}^{(k+1)} = \boldsymbol{w}^{(k)} - \alpha \frac{1}{\left|\tilde{\boldsymbol{\mathcal{D}}}_{\text{bt}}\right|}\left(-\sum_{\boldsymbol{x}_i \in \tilde{\boldsymbol{\mathcal{D}}}_{\text{bt}}} y_i \boldsymbol{x}_i\right) - \frac{2\lambda}{\left|\tilde{\boldsymbol{\mathcal{D}}}_{\text{bt}}\right|}\boldsymbol{w}^{(k)}
$$

$$
= \begin{pmatrix} w_1^{(k)} \\ w_2^{(k)} \\ \vdots \\ w_m^{(k)} \end{pmatrix}_{m\times 1} + \frac{\alpha}{l}\begin{pmatrix} \sum\limits_{i=1}^{l} x_{i,1}y_i \\ \sum\limits_{i=1}^{l} x_{i,2}y_i \\ \vdots \\ \sum\limits_{i=1}^{l} x_{i,m}y_i \end{pmatrix}_{m\times 1} - \frac{2\lambda}{l}\begin{pmatrix} w_1^{(k)} \\ w_2^{(k)} \\ \vdots \\ w_m^{(k)} \end{pmatrix}_{m\times 1}.
$$

(3) 布尔索引. 当前迭代误判样本的选择, 即 $\boldsymbol{y}_{k\times 1} \odot \text{sgn}\left(\boldsymbol{X} \cdot \boldsymbol{w} + b\right)_{k\times 1} < \boldsymbol{0}_{k\times 1}$, 其中列向量 $\boldsymbol{0}$ 采用了广播原则, 结果为一个布尔向量 $\boldsymbol{\varepsilon}_{k\times 1} = (\text{False}, \text{True}, \text{False}, \cdots, \text{True})^{\text{T}}$. 在 NumPy 中, $k\times 1$ 的列向量表示二维数组, 函数 reshape(-1) 可将其重塑为一维数组, $\boldsymbol{X}\left[\boldsymbol{\varepsilon}\right]$ 可筛选误判样本, 即那些取值为 True 的样本.

基于以上计算, 编写类 Perceptron 如下, 且继承基类 GradDescBase. 采用矢量化计算方法, 并注意数组广播计算时的维度形状.

```python
# file_name: perceptron.py
import numpy as np  # 数值计算库, 包括矢量化计算和广播原则
from python_fundamentals_ml_01.grad_desc.gdbase import GradDescBase # 导入基类


class Perceptron(GradDescBase):
    """
    感知机算法实现, 采用面向对象程序设计理念, 继承基类GradDescBase
    """
    def __init__(self, lambda_: float = 0.01, alpha: float = 0.05,
                 max_epochs: int = 1000, batch_size: int = 20,
                 stop_eps: float = 1e-8, decay_rate: float = 0.001,
                 decay_method: str = "", random_state=None, scale: float = 1.0):
        GradDescBase.__init__(self, alpha, max_epochs, batch_size, stop_eps, decay_rate,
                              decay_method, random_state, scale)  # 继承基类
        self.lambda_ = lambda_  # 正则项的惩罚系数λ

    def fit(self, X_train: np.ndarray, y_train: np.ndarray, args: dict = None):
        """
```

```
    基于训练集(X_train, y_train)的感知机训练, 优化算法为随机梯度下降法
    :param X_train: 训练集, 二维数组, 维度形状(n, m)
    :param y_train: 目标集, 一维数组, 维度形状(n, )
    :param args: 模型参数, 字典结构: {"w": w, "b": b}, w和b均是二维数组
    """
    self.n_samples, self.m_features = X_train.shape  # 样本量和特征变量数
    if args is not None:
        self.W, self.b = args["w"], args["b"]  # 通过"键"取值
    else:
        self._init_params()  # 初始化模型的必要参数
    for epoch in range(self.max_epochs):
        train_samples = np.c_[X_train, y_train]  # 组合训练集和目标集
        np.random.shuffle(train_samples)  # 打乱样本顺序, 模拟随机性
        batch_nums = train_samples.shape[0] // self.batch_size  # 批次
        self.alpha = self.ada_learning_rate(epoch, batch_nums)  # 学习率的调整策略
        for idx in range(batch_nums):
            # 按照批量大小选取数据, 均为二维ndarray, 其中y为(batch_size, 1)
            batch_xy = train_samples[idx * self.batch_size :
                                     (idx + 1) * self.batch_size]
            batch_x, batch_y = batch_xy[:, :-1], batch_xy[:, -1:]
            # 筛选错误分类的样本, err_为bool向量, 并重塑为一维数组
            err_ = (batch_y * np.sign(batch_x @ self.W + self.b) <= 0).reshape(-1)
            if np.sum(err_) > 0:  # 存在错误分类的样本
                grad_w = batch_x[err_].T @ batch_y[err_] / np.sum(err_)  # 权重梯度
                reg_term = 2 * self.lambda_ * self.W / np.sum(err_)  # 正则项
                grad_b = np.mean(batch_y[err_], axis=0, keepdims=True)  # 偏置梯度
                self.update(grad_w, grad_b, reg_term)  # 更新模型参数
        # 计算训练过程中的损失函数值(正值和负值)
        y_hat = (X_train @ self.W + self.b).reshape(-1)  # 当前训练样本的预测值
        err_ = (y_train * y_hat < 0)  # 筛选错误分类的样本, bool向量
        if np.sum(err_) == 0:  # 若全部分类正确, 则终止迭代
            break
        loss_mean = -1.0 * np.mean((y_train[err_] * y_hat[err_]))  # 损失
        self.training_loss.append(loss_mean)  # 存储训练过程的损失
        # 给定精度, 则根据最后5次损失差的最大绝对值作为停机条件, 可修改
        if epoch > 5:
            max_loss = np.max(np.abs(np.diff(self.training_loss[-5:])))
            if max_loss < self.stop_eps: break

def decision_function(self, X_test: np.ndarray):
```

```
        """
        预测测试样本X_test的决策函数值
        :param X_test: 测试集, 二维数组
        :return: 决策函数值
        """
        return (X_test @ self.W + self.b).reshape(-1, 1)

    def predict(self, X_test: np.ndarray):
        """
        预测测试样本X_test的类别
        :param X_test: 测试集, 二维数组
        :return: 预测类别, 正例为+1, 负例为-1
        """
        return np.sign(self.decision_function(X_test))
```

例 1 以 "鸢尾花" 数据集[①]的前两个类别 (Setosa 和 Versicolor) 的前两个特征变量 (septal length 和 septal width) 组成训练集 $\{(\boldsymbol{x}_i, y_i)\}_{i=1}^{100}$, 构建感知机模型并对训练样本进行预测.

首先加载数据集, 选取训练集并对数据预处理, 然后初始化实例对象并对模型进行训练和预测, 最后可视化分类结果模型. 如下仅给出部分核心代码 (基于随机梯度下降法):

```
# file_name: test_iris.py
iris = load_iris()  # 加载数据集: sklearn.datasets.load_iris
X, y = iris.data[:100, :2], iris.target[:100]  # 获取训练集
y[y == 0] = -1  # 重编码, 使得目标编码为{+1, -1}
X = StandardScaler().fit_transform(X)  # 对训练样本标准化(sklearn)
# 实例化感知机对象, 修改batch_size参数值即可
pct = Perceptron(alpha=0.1, decay_method="exp", batch_size=1,
                 random_state=0, scale=100, lambda_=0.01)
pct.fit(X, y)  # 训练模型
y_hat = pct.predict(X)  # 预测
print(pct.get_params())  # 获取模型参数并打印

plt.plot(X[:50, 0], X[:50, 1], "o", label="Setosa")  # Setosa训练样本点
plt.plot(X[50:, 0], X[50:, 1], "s", label="Versicolor")  # Versicolor 训练样本点
# 如下可视化分类模型
x1_ = np.linspace(np.min(X[:, 0]), np.max(X[:, 0]), 150)  # 模拟特征变量 x1
```

---

① http://archive.ics.uci.edu/dataset/53/iris, [2024-1-5] 鸢尾花 Iris 数据集共包含 150 个样本数据, 涵盖 3 个类别, 每个样本包含 4 个特征变量, 详细信息请阅读官方文档.

```
x2_ = -(W[0] * x1_ + b) / W[1]  # 按模型参数计算x2的特征变量值
plt.plot(x1_, x2_, "k-", lw=1.5, label = r"$f(x)$")  # 可视化
# 略去图形修饰代码, 包括轴标记、刻度值大小、图例和标题等信息
```

结果如图 1-11 所示, 由于数据集完全线性可分, 故训练过程快速收敛. 基于随机梯度下降法 (SGD) 训练的感知机模型为

$$f(\tilde{x}) = \mathrm{sgn}\left(\boldsymbol{w}^{\mathrm{T}}\tilde{x} + b\right) = \mathrm{sgn}\left(0.31153372\tilde{x}_1 - 0.25569310\tilde{x}_2 + 0.01764052\right),$$

基于小批量梯度下降法 (MBGD) 训练的感知机模型为

$$f(\tilde{x}) = \mathrm{sgn}\left(\boldsymbol{w}^{\mathrm{T}}\tilde{x} + b\right) = \mathrm{sgn}\left(0.23799279\tilde{x}_1 - 0.14323191\tilde{x}_2 + 0.05097386\right),$$

其中 $\tilde{x} = (\tilde{x}_1, \tilde{x}_2)^{\mathrm{T}}$ 为标准化的数据.

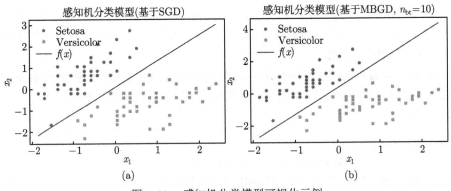

图 1-11　感知机分类模型可视化示例

例 2　威斯康星州乳腺癌 (诊断) 数据集 (Wisconsin Breast Cancer Dataset, WBCD)[①], 在 569 个患者样本中, 有 357 个是良性 (benign), 212 个是恶性 (malignant). 每个样本计算每个细胞核的 10 个实值特征: 半径 radius、纹理 texture、周长 perimeter、面积 area、平滑度 smoothness、紧密度 compactness、凹度 concavity、凹点数 concave points、对称性 symmetry 和分形维数 fractal dimension, 且每个特征包含三个值: 平均值、标准误差以及最差或最大值. 试基于一次数据集划分, 建立感知机模型并预测.

数据集划分以及模型参数设置 (可调参) 如下:

```
# 随机划分数据集为训练集和测试集, 且基于目标集y分层采样
X_train, X_test, y_train, y_test = \
```

---

① 数据集来源 http://archive.ics.uci.edu/dataset/17/breast+cancer+wisconsin+diagnostic.

```
     train_test_split (X, y, test_size = 0.3, shuffle =True, stratify =y, random_state=0)
batch, line_styles = [30, 50, 70], [":", "—", "–"]  # MBGD的批次样本量, 线型
# 如下实例化, batch_size循环取batch中数据即可(变量为bt)
ptc = Perceptron (alpha= 0.5, decay_method="frac", batch_size=bt, random_state=0,
                    scale=100, stop_eps=1e-6, max_epochs=1000, lambda_=0.01)
```

训练和预测结果如图 1-12 所示. 由于 breast_cancer 数据集并非完全线性可
分, 故采用小批量梯度下降法 (MBGD), 设置不同的批次. (a) 图看出损失曲线 (y
轴为对数刻度绘制, 函数 semilogy) 下降过程中呈现出一定的随机性, 这与优化算
法本身的特性有关. 每批次样本量的大小与收敛速度和稳定性都有关系, 由于学
习率随着迭代训练不断衰减, 故而随着迭代优化, 模型优化逐渐趋于稳定. 基于当
前数据集划分和模型参数, 当 $n_{bt} = 50$ 时测试样本的精度最佳. (b) 图为测试样
本预测结果的混淆矩阵.

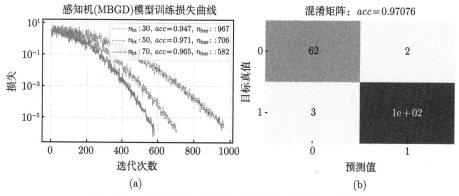

图 1-12　损失下降曲线以及对测试样本预测的混淆矩阵

■ 1.3　机器学习与深度学习基础

1.3.1　机器学习简述

机器学习并没有统一的定义, 普遍采用的定义主要包括: (1) 机器学习是这样
的一个研究领域, 它能让计算机不依赖确定的编码指令来自主地学习工作——亚
瑟·塞缪尔 (机器学习领域的创始人 Arthur Samuel, 1959). (2) 一个计算机程序
利用经验 E 来学习任务 (分类、回归、聚类、异常检测、去噪等)T, 性能是 P, 如果
针对任务 T 的性能 P 随着经验 E 不断增长, 则称为机器学习——汤姆·米切尔
(Tom Mitchell, 1997). 如图 1-13 所示, 显然一组学习任务可以由三元组 (T, P, E)
来明确定义.

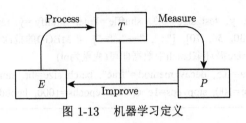

图 1-13　机器学习定义

　　模型在实际预测输出与样本的真实输出之间的差异称为误差, 在训练集上的误差称为训练误差 (training error) 或经验误差 (empirical error), 在新样本上的误差称为泛化误差 (generalization error). 由于新样本未知或不易获得, 故通常用测试样本上的误差近似泛化误差. 泛化误差可以衡量一个机器学习模型 f 是否可以很好地泛化到未知数据, 其可由损失函数 $\mathcal{L}$ 表示为期望风险 $\mathcal{R}(f)$ 与经验风险 $\mathcal{R}_{\mathcal{D}}^{\mathrm{emp}}(f)$ 的差异, 即

$$\mathcal{G}_{\mathcal{D}}(f) = \mathcal{R}(f) - \mathcal{R}_{\mathcal{D}}^{\mathrm{emp}}(f)$$

$$= \mathbb{E}_{(\boldsymbol{x},y)\sim p(\boldsymbol{x},y)}\left[\mathcal{L}(y, f(\boldsymbol{x}))\right] - \frac{1}{n}\sum_{i=1}^{n}\mathcal{L}(y_i, f(\boldsymbol{x}_i; \boldsymbol{\theta})), \tag{1-8}$$

其中 $f(\boldsymbol{x}; \boldsymbol{\theta})$ 是由 n 个训练样本学习得到的参数为 $\boldsymbol{\theta}$ 的模型. 根据大数定理, 当训练集大小趋向于无穷大时, 泛化误差趋向于 0, 即经验风险趋近于期望风险. 但样本的真实分布 $p(\boldsymbol{x},y)$ 通常未知, 如图 1-14 所示, 且样本的真实目标函数 $f(\boldsymbol{x})$ 未知, 期望从有限的训练样本中学习到一个期望误差为 0 的函数 f 是不切实际的. 然而, 在同样条件下, 模型的复杂度越高泛化误差越大; 同一模型在样本满足一定条件的情况下, 样本量越大, 模型泛化误差越小.

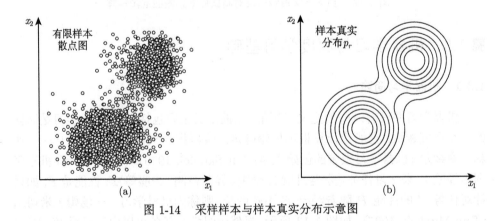

图 1-14　采样样本与样本真实分布示意图

对于感知机来说, 经验 E 主要是数据集, 还包括数据预处理方法等, 学习任

务 T 是有监督学习下的二分类任务, 构建模型 $f_{\boldsymbol{w},b}(\boldsymbol{x}) = \mathrm{sgn}\left(\boldsymbol{w}^{\mathrm{T}}\boldsymbol{x} + b\right)$, 性能 P 即模型的度量标准, 如最小化代价函数或最大化性能指标, 感知机为误分类的样本尽可能少. 显然, 较小的样本量, 模型受异常数据影响较大, 容易陷入过拟合; 较大的样本量, 模型能够提取样本数据的一般本质特性, 使得模型的泛化性能得以提升.

如图 1-15 所示, 机器学习从已知经验数据集 (训练集) $\mathcal{D}$ 中, 通过某种特定的学习算法 $\mathcal{A}$, 训练或学习出一般规律或模型 f^*, 进而预测未知数据. 故而, 数据、算法和模型构成了机器学习的三要素. 数据是机器学习的研究对象, 并假设数据是独立同分布 $p(\boldsymbol{x},y)$ 采样而得的, 目的是基于学习的模型对未知数据进行预测和分析. 模型是满足假设空间 $\mathcal{F}$ 的函数 (感知机是定义在特征空间中的所有线性分类模型, 即函数集合 $\mathcal{F} = \left\{f | f(\boldsymbol{x}) = \boldsymbol{w}^{\mathrm{T}}\boldsymbol{x} + b\right\}$), 模型的训练、评估与选择是机器学习的难点, 其中又涉及学习准则、模型的求解、优化算法以及参数的调优等. 数据集的真实函数形式一般未知, 即输入空间 $\mathcal{X}$ 与输出空间 $\mathcal{Y}$ 的本质关系或规律 $f: \mathcal{X} \to \mathcal{Y}$ 未知, 通常从假设空间 $\mathcal{F}$ 中确定可能的关系, 即假设函数, 然后选择学习算法 (通常对应一个最优化问题), 进而通过优化算法得到在某种性能度量标准下的最优模型.

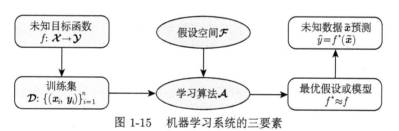

图 1-15　机器学习系统的三要素

通常机器学习算法会对学习的问题进行假设, 即归纳偏置 (inductive bias), 任何一个有效的机器学习算法必有其归纳偏置, 在贝叶斯学习中也称之为先验 (prior). 如图 1-16 所示, (a) 图数据集显然满足线性关系, 假设模型为 $y = f_{\boldsymbol{\theta}}(x) = \theta_1 x + \theta_0$, $y \sim N\left(\mu, \sigma^2\right)$, 具体含义可以是不同国家的幸福指数 (y) 和人均 GDP(x) 的关系, 或某种物理规律. 假设学习算法为线性回归, 基于均方误差损失函数, 则可通过梯度下降优化算法获得近似假设 $f^* \approx f$. 对于同一数据集, 不同的优化算法可能得到不同的参数, 对应多个假设模型, 什么模型最优, 取决于性能度量指标和正则化方法等. 此外, 模型参数更依赖于数据集大小及其数据质量, 如反映 100 个国家的幸福指数和人均 GDP 的数据集, 则 2023 年的数据集 $\mathcal{D}_1$ 与 2024 年的数据集 $\mathcal{D}_2$, 显然可以得到不同的模型参数. 对于样本包含多个特征变量的情况, 样本特征集 $\boldsymbol{X}$ 与目标集 $\boldsymbol{Y}$ 所满足的关系更难以确定, 可分别可视化目标变量与每个特征变量之间散点图, 当然可尝试多个学习算法, 选择最佳的模型.

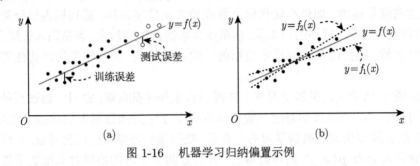

图 1-16　机器学习归纳偏置示例

如果形式化描述机器学习, 则对应一个优化问题. 针对某一预测任务[7], 其训练集为 $\mathcal{D}$, 对于一个机器学习模型 f, 预测任务的性能指标可通过函数 $P(\mathcal{D}, f)$ 来表示, 那么机器学习的学习过程则是在一个给定的模型假设空间 $\mathcal{F}$ 中, 寻找可以最大化性能指标的预测模型 f^*:

$$f^* = \arg\max_{f \in \mathcal{F}} P(\mathcal{D}, f) = \mathrm{ML}(\mathcal{D}), \tag{1-9}$$

其中 $\mathrm{ML}(\mathcal{D})$ 表示机器学习可以被看成是一个输入数据集、输出解决任务算法的算法. 在优化范式中, 在模型空间 $\mathcal{F}$ 中寻找最优模型 f^* 的过程可以是一个持续迭代的形式, 即 $f_0 \to f_1 \to f_2 \to \cdots \to f^*$.

在机器学习领域, 有众多的学习理论和定理, 颇具有哲学韵味. 丑小鸭定理 (ugly duckling theorem) 于 1969 年由渡边慧 (Watanable) 提出, 认为丑小鸭与白天鹅之间的区别和两只白天鹅之间的区别一样大. 丑小鸭定理挑战了我们对事物分类和相似性判断的常规思维, 因为世界上不存在相似性的客观评价标准, 一切相似性的标准都是主观的①, 这促使我们思考所做假设的合理性和最优假设的评判标准等问题.

奥卡姆剃刀 (Occam's razor) 原则表示为 "如无必要, 勿增实体"(Entities should not be multiplied beyond necessity), 其与机器学习中的正则化思想十分类似. 奥卡姆剃刀原则不是追求绝对简单, 而是在同样能够解释已知观测现象的众多假设中, 应该挑选 "最简单" 的那一个, 此时模型的泛化性能更好.

没有免费午餐定理[8](no free lunch theorem) 表明, 在所有可能的数据生成分布上平均之后, 每一个学习算法在未事先观测的点上都有相同的精度 (以分类为例). 换言之, 在某种意义上, 没有一个机器学习算法总是比其他的要好. 我们能够设想的最先进的算法和简单地将所有样本归为一类的简单算法有着相同的平均性能 (在所有可能的任务上). 然而, 这些结论仅在考虑所有可能的数据生成分

① 可参考邱锡鹏的《神经网络与深度学习》.

布时才成立. 在真实世界应用中, 如果对遇到的概率分布进行假设的话, 那么可以设计在这些分布上效果良好的学习算法. 这意味着机器学习研究的目标不是找一个通用学习算法或是绝对最好的学习算法, 反之, 是理解什么样的分布与人工智能获取经验的 "真实世界" 相关, 什么样的学习算法在关注的数据生成分布上效果最好.

概率近似正确 (Probably Approximately Correct, PAC) 是计算学习理论 (computation learning theory) 中最基本的学习理论, 1984 年由 Leslie Valiant 提出. PAC 对机器学习、深度学习和其他计算领域都产生了重要影响, 表示为

$$P\left(\mathcal{G}_{\mathcal{D}}\left(f\right) \leqslant \varepsilon\right) = P\left(\left|\mathcal{R}\left(f\right) - \mathcal{R}_{\mathcal{D}}^{\mathrm{emp}}\left(f\right)\right| \leqslant \varepsilon\right) \geqslant 1 - \delta, \tag{1-10}$$

其中 $0 < \varepsilon, \delta < 0.5$. PAC 学习理论可以帮助分析一个机器学习方法在什么条件下可以学习到假设空间 $\mathcal{F}$ 中一个近似正确的假设 f, 即 PAC 学习理论不关心假设选择算法, 只关心能否从假设空间 $\mathcal{F}$ 中学习一个好的假设 f. 好的假设只要满足两个条件 (PAC 辨识条件) 即可:

(1) 近似 (approximately) 正确. PAC 可以看作是从一个潜在概率分布中学习一个目标函数, 但由于训练数据只是概率分布中的有限样本, 故泛化误差 $\mathcal{G}_{\mathcal{D}}\left(f\right)$ 可足够小却不为零. 一个假设 $f \in \mathcal{F}$ 是近似正确的, 是可把 $\mathcal{G}_{\mathcal{D}}\left(f\right)$ 限定在一个很小的数 ε 之内, 即只要假设满足 $\mathcal{G}_{\mathcal{D}}\left(f\right) \leqslant \varepsilon$ 就认为 f 是近似正确的.

(2) 可能 (probably) 正确. 一个学习算法 $\mathcal{A}$ 有 "可能" 以 $1 - \delta$ 的概率学习到一个 "近似正确" 的假设, 即给定一个较小的值 δ, 假设 f 满足 $P\left(\mathcal{G}_{\mathcal{D}}\left(f\right) \leqslant \varepsilon\right) \geqslant 1 - \delta$.

1.3.2 机器学习的类型

图 1-17 为机器学习常见的类型, 分类规则并不仅限于此三种, 可以将它们进行组合. 例如, 一个先进的垃圾邮件过滤器可以使用神经网络模型动态进行学习, 并基于带有 "垃圾邮件或普通邮件" 标签的训练集进行训练, 这就让它成为一个线上、基于模型的监督学习系统. 图 1-18 为监督学习模式下按模型分类的常见机器学习模型的类别, 如朴素贝叶斯分类器、生成式对抗网络 GAN、变分自编码器 VAE 等均是典型的生成式模型, 而 SVM、决策树、随机森林等均是典型的非参数化模型. 很多模型既可以进行线性建模也可以进行非线性建模, 如决策树、k-近邻、支持向量机、神经网络等.

分类是一种典型的监督学习任务. 图 1-19(a) 为垃圾邮件过滤器[6], 用许多带有标签 (垃圾邮件或普通邮件) 的邮件样本集 $\mathcal{D} = \left\{\left(\boldsymbol{x}_i, y_i\right) | y_i \in \{0, 1\}\right\}_{i=1}^{n}$ 进行训练, 对新未知邮件进行判别分类. 回归是另一种典型的监督学习任务, 图 1-19(b) 所示 (仅包含一个特征). 假如给出一些特征 (里程数、车龄、品牌、发动机、地盘、

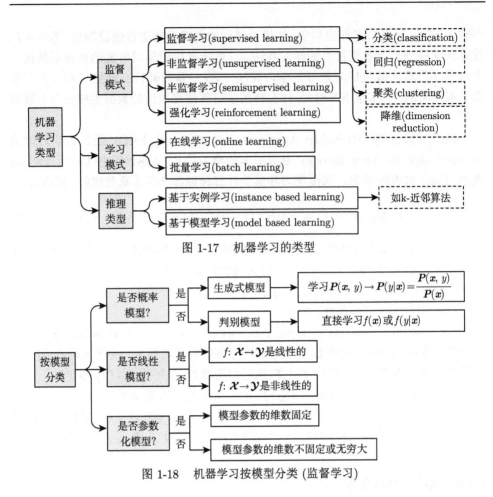

图 1-17　机器学习的类型

图 1-18　机器学习按模型分类 (监督学习)

变速箱等) 来预测一辆汽车的价格, 记汽车样本集 $\boldsymbol{\mathcal{D}} = \{(\boldsymbol{x}_i, y_i) \,|\, y_i \in \mathbb{R}\}_{i=1}^{n}$, 模型为 $y = f(\boldsymbol{x}; \boldsymbol{\theta})$, 则价格 $y \in \mathbb{R}$. 一些重要的监督学习模型既可用于分类, 又可用于回归, 如 k-近邻、支持向量机、决策树、提升算法、随机森林、神经网络等.

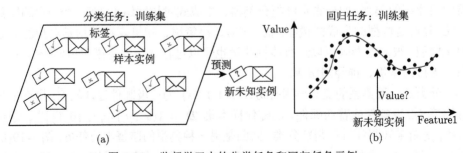

图 1-19　监督学习中的分类任务和回归任务示例

在非监督学习中, 训练数据是没有加标签的, 记为 $\mathcal{D} = \{\boldsymbol{x}_i\}_{i=1}^n$, 即系统在没有 "老师" 的条件下进行学习. 聚类算法是经典的非监督学习任务. 如图 1-20 所示, 假设有一份关于个人博客访客的大量数据[6], 聚类算法可以检测相似访客 (无标签) 的分组. 比如, 38% 的访客是喜欢漫画书的男性, 通常是晚上访问; 22% 的访客是科幻爱好者, 在周末访问; 15% 的访客是女性影视文学爱好者, 且较多时候在晚上访问等. 如果使用层次聚类算法, 还可能细分每个分组为更小的组, 以便更好地为每个小组定位博文. 除聚类外, 非监督学习任务还包括降维、异常值检测、关联规则、可视化算法、文本生成、图像生成、变分自编码等.

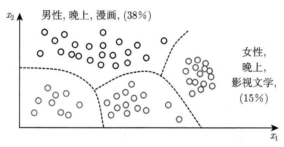

图 1-20   非监督学习的聚类任务

1.3.3 深度学习简述

人工神经网络 (Artificial Neural Network, ANN) 是一种旨在模仿人脑结构及其功能的信息处理系统, 简称神经网络 (Neural Network, NN). 随着大数据及其技术的涌现和计算机算力的提升, "深度神经网络" 于 2006 年被提出并引发了变革, 后简称深度学习 (deep learning), 极大地改变了机器学习的应用格局. 深度学习发展动机的部分原因是传统学习算法在人工智能问题上的表征能力和泛化能力不足[8], 其挑战主要包括维数灾难、局部不变性、平滑正则化以及流形学习 (manifold learning) 等.

深度学习是机器学习中一个新的重要研究领域, 被引入机器学习使其更接近 AI 的目标, 让机器能够像人一样具有分析学习能力, 能够识别或生成文字、图像或声音等数据, 进而实现写作、绘画或作曲等. 表示学习 (representation learning) 是深度学习的一个重要特点, 基于神经网络, 深度学习通过使用多层次的非线性的信息处理和抽象, 逐步组合浅层特征得到相当数量的包含语义信息的高层特征, 用于有监督或无监督的特征学习、表示、分类和模式识别以及生成式预测. 相比传统的机器学习算法, 深度学习同样需要模型假设、评价函数和优化算法, 但其数据规模更大, 网络结构的复杂度更高, 且学习和优化的计算规模和复杂度也更高, 同时也带来了深度学习更强的表征能力和泛化能力.

图 1-21 为含有多个隐藏层的深度神经网络. 深度学习的训练过程一般包括正

向传播和反向传播, 正向传播从输入层经过多个隐藏层到达输出层, 主要用来计算损失函数或模型的预测输出, 反向传播是深度学习模型参数的优化过程, 通常基于损失函数的梯度下降及其加速方法来更新模型参数. 隐藏层的主要作用是多层次的特征抽象, 正向传播过程中, 深度学习通过非监督式或半监督式的特征学习和分层特征提取的高效算法来替代手工特征提取, 并逐步组合低层特征形成更加抽象的高层表示 (属性类别或特征), 进而发现数据的分布式特征表示. 隐藏层未必都是全连接层 (fully connected layer), 图 1-22 为卷积神经网络 (Convolutional Neural Network, CNN), CNN 在隐藏层中包含了多个 "卷积层和池化层" 对, 构成 "特征提取神经网络", 进而再通过 "分类神经网络" 判别类别.

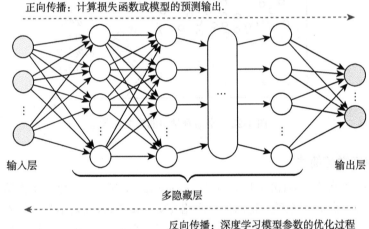

图 1-21   含有多个隐藏层的深度神经网络示意图

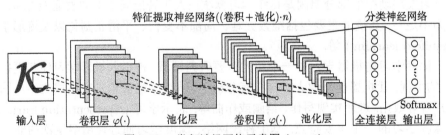

图 1-22   卷积神经网络示意图 ($n = 2$)

　　常见深度学习的典型模型还包括循环神经网络 (Recurrent Neural Network, RNN)、生成式对抗网络 (Generative Adversarial Network, GAN) 及其变体、变分自编码器 (Variational Autoencoder, VAE)、深度信念网络 (Deep Belief Network, DBN)、深度残差网络 (Deep Residual Network, DRN)、Transformer 注意力、深度强化学习 (Deep Reinforcement Learning, DRL) 等, 以及新兴的图神经网络

(Graph Neural Networks, GNN) 和元学习 (Meta-Learning, ML 也称为学会学习 Learning-to-Learn，LL) 等. 在深度学习领域, 大语言模型已成为主流, 其参数规模突破万亿级, 多模态 (支持文本、图像、语音及其交互) 成为发展方向, 且更加关注自监督学习 (Self-Supervised Learning, SSL), 减少对标注数据的依赖.

■ 1.4 过拟合与泛化性能

除模型的训练、验证、评估与选择、预测外, 机器学习的主要挑战还包括训练的数据量不足、数据不具代表性、低质量的数据、样本无关特征, 以及过拟合 (overfitting) 与欠拟合 (underfitting). 本节主要探讨过拟合.

1.4.1 过拟合

过拟合是机器学习面临的关键障碍, 表现为学习器 (模型) 把训练样本学得 "太好", 以至于把训练样本自身的一些特点 (样本数据往往存在误差, 甚至存在离群数据点) 当作了所有潜在的样本都会具有的一般性质, 导致泛化性能下降[1]. 如图 1-23 所示, 当分类模型较为复杂时 (表示为复杂的曲线), 尽管训练误差较小, 但泛化误差未必如此, 甚至更高. 图 1-24 为模型的复杂度对欠拟合与过拟合的影响, 过拟合表现出训练误差较低而泛化误差较高的特点. 从这个意义层面, 训练误差的大小不足以表示最终模型是否为最佳模型, 因为机器学习的最终目的是对未知数据的预测或基于问题的生成. 欠拟合是指对训练样本的一般性质尚未学好, 往往出现在模型训练的初期, 或者模型的选择与数据的假设不一致, 表现出训练误差和泛化误差均比较高的特点. 如采用线性分类器学习非线性可分数据集, 则无论如何训练, 也难以提升模型的泛化性能.

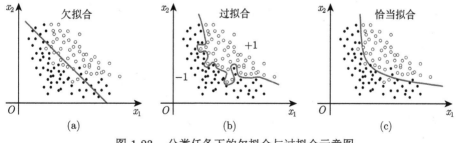

图 1-23　分类任务下的欠拟合与过拟合示意图

造成过拟合的原因有很多, 在样本问题上主要表现为样本量太少, 训练集与测试集分布不一致, 以及低质量数据; 在模型方面主要表现在优化的参数过多, 模型过于复杂. 可通过增加样本量、减少冗余特征、正则化等方法避免过拟合.

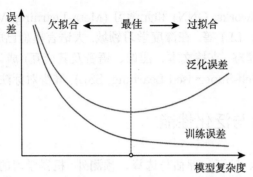

图 1-24　模型的复杂度对欠拟合与过拟合的影响

例 3　基于函数 $f(x) = 3\mathrm{e}^{-x}\sin x + 0.2\varepsilon, \varepsilon \sim N(0,1)$ 生成训练集 $\{x_i, y_i\}_{i=1}^{15}$，其中 $x_i \in [0,6]$ 等距采样，进行不同阶次的多项式曲线拟合，分析欠拟合与过拟合.

假设已知多项式最小二乘曲线拟合的闭式解 (参考第 3 章线性回归) 为 $\boldsymbol{\theta}^* = (\boldsymbol{X}^\mathrm{T}\boldsymbol{X} + \lambda\boldsymbol{I})^{-1}\boldsymbol{X}^\mathrm{T}\boldsymbol{y}$，其中 $\lambda \geqslant 0$ 为 L$_2$ 正则化系数，可有效防止过拟合. 设拟合的多项式曲线最高阶次为 $k\,(\geqslant 1)$，则 $\boldsymbol{I}_{(k+1)\times(k+1)}$ 为单位矩阵，闭式解中各符号可表示为

$$
\boldsymbol{X} = \begin{pmatrix} 1 & x_1^1 & x_1^2 & \cdots & x_1^k \\ 1 & x_2^1 & x_2^2 & \cdots & x_2^k \\ 1 & x_3^1 & x_3^2 & \cdots & x_3^k \\ \vdots & \vdots & \vdots & \ddots & \vdots \\ 1 & x_n^1 & x_n^2 & \cdots & x_n^k \end{pmatrix} = \begin{pmatrix} 1 & x'_{1,1} & x'_{1,2} & \cdots & x'_{1,k} \\ 1 & x'_{2,1} & x'_{2,2} & \cdots & x'_{2,k} \\ 1 & x'_{3,1} & x'_{3,2} & \cdots & x'_{3,k} \\ \vdots & \vdots & \vdots & \ddots & \vdots \\ 1 & x'_{n,1} & x'_{n,2} & \cdots & x'_{n,k} \end{pmatrix},
$$

$$
\boldsymbol{y} = (y_1, y_2, y_3, \cdots, y_n)^\mathrm{T}, \quad \boldsymbol{\theta} = (\theta_1, \theta_2, \cdots, \theta_k, b)^\mathrm{T},
$$

其中 $\boldsymbol{X}$ 第一列是全 1 向量，用于训练偏置项 (多项式的常数项). 算法设计如下：

```python
class  LSFitPolynomial:
    """
    最小二乘多项式拟合，首先生成样本特征数据，然后按闭式解公式拟合参数并预测
    """
    def __init__(self, k: int = 2, lambda_: float = 0.0):
        self.k = k  # 拟合的多项式的最高阶次
        self.lambda_ = lambda_  # L₂正则化系数
        self.theta = None  # 模型参数，ndarray数组，形状 (m,)

    def generate_feature_data(self, x: np.ndarray):
        """
```

根据给定的样本数据x(形状$(n,)$)和最高阶次k生成多项式特征数据
"""
```python
        return np.asarray([x ** d for d in range(self.k + 1)]).T

    def fit(self, X_train: np.ndarray, y_train: np.ndarray):
        """
        最小二乘拟合, 基于训练集(X_train, y_train)训练多项式模型
        """
        X_train = self.generate_feature_data(X_train)  # 生成样本特征数据
        if self.lambda_ == 0.0:
            self.theta = np.linalg.pinv(X_train).dot(y_train)  # 伪逆
        else:  # 增加λ正则化系数
            xtx = np.dot(X_train.T, X_train) + self.lambda_ * np.eye(X_train.shape[1])
            self.theta = np.linalg.inv(xtx).dot(X_train.T).dot(y_train)  # 公式
        return self.theta

    def predict(self, X_test: np.ndarray):
        """
        多项式模型预测 ŷ = w^T · X, 点积运算
        """
        X_test = self.generate_feature_data(X_test)  # 特征数据生成
        return np.dot(self.theta.T, X_test.T).flatten()
```

设拟合的阶次 $k \in \{1, 3, 5, 6, 7, 9, 10, 11, 13\}$, 首先根据拟合阶次生成特征数据 $\boldsymbol{X}_{n \times (k+1)}$, 然后按照闭式解求解模型 $p_k(x)$ 系数, 并基于 $p_k(x)$ 对 150 个测试数据 (等距采样) 进行预测. 图 1-25 和图 1-26 为不同阶次下多项式拟合的曲线与性能度量 (见标题信息).

(1) 欠拟合. 线性模型 $p_1(x)$ 和 3 次多项式 $p_3(x)$ 不足以拟合训练样本, 即不足以逼近真实数据的本质模型, 因为它太简单了, 甚至线性模型违反了样本数据非线性的假设, 在此情况下, 即使增加样本量, 仍不能提升模型的泛化性能. 如图 1-25(a) 和 (b) 所示, 欠拟合表现为较高的训练误差和测试误差 (近似泛化误差).

(2) 恰当模型. 从图 1-26 可以看出, 基于当前的多项式拟合模型, 5 阶多项式 $p_5(x)$ 是最佳的, 此时模型具有较好的泛化性能, 小于 5 阶或大于 5 阶, 其测试误差均比 $k = 5$ (即 $p_5(x)$) 时更大. 从图 1-25(c) 直观看出, 由于采样数据包含有噪声, 且样本数据较少, $p_5(x)$ 拟合最为恰当.

(3) 过拟合. 从 6 阶以后, 随着阶次的增加, 模型在训练样本上表现出较小的拟合误差, 如果继续增加拟合的阶次, 最终训练误差会逐渐趋于 0. 但是, 测试误差却在一直增加, 尤其是 13 阶的多项式拟合模型 $p_{13}(x)$, 无论是均方误差还是误

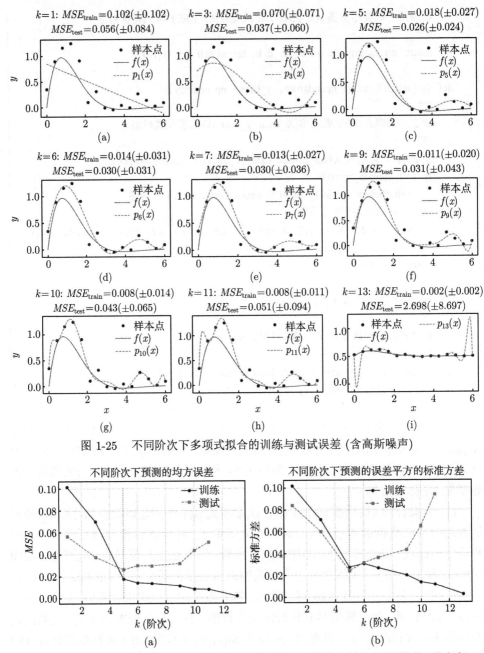

图 1-25　不同阶次下多项式拟合的训练与测试误差 (含高斯噪声)

图 1-26　训练和测试样本的均方误差 (13 阶测试 MSE 较大, 不便可视化差异, 故略去)

差平方的标准差都比较大. 故而, 高阶次模型过度拟合了训练数据, 模型学得过于好了, 以至于把训练数据的噪声当作模型的本质特征进行学习了.

若样本本身不含有任何噪声, 且满足样本的假设需求, 则不会出现过拟合现象, 且随着拟合阶次的增加, 训练误差和测试误差均逐渐趋于 0, 如图 1-27 所示. 从这个角度, 样本本身的采样质量 (采样误差) 是造成过拟合现象的主要原因. 当然欠拟合现象是存在的, 在此种情况下, 是由不合理的模型假设造成的, 解决方法就是增加模型的拟合阶次, 即增加模型的复杂度.

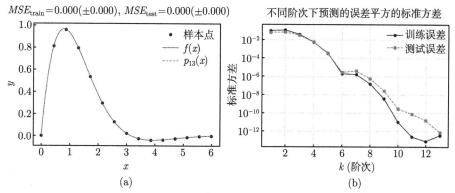

图 1-27　不同阶次下多项式拟合的训练误差与测试误差 (不含高斯噪声)

增加训练模型的样本量和对模型添加正则化项是缓解过拟合现象的有效方法, 如图 1-28 所示, 训练样本量增加到 150, 正则化系数 $\lambda = 0.1$, 则 13 阶多项式 $p_{13}(x)$ 拟合并未出现图 1-25(i) 所示的严重过拟合现象. 过拟合是机器学习的关键难题, 通常情况下, 只能缓解而难以彻底避免. 若在样本量固定的情况下, 正则化方法是缓解模型过拟合的主要方法, 同时也降低了模型的复杂度, 倾向于选择相对简单的模型.

1.4.2 偏差与方差

多数情况下, 模型学习的过程基于损失函数 (模型待优化的目标函数) 优化, 然而损失函数达到最小的模型并不一定是最优模型, 甚至根本反映不了样本的本质特征, 泛化性能是评价模型与选择模型的重要标准. 偏差–方差分解是解释学习算法泛化性能的一种重要工具[1]. 设训练集为 $\mathcal{D}$, $\boldsymbol{x} \in \mathbb{R}^{m \times 1}$ 是测试样本, $y_{\mathcal{D}}$ 是 $\boldsymbol{x}$ 在数据集中的标记, y 是 $\boldsymbol{x}$ 的真实标记, $f(\boldsymbol{x}; \mathcal{D})$ 是在训练集 $\mathcal{D}$ 上学得模型 f 在 $\boldsymbol{x}$ 上的预测输出, $\bar{f}(\boldsymbol{x}) = \mathbb{E}_{\mathcal{D}}[f(\boldsymbol{x}; \mathcal{D})]$ 是学习算法的期望预测, 则偏差–方差分解试图对学习算法的期望泛化误差进行拆解, 即泛化误差可分解为方差、偏差与噪声之和:

$$\mathbb{E}(f; \mathcal{D}) = \mathbb{E}_{\mathcal{D}}\left[(f(\boldsymbol{x}; \mathcal{D}) - y_{\mathcal{D}})^2\right]$$

$$= \mathbb{E}_{\mathcal{D}}\left[(f(\boldsymbol{x}; \mathcal{D}) - \bar{f}(\boldsymbol{x}))^2\right] + (\bar{f}(\boldsymbol{x}) - y)^2 + \mathbb{E}_{\mathcal{D}}\left[(y - y_{\mathcal{D}})^2\right]$$

$$= Var\left(\boldsymbol{x}\right) + Bias^2\left(\boldsymbol{x}\right) + \varepsilon^2. \tag{1-11}$$

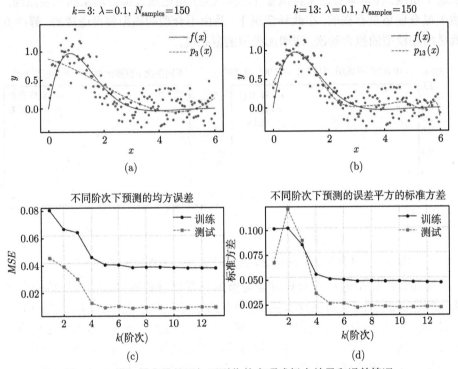

图 1-28   增加样本量并添加正则化的多项式拟合效果和误差情况

(1) 方差 $Var\left(\boldsymbol{x}\right) = \mathbb{E}_{\boldsymbol{\mathcal{D}}}\left[\left(f\left(\boldsymbol{x}; \boldsymbol{\mathcal{D}}\right) - \bar{f}\left(\boldsymbol{x}\right)\right)^2\right]$.

方差表示使用样本数相同的不同训练集所产生的方差, 通常针对多个模型. 方差度量了同样大小的训练集的变动所导致的学习性能的变化, 即刻画了数据扰动所造成的影响. 如 10 折交叉验证, 可划分样本量相同的 10 份不同的训练集, 可度量当前 10 个训练的模型的方差大小. 当方差很大时, 模型可能过于复杂, 可简化模型, 如采用正则化方法, 集成学习中采用 Bagging 算法.

(2) 偏差 $Bias^2\left(\boldsymbol{x}\right) = \left(\bar{f}\left(\boldsymbol{x}\right) - y\right)^2$.

偏差表示模型的期望输出与真实标记的差别, 度量了学习算法的期望预测与真实结果的偏离程度, 即刻画了学习算法本身的拟合能力. 偏差更多的是针对单个模型度量, 不合理的模型假设会导致较大的偏差. 当偏差很大时, 可使用复杂度高一点的模型, 如使用深度神经网络、增加隐藏层神经元结点数, 集成学习中可采用 Boosting 族算法.

(3) 噪声期望 $\varepsilon^2 = \mathbb{E}_{\boldsymbol{\mathcal{D}}}\left[\left(y_{\boldsymbol{\mathcal{D}}} - y\right)^2\right]$.

噪声表达了在当前任务上任何学习算法所能达到的期望泛化误差的下界, 即刻画了学习问题本身的难度, 是不可约的 (irreducible) 误差. 通常基于样本已有标记, 并假设样本标记与真实标记一致, 即噪声期望为零 $\mathbb{E}_{\mathcal{D}}[y_{\mathcal{D}} - y] = 0$. 实际上, 真实标记往往难以捕捉, 针对离群数据点可单独审查其真实标记.

偏差–方差分解说明, 泛化性能是由学习算法的能力、数据的充分性以及学习任务本身的难度所共同决定的. 现实中, 往往有多种学习算法可供选择, 甚至同一算法不同参数配置时, 也会产生不同模型. 理想解决方案是对候选模型的泛化误差进行评估, 然后选择泛化误差最小的模型. 给定学习任务, 为了取得好的泛化性能, 则需使偏差较小, 能够充分拟合数据, 并且方差较小, 数据扰动产生的影响小[1].

在模型训练过程中, 随着不断地迭代优化, 可能会遇到偏差与方差都很大、都很小或一大一小的四种情况, 如图 1-29 所示①, 靶心表示为样本的真实值, 实心点集表示预测值, 则第 1 行的两个图具有较高的偏差, 而第 2 列的两个图则具有较高的方差.

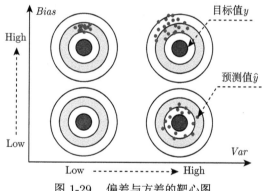

图 1-29   偏差与方差的靶心图

(1) 低偏差, 低方差: 训练的理想模型, 此时实心点集基本落在靶心范围内, 且数据离散程度小.

(2) 低偏差, 高方差: 机器学习面临的最大问题, 过拟合. 学习算法本身的拟合能力较强, 偏差较小, 但是模型的泛化性能较差, 数据扰动会造成较大的方差. 在图 1-25 中, 当模型的拟合阶次为 13 时, 表现出了较小的拟合偏差, 即在训练样本上 MSE 较小, 但是泛化性能较差, 即测试样本的 MSE 较大, 个别测试值的微小变动, 会造成较大的数据扰动. 此时, 可重复多次随机生成测试样本作为未知数据或采用交叉验证法, 测试其预测的方差大小.

---

① Scott Fortmann-Roe, Understanding the Bias-Variance Tradeoff.

(3) 高偏差, 低方差: 往往存在于训练的初始阶段; 同时, 欠拟合也会带来高的偏差, 尤其是模型假设与数据的本质关系不一致时, 表现出较高的偏差. 在图 1-25 中, 当模型的拟合阶次 $k = 1$ 时, 就表现出高偏差. 此时, 由于是最简单的线性模型, 对测试数据而言, 数据的扰动对方差的影响不会太大.

(4) 高偏差, 高方差: 训练模型最糟糕的情况, 不仅预测的准确度较差, 而且预测数据的离散程度较大.

一般来说, 偏差与方差是有冲突的, 称为偏差–方差窘境. 如图 1-30 所示. 在给定学习任务的情况下, 当训练不足时, 学习器的拟合能力较弱, 训练数据的扰动不足以使学习器产生明显变化, 此时偏差起到主要的作用; 随着学习器拟合能力的增强, 偏差越来越小, 但是任何一点数据抖动都可以被学习, 方差逐渐占据主导地位, 若训练数据自身的非全局的特性被学习到了, 那么就发生了过拟合.

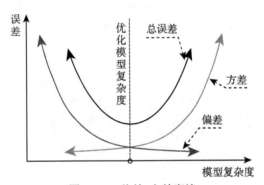

图 1-30　偏差–方差窘境

■ 1.5　习题与实验

1. 从数值计算的角度, Python 内置的列表 list 结构与 NumPy 的 ndarray 数组结构的主要区别是什么? 分别在什么情况下适用?

2. 简述 NumPy 的矢量化计算和广播原则的含义, 并举例说明, 必要时可进行编码计算.

3. 什么是欠拟合和过拟合? 当学习的模型处于欠拟合或过拟合时, 训练误差与测试误差表现如何?

4. 以感知机为例, 叙述其模型、学习准则和优化学习算法, 并形式化给出数学公式的描述.

5. 什么是机器学习? 机器学习有哪些类型? 如何理解深度学习及其与机器学习的联系与区别?

6. 通过函数 sklearn.datasets.make_blobs 生成线性可分数据集, 方法如下:

```
X, y = make_blobs(n_samples=500, n_features=2, centers =2, cluster_std=1.5,
                  random_state=42)  # 随机生成线性可分数据集
```

(1) 结合数据集划分, 训练感知机模型, 给出最终模型的具体数学形式.

(2) 改变模型参数初始化取值 (或方法), 重新训练模型, 给出所训练的感知机模型的具体数学形式.

(3) 可视化感知机的预测分类模型和混淆矩阵.

■ 1.6 本章小结

Python 是人工智能领域的首选语言. 本章首先探讨了 Python 语言及其基本语法, Python 编程思想主要基于模块化设计, 拆分复杂问题为多个简单问题, 然后综合解决复杂问题的计算, 具体实现依赖于面向对象的程序设计理念, 其中数值计算主要基于 NumPy 的面向数组的矢量化计算思想, 且遵从广播原则. 然后以机器学习中较为简单的感知机模型为例, 探讨了感知机的理论, 包括模型、学习准则和学习算法; 基于面向对象的程序设计理念对感知机进行了算法设计, 并以案例的形式对其进行了模型的学习、测试和性能分析. 接着, 讨论了机器学习的基本知识, 包括机器学习的定义、模型的训练和预测流程, 机器学习的基本分类, 学习理论等, 本书主要针对监督学习下的分类和回归任务, 以及非监督学习下的部分模型 (如聚类、GAN) 进行探讨. 此外, 深度学习作为机器学习的一种重要方法, 具有更强的表征能力和泛化能力, 是人工智能领域的研究热点, 尤其表现在计算机视觉领域和大语言模型领域. 最后, 讨论了机器学习模型训练过程中的过拟合现象, 且以多项式回归模型为例, 基于最小二乘闭式解详细设计了算法, 并结合偏差与方差分解, 解释了影响模型泛化性能的主要因素.

Scikit-learn 官网提供了感知机类 sklearn.linear_model.Perceptron, 以及普通最小二乘拟合类 sklearn.linear_model.LinearRegression, 读者可根据官网所提供的演示示例和各类属性参数和方法释义构建自己的学习模型, 对比自编码算法并进行拓展. 此外, 机器学习兼具理论和实践, 读者应面向未来, 从这两方面提高自己的学习能力.

■ 1.7 参考文献

[1] 薛薇, 等. Python 机器学习: 数据建模与分析 [M]. 北京: 机械工业出版社, 2021.

[2] Raschka S, Mirjalili V. Python 机器学习 [M]. 3 版. 陈斌, 译. 北京: 机械工业出版社, 2021.

[3] 约翰逊. Python 科学计算和数据科学应用 [M]. 2 版. 黄强, 译. 北京: 清华大学出版社, 2020.

[4] 周志华. 机器学习 [M]. 北京: 清华大学出版社, 2016.

[5] 李航. 机器学习方法 [M]. 2 版. 北京: 清华大学出版社, 2022.

[6] Géron A. 机器学习实战: 基于 Scikit-Learn、Keras 和 TensorFlow [M]. 2 版. 宋能辉, 李娴, 译. 北京: 机械工业出版社, 2020.

[7] 张伟楠, 赵寒烨, 俞勇. 动手学机器学习 [M]. 北京: 人民邮电出版社, 2023.

[8] 古德费洛, 本吉奥, 库维尔. 深度学习 [M]. 赵申剑, 黎彧君, 符天凡, 等译. 张志华, 等审校. 北京: 人民邮电出版社, 2017.

## 第 2 章

模型评估与多分类学习

对于监督学习任务, 机器学习通过训练集学习假设空间中的一个最优模型 (学习器), 对测试样本和未知数据进行判别或预测. 如图 2-1 所示, 在训练过程中, 不断利用预测值 $\hat{y}$ 与目标值 y 的误差损失 $\mathcal{L}(y, \hat{y})$ 帮助学习器进行学习, 然后利用已评估和选择的最优模型对测试样本进行预测. 然而, 对于学习器的学习、评估和选择主要面临以下困难: (1) 未知数据难以获得, 而在未知数据上的泛化能力是评价模型性能和模型选择的一个重要标准, 如何基于现有数据集划分训练集、验证集和测试集; (2) 数据集往往存在一定的噪声, 过拟合是模型学习的关键难点; (3) 对于参数化的模型, 往往存在较多的超参数 (超参数的值不是通过学习算法本身学习出来的), 如何基于现有数据集优化模型的超参数, 以及对某个超参数或超参数组合下的模型性能的度量; (4) 无论是分类、回归或聚类等任务, 在假设空间中都存在多个模型可供选择, 如何在多个模型间选择最优模型.

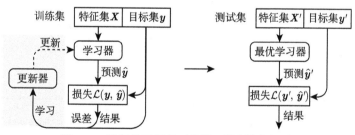

图 2-1　监督学习任务下的学习器训练与测试

■ 2.1　评估方法

机器学习以预测为目的, 然而未知数据难以获取. 通常情况下, 将数据集划分为训练集和测试集, 使得测试样本是从样本真实分布中独立同分布 (independent and identically distributed, i.i.d) 采样而得. 以分类任务为例, 使用训练集训练模型, 使用测试集来评估模型对新样本的判别能力, 以测试集上的测试误差作为泛化误差的近似.

常见的模型评估方法包括留出法、自助法、交叉验证法和模型的调参与选择. 由于尚未编码实现具体模型算法, 故本节使用 sklearn 库函数, 且以分类任务为例.

2.1.1　留出法

留出法[1](hold out, 或称旁置法) 通常适用于数据集 $\mathcal{D}$ 的样本量 n 较大的情况. 将 $\mathcal{D}$ 划分为两个互斥的集合, 即训练集 S 和测试集 T, 满足 $\mathcal{D} = S \cup T$, $S \cap T = \varnothing$. 具体操作:

(1) 分层抽样 (stratified sampling, 或称分层采样), 将比例 $2/3 \sim 4/5$ 的样本用于训练集, 剩余 $1/5 \sim 1/3$ 的样本构成测试集.

(2) 若干次随机划分 (避免重复)、重复进行实验评估后取平均值作为留出法的评估结果.

注　sklearn.model_selection.train_test_split 可实现随机划分和分层抽样.

例 1　威斯康星州乳腺癌 (诊断) 数据集.

(1) 数据集包含有 30 个特征变量, 首先采用主成分分析 (PCA) 对样本空间降维, 保留 6 个主成分 (主要综合变量), 累计贡献率约为 88.78%. 如图 2-2 所示, 从第一、第二主成分两个类别散点图 ((a) 图) 可以看出, 数据集具有线性可分性.

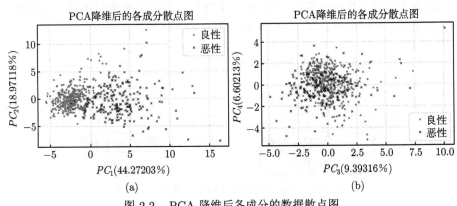

图 2-2　PCA 降维后各成分的数据散点图

(2) 分别采用逻辑回归和支持向量分类器 (SVC) 训练和预测, 随机划分 50 次, 每次划分均采用分层抽样, 测试样本划分比例为 25%, 所有模型参数均默认.

如图 2-3 所示, 数据集的划分对模型的泛化结果有一定的影响, 其预测精度有一定的扰动, 不同模型对同一数据集训练和预测的精度不一样. 通常情况下, 训练误差比泛化误差扰动要小, 这相当于复习 (训练样本训练模型) 与考试 (对训练样本测试) 采用同一张试卷, 故而训练误差不足以评估模型的性能, 且由于过拟合问题的存在, 即使 100% 的精度也难以表明模型具有较强的泛化性能.

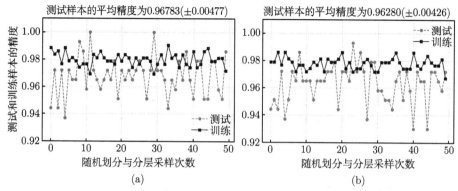

图 2-3 逻辑回归 (a) 和 SVC(b) 基于数据集多次划分的训练和预测精度

2.1.2 k 折交叉验证法

k 折交叉验证法通常用于模型调优, 即寻找最优的超参数值. 如图 2-4 所示, 先将数据集 $\mathcal{D}$ 划分为 $k\,(= 10)$ 个大小相似的互斥子集, 不放回抽样. 每个子集 $\mathcal{D}_i\,(i = 1, 2, \cdots, k)$ 都尽可能保持数据分布的一致性, 即从 $\mathcal{D}$ 中通过随机分层采样得到. 用 $k-1$ 个子集的并集作为训练集, 余下的那个子集作为测试集, 如此可获得 k 组训练 / 测试集, 从而可进行 k 次训练和测试, 最终返回 k 个测试结果的均值 (如误差 $\bar{E}$). k 常取 10, 提供了在偏差和方差之间的最佳平衡, 其他常用值为 5, 20 等.

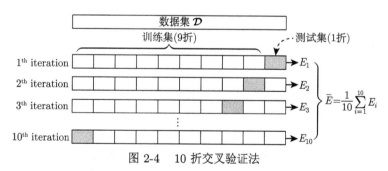

图 2-4　10 折交叉验证法

与留出法相似, 将数据集 $\mathcal{D}$ 划分为 k 个子集同样存在多种划分方式, 为减小因样本划分不同而引入的差别, k 折交叉验证通常结合随机划分且重复 p 次, 以 p 次 k 折交叉验证结果的均值作为评估结果, 常见 10 次 10 折交叉验证. 然而, 在数据量比较大时, 训练 $k \times p$ 个模型的计算开销可能是难以忍受的. 然而, 交叉验证用于评估模型的预测性能, 尤其是训练好的模型在新数据上的表现, 可以在一定程度上减小过拟合, 还可以从有限的数据中获取尽可能多的有效信息. 相对于留出法, 交叉验证法可使得模型性能的评估有较小的方差.

注　sklearn.model_selection 中的交叉验证类或函数较多, 此处仅简单说明两个常用的 API.

(1) StratifiedKFold(n_splits=5, ∗, shuffle=False, random_state=None) 实现分层抽样, 划分数据集为 n_splits 折, 返回训练集和测试集的样本索引. 对于自编算法的训练和测试, 常采用此方法, 当然也可自编码算法实现分层抽样功能.

(2) cross_val_score(estimator, X, y=None, ∗, groups=None, scoring=None, cv=None, ...) 实现交叉验证法, 返回交叉验证的评分数组 (长度等于折数).

测试集可以评估模型的泛化性能, 但要求测试集不能以任何形式参与到模型的选择中, 包括设定超参数及其调优. 如图 2-5 所示, 可将数据集 $\mathcal{D}$ 划分为三部分: 训练集 S、验证集 (validation set) V 和测试集 T, 且 $\mathcal{D} = S \cup V \cup T$, $S \cap V \cap T = \varnothing$. S 用于训练不同的模型, V 用于模型选择, 而 T 由于在模型训练和选择都没有用到, 对于模型来说是未知数据, 故可用于评估模型的泛化能力. 然而, 若数据集划分不当, 包括 S、V 和 T 的样本划分比例, 以及划分后数据的分布情况与原数据集分布情况是否一致等, 都可能导致得到不同的最优模型参数.

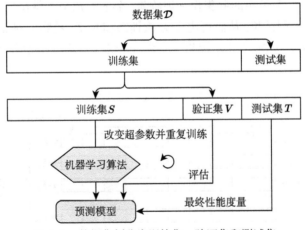

图 2-5　数据集划分为训练集、验证集和测试集

例 2　以威斯康星州乳腺癌 (诊断) 数据集为例, PCA 降维保留 10 个主成分, 采用 10 折交叉验证法对 k-近邻模型的超参数 k 进行选择, 并以最佳的超参数 k 训练模型并预测.

基于图 2-5 的划分, 将数据集划分为 75% 的训练集和 25% 的测试集, 然后基于训练集采用 10 折交叉验证选择超参数. 如图 2-6 所示, 当 $k = 9$ 时交叉验证平均精度最高, 故以 $k = 9$ 训练 k-近邻模型并对测试样本预测, 预测精度为 0.95804.

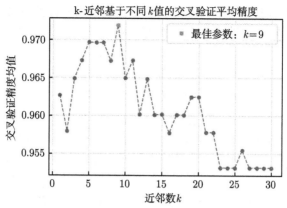

图 2-6　k-近邻交叉验证超参数选择

主要代码如下,采用了 Pipline 机制对数据集进行了标准化、PCA 降维和 k-近邻模型的封装. 需导入相应的类或方法.

```
pipe_knn = make_pipeline(StandardScaler(),  # 标准化, 使得特征变量具有相同的数量级
                PCA(n_components=10),  # 主成分分析, 降维到10个主成分
                KNeighborsClassifier())  # k-近邻模型, 默认参数设置
X_train, X_test, y_train, y_test = \
    train_test_split(X, y, test_size=0.25, random_state=1, shuffle=True, stratify=y)
k_range = range(1, 31)  # k值选择范围, 其他参数默认
cv_scores = []  # 用于存储每个k值的10折交叉验证均分
for k in k_range:
    pipe_knn.set_params(kneighborsclassifier__n_neighbors=k)  # 设置最近邻参数
    scores = cross_val_score(estimator=pipe_knn, X=X_train, y=y_train,
                cv=10, n_jobs=-1)  # 10折交叉验证
    cv_scores.append(np.mean(scores))  # 存储10折交叉验证均分
# 略去可视化代码 (图2-6). 假设已选择了最佳参数best_k, 训练k-近邻模型
pipe_knn.set_params(kneighborsclassifier__n_neighbors=best_k)  # 设置最佳参数
pipe_knn.fit(X_train, y_train)  # 训练模型
y_test_pred = pipe_knn.predict(X_test)  # 对测试样本的预测
print("Test Score is %.5f with KNN, n_neighbors = %d" %
    (accuracy_score(y_test, y_test_pred), best_k))  # 打印输出, 导入方法accuracy_score
```

2.1.3　自助法

自助法[1](bootstrapping) 以自助采样法为基础. 设数据集 $\mathcal{D} = \{(\boldsymbol{x}_i, y_i)\}_{i=1}^{n}$, 对它进行采样产生数据集 $\mathcal{D}'$. 每次随机从 $\mathcal{D}$ 中挑选一个样本, 将其拷贝放入 $\mathcal{D}'$, 然后再将该样本放回初始数据集 $\mathcal{D}$ 中, 使得该样本在下次采样时仍有可能被采

到, 这个过程重复执行 n 次, 就得到了包含 n 个样本的数据集 $\mathcal{D}'$. $\mathcal{D}$ 中有一部分样本会在 $\mathcal{D}'$ 中多次出现, 样本在 n 次采样中始终不被采到的概率是 $(1-1/n)^n$, 取极限得

$$\lim_{n\to\infty}\left(1-\frac{1}{n}\right)^n=\frac{1}{e}\approx 0.368, \tag{2-1}$$

即 $\mathcal{D}$ 中约有 36.8% 的样本未出现在采样数据集 $\mathcal{D}'$ 中. 于是可将 $\mathcal{D}'$ 用作训练集, $\mathcal{D}\backslash\mathcal{D}'$ 用作测试集. 这样, 实际评估的模型与期望评估的模型都使用 n 个训练样本, 而仍有约数据总量的 1/3 没在训练集中出现的样本用于测试, 这样的测试结果, 亦称包外估计 (out-of-bag estimate).

自助法在数据集较小、难以有效划分训练集和测试集时很有用, 并且自助法可以产生多组不同的训练集和测试集, 这对集成学习有很大帮助. 自助法的劣势在于它所产生的数据集 $\mathcal{D}'$ 会改变初始数据集的分布, 这会引入估计偏差. 在初始数据量足够时, 留出法和交叉验证法更常用一些.

例 3　以威斯康星州乳腺癌 (诊断) 数据集为例, 采用自助法采样训练集 $\mathcal{D}'$, 并重复试验 20000 次.

原数据集中正例与反例的比为 212 : 357 ≈ 0.59384, 自助采样后, 由于随机性的存在, 正例与反例的比例约为 0.66374(第 2 次为 0.57182), 可见自助法采样后的类别比例与原数据集的类别比例将不再完全一致, 但较为接近.

循环自助采样 20000 次, 大数定理表明, 当试验次数足够多时, 样本均值依概率收敛到总体均值, 故未出现在训练集中的数据比例的均值为 0.36765(第 2 次为 0.36751), 近似 1/e. 中心极限定理表明, 当样本量足够大时, 样本均值的分布近似服从正态分布, 如图 2-7 所示.

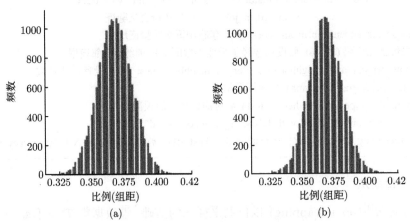

图 2-7　20000 次自助采样未被采样到的样本所占比例的直方图 (2 次结果)

2.1.4 调参与最终模型

模型在训练过程中, 往往存在较多的超参数, 参数值的设定对模型的性能将产生直接影响. 以数值超参数为例, 对每个参数选定一个取值范围和变化步长. 如图 2-8 所示, 对学习率 α 和正则化系数 λ 组合 (笛卡儿积, 包括 $\lambda = 0.0$) 产生 $10 \times 6 = 60$ 组超参数. 在组合参数中, 尽管选定的参数值不是最佳的, 但在计算开销和性能估计之间进行了折中, 使得学习过程变得可行. 基于图 2-5 数据集的划分方法, 用测试集来评估模型在实际使用时的泛化能力, 而把训练数据另外划分为训练集和验证集, 基于验证集上的性能来进行模型选择和调参. 在模型选择完成后, 学习算法和参数配置已选定, 此时再用数据集 $\mathcal{D}$ 重新训练模型, 进而得到提交给用户的最终模型.

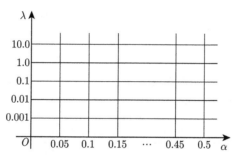

图 2-8　带有正则化的梯度下降法的超参数网格划分

sklearn.model_selection.GridSearchCV 网格搜索用于选取模型的最优超参数, 与交叉验证是相辅相成的, 将平均得分最高的超参数组合作为最佳的选择, 返回模型对象. 网格搜索是一种穷尽式的搜索方法, 当超参数个数比较多的时候, 搜索所需时间将会指数级增加. RandomizedSearchCV 可以实现随机搜索, 它不是尝试所有可能的组合, 而是通过选择每一个超参数的一个随机值的特定数量的随机组合. 实验表明, 随机搜索法结果比稀疏网格搜索法稍好.

结合交叉验证和网格搜索, 可从多个模型中选择最佳模型及其对应的参数组合. 如图 2-9 所示, 嵌套交叉验证 (nested cross-validation) 分为外循环 (outer loop) 和内循环 (inner loop). 外循环通过划分数据集, 给内循环提供训练集并保留 1 份测试集; 内循环通过交叉验证搜索模型的最佳超参数组合; 进而基于最佳超参数组合训练模型并在保留的测试集上评估; 最后聚合所有外层循环的测试结果, 计算平均性能指标. 通过嵌套交叉验证, 可以防止数据的信息泄露, 以得到相对较低的模型评分偏差, 但同时也意味着较大的计算量.

例 4　以威斯康星州乳腺癌 (诊断) 数据集为例, PCA 降维保留 6 个主成分, 以 SVC、k-近邻和决策树为学习器, 构建参数网格, 并采用嵌套 5×10 交叉验证搜索最佳学习器模型和参数组合.

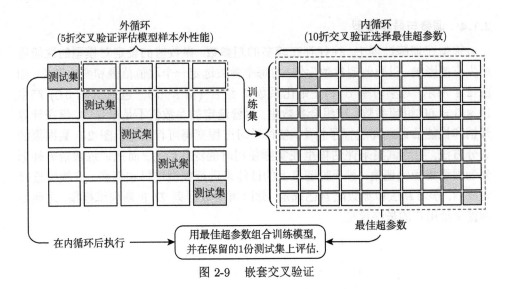

图 2-9 嵌套交叉验证

从表 2-1 的嵌套交叉验证结果可以看出, SVC 具有最好的泛化性能, 故 SVC 及其参数组合为所选最佳模型.

表 2-1 嵌套交叉验证结果

模型	外循环 (5 折交叉验证)	内循环 (10 折交叉验证)
	精度均值 ± 标准差	最佳精度均值与最佳超参数组合
SVM	0.96134 ± 0.00699	Best: 0.975407, using {'svc___C': 100, 'svc___gamma': 0.01, 'svc___kernel': 'rbf'}
k-近邻	0.95956 ± 0.01064	Best: 0.963095, using {'kneighborsclassifier___n_neighbors': 4 }
决策树	0.93319 ± 0.02128	Best: 0.945614, using {'decisiontreeclassifier___max_depth': 5 }

使用 make_pipeline 函数时, 注意各参数的前缀, 不同的算法有固定的名称, 主要代码如下.

```
pipe_svc = make_pipeline(StandardScaler(), PCA(n_components=6), SVC()) # SVC
param_range = [0.001, 0.01, 0.1, 1, 10, 100]  # 指定C与gamma参数的取值
# 生成参数网格, 参数的组合, 注意SVC模型参数的前缀
param_grid = [{"svc__C": param_range, "svc__kernel": ["linear"]},
              {"svc__C": param_range, "svc__gamma": param_range, "svc__kernel": ["rbf"]}]
# 内循环, 针对外循环的一次划分训练集, 10折交叉验证网格搜索参数
gs_svc = GridSearchCV(estimator=pipe_svc, param_grid=param_grid,
                      scoring="accuracy", cv=10, refit =True)
scores_svc = cross_val_score (gs_svc, X, y, scoring="accuracy", cv=5) # 外层, 5折
print ("SVC, CV accuracy: %.5f +/- %.5f " %(np.mean(scores_svc), np.std(scores_svc)))
gs_result = gs_svc.fit(X, y) # 执行网格搜索
```

```
print ("Best: %f, using %s" %(gs_result.best_score_,  gs_result.best_params_))
# 如下k-近邻和决策树模型仅给出参数网格, 其他代码同SVC
param_grid = [{"kneighborsclassifier__n_neighbors": [3, 4, 5, 6, 7, 8, 9, 10]},
              {"kneighborsclassifier__algorithm": ["ball_tree", "kd_tree", "brute"]}]
param_grid = [{"decisiontreeclassifier__criterion": ["gini", "entropy"]},
              {"decisiontreeclassifier__max_depth": [1, 2, 3, 4, 5, 6, 7, None]}]
```

2.1.5* Hyperopt 自动化超参数调优

网格搜索和随机搜索对模型超参数的优化能取得不错的效果, 但是需要大量运行时间去评估搜索空间中并不太可能找到最优点的区域. 贝叶斯优化是一种基于模型的用于寻找函数最小值的方法, 该方法在测试集上的表现更加优异, 需要的迭代次数小于随机搜索.

Hyperopt 库为模型选择和参数优化提供了算法和并行方案, 可把模型的选取和模型中需要调节的参数看作一组变量, 把模型的性能度量指标看作目标函数, 此即超参数的优化问题, 可使用搜索算法优化求解.

贝叶斯优化问题有四个组成部分, 使用时需导入 from hyperopt import fmin, tpe, hp, Trials.

(1) 目标函数: 欲求最小化的对象, 需自定义 f 且要区分问题是极大值还是极小值. 机器学习中, 常指带超参数模型的性能度量指标, 如回归问题的均方误差, 逻辑回归的交叉熵损失, 交叉验证法的精度等.

(2) 域空间 (参数空间): 待搜索的超参数值, 参数空间需要使用 hyperopt.hp 下的函数进行定义. 常用函数包括:

◇ hp.choice(label, options): 用于分类参数, 返回传入的列表或者数组中的一个选项. 如决策树结点的划分标准 hp.choice("criterion", ["gini", "entropy"]).

◇ hp.randint(label, upper): 用于整数参数, 返回范围 [0, upper] 内的随机整数. 如决策树的叶子结点所包含的最大特征变量数 hp.randint("max_features", 50), 则范围为 [0, 50].

◇ hp.uniform(label, low, high): 返回区间 [low, high] 上的均匀分布随机数. 如决策树的叶子结点所包含的最大样本数 hp.uniform("max_leaf_nodes", 1, 10).

◇ hp.normal(label, mu, sigma): 返回一个实值 x, 且 $x \sim N\left(\mu, \sigma^2\right)$.

(3) 优化算法: 构造代理模型和选择接下来要评估的超参数值的方法, 具体包括 Random Search, Tree of Parzen Estimators(TPE), Adaptive TPE, 并通过 hyperopt.tpe 使用三种算法.

(4) 结果的历史数据: 存储下来的目标函数评估结果, 使用类 Trials.

通过以上四个步骤, 可以对任意实值函数进行优化. 运行 Hyperopt 函数的语法结构为 fmin(fn, space, algo, max_evals, max_queue_len, trials, early_stop _fn).

例 5 采用 Hyperopt 贝叶斯优化方法求解 $f(x) = \dfrac{\sin x}{x}, x \in [-20, 20]$ 的极大值, 易知 $\lim\limits_{x \to 0} f(x) = 1$.

```
from hyperopt import fmin, tpe, hp, Trials, STATUS_OK
f_obj = lambda x: -1 * np.sin(x) / x   # 目标函数, 极大值, 故添加负号
trials = Trials()   # 初始化Trials对象
best = fmin(fn=f_obj,   # 优化的目标函数
            space=hp.uniform('x', -20, 20),   # 参数的搜索空间, 均匀分布
            algo=tpe.suggest,   # 随机搜索
            max_evals=10000,   # 评估次数
            trials = trials   # 通过Trials捕获优化过程信息
)
print(best)  # 打印输出最佳参数
xt = [trial["misc"]["vals"]["x"] for trial in trials.trials]   # 参数搜索空间的收敛性
# 略去可视化目标函数和极值点, 以及参数x的搜索空间随优化时间步 t的变化情况.
```

如图 2-10 所示, 采用随机搜索算法, 其最佳的参数为 {x: 2.65077398920159 77e−05}, 此时损失为 loss: −0.99999999988289, 由于求解极大值, 目标函数添加了负号, 故目标函数极大值接近于 1. 从 (b) 图可以看出, 初始优化时, 参数在整个指定范围均匀采样, 但随着时间步 t 的推移, 以及参数对目标函数影响信息的了解越来越多, 算法越来越关注它认为将获得最大收益的区域——接近零的范围.

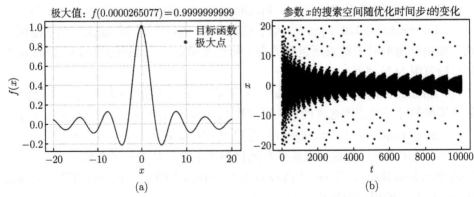

图 2-10　Hyperopt 优化结果以及参数搜索空间的收敛性

Hyperopt 可进行单个模型的参数空间的搜索, 也可进行多个模型的选择评估

以及超参组合优化.

例 6 以 sklearn 自有手写数字集为例, 该数据集每幅数字图像共 $8 \times 8 = 64$ 个像素, 构成 64 个特征变量, 10 个类别, 用数字 0 到 9 表示类别. (图 2-11 为前 20 幅数字图像.)

图 2-11　手写数字集前 20 幅数字图像

选择朴素贝叶斯、k-近邻、SVM 和随机森林四种模型, 构造四种模型的参数搜索空间, 采用 Hyperopt 优化方法并结合 10 折交叉验证法评估和选择模型, 并对测试样本进行预测.

主要代码如下, 略去数据的加载与标准化, 以及可视化代码.

```python
X_train, X_test, y_train, y_test = \
    train_test_split(X, y, test_size=0.20, random_state=0, shuffle=True, stratify=y)

def hyperopt_cross_val_train(params):
    """
    贝叶斯优化算法, 基于超参数params训练模型, 并进行交叉验证评估
    :param params: 基于hyperopt选择的参数
    """
    t = params["type"]    # 获取要训练的模型类型
    del params["type"]    # 删除参数组合字典中的type项, 因其不属于模型参数
    if t == "naive_bayes":    # 朴素贝叶斯
        clf = BernoulliNB(**params)  # 使用关键字参数收集, params前带有两个*号
    elif t == "svm": clf = SVC(**params) # 支持向量机
    elif t == "random_forest": clf = RandomForestClassifier(**params)  # 随机森林
    elif t == "knn": clf = KNeighborsClassifier(**params) # k-近邻
    else: return 0
    return cross_val_score(clf, X_train, y_train, cv=10).mean()  # 返回交叉验证均值

# 参数的搜索空间, 四个模型
space = hp.choice("classifier_type", [
    # 朴素贝叶斯, alpha为(Laplace/Lidstone)平滑系数
    {"type": "naive_bayes", "alpha": hp.uniform("alpha", 0.0, 2.0)},
    # SVM: 核函数kernel, 正则化系数C, 针对rbf核函数的gamma参数
    {"type": "svm", "C": hp.uniform("C", 0.0, 100.0),
     "kernel": hp.choice("kernel", ["linear", "rbf"]),
```

```
    "gamma": hp.uniform("gamma", 0.0, 20.0)},
    # 随机森林: 深度、特征数、评估器的个数、结点划分标准
    {"type": "random_forest", "max_depth": hp.choice("max_depth", range(1, 10)),
     "max_features": hp.choice("max_features", range(1, 10)),
     "n_estimators": hp.choice("n_estimators", range(1, 40)),
     "criterion": hp.choice("criterion", ["gini", "entropy"])},
    # k-近邻: 近邻数和算法
    {"type": "knn", "n_neighbors": hp.choice("n_neighbors", np.arange(3, 21)),
     "algorithm": hp.choice("algorithm", ["ball_tree", "kd_tree"])}])


count, best = 0, 0.0  # 评估次数, 以及最佳交叉验证的评分均值
scores_nb, scores_svm, scores_rf, scores_knn = [], [], [], []


def obj_f(params):  # 目标函数
    global best, count  # 全局变量
    count += 1  # 评估次数加一
    acc = hyperopt_cross_val_train(params.copy())  # 训练模型, 获得交叉验证精度
    if params["type"] == "svm": scores_svm.append([count, acc])
    elif params["type"] == "naive_bayes": scores_nb.append([count, acc])
    elif params["type"] == "random_forest": scores_rf.append([count, acc])
    elif params["type"] == "knn": scores_knn.append([count, acc])
    if acc > best:  # 截止到目前时间步, 最佳的参数
        print("new best: %.15f, using: %s" % (acc, params))
        best = acc  # 最佳的交叉验证精度
    print("iters: %d, acc: %.15f, using: %s" % (count, acc, params))
    return {"loss": -acc, "status": STATUS_OK}


# 调用函数, 执行Hyperopt进行1500个时间步的优化选择
best_model = fmin(obj_f, space, algo=tpe.suggest, max_evals=1500, trials=Trials())
print("best:", best_model)  # 打印最佳模型信息
# 已知最佳模型为SVM, 以最佳参数重新训练模型, 并对测试数据进行预测
best_model["kernel"] = "linear"
del best_model["classifier_type"]  # 删除SVM中无效参数
clf = SVC(**best_model)  # 最优参数组合
clf.fit(X_train, y_train)  # 最佳参数训练
print("The best params of SVC, the test score is %.5f" % clf.score(X_test, y_test))
```

　　如图 2-12 所示, (b) 图用离散点仅标记评估值大于 0.85 的各模型交叉验证精度. 朴素贝叶斯 (NB) 模型对于各参数优化较为平稳. k-近邻 (KNN) 对于不同的近邻数与不同算法的交叉验证精度差异较小, 且整体要比朴素贝叶斯精度更

高. 随机森林 (RF) 对于评估器的数量以及各参数的组合较为敏感, 一是交叉验证精度均值较为离散, 二是优化的参数较多, Hyperopt 对其选择优化的概率较低 (约 10% 的概率被选中), 故可单独对随机森林进行优化选择与评估, 做进一步分析. 从优化过程信息 Trials 中 (打印输出) 可以观察出, 基于当前的超参数取值优化, 支持向量机 (SVM) 采用 "rbf" 核函数的验证精度较低 ((a) 图中最下方的散点), 而 "linear" 核函数验证精度较高 (手写数字集为线性可分数据集), 且随着时间步的推进, 越来越倾向于对 SVM 进行参数选择和模型评估. 结果选择的最佳模型参数为 {'C': 0.02676184407225151, 'gamma': 7.093658117551867, 'kernel': 'linear'}, 其中 "gamma" 参数对于线性核函数不起作用, 10 折交叉验证精度均值为 0.98540. 以此最佳参数训练模型, 测试样本的精度为 0.98333.

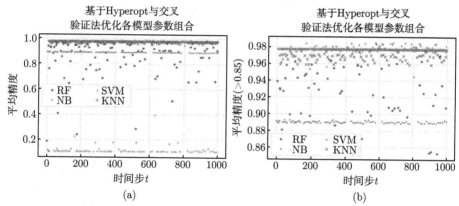

图 2-12　基于 Hyperopt 和交叉验证法的模型评估和选择

■ 2.2　性能度量

性能度量[1](performance measure) 是衡量模型泛化能力的评价标准, 反映了任务需求. 使用不同的性能度量往往会导致不同的评判结果. 什么样的模型是 "好" 的, 不仅取决于算法和数据, 还取决于任务需求.

2.2.1　性能度量指标

设数据集 $\mathcal{D} = \{(\boldsymbol{x}_i, y_i)\}_{i=1}^n$, 学习器 f 的预测结果 $f(\boldsymbol{x})$. 均方误差 (Mean Squared Error, MSE) 是回归任务最常用的性能度量指标, 可以看作经验分布和高斯分布之间的交叉熵. MSE 可以评价数据的变化程度, 其值越小, 说明预测模型描述实验数据具有更好的精确度, 定义为预测值与真值之差平方的期望值

$$\mathbb{E}(f; \mathcal{D}) = \frac{1}{n} \sum_{i=1}^n (f(\boldsymbol{x}_i) - y_i)^2. \tag{2-2}$$

针对分类任务, 分类错误率与精度 (accuracy) 分别定义为

$$\mathbb{E}(f;\boldsymbol{D}) = \frac{1}{n}\sum_{i=1}^{n}\mathbb{I}(f(\boldsymbol{x}_i) \neq y_i), \tag{2-3}$$

$$acc(f;\boldsymbol{D}) = \frac{1}{n}\sum_{i=1}^{n}\mathbb{I}(f(\boldsymbol{x}_i) = y_i) = 1 - \mathbb{E}(f;\boldsymbol{D}), \tag{2-4}$$

其中 $\mathbb{I}(\cdot)$ 为指示函数 (indicator function).

对于分类任务, 精度尽管常用且计算简单, 但不能满足所有任务需求. 例如在推荐系统中, 只关心推送给用户的内容用户是否感兴趣, 或者说所有用户感兴趣的内容我们推送了多少. 对于二分类问题, 可将样本根据其真实类别 y 与预测类别 $\hat{y}$ 的组合划分为真正例 (True Positive, TP)、假正例 (False Positive, FP)、真反例 (True Negative, TN) 和假反例 (False Negative, FN) 四种情况, 显然 $TP + FP + TN + FN = n$, 分类结果的混淆矩阵 (confusion matrix) 如表 2-2 所示.

表 2-2　二分类结果的混淆矩阵

真实情况 y	预测结果 $\hat{y}$	
	正例	反例
正例	TP(真正例)	FN(假反例)
反例	FP(假正例)	TN (真反例)

基于混淆矩阵, 式 (2-4) 的精度又可表示为

$$acc = \frac{TP + TN}{TP + TN + FP + FN}. \tag{2-5}$$

查准率 (Precision, P) 与查全率 (Recall, R) 的计算公式可表示为

$$P = \frac{TP}{TP + FP}, \quad R = \frac{TP}{TP + FN}. \tag{2-6}$$

查准率表示在模型预测是正例的所有结果 $(TP+FP)$ 中, 模型预测正确 (TP) 的比重, 查全率表示在真实值是正例的所有结果 $(TP+FN)$ 中, 模型预测正确 (TP) 的比重. 前例的推荐系统中, 推送给用户的内容即为推荐系统的预测, 用户感兴趣的内容即为真实情况, 则推送给用户的内容用户是否感兴趣, 即为查准率, 而所有用户感兴趣的内容我们推送了多少, 即为查全率.

具体为不同的情形, 查准率和查全率的倾向性不同. 查准率可形象表述为 "宁愿漏掉, 不可错杀", 如垃圾邮件判别器倾向于查准率, 希望识别出的垃圾邮件在

真实情况下是垃圾邮件, 而不希望正常邮件被误杀, 否则会造成严重的困扰. 查全率可形象表述为 "宁愿错杀, 不可漏掉", 如在金融风控领域中倾向于查全率, 希望系统能够筛选出所有有风险的行为或用户, 然后交给人工鉴别, 漏掉一个可能造成灾难性后果. 查准率和查全率是一对矛盾量, 一般来说查准率高时, 查全率往往偏低; 而查全率高时, 查准率往往偏低. 追求高查全率时, 被预测为正例的样本数就偏多, 极端情况是将所有样本都预测为正例, 则查全率为 100%; 追求高查准率时, 只将有把握的样本预测为正例, 则会漏掉一些正例样本, 使得查全率降低, 极端情况是只选择最有把握的一个样本预测为正例, 则查准率为 100%.

2.2.2 P-R 曲线

P-R(Precision-Recall) 曲线是描述查准率、查全率变化的曲线, 如图 2-13 所示[1]. P-R 曲线的绘制方法: 根据模型的预测结果 (一般为一个实值或概率) 对测试样本进行排序, 将最可能是 "正例" 的样本排在前面, 最不可能是 "正例" 的排在后面, 按此顺序逐个把样本作为 "正例" 进行预测, 显然, 排序在该样本之前的样本都会判断为正, 排在该样本之后的样本都会被判断为负, 则每次计算出当前的 P 和 R 值, 形成坐标点集 $\{(P_i, R_i)\}_{i=1}^{n}$, 进而绘制 P-R 曲线.

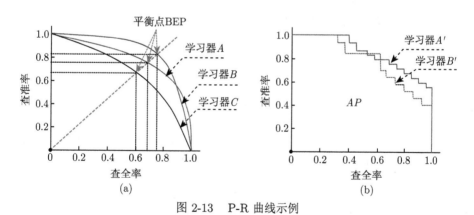

图 2-13　P-R 曲线示例

P-R 曲线的评估方法: (a) 图中, 若学习器 C 的 P-R 曲线被另一个学习器 A 的 P-R 曲线完全包住, 则称 A 的性能优于 C. 若 A 和 B 的曲线发生了交叉, 则谁的曲线下的面积大, 谁的性能更优. 但一般来说, 曲线下的面积是很难进行估算, 但仍可采用数值积分的方法计算, 如右矩形面积. 记 P-R 曲线下的面积为 AP(Average Precision), 公式表示为

$$AP = \sum_{k=2}^{n} (R_k - R_{k-1}) P_k. \tag{2-7}$$

此外, 可通过 "平衡点" (Break-Event Point, BEP) 比较模型的性能, 即当 $P = R$ 时的取值, 平衡点的取值越高, 性能更优. 在实际任务中, 由于数据集包含有限个测试样本, 故常见的 P-R 曲线并非光滑曲线, 而是类似于 (b) 图的阶梯折线形式, 折线也不一定平行 (从左到右) 下降 (从上到下) 连接而成.

例 7   设有 20 个样本, 采用某学习器预测为正例的概率已知, 且已按照预测概率降序排列, 如表 2-3 所示, 试绘制 P-R 曲线. 其中 0 表示正例, 1 表示负例.

表 2-3   样本的真实标记与模型预测为正例的概率

样本编号	1	2	3	4	5	6	7	8	9	10
真实标记	0	0	0	0	0	0	0	1	0	1
预测正例概率	0.978	0.891	0.845	0.826	0.816	0.812	0.671	0.575	0.543	0.425
样本编号	11	12	13	14	15	16	17	18	19	20
真实标记	1	1	1	0	1	1	1	1	1	1
预测正例概率	0.278	0.274	0.219	0.209	0.185	0.171	0.136	0.121	0.108	0.004

假设第 1 个样本为正例, 则预测概率大于等于 0.978 时判断为正例 (此时的查准率很高, 但查全率很低), 小于 0.978 时均判断为负例, 则 TP, FN, FP 和 TN 分别为 1, 8, 0 和 11, 可计算查准率和查全率为

$$P = \frac{TP}{TP + FP} = \frac{1}{1 + 0} = 1.000, \quad R = \frac{TP}{TP + FN} = \frac{1}{1 + 8} \approx 0.111.$$

假设第 2 个样本为正例, 则预测概率大于等于 0.891 时判断为正例, 则 TP, FN, FP 和 TN 分别为 2, 7, 0 和 11, 可计算查准率和查全率分别为 1.000 和 0.222. 依次类推, 可得每个样本以正例概率为阈值时的查准率和查全率, 如表 2-4 所示 (保留 2 位小数). 基于此表, 可视化 P-R 曲线如图 2-14(a) 所示.

表 2-4   每个样本以正例概率为阈值时的 (P, R)

1	2	3	4	5	6	7
(1.00, 0.11)	(1.00, 0.22)	(1.00, 0.33)	(1.00, 0.44)	(1.00, 0.56)	(1.00, 0.67)	(1.00, 0.78)
8	9	10	11	12	13	14
(0.88, 0.78)	(0.89, 0.89)	(0.80, 0.89)	(0.73, 0.89)	(0.67, 0.89)	(0.62, 0.89)	(0.64, 1.00)
15	16	17	18	19	20	
(0.60, 1.00)	(0.56,1.00)	(0.53,1.00)	(0.50,1.00)	(0.47,1.00)	(0.45,1.00)	

统计学中, 调和平均数 $\bar{F}$、几何平均数 $\bar{G}$ 和算术平均数 $\bar{X}$ 之间的关系可表示为 $\bar{F} \leqslant \bar{G} \leqslant \bar{X}$. 调和平均数受极端值影响较大, 更适合评价不平衡数据的分类

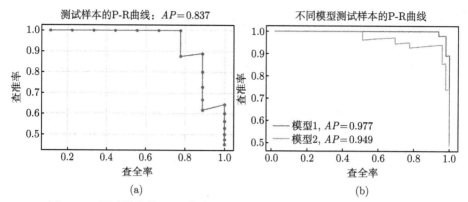

图 2-14   测试样本的 P-R 曲线 ((b) 图为 100 个样本随机测试示例效果)

问题. 如三个学习器的 (P, R) 值分别为 $(0.5, 0.4)$, $(0.7, 0.1)$ 和 $(0.02, 1)$, 则算术平均数分别为 $0.45, 0.4$ 和 0.51, 几何平均数分别为 $0.447, 0.265$ 和 0.141, 而调和平均数分别为 $0.444, 0.175$ 和 0.0392. 从中可以看出, 调和平均数对极端值较为重视, 因为学习器 3 的查准率极低, 模型性能表现极差, 其调和平均数为 0.0392, 而算术平均与几何平均相对调和平均表现不佳.

故而, 综合考察查准率 P 和查全率 R, 最常见的方法就是 $F\text{-}score$, 即 P 和 R 的加权调和平均[7]

$$F_{\beta} = \cfrac{1}{\cfrac{1}{1+\beta^2} \cdot \cfrac{1}{P} + \cfrac{\beta^2}{1+\beta^2} \cdot \cfrac{1}{R}} = \frac{(1+\beta^2) \times P \times R}{(\beta^2 \times P) + R}, \tag{2-8}$$

其中 $\beta > 0$ 度量了查全率对查准率的相对重要性. F_{β} 的物理意义就是将 P 和 R 合并为一个分值, 在合并的过程中, 查全率的权重是查准率的 β 倍. $\beta = 1$ 时退化为标准的 F_1, $\beta > 1$ 时查全率有更大影响; $\beta < 1$ 时查准率有更大影响. 特别地, F_1 是 P 和 R 的调和平均, 当 F_1 较高时, 学习器的性能越好. F_1 能表达出对查准率、查全率的不同偏好, 计算公式为

$$F_1 = \frac{2 \times P \times R}{P + R} = \frac{2 \times TP}{n + TP - TN}. \tag{2-9}$$

对于多分类问题, 假设类别数为 K, 则可转化为 K 个二分类问题, 即每一个类别独成一类, 而其他 $K-1$ 个类别合并为一类, 然后在 K 个二分类混淆矩阵上综合考察查准率和查全率. 一种直接的做法是先在各混淆矩阵上分别计算出查准率和查全率, 记为 $(P_k, R_k), k = 1, 2, \cdots, K$, 再计算平均值, 得到"宏查准

率"(macro-P)、"宏查全率"(macro-R) 和 "宏 F_1"(macro-F1) 的计算公式

$$P_{\text{macro}} = \frac{1}{K}\sum_{k=1}^{K}P_k, \quad R_{\text{macro}} = \frac{1}{K}\sum_{k=1}^{K}R_k, \quad F_{1,\text{macro}} = \frac{2 \times P_{\text{macro}} \times R_{\text{macro}}}{P_{\text{macro}} + R_{\text{macro}}}.$$

$$(2\text{-}10)$$

第二种做法是先将各混淆矩阵的对应元素进行平均, 得到 TP、FN、FP 和 TN 的平均值, 再基于这些平均值计算出 "微查准率"(micro-P), "微查全率"(micro-R) 和 "微 F_1"(micro-F1)

$$P_{\text{micro}} = \frac{\overline{TP}}{\overline{TP} + \overline{FP}}, \quad R_{\text{micro}} = \frac{\overline{TP}}{\overline{TP} + \overline{FN}}, \quad F_{1,\text{micro}} = \frac{2 \times P_{\text{micro}} \times R_{\text{micro}}}{P_{\text{micro}} + R_{\text{micro}}}.$$

$$(2\text{-}11)$$

如果每个类别的样本数量相差不多, 较为平衡, 则 "宏" 指标和 "微" 指标差异不大; 如果每个类别的样本数量差异很大, "微" 指标能反映样本量的影响; 如果 "微" 指标大大低于 "宏" 指标, 那么检查样本量多的类来确定指标表现差的原因; 如果 "宏" 指标大大低于 "微" 指标, 那么检查样本量少的类来确定指标表现差的原因.

2.2.3　ROC 曲线

很多模型将测试样本的预测结果表示为一个实值或概率, 然后将这个预测值与一个分类阈值进行比较, 若大于阈值则分为正类, 否则为反类[1]. 例如, 逻辑回归、神经网络在二分类情况下结合 Sigmoid 激活函数将预测值与阈值 0.5 比较. 阈值设置的好坏, 直接决定了学习器的泛化能力. 若将这些实值排序, 则排序的好坏决定了学习器的性能高低. 理想情况下, 在两个类别分布之间设定一个阈值, 能够完美正确地预测样本类别. 然而现实情况下, 正例和反例的分布存在重叠, 如图 2-15 所示, 在重叠区间, 任何判断都存在错误的可能, 而重叠部分的大小就成了评价学习器好坏的关键, 间接确定了阈值的好坏, 决定了学习器的泛化能力.

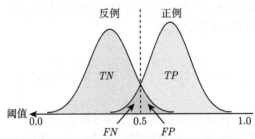

图 2-15　二分类情况下学习器预测的概率分布图

在不同的学习任务中, 可根据任务需求采用不同的阈值. 例如, 若更重视 "查

准率", 则可以把阈值设置得大一些, 让分类器的预测结果更有把握; 若更重视 "查全率", 则可以把阈值设置得小一些, 让分类器预测出更多的正例. 因此, 阈值设置的好坏, 体现了综合考虑模型在不同任务下的泛化性能的好坏[1]. ROC(Receiver Operating Characteristic) 曲线是从阈值选取角度出发来研究学习器泛化性能的有力工具, 全称为 "受试者工作特征" 曲线. ROC 曲线与 P-R 曲线相似, 都是按照排序的顺序逐一按照正例概率预测, 不同的是 ROC 曲线以 "真正例率"(True Positive Rate, TPR) 为纵轴, 横轴为 "假正例率"(False Positive Rate, FPR), 计算公式分别为

$$TPR = \frac{TP}{TP+FN}, \quad FPR = \frac{FP}{TN+FP}. \tag{2-12}$$

图 2-16 为 ROC 曲线示例[1], (a) 图中, $(0,0)$ 表示将所有的样本预测为负例, $(1,1)$ 则表示将所有的样本预测为正例, $(0,1)$ 表示正例全部出现在负例之前的理想情况, $(1,0)$ 则表示负例全部出现在正例之前的最差情况. 现实中的任务通常都是有限个测试样本, 因此只能绘制出近似 ROC 曲线, 如 (b) 图所示.

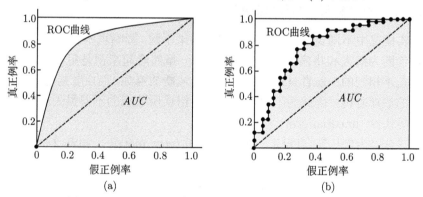

图 2-16　ROC 曲线与 AUC 以及有限样本的 ROC 曲线

ROC 曲线的绘制方法:

(1) 给定 n^+ 个正例和 n^- 个反例, 根据分类器的预测结果 (概率) 对样本进行排序, 然后把分类阈值设为最大, 即把所有样本均预测为反例, 此时真正例率和假正例率均为 0, 在坐标 $(0,0)$ 处标记一个点.

(2) 将分类阈值依次设为每个样本的预测值, 即依次将每个样本划分为正例.

(3) 设前一个标记点坐标为 (x,y), 当前样本若为真正例, 则对应标记点的坐标为 $\left(x, y+\frac{1}{n^+}\right)$; 当前样本若为假正例, 则对应点的坐标为 $\left(x+\frac{1}{n^-}, y\right)$.

(4) 用线段依次连接所标记的坐标点, 即得 ROC 曲线.

ROC 曲线在对不同学习器性能比较时与 P-R 曲线的情形类似. ROC 曲

线下的面积定义为 AUC(Area Under ROC Curve), 即 ROC 曲线下每一个小矩形的面积之和. 假设 ROC 曲线是由坐标为 $\{(x_i, y_i)\}_{i=1}^n$ 的点按序连接而成 ($x_1 = 0, x_n = 1$), 则 AUC 可估算为

$$AUC = \frac{1}{2}\sum_{i=1}^{n-1}(x_{i+1} - x_i)(y_i + y_{i+1}).\tag{2-13}$$

易知, AUC 越大, 表明排序的质量越好. AUC 为 1 时, 表明所有正例排在了负例的前面, AUC 为 0 时, 所有的负例排在了正例的前面.

ROC 曲线能很容易地查出任意阈值对学习器的泛化性能影响, 有助于选择最佳的阈值. ROC 曲线越靠近左上角, 学习器的查全率就越高. 最靠近左上角的 ROC 曲线上的点是分类错误最少的最好阈值, 其假正例和假反例总数最少. 对不同模型的性能比较时, 可将各个学习器的 ROC 曲线绘制到同一坐标系中, 靠近左上角的 ROC 曲线所代表的学习器准确性最高, 不易直观判别时, 可借助于 AUC.

2.2.4* 代价敏感错误率与代价曲线

现实情况中不同类型的错误所造成的结果不同, 影响也不尽相同. 如将健康的患者诊断为病人和将病人诊断为健康的人, 虽然看起来都是犯了一次错误, 但是影响是不相同的. 前者只是增加了再一次诊断的麻烦, 而后者则会导致病人错过最佳的治疗时机. 因此为了权衡不同类型错误所造成的不同损失, 可为错误赋予非均等代价 (unequal cost)[7].

以二分类为例[1,6], 可设定一个代价矩阵 (cost matrix), 如表 2-5 所示, 其中 $cost_{ij}$ 表示将第 i 类样本预测为第 j 类样本的代价. 一般来说, $cost_{ii} = 0$; 若将第 0 类判别为第 1 类所造成的损失更大, 则 $cost_{01} > cost_{10}$; 损失程度相差越大, $cost_{01}$ 与 $cost_{10}$ 值的差别越大. 此时的代价敏感 (cost-sensitive) 错误率定义为

$$\mathbb{E}(f; \mathcal{D}; cost) = \frac{1}{n}\left\{\sum_{\boldsymbol{x}_i \in \mathcal{D}^+}\mathbb{I}(f(\boldsymbol{x}_i) \neq y_i)\times cost_{01} + \sum_{\boldsymbol{x}_i \in \mathcal{D}^-}\mathbb{I}(f(\boldsymbol{x}_i) \neq y_i)\times cost_{10}\right\}.\tag{2-14}$$

若 $cost_{ij}$ 中的 i,j 取值不限于 0,1, 则可定义多分类任务的代价敏感性能度量.

表 2-5　二分类问题的代价矩阵

真实类别	预测类别	
	第 0 类	第 1 类
第 0 类	0	$cost_{01}$
第 1 类	$cost_{10}$	0

在非均等代价下, ROC 曲线不能直接反映出学习器的期望总体代价, 而 "代价曲线"(cost curve) 则可达到该目的. 代价曲线图的横轴是取值范围为 [0, 1] 的正例概率代价 (误分类代价)

$$P\left(+\right)cost = \frac{p \times cost_{01}}{p \times cost_{01} + (1-p) \times cost_{10}},\qquad(2\text{-}15)$$

其中 p 是样本为正例的概率; 纵轴是取值范围为 [0, 1] 的归一化代价

$$cost_{\mathrm{norm}} = \frac{FNR \times p \times cost_{01} + FPR \times (1-p) \times cost_{10}}{p \times cost_{01} + (1-p) \times cost_{10}},\qquad(2\text{-}16)$$

其中 FNR 为假反例率, 且 $FNR = 1 - TPR$. 分子 $FNR \times p \times cost_{01} + FPR \times (1-p) \times cost_{10}$ 表示非均等情况下一个学习器的期望代价 (取 p 阈值), 分母 $p \times cost_{01} + (1-p) \times cost_{10}$ 表示最大的期望代价, 此时所有测试样本均判断错误.

由式 (2-15) 改写式 (2-16) 可得

$$cost_{\mathrm{norm}} = FNR \times P\left(+\right) + FPR \times (1 - P\left(+\right)).\qquad(2\text{-}17)$$

代价曲线的绘制[1]: 如图 2-17 所示, ROC 曲线上的每一点对应了代价平面上的一段线段. 设 ROC 曲线上每一点的坐标为 (FPR, TPR), 则可计算出相应的 FNR, 然后在代价平面上绘制一条从 $(0, FPR)$ 到 $(1, FNR)$ 的线段, 学习器的期望总体代价是其所有的线段围成的公共面积. 期望总体代价越小, 学习器的泛化性能越高.

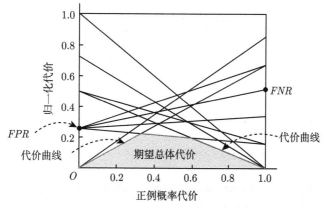

图 2-17　代价曲线与期望总体代价

2.2.5   性能度量算法设计

算法实现功能: 各种性能度量指标的计算, 构造混淆矩阵和分类报告, 可视化混淆矩阵、P-R 曲线、ROC 曲线、代价曲线, 以及 AP、AUC 和期望总体代价的近似估算. 此外, 算法包括二分类任务和多分类任务, 其中多分类采用 "宏" 指标.

```python
# file_name: performance_metrics.py
class ModelPerformanceMetrics:
    """
    模型性能度量类: 包括二分类和多分类各性能度量指标计算和可视化
    """
    def __init__(self, y_true: np.ndarray, y_prob: np.ndarray):
        """
        :param y_true: 样本的真实类别, 如果为二分类任务, 则必须为0和1
        :param y_prob: 样本的预测类别概率
        """
        self.y_true = np.asarray(y_true, dtype=np.int64)  # 类型转换, 指定数据类型
        self.y_prob = np.asarray(y_prob, np.float64)  # 类型转换, 指定数据类型
        self.n_samples, self.n_class = self.y_prob.shape  # 样本量和类别数
        if self.n_class > 2:  # 多分类
            self.y_true = self.__label_one_hot()  # 目标值进行One-Hot编码
        else: self.y_true = self.y_true.reshape(-1)
        self.cm = self.cal_confusion_matrix()  # 计算混淆矩阵

    def __label_one_hot(self):
        """
        对真实类别标签进行One-Hot编码, 编码后的维度与模型预测的概率维度一致
        """
        y_label = np.zeros((self.n_samples, self.n_class), dtype=np.int64)
        for i in range(self.n_samples):
            y_label[i, self.y_true[i]] = 1  # 当前类别所对应的列(类别)为1, 其余为0
        return y_label

    def cal_confusion_matrix(self):
        """
        计算并构建混淆矩阵, 并返回confusion_matrix
        """
        confusion_matrix = np.zeros((self.n_class, self.n_class), dtype=np.int64)
        for i in range(self.n_samples):
            idx = np.argmax(self.y_prob[i, :])  # 最大概率所对应的索引, 即为类别
            if self.n_class == 2:
```

```
                idx_true = self.y_true[i]  # 第i个样本的真实类别
            else:  # One-Hot编码后, 对应类别1所在列索引
                idx_true = np.argmax(self.y_true[i, :])
            if idx_true == idx:
                confusion_matrix[idx, idx] += 1  # 预测正确, 则在对角线元素位置加1
            else:
                # 根据混淆矩阵, 行角度表示真实情况, 列角度表示模型预测结果,
                # 若预测错误, 则在真实类别行预测错误列加1
                confusion_matrix[idx_true, idx] += 1
    return confusion_matrix

def cal_classification_report(self, target_names: list = None):
    """
    计算并构造分类报告, 返回具有DataFrame结构的分类报告
    :param target_names: 指定类别名称, 未指定(None), 则默认为0, 1, 2, …
    """
    precision = np.diag(self.cm) / np.sum(self.cm, axis=0)  # 查准率
    recall = np.diag(self.cm) / np.sum(self.cm, axis=1)  # 查全率
    f1_score = 2 * precision * recall / (precision + recall)  # F1调和平均
    support = np.sum(self.cm, axis=1, dtype=np.int64)  # 各个类别的支持样本量
    support_all = np.sum(support)  # 总的样本量
    accuracy = np.sum(np.diag(self.cm)) / support_all  # 准确率
    p_m, r_m = precision.mean(), recall.mean()
    macro_avg = [p_m, r_m, 2 * p_m * r_m / (p_m + r_m)]  # 宏指标
    weight = support / support_all  # 以各类别样本量所占总样本量比例为权重
    weighted_avg = [np.sum(weight * precision), np.sum(weight * recall),
                    np.sum(weight * f1_score)]
    # =====================构造分类报告=====================
    metrics_1 = pd.DataFrame(np.array([precision, recall, f1_score, support]).T,
                    columns=["precision", " recall", "f1-score", "support"])
    metrics_2 = pd.DataFrame([["", "", "", ""], ["", "", accuracy, support_all],
                    np.hstack([macro_avg, support_all]),
                    np.hstack([weighted_avg, support_all])],
                    columns=["precision", " recall", "f1-score", "support"])
    c_report = pd.concat([metrics_1, metrics_2], ignore_index=False)
    if target_names is None:  # 类别标签未传参, 则默认类别标签为0, 1, 2, …
        target_names = [str(i) for i in range(self.n_class)]
    else:
        target_names = list(target_names)
    target_names.extend(["", "accuracy", "macro_avg", "weighted avg"])
```

```
        c_report.index = target_names  # 设置行索引名称
        return  c_report


    @staticmethod
    def __sort_by_positive(y_prob: np.ndarray):
        """
        按照预测为正例的概率对y_prob进行降序排列, 并返回排序的索引向量
        """
        return  np.argsort(y_prob)[::-1]  # 降序排列索引


    def precision_recall_metrics(self):
        """
        Precision和Recall指标, 计算各坐标点的值pr_array并返回, 用于可视化P-R曲线
        """
        # 定义pr_array, 存储每个样本预测概率作为阈值时的 P和R 指标
        pr_array = np.zeros((self.n_samples, 2))
        if self.n_class == 2:  # 二分类
            idx = self.__sort_by_positive(self.y_prob[:, 0]) # 降序排列索引
            y_true = self.y_true[idx]  # 真值类别标签按照排序索引进行排序
            # 对每个样本, 把预测概率作为阈值, 计算各指标
            for i in range(self.n_samples):
                tp, fn, tn, fp = self.__cal_sub_metrics__(y_true, i + 1)
                pr_array[i, :] = tp / (tp + fn), tp / (tp + fp)
        else:  # 多分类
            precision = np.zeros((self.n_samples, self.n_class)) # 查准率
            recall = np.zeros((self.n_samples, self.n_class)) # 查全率
            for k in range(self.n_class):  # 针对每个类别分别计算P和R 指标, 然后平均
                idx = self.__sort_by_positive(self.y_prob[:, k])
                y_true_k = self.y_true[:, k]  # 真值类别第 k列
                y_true = y_true_k[idx]  # 对第k个类别的真值排序
                # 对每个样本, 把预测概率作为阈值, 计算各指标
                for i in range(self.n_samples):
                    tp, fn, tn, fp = self.__cal_sub_metrics__(y_true, i + 1)
                    precision[i, k] = tp / (tp + fp) # 查准率
                    recall[i, k] = tp / (tp + fn) # 查全率
            # 宏查准率与宏查全率
            pr_array = np.array([np.mean(recall, axis=1), np.mean(precision, axis=1)]).T
        return  pr_array


    def roc_metrics(self):
```

```
"""
ROC曲线各指标计算, 即真正例率和假正例率, 构成roc_array, 用于可视化ROC曲线
"""
# 定义roc_array, 存储每个样本预测概率作为阈值时的 TPR和FPR指标
roc_array = np.zeros((self.n_samples, 2))
if self.n_class == 2:  # 二分类
    idx = self.__sort_by_positive(self.y_prob[:, 0]) # 降序排列索引
    y_true = self.y_true[idx]  # 真值类别标签按照排序索引进行排序
    # 真实类别中反例与正例的样本量
    n_nums, p_nums = len(y_true[y_true == 1]), len(y_true[y_true == 0])
    tp, fn, tn, fp = self.__cal_sub_metrics__(y_true, 1)
    roc_array[0, :] = fp / (tn + fp), tp / (tp + fn)
    # 对每个样本, 把预测概率作为阈值, 计算各指标
    for i in range(1, self.n_samples):
        if y_true[i] == 1:  # 反例, 在前一个坐标(x, y)的x方向增加一个1/m⁻
            roc_array[i, :] = roc_array[i-1, 0] + 1 / n_nums, roc_array[i-1, 1]
        else:  # 正例, 在前一个坐标(x, y)的y方向增加一个1/m⁺
            roc_array[i, :] = roc_array[i-1, 0], roc_array[i-1, 1] + 1 / p_nums
else:  # 多分类
    fpr = np.zeros((self.n_samples, self.n_class)) # 假正例率
    tpr = np.zeros((self.n_samples, self.n_class)) # 真正例率
    for k in range(self.n_class):  # 对每个类别计算 TPR、FPR指标, 然后平均
        idx = self.__sort_by_positive(self.y_prob[:, k])
        y_true_k = self.y_true[:, k]  # 真值类别第k列
        y_true = y_true_k[idx]  # 对第k个类别的真值排序
        # 对每个样本, 把预测概率作为阈值, 计算各指标
        for i in range(self.n_samples):
            tp, fn, tn, fp = self.__cal_sub_metrics__(y_true, i + 1)
            fpr[i, k] = fp / (tn + fp) # 假正例率
            tpr[i, k] = tp / (tp + fn) # 真正例率
    # 宏查准率与宏查全率
    roc_array = np.array([np.mean(fpr, axis=1), np.mean(tpr, axis=1)]).T
return roc_array


def fnr_fpr_metrics_curve(self):
    """
    代价曲线指标: 假反例率FNR, 假正例率FPR, 构成fpr_fnr_array并返回
    """
    fpr_fnr_array = self.roc_metrics() # 获取假正例率和真正例率
    fpr_fnr_array[:, 1] = 1 - fpr_fnr_array[:, 1] # 计算假反例率
```

```python
        return fpr_fnr_array

    def __cal_sub_metrics__(self, y_true_sort, n):
        """
        计算混淆矩阵中四个指标: TP、TN、FP、TN, 并返回
        :param y_true_sort: 排序后的真实类别
        :param n: 以第n个样本预测概率为阈值
        """
        if self.n_class == 2:
            pre_label = np.r_[np.zeros(n, dtype=np.int64),
                            np.ones(self.n_samples - n, dtype=np.int64)]
            tp = len(pre_label[(pre_label == 0)&(pre_label == y_true_sort)])  # 真正例
            tn = len(pre_label[(pre_label == 1)&(pre_label == y_true_sort)])  # 真反例
            fp = np.sum(y_true_sort) - tn  # 假正例
            fn = self.n_samples - tp - tn - fp   # 假反例
        else:
            pre_label = np.r_[np.ones(n, dtype=np.int64),
                            np.zeros(self.n_samples - n, dtype=np.int64)]
            tp = len(pre_label[(pre_label == 1)&(pre_label == y_true_sort)])  # 真正例
            tn = len(pre_label[(pre_label == 0)&(pre_label == y_true_sort)])  # 真反例
            fn = np.sum(y_true_sort) - tp  # 假正例
            fp = self.n_samples - tp - tn - fn  # 假反例
        return tp, fn, tn, fp

    @staticmethod
    def __cal_ap(pr_array):
        """
        根据pr_array(即(P, R)坐标点数组), 计算P-R曲线下的面积, 即AP
        """
        return (pr_array[1:, 0] - pr_array[:-1, 0]).dot(pr_array[1:, 1])

    @staticmethod
    def __cal_auc(roc_array):
        """
        根据roc_array(即(FPR, TPR)坐标点数组)计算ROC曲线下的面积, 即AUC
        """
        return (roc_array[1:, 0] - roc_array[:-1, 0]).dot((roc_array[:-1, 1] +
                                            roc_array[1:, 1]) / 2)

    @staticmethod
```

```
def __cal_etc(p_cost, cost_norm):
    """
    计算期望总体代价, 即代价曲线公共下限所围成的面积
    """
    return (p_cost[1:] − p_cost[:−1]).dot((cost_norm[:−1] + cost_norm[1:]) / 2)

def plt_confusion_matrix(self, confusion_matrix=None, label_names=None,
                        is_show=True, title=""):
    """
    可视化混淆矩阵confusion_matrix, 可指定类别标记名称label_names
    """
    if confusion_matrix is None: confusion_matrix = self.cm  # 计算混淆矩阵
    cm = pd.DataFrame(confusion_matrix, columns=label_names, index=label_names)
    # 使用函数heatmap绘制热图
    sns.heatmap(cm, annot=True, cbar=False, cmap="GnBu", annot_kws={"fontsize": 18})
    acc = np.diag(confusion_matrix).sum() / confusion_matrix.sum()  # 精度
    plt.title(r"%s, 混淆矩阵: $acc = %.5f$" %(title, acc), fontdict={"fontsize": 18})
    plt.xticks(font="Times New Roman")  # 不用可注释
    plt.yticks(font="Times New Roman")  # 不用可注释
    plt.tick_params(labelsize=18)  # 刻度值字体大小为18
    plt.xlabel("预测值", fontdict={"fontsize": 18})
    plt.ylabel("目标真值", fontdict={"fontsize": 18})
    if is_show: plt.show()

def plt_pr_curve(self, pr_array, line_style="−", label=None, is_show=True):
    """
    可视化P-R曲线. pr_array: P和R指标各坐标点值的数组
    """
    ap = self.__cal_ap(pr_array)  # 计算P-R曲线下面积AP
    if is_show: plt.figure(figsize=(7, 5))
    if label:  # 给定图例参数, 针对不同模型
        plt.step(pr_array[:, 0], pr_array[:, 1], linestyle=line_style, lw=2,
                where="post", label=r"%s, AP = %.3f$" %(label, ap))
        plt.title("不同模型测试样本的P-R曲线", fontdict={"fontsize": 18})
        plt.legend(frameon=False, fontsize=18)  # 添加图例
    else:
        plt.step(pr_array[:, 0], pr_array[:, 1], linestyle=line_style, lw=2,
                where="post")
        plt.title(r"测试样本的P-R曲线: $AP = %.3f$" % ap, fontsize=18)
    plt.xlabel("$Recall$", fontdict={"fontsize": 18})  # x轴标记名称
```

```python
        plt.ylabel("$Precision$", fontdict={"fontsize": 18})  # y轴标记名称
        plt.grid(ls=":")  # 添加网格虚线
        plt.tick_params(labelsize=18)  # 刻度值字体大小为18
        if is_show: plt.show()

    def plt_roc_curve(self, roc_array, line_style="-", label=None, is_show=True):
        """
        可视化ROC曲线, roc_array: ROC指标各坐标点值的数组
        """
        auc = self.__cal_auc(roc_array)  # 计算ROC曲线下的面积 AUC
        if is_show: plt.figure(figsize=(7, 5))
        if label:  # 给定图例参数, 针对不同模型
            plt.step(roc_array[:, 0], roc_array[:, 1], linestyle=line_style, lw=2,
                     where="post", label=r"$%s, AUC = %.3f$" % (label, auc))
            plt.title("不同模型测试样本的ROC曲线", fontdict={"fontsize": 18})
            plt.legend(frameon=False, fontsize=18)
        else:
            plt.step(roc_array[:, 0], roc_array[:, 1], linestyle=line_style, lw=2,
                     where="post")
            plt.title(r"测试样本的ROC曲线: $AUC = %.3f$" % auc, fontsize=18)
        plt.plot([0, 1], [0, 1], "--", color="navy")
        # 略去坐标轴标记、网格线、刻度值大小等代码, 具体参考plt_pr_curve函数
        if is_show: plt.show()

    def plt_cost_curve(self, fnr_fpr_array, alpha, class_i=0, is_show=True):
        """
        可视化代价曲线, 计算期望总体代价
        :param fnr_fpr_array: 假反例率和假正例率, 二维数组
        :param alpha: cost10 / cost01, 更侧重于正例预测为反例的代价, 让cost01 = 1
        :param class_i: 指定绘制第i个类别的代价曲线, 如果是二分类, 则为0
        """
        if is_show: plt.figure(figsize=(7, 5))
        fpr_s, fnr_s = fnr_fpr_array[:, 0], fnr_fpr_array[:, 1]  # 假正例率和假反例率
        cost01, cost10 = 1, alpha  # 设置代价
        if self.n_class == 2: class_i = 0  # 二分类, 默认取第一列
        if 0 <= class_i < self.n_class:
            p = np.sort(self.y_prob[:, class_i])
        else:
            p = np.sort(self.y_prob[:, 0])  # 不满足条件, 默认第一个类别
        positive_cost = p * cost01 / (p * cost01 + (1 - p) * cost10)  # 向量
```

```
for fpr, fnr in zip(fpr_s, fnr_s):
    cost_norm = fnr * positive_cost + (1 − positive_cost) * fpr
    plt.plot(positive_cost, cost_norm, "k−", lw=0.5, alpha=0.5)
    # plt.plot([0, 1], [fpr, fnr], "b−", lw=0.5) # 另一种绘制方法
# 查找公共边界, 计算期望总体代价
public_cost = np.outer(fnr_s, positive_cost) + np.outer(fpr_s, (1 −positive_cost))
public_cost_min = public_cost.min(axis=0)
plt.plot(positive_cost, public_cost_min, "r−", lw=1) # 公共边界
plt.fill_between(positive_cost, 0, public_cost_min, facecolor="r", alpha=0.5)
cost_area = self.__cal_etc(positive_cost, public_cost_min)
# 略去坐标轴标记、网格线、刻度值大小等代码, 具体参考plt_pr_curve函数
plt.title(r"代价曲线和期望总体代价: $%.8f$" % cost_area, fontsize=20)
if is_show: plt.show()
```

例 8 以威斯康星州乳腺癌 (诊断) 数据集为例, 并对样本特征数据添加了 0.5 倍的标准正态分布随机噪声. 分别采用逻辑回归、朴素贝叶斯和线性判别分析建立模型并预测, 默认参数设置, 可视化其 P-R 曲线、ROC 曲线和代价曲线.

由于未实现具体算法, 故采用 sklearn 模型算法. 如图 2-18 所示, 逻辑回归具有不错的性能.

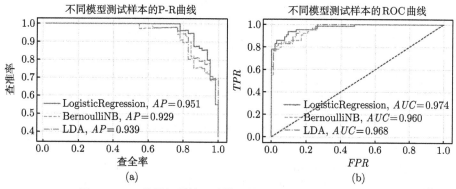

图 2-18　二分类问题的三种模型的 P-R 曲线和 ROC 曲线

假设正例 (malignant, 标记为 0) 预测为负例 (benign, 标记为 1) 的代价更大, 即恶性被预测为良性, 设置 $\alpha = cost_{10}/cost_{01} = 0.2$, 可得逻辑回归模型预测测试样本的代价曲线和期望总体代价, 如图 2-19(a) 所示.

例 9 以 sklearn.datasets.load_digits 手写数字数据集为例, 并对样本特征数据添加随机噪声 (降低分类预测的正确率), 分别采用逻辑回归、支持向量机、朴素贝叶斯分类器和线性判别分析, 默认参数设置. 针对 P-R 曲线、ROC 曲线、混淆矩阵和分类报告, 对比自编码算法和 sklearn 自有函数的求解.

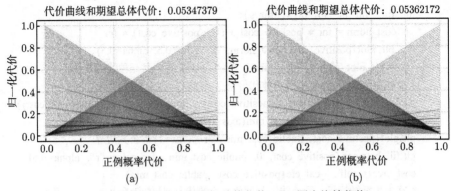

图 2-19　代价曲线与期望总体代价 ((b) 图为均等代价)

可以验证, 自编码算法计算的各性能指标与 sklearn 库的计算结果一致. P-R 曲线、ROC 曲线和混淆矩阵分别如图 2-20 和图 2-21 所示, 分类报告如表 2-6 所示.

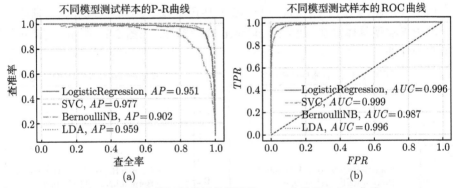

图 2-20　多分类问题的四种模型的 P-R 曲线和 ROC 曲线

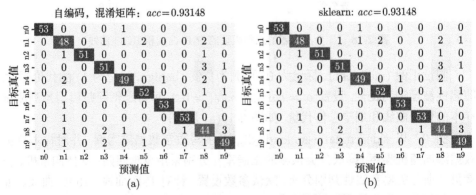

图 2-21　自编码算法和 sklearn 库函数的混淆矩阵

表 2-6　自编码算法的分类报告与 sklearn 的分类报告对比

类别	sklearn.metrics.classification_report				自编码 (保留 6 位小数)			
	precision	recall	f1-score	support	precision	recall	f1-score	support
0	1.00	0.98	0.99	54	1.000000	0.981481	0.990654	54
1	0.87	0.87	0.87	55	0.872727	0.872727	0.872727	55
2	1.00	0.96	0.98	53	1.000000	0.962264	0.980769	53
3	0.89	0.93	0.91	55	0.894737	0.927273	0.910714	55
4	0.94	0.91	0.92	54	0.942308	0.907407	0.924528	54
5	0.95	0.95	0.95	55	0.945455	0.945455	0.945455	55
6	0.98	0.98	0.98	54	0.981481	0.981481	0.981481	54
7	0.98	0.98	0.98	54	0.981481	0.981481	0.981481	54
8	0.81	0.85	0.83	52	0.814815	0.846154	0.830189	52
9	0.89	0.91	0.90	54	0.890909	0.907407	0.899083	54
accuracy			0.93	540			0.931481	540
macro avg	0.93	0.93	0.93	540	0.932391	0.931313	0.931852	540
weighted avg	0.93	0.93	0.93	540	0.932546	0.931481	0.931871	540

■ 2.3　多分类学习

现实中常遇到多分类学习任务[1], 有些二分类学习方法可直接推广到多分类, 但在更多情况下, 是基于一些基本策略, 利用二分类模型来解决多分类问题, 如 SVM.

2.3.1　多分类学习策略

假设有 K 个类别 $C_1, C_2, \cdots, C_K$, 多分类学习的基本思路[1] 是 "拆解法", 即将多分类任务拆分为若干个二分类任务求解. 具体来说, 先对问题进行拆分, 然后为拆出的每个二分类任务训练一个分类器. 在测试的时候, 对这些分类器的预测结果进行集成以获得最终的多分类结果. 因此, 如何对多分类任务进行拆分是关键. 经典的三种拆分策略: OvO(One vs One), OvR(One vs Rest), MvM(Many vs Many), 本节仅介绍 OvO 和 OvR 及其算法设计.

给定数据集 $\mathcal{D} = \{(\boldsymbol{x}_i, y_i)\}_{i=1}^{n}$, $y_i \in \{C_1, C_2, \cdots, C_K\}$. 如图 2-22 所示[1], OvO 将 K 个类别两两配对, 从而产生 $K(K-1)/2$ 个二分类任务, 分别对 $K(K-1)/2$ 个任务进行训练和测试, 得到 $K(K-1)/2$ 个分类结果, 最终结果可通过投票产生. OvR 则是每次将一个类的样本作为正例, 所有其他类的样本作为反例来训练 K 个分类器, 在测试时若仅有一个分类器预测为正类, 则对应的类别标记作为最终分类结果.

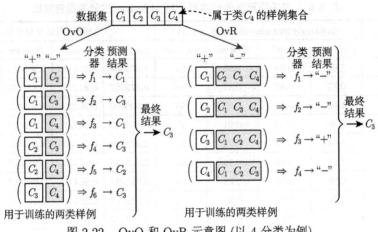

图 2-22   OvO 和 OvR 示意图 (以 4 分类为例)

在类别很多时, OvO 训练时间要比 OvR 少, 但需要 $K(K-1)/2$ 个分类器, 而 OvR 仅需 K 个分类器. 存储开销和测试时间比 OvO 少, 但当类别很多时, OvR 训练时间长. 至于预测性能, 则取决于具体的数据分布, 在多数情形下两者差不多.

2.3.2   多分类学习的算法设计

基于多线程, 多个基学习器并发执行以提高训练和预测的效率. 多分类器训练需要思考或解决的问题:

(1) 训练时需考虑存储和标记基分类器. 对于 OvO, 每两个类别样本训练一个基学习器, 故采用字典进行存储, 以键 (i,j) 进行区分; 对于 OvR, 每个类别与剩余类别训练一个基学习器, 需要 K 个, 采用列表存储即可. 各类别样本的划分以及类别编码, 每个基分类器对应一个子线程, 并发执行.

(2) 预测时需考虑每个基分类器所预测各类别概率的组合问题, 尤其是 OvO, 共有 $K(K-1)/2$ 个概率数组, 此处采用的是各类别概率累加和, 最后进行归一化. 在进行类别预测时, 所属类别概率大的标记为该类别标签.

```
# file_name: multi_class_wrapper.py
from threading import Thread  # 用于多个基学习器并发学习和预测
from sklearn.preprocessing import LabelEncoder  # 类别编码,方便基学习器训练

class ClassifyThread(Thread):
    """
    继承Thread类来创建并启动线程①,二分类基学习器的并发执行,提高效率
```

---

① 算法思路参考: Lei Zhu[2024-10-30]. https://github.com/zhulei227, GitHub.

```python
    """
    def __init__(self, target, args, kwargs):
        Thread.__init__(self)
        self.target = target   # 指定该线程要调用的目标方法: fit或predict_proba
        # args为target(调用函数)的输入对象, 其结构为元组
        self.args = args   # 主要指基学习器和适合目标函数的训练或预测样本
        self.kwargs = kwargs  # 以字典形式向 target 传入参数, 如samples_weight
        self.result = self.target(*self.args, **self.kwargs)  # 调用目标方法训练或预测


class MultiClassifierWrapper:
    """
    多分类包装类, 仅包含OvO和OvR策略
    """
    def __init__(self, base_classifier, mode: str = "ovo"):
        self.base_classifier = base_classifier  # 实例化的二分类基学习器对象
        assert mode.lower() in ["ovo", "ovr"]  # 断言
        self.mode = mode  # 多分类学习策略, OvO或OvR
        self.n_class = 0  # 类别数
        self.classifiers = None  # K(K-1)/2或K个基学习器, 训练与预测

    @staticmethod
    def fit_base_classifier(base_classifier, sub_X, sub_y, **kwargs):
        """
        二分类基学习器训练, 针对单个的二分类任务
        """
        try:
            base_classifier.fit(sub_X, sub_y, **kwargs)  # 基学习器训练
        except AttributeError:
            print("基学习器不存在fit(X_train, y_train)方法 ...")
            exit(0)

    @staticmethod
    def predict_proba_base_classifier(base_classifier, X_test):
        """
        二分类基学习器预测测试样本所属类别概率
        """
        try:
            return base_classifier.predict_proba(X_test)  # 基学习器预测
        except AttributeError:
```

```python
                print ("基学习器不存在predict_proba(X_test)方法 ...")
                exit (0)

    def fit(self, X_train: np.ndarray, y_train: np.ndarray, **kwargs: dict):
        """
        以某个机器学习的二分类模型为基分类器, 实现多分类学习算法
        """
        self.n_class = len(np.unique(y_train))  # 类别数
        # OvO将K个类别两两配对, 从而产生 K(K − 1)/2个二分类任务
        if self.mode.lower() == "ovo":
            C_samples, C_y = dict (), dict ()  # 存储按类别分类样本集和目标集
            for C in np.unique(y_train):  # 根据样本类别分类样本集
                C_samples[C] = X_train[y_train == C]  # 类别C的样本子集
                C_y[C] = y_train[y_train == C]  # 类别C的目标子集
            # 键为对应的类别(i, j), 初始化K(K − 1)/2个基分类器和子线程任务
            self.classifiers, thread_tasks = dict (), dict ()
            for i in range(self.n_class):
                for j in range(i + 1, self.n_class):
                    # 深拷贝基学习器, 并训练, 方便后续预测
                    self.classifiers [(i, j)] = copy.deepcopy(self.base_classifier)
                    # 每次取两个类别样本并对目标集进行重编码 0、1. 注: 不具有普适性
                    Xs = np.r_[C_samples[i], C_samples[j]]  # 组合两个类别样本子集
                    ys = LabelEncoder().fit_transform (np.r_[C_y[i], C_y[j]])  # 编码
                    task = ClassifyThread (target = self.fit_base_classifier,
                                          args = (self.classifiers [(i, j)], Xs, ys),
                                          kwargs = kwargs)  # 初始化子线程
                    task.start ()  # 开启子线程, 训练两个类别的样本
                    thread_tasks [(i, j)] = task  # 记录子线程任务
            for i in range(self.n_class):
                for j in range(i + 1, self.n_class):
                    thread_tasks [(i, j)].join()  # 子线程任务加入
        # OvR每次将一个类的样例作为正例, 其他类的样例作为反例来训练 K个分类器
        elif self.mode.lower() == "ovr":
            self.classifiers, thread_tasks = [], []  # 初始化K个分类器和线程任务
            y_train = LabelEncoder().fit_transform (y_train)  # 编码0, 1, 2, 3, ···
            for i in range(self.n_class):
                self.classifiers.append(copy.deepcopy(self.base_classifier))
                y_encode = (y_train == i).astype(int)  # 当前类别为1, 其他为0
                task = ClassifyThread (target = self.fit_base_classifier,
                                      args = (self.classifiers [i], X_train, y_encode),
```

```
                                        kwargs=kwargs) # 初始化子线程
                task.start() # 开启子线程
                thread_tasks.append(task)
            for task in thread_tasks:
                task.join()

    def predict_proba(self, X_test: np.ndarray, **kwargs: dict):
        """
        预测测试样本类别概率
        """
        if self.mode.lower() == "ovo":
            thread_tasks, pred_prob = dict(), dict() # 定义线程任务以及预测概率
            # 初始化子线程, 即K(K-1)/2个基学习器并发执行预测
            for i in range(self.n_class):
                for j in range(i + 1, self.n_class):
                    task = ClassifyThread(target=self.predict_proba_base_classifier,
                                          args=(self.classifiers[(i, j)], X_test),
                                          kwargs=kwargs)
                    task.start() # 启动子线程
                    thread_tasks[(i, j)] = task
            for i in range(self.n_class):
                for j in range(i + 1, self.n_class):
                    thread_tasks[(i, j)].join() # 子线程加入, 不能设置timeout
            # 每个基学习器预测两个类别的概率
            for i in range(self.n_class):
                for j in range(i + 1, self.n_class):
                    # 某个线程的执行结果, 即基学习器的执行结果
                    pred_prob[(i, j)] = thread_tasks[(i, j)].result
                    # 方便后续计算某个类别的概率累加
                    pred_prob[(j, i)] = 1.0 - pred_prob[(i, j)]
            total_probability = np.zeros((X_test.shape[0], self.n_class)) # 总类别概率
            for i in range(self.n_class):
                for j in range(self.n_class):
                    if i != j: # 属于各个类别的概率累加
                        total_probability[:, i] += pred_prob[(i, j)][:, 0]
            # 归一化, 并返回
            return total_probability / total_probability.sum(axis=1, keepdims=True)
        elif self.mode.lower() == "ovr":
            thread_tasks = [] # 子线程任务, 共K个, 列表即可
            y_test_hat = [] # 用于存储K个基学习器的预测概率结果
```

```
            for i in range(self.n_class):
                task = ClassifyThread(target=self.predict_proba_base_classifier,
                                      args=(self.classifiers[i], X_test),
                                      kwargs=kwargs)
                task.start()
                thread_tasks.append(task)
            for task in thread_tasks:
                task.join()
            for task in thread_tasks:
                y_test_hat.append(task.result)
            # 属于各个类别的概率, 每个类别一列
            total_probability = np.zeros((X_test.shape[0], self.n_class))
            for i in range(self.n_class):
                # 对应编码时所标记: 当前类别为1, 其他为0, 故取第2列
                total_probability[:, i] = y_test_hat[i][:, 1].reshape(-1)
            return total_probability / total_probability.sum(axis=1, keepdims=True)


    def predict(self, X_test: np.ndarray):
        """
        根据测试样本预测所属类别
        """
        return np.argmax(self.predict_proba(X_test), axis=1)
```

例 10   以手写数字集为例, 以第 4 章自编码的逻辑回归二分类算法为基学习器, 采用 OvO 和 OvR 策略, 实现多分类任务.

如下为主要测试代码, 并结合自编码的性能度量类 ModelPerformanceMetrics 实现结果的可视化.

```
X_train, X_test, y_train, y_test = \
    train_test_split(X, y, test_size=0.3, shuffle=True, stratify=y, random_state=0)
# 多分类包装类实现
lr = LogisticRegression2C_GD(alpha=0.8, batch_size=50)  # 自编码算法, 二分类任务
lmc = MultiClassifierWrapper(lr, mode="ovo") # OvO策略, 可修改为OvR策略
lmc.fit(X_train, y_train) # 训练
y_prob_hat = lmc.predict_proba(X_test) # 测试
mpm = ModelPerformanceMetrics(y_test, y_prob_hat) # 自编码的性能度量类
# 略去性能度量指标的计算以及可视化代码
```

图 2-23 分别为 OvO 和 OvR 策略的多分类学习预测结果, 其中 OvR 策略对数字 8 的样本预测精度稍差.

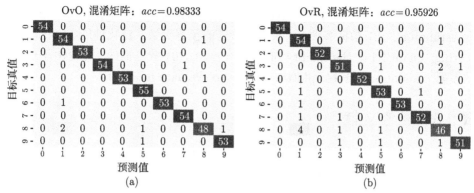

图 2-23 多分类学习策略实现手写数字集的分类结果

■ 2.4 习题与实验

1. 如何评估一个模型的泛化能力? 数据集的划分如何影响模型的泛化性能?

2. 简述交叉验证法, 并讨论它在机器学习模型评估中的重要作用.

3. P-R 曲线与 ROC 曲线的区别是什么? 并讨论对于同一个学习任务的不同模型进行性能评优的方法.

4. 以鸢尾花数据集为例, 可适当对样本数据添加随机噪声 (降低分类预测的正确率), 分别采用逻辑回归、支持向量机、朴素贝叶斯分类器和线性判别分析, 默认参数设置. 针对 P-R 曲线、ROC 曲线、混淆矩阵和分类报告, 对比自编码算法和 sklearn 自有函数的求解.

5. 以 sklearn.dataset.load_wine 为例, 采用 sklearn 库的支持向量机, 默认参数设置, 基于自编码的 OvO 和 OvR 多分类策略, 绘制混淆矩阵.

■ 2.5 本章小结

本章主要从模型评估、性能度量和多分类学习三个角度探讨了模型的评估、选择与学习. 模型评估常采用交叉验证法, 结合网格搜索实现多个模型的选择. Hyperopt 贝叶斯优化可搜索参数空间, 对添加了交叉验证法的目标函数进行最小值优化. 模型评估常用到性能度量指标, 可从混淆矩阵中统计计算出查准率、查全率、F_1 以及 "宏" 指标和 "微" 指标, 综合考察各指标以进行可视化, 如 P-R 曲线、ROC 曲线和代价曲线. 多分类学习可解决那些不能直接拓展到多分类学习的模型, 其策略有 OvO、OvR 和 MvM 三种.

sklearn 官方网站已经实现了模型的评估与选择, 包括四个部分: (1) 交叉验证: 评估估计器 (或称学习器或模型) 的性能 (cross-validation: evaluating estimator performance). (2) 调整一个估计器的超参数 (tuning the hyper-parameters of an estimator). (3) 指标和评分: 量化估计器的预测质量、泛化性能 (metrics and scoring: quantifying the quality of predictions). (4) 验证曲线: 可视化评分以评估模型 (validation curves: plotting scores to evaluate models).

■ 2.6   参考文献

[1]   周志华. 机器学习 [M]. 北京: 清华大学出版社, 2016.

[2]   李航. 统计学习方法 [M]. 2 版. 北京: 清华大学出版社, 2019.

[3]   Géron A. 机器学习实战: 基于 Scikit-Learn、Keras 和 TensorFlow [M]. 2 版. 宋能辉, 李娴, 译. 北京: 机械工业出版社, 2020.

[4]   Theodoridis S. 机器学习: 贝叶斯和优化方法 [M]. 2 版. 王刚, 李忠伟, 任明明, 等译. 北京: 机械工业出版社, 2022.

[5]   Raschka S. Model evaluation, model selection, and algorithm selection in machine learning[J]. arXiv:1811.12808v1. 2018.

[6]   Drummond C, Holte R C. Cost curves: an improved method for visualizing classifier performance[J]. Machine Learning, 2006, 65(1): 95-130.

[7]   谢文睿, 秦州, 贾彬彬. 机器学习公式详解 [M]. 2 版. 北京: 人民邮电出版社, 2023.

## 第 3 章

线性回归

设数据集 $\mathcal{D} = \{(\boldsymbol{x}_i, y_i)\}_{i=1}^n$，其中 $\boldsymbol{x}_i = (x_{i,1}, x_{i,2}, \cdots, x_{i,m}, 1)^{\mathrm{T}} \in \mathbb{R}^{(m+1) \times 1}$，$y_i \in \mathbb{R}$. 特征变量取值组成的样本矩阵 $\boldsymbol{X}$，以及目标值向量 $\boldsymbol{y}$ 和参数向量 $\boldsymbol{\theta}$[①] 分别表示为

$$
\boldsymbol{X}^{\mathrm{T}} = \begin{pmatrix} \boldsymbol{x}_1^{\mathrm{T}} \\ \boldsymbol{x}_2^{\mathrm{T}} \\ \boldsymbol{x}_3^{\mathrm{T}} \\ \vdots \\ \boldsymbol{x}_n^{\mathrm{T}} \end{pmatrix} = \begin{pmatrix} x_{1,1} & x_{1,2} & \cdots & x_{1,m} & 1 \\ x_{2,1} & x_{2,2} & \cdots & x_{2,m} & 1 \\ x_{3,1} & x_{3,2} & \cdots & x_{3,m} & 1 \\ \vdots & \vdots & \ddots & \vdots & \vdots \\ x_{n,1} & x_{n,2} & \cdots & x_{n,m} & 1 \end{pmatrix}_{n \times (m+1)},
$$

$$
\boldsymbol{y} = \begin{pmatrix} y_1 \\ y_2 \\ y_3 \\ \vdots \\ y_n \end{pmatrix}_{n \times 1}, \quad \boldsymbol{\theta} = \begin{pmatrix} \theta_1 \\ \theta_2 \\ \vdots \\ \theta_m \\ \theta_0 \end{pmatrix}_{(m+1) \times 1},
$$

其中 $\boldsymbol{X}^{\mathrm{T}}$ 最后一列恒置 1，记为 $x_{i,0} \equiv 1 (i = 1, 2, \cdots, n)$，用于训练偏置，对应参数 θ_0. 线性回归 (linear regression) 模型可表示为特征变量的线性组合

$$
\hat{y} = f_{\boldsymbol{\theta}}(\boldsymbol{x}) = \theta_1 x_1 + \theta_2 x_2 + \cdots + \theta_m x_m + \theta_0 = \sum_{j=0}^m \theta_j x_j = \boldsymbol{\theta}^{\mathrm{T}} \boldsymbol{x} \cong y. \tag{3-1}
$$

通过训练集学得 $\boldsymbol{\theta}$ 之后，模型 $f_{\boldsymbol{\theta}}(\boldsymbol{x})$(或表示为 $f(\boldsymbol{x}; \boldsymbol{\theta})$) 就得以确定. 实际上，线性回归模型可表示为仅包含输入层和输出层的单层神经网络，如图 3-1 所示，且不采用激活函数或激活函数为恒等函数 $\varphi(x) = x$.

---

① 为便于描述，本章统一记模型参数为 $\boldsymbol{\theta} = (\theta_1, \theta_2, \cdots, \theta_m, \theta_0)^{\mathrm{T}}$，当然也可表示为权值向量 $\boldsymbol{w}$ 和偏置项 b，则模型为 $f(\boldsymbol{x}) = \boldsymbol{w}^{\mathrm{T}} \boldsymbol{x} + b$.

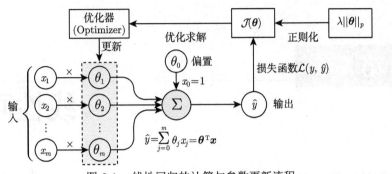

图 3-1   线性回归的计算与参数更新流程

线性模型[1] 形式简单、易于建模, 但却蕴涵着机器学习中一些重要的基本思想, 许多功能更为强大的非线性模型可在线性模型的基础上通过引入层级结构 (如神经网络的隐藏层) 或高维映射 (如核函数) 而得. 此外, 由于权值向量 $(\theta_1, \theta_2, \cdots, \theta_m)^{\mathrm{T}}$ 直观表达了各特征变量在预测中的重要性, 因此线性模型有很好的可解释性、可理解性. 如课程成绩可由计算能力、逻辑推理能力、记忆水平、计算机编码能力综合决定, 学习得到的模型为 $f_{\text{成绩}}(\boldsymbol{x}) = 0.3x_{\text{计算}} + 0.5x_{\text{推理}} + 0.2x_{\text{记忆}} + 0.4x_{\text{编码}} + 1$, 则逻辑推理能力最重要, 其次是计算机编码能力, 而计算能力又比记忆水平更重要.

■ 3.1   线性回归模型的闭式解

3.1.1   学习准则与闭式解

实际问题中, 很多随机现象可以看作众多因素的独立影响的综合反应, 往往近似服从正态分布. 可以证明, 如果一个随机指标受到诸多因素的影响, 但其中任何一个因素都不起决定性作用, 则该随机指标一定服从或近似服从正态分布. 基于独立同分布的中心极限定理, 假设对于 $\forall \boldsymbol{x} \in \boldsymbol{X}$ 都有 $y \sim N(\boldsymbol{\theta}^{\mathrm{T}} \boldsymbol{x}, \sigma^2)$, $\boldsymbol{\theta}$ 和 σ 都是不依赖于 $\boldsymbol{x}$ 的未知参数, 则 $y = \boldsymbol{\theta}^{\mathrm{T}} \boldsymbol{x} + \varepsilon$, 且 $\varepsilon \sim N(0, \sigma^2)$. 其中:

(1) y 是 $\boldsymbol{x}$ 的线性函数 (部分) 加上误差项, 线性部分反映了由于 $\boldsymbol{x}$ 的变化而引起的 y 的变化.

(2) 误差项 ε 是随机变量, 反映了除 $\boldsymbol{x}$ 和 y 的线性关系之外的随机因素对 y 的影响, 是不能由 $\boldsymbol{x}$ 和 y 之间的线性关系所解释的变异性.

(3) $\boldsymbol{\theta}$ 称为模型的参数.

考虑数据集 $\mathcal{D}$ 上的残差 ε 分布, 预估计参数 $\boldsymbol{\theta}$, 构造似然函数

$$L(\boldsymbol{\theta}) = \prod_{i=1}^{n} P(y_i | \boldsymbol{x}_i; \boldsymbol{\theta}) = \prod_{i=1}^{n} \frac{1}{\sqrt{2\pi}\sigma} \exp\left(-\frac{\left(y_i - \boldsymbol{\theta}^{\mathrm{T}} \boldsymbol{x}_i\right)^2}{2\sigma^2}\right).$$

取对数得

$$l\left(\boldsymbol{\theta}\right) = \ln L\left(\boldsymbol{\theta}\right) = \sum_{i=1}^{n} \ln\left(\frac{1}{\sqrt{2\pi}\sigma}\exp\left(-\frac{\left(y_i - \boldsymbol{\theta}^{\mathrm{T}}\boldsymbol{x}_i\right)^2}{2\sigma^2}\right)\right)$$

$$= n\ln\frac{1}{\sqrt{2\pi}\sigma} - \frac{1}{\sigma^2}\cdot\frac{1}{2}\sum_{i=1}^{n}\left(y_i - \boldsymbol{\theta}^{\mathrm{T}}\boldsymbol{x}_i\right)^2.$$

记 $\mathcal{L}\left(y, f_{\boldsymbol{\theta}}\left(\boldsymbol{x}\right)\right) = \left(y - f_{\boldsymbol{\theta}}\left(\boldsymbol{x}\right)\right)^2$ 为平方损失函数 (quadratic loss function), 则基于 $\mathcal{L}$ 和 $\boldsymbol{\mathcal{D}}$ 的经验损失函数定义为

$$\mathcal{J}\left(\boldsymbol{\theta}\right) = \frac{1}{2n}\sum_{i=1}^{n}\left(f_{\boldsymbol{\theta}}\left(\boldsymbol{x}_i\right) - y_i\right)^2 = \frac{1}{2n}\left(\boldsymbol{X}^{\mathrm{T}}\boldsymbol{\theta} - \boldsymbol{y}\right)^{\mathrm{T}}\left(\boldsymbol{X}^{\mathrm{T}}\boldsymbol{\theta} - \boldsymbol{y}\right). \tag{3-2}$$

$\mathcal{J}\left(\boldsymbol{\theta}\right)$ 即为均方误差 MSE. 注: 式 (3-2) 中系数 $1/2$ 的作用仅作为对 $\boldsymbol{\theta}$ 求导时消去平方所得的系数 2. 均方误差[1] 有非常好的几何意义, 对应了常用的欧氏距离. 基于 MSE 最小化来进行模型求解的方法称为最小二乘 (least square) 法. 在线性回归中最小二乘法就是试图找到一个超平面, 使所有样本到超平面上的欧氏距离之和最小, 其中一元和二元线性回归的几何意义如图 3-2 所示.

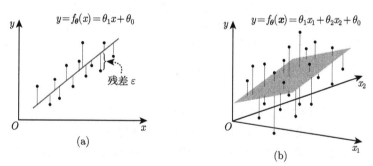

图 3-2 线性回归模型几何示意图

最大化对数似然函数 $l\left(\boldsymbol{\theta}\right)$ 等价于最小化经验损失函数 $\mathcal{J}\left(\boldsymbol{\theta}\right)$, 表示为

$$\boldsymbol{\theta}^* = \arg\min_{\boldsymbol{\theta}}\frac{1}{2n}\left(\boldsymbol{X}^{\mathrm{T}}\boldsymbol{\theta} - \boldsymbol{y}\right)^{\mathrm{T}}\left(\boldsymbol{X}^{\mathrm{T}}\boldsymbol{\theta} - \boldsymbol{y}\right). \tag{3-3}$$

求解 $\boldsymbol{\theta}$ 最小化的过程, 称为线性回归模型最小二乘参数估计 (parameter estimation). $\mathcal{J}\left(\boldsymbol{\theta}\right)$ 对 $\boldsymbol{\theta}$ 的一阶导数并等于零, 即

$$\frac{\partial\mathcal{J}\left(\boldsymbol{\theta}\right)}{\partial\boldsymbol{\theta}} = \frac{1}{2n}(2\boldsymbol{X}^{\mathrm{T}}\boldsymbol{X}\boldsymbol{\theta} - \boldsymbol{X}^{\mathrm{T}}\boldsymbol{y} - (\boldsymbol{y}^{\mathrm{T}}\boldsymbol{X})^{\mathrm{T}}) = \frac{1}{n}\left(\boldsymbol{X}^{\mathrm{T}}\boldsymbol{X}\boldsymbol{\theta} - \boldsymbol{X}^{\mathrm{T}}\boldsymbol{y}\right) = \boldsymbol{0}.$$

当 $\boldsymbol{X}^{\mathrm{T}}\boldsymbol{X}$ 为满秩矩阵或正定矩阵时, 可得参数的闭式解 (closed-form solution)

$$\boldsymbol{\theta}^* = \left(\boldsymbol{X}^{\mathrm{T}}\boldsymbol{X}\right)^{-1}\boldsymbol{X}^{\mathrm{T}}\boldsymbol{y}. \tag{3-4}$$

实际上, 当 $\boldsymbol{X}^{\mathrm{T}}\boldsymbol{X}$ 的条件数很大时, 解的数值稳定性较差. 若 $\boldsymbol{X}^{\mathrm{T}}\boldsymbol{X}$ 不满秩或为防止过拟合, 可通过引入正则化 (regularization) 项, 即增加 $\lambda > 0$ 的扰动, 得

$$\hat{\boldsymbol{\theta}} = (\boldsymbol{X}^{\mathrm{T}}\boldsymbol{X} + \lambda\boldsymbol{I})^{-1}\boldsymbol{X}^{\mathrm{T}}\boldsymbol{y}, \tag{3-5}$$

其中 $\boldsymbol{I}$ 为单位矩阵, 从而 $\boldsymbol{X}^{\mathrm{T}}\boldsymbol{X} + \lambda\boldsymbol{I}$ 可逆, 保证了回归公式一定有意义. 此即后续介绍的 Rigde 回归. 此外, 正则化相当于改善了数据矩阵的条件数.

3.1.2　可决系数

回归分析中有三个常见的统计量: TSS(total sum of squares), ESS(explained sum of squares) 和 RSS(residual sum of squares), 计算公式分别为

$$TSS = \sum_{i=1}^{n}\left(y_i - \bar{y}\right)^2, \quad ESS = \sum_{i=1}^{n}\left(\hat{y}_i - \bar{y}\right)^2, \quad RSS = \sum_{i=1}^{n}\left(y_i - \hat{y}_i\right)^2, \tag{3-6}$$

其中 n 为训练样本数, $\bar{y}$ 为解释变量 $\boldsymbol{y}$ 的均值 (期望值), $\hat{y}_i$ 为回归模型对第 i 个样本的预测值. TSS 表示实际值与期望值的总离差平方和, 即建立回归模型前变量的总变动程度; ESS 表示预测值与期望值的离差平方和, 即回归模型拥有的变量变动程度; RSS 即残差平方和, 代表回归模型无法解释的未知变动程度. 回归模型建立后, 总变动程度 (TSS) 可以划分为两部分: 模型可解释的变动程度 (ESS) 和未知的变动程度 (RSS). 通常来说, ESS 在 TSS 中的占比越高, 回归模型的可解释性越强, 回归效果越好, 若 $RSS = 0$, 则回归模型能完全拟合变量的总变动.

在线性回归中, 除 MSE 外, R^2 拟合优度 (goodness of fit) 是回归模型性能度量的重要指标之一. R^2 表示建立的回归模型拥有的变动程度能拟合总变动程度的百分比, 剩下的为未知变动. R^2 和校正 R_c^2(或称 R_{adj}^2) 的计算公式分别为

$$R^2 = 1 - \frac{RSS}{TSS}, \quad R_c^2 = 1 - \frac{\dfrac{RSS}{n-k-1}}{\dfrac{TSS}{n-1}} = 1 - \frac{(1 - R^2)(n-1)}{(n-k-1)}. \tag{3-7}$$

R^2 又称为可决系数 (coefficient of determination), R_c^2 为经自由度校正后的可决系数, 考虑了自变量数 k 对模型解释力的影响, 从公式可知 $R_c^2 \leqslant R^2$. 可决系数可能为负, 此时说明模型极不可靠, 若 $R^2 < 0$, 则规定 $R_c^2 = 0$.

3.1.3 算法设计与应用

由于特征变量值之间数量级往往差异较大, 为避免量纲影响、数值计算误差问题, 以及尽可能平衡特征变量之间的贡献 (如反映样本间相似度的欧氏距离) 和模型求解的需要 (如加快梯度下降法的收敛速度), 训练模型前应将特征矩阵 $\boldsymbol{X}$ 标准化. 为避免早期训练误差平方和溢出 (如梯度下降法), 同时也对目标值向量 $\boldsymbol{y}$ 进行标准化. 本算法仅采用标准差标准化, 也称之为 Z-score 标准化.

数据的标准化不包括偏置项, 故去除 $\boldsymbol{X}^{\mathrm{T}}$ 最后一列 1, 仍记 $\boldsymbol{X}^{\mathrm{T}} \in \mathbb{R}^{n \times m}$. 设训练样本集 $\boldsymbol{X}^{\mathrm{T}}$ 的特征变量均值向量和标准差向量分别为 $\boldsymbol{\mu_X} = (\mu_1, \mu_2, \cdots, \mu_m)$ 和 $\boldsymbol{\sigma_X} = (\sigma_1, \sigma_2, \cdots, \sigma_m)$, 目标值的均值和标准差分别为 $\mu_{\boldsymbol{y}}$ 和 $\sigma_{\boldsymbol{y}}$, 则训练样本标准化方法为 (NumPy 广播原则意义下)

$$\tilde{\boldsymbol{X}}^{\mathrm{T}} = \frac{\boldsymbol{X}^{\mathrm{T}} - \boldsymbol{\mu_X}}{\boldsymbol{\sigma_X}}, \quad \tilde{\boldsymbol{y}} = \frac{\boldsymbol{y} - \mu_{\boldsymbol{y}}}{\sigma_{\boldsymbol{y}}}. \tag{3-8}$$

测试样本标准化方法采用训练样本的均值 $\boldsymbol{\mu_X}$ 和标准差 $\boldsymbol{\sigma_X}$. 设 $\tilde{\boldsymbol{\theta}} = (\tilde{\theta}_1, \tilde{\theta}_2, \cdots, \tilde{\theta}_m)^{\mathrm{T}}$ 为标准化训练集 $\tilde{\mathcal{D}}$ 所训练的模型系数, 且假设训练偏置项为 $\tilde{\theta}_0$, 则

$$\begin{aligned} \frac{\boldsymbol{y} - \mu_{\boldsymbol{y}}}{\sigma_{\boldsymbol{y}}} &= \tilde{\boldsymbol{X}}^{\mathrm{T}} \tilde{\boldsymbol{\theta}} + \tilde{\theta}_0 = \left(\frac{\boldsymbol{X}^{\mathrm{T}} - \boldsymbol{\mu_X}}{\boldsymbol{\sigma_X}} \right) \tilde{\boldsymbol{\theta}} + \tilde{\theta}_0 = \frac{\boldsymbol{X}^{\mathrm{T}} \tilde{\boldsymbol{\theta}}}{\boldsymbol{\sigma_X}} + \left(\tilde{\theta}_0 - \frac{\boldsymbol{\mu_X} \tilde{\boldsymbol{\theta}}}{\boldsymbol{\sigma_X}} \right) \\ &= \boldsymbol{X}^{\mathrm{T}} \boldsymbol{\theta} + \theta_0. \end{aligned}$$

故模型系数 $\boldsymbol{\theta} = (\theta_1, \theta_2, \cdots, \theta_m)^{\mathrm{T}}$ 和偏置项 θ_0 的还原方法为

$$\boldsymbol{\theta} = \frac{\tilde{\boldsymbol{\theta}} \sigma_{\boldsymbol{y}}}{\boldsymbol{\sigma_X^{\mathrm{T}}}}, \quad \theta_0 = \tilde{\theta}_0 \sigma_{\boldsymbol{y}} + \mu_{\boldsymbol{y}} - \boldsymbol{\mu_X} \boldsymbol{\theta}. \tag{3-9}$$

算法设计 具体包括数据的预处理: 是否训练偏置 fit_intercept(默认 True)、是否标准化 normalized(默认 True), 模型的训练和预测, 模型的性能度量 (均方误差和可决系数) 和预测结果的可视化.

```python
# file_name: linear_regression_formula.py
class LinearRegressionFormula(LRBaseWarpper):
    """
    线性回归, 模型的闭式解, 继承类LRBaseWarpper
    """
    def __init__(self, C: float = 0.0, fit_intercept=True, normalized=True):
        LRBaseWarpper.__init__(self, C=C, fit_intercept=fit_intercept,
                               normalized=normalized, solver="formula")
```

```python
def fit (self, X_train: np.ndarray, y_train: np.ndarray):
    """
    样本X_train的预处理, 基于闭式解公式求解模型的系数
    """
    if self.normalized:
        self.feature_mean = np.mean(X_train, axis=0)  # 特征变量的均值
        self.feature_std = np.std(X_train, axis=0)  # 特征变量的标准差
        self.y_mean, self.y_std = np.mean(y_train), np.std(y_train)
        X_train = (X_train − self.feature_mean) / self.feature_std  # 样本标准化
        y_train = (y_train − self.y_mean) / self.y_std  # 目标值标准化
    if self.fit_intercept:
        X_train = np.c_[X_train, np.ones_like(y_train)]  # 在样本后加一列1
    else:
        if X_train.ndim == 1:  # 一元线性回归
            X_train = X_train[:, np.newaxis]  # 添加轴, 转化为二维数组
    self._fit_closed_form_solution(X_train, y_train) # 训练模型

def _fit_closed_form_solution (self, X_train, y_train):
    """
    基于训练集(X_train, y_train)的模型系数的求解, 闭式解公式
    """
    if self.C == 0.0:
        self.theta = np.linalg.pinv(X_train).dot(y_train) # pinv函数为伪逆
    else:  # 增加λ扰动
        xtx = np.dot(X_train.T, X_train) + self.C * np.eye(X_train.shape[1])
        self.theta = np.linalg.inv(xtx).dot(X_train.T).dot(y_train)
```

为便于后续重用, 新建工具模块 LR_Utils.py, 包括测试样本的预测函数 predict、预测值与真实值的可视化函数 plt_predict、性能度量函数 cal_mse_r2, 以及获取模型参数函数 get_params.

```python
# file_name: lr_warpper.py
class LRBaseWarpper:
    """
    线性回归基本工具包装类: 参数封装、数据预处理、模型预测、性能度量和可视化
    """
    def __init__ (self, C: float = 0.0, fit_intercept: bool = True,
                  normalized: bool = True, alpha: float = 0.05,
                  max_epochs: int = 1000, batch_size: int = 20,
                  stop_eps: float = 1e-10, random_seed: int = None, solver="GD"):
```

```python
        self.C = C  # 惩罚项系数(或称正则化系数)
        self.fit_intercept = fit_intercept  # 是否训练偏置项
        self.normalized = normalized  # 是否对样本进行标准化
        self.theta = None  # 模型的系数, 包括偏置项
        if self.normalized:
            # 计算样本特征的均值和标准差, 以便对测试样本标准化, 模型系数的还原
            self.feature_mean, self.feature_std = None, None
            self.y_mean, self.y_std = None, None  # 同时计算目标值的均值与标准差
        self.MSE = None  # 模型预测的均方误差
        self.R2, self.R2_adj = 0.0, 0.0  # 可决系数和修正可决系数
        self.n_samples, self.m_features = 0, 0  # 样本量和特征变量数
        if solver.lower() == "gd":  # 基于梯度下降法
            self.alpha = alpha  # 学习率
            self.random_seed = random_seed  # 随机种子, 用于随机化模型初始参数
            self.max_epochs = max_epochs  # 最大的迭代次数
            # 批次大小: 值为1表示SGD, n表示BGD, 否则为小批量梯度下降法
            self.batch_size = batch_size
            self.stop_eps = stop_eps  # 模型训练的终止精度
            # 定义两个列表, 存储训练过程中的训练损失和测试损失
            self.train_loss, self.test_loss = [], []
            self.theta_path = []  # 存储训练过程中待优化的模型参数

    def pre_processing(self, X_train, y_train, X_test=None, y_test=None):
        """
        数据预处理, 如果测试样本X_test不为None, 则对测试样本进行预处理
        """
        try:  # 样本量和特征变量数
            self.n_samples, self.m_features = X_train.shape[0], X_train.shape[1]
        except IndexError:
            self.n_samples, self.m_features = X_train.shape[0], 1  # 针对一元线性模型
        if self.normalized:
            self.feature_mean = np.mean(X_train, axis=0)  # 训练样本特征均值
            self.feature_std = np.std(X_train, axis=0)  # 训练样本特征标准差
            if self.m_features > 1:
                self.feature_std[self.feature_std == 0.0] = 1.0  # 防止被0除
            X_train = (X_train - self.feature_mean) / self.feature_std  # 标准化
            self.y_mean, self.y_std = np.mean(y_train), np.std(y_train)
            y_train = (y_train - self.y_mean) / self.y_std  # 目标值标准化
            if X_test is not None:  # 对测试样本及其目标值标准化
                X_test = (X_test - self.feature_mean) / self.feature_std
```

```
                    y_test = (y_test − self.y_mean) / self.y_std
            if self.fit_intercept:
                X_train = np.c_[X_train, np.ones_like(y_train)]  # 在训练样本后加一列1
                if X_test is not None and y_test is not None:
                    X_test = np.c_[X_test, np.ones_like(y_test)]  # 在测试样本后加一列1
        return X_train, y_train, X_test, y_test


    def predict(self, X_test: np.ndarray):
        """
        对测试样本X_test按照标准化和是否训练偏置项进行处理, 然后预测
        """
        self.m_features = 1 if X_test.ndim == 1 else X_test.shape[1]
        if self.normalized:  # 测试样本的标准化
            X_test = (X_test − self.feature_mean) / self.feature_std
        if self.fit_intercept:  # 添加一列1, 对应常数项系数
            X_test = np.c_[X_test, np.ones(shape=X_test.shape[0])]
        else:
            if X_test.ndim == 1:  # 针对一元线性回归
                X_test = X_test[:, np.newaxis]  # 添加轴, 二维数组
        y_hat = X_test.dot(self.theta)  # 预测值
        return y_hat * self.y_std + self.y_mean if self.normalized else y_hat


    def cal_mse_r2(self, y_true: np.ndarray, y_hat: np.ndarray):
        """
        基于(y_true, y_hat)的模型度量: MSE, 可决系数和修正可决系数
        """
        y_hat, y = y_hat.reshape(−1), y_true.reshape(−1)  # 重塑为一维数组
        self.MSE = ((y_hat − y) ** 2).mean()  # 均方误差
        self.R2 = 1 − ((y − y_hat) ** 2).sum() / ((y − y.mean()) ** 2).sum()
        self.R2_adj = 1 − (1 − self.R2) * (len(y) − 1) / (len(y) − self.m_features − 1)
        self.R2_adj = 0.0 if self.R2 < 0 else self.R2_adj  # 若R2 < 0则R2c = 0
        return self.MSE, self.R2, self.R2_adj


    def get_params(self):
        """
        获取模型的参数, 是否包括偏置和标准化系数的还原
        """
        theta = self.theta.reshape(−1)
        weight, bias = theta[:−1], theta[−1]  # 包含偏置项
        if self.fit_intercept is False:
```

```
        weight, bias = theta, np.array ([0.0])  # 无偏置项, 则bias值为0.0
    if  self.normalized and self.fit_intercept :
        weight = weight * self.y_std / self.feature_std  # 还原系数
        bias = bias * self.y_std + self.y_mean − weight.T.dot(self.feature_mean)
    elif  self.normalized and self.fit_intercept  is False :
        weight = weight * self.y_std / self.feature_std   # 还原系数
    return  weight, bias
```

例 1　以数据集 "Auto MPG Data Set"[①]为例, 选择马力 horsepower 和排量 displacement, 进行一元线性回归.

训练参数值默认. 对数据集进行一次随机划分 (随机种子 0), 划分 30% 的测试样本. 图 3-3 为一元线性模型的求解与预测结果, 具体模型参数和性能度量结果见标题信息. (b) 图对测试样本真值做了升序排列, 预测值按真值排序索引排序.

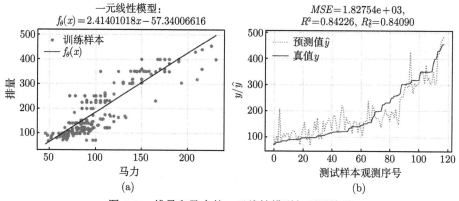

图 3-3　排量和马力的一元线性模型与预测结果

例 2　假设数据集包含 5 个特征变量, 且由假设函数

$$y = f(x_1, x_2, x_3, x_4, x_5)$$

$$= 4.2x_1 - 2.5x_2 + 1.6x_3 + 5.1x_4 - 2.5x_5 + a \cdot \varepsilon, \quad \varepsilon \sim N(0,1)$$

生成, 其中 $a = 0.5$ 或 $a = 0.1$, 随机种子为 0, 训练参数默认, 考察多元线性回归闭式解的算法.

(1) 随机生成 1000 个样本, 并对目标值增加 0.5 倍的标准正态分布扰动, 对数据集随机划分 30% 的样本用于测试, 则训练的模型为

$$f(\boldsymbol{x}) = 4.25103x_1 - 2.53303x_2 + 1.64941x_3 + 5.09045x_4 - 2.52086x_5 + 0.0083527,$$

① 数据来源 [2024-12-20]: http://archive.ics.uci.edu/ml/datasets/Auto+MPG.

其中 $\boldsymbol{x} = (x_1, x_2, x_3, x_4, x_5)^{\mathrm{T}}$. 预测结果如图 3-4(a) 所示, 由于增加了随机扰动, 故训练的模型系数与假设函数的系数略有偏差.

(2) 对目标值增加 0.1 倍的标准正态分布扰动, 训练的模型为

$$f(\boldsymbol{x}) = 4.18003x_1 - 2.49291x_2 + 1.60984x_3 + 5.09556x_4 - 2.51305x_5 + 0.0088600,$$

其中 $\boldsymbol{x} = (x_1, x_2, x_3, x_4, x_5)^{\mathrm{T}}$. 预测结果如图 3-4(b) 所示, 可见, 其训练的模型系数与假设函数的系数更加接近. 由可决系数 R^2 可知, 所训练模型几乎解释了数据所有信息. 本例若不添加随机扰动, 则求解的模型系数与假设函数的系数一致.

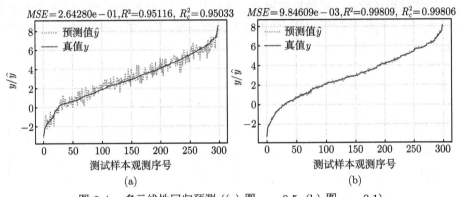

图 3-4 多元线性回归预测 ((a) 图 $a = 0.5$, (b) 图 $a = 0.1$)

现实中正因为采样数据存在误差, 或存在异常值、高杠杆值、强影响点等离群样本, 所训练的模型与真实模型存在偏差. 若样本量较少, 或数据质量较差, 则极易陷入过拟合, 把误差当作数据所具有的一般本质特征去学习了. 上例可采用 sklearn.linear_model.LinearRegression 训练, 在同样条件下, 自编码与库函数训练结果一致, 可自测.

例 3 以波士顿房价数据集 (boston house price dataset) 为例, 建立线性回归模型并预测.

波士顿房价数据集存在离群点, 且存在不显著相关的特征变量 (如 CHAS), 以及共线性的特征变量 (如 CRIM、ZN、INDUS、RAD), 甚至可能存在非线性关系的特征变量 (如 RM、LSTAT). 本例忽略上述因素的影响, 假设特征变量均存在线性相关性, 且仅取房价小于等于 40 的样本数据, 采用闭式解的算法建立多元线性回归模型. 主要测试代码如下:

```
from sklearn.datasets import fetch_openml  # 导入函数
boston = fetch_openml(name="boston", version=1, as_frame=False)  # 加载数据
X, y = boston.data, boston.target  # 样本数据和目标值
```

```
# 取价格小于等于40的样本数据并转换为ndarray数组
X, y = np. asarray(X[y <= 40], dtype=np. float64), np. asarray(y[y <= 40], dtype=np. float64)
X_train, X_test, y_train, y_test = \
    train_test_split(X, y, test_size=0.25, random_state=0, shuffle=True)  # 数据集划分
lr_cfs = LinearRegressionFormula(fit_intercept=True, normalized=True)  # 初始对象参数
```

表 3-1 为闭式解所求模型系数, 其中特征变量 ZN、INDUS、AGE、TAX 和 B 系数值较小, 说明其对波士顿房价的影响相对较小. 图 3-5(a) 为预测结果图, 可决系数为 0.77434, 注意拟合的效果与数据集的划分有关. 如果采用 10 折交叉验证, 则可决系数为 $R^2 = 0.7403198\,(\pm0.06517738)$. 以 $\{(y_i, \hat{y}_i)\}_{i=1}^n$ 为坐标点绘制预测图, 如图 3-5(b) 所示, 如果所有点都在图的对角线附近均匀分布, 则模型的拟合值与原真值差异很小, 理想情况是所有点均在对角线上.

表 3-1　多元线性回归闭式解所得模型系数和偏置项

特征变量	回归系数	特征变量	回归系数	特征变量	回归系数
CRIM	-0.107352437370057	RM	2.249821637149530	PTRATIO	-0.722710713516692
ZN	0.033103155126648	AGE	-0.016610971155955	B	0.006514008517396
INDUS	-0.053177308573750	DIS	-1.153150437631143	LSTAT	-0.392811332014640
CHAS	0.848874229472760	RAD	0.241012724401798	Bias	39.769589338180026
NOX	-14.175930269374266	TAX	-0.0113232823319643		

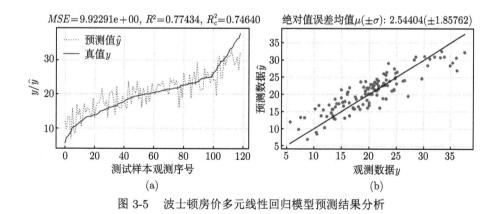

图 3-5　波士顿房价多元线性回归模型预测结果分析

■ 3.2　梯度下降法迭代优化

3.2.1　梯度下降法与参数更新公式

式 (3-2) 的经验损失函数 $\mathcal{J}(\boldsymbol{\theta})$ 恰是凸函数, 意味着连续曲线上任意两点的线段永远不会跟曲线相交, 即不存在局部最小值, 只有一个全局最小值. 它同时也

是一个连续函数, 所以斜率不会产生陡峭的变化. 这两点保证, 即便是乱走, 梯度下降法都可以趋近 (收敛) 到全局最小值.

$\mathcal{J}(\boldsymbol{\theta})$ 对 $\theta_j(j = 0, 1, 2, \cdots, m)$ 求一阶偏导数可得

$$
\begin{aligned}
\frac{\partial \mathcal{J}(\boldsymbol{\theta})}{\partial \theta_j} &= \frac{\partial}{\partial \theta_j}\left[\frac{1}{2n}\sum_{i=1}^{n}\left(f_{\boldsymbol{\theta}}\left(\boldsymbol{x}_i\right) - y_i\right)^2\right] = \frac{1}{n}\sum_{i=1}^{n}\left[\left(f_{\boldsymbol{\theta}}\left(\boldsymbol{x}_i\right) - y_i\right) \cdot \frac{\partial}{\partial \theta_j}\left(f_{\boldsymbol{\theta}}\left(\boldsymbol{x}_i\right) - y_i\right)\right] \\
&= \frac{1}{n}\sum_{i=1}^{n}\left[\left(f_{\boldsymbol{\theta}}\left(\boldsymbol{x}_i\right) - y_i\right) \cdot \frac{\partial}{\partial \theta_j}\left(\sum_{k=0}^{m}\theta_k x_{i,k} - y_i\right)\right] \\
&= \frac{1}{n}\sum_{i=1}^{n}\left[\left(f_{\boldsymbol{\theta}}\left(\boldsymbol{x}_i\right) - y_i\right) \cdot x_{i,j}\right].
\end{aligned}
$$

梯度的方向是目标函数在给定点上升最快的方向, 而负梯度方向是使目标函数下降最快的方向, 故可得回归系数 (或称权重系数) 向量 $\boldsymbol{\theta}$ 的更新公式

$$
\boldsymbol{\theta}^{(k+1)} = \boldsymbol{\theta}^{(k)} - \alpha \cdot \nabla_{\boldsymbol{\theta}^{(k)}}\mathcal{J}\left(\boldsymbol{\theta}^{(k)}\right), \quad k = 0, 1, \cdots, \tag{3-10}
$$

其中 α 为学习率. 在式 (3-10) 中, 参数 θ_j 的调整与当前模型在训练集上的预测误差 (输出) 与训练集第 j 个特征 (输入) 有关, 且成比例的调整. 式 (3-10) 各变量的含义如图 3-6 所示, 其中 k 为迭代次数, $\nabla_{\boldsymbol{\theta}^{(k)}}\mathcal{J}\left(\boldsymbol{\theta}^{(k)}\right)$ 为梯度向量.

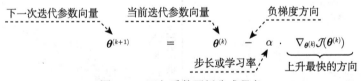

图 3-6　回归系数更新公式释义

梯度下降法是一种简单有效的优化算法, 但梯度下降法由于忽略了经验损失函数的二阶导数信息, 故是 (次) 线性收敛的. 梯度下降法又分为随机梯度下降 (Stochastic Gradient Descent, SGD) 法、批量梯度下降 (Batch Gradient Descent, BGD) 法和小批量梯度下降 (MiniBatch Gradient Descent, MBGD) 法. 如图 3-7 所示, 在批量梯度下降法中, 对于每一个权重 $\theta_j(j = 0, 1, \cdots, m)$, 使用全部训练数据分别计算出它的权重更新值, 然后用这些权重的平均值来调整权重, 故在每次迭代中, 权重仅更新一次. 随机梯度下降法计算每一个训练数据的误差并随机调整权值. 小批量梯度下降法是随机梯度下降法和批量梯度下降法的混合形式, 即每次迭代中, 随机打乱样本顺序, 模拟 SGD, 然后把数据集划分为 k 个批次, 对每一批次采用 BGD 训练这个数据集. 如 1000 个训练数据点中任意选取 50 个数据

点, BGD 算法应用于这 50 个数据点上即可. 如此, 为了完成所有数据点的训练, 需进行 20 次权重调整. 当确定合适的小批量数据点的个数时, 小批量算法可以兼得这两种算法的优势, 即 SGD 算法的高效性和 BGD 算法的稳定性. 故而, 小批量算法常被应用于需要处理大量数据的深度学习模型中.

随机梯度下降法　　　　　　　　　　批量梯度下降法

重复迭代直至收敛:	重复迭代直至收敛:
for $i=1$ to n: $\theta_j := \theta_j - \alpha \cdot (f_{\boldsymbol{\theta}}(\boldsymbol{x}_i) - y_i) \cdot x_{i,j}$	$\theta_j := \theta_j - \alpha \dfrac{1}{n} \sum\limits_{i=1}^{n} [(f_{\boldsymbol{\theta}}(\boldsymbol{x}_i) - y_i) \cdot x_{i,j}]$
(a)	(b)

图 3-7　随机梯度下降算法与批量梯度下降算法

3.2.2　算法设计与应用

基于式 (3-10), 实现三种梯度下降算法求解线性回归模型, 取决于训练样本批次量 (batch size) n_{bs} 的大小: 如果 $n_{\mathrm{bs}} = 1$, 则为随机梯度下降法, 如果 $n_{\mathrm{bs}} = n$, 则为批量梯度下降法, 如果 $1 < n_{\mathrm{bs}} < n$, 则为小批量梯度下降法. 实际计算时, 采用 NumPy 矢量化的计算方式, 即对模型参数向量 $\boldsymbol{\theta}$ 与梯度向量 $\nabla_{\boldsymbol{\theta}} \mathcal{J}(\boldsymbol{\theta})$ 作为一个整体参与计算与更新, 而非针对分量 (单个特征变量的系数), 可提升计算的效率. 具体表示为

$$
\begin{cases}
\boldsymbol{\theta}^{(k+1)} = \boldsymbol{\theta}^{(k)} - \alpha \cdot \nabla_{\boldsymbol{\theta}^{(k)}} \mathcal{J}\left(\boldsymbol{\theta}^{(k)}\right), \text{其中} \boldsymbol{\theta}^{(k)} = \left(\theta_1^{(k)}, \theta_2^{(k)}, \cdots, \theta_m^{(k)}, \theta_0^{(k)}\right)^{\mathrm{T}}, \\
\nabla_{\boldsymbol{\theta}^{(k)}} \mathcal{J}\left(\boldsymbol{\theta}^{(k)}\right) = \left(\dfrac{\partial \mathcal{J}\left(\boldsymbol{\theta}^{(k)}\right)}{\partial \theta_1^{(k)}}, \dfrac{\partial \mathcal{J}\left(\boldsymbol{\theta}^{(k)}\right)}{\partial \theta_2^{(k)}}, \cdots, \dfrac{\partial \mathcal{J}\left(\boldsymbol{\theta}^{(k)}\right)}{\partial \theta_m^{(k)}}, \dfrac{\partial \mathcal{J}\left(\boldsymbol{\theta}^{(k)}\right)}{\partial \theta_0^{(k)}}\right)^{\mathrm{T}}, \\
\dfrac{\partial \mathcal{J}\left(\boldsymbol{\theta}^{(k)}\right)}{\partial \boldsymbol{\theta}^{(k)}} = \dfrac{1}{n_{\mathrm{bs}}} \sum\limits_{i=1}^{n_{\mathrm{bs}}} [(f_{\boldsymbol{\theta}^{(k)}}(\boldsymbol{x}_i) - y_i) \cdot \boldsymbol{x}_i], \\
k = 0, 1, \cdots.
\end{cases}
\tag{3-11}
$$

不同的初值选择会导致梯度下降算法优化到不同的局部极小值, 但经验损失函数是一个凸函数, 可保证优化到全局最小值. 模型参数 $\boldsymbol{\theta}^{(0)}$ 的初始化方法有多种, 本节仅采用

$$
\theta_j^{(0)} = 0.01 \cdot r_j, \quad r_j \sim N(0,1), \quad j = 0, 1, \cdots, m
$$

随机初始化 $\boldsymbol{\theta}^{(0)}$. 此外, 学习率 α 作为梯度下降算法的超参数, 既需要调参指定, 又需要随着训练次数的增加而不断改变 (如衰减). 基于梯度下降法有多种优化算法, 如 Momentum、Adadelta、RMSprop、Adam 等, 本节仅限于简单指数衰减. 参数初始化与优化算法可参考第 12 章前馈神经网络.

注 为便于对训练和测试的 MSE 损失的可视化, 在方法 fit 中, 可进行测试
样本 (X_test, y_test) 参数的传递, 否则不进行测试的 MSE 损失的可视化.

```python
# file_name: LinearRegression_GD.py
class LinearRegression_GradDesc(LRBaseWarpper):
    """
    线性回归, 梯度下降法求解模型系数, 包括随机梯度、批量梯度和小批量梯度下降法
    """
    def __init__(self, fit_intercept: bool = True, normalized: bool = True,
                 alpha: float = 0.05, max_epochs: int = 1000, batch_size: int = 20,
                 stop_eps: float = 1e-10, random_seed: int = None):
        LRBaseWarpper.__init__(self, 0.0, fit_intercept, normalized, alpha, max_epochs,
                               batch_size, stop_eps, random_seed, solver="GD")

    def init_theta_params(self, m_features: int):
        """
        模型参数的初始化, 如果训练偏置项, 则包含bias的初始化
        """
        if self.random_seed is not None:
            np.random.seed(self.random_seed)  # 设置随机种子
        self.theta = np.random.randn(m_features, 1) * 0.01   # 正态分布随机初始化

    def fit(self, X_train: np.ndarray, y_train: np.ndarray,  # 训练集参数
            X_test: np.ndarray = None, y_test: np.ndarray = None):
        """
        训练模型, 具体包括: 样本的预处理, 模型参数的求解, 梯度下降算法
        """
        X_train, y_train, X_test, y_test = \
            self.pre_processing(X_train, y_train, X_test, y_test)  # 预处理
        self.init_theta_params(X_train.shape[1])  # 参数初始化
        y_train = y_train.reshape(-1)  # 重塑, 避免广播计算异常
        if y_test is not None:
            y_test = y_test.reshape(-1)  # 重塑, 避免广播计算异常
        self._fit_gradient_desc(X_train, y_train, X_test, y_test)  # 训练模型

    def _fit_gradient_desc(self, X_train, y_train, X_test, y_test):
        """
        三种梯度下降算法的实现, 根据批次量的大小, 分为SGD, BGD和MBGD
        """
        train_samples = np.c_[X_train, y_train]  # 组合, 便于随机打乱样本顺序
        batch_nums = train_samples.shape[0] // self.batch_size  # 批次数
```

```
for epoch in range(self.max_epochs):
    self.alpha *= 0.98  # 简单衰减,可修改系数0.98为其他小于1的值
    np.random.shuffle(train_samples) # 原地打乱样本顺序,模拟随机性
    for idx in range(batch_nums):  # 按照批次,选取样本数据
        batch_xy = train_samples[idx * self.batch_size :
                                 (idx + 1) * self.batch_size]
        batch_x, batch_y = batch_xy[:, :-1], batch_xy[:, -1:]
        delta = batch_x.T.dot((batch_x.dot(self.theta) - batch_y)) /
                self.batch_size  # 计算权重的更新增量
        self.theta = self.theta - self.alpha * delta  # 更新模型系数
    self.theta_path.append(self.theta.flatten()) # 存储模型更新系数
    # 计算训练过程中的均方误差损失值
    train_mse = ((X_train.dot(self.theta).reshape(-1) - y_train) ** 2).mean()
    self.train_loss.append(train_mse) # 每次迭代的训练损失值(MSE)
    if X_test is not None and y_test is not None:
        test_mse = ((X_test.dot(self.theta).reshape(-1) - y_test) ** 2).mean()
        self.test_loss.append(test_mse) # 每次迭代的训练损失值(MSE)
    # 精度控制.也可采用相邻两次模型系数 θ 差值的范数,进行精度判断
    if epoch > 10:
        max_loss = np.max(np.abs(np.diff(self.train_loss[-10:])))
        if max_loss < self.stop_eps: break
```

为便于测试梯度下降算法的有效性,以确定性函数生成样本,并添加正态分布的随机噪声,则样本数据满足线性回归的基本假设.

例 4 设 $\boldsymbol{x} = (x_1, x_2, \cdots, x_6)^{\mathrm{T}}$,基于假设函数

$$y = f(\boldsymbol{x}) = 4.2x_1 - 2.5x_2 + 7.8x_3 + 3.7x_4 - 2.9x_5 + 1.87x_6 + 0.5\varepsilon, \quad \varepsilon \sim N(0, 1)$$

随机生成 1000 个样本 (随机种子 42),其中 $x_i \sim U(0, 1), i = 1, 2, \cdots, 6$,训练模型并预测.

基于一次随机划分 (test_size=0.3, random_state=0),设置学习率 $\alpha = 0.5$,批次样本量 $n_{\mathrm{bs}} = 20$,每轮训练共划分 $700/20 = 35$ 个批次,终止精度 $\varepsilon = 10^{-6}$.

由于添加了正态分布随机噪声,即 $y \sim N(\mu, \sigma^2)$,样本数据满足线性回归模型的假设. 小批量梯度下降法训练所得的模型参数为: 4.04914627, -2.4849519, 7.81929513, 3.72546084, -2.80415548, 1.82192258,偏置项为 0.01385086. 如图 3-8 所示,预测的均方误差较低,预测值在真实值 (寓意误差) 附近均匀分布,且有较高的可决系数. 由于采用小批量梯度下降算法,故在初始迭代过程中,训练和测试的损失曲线呈现出随机性,有一定程度的波动,而随着训练的进行逐渐趋于稳定,最终收敛到给定精度. 当然,初始训练的损失波动大小也与学习率大小有关.

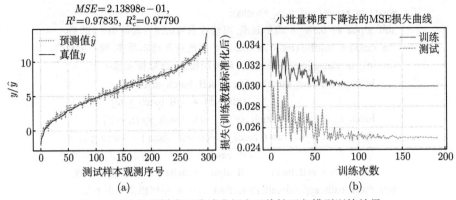

图 3-8   小批量梯度下降法求解多元线性回归模型训练结果

如果对样本数据进行高维映射, 则可采用线性回归实现非线性拟合. 假设非线性函数为

$$y = f(x_1, x_2)$$

$$= 3(1-x_1)^2 e^{-x_1^2-(x_2+1)^2} - 10\left(\frac{x_1}{5} - x_1^3 - x_2^5\right)e^{-x_1^2-x_2^2} - \frac{1}{3}e^{-(x_1+1)^2-x_2^2},$$

其中 $x_1, x_2 \in [-3, 3]$. 等距生成 100 个特征数据, 获得训练集 $\{(\boldsymbol{x}_i, y_i)\}_{i=1}^{100}$. 对特征数据进行高斯核函数 (见第 9 章) 映射 $\boldsymbol{x}_i' \in \mathbb{R}^{100 \times 1}$, 特征维度较高. 基于小批量梯度下降法的线性回归训练结果如图 3-9 所示. 无噪声情况下几乎学习了原函数; 有噪声情况下, 模型曲线在两端边界处有一定程度的波动, 可增加正则化系数值, 降低模型的复杂度.

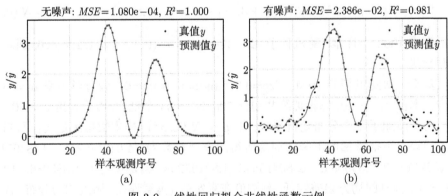

图 3-9   线性回归拟合非线性函数示例

针对**例 3** 波士顿房价数据集, 基于同样的数据集划分, 设置学习率 $\alpha = 0.05$, 小批量值 $n_{\mathrm{bs}} = 20$, 训练结果如图 3-10 所示. 优化的模型参数与闭式解的结果基

本一致, 不再列出.

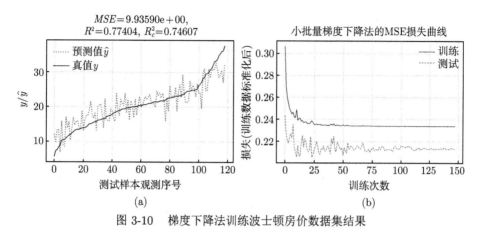

$$MSE = 9.93590\mathrm{e}+00,$$
$$R^2 = 0.77404, R_c^2 = 0.74607$$

图 3-10 梯度下降法训练波士顿房价数据集结果

图 3-11 为随机梯度下降法与批量梯度下降法训练模型参数的更新过程, 从中可以看出, BGD 参数更新的稳定性, 但由于一次参数更新需要计算全部样本, 在样本量较大时, 需要消耗较多的计算时间. SGD 每次基于单个随机样本更新参数, 有较大的随机性, 迭代效率高, 随着迭代优化逐步收敛到近似最优解, 但可能始终在最优值附近震荡. 实际中, 常用小批量梯度下降算法, 兼具两者的优势. 此外, 可结合动量法加快小批量梯度下降法的优化效率, 称之为小批次动量梯度下降法 (Minibatch Gradient Descent with Momentum, MGDM), 本节不再赘述.

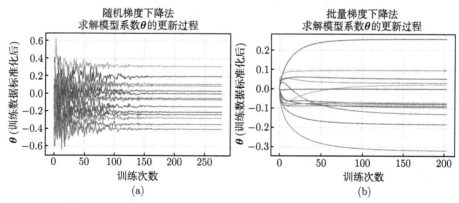

图 3-11 随机和批量梯度下降法模型参数的更新过程 ($\alpha = 0.05$)

例 5 北京空气质量监测数据[①][5], 包含有 2155 条样本数据, 每个样本包含有 9 个特征变量: 日期、AQI、质量等级、$PM_{2.5}$、PM_{10}、SO_2、CO、NO_2 和 O_3, 以空气质量指数 AQI(Air Quality Index) 为目标变量, 以 $PM_{2.5}$、PM_{10}、SO_2、CO、

---

① 数据来源: 中国空气质量在线监测分析平台 https://www.aqistudy.cn.

NO_2 和 O_3 为特征变量, 进行多元线性回归.

考察目标变量的异常值, 以 3σ 为异常值判断标准, 选取 $y \in [\mu - 3\sigma, \mu + 3\sigma]$ 的样本数据, 样本量为 2113. 不进行交叉验证调参, 设置 $\alpha = 0.1$, $n_{bs} = 100$, $\varepsilon = 10^{-5}$, 选取 30% 的样本作为测试样本.

如图 3-12 所示, 其模型训练结果非常好, 基于当前参数和一次划分, 能够解释 91.4% 的数据信息, (b) 图中, 收敛速度较快, 由于每批次样本量为 100, 故损失曲线相对较为平稳. 模型特征变量的参数值如表 3-2 所示, 其中特征变量 CO、$PM_{2.5}$ 对 AQI 的贡献较大.

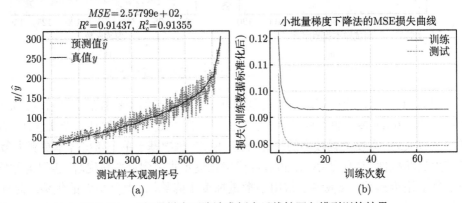

图 3-12　小批量梯度下降法求解多元线性回归模型训练结果

表 3-2　小批量梯度下降法训练所得线性回归模型参数和偏置

特征变量	参数值	特征变量	参数值	特征变量	参数值
$PM_{2.5}$	0.747033837938520	SO_2	-0.100008371834499		
PM_{10}	0.154157745268908	CO	12.586850888975443	O_3	0.303935592878014
Bias	-3.1964878657196323	NO_2	0.119593574875995		

■ 3.3　多项式回归

3.3.1　模型建立与算法设计

设 $k\,(k \geqslant 1)$ 次多项式表示为

$$f_{\boldsymbol{\theta}}(x) = \theta_k x^k + \theta_{k-1} x^{k-1} + \cdots + \theta_1 x + \theta_0, \tag{3-12}$$

$f_{\boldsymbol{\theta}}(x)$ 实质为单变量函数, 如果 $k = 1$, 则为一元线性回归.

设数据集 $\mathcal{D} = \{(x_i, y_i)\}_{i=1}^{n}$, 若 $\boldsymbol{x} = (x_1, x_2, \cdots, x_n)^{\mathrm{T}}$ 与 $\boldsymbol{y} = (y_1, y_2, \cdots, y_n)^{\mathrm{T}}$ 是非线性关系, 可通过对输入空间做映射 $\mathbb{R} \to \mathbb{R}^k$, 进而采用线性模型来拟合非线

性数据. 一个简单的方法是对每个特征进行加权后作为新的特征, 然后在这个扩展的特征集上训练一个线性模型, 称之为多项式回归 (polynomial regression).

通常需要对多项式回归的样本数据集构造特征数据集 $\boldsymbol{X}$, 上标 k 为阶次, 即

$$
\begin{pmatrix} x_1 \\ x_2 \\ \vdots \\ x_n \end{pmatrix} \rightarrow \begin{pmatrix} x_1^k & x_1^{k-1} & \cdots & x_1 & 1 \\ x_2^k & x_2^{k-1} & \cdots & x_2 & 1 \\ \vdots & \vdots & \ddots & \vdots & \vdots \\ x_n^k & x_n^{k-1} & \cdots & x_n & 1 \end{pmatrix}_{n \times (k+1)} = \boldsymbol{X},
$$

则 $\boldsymbol{X}$ 为包含 k 个特征变量和 1 个偏置项的样本特征矩阵, 可采用线性回归建模. 令 x_k' 表示第 k 个特征变量, 则多项式回归转化为多元线性回归为

$$
y = f_{\boldsymbol{\theta}}(\boldsymbol{x}') = \theta_k x_k' + \theta_{k-1} x_{k-1}' + \cdots + \theta_1 x_1' + \theta_0 = \sum_{i=0}^{k} \theta_i x_i' = \boldsymbol{\theta}^{\mathrm{T}} \boldsymbol{x}', \quad (3\text{-}13)
$$

其中 $\boldsymbol{\theta} = (\theta_k, \theta_{k-1}, \cdots, \theta_1, \theta_0)^{\mathrm{T}}$, $\boldsymbol{x}' = (x_k', x_{k-1}', \cdots, x_1', 1)^{\mathrm{T}}$, $k \geqslant 1$.

更一般化, 若引入非线性映射函数 $\phi(\boldsymbol{x})$, 则可建立线性基函数回归. 在多项式回归中, 若令 $\phi_k(x) = x^k$, 则 $\{\phi_0(x), \phi_1(x), \phi_2(x), \cdots, \phi_k(x), \cdots\}$ 即为一组基函数.

如下算法根据多项式的最高拟合阶次以及是否需要偏置项, 生成特征数据.

```python
# file_name: poly_features.py
class PolyFeatureGenerator:
    """
    根据自变量x、阶次k和是否带偏置项, 实现特征多项式特征数据生成器
    """
    def __init__(self, X: np.ndarray, order: int, with_bias: bool = False):
        self.X = np.asarray(X).reshape(-1)  # 自变量数据
        self.order = order   # 多项式的最高阶次
        self.with_bias = with_bias  # 是否需要添加偏置项
        if with_bias:
            self.feature_data = np.zeros((len(X), order + 1))  # 需多添加一列1
        else: self.feature_data = np.zeros((len(X), order))

    def fit_transform(self):
        """
        生成特征数据, 且包括是否带偏置项
        """
        if self.with_bias:
```

```
        self.feature_data[:, −1] = np.ones(len(self.X)) # 最后一列为1
        self.feature_data[:, −2] = self.X  # 倒数第二列为x
        for i in range(self.order − 1, −1, −1):  # 倒序生成
            self.feature_data[:, i] = self.X ** i
    else:
        self.feature_data[:, −1] = self.X
        for i in range(self.order − 1, −1, −1):
            self.feature_data[:, i] = self.X ** (i + 1)
    return self.feature_data
```

例 6 假设由 $f(x) = 0.5x^2 + x + 2 + \varepsilon, \varepsilon \sim N(0,1)$, $x \sim U(-3,3)$ 随机生成 50 个训练样本, 进行不同阶次的多项式曲线拟合. 从 $[-3,3]$ 等距生成 100 个测试样本并获得真值, 度量不同阶次的多项式性能指标.

注 首先采样训练数据和测试数据, 然后由类 PolyFeatureGenerator 构造训练集和测试集, 进而采用线性回归 LinearRegressionFormula 训练模型和预测, 并进行度量和可视化. 部分代码可参考例 7.

如图 3-13(a) 所示, 高阶多项式回归模型在这个训练集上严重过拟合, 线性模型则欠拟合, 二次模型有着较好的泛化能力, 因为在生成数据时使用了二次模型. 但如果数据本身无任何噪声, 除线性模型外, 理论上, 高阶多项式回归不会产生任何过拟合现象, 如图 3-13(b) 所示. 图例为测试样本的均方误差 MSE 和可决系数 R^2. 但由于计算误差的存在, 高阶项系数未必精确为 0, 如表 3-3 所示.

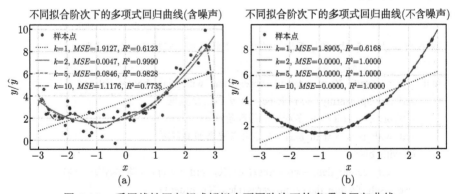

图 3-13　采用线性回归闭式解拟合不同阶次下的多项式回归曲线

图 3-14 为由函数 $f(x) = 0.5x^3 + 2x^2 - 3x + 2 + \varepsilon, \varepsilon \sim N(0,1)$, $x \sim U(-3,3)$ 产生随机样本进行多项式拟合的效果. (a) 图所示, 当 $k = 1,2$ 时, 无论是训练误差还是测试误差均较大, 此时处于 "欠拟合" 状态, 误差主要由偏差决定, 即由不正确的模型假设所引起. 三次多项式回归使得测试样本的 MSE_{test} 达到最小.

表 3-3　无噪声数据 10 阶多项式拟合系数与偏置项

幂次项	系数	幂次项	系数	幂次项	系数
x	1.00000000e+00	x^5	7.50050463e−17	x^9	6.42985165e−18
x^2	5.00000000e−01	x^6	−1.68024764e−15	x^{10}	−1.29458915e−17
x^3	−8.78423901e−16	x^7	−1.24682629e−16	Bias	2.000000000000063
x^4	4.98560520e−15	x^8	1.54390675e−16		

但随着拟合阶次的增加 (意味着模型复杂度的提高), 测试样本的 MSE_{test} 逐渐增加, 而训练样本的 MSE_{train} 却随着阶次的增加而一直减少, 此为典型的 "过拟合" 现象. 过拟合时, 误差主要由方差决定, 对数据的微小变动的敏感性增强, 即模型的泛化性能越来越差, 此时把样本的采样误差作为模型的本质被训练了. (b) 图所示, 当 $k = 12$ 时, 对比 $k = 3$ 时的多项式回归曲线的 MSE, 显然, 对训练样本拟合较好, 即训练样本的 MSE_{train} 变小了 (见图例), 但测试样本的 MSE_{test} 却大幅度增加了, 且方差也较大 (见标题).

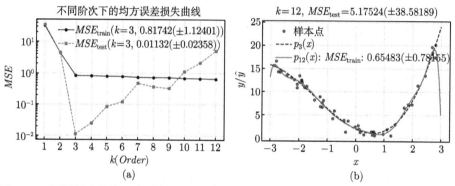

图 3-14　不同拟合阶次下多项式回归的训练与测试误差以及 3 阶、12 阶多项式回归曲线

采样数据往往存在误差, 且通常未知数据生成函数是什么, 如何决定模型的复杂度以及模型是过拟合还是欠拟合? 一种方法是使用交叉验证来估计模型的泛化能力; 另一种方法观察学习曲线, 可视化模型在训练集上的表现, 同时可视化以训练集规模为自变量的性能函数.

3.3.2　学习曲线

学习曲线[3]是模型在训练集和验证集上关于训练集大小 (或训练迭代) 的性能函数. 学习曲线可有效判断一个学习算法是否存在欠拟合或过拟合, 是否存在偏差, 方差问题. 通常一个模型的泛化误差由三个不同误差的和决定.

(1) 偏差: 通常由错误的假设决定的. 如多项式回归, 数据满足一个非线性模型, 却假设了一个线性模型. 一个高偏差的模型更容易出现欠拟合.

(2) 方差: 由于模型对训练数据的微小变化较为敏感, 一个多自由度的模型或复杂模型更容易有高的方差 (如高阶多项式模型), 因此会导致模型过拟合.

(3) 不可约误差: 由数据本身的噪声决定的. 降低这部分误差的唯一方法就是进行数据清洗, 如识别和剔除异常值.

假设共 $n\,(n > 1)$ 个训练样本, 设 $\mathcal{D}_k = \{\boldsymbol{X}_k, \boldsymbol{y}_k\}(k = 1, 2, \cdots, n)$ 表示选择前 k 个样本及其目标值组合的训练集, $\mathcal{D}_\mathrm{v} = \{\boldsymbol{X}_\mathrm{v}, \boldsymbol{y}_\mathrm{v}\}$ 表示验证集, 则绘制学习曲线的方法:

(1) n 个训练样本训练出 n 个模型, 即每次使用训练集 $\mathcal{D}_k$ 训练第 k 个模型.

(2) 针对第 k 个模型, 计算 $\boldsymbol{X}_k$ 的预测值 $\hat{\boldsymbol{y}}_k$, 并计算训练集的均方误差

$$MSE_k = \frac{1}{k} \sum_{i=1}^{k} (y_i - \hat{y}_i)^2.$$

(3) 计算验证集 $\mathcal{D}_\mathrm{v}$ 中样本 $\boldsymbol{X}_\mathrm{v}$ 的预测值 $\hat{\boldsymbol{y}}_\mathrm{v}$, 并计算验证集的均方误差, 记为 MSE_v^k, 其中上标 k 表示使用第 k 个模型.

(4) 以 (k, MSE_k) 为坐标点, 绘制训练集的均方误差 (或均方根误差 $\sqrt{MSE_k}$) 关于训练集大小的关系曲线.

(5) 以 (k, MSE_v^k) 为坐标点, 绘制验证集的均方误差 (或均方根误差 $\sqrt{MSE_\mathrm{v}^k}$) 关于训练集大小的关系曲线.

例 7　由函数 $f(x) = 0.5x^3 + 2x^2 - 3x + 2 + 0.5\varepsilon, \varepsilon \sim N(0, 1), x \sim U(-2, 2)$ 产生 300 个随机样本, 以此进行 2, 3, 6, 10, 15 和 20 阶多项式回归拟合, 并绘制学习曲线.

首先针对拟合阶次, 生成特征数据, 进而采用线性回归闭式解算法求解.

```
np.random.seed(42)  # 设置随机种子, 以便再现
obj_fun = lambda x: 0.5 * x ** 3 + 2 * x ** 2 - 3 * x + 2  # 目标函数
size = 300  # 训练数据样本量
raw_x = 4 * np.random.rand(size, 1) - 2  # [-3,3]区间的均匀随机数
raw_y = (obj_fun(raw_x) + 0.5 * np.random.randn(size, 1)).flatten()  # 添加噪声
plt.figure(figsize=(15, 7))
orders = [2, 3, 6, 10, 15, 20]  # 拟合阶次
for idx, k in enumerate(orders):
    plt.subplot(231 + idx)  # 子图
    mse_train, mse_test = [], []  # 存储训练集和验证集的均方误差
    pfds = PolyFeatureGenerator(raw_x, k)  # 初始化构造特征数据
    X_samples = pfds.fit_transform()  # 针对拟合阶次, 生成特征数据
    X_train, X_test, y_train, y_test = \
        train_test_split(X_samples, raw_y, test_size=0.2, random_state=0, shuffle=True)
```

```
for k in range(1, len(X_train) + 1):  # 共训练n个模型
    x_train, y_target = X_train[:k, :], y_train[:k]  # 每次采用前k个训练样本
    lrcf = LinearRegressionFormula(normalized=False)  # 线性回归闭式解算法
    lrcf.fit(x_train, y_target)  # 拟合模型
    y_train_pred = lrcf.predict(x_train)  # 当前训练集预测
    mse_train.append(((y_target.reshape(-1) - y_train_pred.reshape(-1)) ** 2).mean())
    y_test_pred = lrcf.predict(X_test)  # 当前模型对验证集进行预测
    mse_test.append(((y_test.reshape(-1) - y_test_pred.reshape(-1)) ** 2).mean())
plt.plot(range(1, len(X_train) + 1), mse_train, "k-", lw=1.5, label="训练")
plt.plot(range(1, len(X_train) + 1), mse_test, "r--", lw=1.5, label="测试")
# 略去图像的修饰、坐标轴的名称、刻度值大小、图例等
plt.title(r"$k = %d, MSE_{final}=%.10f$" % (k, mse_train[-1]), fontsize=18)
plt.ylim([0, 1])  # 由于验证集误差较大，此处限制y轴的范围
plt.show()
```

如图 3-15 所示, 观察 $p_2(x)$(下标表示阶次 2) 的多项式回归曲线模型:

(1) 模型在训练集上的表现: 当训练集只有一两个样本的时候, 模型能够非常好地拟合它们, 故曲线从零开始. 但是随着训练样本量的增加, 训练集上的拟合程度变得难以接受, 出现这种情况有两个原因, 一是因为数据中含有噪声, 另一个是数据根本不是二次的. 因此随着数据规模的增大, 误差也会一直增大, 直到达到高原地带并趋于稳定, 之后, 继续加入新的样本, 模型的平均误差不会变得更好或者更差.

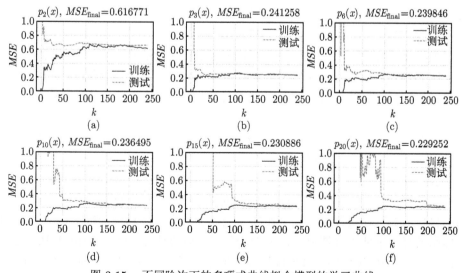

图 3-15　不同阶次下的多项式曲线拟合模型的学习曲线

(2) 模型在验证集上的表现: 当以非常少的样本去训练时, 模型不能恰当地泛化, 故验证误差一开始非常大. 当训练样本变多的时候, 模型学习的东西变多, 验证误差开始缓慢地下降. 但是二次曲线不可能很好地拟合这些数据, 因此最后误差会到达一个高原地带并趋于稳定. 对比 $p_3(x)$ 的恰当模型, $p_2(x)$ 模型训练和验证误差均较大, 后期稳定在 0.6 左右, 而三次模型稳定在 0.25 左右.

因此 $p_2(x)$ 模型表现出典型的欠拟合. 如果模型在训练集上是欠拟合的, 增加更多的样本也是没用的. 需要使用一个更复杂的模型或者找到更好的特征. 例如, 若样本本身是非线性的, 对于 SVM 学习算法, 就需要增加非线性核函数, 而使用线性核, 即使调参或增加样本量也并不能带来更好的性能提升.

当阶次为 6, 10, 15, 20 时, 模型呈现出过拟合现象. 改善模型过拟合的一种有效方法是提供更多的训练数据, 直到训练误差和验证误差相等. 如第二行的三个子图, 阶次越高, 训练所需样本量就越多, 才能使得模型的训练误差和验证误差趋于一致. 当样本量不足时, 较复杂的模型会把样本的误差当作数据的本质特征进行学习, 进而构成模型的一部分, 故而模型的泛化性能会大大降低. 对于验证或测试样本的微小变动, 反映出的误差会更大, 即过拟合模型对误差的敏感性更高.

此外, 反观训练集的均方误差, 从图的标题信息中可以看出, 过拟合的模型相对于恰当模型 $p_3(x)$, 具有更小的训练误差, 这也是模型过拟合的显著特点. 如果样本量较少时, 则会表现出两条曲线之间有较大间隔, 意味着模型在训练集上的表现要比验证集上好得多. 当然, 如果使用了更大规模的训练数据, 这两条曲线最后会非常接近.

■ 3.4　线性回归的正则化方法

在回归模型的线性假设下 [4], 且噪声源是高斯白噪声时, 最小二乘估计量是一个最小方差无偏 (Minimum Variance Unbiased, MVU) 估计量, 且可通过缩小 MVU 估计量的范数来提高性能. 正则化是一种数学工具, 它将先验信息施加于解的结构上, 其解是通过优化任务得到.

线性回归正则化, 通过在损失函数中引入正则化项来缓解过拟合, 其实质是通过缩小模型参数值或稀疏化模型参数来提升模型的泛化性能. 对于线性回归模型, 使用 L_1 正则化的模型称之为 LASSO(Least Absolute Shrinkage and Selection Operator, LASSO) 回归, 使用 L_2 正则化的模型称为 Ridge 回归 (岭回归). 线性回归的目标函数可通过使用高斯分布作为先验和极大似然估计而得; Ridge 回归的目标函数可通过使用高斯分布作为先验和极大后验估计 (Maximum A Posteriori Estimate, MAP) 优化的贝叶斯线性回归推导而得, 而使用拉普拉斯分布 (Laplace distribution) 作为先验和 MAP 优化的贝叶斯线性回归, 则可得 LASSO 回归的目标函数. 可以证明, Ridge 回归和 LASSO 回归的目标函数均为凸函数.

添加正则项的线性回归的目标函数可表示为

$$\mathcal{J}_{\text{reg}}(\boldsymbol{\theta}) = \mathcal{R}_{\mathcal{D}}^{\text{emp}}(\boldsymbol{\theta}) + \lambda \cdot \Omega(f) = \mathcal{J}(\boldsymbol{\theta}) + \lambda \|\boldsymbol{\theta}\|_p, \tag{3-14}$$

其中 $\Omega(f)$ 为结构风险 (structural risk), 是对模型 f 复杂度的度量, 通常模型越复杂, 结构风险越大, 线性回归中表示为模型参数 (不考虑偏置 θ_0) 的范数 $\|\boldsymbol{\theta}\|_p$; $\lambda > 0$ 为正则化系数, 用于平衡经验损失 $\mathcal{R}_{\mathcal{D}}^{\text{emp}}(\boldsymbol{\theta})$ (即式 (3-2) 均方误差) 和模型复杂度. 基于此, 若 $p = 2$, 且考虑 $\|\boldsymbol{\theta}\|_2^2$, 则可得 Ridge 回归的目标函数

$$\mathcal{J}_{\text{reg}}(\boldsymbol{\theta}) = \mathcal{J}(\boldsymbol{\theta}) + \lambda \|\boldsymbol{\theta}\|_2^2 = \frac{1}{2n} \sum_{i=1}^{n} (f_{\boldsymbol{\theta}}(\boldsymbol{x}_i) - y_i)^2 + \lambda \sum_{j=1}^{m} \theta_j^2, \tag{3-15}$$

若 $p = 1$, LASSO 回归目标函数为

$$\mathcal{J}_{\text{reg}}(\boldsymbol{\theta}) = \mathcal{J}(\boldsymbol{\theta}) + \lambda \|\boldsymbol{\theta}\|_1 = \frac{1}{2n} \sum_{i=1}^{n} (f_{\boldsymbol{\theta}}(\boldsymbol{x}_i) - y_i)^2 + \lambda \sum_{j=1}^{m} |\theta_j|. \tag{3-16}$$

如下两个参数优化问题

$$\hat{\boldsymbol{\theta}} = \underset{\boldsymbol{\theta} \in \mathbb{R}^{m \times 1}}{\arg\min} \left[\frac{1}{2n} \sum_{i=1}^{n} (f_{\boldsymbol{\theta}}(\boldsymbol{x}_i) - y_i)^2 + \lambda \|\boldsymbol{\theta}\|_2^2 \right]$$

$$\Leftrightarrow \hat{\boldsymbol{\theta}} = \underset{\|\boldsymbol{\theta}\|_2^2 \leqslant C}{\arg\min} \frac{1}{2n} \sum_{i=1}^{n} (f_{\boldsymbol{\theta}}(\boldsymbol{x}_i) - y_i)^2, \tag{3-17}$$

$$\hat{\boldsymbol{\theta}} = \underset{\boldsymbol{\theta} \in \mathbb{R}^{m \times 1}}{\arg\min} \left[\frac{1}{2n} \sum_{i=1}^{n} (f_{\boldsymbol{\theta}}(\boldsymbol{x}_i) - y_i)^2 + \lambda \|\boldsymbol{\theta}\|_1 \right]$$

$$\Leftrightarrow \hat{\boldsymbol{\theta}} = \underset{\|\boldsymbol{\theta}\|_1 \leqslant C}{\arg\min} \frac{1}{2n} \sum_{i=1}^{n} (f_{\boldsymbol{\theta}}(\boldsymbol{x}_i) - y_i)^2 \tag{3-18}$$

被证明是分别等价的[4], 即对给定的 λ 总存在 C 使得式 (3-17) 和式 (3-18) 分别是等价的.

设 $\boldsymbol{\theta} = (\theta_1, \theta_2)^{\text{T}}$, 图 3-16 为正则化的几何意义, 对于 $\mathcal{J}(\boldsymbol{\theta})$ 损失等值线, 损失值沿着法线方向的反方向 (实线箭头) 而变小, 无约束条件下 $\boldsymbol{\theta}^*$ 为最优解. 对于目标函数 $\mathcal{J}_{\text{reg}}(\boldsymbol{\theta})$, 需在正则项约束 $g_{\text{reg}}(\boldsymbol{\theta})$ 等值线和经验损失 $\mathcal{J}(\boldsymbol{\theta})$ 等值线之间寻找一个交点 (空心点), 使得二者的和最小. 对于 LASSO 回归, 如 (b) 图所示, $g_{\text{reg}}(\boldsymbol{\theta})$ 等值线是一组菱形, 其与 $\mathcal{J}(\boldsymbol{\theta})$ 等值线的交点更容易落在坐标轴上 (尤其是在选择较大的 λ 时, 部分不太重要的特征变量参数稀疏为 0 的可能性更

大), 设最优解为 $\hat{\theta}$, 此时 $\hat{\theta}_1 = 0$, $\hat{\theta}_2 \neq 0$, 即 LASSO 回归实现了模型参数的稀疏化. 对于 Ridge 回归, 如 (a) 图所示, $g_{\mathrm{reg}}(\boldsymbol{\theta})$ 等值线是一组圆形, 交点 $\hat{\theta}$ 可能落在某个象限中且在 $g_{\mathrm{reg}}(\boldsymbol{\theta})$ 圆形边界的任何位置, 此时 $\hat{\theta}_1$ 和 $\hat{\theta}_2$ 均非零, 但相对于 $\boldsymbol{\theta}^*$ 来说, 缩小了模型参数值, 且在零值附近稠密且平滑. 通常 $\boldsymbol{\theta}^* \neq \hat{\theta}$, 故 LASSO 回归和 Ridge 回归均是有偏估计. LASSO 回归可用于特征选择, 可解释性比 Ridge 回归更高.

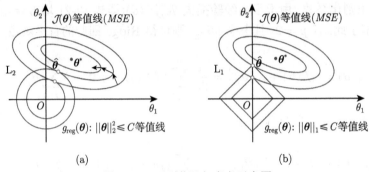

图 3-16   正则化几何意义示意图

Elastic Net(弹性网络) 回归是一种使用 L_1 和 L_2 作为正则化的线性回归模型. 当多个特征和另一个特征相关的时候, Elastic Net 就非常好用. LASSO 回归倾向于随机选择其中一个特征, Ridge 回归倾向于选择所有特征, 而 Elastic Net 回归更倾向于选择两者. 有关 Elastic Net 的具体内容见 3.4.3 节.

3.4.1   Ridge 回归及其算法设计

对 Ridge 回归目标函数 (3-15) 的正则项乘以系数 $1/2n$, 则目标函数关于 θ_j 一阶偏导数为

$$\frac{\partial \mathcal{J}_{\mathrm{reg}}(\boldsymbol{\theta})}{\partial \theta_j} = \frac{1}{n} \sum_{i=1}^{n} \left[(f_{\boldsymbol{\theta}}(\boldsymbol{x}_i) - y_i) \frac{\partial}{\partial \theta_j} \left(\sum_{k=0}^{m} \theta_k x_{i,k} - y_i \right) \right] + \frac{\lambda}{2n} \frac{\partial}{\partial \theta_j} \left(\sum_{j=1}^{m} \theta_j^2 \right)$$

$$= \frac{1}{n} \sum_{i=1}^{n} (f_{\boldsymbol{\theta}}(\boldsymbol{x}_i) - y_i) \cdot x_{i,j} + \frac{\lambda}{n} \theta_j.$$

故模型参数 $\boldsymbol{\theta}$ 的更新公式为

$$\boldsymbol{\theta}^{(k+1)} = \boldsymbol{\theta}^{(k)} - \alpha \frac{1}{n} \left(\sum_{i=1}^{n} (f_{\boldsymbol{\theta}^{(k)}}(\boldsymbol{x}_i) - y_i) \cdot \boldsymbol{x}_i + \lambda \boldsymbol{\theta}^{(k)} \right), \quad k = 0, 1, \cdots. \quad (3\text{-}19)$$

正则化系数 λ 越大, 模型越简单. Ridge 回归在不抛弃任何一个变量的情况下, 缩小了模型参数 $\boldsymbol{\theta}$ 值, 使得模型相对而言比较稳定, 起到防止过拟合的作用. 但是, 如果模型的参数变量特别多, 则模型可解释性差.

Ridge 回归正规方程解 (闭式解 (3-5)) $\hat{\boldsymbol{\theta}} = \left(\boldsymbol{X}^{\mathrm{T}}\boldsymbol{X} + \lambda\boldsymbol{I}\right)^{-1}\boldsymbol{X}^{\mathrm{T}}\boldsymbol{y}$, $\lambda > 0$, 其中 $\boldsymbol{I}$ 为单位矩阵.

在梯度下降法过程中, 影响结果的一个很关键的因素就是学习率 $0 < \alpha < 1$ 的大小, α 通常是随着参数的更新而衰减. AdaGrad 是在 2011 年由 Duchi 等研究人员提出的一种算法, 其优势是能够对更新量进行自动调整. 随着学习的推进, α 也会逐渐缩小. 假设第 $k+1$ 次迭代, 则 AdaGrad 算法的参数 $\boldsymbol{\theta}^{(k+1)}$ 更新公式为

$$\boldsymbol{\theta}^{(k+1)} = \boldsymbol{\theta}^{(k)} - \frac{\alpha}{\sqrt{\sum\limits_{t=0}^{k}\left(\nabla\mathcal{J}\left(\boldsymbol{\theta}^{(t)}\right)\right)^2}} \cdot \nabla\mathcal{J}\left(\boldsymbol{\theta}^{(k)}\right)$$

$$= \boldsymbol{\theta}^{(k)} - \eta \cdot \nabla\mathcal{J}\left(\boldsymbol{\theta}^{(k)}\right), \quad k = 0, 1, \cdots. \tag{3-20}$$

设 $\delta = \sum\limits_{t=0}^{k}\left(\nabla\mathcal{J}\left(\boldsymbol{\theta}^{(t)}\right)\right)^2$, 式 (3-20) 确保了 δ 是以绝对增加的方式进行更新的. δ 是根据每个参数 $\theta_j^{(k)}$ $(j = 1, 2, \cdots, m)$ 进行计算的, 因此对于之前更新的总和比较小的参数, η 会比较大, 所产生的新的更新量也会较大, 相反, η 会比较小, 所产生的新的更新量也会较小. 故而, 开始时在比较大的范围优化, 然后逐渐缩小范围, 实现更为高效的优化. 由于更新量是持续减少的, 因此可能在训练过程中出现更新量几乎为零的情况, 从而导致无法进行进一步优化. 更多优化方法参考第 12 章前馈神经网络.

```python
# file_name: ridge.py
class  RidgeLinearRegression(LinearRegression_GradDesc):
    """
    线性回归 + L₂正则化, 梯度下降法 + 正规方程法求解模型的系数
    """
    def __init__(self, solver: str = "gd", C: float = 0.01, alpha: float = 0.05,
                 fit_intercept: bool = True, normalized: bool = True,
                 max_epochs: int = 1000, batch_size: int = 20,
                 stop_eps: float = 1e-5, random_seed: int = None):
        LinearRegression_GradDesc.__init__(self, fit_intercept, normalized, alpha,
                                           max_epochs, batch_size, stop_eps,
                                           random_seed)
        assert solver.lower() in ["gd", "formula"]  # 断言, 二者其一
        self.solver = solver  # 闭式解还是梯度下降法
        self.C = C  # L₂正则化系数
        self.delta_J = None  # 用于AdaGrad算法
```

```python
def init_theta_params(self, m_features: int):
    """
    模型参数的初始化, 如果训练偏置项, 则包含bias的初始化
    """
    if self.random_seed is not None:
        np.random.seed(self.random_seed)  # 设置随机种子
    self.theta = np.random.randn(m_features, 1) * 0.01
    self.delta_J = np.zeros((m_features, 1))  # 用于AdaGrad算法

def fit(self, X_train: np.ndarray, y_train: np.ndarray, X_test: np.ndarray = None,
        y_test: np.ndarray = None):
    """
    样本的预处理, 模型参数的求解, 梯度下降算法 + 正规方程法
    """
    X_train, y_train, X_test, y_test = \
        self.pre_processing(X_train, y_train, X_test, y_test)
    self.init_theta_params(X_train.shape[1])  # 模型初始化
    if self.solver.lower() == "gd":  # 梯度下降算法
        self._fit_gradient_desc(X_train, y_train, X_test, y_test)
    else:  # 正规方程解(闭式解)
        self._fit_closed_form_solution(X_train, y_train)

# 如下函数的函数体内容参考LinearRegressionFormula, 此处略去
def _fit_closed_form_solution(self, X_train, y_train):

def _ada_grad_alpha(self, delta):
    """
    学习率的更新. delta: 当前迭代中的更新增量
    """
    self.delta_J += delta ** 2  # 累加前 k 次迭代的增量和
    return self.alpha / np.sqrt(self.delta_J)

def _cal_loss(self, X, y, theta):
    """
    计算损失: MSE + 惩罚项
    """
    mse = ((X.dot(theta).flatten() - y.flatten()) ** 2).mean() / 2
    reg_ = np.mean(theta[:-1] ** 2) if self.fit_intercept else np.mean(theta ** 2)
    return mse + self.C * reg_ / 2  # MSE + 惩罚项
```

```
def _fit_gradient_desc (self, X_train, y_train, X_test, y_test):
    """
    三种梯度下降算法的实现 + L₂正则化
    """
    y_train = y_train.reshape(-1) # 重塑, 避免计算异常
    train_samples = np.c_[X_train, y_train]  # 组合训练集和目标集
    batch_nums = train_samples.shape[0] // self.batch_size # 批次数
    for epoch in range(self.max_epochs):
        np.random.shuffle(train_samples) # 原地打乱样本顺序, 模拟随机性
        old_theta = np.copy(self.theta) # 记录更新前的模型参数值
        for idx in range(batch_nums):
            batch_xy = train_samples[idx * self.batch_size:
                                    (idx + 1) * self.batch_size]
            batch_x, batch_y = batch_xy[:, :-1], batch_xy[:, -1:]
            delta = batch_x.T.dot((batch_x.dot(self.theta) - batch_y)) / \
                    self.batch_size
            # 计算并添加正则化部分, 不包含偏置项
            if self.fit_intercept:
                delta[:-1] += self.C * self.theta[:-1] / self.batch_size
            else: delta += self.C * self.theta / self.batch_size
            alpha = self._ada_grad_alpha(delta) # AdaGrad算法
            self.theta = self.theta - alpha * delta  # 更新模型系数
        # 精度控制, 采样相邻两次训练的参数 θ 的绝对值差的最大分量
        if np.max(np.abs(old_theta - self.theta)) < self.stop_eps: break
        # 记录计算训练过程中的误差损失值: MSE + 惩罚项
        self.train_loss.append(self._cal_loss(X_train, y_train, self.theta))
        if X_test is not None and y_test is not None:
            self.test_loss.append(self._cal_loss(X_test, y_test, self.theta))
        if epoch > 10:  # 训练10次后, 判断提前终止训练的条件
            last_loss = np.abs(self.train_loss[-1] - self.train_loss[-2])
            if last_loss < self.stop_eps: break
```

针对**例 6** 示例, 由 $f(x) = 0.5x^2 + x + 2 + \varepsilon, \varepsilon \sim N(0,1)$, $x \sim U(-3,3)$ 随机生成 30 个样本, 并添加标准正态分布噪声, 进行阶次 k 为 2, 7, 13 的多项式曲线拟合. 随机种子为 0, 正则化系数 $\lambda = 0.5$. 如图 3-17 所示, Ridge 回归有效地避免了高阶次多项式回归问题的过拟合现象, 且批量梯度下降法和正规方程解基本一致, 此处设置的终止精度为 10^{-10}.

针对**例 3** 波士顿房价数据集, 基于某一次的数据集划分, 设置 $\alpha = 0.5$, $\lambda = 0.2$, $\varepsilon = 10^{-10}$, 预测结果如图 3-18(a) 所示, 与当 $\lambda = 0.5$ 时的正规方程求解结

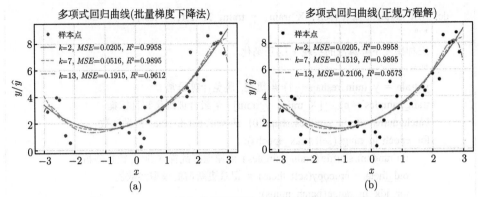

图 3-17　Ridge 回归求解不同拟合阶次下的多项式回归曲线

果基本一致, 模型系数仅有微小差异. 随着 λ 的增大, 回归系数逐步缩减, 如图 3-18(b) 所示, 但模型系数并不一定缩减为 0. 缩减模型系数, 可降低模型的复杂度, 一定程度上可以增强泛化能力, 可通过交叉验证法选择最佳的参数 λ.

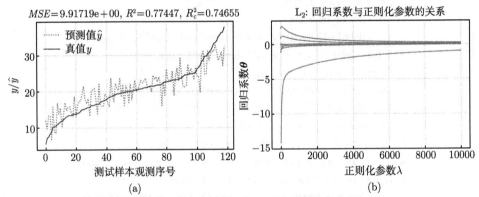

图 3-18　正则化参数与回归系数和测试样本预测的可决系数的关系

3.4.2　LASSO 回归及其算法设计

LASSO 回归与 Ridge 回归非常相似, 它们都通过正则化项, 起到防止过拟合的作用. 但是 LASSO 之所以重要, 是因为 LASSO 能够将一些作用较小的特征变量参数训练为 0, 从而获得稀疏解, 同时在模型训练的过程中实现了降维 (特征筛选) 的目的. 如 Hastie 等[9] 对癌症的分类, 影响癌症的基因类有 4718 个, 但实际上, 对于一种癌症, 只有少量基因类是关键的[10]. 然而, LASSO 回归优化的困难在于, L_1 范数是模型参数的绝对值之和 (式 (3-16)), 这将导致损失函数非连续可导. 所以, 部分优化算法如梯度下降法、牛顿法与拟牛顿法等不再起作用. 求解 LASSO 回归可采用近端梯度下降 (Proximal Gradient Descent, PGD) 法、坐标

轴下降 (coordinate descent) 法、最小角回归[6](Least Angle Regression, LAG) 法等. 本节仅介绍坐标轴下降法、近端梯度下降法.

1. 坐标轴下降法

梯度下降法优化目标函数极值问题, 是沿着负梯度方向逐步迭代逼近, 而坐标轴下降法是沿着模型各参数坐标轴的方向下降. 由于 Ridge 回归和 LASSO 回归对样本数据特征变量的数量级较为敏感, 故通常需要先对数据进行预处理, 如归一化、中心化. 设模型参数为 $\boldsymbol{\theta} = (\theta_1, \theta_2, \cdots, \theta_m)^{\mathrm{T}}$, 数据预处理后不考虑 θ_0. 如果存在一点 $\hat{\boldsymbol{\theta}}$, 使得 $\mathcal{J}_{\mathrm{reg}}(\boldsymbol{\theta})$ 在每一个坐标轴 $\hat{\theta}_j\,(j = 1, 2, \cdots, m)$ 上都是最小值, 则 $\mathcal{J}\left(\hat{\boldsymbol{\theta}}\right)$ 为全局最小值.

坐标轴下降法具体算法流程:

(1) $k = 0$, 初始化 $\boldsymbol{\theta}^{(k)} = \left(\theta_1^{(k)}, \theta_2^{(k)}, \cdots, \theta_m^{(k)}\right)^{\mathrm{T}}$, 精度控制 $\varepsilon\,(> 0)$.

(2) 对第 k 次迭代, 依次求解 $\theta_j^{(k)}\,(j = 1, 2, \cdots, m)$, 使得

$$\theta_j^{(k)} = \mathop{\arg\min}_{\theta_j \in \mathbb{R}} \mathcal{J}_{\mathrm{reg}}\left(\theta_1^{(k)}, \cdots, \theta_{j-1}^{(k)}, \theta_j, \theta_{j+1}^{(k-1)}, \cdots, \theta_m^{(k-1)}\right), \tag{3-21}$$

即 $\theta_j^{(k)}$ 是使得 $\mathcal{J}_{\mathrm{reg}}(\boldsymbol{\theta})$ 最小化时的 θ_j 值. 此时仅有 θ_j 为变量, 其余均视为常量, 故容易求解.

(3) 如果 $\left\|\boldsymbol{\theta}^{(k)} - \boldsymbol{\theta}^{(k-1)}\right\|_\infty \leqslant \varepsilon\,(k \geqslant 1)$, 即模型参数在所有维度上的变化足够小, 则 $\boldsymbol{\theta}^* = \boldsymbol{\theta}^{(k)}$, 否则转 (2), 并令 $k = k + 1$.

针对第 (2) 步, 求解式 (3-21). 考虑一般形式, L$_1$ 正则化的目标函数 $\mathcal{J}_{\mathrm{reg}}(\boldsymbol{\theta})$ 对 $\theta_j(j = 1, 2, \cdots, m)$ 的一阶偏导数为

$$
\begin{aligned}
\frac{\partial \mathcal{J}_{\mathrm{reg}}(\boldsymbol{\theta})}{\partial \theta_j} &= -\frac{1}{n} \sum_{i=1}^{n} \left(y_i - \sum_{j=1}^{m} x_{i,j}\theta_j\right) x_{i,j} + \frac{\partial\left(\lambda\left|\theta_j\right|\right)}{\partial \theta_j} \\
&= -\frac{1}{n} \sum_{i=1}^{n} \left(y_i - \sum_{k \neq j} x_{i,k}\theta_k - x_{i,j}\theta_j\right) x_{i,j} + \frac{\partial\left(\lambda\left|\theta_j\right|\right)}{\partial \theta_j} \\
&= -\frac{1}{n} \sum_{i=1}^{n} x_{i,j} \cdot \left(y_i - \sum_{k \neq j} x_{i,k}\theta_k\right) + \frac{\theta_j}{n} \sum_{i=1}^{n} \left(x_{i,j}\right)^2 + \frac{\partial\left(\lambda\left|\theta_j\right|\right)}{\partial \theta_j}.
\end{aligned}
$$

记残差 $r_j = \dfrac{1}{n} \sum_{i=1}^{n} x_{i,j} \cdot \left(y_i - \sum_{k \neq j} x_{i,k}\theta_k\right)$, 特征变量值的平方和 $F_j = \dfrac{1}{n} \sum_{i=1}^{n} \left(x_{i,j}\right)^2$, $j = 1, 2, \cdots, m$, 且易知次梯度 (subgradient)

$$\frac{\partial (\lambda |\theta_j|)}{\partial \theta_j} = \begin{cases} \lambda, & \theta_j > 0, \\ [-\lambda, \lambda], & \theta_j = 0, \\ -\lambda, & \theta_j < 0, \end{cases}$$

故而

$$\frac{\partial \mathcal{J}_{\text{reg}}(\boldsymbol{\theta})}{\partial \theta_j} = \begin{cases} -r_j + F_j \theta_j + \lambda, & \theta_j > 0, \\ [-r_j - \lambda, -r_j + \lambda], & \theta_j = 0, \\ -r_j + F_j \theta_j - \lambda, & \theta_j < 0. \end{cases} \tag{3-22}$$

对于式 (3-21), 需找到 $\hat{\theta}_j$, 使得 $\dfrac{\partial \mathcal{J}_{\text{reg}}(\boldsymbol{\theta})}{\partial \theta_j} = 0$, 由于式 (3-22) 是分段函数, 略去分类讨论, 综合可得

$$\hat{\theta}_j = \begin{cases} \dfrac{r_j - \lambda}{F_j}, & r_j > \lambda, \\ 0, & -\lambda \leqslant r_j \leqslant \lambda, \\ \dfrac{r_j + \lambda}{F_j}, & r_j < -\lambda. \end{cases} \tag{3-23}$$

定义软阈值函数 (soft thresholding function):

$$S(x, \lambda) = (x - \lambda)_+ - (-x - \lambda)_+ = \begin{cases} x - \lambda, & x > \lambda, \\ 0, & -\lambda \leqslant x \leqslant \lambda, \\ x + \lambda, & x < -\lambda, \end{cases}$$

其中 $(x)_+ = \max(x, 0)$, 则式 (3-23) 可表示为 $\hat{\theta}_j = \dfrac{S(r_j, \lambda)}{F_j}$, $j = 1, 2, \cdots, m$.

若考虑偏置项, 记为 θ_0, 则由

$$\frac{\partial \mathcal{J}_{\text{reg}}(\boldsymbol{\theta}, \theta_0)}{\partial \theta_0} = -\frac{1}{n} \sum_{i=1}^{n} \left(y_i - \sum_{j=1}^{m} x_{i,j} \theta_j - \theta_0 \right)$$

$$= \theta_0 - \frac{1}{n} \sum_{i=1}^{n} \left(y_i - \sum_{j=1}^{m} x_{i,j} \theta_j \right) = 0,$$

可得

$$\hat{\theta}_0 = \frac{1}{n} \sum_{i=1}^{n} \left(y_i - \sum_{j=1}^{m} x_{i,j} \theta_j \right). \tag{3-24}$$

坐标轴下降法的算法设计如下.

```python
# file_name: lasso_cd.py
class LassoCDRegression(LRBaseWarpper):
    """
    坐标轴下降算法, 并继承LRBaseWarpper, 主要针对Lasso回归求解.
    """
    def __init__(self, C: float = 0.05, fit_intercept: bool = True,
                 normalized: bool=False, max_iter: int=1000, stop_eps: float=1e-5):
        LRBaseWarpper.__init__(self, C=C, fit_intercept=fit_intercept,
                               normalized=normalized, max_epochs=max_iter,
                               stop_eps=stop_eps)
        self.coefficient_, self.intercept_ = None, None  # 数据标准化后的模型参数

    @staticmethod
    def _soft_threshold_operator(x, lambda_):
        """
        静态函数, 软阈值算子: soft(x, λ)
        """
        if x > 0 and lambda_ < abs(x): return x - lambda_
        elif x < 0 and lambda_ < abs(x): return x + lambda_
        else: return 0

    def fit(self, X_train: np.ndarray, y_train: np.ndarray):
        """
        基于训练集(X_train, y_train)的模型训练, 并存储训练过程中的MSE
        """
        X_train, _, _, _ = self.pre_processing(X_train, y_train, None, None)
        # 参数向量θ的初始化, 若训练偏置, 则最后一个元素为偏置
        self.theta = np.zeros(X_train.shape[1])  # 初始化为零向量
        return self._fit_cd(X_train, y_train)  # 坐标轴下降法训练模型

    def _fit_cd(self, X_train, y_train):
        """
        坐标轴下降法实现, 包括训练过程中训练集和测试集的MSE损失的计算和存储
        """
        if self.fit_intercept:
            self.theta[-1] = (y_train - X_train[:, :-1] @ self.theta[:-1]).sum() / \
                        self.n_samples
        F_n2 = (X_train ** 2).sum(axis=0)  # 各特征变量的2-范数的平方
        for epoch in range(self.max_epochs):
```

```python
        len_thetas = self.m_features + 1 if self.fit_intercept else self.m_features
        max_delta_theta = 0.0  # 模型参数最大绝对值改变量
        for j in range(len_thetas):  # 沿着模型各参数坐标轴的方向下降
            old_theta = np.copy(self.theta)  # 深拷贝当前已优化的参数
            # 对第j个参数优化时, 为计算残差, 不考虑当前特征变量, 故设置为0
            old_theta[j] = 0.0
            theta_j = self.theta[j]  # 同时记录当前参数值, 计算改变量
            r_j = y_train - X_train @ old_theta  # 残差
            arg1 = X_train[:, j] @ r_j  # 软阈值算子第一项
            arg2 = self.C * self.n_samples  # 软阈值算子第二项
            # 按公式计算最优解
            self.theta[j] = self._soft_threshold_operator(arg1, arg2) / F_n2[j]
            if max_delta_theta < np.abs(self.theta[j] - theta_j):
                max_delta_theta = np.abs(self.theta[j] - theta_j)
        if self.fit_intercept:  # 按公式计算偏置项
            self.theta[-1] = (y_train - X_train[:, :-1] @ self.theta[:-1]).sum() / \
                             self.n_samples
        # 存储训练过程的均方误差损失, 其中正则项不包括偏置项
        mse = np.mean((y_train.flatten() -
                      (X_train @ self.theta).flatten()) ** 2) / 2  # 可微部分
        reg_ = np.sum(np.abs(self.theta[:-1])) if self.fit_intercept else \
               np.sum(np.abs(self.theta))  # 正则部分
        self.train_loss.append(mse + self.C * reg_)  # 存储训练损失
        if max_delta_theta != 0.0 and max_delta_theta < self.stop_eps:
            break  # 模型参数最大绝对值改变量小于阈值, 则终止优化
        if epoch > 1:  # 相邻两次训练损失绝对值差小于阈值, 则终止优化
            last_loss = np.abs(self.train_loss[-1] - self.train_loss[-2])
            if last_loss < self.stop_eps: break
    if self.fit_intercept:
        self.coefficient_, self.intercept_ = self.theta[:-1], self.theta[-1]
    else:
        self.coefficient_, self.intercept_ = self.theta, 0
    return self.theta

def predict(self, X_test: np.ndarray):
    """
    对测试样本X_test的预测, 针对测试样本按照标准化和是否训练偏置项进行处理
    """
    if self.normalized:
        X_test = (X_test - self.feature_mean) / self.feature_std  # 测试样本标准化
```

```
if self.fit_intercept:  # 添加一列1, 对应偏置项
    X_test = np.c_[X_test, np.ones(shape=X_test.shape[0])]
return X_test @ self.theta  # 模型参数预测部分
```

为检验 LASSO 回归的特性, 构造假设函数, 且噪声源为高斯白噪声.

例 8 假设 $x = (x_1, x_2, \cdots, x_8)^{\mathrm{T}}$, 数据集由

$$f(x) = -12.5x_1 - 10.8x_2 + 3.6x_3 + 0.25x_4 + 7.4x_5$$

$$+ 0.02x_6 + 4.2x_7 + 9.6x_8 + 2\varepsilon$$

随机生成, 其中 $x_i \sim U(0,1)$, $\varepsilon \sim N(0,1)$, 随机种子 42, 样本量 $n = 2000$.

基于一次随机划分, 测试样本划分比例 25%, 不进行标准化, 正则化系数 $\lambda = 0.05$. 如表 3-4 所示, 特征变量 x_4 和 x_6 的系数为 0, 实现了稀疏化. 随着正则化参数的增大, 模型系数逐步呈现稀疏性, 最终均收缩为 0. 预测结果如图 3-19(a) 所示, 参数轨迹如图 3-19(b) 所示.

表 3-4 坐标轴下降法求解 LASSO 回归的模型系数

特征变量	特征变量系数	特征变量	特征变量系数	特征变量	特征变量系数
x_1	−11.811350602354308	x_4	0.0	x_7	3.437532212395453
x_2	−10.139834473897766	x_5	6.685311836694698	x_8	9.201430628970787
x_3	2.778911681382671	x_6	0.0	Bias	0.9035191583391651

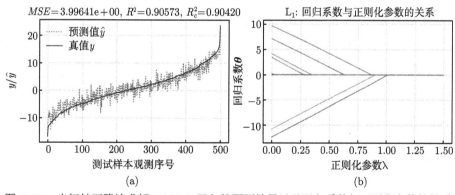

图 3-19 坐标轴下降法求解 LASSO 回归的预测结果以及回归系数与正则化参数的关系

自编码算法的参数 normalized 控制了对样本数据和目标数据的标准化, 若值为 True, 则惩罚系数不宜过大, 否则系数将被训练为 0. 选择全部数据集训练, 假设对数据集不进行标准化, 也不训练偏置项, 则自编码算法类和 sklearn.linear_model.Lasso 类训练结果基本一致, 如图 3-20 所示.

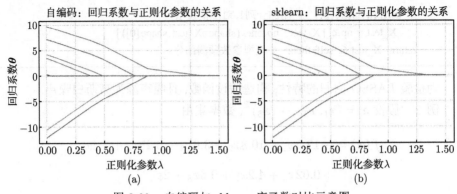

图 3-20　自编码与 sklearn 库函数对比示意图

　　针对**例 3** 波士顿房价数据集, 首先对数据集进行标准化, 然后基于一次随机划分, 测试样本划分比例 25%, 正则化系数 $\lambda = 0.2$, 对比 sklearn.linear_model. Lasso 的训练结果, 如图 3-21 所示, 预测结果与模型参数的稀疏化过程基本一致.

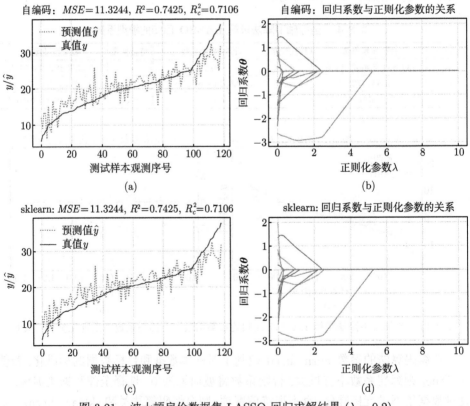

图 3-21　波士顿房价数据集 LASSO 回归求解结果 $(\lambda = 0.2)$

2. 近端梯度下降法[1]

设目标函数 $\mathcal{J}_{\mathrm{reg}}(\boldsymbol{\theta}) = f_{\mathcal{L}}(\boldsymbol{\theta}) + \lambda g_{\mathrm{reg}}(\boldsymbol{\theta})$, 其中 $\boldsymbol{\theta} = (\theta_1, \theta_2, \cdots, \theta_m)^{\mathrm{T}}$, 考虑优化目标

$$\min_{\boldsymbol{\theta}} \{ f_{\mathcal{L}}(\boldsymbol{\theta}) + \lambda g_{\mathrm{reg}}(\boldsymbol{\theta}) \} = \min_{\boldsymbol{\theta}} \{ f_{\mathcal{L}}(\boldsymbol{\theta}) + \lambda \|\boldsymbol{\theta}\|_1 \}, \tag{3-25}$$

其中 $f_{\mathcal{L}}(\boldsymbol{\theta})$ 是可微凸函数, $g_{\mathrm{reg}}(\boldsymbol{\theta})$ 是凸函数但不一定可微, 在 LASSO 回归中, $g_{\mathrm{reg}}(\boldsymbol{\theta}) = \|\boldsymbol{\theta}\|_1$. PGD 法每一步迭代的 $\boldsymbol{\theta}^{(k+1)}$ 可通过求解

$$\boldsymbol{\theta}^{(k+1)} = \arg\min_{\boldsymbol{\theta}} \left\{ \frac{L}{2} \left\| \boldsymbol{\theta} - \left(\boldsymbol{\theta}^{(k)} - \frac{1}{L} \nabla f_{\mathcal{L}}\left(\boldsymbol{\theta}^{(k)} \right) \right) \right\|_2^2 + \lambda \|\boldsymbol{\theta}\|_1 \right\} \tag{3-26}$$

得到, 其中 $L (> 0)$ 为 $\nabla f_{\mathcal{L}}(\boldsymbol{\theta})$ 所满足的 L-Lipschitz 条件的常数, 可理解为更新的步长.

令 $\boldsymbol{z} = \boldsymbol{\theta}^{(k)} - \dfrac{1}{L} \nabla f_{\mathcal{L}}\left(\boldsymbol{\theta}^{(k)} \right)$, 然后求解

$$\boldsymbol{\theta}^{(k+1)} = \arg\min_{\boldsymbol{\theta}} \left\{ \frac{L}{2} \|\boldsymbol{\theta} - \boldsymbol{z}\|_2^2 + \lambda \|\boldsymbol{\theta}\|_1 \right\}, \tag{3-27}$$

式 (3-27) 即为近端算子 (proximal operator), 式中不存在 θ_j 之间的交叉项, 所以模型参数向量的各个分量的优化是独立的. 于是, 式 (3-27) 的闭式解为

$$\theta_j^{(k+1)} = \begin{cases} z_j - \dfrac{\lambda}{L}, & z_j > \dfrac{\lambda}{L}, \\ 0, & |z_j| \leqslant \dfrac{\lambda}{L}, \\ z_j + \dfrac{\lambda}{L}, & z_j < -\dfrac{\lambda}{L}. \end{cases} \tag{3-28}$$

引入符号函数 sgn 和 max 函数, 式 (3-28) 可写成

$$\theta_j^{(k+1)} = \mathrm{sgn}(z_j) \cdot \max \left\{ |z_j| - \frac{\lambda}{L}, 0 \right\}, \quad j = 1, 2, \cdots, m. \tag{3-29}$$

为了确定目标函数的可微部分

$$f_{\mathcal{L}}(\boldsymbol{\theta}) = \frac{1}{2n} \left\| \boldsymbol{X}^{\mathrm{T}} \boldsymbol{\theta} - \boldsymbol{y} \right\|_2^2 = \frac{1}{2n} \sum_{i=1}^{n} (f_{\boldsymbol{\theta}}(\boldsymbol{x}_i) - y_i)^2$$

将在每次参数更新后减小, 需要检查 $f_{\mathcal{L}}(\boldsymbol{\theta})$ 的一阶近似值是否小于之前的值, 即

$$f_{\mathcal{L}}\left(\boldsymbol{\theta}^{(k+1)}\right) \leqslant f_{\mathcal{L}}\left(\boldsymbol{\theta}^{(k)}\right) + \nabla f_{\mathcal{L}}^{\mathrm{T}}\left(\boldsymbol{\theta}^{(k)}\right)\left(\boldsymbol{\theta}^{(k+1)} - \boldsymbol{\theta}^{(k)}\right) + \frac{L}{2}\left\|\boldsymbol{\theta}^{(k+1)} - \boldsymbol{\theta}^{(k)}\right\|_2^2. \tag{3-30}$$

综上, 近端梯度下降法的计算流程:

(1) $k = 0$, 初始化 $\boldsymbol{\theta}^{(k)} = \left(\theta_1^{(k)}, \theta_2^{(k)}, \cdots, \theta_m^{(k)}\right)^{\mathrm{T}}$, 精度控制 ε, 更新步长 L.

(2) 对第 k 次迭代, 循环如下过程, 直到满足式 (3-30):

① 计算梯度 $\nabla f_{\mathcal{L}}\left(\boldsymbol{\theta}^{(k)}\right) = \dfrac{1}{n}\boldsymbol{X}^{\mathrm{T}}\left(\boldsymbol{X}^{\mathrm{T}}\boldsymbol{\theta}^{(k)} - \boldsymbol{y}\right)$;

② 令 $\boldsymbol{z} = \boldsymbol{\theta}^{(k)} - \dfrac{1}{L}\nabla f_{\mathcal{L}}\left(\boldsymbol{\theta}^{(k)}\right)$, 按式 (3-29) 更新模型参数;

③ 按式 (3-30) 检查是否终止当前优化, 若不满足条件, 令 $L = 2L$, 转 ①.

(3) 记 $\mathrm{Cost}\,(\boldsymbol{\theta}) = f_{\mathcal{L}}(\boldsymbol{\theta}) + \lambda\|\boldsymbol{\theta}\|_1$, 如果 $\left|\mathrm{Cost}\left(\boldsymbol{\theta}^{(k+1)}\right) - \mathrm{Cost}\left(\boldsymbol{\theta}^{(k)}\right)\right| \leqslant \varepsilon$, 即 L_1 正则化目标函数损失变化较小, 则最优解为 $\hat{\boldsymbol{\theta}} = \boldsymbol{\theta}^{(k+1)}$, 否则转 (2), $k = k + 1$.

此外, 加速近端梯度法 FISTA(Fast Iterative Shrinkage-Thresholding Algorithm) 通过引入 Nesterov 动量技巧, 可显著提升收敛速度.

由于近端梯度下降法与坐标轴下降法在数据预处理、预测、模型度量方面具有共同的特性, 故算法设计时, 继承坐标轴下降算法类 LassoCDRegression.

```python
# file_name: lasso_pgd.py
class LASSOProximalGradientDescent(LassoCDRegression):
    """
    近端梯度下降算法求解多元线性回归, L₁正则化. 继承LassoCDRegression
    """
    def __init__(self, C: float = 0.01, L: float = 1.0, fit_intercept : bool = True,
                 normalized: bool = False, max_iter: int = 1000, stop_eps: float = 1e-5):
        LassoCDRegression.__init__(self, C, fit_intercept, normalized, max_iter,
                                   stop_eps)  # 继承LassoCDRegression
        self.L = L  # L-Lipschitz条件常数 L > 0

    @staticmethod
    def _f_loss(X, y, theta):
        # 静态函数, 优化过程中目标函数的均方误差损失
        return np.mean((y.flatten() - (X @ theta).flatten()) ** 2) / 2  # 可微部分

    def _fit(self, X_train, y_train):
        """
```

```
近端梯度下降算法核心部分
"""
xty = X_train.T @ y_train / self.n_samples
xtx = X_train.T @ X_train / self.n_samples
for epoch in range(self.max_epochs):
    while True:  # 循环搜索, 优化选择步长
        grad_theta = np.dot(xtx, self.theta) - xty  # 维度形状 (m,)
        z = self.theta - grad_theta / self.L  # 维度形状(m,)
        # 按公式更新模型参数
        theta_new = np.sign(z) * np.maximum(np.abs(z) - self.C / self.L, 0)
        mse_old = self._f_loss(X_train, y_train, self.theta) # 更新前损失
        mse_new = self._f_loss(X_train, y_train, theta_new) # 更新后损失
        # 保证更新后的参数使得模型的损失变小
        diff_theta = theta_new - self.theta  # 前后更新的差异
        delta = grad_theta.T @ diff_theta + self.L / 2 *
                np.linalg.norm(diff_theta) ** 2
        if mse_new <= mse_old + delta: break  # 满足条件, 终止当前循环
        self.L *= 2.0  # 不满足条件, 更新步长
    self.theta = np.copy(theta_new) # 参数向量更迭
    # 存储训练过程的损失, 其中正则项不包括偏置项
    mse_ = self._f_loss(X_train, y_train, self.theta)  # 可微部分
    reg_ = np.sum(np.abs(self.theta[:-1])) if self.fit_intercept else \
        np.sum(np.abs(self.theta))  # 正则部分
    self.train_loss.append(mse_ + self.C * reg_)  # 存储损失
    if epoch > 1:  # 相邻两次训练损失绝对值差小于阈值, 则终止优化
        last_loss = np.abs(self.train_loss[-1] - self.train_loss[-2])
        if last_loss < self.stop_eps: break
if self.fit_intercept:
    self.coefficient_, self.intercept_ = self.theta[:-1], self.theta[-1]
else:
    self.coefficient_, self.intercept_ = self.theta, 0
return self.theta
```

针对**例 8** 示例, 对参数 normalized 设置为 True, 即标准化, 其他参数设置同坐标轴下降法, 结果如图 3-22, 此处注意模型系数 θ 与图 3-19 模型系数 θ 的不同, 故而, 必要时需要还原系数.

针对**例 3** 波士顿房价数据集, 基于某一次的数据集划分, 其结果如图 3-23 所示. 三种不同方法在相同参数下训练的模型系数如表 3-5 所示, 其中 ZN 和 RAD 系数为 0. 若增加正则化系数 λ 值, 将会使得更多的特征变量系数训练为 0.

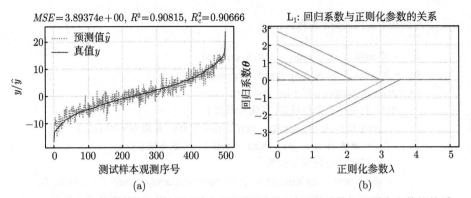

图 3-22　PGD 算法求解 LASSO 回归的预测结果以及回归系数与正则化参数的关系

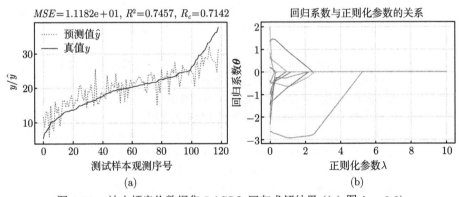

图 3-23　波士顿房价数据集 LASSO 回归求解结果 ((a) 图 $\lambda = 0.2$)

表 3-5　三种方法求解波士顿房价数据集的 LASSO 回归模型系数

方法	变量	系数	变量	系数	变量	系数	变量	系数
坐标轴下降	CRIM	−0.54955767	ZN	0.0	INDUS	−0.35070501	CHAS	0.13029863
近端梯度下降		−0.54720951		0.0		−0.34836961		0.13389425
sklearn		−0.54939994		0.0		−0.34982912		0.13029414
坐标轴下降	NOX	−0.91605292	RM	1.46518214	AGE	−0.08953213	DIS	−0.75454698
近端梯度下降		−0.92508876		1.46337362		−0.09126512		−0.76012924
sklearn		−0.91585582		1.46552581		−0.08997422		−0.75413922
坐标轴下降	RAD	0.0	TAX	−0.11708628	PTRATIO	−1.3734491	B	0.44676677
近端梯度下降		0.0		−0.12137071		−1.36593795		0.44210279
sklearn		0.0		−0.11761176		−1.37349474		0.44687712
坐标轴下降	LSTAT	−2.78724864	Bias	21.01687761				
近端梯度下降		−2.79393378		20.81623708				
sklearn		−2.78694428		21.01687967				

3.4.3 Elastic Net 回归及其算法设计

Elastic Net 回归目标函数

$$\mathcal{J}_{\text{reg}}(\boldsymbol{\theta}) = \frac{1}{2n} \sum_{i=1}^{n} (f_{\boldsymbol{\theta}}(\boldsymbol{x}_i) - y_i)^2 + \lambda \left(\rho \|\boldsymbol{\theta}\|_1 + \frac{1-\rho}{2} \|\boldsymbol{\theta}\|_2^2 \right), \quad \lambda > 0, \ 0 \leqslant \rho \leqslant 1,$$

(3-31)

其中 ρ 是用来调节 L_1 和 L_2 正则化的凸组合系数, 超参数 α 和 ρ 可通过交叉验证来选择. 结合坐标轴下降算法和 Ridge 回归的求解过程, 目标函数 $\mathcal{J}_{\text{reg}}(\boldsymbol{\theta})$ 对 $\theta_j \, (j = 1, 2, \cdots, m)$ 的一阶偏导数为

$$\frac{\partial \mathcal{J}_{\text{reg}}(\boldsymbol{\theta})}{\partial \theta_j} = -\frac{1}{n} \sum_{i=1}^{n} x_{i,j} \cdot \left(y_i - \sum_{k \neq j} x_{i,k} \theta_k \right) + \frac{\theta_j}{n} \sum_{i=1}^{n} (x_{i,j})^2$$

$$+ \frac{\partial (\lambda \rho |\theta_j|)}{\partial \theta_j} + \lambda (1-\rho) \theta_j$$

$$= -r_j + F_j \theta_j + \frac{\partial (\lambda \rho |\theta_j|)}{\partial \theta_j} + \lambda (1-\rho) \theta_j.$$

故而

$$\frac{\partial \mathcal{J}_{\text{reg}}(\boldsymbol{\theta})}{\partial \theta_j} = \begin{cases} -r_j + F_j \theta_j + \lambda \rho + \lambda (1-\rho) \theta_j, & \theta_j > 0, \\ [-r_j - \lambda, -r_j + \lambda], & \theta_j = 0, \\ -r_j + F_j \theta_j - \lambda \rho + \lambda (1-\rho) \theta_j, & \theta_j < 0. \end{cases}$$

(3-32)

闭式解为

$$\hat{\theta}_j = \begin{cases} \dfrac{r_j - \lambda \rho}{F_j + \lambda (1-\rho)}, & r_j > \lambda \rho, \\ 0, & -\lambda \rho \leqslant r_j \leqslant \lambda \rho, \\ \dfrac{r_j + \lambda \rho}{F_j + \lambda (1-\rho)}, & r_j < -\lambda \rho. \end{cases}$$

(3-33)

如何选择线性回归、Ridge 回归、LASSO 回归和 Elastic Net 回归呢? 一般来说, 有一点正则项的表现更好, 因此通常应该避免使用简单的线性回归. Ridge 回归是一个很好的首选项, 但是如果数据特征仅有少数是真正有用的, 应该选择 LASSO 或 Elastic Net 回归, 它们能够将无用特征的权重降为零. 一般来说, Elastic Net 的表现要比 LASSO 好, 因为当特征变量数比样本量大的时候, 或者特征之间有很强的相关性时, LASSO 可能会表现得不规律.

如下算法实现 Elastic Net 回归, 且继承坐标轴下降法求解 LASSO 回归的类 LassoCDRegression.

```python
# file_name: elastic_net.py
class   ElasticNetRegression (LassoCDRegression):
    """
    Elastic  Net回归, 其中 L₁正则化采用坐标轴下降算法, 并继承LassoCDRegression
    """
    def __init__(self, C: float = 0.05, rou: float = 0.5,
                    fit_intercept : bool = True, normalized: bool = False,
                    max_iter: int = 1000, stop_eps: float = 1e-5):
        LassoCDRegression.__init__(self, C, fit_intercept, normalized, max_iter,
                                    stop_eps)  # 继承并按位置传参
        assert  0 <= rou <= 1  # 断言凸组合系数的范围
        self.rou = rou   # 凸组合系数, 用于调节 L₁和L₂正则化

    def _cal_loss (self, X, y, theta):
        """
        优化过程中的损失: 均方误差 + 惩罚项
        """
        mse = np.mean((y.flatten() − (X @ theta).flatten()) ** 2) / 2  # 可微部分
        reg_l1 = np.sum(np.abs(theta[:−1])) if self.fit_intercept else \
            np.sum(np.abs(theta))   # L₁正则部分
        reg_l2 = np.sum(theta[:−1] ** 2) if self.fit_intercept else np.sum(theta ** 2)
        return  mse + self.C * self.rou * reg_l1 + self.C * (1 − self.rou) / 2 * reg_l2

    def _fit (self, X_train, y_train):
        """
        Elastic  Net的训练过程, 其中 L₁正则化采用坐标轴梯度下降法
        """
        if  self.fit_intercept :  # 若训练偏置
            self.theta[−1] = (y_train − X_train[:, :−1] @ self.theta[:−1]).sum() / \
                        self.n_samples
        # 计算分母部分
        F_n2 = (X_train ** 2).sum(axis=0) / self.n_samples + self.C * (1 − self.rou)
        for  epoch in range( self.max_epochs):
            len_thetas = self.m_features + 1 if self.fit_intercept else self.m_features
            max_delta_theta = 0.0  # 模型参数最大绝对值改变量
            for  j in range(len_thetas):  # 沿着模型各参数坐标轴的方向下降.
                old_theta = np.copy(self.theta) # 深拷贝当前已优化的参数
                # 对第j个参数优化时, 为计算残差, 不考虑当前特征变量, 故设置为0
                old_theta[j] = 0.0
```

```
                    theta_j = self.theta[j]  # 同时记录当前参数值, 计算改变量
                    r_j = y_train − X_train @ old_theta  # 残差
                    arg1 = X_train[:, j] @ r_j / self.n_samples  # 软阈值算子第一项
                    arg2 = self.C ∗ self.rou  # 软阈值算子第二项
                    # 按公式计算θ_j的最优解
                    self.theta[j] = self._soft_threshold_operator(arg1, arg2) / F_n2[j]
                    if max_delta_theta < np.abs(self.theta[j] − theta_j):
                        max_delta_theta = np.abs(self.theta[j] − theta_j)
                if self.fit_intercept:  # 偏置项
                    self.theta[−1] = (y_train − X_train[:, :−1] @
                                        self.theta[:−1]).sum() / self.n_samples
                # 存储训练过程的均方误差损失, 其中正则项不包括偏置项
                self.train_loss.append(self._cal_loss(X_train, y_train, self.theta))
                if max_delta_theta != 0.0 and max_delta_theta < self.stop_eps:
                    break  # 模型参数最大绝对值改变量小于阈值, 则终止优化
                if epoch > 1:  # 相邻两次训练损失绝对值差小于阈值, 则终止优化
                    last_loss = np.abs(self.train_loss[−1] − self.train_loss[−2])
                    if last_loss < self.stop_eps: break
        if self.fit_intercept:
            self.coefficient_, self.intercept_ = self.theta[:−1], self.theta[−1]
        else:
            self.coefficient_, self.intercept_ = self.theta, 0
        return self.theta
```

针对 **例 3** 波士顿房价数据集, 基于一次的数据集划分, 未采用交叉验证选择最优参数组合. 设参数 $\lambda = 0.2$, $\rho = 0.5$, 训练结果如表 3-6 所示, 仅变量 CHAS 和 NOX 的系数稀疏化为 0, 其他特征变量系数未出现较大的值.

表 3-6　Elastic Net 回归求解波士顿房价数据集的模型系数

方法	变量	系数	变量	系数	变量	系数	变量	系数
自编码	CRIM	−0.09830908	ZN	0.03565988	INDUS	−0.11458077	CHAS	0.0
sklearn		−0.09829252		0.03566531		−0.11463146		0.0
自编码	NOX	0.0	RM	1.37825301	AGE	−0.02315420	DIS	−0.87213829
sklearn		0.0		1.37928687		−0.02315771		−0.87214768
自编码	RAD	0.21461064	TAX	−0.01296737	PTRATIO	−0.57247349	B	0.00693393
sklearn		0.21444417		−0.01296002		−0.57197700		0.00693932
自编码	LSTAT	−0.45351195	Bias	36.14953518				
sklearn		−0.45341911		36.13005263				

对比 sklearn.linear_model.ElasticNet 类, 测试样本的预测结果、回归系数与

正则化系数的关系如图 3-24 所示, 其中 (a) 图和 (c) 图的正则化参数 $\lambda = 0.2$, 凸组合参数 $\rho = 0.5$, 其他参数默认, 未进行标准化. 从 (b) 图和 (d) 图可以看出, 随着正则化参数值的增加, 模型系数在缩小的同时也逐渐呈现出稀疏化的特征.

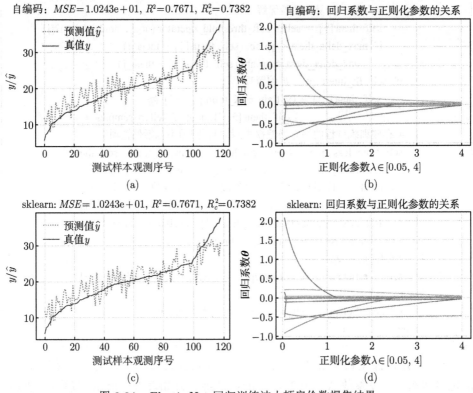

图 3-24   Elastic Net 回归训练波士顿房价数据集结果

■ 3.5   习题与实验

1. 从模型、学习准则和优化算法的角度, 给出线性回归的数学描述, 并阐述极大似然估计的重要意义.

2. 试推导 Ridge 回归和 LASSO 回归的目标函数.

3. 分析 Ridge 回归和 LASSO 回归如何通过正则项缓解过拟合?

4. 请尝试编写梯度下降法求解目标函数极小值的算法, 并求解如下函数

$$z = f(x, y) = \left(x^2 - 2x\right) e^{-x^2 - y^2 - xy}, \quad x, y \in [-3, 3]$$

的极小值, 分析学习率的影响, 优化过程如图 3-25 所示. 请思考该问题中的梯度下降法与回归问题中的梯度下降法有何不同?

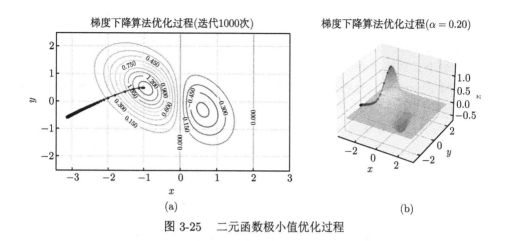

图 3-25 二元函数极小值优化过程

5. 从 UCI 中选择一个数据集, 或模仿**例 4** 通过假设函数并增加随机噪声的方法生成数据集, 进行线性回归以及正则化方法的模型训练、预测和评价. 对于正则化模型参数, 请结合交叉验证法给出最优参数组合.

■ 3.6 本章小结

本章主要从闭式解和梯度下降法的角度探讨线性回归模型的建立、学习策略和学习算法, 以及算法自编码实现. 线性回归一般假设目标值服从或近似服从正态分布, 特征变量与目标值存在线性相关性. 由于样本数据存在误差, 且可能包含有离群点, 正规方程的求解极易陷入过拟合, 故通常采用梯度下降法. 合理的参数选择, 梯度下降算法可有效缓解过拟合.

梯度下降算法包含随机梯度下降法、批量梯度下降法和小批量梯度下降法, 小批量梯度下降法兼具两者的优势, 高效且稳定, 但批量大小的选择可进行调参. 对闭式解和梯度下降法添加正则项, 包含 Ridge 回归、LASSO 回归和 Elastic Net 回归. 线性回归正则化, 既可有效避免过拟合现象, 带来模型泛化性能的提升, 又可简化模型的复杂度, 使得模型的稳定性提高, 其中 LASSO 回归可进行特征变量的稀疏化. 此外, LASSO 回归由于损失函数不连续非可导, 故常采用坐标轴下降法、近端梯度下降法等进行优化.

本章探讨的线性回归, 假设输出为标量的情形. 实际应用中, 很多回归问题可能有多个输出. 若假设数据集 $\mathcal{D} = \{(\boldsymbol{x}_i, \boldsymbol{y}_i)\}_{i=1}^n$, 其中 $\boldsymbol{y}_i \in \mathbb{R}^{k \times 1}$ 是一个 k 维列向量, k 为输出数. 设权重矩阵为 $\boldsymbol{W} \in \mathbb{R}^{m \times k}$, 偏置向量为 $\boldsymbol{b} \in \mathbb{R}^{k \times 1}$, 则多输出回归模型可表示为 $\boldsymbol{y} = f(\boldsymbol{x}; \boldsymbol{W}, \boldsymbol{b}) = \boldsymbol{W}^{\mathrm{T}} \boldsymbol{x} + \boldsymbol{b}$. 若假设各输出分量的误差是独立且高斯的, 则可根据均方误差建立目标函数, 进而得到求解模型参数的闭式解, 不

再赘述.

　　skleran 库的 linear_model 中包含有大量已实现的类, 如 LinearRegression 可进行最小二乘线性回归求解, SGDRegressor 可进行梯度下降算法求解; Lasso、Ridge 和 ElasticNet 分别可进行 LASSO 回归、Ridge 回归和 Elastic Net 回归, 而 LassoCV、RidgeCV 和 ElasticNetCV 可进行对应回归的交叉验证, 对超参数组合进行选择. 本章未对 sklearn.linear_model 中提供的类方法进行详细探讨, 读者可根据 sklearn 官网提供的 API 说明和实例学习, 搭建自己的回归模型.

■ 3.7　参考文献

[1]　周志华. 机器学习 [M]. 北京: 清华大学出版社, 2016.

[2]　李航. 统计学习方法 [M]. 2 版. 北京: 清华大学出版社, 2019.

[3]　Géron A. 机器学习实战: 基于 Scikit-Learn、Keras 和 TensorFlow[M]. 2 版. 宋能辉, 李娴, 译. 北京: 机械工业出版社. 2020.

[4]　Sergios Theodoridis. 机器学习: 贝叶斯和优化方法 [M]. 2 版. 王刚, 李忠伟, 任明明, 等译. 北京: 机械工业出版社, 2021.

[5]　薛薇, 等. Python 机器学习: 数据建模与分析 [M]. 北京: 机械工业出版社. 2021.

[6]　Bradley E, Hastie T, Johnstone I, et al. Least angle regression[J]. The Annals of statistics, 2004, 32(2): 407-451.

[7]　Hoerl A E, Kennard R W. Ridge regression: applications to nonorthogonal problems[J]. Technometrics, 1970, 12(1): 69-82.

[8]　Tibshirani R. Regression shrinkage and selection via the lasso[J]. Journal of the Royal Statistical Society Ser. B, 1996, 58(1): 267-288.

[9]　Hastie T, Robert Tibshirani, Jerome Friedman. The Elements of Statistical Learning[M]. 2nd ed. Springer, 2016.

[10]　张旭东. 机器学习 [M]. 北京: 清华大学出版社, 2024.

## 第 4 章

逻辑回归

逻辑回归 (logistic regression) 是有监督分类学习算法, 是广义线性模型 (Generalized Linear Model, GLM) 的一种. 记随机变量 y 在随机变量 $X = \boldsymbol{x}$ 时的条件期望为 $\mu(\boldsymbol{x}) = \mathbb{E}(y|X=\boldsymbol{x})$, 引入函数 g, 并令

$$g(\mu(\boldsymbol{x})) = \theta_1 x_1 + \theta_2 x_2 + \cdots + \theta_m x_m + \theta_0 = \boldsymbol{\theta}^{\mathrm{T}} \boldsymbol{x}, \tag{4-1}$$

其中 $\boldsymbol{x} = (x_1, x_2, \cdots, x_m, 1)^{\mathrm{T}} \in \mathbb{R}^{(m+1) \times 1}$, $\boldsymbol{\theta} = (\theta_1, \theta_2, \cdots, \theta_m, \theta_0)^{\mathrm{T}} \in \mathbb{R}^{(m+1) \times 1}$, θ_0 为偏置项, 称 g 为联系函数 (link function), 且是单调可微函数, 式 (4-1) 为广义线性模型. 如果 $g(\mu) = \mu$, 则式 (4-1) 就退化为线性回归模型. 联系函数 g 采用不同的函数形式可产生不同的模型. 记 $\mathcal{Y} = \{C_1, C_2, \cdots, C_K\}$, 其中 $K (\geqslant 2)$ 为类别数, $K = 2$ 为二分类学习任务, $K > 2$ 为多分类学习任务. 对于二分类任务, 令 $\mathcal{Y} = \{0, 1\}$, 逻辑回归使用对数概率函数作为联系函数, 对输入空间 $\mathbb{R}^{(m+1) \times 1}$ 到输出空间 $\mathcal{Y}$ 做非线性映射.

■ 4.1 二分类学习任务

4.1.1 逻辑回归模型与交叉熵损失函数

考虑二分类学习任务[1], 假设样本标记 $y \in \{0, 1\}$, 式 (4-1) 的输出值记为 $z = \boldsymbol{\theta}^{\mathrm{T}} \boldsymbol{x} \in \mathbb{R}$, 对数概率函数

$$y = g(z) = \frac{1}{1 + \mathrm{e}^{-z}} \tag{4-2}$$

可将 z 归一化为 $(0, 1)$ 区间的 y 值, 函数 (4-2) 也称 Sigmoid 函数, 是 Logistic 分布函数的一种. 若连续型随机变量 X 服从 Logistic 分布, 则分布函数和密度函数分别表示为

$$F(x) = P(X \leqslant x) = \frac{1}{1 + \mathrm{e}^{-(x-\mu)/\gamma}},$$

$$f(x) = F'(x) = \frac{\mathrm{e}^{-(x-\mu)/\gamma}}{\gamma \left(1 + \mathrm{e}^{-(x-\mu)/\gamma}\right)^2} = F(x) \cdot (1 - F(x)), \tag{4-3}$$

其中 μ 为位置参数, γ 为形状参数, 且 $F(-\infty) = 0$, $F(+\infty) = 1$. 如图 4-1 所示, Logistic 分布函数图像是一条 S 形曲线, 以 $(\mu, 1/2)$ 为中心对称, 曲线在中心附近增长速度较快, 在两端增长速度较慢. 形状参数 γ 的值越小, 曲线在中心附近增长得越快. 若 $\mu = 0, \gamma = 1$, 则 $F(0) = 0.5$. Logistic 分布和密度函数图像与正态分布相似, 但使用 Logistic 分布来建模比正态分布具有更长尾部和更高波峰的数据分布.

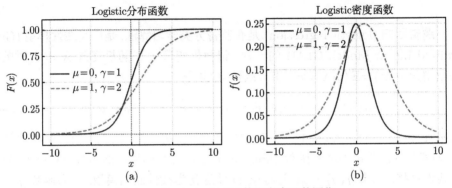

图 4-1　Logistic 分布函数和密度函数图像

组合式 (4-1) 和式 (4-2) 可得二分类学习任务的逻辑回归模型, 定义为

$$y = f_{\boldsymbol{\theta}}(\boldsymbol{x}) = \frac{1}{1 + \mathrm{e}^{-\boldsymbol{\theta}^{\mathrm{T}}\boldsymbol{x}}}, \quad \boldsymbol{x} \in \mathbb{R}^{(m+1)\times 1}, \quad \boldsymbol{\theta} \in \mathbb{R}^{(m+1)\times 1}. \tag{4-4}$$

该模型实际上是用线性回归模型的预测结果取逼近真实标记的对数概率 (log odds, 亦称 logit), 即

$$\ln \frac{y}{1-y} = \boldsymbol{\theta}^{\mathrm{T}}\boldsymbol{x} \Rightarrow y = \frac{1}{1 + \mathrm{e}^{-\boldsymbol{\theta}^{\mathrm{T}}\boldsymbol{x}}},$$

因此式 (4-4) 又称为对数概率回归 (logistic regression, 亦称 logit regression)[1].

逻辑回归分类学习方法直接对分类可能性进行建模, 无需事先假设数据分布, 避免了假设分布不准确带来的问题; 逻辑回归能得到近似概率预测, 这对需要利用概率辅助决策的任务很有用; Sigmoid 函数是任意阶可导的凸函数, 有很好的数学性质, 许多数值优化算法都可直接用于求解最优解[1].

类似于线性回归, 要确定模型参数 $\boldsymbol{\theta}$, 需找到能够反映逻辑回归分类特性的损失函数, 基于损失函数进行优化, 即可获得 $\boldsymbol{\theta}$. 设训练集 $\mathcal{D} = \{(\boldsymbol{x}_i, y_i)\}_{i=1}^{n}$, 其中 $\boldsymbol{x}_i = (x_{i,1}, x_{i,2}, \cdots, x_{i,m}, 1)^{\mathrm{T}}$, $y_i \in \{C_1, C_2\}$ 为 $\mathcal{D}$ 的两个类别, 通常 $y_i \in \{0, 1\}$. 图 4-2 为逻辑回归的计算与参数更新流程, 等价于仅包含输入层和输出层的单层神经网络, 且采用 Sigmoid 函数作为激活函数. 初始迭代时, $\boldsymbol{\theta}$ 可随机初始化.

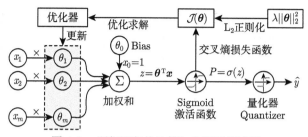

图 4-2   逻辑回归的计算与参数更新流程

一般化来说, 设 $(\boldsymbol{x}, y) \in \mathcal{D}$, 基于图 4-2 的计算流程. 考虑一重伯努利分布 (两点分布), 记样本属于不同类别的概率为

$$P\left(y=1|\boldsymbol{x};\boldsymbol{\theta}\right) = f_{\boldsymbol{\theta}}\left(\boldsymbol{x}\right), \quad P\left(y=0|\boldsymbol{x};\boldsymbol{\theta}\right) = 1 - f_{\boldsymbol{\theta}}\left(\boldsymbol{x}\right),$$

则样本 $\boldsymbol{x}$ 属于每个类别的概率可统一写成

$$P\left(y|\boldsymbol{x};\boldsymbol{\theta}\right) = \left(f_{\boldsymbol{\theta}}\left(\boldsymbol{x}\right)\right)^{y}\left(1 - f_{\boldsymbol{\theta}}\left(\boldsymbol{x}\right)\right)^{1-y}.$$

在训练样本集 $\mathcal{D}$ 上构造似然函数

$$L\left(\boldsymbol{\theta}\right) = \prod_{i=1}^{n} P\left(y_{i}|\boldsymbol{x}_{i};\boldsymbol{\theta}\right) = \prod_{i=1}^{n}\left[\left(f_{\boldsymbol{\theta}}\left(\boldsymbol{x}_{i}\right)\right)^{y_{i}}\left(1 - f_{\boldsymbol{\theta}}\left(\boldsymbol{x}_{i}\right)\right)^{1-y_{i}}\right], \qquad (4\text{-}5)$$

则最佳的 $\boldsymbol{\theta}$ 应使得 $\boldsymbol{\theta}^{*} = \underset{\boldsymbol{\theta}}{\arg\max}\, L\left(\boldsymbol{\theta}\right)$. 将极大值问题转化为极小值问题, 并取对数, 得

$$\mathcal{J}\left(\boldsymbol{\theta}\right) = -\ln L\left(\boldsymbol{\theta}\right) = \sum_{i=1}^{n} -\left[y_{i}\ln f_{\boldsymbol{\theta}}\left(\boldsymbol{x}_{i}\right) + \left(1 - y_{i}\right)\ln\left(1 - f_{\boldsymbol{\theta}}\left(\boldsymbol{x}_{i}\right)\right)\right], \qquad (4\text{-}6)$$

其中 $-\left[y_{i}\ln f_{\boldsymbol{\theta}}\left(\boldsymbol{x}_{i}\right) + \left(1 - y_{i}\right)\ln\left(1 - f_{\boldsymbol{\theta}}\left(\boldsymbol{x}_{i}\right)\right)\right]$ 为两点分布的交叉熵 (cross entropy), 式 (4-6) 称为交叉熵损失函数. 如图 4-3 所示, 相对于平方损失函数, 交叉熵函数对误差更敏感, 其值随着误差的增大而呈几何上升趋势. 通常认为交叉熵函数导出的学习规则能够得到更好的性能.

从极大似然估计的角度来看, 最小化训练集上的模型分布 P_{model} 与经验分布 $\hat{P}_{\text{data}}$ (因为真实分布 P_{data} 未知) 之间的差异, 其差异程度可以通过 KL 散度 (kullback-leibler divergence)

$$D_{\text{KL}}\left(\hat{P}_{\text{data}}\,\|\,P_{\text{model}}\right) = \mathbb{E}_{\boldsymbol{x} \sim \hat{P}_{\text{data}}}\left[\ln \hat{P}_{\text{data}}\left(\boldsymbol{x}\right) - \ln P_{\text{model}}\left(\boldsymbol{x}\right)\right] \qquad (4\text{-}7)$$

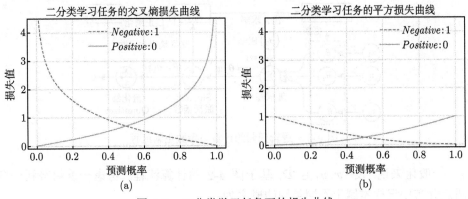

图 4-3　二分类学习任务下的损失曲线

来度量, 也称为相对熵 (relative entropy). $\ln \hat{P}_{\text{data}}(\boldsymbol{x})$ 仅涉及数据生成过程, 和模型无关, 优化过程可忽略. KL 散度可表示为交叉熵 $H\left(\hat{P}_{\text{data}}, P_{\text{model}}\right)$ 与熵 $H\left(\hat{P}_{\text{data}}\right)$ 的差, 即

$$D_{\text{KL}}\left(\hat{P}_{\text{data}} \| P_{\text{model}}\right) = H\left(\hat{P}_{\text{data}}, P_{\text{model}}\right) - H\left(\hat{P}_{\text{data}}\right)$$

$$= - \sum_{\boldsymbol{x} \sim \hat{P}_{\text{data}}} \hat{P}_{\text{data}}(\boldsymbol{x}) \ln \frac{P_{\text{model}}(\boldsymbol{x})}{\hat{P}_{\text{data}}(\boldsymbol{x})},$$

其中 $H\left(\hat{P}_{\text{data}}\right)$ 是已知的, 最小化 KL 散度其实就是在最小化分布之间的交叉熵.

考虑逻辑回归, 设 $\hat{y}_i$ 表示模型预测值, y_i 表示经验数据真值, 交叉熵表达的是希望预测值与真值越接近越好. 故而, 优化目标 (4-5) 要找的参数 $\boldsymbol{\theta}^*$ 可表示为最小化平均交叉熵损失, 即

$$\boldsymbol{\theta}^* = \arg\min_{\boldsymbol{\theta}} \frac{1}{n} \sum_{i=1}^{n} -\left[y_i \ln f_{\boldsymbol{\theta}}(\boldsymbol{x}_i) + (1 - y_i) \ln(1 - f_{\boldsymbol{\theta}}(\boldsymbol{x}_i))\right]. \tag{4-8}$$

4.1.2　梯度下降法及其加速算法

最小化交叉熵损失, 求解式 (4-8), $\mathcal{J}(\boldsymbol{\theta})$ 对权重系数 $\theta_j \, (j = 1, 2, \cdots, m)$ 求一阶偏导数, 即

$$\frac{\partial(\mathcal{J}(\boldsymbol{\theta}))}{\partial \theta_j} = -\frac{1}{n} \sum_{i=1}^{n} \left(y_i \frac{\partial(\ln f_{\boldsymbol{\theta}}(\boldsymbol{x}_i))}{\partial \theta_j} + (1 - y_i) \frac{\partial(\ln(1 - f_{\boldsymbol{\theta}}(\boldsymbol{x}_i)))}{\partial \theta_j} \right)$$

$$= -\frac{1}{n} \sum_{i=1}^{n} \left(\frac{y_i}{f_{\boldsymbol{\theta}}(\boldsymbol{x}_i)} - \frac{1 - y_i}{1 - f_{\boldsymbol{\theta}}(\boldsymbol{x}_i)} \right) \cdot \frac{\partial f_{\boldsymbol{\theta}}(\boldsymbol{x}_i)}{\partial \theta_j}$$

$$= -\frac{1}{n} \sum_{i=1}^{n} \left(\frac{y_i}{f_{\boldsymbol{\theta}}(\boldsymbol{x}_i)} - \frac{1-y_i}{1-f_{\boldsymbol{\theta}}(\boldsymbol{x}_i)} \right) \cdot f_{\boldsymbol{\theta}}(\boldsymbol{x}_i) \cdot (1 - f_{\boldsymbol{\theta}}(\boldsymbol{x}_i)) \cdot x_{i,j}$$

$$= \frac{1}{n} \sum_{i=1}^{n} (f_{\boldsymbol{\theta}}(\boldsymbol{x}_i) - y_i) \cdot x_{i,j}.$$

进而, 梯度下降法的权重系数更新公式为

$$\theta_j := \theta_j - \alpha \frac{1}{n} \sum_{i=1}^{n} (f_{\boldsymbol{\theta}}(\boldsymbol{x}_i) - y_i) \cdot x_{i,j}, \quad j = 1, 2, \cdots, m, \tag{4-9}$$

其中 α 为学习率, $x_{i,j}$ 表示第 i 个样本的第 j 个特征变量值, $f_{\boldsymbol{\theta}}(\boldsymbol{x}_i) - y_i$ 表示第 i 个样本的预测值与目标值的差.

表 4-1 为逻辑回归和线性回归的区别. 此外, 逻辑回归若采用均方误差损失函数, 则会导致梯度更新非常缓慢. 对均方误差损失函数关于权重系数 θ_j 求导, 可得

$$\nabla \mathcal{L}_{\theta_j}(\boldsymbol{\theta}) = \frac{\partial (f_{\boldsymbol{\theta}}(\boldsymbol{x}) - y)^2}{\partial \theta_j} = 2(f_{\boldsymbol{\theta}}(\boldsymbol{x}) - y) \frac{\partial f_{\boldsymbol{\theta}}(\boldsymbol{x})}{\partial z} \frac{\partial z}{\partial \theta_j}$$

$$= 2(f_{\boldsymbol{\theta}}(\boldsymbol{x}) - y) f_{\boldsymbol{\theta}}(\boldsymbol{x})(1 - f_{\boldsymbol{\theta}}(\boldsymbol{x})) \cdot x_j.$$

当真值 $y = 1$ 时, 如果模型的预测值 $f_{\boldsymbol{\theta}}(\boldsymbol{x}) \to 1$, 则 $(1 - f_{\boldsymbol{\theta}}(\boldsymbol{x})) \to 0$, 故有 $\nabla \mathcal{L}_{\theta_j}(\boldsymbol{\theta}) \to 0$; 如果 $f_{\boldsymbol{\theta}}(\boldsymbol{x}) \to 0$, 则 $f_{\boldsymbol{\theta}}(\boldsymbol{x})(1 - f_{\boldsymbol{\theta}}(\boldsymbol{x})) \to 0$, 故有 $\nabla \mathcal{L}_{\theta_j}(\boldsymbol{\theta}) \to 0$. 同理, 当 $y = 0$ 时, 无论是 $f_{\boldsymbol{\theta}}(\boldsymbol{x}) \to 0$ 或 $f_{\boldsymbol{\theta}}(\boldsymbol{x}) \to 1$, 都有 $\nabla \mathcal{L}_{\theta_j}(\boldsymbol{\theta}) \to 0$. 故均方误差损失函数不适宜作为逻辑回归的损失函数.

表 4-1　逻辑回归与线性回归的区别

模型	逻辑回归 (以二分类为例)	线性回归
训练集	$\{(\boldsymbol{x}_i, y_i)\}_{i=1}^{n}, y_i \in \{0, 1\}$	$\{(\boldsymbol{x}_i, y_i)\}_{i=1}^{n}, y_i \in \mathbb{R}$
模型与输出	$f_{\boldsymbol{\theta}}(\boldsymbol{x}) = \sigma(\boldsymbol{\theta}^{\mathrm{T}} \boldsymbol{x}), f_{\boldsymbol{\theta}}(\boldsymbol{x}) \in (0, 1)$	$f_{\boldsymbol{\theta}}(\boldsymbol{x}) = \boldsymbol{\theta}^{\mathrm{T}} \boldsymbol{x}, f_{\boldsymbol{\theta}}(\boldsymbol{x}) \in \mathbb{R}$
损失函数	$\mathcal{J}(\boldsymbol{\theta}) = -\frac{1}{n} \sum_{i=1}^{n} [y_i \ln f_{\boldsymbol{\theta}}(\boldsymbol{x}_i) + (1-y_i) \ln(1-f_{\boldsymbol{\theta}}(\boldsymbol{x}_i))]$	$\mathcal{J}(\boldsymbol{\theta}) = \frac{1}{2n} \sum_{i=1}^{n} (f_{\boldsymbol{\theta}}(\boldsymbol{x}_i) - y_i)^2$
参数更新	$\theta_j = \theta_j - \alpha \frac{1}{n} \sum_{i=1}^{n} (f_{\boldsymbol{\theta}}(\boldsymbol{x}_i) - y_i) \cdot x_{i,j}$	$\theta_j = \theta_j - \alpha \frac{1}{n} \sum_{i=1}^{n} (f_{\boldsymbol{\theta}}(\boldsymbol{x}_i) - y_i) \cdot x_{i,j}$

正则化方法包括 Ridge 回归 (简记为 L_2)、LASSO 回归 (简记为 L_1) 和 Elastic Net 回归 (简记为 EN). 类似于带有正则项的线性回归目标函数, 可得三种带有正则项的逻辑回归目标函数 (并考虑平均交叉熵损失)

$$
\begin{cases}
\mathcal{J}_{\mathrm{L}_2}(\boldsymbol{\theta}) = \dfrac{1}{n}\sum_{i=1}^{n} -\left[y_i \ln f_{\boldsymbol{\theta}}\left(\boldsymbol{x}_i\right) + (1-y_i)\ln\left(1-f_{\boldsymbol{\theta}}\left(\boldsymbol{x}_i\right)\right)\right] + \dfrac{\lambda}{2n}\left\|\boldsymbol{\theta}\right\|_2^2, \\[3mm]
\mathcal{J}_{\mathrm{L}_1}(\boldsymbol{\theta}) = \dfrac{1}{n}\sum_{i=1}^{n} -\left[y_i \ln f_{\boldsymbol{\theta}}\left(\boldsymbol{x}_i\right) + (1-y_i)\ln\left(1-f_{\boldsymbol{\theta}}\left(\boldsymbol{x}_i\right)\right)\right] + \dfrac{\lambda}{n}\left\|\boldsymbol{\theta}\right\|_1, \\[3mm]
\mathcal{J}_{\mathrm{EN}}(\boldsymbol{\theta}) = \dfrac{1}{n}\sum_{i=1}^{n} -\left[y_i \ln f_{\boldsymbol{\theta}}\left(\boldsymbol{x}_i\right) + (1-y_i)\ln\left(1-f_{\boldsymbol{\theta}}\left(\boldsymbol{x}_i\right)\right)\right] + \dfrac{\lambda\rho}{2n}\left\|\boldsymbol{\theta}\right\|_2^2 + \dfrac{\lambda(1-\rho)}{n}\left\|\boldsymbol{\theta}\right\|_1,
\end{cases}
$$
$$(4\text{-}10)$$

其中正则项不包括偏置 θ_0. 目标函数对 θ_j $(j = 0, 1, \cdots, m)$ 的一阶偏导数, 可获得参数 θ_j 的更新增量 $\nabla \mathcal{J}_{\theta_j}(\boldsymbol{\theta})$, 更新公式 $\theta_j := \theta_j - \alpha \nabla J_{\theta_j}(\boldsymbol{\theta})$, 进而不断迭代优化. 优化方法可采用梯度下降法, 类似于第 3 章线性回归模型的优化方法.

随机梯度下降法 (SGD) 都只利用了每个样本当前的梯度信息, 且下降速度慢, 可能会在极值附近持续震荡, 最终停留在一个局部最优点. 为了抑制 SGD 的震荡, SGD-M (SGD with Momentum, 简称动量法) 在梯度下降过程中加入了惯性, 即一阶动量 $\boldsymbol{m}^{(k)} \in \mathbb{R}^{(m+1)\times 1}$, 公式为

$$
\boldsymbol{m}^{(k)} = \beta_1 \cdot \boldsymbol{m}^{(k-1)} + (1-\beta_1) \cdot \nabla \mathcal{J}(\boldsymbol{\theta}^{(k-1)}), \quad k = 1, 2, \cdots, \tag{4-11}
$$

其中 β_1 为衰减系数, 推荐值 $\beta_1 = 0.9$, 初始 $\boldsymbol{m}^{(0)}$ 为零向量. 如图 4-4 虚线所示, 第 k 次迭代时, 动量法首先计算当前的梯度并考虑衰减系数, 沿 $-(1-\beta_1) \cdot \nabla \mathcal{J}(\boldsymbol{\theta}^{(k-1)})$ 方向下降, 然后沿着累计梯度 $-\beta_1 \boldsymbol{m}^{(k-1)}$ 的方向下降, 得 $-\boldsymbol{m}^{(k)}$. 进而更新模型参数 $\boldsymbol{\theta}^{(k)} = \boldsymbol{\theta}^{(k-1)} - \boldsymbol{m}^{(k)}$.

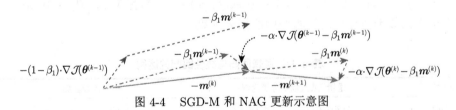

图 4-4　SGD-M 和 NAG 更新示意图

NAG (Nesterov Accelerated Gradient) 是在 SGD、SGD-M 的基础上的进一步改进, SGD-M 利用历史梯度信息达到减小震荡、加速收敛的目的. NAG 不仅考虑了 SGD 下降的方向, 还考虑了 SGD-M 梯度变化的幅度. 如图 4-4 点划线所示, NAG 梯度法首先沿着累计梯度 $-\beta_1 \boldsymbol{m}^{(k-1)}$ 方向进行一个大跳跃, 然后按照动量梯度法计算当前梯度 $-\alpha \cdot \nabla \mathcal{J}\left(\boldsymbol{\theta}^{(k-1)} - \beta_1 \boldsymbol{m}^{(k-1)}\right)$, 并在此方向修正一步, 得到 $-\boldsymbol{m}^{(k)}$. 公式为

$$
\boldsymbol{m}^{(k)} = \beta_1 \boldsymbol{m}^{(k-1)} + \alpha \cdot \nabla \mathcal{J}\left(\boldsymbol{\theta}^{(k-1)} - \beta_1 \boldsymbol{m}^{(k-1)}\right), \quad k = 1, 2, \cdots. \tag{4-12}
$$

进而更新模型参数 $\boldsymbol{\theta}^{(k)} = \boldsymbol{\theta}^{(k-1)} - \boldsymbol{m}^{(k)}$. 更多优化算法见第 12 章.

适应性动量估计 Adam (Adaptive Moment Estimation) 法是大量优化算法 (如动量法、NAG、AdaGrad、RMSProp、Nadam 等) 的集大成者, 兼具了各优化算法的优点. AdamW 是 Adam 的改进版本, 即 AdamW 在 Adam 优化器基础上增加了正则化, 具体算法描述如下:

输入: 训练集 $\mathcal{D} = \{(\boldsymbol{x}_i, y_i)\}_{i=1}^n$, 经验损失函数 $\mathcal{J}(\boldsymbol{\theta})$, 精度要求 ε, 学习率 η, 推荐参数值: $\alpha = 0.001$, $\beta_1 = 0.9$, $\beta_2 = 0.999$, $\varepsilon = 10^{-8}$, 正则系数 $\lambda > 0$;

输出: 满足精度要求的模型参数 $\boldsymbol{\theta}^*$.

1. 初始参数 $\boldsymbol{\theta}^{(0)} \in \mathbb{R}^{(m+1) \times 1}$, 初始一阶矩 $\boldsymbol{m}^{(0)} \in \mathbb{R}^{(m+1) \times 1}$ 和二阶矩 $\boldsymbol{v}^{(0)} \in \mathbb{R}^{(m+1) \times 1}$ 为零向量 $\boldsymbol{0} \in \mathbb{R}^{(m+1) \times 1}$.

2. for $k = 1, 2, \cdots$ do:

3.　　计算批量样本的梯度 $\nabla \mathcal{J}\left(\boldsymbol{\theta}^{(k-1)}\right)$.

4.　　置 $\boldsymbol{g}^{(k)} = \nabla \mathcal{J}\left(\boldsymbol{\theta}^{(k-1)}\right) + \lambda \boldsymbol{\theta}^{(k-1)}$.

5.　　按照如下方法计算一阶矩和二阶矩估计, 并更新模型参数:

$$
\begin{cases}
\boldsymbol{m}^{(k)} = \beta_1 \boldsymbol{m}^{(k-1)} + (1 - \beta_1) \boldsymbol{g}^{(k)}, \\
\boldsymbol{v}^{(k)} = \beta_2 \boldsymbol{v}^{(k-1)} + (1 - \beta_2) \left(\boldsymbol{g}^{(k)}\right)^2, \\
\hat{m}^{(k)} = \dfrac{\boldsymbol{m}^{(k)}}{1 - \beta_1^k}, \quad \hat{v}^{(k)} = \dfrac{\boldsymbol{v}^{(k)}}{1 - \beta_2^k}, \\
\boldsymbol{\theta}^{(k)} = \boldsymbol{\theta}^{(k-1)} - \eta^{(k)} \left(\dfrac{\alpha \hat{m}^{(k)}}{\sqrt{\hat{v}^{(k)}} + \varepsilon} + \lambda \boldsymbol{\theta}^{(k-1)}\right).
\end{cases}
\tag{4-13}
$$

6.　　如果 $\left\| \boldsymbol{\theta}^{(k)} \right\|_2 \leqslant \varepsilon$, 则终止迭代过程, 令 $\boldsymbol{\theta}^* = \boldsymbol{\theta}^{(k)}$.

4.1.3*　线性收敛的随机优化算法

由于算法的随机性, 随机梯度下降法具有较大的方差. 由于这种固有的方差, 它具有缓慢的渐近收敛性. 更多的优化算法从方差递减收缩的角度出发, SVRG 和 SAGA 是其中较为代表性的两种算法.

1. 方差缩减随机梯度法[5]

方差缩减随机梯度法 (Stochastic Variance Reduced Gradient, SVRG) 通过外循环计算全梯度作为 "校准基准", 然后在内循环中随机采样, 计算校正后的梯度来更新模型参数, 使更新方向更稳定. 算法流程描述如下:

输入: 训练集 $\mathcal{D} = \{(\boldsymbol{x}_i, y_i)\}_{i=1}^n$, 经验损失函数 $\mathcal{J}(\boldsymbol{\theta})$, 精度要求 ε, 学习率 $\alpha > 0$
和正整数 m;

输出: 满足精度要求的模型参数 $\boldsymbol{\theta}^*$.

1. 取初始参数 $\boldsymbol{\theta}^{(0)} \in \mathbb{R}^{(m+1)\times 1}$, 可以是零向量 $\boldsymbol{0}$.

2. for $k = 0, 1, \cdots$, do:

3. 　　初始化 $\tilde{\boldsymbol{\theta}}^{(0)} = \boldsymbol{\theta}^{(k)}$, 计算批量样本的梯度均值

$$\nabla R_n\left(\boldsymbol{\theta}^{(k)}\right) = \frac{1}{n}\sum_{i=1}^n \nabla \mathcal{J}_i\left(\boldsymbol{\theta}^{(k)}\right). \tag{4-14}$$

4. 　　for $j = 1, 2, \cdots, m$ do:

5. 　　　　从样本索引序号集 $\{1, 2, \cdots, n\}$ 中随机均匀选择 i_j.

6. 　　　　计算

$$\tilde{\boldsymbol{g}}^{(j)} = \nabla \mathcal{J}_{i_j}\left(\tilde{\boldsymbol{\theta}}^{(j-1)}\right) - \left(\nabla \mathcal{J}_{i_j}\left(\boldsymbol{\theta}^{(k)}\right) - \nabla R_n\left(\boldsymbol{\theta}^{(k)}\right)\right). \tag{4-15}$$

7. 　　　　更新 $\tilde{\boldsymbol{\theta}}^{(j)} = \tilde{\boldsymbol{\theta}}^{(j-1)} - \alpha\tilde{\boldsymbol{g}}^{(j)}$.

8. 　　令 $\boldsymbol{\theta}^{(k+1)} = \tilde{\boldsymbol{\theta}}^{(m)}$ 或 $\boldsymbol{\theta}^{(k+1)} = \dfrac{1}{m}\sum_{j=1}^m \tilde{\boldsymbol{\theta}}^{(j)}$ 或 $\boldsymbol{\theta}^{(k+1)} = \tilde{\boldsymbol{\theta}}^{(j)}$, 其中 j 从

集合 $\{1, 2, \cdots, m\}$ 中均匀随机选择.

9. 　　如果 $\left\|\boldsymbol{\theta}^{(k+1)}\right\|_2 \leqslant \varepsilon$, 则终止迭代, 令 $\boldsymbol{\theta}^* = \boldsymbol{\theta}^{(k+1)}$.

---

2. SAGA 算法[6]

随机平均梯度 (Stochastic Average Gradient, SAG[4]) 法是对 SGD 的优化, SAG 线性收敛, 收敛速度快于 SGD(次线性收敛). SAG 通过记录上一次的梯度 (维护历史梯度), 使得能够看到更多的信息. SAG 第 $k+1$ 次迭代的更新公式为

$$\boldsymbol{\theta}^{(k+1)} = \boldsymbol{\theta}^{(k)} - \alpha\frac{1}{n}\sum_{i=1}^n \boldsymbol{g}_i^{(k)}, \quad \text{其中} \boldsymbol{g}_i^{(k)} = \begin{cases} \nabla \mathcal{J}_i\left(\boldsymbol{\theta}^{(k)}\right), & i = i^{(k)}, \\ \boldsymbol{g}_i^{(k-1)}, & i \neq i^{(k)}. \end{cases} \tag{4-16}$$

从式 (4-16) 中可以看出, SAG 算法为每个样本维护一个梯度向量 $\boldsymbol{g}_i^{(k)}(i = 1, 2, \cdots, n)$, 然后均匀随机选择一个样本 $i \in \{1, 2, \cdots, n\}$ 计算新的梯度 $\nabla \mathcal{J}_i\left(\boldsymbol{\theta}^{(k)}\right)$, 进而更新 $\boldsymbol{g}_i^{(k)}$, 并用梯度均值 $\bar{\boldsymbol{g}}^{(k)}$ 更新参数 $\boldsymbol{\theta}^{(k+1)}$. 如此, 每次更新时仅需计算一个样本的梯度, 计算开销与 SGD 一样, 但是内存开销要大得多.

SAGA(SAG-Accelerated) 是 SAG 的加速版本, SAGA 通过存储历史梯度并计算其均值来减少随机梯度的方差, 从而加速收敛. 相对于 SAG, SAGA 采用无偏估计的梯度更新方式, 使其在非强凸问题上也能表现良好. 算法描述如下:

输入: 训练集 $\mathcal{D} = \{(\boldsymbol{x}_i, y_i)\}_{i=1}^n$, 经验损失函数 $\mathcal{J}(\boldsymbol{\theta})$, 精度要求 ε, 学习率 $\alpha > 0$ 和正整数 m;

输出: 满足精度要求的模型参数 $\boldsymbol{\theta}^*$.

1. 取初始参数 $\boldsymbol{\theta}^{(0)} \in \mathbb{R}^{(m+1) \times 1}$, 可以是零向量 $\boldsymbol{0}$.
2. 计算每个样本的 $\nabla \mathcal{J}_i\left(\boldsymbol{\theta}^{(0)}\right)$, 并令 $\Delta_i = \nabla \mathcal{J}_i\left(\boldsymbol{\theta}^{(0)}\right)$, $i = 1, 2, \cdots, n$, 构成矩阵 Δ 存储.
3. for $k = 0, 1, \cdots$ do:
4.   从样本索引序号集 $\{1, 2, \cdots, n\}$ 中随机均匀选择 j.
5.   计算 $\nabla \mathcal{J}_j\left(\boldsymbol{\theta}^{(k)}\right)$.
6.   置

$$\boldsymbol{g}_j = \nabla \mathcal{J}_j\left(\boldsymbol{\theta}^{(k)}\right) - \Delta_j + \overline{\Delta}. \tag{4-17}$$

7.   存储 $\Delta_j = \nabla \mathcal{J}_j\left(\boldsymbol{\theta}^{(k)}\right)$.
8.   更新 $\boldsymbol{\theta}^{(k+1)} = \boldsymbol{\theta}^{(k)} - \alpha \cdot \boldsymbol{g}_j$.
9.   如果 $\left\|\boldsymbol{\theta}^{(k+1)}\right\|_2 \leqslant \varepsilon$, 则终止迭代, 令 $\boldsymbol{\theta}^* = \boldsymbol{\theta}^{(k+1)}$.

4.1.4*　二阶优化的拟牛顿算法

仅使用梯度信息的优化算法被称为一阶优化算法 (first-order optimization algorithms). 使用 Hessian 矩阵的优化算法被称为二阶优化算法 (second-order optimization algorithms), 牛顿法和拟牛顿 (Quasi Newton, QN) 法是求解无约束最优化问题常用的二阶优化算法. 牛顿法是迭代算法, 每一步都需求解目标函数的 Hessian 矩阵, 计算比较复杂. 拟牛顿法通过正定矩阵近似 Hessian 矩阵的逆矩阵或 Hessian 矩阵, 简化了这一计算过程. 如下内容参考李航教授《统计学习方法》的附录 B[2].

1. 牛顿法

在逻辑回归模型中, 待优化的目标函数为经验损失函数 $\mathcal{J}(\boldsymbol{\theta})$, 如下以 $f_{\mathcal{J}}(\boldsymbol{x})$ 表示 $\mathcal{J}(\boldsymbol{\theta})$, 即记 $\boldsymbol{x}$ 为待优化的参数 $\boldsymbol{\theta}$, 忽略偏置项. 一般化, 设 $\boldsymbol{x} = (x_1, x_2, \cdots, x_m)^{\mathrm{T}} \in \mathbb{R}^{m \times 1}$, 考虑无约束多元最优化问题

$$\min_{\boldsymbol{x} \in \mathbb{R}^{m \times 1}} f_{\mathcal{J}}(\boldsymbol{x}). \tag{4-18}$$

假设 $f_{\mathcal{J}}(\boldsymbol{x})$ 具有二阶连续偏导数, 若第 k 次迭代值为 $\boldsymbol{x}^{(k)}$, 则可将 $f_{\mathcal{J}}(\boldsymbol{x})$ 在 $\boldsymbol{x}^{(k)}$ 附近进行二阶泰勒 (Taylor) 展开

$$f_{\mathcal{J}}(\boldsymbol{x}) \approx f_{\mathcal{J}}\left(\boldsymbol{x}^{(k)}\right) + \boldsymbol{g}_k^{\mathrm{T}}\left(\boldsymbol{x} - \boldsymbol{x}^{(k)}\right) + \frac{1}{2}\left(\boldsymbol{x} - \boldsymbol{x}^{(k)}\right)\boldsymbol{H}_k\left(\boldsymbol{x} - \boldsymbol{x}^{(k)}\right), \qquad (4\text{-}19)$$

$\boldsymbol{g}_k = g\left(\boldsymbol{x}^{(k)}\right) = \nabla f_{\mathcal{J}}\left(\boldsymbol{x}^{(k)}\right)$ 是 $f_{\mathcal{J}}(\boldsymbol{x})$ 的梯度向量在点 $\boldsymbol{x}^{(k)}$ 的值, $\boldsymbol{H}_k = \boldsymbol{H}\left(\boldsymbol{x}^{(k)}\right)$ 是 $f_{\mathcal{J}}(\boldsymbol{x})$ 的 Hessian 矩阵在点 $\boldsymbol{x}^{(k)}$ 的值, 考虑近似迭代计算, $\approx$ 号替代为 = 号. 函数 $f_{\mathcal{J}}(\boldsymbol{x})$ 有极值的必要条件是在极值点处一阶导数为零, 即 $\nabla f_{\mathcal{J}}(\boldsymbol{x}) = \boldsymbol{0}$. 特别是当 $\boldsymbol{H}\left(\boldsymbol{x}^{(k)}\right)$ 是正定矩阵时, 函数 $f_{\mathcal{J}}(\boldsymbol{x})$ 的极值为极小值. 具体地, 第 $k+1$ 次迭代, 假设 $\boldsymbol{x}^{(k+1)}$ 满足 $\nabla f_{\mathcal{J}}\left(\boldsymbol{x}^{(k+1)}\right) = \boldsymbol{0}$. 由二阶 Taylor 展开 (4-19) 和存在极值的必要条件, 可得

$$\boldsymbol{g}_k + \boldsymbol{H}_k\left(\boldsymbol{x}^{(k+1)} - \boldsymbol{x}^{(k)}\right) = \boldsymbol{0}. \qquad (4\text{-}20)$$

由式 (4-20) 求解 $\boldsymbol{x}^{(k+1)}$, 可得

$$\boldsymbol{x}^{(k+1)} = \boldsymbol{x}^{(k)} - \boldsymbol{H}_k^{-1}\boldsymbol{g}_k = \boldsymbol{x}^{(k)} + \boldsymbol{p}_k, \qquad (4\text{-}21)$$

其中 $\boldsymbol{p}_k = -\boldsymbol{H}_k^{-1}\boldsymbol{g}_k$, 式 (4-21) 作为迭代公式的算法即为**牛顿法**.

2. 拟牛顿法

牛顿法需计算 Hessian 矩阵的逆矩阵 $\boldsymbol{H}^{-1}$, 计算比较复杂. 考虑用一个 n 阶矩阵 $\boldsymbol{G}_k = G\left(\boldsymbol{x}^{(k)}\right)$ 来近似代替 $\boldsymbol{H}_k^{-1}$, 这是拟牛顿法的基本想法.

由式 (4-20) 和 $\boldsymbol{g}_{k+1} = \nabla f_{\mathcal{J}}\left(\boldsymbol{x}^{(k+1)}\right) = \boldsymbol{0}$, 易知 $\boldsymbol{H}_k$ 满足关系

$$\boldsymbol{g}_{k+1} - \boldsymbol{g}_k = \boldsymbol{H}_k\left(\boldsymbol{x}^{(k+1)} - \boldsymbol{x}^{(k)}\right). \qquad (4\text{-}22)$$

记 $\boldsymbol{y}_k = \boldsymbol{g}_{k+1} - \boldsymbol{g}_k$, $\boldsymbol{\delta}_k = \boldsymbol{x}^{(k+1)} - \boldsymbol{x}^{(k)}$, 则

$$\boldsymbol{y}_k = \boldsymbol{H}_k\boldsymbol{\delta}_k \quad \text{或} \quad \boldsymbol{H}_k^{-1}\boldsymbol{y}_k = \boldsymbol{\delta}_k, \qquad (4\text{-}23)$$

式 (4-23) 称为**拟牛顿条件**.

如果 $\boldsymbol{H}_k$ 是正定的 ($\boldsymbol{H}_k^{-1}$ 也是正定的), 则可保证牛顿法搜索方向 $\boldsymbol{p}_k$ 是下降方向. 由式 (4-21) 有

$$\boldsymbol{x} = \boldsymbol{x}^{(k)} + \lambda\boldsymbol{p}_k = \boldsymbol{x}^{(k)} - \lambda\boldsymbol{H}_k^{-1}\boldsymbol{g}_k. \qquad (4\text{-}24)$$

故 $f_{\mathcal{J}}(\boldsymbol{x})$ 在 $\boldsymbol{x}^{(k)}$ 的 Taylor 展开 (4-19) 可近似写成 $f_{\mathcal{J}}(\boldsymbol{x}) = f_{\mathcal{J}}\left(\boldsymbol{x}^{(k)}\right) - \lambda\boldsymbol{g}_k^{\mathrm{T}}\boldsymbol{H}_k^{-1}\boldsymbol{g}_k$. 因 $\boldsymbol{H}_k^{-1}$ 正定, 故有 $\boldsymbol{g}_k^{\mathrm{T}}\boldsymbol{H}_k^{-1}\boldsymbol{g}_k > 0$. 当 λ 为一个充分小的正数时, 总有 $f_{\mathcal{J}}(\boldsymbol{x}) < f_{\mathcal{J}}\left(\boldsymbol{x}^{(k)}\right)$, 也就是说 $\boldsymbol{p}_k$ 是下降方向.

拟牛顿法将 G_k 作为 H_k^{-1} 的近似, 要求矩阵 G_k 满足同样的条件. 首先, 每次迭代矩阵 G_k 是正定的. 同时, G_k 满足拟牛顿条件: $G_k y_k = \delta_k$. 按照拟牛顿条件选择 G_k 作为 H_k^{-1} 的近似或选择 B_k 作为 H_k 的近似的算法称为**拟牛顿法**. 按照拟牛顿条件, 在每次迭代中可以选择更新矩阵 $G_{k+1} = G_k + \triangle G_k$. 这种选择有一定的灵活性, 因此有多种具体实现方法.

1) DFP (Davidon-Fletcher-Powell) 算法

DFP 算法选择 G_{k+1} 的方向是, 假定每一步迭代中矩阵 G_{k+1} 是由 G_k 加上两个附加项构成, 即

$$G_{k+1} = G_k + P_k + Q_k,$$

其中 P_k 和 Q_k 是待定矩阵, 这时 $G_{k+1} y_k = G_k y_k + P_k y_k + Q_k y_k$. 为使 G_{k+1} 满足拟牛顿条件, 可使 P_k 和 Q_k 满足 $P_k y_k = \delta_k$, $Q_k y_k = -G_k y_k$, 其中 $y_k = g_{k+1} - g_k$, $\delta_k = x^{(k+1)} - x^{(k)}$. 事实上, P_k 和 Q_k 易构造

$$P_k = \frac{\delta_k \delta_k^{\mathrm{T}}}{\delta_k^{\mathrm{T}} y_k} \Leftrightarrow P_k y_k = \delta_k, \quad Q_k = -\frac{G_k y_k y_k^{\mathrm{T}} G_k}{y_k^{\mathrm{T}} G_k y_k} \Leftrightarrow Q_k y_k = -G_k y_k,$$

故矩阵 G_{k+1} 的迭代公式

$$G_{k+1} = G_k + P_k + Q_k = G_k + \frac{\delta_k \delta_k^{\mathrm{T}}}{\delta_k^{\mathrm{T}} y_k} - \frac{G_k y_k y_k^{\mathrm{T}} G_k}{y_k^{\mathrm{T}} G_k y_k}, \tag{4-25}$$

称为 DFP 算法. 如果初始矩阵 G_0 是正定的, 则迭代过程中每个 G_k 都是正定的.

DFP 算法流程:

输入: 目标函数 $f_{\mathcal{J}}(x)$, 梯度 $g(x) = \nabla f_{\mathcal{J}}(x)$, 精度要求 ε.

输出: $f_{\mathcal{J}}(x)$ 的极小值点 x^*.

1. 取初始点 $x^{(0)}$, 取 G_0 为正定对称矩阵, 常令 $G_0 = I$, 其中 I 为单位矩阵.
2. for $k = 0, 1, \cdots,$ do:
3.   计算 $g_k = g(x^{(k)})$.
4.   置 $p_k = -G_k g_k$.
5.   一维搜索, 求 λ_k 使得

$$f_{\mathcal{J}}(x^{(k)} + \lambda_k p_k) = \min_{\lambda \geqslant 0} f_{\mathcal{J}}(x^{(k)} + \lambda p_k). \tag{4-26}$$

6.   置 $x^{(k+1)} = x^{(k)} + \lambda_k p_k$.
7.   计算 $g_{k+1} = g(x^{(k+1)})$, 若 $\|g_{k+1}\|_2 \leqslant \varepsilon$, 则停止计算, 令 $x^* = x^{(k+1)}$, 否则按式 (4-25) 计算 G_{k+1}.

---

2) BFGS (Broyden-Fletcher-Goldfarb-Shanno) 算法

考虑用 B_k 逼近 Hessian 矩阵 H. 这时, 相应的拟牛顿条件为 $B_{k+1}\delta_k = y_k$. 令 $B_{k+1} = B_k + P_k + Q_k$, 则 $B_{k+1}\delta_k = B_k\delta_k + P_k\delta_k + Q_k\delta_k$, P_k 和 Q_k 满足 $P_k\delta_k = y_k$, $Q_k\delta_k = -B_k\delta_k$. 找出适合条件的 P_k 和 Q_k, 得到 BFGS 算法矩阵 B_{k+1} 的迭代公式

$$B_{k+1} = B_k + P_k + Q_k = B_k + \frac{y_k y_k^{\mathrm{T}}}{y_k^{\mathrm{T}} \delta_k} - \frac{B_k \delta_k \delta_k^{\mathrm{T}} B_k}{\delta_k^{\mathrm{T}} B_k \delta_k}, \tag{4-27}$$

其中 $y_k = g_{k+1} - g_k$, $\delta_k = x^{(k+1)} - x^{(k)}$. 可以证明, 如果初始矩阵 B_0 是正定的, 则迭代过程中每个 B_k 矩阵都是正定的. BFGS 算法是最流行的拟牛顿算法, 但由于更新参数时需要计算 B_k^{-1} 或者通过求解方程组 $B_k g_k = p_k$ 得到 p_k, 因此带来了一定的计算量, 且无论是矩阵求逆还是求解方程组, 均有一定的舍入误差. 故而使用 Sherman-Morrison 公式进行变换可得

$$B_{k+1} = \left(I - \frac{\delta_k y_k^{\mathrm{T}}}{\delta_k^{\mathrm{T}} y_k}\right) B_k \left(I - \frac{\delta_k y_k^{\mathrm{T}}}{\delta_k^{\mathrm{T}} y_k}\right) + \frac{\delta_k \delta_k^{\mathrm{T}}}{\delta_k^{\mathrm{T}} y_k}. \tag{4-28}$$

除此之外, 还有 L-BFGS 算法和牛顿共轭梯度 (Newton-Conjugate Gradient, NCG) 法. 在高维数据时, 存储 B_k 开销较大, 实际计算过程中, 只需要方向 p_k 即可. 故而, L-BFGS 算法即为限制内存的 BFGS 算法. NCG 是对牛顿法的优化, 无需计算 Hessian 矩阵的逆矩阵, 而是通过共轭方法得到. 限于篇幅, 此两种优化算法不再赘述.

BFGS 算法流程:

输入: 目标函数 $f_{\mathcal{J}}(x)$, 梯度 $g(x) = \nabla f_{\mathcal{J}}(x)$, 精度要求 ε.

输出: $f_{\mathcal{J}}(x)$ 的极小值点 x^*.

1. 取初始点 $x^{(0)}$, 取 B_0 为正定对称矩阵, 常令 $B_0 = I$, 其中 I 为单位矩阵.

2. for $k = 0, 1, \cdots$ do:

3. 　　计算 $g_k = g(x^{(k)})$.

4. 　　计算搜索方向 $p_k = -B_k g_k$.

5. 　　一维搜索, 按式 (4-26) 求 λ_k.

6. 　　置 $x^{(k+1)} = x^{(k)} + \lambda_k p_k$.

7. 　　计算 $g_{k+1} = g(x^{(k+1)})$, 若 $\|g_{k+1}\|_2 \leqslant \varepsilon$, 则停止计算, 令 $x^* = x^{(k+1)}$, 否则按式 (4-28) 计算 B_{k+1}.

实际计算中, 常采用非精确线搜索法求解式 (4-26) 中的 λ_k, 并结合 Armijo 条件、Wolfe 条件或 Goldstein 条件进行一维搜索. Wolfe 条件比较适合拟牛顿法

中的一维非精确线搜索, 强 Wolfe 条件表示为

$$f_{\mathcal{J}}\left(\boldsymbol{x}^{(k)} + \lambda_k \boldsymbol{p}_k\right) \leqslant f_{\mathcal{J}}\left(\boldsymbol{x}^{(k)}\right) + c_1 \lambda_k \nabla f_{\mathcal{J}}\left(\boldsymbol{x}^{(k)}\right)^{\mathrm{T}} \boldsymbol{p}_k, \tag{4-29}$$

$$\left|\nabla f_{\mathcal{J}}\left(\boldsymbol{x}^{(k)} + \lambda_k \boldsymbol{p}_k\right)^{\mathrm{T}} \boldsymbol{p}_k\right| \leqslant c_2 \left|\nabla f_{\mathcal{J}}\left(\boldsymbol{x}^{(k)}\right)^{\mathrm{T}} \boldsymbol{p}_k\right|, \tag{4-30}$$

其中 $0 < c_1 < c_2 < 1$, 推荐经验值 $c_1 = 10^{-4}$, $\boldsymbol{p}_k$ 为梯度下降方向, 如果 $\boldsymbol{p}_k$ 为牛顿法或拟牛顿法求得的方向, 则 $c_2 = 0.9$. 条件 (4-29) 为 Armijo 条件, 要求 $f_{\mathcal{J}}\left(\boldsymbol{x}^{(k)} + \lambda_k \boldsymbol{p}_k\right)$ 相对于 $f_{\mathcal{J}}\left(\boldsymbol{x}^{(k)}\right)$ 有足够的下降, 式 (4-30) 为 curvature 条件, 避免 λ_k 取过小的值.

记 $\phi\left(\lambda_k\right) = f_{\mathcal{J}}\left(\boldsymbol{x}^{(k)} + \lambda_k \boldsymbol{p}_k\right)$, 则 $\phi\left(0\right) = f_{\mathcal{J}}\left(\boldsymbol{x}^{(k)}\right)$, 算法描述为:

输入: $\lambda_{\mathrm{lo}} = 0$, $\lambda_{\mathrm{hi}} > 0$, $\rho \in (0,1)$.

输出: 满足强 Wolfe 条件的 λ^*.

1. $k = 1$, flag = True.

2. while flag:

3.   if $\phi\left(\lambda_k\right) > \phi\left(0\right) + c_1 \lambda_k \phi'\left(0\right)$ or $[\phi\left(\lambda_k\right) \geqslant \phi\left(\lambda_{k-1}\right)$ and $k > 1]$:

4. $\lambda_{\mathrm{hi}} \leftarrow \lambda_k$. 即不满足 Armijo 条件也未使得损失下降, 则修改区间的右端点.

5.   else:

6.   if $\left|\phi'\left(\lambda_k\right)^{\mathrm{T}} \boldsymbol{p}_k\right| \leqslant c_2 \left|\phi'\left(0\right)^{\mathrm{T}} \boldsymbol{p}_k\right|$:

7. $\lambda^* \leftarrow \lambda_k$, flag = False. 即既满足 Armijo 条件又满足 curvature 条件.

8. $\lambda_{\mathrm{lo}} \leftarrow \lambda_k$. 即修改区间的左端点.

9. $\lambda_k \leftarrow \rho \cdot \left(\lambda_{\mathrm{lo}} + \lambda_{\mathrm{hi}}\right)$. 在区间内按缩放系数 $\rho \in (0,1)$ 选择一个 λ_k.

10. $k = k + 1$.

4.1.5 二分类算法设计与应用

1. 逻辑回归的工具函数

主要包含 Sigmoid 函数、Softmax 函数、One-Hot 编码、目标函数的损失、目标函数的梯度计算, 以及一维非精确线搜索算法.

```
# file_name: logistic_regression_utils.py
def sigmoid(x):
    """
    Sigmoid函数, 为避免上溢或下溢, 对参数x (标量数据或数组) 做限制
    """
```

```
    x = np.asarray(x, dtype=np.float64)  # 为避免标量值的布尔索引出错, 转换为数组
    x[x > 30.0] = 30.0  # 避免下溢, 1/(1 + exp(−30)) = 0.9999999999999065
    x[x < −50.0] = −50.0  # 避免上溢, 1/(1 + exp(50)) = 1.928749847963918e − 22
    return  1 / (1 + np.exp(−x))


def one_hot_encoding(target):
    """
    One−Hot编码, 常用于逻辑回归的多分类问题
    """
    class_labels = np.unique(target)  # 类别标签, 去重
    target_y = np.zeros((len(target), len(class_labels)), dtype=np.int8)
    for i, label in enumerate(target):
        target_y[i, label] = 1  # 对应类别所在的列为1
    return  target_y


def softmax_func(x):
    """
    softmax函数, 为避免上溢或下溢, 对参数x做限制, 常用于逻辑回归的多分类问题
    """
    exps = np.exp(x − np.max(x))  # 避免溢出, 每个数减去其最大值
    return  exps / np.sum(exps, axis=1, keepdims=True)


def f_cost(C: float, X: np.ndarray, y: np.ndarray, theta: np.ndarray):
    """
    目标函数: 平均交叉熵损失 + L₂正则化项, 结果为标量值
    """
    y_hat = sigmoid(X @ theta)  # 预测值
    cross_entropy = −1.0 * (np.dot(y, np.log(y_hat)) + np.dot(1 − y, np.log(1 − y_hat)))
    return  (cross_entropy + C * np.sum(theta[:−1] ** 2) / 2) / len(y)


def cal_grad(C: float, X: np.ndarray, y: np.ndarray, theta: np.ndarray):
    """
    逻辑回归的经验损失函数(包含正则化)的梯度, 结果为向量
    """
    reg_theta = np.copy(theta)  # 用于正则化的参数
    reg_theta[−1] = 0.0  # 不包括对偏置项的正则化
    y_prob = sigmoid(X.dot(theta)).reshape(−1)  # 当前预测
    if len(y_prob) == 1:  # 针对单个样本
        grad = (y_prob − y.reshape(−1)) * X + C * reg_theta  # 计算梯度
    else:
```

```
        grad = (np.dot(y_prob − y.reshape(−1), X) + C * reg_theta) / len(y)
     return grad.reshape(−1)

def is_meet_armijo(C: float, alpha_k: float, c1: float = 1e−4, **params):
     """
     判断充分下降条件, 即Armijo条件
     """
     X, y, theta = params["X"], params["y"], params["theta"]   # 关键字收集参数
     delta_fk = cal_grad(C, X=X, y=y, theta=theta)   # 计算梯度
     pk = −1.0 * delta_fk   # 下降方向的梯度
     fai_alpha = f_cost(C, X=X, y=y, theta=theta + alpha_k * pk)
     fai_alpha_0 = f_cost(C, X=X, y=y, theta=theta)
     return fai_alpha <= fai_alpha_0 + c1 * alpha_k * delta_fk.dot(pk)

def is_meet_curvature(C: float, alpha_k: float, c2: float = 0.9, **params):
     """
     判断curvature条件
     """
     X, y, theta = params["X"], params["y"], params["theta"]   # 关键字收集参数
     delta_fk = cal_grad(C, X=X, y=y, theta=theta)   # 计算梯度
     pk = −1.0 * delta_fk   # 下降方向的梯度
     delta_ = np.abs(pk.dot(cal_grad(C, X=X, y=y, theta=theta + alpha_k * pk)))
     return delta_ <= c2 * np.abs(pk.dot(delta_fk))

def linear_search(C: float, alpha_hi: float, zoom_ratio: float = 0.95, **params):
     """
     非精确线搜索: 线搜索步长, Wolfe = Armijo条件 + curvature条件
     """
     X, y, theta = params["X"], params["y"], params["theta"]   # 关键字收集参数
     alpha_k, alpha_lo, history_alpha_hi = 0.0, 0.0, alpha_hi   # 初始化步长参数
     pk = −1.0 * cal_grad(C, X=X, y=y, theta=theta)   # 计算梯度及其下降方向
     max_search_num, search_num = 500, 1   # 整体搜索次数
     for k in range(max_search_num):
          cur_cost = f_cost(C, X=X, y=y, theta=theta + alpha_k * pk)   # Evaluate
          prev_cost = f_cost(C, X=X, y=y, theta=theta + alpha_lo * pk)   # Evaluate
          # 当前经验损失值不满足下降, 则is_not_dec=True
          is_not_dec = cur_cost >= prev_cost
          if not is_meet_armijo(C, alpha_k, X=X, y=y, theta=theta) or \
                  (is_not_dec and k > 0):
              alpha_hi = alpha_k   # 当前步长作为搜索区间的右端点
```

```
    else :
        # 满足下降条件且满足curvature条件, 即满足了 Wolfe 条件
        if  is_meet_curvature (C, alpha_k, X=X, y=y, theta=theta) :
            return  alpha_k  # 返回当前满足强wolfe条件的步长
        alpha_lo = alpha_k  # 当前步长作为搜索区间的左端点
    alpha_k = zoom_ratio * (alpha_lo + alpha_hi)  # 缩放区间
    # 有时可能未搜索到满足条件的alpha_k, 此时扩展空间的右端点, 继续搜索
    if  k == max_search_num − 1 and 1 <= search_num <= 3:
        alpha_hi = 2 * history_alpha_hi  # 拓展空间, 继续搜索
        history_alpha_hi = alpha_hi
        k = 0  # 当前重启搜索, 即变量k重新赋值为0
        search_num += 1  # 整体搜索次数 + 1
return  alpha_k
```

2. 逻辑回归算法及其各种优化算法

学习率的调整策略为分数衰减, 计算方法为

$$\alpha = \frac{\alpha}{\sqrt{1 + \upsilon \cdot k}}, \quad k = 0, 1, \cdots,$$

其中 υ 为控制学习率减缓幅度因子, 若减缓速度过快, 则设置 υ 为较小的数, k 为优化迭代次数. 也可采用简单指数衰减策略, 即 $\alpha = \alpha \cdot \upsilon^k, 0 < \upsilon < 1$, 如 $\upsilon = 0.95$.

如下算法不再通过参数 normalized、fit_intercept 控制是否进行标准化和偏置项的训练, 固化为训练偏置项, 在训练前, 请先对样本集进行标准化. 需导入逻辑回归的工具函数.

```python
# file_name: logistic_regression_2C.py
class LogisticRegressior2C :
    """
    逻辑回归二分类算法, 包含各种优化算法 + 随机 (批量) 梯度下降 +L₂正则化
    """
    def __init__ (self, optimizer="sgd", eta : float = 0.5, C : float = 0.01,
                  tol : float = 1e−5, batch_size : int = 20, max_iter : int = 1000,
                  alpha_max : float = 1.0, zoom_ratio : float = 0.95,
                  decay_rate : float = 0.01) :
        assert optimizer.lower() in ["sgd", "mmt", "nag", "adamw", "svrg",
                                     "saga", "dfp", "bfgs"]  # 断言
        self.optimizer = optimizer  # 优化方法
        self.tol, self.max_iter = tol, max_iter  # 精度控制, 最大迭代次数
        self.eta, self.C = eta, C  # 学习率(针对非线搜索算法), L₂正则化系数C
```

```
        self.decay_rate = decay_rate   # 控制学习率的减缓幅度
        self.batch_size = batch_size   # 批量大小: 控制梯度下降法的三种方法
        self.alpha_max = alpha_max   # 线性搜索最大值
        self.zoom_ratio = zoom_ratio   # 线性搜索区间的缩放比例
        self.theta = None   # 逻辑回归模型的参数
        self.n_samples, self.m_features = 0, 0   # 样本量和特征变量数
        self.train_loss = []   # 存储训练过程中的训练损失和测试损失

    def fit(self, X_train: np.ndarray, y_train: np.ndarray):
        """
        基于训练集(X_train, y_train)的模型训练, 包括偏置项
        """
        self.n_samples, self.m_features = X_train.shape   # 样本量以及特征变量数
        X_train = np.c_[X_train, np.ones_like(y_train)]   # 在样本后加一列1, 训练偏置
        self.theta = np.zeros(self.m_features + 1)   # 初始化模型参数为零向量
        method_name = "self._fit_" + self.optimizer.lower()   # 调用方法
        eval(method_name)(X_train, y_train.reshape(-1))   # 调用具体方法优化模型参数

    def _learning_rate(self, k, X=None, y=None):
        """
        获取学习率步长, 线搜索步长或者分数减缓策略
        """
        if X is not None and y is not None:   # 线搜索步长
            return linear_search(self.C, self.alpha_max, self.zoom_ratio,
                                 X=X, y=y, theta=self.theta)
        else:
            return self.eta / np.sqrt(1.0 + self.decay_rate * k)   # 分数减缓

    def _is_meet_eps(self, X, y, k):
        """
        判断终止条件, 并记录训练的损失, 满足精度, 返回True
        """
        grad = cal_grad(self.C, X=X, y=y, theta=self.theta)   # 计算整体梯度
        if np.linalg.norm(x=grad, ord=2) <= self.tol:
            return True   # 当梯度范数足够小时, 提前终止迭代
        self.train_loss.append(f_cost(self.C, X, y, self.theta))   # 目标函数的损失
        # 如果最后5次训练损失绝对值差的最大值小于给定的精度, 则提前停止训练
        if k > 5 and np.max(np.abs(np.diff(self.train_loss[-5:]))) <= self.tol:
            return True
```

```python
def _fit_sgd(self, X, y):
    """
    小批量梯度下降算法(由参数batch_size控制) +L₂正则化
    """
    train_samples = np.c_[X, y]  # 组合样本和类别标签, 以便随机打乱样本顺序
    for k in range(self.max_iter):
        alpha = self._learning_rate(k)  # 学习率步长
        np.random.shuffle(train_samples)  # 打乱样本顺序, 模拟随机性
        batch_nums = train_samples.shape[0] // self.batch_size  # 批次
        for idx in range(batch_nums):  # 针对每一个批次
            batch_xy = train_samples[idx * self.batch_size:
                                     (idx + 1) * self.batch_size]  # 划分数据
            batch_x, batch_y = batch_xy[:, :-1], batch_xy[:, -1]  # 选取数据
            grad = cal_grad(self.C, X=batch_x, y=batch_y, theta=self.theta)  # 梯度
            self.theta = self.theta - alpha * grad  # 更新权重系数
        if self._is_meet_eps(X, y, k): break  # 满足终止条件
    return self.theta


def _fit_mmt(self, X, y):
    """
    批量梯度下降算法 + L₂正则化 + 一阶动量法
    """
    mmt = np.zeros_like(self.theta, dtype=np.float32)  # 梯度的一阶矩
    beta_1 = 0.9  # 动量衰减系数, 推荐值
    for k in range(self.max_iter):
        grad = cal_grad(self.C, X=X, y=y, theta=self.theta)  # 计算梯度
        mmt = beta_1 * mmt + (1 - beta_1) * grad  # 动量法梯度下降方向
        self.theta = self.theta - mmt  # 更新权重系数
        if self._is_meet_eps(X, y, k): break  # 满足终止条件
    return self.theta


def _fit_nag(self, X, y):
    """
    批量梯度下降算法 + L₂正则化 + NAG加速算法
    """
    mmt = np.zeros_like(self.theta)  # 梯度的一阶矩
    beta_1 = 0.9  # 动量衰减系数, 推荐值
    for k in range(self.max_iter):
        alpha = self._learning_rate(k)  # 学习率步长
        grad = cal_grad(self.C, X=X, y=y, theta=self.theta - beta_1 * mmt)  # 梯度
```

```
            mmt = beta_1 * mmt + alpha * grad  # NAG梯度下降方向
            self.theta = self.theta − mmt  # 更新权重系数
            if self._is_meet_eps(X, y, k): break  # 满足终止条件
        return self.theta


    def _fit_adamw(self, X, y):
        """
        批量梯度下降算法 + L_2正则化 + AdamW优化算法
        """
        m = np.zeros_like(self.theta, dtype=np.float32)  # 梯度的一阶矩
        v = np.zeros_like(self.theta, dtype=np.float32)  # 梯度的二阶矩
        beta_1, beta_2, eps = 0.9, 0.999, 1e−8  # Adam系数, 推荐值
        for k in range(self.max_iter):
            alpha = self._learning_rate(k)  # 学习率步长
            t = k + 1  # 迭代次数
            # 计算梯度, 包含了L_2正则项
            grad = cal_grad(self.C, X=X, y=y, theta=self.theta)
            m = beta_1 * m + (1 − beta_1) * grad  # 一阶矩估计
            v = beta_2 * v + (1 − beta_2) * grad ** 2  # 二阶矩估计
            # 偏差校正估计
            m_hat, v_hat = m / (1 − beta_1 ** t), v / (1 − beta_2 ** t)
            l2_reg = self.C * self.theta / self.n_samples  # L_2正则项
            l2_reg[−1] = 0.0  # 不考虑偏置项
            # m_hat前的系数未采用推荐的1e−3, 而是分数衰减策略, 同时控制正则项
            # 按照公式更新权重系数
            self.theta = self.theta − alpha * (m_hat / (np.sqrt(v_hat) + eps) + l2_reg)
            if self._is_meet_eps(X, y, k): break  # 满足终止条件
        return self.theta


    def _fit_svrg(self, X, y):
        """
        方差缩减随机梯度下降法SVRG, 不采用线搜索步长
        """
        for k in range(self.max_iter):
            alpha = self._learning_rate(k)  # 获取学习步长
            # 存储每个样本的当前梯度
            delta_Rn = np.zeros(self.m_features + 1, dtype=np.float32)
            for i in range(self.n_samples):
                delta_Rn += cal_grad(self.C, X=X[i, :], y=y[i], theta=self.theta)
            delta_Rn /= self.n_samples  # 样本梯度的平均
```

```python
            theta_updated = np.copy(self.theta)  # 标记参数, 用于随机更新
            # for _ in range(int(np.sqrt(self.n_samples))):  # m = int(sqrt(n))
            for _ in range(self.n_samples):  # 不再选取正整数, 令 m = n
                j = np.random.randint(0, self.n_samples)  # 随机抽取样本索引序号
                # 基于更新前后的参数 θ 针对选择的样本计算梯度
                grad_j = cal_grad(self.C, X=X[j, :], y=y[j], theta=theta_updated)
                grad_j_prev = cal_grad(self.C, X=X[j, :], y=y[j], theta=self.theta)
                grad_hat = grad_j - (grad_j_prev - delta_Rn)  # 更新梯度
                theta_updated -= alpha * grad_hat  # 更新权重系数
            self.theta = np.copy(theta_updated)  # 采用第一种策略
            if self._is_meet_eps(X, y, k): break  # 满足终止条件
        return self.theta

    def _fit_saga(self, X, y):
        """
        SAGA是SAG的加速版本优化算法, 不采用线搜索步长
        """
        gard_mu = np.zeros((self.n_samples, self.m_features + 1), dtype=np.float32)
        for i in range(self.n_samples):
            gard_mu[i, :] = cal_grad(self.C, X=X[i, :], y=y[i], theta=self.theta)
        for k in range(self.max_iter):
            alpha = self._learning_rate(k)  # 获取学习步长
            for _ in range(self.n_samples):  # 不再选取正整数, 令 m = n
                j = np.random.randint(0, self.n_samples)  # 随机抽取样本索引序号
                grad_j = cal_grad(self.C, X=X[j, :], y=y[j], theta=self.theta)  # 梯度
                p_j = grad_j - gard_mu[j, :] + np.mean(gard_mu, axis=0)  # SAGA公式
                gard_mu[j, :] = np.copy(grad_j)  # 更新最新梯度
                self.theta -= alpha * p_j  # 更新权重系数
            if self._is_meet_eps(X, y, k): break  # 满足终止条件
        return self.theta

    def _fit_dfp(self, X, y):
        """
        拟牛顿优化: DFP算法, 采用线搜索步长
        """
        G_k = np.eye(self.m_features + 1)  # 修正矩阵初始化为单位矩阵
        g_k = cal_grad(self.C, X=X, y=y, theta=self.theta)  # 计算梯度
        for k in range(self.max_iter):
            p_k = -1.0 * G_k.dot(g_k)  # G_k 方向的负梯度
            alpha = self._learning_rate(k, X=X, y=y)  # 获取学习步长
```

```
        s_k = alpha * p_k  # 注意添加了L₂正则化的梯度, 也表示xₖ₊₁ − xₖ的部分
        if f_cost(self.C, X, y, self.theta + s_k) < f_cost(self.C, X, y, self.theta):
            self.theta = self.theta + s_k  # 损失减少则更新参数
        g_k_1 = cal_grad(self.C, X=X, y=y, theta=self.theta)  # 计算新的梯度
        if np.linalg.norm(x=g_k_1, ord=2) <= self.tol:  # 满足精度, 提前终止训练
            return self.theta
        # 中间变量yₖ, sₖ, 并重塑为列向量
        y_k, s_k = (g_k_1 − g_k).reshape(−1, 1), s_k.reshape(−1, 1)
        # 修正待定矩阵Pₖ和Gₖ
        P_k = s_k.dot(s_k.T) / (s_k.T.dot(y_k)[0][0] + 1e−8)
        Q_k = G_k.dot(y_k).dot(y_k.T).dot(G_k) / \
            (y_k.T.dot(G_k).dot(y_k)[0][0] + 1e−8)
        G_k = G_k + P_k − Q_k  # 更新修正矩阵
        g_k = np.copy(g_k_1)  # 梯度更新
        self.train_loss.append(f_cost(self.C, X, y, self.theta))  # 目标函数损失
        if k > 5 and np.max(np.abs(np.diff(self.train_loss[−5:]))) <= self.tol:
            break
    return self.theta


def _fit_bfgs(self, X, y):
    """
    拟牛顿优化: BFGS算法, 采用线搜索步长
    """
    B_k = np.eye(self.m_features + 1)  # 修正矩阵初始化为单位矩阵
    g_k = cal_grad(self.C, X=X, y=y, theta=self.theta)  # 计算梯度
    for k in range(self.max_iter):
        p_k = −1.0 * B_k.dot(g_k)  # Bₖ方向的负梯度
        alpha = self._learning_rate(k, X=X, y=y)  # 获取学习步长
        s_k = alpha * p_k  # 注意添加了L₂正则化的梯度, 也表示xₖ₊₁ − xₖ的部分
        if f_cost(self.C, X, y, self.theta + s_k) < f_cost(self.C, X, y, self.theta):
            self.theta = self.theta + s_k  # 损失减少则更新参数
        g_k_1 = cal_grad(self.C, X=X, y=y, theta=self.theta)  # 计算新的梯度
        if np.linalg.norm(x=g_k_1, ord=2) <= self.tol:  # 梯度范数比较小, 终止迭代
            return self.theta
        # 计算中间变量yₖ和sₖ, 并重塑为列向量
        y_k, s_k = (g_k_1 − g_k).reshape(−1, 1), s_k.reshape(−1, 1)
        s_y, y_s, s_s = s_k.dot(y_k.T), y_k.T.dot(s_k) + 1e−8, s_k.dot(s_k.T)
        I = np.eye(self.m_features + 1)  # 中间变量, 单位矩阵
        # 更新修正矩阵
        B_k = (I − s_y / y_s).dot(B_k).dot((I − s_y.T / y_s)) + s_s / y_s
```

```
            g_k = np.copy(g_k_1)  # 梯度更新
            self.train_loss.append(f_cost(self.C, X, y, self.theta))  # 目标函数损失
            if k > 5 and np.max(np.abs(np.diff(self.train_loss[-5:]))) <= self.tol:
                break
        return self.theta

    def predict_proba(self, X_test: np.ndarray):
        """
        预测测试样本的概率, 第1列为y = 0的概率, 第2列是y = 1的概率
        """
        y_prob = np.zeros((X_test.shape[0], 2))  # 预测概率
        X_test = np.c_[X_test, np.ones(shape=X_test.shape[0])]  # 添加一列1, 偏置项
        y_prob[:, 1] = sigmoid(X_test.dot(self.theta)).reshape(-1)
        y_prob[:, 0] = 1 - y_prob[:, 1]  # 类别y = 0的概率
        return y_prob

    def predict(self, X_test: np.ndarray, p: float = 0.5):
        """
        预测样本X_test类别, 默认概率阈值p = 0.5, 大于0.5为1, 小于0.5为0
        """
        y_prob = self.predict_proba(X_test)  # 预测测试样本所属类别
        # 布尔值转换为整数, true对应1, false 对应0
        return (y_prob[:, 1] > p).astype(int)
```

例 1　由函数 sklearn.datasets.make_classification 随机生成包含 2 个类别、20 个特征变量的 5000 个样本, 对比各优化算法.

数据集生成、一次随机划分和模型参数设置如下:

```
data, target = make_classification(n_samples=5000, n_features=20, n_classes=2,
                                   n_informative=1, n_redundant=0, n_repeated=0,
                                   n_clusters_per_class=1, random_state=0)
X_train, X_test, y_train, y_test = \
    train_test_split(data, target, test_size=0.3, random_state=0, stratify=target)
# 子图(a)的参数设置, 变量opt循环选择各个优化方法
LogisticRegressior2C(optimizer=opt, batch_size=len(y_train), C=0.0, eta=0.5,
                     decay_rate=0.01)
# 子图(b)的参数设置, 变量opt循环选择各个优化方法, 限制最大迭代100次
LogisticRegressior2C(optimizer=opt, C=0.0, batch_size=1, max_iter=100, eta=0.5,
                     decay_rate=0.1)
```

如图 4-5 所示. (a) 图中, 显然二阶优化算法 BFGS 效率最高 (DFP 与 BFGS 在此例中的训练过程基本一致, 故略去), 由于需要一维线搜索, 增加了计算量. 采用一阶矩的动量法和 Nesterov 加速梯度下降法, 相比于普通的 BGD, 加速效果较为明显, 且计算简单. AdamW 具有不错的精度, 且收敛效率较高. (b) 图中, 随着不断迭代优化, SGD 算法的损失下降曲线的震荡幅度有所减少, 但收敛速度较慢, 而 SVRG 和 SAGA 算法不仅收敛速度快, 且减少了方差, 但时间消耗较高, 且 SAGA 需要存储每个样本的梯度, 空间消耗也大.

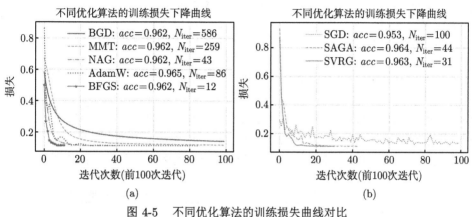

图 4-5　不同优化算法的训练损失曲线对比

例 2　威斯康星州乳腺癌 (诊断) 数据集.

基于 10 折交叉验证, 并循环进行 10 次, 每次随机打乱样本, 固定参数 $\alpha = 0.8, C = 0.5$, 其他参数默认, 结果如图 4-6 所示, 可见拟牛顿法 BFGS 的优化效率非常高, AdamW 算法在收敛速度和精度方面具有不错的表现. 当然这与固定的模型参数有关, 可通过交叉验证选择最佳参数组合, 此处略去.

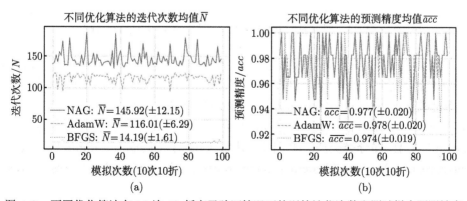

图 4-6　不同优化算法在 10 次 10 折交叉验证情况下的训练迭代次数和测试样本预测精度

例 3　由函数 sklearn.dataset.make_moons 随机生成含有 2 个特征变量和 2 个类别的 100 个样本数据.

由于是非线性可分数据集, 故构造多项式特征数据, 阶次为 6, 构成特征变量 28 个. 对正则化系数 $\lambda = 0$ 和 $\lambda = 1.5$ 分别训练模型并进行 $p = 0.5$ 的边界绘制. 数据集生成、特征数据的构造以及模型参数设置如下:

```
X_raw, y = make_moons(noise=0.18, random_state=666, n_samples=100) # 生成非线性数据
poly = PolynomialFeatures(6)  # 最高次项为6次
X = poly.fit_transform(X_raw) # X_raw有2个特征, X有28个特征(含组合特征)
# AdamW加速梯度下降法优化参数如下,其中C分别取0.0和1.5
LogisticRegressior2C(optimizer="adamw", eta=0.8, C=C, decay_rate=0.001, tol=1e-15)
```

如图 4-7 所示, (a) 图为不添加正则化训练结果, 对训练集的拟合效果非常好, 但并不代表对未知测试数据的泛化能力强, 边界曲线较为复杂, 意味着模型复杂度高, 可能存在过拟合; (b) 图为正则化系数 $\lambda = 1.5$ 时的训练结果, 边界曲线简单. 若输出模型参数, 可知, L_2 正则化的确有效地缩减了模型参数的值, 某种程度上降低了模型复杂度, 使其具备更强的泛化能力, 进而有效避免过拟合现象.

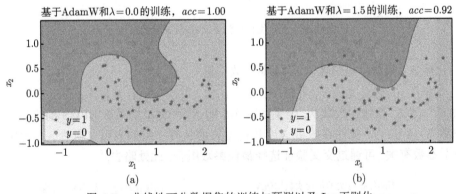

图 4-7　非线性可分数据集的训练与预测以及 L_2 正则化

例 4　Bank Marketing 数据集[①], 该数据与葡萄牙一家银行机构的直销活动 (电话营销) 有关. 通常, 同一客户需要多个联系人, 以获取产品 (银行定期存款) 是否会被认购. Bank Marketing 共有 45211 个样本数据, 每个样本包含 16 个特征变量和 1 个目标标签, 如图 4-8 所示, 其中有 9 个特征变量取值为 "categorical" 类型, 即分类类型. 如 "job" 共包含 12 个不同取值: admin,blue-collar, entrepreneur, housemaid, management, retired, self-employed, services, student,

---

① http://archive.ics.uci.edu/ml/datasets/Bank+Marketing.

technician, unemployed 和 unknown. 故先对 "categorical" 类型的特征变量进行 One-Hot 编码, 再进行模型的训练.

	age	job	marital	education	default	balance	housing	loan	contact	day	month	duration	campaign	pdays	previous	poutcome	y
0	58	management	married	tertiary	no	2143	yes	no	unknown	5	may	261	1	-1	0	unknown	no
1	44	technician	single	secondary	no	29	yes	no	unknown	5	may	151	1	-1	0	unknown	no
2	33	entrepreneur	married	secondary	no	2	yes	yes	unknown	5	may	76	1	-1	0	unknown	no
3	47	blue-collar	married	unknown	no	1506	yes	no	unknown	5	may	92	1	-1	0	unknown	no
4	33	unknown	single	unknown	no	1	no	no	unknown	5	may	198	1	-1	0	unknown	no
...												...	...				
45206	51	technician	married	tertiary	no	825	no	no	cellular	17	nov	977	3	-1	0	unknown	yes
45207	71	retired	divorced	primary	no	1729	no	no	cellular	17	nov	456	2	-1	0	unknown	yes
45208	72	retired	married	secondary	no	5715	no	no	cellular	17	nov	1127	5	184	3	success	yes
45209	57	blue-collar	married	secondary	no	668	no	no	telephone	17	nov	508	4	-1	0	unknown	no
45210	37	entrepreneur	married	secondary	no	2971	no	no	cellular	17	nov	361	2	188	11	other	no

图 4-8　Bank Marketing 数据集

(1) 数据预处理

采用 sklearn.preprocessing.OneHotEncoder 对类别特征变量进行 One-Hot 编码, 并为每个编码后的特征变量重新命名. 编码后, 由原来的 16 个特征变量扩展到 51 个特征变量, 如图 4-9 所示. 由于数据为非平衡数据, 故按照欠采样选取与较少类别样本量相等的样本数据.

	age	balance	day	duration	campaign	pdays	previous	job1	job2	job3	...	month8	month9	month10	month11	month12	poutcome1	poutcome2
0	58.0	2143.0	5.0	261.0	1.0	-1.0	0.0	0.0	0.0	0.0	...	0.0	1.0	0.0	0.0	0.0	0.0	0.0
1	44.0	29.0	5.0	151.0	1.0	-1.0	0.0	0.0	0.0	0.0	...	0.0	1.0	0.0	0.0	0.0	0.0	0.0
2	33.0	2.0	5.0	76.0	1.0	-1.0	0.0	0.0	0.0	1.0	...	0.0	1.0	0.0	0.0	0.0	0.0	0.0
3	47.0	1506.0	5.0	92.0	1.0	-1.0	0.0	0.0	0.0	0.0	...	0.0	1.0	0.0	0.0	0.0	0.0	0.0
4	33.0	1.0	5.0	198.0	1.0	-1.0	0.0	0.0	0.0	0.0	...	0.0	1.0	0.0	0.0	0.0	0.0	0.0
...							...							...				
10573	73.0	2850.0	17.0	300.0	1.0	40.0	8.0	0.0	0.0	0.0	...	0.0	1.0	0.0	0.0	1.0	0.0	0.0
10574	25.0	505.0	17.0	386.0	2.0	-1.0	0.0	0.0	0.0	0.0	...	0.0	1.0	0.0	0.0	0.0	0.0	0.0
10575	51.0	825.0	17.0	977.0	3.0	-1.0	0.0	0.0	0.0	0.0	...	0.0	1.0	0.0	0.0	0.0	0.0	0.0
10576	71.0	1729.0	17.0	456.0	2.0	-1.0	0.0	0.0	0.0	0.0	...	0.0	1.0	0.0	0.0	0.0	0.0	0.0
10577	72.0	5715.0	17.0	1127.0	5.0	184.0	3.0	0.0	0.0	0.0	...	0.0	1.0	0.0	0.0	0.0	0.0	0.0

图 4-9　数据预处理后的 Bank Marketing 数据集 (部分特征变量)

数据预处理的主要代码如下, 基于 Pandas 库 (别名 pd).

```
# 如下One-Hot编码也可采用已实现模块logistic_regression_utils.py中的方法
from sklearn.preprocessing import OneHotEncoder  # sklearn方法
bank = pd.read_csv("datasets/bank-full.csv", sep=";").dropna()  # 注意修改路径
bank_no = bank[bank["y"] == "no"].iloc[: 5289, :]  # 选取与类别标签为"yes"的等量数据集
bank_yes = bank[bank["y"] == "yes"]  # 类别标签为"yes"
bank = pd.concat([bank_no, bank_yes])  # 重新组合数据集
# 数据特征变量为categorical类型的变量名称
labels_category = ["job", "marital", "education", "default", "housing", "loan",
                   "contact", "month", "poutcome"]
```

```
bank_sub = bank.loc [:, labels_category]  # 提取类别型数据
onehotencoder = OneHotEncoder(). fit_transform (bank_sub). toarray ()  # 编码
# 数值型特征变量名称
features_value = ["age", "balance", "day", "duration", "campaign", "pdays", "previous"]
bank_sub2 = bank.loc [:, features_value]  # 提取数值型数据
class_labels = bank.loc [:, "y"]. unique ()   # 提取目标值中不同的类别标签
# 使用列表推导式对目标值进行类别编码
target = [0 if tag == class_labels [0] else 1 for tag in bank.loc [:, "y"]]
# 组合编码后的数据集
bank_data = np. hstack ([bank_sub2, onehotencoder, np. array (target) [:, np. newaxis]])
# 为各编码的特征变量重新命名
features_name = []   # 定义新的特征变量名称列表
for label in labels_category :
    category_value = bank.loc [:, label]. unique ()
    for i, name in enumerate (category_value) :
        features_name.append (label + str (i + 1))   # 原名称 + 序号
features_value. extend (features_name)   # 扩展新的特征变量名称
features_value. extend (["class"])   # 目标特征变量的名称
# 重新构造DataFrame, 数据 + 变量名称
bank_pd = pd. DataFrame (bank_data, columns=features_value)
bank_pd. to_csv ("datasets / bank_encoded_data.csv")   # 写入外部文件, 注意修改路径
```

(2) 建立逻辑回归模型并预测, 数据集划分和模型参数设置如下:

```
X_train, X_test, y_train, y_test = \
    train_test_split (X, y, test_size =0.3, random_state=42, stratify =y)
LogisticRegressior2C (optimizer="adamw", eta=0.8, C=1.0, tol =1e-5, decay_rate=0.01)
```

训练过程采用了小批量梯度下降法, 默认 $n_{bt} = 20$, 训练和测试结果如图 4-10 所示, 从交叉熵损失曲线可以看出训练效率较高, 学习的模型对测试样本的预测性能指标可通过 P-R 曲线、ROC 曲线和混淆矩阵度量, 模型对平衡数据均具有不错的学习性能.

图 4-11 为特征变量参数值的柱状图, 由于正则化的作用, 参数值并未出现较大的值. 尽管未采用 L_1 正则化, 但也在某种程度上揭示了特征变量的重要性.

例 5   北京空气质量监测数据[3], 包含有 2155 条样本数据, 除 "日期" 外, 7 个特征变量为 AQI、$PM_{2.5}$、PM_{10}、SO_2、CO、NO_2、O_3, 以 "质量等级" 为目标变量, 包含 7 个类别, 分别为 "优、良、轻度污染、中度污染、重度污染、严重污染、无". 选择质量等级为 "优、良" 的样本数据, 构成二分类数据集, 样本量为 1236.

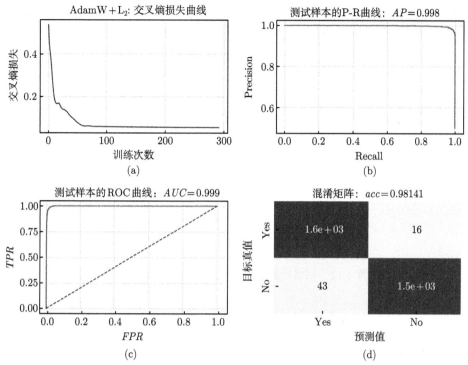

图 4-10　Bank Marketing 数据集训练结果的性能度量

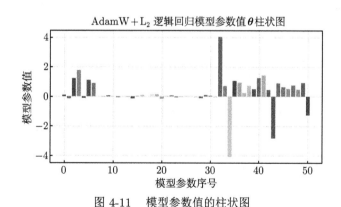

图 4-11　模型参数值的柱状图

　　假设学习率 $\alpha \sim U(0,1)$ 和正则化系数 $\lambda \sim U(0,1)$ 均随机产生, 对每次参数组合进行 10 折交叉验证. 首先划分数据集, 基于训练集进行交叉验证选择最佳参数组合. 以最佳参数和 AdamW 优化方法对训练集训练模型并对测试集进行预测. 如图 4-12 所示, 在所有参数组合中, 10 折交叉验证的精度均值都相对较高, 说明原数据集具有很好的线性可分性, 此时可能正则化参数的作用较小, 所以模型倾向于选择较小的正则化参数值. 其中最优组合如 "图例" 所示, 基于此参数, 训练模型, 如图 4-13 所示, 优化过程较为平稳, 且模型对测试数据的预测精度较高.

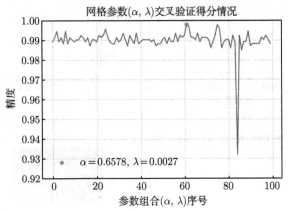

图 4-12　网格搜索与 10 折交叉验证的平均得分情况

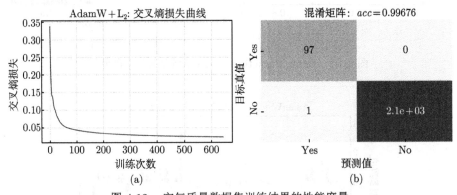

图 4-13　空气质量数据集训练结果的性能度量

4.2　多分类学习任务

二分类逻辑回归模型基于交叉熵损失函数优化, 并采用 Sigmoid 函数映射输出 $\boldsymbol{\theta}^{\mathrm{T}}\boldsymbol{x}+b$ 为 $(0,1)$ 之间的数 (概率). 如果想实现多分类, 一种方法是基于二分类模型应用多分类学习策略, 如 OvO、OvR 或 MvM. 另一种方法是修改逻辑回归的损失函数, 不再简单地考虑非 "正例" 即 "负例" 的二分问题的损失, 而是具体考虑每个样本标记 $C_k(k=1,2,\cdots,K)$ 的损失, 且对 C_k 进行 One-Hot 编码, 称之为 Softmax 回归, 也即逻辑回归多分类问题, 如图 4-14 所示.

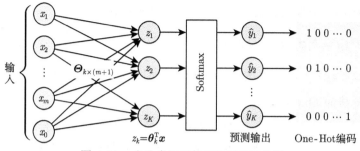

图 4-14 多分类问题的逻辑回归示意图

4.2.1 Softmax 回归和学习策略

以 $K\,(\geqslant 2)$ 分类问题为例, 设训练集 $\mathcal{D} = \{(\boldsymbol{x}_i, y_i)\}_{i=1}^n$, 其中 $\boldsymbol{x}_i = (x_{i,1}, x_{i,2}, \cdots, x_{i,m}, 1)^{\mathrm{T}}$, 包含偏置项的训练, $y_i \in \{1, 2, \cdots, K\}$. 一般化[①], 对于 $(\boldsymbol{x}, y) \in \mathcal{D}$, 有

$$C_k : z_k = \boldsymbol{\theta}_k^{\mathrm{T}} \boldsymbol{x}, \quad k = 1, 2, \cdots, K.$$

所有参数 $\boldsymbol{\theta}_k$ 根据样本的类别数 K 和特征变量数 m 构成参数矩阵 $\boldsymbol{\Theta}$:

$$\boldsymbol{\Theta} = \begin{pmatrix} \boldsymbol{\theta}_1^{\mathrm{T}} \\ \boldsymbol{\theta}_2^{\mathrm{T}} \\ \vdots \\ \boldsymbol{\theta}_K^{\mathrm{T}} \end{pmatrix} = \begin{pmatrix} \theta_{1,1} & \theta_{1,2} & \cdots & \theta_{1,m} & \theta_{1,0} \\ \theta_{2,1} & \theta_{2,2} & \cdots & \theta_{2,m} & \theta_{2,0} \\ \vdots & \vdots & \ddots & \vdots & \vdots \\ \theta_{K,1} & \theta_{K,2} & \cdots & \theta_{K,m} & \theta_{K,0} \end{pmatrix} \in \mathbb{R}^{K \times (m+1)}.$$

记样本 $\boldsymbol{x}$ 属于类别 k 的概率 $\hat{y}_k = P(y = k | \boldsymbol{x}; \boldsymbol{\Theta})$, 且有 $0 < \hat{y}_k < 1$, $\sum\limits_{k=1}^{K} \hat{y}_k = 1$.

实现逻辑回归多分类任务需要解决四个问题: Softmax 函数计算、目标值的 One-Hot 编码、交叉熵损失计算和权重参数的更新.

1. Softmax 函数计算

Softmax 的含义是对最大值做强化, 对 $z \in \mathbb{R}$ 取 e^z (标记为 $\exp(z)$) 会使较大的值和较小的值之间的差距被拉大, 即强化较大的值. Softmax 计算流程分三步: 首先对 $z_k = \boldsymbol{\theta}_k^{\mathrm{T}} \boldsymbol{x}$ 计算指数 $\exp(z_k)$, $k = 1, 2, \cdots, K$; 然后把 $\exp(z_k)$ 累计求和, 得到 $\sum\limits_{k=1}^{K} \exp(z_k)$; 最后进行归一化, 得到 Softmax 函数

$$\hat{y}_k = \mathrm{softmax}(z_k) = \exp(z_k) \bigg/ \sum_{k=1}^{K} \exp(z_k), \quad k = 1, 2, \cdots, K. \tag{4-31}$$

① 可参考台湾大学李宏毅教授的《机器学习课程》.

为避免 Softmax 函数上溢或下溢, 实际计算中常采用

$$\hat{y}_k = P\left(y = k | \boldsymbol{x}, \boldsymbol{\Theta}\right) = \text{softmax}\left(z_k - \max\left(\boldsymbol{z}\right)\right), \quad k = 1, 2, \cdots, K. \tag{4-32}$$

其中 $\boldsymbol{z} = \left(z_1, z_2, \cdots, z_K\right)^{\mathrm{T}}$, 函数 $\max\left(\boldsymbol{z}\right)$ 表示向量 $\boldsymbol{z}$ 中的最大分量.

2. 目标值的 One-Hot 编码

对于每一个样本 $\left(\boldsymbol{x}, y\right) \in \mathcal{D}$, 按式 (4-32) 计算该样本属于每个类别的概率 $P\left(y = k | \boldsymbol{x}; \boldsymbol{\Theta}\right)$, 共有 K 个概率值. 为适应这一情况以及交叉熵损失函数的计算, 需对目标值进行 One-Hot 编码. 若某一个样本 $\boldsymbol{x} \in \mathbb{R}^{m+1}$ 的真实类别为 $y \in \{1, 2, \cdots, K\}$, 则编码格式为

$$\boldsymbol{y} = \left(\mathbb{I}\left(y = 1\right), \mathbb{I}\left(y = 2\right), \cdots, \mathbb{I}\left(y = K\right)\right)^{\mathrm{T}}, \tag{4-33}$$

其中 $\mathbb{I}(\cdot)$ 为指示函数. 故目标集根据类别数 K 构成一个 $n \times K$ 的矩阵, 每一行代表一个样本的目标向量, 且仅有一个元素为 1, 其位序代表该样本所属的类别, 其余元素皆为 0.

在机器学习中, One-Hot 编码是一种局部表示 (local representation), 也称为离散表示或符号表示, 这种离散的表示方式具有很好的解释性, 是稀疏的二值向量, 但维数较高, 且不宜计算相似度. 另外一种是分布式表示 (distributed representation), 通常为低维的稠密向量, 在自然语言处理中有较好的应用.

3. 交叉熵损失函数

设第 i 个样本为 $\left(\boldsymbol{x}_i, \boldsymbol{y}_i\right)$, 其中 $\boldsymbol{y}_i$ 按式 (4-33) 已编码. 多分类任务共 K 个类别, 则交叉熵损失函数为

$$\mathcal{L}\left(\boldsymbol{\Theta}\right) = -\sum_{k=1}^{K} y_{i,k} \cdot \ln \hat{y}_{i,k} = -\sum_{k=1}^{K} y_{i,k} \cdot \ln P\left(y_{i,k} = 1 | \boldsymbol{x}_i; \boldsymbol{\Theta}\right), \tag{4-34}$$

其中 $y_{i,k}$ 表示第 i 个样本所对应的目标值编码后第 k 个位序的真值 (0 或 1), $\hat{y}_{i,k} = P\left(y_{i,k} = 1 | \boldsymbol{x}_i; \boldsymbol{\Theta}\right)$ 表示基于当前模型参数 $\boldsymbol{\Theta}$ 对样本 $\boldsymbol{x}_i$ 预测为类别 k ($\boldsymbol{y}_i$ 的分量为 1, 即 $y_{i,k} = 1$) 的概率. 所以, 多分类问题的交叉熵仍为度量目标真值的分布与模型预测值分布的接近程度.

假设 $K = 3$, 样本 $\boldsymbol{x}$ 预测为每个类别的概率向量为 $\hat{\boldsymbol{y}} = \left(0.142, 0.855, 0.003\right)^{\mathrm{T}}$, 则该样本 $\boldsymbol{x}$ 的预测类别为 C_2, 若样本真实类别编码为 $\boldsymbol{y} = \left(0, 1, 0\right)^{\mathrm{T}}$, 则预测正确, 样本 $\boldsymbol{x}$ 的交叉熵为

$$-\sum_{k=1}^{3} y_k \cdot \ln P\left(y_k = 1 | \boldsymbol{x}; \boldsymbol{\theta}_k\right) = -0 \times \ln 0.142 - 1 \times \ln 0.855 - 0 \times \ln 0.003 = 0.157.$$

若模型预测错误, 即假设真实编码为 $\boldsymbol{y} = (1,0,0)^{\mathrm{T}}$, 则样本 $\boldsymbol{x}$ 的交叉熵为

$$-\sum_{k=1}^{3} y_k \cdot \ln P\left(y_k = 1 | \boldsymbol{x}; \boldsymbol{\theta}_k\right) = -1 \times \ln 0.142 = 1.952;$$

若 $\boldsymbol{y} = (0,0,1)^{\mathrm{T}}$, 则样本 $\boldsymbol{x}$ 的交叉熵为

$$-\sum_{k=1}^{3} y_k \cdot \ln P\left(y_k = 1 | \boldsymbol{x}; \boldsymbol{\theta}_k\right) = -1 \times \ln 0.003 = 5.809.$$

可见, 若样本预测正确, 则交叉熵损失较小; 预测错误, 则交叉熵损失较大.

4. 梯度下降法求解模型参数

基于式 (4-34), 并考虑平均交叉熵损失, 经验损失函数定义为

$$\begin{aligned}
\mathcal{J}(\boldsymbol{\Theta}) &= -\frac{1}{n} \sum_{i=1}^{n} \left[\sum_{k=1}^{K} y_{i,k} \cdot \ln\left(P\left(y_{i,k} = 1 | \boldsymbol{x}_i; \boldsymbol{\Theta}\right)\right) \right] \\
&= -\frac{1}{n} \sum_{i=1}^{n} \sum_{k=1}^{K} y_{i,k} \cdot \ln\left(\exp\left(\boldsymbol{\theta}_k^{\mathrm{T}} \boldsymbol{x}_i\right) \middle/ \sum_{k=1}^{K} \exp\left(\boldsymbol{\theta}_k^{\mathrm{T}} \boldsymbol{x}_i\right) \right).
\end{aligned}$$

对于式 (4-31), 易知 $\hat{y}_k$ 对 $z_j \ (j = 1, 2, \cdots, K)$ 的偏导数

$$\frac{\partial \hat{y}_k}{\partial z_j} = \begin{cases} \hat{y}_j\left(1 - \hat{y}_j\right), & j = k, \\ -\hat{y}_j \hat{y}_k, & j \neq k, \end{cases} \tag{4-35}$$

则交叉熵损失 $\mathcal{L}(\boldsymbol{\Theta})$ 对 z_j 的偏导数为

$$\begin{aligned}
\frac{\partial \mathcal{L}(\boldsymbol{\Theta})}{\partial z_j} &= -\sum_{k=1}^{K} y_k \cdot \frac{\partial}{\partial z_j} \ln \hat{y}_k = -\sum_{k=1}^{K} \frac{y_k}{\hat{y}_k} \cdot \frac{\partial \hat{y}_k}{\partial z_j} \\
&= -y_j\left(1 - \hat{y}_j\right) + \sum_{k=1, k \neq j}^{K} y_k \hat{y}_j = \hat{y}_j \sum_{k=1}^{K} y_k - y_j = \hat{y}_j - y_j. \tag{4-36}
\end{aligned}$$

故而, $\mathcal{J}(\boldsymbol{\Theta})$ 对 $\boldsymbol{\theta}_k, k = 1, 2, \cdots, K$ 的一阶偏导数, 即按照批量梯度下降法, 更新方向 (负梯度) 为

$$-\frac{\partial \mathcal{J}(\boldsymbol{\Theta})}{\partial \boldsymbol{\theta}_k} = -\frac{\partial \mathcal{J}(\boldsymbol{\Theta})}{\partial z_k} \frac{\partial z_k}{\partial \boldsymbol{\theta}_k} = -\frac{1}{n} \sum_{i=1}^{n} \left(\hat{y}_{i,k} - y_{i,k}\right) \cdot \boldsymbol{x}_i$$

$$= -\frac{1}{n}\left[\sum_{i=1}^{n}\left(P\left(y_{i,k}=1|\boldsymbol{x}_i;\boldsymbol{\Theta}\right)-y_{i,k}^*\right)\cdot\boldsymbol{x}_i\right]. \tag{4-37}$$

故模型的权重更新公式为 (实际编码计算时, 可采用 NumPy 矢量化计算方法, 批量更新权重矩阵 $\boldsymbol{\Theta}$)

$$\boldsymbol{\theta}_k := \boldsymbol{\theta}_k - \alpha\frac{\partial\mathcal{J}\left(\boldsymbol{\Theta}\right)}{\partial\boldsymbol{\theta}_k} = \boldsymbol{\theta}_k - \alpha\frac{1}{n}\left[\sum_{i=1}^{n}\left(P\left(y_{i,k}=1|\boldsymbol{x}_i;\boldsymbol{\Theta}\right)-y_{i,k}\right)\cdot\boldsymbol{x}_i\right], \tag{4-38}$$

其中 $\boldsymbol{\theta}_k$ 为第 k 个类别所对应的模型参数. 若考虑迭代次数 $t=0,1,\cdots$, 则可记为

$$\boldsymbol{\theta}_k^{(t+1)} = \boldsymbol{\theta}_k^{(t)} - \alpha\cdot\nabla_{\boldsymbol{\theta}_k^{(t)}}\mathcal{J}\left(\boldsymbol{\Theta}^{(t)}\right).$$

当训练数据不够多的时候, 容易出现过拟合现象, 故可添加正则化项, 类似于逻辑回归二分类问题. 如 Ridge 回归, 目标函数可表示为

$$\mathcal{J}\left(\boldsymbol{\Theta}\right) = -\frac{1}{n}\sum_{i=1}^{n}\sum_{k=1}^{K}y_{i,k}\cdot\ln\left(\exp\left(\boldsymbol{\theta}_k^{\mathrm{T}}\boldsymbol{x}_i\right)\bigg/\sum_{k=1}^{K}\exp\left(\boldsymbol{\theta}_k^{\mathrm{T}}\boldsymbol{x}_i\right)\right) + \frac{\lambda}{2n}\sum_{i=1}^{n}\sum_{k=1}^{K}\theta_{i,k}^2,$$

则模型参数的更新方向 (负梯度) 为

$$-\frac{\partial\mathcal{J}\left(\boldsymbol{\Theta}\right)}{\partial\boldsymbol{\theta}_k} = -\frac{1}{n}\left[\sum_{i=1}^{n}\left(P\left(y_{i,k}=1|\boldsymbol{x}_i;\boldsymbol{\Theta}\right)-y_{i,k}\right)\cdot\boldsymbol{x}_i\right] - \frac{\lambda}{n}\boldsymbol{\theta}_k.$$

LASSO 回归和 Elastic Net 回归不再赘述.

4.2.2 多分类算法设计与实现

本算法实现了三种梯度下降算法以及三种正则化的方法, 为便于组合梯度下降法, L_1 正则化采用次梯度下降法, 此外, 拓展了三种优化算法, 需导入逻辑回归相应的工具函数.

```python
# file_name: logistic_regression_MC.py
class LogisticRegressiorMC:
    """
    逻辑回归多分类算法, 包含各种优化算法 + 随机 (批量) 梯度下降 + 正则化
    """
    def __init__(self, optimizer="sgd", eta: float = 0.5, C1: float = 0.01,
                 C2: float = 0.01, rou: float = 0.5, tol: float = 1e-5,
                 batch_size: int = 20, max_iter: int = 1000, decay_rate: float = 0.01):
```

```
        assert  optimizer.lower()  in  ["sgd", "mmt", "nag", "adamw"]  # 断言
        self.optimizer = optimizer   # 优化方法
        self.tol, self.max_iter = tol, max_iter  # 精度控制, 以及最大迭代次数
        self.eta = eta  # 学习率(针对非线搜索算法)
        # 正则化系数
        self.C = [0.0 if (c is None) or (c <= 0.0) else c for c in [C1, C2]]
        self.decay_rate = decay_rate  # 控制学习率的减缓幅度
        self.batch_size = batch_size  # 批量大小: 控制梯度下降法的三种方法
        self.rou = rou  # 平衡L₁和L₂正则化的凸组合系数
        self.theta = None  # 逻辑回归模型的参数
        # 样本量, 特征变量数, 类别数
        self.n_samples, self.m_features, self.n_classes = 0, 0, 0
        self.train_loss = []   # 存储训练过程中的训练损失和测试损失

    def  fit (self, X_train: np.ndarray, y_train: np.ndarray):
        """
        基于训练集(X_train, y_train)的模型训练, 包括偏置项
        """
        self.n_samples, self.m_features = X_train.shape  # 样本量以及特征变量数
        # 在样本后加一列1, 训练偏置
        X_train = np.c_[X_train, np.ones((len(y_train), 1))]
        y_train = one_hot_encoding(y_train)  # 训练样本目标值One-Hot编码
        self.n_classes = y_train.shape[1]  # 类别数
        # 初始化模型参数为零矩阵, 其中最后一行为偏置项的参数, 其形状(m + 1, K)
        self.theta = np.zeros((self.m_features + 1, self.n_classes), dtype=np.float32)
        method_name = "self._fit_" + self.optimizer.lower()  # 调用方法
        eval(method_name)(X_train, y_train)  # 调用具体方法优化模型参数

    def  f_cost (self, X: np.ndarray, y: np.ndarray):
        """
        针对多分类, 目标函数: 平均交叉熵损失 + 正则化项, 结果为标量值
        """
        y_hat = softmax_func(X @ self.theta)  # 预测值
        loss = np.sum(y * np.log(y_hat + 1e-8), axis=1)
        loss += np.sum((1 - y) * np.log(1 - y_hat + 1e-8), axis=1)
        reg_ = self.C[1] * self.rou * np.sum(self.theta[:-1, :] ** 2) / 2 + \
               self.C[0] * (1 - self.rou) * np.sum(np.abs(self.theta[:-1, :]))
        return -1.0 * np.mean(loss) + reg_ / X.shape[0]

    def  cal_grad (self, X: np.ndarray, y: np.ndarray, theta: np.ndarray = None):
```

```
    """
    逻辑回归的经验损失函数 (包含正则化) 的梯度, 结果为矩阵
    """
    if theta is None:
        reg_theta = np.copy(self.theta)   # 用于正则化的参数
        y_prob = softmax_func(X.dot(self.theta))   # 当前预测概率
    else:
        reg_theta = np.copy(theta)   # 用于正则化的参数
        y_prob = softmax_func(X.dot(theta))   # 当前预测概率
    reg_theta[:-1, :] = 0.0   # 不包括对偏置项的正则化
    grad = X.T.dot(y_prob - y)   # 计算梯度
    reg_ = self.C[1] * self.rou * reg_theta + \
            self.C[0] * (1 - self.rou) * np.sign(reg_theta)
    return (grad + reg_) / X.shape[0]


def _learning_rate(self, k):
    """
    获取学习率步长, 线搜索步长或者分数减缓策略
    """
    return self.eta / np.sqrt(1.0 + self.decay_rate * k)   # 分数减缓


def _is_meet_eps(self, X, y, k):
    """
    判断终止条件, 并记录训练的损失, 满足精度, 返回True
    """
    grad = self.cal_grad(X=X, y=y)   # 计算整体梯度
    if np.linalg.norm(x=grad, ord=1) <= self.tol:
        return True   # 当梯度范数足够小时, 提前终止迭代
    self.train_loss.append(self.f_cost(X, y))   # 目标函数的损失
    # 如果相邻两次训练损失绝对值差小于给定的精度, 则提前停止训练
    if k > 5 and np.abs(self.train_loss[-1] - self.train_loss[-2]) <= self.tol:
        return True


def _fit_sgd(self, X, y):
    """
    批量梯度下降算法(由参数batch_size控制是批量还是小批量GD) + 正则化
    """
    train_samples = np.c_[X, y]   # 组合训练集和目标集, 以便随机打乱样本顺序
    for k in range(self.max_iter):
        alpha = self._learning_rate(k)   # 学习率步长
```

```
            np.random.shuffle(train_samples)  # 打乱样本顺序, 模拟随机性
            batch_nums = train_samples.shape[0] // self.batch_size  # 批次
            for idx in range(batch_nums):
                batch_xy = train_samples[idx * self.batch_size:
                                         (idx + 1) * self.batch_size]
                batch_x, batch_y = batch_xy[:, :X.shape[1]], batch_xy[:, X.shape[1]:]
                grad = self.cal_grad(X=batch_x, y=batch_y)  # 计算梯度
                self.theta = self.theta - alpha * grad  # 更新权重系数
            if self._is_meet_eps(X, y, k): break  # 满足终止条件
        return self.theta

    def _fit_mmt(self, X, y):
        """
        批量梯度下降算法 + 正则化 + 一阶动量法
        """
        mmt = np.zeros_like(self.theta, dtype=np.float32)  # 梯度的一阶矩
        beta_1 = 0.9  # 动量衰减系数, 推荐值
        for k in range(self.max_iter):
            grad = self.cal_grad(X=X, y=y)  # 计算梯度
            mmt = beta_1 * mmt + (1 - beta_1) * grad  # 动量法梯度下降方向
            self.theta = self.theta - mmt  # 更新权重系数
            if self._is_meet_eps(X, y, k): break  # 满足终止条件
        return self.theta

    def _fit_nag(self, X, y):
        """
        批量梯度下降算法 + 正则化 + NAG加速算法
        """
        mmt = np.zeros_like(self.theta, dtype=np.float32)  # 梯度的一阶矩
        beta_1 = 0.9  # 动量衰减系数, 推荐值
        for k in range(self.max_iter):
            alpha = self._learning_rate(k)  # 学习率步长
            grad = self.cal_grad(X, y, self.theta - beta_1 * mmt)  # 计算梯度
            mmt = beta_1 * mmt + alpha * grad  # NAG梯度下降方向
            self.theta = self.theta - mmt  # 更新权重系数
            if self._is_meet_eps(X, y, k): break  # 满足终止条件
        return self.theta

    def _fit_adamw(self, X, y):
        """
```

```
        批量梯度下降算法 + 正则化 + AdamW优化算法
        """
        m = np. zeros_like (self.theta, dtype=np.float32)  # 梯度的一阶矩
        v = np. zeros_like (self.theta, dtype=np.float32)  # 梯度的二阶矩
        beta_1, beta_2, eps = 0.9, 0.999, 1e-8  # Adam系数, 推荐值
        for  k  in  range (self.max_iter):
            alpha = self._learning_rate (k)  # 学习率步长
            t = k + 1  # 迭代次数
            grad = self.cal_grad (X=X, y=y)  # 计算梯度, 包含了正则项
            m = beta_1 ∗ m + (1 − beta_1) ∗ grad  # 一阶矩估计
            v = beta_2 ∗ v + (1 − beta_2) ∗ grad ∗∗ 2  # 二阶矩估计
            # 偏差校正估计
            m_hat, v_hat = m / (1 − beta_1 ∗∗ t), v / (1 − beta_2 ∗∗ t)
            reg_theta = np.copy(self.theta) # 正则项系数
            reg_theta [:−1, :] = 0.0   # 不考虑偏置项
            # 正则项
            reg = self.C[1] ∗ self.rou ∗ reg_theta / self.n_samples + \
                  self.C[0] ∗ (1 − self.rou) ∗ np.sign(reg_theta) / self.n_samples
            # m_hat前的系数未采用推荐的1e-3, 而是分数衰减策略, 同时控制正则项
            # 按照公式更新权重系数
            self.theta −= alpha ∗ (m_hat / (np. sqrt (v_hat) + eps) + reg)
            if self._is_meet_eps(X, y, k): break  # 满足终止条件
        return  self.theta

    def  predict_proba (self, X_test: np.ndarray):
        """
        预测测试样本属于每个类别的概率, 结果为二维数组
        """
        X_test = np.c_[X_test, np.ones(shape=X_test. shape [0])]
        y_prob = softmax_func(X_test.dot(self.theta))  # Softmax工具函数
        return  y_prob

    def  predict (self, X_test: np.ndarray):
        """
        预测样本类别
        """
        y_prob = self. predict_proba (X_test)  # 测试样本在所有类别中的概率矩阵
        # 按行, 哪个概率大, 返回哪个类别所在列索引编号, 即类别
        return  np.argmax(y_prob, axis=1)
```

例 6　采用 sklearn 自有鸢尾花 (Iris) 数据集, 该数据集共有 150 个样本, 4 个特征变量 "sepal length、sepal width、petal length 和 petal width", 三个类别分别为山鸢尾 setosa、变色鸢尾 versicolor 和维吉尼亚鸢尾 virginica, 每个类别 50 个样本.

数据集划分和模型参数设置如下, 采用四种不同的优化算法:

```
X_train, X_test, y_train, y_test = \
    train_test_split(X, y, test_size=0.3, random_state=0, stratify=y)
# opt循环选择四种优化算法, 其中batch_size仅对SGD起作用, 可视化图例中仍标记为SGD
LogisticRegressiorMC(optimizer=opt, eta=0.5, C1=0.1, C2=0.1, batch_size=len(y_train),
    decay_rate=0.1)
```

如图 4-15 所示, (a) 图可以看出, AdamW 优化算法的执行效率最高, 仅需 172 次迭代即可达到精度要求, 而批量梯度下降法优化 1000 次, 并未达到收敛的精度要求. (b) 图为算法 AdamW 预测的混淆矩阵. 由于数据量较小, 当前测试精度受数据集划分的影响较大, 可采用 10 折交叉验证法评估当前模型的参数.

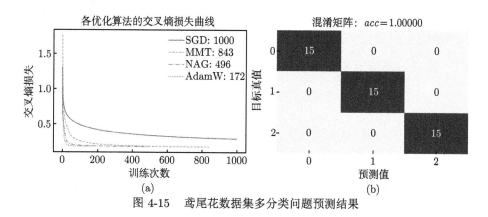

图 4-15　鸢尾花数据集多分类问题预测结果

例 7　采用 sklearn 自有 "手写数字 digits" 数据集, 该数据集共有 1797 个样本, 10 个类别 (数字 0 到 9), 64 个特征变量, 即每幅数字共包含 $8 \times 8 = 64$ 个像素, 每个像素构成一个特征变量.

采用小批量梯度下降 (MBGD) 优化算法, 并对样本数据进行标准化, 模型参数设置如下:

```
X_train, X_test, y_train, y_test = \
    train_test_split(X, y, test_size=0.3, random_state=0, stratify=y)
LogisticRegressiorMC(optimizer="SGD", eta=0.5, C1=0.5, C2=0.1, batch_size=50)
```

　　训练和预测结果如图 4-16 所示, 其中 (a) 图中训练的交叉熵损失曲线稳定下降, (d) 图中对测试样本的预测精度较高.

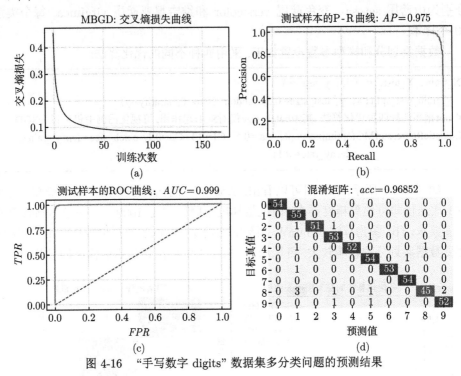

图 4-16　"手写数字 digits" 数据集多分类问题的预测结果

　　对于多分类问题, 也可采用多分类学习策略结合逻辑回归二分类算法实现, 如采用 AdamW 算法, 结合 OvO 策略, 测试样本的预测结果如图 4-17 所示.

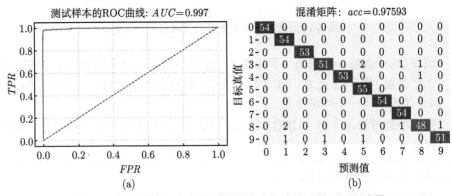

图 4-17　OvO 策略对逻辑回归二分类算法的训练和预测结果

■ 4.3 习题与实验

1. 试从数据集假设、模型建立、学习准则和优化算法的角度, 分析逻辑回归与线性回归的异同.

2. 对于二分类学习任务, 简述逻辑回归与感知机模型的异同.

3. 逻辑回归处理多分类学习任务时, 其学习过程采用了哪些策略? 其作用分别是什么?

4. 选择 UCI 数据集 Avila (http://archive.ics.uci.edu/ml/datasets/Avila). Avila 是从《阿维拉圣经》的原始图片中提取的笔迹特征的, 这部 12 世纪的拉丁文圣经手抄本产生于西班牙. 从 10 个方面 (特征变量) 对手稿的古文字分析, 可使 12 位抄写员 (12 个类别 A~L) 的存在变得个性化, 且每个抄写员书写的页数并不相等. 完成如下实验内容:

(1) 阅读资料, 列表解释各特征变量的含义.

(2) 把训练集 avila-tr.txt 和测试集 avila-ts.txt 合并为一个数据集, 从中筛选类别为 E 和 F 的两类数据, 进行逻辑回归二分类任务的学习和预测.

(3) 选择类别为 D、G、H、X 和 Y 五个类别的数据, 进行逻辑回归多分类的任务学习和预测.

(4) 对各分类模型的训练和预测结果进行可视化, 如损失下降曲线, ROC 曲线, 混淆矩阵等.

■ 4.4 本章小结

本章主要探讨了逻辑回归二分类问题和多分类问题. 逻辑回归区别于线性回归, 主要在于学习任务不同, 逻辑回归是分类问题, 且采用交叉熵损失函数, 而线性回归是回归问题, 采用平方损失函数. 线性回归假设样本服从正态分布, 而逻辑回归直接对分类可能性进行建模, 无需事先假设数据分布, 且可获得样本的预测类别概率, 对于概率辅助决策任务较为有用. 逻辑回归是广义线性模型 (GLM) 的一种, 可视为线性回归在分类问题上的扩展, 其优化算法也可采用梯度下降算法, 且正则化可以有效避免过拟合问题. 逻辑回归二分类需要用到 Sigmoid 函数, 多分类需要用到 Softmax 函数且必须对目标函数进行 One-Hot 编码.

此外, 机器学习的优化算法颇多, 本章主要从 SGD 方面入手, 逐步引入动量法、NAG 加速法、方差缩减随机梯度下降法 SVRG、随机平均梯度下降法的加速版本 SAGA, 以及二阶优化技术中的 DFP 和 BFGS 算法, 并结合正则化方法设计算法, 以案例的形式对各优化算法进行对比. 限于篇幅, 本章并未对其他更优秀的优化算法进行扩展, 可结合相关资料在算法基础上进行拓展, 也可从逻辑回归结合坐标轴下降法实现模型参数的稀疏性, 以及多分类任务如何结合二阶优化技术等方面进行拓展练习.

库函数 sklearn.linear_model.LogisticRegression 可进行逻辑回归, 通过设置不同的参数值和优化算法, 实现二分类和多分类. 当然, 还有其他特定的算法, 如针对 Ridge 回归的 RidgeClassifier([alpha, · · ·]) 等.

■ 4.5 参考文献

[1] 周志华. 机器学习 [M]. 北京: 清华大学出版社, 2016.

[2] 李航. 统计学习方法 [M]. 2 版. 北京: 清华大学出版社, 2019.

[3] 薛薇, 等. Python 机器学习: 数据建模与分析 [M]. 北京: 机械工业出版社, 2021.

[4] Schmidt M, Roux N L, Bach F. Minimizing finite sums with the stochastic average gradient[J]. Technical Report, INRIA, hal-0086005, 2013.

[5] Rie J, Zhang T. Accelerating stochastic gradient descent using predictive variance reduction[J]. Advances in Neural Information Processing Systems, 2013.

[6] Aaron D, Bach F, Lacoste-Julien S. SAGA: a fast incremental gradient method with support for non-strongly convex composite objectives[J]. Advances in Neural Information Processing Systems, 2014.

## 第 5 章

判别分析与主成分分析

线性判别分析 (Linear Discriminant Analysis, LDA) 与主成分分析 (Principal Component Analysis, PCA) 分别属于有监督与无监督学习方法, 两者都可以对高维数据降维, 但 LDA 和 PCA 降维的角度不同. 如图 5-1 所示, PCA 是找到方差尽可能大的维度, 如维度 λ_1, 使得信息尽可能都保存, 不考虑样本的可分离性, 故而不具备预测功能. LDA 是找到一个低维空间, 投影后, 使得不同类间可分离性最佳, 且同一类内离散度最小, 如投影轴 y_1, 投影后可进行判别以及对新样本进行预测.

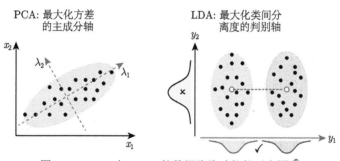

图 5-1　PCA 与 LDA 的数据降维功能的示意图 [1]

■ 5.1　LDA 二分类问题

LDA 最早由 Fisher 在 1936 年提出, 也称 Fisher 判别分析. LDA 将高维度空间的样本投影到低维空间上, 使得投影后的样本数据在新的子空间上有最小的类内距离以及最大的类间距离, 且在该子空间上有最佳的可分离性. 假设样本空间是二维的, 特征变量为 x_1 和 x_2, 如图 5-2 所示[1], 两类样本构成的二维空间投影到一维空间 $y = \boldsymbol{\theta}^{\mathrm{T}} \boldsymbol{x}$, 则 LDA 有两个优化目标: 最大化类间距离和最小化类内距离. 在对新样本 $\boldsymbol{x}'$ 进行预测时, 首先将其投影到 $\hat{y} = \boldsymbol{\theta}^{\mathrm{T}} \boldsymbol{x}'$, 再根据投影点的位置确定新样本的类别.

① https://sebastianraschka.com/Articles/2014_python_lda.html.

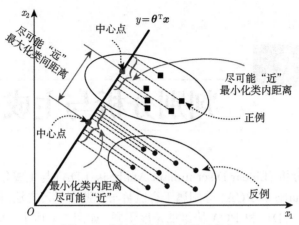

图 5-2　线性判别分析的学习意义

　　由于 LDA 首先进行投影, 将多类别高维样本空间投影到 "类可分离性" 的低维空间, 故常在数据预处理中对特征变量进行降维, 以避免过度拟合 (维度灾难) 并降低计算成本.

5.1.1　广义瑞利商和 LDA 模型求解

　　设数据集 $\boldsymbol{\mathcal{D}} = \{(\boldsymbol{x}_i, y_i)\}_{i=1}^n$, 其中样本 $\boldsymbol{x}_i = (x_{i,1}, x_{i,2}, \cdots, x_{i,m})^{\mathrm{T}} \in \mathbb{R}^{m \times 1}$, 目标标签 $y_i \in \{0, 1\}$. 令 $\boldsymbol{X}_i$, $\boldsymbol{\mu}_i \in \mathbb{R}^{m \times 1}$ 和 $\boldsymbol{\Sigma}_i \in \mathbb{R}^{m \times m}$ 分别表示第 $i \in \{0, 1\}$ 类样本的集合、均值向量和协方差矩阵. 若将数据投影到一个超平面 $y = \boldsymbol{\theta}^{\mathrm{T}} \boldsymbol{x}$ 上, 其中 $\boldsymbol{\theta} = (\theta_1, \theta_2, \cdots, \theta_m)^{\mathrm{T}} \in \mathbb{R}^{m \times 1}$ 为投影方向, 则两类样本的中心在直线上的投影分别为 $\boldsymbol{\theta}^{\mathrm{T}} \boldsymbol{\mu}_0$ 和 $\boldsymbol{\theta}^{\mathrm{T}} \boldsymbol{\mu}_1$; 若将所有样本点都投影到超平面上, 则两类样本的协方差分别为 $\boldsymbol{\theta}^{\mathrm{T}} \boldsymbol{\Sigma}_0 \boldsymbol{\theta}$ 和 $\boldsymbol{\theta}^{\mathrm{T}} \boldsymbol{\Sigma}_1 \boldsymbol{\theta}$, 计算方法为

$$\mathrm{Cov}_{y \in \boldsymbol{C}_i} = \frac{1}{n-1} \left(\boldsymbol{\theta}^{\mathrm{T}} \boldsymbol{x} - \boldsymbol{\theta}^{\mathrm{T}} \boldsymbol{\mu}_i \right) \left(\boldsymbol{\theta}^{\mathrm{T}} \boldsymbol{x} - \boldsymbol{\theta}^{\mathrm{T}} \boldsymbol{\mu}_i \right)^{\mathrm{T}}$$

$$= \boldsymbol{\theta}^{\mathrm{T}} \left[\frac{1}{n-1} \left(\boldsymbol{x} - \boldsymbol{\mu}_i \right) \left(\boldsymbol{x} - \boldsymbol{\mu}_i \right)^{\mathrm{T}} \right] \boldsymbol{\theta} = \boldsymbol{\theta}^{\mathrm{T}} \boldsymbol{\Sigma}_i \boldsymbol{\theta}, \quad i = 0, 1,$$

其中 $\boldsymbol{\theta}^{\mathrm{T}} \boldsymbol{\mu}_0$, $\boldsymbol{\theta}^{\mathrm{T}} \boldsymbol{\mu}_1$, $\boldsymbol{\theta}^{\mathrm{T}} \boldsymbol{\Sigma}_0 \boldsymbol{\theta}$ 和 $\boldsymbol{\theta}^{\mathrm{T}} \boldsymbol{\Sigma}_1 \boldsymbol{\theta}$ 均为实数, $\boldsymbol{C}_i$ 为第 i 类样本标签所组成的集合.

　　欲使同类样本的投影点尽可能接近, 可以让同类样本投影点的协方差 $\boldsymbol{\theta}^{\mathrm{T}} \boldsymbol{\Sigma}_0 \boldsymbol{\theta} + \boldsymbol{\theta}^{\mathrm{T}} \boldsymbol{\Sigma}_1 \boldsymbol{\theta}$ 尽可能小, 而欲使异类样本的投影点尽可能远离, 可让类中心之间的距离 $\left\| \boldsymbol{\theta}^{\mathrm{T}} \boldsymbol{\mu}_0 - \boldsymbol{\theta}^{\mathrm{T}} \boldsymbol{\mu}_1 \right\|_2^2$ 尽可能大, 同时考虑两者, 则可得 LDA 欲最大化的目标函数

$$\mathcal{J}(\boldsymbol{\theta}) = \frac{\left\| \boldsymbol{\theta}^{\mathrm{T}} \boldsymbol{\mu}_0 - \boldsymbol{\theta}^{\mathrm{T}} \boldsymbol{\mu}_1 \right\|_2^2}{\boldsymbol{\theta}^{\mathrm{T}} \boldsymbol{\Sigma}_0 \boldsymbol{\theta} + \boldsymbol{\theta}^{\mathrm{T}} \boldsymbol{\Sigma}_1 \boldsymbol{\theta}} = \frac{\left[\boldsymbol{\theta}^{\mathrm{T}} (\boldsymbol{\mu}_0 - \boldsymbol{\mu}_1) \right] \left[\boldsymbol{\theta}^{\mathrm{T}} (\boldsymbol{\mu}_0 - \boldsymbol{\mu}_1) \right]^{\mathrm{T}}}{\boldsymbol{\theta}^{\mathrm{T}} (\boldsymbol{\Sigma}_0 + \boldsymbol{\Sigma}_1) \boldsymbol{\theta}}$$

$$= \frac{\boldsymbol{\theta}^{\mathrm{T}} \left(\boldsymbol{\mu}_0 - \boldsymbol{\mu}_1\right) \left(\boldsymbol{\mu}_0 - \boldsymbol{\mu}_1\right)^{\mathrm{T}} \boldsymbol{\theta}}{\boldsymbol{\theta}^{\mathrm{T}} \left(\boldsymbol{\Sigma}_0 + \boldsymbol{\Sigma}_1\right) \boldsymbol{\theta}}. \tag{5-1}$$

定义类内离散度矩阵 (within-class scatter matrix) $\boldsymbol{S}_{\mathrm{w}}$ 和类间离散度矩阵 (between-class scatter matrix) $\boldsymbol{S}_{\mathrm{b}}$ 为

$$\boldsymbol{S}_{\mathrm{w}} = \boldsymbol{\Sigma}_0 + \boldsymbol{\Sigma}_1 = \sum_{\boldsymbol{x} \in \boldsymbol{X}_0} \left(\boldsymbol{x} - \boldsymbol{\mu}_0\right) \left(\boldsymbol{x} - \boldsymbol{\mu}_0\right)^{\mathrm{T}} + \sum_{\boldsymbol{x} \in \boldsymbol{X}_1} \left(\boldsymbol{x} - \boldsymbol{\mu}_1\right) \left(\boldsymbol{x} - \boldsymbol{\mu}_1\right)^{\mathrm{T}}, \quad (5\text{-}2)$$

$$\boldsymbol{S}_{\mathrm{b}} = \left(\boldsymbol{\mu}_0 - \boldsymbol{\mu}_1\right) \left(\boldsymbol{\mu}_0 - \boldsymbol{\mu}_1\right)^{\mathrm{T}}, \tag{5-3}$$

则式 (5-1) 可改写为

$$\mathcal{J}\left(\boldsymbol{\theta}\right) = \frac{\boldsymbol{\theta}^{\mathrm{T}} \left(\boldsymbol{\mu}_0 - \boldsymbol{\mu}_1\right) \left(\boldsymbol{\mu}_0 - \boldsymbol{\mu}_1\right)^{\mathrm{T}} \boldsymbol{\theta}}{\boldsymbol{\theta}^{\mathrm{T}} \left(\boldsymbol{\Sigma}_0 + \boldsymbol{\Sigma}_1\right) \boldsymbol{\theta}} = \frac{\boldsymbol{\theta}^{\mathrm{T}} \boldsymbol{S}_{\mathrm{b}} \boldsymbol{\theta}}{\boldsymbol{\theta}^{\mathrm{T}} \boldsymbol{S}_{\mathrm{w}} \boldsymbol{\theta}}, \tag{5-4}$$

式 (5-4) 又称为 $\boldsymbol{S}_{\mathrm{w}}$ 与 $\boldsymbol{S}_{\mathrm{b}}$ 的广义瑞利商 (generalized rayleigh quotient). 最优解可通过优化式 (5-4), 即

$$\boldsymbol{\theta}^* = \underset{\boldsymbol{\theta}}{\arg\max} \ \mathcal{J}\left(\boldsymbol{\theta}\right) = \underset{\boldsymbol{\theta}}{\arg\max} \ \frac{\boldsymbol{\theta}^{\mathrm{T}} \boldsymbol{S}_{\mathrm{b}} \boldsymbol{\theta}}{\boldsymbol{\theta}^{\mathrm{T}} \boldsymbol{S}_{\mathrm{w}} \boldsymbol{\theta}} \tag{5-5}$$

得到, 而式 (5-5) 等价于 $\boldsymbol{S}_{\mathrm{b}} \boldsymbol{\theta} = \lambda \boldsymbol{S}_{\mathrm{w}} \boldsymbol{\theta}$ 的最大广义特征值, 最佳投影方向 $\boldsymbol{\theta}^*$ 为对应于最大广义特征值的特征向量.

　　注　设 $\boldsymbol{x}$ 为非零向量, $\boldsymbol{A}_{n \times n}$ 为 Hermitian 矩阵, 瑞利商定义为

$$R\left(\boldsymbol{A}, \boldsymbol{x}\right) = \frac{\boldsymbol{x}^{\mathrm{H}} \boldsymbol{A} \boldsymbol{x}}{\boldsymbol{x}^{\mathrm{H}} \boldsymbol{x}}. \tag{5-6}$$

若 $\boldsymbol{A}_{n \times n}$ 为实矩阵, 则 $\boldsymbol{A}^{\mathrm{H}} = \boldsymbol{A}^{\mathrm{T}}$. 瑞利商 $R\left(\boldsymbol{A}, \boldsymbol{x}\right)$ 的最大值等于矩阵 $\boldsymbol{A}_{n \times n}$ 的最大特征值, 最小值等于矩阵 $\boldsymbol{A}_{n \times n}$ 的最小特征值. 广义瑞利商定义为

$$R\left(\boldsymbol{A}, \boldsymbol{B}, \boldsymbol{x}\right) = \frac{\boldsymbol{x}^{\mathrm{H}} \boldsymbol{A} \boldsymbol{x}}{\boldsymbol{x}^{\mathrm{H}} \boldsymbol{B} \boldsymbol{x}}. \tag{5-7}$$

当 $\boldsymbol{B} = \boldsymbol{I}$(单位矩阵) 时, 广义瑞利商退化为标准瑞利商. 广义瑞利商满足缩放不变性, 即 $R\left(\boldsymbol{A}, \boldsymbol{B}, c\boldsymbol{x}\right) = R\left(\boldsymbol{A}, \boldsymbol{B}, \boldsymbol{x}\right)$, $\forall c \neq 0$. 设 λ_i 和 $\boldsymbol{x}_i (i = 1, 2, \cdots, n)$ 为对称矩阵 $\boldsymbol{A}_{n \times n}$ 相对于正定矩阵 $\boldsymbol{B}_{n \times n}$ 的广义特征值和特征向量, 且 $\lambda_1 \leqslant \lambda_2 \leqslant \cdots \leqslant \lambda_n$, 则最小化与最大化广义瑞利商的最优解分别为

$$\min_{\boldsymbol{x} \neq 0} R\left(\boldsymbol{A}, \boldsymbol{B}, \boldsymbol{x}\right) = \lambda_1, \quad \boldsymbol{x}^* = \boldsymbol{x}_1; \quad \max_{\boldsymbol{x} \neq 0} R\left(\boldsymbol{A}, \boldsymbol{B}, \boldsymbol{x}\right) = \lambda_n, \quad \boldsymbol{x}^* = \boldsymbol{x}_n.$$

　　求优化问题 (5-5) 的一般化方法为, 求目标函数 $\mathcal{J}\left(\boldsymbol{\theta}\right)$ 对权重系数 $\boldsymbol{\theta}$ 的一阶

导数并等于零, 可得最佳投影方向的闭式解. 导数求解如下:

$$
\begin{aligned}
\frac{\partial \mathcal{J}(\boldsymbol{\theta})}{\partial \boldsymbol{\theta}} &= \frac{\left(\boldsymbol{S}_{\mathrm{b}}\boldsymbol{\theta} + \boldsymbol{S}_{\mathrm{b}}^{\mathrm{T}}\boldsymbol{\theta}\right)\left(\boldsymbol{\theta}^{\mathrm{T}}\boldsymbol{S}_{\mathrm{w}}\boldsymbol{\theta}\right) - \left(\boldsymbol{\theta}^{\mathrm{T}}\boldsymbol{S}_{\mathrm{b}}\boldsymbol{\theta}\right)\left(\boldsymbol{S}_{\mathrm{w}}\boldsymbol{\theta} + \boldsymbol{S}_{\mathrm{w}}^{\mathrm{T}}\boldsymbol{\theta}\right)}{\left(\boldsymbol{\theta}^{\mathrm{T}}\boldsymbol{S}_{\mathrm{w}}\boldsymbol{\theta}\right)^2} \\
&= \frac{\boldsymbol{S}_{\mathrm{b}}\boldsymbol{\theta}\boldsymbol{\theta}^{\mathrm{T}}\boldsymbol{S}_{\mathrm{w}}\boldsymbol{\theta} - \boldsymbol{\theta}^{\mathrm{T}}\boldsymbol{S}_{\mathrm{b}}\boldsymbol{\theta}\boldsymbol{S}_{\mathrm{w}}\boldsymbol{\theta}}{\left(\boldsymbol{\theta}^{\mathrm{T}}\boldsymbol{S}_{\mathrm{w}}\boldsymbol{\theta}\right)^2}.
\end{aligned}
\tag{5-8}
$$

令式 (5-8) 等于 $\boldsymbol{0}$, 得 $\boldsymbol{S}_{\mathrm{b}}\boldsymbol{\theta}\boldsymbol{\theta}^{\mathrm{T}}\boldsymbol{S}_{\mathrm{w}}\boldsymbol{\theta} = \boldsymbol{\theta}^{\mathrm{T}}\boldsymbol{S}_{\mathrm{b}}\boldsymbol{\theta}\boldsymbol{S}_{\mathrm{w}}\boldsymbol{\theta}$, 即

$$
\boldsymbol{S}_{\mathrm{b}}\boldsymbol{\theta}\left(\boldsymbol{\theta}^{\mathrm{T}}\boldsymbol{S}_{\mathrm{w}}\boldsymbol{\theta}\right) = \left(\boldsymbol{\theta}^{\mathrm{T}}\boldsymbol{S}_{\mathrm{b}}\boldsymbol{\theta}\right)\boldsymbol{S}_{\mathrm{w}}\boldsymbol{\theta},
$$

移项可得

$$
\boldsymbol{S}_{\mathrm{b}}\boldsymbol{\theta} = \left(\frac{\boldsymbol{\theta}^{\mathrm{T}}\boldsymbol{S}_{\mathrm{b}}\boldsymbol{\theta}}{\boldsymbol{\theta}^{\mathrm{T}}\boldsymbol{S}_{\mathrm{w}}\boldsymbol{\theta}}\right)\boldsymbol{S}_{\mathrm{w}}\boldsymbol{\theta} = \mathcal{J}(\boldsymbol{\theta})\cdot\boldsymbol{S}_{\mathrm{w}}\boldsymbol{\theta}.
\tag{5-9}
$$

若 $\boldsymbol{S}_{\mathrm{w}}$ 可逆, 则由式 (5-9) 可得 $\boldsymbol{S}_{\mathrm{w}}^{-1}\boldsymbol{S}_{\mathrm{b}}\boldsymbol{\theta} = \mathcal{J}(\boldsymbol{\theta})\cdot\boldsymbol{\theta}$. 令 $\lambda = \mathcal{J}(\boldsymbol{\theta})$, 则

$$
\boldsymbol{S}_{\mathrm{w}}^{-1}\boldsymbol{S}_{\mathrm{b}}\boldsymbol{\theta} = \lambda\boldsymbol{\theta}.
$$

把式 (5-3) 代入式 (5-9) 可得

$$
(\boldsymbol{\mu}_0 - \boldsymbol{\mu}_1)(\boldsymbol{\mu}_0 - \boldsymbol{\mu}_1)^{\mathrm{T}}\boldsymbol{\theta} = \lambda\boldsymbol{S}_{\mathrm{w}}\boldsymbol{\theta} \Rightarrow (\boldsymbol{\mu}_0 - \boldsymbol{\mu}_1)\cdot\eta = \lambda\boldsymbol{S}_{\mathrm{w}}\boldsymbol{\theta} \Rightarrow \boldsymbol{\theta} = \frac{\eta}{\lambda}\boldsymbol{S}_{\mathrm{w}}^{-1}(\boldsymbol{\mu}_0 - \boldsymbol{\mu}_1),
$$

其中 $\eta = (\boldsymbol{\mu}_0 - \boldsymbol{\mu}_1)^{\mathrm{T}}\boldsymbol{\theta}$ 为标量实数. 若只关心 $\boldsymbol{\theta}$ 的方向, 忽略系数 $\dfrac{\eta}{\lambda}$, 则可得 LDA 模型参数的闭式解

$$
\boldsymbol{\theta}^* = \boldsymbol{S}_{\mathrm{w}}^{-1}(\boldsymbol{\mu}_0 - \boldsymbol{\mu}_1).
\tag{5-10}
$$

式 (5-10) 是 LDA 目标函数 (5-5) 达极大值的解, 也是将 m 维输入空间投影到一维输出空间的最佳投影方向.

如图 5-3 所示, (a) 图是单纯 “极大化类间距离”, 显然与 $\boldsymbol{\mu}_0 - \boldsymbol{\mu}_1$ 平行的向量投影可使两均值点的距离最远, 故图中参数 $\boldsymbol{\theta}$ 方向和 $\boldsymbol{\mu}_0 - \boldsymbol{\mu}_1$ 平行. (b) 图是 LDA 得到的闭式解 $\boldsymbol{\theta}^*$. LDA 不仅最大化类间距离, 而且最小化类内距离, 则需根据两类样本的分布离散程度对投影方向作相应的调整, 即对向量 $\boldsymbol{\mu}_0 - \boldsymbol{\mu}_1$ 按 $\boldsymbol{S}_{\mathrm{w}}^{-1}$ 作线性变换 $\boldsymbol{\theta}^* = \boldsymbol{S}_{\mathrm{w}}^{-1}(\boldsymbol{\mu}_0 - \boldsymbol{\mu}_1)$, 从而使 LDA 目标函数 $\mathcal{J}(\boldsymbol{\theta})$ 达到极值点.

最佳投影方向确定后, 二分类问题的判别函数计算方法为:

(1) 当维数 m 与样本量 n 都很大时, 可采用贝叶斯决策规则, 获得一种在一维空间的 “最优” 分类器.

(2) 当上述条件不满足时, 一般可用以下两种方法确定分界阈值点 θ_0

$$
\theta_0 = \frac{(\boldsymbol{\theta}^*)^{\mathrm{T}}\boldsymbol{\mu}_0 + (\boldsymbol{\theta}^*)^{\mathrm{T}}\boldsymbol{\mu}_1}{2},
\tag{5-11}
$$

$$\theta_0 = \frac{n_0\,(\boldsymbol{\theta}^*)^{\mathrm{T}}\,\boldsymbol{\mu}_0 + n_1\,(\boldsymbol{\theta}^*)^{\mathrm{T}}\,\boldsymbol{\mu}_1}{n_0 + n_1}. \tag{5-12}$$

式 (5-11) 只考虑采用均值连线中点作为阈值点, 相当于贝叶斯决策中先验概率相等的情况. 式 (5-12) 考虑了不同类别样本量不等 $(n_0 \neq n_1)$ 的影响, 以减小先验概率不等时的错误率.

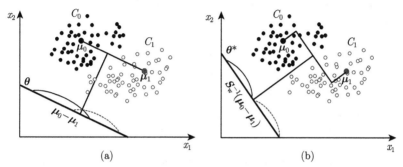

图 5-3　LDA 模型参数闭式解的几何意义

当 θ_0 确定之后, 计算样本 $\boldsymbol{x}$ 的预测值 $\hat{y} = f_{\boldsymbol{\theta}^*}(\boldsymbol{x}) = (\boldsymbol{\theta}^*)^{\mathrm{T}}\,\boldsymbol{x}$, 则分类规则为

$$\begin{cases} \hat{y} > \theta_0, & \hat{y} \in \boldsymbol{C}_0, \\ \hat{y} < \theta_0, & \hat{y} \in \boldsymbol{C}_1. \end{cases} \tag{5-13}$$

5.1.2 LDA 二分类问题算法

LDA 二分类算法的基本流程为: 首先按照类别分类样本, 计算各类别均值向量 $\boldsymbol{\mu}_i$、类内离散度矩阵 $\boldsymbol{S}_{\mathrm{w},i}$ 和总类内离散度矩阵 $\boldsymbol{S}_{\mathrm{w}}$, $i = 0, 1$; 然后计算最佳投影方向 $\boldsymbol{\theta}^*$, 即按奇异值分解法计算 $\boldsymbol{S}_{\mathrm{w}}^{-1}$, 进而计算 $\boldsymbol{\theta}^* = \boldsymbol{S}_{\mathrm{w}}^{-1}\,(\boldsymbol{\mu}_0 - \boldsymbol{\mu}_1)$; 其次, 按式 (5-12) 计算阈值 θ_0; 最后对预测样本进行预测, 并根据式 (5-13) 进行判别分析.

注　对于目标集 $\boldsymbol{y}$, 如果类别值为非数值型, 则应首先编码为数值型, 然后进行 LDA 建模.

```python
# file_name: lda_2c.py
class FisherLDA_2C:
    """
    Fisher判别分析(LDA), 针对二分类, 线性可分数据集
    """
    def __init__(self):
        self.mu_ = dict()    # 类均值向量
        self.Sw_i = dict()   # 类内离散度矩阵
        self.Sw = None       # 总类内离散度矩阵
```

```python
        self.theta = None  # 投影方向θ
        self.theta0 = None  # 阈值θ_0
        self.c_labels = None  # 目标值的类别编码

    def fit(self, X_train: np.ndarray, y_train: np.ndarray):
        """
        Fisher LDA核心算法, 基于训练集(X_train, y_train)建立模型, 获得投影方向θ
        """
        self.c_labels = np.sort(np.unique(y_train))  # 类别值
        assert len(self.c_labels) == 2  # 仅限于二分类且线性可分数据集
        # 1. 按照类别分类样本, 计算各类别均值向量、类内离散度和总类内离散度矩阵
        class_size = []  # 存储各类别样本量大小
        # 初始化总类内离散度矩阵
        self.Sw = np.zeros((X_train.shape[1], X_train.shape[1]))
        for label in self.c_labels:
            class_samples = X_train[y_train == label]  # 布尔索引, 提取类别样本子集
            # 计算类内均值向量
            self.mu_[label] = np.mean(class_samples, axis=0, dtype=np.float64)
            class_size.append(len(class_samples))  # 类内样本量
            # 计算类内离散度矩阵
            self.Sw_i[label] = (class_samples - self.mu_[label]).T \
                               .dot(class_samples - self.mu_[label])  # \为续行符
            self.Sw = self.Sw + self.Sw_i[label]  # 总类内离散度矩阵
        # 2. 计算投影方向, 按奇异值分解的方法以及最佳投影方向公式
        self.Sw = np.array(self.Sw, dtype=np.float64)
        u, sigma, v = np.linalg.svd(self.Sw)  # 奇异值分解
        inv_sw = v * np.linalg.inv(np.diag(sigma)) * u.T  # 求S_w的逆矩阵
        # 计算投影方向
        self.theta = inv_sw.dot(self.mu_[self.c_labels[0]] - self.mu_[self.c_labels[1]])
        # 3. 计算阈值θ_0
        v1 = class_size[0] * self.theta.dot(self.mu_[self.c_labels[0]])  # 分子第一项
        v2 = class_size[1] * self.theta.dot(self.mu_[self.c_labels[1]])  # 分子第二项
        self.theta0 = (v1 + v2) / np.sum(class_size)

    def predict_proba(self, X_test: np.ndarray):
        """
        LDA预测测试样本X_test的类别概率
        """
        y_pred = self.theta.dot(X_test.T) - self.theta0  # 计算判别函数值: 投影值 + 阈值
        y_test_prob = np.zeros((X_test.shape[0], 2))  # 存储测试样本的类别概率
```

```
        for i in range(X_test.shape[0]):
            y_test_prob[i, 0] = sigmoid(y_pred[i])   # 自定义Sigmoid函数
            y_test_prob[i, 1] = 1 − y_test_prob[i, 0]
        return y_test_prob

    def predict(self, X_test: np.ndarray):
        """
        LDA预测测试样本X_test的类别
        """
        labels = np.argmax(self.predict_proba(X_test), axis=1)   # 编码为0或1
        # 根据原有类别进行编码, 先编码最大的类别
        labels[labels == 1] = self.c_labels[1]
        labels[labels == 0] = self.c_labels[0]
        return labels
```

例 1 对鸢尾花 Iris 数据集, 取类别为 versicolour 和 virginica 的 100 个样本, 构成两个类别, 采用 PCA 降维, 保留 2 个主成分, 构建 LDA 模型, 可视化并进行预测.

降维的目的仅为便于可视化分类边界. 分层采样随机划分 70% 的训练样本集 (随机种子为 0), 未进行 PCA 降维前, 四个特征的投影方向为

$$\boldsymbol{\theta}^* = (-0.0080095777, -0.0127288919, -0.1680058659, -0.2249364617)^{\mathrm{T}},$$

阈值 $\theta_0 = -1.2738390825$, 预测正确率 100%. PCA 降维后, 预测结果如图 5-4 所示. 投影方向为 $\boldsymbol{\theta}^* = (-0.0368175083, -0.0671413643)^{\mathrm{T}}$, 阈值 $\theta_0 = 0.0018876181$.

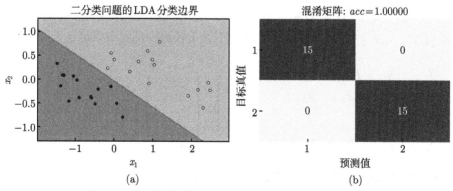

图 5-4 鸢尾花测试样本的 LDA 分类边界及其混淆矩阵

例 2 威斯康星州乳腺癌 (诊断) 数据集, PCA 降维, 保留 2 个主成分, 建立 LDA 模型, 可视化并预测.

分层采样随机划分 70% 的训练样本集 (随机种子为 0), 计算所得的投影方向为

$$\boldsymbol{\theta}^* = (0.0008286569, -0.0001860000)^\mathrm{T},$$

阈值为 $\theta_0 = -0.0000254545$, 测试样本的分类边界及其混淆矩阵如图 5-5 所示.

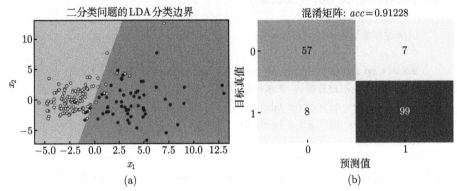

图 5-5　乳腺癌 (诊断) 测试样本的 LDA 分类边界及其混淆矩阵

■ 5.2　LDA 多分类任务的降维与预测

LDA 二分类问题使用一个线性变换 $\boldsymbol{\theta} = \boldsymbol{S}_\mathrm{w}^{-1}(\boldsymbol{\mu}_0 - \boldsymbol{\mu}_1)$ 将 m 维特征变量投影 (降) 到 1 维, 即 $y = \boldsymbol{\theta}^\mathrm{T} \boldsymbol{x}$. 但对于多分类, 投影成一维标量也许不足以提供充足的分类信息. 故使用 $d(\geqslant 1)$ 个线性变换, 每个线性变换都能将特征降到一维, d 个线性变换可以将特征空间降到 d 维. 将 d 个线性变换的权值向量组成一个投影矩阵 $\boldsymbol{\Theta}$. 设数据集 $\mathcal{D} = \{(\boldsymbol{x}_i, y_i)\}_{i=1}^n$, 样本 $\boldsymbol{x}_i = (x_{i,1}, x_{i,2}, \cdots, x_{i,m})^\mathrm{T} \in \mathbb{R}^{m \times 1}$, $y_i \in \{1, 2, \cdots, K\}$, 则样本在这 d 个线性变换上投影的结果可以表达为

$$\boldsymbol{z}_i = \begin{pmatrix} z_{i,1} \\ z_{i,2} \\ \vdots \\ z_{i,d} \end{pmatrix} = \begin{pmatrix} \theta_{1,1} & \theta_{2,1} & \cdots & \theta_{d,1} \\ \theta_{1,2} & \theta_{2,2} & \cdots & \theta_{d,2} \\ \vdots & \vdots & \ddots & \vdots \\ \theta_{1,m} & \theta_{2,m} & \cdots & \theta_{d,m} \end{pmatrix}^\mathrm{T} \begin{pmatrix} x_{i,1} \\ x_{i,2} \\ \vdots \\ x_{i,m} \end{pmatrix} = \boldsymbol{\Theta}^\mathrm{T} \boldsymbol{x}_i, \quad i = 1, 2, \cdots, n.$$

5.2.1　LDA 多分类模型建立和求解

假定存在 $K(\geqslant 2)$ 个类别, 且第 $k\,(k = 1, 2, \cdots, K)$ 类样本数为 n_k, 则全局离散度矩阵为

$$\boldsymbol{S}_\mathrm{t} = \boldsymbol{S}_\mathrm{b} + \boldsymbol{S}_\mathrm{w} = \sum_{i=1}^n (\boldsymbol{x}_i - \boldsymbol{\mu})(\boldsymbol{x}_i - \boldsymbol{\mu})^\mathrm{T}, \tag{5-14}$$

其中 $\boldsymbol{\mu}$ 是所有样本的均值向量. 将类内离散度矩阵 $\boldsymbol{S}_{\mathrm{w}}$ 重定义为每个类别的离散度矩阵之和, 即

$$\boldsymbol{S}_{\mathrm{w}} = \sum_{k=1}^{K} \boldsymbol{S}_{\mathrm{w}_k}, \quad \boldsymbol{S}_{\mathrm{w}_k} = \sum_{\boldsymbol{x} \in \boldsymbol{X}_k} (\boldsymbol{x} - \boldsymbol{\mu}_k)(\boldsymbol{x} - \boldsymbol{\mu}_k)^{\mathrm{T}}, \tag{5-15}$$

其中 $\boldsymbol{X}_k$ 为第 k 类样本所组成的集合. 由式 (5-14) 和 (5-15) 可得类间离散度矩阵

$$\boldsymbol{S}_{\mathrm{b}} = \boldsymbol{S}_{\mathrm{t}} - \boldsymbol{S}_{\mathrm{w}} = \sum_{k=1}^{K} n_k (\boldsymbol{\mu}_k - \boldsymbol{\mu})(\boldsymbol{\mu}_k - \boldsymbol{\mu})^{\mathrm{T}}. \tag{5-16}$$

其中 $\boldsymbol{\mu}_k = \dfrac{1}{n_k} \displaystyle\sum_{\boldsymbol{x} \in \boldsymbol{X}_k} \boldsymbol{x}$. $\boldsymbol{S}_{\mathrm{b}}$ 推导过程如下. 首先, 式 (5-14) 可改写为

$$\boldsymbol{S}_{\mathrm{t}} = \sum_{i=1}^{n} (\boldsymbol{x}_i - \boldsymbol{\mu})(\boldsymbol{x}_i - \boldsymbol{\mu})^{\mathrm{T}} = \sum_{k=1}^{K} \left(\sum_{\boldsymbol{x} \in \boldsymbol{X}_k} (\boldsymbol{x} - \boldsymbol{\mu})(\boldsymbol{x} - \boldsymbol{\mu})^{\mathrm{T}} \right), \tag{5-17}$$

则

$$\begin{aligned}
\boldsymbol{S}_{\mathrm{b}} = \boldsymbol{S}_{\mathrm{t}} - \boldsymbol{S}_{\mathrm{w}} &= \sum_{k=1}^{K} \left(\sum_{\boldsymbol{x} \in \boldsymbol{X}_k} (\boldsymbol{x} - \boldsymbol{\mu})(\boldsymbol{x} - \boldsymbol{\mu})^{\mathrm{T}} \right) - \sum_{k=1}^{K} \sum_{\boldsymbol{x} \in \boldsymbol{X}_k} (\boldsymbol{x} - \boldsymbol{\mu}_k)(\boldsymbol{x} - \boldsymbol{\mu}_k)^{\mathrm{T}} \\
&= \sum_{k=1}^{K} \left(\sum_{\boldsymbol{x} \in \boldsymbol{X}_k} \left[(\boldsymbol{x} - \boldsymbol{\mu})(\boldsymbol{x} - \boldsymbol{\mu})^{\mathrm{T}} - (\boldsymbol{x} - \boldsymbol{\mu}_k)(\boldsymbol{x} - \boldsymbol{\mu}_k)^{\mathrm{T}} \right] \right) \\
&= \sum_{k=1}^{K} \left(\sum_{\boldsymbol{x} \in \boldsymbol{X}_k} \left(-\boldsymbol{x}\boldsymbol{\mu}^{\mathrm{T}} - \boldsymbol{\mu}\boldsymbol{x}^{\mathrm{T}} + \boldsymbol{\mu}\boldsymbol{\mu}^{\mathrm{T}} + \boldsymbol{x}\boldsymbol{\mu}_k^{\mathrm{T}} + \boldsymbol{\mu}_k\boldsymbol{x}^{\mathrm{T}} - \boldsymbol{\mu}_k\boldsymbol{\mu}_k^{\mathrm{T}} \right) \right) \\
&= \sum_{k=1}^{K} n_k \left(-\boldsymbol{\mu}_k\boldsymbol{\mu}^{\mathrm{T}} - \boldsymbol{\mu}\boldsymbol{\mu}_k^{\mathrm{T}} + \boldsymbol{\mu}\boldsymbol{\mu}^{\mathrm{T}} + \boldsymbol{\mu}_k\boldsymbol{\mu}_k^{\mathrm{T}} \right) \\
&= \sum_{k=1}^{K} n_k (\boldsymbol{\mu}_k - \boldsymbol{\mu})(\boldsymbol{\mu}_k - \boldsymbol{\mu})^{\mathrm{T}}.
\end{aligned}$$

多分类 LDA 的目标是找到最大化类间差异的同时最小化类内差异的特征子空间, 可采用如下三种优化目标之一,

$$\underset{\boldsymbol{\Theta}}{\arg\max} \; \frac{\mathrm{tr}\left(\boldsymbol{\Theta}^{\mathrm{T}} \boldsymbol{S}_{\mathrm{b}} \boldsymbol{\Theta}\right)}{\mathrm{tr}\left(\boldsymbol{\Theta}^{\mathrm{T}} \boldsymbol{S}_{\mathrm{w}} \boldsymbol{\Theta}\right)}, \quad \underset{\boldsymbol{\Theta}}{\arg\max} \; \frac{\det\left(\boldsymbol{\Theta}^{\mathrm{T}} \boldsymbol{S}_{\mathrm{b}} \boldsymbol{\Theta}\right)}{\det\left(\boldsymbol{\Theta}^{\mathrm{T}} \boldsymbol{S}_{\mathrm{w}} \boldsymbol{\Theta}\right)},$$

$$\arg\max_{\Theta} \left(\sum_{k=1}^{K-1} \boldsymbol{\theta}_k^{\mathrm{T}} \boldsymbol{S}_{\mathrm{b}} \boldsymbol{\theta}_k \bigg/ \sum_{k=1}^{K-1} \boldsymbol{\theta}_k^{\mathrm{T}} \boldsymbol{S}_{\mathrm{w}} \boldsymbol{\theta}_k \right), \tag{5-18}$$

其中 $\mathrm{tr}(\cdot)$ 表示矩阵的迹 (矩阵主对角线上元素的和), $\det(\cdot)$ 表示矩阵的行列式, $\boldsymbol{\Theta}^{\mathrm{T}} \boldsymbol{S}_{\mathrm{b}} \boldsymbol{\Theta}$ 是投影后的各个类内部的离散度矩阵之和, $\boldsymbol{\Theta}^{\mathrm{T}} \boldsymbol{S}_{\mathrm{w}} \boldsymbol{\Theta}$ 是投影后各个类中心相对于全样本中心投影的离散度矩阵之和. 式 (5-18) 的闭式解可通过求解广义特征值问题

$$\boldsymbol{S}_{\mathrm{b}} \boldsymbol{\Theta} = \lambda \boldsymbol{S}_{\mathrm{w}} \boldsymbol{\Theta} \tag{5-19}$$

而得到, 故 $\boldsymbol{\Theta}^*$ 是 $\boldsymbol{S}_{\mathrm{w}}^{-1} \boldsymbol{S}_{\mathrm{b}}$ 的 $d\,(d \leqslant K-1)$ 个最大非零广义特征值所对应的特征向量组成的基向量矩阵.

注　矩阵 $\boldsymbol{S}_{\mathrm{w}}^{-1} \boldsymbol{S}_{\mathrm{b}}$ 的秩 $r\left(\boldsymbol{S}_{\mathrm{w}}^{-1} \boldsymbol{S}_{\mathrm{b}}\right)$ 取决于 $r(\boldsymbol{S}_{\mathrm{b}})$. 由式 (5-16) 知, $\boldsymbol{S}_{\mathrm{b}}$ 为 K 项的和, 每项的秩最大为 1, 但这 K 项只有 $K-1$ 项是独立的, 故类间散度矩阵 $\boldsymbol{S}_{\mathrm{b}}$ 的秩最多为 $K-1$. 因此降维后, 保留最多的特征数为 $K-1$, 即类别数减一.

若将 $\boldsymbol{\Theta}$ 视为一个投影矩阵, 多分类 LDA 将样本投影到 d 维空间, 且 $d \ll m$, 那么, 通过投影减少了样本空间的维度, 且投影过程中使用了类别信息, 因此 LDA 也常被视为一种经典的有监督降维技术.

从另一个角度, 假设随机变量之间是独立的, 每个类建模成多元高斯[2]

$$f_k(\boldsymbol{x}) = \frac{1}{(2\pi)^{\frac{m}{2}} |\boldsymbol{\Sigma}_k|^{\frac{1}{2}}} \exp\left(-\frac{1}{2} (\boldsymbol{x} - \boldsymbol{\mu}_k)^{\mathrm{T}} \boldsymbol{\Sigma}_k^{-1} (\boldsymbol{x} - \boldsymbol{\mu}_k)\right), \quad k = 1, 2, \cdots, K, \tag{5-20}$$

并假设每个类有共同的协方差 $\boldsymbol{\Sigma}_k = \boldsymbol{\Sigma}$, $k = 1, 2, \cdots, K$, 则样本 $\boldsymbol{x}$ 输入类别 k 的后验概率为 $P(k|\boldsymbol{x})$, 记先验概率 $\pi_k = P(k) = n_k/n$, 结合贝叶斯公式, 可知

$$\begin{aligned}
\delta_k(\boldsymbol{x}) &= \arg\max_k P(k|\boldsymbol{x}) = \arg\max_k \ln P(k|\boldsymbol{x}) = \arg\max_k \ln(f_k(\boldsymbol{x}) P(k)) \\
&= \arg\max_k \left(-\frac{1}{2} (\boldsymbol{x} - \boldsymbol{\mu}_k)^{\mathrm{T}} \boldsymbol{\Sigma}_k^{-1} (\boldsymbol{x} - \boldsymbol{\mu}_k) - \ln\left((2\pi)^{\frac{m}{2}} |\boldsymbol{\Sigma}_k|^{\frac{1}{2}}\right) + \ln P(k) \right) \\
&= \arg\max_k \left(-\frac{1}{2} (\boldsymbol{x} - \boldsymbol{\mu}_k)^{\mathrm{T}} \boldsymbol{\Sigma}_k^{-1} (\boldsymbol{x} - \boldsymbol{\mu}_k) + \ln \pi_k \right) \\
&= \arg\max_k \left(\boldsymbol{x}^{\mathrm{T}} \boldsymbol{\Sigma}^{-1} \boldsymbol{\mu}_k - \frac{1}{2} \boldsymbol{\mu}_k^{\mathrm{T}} \boldsymbol{\Sigma}^{-1} \boldsymbol{\mu}_k + \ln \pi_k \right).
\end{aligned} \tag{5-21}$$

故而, 线性判别函数 (linear discriminant function) 为

$$h_k(\boldsymbol{x}) = \boldsymbol{x}^{\mathrm{T}} \boldsymbol{\Sigma}^{-1} \boldsymbol{\mu}_k - \frac{1}{2} \boldsymbol{\mu}_k^{\mathrm{T}} \boldsymbol{\Sigma}^{-1} \boldsymbol{\mu}_k + \ln \pi_k, \quad k = 1, 2, \cdots, K. \tag{5-22}$$

各参数估计值为

$$\hat{\pi}_k = \frac{n_k}{n}, \quad \hat{\boldsymbol{\mu}}_k = \frac{1}{n_k} \sum_{\boldsymbol{x} \in \boldsymbol{X}_k} \boldsymbol{x}, \quad \hat{\boldsymbol{\Sigma}} = \frac{1}{n-k} \sum_{k=1}^{K} \sum_{\boldsymbol{x} \in \boldsymbol{X}_k} \left(\boldsymbol{x} - \boldsymbol{\mu}_k \right) \left(\boldsymbol{x} - \boldsymbol{\mu}_k \right)^{\mathrm{T}}. \quad (5\text{-}23)$$

线性判别分析多分类问题的降维计算流程:

输入: 数据集 $\boldsymbol{\mathcal{D}} = \{(\boldsymbol{x}_i, y_i)\}_{i=1}^{n}$, 其中输入样本 $\boldsymbol{x}_i \in \mathbb{R}^{m \times 1}$ 为 m 维的列向量,
    样本标签 $y_i \in \{C_1, C_2, \cdots, C_K\}$, 降维到维度 d.

输出: 降维后的数据集 $\tilde{\boldsymbol{\mathcal{D}}}$.

1. 按式 (5-15) 计算类内离散度矩阵 $\boldsymbol{S}_{\mathrm{w}}$.
2. 按式 (5-16) 计算类间离散度矩阵 $\boldsymbol{S}_{\mathrm{b}}$.
3. 计算矩阵 $\boldsymbol{S}_{\mathrm{w}}^{-1} \boldsymbol{S}_{\mathrm{b}}$ 或求式 (5-19) 的广义特征值和特征向量.
4. 计算 $\boldsymbol{S}_{\mathrm{w}}^{-1} \boldsymbol{S}_{\mathrm{b}}$ 的 d 个最大非零特征值和对应的 d 个特征向量 $\boldsymbol{\theta}_1, \boldsymbol{\theta}_2, \cdots, \boldsymbol{\theta}_d$,
    得到投影矩阵 $\boldsymbol{\Theta}$.
5. 对样本集中的每个样本 $\boldsymbol{x}_i$, 转换为新的样本 $\boldsymbol{z}_i = \boldsymbol{\Theta}^{\mathrm{T}} \boldsymbol{x}_i$, $i = 1, 2, \cdots, n$.
6. 得到输出样本集 $\tilde{\boldsymbol{\mathcal{D}}} = \{(\boldsymbol{z}_i, y_i)\}_{i=1}^{n}$.

5.2.2 LDA 多分类任务的降维与预测算法

由于是多分类任务, 故引入 Softmax 函数, 预测样本属于每个类别的概率.

注 自编码算法与 sklearn 库函数求解的结果可能存在差异, 源于 Python 在求解特征值对应的特征向量时, 可能存在正负符号的差异.

```python
# file_name: lda_mc.py
class LinearDiscriminantAnalysis_MC:
    """
    线性判别分析多分类降维 + 预测算法
    """
    def __init__(self, n_components: int = 2, is_normalized: bool = True,
                 is_rotated: bool = False):
        self.n_components = n_components # 降维后的维度数
        self.is_normalized = is_normalized  # 数据是否标准化
        self.is_rotated = is_rotated  # 是否对选择的特征变量进行整体符号旋转
        self.k_class, self.n_samples = None, None # 类别数和总样本量
        self.prior_p_class = []  # 每个类别样本所占总样本比例
        self.mu_class, self.Sigma = [], None # 每类样本的均值向量和协方差
        self.Sw, self.Sb = None, None # 初始化类间离散度矩阵Sw, 类内离散度矩阵Sb
        self.eig_values = None # Sw⁻¹Sb的特征值
```

```python
        self.Theta = None  # 投影矩阵
        self.feature_mean, self.feature_std = None, None  # 特征均值与标准差

    def fit(self, X: np.ndarray, y: np.ndarray):
        """
        有监督降维学习: LDA多分类降维核心算法
        """
        if self.is_normalized:
            self.feature_mean, self.feature_std = np.mean(X, axis=0), np.std(X, axis=0)
            X = (X - self.feature_mean) / self.feature_std  # 中心化
        labels_values = np.unique(y)  # 类别取值
        self.k_class, self.n_samples = len(labels_values), len(y)  # 类别数和总样本量
        # 初始化类内离散度矩阵
        self.Sw = np.zeros((X.shape[1], X.shape[1]), dtype=np.float32)
        mu_t = np.mean(X, axis=0, keepdims=True)  # 总均值向量
        for k in range(self.k_class):
            class_xk = X[y == labels_values[k]]  # 第k类样本集
            # 第k类样本量与总样本量的比例
            self.prior_p_class.append(class_xk.shape[0] / self.n_samples)
            mu_k = np.mean(class_xk, axis=0, keepdims=True)  # 类中心均值向量
            self.Sw += (class_xk - mu_k).T.dot(class_xk - mu_k)  # 类内离散度矩阵
            self.mu_class.append(mu_k)  # 记录类中心均值向量
        self.Sigma = self.Sw / (self.n_samples - self.k_class)  # 协方差矩阵估计
        self.Sb = (X - mu_t).T.dot(X - mu_t) - self.Sw  # 类间离散度矩阵
        # 计算 Sb W = λ Sw W 的广义特征值和特征向量
        self.eig_values, eig_vec = sp.linalg.eigh(self.Sb, self.Sw)
        positive_idx = np.where(self.eig_values > 0)[0]  # 取特征值为正数的位置索引
        self.eig_values = self.eig_values[positive_idx]
        eig_vec = eig_vec[:, positive_idx]
        # 降维的成分个数不应小于正特征值数
        if self.n_components > len(self.eig_values):
            self.n_components = len(self.eig_values)
        # 降序索引, 并保持前n_components个特征向量
        sorted_idx = np.argsort(self.eig_values)[::-1][:self.n_components]
        self.eig_values = self.eig_values[sorted_idx]  # 对特征值进行排序
        self.Theta = eig_vec[:, sorted_idx]  # 对特征向量按照特征值降序索引排序
        self.Theta /= np.linalg.norm(self.Theta, axis=0)  # 规范化投影矩阵
        if self.is_rotated:
            max_v = np.max(np.abs(self.Theta), axis=0)  # 每个特征向量绝对值最大值
            for i in range(self.n_components):
```

```
            try :
                list (self. Theta [:, i]). index (−max_v[i])  # 绝对值最大者符号为负数
                self. Theta [:, i] *= −1.0  # 在整个特征向量前添加负号
            except ValueError: pass  # 绝对值最大者符号为正数, 不进行操作
        return self. Theta

    def transform (self, X: np. ndarray) :
        """
        根据投影矩阵对样本数据进行降维转换
        """
        if self. is_normalized :
            X = (X − self. feature_mean) / self. feature_std  # 中心化
        if self. Theta is not None :
            return X. dot (self. Theta)
        else : raise ValueError ("请先进行 fit, 后 transform .")

    def fit_transform (self, X: np. ndarray, y: np. ndarray) :
        """
        获得投影矩阵并对数据集 X 进行降维
        """
        self. fit (X, y)  # 拟合样本, 获得投影矩阵
        return self. transform (X)

    def predict_proba (self, X_test: np. ndarray) :
        """
        LDA 多分类预测测试样本 X_test 属于各个类别的概率
        """
        if self. is_normalized :
            X_test = (X_test − self. feature_mean) / self. feature_std
        y_hat = np. zeros ((X_test. shape [0], self. k_class), dtype=np. float32)
        inv_S = np. linalg. inv (self. Sigma)  # 协方差矩阵的逆矩阵
        for k in range (self. k_class) :
            y_hat [:, k] = (X_test @ inv_S @ self. mu_class[k]. T −
                        self. mu_class[k] @ inv_S @ self. mu_class[k]. T / 2 +
                        np. log (self. prior_p_class [k])). reshape (−1)  # 式(5−22)
        return softmax_func (y_hat)  # 自定义 Softmax 函数

    def predict (self, X_test: np. ndarray) :
        """
        LDA 多分类预测测试样本 X_test 属于各个类别的标签
```

```
        """
        return np.argmax(self. predict_proba(X_test), axis=1)

    def variance_explained(self):
        """
        各降维成分占总解释方差比
        """
        idx = np.argwhere(np.imag(self. eig_values) != 0)
        if len(idx) == 0: self. eig_values = np. real(self.eig_values)   # 虚部均为0
        ratio = self. eig_values / np.sum(self.eig_values)
        return  ratio[: self. n_components]
```

例 3　分别对鸢尾花 Iris 和红酒 Wine 数据集, 采用 LDA 进行降维, 保留 2 个主成分. 其中 Wine 共有 178 个样本, 13 个特征变量, 3 个类别, 各类别分别包含 59, 71 和 48 个样本.

对于 Iris, $S_w^{-1}S_b$ 矩阵的前两个特征值为 $\lambda_1 = 32.191930$, $\lambda_2 = 0.285391$, 主成分可解释方差比分别为 99.12% 和 0.88%, 可见, 保留一个主成分即可. 对于 Wine, $S_w^{-1}S_b$ 矩阵的前两个特征值为 $\lambda_1 = 9.081739$, $\lambda_2 = 4.128469$, 其余 11 个特征值几乎为零 (数量级 10^{-16}), 其可解释方差占比近 100%, 信息损失可忽略不计. 两个数据集规范化后的投影矩阵 (保留 6 位小数) 分别为

$$
\Theta_{\mathrm{Iris}} = \begin{pmatrix} 0.151288 & 0.006936 \\ 0.147333 & 0.327861 \\ -0.855985 & -0.571705 \\ -0.471905 & 0.752072 \end{pmatrix}, \quad \Theta_{\mathrm{Wine}} = \begin{pmatrix} -0.140033 & -0.418671 \\ 0.078940 & -0.201812 \\ \vdots & \vdots \\ -0.36238 & -0.531470 \end{pmatrix}_{13 \times 2}.
$$

对两个数据集, 分层采样随机划分 70% 的训练样本建立 LDA 模型, 对 30% 的测试样本进行预测, 正确率均为 98%, 且与 sklearn.discriminant_analysis.Linear-DiscriminantAnalysis 预测一致. 图 5-6 为 Wine 数据集的前两个主成分按类别绘制的散点图, 可见 Wine 具有很好的线性可分性, 略去 Iris 的可视化.

例 4　采用 sklearn. datasets.make_classification 生成 2000 个样本, 且包含有 20 个特征变量、4 个类别的样本数据, 并进行 LDA 降维, 保留 3 个主成分.

如图 5-7 所示, 前两个主成分提取了约 92% 的信息, 而前三个主成分可解释方差占比 99.924458%, 几乎保留了所有样本信息. 故从 20 个特征变量张成的空间可有效降维到含有 3 个综合变量的三维空间, 且几乎没有信息损失. 自编码与 sklearn 库函数降维和预测结果基本一致. 图 5-8 为两种方法预测的混淆矩阵.

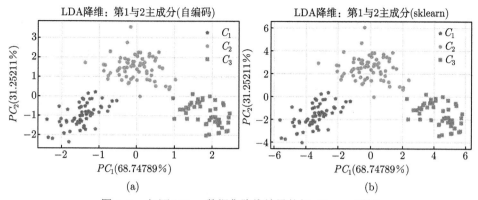

图 5-6　红酒 Wine 数据集降维结果并与 sklearn 对比

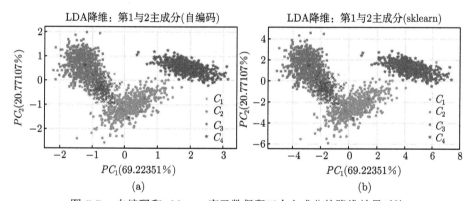

图 5-7　自编码和 sklearn 库函数保留三个主成分的降维效果对比

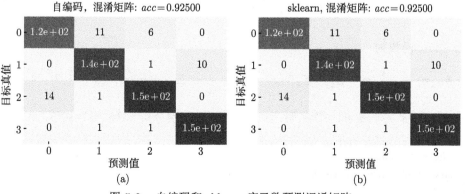

图 5-8　自编码和 sklearn 库函数预测混淆矩阵

■ 5.3 *二次判别分析

LDA 假设每一种分类的协方差矩阵相同, 而二次判别分析 (Quadratic Discriminant Analysis, QDA) 假设每一种分类的协方差矩阵不同, 如图 5-9 所示, 椭圆 (取决于正态性) 描述每个类别的数据分布, 当椭圆具有相似方向时, LDA 是合适的, 否则, QDA 是合适的, 且通常比 LDA 更加灵活.

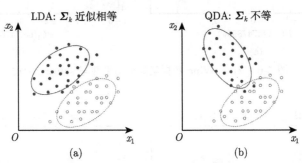

图 5-9   各类别数据分布的协方差矩阵情况

同 LDA 一样, 从概率分布的角度, 目的是在输入样本 $\boldsymbol{x}$ 的情况下分类为 k 的概率最大的分类, 故二次判别分析的目标函数可表示为

$$\delta_k\left(\boldsymbol{x}\right) = \arg\max_k P\left(k|\boldsymbol{x}\right) = \arg\max_k \ln P\left(k|\boldsymbol{x}\right) = \arg\max_k \ln\left(f_k\left(\boldsymbol{x}\right)P\left(k\right)\right)$$

$$= \arg\max_k \left(-\frac{1}{2}\left(\boldsymbol{x}-\boldsymbol{\mu}_k\right)^{\mathrm{T}}\boldsymbol{\Sigma}_k^{-1}\left(\boldsymbol{x}-\boldsymbol{\mu}_k\right) - \ln\left((2\pi)^{\frac{m}{2}}\left|\boldsymbol{\Sigma}_k\right|^{\frac{1}{2}}\right) + \ln P\left(k\right)\right)$$

$$= \arg\max_k \left(-\frac{1}{2}\left(\boldsymbol{x}-\boldsymbol{\mu}_k\right)^{\mathrm{T}}\boldsymbol{\Sigma}_k^{-1}\left(\boldsymbol{x}-\boldsymbol{\mu}_k\right) - \frac{1}{2}\ln\left|\boldsymbol{\Sigma}_k\right| + \ln\pi_k\right), \quad (5\text{-}24)$$

则 QDA 函数为

$$h_k\left(\boldsymbol{x}\right) = -\frac{1}{2}\left(\boldsymbol{x}-\boldsymbol{\mu}_k\right)^{\mathrm{T}}\boldsymbol{\Sigma}_k^{-1}\left(\boldsymbol{x}-\boldsymbol{\mu}_k\right) - \frac{1}{2}\ln\left|\boldsymbol{\Sigma}_k\right| + \ln\pi_k, \quad k = 1, 2, \cdots, K.$$

$$(5\text{-}25)$$

式 (5-25) 是关于 $\boldsymbol{x}$ 的二次函数, 故而称为二次判别分析. 算法设计如下.

```python
# file_name: qda.py
class  QuadraticDiscriminantAnalysis :
    """
    二次判别分析分类算法
    """

    def __init__(self, is_normalized: bool = True):
```

```
        self.is_normalized = is_normalized  # 是否数据标准化
        self.k_class, self.n_samples = None, None # 类别数和总样本量
        self.prior_p_class = []  # 每个类别样本所占总样本比例
        self.mu_class, self.Sigma_class = [], []  # 每类样本的均值向量和协方差矩阵
        self.feature_mean, self.feature_std = None, None # 特征均值与标准差

    def fit(self, X_train: np.ndarray, y_train: np.ndarray):
        """
        二次判别分析基于训练集(X_train, y_train)的训练
        """
        if self.is_normalized:
            self.feature_mean = np.mean(X_train, axis=0)  # 特征均值
            self.feature_std = np.mean(X_train, axis=0)  # 特征标准差
            X_train = (X_train - self.feature_mean) / self.feature_std  # 中心化
        labels_values = np.unique(y_train)  # 类别取值
        # 类别数和总样本量
        self.k_class, self.n_samples = len(labels_values), len(y_train)
        for k in range(self.k_class):
            class_xk = X_train[y_train == labels_values[k]]  # 第k类样本集
            self.prior_p_class.append(class_xk.shape[0] / self.n_samples) # 占比
            mu_k = np.mean(class_xk, axis=0, keepdims=True)  # 类中心均值向量
            self.mu_class.append(mu_k)  # 存储类中心均值向量
            # 协方差矩阵
            sigma = (class_xk - mu_k).T.dot(class_xk - mu_k) / class_xk.shape[0]
            self.Sigma_class.append(sigma)  # 存储协方差矩阵

    def predict_proba(self, X_test: np.ndarray):
        """
        QDA多分类预测测试样本X_test属于各个类别的概率
        """
        if self.is_normalized:
            X_test = (X_test - self.feature_mean) / self.feature_std
        y_hat = np.zeros((X_test.shape[0], self.k_class), dtype=np.float32)
        for k in range(self.k_class):
            inv_S = np.linalg.inv(self.Sigma_class[k])  # 协方差矩阵的逆矩阵
            term = np.sum((X_test - self.mu_class[k]) @
                          inv_S * (X_test - self.mu_class[k]), axis=1)
            y_hat[:, k] = (-1.0 * term / 2 - np.linalg.det(self.Sigma_class[k]) / 2 +
                          np.log(self.prior_p_class[k])).reshape(-1)
        return softmax_func(y_hat)  # 自定义Softmax函数
```

```
def predict(self, X_test: np.ndarray):
    """
    QDA多分类预测测试样本X_test属于各个类别的标签
    """
    return np.argmax(self.predict_proba(X_test), axis=1)
```

例 5　由 sklearn.datasets.make_moons 函数生成包含 4 个类别的 1000 个样本, 采用 LDA 和 QDA 建立模型并预测.

数据的生成以及数据集的划分如下:

```
X, y = make_blobs(n_samples=1000, centers=4, cluster_std=2.0, random_state=42)
X_train, X_test, y_train, y_test = \
    train_test_split(X, y, test_size=0.3, random_state=0, shuffle=y)
```

如图 5-10 所示, 从分类边界可以看出, QDA 的边界呈现二次曲线, 而 LDA 的分类边界始终是线性的, 这使得 QDA 一定程度上能够拟合非线性数据.

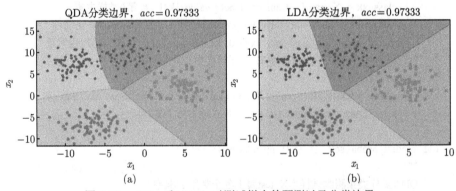

图 5-10　QDA 和 LDA 对测试样本的预测以及分类边界

■ 5.4　主成分分析

5.4.1　主成分分析原理

主成分分析 (Principal Component Analysis, PCA) 是一种常用的无监督学习方法, 由 Pearson 于 1901 年提出, 1933 年由 Hotelling 推广到随机变量. PCA 是高维度特征数据的降维方法, 是最主要的特征提取方法之一. 特征提取 (feature extraction) 从众多具有线性相关的特征变量中提取出较少的线性无关的综合变量, 再用综合变量代替原有特征变量, 从而实现特征变量空间的降维. 故而, PCA

可以发现数据潜在的结构信息, 通过降维保留最重要的一些特征, 去除噪声和不重要的特征, 使得数据集更易理解和使用, 从而提升数据处理速度.

1. KL 变换与 PCA[8]

PCA 原理与 KL(Karhunen-Loeve) 变换紧密关联, KL 变换是一种基于数据统计特性的最优正交线性变换. 假设 $\boldsymbol{x} = (x_1, x_2, \cdots, x_m)^{\mathrm{T}}$ 是 m 维零均值的随机变量, 即 $\mathbb{E}(\boldsymbol{x}) = \boldsymbol{0}$, 其协方差矩阵等于自相关矩阵, 即 $\boldsymbol{\Sigma_x} = \boldsymbol{R_x} = \mathbb{E}(\boldsymbol{xx}^{\mathrm{T}})$. 对 $\boldsymbol{\Sigma_x}$ 做特征分解, 记 λ_i 为 $\boldsymbol{\Sigma_x}$ 第 i 个特征值, 对应的特征向量记为 $\boldsymbol{\alpha}_i \in \mathbb{R}^{m \times 1}$. 定义对角矩阵 $\boldsymbol{\Lambda}$ 和特征向量构成的正交矩阵 $\boldsymbol{Q}$ 分别为

$$\boldsymbol{\Lambda} = \mathrm{diag}(\lambda_1, \lambda_2, \cdots, \lambda_m), \quad \boldsymbol{Q} = (\boldsymbol{\alpha}_1, \boldsymbol{\alpha}_2, \cdots, \boldsymbol{\alpha}_m),$$

则协方差矩阵 $\boldsymbol{\Sigma_x}$ 的分解式为 $\boldsymbol{\Sigma_x} = \boldsymbol{Q\Lambda Q}^{\mathrm{T}}$.

对样本 $\boldsymbol{x}$ 定义其变换向量

$$\boldsymbol{y} = \boldsymbol{Q}^{\mathrm{T}}\boldsymbol{x}, \tag{5-26}$$

称之为 KL 变换. 由 $\boldsymbol{Q}$ 的正交性, $\boldsymbol{y}$ 可以完全无损地重构 $\boldsymbol{x}$, 即 $\boldsymbol{Qy} = \boldsymbol{QQ}^{\mathrm{T}}\boldsymbol{x} = \boldsymbol{x}$, 或重写为

$$\boldsymbol{x} = \boldsymbol{Qy}, \tag{5-27}$$

称之为 KL 反变换. 变换系数是互不相关的, 且满足

$$\mathbb{E}(\boldsymbol{yy}^{\mathrm{T}}) = \mathbb{E}(\boldsymbol{Q}^{\mathrm{T}}\boldsymbol{xx}^{\mathrm{T}}\boldsymbol{Q}) = \boldsymbol{Q}^{\mathrm{T}}\mathbb{E}(\boldsymbol{xx}^{\mathrm{T}})\boldsymbol{Q} = \boldsymbol{Q}^{\mathrm{T}}\boldsymbol{\Sigma_x}\boldsymbol{Q} = \boldsymbol{Q}^{\mathrm{T}}\boldsymbol{Q\Lambda Q}^{\mathrm{T}}\boldsymbol{Q} = \boldsymbol{\Lambda}.$$

同时

$$\mathbb{E}\left(\|\boldsymbol{y}\|_2^2\right) = \mathbb{E}\left(\sum_{i=1}^{m} |y_i|^2\right) = \mathbb{E}(\boldsymbol{y}^{\mathrm{T}}\boldsymbol{y}) = \sum_{i=1}^{m} \lambda_i,$$

$$\mathbb{E}\left(\|\boldsymbol{x}\|_2^2\right) = \mathbb{E}\left(\sum_{i=1}^{m} |x_i|^2\right) = \mathbb{E}(\boldsymbol{x}^{\mathrm{T}}\boldsymbol{x}) = \mathbb{E}(\boldsymbol{y}^{\mathrm{T}}\boldsymbol{Q}^{\mathrm{T}}\boldsymbol{Qy}) = \mathbb{E}(\boldsymbol{y}^{\mathrm{T}}\boldsymbol{y}) = \sum_{i=1}^{m} \lambda_i,$$

即

$$\mathbb{E}\left(\|\boldsymbol{y}\|_2^2\right) = \mathbb{E}\left(\|\boldsymbol{x}\|_2^2\right) = \sum_{i=1}^{m} \lambda_i \tag{5-28}$$

称为 KL 变换的方差不变性, 即变换前后的总方差保持不变.

由 KL 变换可直接得到 PCA 的表示. 在式 (5-26) 中, 若仅保留系数向量的前 $k(<m)$ 个系数, 记 $\hat{\boldsymbol{y}} = (y_1, y_2, \cdots, y_k)^{\mathrm{T}}$, 则可得到样本向量 $\boldsymbol{x}$ 的近似表示 $\hat{\boldsymbol{x}}$, 即

$$\hat{\boldsymbol{x}} = (\boldsymbol{\alpha}_1, \boldsymbol{\alpha}_2, \cdots, \boldsymbol{\alpha}_k)^{\mathrm{T}}\hat{\boldsymbol{y}} = \boldsymbol{Q}_k\hat{\boldsymbol{y}} = \sum_{i=1}^{k} y_i\boldsymbol{\alpha}_i, \tag{5-29}$$

其中 $\boldsymbol{Q}_k \in \mathbb{R}^{m \times k}$, 且 $\boldsymbol{Q}_k^{\mathrm{T}} \boldsymbol{Q}_k = \boldsymbol{I}$, $\mathbb{E}\left(\|\hat{\boldsymbol{x}}\|_2^2 \right) = \sum\limits_{i=1}^{k} \lambda_i$.

若定义重构误差向量 $\boldsymbol{e} = \boldsymbol{x} - \hat{\boldsymbol{x}}$, 则不难验证 $\mathbb{E}\left(\|\hat{\boldsymbol{e}}\|_2^2 \right) = \sum\limits_{i=k+1}^{m} \lambda_i$. 即若仅用到前 k 个变换系数表示 $\boldsymbol{x}$, 则 $\boldsymbol{e}$ 等于没有用到的变换系数对应的 $\boldsymbol{\Sigma_x}$ 特征值之和. 若把 $\boldsymbol{\Sigma_x}$ 的特征值降序排列 $\lambda_1 \geqslant \lambda_2 \geqslant \cdots \geqslant \lambda_m$, 对应特征向量序号与其特征值对应, 则选择前 k 个最大特征值所对应的 k 个系数, 可以得到原向量 $\boldsymbol{x}$ 的最准确逼近. 若式 (5-29) 中向量 $\boldsymbol{\alpha}_1, \boldsymbol{\alpha}_2, \cdots, \boldsymbol{\alpha}_k$ 已按照其特征值降序排列的序号重排, 即 $\boldsymbol{\alpha}_i$ 为对应于第 $i\,(i = 1, 2, \cdots, k)$ 个最大特征值 λ_i 对应的特征向量, 则式 (5-29) 为样本向量 $\boldsymbol{x}$ 的主成分分析. 在所有正交变换中, KL 变换是唯一能使重构误差最小的变换.

实际问题中, 需要在观测数据 $\{\boldsymbol{x}_i\}_{i=1}^{n}$ 上进行主成分分析, 称为样本主成分分析. 给定规范化后的样本矩阵 $\boldsymbol{X}$, 记其协方差矩阵为 $\boldsymbol{R} \in \mathbb{R}^{(m \times m)}$, 对 $\boldsymbol{R}$ 特征值分解, 仍记前 k 个最大特征值所对应的单位特征向量矩阵为 $\boldsymbol{Q}_k \in \mathbb{R}^{m \times k}$. 对于样本 $\boldsymbol{x} \in \boldsymbol{X}$, 由式 (5-27) 可得样本主成分

$$\boldsymbol{y} = \boldsymbol{Q}_k^{\mathrm{T}} \boldsymbol{x}, \tag{5-30}$$

如图 5-11(b) 所示, 分量形式表示为

$$y_i = \boldsymbol{\alpha}_i^{\mathrm{T}} \boldsymbol{x} = \alpha_{1,i} x_1 + \alpha_{2,i} x_2 + \cdots + \alpha_{m,i} x_m, \quad i = 1, 2, \cdots, k. \tag{5-31}$$

在图 5-11(a) 所示的几何意义中, 设 $\boldsymbol{x} = (x_1, x_2)^{\mathrm{T}}$, 变量 y_1 是 $\boldsymbol{x}$ 的所有线性变换中方差最大的, 即 PCA 通过变换寻找投影方向, 使得投影后数据的方差最大化. 一般地, 变量 y_1 是 $\boldsymbol{x}$ 的所有线性变换中方差最大的, y_2 是与 y_1 不相关的 $\boldsymbol{x}$ 的所有线性变换中方差最大的, 以此类推, y_i 是与 $y_1, y_2, \cdots, y_{i-1}$ 都不相关的 $\boldsymbol{x}$ 的所有线性变换中方差最大的, 这时分别称 $y_1, y_2, \cdots, y_k$ 为 $\boldsymbol{x}$ 的第 1 主成分 (Principal Component, PC)、第 2 主成分、$\cdots$、第 k 主成分.

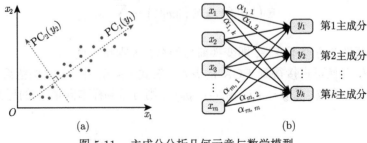

图 5-11　主成分分析几何示意与数学模型

2. 最小化重构误差与 PCA[1]

考虑正交属性空间的样本点, 如何用一个超平面对所有样本进行恰当的表达? PCA 等价于最小化原始数据与投影后数据间的重构误差, 并使得投影变换后数据的方差最大化.

设样本点 $\boldsymbol{x}_i \in \mathbb{R}^{(m \times 1)}$ $(i = 1, 2, \cdots, n)$ 是零均值的, 投影变换得到新坐标系 $\{\boldsymbol{\alpha}_1, \boldsymbol{\alpha}_2, \cdots, \boldsymbol{\alpha}_m\}$, 其中 $\boldsymbol{\alpha}_i \in \mathbb{R}^{(m \times 1)}$ 为标准正交基向量. 若将维度降到 $k(< m)$, 则样本点 $\boldsymbol{x}_i$ 在低维坐标系中的投影记为 $\boldsymbol{y}_i$, 且

$$\boldsymbol{y}_i = (y_{i,1}, y_{i,2}, \cdots, y_{i,k})^{\mathrm{T}} = (\boldsymbol{\alpha}_1^{\mathrm{T}} \boldsymbol{x}_i, \boldsymbol{\alpha}_2^{\mathrm{T}} \boldsymbol{x}_i, \cdots, \boldsymbol{\alpha}_k^{\mathrm{T}} \boldsymbol{x}_i)^{\mathrm{T}} = \boldsymbol{W}^{\mathrm{T}} \boldsymbol{x}_i,$$

其中 $\boldsymbol{W} = (\boldsymbol{\alpha}_1, \boldsymbol{\alpha}_2, \cdots, \boldsymbol{\alpha}_k) \in \mathbb{R}^{m \times k}$ 为投影矩阵. 若基于 $\boldsymbol{y}_i$ 来重构 $\boldsymbol{x}_i$, 则会得到 $\hat{\boldsymbol{x}}_i = \sum\limits_{j=1}^{k} y_{i,j} \boldsymbol{\alpha}_j$.

在数据集 $\{\boldsymbol{x}_i\}_{i=1}^{n}$ 上, 记样本矩阵 $\boldsymbol{X} \in \mathbb{R}^{(m \times n)}$, 原样本点 $\boldsymbol{x}_i$ 与基于投影重构的样本点 $\hat{\boldsymbol{x}}_i$ 之间的距离[9]

$$\begin{aligned}
\sum_{i=1}^{n} \left\| \sum_{j=1}^{k} y_{i,j} \boldsymbol{\alpha}_j - \boldsymbol{x}_i \right\|_2^2 &= \sum_{i=1}^{n} \|\boldsymbol{W} \boldsymbol{y}_i - \boldsymbol{x}_i\|_2^2 = \sum_{i=1}^{n} \|\boldsymbol{W} \boldsymbol{W}^{\mathrm{T}} \boldsymbol{x}_i - \boldsymbol{x}_i\|_2^2 \\
&= \sum_{i=1}^{n} \left(\boldsymbol{W} \boldsymbol{W}^{\mathrm{T}} \boldsymbol{x}_i - \boldsymbol{x}_i \right)^{\mathrm{T}} \left(\boldsymbol{W} \boldsymbol{W}^{\mathrm{T}} \boldsymbol{x}_i - \boldsymbol{x}_i \right) \\
&= \sum_{i=1}^{n} \left(-\boldsymbol{x}_i^{\mathrm{T}} \boldsymbol{W}^{\mathrm{T}} \boldsymbol{x}_i + \boldsymbol{x}_i^{\mathrm{T}} \boldsymbol{x}_i \right) = \sum_{i=1}^{n} \left(-\|\boldsymbol{W}^{\mathrm{T}} \boldsymbol{x}_i\|_2^2 + \boldsymbol{x}_i^{\mathrm{T}} \boldsymbol{x}_i \right) \\
&\propto -\sum_{i=1}^{n} \|\boldsymbol{W}^{\mathrm{T}} \boldsymbol{x}_i\|_2^2 = -\sum_{i=1}^{n} \|\boldsymbol{W}^{\mathrm{T}} \boldsymbol{x}_i\|_2^2 = -\|\boldsymbol{W}^{\mathrm{T}} \boldsymbol{X}\|_F^2 \\
&= -\mathrm{tr} \left(\left(\boldsymbol{W}^{\mathrm{T}} \boldsymbol{X} \right) \left(\boldsymbol{W}^{\mathrm{T}} \boldsymbol{X} \right)^{\mathrm{T}} \right) \\
&= -\mathrm{tr} \left(\boldsymbol{W}^{\mathrm{T}} \boldsymbol{X} \boldsymbol{X}^{\mathrm{T}} \boldsymbol{W} \right),
\end{aligned} \tag{5-32}$$

最小化重构误差, 并考虑到 $\boldsymbol{\alpha}_j$ 是标准正交基, 最小化式 (5-32), 得 PCA 的优化目标

$$\min_{\boldsymbol{W}} \; -\mathrm{tr} \left(\boldsymbol{W}^{\mathrm{T}} \boldsymbol{X} \boldsymbol{X}^{\mathrm{T}} \boldsymbol{W} \right) \quad \text{s.t.} \; \boldsymbol{W}^{\mathrm{T}} \boldsymbol{W} = \boldsymbol{I}. \tag{5-33}$$

若考虑投影变换后数据的方差最大化, 样本点 $\boldsymbol{x}_i$ 在新空间中超平面上的投影是 $\boldsymbol{W}^{\mathrm{T}} \boldsymbol{x}_i$, 投影后样本点的方差是 $\sum\limits_{i=1}^{n} \boldsymbol{W}^{\mathrm{T}} \boldsymbol{x}_i \boldsymbol{x}_i^{\mathrm{T}} \boldsymbol{W}$, 于是 PCA 优化目标可写为

$$\max_{\boldsymbol{W}} \; \mathrm{tr} \left(\boldsymbol{W}^{\mathrm{T}} \boldsymbol{X} \boldsymbol{X}^{\mathrm{T}} \boldsymbol{W} \right) \quad \text{s.t.} \; \boldsymbol{W}^{\mathrm{T}} \boldsymbol{W} = \boldsymbol{I}. \tag{5-34}$$

显然, 式 (5-33) 和 (5-34) 是等价的. 对式 (5-33) 或 (5-34) 使用拉格朗日乘子法可得

$$\boldsymbol{X}\boldsymbol{X}^{\mathrm{T}}\boldsymbol{W} = \lambda\boldsymbol{W}. \tag{5-35}$$

于是, 只需对协方差矩阵 $\boldsymbol{X}\boldsymbol{X}^{\mathrm{T}}$ 进行特征值分解, 将求得的特征值降序排序, 再取前 k 个特征值所对应的特征向量构成 $\boldsymbol{W} = (\boldsymbol{\alpha}_1, \boldsymbol{\alpha}_2, \cdots, \boldsymbol{\alpha}_k)$, 即 PCA 的解.

PCA 具体步骤如下:

---

1. 规范化样本数据, 记为 $\boldsymbol{X}_{m \times n}$.
2. 计算相关矩阵 $\boldsymbol{R}_{m \times m} = \dfrac{1}{n-1}\boldsymbol{X}\boldsymbol{X}^{\mathrm{T}}$,
3. 求 $\boldsymbol{R}$ 的 k 个最大特征值和对应的 k 个单位特征向量, 具体为:

   (1) 对 $\boldsymbol{R}$ 的 m 个特征值降序排序, 即 $\lambda_1 \geqslant \lambda_2 \geqslant \cdots \geqslant \lambda_m$;

   (2) 求方差贡献率 $\sum\limits_{i=1}^{k} \eta_i$ 达到预定值的主成分数 k, 其中 $\eta_i = \lambda_i \Big/ \sum\limits_{i=1}^{m} \lambda_i$;

   (3) 求排序后前 k 个特征值对应的单位特征向量 $\boldsymbol{\alpha}_i$, $i = 1, 2, \cdots, k$.
4. 求 k 个样本主成分 $y_i = \boldsymbol{\alpha}_i^{\mathrm{T}}\boldsymbol{x}$, $i = 1, 2, \cdots, k$.

5.4.2*　QR 正交分解法求实对称矩阵特征值与特征向量

任何一个非奇异实矩阵 $\boldsymbol{A}$ 都可以分解成一个正交矩阵 $\boldsymbol{Q}$ 和一个上三角矩阵 $\boldsymbol{R}$ 的乘积, 并且当 $\boldsymbol{R}$ 的对角元符号取定时, 分解是唯一的. QR 分解是一种迭代方法, 给定精度 $\varepsilon > 0$, 迭代格式为

$$\begin{cases} \boldsymbol{A}_k = \boldsymbol{Q}_k \boldsymbol{R}_k, \\ \boldsymbol{A}_{k+1} = \boldsymbol{R}_k \boldsymbol{Q}_k = \boldsymbol{Q}_k^{\mathrm{T}} \boldsymbol{A}_k \boldsymbol{R}_k, \end{cases} \quad k = 1, 2, \cdots, \tag{5-36}$$

其中 k 为迭代次数, $\boldsymbol{A}_1 = \boldsymbol{A}$. 满足精度要求的 $\boldsymbol{A}_k$ 基本收敛到上三角矩阵, 此时主对角元素即为特征值. 特别地, 当 $\boldsymbol{A}$ 为实对称矩阵时, $\boldsymbol{A}_k$ 是对角阵 $\boldsymbol{\Lambda}$, $\boldsymbol{Q} = \boldsymbol{Q}_{k-1}\boldsymbol{Q}_{k-2}\cdots\boldsymbol{Q}_1$ 就是其标准正交的特征向量矩阵, 且有 $\boldsymbol{Q}^{\mathrm{T}}\boldsymbol{A}\boldsymbol{Q} = \boldsymbol{A}_k = \boldsymbol{\Lambda}$. QR 分解常见的方法有 Schmidt 正交化方法、Householder 变换方法和 Givens 变换方法[7], 本节不再详述.

QR 正交分解求对称矩阵特征值与特征向量的算法设计如下.

```
# file_name: qr_od.py
class QROrthogonalDecomposition:
    """
    QR正交化方法求解实对称矩阵全部特征值和特征向量
```

```python
    """

def __init__(self, A, tol=1e-8, max_iter=10000, transform="Givens"):
    self.A = A  # 实对称矩阵
    self.n = self.A.shape[0]  # A的维度
    assert np.all((A - A.T) == 0.0)  # 断言对称矩阵
    self.tol, self.max_iter = tol, max_iter  # 精度要求和最大迭代次数
    self.transform = transform  # QR正交分解方法, 默认Givens
    self.eigenvalues = np.zeros(self.n)  # 存储矩阵全部特征值
    self.eigenvectors = np.zeros((self.n, self.n))  # 存储矩阵全部特征向量

def fit_eig(self):
    """
    QR方法迭代求解实对称矩阵全部特征值和对应的特征向量
    """
    orthogonal_fun = None  # 用于选择正交化的方法
    if self.transform.lower() == "givens":
        orthogonal_fun = eval("self._givens_rotation_")
    elif self.transform.lower() == "householder":
        orthogonal_fun = eval("self._householder_transformation_")
    Q, R = orthogonal_fun(self.A)  # QR正交分解法
    orthogonal_mat = np.dot(R, Q)  # A_k
    self.eigenvectors = np.copy(Q.T)  # 特征向量
    old_eigenvalues = np.diag(orthogonal_mat)  # 用于精度判断
    tol, k = np.infty, 1  # 初始化精度和迭代变量
    while tol > self.tol and k < self.max_iter:
        Q, R = orthogonal_fun(orthogonal_mat)  # QR正交分解法
        self.eigenvectors = np.dot(Q.T, self.eigenvectors)  # 当前特征向量
        orthogonal_mat = np.dot(R, Q)  # A_k
        self.eigenvalues = np.diag(orthogonal_mat)  # 特征值
        tol = np.linalg.norm(self.eigenvalues - old_eigenvalues)
        k += 1  # 迭代次数更新
        old_eigenvalues = np.copy(self.eigenvalues)  # 更新
    return self.eigenvalues, self.eigenvectors.T

def _householder_transformation_(self, orth_mat):
    """
    豪斯霍尔德(Householder)变换方法求解QR
    """
    # 1 初始化, 第1列进行正交化
    I = np.eye(self.n)
```

```python
            omega = orth_mat[:, 0] - np.linalg.norm(orth_mat[:, 0]) * I[:, 0]
            omega = omega.reshape(-1, 1)  # 重塑ω为列向量
            Q = I - 2 * np.dot(omega, omega.T) / np.dot(omega.T, omega)
            R = np.dot(Q, orth_mat)
            # 2 从第2列开始直到右下方阵为2 × 2
            for i in range(1, self.n - 1):
                # 每次循环取当前R矩阵的右下(n − i) × (n − i)方阵进行正交化
                sub_mat, I = R[i:, i:], np.eye(self.n - i)
                omega = ((sub_mat[:, 0] - np.linalg.norm(sub_mat[:, 0]) * I[:, 0]))  # 求解ω
                omega = omega.reshape(-1, 1))  # 重塑ω为列向量
                # 计算右下方阵的正交化矩阵
                Q_i = I - 2 * np.dot(omega, omega.T) / np.dot(omega.T, omega)
                # 将Q_i作为右下方阵, 扩展为n × n矩阵, 且其前i个对角线元素为1
                Q_i_expand = np.r_[np.zeros((i, self.n)),
                                   np.c_[np.zeros((self.n - i, i)), Q_i]]
                for k in range(i):
                    Q_i_expand[k, k] = 1
                R[i:, i:] = np.dot(Q_i, sub_mat)  # 替换原右下角矩阵元素
                Q = np.dot(Q, Q_i_expand)  # 每次右乘正交矩阵Q_i
            return Q, R

    def _givens_rotation_(self, orth_mat):
        """
        吉文斯(Givens)变换方法求解QR分解
        """
        Q, R = np.eye(self.n), np.copy(orth_mat)
        # 获得主对角线以下三角矩阵的元素索引
        rows, cols = np.tril_indices(self.n, -1, self.n)
        for row, col in zip(rows, cols):
            if R[row, col]:  # 不为零, 则变换
                norm_ = np.linalg.norm([R[col, col], R[row, col]])
                c = R[col, col] / norm_  # cos(θ)
                s = R[row, col] / norm_  # sin(θ)
                # 构造Givens旋转矩阵
                givens_mat = np.eye(self.n)
                givens_mat[[col, row], [col, row]] = c  # 对角为cos
                givens_mat[row, col], givens_mat[col, row] = -s, s  # 反对角为sin
                R = np.dot(givens_mat, R)  # 左乘
                Q = np.dot(Q, givens_mat.T)
        return Q, R
```

5.4.2 主成分分析算法设计

由于样本的协方差矩阵为实对称矩阵, 故采用 QR 正交分解法迭代求解其特征值和对应的特征向量. 此外, NumPy 中库函数 numpy.linalg.eigh 与 QR 正交分解迭代法所求的特征向量可能存在正负符号的差异, 即可能某个特征向量整体差异一个负号. PCA 算法设计如下.

```python
# file_name: pca.py
from lda_pca_05.qr.qr_od import QROrthogonalDecomposition # 导入自编码QR分解法

class PrincipalComponentAnalysis:
    """
    主成分分析降维, 在算法内对样本进行标准化处理
    """
    def __init__(self, n_components: int = 3):
        self.n_components = n_components # 保留主成分的个数
        self.eig_values = None # 特征值
        self.loading_matrix = None # 载荷系数矩阵
        self.explained_variance_ = None # 每个主成分的可解释度方差, 贡献
        self.explained_variance_ratio_ = None # 解释方差比
        self.accumulated_contribution_rate = 0 # 累计贡献率
        self.scores = None # 个体得分矩阵
        self._X = None # 记录标准化后的数据

    def fit(self, X: np.ndarray):
        """
        对样本集X进行PCA降维计算
        """
        self._X = (X - np.mean(X, axis=0)) / np.std(X, axis=0) # 数据标准化
        R = self._X.T @ self._X / (self._X.shape[1] - 1) # 协方差矩阵
        qr_od = QROrthogonalDecomposition(R, tol=1e-15) # 自编码算法
        eig_values, eig_vectors = qr_od.fit_eig() # 矩阵特征值与特征向量
        # eig_values, eig_vectors = np.linalg.eigh(R) # 库函数方法
        idx = np.argsort(eig_values)[::-1] # 特征值降序排序索引
        # 重排特征值与特征向量, 计算贡献率、解释方差比、累计贡献率等
        self.eig_values, self.loading_matrix = eig_values[idx], eig_vectors[:, idx]
        self.explained_variance_ = self.eig_values / np.sum(self.eig_values) * 100
        self.explained_variance_ratio_ = \
            np.sum(self.explained_variance_[: self.n_components]) # 解释方差比
        self.accumulated_contribution_rate = np.cumsum(self.explained_variance_)
        self.scores = self._X @ self.loading_matrix # 个体得分矩阵
```

```python
def transform(self):
    """
    返回降维后的数据
    """
    try:
        return self._X @ self.loading_matrix[:, : self.n_components]
    except TypeError:
        print("请先进行fit，后transform.")

def fit_transform(self, X: np.ndarray):
    """
    降维计算并转换数据
    """
    self.fit(X)  # 计算方差比和负载矩阵, 计算个体得分
    return self.transform()  # 对数据进行降维

def comprehensive_evaluation(self, sample_names: list = None):
    """
    以各个主成分的贡献率为权重, 由主成分得分和对应权重线性加权求和可得到
    综合评价模型
    """
    weight = self.explained_variance_[: self.n_components].reshape(-1, 1)
    # 个体综合评分
    OA_evaluation = (self.scores[:, : self.n_components] @ weight).reshape(-1)
    idx = np.argsort(OA_evaluation)[::-1]  # 降序索引
    OA_evaluation = OA_evaluation[idx]  # 降序排列
    if sample_names is not None:
        sample_names = sample_names[idx]  # 对个体样本名称排序
    else:
        sample_names = np.arange(1, len(OA_evaluation) + 1, 1)[idx]
    return pd.DataFrame(data=OA_evaluation, index=sample_names, columns=["Score"])

def plt_scree_map_contribution(self):
    # 可视化每个主成分的贡献率, 即碎石图和累计贡献率图像, 略去具体代码

def plt_individual_scores(self, idx_components=np.array([1, 2]), is_show=True,
                          labels=None, xyr=0.5):
    # 可视化个体在每个主成分上的得分, 略去具体代码
```

例 6   以鸢尾花数据集为例, 降维保留两个主成分, 并进行可视化.

保留两个主成分, 累计方差贡献率达 95.81%, 信息损失较小, 故而原来的四个特征变量可由两个综合变量来表示, 即样本主成分可表示为

$$
\begin{cases}
y_1 = 0.52106591x_1 - 0.26934744x_2 + 0.58041310x_3 + 0.56485654x_4, \\
y_2 = 0.37741762x_1 + 0.92329566x_2 + 0.02449161x_3 + 0.06694199x_4.
\end{cases}
$$

降维后, 三个类别的可视化如图 5-12 所示, 具有很好的线性可分性, 尤其是类别为 setosa 的样本自成一簇. 自编码算法与 sklearn.decomposition.PCA 求解一致.

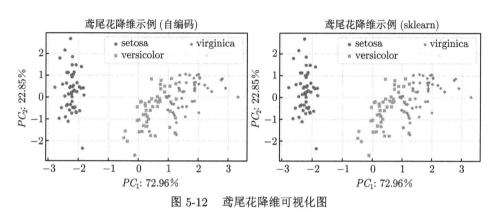

图 5-12   鸢尾花降维可视化图

例 7   28 个地区 19~22 岁年龄组城市男生身体形态指标数据[5] 如表 5-1 所示. 请对指标数据进行主成分分析, 并根据结果进行合理的解释以及必要的可视化.

表 5-1   各地区男子身材指标数据

地区	身高	坐高	体重	胸围	肩宽	骨盆宽	地区	身高	坐高	体重	胸围	肩宽	骨盆宽
北京	173.28	93.62	60.10	86.72	38.97	27.51	江苏	171.36	92.53	58.39	87.09	38.23	27.04
天津	172.09	92.83	60.38	87.39	38.62	27.82	浙江	171.24	92.61	57.69	83.98	39.04	27.07
河北	171.46	92.73	59.74	85.59	38.83	27.46	安徽	170.49	92.03	57.56	87.18	38.54	27.57
山西	170.08	92.25	58.04	85.92	38.33	27.29	河南	170.43	92.38	57.87	84.87	38.78	27.37
内蒙古	170.61	92.36	59.67	87.46	38.38	27.14	青海	170.27	91.94	56.00	84.52	37.16	26.81
辽宁	171.69	92.85	59.44	87.45	38.19	27.10	福建	169.43	91.67	57.22	83.87	38.41	26.60
吉林	171.46	92.93	58.70	87.06	38.58	27.36	江西	168.57	91.40	55.96	83.02	38.74	26.97
黑龙江	171.60	93.28	59.75	88.03	38.68	27.22	湖北	169.88	91.89	56.87	86.34	38.37	27.19
山东	171.60	92.26	60.50	87.63	38.79	26.63	湖南	167.94	90.91	55.97	86.77	38.17	27.16
陕西	171.16	92.62	58.72	87.11	38.19	27.18	广东	168.82	91.30	56.07	85.87	37.61	26.67
甘肃	170.04	92.17	56.95	88.08	38.24	27.65	广西	168.02	91.26	55.28	85.63	39.66	28.07
宁夏	170.61	92.50	57.34	85.61	38.52	27.36	四川	167.87	90.96	55.79	84.92	38.20	26.53
新疆	171.39	92.44	58.92	85.37	38.83	26.47	贵州	168.15	91.50	54.56	84.81	38.44	27.38
上海	171.83	92.79	56.85	85.35	38.58	27.03	云南	168.99	91.52	55.11	86.23	38.30	27.14

注: 体重单位为 kg, 其他指标单位为 cm.

如图 5-13 所示, 假设要求可解释方差比大于等于 85%, 则需保留 3 个主成分, 主成分可表示为

$$\begin{cases} y_1 = 0.52239x_1 + 0.52546x_2 + 0.51110x_3 + 0.34649x_4 + 0.18838x_5 + 0.18504x_6, \\ y_2 = -0.19514x_1 - 0.08113x_2 - 0.18101x_3 - 0.04630x_4 + 0.65672x_5 + 0.69939x_6, \\ y_3 = -0.19058x_1 - 0.16648x_2 - 0.10464x_3 + 0.74102x_4 - 0.47135x_5 + 0.39208x_6. \end{cases}$$

其中特征变量 $x_i\,(i = 1, 2, \cdots, 6)$ 分别表示身高、坐高、体重、胸围、肩宽和骨盆宽.

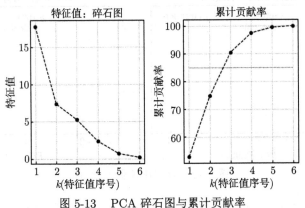

图 5-13　PCA 碎石图与累计贡献率

每一个选中的主成分所代表的特征可以用来给这些成分起名字, 但并不一定都合理.

(1) 第一主成分 y_1 与各变量 $x_i\,(i = 1, 2, \cdots, 6)$ 均呈现出正相关, 说明一个人身材的综合指标问题, 试想一个人又高又胖时, y_1 值较大. 此外, y_1 与身高 x_1、坐高 x_2 和体重 x_3 有较强的正相关, 与肩宽 x_5、骨盆宽 x_6 呈现较弱的正相关, 此类身材更像是 H 型, 比较匀称.

(2) 第二主成分 y_2 与身高 x_1、坐高 x_2、体重 x_3 和胸围 x_4 均呈现较弱的负相关, 与肩宽 x_5 和骨盆宽 x_6 呈现较强的正相关. 试想一个人又矮又胖, 则前四个变量值相对较小, 而肩宽和骨盆宽较大, 则值 y_2 较大; 试想一个人身材呈现又高又瘦的 I 型, 则前三个变量值相对较大, 而肩宽和骨盆宽较小, 则 y_2 值较小. 故 y_2 可由肩宽和骨盆宽来解释, 如大骨架型身材, 或者高矮与胖瘦的协调成分.

(3) 第三主成分 y_3 与身高 x_1、坐高 x_2、体重 x_3 和肩宽 x_5 呈现负相关, 与胸围 x_4 和骨盆宽 x_6 呈现正相关, 且与胸围 x_4 呈现较强的正相关, 与肩宽 x_5 呈现稍强的负相关, 故 y_3 可以解释为与胸围相关, 身材在厚度上的因素, 如身材比较单薄.

如图 5-14 所示, 在身材综合指标和身体协调度这两个方面, 各个地区还是有区别的 (在统计意义上):

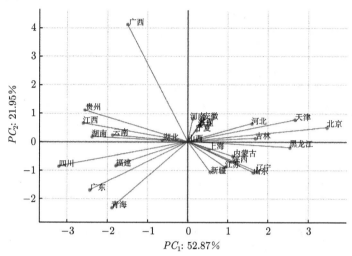

图 5-14 个体在第 1 和第 2 主成分得分图

(1) 总体上说广西比较特殊, 在身体形态上有着较大的肩宽和骨盆宽, 且在身高上不占优势.

(2) 圆心位置附近: 上海、山西、宁夏、浙江、甘肃、河南、安徽、湖北等地两个维度绝对值不大, 处于两个维度的均衡状态.

(3) 北京、天津、四川、江西、湖南等地在身材综合指标方面比较突出, 身材相对来说较好. 具体来说, 北京和天津在身高、坐高、体重等方面比较突出, 且身材比例较为协调, 而四川、江西和湖南等地身高、坐高和体重方面不占优势, 但是身材比例也较为协调.

(4) 广西、青海等地在高矮与胖瘦的协调成分中比较突出. 观看实际数据, 发现广西肩宽和骨盆宽较其他地区较大, 且身高不占优势, 而青海肩宽和骨盆宽较其他省份较小.

(5) 黑龙江、吉林等地, 在身高上区别并不特别明显, 相反, 湖南、云南等地身高上不占优势, 但都没有较宽的肩宽和骨盆宽.

■ 5.5 *核主成分分析

核主成分分析[4] (Kernel Principal Component Analysis, KPCA) 是对 PCA 的非线性拓展, 可以在非线性数据上提取主成分, 是一种有效的非线性降维方法.

KPCA 使用了核函数, 将原始主成分线性变换转换到核希尔伯特空间, 即从输入空间经过核函数映射到高维特征空间, 并在此高维特征空间中实施标准的 PCA.

常见的核函数包含多项式核函数和高斯核函数 (更多的内容参考第 9 章), 分别表示为

$$\kappa\left(\boldsymbol{x}_i, \boldsymbol{x}_j\right) = \left(a\boldsymbol{x}_i^{\mathrm{T}}\boldsymbol{x}_j + c\right)^d,$$

$$\kappa\left(\boldsymbol{x}_i, \boldsymbol{x}_j\right) = \exp\left(-\frac{\|\boldsymbol{x}_i - \boldsymbol{x}_j\|^2}{2\sigma^2}\right). \tag{5-37}$$

KPCA 的主要参数包括核函数的选择、核函数参数的调优和降维后的维度. 核函数的形式及其参数的变化会隐式地改变从输入空间到特征空间的映射. KPCA 算法描述如下:

---

1. 对样本特征数据 $\boldsymbol{X}$ 计算核矩阵 $\boldsymbol{K} = \kappa\left(\boldsymbol{X}, \boldsymbol{X}\right)$, 记核矩阵的维度为 n.
2. 核矩阵中心化

$$\boldsymbol{K} = \boldsymbol{K} - \boldsymbol{K} \odot \boldsymbol{1}_{n \times n} - \boldsymbol{1}_{n \times n} \odot \boldsymbol{K} + \boldsymbol{1}_{n \times n} \odot \boldsymbol{K} \odot \boldsymbol{1}_{n \times n}, \tag{5-38}$$

其中矩阵 $\boldsymbol{1}_{n \times n}$ 中元素均为 $1/n$, $\odot$ 为 Hadamard 积.
3. 计算核矩阵 $\boldsymbol{K}$ 的特征值与特征向量, 得 $\boldsymbol{K}$ 的 n 个特征值 $\lambda_1 \geqslant \lambda_2 \geqslant \cdots \geqslant \lambda_n$. 求方差贡献率 $\displaystyle\sum_{i=1}^{k} \eta_i$ 达到预定值的主成分数 k.
4. 特征向量 $\boldsymbol{\alpha}_i\,(i = 1, 2, \cdots, n)$ 的归一化处理, 求前 k 个特征值对应的样本主成分变量

$$\tilde{\boldsymbol{\alpha}}_i = \frac{\boldsymbol{\alpha}_i}{\sqrt{\lambda_i}}, \quad i = 1, 2, \cdots, k. \tag{5-39}$$

5. 记 $\tilde{\boldsymbol{\alpha}} = \left(\tilde{\boldsymbol{\alpha}}_1, \tilde{\boldsymbol{\alpha}}_2, \cdots, \tilde{\boldsymbol{\alpha}}_k\right)$, 计算非线性主成分, 即特征提取结果

$$\tilde{\boldsymbol{X}} = \boldsymbol{K}\tilde{\boldsymbol{\alpha}}. \tag{5-40}$$

核主成分分析算法如下, 由于核矩阵的维度尺寸通常较大, 故采用库函数求解特征值和特征向量.

```python
# file_name: kpca.py
from svm_09.kernel_svm import kernel_func   # 核函数工具方法

class KernelPrincipalComponentAnalysis:
    """
    核主成分分析降维: 计算核函数, 求核函数的特征值和特征向量(归一化), 数据转换
    """
    def __init__(self, n_components: int = 2, kernel: str = "rbf", gamma: float = 1.0,
```

```
                    d: int = 2, coff: float = 1.0, is_rotated: bool = True):
        self.n_components = n_components  # 保留的主成分个数
        assert kernel in ["linear", "poly", "rbf"]
        self.kernel = kernel  # 核函数类型
        # 定义核函数, 根据参数值获得相应的核函数计算方法
        if kernel.lower() == "linear":
            self.kernel_func = kernel_func.linear()  # 线性核函数
        elif kernel.lower() == "poly":
            # d为多项式核函数的最高阶次, 只针对多项式核函数, coff为常数项
            self.kernel_func = kernel_func.polynomial(d, coff)
        elif kernel.lower() == "rbf":
            self.kernel_func = kernel_func.rbf(gamma)  # gamma为超参数, 带宽
        self.is_rotated = is_rotated  # 是否对选择的特征变量进行整体符号旋转
        self.eig_values = None  # 特征值
        self.loading_matrix = None  # 载荷系数矩阵
        self.explained_variance_ = None  # 每个主成分的可解释度方差, 贡献
        self.explained_variance_ratio_ = None  # 总解释方差比
        self._X = None  # 记录中心化后的n × n核矩阵

    def _cal_kernel(self, X):
        """
        核矩阵的计算和中心化
        """
        kernel_mat = self.kernel_func(X, X)  # n × n矩阵: 核函数矩阵
        I = np.ones_like(kernel_mat) / kernel_mat.shape[0]  # 元素为1/n的矩阵
        # 中心化计算
        self._X = kernel_mat - kernel_mat * I - I * kernel_mat + I * kernel_mat * I
        return self._X

    def fit(self, X: np.ndarray):
        """
        核主成分分析核心算法
        """
        self._X = self._cal_kernel(X)  # 核矩阵的计算和中心化
        eig_values, eig_vectors = np.linalg.eigh(self._X)  # 矩阵特征值与特征向量
        p_idx = np.where(eig_values > 0)[0]  # 大于0的特征值索引
        eig_values, eig_vectors = eig_values[p_idx], eig_vectors[:, p_idx]
        idx = np.argsort(eig_values)[::-1]  # 特征值降序排序索引
        self.eig_values, self.loading_matrix = eig_values[idx], eig_vectors[:, idx]
        # 主成分向量归一化
```

```
        self.loading_matrix = self.loading_matrix / np. sqrt (self.eig_values)
        if  self. is_rotated :
            # 每个特征向量绝对值最大值
            max_v = np.max(np.abs(self. loading_matrix), axis=0)
            for  i  in  range (self.n_components):
                try :
                    # 绝对值最大者为负数
                    list (self. loading_matrix [:, i]).index(-max_v[i])
                    self. loading_matrix [:, i] *= -1.0  # 在整个特征向量前添加负号
                except ValueError: pass
        self. explained_variance_ = self. eig_values [: self.n_components] / \
                            np.sum(self. eig_values) * 100  # 贡献率
        self. explained_variance_ratio_ = \
            np.sum(self. explained_variance_ [: self.n_components])  # 解释方差比

    def transform (self) :   # 返回降维后的数据, 参考PCA
    def fit_transform (self, X: np.ndarray):  # 降维计算并转换数据, 参考PCA
```

例 8　由函数 sklearn.datasets.make_circles 生成三个类别的非线性数据, 每个类别 200 个样本, 进行核主成分分析.

数据生成与组合, 以及 KPCA 的参数设置如下:

```
X1, y1 = make_circles(n_samples=400, noise=0.1, factor=0.1, random_state=0)
X2, y2 = make_circles(n_samples=400, noise=0.1, factor=0.6, random_state=0)
X = np.r_[X1, X2[y2 == 1, :]]  # 增加一个类别的数据
y2[y2 == 1] = 2  # 对增加的第3个类别标签修改为2
y = np.r_[y1, y2[y2 == 2]]  # 对目标值进行组合
# 对象初始化, 分别采用高斯核和多项式核
kpca = KernelPrincipalComponentAnalysis(n_components=2, kernel="rbf", gamma=2.0)
kpca = KernelPrincipalComponentAnalysis(n_components=2, kernel="poly", d=3, coff=2.0)
```

如图 5-15 所示, 三个类别的非线性数据通过高斯核函数映射到高维空间, 在高维空间中采用 KPCA 降维, 保留两个主成分, 累计贡献率为 94.43%, 核处理后的降维数据变得线性可分. γ 参数是高斯核函数的正则化参数, 较小的 γ 值使得模型的泛化性能降低, 容易拟合个别样本, 陷入过拟合, 参考第 9 章.

如图 5-16 所示, 采用多项式核函数的 KPCA 对非线性数据降维, 仍能很好地线性可分. 显然, 增加多项式的阶次, 会使得数据的线性可分性增强, 但复杂度也增高.

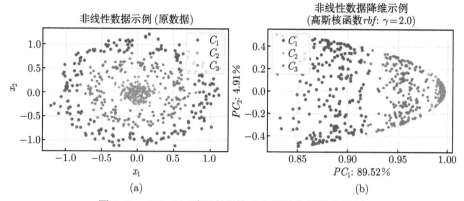

图 5-15   KPCA 采用高斯核对非线性数据降维示例

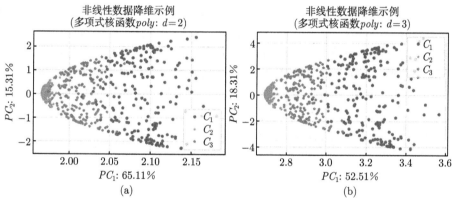

图 5-16   KPCA 采用多项式核对非线性数据降维示例

■ 5.6 习题与实验

1. 对式 (5-4), 假设 $\max\limits_{\boldsymbol{\theta}} \boldsymbol{\theta}^{\mathrm{T}} \boldsymbol{S}_{\mathrm{b}} \boldsymbol{\theta}$ s.t. $\boldsymbol{\theta}^{\mathrm{T}} \boldsymbol{S}_{\mathrm{w}} \boldsymbol{\theta} = 1$, 构造拉格朗日函数

$$L(\boldsymbol{\theta}, \lambda) = \boldsymbol{\theta}^{\mathrm{T}} \boldsymbol{S}_{\mathrm{b}} \boldsymbol{\theta} - \lambda \left(\boldsymbol{\theta}^{\mathrm{T}} \boldsymbol{S}_{\mathrm{w}} \boldsymbol{\theta} - 1 \right),$$

通过 $L(\boldsymbol{\theta}, \lambda)$ 对 $\boldsymbol{\theta}$ 的一阶偏导等于 0, 推导 LDA 模型参数的闭式解.

2. 对式 (5-18) 第一种形式, 假设 $\min\limits_{\boldsymbol{\Theta}} -\mathrm{tr}\left(\boldsymbol{\Theta}^{\mathrm{T}} \boldsymbol{S}_{\mathrm{b}} \boldsymbol{\Theta}\right)$ s.t. $\mathrm{tr}\left(\boldsymbol{\Theta}^{\mathrm{T}} \boldsymbol{S}_{\mathrm{w}} \boldsymbol{\Theta}\right) = 1$,
构造拉格朗日函数

$$L(\boldsymbol{\Theta}, \lambda) = -\mathrm{tr}\left(\boldsymbol{\Theta}^{\mathrm{T}} \boldsymbol{S}_{\mathrm{b}} \boldsymbol{\Theta}\right) + \lambda \left(\mathrm{tr}\left(\boldsymbol{\Theta}^{\mathrm{T}} \boldsymbol{S}_{\mathrm{w}} \boldsymbol{\Theta}\right) - 1 \right),$$

通过 $L(\boldsymbol{\Theta}, \lambda)$ 对 $\boldsymbol{\Theta}$ 的一阶偏导等于 $\boldsymbol{0}$, 推导 LDA 多分类问题参数的闭式解.

3. 数据协方差矩阵的意义和主要作用是什么? 阐述主成分分析的基本思想.

4. 降维在数据分析中的作用是什么? 从降维的角度, 主成分分析与判别分析有何区别?

5. 对式 (5-34) 构造拉格朗日函数[9]

$$L(\boldsymbol{W}, \boldsymbol{\Lambda}) = -\mathrm{tr}\left(\boldsymbol{W}^{\mathrm{T}} \boldsymbol{X} \boldsymbol{X}^{\mathrm{T}} \boldsymbol{W}\right) + \mathrm{tr}\left(\boldsymbol{\Lambda}^{\mathrm{T}} \left(\boldsymbol{W}^{\mathrm{T}} \boldsymbol{W} - \boldsymbol{I}\right)\right),$$

其中 $\boldsymbol{\Lambda} = \mathrm{diag}(\lambda_1, \lambda_2, \cdots, \lambda_k) \in \mathbb{R}^{k \times k}$ 为拉格朗日乘子矩阵. 令 $L(\boldsymbol{W}, \boldsymbol{\Lambda})$ 对 $\boldsymbol{W}$ 一阶偏导并等于 $\boldsymbol{0}$, 推导式 (5-35). 此外,

$$\frac{\partial}{\partial \boldsymbol{X}} \mathrm{tr}\left(\boldsymbol{X}^{\mathrm{T}} \boldsymbol{B} \boldsymbol{X}\right) = \boldsymbol{B} \boldsymbol{X} + \boldsymbol{B}^{\mathrm{T}} \boldsymbol{X}, \quad \frac{\partial}{\partial \boldsymbol{X}} \mathrm{tr}\left(\boldsymbol{B} \boldsymbol{X}^{\mathrm{T}} \boldsymbol{X}\right) = \boldsymbol{X} \boldsymbol{B}^{\mathrm{T}} + \boldsymbol{X} \boldsymbol{B}.$$

6. 以 kaggle 上的植物叶片数量集 (LeafShape.csv) 为研究对象[6], 描述植物叶片的边缘 (margin)、形状 (shape)、纹理 (texture) 这三个特征的数值型变量各 64 个, 共 192 个特征变量, 990 张植物叶片灰度图像的转换数据. 完成如下实验:

(1) 选取前 220 个样本的形状数据, 构成数据集 $\boldsymbol{X}_{220 \times 64}$, 并进行标准化.

(2) 分别采用自编码的 PCA 和 sklearn 的 PCA 算法, 实现降维到两个主成分, 累计贡献率多少?

(3) 可视化降维后的数据, 如图 5-17 所示.

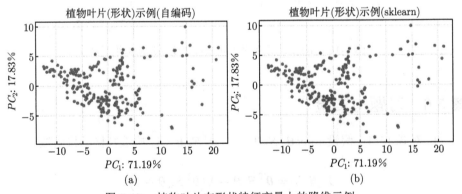

图 5-17　植物叶片在形状特征变量上的降维示例

■ 5.7　本章小结

本章主要探讨了线性判别分析、二次判别分析、主成分分析和核主成分分析. LDA 仅支持线性可分数据集, 而 QDA 支持非线性可分. LDA 结合样本的目标值可实现数据的降维, 是有监督学习方法, 而主成分分析属于无监督降维学习方法.

对于非线性数据, 核主成分分析通过引入核函数, 把低维空间映射到高维空间, 进而采用 PCA 进行降维, 是一种非线性数据特征提取的方法. 此外, 降维方法还包括流形学习 (manifold learning), 其是一类借鉴了拓扑流形概念的降维方法[1].

sklearn 库中 sklearn.discriminant_analysis.LinearDiscriminantAnalysis 可进行线性判别分析, 既可以进行分类问题, 也可以进行降维. sklearn.decomposition.PCA 和 sklearn.decomposition.KernelPCA 分别用于实现主成分分析和核主成分分析.

■ 5.8 参考文献

[1] 周志华. 机器学习 [M]. 北京: 清华大学出版社, 2016.

[2] Hastie T, Tibshirani R, Friedman J. 统计学习要素 [M]. 2 版. 张军平, 译. 北京: 清华大学出版社, 2021.

[3] 李航. 统计学习方法 [M]. 2 版. 北京: 清华大学出版社, 2019.

[4] Lee J M, Yoo C K, Choi S W, et al. Nonlinear process monitoring using kernel principal component analysis[J]. Chemical engineering science, 2004, 59(1): 223-234.

[5] 费宇, 郭民之, 陈贻娟. 多元统计分析: 基于 R [M]. 北京: 中国人民大学出版社. 2014.

[6] 薛薇, 等. Python 机器学习: 数据建模与分析 [M]. 北京: 机械工业出版社, 2021.

[7] 王娟, 牛言涛, 郑重, 等. Python 数值分析算法实践 [M]. 北京: 科学出版社, 2024.

[8] 张旭东. 机器学习 [M]. 北京: 清华大学出版社, 2024.

[9] 谢文睿, 秦州, 贾彬彬. 机器学习公式详解 [M]. 2 版. 北京: 人民邮电出版社, 2023.

## 第 6 章

决策树

决策树 (decision tree) 是一种非参数的有监督学习方法, 是符号主义的代表性模型之一. 决策树是一种实现分治策略 (divide-and-conquer strategy) 的层级数据结构, 通过递归构造树结构从数据集中学习总结蕴涵的决策规则, 能够解决分类和回归任务. 如图 6-1 所示, 决策树的每个决策结点都与输入空间的一个区域相关联, 内部决策结点继续将区域分裂成子结点下的子区域, 直至叶结点, 其中内部决策结点及其子结点构成一棵子树, 与父结点构成的树具有同样的性质. 决策树研究的核心问题是构造精度高、泛化性能强且规模小的决策树, 其思想主要来源于 Quinlan 在 1986 年提出的 ID3 算法[1] 和 1993 年提出的 C4.5 算法[2], 以及由 Breiman 等人在 1984 年提出的 CART 算法[3]. 决策树学习通常包括 3 个步骤[5]: 特征选择, 决策树的生成, 决策树的剪枝. 决策树算法容易理解, 适用于各种数据, 在解决各种问题时都有良好表现, 尤其是以树模型为核心的各种集成算法, 在各个行业和领域都有广泛的应用.

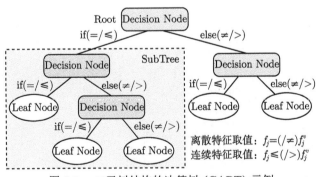

图 6-1　二叉树结构的决策树 (CART) 示例

■ 6.1　特征划分选择与连续值处理

区别于线性模型 $f_{\boldsymbol{\theta}}(\boldsymbol{x}) = \boldsymbol{\theta}^{\mathrm{T}} \boldsymbol{x}$ 表示为特征变量的线性组合, 决策树通过启发式算法 (heuristic algorithm) 在单个结点上优化, 即选择当前最佳特征去划分特征

空间, 逐步构建决策树 (得到的决策树可能不是全局最优的拟合, 但可通过集成学习得到缓解), 其决策边界是非线性的, 同时提高了模型的非线性表达能力.

6.1.1　信息熵

信息熵 (information entropy) 由克劳德·香农 (Claude Shannon) 在 1948 年提出, 它在数学上量化了通信过程中 "信息漏失" 的统计本质, 具有划时代的意义. 信息熵不仅是对信息的量化度量, 也是整个信息论的基础. 它对于通信、数据压缩、自然语言处理、信号处理都有很强的指导意义. 信息熵应用在机器学习领域, 是度量样本集合纯度最常用的一种指标. 信息熵本质上是对 "不确定现象" 的数学化度量, 旨在消除不确定性, 从而获得确定性的信息. 或者说, 信息熵度量了 "了解" 或 "确定" 一件事情所需要付出的信息量的多少, 不确定性越大, 所需信息量就越大, 信息熵也越大.

设 X 是离散型随机变量, 其概率分布为 $p(x_i) = P\{X = x_i\}$, $i = 1, 2, \cdots, n$, 则信息熵计算公式为

$$H(X) = -\sum_{i=1}^{n} p(x_i) \log p(x_i), \tag{6-1}$$

信息熵只依赖于 X 的分布, 与具体取值无关, 可记作 $H(p)$. 式 (6-1) 中对数以 2 为底, 熵的单位称作比特 (bit), 以自然对数 e 为底, 熵的单位称作纳特 (nat). 图 6-2 为二分类问题中信息熵 $H(p)$ 与正例 (或负例) 所占样本集比例 p 的变化曲线. 当 $p = 0.5$ 时信息熵取得最大值 1.0, 即不确定性最大, 纯度最低, 类似于样本集中正负例各占一半; 当 $p = 0$ (或 $p = 1$) 时, 信息熵最小, 此时纯度最高, 类似于样本集中全是负例 (或全是正例), 所能提供的信息几乎没有.

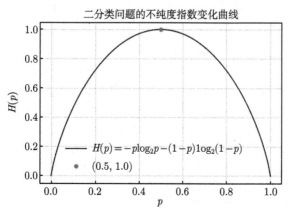

图 6-2　伯努利分布 (正负例样本比例的变化) 的信息熵的变化曲线

设训练集 $\mathcal{D} = \{(\boldsymbol{x}_i, y_i)\}_{i=1}^n$, 其中 $\boldsymbol{x}_i = (x_{i,1}, x_{i,2}, \cdots, x_{i,m})^{\mathrm{T}}$, $y_i \in \{1, 2, \cdots, K\}$, K 为类别数, 特征变量集 $F = \{f_1, f_2, \cdots, f_m\}$. 假定当前 $\mathcal{D}$ 中第 k 类样本所占的比例为 p_k, 则 $\mathcal{D}$ 上的信息熵定义为

$$\mathrm{Ent}\,(\mathcal{D}) = -\sum_{k=1}^K p_k \log_2 p_k. \tag{6-2}$$

$\mathrm{Ent}\,(\mathcal{D})$ 的值越小, 则 $\mathcal{D}$ 的纯度越高.

此外, 信息学中关于熵的概念还有联合熵、条件熵、交叉熵、相对熵 (KL 散度) 等, 不再赘述.

6.1.2 离散特征变量的划分标准

1. 信息增益

设离散特征变量 $f_j \in F$, 特征变量取值 $\boldsymbol{f}_j = (x_{1,j}, x_{2,j}, \cdots, x_{n,j})^{\mathrm{T}}$, $j = 1, 2, \cdots, m$, 设 $\boldsymbol{f}_j$ 有 V 个可能的取值 $\{f_j^v\}_{v=1}^V$, 若使用 f_j 来对 $\mathcal{D}$ 进行划分, 则会产生 V 个分支结点, 其中第 v 个分支结点所包含的样本子集为 $\mathcal{D}^v = \{\boldsymbol{x}_i | x_{i,j} = f_j^v, i = 1, 2, \cdots, n\}$. 计算 $\mathcal{D}^v$ 的信息熵, 再考虑到不同的分支结点所包含的样本数不同, 给分支结点赋予权重 $|\mathcal{D}^v| / |\mathcal{D}|$, 即样本数越多的分支结点的影响越大, 可计算出用特征变量 f_j 对 $\mathcal{D}$ 进行划分所获得的信息增益 (information gain)[4]:

$$\mathrm{Gain}\,(\mathcal{D}, f_j) = \mathrm{Ent}\,(\mathcal{D}) - \sum_{v=1}^V \frac{|\mathcal{D}^v|}{|\mathcal{D}|} \mathrm{Ent}\,(\mathcal{D}^v), \quad j = 1, 2, \cdots, m, \tag{6-3}$$

其中 $|\mathcal{D}| = n$ 为总样本量, $|\mathcal{D}^v|$ 为在特征变量 f_j 上取值为 f_j^v 的样本量. 著名的 ID3 学习算法就是以信息增益为准则来选择划分特征, ID3 无剪枝策略, 仅适合离散分布的特征.

例 1 Lenses 数据集①共包含 24 个样本, 4 个特征变量名称 (简记): 患者年龄 patient_age (f_{PA})、眼镜处方类型 spectacle_prescription (f_{SP})、散光 astigmatic (f_{A}) 和泪液分泌率 tear_production_rate (f_{TPR}), 3 个类别分别为患者应佩戴硬材质隐形眼镜 (hard)、患者应佩戴软材质隐形眼镜 (soft) 和患者不应佩戴隐形眼镜 (no). 对于特征变量 f_{PA}, 其值老花前期 pre-presbyopic 和老花 presbyopic 分别简记为 pre-p 和 pb; 对于特征变量 f_{SP}, 其值远视 hypermetrope 简记为 hm. 具体如表 6-1 所示.

---

① 数据来源 [2024-10-30]http://archive.ics.uci.edu/dataset/58/lenses, UC Irvine Machine Learning Repository.

表 6-1   Lenses 数据集

ID	f_{PA}	f_{SP}	f_{A}	f_{TPR}	class	ID	f_{PA}	f_{SP}	f_{A}	f_{TPR}	class
1	young	myope	yes	normal	hard	13	pre-p	hm	yes	normal	no
2	young	hm	yes	normal	hard	14	pb	myope	no	reduced	no
3	pre-p	myope	yes	normal	hard	15	pb	myope	no	normal	no
4	pb	myope	yes	normal	hard	16	pb	myope	yes	reduced	no
5	young	myope	no	reduced	no	17	pb	hm	no	reduced	no
6	young	myope	yes	reduced	no	18	pb	hm	yes	reduced	no
7	young	hm	no	reduced	no	19	pb	hm	yes	normal	no
8	young	hm	yes	reduced	no	20	young	myope	no	normal	soft
9	pre-p	myope	no	reduced	no	21	young	hm	no	normal	soft
10	pre-p	myope	yes	reduced	no	22	pre-p	myope	no	normal	soft
11	pre-p	hm	no	reduced	no	23	pre-p	hm	no	normal	soft
12	pre-p	hm	yes	reduced	no	24	pb	hm	no	normal	soft

基于 Lenses 数据集 $\mathcal{D}$, 按所属类别划分, 则 $|\mathcal{D}_{\mathrm{hard}}| = 4$, $|\mathcal{D}_{\mathrm{soft}}| = 5$, $|\mathcal{D}_{\mathrm{no}}| = 15$, 故信息熵为

$$\mathrm{Ent}\,(\mathcal{D}) = \sum_{k=1}^{3} p_k \log_2 p_k = -\left(\frac{4}{24}\log_2\frac{4}{24} + \frac{5}{24}\log_2\frac{5}{24} + \frac{15}{24}\log_2\frac{15}{24}\right) = 1.32609.$$

计算每个特征变量的信息增益. 以 f_{PA} 为例, 取值集合 $V = \{\mathrm{young, pre\text{-}p, pb}\}$, 若使用 f_{PA} 对 $\mathcal{D}$ 进行划分, 则可产生 3 个分支结点, 对应 3 个样本子集分别标记为 $\mathcal{D}^1 = \mathcal{D}^{\mathrm{young}}, \mathcal{D}^2 = \mathcal{D}^{\mathrm{pre\text{-}p}}$ 和 $\mathcal{D}^3 = \mathcal{D}^{\mathrm{pb}}$, 且 $|\mathcal{D}^1| = |\mathcal{D}^2| = |\mathcal{D}^3| = 8$, 则 f_{PA} 划分之后所获得的 3 个分支结点的信息熵为

$$\mathrm{Ent}\,(\mathcal{D}^1) = -\left(\frac{2}{8}\log_2\frac{2}{8} + \frac{4}{8}\log_2\frac{4}{8} + \frac{2}{8}\log_2\frac{2}{8}\right) = 1.50000,$$

$$\mathrm{Ent}\,(\mathcal{D}^2) = -\left(\frac{1}{8}\log_2\frac{1}{8} + \frac{5}{8}\log_2\frac{5}{8} + \frac{2}{8}\log_2\frac{2}{8}\right) = 1.29879,$$

$$\mathrm{Ent}\,(\mathcal{D}^3) = -\left(\frac{1}{8}\log_2\frac{1}{8} + \frac{6}{8}\log_2\frac{6}{8} + \frac{1}{8}\log_2\frac{1}{8}\right) = 1.06128.$$

故特征变量 f_{PA} 的信息增益为

$$\mathrm{Gain}\,(\mathcal{D}, f_{\mathrm{PA}}) = \mathrm{Ent}\,(\mathcal{D}) - \sum_{v=1}^{3}\frac{|\mathcal{D}^v|}{|\mathcal{D}|}\mathrm{Ent}\,(\mathcal{D}^v) = 0.0394.$$

同理, 其他特征变量的信息增益分别为

$$\mathrm{Gain}\,(\mathcal{D}, f_{\mathrm{SP}}) = 0.03951, \quad \mathrm{Gain}\,(\mathcal{D}, f_{\mathrm{A}}) = 0.37701, \quad \mathrm{Gain}\,(\mathcal{D}, f_{\mathrm{TPR}}) = 0.54880.$$

显然, 特征变量 f_{TPR} 的信息增益最大, 为最佳划分特征, 即根结点. 当特征变量 f_{TPR} 取值为 reduced(泪液分泌减少) 时, 对数据集 $\mathcal{D}$ 划分子集所包含的样本序号为 $\mathcal{D}_{\mathrm{TPR}}^{\mathrm{reduced}} = \{5, 6, 7, 8, 9, 10, 11, 12, 14, 16, 17, 18\}$, 其类别均为 no, 无需划分, 构成叶结点. 当特征变量 f_{TPR} 取值为 normal 时, 其划分子集所包含的样本序号为 $\mathcal{D}_{\mathrm{TPR}}^{\mathrm{normal}} = \{1, 2, 3, 4, 13, 15, 19, 20, 21, 22, 23, 24\}$. 该子集中所包含的特征变量的信息增益分别为

$$\mathrm{Gain}\left(\mathcal{D}_{\mathrm{TPR}}^{\mathrm{normal}}, f_{\mathrm{PA}}\right) = 0.22125, \quad \mathrm{Gain}\left(\mathcal{D}_{\mathrm{TPR}}^{\mathrm{normal}}, f_{\mathrm{SP}}\right) = 0.09544,$$

$$\mathrm{Gain}\left(\mathcal{D}_{\mathrm{TPR}}^{\mathrm{normal}}, f_{\mathrm{A}}\right) = 0.77043,$$

故最佳划分特征为 f_{A}. 如此继续, 建立 ID3 算法的决策树, 如图 6-3 所示.

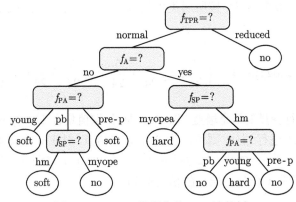

图 6-3   Lenses 数据集的 ID3 决策树

2. 信息增益率

信息增益准则对可取值数目较多的特征有所偏好. 如图 6-4 所示, 随着特征取值数的增加, 信息增益增加较快, 而信息增益率所受影响相对较小. 故而, 如果特征的取值个数越多, 则该特征越容易被选中作为划分标准. 一个极端情况是, 若对某一特征变量 f_j 的取值均不同, 即 $|\mathcal{D}^v| = 1$, $V = n$, 则信息增益为

$$\mathrm{Gain}\left(\mathcal{D}, f_j\right) = \mathrm{Ent}\left(\mathcal{D}\right) - \sum_{v=1}^{V} \frac{|\mathcal{D}^v|}{|\mathcal{D}|} \mathrm{Ent}\left(\mathcal{D}^v\right) = \mathrm{Ent}\left(\mathcal{D}\right) - \sum_{v=1}^{V} \frac{1}{V} \times 0 = \mathrm{Ent}\left(\mathcal{D}\right),$$

信息增益的取值将与特征变量 f_j 的取值无关, 这是 ID3 算法的一个缺点. 为了矫正这一问题, C4.5 算法利用信息增益率 (gain ratio) 作为划分结点 (或特征选择) 的标准.

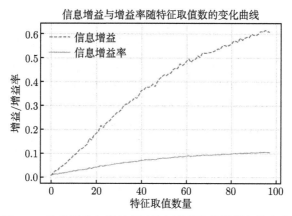

图 6-4　信息增益与增益率随特征变量取值数增加的变化

C4.5 决策树算法不直接使用信息增益, 而是使用 "增益率" 来选择最优划分特征[4], 计算公式

$$\text{Gain\_ratio}(\boldsymbol{\mathcal{D}}, f_j) = \frac{\text{Gain}(\boldsymbol{\mathcal{D}}, f_j)}{IV(f_j)}, \quad j = 1, 2, \cdots, m, \tag{6-4}$$

其中 $IV(f_j) = -\sum\limits_{v=1}^{V} \dfrac{|\boldsymbol{\mathcal{D}}^v|}{|\boldsymbol{\mathcal{D}}|} \log_2 \dfrac{|\boldsymbol{\mathcal{D}}^v|}{|\boldsymbol{\mathcal{D}}|}$ 为特征变量 f_j 的信息熵, 特征 f_j 共包含 V 个不同的取值, $IV(f_j)$ 可以起到惩罚不同取值个数多的特征变量的作用, 相当于对信息增益做了规范化. 如**例 1** 中特征变量 f_{PA} 的信息熵为

$$IV(f_{\text{PA}}) = -\sum_{v=1}^{V} \frac{|\boldsymbol{\mathcal{D}}^v|}{|\boldsymbol{\mathcal{D}}|} \log_2 \frac{|\boldsymbol{\mathcal{D}}^v|}{|\boldsymbol{\mathcal{D}}|} = -3 \times \frac{8}{24} \log_2 \frac{8}{24} = 1.58496,$$

则信息增益率为

$$\text{Gain\_ratio}(\boldsymbol{\mathcal{D}}, f_{\text{PA}}) = \frac{\text{Gain}(\boldsymbol{\mathcal{D}}, f_{\text{PA}})}{IV(f_{\text{PA}})} = \frac{0.039397}{1.58496} = 0.024857.$$

由于其他三个特征变量的信息熵为 1 (不同取值样本量均占比 0.5), 故信息增益率与信息增益相同.

注　增益率准则对可取值数目较少的特征有所偏好, 因此, C4.5 算法并不是直接选择增益率最大的候选划分特征, 而是使用了一个启发式: 先从候选划分特征变量中找出信息增益高于平均水平的特征, 再从中选择增益率最高的[4].

3. 基尼指数

CART 是一种很重要的、广泛应用于决策树的机器学习算法. CART 既可以用于创建分类树 (classification tree), 也可以用于创建回归树 (regression tree). 使用 CART 算法构建的决策树是二叉树, 它对特征进行二分, 迭代生成决策树. 如图 6-5 所示, 假设当前最佳划分特征为 "patient_age", 其不同取值有 3 个, 令其为根结点, 则 ID3 算法创建决策树会产生 3 个分支, 而 CART 算法则创建左右 2 个分支, 实际上无论某个特征有多少个不同的取值, CART 算法均产生 2 个分支. 对于离散特征取值, 则左分支可表示为 "等于" 某个取值, 右分支为 "不等于" 某个取值; 对于连续特征取值, 左分支可表示为 "小于等于" 某个取值, 右分支则为 "大于" 某个取值.

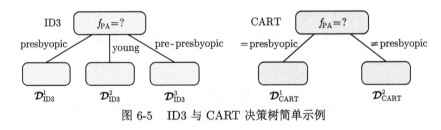

图 6-5   ID3 与 CART 决策树简单示例

CART 决策树使用 "基尼指数"(Gini index) 来选择划分特征. $\mathcal{D}$ 上的纯度可用基尼值[4]

$$\text{Gini}(\mathcal{D}) = \sum_{k=1}^{K}\sum_{k'\neq k} p_k p_{k'} = \sum_{k=1}^{K} p_k (1 - p_k) = 1 - \sum_{k=1}^{K} p_k^2 \tag{6-5}$$

来度量, 基尼值为样本被选中的概率 p_k 乘以它被分错的概率 $p_{k'}$. 直观来说, $\text{Gini}(\mathcal{D})$ 反映了从 $\mathcal{D}$ 中随机抽取两个样本, 其类别标记不一致的概率. $\text{Gini}(\mathcal{D})$ 值越小, 则 $\mathcal{D}$ 的纯度越高. 极端情况下, 当一个结点中所有样本都是一个类别时, 基尼不纯度为零, 即任意两个样本类别不一致的概率均为零.

如图 6-6 所示, 信息熵和基尼指数都有着类似的性质, 都可以用来衡量信息的不确定性. 实际上, 将 $f(x) = \log_2 x$ 在 $x = 1$ 处进行一阶 Taylor 展开, 并忽略高阶无穷小项, 得

$$f(x) \approx f(1) + f'(1)(x - 1) = \frac{x - 1}{\ln 2}.$$

由 Taylor 展开式可得如下近似关系:

$$\text{Ent}(\mathcal{D}) = -\sum_{k=1}^{K} p_k \log_2 p_k \approx \sum_{k=1}^{K} p_k \frac{1 - p_k}{\ln 2} = \frac{1}{\ln 2}\text{Gini}(\mathcal{D}).$$

特征变量 f_j 的基尼指数 (条件基尼指数) 定义为

$$\mathrm{Gini\_index}\,(\boldsymbol{D}, f_j) = \sum_{v=1}^{V} \frac{|\boldsymbol{D}^v|}{|\boldsymbol{D}|}\mathrm{Gini}\,(\boldsymbol{D}^v), \quad j = 1, 2, \cdots, m. \tag{6-6}$$

$\mathrm{Gini\_index}\,(\boldsymbol{D}, f_j)$ 表示经过 $f_j \in F$ 分割后 $\boldsymbol{D}$ 的不确定性. 在候选集合 F 中, 选择那个使得划分后基尼指数最小的特征变量作为最优划分特征.

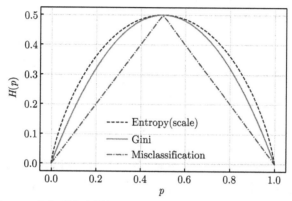

图 6-6 伯努利分布模拟二分类问题的不纯度指数的变化曲线

基尼指数增益定义为

$$\mathrm{Gini\_Gain}\,(\boldsymbol{D}, f_j) = \mathrm{Gini}\,(\boldsymbol{D}) - \sum_{v=1}^{V} \frac{|\boldsymbol{D}^v|}{|\boldsymbol{D}|}\mathrm{Gini}\,(\boldsymbol{D}^v), \quad j = 1, 2, \cdots, m. \tag{6-7}$$

CART 的基本过程包含分裂、剪枝和树选择. (1) 分裂过程是一个二叉树递归划分过程, 既可以进行分类任务也可进行回归任务, 这意味着其输入和预测特征既可以是连续型的也可以是离散型的. (2) 剪枝是避免决策树过拟合的一种有效方法, 通常采用代价复杂度剪枝. 从最大树 T_0 底端开始, 每次剪去一个内部结点, 直至根结点, 形成嵌套的子树序列 $\{T_0, T_1, \cdots, T_n\}$, 再从中选出一棵最优的决策树. (3) 树选择采用交叉验证法在单独的验证集上评估每棵剪枝树的泛化性能.

6.1.3　连续特征变量的划分标准与分箱处理

学习任务中常遇到特征变量取值为连续数值, 为了更好地适应各种不纯度的度量方法, 可将连续数值离散化, 常见做法有二分法和分箱 (binning) 法.

给定训练集 $\boldsymbol{D}$ 和连续特征 $f_j (j = 1, 2, \cdots, m)$, 假定 f_j 在 $\boldsymbol{D}$ 上出现了 V 个不同的取值, 将这些值从小到大进行排序, 记为 $\{f_j^v\}_{v=1}^{V}$. 基于划分点 t 可将 $\boldsymbol{D}$ 分为子集 $\boldsymbol{D}_t^-$ 和 $\boldsymbol{D}_t^+$, 其中 $\boldsymbol{D}_t^-$ 包含那些在特征 f_j 上取值不大于 t 的样本, 而

$\mathcal{D}_t^+$ 则包含那些在特征 f_j 上取值大于 t 的样本. 对相邻的特征取值 f_j^k 与 f_j^{k+1} 来说, t 在区间 $\left[f_j^k, f_j^{k+1}\right)$ 中取任意值所产生的划分结果相同. 因此, 对连续特征 f_j, 可考察包含 $V-1$ 个元素的候选划分点集合

$$\boldsymbol{T}_{f_j} = \left\{ \frac{f_j^k + f_j^{k+1}}{2} \;\middle|\; 1 \leqslant k \leqslant V-1 \right\}, \tag{6-8}$$

即把区间的中点作为候选划分点. 然后, 可像离散特征取值一样考察这些划分点, 选取最优的划分点进行样本集合的划分[4]. 信息增益修改为

$$\text{Gain}\,(\boldsymbol{\mathcal{D}}, f_j) = \max_{t \in \boldsymbol{T}_{f_j}} \text{Gain}\,(\boldsymbol{\mathcal{D}}, f_j, t) = \max_{t \in \boldsymbol{T}_{f_j}} \left[\text{Ent}\,(\boldsymbol{\mathcal{D}}) - \sum_{\lambda \in \{-, +\}} \frac{|\boldsymbol{\mathcal{D}}_t^\lambda|}{|\boldsymbol{\mathcal{D}}|} \text{Ent}\,\left(\boldsymbol{\mathcal{D}}_t^\lambda\right) \right],$$
$$\tag{6-9}$$

其中 $\text{Gain}\,(\boldsymbol{\mathcal{D}}, f_j, t)$ 是 $\boldsymbol{\mathcal{D}}$ 基于划分点 t 二分后的信息增益, 可选使 $\text{Gain}\,(\boldsymbol{\mathcal{D}}, f_j, t)$ 最大化的划分点.

例 2   以西瓜数据集[4] 的特征变量 "密度" 和 "含糖率" 为例, 如表 6-2 所示, 计算每个划分点的信息增益, 并统计最大的信息增益以及对应的划分点.

表 6-2   西瓜数据集

编号	色泽	根蒂	敲声	纹理	脐部	触感	密度	含糖率	好瓜
0	青绿	蜷缩	浊响	清晰	凹陷	硬滑	0.697	0.460	是
1	乌黑	蜷缩	沉闷	清晰	凹陷	硬滑	0.774	0.376	是
2	乌黑	蜷缩	浊响	清晰	凹陷	硬滑	0.634	0.264	是
3	青绿	蜷缩	沉闷	清晰	凹陷	硬滑	0.608	0.318	是
4	浅白	蜷缩	浊响	清晰	凹陷	硬滑	0.556	0.215	是
5	青绿	稍蜷	浊响	清晰	稍凹	软黏	0.403	0.237	是
6	乌黑	稍蜷	浊响	稍糊	稍凹	软黏	0.481	0.149	是
7	乌黑	稍蜷	浊响	清晰	稍凹	硬滑	0.437	0.211	是
8	乌黑	稍蜷	沉闷	稍糊	稍凹	硬滑	0.666	0.091	否
9	青绿	硬挺	清脆	清晰	平坦	软黏	0.243	0.267	否
10	浅白	硬挺	清脆	模糊	平坦	硬滑	0.245	0.057	否
11	浅白	蜷缩	浊响	模糊	平坦	软黏	0.343	0.099	否
12	青绿	稍蜷	浊响	稍糊	凹陷	硬滑	0.639	0.161	否
13	浅白	稍蜷	沉闷	稍糊	凹陷	硬滑	0.657	0.198	否
14	乌黑	稍蜷	浊响	清晰	稍凹	软黏	0.360	0.370	否
15	浅白	蜷缩	浊响	模糊	平坦	硬滑	0.593	0.042	否
16	青绿	蜷缩	沉闷	稍糊	稍凹	硬滑	0.719	0.103	否

计算特征变量 "密度" 和 "含糖率" 的信息增益的算法见 6.1.4 节实例方法 continuous_val(self, feature_x, y_labels, sample_weight), 存储计算过程中的每个划分点的信息增益即可. 结果如表 6-3 所示, 可得特征变量 "密度" 的最佳划分

点为 0.3815, 最大信息增益为 0.262439; "含糖率" 的最佳划分点为 0.1260, 最大信息增益为 0.349294.

表 6-3 特征变量密度和含糖率的划分点 T_f 和信息增益 G_f

ID	$T_{密度}$	$G_{密度}$	$T_{含糖率}$	$G_{含糖率}$	ID	$T_{密度}$	$G_{密度}$	$T_{含糖率}$	$G_{含糖率}$
0	0.2440	0.056326	0.0495	0.056326	8	0.6005	0.002227	0.2130	0.211146
1	0.2940	0.117981	0.0740	0.117981	9	0.6210	0.003585	0.2260	0.123694
2	0.3515	0.186138	0.0950	0.186138	10	0.6365	0.030202	0.2505	0.061500
3	0.3815	0.262439	0.1010	0.262439	11	0.6480	0.006046	0.2655	0.020257
4	0.4200	0.093499	0.1260	0.349294	12	0.6615	0.000770	0.2925	0.071550
5	0.4590	0.030202	0.1550	0.156185	13	0.6815	0.024086	0.3440	0.024086
6	0.5185	0.003585	0.1795	0.235466	14	0.7080	0.000333	0.3730	0.140781
7	0.5745	0.002227	0.2045	0.337129	15	0.7465	0.066962	0.4180	0.066962

如果样本量较大, 二分法选取最佳划分点的计算复杂度较高. 可采用分箱操作的方法, 设第 j 个特征取值向量为 $\boldsymbol{f}_j$, 即首先把 $\boldsymbol{f}_j$ 分成 (如分位数方法) V 个区间 (箱) $\left[\hat{x}_j^v, \hat{x}_j^{v+1}\right)$, $v = 0, 1, \cdots, V-1$, 对第 j 个特征的第 i 个样本值 $x_{i,j}$ 映射到第 v 个箱, 即

$$x_{i,j} \in \left[\hat{x}_j^v, \hat{x}_j^{v+1}\right) \to v, \quad i = 1, 2, \cdots, n, \quad j = 1, 2, \cdots, m, \quad v = 0, 1, \cdots, V-1.$$
$$(6\text{-}10)$$

分箱后, 该特征包含不同的取值共 V 个. 采用分箱法把连续数据离散化, 进而依据离散特征变量取值的方法计算当前特征的信息增益、信息增益率或基尼指数增益率. 注意分箱数 V 需要调参, 算法设计如下.

```python
# file_name: binning_utils.py
class DataBinningUtils:
    """
    针对特征变量取值为连续数值的样本数据进行分组 (分箱) 操作
    """
    def __init__(self, max_bins: int = 10):
        self.max_bins = max_bins  # 最大分组数
        self.x_bin_map = None  # 记录样本集各个特征的分段区间

    def fit(self, X: np.ndarray):
        """
        数据的拟合, 对样本集 X 按照分箱数计算分位数, 构成各特征的分段区间标准
        :param X: 一个特征变量组成的数据(一维数组)或一个样本集 (二维数组)
        """
        if X.ndim == 1:  # 样本中的一个特征数据, 且是一维数组
            X = X[:, np.newaxis]  # 转换为二维数组, 以便循环可索引取值
```

```
    # 构建分段数据. 首先初始化各特征变量的分箱区间
    self.x_bin_map = [[] for _ in range(X.shape[1])]  # 列表推导式, [[], [], ...]
    for j in range(X.shape[1]):
        x_sorted = sorted(X[:, j])  # 对第j个特征取值升序排列
        for bin in range(1, self.max_bins):
            # 针对每个分箱, 计算相应的分位数, 并取整
            pc = np.percentile(x_sorted, (bin / self.max_bins) * 100.0 // 1)
            self.x_bin_map[j].append(pc)  # 存储
        # 分箱数进行去重并重排, 以防因max_bins过多, 取整后存在相同的分箱
        self.x_bin_map[j] = sorted(list(set(self.x_bin_map[j])))

def transform(self, X: np.ndarray, x_bin_map=None):
    """
    抽取x_bin_index, 即对数据按照分箱标准进行划分, 标记各样本所在区间段索引
    :param X: 一个特征数据或一个样本集合数据
    :param x_bin_map: 指定的分箱点列表
    """
    if X.ndim == 1:
        # 数据在区间的索引, 即x在x_bin_map中的位置(左闭右开). 返回维度同x
        if x_bin_map is not None:
            self.x_bin_map = x_bin_map
        return np.asarray([np.digitize(X, self.x_bin_map[0])]).reshape(-1)
    else:
        return np.asarray([np.digitize(X[:, i], self.x_bin_map[i])
                           for i in range(X.shape[1])]).T

def fit_transform(self, X: np.ndarray):
    """
    连续数值数据的分箱拟合与映射转换
    """
    self.fit(X)  # 数据的分箱拟合
    return self.transform(X)  # 数据的分箱映射
```

例 3   以鸢尾花数据集的特征变量 "SepalLength" 为例, 最大分组数为 10, 对其连续数据进行分箱离散化.

可得其分组区间的 9 个端点 $\{4.80, 5.00, 5.27, 5.60, 5.80, 6.10, 6.30, 6.52, 6.90\}$, 进而构造 10 个左闭右开区间: $0 : (< 4.8), 1 : [4.8, 5.0), \cdots, 9 : (\geqslant 6.9)$. 对应特征变量 "SepalLength" 的 3 个类别各前 5 个样本值的分箱结果如表 6-4 所示, 索引下标从 0 开始.

表 6-4 特征变量 "SepalLength" 各样本值的分箱结果

类别	ID	vals	idx	类别	ID	vals	idx	类别	ID	vals	idx
	0	5.1	2		50	7.0	9		100	6.3	7
	1	4.9	1		51	6.4	7		101	5.8	5
Setosa	2	4.7	0	Versicolour	52	6.9	9	Virginica	102	7.1	9
	3	4.6	0		53	5.5	3		103	6.3	7
	4	5.0	2		54	6.5	7		104	6.5	7

6.1.4 特征划分选择标准的算法设计

为便于 ID3、C4.5 和 CART 决策树结点划分标准的计算, 设计工具类 ImpurityIndexUtils, 包含离散取值特征和连续数值特征的信息增益、信息增益率、基尼指数增益率, 以及回归问题的信息增益的计算.

```python
# file_name: impurity_index_utils.py
class ImpurityIndexUtils:
    """
    各种不纯度的计算的工具类, 统一要求: 信息增益、增益率和基尼指数增益等,
    均按最大值选择划分特征
    """
    @staticmethod
    def _set_sample_weight(sample_weight: np.ndarray, n_samples: int):
        """
        样本权重设置. 如果样本权重分布为None, 则默认各样本权重系数均为1.0
        """
        if sample_weight is None:
            sample_weight = np.asarray([1.0] * n_samples)
        return sample_weight

    def cal_info_entropy(self, y_labels, sample_weight=None):
        """
        信息熵. y_labels为某样本子集对应的目标值, sample_weight为样本权重向量
        """
        y = np.asarray(y_labels)  # 转换类型
        sample_weight = self._set_sample_weight(sample_weight, len(y))
        ent_x = 0.0  # 用于记录信息熵
        for yv in np.unique(y):
            p_k = 1.0 * len(y[y == yv]) * np.mean(sample_weight[y == yv]) / len(y)
            ent_x += -p_k * math.log2(p_k)  # 累加信息熵
        return ent_x

    def conditional_entropy(self, feature_x, y_labels, sample_weight=None):
```

```
    """
    计算条件熵: H(y|x)
    """
    x, y = np.asarray(feature_x), np.asarray(y_labels)  # 转换类型
    sample_weight = self._set_sample_weight(sample_weight, len(x))
    cond_ent = 0.0  # 用于记录条件熵
    for xv in np.unique(x):
        x_idx = np.where(x == xv)  # 获取某特征值对应样本索引
        sub_x, sub_y = x[x_idx], y[x_idx]  # 某特征取值所对应的样本子集
        sub_sample_weight = sample_weight[x_idx]  # 对应的样本子集权重
        p_i = 1.0 * len(sub_x) / len(x)  # 比例p_k
        cond_ent += p_i * self.cal_info_entropy(sub_y, sub_sample_weight)
    return cond_ent

def info_gain(self, feature_x, y_labels, sample_weight=None):
    """
    信息增益
    """
    entropy = self.cal_info_entropy(y_labels, sample_weight)
    cond_entropy = self.conditional_entropy(feature_x, y_labels, sample_weight)
    return entropy - cond_entropy

def info_gain_rate(self, x, y, sample_weight=None):
    """
    信息增益率, 返回信息增益率和信息增益
    """
    info_gain = self.info_gain(x, y, sample_weight)
    entropy = self.cal_info_entropy(x, sample_weight)
    return 1.0 * info_gain / (1e-15 + entropy), info_gain

def cal_gini(self, y, sample_weight=None):
    """
    计算基尼系数 Gini(D)
    """
    y = np.asarray(y)  # 转换类型
    sample_weight = self._set_sample_weight(sample_weight, len(y))
    gini_val = 1.0  # 用于记录Gini系数
    for yv in np.unique(y):
        p_k = 1.0 * len(y[y == yv]) * np.mean(sample_weight[y == yv]) / len(y)
        gini_val -= p_k * p_k
```

```
        return  gini_val

def  conditional_gini (self, feature_x, y_labels, sample_weight=None):
    """
    计算条件Gini系数: Gini(y|x)
    """
    x, y = np. asarray (feature_x), np. asarray (y_labels)
    sample_weight = self._set_sample_weight(sample_weight, len(x))
    cond_gini = 0.0  # 用于记录条件Gini系数
    for  xv  in  np.unique(x):
        x_idx = np.where(x == xv)  # 获取某特征值对应样本索引
        sub_x, sub_y = x[x_idx], y[x_idx]  # 某特征取值所对应的样本子集
        sub_sample_weight = sample_weight[x_idx]  # 对应的样本子集权重
        p_k = 1.0 * len(sub_x) / len(x)  # 比例p_k
        cond_gini += p_k * self. cal_gini (sub_y, sub_sample_weight)
    return  cond_gini

def  gini_gain (self, feature_x, y_labels, sample_weight=None):
    """
    计算gini值的增益Gini(D) - Gini(y|x)
    """
    gini_val = self. cal_gini (y_labels, sample_weight)
    cond_gini = self. conditional_gini (feature_x, y_labels, sample_weight)
    return  gini_val - cond_gini

def continuous_val (self, feature_x, y_labels, sample_weight=None):
    """
    连续数值的处理, 二分法
    """
    x, y = np. asarray (feature_x), np. asarray (y_labels)
    sample_weight = self._set_sample_weight(sample_weight, len(x))
    sorted_idx = np. argsort (x)  # 获取连续数值的样本排序索引
    x, y = x[sorted_idx], y[sorted_idx]  # 样本和对应类别标签排序
    split_t = (x[:-1] + x [1:]) / 2  # 候选划分点, 即相邻两个数值的中点
    # 计算信息熵
    entropy = self. cal_info_entropy (y_labels=y, sample_weight=sample_weight)
    best_gain, best_t = 0.0, 0.0  # 最大信息增益和最佳划分点
    for  i  in  range(len(split_t)):
        x_left, x_right = x[x <= split_t [i]], x[x > split_t [i]]  # 划分数据集
        y_left, y_right = y[x <= split_t [i]], y[x > split_t [i]]  # 对应类别划分
```

```python
                w_left = sample_weight[x <= split_t[i]]   # 对应权重划分
                w_right = sample_weight[x > split_t[i]]
                ent_left = self.cal_info_entropy(y_labels=y_left, sample_weight=w_left)
                ent_right = self.cal_info_entropy(y_labels=y_right, sample_weight=w_right)
                cond_entropy = (len(x_left) * ent_left + len(x_right) * ent_right) / len(x)
                ent_gain = entropy - cond_entropy  # 信息增益
                if best_gain < ent_gain:
                    # 获取最大信息增益和最佳划分点
                    best_gain, best_t = ent_gain, split_t[i]
        return best_gain, best_t


    @staticmethod
    def _cal_error(y: np.ndarray, sample_weight: np.ndarray, loss: str, delta: float):
        """
        连续特征取值或回归树, 最小化损失目标函数中的子项. delta为huber损失的参数
        """
        y = np.asarray(y).reshape(-1)
        if loss.lower() == ["mse", "log_loss"]:  # 平方误差或对数损失(用于GBDT)
            return np.sum((y - np.mean(y)) ** 2 * sample_weight)
        elif loss.lower() == "mae":  # 绝对误差
            return np.sum(np.abs(y - np.median(y)) * sample_weight)
        elif loss.lower() == "huber":
            y_m = np.median(y)  # 中位数
            min_v = np.where(np.abs(y - y_m) > delta, delta, np.abs(y - y_m))
            y_hat = y_m + np.mean(np.sign(y - y_m) * min_v)
            return np.sum(np.abs(y - y_hat) * sample_weight)


    def _cond_error(self, x, y, sample_weight, loss, delta):
        """
        计算按x分组的y的误差值, 此处对x进行了分箱处理
        """
        x, y = np.asarray(x), np.asarray(y)
        error = 0.0  # 针对x不同的取值, 累加误差和
        for xv in set(x):
            x_idx = np.where(x == xv)  # 按区域计算误差
            new_sample_weight = sample_weight[x_idx]
            error += self._cal_error(y[x_idx], new_sample_weight, loss, delta)
        return error


    def error_gain(self, x: np.ndarray, y: np.ndarray, sample_weight: np.ndarray=None,
```

```
                loss : str = "mse", delta : float = 0.9) :
    """
    针对连续特征取值, 如平方误差带来的增益值
    """
    sample_weight = self._set_sample_weight(sample_weight, len(x))
    return  self._cal_error(y, sample_weight, loss, delta) − \
            self._cond_error(x, y, sample_weight, loss, delta)
```

■ 6.2 决策树算法设计

决策树是具有树形的数据结构, 具有很好的递归性质, 即无论是根结点或内部结点, 其分支都构成一棵树. 故而, 决策树的学习过程是根据训练集递归创建决策树的过程, 预测时, 根据测试集递归搜索树直到叶结点, 且剪枝处理仍具有递归性质. 决策树递归构建的基本流程[4] 如下:

输入: 训练集 $\mathcal{D} = \{(\boldsymbol{x}_i, y_i)\}_{i=1}^n$, 特征变量集 $F = \{f_1, f_2, \cdots, f_m\}$.
过程: 函数 build_tree $(\mathcal{D}, F)$
1: 生成结点 node.
2: if $\mathcal{D}$ 中样本全属于同一类别 C then
3:     将 node 标记为 C 类叶结点; return.
4: if $F = \varnothing$ or $\mathcal{D}$ 中样本在 F 上取值相同 then
5:     将 node 标记为叶结点, 其类别标记为 $\mathcal{D}$ 中样本数最多的类; return.
6: 从 F 中选择最优的划分特征 f_*;
7: for f_* 的每一个取值 f_*^v do
8:     为 node 生成一个分支; 令 $\mathcal{D}^v$ 表示 $\mathcal{D}$ 中在 f_* 上取值为 f_*^v 的样本子集.
9:     if $\mathcal{D}^v = \varnothing$ then
10:         将分支结点标记为叶结点, 其类别标记为 $\mathcal{D}$ 中样本数最多的类;
            return.
11:     else
12:         以 build_tree $(\mathcal{D}^v, F \setminus \{f_*\})$ 为分支结点.
输出: 以 node 为根结点的一棵决策树.

从决策树构建流程中可以看出, 递归出口共有 3 个 (return 语句), 其中第 5 行利用当前结点的后验分布, 将叶结点类别标记为该结点所含样本最多的类别; 第 10 行则是把父结点的样本分布作为当前结点的先验分布, 叶结点类别标记为其父结点所含样本最多的类别. ID3 和 C4.5 算法设计不再呈现 (可通过下载源代码查

看). 由于决策树以树状图的结构来呈现决策规则, 故可结合工具和库函数进行树状图的可视化.

例 4　以西瓜数据集为例, 基于 ID3 和 C4.5 算法创建决策树, 并对其进行预测.

以全部样本作为训练集, 递归创建基于 ID3 和 C4.5 算法的决策树的过程信息如表 6-5 和表 6-6 所示, 其中加粗字体为当前选择的最佳划分特征所对应的信息增益或增益率. 图 6-7 为 ID3 和 C4.5 创建的决策树, 对全部样本进行预测, 正确率 100%.

表 6-5　递归创建 ID3 决策树的过程信息

特征	色泽	根蒂	敲声	纹理	脐部	触感
信息增益	0.108125	0.142675	0.140781	**0.380592**	0.289159	0.006046
纹理取值为 "模糊", 类别标签为 "否". 纹理取值为 "清晰", 各特征的信息增益如下						
信息增益	0.043068	**0.458106**	0.330856	∼	0.458106	0.458106
根蒂取值为 "硬挺", 类别标签为 "否". 根蒂取值为 "稍蜷", 各特征的信息增益如下						
信息增益	**0.251629**	∼	0.000000	∼	0.000000	0.251629
色泽取值为 "浅白", 类别标签为 "是". 色泽取值为 "乌黑", 各特征的信息增益如下						
信息增益	∼	∼	0.000000	∼	0.000000	**1.000000**
触感取值为 "硬滑", 类别标签为 "是". 触感取值为 "软黏", 类别标签为 "否".						
色泽取值为 "青绿", 类别标签为 "是". 根蒂取值为 "蜷缩", 类别标签为 "是".						
纹理取值为 "稍糊", 各特征的信息增益如下						
信息增益	0.321928	0.072906	0.321928	∼	0.170951	**0.721928**
触感取值为 "硬滑", 类别标签为 "否". 触感取值为 "软黏", 类别标签为 "是".						

表 6-6　递归创建 C4.5 决策树的过程信息

特征	色泽	根蒂	敲声	纹理	脐部	触感
信息增益率	0.068440	0.101759	0.105627	**0.263085**	0.186727	0.006918
纹理取值为 "模糊", 类别标签为 "否". 纹理取值为 "清晰", 各特征的信息增益率如下						
信息增益率	0.030937	0.338925	0.270220	∼	0.338925	**0.498865**
触感取值为 "硬滑", 类别标签为 "是". 触感取值为 "软黏", 各特征的信息增益率如下						
信息增益率	**0.274018**	0.274018	0.274018	∼	0.274018	
色泽取值为 "浅白" 或 "乌黑", 类别标签为 "否". 色泽取值为 "青绿", 各特征的信息增益率如下						
信息增益率	∼	**1.000000**	1.000000	∼	1.000000	∼
根蒂取值为 "蜷缩" 或 "硬挺", 类别标签为 "否". 根蒂取值为 "稍蜷", 类别标签为 "是".						
纹理取值为 "稍糊", 各特征的信息增益率如下						
信息增益率	0.211526	0.100987	0.331560	∼	0.176065	**1.000000**
触感取值为 "硬滑", 类别标签为 "否". 触感取值为 "软黏", 类别标签为 "是".						

例 5　以 agaricus-lepiota[①] 数据集为例, 该数据集主要用于区分可食用蘑菇

---

① 数据来源 [2024-10-30]http: //archive.ics.uciedu/ml/machine-learning-databases/mushroom/, 其中 "agaricus-lepiota.data" 为数据集, 可从 "agaricus-lepiota.names" 了解数据集的信息, 如特征名称, 特征取值含义, 类别标签名称等.

和有毒蘑菇. 创建 ID3 和 C4.5 决策树, 并对其进行预测.

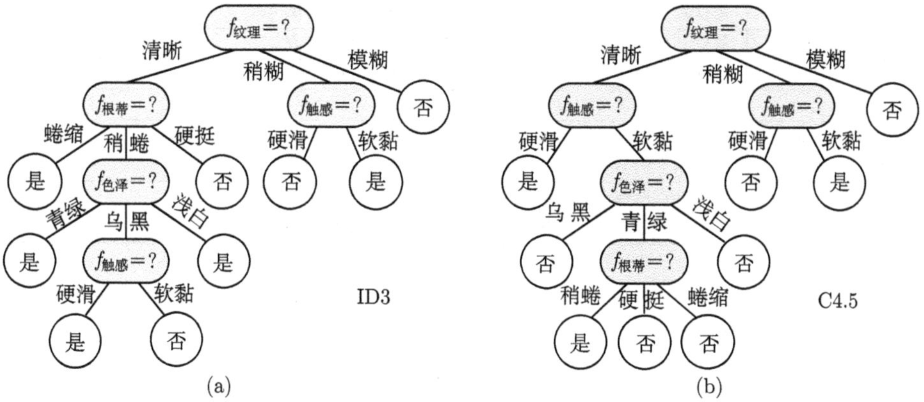

图 6-7　西瓜数据集创建的 ID3 (a) 和 C4.5 (b) 决策树

数据集 agaricus-lepiota 共有 8124 个样本, 每个样本 22 个特征变量, 如菌盖、菌褶、菌柄、菌幕特征等, 两个类别分别为 edible (可食用的), poisonous (有毒的). 按照分层采样随机划分 70% 的样本用于训练, 30% 的样本用于测试, 随机种子为 42. 根据 ID3 和 C4.5 算法计算训练集中各特征变量的信息增益和信息增益率如表 6-7 所示, 略去决策树图形, 两种算法的预测正确率均为 100%. 此外, 对于特征变量数较多且样本量较大的情况下, 决策树会非常庞大.

表 6-7　训练样本集中各特征变量的信息增益和增益率

特征 ID	1	2	3	4	5	6	7	8
信息增益	0.046898	0.027358	0.034787	0.183633	0.902552	0.015606	0.104526	0.224238
增益率	0.028503	0.017313	0.013879	0.187951	0.392112	0.088720	0.161584	0.252196

特征 ID	9	10	11	12	13	14	15	16
信息增益	0.413983	0.007579	0.135513	0.283651	0.267571	0.252529	0.244185	0.000000
增益率	0.136466	0.007676	0.074475	0.231225	0.189962	0.130371	0.123437	0.000000

特征 ID	17	18	19	20	21	22		
信息增益	0.024509	0.037205	0.313367	0.481565	0.207203	0.149710		
增益率	0.122341	0.087884	0.204044	0.218179	0.102880	0.065823		

以下介绍 CART 分类任务的算法设计.

1. 创建树结点

CART 决策树具有很好的递归性质, 每个树结点所包含的必要信息如表 6-8 所示, 若为叶结点, 则左右子树为 None.

如下代码为树结点的类定义, 可在类中结合队列结构实现二叉树的层次遍历法, 输出每层结点信息, 限于篇幅, 不再详细叙述.

表 6-8　树结点类 TreeNode 的实例属性变量及其含义

实例属性变量	说明
feature_idx	最佳划分标准所对应的特征变量在数据集中的索引编号
feature_val	最佳划分标准所对应的特征变量的某个取值或划分点
target_dist	当前结点所包含的目标类别分布, 字典格式, 如鸢尾花 $\{0:1/3, 1:1/3, 2:1/3\}$
weight_dist	当前结点所包含的权重分布, 为后续集成学习所作的扩展, 字典格式
left_child_node	当前结点的左子树结点, 类型同树结点类 TreeNode
right_child_node	当前结点的右子树结点, 类型同树结点类 TreeNode
n_samples	当前结点所包含的样本量, 可用于剪枝代价函数的计算
criterion_val	当前最佳划分结点的基尼指数增益值 (针对 CART 分类树)

```python
# file_name: tree_node.py
class TreeNode(object):
    """
    树结点实体类封装, 用于存储结点信息以及关联子结点.
    """
    def __init__(self, feature_idx: int = None, feature_val =None,
                 target_dist: dict = None, weight_dist: dict = None,
                 left_child_node=None, right_child_node=None,
                 n_samples: int = None, criterion_val: float = None):
        self.feature_idx = feature_idx     # 样本特征索引id
        self.feature_val = feature_val     # 样本特征的某个取值
        self.target_dist = target_dist     # 类别分布概率
        self.weight_dist = weight_dist     # 权重分布概率
        self.left_child_node = left_child_node     # 左孩子结点
        self.right_child_node = right_child_node   # 右孩子结点
        self.n_samples = n_samples     # 当前结点样本量
        self.criterion_val = criterion_val     # 当前最佳划分结点的基尼指数增益(CART)
```

2. CART 分类算法

为便于连续特征取值的离散处理, CART 算法对连续数据实现了分箱处理. 如果特征变量值全为连续实数, 则设置 is_feature_all_R 为 True. 如果特征变量值部分是离散的, 部分是连续的, 则通过 feature_R_idx 给定连续特征变量索引列表. 需导入类 DataBinningUtils、ImpurityIndexUtils 和 TreeNode.

```python
# file_name: cart_classify.py
class CARTClassifier:
    """
    CART树分类算法: 包括树的创建和预测, 数据集可包括连续特征数据(分箱离散化)
    """
```

```python
    def __init__(self, is_feature_all_R: bool = False, feature_R_idx: list = None,
                 max_depth: int=None, min_samples_split: int=2, min_samples_leaf: int=1,
                 min_impurity_decrease: float = 0.0, max_bins: int = 10):
        self.utils = ImpurityIndexUtils()   # 各种结点划分指标的计算类
        self.criterion_func = self.utils.gini_gain   # 基尼指数增益
        self.max_depth = max_depth   # 树的最大深度
        self.min_samples_split = min_samples_split   # 内部结点划分时的最小样本量
        self.min_samples_leaf = min_samples_leaf   # 叶结点上的最小样本量
        self.min_impurity_decrease = min_impurity_decrease   # 划分所需最小不纯度增量
        self.is_feature_R = is_feature_all_R   # 所有特征的数据是否都是连续实数
        self.feature_R_idx = feature_R_idx   # 需要进行分箱的特征索引, 即连续值
        self.root_node: TreeNode() = None   # 根结点对象, 默认None
        self.bin_obj = DataBinningUtils(max_bins=max_bins)  # 分箱法对象
        self.x_bin_map = dict()   # 训练数据的分箱点列表, 便于对测试数据统一分箱
        self.m_features = None  # 样本特征变量数
        self.prune_nums = 0  # 剪枝处理考察的结点数

    def _data_preprocess(self, X: np.ndarray):
        """
        针对不同的数据类型做预处理, 连续数据则分箱操作, 否则不进行
        """
        assert type(self.feature_R_idx) == list   # 断言列表类型
        X_binning = []   # 存储分箱后的数据
        if not self.x_bin_map:  # 针对训练数据分箱
            for i in range(self.m_features):
                if i in self.feature_R_idx:   # 如果该特征变量需要分箱
                    self.bin_obj.fit(X[:, i])   # 获取分箱区间标准
                    self.x_bin_map[i] = self.bin_obj.x_bin_map  # 记录, 以便测试集分箱
                    X_binning.append(self.bin_obj.transform(X[:, i]))   # 分箱处理
                else:
                    X_binning.append(X[:, i])   # 该特征变量无需分箱
        else:  # 针对测试数据, 与训练数据使用相同的分箱处理
            for i in range(self.m_features):
                if i in self.feature_R_idx:   # 需要分箱处理
                    X_binning.append(self.bin_obj.transform(X[:, i], self.x_bin_map[i]))
                else:
                    X_binning.append(X[:, i])   # 该特征无需分箱处理
        return np.asarray(X_binning).T

    def fit(self, X_train, y_train, sample_weight=None):
```

```
        """
        基于训练集(X_train, y_train)的CART树的训练
        """
        assert y_train.dtype != "object"  # 断言目标集已编码
        n_samples, self.m_features = X_train.shape  # 样本量与特征变量数
        if sample_weight is None:  # 对样本权重处理
            sample_weight = np.asarray([1.0] * n_samples)  # 每个样本的权重均为1.0
        assert len(sample_weight) == n_samples  # 权重集长度与样本量相同
        self.root_node = TreeNode()  # 初始化, 构建根结点
        if self.is_feature_R:  # 如果所有数据皆为连续实数, 则统一进行分箱
            X_train = self.bin_obj.fit_transform(X_train)
        elif self.feature_R_idx is not None:
            X_train = self._data_preprocess(X_train)
        # 递归构建树
        self._build_tree(0, self.root_node, X_train, y_train, sample_weight)

    def _build_tree(self, cur_depth, t: TreeNode, X, y, sample_weight):
        """
        根据决策树构建流程, 递归特征选择最佳划分特征, 并递归构建决策树
        """
        n_samples, m_features = X.shape  # 当前样本集的样本量与特征数
        # 计算目标类别的分布及其权重分布, 字典: 键为类别标签, 值为每个类别的样本数
        # 比例, 权重分布为该类别所包含的样本权重均值
        target_dist, weight_dist = dict(), dict()
        class_labels = np.unique(y)  # 目标值的类别标签, 如iris为0, 1, 2
        for label in class_labels:
            target_dist[label] = len(y[y == label]) / n_samples  # 样本各类别比例
            weight_dist[label] = np.mean(sample_weight[y == label])  # 各类别权重均值
        t.target_dist = target_dist  # 类别分布
        t.weight_dist = weight_dist  # 权重分布
        t.n_samples = n_samples  # 样本量
        # 判断停止划分的条件
        if len(target_dist) <= 1:  # 当前结点的样本集为同一个类别, 无需划分
            return  # 递归出口
        if n_samples < self.min_samples_split:  # 当前结点样本量小于最小结点划分标准
            return  # 递归出口
        if self.max_depth is not None and cur_depth > self.max_depth:
            return  # 达到树的最大深度, 递归出口
        # 寻找最佳的划分特征以及取值
        best_idx, best_index_val, best_criterion_val = None, None, 0
```

```
        # 如果m_features = 0, 则特征集F为空, 递归出口
        for j in range(m_features):  # 对于样本的每个特征的不同取值
            # 如果取值一样, 则划分标准的各种增益为0, 递归出口
            for f_val in set(X[:, j]):
                # 计算当前特征的划分标准, 只要区分不同取值即可, 此处简化为0、1标记
                fk_values = (X[:, j] == f_val).astype(int)  # 当前特征取值为1, 否则为0
                criterion_val = self.criterion_func(fk_values, y, sample_weight)
                if criterion_val > best_criterion_val:  # 取基尼指数增益最大者
                    best_criterion_val = criterion_val  # 最佳划分标准
                    # 记录当前最佳特征索引和最佳的特征取值
                    best_idx, best_index_val = j, f_val
        if best_idx is None: return  # 递归出口
        if best_criterion_val <= self.min_impurity_decrease:  # 小于阈值, 不足以划分
            return  # 递归出口
        # 满足划分条件, 以当前最佳特征索引和特征取值划分结点, 填充树结点信息
        t.feature_idx = best_idx  # 最佳特征所在样本的索引
        t.feature_val = best_index_val  # 最佳特征取值
        t.criterion_val = best_criterion_val  # 最佳特征取值的标准
        selected_f = X[:, best_idx]  # 当前选择的最佳特征样本取值, 一列
        # 创建左孩子结点, 并递归创建以当前结点为子树根结点的左子树
        left_idx = np.where(selected_f == best_index_val)  # 左子树结点的样本索引集
        # 若切分后的样本量大于给定参数值, 则继续分割, 否则, 左子树为空
        if len(left_idx[0]) >= self.min_samples_leaf:
            t.left_child_node = TreeNode()  # 创建一个树结点且为左子树
            # 以当前结点为根结点, 递归创建左子树
            self._build_tree(cur_depth + 1, t.left_child_node, X[left_idx],
                            y[left_idx], sample_weight[left_idx])
        # 同理, 创建右孩子结点, 并递归创建以当前结点为子树根结点的右子树
        right_idx = np.where(selected_f != best_index_val)
        if len(right_idx[0]) >= self.min_samples_leaf:
            t.right_child_node = TreeNode()  # 创建一个树结点且为右子树
            self._build_tree(cur_depth + 1, t.right_child_node, X[right_idx],
                            y[right_idx], sample_weight[right_idx])

    def _search_node(self, t: TreeNode, X, class_num):
        """
        检索叶结点的类别分布, 用于预测, 即在从根结点到叶结点的一条路径上搜索
        """
        # 如果左子树不空, 且要查找的特征与当前树结点的值相同, 则继续在左子树搜索
        if t.left_child_node and X[t.feature_idx] == t.feature_val:
```

```
            return  self._search_node(t.left_child_node, X, class_num)
        # 如果右子树不空, 且要查找的特征与当前树结点的值不同, 则在右子树搜索
        elif  t.right_child_node and  X[t.feature_idx] != t.feature_val:
            return  self._search_node(t.right_child_node, X, class_num)
        else:  # 否则为叶结点, 对当前叶结点按照类别分布 (投票法) 判断类别
            class_p = np.zeros(class_num)  # 初始类别分布数组
            for  c  in  range(class_num):
                # 获取当前类别的概率分布 (键不存在, 则值设置为0.0) 和
                # 权重分布 (键不存在, 则值设置为1.0)
                class_p[c] = t.target_dist.get(c, 0.0) * t.weight_dist.get(c, 1.0)
            class_p /= np.sum(class_p)  # 归一化类别分布
            return  class_p

    def  predict_proba(self, X_test):
        """
        预测测试样本X_test的类别概率
        """
        if  self.is_feature_R:  # 如果所有数据皆为连续实数, 则统一进行分箱
            X_test = self.bin_obj.transform(X_test)
        elif  self.feature_R_idx  is not None:  # 对连续特征数据进行分箱
            X_test = self._data_preprocess(X_test)
        cn = len(self.root_node.target_dist)  # 类别数
        return  np.asarray([self._search_node(self.root_node, X_test[i], cn)
                        for  i  in  range(X_test.shape[0])])

    def  predict(self, X_test):
        """
        预测样本X_test所属类别, 预测类别概率为二维数组
        """
        return  np.argmax(self.predict_proba(X_test), axis=1)

    def  _prune_node(self, t: TreeNode, alpha: float):  # 剪枝处理, 参见6.3节

    def  prune(self, alpha=0.01):
        """
        决策树剪枝 C(T) + alpha * |T|, 基于阈值alpha
        """
        self._prune_node(self.root_node, alpha)  # 递归剪枝
        return  self.root_node
```

```
def  out_decision_tree (self, feature_names=None):
    """
    如果设计遍历算法, 则按照层次遍历的方法输出决策树, 否则忽略
    """
    level_result = TreeNode(). level_order(self.root_node, feature_names,
                                          self.m_features)  # 层次遍历
    TreeNode(). out_tree_result (level_result)  # 打印输出层次遍历的结果
```

3. 连续特征变量的 CART 分类决策树

如下算法仅给出区别于类 CARTClassifier 的部分代码 (粗体标记). 对连续特征取值不再做分箱处理, 而是按照连续值的二分法处理, 这包括划分标准的计算、左右子树的样本划分和预测过程中的递归搜索.

```
# file_name: cart_classify_continuous.py
class  CARTClassifierFR:
    """
    CART决策树分类算法: 仅限于连续特征数据, 包括决策树的创建、后剪枝处理和预测,
    """
    def __init__ (self, max_depth=None, min_samples_split=2, min_samples_leaf=1,
                  min_impurity_decrease=0):

    def _build_tree (self, cur_depth, t: TreeNode, X, y, sample_weight):
        """
        递归进行特征选择, 构建决策树
        """
        ......
        # 计算连续特征的信息增益, 获取最佳的划分特征以及取值
        best_idx, best_index_val, best_criterion_val = None, None, 0
        # 如果m_features = 0, 则特征集F为空, 递归出口2.1; 否则, 计算..
        for j in range(m_features):  # 对于样本的每个特征, 每个特征的不同取值
            best_gain, best_t = self.utils.continuous_val(X[:, j], y, sample_weight)
            if best_gain > best_criterion_val:  # 考虑最大化的Gain(D, f, t)
                best_criterion_val = best_gain  # 最佳划分标准
                # 当前最佳特征索引和最佳的特征取值
                best_idx, best_index_val = j, best_t

        # 创建左孩子结点, 并递归创建以当前结点为子根结点的左子树
        left_index = np.where(selected_f <= best_index_val)  # 左子树的样本索引集
        # 如果切分后的点太少, 以至于都不能做叶结点, 则停止分割, 包含了递归出口3
        if  len(left_index [0]) >= self.min_samples_leaf:
```

```
        t.left_child_node = TreeNode()  # 创建一个树结点且为左子树
        # 以当前结点为根结点, 递归创建左子树
        self._build_tree(cur_depth + 1, t.left_child_node, X[left_index],
                         y[left_index], sample_weight[left_index])
    # 同理, 创建右孩子结点, 并递归创建以当前结点为子根结点的右子树
    right_index = np.where(selected_f > best_index_val)  # 右子树的样本索引集
    if len(right_index[0]) >= self.min_samples_leaf:
        t.right_child_node = TreeNode()
        self._build_tree(cur_depth + 1, t.right_child_node, X[right_index],
                         y[right_index], sample_weight[right_index])


def _search_node(self, t: TreeNode, X, class_num):
    """
    检索叶结点的类别分布, 用于预测, 即在从根结点到叶结点的一条路径上搜索
    """
    # 如果左子树不空, 且要查找的特征不小于当前树结点的值, 则继续在左子树搜索
    if t.left_child_node and X[t.feature_idx] <= t.feature_val:
        return self._search_node(t.left_child_node, X, class_num)
    # 如果右子树不空, 且要查找的特征大于当前树结点的值, 则在右子树搜索
    elif t.right_child_node and X[t.feature_idx] > t.feature_val:
        return self._search_node(t.right_child_node, X, class_num)
    ......
```

■ 6.3　剪枝处理

不同的划分标准对决策树的泛化性能影响不大, 但剪枝策略和剪枝程度对决策树的泛化性能影响较为显著. 决策树剪枝的基本策略有预剪枝 (pre-pruning) 和后剪枝 (post-pruning)[4]. 预剪枝是指在决策树生成过程中, 对每个结点在划分前先进行评估, 若当前结点的划分不能带来决策树泛化性能的提升, 则停止划分并将当前结点标记为叶结点; 后剪枝则是先从训练集生成一棵完整的决策树, 然后自底向上地对非叶结点进行考察, 若将该结点对应的子树替换成叶结点能带来决策树泛化性能提升, 则将该子树替换为叶结点. 故而, 后剪枝的基本思想是通过对子树进行评估, 判断剪枝子树后是否能够提高决策树的泛化能力. 常见的后剪枝策略[8]包括减少错误剪枝 (Reduced Error Pruning, REP)、悲观错误剪枝 (Pessimistic Error Pruning, PEP)、最小误差剪枝 (Minimum Error Pruning, MEP) 和代价复杂度剪枝 (Cost Complexity Pruning, CCP) 等.

CCP 通过极小化决策树整体的代价函数来实现. 设决策树模型为 $f(T)$, 叶结

点个数为 $|T|$, t 是树 T 的叶结点, 该叶结点有 N_t 个样本点, 其中 $k(k=1,2,\cdots,K)$ 类的样本点有 $N_{t,k}$ 个, $H_t(T)$ 为叶结点 t 上的信息熵, $\alpha \geqslant 0$ 为剪枝阈值参数, 则决策树学习的代价函数定义为

$$C_\alpha(T) = \sum_{t=1}^{|T|} N_t H_t(T) + \alpha|T| = C(T) + \alpha|T|, \quad H_t(T) = -\sum_{k=1}^{K} \frac{N_{t,k}}{N_t} \log_2 \frac{N_{t,k}}{N_t},$$

(6-11)

其中, $C(T)$ 为模型对训练数据的预测误差, 表示模型对训练数据的拟合程度, 可通过度量叶结点的信息熵 (或基尼指数值) 来衡量; $|T|$ 表示模型的复杂度; $C_\alpha(T)$ 为参数 α 时的子树 T 的整体损失; $\alpha \geqslant 0$ 控制两者之间的影响, 即权衡训练数据的拟合程度与模型的复杂度. 从最小化代价函数的角度出发, 较大的 α 促使选择较简单的模型 (决策树), 此时容易欠拟合; 较小的 α 促使选择较复杂的模型, 极端情况下, 所有叶结点的信息熵为 0, 纯度最高, 对训练数据的预测精度可达 100%, 此时容易陷入过拟合. 剪枝就是当 α 确定时, 选择代价函数最小的子树.

具体地, 从整体树 T_0 开始剪枝[5]. 对 T_0 的任意内部结点 t, 以 t 为单结点树的损失为 $C_\alpha(t) = C(t) + \alpha$. 以 t 为根结点的子树 T_t 的损失为 $C_\alpha(T_t) = C(T_t) + \alpha|T_t|$. 当 $\alpha = 0$ 及 α 充分小时, 有不等式 $C_\alpha(T_t) < C_\alpha(t)$; 当 α 增大时, 在某一 α 有 $C_\alpha(T_t) = C_\alpha(t)$; 当 α 再增大时, $C_\alpha(T_t) > C_\alpha(t)$. 故而, 当

$$\alpha = \frac{C(t) - C(T_t)}{|T_t| - 1}$$

(6-12)

时, T_t 与 t 有相同的损失值, 而 t 的结点少, 因此 t 比 T_t 更可取, 对 T_t 进行剪枝.

如图 6-8 所示, 假设样本集共 2 个类别, 标记为 C_1 和 C_2, 内部结点共 N 个, 叶结点中 $\{\cdot\}$ 表示该叶结点所包含的样本集. 按式 (6-12) 计算所有内部结点的 α 值, 设最小的阈值为 α_3, 则对 t_3 进行剪枝, 使其成为叶结点, 并对叶结点 t_3 以投票法决定其类别为 C_2, 归纳其样本集 $\{\cdot\}$, 得到一棵新树 T_1. 基于新树 T_1, 重新计算所有内部结点所对应的 α' 值. 不断重复, 直到仅包含两个叶结点的根结点为止, 最终得到 $N-1$ 棵剪枝树. 依据验证集, 按照交叉验证法从 $\{T_0, T_1, \cdots, T_{N-1}\}$ 中选择最优子树 T_α, 即误判率最低的决策树.

CCP 需要额外的验证集, 计算复杂度高, 但可从学习到的决策树 (基于结点划分标准递归构建的决策树并非全局最优的) 通过剪枝选取最优的模型, 读者可参考黄智濒教授的算法[8] 实现 CCP. 本节采用一种启发式思路, 通过给定阈值 α, 简化上述剪枝计算的复杂度, 且不需要验证集. 即给定阈值 α, 基于贪婪策略, 选择局部最优决策树. 此时, α 作为一个超参数, 可通过交叉验证调优选择. CART 后剪枝的算法流程如下, 即按照二叉树的后序遍历序列递归评估内部结点并剪枝.

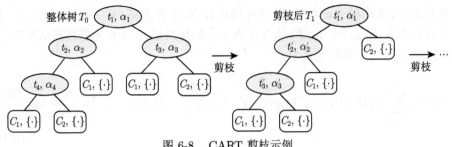

图 6-8　CART 剪枝示例

输入: CART 算法生成的决策树 T, 阈值 $\alpha > 0$.

输出: 剪枝后的决策树 T_α.

1. 若 T 的左子树不空, 则对左子树递归剪枝.

2. 若 T 的右子树不空, 则对右子树递归剪枝.

(1) 若当前结点 t 为仅包含左右两个叶结点的内部结点, 则以 t 为子树的代价函数值 (式 (6-11)) 为左右叶结点的代价函数值之和, 即 $C_\alpha(t_{\text{left}}) + C_\alpha(t_{\text{right}})$; 若剪枝, 则删除 t 的左右叶结点, 即 t 变为叶结点, 其代价函数值为 $C_\alpha(t)$.

(2) 如果 $C_\alpha(t) < C_\alpha(t_{\text{left}}) + C_\alpha(t_{\text{right}})$, 则剪枝; 否则, 不剪枝.

3. 按后序遍历序列, 自底向上逐个考察内部结点剪枝前后的代价函数值, 判断是否剪枝.

CART 分类算法的后剪枝算法如下, 直接添加到 CART 分类算法中即可.

```python
def _prune_node(self, t: TreeNode, alpha: float):
    """
    对子树t进行剪枝, 自底向上对子树t中所有非叶结点逐一考察, 故后序遍历处理
    """
    if t.left_child_node:  # 左子树存在, 则左子树递归剪枝
        self._prune_node(t.left_child_node, alpha)
    if t.right_child_node:  # 右子树存在, 则右子树递归剪枝
        self._prune_node(t.right_child_node, alpha)
    # 对当前结点考虑剪枝, 针对非叶结点, 即决策树的内部结点(含有两个叶子结点)
    if t.left_child_node is not None or t.right_child_node is not None:
        for tc in [t.left_child_node, t.right_child_node]:
            if tc is None: continue  # 可能存在右子树为空或左子树为空情况
            if tc.left_child_node is not None or tc.right_child_node is not None:
                return  # 避免跳层剪枝, 即当前结点的孩子结点非叶子结点, 则返回
        pre_prune_value = 2.0 * alpha  # 计算剪枝前的损失值, 2表示左右两个叶结点
        for tc in [t.left_child_node, t.right_child_node]:
            # 计算左右子树的信息熵(或基尼指数或分类错误率)
```

```
        if  tc  is  None: continue
        for key, val in tc.target_dist.items():
            pre_prune_value += −1 * tc.n_samples * val * \
                            np.log2(val) * tc.weight_dist.get(key, 1.0)
    after_prune_value = 1.0 * alpha  # 计算剪枝后的损失值, 剪枝后为叶结点
    for key, val in t.target_dist.items():
        after_prune_value += −1 * t.n_samples * val * \
                        np.log2(val) * t.weight_dist.get(key, 1.0)
    # 剪枝操作, 当前结点为叶结点, 保留类别分布概率
    if  after_prune_value <= pre_prune_value:
        self.prune_nums += 1  # 剪枝结点个数增一
        t.left_child_node, t.right_child_node = None, None  # 左右子树为空
        t.feature_idx, t.feature_val = None, None
```

例 6 以函数 sklearn.datesets.make_classification 随机构造含有 2 个特征变量、2 个类别的 100 个样本数据, 建立 CART 分类决策树, 并进行剪枝处理.

在训练集上训练并预测, 连续数据离散化处理, 分箱数为 10 (若基于连续数值的处理方法, 可获得训练集 100% 的精度). 如图 6-9 所示, (a) 图为未剪枝时的分

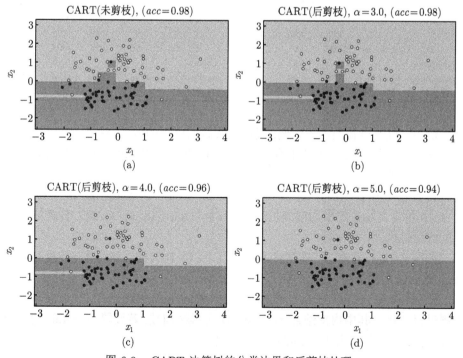

图 6-9　CART 决策树的分类边界和后剪枝处理

类边界示意图, 边界复杂, 复杂的决策树容易陷入过拟合. 随着剪枝阈值 α 的增加, 分类边界变得简单, 这意味着简化了决策树, 并使得过拟合现象逐步得以缓解.

例 7   以 "Nursery" 数据集[①] 为例, 该数据集用于评估儿童托儿所的入学申请优先级, 包含 8 个类别型特征 (categorical feature, 其值为非数值型), 按优先级分为 5 个类别. 试基于 Nursery 创建 CART 分类决策树, 剪枝阈值 $\alpha = 20$.

```
X_train, X_test, y_train, y_test = \
    train_test_split (X, y, test_size =0.3, random_state=0, stratify =y)
tree = CARTClassifier(max_depth=10, min_samples_split=30, min_samples_leaf=10)
```

删除缺失值后共包含 12958 个样本, 且不包括 "recommend" 类别样本, 由于类别 "very_recom" 样本数较少, 也不予考虑. 学习过程设置最大深度为 10, 最小结点划分的样本数为 30, 最小叶结点包含的样本数为 10, 一定程度上避免了过拟合. 本例仅考虑一次分层采样随机划分, 表 6-9 为剪枝前后的分类报告, 共剪枝结点 45 个, 模型变得简单, 总体预测精度一致.

表 6-9   剪枝前后的分类报告

	未剪枝					剪枝			
	precision	recall	f1-score	support		precision	recall	f1-score	support
0	1.00	1.00	1.00	1296	0	1.00	1.00	1.00	1296
1	0.96	0.93	0.95	1280	1	0.99	0.89	0.94	1280
2	0.93	0.96	0.94	1213	2	0.90	0.99	0.94	1213
accuracy			0.96	3888	accuracy			0.96	3888
macro avg	0.96	0.96	0.96	3888	macro avg	0.96	0.96	0.96	3888
weighted avg	0.96	0.96	0.96	3888	weighted avg	0.96	0.96	0.96	3888

例 8   以鸢尾花数据集为例, 根据连续数据处理的方法, 建立 CART 分类树. 采用交叉验证的方法选择最佳的剪枝阈值 α, 以最佳阈值和划分的数据集创建决策树并剪枝处理.

设置 $\alpha \in [0, 10]$, 等分 $\alpha_k (k = 1, 2, \cdots, 30)$, 图 6-10 呈现出在不同阈值 α_k 下进行 10 折交叉验证的平均精度折线, 当 $\alpha \in [3.45, 4.48]$ 时, CART 分类树具有最优的泛化性能.

如图 6-11(a) 图所示, 在默认参数情况下, 以 75% 的训练样本 (随机划分种子 0) 递归创建的决策树, 每个叶结点的类别分布最纯, 但测试样本的正确率为 92%; (b) 图为在阈值 $\alpha = 3.45$ 时的剪枝结果, 共剪枝 6 个内部结点, 测试样本的正确率提升至 95%. 其中内部结点 $f_{\text{PW}} \{0.13\}$ 可继续剪枝, 若设置 $\alpha = 4.0$, 则该结点为叶结点, 类别分布为 $\{1: 0.923, 2: 0.077\}$.

[①] UCI 下载 [2024-10-30], http://archive.ics.uci.edu/ml/datasets/Nursery.

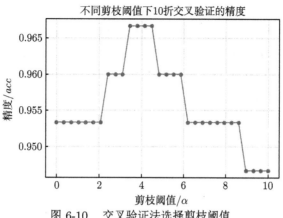

图 6-10   交叉验证法选择剪枝阈值

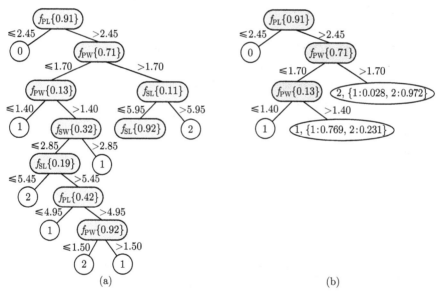

(a)   (b)

图 6-11   鸢尾花数据集的 CART 决策树和剪枝结果

PL: petal length, PW: petal width, SL: sepal length, SW: sepal width. $\{1:0.769, 2:0.231\}$ 为当前结点所包含样本的类别分布. $f_{PL}\{0.91\}$ 表示特征 petal length 的基尼指数增益为 0.91. 叶结点 ⓪, ① 和 ② 分别表示当前结点所包含的样本的类别均为 0, 1 和 2

■ 6.4   基于 CART 的回归树

　　CART 回归树就是将特征空间划分成若干单元, 每一个划分单元有一个特定的输出. 因为每个结点都是 "是" 和 "否" 的判断, 所以划分的边界平行于各特征变量坐标轴. 对于测试数据, 只要按照特征将其归到某个单元, 便可以得到对应的输出值. 如图 6-12 所示, (a) 图为对二维平面划分的决策树, (b) 图为对应的划分示意图, 其中 C_1, C_2, C_3, C_4, C_5 是对应每个划分单元的输出值. 若对一个新的样本 $(6,6)$ 决定其预测输出. 第一维分量 6 介于 5 和 8 之间, 第二维分量 6 小于 8, 根据此决策树很容易判断 $(6,6)$ 所在的划分单元, 其对应的输出值为 C_3, 而样本 $(1,7)$ 则对应输出值 C_2.

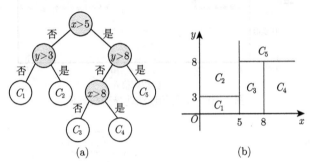

图 6-12　CART 回归决策树和边界划分 (两个特征变量情形)

以平方误差最小化准则为学习策略, CART 回归树算法流程[5]:

输入: 训练集 $\mathcal{D} = \{(\boldsymbol{x}_i, y_i)\}_{i=1}^n$, 其中 $\boldsymbol{x}^{(j)} = (x_{1,j}, x_{2,j}, \cdots, x_{n,j})^{\mathrm{T}}$ 为第 j 个特征取值组成的向量;

输出: 回归树 $f(\boldsymbol{x})$.

在训练集所在的输入空间 $\mathcal{X}$ 中, 递归地将每个区域划分为两个子区域并决定每个子区域上的输出值, 构建二叉决策树:

1. 选择最优切分变量 (splitting variable) j 与切分点 (splitting point) s, 求解

$$\min_{j,s} \left[\min_{C_1} \sum_{\boldsymbol{x}_i \in R_1(j,s)} (y_i - C_1)^2 + \min_{C_2} \sum_{\boldsymbol{x}_i \in R_2(j,s)} (y_i - C_2)^2 \right], \tag{6-13}$$

遍历变量 j, 对固定的切分变量 j 扫描切分点 s, 选择使式 (6-13) 达到最小值的 (j,s) 对, 即两个区域平方误差和最小的 (j,s).

2. 用选定的 (j,s) 划分区域 $R_l\ (l = 1, 2)$ 并决定相应的输出值 $\hat{C}_l$:

$$R_1(j,s) = \left\{ \boldsymbol{x} \,\middle|\, x_i^{(j)} \leqslant s \right\}, \quad R_2(j,s) = \left\{ \boldsymbol{x} \,\middle|\, x_i^{(j)} > s \right\}, \quad \hat{C}_l = \frac{1}{N_l} \sum_{\boldsymbol{x}_i \in R_l(j,s)} y_i, \tag{6-14}$$

其中 $x_i^{(j)}$ 为当前递归区域的输入空间 $\mathcal{X}' \subset \mathcal{X}$ 中第 j 个特征的第 i 个取值. 式 (6-13) 可简化为

$$\min_{j,s} \left[\sum_{\boldsymbol{x}_i \in R_1(j,s)} \left(y_i - \hat{C}_1 \right)^2 + \sum_{\boldsymbol{x}_i \in R_2(j,s)} \left(y_i - \hat{C}_2 \right)^2 \right].$$

3. 继续对两个子区域 R_l $(l = 1,2)$ 调用步骤 (1)、(2), 直至满足停止条件.

4. 若将输入空间划分为 L 个区域 $R_1, R_2, \cdots, R_L$, 则生成的决策树 (其中 $\mathbb{I}(\cdot)$ 为指示函数) 为

$$f(x) = \sum_{l=1}^{L} \hat{C}_l \cdot \mathbb{I}(\boldsymbol{x} \in R_l). \tag{6-15}$$

若采用绝对误差最小化准则, 则式 (6-13) 可修改为

$$\min_{j,s} \left[\min_{C_1} \sum_{\boldsymbol{x}_i \in R_1(j,s)} |y_i - C_1| + \min_{C_2} \sum_{\boldsymbol{x}_i \in R_2(j,s)} |y_i - C_2| \right], \tag{6-16}$$

则 $\hat{C}_l = \boldsymbol{y}_{0.5}$, $l = 1,2$, 其中 $\boldsymbol{y}$ 表示对应于 $\boldsymbol{x} \in R_l$ 的目标向量, $\boldsymbol{y}_{0.5}$ 表示该目标集的中位数.

若采用 Huber 损失 (见 10.1.3 节) 误差最小化准则, 则式 (6-13) 可修改为

$$\min_{j,s} \left[\min_{C_1} \sum_{\boldsymbol{x}_i \in R_1(j,s)} \mathcal{L}_{\delta,\text{huber}}(y_i, C_1) + \min_{C_2} \sum_{\boldsymbol{x}_i \in R_2(j,s)} \mathcal{L}_{\delta,\text{huber}}(y_i, C_2) \right], \tag{6-17}$$

其中

$$\mathcal{L}_{\delta,\text{huber}}(y, C) = \begin{cases} \dfrac{1}{2}(C - y)^2, & |y - C| \leqslant \delta, \\ \delta|C - y| - \dfrac{1}{2}\delta^2, & |y - C| > \delta, \end{cases} \tag{6-18}$$

则

$$\hat{C}_l = \boldsymbol{y}_{0.5} + \frac{1}{N_l} \sum_{\boldsymbol{x}_i \in R_l(j,s)} \text{sgn}(y_i - \boldsymbol{y}_{0.5}) \cdot \min(\delta, |y_i - \boldsymbol{y}_{0.5}|). \tag{6-19}$$

CART 回归决策树的算法实现. 本算法仅限于特征变量数据为连续数值的情况. 首先定义树的结点类 TreeNone, 然后递归构建回归树, 进而剪枝、预测, 性能度量指标为均方误差和可决系数.

```python
# file_name: cart_regression.py
class TreeNode(object):
    """
```

树结点, 用于存储结点信息以及关联的左右子结点(若为叶结点, 则左右子结点为空)
```
    """
    def __init__(self, feature_idx: int = None, feature_val =None, y_hat=None,
                 std_error =None, left_child_node =None, right_child_node =None,
                 num_samples: int = None):
        self.feature_idx = feature_idx   # 特征变量的id
        self.feature_val = feature_val   # 特征取值
        self.y_hat = y_hat  # 预测值
        self.std_error = std_error   # 当前结点所包含样本的离差平方和
        self.left_child_node = left_child_node   # 左孩子结点
        self.right_child_node = right_child_node   # 右孩子结点
        self.num_samples = num_samples  # 样本量


class CARTRegression:
    """
    CART算法创建回归树, 仅限于所有特征变量皆为数值型数据
    """
    def __init__(self, criterion ="mse", max_depth=None, min_samples_split=2,
                 min_samples_leaf=1, min_std=1e-3, min_impurity_decrease=0,
                 huber_delta =0.9):
        self.criterion = criterion   # 划分标准, 目前仅有平方误差, 可扩充
        assert  criterion.lower() in ["mse", "mae", "huber", "log_loss"] # 断言
        self.criterion_func = ImpurityIndexUtils()   # 不纯度计算工具类
        self.max_depth = max_depth  # 树的最大深度
        # 当对一个内部结点划分时, 要求该结点上的最小样本数, 默认为2
        self.min_samples_split = min_samples_split
        self.min_samples_leaf = min_samples_leaf   # 叶结点上的最小样本数, 默认为1
        # 结点包含的目标值的最小标准差, 小于阈值, 说明目标值较为集中
        self.min_std = min_std
        # 划分内部结点的最小不纯度阈值
        self.min_impurity_decrease = min_impurity_decrease
        self.huber_delta = huber_delta   # Huber损失函数的超参数
        self.m_features = 0   # 样本集的特征数

    def fit(self, X_train, y_train, sample_weight=None):
        """
        根据训练样本集(X_train, y_train)递归创建回归树
        """
        n_samples, self.m_features = X_train.shape   # 样本量和特征数
```

```
        if sample_weight is None:
            sample_weight = np.asarray([1.0] * n_samples)
        assert len(sample_weight) == n_samples  # 不为空, 则断言
        self.root_node = TreeNode()  # 构建空的根结点
        self._build_tree(0, self.root_node, X_train, y_train, sample_weight)  # 构建树


    @staticmethod
    def _cal_weight_median(y, sample_weight):
        """
        计算加权目标值 $y \odot w$ 所对应的 $y$ 的中位数
        """
        w = sample_weight / np.sum(sample_weight)  # 归一化的权重
        idx = np.argsort(y * w)  # 加权后的数值排序索引
        return y[idx[int(len(y) / 2)]] if np.mod(len(y), 2) == 1 \
            else (y[idx[int(len(y) / 2 - 1)]] + y[idx[int(len(y) / 2)]]) / 2


    def _build_tree(self, cur_depth, t: TreeNode, X, y, sample_weight):
        """
        递归进行特征选择, 构建回归树
        """
        n_samples, m_features = X.shape  # 当前训练样本的样本量和特征数目
        # 当前结点区域内的样本预测值
        if self.criterion.lower() == "mse":  # 当前目标值集合的加权平均值
            t.y_hat = np.dot(sample_weight / np.sum(sample_weight), y)
        elif self.criterion.lower() == "mae":  # 按加权中位数取值
            t.y_hat = self._cal_weight_median(y, sample_weight)
        elif self.criterion.lower() == "huber":  # Huber损失的预测值
            y_m = self._cal_weight_median(y, sample_weight)
            min_v = np.where(np.abs(y - y_m) > self.huber_delta, self.huber_delta,
                             np.abs(y - y_m))
            t.y_hat = y_m + np.mean(np.sign(y - y_m) * min_v)
        elif self.criterion.lower() == "log_loss":  # 多元对数似然损失的预测值(GBDT)
            yw = np.dot(sample_weight / np.sum(sample_weight), y)
            t.y_hat = np.sum(yw) / np.sum(np.abs(yw) * (1 - np.abs(yw)))
        t.num_sample = n_samples  # 当前结点所包含的样本量
        # 判断停止切分的条件. 按照该结点所包含目标值的最小std, 不再区分损失函数
        t.std_error = np.std(y)  # 目标值的标准差
        if t.std_error <= self.min_std: return  # 小于阈值, 递归出口
        if n_samples < self.min_samples_split: return  # 最小划分结点数, 递归出口
        if self.max_depth is not None and cur_depth > self.max_depth:  # 达到深度
```

```
            return    # 递归出口
        # 在当前样本子集中, 针对每个特征, 每个特征取值, 寻找最佳的特征以及对应取值
        best_idx, best_idx_val, best_criterion_val = None, None, 0
        for idx in range(m_features):  # 每个特征
            split_values = (X[:-1, idx] + X[1:, idx]) / 2  # 当前特征取值的切分点
            for idx_val in sorted(set(split_values)):  # 每个切分点
                R_x = (X[:, idx] <= idx_val).astype(int)  # 划分两个子区域
                criterion_val = self.criterion_func.error_gain(R_x, y, sample_weight,
                                                               self.criterion,
                                                               self.huber_delta)

                if criterion_val > best_criterion_val:
                    best_idx, best_idx_val = idx, idx_val  # 最佳特征索引和取值
                    best_criterion_val = criterion_val   # 最小增益
        if best_idx is None: return   # 最佳划分特征索引为空
        if best_criterion_val <= self.min_impurity_decrease:  # 最小划分结点不纯度
            return   # 递归出口
        t.feature_idx, t.feature_val = best_idx, best_idx_val  # 树结点赋值
        selected_x = X[:, best_idx]  # 当前选择的最佳特征样本
        # 递归创建左子树结点
        left_idx = np.where(selected_x <= best_idx_val)
        # 如果切分后的点太少, 以至于都不能做叶结点, 则停止分割
        if len(left_idx[0]) >= self.min_samples_leaf:
            left_child_node = TreeNode()  # 创建左子树结点
            t.left_child_node = left_child_node  # 作为当前结点的左子树
            self._build_tree(cur_depth + 1, left_child_node, X[left_idx], y[left_idx],
                             sample_weight[left_idx])  # 递归
        # 递归创建右子树结点
        right_idx = np.where(selected_x > best_idx_val)
        # 如果切分后的点太少, 以至于都不能做叶结点, 则停止分割
        if len(right_idx[0]) >= self.min_samples_leaf:
            right_child_node = TreeNode()  # 创建右子树结点
            t.right_child_node = right_child_node  # 作为当前结点的右子树
            self._build_tree(cur_depth + 1, right_child_node, X[right_idx],
                             y[right_idx], sample_weight[right_idx])  # 递归

    def _search_node(self, t: TreeNode, X):
        """
        针对样本 X, 检索叶结点的结果 ŷ
        """
        if t.left_child_node and X[t.feature_idx] <= t.feature_val:
```

```
                return self._search_node(t.left_child_node, X)
            elif  t.right_child_node and X[t.feature_idx] > t.feature_val:
                return self._search_node(t.right_child_node, X)
            else: return t.y_hat  # 叶结点, 返回该结点区域的输出值

    def predict(self, X_test):
        """
        针对每个测试样本, 计算预测结果, 递归搜索回归树
        """
        return np.asarray([self._search_node(self.root_node, X_test[i])
                           for i in range(X_test.shape[0])])

    def prune(self, alpha=0.01):
        """
        决策树剪枝 C(T) + alpha * |T|
        """
        self._prune_node(self.root_node, alpha)  # 递归剪枝

    def _prune_node(self, t: TreeNode, alpha: float):
        """
        回归树递归剪枝, 按照后序遍历
        """
        if t.left_child_node:  # 左子树非空
            self._prune_node(t.left_child_node, alpha)
        if t.right_child_node:  # 右子树非空
            self._prune_node(t.right_child_node, alpha)
        if t.left_child_node or t.right_child_node:  # 对当前结点剪枝
            # 避免跳层剪枝
            for tc in [t.left_child_node, t.right_child_node]:
                if tc is None: continue # 左子树或右子树可能为空
                # 当前剪枝的层必须是叶结点的层
                if tc.left_child_node or tc.right_child_node: return
            pre_prune_value = alpha * 2  # 计算剪枝前的损失值
            if t and t.left_child_node is not None:
                pre_prune_value += (0.0 if t.left_child_node.std_error is None
                                    else t.left_child_node.std_error)
            if t and t.right_child_node is not None:
                pre_prune_value += (0.0 if t.right_child_node.std_error is None
                                    else t.right_child_node.std_error)
            after_prune_value = alpha + t.std_error  # 计算剪枝后的损失值
```

```
if  after_prune_value <= pre_prune_value:  # 剪枝操作
    t.left_child_node, t.right_child_node = None, None
    t.feature_idx, t.feature_val, t.square_error = None, None, None
```

例 9   设函数 $f(x) = 1.5\mathrm{e}^{-(x+3)^2} + 2\mathrm{e}^{-x^2} + 2.5\mathrm{e}^{-(x-3)^2} + 0.5\varepsilon$, 以 $f(x) + 0.5\varepsilon$ 生成 150 个训练样本数据, 其中 $x \sim U(-5,5)$, $\varepsilon \sim N(0,1)$. 构建 CART 回归决策树, 并以阈值 $\alpha = 0.1$ 进行后剪枝处理. 基于 $f(x)$ 并在区间 $[-5,5]$ 等距产生 500 个测试样本, 进行预测分析.

随机种子设置 0. 如图 6-13 所示, (a) 图中对于训练数据来说, 拟合得非常好, 回归曲线几乎经过每个训练点, 陷入过拟合; (b) 图为后剪枝结果, 一定程度上缓解了过拟合现象, 且测试样本的预测精度略有提高, 但在样本量较少的区域, 仍存在复杂的拟合曲线围绕单个样本的情况. 若不添加噪声 0.5ε, 则测试样本预测的可决系数为 0.999, 若增加样本量, 可使得可决系数为 1.0. 理想情况下, 若样本本身无误差, 则过拟合现象也就不存在了, 也就无所谓剪枝.

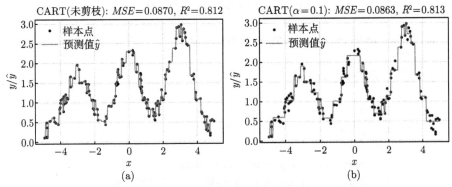

图 6-13   CART 回归树的预测结果和后剪枝处理的结果

例 10   以波士顿房价数据集为例, 建立 CART 回归决策树.
样本集的划分以及参数设置如下所示.

```
X, y = X[y <= 40], y[y <= 40]   # 删除房价小于40的数据集
X_train, X_test, y_train, y_test = train_test_split(X, y, test_size=0.25, random_state=0)
# 如下参数设置为图6-14 (b)
tree = CARTRegression(max_depth=10, min_samples_split=15, min_samples_leaf=7)
```

结果如图 6-14, (a) 图为默认 (default) 参数设置下的回归树预测结果, 由于波士顿房价数据集存在离群点, 且回归树递归构建直到满足所有条件, 回归树可能较为庞大 (高复杂度). 无条件限制的回归树其叶结点所包含的样本量非常少, 测试样本的预测与叶结点所包含的样本目标值有关, 而叶结点可能包含有较大噪

声的样本, 故而极易陷入过拟合, 导致泛化性能降低. (b) 图所示, 在不剪枝的情况下, 限制树的深度、最小结点划分所包含的样本量和叶结点包含的最少样本量等参数, 也可使得决策树具有更好的泛化性能, 一定程度上缓解过拟合现象. 若同时设置剪枝阈值 $\alpha = 0.1$, 则测试样本的可决系数可为 0.763.

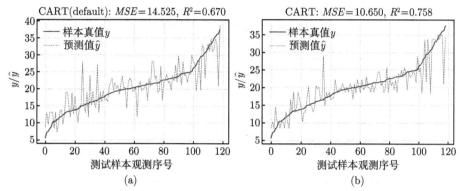

图 6-14 波士顿房价数据集的 CART 回归树在不同参数下的预测结果

■ 6.5 习题与实验

1. 结合决策树模型的构建过程, 简述分治策略和启发式算法的思想.

2. 请给出 ID3、C4.5 和 CART 三种决策树的特征选择划分标准的数学公式, 并解释各个变量的含义. 对比不同决策树的主要区别是什么?

3. 决策树可否处理具有非线性特征的数据集的学习任务? 可否处理多分类学习任务? 简述原因.

4. 假设数据集 $\mathcal{D}$ 中的样本标记 $|\mathcal{Y}| = 3$, 每类样本所占比例分别为 p_1, p_2, p_3. 现从 $\mathcal{D}$ 中随机抽取两个样本, 这两个样本类别标记恰好一致的概率为[9]

$$p_1 p_1 + p_2 p_2 + p_3 p_3 = \sum_{k=1}^{|\mathcal{Y}|} p_k^2,$$

这两个样本类别标记不一致的概率为

$$p_1 p_2 + p_1 p_3 + p_2 p_1 + p_2 p_3 + p_3 p_1 + p_3 p_2 = \sum_{k=1}^{|\mathcal{Y}|} \sum_{k' \neq k} p_k p_{k'}.$$

证明: $\sum_{k=1}^{|\mathcal{Y}|} p_k^2 + \sum_{k=1}^{|\mathcal{Y}|} \sum_{k' \neq k} p_k p_{k'} = 1$, 进而 $\mathrm{Gini}\,(\mathcal{D}) = \sum_{k=1}^{|\mathcal{Y}|} \sum_{k' \neq k} p_k p_{k'} = 1 - \sum_{k=1}^{|\mathcal{Y}|} p_k^2.$

5. 如果一棵决策树不加限制地递归构建, 直至满足所有递归出口条件, 其叶结点的纯度如何? 泛化性能如何? 决策树避免过拟合的主要策略包括哪些?

6. 现有贷款申请样本集[5], 如表 6-10 所示. 分别采用 ID3、C4.5 和 CART 算法建立决策树, 给出计算过程并绘制出决策树, 分析所建立的决策树的异同. 必要时可结合自编码算法计算各特征变量的划分标准.

表 6-10　贷款申请样本数据集

ID	年龄	有工作	有房子	信贷情况	类别	ID	年龄	有工作	有房子	信贷情况	类别
1	青年	否	否	一般	否	9	中年	否	是	非常好	是
2	青年	否	否	好	否	10	中年	否	是	非常好	是
3	青年	是	否	好	是	11	老年	否	是	非常好	是
4	青年	是	是	一般	是	12	老年	否	是	好	是
5	青年	否	否	一般	否	13	老年	是	否	好	是
6	中年	否	否	一般	否	14	老年	是	否	非常好	是
7	中年	否	否	好	否	15	老年	否	否	一般	否
8	中年	是	是	好	是						

7. 选取表 6-2 西瓜数据集中的 "密度" 和 "含糖率" 两个特征变量, 以 "好瓜" 为类别变量, 根据连续值处理方法和打印输出信息, 绘制 CART 分类树, 对训练集的预测精度是多少?

8. 已知表 6-11 所示训练数据, 试用平方误差损失准则生成一个 CART 回归树, 给出计算过程.

若采用自编码的回归算法进行计算, 请在算法中添加打印输出的代码, 对比计算结果. 若在区间 $[1, 10]$ 等距生成 100 个测试样本, 则在深度为 1 和 3 时的预测结果如图 6-15 所示, 请实验之.

表 6-11　训练数据集示例

x_i	1	2	3	4	5	6	7	8	9	10
y_i	5.56	5.70	5.91	6.40	6.80	7.05	8.90	8.70	9.00	9.05

9. 现有 MPG(Miles Per Gallon) 数据集①, 共包含 398 个样本. 忽略特征变量 origin 和 car_name, 其他 5 个特征变量: 发动机气缸数 cylinders、发动机排量 displacement、发动机马力 horsepower、车辆重量 weight、0-60 mph 加速时间 acceleration, 以 "燃油效率 mpg" 为目标变量. 试建立 CART 回归树, 并通过交叉验证法选择最佳的剪枝阈值.

---

① UCI 下载 [2024-10-30], https://archive.ics.uci.edu/dataset/9/auto+mpg.

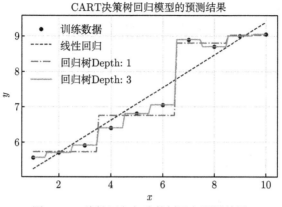

图 6-15　线性回归与决策树回归预测结果

■ 6.6　本章小结

本章主要讨论了分类决策树和回归决策树及其算法设计. 决策树学习通常包括 3 个步骤: 特征选择, 决策树的生成, 决策树的剪枝. 决策树递归构造的过程, 依赖于特征变量的选择和划分, 针对离散型特征变量, 划分标准包括信息增益、信息增益率、基尼指数及其增益率, 分别对应 ID3、C4.5 和 CART 算法. 若特征变量取值为连续型, 则可通过分箱法对连续数值离散化, 进而按照离散取值的情形构造 CART 决策树, 也可以按照二分法, 选择最佳的特征变量以及切分点. 决策树的剪枝包括预剪枝和后剪枝, 剪枝处理可有效避免决策树的过拟合问题. 本章仅讨论了后剪枝算法, 基于给定的阈值, 自底而上逐步剪枝处理, 求解当前阈值下的局部最优决策树. CART 既可以建模分类任务, 也可建模回归任务 (回归树), 本章设计的回归树算法仅限于特征变量为数值型数据, 若非数值, 可进行编码处理.

本章未对数据集存在缺失值情况下的划分标准进行分析, 读者可结合周志华教授的《机器学习》[4] 对算法进行拓展. 本章主要探讨了单变量决策树, 即在每个非叶结点仅考虑一个划分属性, 产生 "轴平行" 分类面来需寻找分类边界. 而多变量决策树, 每个非叶结点考虑多个属性, 例如 "斜决策树"(oblique decision tree) 不是为每个非叶结点寻找最优划分属性, 而是建立一个形如 $\sum_{i=1}^{d} w_i f_i = t$ 的线性分类器, 其中 w_i 是特征变量 f_i 的权重, w_i 和 t 可在该结点所包含的样本集和特征变量集上学得. 更复杂的 "混合决策树" 甚至可以在结点嵌入神经网络或其他非线性模型[4].

sklearn.tree.DecisionTreeClassifier 和 sklearn.tree.DecisionTreeRegressor 分

别封装了决策树的分类和回归算法, sklearn.tree.export_graphviz 可将生成的决策树导出为 DOT 格式, 以便可视化, 如图 6-16 所示, 但需要安装插件 graphviz 并配置环境变量, 以及通过 pip 命令安装 graphviz 和 pydotplus.

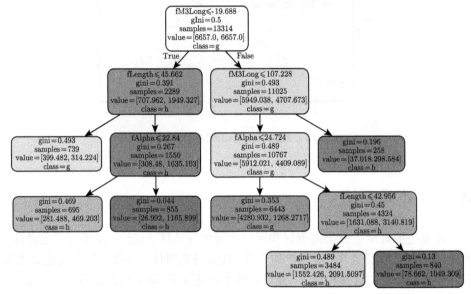

图 6-16　基于 MAGIC Gamma Telescope (UCI) 学习的决策树的可视化结果

■ 6.7　参考文献

[1] Quinlan J R. Induction of decision trees [J]. Machine Learning, 1986, 1(1):81-106.

[2] Quinlan J R. C4.5: Programs for Machine Learning [M]. San Francisco: Morgan Kaufmann, 1993.

[3] Breiman L, Friedman J, Stone C J, et al. Classification and Regression Trees [M]. Boca Raton: Chapman & Hall / CRC, 1984.

[4] 周志华. 机器学习 [M]. 北京: 清华大学出版社, 2016.

[5] 李航. 统计学习方法 [M]. 2 版. 北京: 清华大学出版社, 2019.

[6] 薛薇, 等. Python 机器学习: 数据建模与分析 [M]. 北京: 机械工业出版社, 2021.

[7] Oded M, Lior R. Data Mining and Knowledge Discovery Handbook [M]. 2nd ed. New York: Springer. 2010.

[8] 黄智濒. 现代决策树模型及其编程实践: 从传统决策树到深度决策树 [M]. 北京: 机械工业出版社, 2022.

[9] 谢文睿, 秦州, 贾彬彬. 机器学习公式详解 [M]. 2 版. 北京: 人民邮电出版社, 2023.

k-近邻

k-近邻 (k-Nearest Neighbor, k-NN) 算法于 1968 年由 Cover 和 Hart 提出, 是一种有监督分类与回归方法, 且是一种基于实例 (带有标签或实值 y 的样本) 学习的方法. 分类时, 对新样本 $\hat{x}$, 根据其 k 个最近邻的样本的类别, 通过多数表决 (majority voting) 等方式进行判别. 如图 7-1 (a) 所示, 假设样本具有 2 个特征变量, 令 $k = 5$, 按照欧氏距离度量近邻关系, 显然新样本的类别是 +1. 回归时, 则根据其 k 个最近邻的样本的目标值, 取平均进行预测; 也可把近邻邻域中的 k 个样本与 $\hat{x}$ 的距离的倒数作为权重系数, 归一化并取加权平均作为预测值.

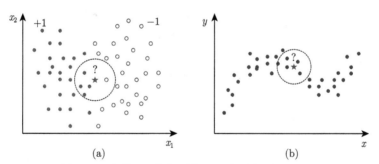

图 7-1　分类和回归问题的 k-近邻示意图 $(k = 5)$

k-近邻算法不具有显式的学习过程, 而是利用训练集对特征变量空间进行划分, 并作为其分类或回归的 "模型". k 值的选择、距离度量及分类决策规则是 k-近邻算法分类任务的三个基本要素.

k-近邻分类算法[2]:

输入: 训练集 $\mathcal{D} = \{(\boldsymbol{x}_i, y_i)\}_{i=1}^{n}$, $\boldsymbol{x}_i \in \mathbb{R}^{m \times 1}$, $y_i \in \boldsymbol{\mathcal{Y}} = \{C_1, C_2, \cdots, C_K\}$, 预测样本 $\hat{\boldsymbol{x}}$.

输出: 样本 $\hat{\boldsymbol{x}}$ 所属类别 $\hat{y}$.

1. 根据距离度量方法, 在训练集 $\mathcal{D}$ 中找出与 $\hat{\boldsymbol{x}}$ 最近邻的 k 个样本点, 涵盖这 k 个点的 $\hat{\boldsymbol{x}}$ 近邻域记作 $N_k(\hat{\boldsymbol{x}})$.

2. 在 $N_k(\hat{\boldsymbol{x}})$ 中根据分类决策规则 (如多数表决法) 决定 $\hat{\boldsymbol{x}}$ 的类别 $\hat{y}$, 即

$$\hat{y} = \arg\max_{C \in \mathcal{Y}} \sum_{\boldsymbol{x}_i \in N_k(\hat{\boldsymbol{x}})} \mathbb{I}(y_i = C), \tag{7-1}$$

其中 $\mathbb{I}(\cdot)$ 为指示函数. 多数表决规则等价于经验风险最小化.

k-近邻回归算法:

输入: 训练集 $\boldsymbol{\mathcal{D}} = \{(\boldsymbol{x}_i, y_i)\}_{i=1}^n$, $\boldsymbol{x}_i \in \mathbb{R}^{m \times 1}$, $y_i \in \mathbb{R}$, 预测样本 $\hat{\boldsymbol{x}}$.

输出: 样本 $\hat{\boldsymbol{x}}$ 的预测值 $\hat{y}$.

1. 根据距离度量方法, 在训练集 $\boldsymbol{\mathcal{D}}$ 中找出与 $\hat{\boldsymbol{x}}$ 最近邻的 k 个样本点, 涵盖这 k 个点的 $\hat{\boldsymbol{x}}$ 近邻域记作 $N_k(\hat{\boldsymbol{x}})$.

2. 在 $N_k(\hat{\boldsymbol{x}})$ 中决定 $\hat{\boldsymbol{x}}$ 的预测值 $\hat{y}$.

(1) 对邻域中的 k 个样本点的目标值直接取平均法, 即

$$\hat{y} = \frac{1}{k} \sum_{\boldsymbol{x}_i \in N_k(\hat{\boldsymbol{x}})} y_i. \tag{7-2}$$

(2) 加权平均法. 记邻域中第 i 个近邻样本点 $\boldsymbol{x}_i$ 与 $\hat{\boldsymbol{x}}$ 的距离为 d_i, 取倒数并归一化, 记为 w_i, 则

$$\hat{y} = \sum_{\boldsymbol{x}_i \in N_k(\hat{\boldsymbol{x}})} w_i y_i. \tag{7-3}$$

此外, 加权 k-近邻法还包括核函数法, 常见的有均匀核和高斯核, 核函数 $\kappa(d)$ 需满足的主要性质: (1) 非负性 $\kappa(d) \geqslant 0$; (2) $d = 0$ 时, 取最大值, 即零距离时相似性最大; (3) $\kappa(d)$ 是 d 的单调减函数, 即距离越大相似性越小. 显然 d 的倒数函数符合这些特性. 高斯核函数[6] 定义为

$$\kappa(d) = \frac{1}{\sqrt{2\pi}} \exp\left(-\frac{d^2}{2}\right), \tag{7-4}$$

且距离 $d \leqslant 1$. 若要保证 $\hat{\boldsymbol{x}}$ 与 k 个近邻样本的距离均小于等于 1, 常见的一种做法是搜索 $\hat{\boldsymbol{x}}$ 的 $k+1$ 个近邻样本, 记 $\boldsymbol{x}_i (i = 1, 2, \cdots, k+1)$, 则调整距离为

$$d_i = \frac{\mathrm{dist}(\hat{\boldsymbol{x}}, \boldsymbol{x}_i)}{\mathrm{dist}(\hat{\boldsymbol{x}}, \boldsymbol{x}_{k+1})}, \quad i = 1, 2, \cdots, k. \tag{7-5}$$

k 值的选择会对 k-近邻的结果产生重大影响. k 值的减少意味着整体模型变得复杂, 容易发生过拟合. 极端情况下, $k = 1$ 的边界趋于训练样本的 Voronoi 图. k 值的增大意味着整体模型变得简单, 过于简单的模型容易欠拟合. 极端情况下, $k = n$ 的边界趋于全局多数类. 通常采用交叉验证法来选取最优的 k 值. 此外, 在

高维空间 $m \gg 1$ 时, 所有样本点趋向等距离, 可能会导致 k-近邻失效, 此时可配合特征选择或降维.

■ 7.1 距离度量

特征空间中两个样本点的距离是其相似度的反映. 数据科学家 Maarten Grootendorst[1]介绍了 9 种距离度量方法. 若函数 dist $(\cdot)$ 是一个距离度量 (distance measure) 函数, 则需满足基本性质

(1) 非负性: dist $(\boldsymbol{x}_i, \boldsymbol{x}_j) \geqslant 0$.

(2) 同一性: 当且仅当 $\boldsymbol{x}_i = \boldsymbol{x}_j$ 时, dist $(\boldsymbol{x}_i, \boldsymbol{x}_j) = 0$.

(3) 对称性: dist $(\boldsymbol{x}_i, \boldsymbol{x}_j) = $ dist $(\boldsymbol{x}_j, \boldsymbol{x}_i)$.

(4) 直递性 (三角不等式) : dist $(\boldsymbol{x}_i, \boldsymbol{x}_j) \leqslant $ dist $(\boldsymbol{x}_i, \boldsymbol{x}_k) + $ dist $(\boldsymbol{x}_k, \boldsymbol{x}_j)$.

最常用的是闵可夫斯基距离 (Minkowski distance), 简称闵氏距离, 是欧氏空间中的一种测度, 即 L_p 范数. 根据 p 值的不同, 常见的包括欧氏距离、曼哈顿距离和切比雪夫距离, 如图 7-2 所示.

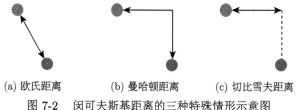

(a) 欧氏距离　　(b) 曼哈顿距离　　(c) 切比雪夫距离

图 7-2　闵可夫斯基距离的三种特殊情形示意图

假设两个样本点 $\boldsymbol{x}_i, \boldsymbol{x}_j \in \mathbb{R}^{m \times 1}$, 且已归一化或标准化处理, 则闵可夫斯基距离定义为

$$\mathrm{dist}\,(\boldsymbol{x}_i, \boldsymbol{x}_j) = \left(\sum_{k=1}^{m} |x_{i,k} - x_{j,k}|^p \right)^{\frac{1}{p}}. \tag{7-6}$$

当 $p = 2$ 时, 即欧氏距离 (Euclidean distance)

$$\mathrm{dist}\,(\boldsymbol{x}_i, \boldsymbol{x}_j) = \sqrt{\sum_{k=1}^{m} |x_{i,k} - x_{j,k}|^2}; \tag{7-7}$$

当 $p = 1$ 时, 即曼哈顿距离 (Manhattan distance) 或街区距离 (city block distance)

$$\mathrm{dist}\,(\boldsymbol{x}_i, \boldsymbol{x}_j) = \sum_{k=1}^{m} |x_{i.k} - x_{j,k}|. \tag{7-8}$$

---

① 数据来源 [2024-10-30]: https://www.maartengrootendorst.com/blog/distances/.

当 $p = \infty$ 时为切比雪夫距离 (Chebyshev distance), 定义为两个向量在所有坐标维度上的最大差值

$$\text{dist}\,(\boldsymbol{x}_i, \boldsymbol{x}_j) = \max_{1 \leqslant k \leqslant m} |x_{i,k} - x_{j,k}|. \tag{7-9}$$

■ 7.2   kd 树的建立与搜索

k-近邻模型的学习与预测, 主要考虑的问题是如何对训练数据进行快速近邻搜索, 特别是在特征空间维数较大或训练数据量较大时显得尤其必要. 考虑使用特殊的结构存储并划分训练数据, 以提高 k-近邻搜索的效率, 减少计算距离的次数.

kd 树 (k-dimension tree) 是一种对 m 维空间 (包含 m 个特征变量) 中的实例点进行存储以便对其进行快速检索的树形数据结构. 图 7-3 (a) 为 2 维空间的 kd 树结构, kd 树是二叉树, 表示对 m 维空间的一个划分. 构造 kd 树相当于不断用垂直于坐标轴的超平面将 m 维空间切分, 构成一系列的 m 维超矩形区域, 且 kd 树的每个结点对应于一个 m 维超矩形区域. 如图 7-3 (b) 所示, 根结点对应于把 2 维空间分成左右两部分 (实线), 第二层结点分别对应于把左右两个区域划分为上下两个区域 (虚线), 依次类推, 直至叶结点.

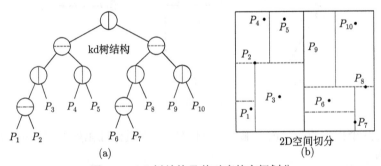

图 7-3   kd 树结构及其对应的空间划分

令 $\boldsymbol{x}^{(j)} = (x_{1,j}, x_{2,j}, \cdots, x_{n,j})^{\mathrm{T}}$ 表示由第 $j\,(j = 1, 2, \cdots, m)$ 个特征变量所有取值 (共 n 个) 组成的列向量, 并假设空间维数为 m, 则平衡 kd 树的构造方法[2]:

(1) 构造根结点, 根结点对应于包含 $\boldsymbol{D}$ 的 m 维空间的超矩形区域. 具体为:

① 选择 $\boldsymbol{x}^{(1)}$ 为坐标轴 (或称切分轴), 以 $\boldsymbol{D}$ 中所有实例的 $\boldsymbol{x}^{(1)}$ 坐标的中位数 x_1' 为切分点, 记对应实例点为 $(\boldsymbol{x}', y')$, 将根结点对应的超矩阵区域切分成两个子区域, 且切分由通过切分点 x_1' 并与坐标轴 $\boldsymbol{x}^{(1)}$ 垂直的超平面实现;

② 由根结点生成深度 $d = 1$ 的左右两个子结点, 左子结点对应坐标 $\boldsymbol{x}^{(1)}$ 小于切分点的子区域, 划分数据集为 $\boldsymbol{D}_1^- = \{(\boldsymbol{x}_i, y_i) | x_{i,1} < x_1', i = 1, 2, \cdots, n\}$, 右子结点对应于坐标 $\boldsymbol{x}^{(1)}$ 大于切分点的子区域, 划分数据集为 $\boldsymbol{D}_1^+ = \{(\boldsymbol{x}_i, y_i) | x_{i,1} > x_1', i = 1, 2, \cdots, n\}$;

③ 将落在切分超平面上的实例点 $(\boldsymbol{x}', y')$ 保存在根结点.

(2) 重复: 对深度为 $d > 1$ 的结点, 选择 $\boldsymbol{x}^{(l)}$ 为切分的坐标轴, 上标计算方法为 $l = d \pmod m) + 1$, 以该结点的区域中所有实例的 $\boldsymbol{x}^{(l)}$ 坐标的中位数 x'_l 为切分点, 将该结点对应的超矩形区域切分为两个子区域. 切分由通过切分点并与坐标轴 $\boldsymbol{x}^{(l)}$ 垂直的超平面实现. 由该结点生成深度为 $d+1$ 的左右子结点: 左子结点对应坐标 $\boldsymbol{x}^{(l)}$ 小于切分点 x'_l 的子区域 $\boldsymbol{\mathcal{D}}_d^-$, 右子结点对应坐标 $\boldsymbol{x}^{(l)}$ 大于切分点 x'_l 的子区域 $\boldsymbol{\mathcal{D}}_d^+$. 将落在切分超平面上的实例点保存在该结点.

(3) 直到两个子区域没有实例存在时, 停止划分, 从而形成 kd 树的区域划分.

注　每次划分时, 可在区域 (或子区域) 的所有维度中选择方差最大的维度作为切分轴. 方差较大, 表明在该维度上的数据点的分散度较高.

对已构造的 kd 树, 假设目标点 $\hat{\boldsymbol{x}}$, 按二叉树的后序遍历序列[2], $\hat{\boldsymbol{x}}$ 的最近邻搜索流程[2] 如下:

(1) 在 kd 树中找出包含目标点 $\hat{\boldsymbol{x}}$ 的叶结点. 具体为: 从根结点出发, 递归向下访问 kd 树. 若目标点 $\hat{\boldsymbol{x}}$ 当前维的坐标小于切分点的坐标, 则移动到左子结点, 否则移动到右子结点, 直到子结点为叶结点为止.

(2) 以此叶结点为 "当前最近点".

(3) 递归地向上回退, 在每个结点进行以下操作:

① 如果该结点保存的实例点比当前最近点距离目标点更近, 则更新该实例点为 "当前最近点".

② 当前最近点一定存在于该结点一个子结点对应的区域. 检查该子结点的父结点的另一子结点对应的区域是否有更近的点. 具体地, 检查另一子结点对应的区域是否以目标点为球心、以目标点与 "当前最近点" 间的距离为半径的超球体相交. 如果相交, 可能在另一个子结点对应的区域内存在距目标点更近的点, 移动到另一子结点. 接着, 递归地进行最近邻搜索. 如果不相交, 则向上回退.

(4) 当回退到根结点时, 搜索结束. 最后的 "当前最近点" 即为 $\hat{\boldsymbol{x}}$ 的最近邻点.

例 1　以 "鸢尾花" 数据集为例, 取每个类别前 5 个样本的前 2 个特征变量组成的样本集如表 7-1 所示, 构造完整的 kd 树, 并给出前三层 kd 树所对应的特

表 7-1　鸢尾花数据集中每个类别前 5 个样本的前 2 个特征变量数据

ID	sepal length	sepal width	ID	sepal length	sepal width	ID	sepal length	sepal width
0	5.1	3.5	50	7.0	3.2	100	6.3	3.3
1	4.9	3.0	51	6.4	3.2	101	5.8	2.7
2	4.7	3.2	52	6.9	3.1	102	7.1	3.0
3	4.6	3.1	53	5.5	2.3	103	6.3	2.9
4	5.0	3.6	54	6.5	2.8	104	6.5	3.0

征空间划分. 假设目标点 $\hat{x} = (6.1, 2.9)^{\mathrm{T}}$, 给出最近邻点的搜索过程.

根据 kd 树递归构建算法, 结果如图 7-4 所示, 其中结点旁的数字为样本的编号 ID.

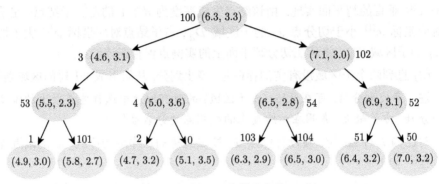

图 7-4 鸢尾花 15 个样本点的 kd 树

前三层 7 个样本点对应的特征空间的划分以及最近邻点的搜索过程如图 7-5 所示, 其中空心圆为目标点 $\hat{x}$, 最终搜索的最近邻点为 $(6.5, 2.8)^{\mathrm{T}}$, 最短的欧氏距离为 0.4123105625617664. 如果按照 15 个样本点的 kd 树搜索, 则最近邻点为 $(6.3, 2.9)^{\mathrm{T}}$, 最短的欧氏距离为 0.20000000000000018, 类别标签为 2.

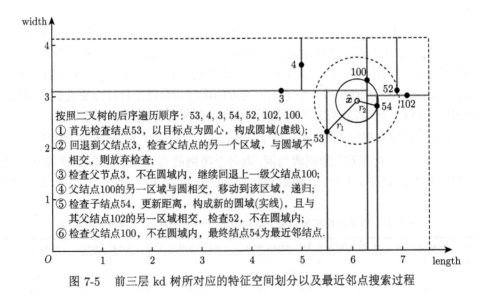

图 7-5 前三层 kd 树所对应的特征空间划分以及最近邻点搜索过程

■ 7.3　k-近邻算法设计

1. 距离度量工具类, 仅限于闵可夫斯基距离.

```python
# file_name: distance_utils.py
class DistanceUtils:
    """
    距离度量函数工具类
    """
    def __init__(self, p: int = 2):
        assert p in [1, 2, np.inf]  # 断言, 仅限于三者之一
        self.p = p  # p = 2为欧氏距离, p = 1为曼哈顿距离, p = ∞为切比雪夫距离

    def distance_func(self, xi: np.ndarray, xj: np.ndarray):
        """
        样本点或样本集合 $x_i$ 与样本点 $x_j$ 之间的距离度量函数, $m$ 维空间
        """
        if self.p == 1 or self.p == 2:
            try:
                # 针对样本集与单个样本间的距离度量
                return ((np.abs(xi - xj) ** self.p).sum(axis=1)) ** (1 / self.p)
            except ValueError:
                # 针对单个样本间的距离度量
                return ((np.abs(xi - xj) ** self.p).sum()) ** (1 / self.p)
        elif self.p is np.inf:
            try:
                return np.max(np.abs(xi - xj), axis=1)  # 样本集与单个样本距离度量
            except ValueError:
                return np.max(np.abs(xi - xj))  # 针对单个样本间的距离度量
```

2. kd 树的结点定义

```python
# file_name: kdtree_node.py
class KdTree_Node:
    """
    kd树结点的数据结构类, 即每个结点所包含的信息, 可进行拓展
    """
    def __init__(self, instance_node=None, y_value=None, instance_idx=None,
                 split_feature=None, left_child=None, right_child=None, kdt_depth=None):
        self.instance_node = instance_node  # 示例(instance)点, 即一个样本
```

```
    self.y_value = y_value    # 样本点对应的类别标签或目标值
    self.instance_idx = instance_idx    # 示例点对应的样本索引, 用于kd树的可视化
    self.split_feature = split_feature    # 划分的特征, x^(l)
    self.left_child = left_child    # 左子树, 小于切分点
    self.right_child = right_child    # 右子树, 大于切分点
    self.kdt_depth = kdt_depth    # kd树的深度
```

3. 基于 kd 树的 k-近邻算法

本算法实现了分类和回归两种任务. 在回归预测时, 基于搜索的邻域中 k 个最近邻点, 有三种方法计算测试样本的预测值: 一是把归一化的距离倒数作为权值对目标值进行加权平均, 二是采用高斯核函数加权平均, 三是直接对目标值进行平均. kd 树是典型的二叉树结构, 类似于 CART 决策树, 具有很好的递归性质, 故构建 kd 树和搜索 kd 树皆采用递归实现.

```python
# file_name: knn_kd_tree.py
import networkx as nx    # 网络图, 可视化
from collections import Counter    # 集合中的计数功能
from knn_07.utils.kdtree_node import KDTreeNode    # 结点类
from knn_07.utils.distance_utils import DistanceUtils    # 距离度量工具类


class KNearestNeighborKDTree:
    """
    k-近邻算法的实现, 基于kd树结构, 实现分类任务和回归任务
    """
    def __init__(self, n_neighbors: int = 5, p: int = 2, weights: str = "distance",
                 task: str = "C", view_kdt: bool = False):
        assert n_neighbors > 0    # 近邻数k必须是正整数
        self.n_neighbors = n_neighbors    # 表示近邻数, 用于构建或预测
        self.p = p    # 闵可夫斯基的距离度量标准, 表示样本的近似度
        assert weights.lower() in ["distance", "gauss"]    # 断言
        self.weights = weights    # 预测中使用的权重函数
        assert task.lower() in ["c", "r"]    # 分类或回归之一
        self.task = task    # C为分类任务, R为回归任务
        self.view_kdt = view_kdt    # 是否可视化kd树(略去具体实现)
        self.dist_utils = DistanceUtils(self.p)    # 距离度量的类对象
        self.kdt_root: KDTreeNode() = None    # kd树的根结点
        self.m_dimensions = 0    # 特征空间维度, 即样本的特征变量数
        self.k_neighbors = dict()    # 用于记录每个测试样本的k个近邻实例点
        self.nearest_idx = None    # 存储近邻点对应的样本索引
```

```python
def fit(self, X_train : np.ndarray, y_train : np.ndarray):
    """
    基于训练集 (X_train, y_train) 构造kd树, 类似于给定训练集, 训练模型
    """
    self.m_dimensions = X_train.shape[1]   # 特征维度
    idx_X = np.arange(X_train.shape[0])   # 训练样本索引编号
    idx_feature = np.arange((X_train.shape[1]))   # 特征变量索引
    self.kdt_root = self._build_kd_tree(X_train, y_train, idx_X, idx_feature, 0)
    if self.view_kdt: self.draw_kd_tree()   # 可视化kd树

def _build_kd_tree(self, X: np.ndarray, y: np.ndarray, idx_X: np.ndarray,
                   idx_feature: np.ndarray, kdt_depth: int):
    """
    递归创建kd树, 且是二叉树, 严格区分左子树和右子树, 表示对m维空间的一个划分
    """
    if X.shape[0] == 0 or len(idx_feature) == 0:
        return   # 样本集为空, 递归出口
    split_dimension = kdt_depth % self.m_dimensions   # 数据的划分维度x^{(l)}
    idx = np.argsort(X[:, split_dimension])   # 按维度排序索引
    idx_X = idx_X[idx]   # 样本索引编号按排序索引重排
    X, y = X[idx], y[idx]   # 按某个划分维度对样本集和目标值排序
    median_idx = X.shape[0] // 2   # 中位数所对应的数据的索引
    median_node = X[median_idx]   # 切分点作为当前子树的根结点
    # 对样本和目标值划分左右子树区域, 递归构建
    left_X, right_X = X[:median_idx], X[median_idx + 1:]   # 样本划分
    left_y, right_y = y[:median_idx], y[median_idx + 1:]   # 目标值划分
    # 左右子树所包含的样本索引编号划分
    left_idx, right_idx = idx_X[:median_idx], idx_X[median_idx + 1:]
    left_child = self._build_kd_tree(left_X, left_y, left_idx, idx_feature,
                                     kdt_depth + 1)   # 递归构建左子树
    right_child = self._build_kd_tree(right_X, right_y, right_idx, idx_feature,
                                      kdt_depth + 1)   # 递归构建右子树
    # 构造kd树结点及其信息存储
    kdt_new_node = KDTreeNode(median_node, y[median_idx], idx_X[median_idx],
                              split_dimension, left_child, right_child, kdt_depth)
    return kdt_new_node

def _search_kd_tree(self, kd_tree: KDTreeNode, x_test: np.ndarray,
                    neighbor_info : dict):
```

```
        """
        kd树的递归搜索算法, 后序遍历, 搜索k个最近邻实例点
        """
        if kd_tree is None: return   # 递归出口
        s, pivot = kd_tree.split_feature, kd_tree.instance_node   # 分割的维度和"轴"
        y_val = kd_tree.y_value   # 目标值
        if x_test[s] < pivot[s]:   # 测试样本距离左右分割区域哪个更近
            nearest_region, further_region = kd_tree.left_child, kd_tree.right_child
        else:   # 否则, 距离右子树更近
            nearest_region, further_region = kd_tree.right_child, kd_tree.left_child
        self._search_kd_tree(nearest_region, x_test, neighbor_info)   # 递归遍历
        neighbor_info["nodes_visited"] += 1   # 结点访问树加一
        # 若为叶结点, 以当前结点为最近邻点, 获取其信息
        cur_dist = self.dist_utils.distance_func(pivot, x_test)   # 计算距离
        # 若neighbor_info搜索过程中, 存储的近邻数不足k个, 则添加近邻点信息
        if len(neighbor_info["y_values"]) < self.n_neighbors:
            neighbor_info["nearest_nodes"].append(pivot)   # 存储近邻点的样本
            neighbor_info["y_values"].append(y_val)   # 存储近邻点的目标值
            neighbor_info["distances"].append(cur_dist)   # 存储当前近邻点的距离
            # 更新目前最大距离
            neighbor_info["max_distance"] = np.max(neighbor_info["distances"])
        else:   # 搜索过程中, 存储的近邻数达到k个, 则检查是否存在可更新的某个近邻点
            # 只需与近邻中的最大距离比较, 小于则更新
            if cur_dist < neighbor_info["max_distance"]:
                idx = np.argmax(neighbor_info["distances"])   # 近邻中的最大距离索引
                neighbor_info["nearest_nodes"][idx] = pivot   # 更新为当前结点的样本
                neighbor_info["y_values"][idx] = y_val   # 更新当前结点的目标值
                neighbor_info["distances"][idx] = cur_dist   # 更新距离值
                # 更新目前最大距离
                neighbor_info["max_distance"] = np.max(neighbor_info["distances"])
        # 检查further_region的区域与当前近邻点的超球体是否相交, 选择更近样本
        if abs(x_test[s] - pivot[s]) <= neighbor_info["max_distance"]:
            self._search_kd_tree(further_region, x_test, neighbor_info)
        return

    def predict(self, X_test: np.ndarray):
        """
        kd树的近邻搜索, 即测试样本X_test的预测
        """
        X_test = np.asarray(X_test)   # 类型转换, 避免不必要的异常
```

```
        y_test_hat = []   # 用于存储测试样本的预测类别或预测值
    if self.kdt_root is None:
        raise ValueError("KDTree is None, Please fit KDTree···")
    elif X_test.shape[1] != self.m_dimensions:
        raise ValueError("Test Samples dimension unmatched KDTree's dimension.")
    elif self.task.lower() == "c":   # 分类任务
        for i in range(X_test.shape[0]):
            neighbor_info = {"nearest_nodes": [], "y_values": [], "distances": [],
                            "max_distance": np.inf, "nodes_visited": 0}
            self._search_kd_tree(self.kdt_root, X_test[i], neighbor_info)
            y_hat_labels = neighbor_info["y_values"]   # 获取近邻样本的类别标签
            counter = Counter(y_hat_labels)   # 按分类规则(多数表决法)
            idx = int(np.argmax(list(counter.values())))
            y_test_hat.append(list(counter.keys())[idx])
            self.k_neighbors[i] = neighbor_info   # 存储第i个测试样本的近邻信息
    else:   # 回归任务
        self.n_neighbors = self.n_neighbors + 1 if self.weights.lower() == "gauss" \
            else self.n_neighbors   # 需要k+1个近邻点
        for i in range(X_test.shape[0]):
            neighbor_info = {"nearest_nodes": [], "y_values": [], "distances": [],
                            "max_distance": np.inf, "nodes_visited": 0}
            self._search_kd_tree(self.kdt_root, X_test[i], neighbor_info)
            y_hat_values = neighbor_info["y_values"]   # 存储每个近邻样本的目标值
            if self.weights.lower() == "distance":
                if np.min(neighbor_info["distances"]) > 1e-8:   # 加权平均
                    dists = 1 / np.asarray(neighbor_info["distances"])   # 距离倒数
                    d_w = dists / np.sum(dists)   # 归一化
                    y_test_hat.append(np.dot(d_w, y_hat_values))   # 加权平均
                else: y_test_hat.append(np.mean(y_hat_values))   # 直接平均
                self.k_neighbors[i] = neighbor_info   # 存储第i个样本的近邻信息
            elif self.weights.lower() == "gauss":   # 高斯核
                if np.max(neighbor_info["distances"]) > 0.01:   # 加权平均
                    dist_plus = neighbor_info["distances"]   # 已升序排序
                    dists = dist_plus[:-1] / dist_plus[-1]   # 使得距离均小于等于1
                    kernel_d = 1 / np.sqrt(2 * np.pi) * np.exp(-dists ** 2 / 2)
                    if np.sum(kernel_d) > 1e-8:
                        d_w = kernel_d / np.sum(kernel_d)   # 归一化
                        y_test_hat.append(np.dot(d_w, y_hat_values[:-1]))
                    else: y_test_hat.append(np.mean(y_hat_values))   # 直接平均
                else: y_test_hat.append(np.mean(y_hat_values))   # 直接平均
```

```
    return  np. asarray (y_test_hat)

def cal_mse_r2(self, y_test : np.ndarray, y_pred: np.ndarray):
    """
    基于真值y_test和预测值y_pred计算模型预测的均方误差MSE, 可决系数R²
    """
    if  self. task.lower () == "r":
        y_pred, y_test = y_pred.reshape(-1), y_test.reshape (-1)  # 重塑为一维数组
        mse = ((y_pred - y_test) ** 2). mean ()  # 均方误差
        r2 = (1 - ((y_test - y_pred) ** 2). sum () /
                ((y_test - y_test.mean()) ** 2). sum ())  # 可决系数
        return mse, r2
    else: raise  ValueError("仅用于回归任务.")
```

例 2　取 "鸢尾花" 数据集前两个类别的各前 20 个样本, 每个样本由特征变量 "Sepal Length" 和 "Sepal Width" 组成. 取 $k = 2$ 和 $k = 5$ 构建 kd 树, 并对目标点 $\boldsymbol{x} = (5.3, 2.8)$ 进行预测.

由于特征变量皆是长度单位, 故依据欧氏距离, 预测结果如图 7-6 所示, 以目标点 $\boldsymbol{x}$ 为圆心, 以圆域内包括的样本点与 $\boldsymbol{x}$ 的最大距离为半径, 构成近邻样本集 $N_k(\boldsymbol{x})$, 易知该目标点的类别为 C_2.

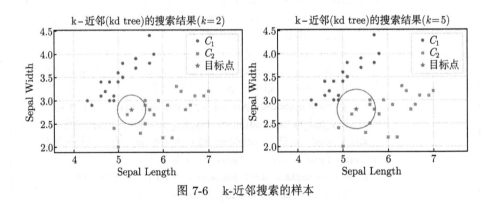

图 7-6　k-近邻搜索的样本

例 3　以 "breast_cancer" 和 "鸢尾花 Iris" 数据集为例, 通过 10 折交叉验证选择超参数 k.

如图 7-7 所示, 当 k 取值较小时, 呈现明显的过拟合现象, 尤其是当 $k = 1$ 时, 训练精度 100%, 当然由 k-近邻的特点决定. 增加 k 值, 训练集的验证精度有所下降, 而测试集的验证精度却有所提高. (a) 图当 $k = 7$ 时, 而 (b) 图当 $k = 8$ 时, 具有最佳的泛化性能, 尽管此时训练集的验证精度不是最好的.

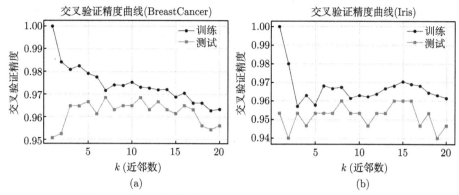

图 7-7　交叉验证精度与 k-近邻的超参数 k 值的关系曲线

例 4　以 $f(x) = 1.5\mathrm{e}^{-(x+3)^2} + 2\mathrm{e}^{-x^2} + 2.5\mathrm{e}^{-(x-3)^2} + 0.5\varepsilon$ 生成 100 个训练样本数据, 其中 $x \sim U(-5, 5)$, $\varepsilon \sim N(0, 1)$, 构建 kd 树. 在区间 $[-5, 5]$ 等距产生 500 个测试样本, 并进行预测分析.

如图 7-8 所示, 当 $k = 1$ 时, 邻域中仅有一个样本点, 每个训练数据几乎在回归线上, 回归曲线绕着单个样本弯曲, 极易陷入过拟合. 当 $k = 6$ 时, 相对于 $k = 1$, 具有更好的泛化性能. 其中预测值采用距离的倒数并归一化的加权平均法. 图 7-9 为高斯核函数加权平均法的预测结果, $k = 6$ 时, 回归曲线相对更平滑.

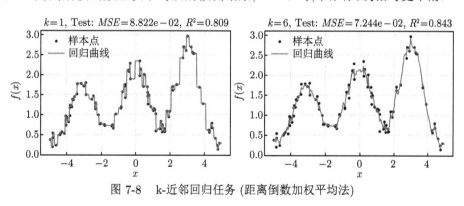

图 7-8　k-近邻回归任务 (距离倒数加权平均法)

例 5　以波士顿房价数据集为例, 选择房价小于等于 40 的样本数据. 基于一次随机划分, 分别按欧氏距离和曼哈顿距离度量构建 kd 树, 并令 $k = 3$ 和 $k = 6$, 对测试样本进行预测和性能度量.

对样本数据进行了标准化. 如图 7-10 和图 7-11 所示, 基于当前数据集的划分, 显然 $k = 6$ 时相比于 $k = 3$ 时具有更好的泛化性能, 其中预测值采用距离的倒数并归一化. 当然, 可通过 10 折交叉验证法选择最佳的超参数 k. 针对此例, 同样条件下, 曼哈顿距离度量的结果比欧氏距离度量要好.

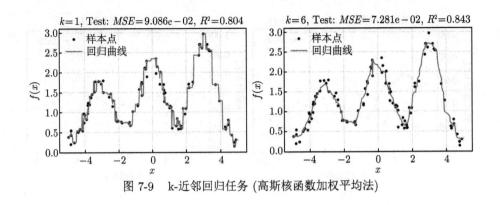

图 7-9　k-近邻回归任务 (高斯核函数加权平均法)

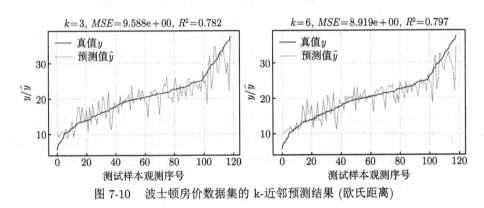

图 7-10　波士顿房价数据集的 k-近邻预测结果 (欧氏距离)

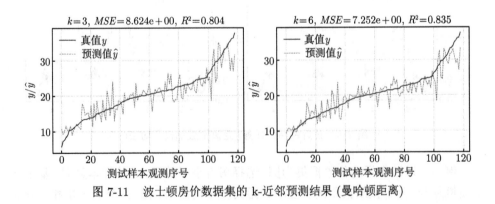

图 7-11　波士顿房价数据集的 k-近邻预测结果 (曼哈顿距离)

例 6　使用 sklearn.datasets.make_classification 生成包含 2 个特征变量、2 个类别的 120 个样本, 随机种子为 0. 建立 k-近邻模型, 并绘制分类边界.

如图 7-12 所示, 较小的 k 值, 分类边界非常不规则, 容易绕单个样本弯曲, 呈现过拟合现象. 增大 k 值, 模型的边界相对简单些.

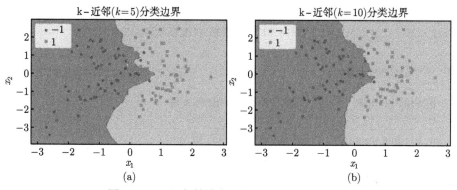

图 7-12　k-近邻算法在不同 k 值下的分类边界

例 7　色彩风格迁移[5], 即把具有色彩风格的图像的色彩迁移到内容图像, 使得内容图像具备原色彩风格图像的色彩.

图像色彩常用 RGB 三原色表示, 取值范围 $0 \sim 255$, 一幅图像的维度尺寸可表示为 $(w, h, 3)$. 除 RGB 外, 也可采用 LAB 法表示颜色, 字母 $L \in [0, 100]$ 表示明度, $A \in [-127, 127]$ 表示红、绿方向的分量, $B \in [-127, 127]$ 表示黄、蓝方向的分量; 相比于 RGB, LAB 将亮度信息提取出来, 与彩色信息独立, 使得在不改变黑白图像亮度的情况下对其着色, 完成色彩风格迁移. 图 7-13 为结合 k-近邻实现色彩迁移图像的学习与预测流程. 着色的过程就是确立从黑白图像到彩色图像的颜色映射的过程, 可通过 k-近邻完成映射. 具体思路为: 对于图像中每个像素点, ① 取周围相邻的像素组成 3×3 区域, ② 在色彩风格图像中取 k 个最相似的 3×3 区域, ③ 将它们的颜色平均后, 为内容图像的颜色. 此外, 色彩风格迁移常采用深度学习方法, 如 Gatys 等提出的神经风格迁移 (Neural Style Transfer, NST).

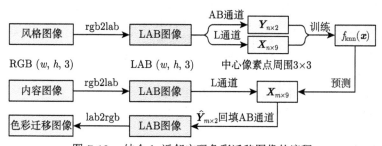

图 7-13　结合 k-近邻实现色彩迁移图像的流程

核心代码如下, 略去了可视化图像的代码.

```
# file_name: test_style_transform.py
from skimage import io  # 图像输入输出
from skimage.color import rgb2lab, lab2rgb  # 图像通道转换
```

```
block_size = 1  # block_size表示向外扩展的层数, 扩展1层即3 × 3

def create_samples(img):
    """
    根据输入的图像, 枚举所有可能的中心点, 构成样本集
    """
    w, h = img.shape[:2]  # 获取图像的宽度和高度
    X, Y = [], []  # 存储中心点block_size圈样本
    for x in range(block_size, w - block_size):
        for y in range(block_size, h - block_size):
            X.append(img[x - block_size: x + block_size + 1,
                        y - block_size: y + block_size + 1, 0].flatten())
            Y.append(img[x, y, 1:])  # 保存窗口对应的色彩值A和B
    return np.asarray(X), np.asarray(Y)


# 1. 对原风格图像训练k-近邻模型
style_img = io.imread("color.jpg")  # 读取色彩风格图像
style_img_lab = rgb2lab(style_img)  # # 将RGB矩阵转换成LAB的矩阵(L, A, B)
X_train, y_train = create_samples(style_img_lab)  # 获取样本
knn = KNearestNeighborKDTree(k=4, task="r")  # 建立k-近邻模型
# knn = KNeighborsRegressor(n_neighbors=4)  # sklearn
knn.fit(X_train, y_train)  # 训练
# 2. 对需要风格迁移的图像进行预测, 实现风格迁移
content_img = io.imread("content.jpg")  # 读取内容图像
input_img_lab = rgb2lab(content_img)  # 将内容图像转为LAB表示
w, h = input_img_lab.shape[:2]  # 获取图像的宽度和高度
X_test, _ = create_samples(input_img_lab)  # 获取样本
y_hat = knn.predict(X_test)  # 用k-近邻回归预测颜色
pred_ab = y_hat.reshape(w - 2 * block_size, h - 2 * block_size, -1)
# 3. 预测的值回填, 形成风格迁移
img_transform = np.zeros([w, h, 3])  # 原RGB三通道
img_transform[:, :, 0] = input_img_lab[:, :, 0]  # 保持原来的明度
# 回填AB通道
img_transform[block_size: w - block_size, block_size: h - block_size, 1:] = pred_ab
# 由于最外面size层无法构造窗口, 简单起见, 直接把这些像素裁剪掉
img_transform = img_transform[block_size: w - block_size, block_size: h - block_size, :]
img_transform = lab2rgb(img_transform)  # 转换为RGB显示
```

如图 7-14 所示, 色彩风格图像采用梵高作品《麦田》的一部分, 内容图像包

含了阴沉天空、湖面和树, 维度尺寸均为 $(500, 500, 3)$, 共构建 248004 个样本. 设置 $k = 4$, 对于内容图像进行色彩迁移, 使得原本灰白兼容的内容具有了"麦田"色彩, 很像晚霞下的景色, 效果可实际执行后进行观察. 由于样本量较大, 预测需要一定的时间, 当然可采用 sklearn 进行训练和预测.

图 7-14   k-近邻色彩风格迁移结果一

图 7-15 为梵高作品《星月夜》的一部分, 色彩迁移后, 内容图像的绿色草原变成了蓝色草原, 天空和远山的浅蓝色变成了星的颜色, 云朵的白色略有变化.

图 7-15   k-近邻色彩风格迁移结果二

■ 7.4   习题与实验

1. 对于 $0 - 1$ 损失函数 $\mathcal{L}(y, \hat{y}) = \mathbb{I}(y \neq \hat{y})$, 给出近邻域 $N_k(\hat{x})$ 的经验风险, 并说明多数表决规则等价于经验风险最小化.

2. 叙述 k-近邻的三要素, 如何度量特征空间中样本之间的近邻关系? k-近邻过拟合的主要因素是什么?

3. k-近邻可否处理数据集具有非线性特征的学习任务? 可否处理多分类学习任务? 简述原因.

4. 对于二维数据 $\{A, B, C, D, E, F, G\}$, 其建立的 kd 树和空间划分如图 7-16 所示, 其维度分别表示为 x_1 和 x_2, 现有测试样本点 $\hat{\boldsymbol{x}}$ (空心圆表示), 给出其搜索路径以及最近邻点.

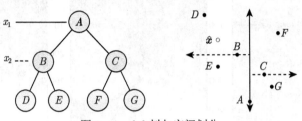

图 7-16　kd 树与空间划分

5. 通过拍摄水样[8], 采集得到水样图像, 图像特征包括颜色、纹理、形状、空间关系, 其中颜色特征比几何特征更稳健. 基于颜色矩提取图像特征的数学基础是图像中任何的颜色分布均可以用它的矩来表示. 数据集 (moment.csv) 包括 RGB 三通道的一阶矩、二阶矩和三阶矩 9 个特征变量, 类别 1 为浅绿色、2 为灰蓝色、3 为黄褐色、4 为茶褐色、5 为绿色. 假设仅考虑类别 1、2 和 3, 试基于 kd 树学习和预测, 并通过交叉验证法和网格搜索选择最佳的近邻数、距离度量方法和加权方法.

■ 7.5　本章小结

本章主要讨论了 k-近邻算法的分类和回归任务. 对于分类任务, k-近邻算法的三要素为距离度量方法、k 值的选择和分类决策规则. k-近邻不具有显式的学习过程, 其模型是基于训练样本的特征空间划分. k-近邻算法的主要问题是如何对训练数据进行快速近邻搜索, 本章介绍了 kd 树的构造方法和最近邻搜索方法, 并进行了算法设计与实现, 且在色彩风格迁移方面做了简单扩展.

此外, Ball 树[7] (Ball tree) 也是一种空间划分的数据结构, Ball 树是一棵二叉树, 不同于 kd 树, Ball 树不再按照笛卡儿坐标轴切分数据, 而是每次使用超球面 (hyper spheres) 进行切分. 核化 k-近邻 (Kernelized k-NN) 是普通 k-近邻算法的扩展, 通过引入核函数将距离度量转化为在高维特征空间中的相似性度量, 从而提升算法的表达能力. 核化 k-近邻特别适合处理非结构化数据 (如图像、文本) 和复杂模式识别任务.

sklearn.neighbors 提供了 k-近邻算法, 如 KNeighborsClassifier 用于实现分类任务, KNeighborsRegressor 用于实现回归任务. 读者可通过 scikit-learn 查读

相关方法和示例, 搭建自己的 k-近邻学习任务.

■ 7.6　参考文献

[1]　周志华. 机器学习 [M]. 北京: 清华大学出版社, 2016.

[2]　李航. 统计学习方法 [M]. 2 版. 北京: 清华大学出版社, 2019.

[3]　Bentley J L. Multidimensional binary search trees used for associative searching [J]. Communications of the ACM, 1975, 18: 509-517.

[4]　Yianilos P N. Data structures and algorithms for nearest neighbor search in general metric spaces [J]. Proceedings, of the 4th annual ACM-SIAM Symposium on Discrete Algorithms, 1993: 311-321.

[5]　张伟楠, 赵寒烨, 俞勇. 动手学机器学习 [M]. 北京: 人民邮电出版社, 2023.

[6]　薛薇, 等. Python 机器学习数据建模与分析 [M]. 北京: 机械工业出版社. 2021.

[7]　Dolatshah M, Hadian A, Minaei-Bidgoli B. Ball*-tree: Efficient spatial indexing for constrained nearest-neighbor search in metric spaces[J]. arXiv preprint arXiv: 1511.00628, 2015.

[8]　张良均, 王路, 谭立云, 等. Python 数据分析与挖掘实战 [M]. 北京: 机械工业出版社, 2015.

## 第 8 章

贝叶斯分类器

设随机变量 X 和 Y, $P(X)$ 和 $P(Y)$ 分别是 X 和 Y 发生的概率, 若 X 和 Y 相互独立, 则 X 和 Y 同时发生的概率为 $P(XY) = P(X)P(Y)$, 若不独立, 则 $P(XY) = P(X)P(Y|X) = P(Y)P(X|Y)$.

贝叶斯法则 (Bayes rule)[3] 是对贝叶斯概率的理论表述. 如果有 k 个互斥事件 $Y_1, Y_2, \cdots, Y_k$, 且 $\sum\limits_{i=1}^{k} P(Y_i) = 1$, 以及一个可观测到的事件 X, 则有

$$P(Y_i|X) = \frac{P(XY_i)}{P(X)} = \frac{P(Y_i)P(X|Y_i)}{P(X)}, \quad i = 1, 2, \cdots, k,$$

其中, $P(Y_i)$ 称为先验 (prior) 概率, 是未见到事件 X 前对事件 Y_i 发生概率的假设, 测度了未见到试验数据前对事件的先验认知程度; 条件概率 $P(X|Y_i)$ 称为数据似然 (likelihood), 是事件 Y_i 发生条件下事件 X 发生的概率. 数据似然测度了在先验认知下观察到当前试验数据的可能性, 值越大表明先验认知对试验数据的解释程度越高. 进一步, 依据全概率公式, $Y_1, Y_2, \cdots, Y_k$ 构成一个完备事件组, 且均有正概率, 则

$$P(Y_i|X) = \frac{P(Y_i)P(X|Y_i)}{P(X)} = \frac{P(Y_i)P(X|Y_i)}{\sum\limits_{i=1}^{k} P(Y_i)P(X|Y_i)}, \quad i = 1, 2, \cdots, k.$$

可见, 后验 (posterior) 概率是数据似然对先验概率的修正结果.

贝叶斯决策论[1](Bayes decision theory) 是概率框架下实施决策的基本方法. 对于分类任务, 在所有相关概率都已知的理想情形下, 贝叶斯决策论考虑如何基于这些概率和误判损失来选择最优的类别标记.

考虑多分类问题, 令类别标记集合为 $\mathcal{Y} = \{C_1, C_2, \cdots, C_K\}$, 样本 $\boldsymbol{x} = (x_1, x_2, \cdots, x_m) \in \mathbb{R}^{m \times 1}$, $m > 0$ 为特征变量数, $\lambda_{i,j}$ 是将一个真实标记为 C_j 的样本误分类为 C_i 所产生的损失. 若目标是最小化分类错误率, 则误判损失 $\lambda_{i,j}$ 可表示为

0-1 损失

$$\lambda_{i,j} = \begin{cases} 0, & i = j, \\ 1, & i \neq j. \end{cases} \tag{8-1}$$

样本 $\boldsymbol{x}$ 上的条件风险 (conditional risk) 定义为

$$\mathcal{R}\left(C_i|\boldsymbol{x}\right) = \sum_{j=1}^{K} \lambda_{i,j} P\left(C_j|\boldsymbol{x}\right) = 1 - P\left(C_i|\boldsymbol{x}\right), \tag{8-2}$$

即条件风险为基于后验概率 $P\left(C_i|\boldsymbol{x}\right)$ 获得将样本 $\boldsymbol{x}$ 分类为 C_i 所产生的期望损失.

寻找一个判定准则 $h: \boldsymbol{X} \rightarrow \boldsymbol{Y}$ 以最小化总体风险 $\mathcal{R}\left(h\right) = \mathbb{E}_{\boldsymbol{x}}\left[\mathcal{R}\left(h\left(\boldsymbol{x}\right)|\boldsymbol{x}\right)\right]$. 贝叶斯判定准则 (bayes decision rule) 认为, 若要最小化 $\mathcal{R}\left(h\right)$, 则只需在每个样本上选择那个能使条件风险 $\mathcal{R}\left(C|\boldsymbol{x}\right)$ 最小的类别标记, 即选择能使后验概率 $P\left(C|\boldsymbol{x}\right)$ 最大的类别标记, 表示为

$$h^*\left(\boldsymbol{x}\right) = \arg\min_{C \in \mathcal{Y}} \mathcal{R}\left(C|\boldsymbol{x}\right) = \arg\max_{C \in \mathcal{Y}} P\left(C|\boldsymbol{x}\right). \tag{8-3}$$

h^* 称为贝叶斯最优分类器 (Bayes optimal classifier), 与之对应的总体风险 $\mathcal{R}\left(h^*\right)$ 称为贝叶斯风险 (Bayes risk). $1 - \mathcal{R}\left(h^*\right)$ 反映了分类器所能达到的最好性能, 即通过机器学习所能产生的模型精度的理论上限. 本章理论内容主要参考了周志华教授的《机器学习》[1].

■ 8.1 朴素贝叶斯分类器

8.1.1 朴素贝叶斯分类器原理

朴素贝叶斯 (naive Bayes) 法是典型的生成式学习方法. 朴素贝叶斯分类器 (naive Bayes classifier) 基于贝叶斯定理并采用了 "属性条件独立性假设", 即假设每个属性 (特征变量) 独立地对分类结果发生影响, 也即 "朴素" 的含义. 朴素贝叶斯分类器是贝叶斯分类器中最简单、最常用的一种.

基于贝叶斯定理和属性条件独立性假设, 样本 $\boldsymbol{x}$ 属于类别 C 的概率为

$$P\left(C|\boldsymbol{x}\right) = \frac{P\left(C\right)P\left(\boldsymbol{x}|C\right)}{P\left(\boldsymbol{x}\right)} = \frac{P\left(C\right)}{P\left(\boldsymbol{x}\right)} \prod_{i=1}^{m} P\left(x_i|C\right), \tag{8-4}$$

其中 x_i 为 $\boldsymbol{x}$ 在第 i 个属性上的取值. 在具体实现时, 为避免概率连乘导致趋近于 0, 常取对数. 由于对任意 $C \in \mathcal{Y}$ 来说 $P\left(\boldsymbol{x}\right)$ 相同, 因此朴素贝叶斯分类器的表达

式可简化为

$$h_{\text{nb}}(\boldsymbol{x}) = \arg\max_{C \in \mathcal{Y}} P(C) \prod_{i=1}^{m} P(x_i \mid C), \tag{8-5}$$

也即贝叶斯判别准则. 显然, 朴素贝叶斯分类器的训练过程就是基于训练集 $\mathcal{D}$ 来估计类先验概率 $P(C)$, 并为每个属性估计条件概率 $P(x_i \mid C)$. 具体为:

(1) 令 $\mathcal{D}_C$ 表示训练集 $\mathcal{D}$ 中第 C 类样本组成的集合, 若服从独立同分布的样本足够多, 则可估计出类先验概率

$$P(C) = \frac{|\mathcal{D}_C|}{|\mathcal{D}|}. \tag{8-6}$$

(2) 对于离散属性, 令 $\mathcal{D}_{C,x_i}$ 表示 $\mathcal{D}_C$ 中在第 i 个属性上取值为 x_i 的样本组成的集合, 则条件概率 $P(x_i \mid C)$ 可估计为

$$P(x_i \mid C) = \frac{|\mathcal{D}_{C,x_i}|}{|\mathcal{D}_C|}. \tag{8-7}$$

(3) 对于连续属性, 可考虑正态分布概率密度函数. 假定 $p(x_i \mid C) \sim N(\mu_{C,i}, \sigma_{C,i}^2)$, 其中 $\mu_{C,i}$ 和 $\sigma_{C,i}$ 分别为第 C 类样本在第 i 个属性取值的均值和标准差 (参数值可有极大似然估计得到), 则有

$$p(x_i \mid C) = \frac{1}{\sqrt{2\pi}\sigma_{C,i}} \exp\left(-\frac{(x_i - \mu_{C,i})^2}{2\sigma_{C,i}^2}\right). \tag{8-8}$$

为避免其他属性携带的信息被训练集中未出现的属性值 "抹去", 在估计概率值时通常进行 "拉普拉斯修正"(Laplacian correction). 令 K 表示 $\mathcal{D}$ 中可能的类别数, N_i 表示第 i 个属性可能取值数, 则

$$\hat{P}(C) = \frac{|\mathcal{D}_C| + 1}{|\mathcal{D}| + K}, \quad \hat{P}(x_i \mid C) = \frac{|\mathcal{D}_{C,x_i}| + 1}{|\mathcal{D}_C| + N_i}. \tag{8-9}$$

显然, 拉普拉斯修正避免了因训练集样本不充分而导致概率估值为零的问题, 并且在训练集变大时, 修正过程所引入的先验的影响也会逐渐变得可忽略, 使得估值渐趋向于实际概率值.

例 1　学生考取院校等级与多种因素有关, 已知 10 名同学的样本数据如表 8-1 所示. 现有一名同学 $\hat{\boldsymbol{x}}$ 的各项指标数据, 采用朴素贝叶斯法预测该同学考取院校的等级.

表 8-1 考研录取院校影响因素

ID	思维能力	计算能力	科创水平	英语水平	复习程度	考取院校等级
1	0.85	0.94	0.71	中等	良好	C_1 (985)
2	0.74	0.88	0.64	好	良好	C_1 (985)
3	0.81	0.78	0.66	好	良好	C_1 (985)
4	0.84	0.82	0.69	好	一般	C_1 (985)
5	0.79	0.85	0.62	中等	一般	C_2 (211)
6	0.64	0.70	0.56	中等	一般	C_2 (211)
7	0.62	0.69	0.54	中等	良好	C_2 (211)
8	0.60	0.75	0.55	中等	稍差	C_3 (普本)
9	0.62	0.77	0.51	合格	一般	C_3 (普本)
10	0.65	0.75	0.57	合格	稍差	C_3 (普本)
$\hat{x}$	0.75	0.74	0.65	好	一般	?

解 记 5 个特征属性分别为 $x_1, x_2, \cdots, x_5$, 目标变量为 y, 计算步骤如下:

(1) 按照拉普拉斯修正的方法, 计算先验概率为

$$P(y = C_1) = \frac{4+1}{10+3} = \frac{5}{13}, \quad P(y = C_2) = \frac{4}{13}, \quad P(y = C_3) = \frac{4}{13}.$$

(2) 对每个离散属性估计条件概率 $P(x_i|C)$, 以及每个连续属性估计条件概率密度函数值 $p(x_i|C)$, 忽略舍入误差.

(a) 对于连续属性, 由极大似然估计 (保留 3 位有效数字), 当 $y = C_1$ 时,

$$x_1 \sim N(0.810, 0.0430), \quad x_2 \sim N(0.855, 0.0606), \quad x_3 \sim N(0.675, 0.0269);$$

当 $y = C_2$ 时,

$$x_1 \sim N(0.683, 0.0759), \quad x_2 \sim N(0.747, 0.0732), \quad x_3 \sim N(0.573, 0.0340);$$

当 $y = C_3$ 时,

$$x_1 \sim N(0.623, 0.0205), \quad x_2 \sim N(0.757, 0.00943), \quad x_3 \sim N(0.543, 0.0249).$$

因此正态分布条件概率密度函数值 (保留 5 位有效数字) 为

$$p_{x_1:\, 0.75|C_1} = p(x_1 = 0.75|y = C_1) = \frac{1}{\sqrt{2\pi} \cdot 0.0430} \exp\left(-\frac{(0.75 - 0.810)^2}{2 \cdot 0.0430^2}\right) = 3.50474,$$

$$p_{x_1:\, 0.75|C_2} = p(x_1 = 0.75|y = C_2) = \frac{1}{\sqrt{2\pi} \cdot 0.0759} \exp\left(-\frac{(0.75 - 0.683)^2}{2 \cdot 0.0759^2}\right) = 3.56009,$$

$$p_{x_1:\, 0.75|C_3} = p(x_1 = 0.75|y = C_3) = \frac{1}{\sqrt{2\pi} \cdot 0.0205} \exp\left(-\frac{(0.75 - 0.623)^2}{2 \cdot 0.0205^2}\right)$$

$$= 9.01874 \times 10^{-8}.$$

同理可得

$$p_{x_2:\ 0.74|C_1} = 1.08753, \quad p_{x_2:\ 0.74|C_2} = 5.42517, \quad p_{x_2:\ 0.74|C_3} = 8.33075.$$

$$p_{x_3:\ 0.65|C_1} = 9.62947, \quad p_{x_3:\ 0.65|C_2} = 0.90304, \quad p_{x_3:\ 0.65|C_3} = 0.0015664.$$

(b) 对于离散属性,

$$P_{x_4:\ 好|C_1} = \frac{3+1}{4+3} = \frac{4}{7}, \quad P_{x_4:\ 好|C_2} = \frac{0+1}{3+3} = \frac{1}{6}, \quad P_{x_4:\ 好|C_3} = \frac{0+1}{3+3} = \frac{1}{6}.$$

$$P_{x_5:\ 一般|C_1} = \frac{1+1}{4+3} = \frac{2}{7}, \quad P_{x_5:\ 一般|C_2} = \frac{2+1}{3+3} = \frac{3}{6}, \quad P_{x_5:\ 一般|C_3} = \frac{1+1}{3+3} = \frac{2}{6}.$$

(3) 于是, 样本 $\hat{x}$ 属于 $y = C_1$ 的对数似然值为

$$\ln\left(\hat{P}(C_1|\hat{x})\right) = \ln\left(P(y = C_1) \times p_{x_1:\ 0.75|C_1} \times p_{x_2:\ 0.74|C_1} \times p_{x_3:\ 0.69|C_1}\right.$$
$$\left. \times P_{x_4:\ 好|C_1} \times P_{x_5:\ 一般|C_1}\right)$$
$$= \ln\frac{5}{13} + \ln 3.50474 + \ln 1.08753 + \ln 9.62947 + \ln\frac{4}{7} + \ln\frac{2}{7} = 0.83496.$$

同理可得

$$\ln\left(\hat{P}(C_2|\hat{x})\right) = \ln\frac{4}{13} + \ln 3.56009 + \ln 5.42517 + \ln 0.90304 + \ln\frac{1}{6} + \ln\frac{3}{6} = -0.80472.$$

$$\ln\left(\hat{P}(C_3|\hat{x})\right) = \ln\frac{4}{13} + \ln\left(9.01874 \times 10^{-8}\right) + \ln 8.33075 + \ln 0.0015664 + \ln\frac{1}{6} + \ln\frac{2}{6}$$
$$= -24.62940.$$

(4) 通过 Softmax 函数, 可得样本 $\hat{x}$ 属于每个类别的概率为

$$P(C_1|\hat{x}) = 0.83749, \quad P(C_2|\hat{x}) = 0.16251, \quad P(C_3|\hat{x}) = 7.31054 \times 10^{-12}.$$

故样本 $\hat{x}$ 的类别属于 $C_1(985)$.

8.1.2　朴素贝叶斯分类器算法设计

在现实任务中, 朴素贝叶斯分类器有多种使用方式. 例如, 若任务对预测速度要求较高, 则对给定训练集, 可将朴素贝叶斯分类器涉及的所有概率估值事先计算好存储起来, 这样在进行预测时只需 "查表" 即可进行判别; 若任务数据更替频

繁, 则可采用 "懒惰学习" (lazy learning) 方式, 即先不进行任何训练, 待收到预测请求时再根据当前数据集进行概率估值; 若数据不断增加, 可在现有估值基础上, 仅对新增样本的属性所涉及的概率估值进行计数修正即可实现增量学习.

　　朴素贝叶斯分类器算法设计: 如果特征变量取值为连续实数, 则算法描述了两种操作: 一是分箱处理, 连续取值离散化, 然后类似离散取值一样按式 (8-9) 计算条件概率; 二是直接进行高斯分布的参数估计, 然后按式 (8-8) 计算条件概率. 参数 is_binned 控制是否进行分箱处理. 当训练样本的特征变量既有离散取值又有连续取值时, 若按照高斯分布估计连续取值属性, 则设置参数 is_binned=False, 且由参数 feature_R_idx 给出连续取值属性在训练样本中的索引编号.

```python
# file_name: naive_bayes_classifier.py
class NaiveBayesClassifier:
    """
    朴素贝叶斯分类器: 对于连续取值属性可分箱处理或直接进行高斯分布的参数估计
    """
    def __init__(self, is_binned: bool = False, is_feature_all_R: bool = False,
                 feature_R_idx: list = None, max_bins: int = 10):
        self.is_binned = is_binned  # 连续特征变量数据是否进行分箱操作
        if is_binned:
            self.is_feature_all_R = is_feature_all_R  # 是否所有特征变量都是连续数值
            self.max_bins = max_bins  # 最大分箱数
            self.dbw = DataBinningUtils()  # 分箱对象, 需导入该类
            self.x_bin_map = dict()  # 存储训练样本特征分箱的段点
        self.feature_R_idx = feature_R_idx  # 混合式数据中连续特征变量的索引
        self.class_values, self.n_class = None, 0  # 类别取值以及类别数
        self.prior_prob = dict()  # 先验分布, 键是类别取值, 值是先验概率
        # 存储每个类所对应的特征变量取值频次或者连续属性的高斯分布参数
        self.classified_feature_prob = dict()
        # 训练样本中每个特征不同的取值数, 针对离散数据, 字典结构
        self.feature_values_num = dict()
        self.class_values_num = dict()  # 目标集中每个类别的样本量: |D_c|

    @staticmethod
    def _cal_mle(x_i):
        # 按照极大似然估计公式直接计算, x_i 表示样本某个特征数据
        mu = np.mean(x_i)  # 均值 μ
        sigma = np.sqrt(np.dot(x_i - mu, (x_i - mu).T) / x_i.shape[0])  # 标准差 σ
        return mu, sigma
```

```python
@staticmethod
def _cal_pdf(x, mu, sigma):
    # 计算值x的正态分布的概率密度函数值p(x)
    return 1 / np.sqrt(2 * np.pi) / sigma * \
        np.exp(-(x - mu) ** 2 / (2 * sigma ** 2))


def _prior_probability(self, y_train):
    """
    计算类别的先验概率P(C), 并进行拉普拉斯修正. 需导入import collections as cc.
    """
    n_samples = len(y_train)  # 总样本量
    self.class_values_num = cc.Counter(y_train)  # Counter({'否': 9, '是': 8})
    for key in self.class_values_num.keys():  # 针对每一个类别值
        self.prior_prob[key] = ((self.class_values_num[key] + 1) /
                                (n_samples + self.n_class))  # 拉普拉斯修正


def _data_bin_wrapper(self, X):
    """
    针对不同的数据类型做预处理, 连续数据则分箱操作, 否则不进行
    """
    # 部分特征数据是连续实数, 只针对相应的特征分箱
    self.feature_R_idx = np.asarray(self.feature_R_idx)  # 类型转换, 以便循环
    x_sample_prep = []  # 存储分箱后的数据
    if not self.x_bin_map:  # 针对训练数据分箱
        for i in range(X.shape[1]):
            if i in self.feature_R_idx:
                self.dbw.fit(X[:, i])
                self.x_bin_map[i] = self.dbw.x_bin_map
                x_sample_prep.append(self.dbw.transform(X[:, i]))
            else:
                x_sample_prep.append(X[:, i])
    else:  # 针对测试数据, 使得测试数据与训练数据使用相同的分箱处理
        for i in range(X.shape[1]):
            if i in self.feature_R_idx:
                x_sample_prep.append(self.dbw.transform(X[:, i], self.x_bin_map[i]))
            else:
                x_sample_prep.append(X[:, i])
    return np.asarray(x_sample_prep).T


def fit(self, X_train: np.asarray, y_train: np.ndarray):
```

```
        """
        NB分类器训练, 将NB分类器涉及的所有概率估值事先计算并存储起来
        """
        self.class_values = np.unique(y_train)  # 类别取值
        self.n_class = len(self.class_values)  # 类别数
        if self.n_class < 2:
            print ("仅有一个类别, 不进行贝叶斯分类器估计...")
            exit (0)
        self._prior_probability(y_train)  # 计算先验概率P(C)
        # 统计每个特征变量不同的取值数, 类条件概率的分子
        for i in range(X_train.shape[1]):
            self.feature_values_num[i] = len(np.unique(X_train [:, i]))
        if self.is_binned:
            self._binned_fit(X_train, y_train)  # 分箱处理
        else:
            self._gaussian_fit(X_train, y_train)  # 直接进行高斯分布估计

    def _binned_fit (self, X_train, y_train):
        """
        对连续特征属性进行分箱操作, 然后计算各概率值
        """
        if self.is_feature_all_R:  # 特征属性取值全部是连续
            self .dbw. fit (X_train)
            X_train = self.dbw. transform (X_train)
        elif self.feature_R_idx is not None:
            X_train = self._data_bin_wrapper(X_train)
        for c in self.class_values:
            class_x = X_train[y_train == c]  # 获取对应类别的样本
            feature_counter = dict ()  # 每个离散变量特征中特定值出现的频次
            for i in range (X_train.shape [1]):
                feature_counter[i] = cc.Counter(class_x [:, i])
            self.classified_feature_prob[c] = feature_counter

    def _gaussian_fit (self, X_train, y_train):
        """
        连续特征变量不进行分箱, 直接进行高斯分布估计, 离散特征变量取值除外
        """
        for c in self.class_values:
            class_x = X_train[y_train == c]  # 获取对应类别的样本
            # 离散变量特征中特定值出现的频次, 连续特征变量为$\mu, \sigma$
```

```
        feature_counter = dict ()    # 字典结构
        for i in range(X_train.shape[1]):
            if self.feature_R_idx is not None and (i in self.feature_R_idx):
                # 连续特征, 极大似然估计均值和方差
                mu, sigma = self._cal_mle(np.asarray(class_x [:, i],
                                                        dtype=np.float64))
                feature_counter[i] = {"mu": mu, "sigma": sigma}
            else:  # 离散特征
                feature_counter[i] = cc.Counter(class_x [:, i])
        self.classified_feature_prob[c] = feature_counter


def predict_proba (self, X_test: np.ndarray):
    """
    预测测试样本X_test所属类别的概率
    """
    X_test = np.asarray(X_test)   # 转换为ndarray, 便于数值计算
    if self.is_binned:
        return self._binned_predict_proba(X_test)
    else:
        return self._gaussian_predict_proba(X_test)


def _binned_predict_proba(self, X_test):
    """
    连续特征变量进行分箱离散化, 然后预测
    """
    if self.is_feature_all_R:
        X_test = self.dbw.transform(X_test)
    elif self.feature_R_idx is not None:
        X_test = self._data_bin_wrapper(X_test)
    # 存储测试样本所属各个类别的概率, 初始化y_test_hat
    y_test_hat = np.zeros((X_test.shape[0], self.n_class))
    for i in range(X_test.shape[0]):
        test_sample = X_test[i, :]  # 当前测试样本
        y_hat = []  # 当前测试样本所属各个类别的概率
        for c in self.class_values:
            prob_ln = np.log(self.prior_prob [c])   # 当前类别的先验概率, 取对数
            # 当前类别下不同特征变量不同取值的频次, 构成字典
            feature_frequency = self.classified_feature_prob [c]
            for j in range(X_test.shape[1]):  # 针对每个特征变量
                value = test_sample[j]  # 当前测试样本的当前特征取值
```

```
                    # 当前特征取值的频数, 如Counter({'浅白': 4, '青绿': 3, '乌黑': 2})
                    cur_feature_freq = feature_frequency[j]
                    # 按照拉普拉斯修正方法计算
                    prob_ln += np.log((cur_feature_freq.get(value, 0) + 1) /
                                     (self.class_values_num[c] +
                                      self.feature_values_num[j]))
            y_hat.append(prob_ln)  # 属于第C个类别的概率
        # Softmax函数, 多分类(也适用于二分类), 且归一化
        y_test_hat[i, :] = self._softmax_func(np.asarray(y_hat))
    return y_test_hat


@staticmethod
def _softmax_func(x):
    # Softmax函数, 为避免上溢或下溢, 对参数x做限制
    exps = np.exp(x - np.max(x))  # 避免溢出, 每个数减去其最大值
    return exps / np.sum(exps)


def _gaussian_predict_proba(self, X_test):
    """
    连续特征变量不进行分箱, 直接按高斯分布估计
    """
    # 存储测试样本所属各个类别的概率
    y_test_hat = np.zeros((X_test.shape[0], self.n_class))
    for i in range(X_test.shape[0]):
        test_sample = X_test[i, :]  # 当前测试样本
        y_hat = []  # 当前测试样本所属各个类别的概率
        for c in self.class_values:
            prob_ln = np.log(self.prior_prob[c])  # 当前类别的先验概率, 取对数
            # 当前类别下不同特征变量不同取值的频次, 构成字典
            feature_frequency = self.classified_feature_prob[c]
            for j in range(X_test.shape[1]):  # 针对每个特征变量
                value = test_sample[j]  # 当前测试样本的当前特征取值
                if self.feature_R_idx is not None and (j in self.feature_R_idx):
                    # 连续特征, 取极大似然估计的均值和标准差
                    mu, sigma = feature_frequency[j].values()
                    prob_ln += np.log(self._cal_pdf(value, mu, sigma) + 1e-8)
                else:
                    cur_feature_freq = feature_frequency[j]  # 取当前特征取值频数
                    # 按照拉普拉斯修正方法计算
                    prob_ln += np.log((cur_feature_freq.get(value, 0) + 1) /
```

```
                                                (self.class_values_num[c] +
                                                 self.feature_values_num[j]))
            y_hat.append(prob_ln)  # 属于第C个类别的概率
            y_test_hat[i, :] = self._softmax_func(np.asarray(y_hat))  # Softmax函数
        return y_test_hat

    def predict(self, X_test: np.ndarray):
        # 预测测试样本X_test所属类别
        return np.argmax(self.predict_proba(X_test), axis=1)
```

例 2　使用 sklearn.datasets.make_blobs 函数生成 500 个包含有两个特征变量和 4 个类别的样本, 并基于一次分层采样随机划分, 分别采用分箱离散化方法和按高斯分布的方法, 绘制分类边界.

数据集的生成和划分, 以及模型参数设置如下. 结果如图 8-1 所示, 可见分箱与否, 分类边界不同, 高斯分布的分类边界并非垂直于轴划分, 而是曲线边界.

```
X, y = make_blobs(n_samples=500, n_features=2, centers=4, cluster_std=0.85,
                  random_state=0)  # 生成数据
X_train, X_test, y_train, y_test = \
    train_test_split(X, y, test_size=0.2, random_state=0, stratify=y)  # 数据划分
# 连续取值离散化, 分箱处理
nbc = NaiveBayesClassifier(is_binned=True, max_bins=20, is_feature_all_R=True)
nbc = NaiveBayesClassifier(is_binned=False, feature_R_idx=[0, 1])  # 高斯分布
```

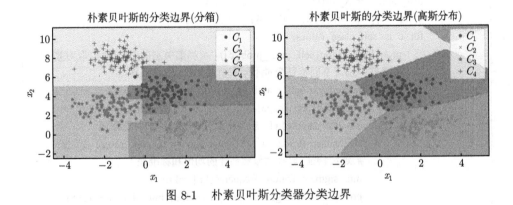

图 8-1　朴素贝叶斯分类器分类边界

例 3　以北京空气质量监测数据[①], 选择质量等级为 "优、良、轻度污染" 的样本数据, 构成三分类数据集, 构建朴素贝叶斯分类器并预测.

---

① 参考第 4 章 逻辑回归例 5 中数据集的说明.

按照分层采样, 基于一次数据集划分, 测试样本比例为 30%, 随机种子为 0. 由于特征变量取值多为整数, 故采用离散属性的方法, 构建朴素贝叶斯分类器并预测, 如图 8-2 所示.

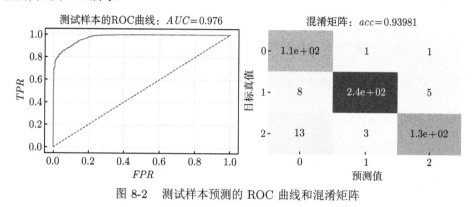

图 8-2　测试样本预测的 ROC 曲线和混淆矩阵

■ 8.2　*半朴素贝叶斯分类器

8.2.1　半朴素贝叶斯分类器原理

半朴素贝叶斯分类器[1](semi-naive Bayes classifiers) 的基本思想是适当考虑一部分属性间的相互依赖信息, 从而既不需要进行完全联合概率计算, 又不至于彻底忽略了比较强的属性依赖关系. 独依赖估计 (one-Dependent Estimator, ODE) 是半朴素贝叶斯分类器最常用的策略. 顾名思义, 所谓独依赖就是假设每个属性在类别之外最多仅依赖于一个其他属性, 即

$$P\left(C|\boldsymbol{x}\right) \propto P\left(C\right) \prod_{i=1}^{m} P\left(x_i|C, pa_i\right), \tag{8-10}$$

其中 pa_i 为属性 x_i 所依赖的属性, 称为 x_i 的父属性. 此时, 对每个属性 x_i, 若其父属性 pa_i 已知, 则可估计概率值 $P\left(x_i|C, pa_i\right)$. 于是, 问题的关键转化为如何确定每个属性的父属性, 不同的做法产生不同的独依赖分类器.

最直接的做法是假设所有属性都依赖于同一个属性, 称为 "超父", 然后通过交叉验证等模型选择方法来确定超父属性, 由此形成了 SPODE (Super-Parent ODE) 方法[1]. 图 8-3(b) 中 x_1 是超父属性.

条件互信息 (conditional mutual information) $I\left(\boldsymbol{x}_i, \boldsymbol{x}_j|y\right)$ 刻画了属性 $\boldsymbol{x}_i$ 和 $\boldsymbol{x}_j$ 在已知类别情况下的相关性. 树增强型贝叶斯 (Tree Augmented naïve Bayes, TAN) 是在最大带权生成树算法的基础上, 通过以下步骤将属性间的依赖关系简约为图 8-3(c) 所示的树形结构[1].

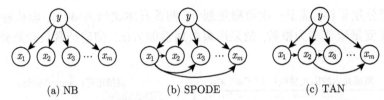

(a) NB   (b) SPODE   (c) TAN

图 8-3   朴素贝叶斯分类器和半朴素贝叶斯分类器所考虑的属性依赖关系

(1) 计算任意两个属性之间的条件互信息

$$I\left(\boldsymbol{x}_i, \boldsymbol{x}_j | y\right) = \sum_{\boldsymbol{x}_i, \boldsymbol{x}_j; C \in \mathcal{Y}} P\left(\boldsymbol{x}_i, \boldsymbol{x}_j | C\right) \cdot \ln \frac{P\left(\boldsymbol{x}_i, \boldsymbol{x}_j | C\right)}{P\left(\boldsymbol{x}_i | C\right) P\left(\boldsymbol{x}_j | C\right)}. \tag{8-11}$$

若 $\boldsymbol{x}_i$ 和 $\boldsymbol{x}_j$ 无关, 即 $P\left(\boldsymbol{x}_i, \boldsymbol{x}_j | C\right) = P\left(\boldsymbol{x}_i | C\right) P\left(\boldsymbol{x}_j | C\right)$, 则式 (8-11) 值 $I\left(\boldsymbol{x}_i, \boldsymbol{x}_j | y\right)$ 为 0; 若 $\boldsymbol{x}_i$ 和 $\boldsymbol{x}_j$ 相关, 即 $P\left(\boldsymbol{x}_i, \boldsymbol{x}_j | C\right) > P\left(\boldsymbol{x}_i | C\right) P\left(\boldsymbol{x}_j | C\right)$, 则式 (8-11) 值 $I\left(\boldsymbol{x}_i, \boldsymbol{x}_j | y\right)$ 为正值.

(2) 以属性为结点构建完全图, 任意两个结点之间边的权重设为 $I\left(\boldsymbol{x}_i, \boldsymbol{x}_j | y\right)$.

(3) 构建此完全图的最大带权生成树, 挑选根变量, 将边置为有向.

(4) 加入类别结点 y, 增加从 y 到每个属性的有向边.

通过最大生成树算法, TAN 算法实际上仅保留了强相关属性之间的依赖性.

例 4 以 "西瓜数据集"[①] 为例, 假设不考虑特征属性 "密度" 和 "含糖率", 建立 TAN.

计算属性间的条件互信息如表 8-2 所示 (具体算法不再呈现). 属性间构建完全图如图 8-4(a) 所示, 若两个属性间的互信息小于 0.1, 则不进行属性间边的绘制. 以 "纹理" 为根结点, 构建最大带权生成树如图 8-4(b) 所示, 未添加类别结点 y.

表 8-2   属性间的条件互信息

特征属性	色泽	根蒂	敲声	纹理	脐部	触感
色泽	0.0	0.30885157	0.12099679	0.54032870	0.52102290	0.06285810
根蒂	0.30885157	0.0	0.68232300	0.58280350	1.20218340	0.34402567
敲声	0.12099679	0.68232300	0.0	0.48357537	0.52829030	0.25936556
纹理	0.54032870	0.58280350	0.48357537	0.0	0.73683620	0.62782615
脐部	0.52102290	1.20218340	0.52829030	0.73683620	0.0	0.43991970
触感	0.06285810	0.34402567	0.25936556	0.62782615	0.43991970	0.0

若每个属性都作为超父来构建 SPODE, 然后将具有足够训练数据支撑的 SPODE 集成起来作为最终结果, 由此形成了 AODE[1](Averaged ODE) 算法. AODE 是一种基于集成学习机制且更为强大的独依赖分类器. 表示为

---

① 参考第 6 章 决策树, 例 2 示例数据集.

属性间条件互信息完全图   属性依赖关系图

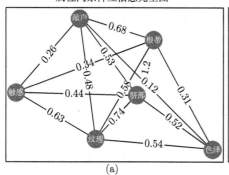 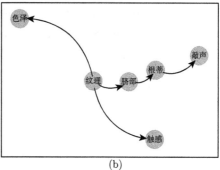

图 8-4   属性间条件互信息完全图和属性依赖关系图 (由 networkx 可视化)

$$P\left(C|\boldsymbol{x}\right) \propto \sum_{i=1, |\boldsymbol{\mathcal{D}}_{x_i}| \geqslant m'}^{m} P\left(C, x_i\right) \prod_{j=1}^{m} P\left(x_j | C, x_i\right), \tag{8-12}$$

其中 $\boldsymbol{\mathcal{D}}_{x_i}$ 是在第 i 个属性上取值为 x_i 的样本的集合, m' 为阈值常数, 通常设为 30, 不满足阈值的, 可不被选为父属性. 显然, AODE 需估计 $P\left(C, x_i\right)$ 和 $P\left(x_j | C, x_i\right)$, 估计式为

$$\hat{P}(C, x_i) = \frac{|\boldsymbol{\mathcal{D}}_{C,x_i}| + 1}{|\boldsymbol{\mathcal{D}}| + N_C \times N_i}, \quad \hat{P}\left(x_j | C, x_i\right) = \frac{|\boldsymbol{\mathcal{D}}_{C,x_i,x_j}| + 1}{|\boldsymbol{\mathcal{D}}_{C,x_i}| + N_j}, \tag{8-13}$$

其中 N_C 表示类别数, N_i 表示第 i 个属性可能的取值数, N_j 表示第 j 个属性可能的取值数, $\boldsymbol{\mathcal{D}}_{C,x_i}$ 表示分类为 C, 第 i 个属性取值为 x_i 的样本集合, $\boldsymbol{\mathcal{D}}_{C,x_i,x_j}$ 表示分类为 C, 第 i 个属性取值为 x_i, 第 j 个属性取值为 x_j 的样本集合.

8.2.2   基于 AODE 算法的半朴素贝叶斯算法设计

基于 AODE 算法的半朴素贝叶斯算法设计: (1) 对于既有连续特征属性又有离散特征属性的数据, 需通过参数 feature_R_idx 指定连续特征属性的下标索引, 进而采用高斯分布估计概率值, 且父属性仅对离散特征属性有效; (2) 对于数值全部是连续的特征属性需要进行分箱处理, 以适合离散化概率估计, 此时无需指定连续特征属性的索引下标; (3) 由于需考虑每个属性为父类属性, 故计算量与存储开销较大.

```
# file_name: sim_nb_aode.py
class  SimNaiveBayesianAODE:
    """
    半朴素贝叶斯分类器, 针对AODE算法①
```

---

① 算法思路参考 [2025-3-20]: https://github.com/shoucangiia/qu, GitHub.

```python
"""

def __init__(self, is_binned=False, is_feature_all_R=False, feature_R_idx=None,
             m_threshold: int = 1, max_bins: int = 10):
    self.is_binned = is_binned   # 连续特征变量数据是否进行分箱操作
    if is_binned:
        self.is_feature_all_R = is_feature_all_R   # 是否所有特征属性都是连续数值
        self.max_bins = max_bins   # 最大分箱数
        self.dbw = DataBinningUtils()   # 分箱对象, 需导入该类
        self.x_bin_map = dict()   # 存储训练样本特征分箱的段点
    self.feature_R_idx = feature_R_idx   # 混合式数据中连续特征变量的索引
    self.m_threshold = m_threshold   # m阈值, 小于该值不计算先验概率估计
    self.n_samples, self.m_features = 0, 0   # 样本量和特征数
    self.class_values, self.n_class = None, 0   # 类别取值以及类别数
    self.p_cx = dict()   # 先验联合概率: P(C, x_i), 针对AODE
    self.p_cxij = dict()   # 条件概率: P(x_j|C, x_i), 针对AODE
    self.un_parent_feature = []   # 不满足阈值的非父属性

def _data_bin_wrapper(self, X):   # 分箱算法, 参考朴素贝叶斯算法

def fit(self, X_train: np.ndarray, y_train: np.ndarray):
    """
    基于训练集(X_train, y_train)的半朴素贝叶斯训练
    """
    self.n_samples, self.m_features = X_train.shape   # 样本量和特征数
    self.class_values = np.unique(y_train)   # 类别取值
    self.n_class = len(self.class_values)   # 类别数
    if self.is_binned:
        if self.is_feature_all_R:   # 特征属性取值全部是连续
            self.dbw.fit(X_train)
            X_train = self.dbw.transform(X_train)
        elif self.feature_R_idx is not None:
            X_train = self._data_bin_wrapper(X_train)
    self._fit_aode(X_train, y_train)   # AODE学习

def _fit_aode(self, X_train, y_train):
    """
    AODE学习, 分别训练每个属性作为超父属性下的联合概率、条件概率等
    """
    for C in self.class_values:   # 针对每一个类别
        self.p_cx[C], self.p_cxij[C] = dict(), dict()   #不同类别下的概率, 字典
```

```
            for p_xi in range(self.m_features):  # 对每个父属性(parent attribute)变量
                if self.feature_R_idx and p_xi in self.feature_R_idx:
                    continue  # 仅针对离散特征属性
                # 当前父属性xᵢ下计算P(C,xᵢ), 初始化为空字典
                self.p_cx[C][p_xi], self.p_cxij[C][p_xi] = dict(), dict()
                attribute_vals = np.unique(X_train[:, p_xi])  # 第i个父属性的不同取值
                for xi in attribute_vals:  # 对第i个父变量的每个取值
                    # 取非零下标索引, 即第i个变量取值为xᵢ类别为C的样本索引
                    idx = np.nonzero((X_train[:, p_xi] == xi) & (y_train == C))
                    # 保存当前类别C和特征取值xᵢ的先验联合概率P(C,xᵢ)
                    ncx, ni, args = len(y_train[idx]), len(attribute_vals), (C, p_xi, xi)
                    self.p_cx[C][p_xi][xi] = self._cal_pcx(ncx, ni, args)
                    self.p_cxij[C][p_xi][xi] = dict()  # 计算P(xⱼ|C,xᵢ)
                    for p_xj in range(self.m_features):  # 考虑其他特征变量
                        if p_xj == p_xi: continue  # 若为父属性
                        cur_attr_vals = np.unique(X_train[:, p_xj])  # 当前特征不同取值
                        # 𝒟_{C,xᵢ,xⱼ}类为C, 第i, j个属性取值分别为xᵢ和xⱼ的样本集合.
                        D_Cxij = X_train[idx, p_xj].reshape(-1)  # 重塑为一维数组
                        if self.feature_R_idx and p_xj not in self.feature_R_idx:
                            # 离散特征的条件概率
                            ncx, ni = len(y_train[idx]), len(attribute_vals)
                            self.p_cxij[C][p_xi][xi][p_xj] = \
                                self._cal_pcxij_category(D_Cxij, cur_attr_vals, ncx, ni)
                        else:  # 连续特征的条件概率
                            self.p_cxij[C][p_xi][xi][p_xj] = \
                                self._cal_pcxij_continuous(D_Cxij)


def _cal_pcx(self, ncx, ni, args):
    """
    计算先验联合概率P(C,xᵢ)
    """
    y_proba = dict()  # 离散特征属性, 按照字典形式存储, 键为count和proba
    y_proba["count"] = ncx + 1  # 所包含的样本点数, 用于与阈值m比较
    if y_proba["count"] < self.m_threshold:
        self.un_parent_feature.append(args)  # 存储小于阈值的非父属性
    y_proba["proba"] = (ncx + 1) / (self.n_samples + self.n_class * ni)  # P(C,xᵢ)
    return y_proba


def _cal_pcxij_category(self, D_cxij, cur_attribute_vals, ncx, ni):
    """
```

　　　计算离散特征的条件概率$P(x_j|C, x_i)$
　　　"""
　　　p_cxij = dict()　# 按照字典形式存储, 键为属性的不同取值
　　　for cav in cur_attribute_vals:
　　　　　p_cxij[cav] = dict()　# 按照字典形式存储, 键为"count"和"proba"
　　　　　p_cxij[cav]["count"] = np.sum(D_cxij == cfv) + 1
　　　　　p_cxij[cav]["proba"] = p_cxij[cav]["count"] / (ncx + ni)　# $P(x_j|C, x_i)$
　　　return p_cxij

def _cal_pcxij_continuous(self, D_cxij):
　　　"""
　　　计算连续特征的均值和标准差, 按高斯分布
　　　"""
　　　if len(D_cxij) > 0:
　　　　　return (np.mean(D_cxij), np.std(D_cxij))　# 均值与标准差
　　　else:　# 数据集为空
　　　　　return (np.float64("nan"), np.float64("nan"))　# 返回空值

def predict(self, X_test: np.ndarray):
　　　# 预测测试样本X_test所属类别标签
　　　return np.argmax(self.predict_proba(X_test), axis=1)

def predict_proba(self, X_test):
　　　"""
　　　AODE对测试样本的预测, 即对每个样本, 取出各联合分布, 取对数累加
　　　"""
　　　if self.is_binned:　# 测试样本的预处理, 分箱处理
　　　　　if self.is_feature_all_R:
　　　　　　　X_test = self.dbw.transform(X_test)
　　　　　elif self.feature_R_idx is not None:
　　　　　　　X_test = self._data_bin_wrapper(X_test)
　　　y_proba = np.zeros((X_test.shape[0], self.n_class))　# 初始化样本的预测概率
　　　for k in range(X_test.shape[0]):
　　　　　for C_k, (C, px_dict) in enumerate(self.p_cx.items()):　# C_k为类别索引
　　　　　　　probability_C = 0.0　# 每个类别下每个特征变量的概率累加, 式(8-12)
　　　　　　　for p_xi, px_val_dict in px_dict.items():　# px_dict[p_xi][xi]
　　　　　　　　　sub_proba_val = 1.0　# 用于累乘
　　　　　　　　　xk_i = X_test[k, p_xi]　# 第k个样本的第i个特征变量取值
　　　　　　　　　stats_dict = px_val_dict[xk_i]　# {"count": val, "proba": val}
　　　　　　　　　if stats_dict["count"] < self.m_threshold:

```
            continue # 小于该阈值的不计算
        sub_proba_val *= stats_dict ["proba"]  # P(C, x_i) 累乘, 未取对数
        # 格式 p_cxij[C][p_xi][xi][p_xj], 取最后一个字典
        pcxij_dict = self. p_cxij [C][p_xi][xk_i]  # xk_i 为属性取值非索引
        for j, x_params in  pcxij_dict.items ()：  # 第二项连乘计算
            xk_j = X_test[k, j]  # 第 k 个样本的第 j 个特征变量取值
            if  isinstance (x_params, dict)：  # 离散特征属性
                p_xcij = x_params[xk_j]["proba"]  # 获取其先验联合估计
            else：  # 连续特征属性
                if  np.isnan(x_params[0]) or np.isnan(x_params[1]):
                    p_xcij = 1.0e−8
                else：  # 高斯分布参数
                    mu, sigma = x_params [0], x_params [1] + 1.0e−8
                    p_xcij = np.exp(−(xk_j − mu) ** 2 / (2 * sigma ** 2))
                    p_xcij = p_xcij / (np. sqrt (2 * np.pi) * sigma) + 1.0e−8
            sub_proba_val *= p_xcij  # P(x_j|c, x_i) 累乘
        # 当前类别下对每个特征变量的概率累加一起
        probability_C += sub_proba_val
    y_proba[k, C_k] = probability_C # 第 k 个测试样本在 C 类别下的概率
return  y_proba
```

例 5　对于 "西瓜数据集", 考虑所有特征变量, 采用基于 AODE 的半朴素贝叶斯分类器进行训练和预测, 并输出过程值.

由于数据量较小, 设置阈值 $m' = 3$, 则非父属性为: [(1, 0, '浅白'), (1, 1, '硬挺'), (1, 2, '清脆'), (1, 3, '模糊'), (1, 3, '稍糊'), (1, 4, '平坦')], 其中元组内分别对应类别、特征变量索引下标和特征取值. 预测结果如图 8-5 所示. 此例共 17 个样本, 故训练集和测试集采用了同一份数据集.

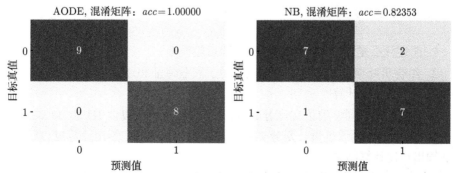

图 8-5　半朴素分类器与朴素分类器训练并对全部数据的预测结果 (西瓜数据集)

此外, 对于 "鸢尾花" 数据集, 分层采样随机划分 30% 的测试集, 随机种子 0.

初始化参数值设置如下, 则半朴素贝叶斯分类器可达到 100% 的正确率, 而朴素贝叶斯正确率为 96%, 略去混淆矩阵的可视化图.

```
NaiveBayesClassifier(is_binned=True, is_feature_all_R=True, max_bins=10)
SimNaiveBayesianAODE(is_binned=True, is_feature_all_R=True, max_bins=10, m_threshold=5)
```

例 3 (续)　分层采样随机划分 30% 的测试集, 随机种子 0. 按分箱处理, 分别以朴素贝叶斯和半朴素贝叶斯分类器训练和预测. 参数设置如下, 结果如图 8-6 所示.

```
nbc = NaiveBayesClassifier(is_binned=True, max_bins=15, is_feature_all_R=True)
snbc = SimNaiveBayesianAODE(is_binned=True, is_feature_all_R=True, max_bins=15,
                            m_threshold=15)  # AODE半朴素贝叶斯
```

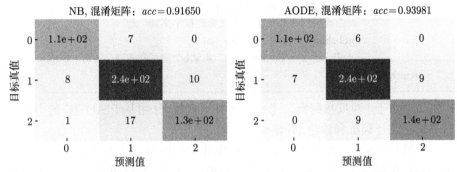

图 8-6　半朴素分类器与朴素分类器训练并对测试数据的预测结果 (空气质量)

■ 8.3　习题与实验

1. 简述什么是先验概率、条件概率和后验概率?

2. 结合贝叶斯分类器的优化目标, 对于离散特征和连续特征, 其先验概率和条件概率分别如何计算?

3. 现有 10 位同学的论文评分数据, 如表 8-3 所示, 假设 ID 为 11 的某同学的论文评分已知, 试通过贝叶斯分类判别准则判断其等级? 给出计算过程, 并结合算法输出对比计算结果.

4. 现有某银行降低贷款拖欠的数据集[4](bankloan.csv), 包含 8 个特征变量, 分别是年龄、教育、工龄、地址、收入、负债率、信用卡负债和其他负债, 1 个类别变量 "违约". 建立朴素贝叶斯分类器并预测.

表 8-3　学生论文评分数据

ID	摘要质量	问题 1	问题 2	问题 3	查重率	等级
1	高	15	12	13	0.12	优
2	高	18	10	8	0.15	优
3	高	14	15	13	0.13	优
4	中	12	11	10	0.21	良
5	中	13	8	12	0.22	良
6	中	16	8	8	0.15	良
7	低	14	12	10	0.31	良
8	低	10	10	9	0.35	中
9	低	11	8	7	0.33	中
10	低	12	11	5	0.31	中
11	中	11	12	15	0.23	?

■ 8.4　本章小结

贝叶斯决策论是概率框架下实施决策的基本方法, 它基于概率和误判损失的最小化来进行判别. 本章主要讨论了朴素贝叶斯分类器和半朴素贝叶斯分类器算法, 基于贝叶斯定理, 朴素贝叶斯假设特征属性变量相互独立, 而半朴素贝叶斯分类器假设属性间存在依赖关系, 以 AODE 为例, 分别考虑每个属性作为父属性, 并根据阈值 m' 设定父属性是否满足条件.

朴素贝叶斯模型对小规模的数据表现很好, 有稳定的分类效率, 且能处理多分类任务, 适合增量式训练, 算法简单, 效率较高. 但当属性个数比较多或者属性之间相关性较大时, 分类效果不好, 半朴素贝叶斯算法通过考虑部分属性间的关联性改进分类效果, 但同时也增加了计算量. 除本章知识外, 贝叶斯网 (Bayesian network) 借助有向无环图 (Directed Acyclic Graph, DAG) 来刻画属性之间的依赖关系, 并使用条件概率表 (Conditional Probability Table, CPT) 来描述属性的联合概率分布[1]. 隐马尔可夫模型 (Hidden Markov Model, HMM) 用于建模时序数据, HMM 可视为一种结构受限的动态贝叶斯网络, 其隐藏状态和观测变量按时间展开形成链式结构.

■ 8.5　参考文献

[1] 周志华. 机器学习 [M]. 北京: 清华大学出版社, 2016.

[2] 李航. 统计学习方法 [M]. 2 版 北京: 清华大学出版社, 2019.

[3] 薛薇. Python 机器学习: 数据建模与分析 [M]. 北京: 机械工业出版社, 2021.

[4] 张良均, 王路, 谭立云, 等. Python 数据分析与挖掘实战 [M]. 北京: 机械工业出版社, 2015.

第 9 章

支持向量机

支持向量机 (Support Vector Machine, SVM) 是公认的比较优秀的有监督二分类模型, 是对感知器的一种扩展. 给定训练集 $\boldsymbol{D} = \{(\boldsymbol{x}_i, y_i)\}_{i=1}^{n}$, 其中 $\boldsymbol{x}_i = (x_{i,1}, x_{i,2}, \cdots, x_{i,m})^{\mathrm{T}} \in \mathbb{R}^{m \times 1}$, $y_i \in \{-1, +1\}$. 分类学习最基本的想法就是基于 $\boldsymbol{D}$ 在样本空间中找到一个划分超平面, 将不同类别的样本分开.

如图 9-1 所示, 设 $\boldsymbol{x} = (x_1, x_2)^{\mathrm{T}}$, 实心点与空心圆点分别表示类别 $y = +1$ 和 $y = -1$, 则图 (a) 有 4 个划分 "超平面" (2 维空间表示为直线), 且都能将训练样本完美分开. 假设有两个测试样本点 (星号), 该测试点属于哪一类? 图 (b) 和图 (c) 不仅能将训练样本完美分开, 而且有几何间隔, 哪一种划分 "超平面" 是最优的? 区别于感知机, SVM 学习的基本想法是求解能够正确划分训练数据集并且几何间隔最大的分离超平面, 此时其泛化性能最优、鲁棒性最强. 图 (b) 和图 (c) 中 h_b 和 h_c 皆为分离 "超平面", 对于线性可分的数据集来说, 这样的超平面有无穷多个, 但是几何间隔最大的分离超平面却是唯一的. SVM 尝试寻找一个最优的决策边界——距离两个类别的最近的样本最远.

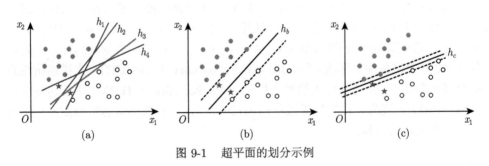

图 9-1　超平面的划分示例

■ 9.1　线性可分支持向量机

9.1.1　间隔与支持向量

在样本空间中, 划分超平面可通过线性方程 $\boldsymbol{w}^{\mathrm{T}} \boldsymbol{x} + b = 0$ 来描述, 其中 $\boldsymbol{w} = (w_1, w_2, \cdots, w_m)^{\mathrm{T}}$ 为法向量, 决定了超平面 (m 维空间) 的方向, b 为截距项, 决

定了超平面与原点之间的距离. 记超平面为 $(\boldsymbol{w}, b)$, 则样本空间中任意点 $\boldsymbol{x}$ 到超平面 $(\boldsymbol{w}, b)$ 的距离可表示为

$$r = \frac{|\boldsymbol{w}^{\mathrm{T}}\boldsymbol{x} + b|}{\|\boldsymbol{w}\|_2}. \tag{9-1}$$

如图 9-2 所示[1]. 假设超平面 $(\boldsymbol{w}, b)$ 能将训练样本正确分类, 则对任意的 $(\boldsymbol{x}, y) \in \mathcal{D}$, 有

$$y\left(\boldsymbol{w}^{\mathrm{T}}\boldsymbol{x} + b\right) \geqslant 1. \tag{9-2}$$

距离超平面最近的几个训练样本点使 (9-2) 等号成立, 它们被称为支持向量 (support vector), 即图 9-2 中由 ○ 所标记的样本点, 而非支持向量都满足 $y\left(\boldsymbol{w}^{\mathrm{T}}\boldsymbol{x} + b\right) > 1$. 两个异类支持向量到超平面的距离之和为

$$\gamma = \frac{2}{\|\boldsymbol{w}\|_2}, \tag{9-3}$$

称为间隔 (margin). 若要求所有样本都满足约束条件 (9-2), 则称为硬间隔 (hard margin).

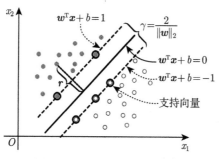

图 9-2　几何间隔与支持向量

SVM 欲求几何间隔最大的分离超平面, 则 $(\boldsymbol{w}, b)$ 既能满足约束式 (9-2), 又使得间隔 γ 最大, 即

$$\max_{\boldsymbol{w}, b} \frac{2}{\|\boldsymbol{w}\|_2}$$
$$\text{s.t. } y_i\left(\boldsymbol{w}^{\mathrm{T}}\boldsymbol{x}_i + b\right) - 1 \geqslant 0, \quad i = 1, 2, \cdots, n, \tag{9-4}$$

其等价形式为

$$\min_{\boldsymbol{w}, b} \frac{1}{2}\|\boldsymbol{w}\|_2^2$$
$$\text{s.t. } y_i\left(\boldsymbol{w}^{\mathrm{T}}\boldsymbol{x}_i + b\right) - 1 \geqslant 0, \quad i = 1, 2, \cdots, n. \tag{9-5}$$

式 (9-5) 为 SVM 的原始问题 (primal problem), 它是一个凸二次规划 (convex quadratic programming) 问题.

9.1.2　对偶问题与 KKT 条件

记 $\boldsymbol{x} = (x_1, x_2)^{\mathrm{T}}$, 考虑如下两个不等式约束的极小值问题

$$\min_{\boldsymbol{x} \in \mathbb{R}^2} f(\boldsymbol{x}) = x_1^2 + x_2^2$$
$$\text{s.t. } g(\boldsymbol{x}) = x_1^2 + x_2^2 - 1 \leqslant 0 \tag{9-6}$$

和

$$\min_{\boldsymbol{x} \in \mathbb{R}^2} f(\boldsymbol{x}) = (x_1 - 1.1)^2 + (x_2 - 1.1)^2$$
$$\text{s.t. } g(\boldsymbol{x}) = x_1^2 + x_2^2 - 1 \leqslant 0. \tag{9-7}$$

对于问题 (9-6), 几何含义如图 9-3 (a) 所示, 阴影区域为不等式约束的可行域 (feasible region), 圆实线为目标函数的等值线, 易知极小值点 $\boldsymbol{x}^*$ 包含在可行域内, 此时约束条件 $g(\boldsymbol{x}) \leqslant 0$ 是无效的, 式 (9-6) 等价于无约束极小化问题. 若约束条件无效, 则空间内一点 $\boldsymbol{x}^*$ 为极小值点需满足 $\nabla_{\boldsymbol{x}} f(\boldsymbol{x}^*) = \boldsymbol{0}$ 且 $\nabla^2 f(\boldsymbol{x}^*)$ 为半正定矩阵, 显然, 点 $\boldsymbol{x}_F$ (空心点) 不是极小值点.

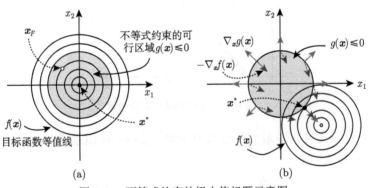

图 9-3　不等式约束的极小值问题示意图

对于问题 (9-7), 如图 9-3 (b) 所示, 约束条件 $g(\boldsymbol{x}) \leqslant 0$ 是有效的. 考虑求解 $f(\boldsymbol{x})$ 在可行域内的极小值点, 则 $f(\boldsymbol{x})$ 需沿着负梯度方向 $-\nabla_{\boldsymbol{x}} f(\boldsymbol{x})$ 才能得到极小值点, 图中虚线箭头所示. 而 $g(\boldsymbol{x})$ 的梯度 $\nabla_{\boldsymbol{x}} g(\boldsymbol{x})$ 向区域外发散, 图中实线箭头所示. 显然, 在极小值点 $\boldsymbol{x}^*$, $g(\boldsymbol{x}^*)$ 的梯度和 $f(\boldsymbol{x}^*)$ 的负梯度同向, 即存在唯一的 $\lambda^* > 0$, 使得 $-\nabla_{\boldsymbol{x}} f(\boldsymbol{x}^*) = \lambda^* \nabla_{\boldsymbol{x}} g(\boldsymbol{x}^*)$, 又因为 $\boldsymbol{x}^*$ 在边界上, 故 $g(\boldsymbol{x}^*) = 0$.

对于上述两种情况, 可通过拉格朗日乘子法, 构造拉格朗日函数 $L(\boldsymbol{x}, \lambda) = f(\boldsymbol{x}) + \lambda g(\boldsymbol{x})$, 则 $\boldsymbol{x}^*$ 为极小值点的充分必要条件为: 存在唯一的 λ^*, 使得

$$\begin{cases} \nabla_{\boldsymbol{x}} L(\boldsymbol{x}^*, \lambda^*) = \mathbf{0}, & ① \\ \lambda^* \geqslant 0, & ② \\ \lambda^* g(\boldsymbol{x}^*) = 0, & ③ \\ g(\boldsymbol{x}^*) \leqslant 0, & ④ \\ \nabla_{\boldsymbol{x}}^2 L(\boldsymbol{x}^*, \lambda^*) \text{ 是正定的.} & ⑤ \end{cases} \tag{9-8}$$

条件 ① ~ ④ 被称为 KKT (Karush-Kuhn-Tucker) 条件. 如果是凸优化问题, KKT 条件就是极小值点 (且是全局极小值点) 存在的充要条件. 如果不是凸优化问题, KKT 条件只是极小值点的必要条件, 不是充分条件. KKT 点是驻点, 是可能的极值点, 故需要附加条件 ⑤ 才可构成充要条件.

设 $f(\boldsymbol{x})$, $c_i(\boldsymbol{x})$ 和 $h_j(\boldsymbol{x})$ 是定义在 $\mathbb{R}^{m \times 1}$ 上的连续可微函数[2]. 考虑包含等式与不等式约束的最优化问题

$$\begin{aligned} & \min_{\boldsymbol{x}} f(\boldsymbol{x}) \\ & \text{s.t. } c_i(\boldsymbol{x}) \leqslant 0, \quad i = 1, 2, \cdots, k, \\ & \qquad h_j(\boldsymbol{x}) = 0, \quad j = 1, 2, \cdots, l, \end{aligned} \tag{9-9}$$

称为原始问题 (primal problem), 其中 $\boldsymbol{x} = (x_1, x_2, \cdots, x_m)^{\mathrm{T}}$. 构造拉格朗日函数

$$L(\boldsymbol{x}, \boldsymbol{\alpha}, \boldsymbol{\beta}) = f(\boldsymbol{x}) + \sum_{i=1}^{k} \alpha_i c_i(\boldsymbol{x}) + \sum_{j=1}^{l} \beta_j h_j(\boldsymbol{x}), \tag{9-10}$$

其中 $\alpha_i \geqslant 0$ 和 β_j 为拉格朗日乘子, $\boldsymbol{\alpha} = (\alpha_1, \alpha_2, \cdots, \alpha_k)^{\mathrm{T}}$, $\boldsymbol{\beta} = (\beta_1, \beta_2, \cdots, \beta_l)^{\mathrm{T}}$. 考虑 $\boldsymbol{x}$ 的函数

$$\Theta_P(\boldsymbol{x}) = \max_{\boldsymbol{\alpha}, \boldsymbol{\beta}: \alpha_i \geqslant 0} L(\boldsymbol{x}, \boldsymbol{\alpha}, \boldsymbol{\beta}), \tag{9-11}$$

下标 P 表示原始问题, 则极小化问题

$$\min_{\boldsymbol{x}} \Theta_P(\boldsymbol{x}) = \min_{\boldsymbol{x}} \max_{\boldsymbol{\alpha}, \boldsymbol{\beta}: \alpha_i \geqslant 0} L(\boldsymbol{x}, \boldsymbol{\alpha}, \boldsymbol{\beta}) \tag{9-12}$$

与原始问题 (9-9) 是等价的.

定义 $\boldsymbol{\alpha}$ 和 $\boldsymbol{\beta}$ 的函数

$$\Theta_D\left(\boldsymbol{\alpha},\boldsymbol{\beta}\right) = \min_{\boldsymbol{x}} L\left(\boldsymbol{x},\boldsymbol{\alpha},\boldsymbol{\beta}\right), \tag{9-13}$$

即 (9-10) 构造的对偶函数 (dual funciton), 且是一个凸函数. 考虑式 (9-13) 极大化问题

$$\max_{\boldsymbol{\alpha},\boldsymbol{\beta}:\alpha_i\geqslant 0} \Theta_D\left(\boldsymbol{\alpha},\boldsymbol{\beta}\right) = \max_{\boldsymbol{\alpha},\boldsymbol{\beta}:\alpha_i\geqslant 0} \min_{\boldsymbol{x}} L\left(\boldsymbol{x},\boldsymbol{\alpha},\boldsymbol{\beta}\right), \tag{9-14}$$

称为广义拉格朗日函数的极大极小问题, 式 (9-14) 又可表示为约束最优化问题

$$\max_{\boldsymbol{\alpha},\boldsymbol{\beta}} \Theta_D\left(\boldsymbol{\alpha},\boldsymbol{\beta}\right) = \max_{\boldsymbol{\alpha},\boldsymbol{\beta}} \min_{\boldsymbol{x}} L\left(\boldsymbol{x},\boldsymbol{\alpha},\boldsymbol{\beta}\right)$$
$$\text{s.t. } \alpha_i \geqslant 0, \quad i=1,2,\cdots,k, \tag{9-15}$$

称为原始问题 (9-9) 的对偶问题 (dual problem), 标记为下标 D. 若记式 (9-12) 和 (9-15) 的解分别为 P^* 和 D^*, 则 $P^* \geqslant D^*$.

对原始问题和对偶问题[2], 假设 $f\left(\boldsymbol{x}\right)$ 和 $c_i\left(\boldsymbol{x}\right)$ 是凸函数, $h_j\left(\boldsymbol{x}\right)$ 是仿射函数 (affine function), 并且不等式约束 $c_i\left(\boldsymbol{x}\right)$ 是严格可行的. 若 $\boldsymbol{x}^*$ 和 $\boldsymbol{\alpha}^*,\boldsymbol{\beta}^*$ 分别是原始问题和对偶问题的解的充要条件, 则 $\boldsymbol{x}^*$ 和 $\boldsymbol{\alpha}^*,\boldsymbol{\beta}^*$ 需满足如下 KKT 条件

$$\begin{cases} \nabla_{\boldsymbol{x}} L\left(\boldsymbol{x}^*,\boldsymbol{\alpha}^*,\boldsymbol{\beta}^*\right) = \boldsymbol{0}, & \text{①} \\ \alpha_i^* c_i\left(\boldsymbol{x}^*\right) = 0, & \text{②} \\ c_i\left(\boldsymbol{x}^*\right) \leqslant 0, & \text{③} \\ \alpha_i^* \geqslant 0, \quad i=1,2,\cdots,k, & \text{④} \\ h_j\left(\boldsymbol{x}^*\right) = 0, \quad j=1,2,\cdots,l, & \text{⑤} \end{cases} \tag{9-16}$$

其中条件 ③ 和 ⑤ 为原始问题的可行条件, 条件 ① 和 ④ 为对偶问题的可行条件, 条件 ② 为互补松弛条件, 最优时, 要么 $\alpha_i^* = 0$, 要么 $c_i\left(\boldsymbol{x}^*\right) = 0$. 此外, 条件 ① 可具体表示为

$$\nabla_{\boldsymbol{x}} L\left(\boldsymbol{x}^*,\boldsymbol{\alpha}^*,\boldsymbol{\beta}^*\right) = \nabla_{\boldsymbol{x}} f\left(\boldsymbol{x}^*\right) + \sum_{i=1}^{k} \alpha_i^* \nabla_{\boldsymbol{x}} c_i\left(\boldsymbol{x}^*\right) + \sum_{j=1}^{l} \beta_j^* \nabla_{\boldsymbol{x}} h_j\left(\boldsymbol{x}^*\right) = \boldsymbol{0}.$$

9.1.3　线性可分支持向量机模型

对原始问题 (9-5) 使用拉格朗日乘子法可得其对偶问题. 引入拉格朗日乘子 $\alpha_i \geqslant 0$, $i=1,2,\cdots,n$, 原始问题可写为

$$L\left(\boldsymbol{w},b,\boldsymbol{\alpha}\right) = \frac{1}{2}\left\|\boldsymbol{w}\right\|_2^2 + \sum_{i=1}^{n} \alpha_i\left(1-y_i\left(\boldsymbol{w}^{\mathrm{T}}\boldsymbol{x}_i+b\right)\right), \tag{9-17}$$

其中 $\boldsymbol{\alpha} = (\alpha_1, \alpha_2, \cdots, \alpha_n)^{\mathrm{T}}$. 令 $L(\boldsymbol{w}, b, \boldsymbol{\alpha})$ 对 $\boldsymbol{w}$ 和 b 的偏导数为零, 得

$$\boldsymbol{w} = \sum_{i=1}^{n} \alpha_i y_i \boldsymbol{x}_i, \quad \sum_{i=1}^{n} \alpha_i y_i = 0. \tag{9-18}$$

代入式 (9-17), 得

$$
\begin{aligned}
\min_{\boldsymbol{w}, b} L(\boldsymbol{w}, b, \boldsymbol{\alpha}) &= \frac{1}{2} \boldsymbol{w}^{\mathrm{T}} \boldsymbol{w} + \sum_{i=1}^{n} \alpha_i - \sum_{i=1}^{n} \alpha_i y_i \boldsymbol{w}^{\mathrm{T}} \boldsymbol{x}_i - \sum_{i=1}^{n} \alpha_i y_i b \\
&= \frac{1}{2} \boldsymbol{w}^{\mathrm{T}} \sum_{i=1}^{n} \alpha_i y_i \boldsymbol{x}_i - \boldsymbol{w}^{\mathrm{T}} \sum_{i=1}^{n} \alpha_i y_i \boldsymbol{x}_i + \sum_{i=1}^{n} \alpha_i - b \sum_{i=1}^{n} \alpha_i y_i \\
&= -\frac{1}{2} \boldsymbol{w}^{\mathrm{T}} \sum_{i=1}^{n} \alpha_i y_i \boldsymbol{x}_i + \sum_{i=1}^{n} \alpha_i \\
&= -\frac{1}{2} \left(\sum_{i=1}^{n} \alpha_i y_i \boldsymbol{x}_i \right)^{\mathrm{T}} \left(\sum_{i=1}^{n} \alpha_i y_i \boldsymbol{x}_i \right) + \sum_{i=1}^{n} \alpha_i \\
&= -\frac{1}{2} \sum_{i=1}^{n} \alpha_i y_i \boldsymbol{x}_i^{\mathrm{T}} \sum_{i=1}^{n} \alpha_i y_i \boldsymbol{x}_i + \sum_{i=1}^{n} \alpha_i \\
&= \sum_{i=1}^{n} \alpha_i - \frac{1}{2} \sum_{i=1}^{n} \sum_{j=1}^{n} \alpha_i \alpha_j y_i y_j \boldsymbol{x}_i^{\mathrm{T}} \boldsymbol{x}_j.
\end{aligned}
$$

故而, 式 (9-17) 的对偶问题为

$$\max_{\boldsymbol{\alpha}} \min_{\boldsymbol{w}, b} L(\boldsymbol{w}, b, \boldsymbol{\alpha}) = \min_{\boldsymbol{\alpha}} \left[\frac{1}{2} \sum_{i=1}^{n} \sum_{j=1}^{n} \alpha_i \alpha_j y_i y_j \boldsymbol{x}_i^{\mathrm{T}} \boldsymbol{x}_j - \sum_{i=1}^{n} \alpha_i \right] \tag{9-19}$$

$$\text{s.t.} \ \sum_{i=1}^{n} \alpha_i y_i = 0, \alpha_i \geqslant 0, \quad i = 1, 2, \cdots, n.$$

解出 $\boldsymbol{\alpha}^*$ 后, 求出 $\boldsymbol{w}^*$ 和 b^*, 即可得到分离超平面模型

$$f(\boldsymbol{x}) = (\boldsymbol{w}^*)^{\mathrm{T}} \boldsymbol{x} + b^* = \sum_{i=1}^{n} \alpha_i^* y_i \boldsymbol{x}_i^{\mathrm{T}} \boldsymbol{x} + b^*. \tag{9-20}$$

分类决策函数为

$$\hat{f}(\boldsymbol{x}) = \mathrm{sgn} \left((\boldsymbol{w}^*)^{\mathrm{T}} \boldsymbol{x} + b \right) = \mathrm{sgn} \left(\sum_{i=1}^{n} \alpha_i^* y_i \boldsymbol{x}^{\mathrm{T}} \boldsymbol{x}_i + b^* \right). \tag{9-21}$$

对于给定的线性可分数据集, 式 (9-21) 称为线性可分 SVM 的对偶形式.

式 (9-17) 与式 (9-19) 等价的 KKT 条件为

$$
\begin{cases}
\nabla_{\boldsymbol{w}} L\left(\boldsymbol{w}, b, \boldsymbol{\alpha}\right)=0, & ① \\
\alpha_i \geqslant 0, & ② \\
y_i f\left(\boldsymbol{x}_i\right)-1 \geqslant 0, & ③ \\
\alpha_i\left(y_i f\left(\boldsymbol{x}_i\right)-1\right)=0, \quad i=1,2,\cdots,n. & ④
\end{cases}
\tag{9-22}
$$

由 KKT 条件 ④, 对任意训练样本 $(\boldsymbol{x}_i, y_i)$, 总有 $\alpha_i=0$ 或 $y_i f\left(\boldsymbol{x}_i\right)=1$. 若 $\alpha_i=0$, 则该样本不会对 $f(\boldsymbol{x})$ 有任何影响; 若 $\alpha_i>0$, 则必有 $y_i f\left(\boldsymbol{x}_i\right)=1$, 所对应的样本点位于最大间隔边界上, 是一个支持向量. 故而, 训练完成后, 大部分的 $\alpha=0$, 所对应的训练样本都无需保留, $f(\boldsymbol{x})$ 仅与支持向量 $(\alpha>0)$ 有关.

■ 9.2　软间隔与线性支持向量机

相对于硬间隔, 软间隔允许某些样本不满足约束 $y_i f\left(\boldsymbol{x}_i\right) \geqslant 1$. 当然, 在最大化间隔的同时, 不满足约束的样本应尽可能少. 考虑 SVM 的正则化问题, 引入合页损失 (hinge loss) 函数

$$
\mathcal{L}(z)=\max(0,1-z), \ z \in \mathbb{R}
\tag{9-23}
$$

和正则化系数 $C>0$, 优化目标可写为

$$
\min_f\left[\Omega(f)+C\sum_{i=1}^n \mathcal{L}\left(f\left(\boldsymbol{x}_i\right), y_i\right)\right]=\min_{\boldsymbol{w},b}\left[\frac{1}{2}\|\boldsymbol{w}\|_2^2+C\sum_{i=1}^n \max\left(0,1-y_i f\left(\boldsymbol{x}_i\right)\right)\right],
\tag{9-24}
$$

其中 $\Omega(f)$ 称为结构风险 (structural risk), 用于描述模型 f 的某些性质, $\sum_{i=1}^n \mathcal{L}(f\left(\boldsymbol{x}_i\right),$ $y_i)$ 称为经验风险 (empirical risk), 用于描述模型与训练数据的拟合程度. 显然, 当 C 无穷大时, 目标函数迫使所有样本均满足约束 $y_i f\left(\boldsymbol{x}_i\right) \geqslant 1$; 当 C 取有限值时, 目标函数允许一些样本不满足约束.

引入松弛变量 (slack variables) $\xi_i \geqslant 0, i=1,2,\cdots,n$, 式 (9-24) 重写为不等式约束最优化问题

$$
\min_{\boldsymbol{w},b,\xi_i} \frac{1}{2}\|\boldsymbol{w}\|_2^2+C\sum_{i=1}^n \xi_i
\tag{9-25}
$$

$$
\text{s.t. } y_i f\left(\boldsymbol{x}_i\right) \geqslant 1-\xi_i, \quad \xi_i \geqslant 0, \quad i=1,2,\cdots,n,
$$

式 (9-25) 为软间隔 (soft margin) 支持向量机, ξ_i 用于表征该样本不满足约束 $y_i f(\boldsymbol{x}_i) \geqslant 1$ 的程度. 同线性可分 SVM 的求解, 构造拉格朗日函数

$$L(\boldsymbol{w}, b, \boldsymbol{\alpha}, \boldsymbol{\xi}, \boldsymbol{\mu}) = \frac{1}{2} \|\boldsymbol{w}\|_2^2 + C \sum_{i=1}^n \xi_i + \sum_{i=1}^n \alpha_i \left(1 - \xi_i - y_i f(\boldsymbol{x}_i)\right) - \sum_{i=1}^n \mu_i \xi_i, \quad (9\text{-}26)$$

其中 α_i, μ_i 是拉格朗日乘子. $L(\boldsymbol{w}, b, \boldsymbol{\alpha}, \boldsymbol{\xi}, \boldsymbol{\mu})$ 对 $\boldsymbol{w}$, b, $\boldsymbol{\xi}$ 求偏导数零, 可得

$$\boldsymbol{w} = \sum_{i=1}^m \alpha_i y_i \boldsymbol{x}_i, \quad 0 = \sum_{i=1}^m \alpha_i y_i, \quad C = \alpha_i + \mu_i.$$

将上式代入式 (9-26), 可得式 (9-25) 的对偶问题

$$\max_{\boldsymbol{\alpha}} \min_{\boldsymbol{w}, b} L(\boldsymbol{w}, b, \boldsymbol{\alpha}) = \min_{\boldsymbol{\alpha}} \left[\frac{1}{2} \sum_{i=1}^n \sum_{j=1}^n \alpha_i \alpha_j y_i y_j \boldsymbol{x}_i^{\mathrm{T}} \boldsymbol{x}_j - \sum_{i=1}^n \alpha_i \right]$$
$$\text{s.t.} \sum_{i=1}^n \alpha_i y_i = 0, \quad 0 \leqslant \alpha_i \leqslant C, \quad i = 1, 2, \cdots, n. \tag{9-27}$$

对比软间隔与硬间隔的对偶问题可看出, 唯一差别在于对偶变量的约束不同. 但对于软间隔 SVM, KKT 条件要求

$$\begin{cases} \alpha_i \geqslant 0, \mu_i \geqslant 0, & \text{①} \\ y_i f(\boldsymbol{x}_i) - 1 + \xi_i \geqslant 0, & \text{②} \\ \alpha_i \left(y_i f(\boldsymbol{x}_i) - 1 + \xi_i \right) = 0, & \text{③} \\ \xi_i \geqslant 0, \ \mu_i \xi_i = 0, \quad i = 1, 2, \cdots, n. & \text{④} \end{cases} \tag{9-28}$$

从 KKT 条件 ③ 可以看出, 对任意训练样本, 总有 $\alpha_i = 0$ 或 $y_i f(\boldsymbol{x}_i) = 1 - \xi_i$. 若 $\alpha_i = 0$, 则该样本不会对 $f(\boldsymbol{x})$ 有任何影响; 若 $\alpha_i > 0$, 则必有 $y_i f(\boldsymbol{x}_i) = 1 - \xi_i$, 即该样本是支持向量, 如图 9-4 所示. 由 $C = \alpha_i + \mu_i$ 可知, 若 $0 < \alpha_i < C$, 则 $\mu_i > 0$, 进而由条件 ④ 知 $\xi_i = 0$, 即该样本恰在最大间隔边界上; 若 $\alpha_i = C$, 则 $\mu_i = 0$, 此时若 $\xi_i \leqslant 1$, 则该样本落在最大间隔内部, 若 $\xi_i > 1$ 则该样本被错误分类.

由此可见, 软间隔支持向量机的最终模型仅与支持向量有关, 即通过采用 hinge 损失函数仍保持了稀疏性.

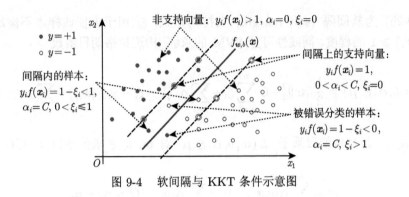

图 9-4   软间隔与 KKT 条件示意图

■ 9.3   核函数与非线性支持向量机

用线性分类方法求解非线性分类问题, 可首先通过一个非线性变换将输入空间对应于一个特征空间, 使得在输入空间中的超曲面模型对应于特征空间中的超平面模型, 然后在新空间里用线性分类学习方法 (如线性 SVM) 从训练数据中学习分类模型. 如图 9-5 所示, 从输入的低维空间到高维的特征空间映射, 样本变得线性可分.

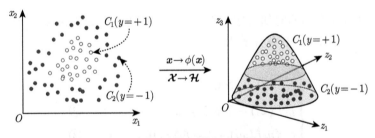

图 9-5   输入空间到特征空间的映射

设 $\mathcal{X}$ 是输入空间 (欧氏空间 $\mathbb{R}^m$ 的子集或离散集合), $\mathcal{H}$ 为特征空间 (希尔伯特空间), 如果存在一个从 $\mathcal{X}$ 到 $\mathcal{H}$ 的映射: $\phi(x) : \mathcal{X} \to \mathcal{H}$, 使得对所有的 $x, z \in \mathcal{X}$, 函数 $\kappa(x, z)$ 满足条件

$$\kappa(x, z) = \langle \phi(x), \phi(z) \rangle = \phi(x) \cdot \phi(z), \tag{9-29}$$

即 x 与 z 在空间 $\mathcal{H}$ 的内积 $\phi(x) \cdot \phi(z)$ 等于它们在输入空间 $\mathcal{X}$ 中通过函数 $\kappa(x, z)$ 计算的结果, 称 $\kappa(x, z)$ 为核函数[2].

$\phi(x) \cdot \phi(z)$ 是样本 x 与 z 由 $\mathcal{X}$ 映射到 $\mathcal{H}$ 之后的内积, 由于 $\mathcal{H}$ 空间的维数可能很高, 甚至可能是无穷维 (如高斯核), 因此直接计算 $\phi(x) \cdot \phi(z)$ 通常很困

难. 核技巧的想法是, 在学习和预测时只定义核函数 $\kappa\left(\boldsymbol{x}, \boldsymbol{z}\right)$, 而不显式地定义映射函数 ϕ.

引入核函数, 式 (9-27) 的目标函数可改写为

$$\max_{\boldsymbol{\alpha}} \min_{\boldsymbol{w},b} L\left(\boldsymbol{w}, b, \boldsymbol{\alpha}\right) = \min_{\boldsymbol{\alpha}} \left[\frac{1}{2} \sum_{i=1}^{n} \sum_{j=1}^{n} \alpha_i \alpha_j y_i y_j \kappa\left(\boldsymbol{x}_i, \boldsymbol{x}_j\right) - \sum_{i=1}^{n} \alpha_i\right]$$
$$\text{s.t.} \sum_{i=1}^{n} \alpha_i y_i = 0, \quad 0 \leqslant \alpha_i \leqslant C, \quad i = 1, 2, \cdots, n. \tag{9-30}$$

求解后, 在特征空间中划分超平面所对应的模型可表示为

$$f\left(\boldsymbol{x}\right) = \boldsymbol{w}^{\mathrm{T}} \phi\left(\boldsymbol{x}\right) + b = \sum_{i=1}^{n} \alpha_i y_i \phi\left(\boldsymbol{x}_i\right)^{\mathrm{T}} \phi\left(\boldsymbol{x}\right) + b = \sum_{i=1}^{n} \alpha_i y_i \kappa\left(\boldsymbol{x}, \boldsymbol{x}_i\right) + b. \tag{9-31}$$

表 9-1 为常见的核函数. 除此之外, 还包括应用于神经网络的 Sigmoid 核函数, 比高斯核函数计算量小的有理二次 (rational quadratic) 核函数, 分段三次多项式的样条 (spline) 核函数等.

表 9-1　常见的核函数

名称	表达式	参数或说明
线性核	$\kappa\left(\boldsymbol{x}_i, \boldsymbol{x}_j\right) = \boldsymbol{x}_i^{\mathrm{T}} \boldsymbol{x}_j + c$	$\boldsymbol{x}_i^{\mathrm{T}} \boldsymbol{x}_j$ 表示向量的点积, c 为常数.
多项式核	$\kappa\left(\boldsymbol{x}_i, \boldsymbol{x}_j\right) = \left(a \cdot \boldsymbol{x}_i^{\mathrm{T}} \boldsymbol{x}_j + c\right)^d$	a 为斜率 (slope), $d \geqslant 1$ 为多项式的阶次. 若阶次较高, 核矩阵的元素值将趋于无穷大或者无穷小, 计算复杂度较大. $c = 0$ 为同质多项式核函数, $c = 1$ 为不同质多项式核函数.
高斯核	$\kappa\left(\boldsymbol{x}_i, \boldsymbol{x}_j\right) = \exp\left(-\dfrac{\|\boldsymbol{x}_i - \boldsymbol{x}_j\|_2^2}{2\sigma^2}\right)$	$\sigma > 0$ 为高斯核的带宽 (bandwidth), 也称为平滑参数 (smoothing parameter), 需调参. 高斯核应用更广泛, 但计算复杂度高.
拉普拉斯核	$\kappa\left(\boldsymbol{x}_i, \boldsymbol{x}_j\right) = \exp\left(-\dfrac{\|\boldsymbol{x}_i - \boldsymbol{x}_j\|_1}{\sigma}\right)$	$\sigma > 0$, 用于控制核的带宽或平滑度. 拉普拉斯核函数对数据的稀疏性和局部结构更加敏感.

■ 9.4　SMO 与 Pegasos 优化算法

9.4.1　SMO 算法

序列最小最优化[2,5](Sequential Minimal Optimization, SMO) 算法是用于高效求解 SVM 对偶问题的优化算法, 由 John Platt 于 1998 年提出. SMO 每次选择两个变量 α_i 和 α_j, 并固定其他参数为常数, 将大规模二次规划问题分解为双变量优化子问题. 具体求解流程如下.

1. 获得没有修剪的原始解

假设选取的两个待优化参数为 α_1, α_2, 将 SVM 对偶问题 (9-30) 转化为 SMO 优化问题的子问题, 可得 (把与 α_1, α_2 无关的项合并成常数, 由于为优化问题, 故可忽略该常数项)

$$\min_{\alpha_1, \alpha_2} W(\alpha_1, \alpha_2) = \alpha_1 + \alpha_2 - \frac{1}{2}K_{1,1}\alpha_1^2 y_1^2 - \frac{1}{2}K_{2,2}\alpha_2^2 y_2^2 - K_{1,2}\alpha_1\alpha_2 y_1 y_2$$

$$- \alpha_1 y_1 \sum_{i=3}^{n} \alpha_i y_i K_{i,1} + \alpha_2 y_2 \sum_{i=3}^{n} \alpha_i y_i K_{i,2} \qquad (9\text{-}32)$$

$$\text{s.t. } \alpha_1 y_1 + \alpha_2 y_2 = -\sum_{i=3}^{n} y_i \alpha_i = \varsigma, \quad 0 \leqslant \alpha_i \leqslant C, \quad i = 1, 2,$$

其中 $K_{i,j} = \kappa(\boldsymbol{x}_i, \boldsymbol{x}_j)$ 为核函数的表示方式.

对式 (9-32) 约束条件两边同时乘上 y_1, 由 $y_1 y_1 = 1$ 得到 $\alpha_1 = \varsigma y_1 - \alpha_2 y_1 y_2$. 令

$$v_1 = \sum_{i=3}^{n} \alpha_i y_i K_{i,1}, \quad v_2 = \sum_{i=3}^{N} \alpha_i y_i K_{i,2},$$

则式 (9-32) 的优化目标函数可表示为 α_2 的一元函数

$$W(\alpha_2) = -\frac{1}{2}K_{1,1}(\varsigma - \alpha_2 y_2)^2 - \frac{1}{2}K_{2,2}\alpha_2^2 - y_2(\varsigma - \alpha_2 y_2)\alpha_2 K_{1,2}$$

$$- v_1(\varsigma - \alpha_2 y_2) - v_2 y_2 \alpha_2 + \alpha_1 + \alpha_2.$$

计算函数 $W(\alpha_2)$ 对 α_2 的一阶导数, 并令 $\eta = K_{1,1} + K_{2,2} - 2K_{1,2}$, 可得

$$\frac{\partial W(\alpha_2)}{\partial \alpha_2} = -\eta \alpha_2 + (K_{1,1} - K_{1,2})\varsigma y_2 + (v_1 - v_2)y_2 - y_1 y_2 + y_2^2. \qquad (9\text{-}33)$$

令式 (9-33) 等于 0, 可得 α_2 闭式解. 然而, 在式 (9-33) 中存在不便计算的 ς 和 v_1, v_2. 此外, 在一轮迭代优化过程中, 参数的更新间接关联到学习的模型 $f(\boldsymbol{x})$, 且当前损失的计算也与 $f(\boldsymbol{x})$ 和训练集有关, 故由式 (9-31), v_1, v_2 表示为 $f(\boldsymbol{x})$ 与待优化参数 α_1, α_2 及其关联样本的关系, 即

$$v_1 = f(\boldsymbol{x}_1) - \alpha_1 y_1 K_{1,1} - \alpha_2 y_2 K_{1,2} - b, \ v_2 = f(\boldsymbol{x}_2) - \alpha_1 y_1 K_{1,2} - \alpha_2 y_2 K_{2,2} - b.$$

又知 $\alpha_1 = \varsigma y_1 - \alpha_2 y_1 y_2$, 于是

$$v_1 - v_2 = f(\boldsymbol{x}_1) - f(\boldsymbol{x}_2) - K_{1,1}\varsigma + K_{1,2}\varsigma + \eta \alpha_2 y_2.$$

对 $v_1 - v_2$ 中引入的 α_2 标记为更新前的 α_2^{old}, 而式 (9-33) 中使用 α_2^{new} 表示要更新的 α_2, 并记 $E_i = f(\boldsymbol{x}_i) - y_i$ 为 SVM 预测值与真实值的误差, 则式 (9-33) 可简化变形为

$$\frac{\partial W(\alpha_2)}{\partial \alpha_2} = -\eta \alpha_2^{\mathrm{new}} + \eta \alpha_2^{\mathrm{old}} + y_2 (E_1 - E_2),$$

令一阶导数为零, 解得

$$\alpha_2^{\mathrm{new}} = \alpha_2^{\mathrm{old}} + \frac{y_2 (E_1 - E_2)}{\eta}. \tag{9-34}$$

2. 对原始解进行修剪

式 (9-34) 通过对一元函数求极值的方式得到的最优 α_2^{new} 是未考虑约束条件下的最优解, 记 α_2^{new} 为 $\alpha_2^{\mathrm{new,unc}}$, 上标 unc 表示未修剪的 (uncliped). 如图 9-6 所示, SMO 优化子问题 (9-32) 是在方形约束区域 $[0, C] \times [0, C]$ 中的直线. 当 $y_1 \neq y_2$ 时, 如 (a) 图所示, 线性限制条件可以写成 $\alpha_1 - \alpha_2 = k$, 根据 k 的正负可以得到不同的上下界, 因此统一表示成

$$L = \max\left(0, \alpha_2^{\mathrm{old}} - \alpha_1^{\mathrm{old}}\right), \quad H = \min\left(C, C + \alpha_2^{\mathrm{old}} - \alpha_1^{\mathrm{old}}\right).$$

同理, 当 $y_1 = y_2$ 时, 如 (b) 图所示, 可写为

$$L = \max\left(0, \alpha_2^{\mathrm{old}} + \alpha_1^{\mathrm{old}} - C\right), \quad H = \min\left(C, \alpha_2^{\mathrm{old}} + \alpha_1^{\mathrm{old}}\right).$$

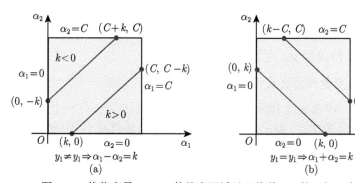

图 9-6   优化变量 α_1, α_2 的约束区域以及修剪 α_2 的几何示意图

故而, 可得修剪后的 α_2^{new} 为

$$\alpha_2^{\mathrm{new}} = \begin{cases} H, & \alpha_2^{\mathrm{new,unc}} > H, \\ \alpha_2^{\mathrm{new,unc}}, & L \leqslant \alpha_2^{\mathrm{new,unc}} \leqslant H, \\ L, & \alpha_2^{\mathrm{new,unc}} < L. \end{cases} \tag{9-35}$$

得到了 α_2^{new}, 可根据 $\alpha_1^{\mathrm{old}} y_1 + \alpha_2^{\mathrm{old}} y_2 = \alpha_1^{\mathrm{new}} y_1 + \alpha_2^{\mathrm{new}} y_2$ 得到 α_1^{new}, 记 $s = y_1 y_2$, 则

$$\alpha_1^{\mathrm{new}} = \alpha_1^{\mathrm{old}} + s\left(\alpha_2^{\mathrm{old}} - \alpha_2^{\mathrm{new}}\right). \tag{9-36}$$

3. 重新计算阈值和误差

当更新了一对 α_i, α_j 之后都需要重新计算阈值 b, 因为 b 关系到 $f(\boldsymbol{x})$ 的计算, 且关系到下次优化的时候误差 E 的计算.

为了使得被优化的样本都满足 KKT 条件, 当 α_1^{new} 不在边界, 即 $0 < \alpha_1^{\text{new}} < C$ 时, 根据 KKT 条件可知相应的数据点为支持向量, 满足 $y_1\left(\boldsymbol{w}^{\mathrm{T}}\boldsymbol{x} + b\right) = 1$, 两边同时乘上 y_1, 得到

$$\sum_{i=1}^{n} \alpha_i y_i K_{i,1} + b = y_1,$$

进而得到

$$b_1^{\text{new}} = -E_1 - y_1 K_{1,1}\left(\alpha_1^{\text{new}} - \alpha_1^{\text{old}}\right) - y_2 K_{2,1}\left(\alpha_2^{\text{new}} - \alpha_2^{\text{old}}\right) + b^{\text{old}}. \tag{9-37}$$

当 $0 < \alpha_2^{\text{new}} < C$, 可得 b_2^{new} 的表达式

$$b_2^{\text{new}} = -E_2 - y_1 K_{1,2}\left(\alpha_1^{\text{new}} - \alpha_1^{\text{old}}\right) - y_2 K_{2,2}\left(\alpha_2^{\text{new}} - \alpha_2^{\text{old}}\right) + b^{\text{old}}. \tag{9-38}$$

当 b_1^{new} 与 b_2^{new} 都有效时, $b^{\text{new}} = b_1^{\text{new}} = b_2^{\text{new}}$. 当两个乘子 α_1, α_2 都在边界上, 且 $L \neq H$ 时, b_1^{new} 与 b_2^{new} 之间的值就是和 KKT 条件一致的阈值. SMO 选择它们的中点作为新的阈值 $b^{\text{new}} = \left(b_1^{\text{new}} + b_2^{\text{new}}\right)/2$.

在每次完成两个变量的优化后, 更新对应的 E_i 值为

$$E_i^{\text{new}} = \sum_{S} y_j \alpha_j K_{i,j} + b^{\text{new}} - y_i, \quad i = 1, 2, \tag{9-39}$$

其中 S 是所有支持向量 $\boldsymbol{x}_j$ 的集合.

4. 选择优化变量的启发式方法

SMO 在每一步都是选择两个变量进行优化, 其中至少有一个违反 KKT 条件; 根据 Osuna[4] 的理论, 每一步优化都会使目标函数值减小, 因此可以保证算法的收敛性. 为加速收敛, SMO 采用启发式的方法来选择每一步中优化的两个变量. 事实上, 如果所有变量的解都满足 SVM 优化问题的 KKT 条件, 那么最优化问题的解就得到了.

(1) 选择第 1 个优化变量, 构成外层循环.

外层循环在训练集中选取违反 KKT 条件最严重的样本点, 记为 $(\boldsymbol{x}_1, y_1)$, 并将其对应的变量作为第 1 个变量 α_1. 具体地, 在 ε 范围内检验训练样本点 $(\boldsymbol{x}_i, y_i)$ 和 α_i 是否满足 KKT 条件, 即

$$y_i f(\boldsymbol{x}_i) \begin{cases} \geqslant 1, & \{\boldsymbol{x}_i | \alpha_i = 0\}, \\ = 1, & \{\boldsymbol{x}_i | 0 < \alpha_i < C\}, \quad i = 1, 2, \cdots, n. \\ \leqslant 1, & \{\boldsymbol{x}_i | \alpha_i = C\}, \end{cases} \tag{9-40}$$

该检验之所以在 ε 范围内进行, 一是放宽精度的要求, 加快收敛, 一般情况下 $\varepsilon \in [10^{-3}, 10^{-2}]$; 二是浮点运算存在舍入误差. 在检验过程中, 外层循环首先遍历所有满足条件 $0 < \alpha_i < C$ 的样本点 (称为 non-bound 样本), 即在间隔边界上的支持向量点, 如果均满足 KKT 条件, 则遍历整个训练集, 检验它们是否满足 KKT 条件. 外层循环, 遍历整个训练集一次, 然后遍历 non-bound 子集多次, 交替进行, 直到整个训练集的样本都满足 KKT 条件, 算法终止.

(2) 第 2 个变量的选择, 构成内循环.

选择第 2 个需要优化的变量 α_2 的启发式规则是选择样本 $(\boldsymbol{x}_2, y_2)$ 来使优化的步长最大化, 通常用 $|E_1 - E_2|$ 来近似步长, 即选择样本 $(\boldsymbol{x}_2, y_2)$ 使 $|E_1 - E_2|$ 最大化. 根据 Platt1998, 1999, 如果 E_1 为正, 则 SMO 选择差值 E_i 最小的样本 $(\boldsymbol{x}_i, y_i)$; 如果 E_1 为负, 则 SMO 选择差值 E_i 最大的样本 $(\boldsymbol{x}_i, y_i)$. 少数情况下可能无法得到正的步长, 此时的处理方法是: ① 随机选择起点遍历 non-bound 子集, 寻找能产生正步长的样本作为第 2 个优化的样本. ② 如果第 ① 步仍得不到正步长, 那么随机选择起点遍历整个训练集, 寻找能产生正步长的样本作为第 2 个优化的样本. ③ 在极端退化的情况下, ① 和 ② 都得不到正步长, 那么就跳过选定的第 1 个优化变量 α_1, 重新选择 α_1, 算法继续.

9.4.2 *Pegasos 算法

Pegasos[12](Primal Estimated sub-GrAdient SOlver for SVM) 是 SVM 的原始估计子梯度求解器, 是一种通过随机梯度下降法求解 SVM 最大间隔超平面的方法. 研究表明, 该算法所需的迭代次数取决于用户所期望的精确度而不是训练集大小. Pegasos 给出了线性 SVM 与核函数的方法, 但本节仅考虑线性 SVM.

借鉴 Pegasos 的思想, 考虑软间隔, 设所优化的目标函数由结构风险与经验风险组成, 即

$$\mathcal{J}(\boldsymbol{w}, b) = \min_{\boldsymbol{w}, b} \frac{1}{2} \|\boldsymbol{w}\|_2^2 + C \sum_{i=1}^{n} \mathcal{L}(f(\boldsymbol{x}_i), y_i), \tag{9-41}$$

其中 $\mathcal{L}$ 为合页损失函数, 则 $\boldsymbol{w}$ 和 b 的次梯度 (subgradient) 为

$$\nabla_{\boldsymbol{w}} \mathcal{J}(\boldsymbol{w}, b) = \boldsymbol{w} - C \sum_{i=1}^{n} y_i \boldsymbol{x}_i \cdot \mathbb{I}(y_i f(\boldsymbol{x}_i) < 1),$$

$$\nabla_b \mathcal{J}(\boldsymbol{w}, b) = -C \sum_{i=1}^{n} y_i \cdot \mathbb{I}(y_i f(\boldsymbol{x}_i) < 1), \tag{9-42}$$

其中 $\mathbb{I}(\cdot)$ 为指示函数. 故而, 可采用梯度下降算法不断优化参数 $\boldsymbol{w}$ 和 b, 直至满足精度要求.

　　自适应矩估计 Adam (adaptive moment estimation) 法是梯度下降算法的扩展, 可加速优化过程, 但容易在最优值附近震荡. 梯度下降法保持单一的学习率 α 更新所有的权重, 即 α 在训练过程中并不会改变; Adam 通过计算梯度的一阶矩估计和二阶矩估计而为不同的参数设计独立的自适应性学习率. 初始时, 设 $\boldsymbol{m}^{(0)} = \boldsymbol{0}$, $\boldsymbol{v}^{(0)} = \boldsymbol{0}$, 假设需优化的参数为 $\boldsymbol{\theta}$, 则 Adam 第 t $(t = 1, 2, \cdots)$ 次迭代优化的计算方法为

$$
\begin{cases}
\boldsymbol{g}_t = \nabla_{\boldsymbol{\theta}} \mathcal{J}\left(\boldsymbol{\theta}^{(t)}\right), \\
\boldsymbol{m}^{(t)} = \beta_1 \boldsymbol{m}^{(t-1)} + (1 - \beta_1)\, \boldsymbol{g}_t, \\
\boldsymbol{v}^{(t)} = \beta_2 \boldsymbol{v}^{(t-1)} + (1 - \beta_2)\, \boldsymbol{g}_t^2, \\
\hat{\boldsymbol{m}}^{(t)} = \dfrac{\boldsymbol{m}^{(t)}}{1 - \beta_1^t}, \hat{\boldsymbol{v}}^{(t)} = \dfrac{\boldsymbol{v}^{(t)}}{1 - \beta_2^t}, \\
\boldsymbol{\theta}^{(t)} = \boldsymbol{\theta}^{(t-1)} - \dfrac{\eta}{\sqrt{\hat{\boldsymbol{v}}^{(t)}} + \varepsilon} \hat{\boldsymbol{m}}^{(t)},
\end{cases}
\tag{9-43}
$$

其中 t 为迭代次数, $\boldsymbol{g}_t$ 是代价函数 $\mathcal{J}\left(\boldsymbol{\theta}^{(t)}\right)$ 对 $\boldsymbol{\theta}^{(t)}$ 的梯度, $\boldsymbol{m}^{(t)}$ 和 $\boldsymbol{v}^{(t)}$ 为第 t 次迭代时, 梯度在动量形式下的一阶矩估计和二阶矩估计, $\hat{\boldsymbol{m}}^{(t)}$ 和 $\hat{\boldsymbol{v}}^{(t)}$ 为偏差纠正后的一阶矩估计和二阶矩估计. β_1 和 β_2 为一阶矩估计和二阶矩估计的指数衰减率, η 为学习率, ε 为非常小的数, 避免被零除. Adam 论文建议的参数值为 $\beta_1 = 0.9$、$\beta_2 = 0.999$、$\eta = 0.001$ 和 $\varepsilon = 10^{-8}$.

■ 9.5　支持向量机的算法设计

1. 定义核函数

　　为统一在 SMO 优化算法中为核函数传递相同的参数 $\boldsymbol{X}_i$ 和 $\boldsymbol{X}_j$, 线性核函数、多项式核函数和高斯核函数均定义为子函数, 其中 $\boldsymbol{X}_i$ 和 $\boldsymbol{X}_j$ 可为一维 ndarray 数组或二维 ndarray 数组, 表示要计算的两个样本或两个样本集或其混合形式, 但不能为标量值.

```python
# file_name: kernel_func.py
def linear():
    """
    线性核函数
    """
    def _linear(X_i: np.ndarray, X_j: np.ndarray) -> np.ndarray:
```

```python
        X_i, X_j = np.asarray(X_i), np.asarray(X_j)  # 转换为ndarray数组
        if X_i.ndim == 0 or X_j.ndim == 0:
            raise ValueError("X_i和X_j仅限于一维数组或二维数组.")
        if X_i.ndim == 2 and X_j.ndim == 2:  # 均为二维数组
            kernel_mat = np.zeros([X_i.shape[0], X_j.shape[0]])  # 核函数矩阵
            for i, x_i in enumerate(X_i):
                kernel_mat[i] = X_j @ x_i  # 计算并存储
            return kernel_mat
        else:  # 有一个或全部都是一维数组
            return X_i @ X_j
    return _linear


def polynomial(d: int = 2, coef0: float = 1.0):
    """
    多项式核函数, 参数d为多项式的最高阶次, coef0为常数c
    """
    def _poly(X_i: np.ndarray, X_j: np.ndarray) -> np.ndarray:
        linear_f = linear()  # 调用线性核函数
        linear_mat = linear_f(X_i, X_j)  # 线性核函数计算
        kernel_mat = (linear_mat + coef0) ** d  # 多项式核函数
        return kernel_mat
    return _poly


def rbf(gamma: float = 0.1):
    """
    径向基/高斯核函数, 参数gamma为高斯核函数的正则化系数
    """
    def _rbf(X_i: np.ndarray, X_j: np.ndarray) -> np.ndarray:
        X_i, X_j = np.asarray(X_i), np.asarray(X_j)  # 转换为ndarray数组
        if ((X_i.ndim == 1 and X_j.ndim == 2) or (X_i.ndim == 2 and X_j.ndim == 1)):
            # 样本维度为一维或二维ndarray数组
            return np.exp(-((X_i - X_j) ** 2 / (2 * gamma ** 2)).sum(axis=1))
        elif X_i.ndim == 1 and X_j.ndim == 1:  # 均为一维ndarray数组
            return np.exp(-((X_i - X_j) ** 2 / (2 * gamma ** 2)).sum())
        elif X_i.ndim == 2 and X_j.ndim == 2:  # 均为二维ndarray数组
            # 计算距离平方矩阵
            d_mat = (X_i ** 2).sum(axis=1, keepdims=True) + \
                    (X_j ** 2).sum(axis=1) - 2 * X_i @ X_j.T
            return np.exp(-d_mat / (2 * gamma ** 2))
    return _rbf
```

2. 基于 SMO 的 SVM 分类算法

每次迭代采用启发式选取一对需要优化的 α_i 和 α_j. 外循环选择 α_i 时, 本算法并未采用违反 KKT 条件最严重的实例点及其对应的拉格朗日乘子, 而是只要违反 KKT 条件即可. 内循环优先选取使得步长 $|E_i - E_j|$ 最大的 α_j, 极端情况下在整个训练集中选取, 并未随机选择起点.

```python
# file_name: svc_smo.py
class SVC_SMO_Kernel:
    """
    支持向量机的SMO算法实现, 包括多项式核函数与高斯核函数, 以及软间隔;
    数据格式中, y_train类别编码规定为{0, 1}, 以方便编码, 并在fit中修改为{-1, +1}
    """
    def __init__(self, C: float = 1.0, gamma: float = 1.0, d: int = 3,
                 coff0: float = 1.0, kernel: str = "linear",
                 update_tol: float = 1e-8, stop_eps: float = 1e-8,
                 kkt_epsilon: float = 1e-3, max_epochs: int = 1000):
        self.C = C  # 软间隔系数, 0 ⩽ αᵢ ⩽ C
        self.kernel = kernel  # 核函数类型, 包括linear、poly和rbf
        self._init_kernel(kernel, d, coff0, gamma)  # 获得核函数计算方法
        self.update_tol = update_tol  # 对选择的一对α更新的容忍度
        self.stop_eps = stop_eps  # 代价终止精度条件
        self.kkt_epsilon = kkt_epsilon  # 检查是否满足KKT条件的精度要求
        self.coef_, self.intercept_ = None, 0.0  # 模型的系数和偏置项
        self.alpha = None  # 拉格朗日乘子, 一维n向量
        self.E = None  # 误差, 一维向量, 长度n
        self.max_epochs = max_epochs  # 最大迭代次数
        self.support_vector_idx = []  # 记录支持向量样本索引
        self.cross_entropy_loss = []  # 训练过程中损失, 方便可视化
        self.objective_function_cost = []  # 存储训练过程目标函数的代价
        self.X, self.y, self.sample_weight = None, None, None  # 训练样本集和权重
        self.y_01 = None  # 0、1编码的目标值, 用于计算交叉熵
        self.C_w = None  # 各样本松弛变量的惩罚系数, 一维向量, 长度n
        self.n_samples, self.m_features = 0, 0  # 样本量和特征数
        self.K_mat = None  # 核函数矩阵, 二维n × n矩阵

    def _init_kernel(self, kernel: str, d: int, coff0: float, gamma: float):
        """
        根据参数kernel类型, 获取核函数方法
        """
        if kernel.lower() == "linear":
```

```
            self.kernel_func = kernel_func.linear()   # 线性核函数
        elif kernel.lower() == "poly":
            self.kernel_func = kernel_func.polynomial(d, coff0)   # 多项式核函数
        elif kernel.lower() == "rbf":   # 高斯核函数
            self.kernel_func = kernel_func.rbf(gamma)   # gamma为超参数带宽
        else:   # 其他情况默认线性核函数
            print("仅限linear、poly和rbf, 默认linear线性核函数...")
            self.kernel_func = kernel_func.linear()

    def init_params(self, X_train, y_train, sample_weight):
        """
        参数初始化, 以及必要信息预处理
        """
        self.X, self.y = np.copy(X_train), np.copy(y_train).reshape(-1)
        self.n_samples, self.m_features = self.X.shape   # 样本量和特征数
        if sample_weight is None:
            self.sample_weight = np.asarray([1.0] * self.n_samples)
        else:
            self.sample_weight = np.asarray(sample_weight).reshape(-1)
        # 获取类别中的最小最大值, 固定编码为{-1, +1}
        negative, positive = min(np.unique(self.y)), max(np.unique(self.y))
        if positive == 1 and negative == 0:
            self.y_01 = np.copy(self.y)   # 用于计算交叉熵损失
            self.y[self.y == 0] = -1   # 类别固定为{-1, +1}
        else:
            raise ValueError("为便于计算交叉熵损失, 请设计类别标签编为0, 1.")
        self.coef_ = np.zeros(self.m_features, dtype=np.float32)   # 初始化模型参数
        self.alpha = np.zeros(self.n_samples, dtype=np.float32)   # 初始化拉格朗日乘子
        self.E = -1 * self.y   # 初始化每个样本的误差
        self.C_w = self.C * self.sample_weight   # 附加样本权重下的惩罚系数
        self.K_mat = self.kernel_func(self.X, self.X)   # 计算核函数矩阵, n × n

    def fit(self, X_train: np.ndarray, y_train: np.ndarray, sample_weight=None):
        """
        训练SVC模型, 包括硬间隔、软间隔和核函数, 可实现线性可分、非线性可分
        """
        self.init_params(X_train, y_train, sample_weight)   # 初始化参数
        for epoch in range(self.max_epochs):
            num_changed, examine_all = 0, True   # 更新变化次数, 以及是否检查全部
            while num_changed > 0 or examine_all:
```

```
            num_changed = 0
            if examine_all:
                for i in range(self.n_samples):
                    num_changed += self._examine_example(i)
            else:
                for i in range(self.n_samples):
                    if self.alpha[i] <= 0: continue
                    num_changed += self._examine_example(i)
            if examine_all: examine_all = False
            elif num_changed == 0: examine_all = True
        # 计算代价并判断终止条件
        self.objective_function_cost.append(self._cal_objective_function_cost())
        self.cross_entropy_loss.append(self._cal_entropy_loss())  # 交叉熵损失
        if len(self.cross_entropy_loss) > 1:
            if np.abs(np.diff(self.objective_function_cost[-2:])) < self.stop_eps:
                break
            if np.abs(np.diff(self.cross_entropy_loss[-2:])) < self.stop_eps: break
```

```
def _examine_example(self, i: int):
    """
    针对第一个α_i, 选择第二个α_j, 注: 随机选择起点的效果可能不理想
    """
    # 1. 首先检查当前选择的α_i是否满足KKT条件, 满足条件则重新选择α_i
    if self._meet_kkt(i): return 0  # 对应 num_changed, 即未更新一对α
    # 2. 若不满足KKT条件, 则根据已经选中的α_i选择第2个α_j
    if len(self.alpha[self.alpha > 0]) > 1:  # 存在支持向量
        j = self._select_j(i)  # 根据i按照|E_1 − E_2|最大规则选择第2个α_j下标
        if self._update_pairs_alpha(i, j):  # 更新一对α
            return 1  # 对应 num_changed += 1, 即更新了一对α
    # 3. 得不到正步长, 则遍历不为零的拉格朗日乘子进行更新, 不进行随机选择
    for j in np.where(self.alpha > 0)[0]:
        if self._update_pairs_alpha(i, j): return 1  # 更新一对α
    # 4. 遍历为零的拉格朗日乘子进行更新, 不进行随机选择
    for j in np.where(self.alpha == 0)[0]:
        if self._update_pairs_alpha(i, j): return 1  # 更新一对α
    # 5. 极端退化情况, 跳过选定的第一个优化变量, 重新选择第一个优化变量
    return 0
```

```
def _meet_kkt(self, i: int):
    """
```

检查下标为 i 的拉格朗日乘子是否满足 KKT 条件
"""
# 由于 $e = f(\boldsymbol{x}) - y$, 故 $e \cdot y = (f(\boldsymbol{x}) - y) \cdot y = y \cdot f(\boldsymbol{x}) - 1$, 只需与精度内比较
ey = self.E[i] * self.y[i]
if (self.C_w[i] > self.alpha[i] > 0 and
    self.kkt_epsilon > ey > -self.kkt_epsilon) \
        or (self.alpha[i] == 0 and ey >= self.kkt_epsilon) \
        or (self.alpha[i] == self.C_w[i] and ey < -self.kkt_epsilon):
    return True
return False

def _select_j(self, i: int):
    """
    按照 $|E_1 - E_2|$ 最大的原则寻找第二个待优化的拉格朗日乘子的下标
    """
    if self.E[i] > 0: # 当误差项为正时, 选择误差向量中最小值的索引
        return np.argmin(self.E)
    elif self.E[i] < 0: # 当误差项为负时, 选择误差向量中最大值的索引
        return np.argmax(self.E)
    else: # 当误差项为零时, 选择误差向量中最大值和最小值的绝对值最大的索引
        min_j, max_j = np.argmin(self.E), np.argmax(self.E)
        if max(np.abs(self.E[min_j]), np.abs(self.E[max_j])) - self.E[min_j]:
            return min_j
        else: return max_j

def decision_func(self, X: np.ndarray):
    # 支持向量机的模型计算, 仅与支持向量有关
    alpha_sv = self.alpha[self.support_vector_idx] # 支持向量对应的 α
    y_sv = self.y[self.support_vector_idx] # 支持向量对应的类别标签
    X_sv = self.X[self.support_vector_idx, :] # 支持向量对应的样本
    return (alpha_sv * y_sv) @ self.kernel_func(X_sv, X) + self.intercept_

def _clip_alpha_j(self, i: int, j: int, alpha_j_unc: float):
    """
    对更新的 α_j 修剪, 使得其值在 0 到 C 内
    """
    if self.y[i] == self.y[j]:
        inf = max(0.0, self.alpha[i] + self.alpha[j] - self.C_w[j]) # L
        sup = min(self.C_w[j], self.alpha[i] + self.alpha[j]) # H
    else:

```
            inf = max(0.0, self.alpha[j] − self.alpha[i])    # L
            sup = min(self.C_w[j], self.C_w[j] + self.alpha[j] − self.alpha[i])  # H
        alpha_j_new = inf if alpha_j_unc < inf else sup \
            if alpha_j_unc > sup else alpha_j_unc # 修剪得到αⱼⁿᵉʷ
        return alpha_j_new

    def _cal_entropy_loss(self):
        # 计算平均交叉熵损失
        y_hat = self.decision_func(self.X)  # 当前预测值
        loss = −self.y_01.T @ np.log(sigmoid(y_hat)) + \
            (1 − self.y_01).T @ np.log(1 − sigmoid(y_hat))
        return loss / self.n_samples # 平均交叉熵误差损失

    def _cal_objective_function_cost(self):
        """
        对偶问题的目标函数的代价值
        """
        alpha_sv = self.alpha[self.support_vector_idx]   # 支持向量对应的α
        y_sv = self.y[self.support_vector_idx]  # 支持向量对应的类别标签
        cost = 0.0  # 对于满足支持向量的样本、乘子等计算目标函数代价累加值
        for i in range(len(y_sv)):
            for j in range(len(y_sv)):
                cost += alpha_sv[i] * alpha_sv[j] * y_sv[i] * y_sv[j] * self.K_mat[i, j]
        return cost / 2 − self.alpha.sum()

    def _update_pairs_alpha(self, i: int, j: int):
        """
        对选择的一对拉格朗日乘子αᵢ和αⱼ进行更新和修剪, 同时更新偏置项和误差
        """
        if i == j: return False
        k_ii, k_jj, k_ij = self.K_mat[i, i], self.K_mat[j, j], self.K_mat[i, j]
        eta = k_ii + k_jj − 2 * k_ij
        if np.abs(eta) < self.update_tol or eta < 0:
            return False  # 如果xᵢ和xⱼ很接近，则跳过，避免分母过小
        # 1. 计算未修剪的αⱼ, _unc表示未修剪, _new表示已修剪
        alpha_j_unc = self.alpha[j] + self.y[j] * (self.E[i] − self.E[j]) / eta
        alpha_j_new = self._clip_alpha_j(i, j, alpha_j_unc)  # 修剪并得到新的αⱼⁿᵉʷ
        d_alpha_j = alpha_j_new − self.alpha[j]  # αⱼ的改变量, d表示delta
        if d_alpha_j == 0: return False
        # 2. 通过已修剪的αⱼ得到第1个最优αᵢⁿᵉʷ更新值, 并修剪αᵢ的范围[0, C]
```

```python
        alpha_i_new = self.alpha[i] − self.y[i] * self.y[j] * d_alpha_j  # 注意负号
        alpha_i_new = self.C_w[i] if alpha_i_new > self.C_w[i] else 0 \
            if alpha_i_new < 0 else alpha_i_new
        # 3.更新模型权重系数w, 当前的变化与α和对应样本有关
        d_alpha_i = alpha_i_new − self.alpha[i]  # αᵢ的改变量
        if d_alpha_i == 0: return False
        self.alpha[i], self.alpha[j] = alpha_i_new, alpha_j_new  # 更新对应α值
        # 4.更新b, 计算b的更新量delta, 然后根据KKT条件更新b
        delta_bi = −self.E[i] − self.y[i] * k_ii * d_alpha_i − \
            self.y[j] * k_ij * d_alpha_j
        delta_bj = −self.E[j] − self.y[i] * k_ij * d_alpha_i − \
            self.y[j] * k_jj * d_alpha_j
        if 0 < alpha_i_new < self.C_w[i]:
            self.intercept_ += delta_bi  # 注意为 += 符号
        elif 0 < alpha_j_new < self.C_w[j]: self.intercept_ += delta_bj
        else: self.intercept_ += (delta_bi + delta_bj) / 2  # 取中点
        y_hat = self.decision_func(self.X)  # 当前预测值
        self.E = y_hat − self.y  # 更新误差, f(x) − y
        # 5. 更新支持向量相关索引, 用于迭代中计算模型
        self.support_vector_idx = np.where((self.alpha > 0) & (self.alpha <= self.C))[0]

    def get_params(self):
        """
        获取SVM模型的系数, 若为线性核, 则返回coef_和intercept_, 否则返回intercept_
        """
        alpha_sv = self.alpha[self.support_vector_idx]  # 支持向量对应的α
        y_sv = self.y[self.support_vector_idx]  # 支持向量对应的类别标签
        idx_non_bound = np.where((0 < self.alpha) & (self.alpha < self.C_w))[0]
        if len(idx_non_bound) > 0:
            # 若存在满足0 < α < C的支持向量, 计算偏置b, 取平均值
            b = [(self.y[k] − (alpha_sv * y_sv) @
                self.K_mat[k, self.support_vector_idx]) for k in idx_non_bound]
            self.intercept_ = np.mean(b)  # 取偏置b平均值
        if self.kernel.lower() == "linear":  # 若使用线性核函数, 计算权重向量
            self.coef_ = (alpha_sv * y_sv) @ self.X[self.support_vector_idx, :]
            return self.coef_, self.intercept_
        else: return self.intercept_

    def predict_proba(self, X_test: np.ndarray):
        """
```

预测测试样本X_test类别概率, 此处使用Sigmoid激活函数
```
    """
    y_proba = np.zeros((X_test.shape[0], 2))
    y_proba[:, 1] = sigmoid(self.decision_func(X_test))
    y_proba[:, 0] = 1.0 − y_proba[:, 1]
    return y_proba

def predict(self, X_test: np.ndarray):
    # 预测测试样本X_test的类别
    return np.argmax(self.predict_proba(X_test), axis=1)
```

3. *基于 Pegasos 的 SVM 分类算法

```
# file_name: svm_pegasos.py
class Adam:
    # Adam (Adaptive Moment Estimation) 学习率调整策略
    def __init__(self, theta, lr=1e−3, beta1=0.9, beta2=0.999):
        self.theta = theta   # 待优化的模型参数
        self.lr, self.t = lr, 0   # 学习率lr和迭代次数t
        self.beta1, self.beta2 = beta1, beta2   # Adam矩估计的指数衰减率
        self.m_t = np.zeros_like(theta)   # 梯度的一阶矩
        self.v_t = np.zeros_like(theta)   # 梯度的二阶矩


    def adam(self, grad):
        # 计算各矩估计量与参数更新增量
        self.t += 1   # 迭代的次数
        self.m_t = self.beta1 * self.m_t + (1 − self.beta1) * grad   # 一阶矩估计
        self.v_t = self.beta2 * self.v_t + (1 − self.beta2) * grad ** 2   # 二阶矩估计
        m_hat = self.m_t / (1 − self.beta1 ** self.t)   # 偏差校正后的一阶矩估计
        v_hat = self.v_t / (1 − self.beta2 ** self.t)   # 偏差纠正后的二阶矩估计
        d_theta = −1.0 * self.lr * m_hat / (np.sqrt(v_hat) + 1e−08)   # 参数更新的增量
        return d_theta



class SVMPegasos:
    """
    SVM的原始估计子梯度求解器
    """
    def __init__(self, C: float = 1.0, lr: float = 0.01, stop_eps: float = 1e−10,
                 max_epochs: int = 10000, rd_seed: int = None):
```

```
        self.C, self.lr = C, lr    # 软间隔常数, 学习率
        self.W, self.b = None, None  # 模型的系数 w 和偏置项 b, w 针对线性核
        self.max_epochs = max_epochs  # 最大迭代次数
        self.support_vector_idx = []   # 记录支持向量样本索引
        self.object_func_loss = []   # 训练过程中目标函数的损失, 方便可视化损失
        self.stop_eps = stop_eps   # 损失函数的停机精度
        self.X, self.y, self.sample_weights = None, None, None  # 训练样本集和权重
        self.C_W = None  # 各样本松弛变量的惩罚系数, 一维向量
        self.n_samples, self.m_features = 0, 0  # 样本量和特征数
        self.opt_W, self.opt_b = None, None  # 各参数的优化对象

    def init_params(self, X_train, y_train, sample_weight):
        """
        参数初始化, 以及必要信息预处理. 如下略去部分代码, 可参考SMO算法.
        """
        self.W, self.b = np.zeros(self.m_features), np.zeros(1)  # 模型参数
        self.opt_W = Adam(theta=self.W, lr=self.lr)  # 初始化Adam对象
        self.opt_b = Adam(theta=self.b, lr=self.lr)  # 初始化Adam对象
        self.C_W = self.C * self.sample_weights  # 附加样本权重下的惩罚系数

    decision_func = lambda self, X: X @ self.W + self.b  # 支持向量机的模型计算

    def fit(self, X_train: np.ndarray, y_train: np.ndarray,
            sample_weight: np.ndarray = None):
        """
        Adam加速梯度下降法, 基于Pegasos训练SVC模型
        """
        self.init_params(X_train, y_train, sample_weight)  # 初始化参数
        history_min_loss = np.inf   # 初始化最小损失函数值
        history_optimal_W, history_optimal_b = self.W.copy(), self.b.copy()
        for t in range(1, self.max_epochs + 1):
            # 计算合页损失
            hinge_loss = np.maximum(1 - self.y * (self.X @ self.W + self.b), 0.0)
            is_emp_risk = hinge_loss > 0  # bool索引数组, yf(x) < 1
            grad_W = self.W - self.C_W * is_emp_risk * self.y @ self.X  # w梯度
            grad_b = -1 * self.C_W * is_emp_risk @ self.y  # 偏置b的梯度
            loss = self.W @ self.W.T / 2.0 + self.C_W @ hinge_loss.T  # 损失函数值
            self.object_func_loss.append(loss)  # 记录优化的目标函数损失值
            if loss < history_min_loss:
                history_min_loss = loss   # 记录历史最小损失函数
```

```
            history_optimal_W = self.W.copy()  # 记录历史最优权重向量
            history_optimal_b = self.b.copy()  # 记录历史最优偏置
        self.W += self.opt_W.adam(grad_W)  # Adam优化更新权重向量
        if grad_b:
            self.b += self.opt_b.adam(grad_b)  # Adam优化更新偏置
        if t > 2 and abs(np.diff(self.object_func_loss[-2:])) < self.stop_eps: break
    self.W = history_optimal_W.copy()  # 以历史最优权重向量作为训练结果
    self.b = history_optimal_b.copy()  # 以历史最优偏置作为训练结果
    err = 1 - self.y * (self.X @ self.W + self.b)  # 违反程度
    on_margin = (err >= -1e-3) & (err <= 1e-3)  # 添加容忍度, 间隔上的
    in_margin = err > 0  # 间隔内
    self.support_vector_idx = np.arange(self.n_samples)[on_margin | in_margin]

def predict_proba(self, X_test: np.ndarray):  # 预测类别概率, 略去
def predict(self, X_test: np.ndarray):  # 预测类别, 略去
```

例 1 分别抽取 "鸢尾花" 数据集的前两个类别和后两个类别组成两个二分类数据集, 分别标记为 $\boldsymbol{\mathcal{D}}_{1,2}$ 和 $\boldsymbol{\mathcal{D}}_{2,3}$, 并通过 PCA 降维到 2 个主成分 (记为 x_1 和 x_2), 构建线性可分支持向量机模型.

标准化数据集, 随机划分 70% 的训练集 (随机种子 0), 对训练集 $\boldsymbol{\mathcal{D}}_{1,2}^{\mathrm{train}}$ 设置软间隔常数 $C = 100$, 模拟硬间隔, 对训练集 $\boldsymbol{\mathcal{D}}_{2,3}^{\mathrm{train}}$ 设置软间隔常数 $C = 10$. 分类边界如图 9-7 所示, 具体为:

(1) (a) 图为 $\boldsymbol{\mathcal{D}}_{1,2}^{\mathrm{train}}$ 构建的分类边界, 线性可分且具有最大的间隔, 对测试集 $\boldsymbol{\mathcal{D}}_{1,2}^{\mathrm{test}}$ 的预测精度为 100%. 满足精度要求下迭代 5 次, 可见对于具有间隔的线性可分数据集, 收敛速度非常快. 最终优化的模型参数为

$$\boldsymbol{w}^* = (1.85953811, -0.17338482)^{\mathrm{T}}, \quad b^* = 0.50681650.$$

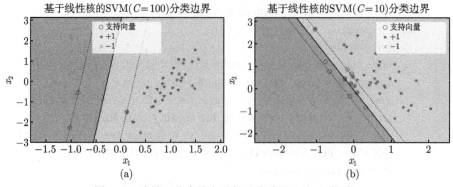

图 9-7 线性可分支持向量机分类边界 (SMO 算法)

有 3 个支持向量, 对应的 α 值分别为 $[0.8886453, 1.7439743, 0.8553290]$. 若采用 sklearn.svm.SVC, 则得到的模型参数为 $\boldsymbol{w}^* = (1.85933451, -0.17308499)^{\mathrm{T}}$, $b^* = 0.50712978$.

(2) (b) 图为 $\boldsymbol{\mathcal{D}}_{2,3}^{\mathrm{train}}$ 构建的分类边界, 硬间隔并不能使得所有样本满足约束 $y_i\left(\boldsymbol{w}^{\mathrm{T}}\boldsymbol{x}_i + b\right) \geqslant 1$. 设置软间隔系数 $C = 10$, 允许部分样本不满足约束条件. 测试集 $\boldsymbol{\mathcal{D}}_{2,3}^{\mathrm{test}}$ 的预测正确率仍为 100%, 满足精度要求下迭代 12 次. 最终优化的模型参数为

$$\boldsymbol{w}^* = (3.89121046, 1.84976037)^{\mathrm{T}}, \quad b^* = 0.11696834.$$

有 12 个支持向量. 可通过算法中的实例属性变量 "support_vector_idx" 打印输出支持向量在训练集中的索引编号, 继而获取支持向量所对应的样本和类别标签, 以及对应的乘子. 若采用 sklearn.svm.SVC, 则得到的 $\boldsymbol{w}^* = (3.89109555, 1.84973977)^{\mathrm{T}}$, $b^* = 0.11692965$.

Pegasos 算法结合 Adam 加速优化, 学习率 0.001, 则基于训练集 $\boldsymbol{\mathcal{D}}_{1,2}^{\mathrm{train}}$ 和 $\boldsymbol{\mathcal{D}}_{2,3}^{\mathrm{train}}$ 学习到的参数分别为

$$\boldsymbol{w}^* = (1.85955999, -0.17337021)^{\mathrm{T}}, \quad b^* = 0.50683909;$$

$$\boldsymbol{w}^* = (3.89107863, 1.84974311)^{\mathrm{T}}, \quad b^* = 0.11687028.$$

分类边界图像与图 9-7 一致.

例 2　现有垃圾邮件[①]数据集, 包含 4000 个训练样本和 1000 个测试样本, 样本特征数 1899, 且样本已转换为词向量, 类别为 0 和 1. 采用 Pegasos 算法构建线性可分支持向量机.

如图 9-8 所示, 训练样本的损失函数下降曲线较为平稳, 从测试样本的预测混淆矩阵可知, 具有较高的正确率. 由于特征数较多, 不便于可视化分类边界.

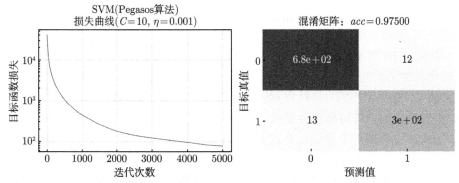

图 9-8　垃圾邮件数据集的训练损失下降曲线和测试样本的预测结果 (Pegasos 算法)

① 可参考吴恩达 (Andrew Ng) 机器学习课程资料.

例 3　基于 sklearn.datasets.make_classification 函数生成 100 个样本, 标准化后, 采用高斯核函数建立 SVM, 并分析参数 γ 取值的影响.

如图 9-9 所示, 参数 γ 是高斯核函数参数, 减少参数 γ 值会使钟形曲线变得更窄, 每个实例的影响范围随之变小; 决策边界变得更不规则, 开始围着单个实例绕弯, 即 SVM 能抓住个别样本的信息, 容易过拟合, 泛化能力降低. 增加 γ 值使钟形曲线变得更宽, 每个实例的影响范围增大, 决策边界变得更平坦, 模型简单, SVM 的泛化能力得以提升. 故而, 可把 γ 当作一个正则化超参数, 如果模型过拟合, 就增加它的值, 欠拟合则减少它的值. 当然可通过交叉验证法选择最佳的参数组合.

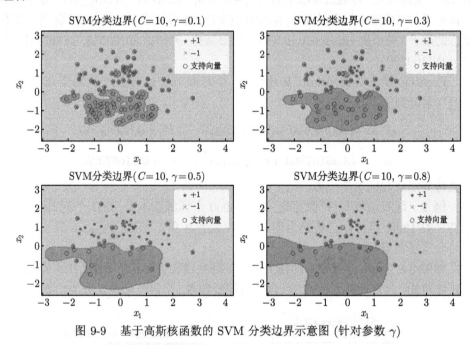

图 9-9　基于高斯核函数的 SVM 分类边界示意图 (针对参数 γ)

如图 9-10 所示软间隔参数 C 本质上也是正则化系数, 是错误项的惩罚系数, 表征模型对误差的容忍度, 在模型的精度与复杂度之间取得一个平衡. 对比两图, 较大的 C 值会使 SVC 选择边际较小的且能够更好地分类所有训练点的决策边界, 不过模型的训练时间也会更长, 容易陷入过拟合; 较小的 C 值会使 SVC 尽量最大化边界, 模型对于错误较为宽容, 也会使得选择更多的支持向量, 决策功能会更简单, 但代价是训练的精度, 且注意避免欠拟合.

基于 Pegasos 算法也可实现非线性可分数据集的分类任务. 首先, 经过核函数对特征数据集 $\boldsymbol{X}$ 进行高维映射 $\tilde{\boldsymbol{X}}$, 然后基于 $\tilde{\boldsymbol{X}}$, 采用 Pegasos 算法进行迭代优化, 即采用线性可分 SVM 在高维空间实现数据的线性可分. 然而, 核函数映射后, $\tilde{X}$ 的特征数增多, 如果采用高斯核函数, 则 $\tilde{X}$ 构成 $n \times n$ 的方阵. 尽管特征维度增加了, 但由于算法简单, 数据量不大, 故优化效率较高. 图 9-11 所采用的数据集与图 9-10 相同, 高斯核函数映射时的参数 $\gamma = 0.6$, Pegasos 算法参数默认.

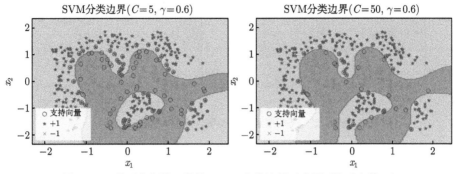

图 9-10　基于高斯核函数的 SVM 分类边界示意图 (针对参数 C)

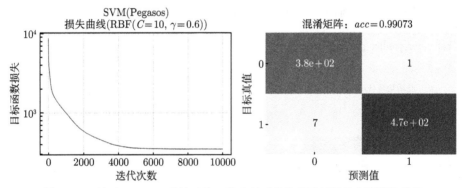

图 9-11　基于 Pegasos 算法对核函数映射后的数据进行训练和预测的结果

例 4　基于 sklearn.datasets.make_moons 函数生成 100 个样本 (noise=0.1, 随机种子为 0), 标准化后, 采用多项式核函数与高斯核函数建立 SVM.

如图 9-12 所示, 对于非线性可分数据集, 添加多项式核和高斯核的 SVM 可实现线性可分. 通常情况下, 采用高斯核的 SVM 具有更好的分类性能. 参数设置见图标题, 可通过交叉验证选取最佳的参数组合.

例 5　基于 sklearn.data.load_wine 红酒 3 分类数据集, 基学习器采用带有线性核函数的 SVM, 结合 OVO 和 OVR 策略实现多分类.

基本代码如下, 包括标准化和数据集划分, 以及基分类器 SVM 的参数设置, 并采用第 2 章已实现的多分类学习类 MultiClassifierWrapper 和模型性能度量类 ModelPerformanceMetrics. 对测试样本的预测结果如图 9-13 所示的混淆矩阵, 未调参选优.

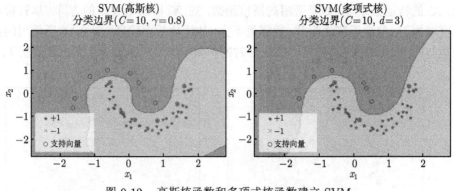

图 9-12　高斯核函数和多项式核函数建立 SVM

```
X_train, X_test, y_train, y_test = \
    train_test_split(X, y, test_size=0.3, random_state=0, stratify=y)
lr = SVC_SMO_Kernel(C=10, kernel="linear", max_epochs=5000)  # 构建基分类器
ovr = MultiClassifierWrapper(lr, mode="ovr")   # 进行OvR训练并评估, 修改mode参数即可
ovr.fit(X_train, y_train)  # 训练
y_hat = ovr.predict_proba(X_test)   # 预测类别概率, 并进行其他分析
```

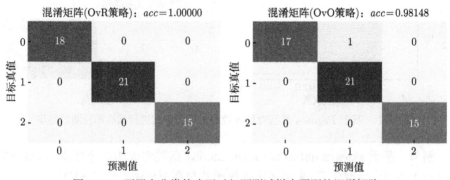

图 9-13　不同多分类策略下对红酒测试样本预测的混淆矩阵

■ 9.6 支持向量机回归

9.6.1 SVR 模型与学习

支持向量回归 (Support Vector Regression, SVR)[1] 假设能容忍 $f(\boldsymbol{x})$ 与 y 之间最多有 $\varepsilon > 0$ 的偏差, 即仅当 $|f(\boldsymbol{x}) - y| > \varepsilon$ 时才计算损失. 如图 9-14 所示, 相当于以 $f(\boldsymbol{x})$ 为中心, 构建了一个宽度为 2ε 的间隔带, 若训练样本落入此间隔带, 则认为是被预测正确的.

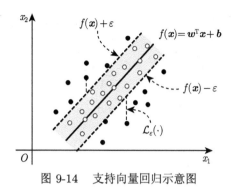

图 9-14 支持向量回归示意图

SVR 即考虑最大化间隔, 又考虑最小化损失, 故 SVR 问题可形式化为

$$\min_{\boldsymbol{w},b} \frac{1}{2}\|\boldsymbol{w}\|_2^2 + C\sum_{i=1}^n \mathcal{L}_\varepsilon\left(f\left(\boldsymbol{x}_i\right) - y_i\right), \tag{9-44}$$

其中 $C > 0$ 为正则化常数, $\mathcal{L}_\varepsilon\left(\cdot\right)$ 是 ε-不敏感损失 (ε-insensitive loss) 函数

$$\mathcal{L}_\varepsilon\left(z\right) = \begin{cases} 0, & |z| \leqslant \varepsilon, \\ |z| - \varepsilon, & \text{其他}. \end{cases} \tag{9-45}$$

决定带宽的 ε 有着重要的作用[3]. 如图 9-15 所示, 一方面, 如果 ε 过大, 两虚线间的间隔带就会过大, 极端情况下, 所有样本点均位于间隔带内, 均不计损失. 如 (a) 图所示, 回归直线是不考虑任何输入变量影响下的回归线, 平行于 x 轴并位于输出变量的均值 $\bar{y}$ 上, 模型处于最简单化状态, 导致严重的欠拟合. 另一方面, 如果 ε 过小, 间隔带就会过小, 以致极端情况下, 所有样本点均位于间隔带外, 且均对损失函数有非零贡献, 也均对回归超平面的位置产生影响. 由此必然会导致回归曲面 "紧随" 样本点, 如 (b) 图所示, 落到间隔带内的样本点非常少, 成为一个较为复杂的模型, 导致模型陷入严重的过拟合.

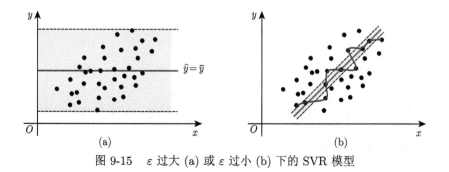

图 9-15 ε 过大 (a) 或 ε 过小 (b) 下的 SVR 模型

为每个训练样本引入松弛变量 ξ_i 和 $\hat{\xi}_i$, SVR 问题重写为 [1]

$$\min_{\boldsymbol{w},b,\xi_i,\hat{\xi}_i} \frac{1}{2}\|\boldsymbol{w}\|_2^2 + C\sum_{i=1}^{n}\left(\xi_i + \hat{\xi}_i\right)$$

$$\text{s.t.}\ f(\boldsymbol{x}_i) - y_i \leqslant \varepsilon + \xi_i, \tag{9-46}$$

$$y_i - f(\boldsymbol{x}_i) \leqslant \varepsilon + \hat{\xi}_i,$$

$$\xi_i \geqslant 0,\ \hat{\xi}_i \geqslant 0,\quad i = 1,2,\cdots,n.$$

引入拉格朗日乘子 $\mu_i \geqslant 0, \hat{\mu}_i \geqslant 0, \alpha_i \geqslant 0, \hat{\alpha}_i \geqslant 0$, 构造拉格朗日函数

$$L\left(\boldsymbol{w},b,\boldsymbol{\alpha},\hat{\boldsymbol{\alpha}},\boldsymbol{\xi},\hat{\boldsymbol{\xi}},\boldsymbol{\mu},\hat{\boldsymbol{\mu}}\right)$$

$$= \frac{1}{2}\|\boldsymbol{w}\|_2^2 + C\sum_{i=1}^{n}\left(\xi_i + \hat{\xi}_i\right) - \sum_{i=1}^{n}\mu_i\xi_i - \sum_{i=1}^{n}\hat{\mu}_i\hat{\xi}_i$$

$$+ \sum_{i=1}^{n}\alpha_i\left(f(\boldsymbol{x}_i) - y_i - \varepsilon - \xi_i\right) + \sum_{i=1}^{n}\hat{\alpha}_i\left(y_i - f(\boldsymbol{x}_i) - \varepsilon - \hat{\xi}_i\right). \tag{9-47}$$

令 L 对 $\boldsymbol{w},b,\xi_i$ 和 $\hat{\xi}_i$ 的偏导数为零, 可得

$$\boldsymbol{w} = \sum_{i=1}^{n}(\hat{\alpha}_i - \alpha_i)\boldsymbol{x}_i,\quad 0 = \sum_{i=1}^{n}(\hat{\alpha}_i - \alpha_i),\quad C = \alpha_i + \mu_i,\quad C = \hat{\alpha}_i + \hat{\mu}_i,$$

代入式 (9-47) 得其对偶形式

$$\max_{\alpha_i,\hat{\alpha}_i}\ \sum_{i=1}^{n}y_i(\hat{\alpha}_i - \alpha_i) - \varepsilon(\hat{\alpha}_i + \alpha_i) - \frac{1}{2}\sum_{i=1}^{n}\sum_{j=1}^{n}(\hat{\alpha}_i - \alpha_i)(\hat{\alpha}_j - \alpha_j)\boldsymbol{x}_i^{\mathrm{T}}\boldsymbol{x}_j$$

$$\text{s.t.}\ \sum_{i=1}^{n}(\hat{\alpha}_i - \alpha_i) = 0,\quad 0 \leqslant \alpha_i,\hat{\alpha}_i \leqslant C,\quad i = 1,2,\cdots,n. \tag{9-48}$$

需满足的 KKT 条件为

$$\begin{cases} \alpha_i\left(f(\boldsymbol{x}_i) - y_i - \varepsilon - \xi_i\right) = 0, & ① \\ \hat{\alpha}_i\left(f(\boldsymbol{x}_i) - y_i - \varepsilon - \hat{\xi}_i\right) = 0, & ② \\ \alpha_i\hat{\alpha}_i = 0,\ \xi_i\hat{\xi}_i = 0, & ③ \\ (C - \alpha_i)\xi_i = 0,\ (C - \hat{\alpha}_i)\hat{\xi}_i = 0,\quad i = 1,2,\cdots,n. & ④ \end{cases} \tag{9-49}$$

从 KKT 条件 ① 和 ② 中可以看出, 当且仅当 $f(\boldsymbol{x}_i) - y_i - \varepsilon - \xi_i = 0$ 时 α_i 能取非零值, 当且仅当 $f(\boldsymbol{x}_i) - y_i - \varepsilon - \hat{\xi}_i = 0$ 时 $\hat{\alpha}_i$ 能取非零值. 换言之, 仅

当样本 $(\boldsymbol{x}_i, y_i)$ 不落入 ε 间隔带中, 相应的 α_i 和 $\hat{\alpha}_i$ 才能取非零值. 此外, 约束 $f(\boldsymbol{x}_i) - y_i - \varepsilon - \xi_i = 0$ 和 $f(\boldsymbol{x}_i) - y_i - \varepsilon - \hat{\xi}_i = 0$ 不能同时成立, 因此 α_i 和 $\hat{\alpha}_i$ 至少有一个为零.

将 $\boldsymbol{w} = \sum\limits_{i=1}^{n} (\hat{\alpha}_i - \alpha_i)\, \boldsymbol{x}_i$ 代入 $f(\boldsymbol{x}) = \boldsymbol{w}^{\mathrm{T}} \boldsymbol{x} + b$, 则 SVR 的解形如

$$f(\boldsymbol{x}) = \sum_{i=1}^{n} (\hat{\alpha}_i - \alpha_i)\, \boldsymbol{x}_i^{\mathrm{T}} \boldsymbol{x} + b, \qquad (9\text{-}50)$$

能使式 (9-50) 中 $(\hat{\alpha}_i - \alpha_i) \neq 0$ 的样本即为 SVR 的支持向量, 它们必落在 ε 间隔带之外. 显然, SVR 的支持向量仅是训练样本的一部分, 即其解仍具有稀疏性.

由 KKT 条件可看出, 对每个样本 $(\boldsymbol{x}_i, y_i)$ 都有 $(C - \alpha_i)\, \xi_i = 0$ 且 $\alpha_i\, (f(\boldsymbol{x}_i) - y_i - \varepsilon - \xi_i) = 0$. 于是, 在得到 α_i 后, 若 $0 < \alpha_i < C$, 则必有 $\xi_i = 0$, 进而有

$$b = y_i + \varepsilon - \sum_{i=1}^{n} (\hat{\alpha}_i - \alpha_i)\, \boldsymbol{x}_i^{\mathrm{T}} \boldsymbol{x}. \qquad (9\text{-}51)$$

实践中常采用一种更鲁棒的方法: 选取多个 (或所有) 满足条件 $0 < \alpha_i < C$ 的样本求解 b 后取平均值.

若考虑特征映射, 即引入核函数, 则 SVR 可表示为

$$f(\boldsymbol{x}) = \sum_{i=1}^{n} (\hat{\alpha}_i - \alpha_i)\, \kappa\, (\boldsymbol{x}, \boldsymbol{x}_i) + b. \qquad (9\text{-}52)$$

9.6.2 SVR 算法设计

支持向量回归采用与 SVM 分类算法相同的 SMO 优化策略. 由式 (9-52) 可知, 模型仅与 α_i 和 $\hat{\alpha}_i$ 有关, 且以形式 $\hat{\alpha}_i - \alpha_i$ 出现, 为便于矢量化运算以及统一优化处理 (如下为 NumPy 运算意义下), 把 α_i 和 $\hat{\alpha}_i$ 构成一个 $2n$ 向量 $\boldsymbol{\alpha}_{\mathrm{pairs}}$, 表示所有 $2n$ 个拉格朗日乘子, 并令 $\hat{\boldsymbol{\alpha}} = \boldsymbol{\alpha}_{\mathrm{pairs}}\,[: n]$, $\boldsymbol{\alpha} = \boldsymbol{\alpha}_{\mathrm{pairs}}\,[n :]$. 若为每个 α_i 和 $\hat{\alpha}_i$ 赋予系数 $\boldsymbol{C}_\alpha = [\mathrm{ones}\,(n), -1 \cdot \mathrm{ones}\,(n)]$, 则 $\boldsymbol{C}_\alpha \odot \boldsymbol{\alpha}_{\mathrm{paris}}$ 可表示向量 $\hat{\boldsymbol{\alpha}} - \boldsymbol{\alpha}$, 其中 $\odot$ 为两个向量的 Hadamard 积. 原核矩阵 $\boldsymbol{\mathcal{K}}$ 扩展为 $2n \times 2n$ 的核矩阵 $\hat{\boldsymbol{\mathcal{K}}} = [[\boldsymbol{\mathcal{K}}, \boldsymbol{\mathcal{K}}], [\boldsymbol{\mathcal{K}}, \boldsymbol{\mathcal{K}}]]$, 各样本的间隔带距离 $\boldsymbol{y}_{2\varepsilon} = [\boldsymbol{y} - \varepsilon, -1 \cdot (\boldsymbol{y} + \varepsilon)]$, 其中 $\boldsymbol{y}$ 为样本目标值构成的 n 维向量, 则 $|\boldsymbol{y}_{2\varepsilon} - \boldsymbol{C}_\alpha \odot g(\boldsymbol{x})|$ 可表示各样本违反 KKT 条件的程度. 计算中注意下标索引 i 与 $i + n$ 对应同一个样本.

```
# file_name: svr_smo.py①
```

---

① 算法参考陈宏铠的相关思路.

```python
class SVR_SMO_Kernel:
    """
    支持向量机回归算法, 基于SMO优化, 包括三种核函数
    """
    def __init__(self, C: float = 1.0, epsilon: float = 0.1, gamma: float = 1.0,
                 d: int = 3, coff0: float = 1.0, kernel: str = "linear",
                 eta_tol: float = 1e-8, kkt_eps: float = 1e-3,
                 max_epochs: int = 1000):
        self.C = C  # 软间隔系数, 0 ≤ αᵢ ≤ C
        self.kernel = kernel  # 核函数类型, 包括linear、poly和rbf
        self._init_kernel(kernel, d, coff0, gamma)  # 获得核函数计算方法
        self.epsilon = epsilon  # 超参数: 间隔带宽度为2ε
        self.eta_tol = eta_tol  # 已选择的两个样本的距离容忍度
        self.kkt_eps = kkt_eps  # 判断是否满足KKT条件, 在精度内检查的精度要求
        self.coef_, self.intercept_ = None, None  # 模型的系数和偏置项
        self.max_epochs = max_epochs  # 最大迭代次数
        self.if_all_match_kkt_condition = False  # 判断是否所有α均满足KKT条件
        self.support_vector_idx = []  # 记录支持向量样本索引
        self.training_MSE, self.testing_MSE = [], []  # 优化过程中均方误差损失
        self.X, self.y, self.sample_weights = None, None, None  # 训练样本集和权重
        self.C_w = None  # 各样本松弛变量的惩罚系数, 向量
        self.n_samples, self.m_features = 0, 0  # 样本量和特征数
        self.K_mat = None  # 核函数矩阵
        self.alpha, self.alpha_hat = None, None  # n个拉格朗日乘子对
        # 为便于后续对α和â的计算和判断, 组合为一个向量
        self.alpha_pairs = None  # 组合, 即前n个为α, 后n个为â乘子
        self.d_alpha = None  # n维向量: 所有支持向量对应的â − α值
        self.c_alpha, self.y_2epsilon = None, None  # α和â的系数和2ε间隔带
        self.model_val = None  # SVR模型函数值

    def _init_kernel(self, kernel: str, d: int, coff0: float, gamma: float):
        # 根据参数kernel类型, 获取核函数方法, 参考类SVC_SMO_Kernel

    def init_params(self, X_train, y_train, sample_weights):
        """
        参数初始化, 以及必要信息预处理
        """
        self.X, self.y = np.asarray(X_train), np.asarray(y_train)  # 转换为ndarray
        self.n_samples, self.m_features = self.X.shape  # 样本量和特征数
        if sample_weights is None:
```

```
                self.sample_weights = np.asarray([1.0] * 2 * X_train.shape[0])
        else:
                sample_weights = np.asarray(sample_weights)
                self.sample_weights = np.r_[sample_weights, sample_weights]
        self.coef_, self.intercept_ = np.zeros(self.m_features), 0.0  # 模型参数
        self.alpha_pairs = np.zeros(2 * self.n_samples)  # 初始化2n个拉格朗日乘子
        # 间隔带y_{2ε}
        self.y_2epsilon = np.r_[self.y - self.epsilon, -1.0 * (self.y + self.epsilon)]
        # 前n个为1, 后n个为-1, 便于(α̂ - α)的计算, 也对应于y_{2ε}的计算
        self.c_alpha = np.r_[np.ones(self.n_samples), -1.0 * np.ones(self.n_samples)]
        self.C_w = self.C * self.sample_weights  # 附加样本权重下的惩罚系数
        K_mat = self.kernel_func(self.X, self.X)  # n × n核矩阵
        self.K_mat = np.block([[K_mat, K_mat], [K_mat, K_mat]])  # 扩展核矩阵


def _cal_svr_model(self):
        # 支持向量机回归的模型计算, 仅与支持向量有关
        idx_sv = np.where(self.alpha_pairs > 0)[0]  # 支持向量的索引
        return ((self.alpha_pairs[idx_sv] * self.c_alpha[idx_sv]) @
                self.K_mat[idx_sv, :] + self.intercept_)


def _select_alpha_i_j(self):
        """
        选择一对需要优化的拉格朗日乘子α_i, α_j的索引编号
        """
        violate_kkt, idx_violate_kkt, idx_violate_kkt_non_bound = self._meet_kkt()
        # 遍历整个训练集一次, 然后遍历non-bound子集多次, 交替进行
        if np.random.rand() < 0.85:  # 此处采用随机数控制交替, 可修改0.85
                # 取较大概率模拟"多次", 选取违反KKT条件程度最大的α_i进行下一步优化
                if len(idx_violate_kkt_non_bound):
                        # 优先选取违反KKT条件程度最大的non-bound α索引
                        best_i = idx_violate_kkt_non_bound[violate_kkt[
                                idx_violate_kkt_non_bound].argmax()]
                else:  # 不存在违反KKT条件的non-bound α
                        best_i = violate_kkt.argmax()  # 直接选取违反KKT条件程度最大的α
        else:  # 取较小的概率模拟"一次", 随机选取一个违反KKT条件的α_i
                best_i = np.random.choice(idx_violate_kkt)
        if len(idx_violate_kkt):
                best_j = np.random.choice(idx_violate_kkt)  # 随机选择违反KKT条件的α_j
        else: return None, None
        # 第i个α和第i + n个α̂对应的是同一个样本, 故需判断
```

```
        i_tmp = best_i − self.n_samples if best_i > self.n_samples − 1 else best_i
        j_tmp = best_j − self.n_samples if best_j > self.n_samples − 1 else best_j
        while np.all(self.X[i_tmp] == self.X[j_tmp]):  # 若样本一致, 重新选择
            best_j = np.random.choice(range(self.n_samples))
            j_tmp = best_j − self.n_samples if best_j > self.n_samples − 1 else best_j
        return best_i, best_j


    def _meet_kkt(self):
        """
        在精度内检查所有样本是否满足KKT条件, 返回违反KKT条件的样本索引
        """
        # 满足0 < α < C的non-bound α样本索引
        idx_non_bound = np.where((0 < self.alpha_pairs) &
                                 (self.alpha_pairs < self.C_w))[0]
        # 检验所有训练样本是否满足KKT条件, 选取违反KKT条件最严重的αᵢ
        gx = self.c_alpha * self.model_val
        violate_kkt = np.abs(self.y_2epsilon − gx)  # 各样本违反KKT条件的程度
        # 条件1间隔外, 条件2间隔边界上, 条件3间隔内部, 满足KKT条件, 设置0, 否则非零
        # (1)满足条件1的除去, 即设置为0
        violate_kkt[(self.alpha_pairs == 0) & (gx >= self.y_2epsilon)] = 0.0
        # (2)满足条件2的样本的违反程度设置为0
        violate_kkt[(0 < self.alpha_pairs) & (self.alpha_pairs < self.C_w) &
                    (gx == self.y_2epsilon)] = 0.0
        # (3)满足条件3的样本的违反程度设置为0
        violate_kkt[(self.alpha_pairs == self.C_w) & (gx <= self.y_2epsilon)] = 0.0
        if violate_kkt.max() < self.kkt_eps:  # 精度ε内检查
            self.if_all_match_kkt_condition = True  # 停止优化
        idx_violate_kkt = np.where(violate_kkt > 0)[0]  # 违反KKT条件的样本点索引
        # 违反KKT条件的non-bound样本点索引, 取交集
        idx_violate_kkt_non_bound = np.intersect1d(idx_violate_kkt, idx_non_bound)
        return violate_kkt, idx_violate_kkt, idx_violate_kkt_non_bound


    def _clip_alpha_pairs_j(self, i, j, alpha_j_unc):
        """
        对更新的αⱼ修剪, 使得其值在0到C内
        """
        if self.c_alpha[i] == self.c_alpha[j]:
            inf = max(0, self.alpha_pairs[i] + self.alpha_pairs[j] − self.C_w[j])  # L
            sup = min(self.C_w[j], self.alpha_pairs[i] + self.alpha_pairs[j])  # H
        else:
```

```
        inf = max(0, self. alpha_pairs[j] − self. alpha_pairs[i])
        sup = min(self.C_w[j], self.C_w[j] + self. alpha_pairs[j] − self. alpha_pairs[i])
    alpha_j_unc = inf if alpha_j_unc < inf else sup if alpha_j_unc > sup \
        else alpha_j_unc
    return alpha_j_unc


def fit(self, X_train, y_train, X_test=None, y_test=None, sample_weights=None):
    """
    支持向量回归对训练数据的拟合, 训练过程计算训练集和测试集(若传参)MSE
    """
    self.init_params(X_train, y_train, sample_weights)
    for epoch in range(self.max_epochs):
        self.model_val = self._cal_svr_model()  # SVR模型函数值
        i, j = self._select_alpha_i_j()  # 选择需要优化的一对α索引
        if self.if_all_match_kkt_condition:
            break  # 所有样本均满足KKT条件, 则终止优化
        if i is None or j is None: continue
        else:
            # 1.首先获取无修剪的第2个最优αⱼ, 并对其进行修剪
            k_ii, k_jj, k_ij = self.K_mat[i, i], self.K_mat[j, j], self.K_mat[i, j]
            # 误差值, 间隔带
            Ei = self.model_val[i] − self.y_2epsilon[i] ∗ self.c_alpha[i]
            Ej = self.model_val[j] − self.y_2epsilon[j] ∗ self.c_alpha[j]
            eta = k_ii + k_jj − 2 ∗ k_ij  #计算η
            if np.abs(eta) < self.eta_tol or eta < 0:
                continue  # 如果𝒙ᵢ和𝒙ⱼ很接近, 则跳过, 避免分母过小
            # 计算未修剪的αⱼ^{new,unc}
            alpha_j_unc = self.alpha_pairs[j] + self.c_alpha[j] ∗ (Ei − Ej) / eta
            # 修剪并得到新的αⱼ^{new}
            alpha_j_new = self._clip_alpha_pairs_j(i, j, alpha_j_unc)
            alpha_j_delta = alpha_j_new − self.alpha_pairs[j]
            # 2. 通过已修剪的αⱼ^{new}得到第1个最优αᵢ^{new,unc}更新值, 并修剪αᵢ^{new}
            alpha_i_new = self.alpha_pairs[i] − self.c_alpha[i] ∗ \
                            self.c_alpha[j] ∗ alpha_j_delta  # 注意负号
            alpha_i_new = self.C_w[i] if alpha_i_new > self.C_w[i] else 0 \
                            if alpha_i_new < 0 else alpha_i_new
            # 3.更新计算得到的α, α̂
            alpha_i_delta = alpha_i_new − self.alpha_pairs[i]
            self.alpha_pairs[i], self.alpha_pairs[j] = alpha_i_new, alpha_j_new
            # 4.更新b, 计算b的更新量delta, 然后根据KKT条件更新b
```

```
                    b_i_delta = −Ei − self.c_alpha[i] ∗ k_ii ∗ alpha_i_delta − \
                                self.c_alpha[j] ∗ k_ij ∗ alpha_j_delta
                    b_j_delta = −Ej − self.c_alpha[i] ∗ k_ij ∗ alpha_i_delta − \
                                self.c_alpha[j] ∗ k_jj ∗ alpha_j_delta
                if  0 < alpha_i_new < self.C_w[i]:
                    self.intercept_  += b_i_delta   # 注意为+=符号
                elif  0 < alpha_j_new < self.C_w[j]: self.intercept_ += b_j_delta
                else : self.intercept_  += ( b_i_delta + b_j_delta ) / 2  # 取中点
                # 5.计算并存储训练和测试 (若提供测试样本) 的均方误差
                self.training_MSE.append(np.mean((self.predict(self.X) − self.y) ∗∗ 2))
                if  X_test is not None and y_test is not None:
                    self.testing_MSE.append(np.mean((self.predict (X_test)−y_test)∗∗2))


    def get_params(self ):
        """
        返回SVM模型的系数, 若为线性核, 则返回w和b, 否则返回b
        """
        self.alpha_hat = self.alpha_pairs [: self.n_samples]
        self.alpha = self.alpha_pairs[self.n_samples:]
        # 支持向量索引
        self.support_vector_idx = np.where(self.alpha_hat != self.alpha)[0]
        self.d_alpha = self.alpha_hat[self.support_vector_idx] − \
                        self.alpha[self.support_vector_idx]
        idx_non_bound = np.where((0 < self.alpha) & (self.alpha < self.C))[0]
        if  len(idx_non_bound) > 0:
            # 若存在满足0 < α < C的支持向量, 计算偏置b, 取平均值
            b = [(self.y[k] + self.epsilon − self.d_alpha @
                    self.K_mat[k][self.support_vector_idx ]) for k in idx_non_bound]
            self.intercept_  = np.mean(b)  # 取偏置b平均值
        if  self.kernel .lower() == " linear ":
            # 若使用线性核函数, 计算权重向量
            self.coef_ = self.d_alpha @ self.X[self.support_vector_idx, :]
            return  self.coef_, self.intercept_
        else :
            return  self.intercept_


    def  predict (self, X_test):
        """
        预测测试样本X_test的目标值
        """
```

```
    if  self. kernel. lower () == " linear ":
        _, b = self. get_params ()
    else :  b = self. get_params ()
    X_sv = self. X [ self. support_vector_idx,  : ]
    return  self. d_alpha @ self. kernel_func (X_sv, X_test) + b

def plt_svr_model(self, is_show=True, title =""):
    # 可视化SVR模型, 绘制预测 f(x), 间隔带和支持向量, 仅限1个特征变量情形
```

例 6　以函数 $y = 0.45x + 0.67 + 0.2\varepsilon$ 随机生成 100 个样本数据 (随机种子为 0), 其中 $x \in [0, 10]$, $\varepsilon \sim N(0,1)$, 构建 SVR 模型并预测.

随机划分 75 % 的样本数据作为训练集 (随机种子为 0). 如图 9-16 所示, 由于样本数据是线性的, 故采用线性核函数的 SVR 建立模型, 带宽 $\varepsilon = 0.3$, 优化的参数为 $w^* = 0.44751518$, $b^* = 0.68358363$, 测试样本预测的可决系数为 $R^2 = 0.974$. 由 sklearn.svm.SVR 训练的结果为 $w^* = 0.44751640$, $b^* = 0.68358136$. 此外, 算法在选择待优化的一对 α_i 和 α_j 时, 引入了随机性, 故算法执行结果以及损失曲线, 均表现出随机性. 如果对样本数据不添加噪声, 也就意味着无需带宽 ε, 可设置较小的数, 则拟合的系数与模型一致, 无偏差, 可自测.

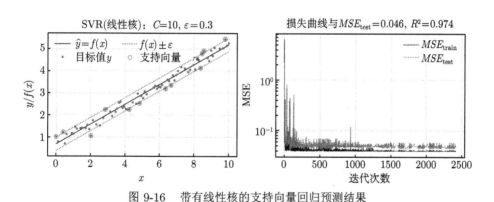

图 9-16　带有线性核的支持向量回归预测结果

例 7　以函数 $y = \sin 2x + 0.05x^2 + 0.1\varepsilon$ 随机生成 100 个样本数据 (随机种子为 0), 其中 $x \in [0, 10]$, $\varepsilon \sim N(0,1)$, 构建 SVR 模型并预测.

随机划分 75 % 的样本数据作为训练集 (随机种子为 0). 如图 9-17 所示, 由于样本数据是非线性的, 故采用高斯核函数的 SVR 建立模型, 训练结果较好, 且由于随机噪声值较小, 故设置带宽 $\varepsilon = 0.3$. 基于本次数据集划分, 较大的 ε 可能导致泛化能力有所降低. 多项式核函数的 SVR 对此例拟合效果一般, 可通过交叉验证法选择最佳的参数, 当 $C = 10$, $d = 2$ 时, $R^2 = 0.827$.

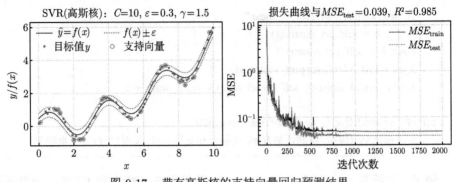

图 9-17　带有高斯核的支持向量回归预测结果

例 8　以波士顿房价数据集为例, 基于一次划分, 构建线性核函数和高斯核函数的 SVR 模型, 并预测分析.

如图 9-18 所示, 高斯核函数相对于线性核函数的 SVR 模型, 具有较高的拟合能力. 由于样本数据存在较多的离群样本点, 故设置带宽 ε 稍大, 参数设置与度量结果见图标题.

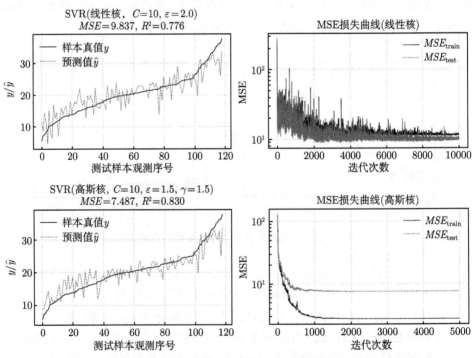

图 9-18　波士顿房价数据集的 SVR 预测结果

■ 9.7　习题与实验

1. 对于线性可分二分类学习任务, 对比感知机、逻辑回归和支持向量机分别在模型、学习准则和优化求解中的异同?

2. 写出线性可分 SVM 和线性 SVM 的对偶形式, 试通过原始问题进行推导, 并分析其 KKT 条件的异同.

3. 已知 4 个样本点集 $\left\{ \left((1,5)^{\mathrm{T}}, -1 \right), \left((5,2)^{\mathrm{T}}, -1 \right), \left((3,8)^{\mathrm{T}}, 1 \right), \left((5,6)^{\mathrm{T}}, 1 \right) \right\}$, 试求最大间隔分离超平面和分类决策函数, 并进行可视化, 给出计算过程.

4. 已知 7 个样本点集 $\left\{ \left((0,0)^{\mathrm{T}}, -1 \right), \left((1,0)^{\mathrm{T}}, -1 \right), \left((0,1)^{\mathrm{T}}, -1 \right), \left((1,1)^{\mathrm{T}}, 1 \right), \right.$ $\left. \left((1,2)^{\mathrm{T}}, 1 \right), \left((2,1)^{\mathrm{T}}, 1 \right), \left((2,2)^{\mathrm{T}}, 1 \right) \right\}$, 训练一个 SVM, 写出模型的具体表达式, 指出哪些样本是支持向量[14].

5. 已知异或的样本点集 $\left\{ \left((0,0)^{\mathrm{T}}, -1 \right), \left((0,1)^{\mathrm{T}}, 1 \right), \left((1,0)^{\mathrm{T}}, 1 \right), \left((1,1)^{\mathrm{T}}, -1 \right) \right\}$ 是线性不可分的. 定义一个多项式函数, 其中[14]

$$\varphi_1(\boldsymbol{x}) = 2(x_1 - 0.5), \quad \varphi_2(\boldsymbol{x}) = 4(x_1 - 0.5)(x_2 - 0.5),$$

将样本的两个特征分别进行对应映射, 即 $(\varphi_1(\boldsymbol{x}_i), \varphi_2(\boldsymbol{x}_i))^{\mathrm{T}}$, $i = 1, 2, 3, 4$. 映射后, 建立一个 SVM, 给出计算过程.

6. 设函数 $f(x) = 1.5\mathrm{e}^{-(x+3)^2} + 2\mathrm{e}^{-x^2} + 2.5\mathrm{e}^{-(x-3)^2}$, 以 $f(x) + 0.5\varepsilon$ 生成 250 个训练样本数据, 其中 $x \sim U(-5,5)$, $\varepsilon \sim N(0,1)$. 构建 SVR 并预测, 结合高斯核函数并合理选择参数.

7. 已知由 "电力窃漏电用户识别" 数据集预处理后的数据集 (ETL_data.csv), 包括 3 个特征变量: 电量趋势下降指标、线损指标、告警类指标, 以及 1 个类别变量 "是否窃漏电". 选择前两个特征变量, 构建 SVC 并预测, 采用不同的核函数, 并选择合理的参数.

8. 尝试采用二次规划求解器, 设置 QP 参数 ($\boldsymbol{H}$, $\boldsymbol{f}$, $\boldsymbol{A}$ 和 $\boldsymbol{b}$), 编码解决软间隔线性 SVC, 并验证.

■ 9.8　本章小结

本章主要讨论了 SVM 的分类与回归任务. 支持向量机学习方法包含线性可分 SVM、线性 SVM 和非线性 SVM. 当训练数据线性可分时, 通过硬间隔最大化, 学习一个线性可分 SVM; 当训练数据近似线性可分时, 通过软间隔最大化, 也可学习一个线性 SVM; 当训练数据线性不可分时, 通过使用核技巧和软间隔最大化, 学习非线性 SVM. 当输入空间为欧氏空间或离散集合、特征空间为希尔伯特空间时, 核函数表示将 $\boldsymbol{x}_i$, $\boldsymbol{x}_j$ 从输入空间映射到特征空间得到的特征向量之间的内积.

通过使用核函数可以学习非线性支持向量机, 等价于隐式地在高维的特征空间中学习线性支持向量机.

　　SMO 算法是求解 SVM 的一种高效、启发式算法, 其基本思路: 如果所有变量的解都满足此最优化问题的 KKT 条件, 那么就得到了最优解, 因为 KKT 条件是该最优化问题的充分必要条件. 否则, 每次优化迭代, 选择两个变量, 并且固定其他变量, 针对这两个变量构建一个最优化问题. 变量的选择采用启发式策略, 外循环通过选取违反 KKT 条件最严重的 α_i, 而内循环可由约束条件确定并随机选取, 也可选择优化步长 $|E_i - E_j|$ 最大的 α_j. 故而, 原问题就可以不断划分成若干个子问题, 从而提高算法的效率. 本章简要讨论了 SMO 算法的优化流程, 并对分类和回归任务分别进行了算法实现. 此外, SVM 可进行异常值的检测. 本章还介绍了 Pegasos 算法, 基于梯度下降法优化 SVM 原始问题的目标函数.

　　sklearn.svm 中提供了较多的支持向量机类, 如 sklearn.svm.SVC, 其既可以实现二分类、多分类任务, 也可实现对线性可分、非线性可分数据集的学习, 而sklearn.svm.SVR 是支持向量回归类. 读者可通过官网查看参数、方法的含义, 以及参考应用示例实现数据集的 SVM 学习.

■ 9.9　参考文献

[1] 周志华. 机器学习 [M]. 北京: 清华大学出版社, 2016.

[2] 李航. 统计学习方法 [M]. 2 版 北京: 清华大学出版社, 2019.

[3] 薛薇, 等. Python 机器学习: 数据建模与分析 [M]. 北京: 机械工业出版社, 2021.

[4] Osuna E, Freund R, Girosi F. An improved training algorithm for support vector machines[J]. Processing of the IEEE Workshop on Neural Networks for signal Processing(NNSP), 276-285, Amelia Island, FL., 1997.

[5] Platt J C. Sequential minimal optimization: A fast algorithm for training support vector machines[J]. Technical Report MSR-TR-98-14, Microsoft Research, 1998.

[6] Platt J C. Fast training of support vector machines using sequential minimal optimization [J]. Adv. Kernel Methods: Support Vector Mach., 1998: 185-208.

[7] Smola A J, Schölkopf B. A tutorial on support vector regression [J]. Statistics and computing, 2004, 14(3): 199-222.

[8] Basak D, Pal S, Ch D, et al. Support Vector Regression [J]. Neural Information Processing-Letters and Reviews, 2007, 11(10): 203-224.

[9] Kingma D, Ba J. Adam: A method for Stochastic Optimization. Computer Science [J], International Conference on Learning Representations, 2015: 1-13.

[10] Ruder S. An overview of gradient descent optimization algorithms [J]. arXiv preprint. arXiv: 1609.04747. 2016,

[11] Duchi J, Hazan E, Singer Y. Adaptive Subgradient Methods for Online Learning and

Stochastic Optimization [J]. Journal of Machine Learning Research. 2011, 12, 2121-2159.

[12] Srebro N, Cotter A, Singer Y, et al. Pegasos: Primal estimated sub-gradient solver for svm[J]. Mathematical programming, 2011, 127(1): 3-30.

[13] 张良均, 王路, 谭立云, 等. Python 数据分析与挖掘实战 [M]. 北京: 机械工业出版社, 2015.

[14] 张旭东. 机器学习 [M]. 北京: 清华大学出版社, 2024.

第 10 章

集成学习

集成学习 (ensemble learning) 基于一组独立的训练集, 构建并结合一组分类或回归任务的基学习器 (个体学习器), 并将每个基学习器的预测结果通过综合策略作为最终的预测结果, 如图 10-1 所示.

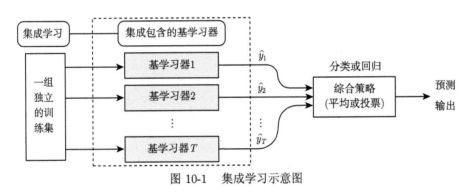

图 10-1 集成学习示意图

以分类任务为例, 想要创建一个更好的分类器, 最简单的综合策略就是集成每个基分类器的预测类别, 然后将投票法的结果作为预测类别, 称之为硬投票分类器 (hard voting classifier); 如果对于每个基分类器能够计算出预测类别的概率, 则可将概率在所有单个基分类器上平均, 平均概率最高的类别作为预测结果, 称之为软投票分类器 (soft voting classifier).

假设有一个略微偏倚的硬币[1], 其正面朝上的概率为 51%, 以此随机模拟大数定理, 如图 10-2 所示, 仅显示 10 次随机实验结果. "在 1000 次投掷后, 大多数为正面朝上" 这一事实的概率在 70% 以上 (随机实验 10000 次后平均的结果), "在投掷 10000 次后, 大多数为正面朝上" 这一事实的概率攀升至 97% 以上, 且正面朝上的比例接近于 51%(大数定理), 并均位于 50% 以上. 这意味着即使每个分类器都是弱分类器 (意味着它仅比随机猜测的精度略高, 如 51%), 通过集成依然可以实现一个强分类器, 只要有足够大数量并且足够多种类的弱分类器即可.

好的集成[2] 应使得基学习器 "好而不同", 即基学习器要有一定的 "准确性", 且基学习器间要有 "多样性". 集成学习可以解决预测模型的高方差, 且能够把弱学习器联合起来构成一个强学习器. 理论上, 集成学习对于弱学习器的集成效果最明显, 但实践中往往使用比较强的学习器, 这样就可以使用较少的学习器, 或者重用常见学习器的一些经验等.

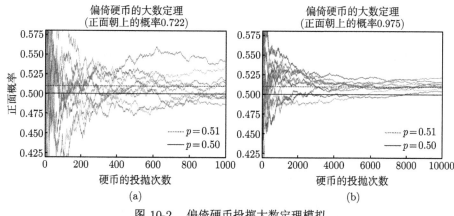

图 10-2　偏倚硬币投掷大数定理模拟

当学习器尽可能相互独立时, 集成方法的效果最优. 获得多种学习器的方法之一就是使用不同的算法进行训练, 这会增加它们犯不同类型错误的机会, 从而提升集成的性能. 然而在现实任务中, 基学习器是为解决同一个问题训练出来的, 它们显然不可能相互独立. 事实上, 基学习器的 "准确性" 和 "多样性" 本身就存在冲突. 一般地, 准确性很高之后, 要增加多样性就需牺牲准确性. 如何产生并结合 "好而不同" 的基学习器, 恰是集成学习研究的核心[2].

根据基学习器的生成方式, 集成学习方法大致可分为两大类, 一是基学习器间存在强依赖关系、必须串行生成的序列化方法, 代表是 Boosting, 具体包括 AdaBoost、GBDT、XGBoost 和 LightGBM 等; 一是基学习器间不存在强依赖关系, 可同时生成的并行化方法, 代表是 Bagging 和随机森林. 此外, 集成学习方法还包括堆叠法 (stacking), 本章不予介绍.

考虑二分类问题 $y \in \{-1, +1\}$ 和真实函数 f, 令基分类器的错误率为 ε, 即对每个基分类器 h_t 有 $P(h_t(\boldsymbol{x}) \neq f(\boldsymbol{x})) = \varepsilon$, 且基分类器的错误率相互独立. 假设集成通过简单投票法结合 T 个基分类器, 若有超过半数的基分类器正确, 则集成分类就正确. 由霍夫丁不等式 (Hoeffding's inequality) 可知, 集成的错误率及其上界为

$$P(H(\boldsymbol{x}) \neq f(\boldsymbol{x})) = \sum_{k=0}^{\lfloor T/2 \rfloor} \binom{T}{k} (1-\varepsilon)^k \varepsilon^{T-k} \leqslant \exp\left(-\frac{1}{2}T(1-2\varepsilon)^2\right). \quad (10\text{-}1)$$

式 (10-1) 表明, 霍夫丁上界将会按照指数级变化, 随着集成中基分类器数目 T 的

增大, 集成的错误率将指数级下降, 最终趋向于零.

■ 10.1 Boosting 族算法

Boosting 算法是一族能够将弱学习器提升为强学习器的算法. 假设基学习器数目为 T, 这族算法的工作机制类似: 先从初始训练集训练出一个基学习器, 再根据基学习器的表现 (偏差) 对训练样本的权重分布进行调整, 使下一个基学习器更多地关注目前偏差较大的部分. 如此重复, 最终将已训练的 T 个基学习器加权得到强学习器.

10.1.1 AdaBoost 分类及其变体算法

Boosting 族算法的著名代表是 AdaBoost (Adaptive Boosting) 算法. 考虑二分类任务 $y \in \{-1, 1\}$, AdaBoost 算法是模型为加法模型 (additive model)、损失函数为指数函数、学习算法为前向分布 (forward stagewise) 算法时的二分类学习算法. 故而, AdaBoost 可由 T 个基学习器 $h_t(\boldsymbol{x}; \boldsymbol{\gamma}_t)$ 的线性组合[2]

$$H(\boldsymbol{x}) = \sum_{t=1}^{T} \alpha_t h_t(\boldsymbol{x}; \boldsymbol{\gamma}_t) \tag{10-2}$$

来最小化指数损失函数 (exponential loss function)

$$\mathcal{L}_{\exp}(H | \mathcal{D}) = \mathbb{E}_{\boldsymbol{x} \sim \mathcal{D}}\left[e^{-y \cdot H(\boldsymbol{x})}\right] = \sum_{\boldsymbol{x} \in \boldsymbol{D}} \mathcal{D}(\boldsymbol{x}) e^{-y \cdot H(\boldsymbol{x})}$$

$$= \sum_{i=1}^{|\boldsymbol{D}|} \mathcal{D}(\boldsymbol{x}_i)\left(e^{-H(\boldsymbol{x}_i)}\mathbb{I}(y_i = 1) + e^{H(\boldsymbol{x}_i)}\mathbb{I}(y_i = -1)\right)$$

$$= \sum_{i=1}^{|\boldsymbol{D}|} e^{-H(\boldsymbol{x}_i)}P(y_i = 1|\boldsymbol{x}_i) + e^{H(\boldsymbol{x}_i)}P(y_i = -1|\boldsymbol{x}_i), \tag{10-3}$$

其中 $\boldsymbol{x} \in \mathbb{R}^{m \times 1}$, $\mathbb{I}(\cdot)$ 为指示函数, $\boldsymbol{\gamma}_t$ 为基学习器的模型参数, α_t 为基学习器的系数, $\mathcal{D}$ 为归一化的样本权重分布, $\boldsymbol{D}$ 为训练集. 若 $H(\boldsymbol{x})$ 能令指数损失函数最小化, 则考虑 $\mathcal{L}_{\exp}(H | \mathcal{D})$ 对 H 的一阶导数并等于零, 可得

$$\text{sgn}(H(\boldsymbol{x})) = \underset{C \in \{-1, 1\}}{\arg\max} P(y = C | \boldsymbol{x}). \tag{10-4}$$

$\text{sgn}(H(\boldsymbol{x}))$ 意味着达到了贝叶斯最优错误率, 同时说明指数损失函数是分类任务原本 0/1 损失函数一致的替代损失函数, 且有更好的数学性质[2].

一般来说, 在给定训练集 $\boldsymbol{D} = \{(\boldsymbol{x}_i, y_i)\}_{i=1}^{n}$ 及指数损失函数 $\mathcal{L}_{\exp}(y, H(\boldsymbol{x})) = \mathrm{e}^{-y \cdot H(\boldsymbol{x})}$ 的条件下, 学习加法模型 $H(\boldsymbol{x})$ 成为经验风险极小化即损失函数极小化问题:

$$\min_{\alpha_t, \boldsymbol{\gamma}_t} \sum_{i=1}^{n} \mathcal{L}_{\exp}\left(y_i, \sum_{t=1}^{T} \alpha_t h_t\left(\boldsymbol{x}_i; \boldsymbol{\gamma}_t\right)\right). \tag{10-5}$$

式 (10-5) 优化问题通常比较复杂. 前向分布算法求解这一优化问题的想法是, 对 $t = 1, 2, \cdots, T$, 每步只学习一个基函数 $h_t(\boldsymbol{x}; \boldsymbol{\gamma}_t)$ 及其系数 α_t, 逐步逼近优化目标函数. 具体地, 每步只需优化损失函数

$$\min_{\alpha, \boldsymbol{\gamma}} \sum_{i=1}^{n} \mathcal{L}_{\exp}\left(y_i, \alpha h\left(\boldsymbol{x}_i; \boldsymbol{\gamma}\right)\right). \tag{10-6}$$

即通过

$$(\alpha_t, \boldsymbol{\gamma}_t) = \arg\min_{\alpha, \boldsymbol{\gamma}} \sum_{i=1}^{n} \mathcal{L}_{\exp}\left(y_i, H_{t-1}\left(\boldsymbol{x}_i\right) + \alpha h_t\left(\boldsymbol{x}_i; \boldsymbol{\gamma}\right)\right) \tag{10-7}$$

求得 $(\alpha_t, \boldsymbol{\gamma}_t)$, 进而更新

$$H_t(\boldsymbol{x}) = H_{t-1}\left(\boldsymbol{x}_i\right) + \alpha_t h_t\left(\boldsymbol{x}_i; \boldsymbol{\gamma}_t\right), \tag{10-8}$$

最后得到加法模型 $H(\boldsymbol{x}) = H_T(\boldsymbol{x})$.

AdaBoost 分类任务的工作机制如图 10-3 所示, 其中基学习器 $h_t (t=1, 2, \cdots, T)$ 的对应权重 α_t 由误差率 ε_t 计算确定, 样本分布权重 $\boldsymbol{D}_{t+1}$ 由 $\boldsymbol{D}_t$ 和 α_t 确定. 故而, 各基学习器间存在较强的依赖关系, 是典型的串行生成序列化方法.

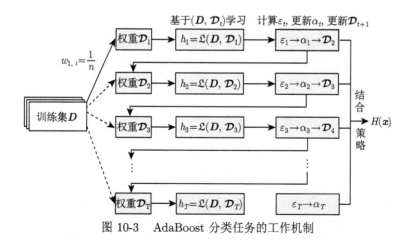

图 10-3 AdaBoost 分类任务的工作机制

由工作机制可得 AdaBoost 分类任务的算法流程:

输入: 训练集 $\boldsymbol{D} = \{(\boldsymbol{x}_i, y_i)\}_{i=1}^{n}$, 其中 $\boldsymbol{x}_i \in \mathbb{R}^{m \times 1}$, $y_i \in \{-1, +1\}$, 基学习算法 $\mathfrak{L}$, 训练轮数 T(即基学习器数 T).

输出: $H(\boldsymbol{x}) = \mathrm{sgn}\left(\sum\limits_{t=1}^{T} \alpha_t h_t(\boldsymbol{x})\right)$.

1. 初始化训练集 $\boldsymbol{D}$ 样本的权重分布 $\boldsymbol{\mathcal{D}}_1 = \left(\dfrac{1}{n}, \dfrac{1}{n}, \cdots, \dfrac{1}{n}\right)^{\mathrm{T}}$.

2. for $t = 1, 2, \cdots, T$ do:

3. 　基于权重分布 $\boldsymbol{\mathcal{D}}_t$ 的训练集 $\boldsymbol{D}$ 学习, 得到基分类器 $h_t = \mathfrak{L}(\boldsymbol{D}, \boldsymbol{\mathcal{D}}_t)$.

4. 　计算 h_t 在训练集上的分类误差率

$$\varepsilon_t = P_{\boldsymbol{x} \sim \boldsymbol{\mathcal{D}}_t}(h_t(\boldsymbol{x}) \neq y) = \sum_{i=1}^{n} w_{t,i} \cdot \mathbb{I}(h_t(\boldsymbol{x}_i) \neq y_i). \tag{10-9}$$

5. 　如果 $\varepsilon_t > 0.5$, 则终止训练.

6. 　计算 h_t 的权值系数

$$\alpha_t = \frac{1}{2} \ln\left(\frac{1 - \varepsilon_t}{\varepsilon_t}\right). \tag{10-10}$$

7. 　更新训练集的权重分布 $\boldsymbol{\mathcal{D}}_{t+1} = (w_{t+1,1}, w_{t+1,2}, \cdots, w_{t+1,n})^{\mathrm{T}}$, 即

$$w_{t+1,i} = w_{t,i} \cdot \exp\left(-\alpha_t y_i h_t(\boldsymbol{x}_i)\right), \quad i = 1, 2, \cdots, n, \tag{10-11}$$

并归一化, 使得 $\boldsymbol{\mathcal{D}}_{t+1}(\boldsymbol{x})$ 成为一个概率分布.

　　在 AdaBoost 算法中, 第一个基分类器 h_1 是通过直接将基学习算法用于初始数据分布而得; 此后迭代地生成 h_t 和 α_t, 当基分类器 h_t 基于分布 $\boldsymbol{\mathcal{D}}_t$ 产生后, 该基分类器的权重 α_t 应使得 $\alpha_t h_t$ 最小化指数损失函数[2]:

$$
\begin{aligned}
\mathcal{L}_{\exp}(\alpha_t h_t \,|\, \boldsymbol{\mathcal{D}}_t) &= \mathbb{E}_{\boldsymbol{x} \sim \boldsymbol{\mathcal{D}}_t}\left[\mathrm{e}^{-f(\boldsymbol{x})\alpha_t h_t(\boldsymbol{x})}\right] \\
&= \mathbb{E}_{\boldsymbol{x} \sim \boldsymbol{\mathcal{D}}_t}\left[\mathrm{e}^{-\alpha_t}\mathbb{I}(f(\boldsymbol{x}) = h_t(\boldsymbol{x})) + \mathrm{e}^{\alpha_t}\mathbb{I}(f(\boldsymbol{x}) \neq h_t(\boldsymbol{x}))\right] \\
&= \mathrm{e}^{-\alpha_t} P_{\boldsymbol{x} \sim \boldsymbol{\mathcal{D}}_t}(f(\boldsymbol{x}) = h_t(\boldsymbol{x})) + \mathrm{e}^{\alpha_t} P_{\boldsymbol{x} \sim \boldsymbol{\mathcal{D}}_t}(f(\boldsymbol{x}) \neq h_t(\boldsymbol{x})) \\
&= \mathrm{e}^{-\alpha_t}(1 - \varepsilon_t) + \mathrm{e}^{\alpha_t}\varepsilon_t,
\end{aligned}
$$

考虑 $\mathcal{L}_{\exp}(\alpha_t h_t \,|\, \boldsymbol{\mathcal{D}}_t)$ 关于 α_t 的导数, 且令导数为零, 可得式 (10-10). 分类误差率 ε_t 越大, 基分类器 h_t 的权重系数 α_t 越小, 即误差率越小的基分类器权重系数越大. 式 (10-11) 中, 当样本处于误分类的情况时, 该误分类样本的权重增加; 反之, 则减少样本权重.

此外, 为避免 AdaBoost 过拟合, 对前向分布算法学习中每个基学习器加入正则项, 定义为学习率 $\nu \in (0, 1]$, 则 $H_t(\boldsymbol{x}) = H_{t-1}(\boldsymbol{x}) + \nu\alpha_t h_t(\boldsymbol{x}; \boldsymbol{\gamma}_t)$, 较小的 ν 意味着需要更多的弱学习器的迭代次数.

AdaBoost 算法设计: 基于二分类实现, 其中目标值无需特殊编码, 保持一般性的 0 和 1 即可. 默认采用决策树桩, 可通过参数 base_estimator 给出自定义的基分类器. 可扩展算法, 实现集成不同类型的基学习器.

```python
# file_name: adaboost_classifier.py
class AdaBoostClassifier:
    """
    AdaBoost二分类集成学习算法, 基分类器默认采用决策树桩
    """
    def __init__(self, base_estimator=None, n_estimators: int = 10, lr: float = 1.0):
        self.n_estimators = n_estimators  # 需集成的基分类器数量
        self.lr = lr  # 学习率或缩放系数, 正则项, 避免过拟合
        if base_estimator is None:  # 默认使用决策树桩
            # 自编码的CART分类树, 决策树桩, 包括一个根结点和两个叶结点
            self.estimator = CARTClassifier(max_depth=1)
        else:
            self.estimator = base_estimator  # 传参的基学习器
        self.fit_estimators = []  # 存储已训练的基学习器
        self.estimator_alphas = []  # 记录estimator权重

    def fit(self, X_train: np.ndarray, y_train: np.ndarray):
        """
        迭代训练AdaBoost基分类器, 更新样本权重, 计算分类错误率, 计算权重系数α
        """
        assert len(set(y_train)) == 2  # 仅限于二分类
        n_samples = X_train.shape[0]  # 样本量
        # 为适应自编码CART基学习器, 此处设置样本均匀均重为1.0, 非1/n
        sample_weights = 1.0 * np.ones(n_samples) / n_samples  # 初始样本权重
        # 针对每一个基学习器, 训练样本, 并计算训练样本分布, 基学习器系数等参数
        for t in range(self.n_estimators):
            # 1. 基学习器训练与预测, 仅关心判定错误的样本
            base_estimator = deepcopy(self.estimator)  # 深拷贝一个基学习器
            base_estimator.fit(X_train, y_train, sample_weight=sample_weights)
            # 预测错误样本的掩码err_mask, 0/1表示
            err_mask = (base_estimator.predict(X_train) != y_train).astype(int)
            # 2. 计算误分率
            epsilon = np.average(err_mask, weights=sample_weights, axis=0)
```

```
        if  t == 0  and  epsilon > 0.5:
            raise  ValueError("基分类器过于弱, 使得误分类率小于0.5.")
        elif  epsilon > 0.5:  # 终止训练
            break
        # 3. 计算权重系数, 计算时考虑避免溢出, 且避免系数过大
        alpha_t = 0.5 * np.log((1 - epsilon) / (epsilon + 1e-8))
        alpha_t = min(10.0, alpha_t)  # 避免过大
        self.estimator_alphas.append(alpha_t)  # 基学习器的系数, 后期组合
        self.fit_estimators.append(base_estimator)  # 存储已训练的基学习器
        # 4. 更新样本权重, 由于y二分类的编码格式为0和1, 而非-1和1,
        # 故f(x)h(x)可表示为np.power(-1.0, err_mask), 预测错误则为-1, 否则为1
        sample_weights *= np.exp(-1.0 * alpha_t * np.power(-1.0, err_mask))
        sample_weights = sample_weights / np.sum(sample_weights)  # 归一化
        # 5. 正则化, 降低后续基分类器的权重, 避免过拟合; 若不降低, 则可设置为1
        for  t  in  range(1, len(self.estimator_alphas)):
            self.estimator_alphas[t] *= self.lr  # 从第2个基学习器开始


    def  predict_proba(self, X_test: np.ndarray):
        """
        AdaBoost预测测试样本X_test的类别概率
        """
        p_hat = np.sum([self.fit_estimators[t].predict_proba(X_test) *
                        self.estimator_alphas[t]
                        for  t  in  range(self.n_estimators)], axis=0)
        return  p_hat / p_hat.sum(axis=1, keepdims=True)


    def  predict(self, X_test: np.ndarray):
        """
        预测测试样本X_test所属类别
        """
        return  np.argmax(self.predict_proba(X_test), axis=1)
```

例1　以 sklearn.datasets.make_gaussian_quantiles 函数生成包含 2 个特征变量和 2 个类别的 350 个样本. 以深度为 2 的决策树为基学习器, 分别集成 20 个和 80 个基学习器.

```
# 第一个数据集默认参数mean=(0, 0), 第二个数据集设置mean=(3, 3)
x1, y1 = make_gaussian_quantiles(cov=2.0, n_samples=150, n_features=2,
                                 n_classes=2, shuffle=True, random_state=0)
x2, y2 = make_gaussian_quantiles(mean=(3, 3), cov=1.5, n_samples=200, n_features=2,
                                 n_classes=2, shuffle=True, random_state=0)
```

```
X = np.vstack((x1, x2))   # 组合训练样本数据
y = np.hstack((y1, 1 - y2))   # 组合目标数据
```

设置 $\nu = 0.8$, 训练结果如图 10-4 所示, 假设不考虑过拟合问题, 则更多的基学习器可以更好地拟合训练样本, 有效减少了偏差.

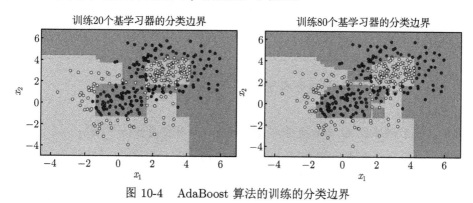

图 10-4　AdaBoost 算法的训练的分类边界

AdaBoost 算法又称为 AdaBoost.M1 算法, 主要应用于解决二分类问题. SAMME (Stagewise Additive Modeling using a Multi-class Exponential loss function) 算法的基本思路是扩展到 $K(K \geqslant 2)$ 分类. AdaBoost.M1 和 SAMME 算法属于离散型提升算法. SAMME.R 算法是将 SAMME 拓展到连续数值型的范畴, 基学习器的输出为连续型, 一般为类别概率.

多分类 SAMME[5] 算法采用损失函数

$$\mathcal{L}_{\exp}\left(\boldsymbol{y}, \boldsymbol{H}\right) = \exp\left(-\frac{1}{K}\boldsymbol{y}^{\mathrm{T}}\boldsymbol{H}\right). \tag{10-12}$$

SAMME 与 AdaBoost 算法的流程相似, 区别在于 $y \in \{C_1, C_2, \cdots, C_K\}$, 基学习器 h_t 的权重系数 α_t 更改为

$$\alpha_t = \ln\left(\frac{1-\varepsilon_t}{\varepsilon_t}\right) + \ln\left(K-1\right), \tag{10-13}$$

显然, 当 $K = 2$ 时, 即为式 (10-10). 此外, 要求基学习器 h_t 的分类错误率小于 $(K-1)/K$. 强学习器为

$$H\left(\boldsymbol{x}\right) = \arg\max_{1 \leqslant k \leqslant K} \sum_{t=1}^{T} \nu \alpha_t \mathbb{I}\left(h_t\left(\boldsymbol{x}\right) = k\right). \tag{10-14}$$

SAMME.R[5] (real, R) 算法不同于 SAMME 算法, 该算法采用加权概率估计 (weighted probability estimates) 的方法更新加法模型. SAMME 和 SAMME.R

算法对于多分类目标的 One-Hot 编码进行了修改, 设样本的类别为 C, 标签编码后的列向量为 $\boldsymbol{y} = (y_1, y_2, \cdots, y_K)^{\mathrm{T}}$, 其中

$$
y_k = \begin{cases} 1, & C = k, \\ -\dfrac{1}{K-1}, & C \neq k. \end{cases} \tag{10-15}
$$

SAMME.R 的算法流程如下:

1. 初始化 n 个样本的权重分布 $\boldsymbol{\mathcal{D}}_1 = \left(\dfrac{1}{n}, \dfrac{1}{n}, \cdots, \dfrac{1}{n}\right)^{\mathrm{T}}$.

2. for $t = 1, 2, \cdots, T$ do:

3. 　　基于训练集 $\boldsymbol{D}$ 和权重分布 $\boldsymbol{\mathcal{D}}_t$ 训练一个基学习器 $h^{(t)}(\boldsymbol{x})$.

4. 　　获得加权概率估计 $\boldsymbol{p}^{(t)}(\boldsymbol{x}) = \left(p_1^{(k)}(\boldsymbol{x}), p_2^{(k)}(\boldsymbol{x}), \cdots, p_K^{(k)}(\boldsymbol{x})\right)^{\mathrm{T}}$, 其中

$$
p_k^{(t)}(\boldsymbol{x}) = \mathrm{Prob}_{\boldsymbol{\mathcal{D}}_t}(C_k = k | \boldsymbol{x}) = \mathbb{E}\left(\exp\left(-\frac{1}{K}\boldsymbol{y}^{\mathrm{T}}\boldsymbol{h}^{(t)}(\boldsymbol{x})\right) \cdot \mathbb{I}(c = k | \boldsymbol{x})\right). \tag{10-16}
$$

5. 　　估计样本 $\boldsymbol{x}$ 对于当前基学习器 $h^{(t)}(\boldsymbol{x})$ 在每个类别的预测值

$$
h_k^{(t)}(\boldsymbol{x}) \leftarrow (K-1)\left(\ln p_k^{(t)}(\boldsymbol{x}) - \frac{1}{K}\sum_{k'=1}^{K}\ln p_{k'}^{(t)}(\boldsymbol{x})\right), \quad k = 1, 2, \cdots, K. \tag{10-17}
$$

6. 　　更新权重分布

$$
w_{t+1,i} \leftarrow w_{t,i} \cdot \exp\left(-\frac{K-1}{K}\boldsymbol{y}_i^{\mathrm{T}}\ln \boldsymbol{p}^{(t)}(\boldsymbol{x}_i)\right), \quad i = 1, 2, \cdots, n. \tag{10-18}
$$

7. 归一化 $\boldsymbol{\mathcal{D}}_{t+1}$.

8. 输出

$$
C(\boldsymbol{x}) = \arg\max_{1 \leqslant k \leqslant K}\sum_{t=1}^{T} h_k^{(t)}(\boldsymbol{x}). \tag{10-19}
$$

Boosting 多分类任务的算法设计, 主要包括 SAMME 和 SAMME.R 算法.

```python
# file_name: boost_classifier.py
class  BoostingClassifier (AdaBoostClassifier):
    """
    Boosting多分类算法, 包括SAMME和SAMME.R两种算法. 继承类AdaBoostClassifier
    """
```

```python
    def __init__(self, base_estimator=None, n_estimators: int = 10,
                 algorithm: str = "SAMME", lr: float = 1.0):
        AdaBoostClassifier.__init__(self, base_estimator, n_estimators, lr)
        assert algorithm.lower() in ["samme", "sammer"]  # 断言
        self.algorithm = algorithm  # 学习算法, 仅限SAMME和SAMME.R

    def _target_encoding(self, y_train):
        """
        对目标集y_train进行编码
        """
        self.n_samples, self.K = len(y_train), len(set(y_train))
        target = -1 / (self.K - 1) * np.ones((self.n_samples, self.K))
        for i in range(self.n_samples):
            target[i, y_train[i]] = 1  # 对应类别所在列替换为1
        return target

    def fit(self, X_train: np.ndarray, y_train: np.ndarray):
        """
        迭代训练Boosting基分类器, 并基于algorithm选择对应的学习算法
        """
        y_encode = self._target_encoding(y_train)  # 编码
        sample_weights = 1.0 * np.ones(self.n_samples) / self.n_samples  # 初始权重
        if self.algorithm.lower() == "samme":
            self._samme_fit(X_train, y_train, y_encode, sample_weights)
        else:
            self._sammer_fit(X_train, y_train, y_encode, sample_weights)

    def _samme_fit(self, X, y, y_encode, sample_weights):
        """
        训练SAMME基分类器, 计算分类错误率, 不断更新样本权重并训练基分类器
        """
        for t in range(self.n_estimators):
            # 1. 基学习器训练与预测, 仅关心判定错误的样本
            base_estimator = deepcopy(self.estimator)  # 深拷贝基学习器
            base_estimator.fit(X, y, sample_weight=sample_weights)
            # 预测错误样本的掩码
            err_mask = (base_estimator.predict(X) != y).astype(int)
            # 2. 计算误分率
            epsilon = np.average(err_mask, weights=sample_weights, axis=0)
            if t == 0 and epsilon > 1 - 1 / self.K:
```

```
                raise  ValueError("基分类器较弱, 误分类率小于%.2f." % (1 / self.K))
            elif  epsilon > 1 - 1 / self.K: break  # 终止训练
            # 3. 计算权重系数, 计算时考虑避免溢出 (考虑多分类)
            alpha_t = np.log((1 - epsilon) / (epsilon + 1e-8)) + np.log(self.K - 1)
            self.estimator_alphas.append(alpha_t)  # 基学习器的系数, 后期组合
            self.fit_estimators.append(base_estimator)  # 存储已训练的基学习器
            # 4. 更新样本权重, 并归一化
            sample_weights *= np.exp(alpha_t * err_mask)  # 更新
            sample_weights /= np.sum(sample_weights)  # 归一化

def _sammer_fit(self, X, y, y_encode, sample_weights):
    """
    训练SAMME.R基分类器, 即基于当前预测类别概率, 不断更新样本权重并训练
    """
    c = (self.K - 1) / self.K  # 权重更新中的某项系数
    for t in range(self.n_estimators):
        base_estimator = deepcopy(self.estimator)  # 深拷贝基学习器
        base_estimator.fit(X, y, sample_weight=sample_weights)
        self.fit_estimators.append(base_estimator)  # 存储已训练的基学习器
        pred_p = base_estimator.predict_proba(X)  # 预测类别概率
        sample_weights *= np.exp(-c * (y_encode * pred_p).sum(axis=1))  # 权重更新
        sample_weights = sample_weights / np.sum(sample_weights)  # 归一化


def predict_proba(self, X_test: np.ndarray):
    """
    预测测试样本X_test的类别概率
    """
    if self.algorithm.lower() == "samme":
        y_hat = (self.fit_estimators[0].predict_proba(X_test) *
                    self.estimator_alphas[0])
        y_hat += np.sum([self.fit_estimators[t].predict_proba(X_test) *
                        self.estimator_alphas[t] * self.lr
                        for t in range(1, self.n_estimators)], axis=0)
    else:
        y_hat = self.fit_estimators[0].predict_proba(X_test)
        for t in range(1, self.n_estimators):
            # 简化式(10-17)的预测, 仅取第一项, 且略去系数 K - 1
            y_hat += self.fit_estimators[t].predict_proba(X_test) * self.lr
    return softmax_func(y_hat)  # Softmax函数
```

例 2 使用 sklearn.datasets.make_blobs 函数创建包含 5 个类别的样本特征矩阵 $X_{5000 \times 10}$, 通过 10 折交叉验证法, 可视化交叉验证平均精度与集成基学习器数量的关系曲线.

如下仅给出数据生成、标准化和基学习器参数设置代码.

```
X, y = make_blobs(n_samples=5000, n_features=10, centers=5,
                  cluster_std=[1.5, 2, 0.9, 3, 2.8], random_state=0)  # 生成数据
X = StandardScaler().fit_transform(X)  # 样本标准化
# 基于第6章自编码基学习器, 修改深度参数即可
base_em = CARTClassifier(max_depth=1, is_feature_all_R=True, max_bins=10)
```

如图 10-5 所示, 随着基学习器数的增加, 交叉验证平均得分也逐步提升. 整体来说, SAMME.R 算法提升的效率更高. 对于弱学习器, 如决策树桩, 则需要集成更多的基学习器数量, 在实际应用中, 可适当选择稍强的基学习器来提高集成的效率. 图 10-6 为 "手写数字集" 在不同基学习器数下的 10 折交叉验证精度, 且以 sklearn.tree.DecisionTreeClassifier 为基学习器, 以加快训练的速度.

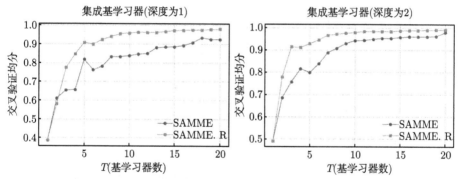

图 10-5 集成基学习器数量与 10 折交叉验证精度的关系曲线

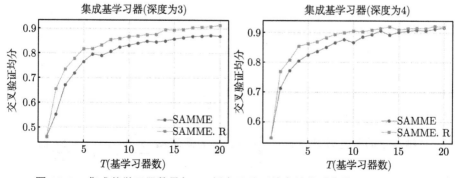

图 10-6 集成基学习器数量与 10 折交叉验证精度的关系曲线 (load_digits)

10.1.2　AdaBoost 回归

AdaBoost 回归任务与其分类任务的算法流程相似, 但因任务不同而损失函数不同, 误差率、权重系数以及权重更新方法也不同. 具体如下:

输入: 训练集 $\boldsymbol{D} = \{(\boldsymbol{x}_i, y_i)\}_{i=1}^n$, 其中 $\boldsymbol{x}_i \in \mathbb{R}^{m \times 1}$, $y_i \in \mathbb{R}$, 基学习算法 $\mathfrak{L}$, 训练轮数 T(即基学习器数 T).

1. 初始化 $\boldsymbol{D}$ 的样本权重分布 $\boldsymbol{\mathcal{D}}_1 = \left(\dfrac{1}{n}, \dfrac{1}{n}, \cdots, \dfrac{1}{n}\right)^{\mathrm{T}}$.

2. for $t = 1, 2, \cdots, T$ do:

3. 　　使用具有权重分布 $\boldsymbol{\mathcal{D}}_t$ 的 $\boldsymbol{D}$ 学习, 得到基学习器: $h_t = \mathfrak{L}(\boldsymbol{D}, \boldsymbol{\mathcal{D}}_t)$.

4. 　　计算 h_t 在训练集上的最大绝对误差 $E_t = \max\limits_{1 \leqslant i \leqslant n} |y_i - h_t(\boldsymbol{x}_i)|$.

5. 　　计算每个样本的相对误差, 构成向量 $\boldsymbol{e}_t = (e_{t,1}, e_{t,2}, \cdots, e_{t,n})^{\mathrm{T}}$, 其中平方损失、线性损失和指数损失的相对误差分别表示为

$$e_{t,i} = \frac{(y_i - h_t(\boldsymbol{x}_i))^2}{E_t^2}, \quad e_{t,i} = \frac{|y_i - h_t(\boldsymbol{x}_i)|}{E_t}, \quad e_{t,i} = 1 - \exp\left(-\frac{|y_i - h_t(\boldsymbol{x}_i)|}{E_t}\right).$$

6. 　　计算 h_t 在 $\boldsymbol{D}$ 上的回归误差率 $\varepsilon_t = \langle \boldsymbol{w}_t, \boldsymbol{e}_t \rangle$, 若 $\varepsilon_t > 0.5$, 则终止训练.

7. 　　基于 ε_t 计算 h_t 的预测置信度

$$\beta_t = \frac{\varepsilon_t}{1 - \varepsilon_t} \in (0, 1),$$

ε_t 越小, β_t 越小, 当前的预测值的可信度越高.

8. 　　更新训练集的权重分布 $\boldsymbol{\mathcal{D}}_{t+1} = (w_{t+1,1}, w_{t+1,2}, \cdots, w_{t+1,n})^{\mathrm{T}}$:

$$w_{t+1,i} = \frac{w_{t,i}}{Z_t} \beta_t^{1-e_{t,i}}, \quad i = 1, 2, \cdots, n, \quad \text{其中} Z_t = \sum_{i=1}^n w_{t,i} \beta_t^{1-e_{t,i}}.$$

9. T 个基学习器在 $\boldsymbol{D}$ 上的预测结果和基学习器的权重系数分别记为

$$\hat{\boldsymbol{y}}_i = \left(\hat{y}_i^{(1)}, \hat{y}_i^{(2)}, \cdots, \hat{y}_i^{(T)}\right), \quad i = 1, 2, \cdots, n, \quad \boldsymbol{\alpha} = \left(\frac{1}{\beta_1}, \frac{1}{\beta_2}, \cdots, \frac{1}{\beta_T}\right),$$

则预测值等于以 $\boldsymbol{\alpha}$ 为权重的 $\hat{\boldsymbol{y}}_i$ 的加权中位数. 计算方法[4] 如下:

(1) 将 $\hat{\boldsymbol{y}}_i$ 按升序排列, 权重 α_i 也随之排序.

(2) 对排序后的权重计算累计的 $\sum\limits_{i=1}^t \ln \alpha_i$, t 是满足 $\sum\limits_{i=1}^t \ln \alpha_i \geqslant \dfrac{1}{2} \sum\limits_{i=1}^T \ln \alpha_i$ 的最小值.

---

(3) 联合预测结果为 $\hat{y}_i = \hat{y}_i^t$.

可见, 若 T 个基学习器权重相等, 预测值就是 $\left(\hat{y}_i^{(1)}, \hat{y}_i^{(2)}, \cdots, \hat{y}_i^{(T)}\right)$ 的中位数.

如图 10-7(a) 所示, 当训练样本给定时, 置信度 β_t 随着回归误差率 ε_t 的增加而增加, 即精度 $1 - \varepsilon_t$ 随置信度 β_t 的增加而减小; 当置信度固定时, 误差范围随着样本量的增大而减小. 因此, 可通过增加样本量来提高精度. 如图 10-7(b) 所示. 由于样本权重值与 $\beta_t^{1-e_{t,i}}$ 存在正相关关系, 故某个样本权重系数值随着该样本预测值与真值的相对误差 $e_{t,i}$ 的增加而增加, 即误差大的样本所赋予的权重更大.

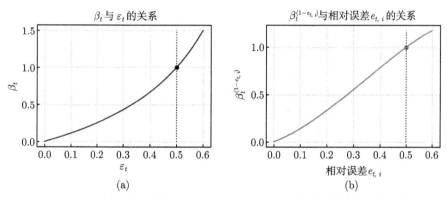

图 10-7　置信度与误差率的关系曲线以及相对误差率对样本权重值的影响

中位数是通过排序得到的, 它不受最大、最小两个极端数值的影响. 部分数据的变动对中位数影响不大甚至无影响, 当一组数据中的个别数据变动较大时, 常用它来描述这组数据的集中趋势. 样本中位数依概率收敛于分布中位数.

```python
# file_name: adaboost_regression.py
class AdaBoostingRegression:
    """
    AdaBoost集成学习回归算法,基于不同的损失函数和加权中位数预测
    """
    def __init__(self, base_estimator=None, n_estimators: int = 10, loss: str = "square"):
        self.base_estimator = base_estimator   # 基学习器
        self.n_estimators = n_estimators   # 基学习器迭代数量
        self.loss = loss   # linear 线性损失, square平方损失, exp指数损失
        if self.base_estimator is None:  # 默认使用决策树桩
            estimator = CARTRegression(max_depth=1)
        else:
```

```
        estimator = self.base_estimator  # 自定义的基学习器
        self.base_estimator = [deepcopy(estimator) for _ in range(self.n_estimators)]
        self.estimator_betas = []  # 记录estimator权重, 适用于Adaboost回归

    def fit(self, X_train: np.ndarray, y_train: np.ndarray):
        """
        基于训练集(X_train, y_train)学习, 计算基学习器的权重系数, 采用相对误差
        """
        n_samples = X_train.shape[0]  # 样本量
        sample_weights = 1.0 * np.ones(n_samples) / n_samples  # 初始样本权重
        # 针对每一个基学习器, 训练样本, 并计算训练样本分布, 基学习器系数等参数
        for t in range(self.n_estimators):
            # 1. 基学习器训练
            self.base_estimator[t].fit(X_train, y_train, sample_weight=sample_weights)
            # 2. 根据损失函数计算误差
            y_hat = self.base_estimator[t].predict(X_train)
            errors = self._cal_loss(y_train, y_hat)
            # 3. 计算误差与样本权重和, 作为误差的度量
            epsilon = np.dot(errors, sample_weights)
            beta_t = epsilon / (1.0 - epsilon)  # 4. 计算权重系数
            self.estimator_betas.append(beta_t)
            sample_weights *= np.power(beta_t, 1 - errors)  # 5. 更新
            sample_weights /= np.sum(sample_weights)  # 归一化

    def _cal_loss(self, y_true, y_hat):
        """
        基于真值y_true和预测值y_hat计算损失函数
        """
        assert self.loss.lower() in ["linear", "square", "exp"]
        errors = np.abs(y_hat - y_true)  # 绝对值误差
        if self.loss.lower() == "linear":
            return errors / np.max(errors)  # 线性损失
        elif self.loss.lower() == "square":
            errors_s = (y_true - y_hat) ** 2  # 平方损失
            return errors_s / np.max(errors) ** 2
        elif self.loss.lower() == "exp":
            return 1 - np.exp(-errors / np.max(errors))  # 指数损失

    def predict(self, X_test: np.ndarray):
        """
```

```
            AdaBoost回归对测试样本X_test的预测, 加权中位数
            """
            alphas = np.log(1.0 / np.asarray(self.estimator_betas))
            # 1. 获取基学习器的预测结果矩阵, 维度形状(测试样本量, 基学习器数)
            y_hat = np.array([self.base_estimator[t].predict(X_test)
                            for t in range(self.n_estimators)]).T
            # 各样本在各基学习器的预测值排序索引
            sorted_idx = np.argsort(y_hat, axis=1)
            # 2. 根据排序结果依次累加学习器权重, 获得累计权重矩阵
            weight_cum = np.cumsum(alphas[sorted_idx], axis=1)
            # 累计权重矩阵中大于中位数的结果: 获得bool矩阵, 维度同y_hat
            min_t_mat = weight_cum >= 0.5 * weight_cum[:, -1][:, np.newaxis]
            # 中位数结果对应的下标, 即每个测试样本第一个True下标
            median_idx = min_t_mat.argmax(axis=1)
            # 3. 每个测试样本所对应的基学习器, 按中位数索引取
            median_estimators = sorted_idx[np.arange(X_test.shape[0]), median_idx]
            # 4. 取对应的估计器的预测结果作为最后的结果
            return y_hat[np.arange(X_test.shape[0]), median_estimators]
```

例 3 基于 $y = 0.5x_1 + 1.2x_2 + 0.7x_3 + 3.1x_4 + 1.45x_5 + 0.3\varepsilon$ 生成 1000 个随机样本, 其中 $x_i \sim U(-5, 5)$, $\varepsilon \sim N(0, 1)$, 基于一次数据集随机划分, 构建 AdaBoost 回归模型, 并预测.

随机生成数据集的随机种子为 0, 基学习器采用深度为 2 的 CART 回归树 (自编码). 由于样本数据的扰动是基于理想情况下的正态分布, 不受离群点的影响, 故若干个弱学习器的集成, 即可回归数据的本质特征, 如图 10-8(a) 所示, 随着基学习器数量的增加, 拟合效果不断提升. (b) 图为 AdaBoost 回归在 40 个基学习器情况下对 30% 的测试样本的预测效果, 测试样本观测值和对应预测值做了升序排列. 从中看出, 加权中位数的预测效果与通常提升方法的不同, 整体的预测值并非在真值左右均匀分布, 尤其是两端附近的预测值.

例 4 以 "空气质量等级" 数据集为例, 选取质量等级为 "优、良和轻度污染" 的数据, 基于 10 次 10 折交叉验证, 基于不同损失函数构建 AdaBoost 回归模型并预测.

基学习器数为 50, 类型为 CART 回归树, 在不同损失下交叉验证的可决系数 R^2 如图 10-9 所示, 相对于单个 CART 基学习器, 集成的效果较为明显. 若增加 CART 的深度, 即增强基学习器的能力, 则 AdaBoost 有较高的提升精度. 当前数据集和基学习器情况下, 各损失函数的 10 折交叉验证精度略有差异, 当基学习器深度为 3 时, 平方损失下的交叉验证的 R^2 最好.

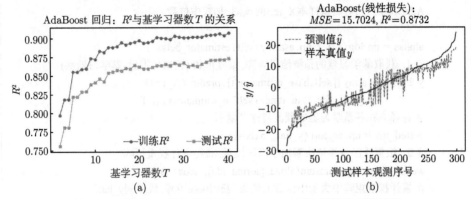

图 10-8 基于 10 折交叉验证的 AdaBoost 回归训练和预测结果

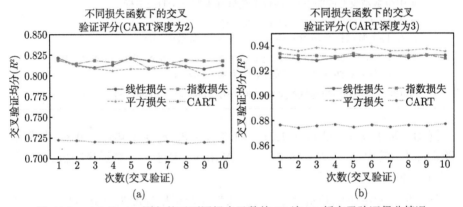

图 10-9 AdaBoost 回归基于不同损失函数的 10 次 10 折交叉验证得分情况

10.1.3 回归问题的提升树与 GBDT 算法

以决策树为基函数的提升方法称为提升树 (boosting tree). 如果将输入空间划分为 J 个互不相交的区域 $R_1, R_2, \cdots, R_J$, 并且在每个区域上确定出常量 c_j, 即当前区域的预测输出, 那么树可表示为

$$h(\boldsymbol{x}; \boldsymbol{\theta}) = \sum_{j=1}^{J} c_j \mathbb{I}(\boldsymbol{x} \in R_j), \tag{10-20}$$

其中参数 $\boldsymbol{\theta} = \{(R_1, c_1), (R_2, c_2), \cdots, (R_J, c_J)\}$ 表示树的区域划分和各区域上的预测输出常数, J 是回归树的复杂度, 即叶结点个数.

设 $h_0(\boldsymbol{x}) = 0$, 回归问题的提升树基于前向分布算法

$$h_t(\boldsymbol{x}) = h_{t-1}(\boldsymbol{x}) + h_t(\boldsymbol{x}; \boldsymbol{\theta}_t), \ t = 1, 2, \cdots, T, \ H(\boldsymbol{x}) = \sum_{t=1}^{T} h_t(\boldsymbol{x}; \boldsymbol{\theta}_t)$$

逐步构建. 在每一步, 需求解基学习器的模型参数 $\boldsymbol{\theta}_t$. 假设第 t 步, 求解

$$\boldsymbol{\theta}_t^* = \arg\min_{\boldsymbol{\theta}_t} \sum_{i=1}^n \mathcal{L}\left(y_i, h_{t-1}\left(\boldsymbol{x}_i\right) + h_t\left(\boldsymbol{x}_i; \boldsymbol{\theta}_t\right)\right) \tag{10-21}$$

得到 $\boldsymbol{\theta}_t^*$, 即第 t 棵树的参数. 采用平方误差损失函数 $\mathcal{L}\left(y, h\left(\boldsymbol{x}\right)\right) = \left(y - h\left(\boldsymbol{x}\right)\right)^2$, 式 (10-21) 中损失变为

$$\mathcal{L}\left(y, h_{t-1}\left(\boldsymbol{x}\right) + h_t\left(\boldsymbol{x}; \boldsymbol{\theta}_t\right)\right) = \left[\left(y - h_{t-1}\left(\boldsymbol{x}\right)\right) - h_t\left(\boldsymbol{x}; \boldsymbol{\theta}_t\right)\right]^2 = \left[r - h_t\left(\boldsymbol{x}; \boldsymbol{\theta}_t\right)\right]^2, \tag{10-22}$$

其中 $r = y - h_{t-1}\left(\boldsymbol{x}\right)$ 是当前模型拟合的残差. 回归提升树是一个拟合残差且不断减少残差的过程, 随着基学习器数目的增加, 精度会不断提升, 但注意过拟合问题.

回归问题的提升树与 AdaBoost 回归算法的主要区别:

(1) 在降低模型偏差问题上采用的策略不同. AdaBoost 通过改变每个样本在训练数据集中的权重 (更关注上一轮预测错误的样本) 来降低偏差, 可以认为是不同时期关注训练集的不同部分来降低模型偏差; 而回归问题的提升树直接从损失函数入手, 通过拟合每一轮的残差, 降低模型的偏差, 来逐渐逼近最佳预测结果.

(2) 集成策略不同. 回归提升树采用直接集成多个决策树的策略得到强学习器, 即每个基学习器的权重都是相同的, 也即无需权重系数, 相比 AdaBoost 更加简单, 节约计算资源. AdaBoost 使用多个基学习器来拟合训练集数据 (可以看成都具有相同的目标函数), 而训练的基学习器的预测结果精度不同, 故误差小的权重大, 误差大的权重小, 最终集成时需要根据预测错误率来决定基学习器在其中所占的比重.

对一般损失函数而言, 提升树的每一步优化并不那么容易, Friedman 提出了梯度提升决策树 (Gradient Boosting Decision Tree, GBDT) 算法. GBDT 利用最速下降法的近似方法, 也即利用损失函数 $\mathcal{L}$ 的负梯度在当前模型的值

$$-\left[\frac{\partial \mathcal{L}\left(y, h\left(\boldsymbol{x}\right)\right)}{\partial h\left(\boldsymbol{x}\right)}\right]_{h\left(\boldsymbol{x}\right) = h_{t-1}\left(\boldsymbol{x}\right)} \tag{10-23}$$

作为 GBDT 中的残差的近似值, 拟合一棵回归树.

GBDT 的算法流程如下:

输入: 训练集 $\boldsymbol{D} = \left\{\left(\boldsymbol{x}_i, y_i\right)\right\}_{i=1}^n$, 其中 $\boldsymbol{x}_i \in \mathbb{R}^{m \times 1}$, $y_i \in \mathbb{R}$, 训练轮数 T, 损失
　　函数 $\mathcal{L}\left(y, f\left(\boldsymbol{x}\right)\right)$, 基学习器系数或学习率 $\beta_t \in (0, 1)$, $t = 1, 2, \cdots, T$.
输出: 回归树 $H\left(\boldsymbol{x}\right)$.

1. 初始化

$$h_0\left(\boldsymbol{x}\right) = \arg\min_c \sum_{i=1}^n \mathcal{L}\left(y_i, c\right). \tag{10-24}$$

2. for $t = 1, 2, \cdots, T$ do:

3.　　计算

$$r_{t,i} = -\left[\frac{\partial \mathcal{L}\left(y_i, h\left(\boldsymbol{x}_i\right)\right)}{\partial h\left(\boldsymbol{x}_i\right)}\right]_{h(\boldsymbol{x})=h_{t-1}(\boldsymbol{x})}, \quad i = 1, 2, \cdots, n. \tag{10-25}$$

4.　　以 $\{(\boldsymbol{x}_i, r_{t,i})\}_{i=1}^n$ 为训练集拟合一棵回归树, 得到第 t 棵树的叶结点区域 $R_{t,j}\,(j = 1, 2, \cdots, J)$.

5.　　计算

$$c_{t,j} = \arg\min_c \sum_{\boldsymbol{x}_i \in R_{t,j}} \mathcal{L}\left(y_i, h_{t-1}\left(\boldsymbol{x}_i\right) + c\right), \quad j = 1, 2, \cdots, J. \tag{10-26}$$

6.　　更新

$$h_t\left(\boldsymbol{x}\right) = h_{t-1}\left(\boldsymbol{x}\right) + \beta_t \sum_{j=1}^J c_{t,j} \mathbb{I}\left(\boldsymbol{x} \in R_{t,j}\right). \tag{10-27}$$

7. 得到回归树

$$H\left(\boldsymbol{x}\right) = h_T\left(\boldsymbol{x}\right) = \sum_{t=1}^T \beta_t \sum_{j=1}^J c_{t,j} \mathbb{I}\left(\boldsymbol{x} \in R_{t,j}\right). \tag{10-28}$$

　　若损失函数为平方损失 $\mathcal{L}\left(y, h\left(\boldsymbol{x}\right)\right) = \left(y - h\left(\boldsymbol{x}\right)\right)^2$, 考虑误差平方和的代价函数最小化, 可得

$$h_0\left(\boldsymbol{x}\right) = \frac{1}{n} \sum_{i=1}^n y_i, \quad c_{t,j} = \frac{1}{n_{t,j}} \sum_{\boldsymbol{x}_i \in R_{t,j}} \left(y_i - h_{t-1}\left(\boldsymbol{x}_i\right)\right) = \frac{1}{n_{t,j}} \sum_{\boldsymbol{x}_i \in R_{t,j}} r_{t,i}, \tag{10-29}$$

其中 $r_{t,i} = y_i - h_{t-1}\left(\boldsymbol{x}_i\right)$ 为当前模型的残差, 即损失函数的负梯度. 如果采用绝对误差损失, 对于叶结点区域 $R_{t,j}\,(j = 1, 2, \cdots, J)$ 求解, 可归结于各个区域的残差的中位数. 而对于其他损失来说, 求解式 (10-26) 是困难的, 可基于当前残差, 采用加权最小二乘回归树近似.

　　回归任务中, 常见六种代价或损失函数: MSE 均方误差, RMSE 均方根误差, MAE 平均绝对误差, Huber 损失, 分位数损失 (quantile loss) 和 Log-Cosh 损失. Huber 损失也称为平滑平均绝对误差损失 (smooth mean absolute error loss), 计算公式

$$\mathcal{L}_{\delta,\text{huber}} = \begin{cases} \dfrac{1}{2}\left(\hat{y}-y\right)^2, & |y-\hat{y}| \leqslant \delta, \\ \delta\left|\hat{y}-y\right| - \dfrac{1}{2}\delta^2, & |y-\hat{y}| > \delta, \end{cases} \tag{10-30}$$

其中 δ 是一个超参数, 其值是 MSE 和 MAE 两个损失连接的位置, 保证了当误差 $\hat{y}-y = \pm\delta$ 时, MAE 和 MSE 的取值一致, 进而保证 Huber 损失连续可导, 如图 10-10(b) 所示. 其损失的负梯度为

$$-\nabla_{\hat{y}}\mathcal{L}_{\delta,\text{huber}} = \begin{cases} \hat{y}-y, & |y-\hat{y}| \leqslant \delta, \\ \delta \cdot \text{sgn}\left(\hat{y}-y\right), & |y-\hat{y}| > \delta. \end{cases} \tag{10-31}$$

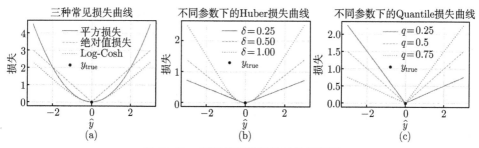

图 10-10　回归问题的损失函数示意图

MSE 假设误差服从高斯分布, MAE 假设误差服从拉普拉斯分布. MSE 损失收敛快但容易受离群点影响, MAE 对离群点的鲁棒性更强但收敛慢. Huber 损失则是一种将 MSE 与 MAE 结合起来, 取两者优点的损失函数, 旨在提升模型对离群点的鲁棒性 (健壮性). 其原理很简单, 就是在误差接近 0 时使用 MSE, 误差较大时使用 MAE. MAE 更新的梯度始终相同, 也就是说, 即使对于很小的损失值, 梯度也很大, 不利于模型的学习. Huber 损失在这种情况下较为有利, 它在最小值附近减小了梯度, 而且比 MSE 更鲁棒.

分位数损失如图 10-10(c) 所示, 其代价函数为

$$\mathcal{J}_{\gamma,\text{quantile}} = \sum_{i=y_i<\hat{y}_i}(1-\gamma)\cdot|y_i-\hat{y}_i| + \sum_{i=y_i\geqslant\hat{y}_i}\gamma\cdot|y_i-\hat{y}_i|, \quad 0<\gamma<1, \tag{10-32}$$

其中 γ 为分位数系数, 其损失函数 $\mathcal{L}_{\gamma,\text{quantile}}$ 可表示为分段函数. 分位数损失函数控制预测的值偏向哪个区间. 当 $\gamma > 0.5$ 时, 低估 $\hat{y}_i < y_i$ 的损失要比高估 $\hat{y}_i > y_i$ 的损失更大; 当 $\gamma < 0.5$ 时, 高估 $\hat{y}_i > y_i$ 的损失比低估 $\hat{y}_i < y_i$ 的损失大. 当 $\gamma = 0.5$ 时, 分位数损失退化为 MAE 损失, 故 MAE 损失实际上是分位数损失的一种特例, 对离群点更加鲁棒. 因为 MSE 回归期望值, MAE 回归中位数, 通常离

群点对中位数的影响比对期望值的影响小. 其损失的负梯度为

$$-\nabla_{\hat{y}}\mathcal{L}_{\gamma,\text{quantile}} = \begin{cases} \gamma, & y \geqslant \hat{y}, \\ \gamma - 1, & y < \hat{y}. \end{cases} \tag{10-33}$$

Log-Cosh 损失函数是一种应用于回归问题中且比 MSE 更平滑的损失函数, 它是预测误差的双曲余弦的对数, 如图 10-10(a) 所示. 公式为

$$\mathcal{L}_{\log-\cosh} = \log\left(\cosh\left(\hat{y} - y\right)\right), \quad -\nabla_{\hat{y}}\mathcal{L}_{\log-\cosh} = -\tanh\left(\hat{y} - y\right). \tag{10-34}$$

Log-Cosh 损失对于较小的 x, $\log\left(\cosh\left(x\right)\right) \approx x^2/2$, 对于较大的 x, $\log\left(\cosh\left(x\right)\right) \approx |x| - \log 2$. 这意味着 Log-Cosh 损失基本类似于 MSE, 但不易受到离群点的影响, 它具有 Huber 损失所有优点, 但不同于 Huber 损失的是 Log-Cosh 二阶处处可导.

　　GBDT 的正则化主要有三种方式. 第一种是添加学习步长, 如式 (10-28) 的 β_t. 较小的 β_t 意味着需要更多的弱学习器的迭代次数, 通常可以用步长和迭代最大次数一起来决定算法的拟合效果. 第二种是通过子采样比例, 取值为 $(0,1]$, 与随机森林子采样不一样的是, GBDT 是不放回抽样. 子采样比例小于 1 可减少方差, 防止过拟合, 但是会增加样本拟合的偏差, 因此取值不能太低, 推荐在 $[0.5, 0.8]$ 之间. 使用了子采样的 GBDT 也称作随机梯度提升树 (Stochastic Gradient Boosting Tree, SGBT). 通过子采样, 可实现 GBDT 的并行学习. 第三种是对于基学习器即 CART 回归树进行正则化剪枝.

　　GBDT 回归任务算法设计. 基于第 6 章 CART 回归树, 实现了 MSE、MAE 和 Huber 损失下的回归树. 本算法可根据损失函数类型及其梯度, 选择对应代价的回归, 也可按照不同的损失函数计算梯度, 然后统一采用加权最小二乘回归树近似训练, 即损失函数为误差平方和情况下的回归树.

```python
# file_name: gradient_boost_r.py
class GradientBoostingRegression:
    """
    梯度提升树, 基于不同的损失函数实现回归任务
    """
    def __init__(self, base_estimator=None, n_estimators: int = 10, lr: float = 1.0,
                 loss: str = "square", huber_delta: float = 0.25,
                 quantile_gamma: float = 0.5):
        # 略去部分实例属性的初始化和基学习器的设置, 参考AdaBoostRegression
        self.huber_delta = huber_delta   # Huber损失阈值
        self.quantile_gamma = quantile_gamma   # 分位数损失阈值
```

```
def _get_negative_gradient(self, y_true, y_pred):
    """
    基于真值y_true和预测值y_pred的五种损失函数的负梯度计算
    """
    assert self.loss.lower() in ["square", "abs", "huber", "quantile", "logcosh"]
    if self.loss.lower() == "square": return y_true − y_pred  # 平方误差
    elif self.loss.lower() == "abs": return np.sign(y_true − y_pred)  # 绝对误差
    elif self.loss.lower() == "huber":  # 平滑平均绝对误差的负梯度
        return np.where(np.abs(y_true − y_pred) > self.huber_delta,
                        self.huber_delta ∗ np.sign(y_true − y_pred),
                        y_true − y_pred)
    elif self.loss.lower() == "quantile":  # 分位数损失的负梯度
        return np.where(y_true > y_pred, self.quantile_gamma,
                        self.quantile_gamma − 1)
    elif self.loss.lower() == "logcosh":  # 双曲余弦的对数的负梯度
        return −np.tanh(y_pred − y_true)

def fit(self, X_train: np.ndarray, y_train: np.ndarray):
    """
    梯度提升树, 回归模型训练
    """
    self.base_estimator[0].fit(X_train, y_train)  # 第1个基学习器训练
    y_pred = self.base_estimator[0].predict(X_train)  # 预测值, 计算损失梯度
    grad_y = self._get_negative_gradient(y_train, y_pred)  # 当前负梯度
    # 后续其他基学习器训练和预测, 并添加学习率参数
    for t in range(1, self.n_estimators):
        self.base_estimator[t].fit(X_train, grad_y)  # 第t个基学习器训练
        y_pred += self.base_estimator[t].predict(X_train) ∗ self.lr
        grad_y = self._get_negative_gradient(y_train, y_pred)  # 当前负梯度

def predict(self, X_test: np.ndarray):
    """
    针对每个测试样本, 各基学习器的预测值, 按列求和, 即为预测值
    """
    return np.sum([self.base_estimator[0].predict(X_test)] +
                  [self.lr ∗ self.base_estimator[t].predict(X_test)
                   for t in range(1, self.n_estimators)], axis=0)
```

例 5 以 "空气质量等级" 数据集为例, 选择特征变量 "$PM_{2.5}, PM_{10}, SO_2, CO,$ NO_2, O_3" 构成样本集, 以 AQI 为目标集, 采用不同的损失函数, 并基于 10 折交

叉验证法, 训练 GBDT 并预测.

　　为提高执行效率, 基学习器采用 sklearn.tree.DecisionTreeRegressor, 深度为 2, 当然也可采用自编码 CART. 如图 10-11 所示, 基于平方损失, 较高的学习率 β_t 可使得训练的精度提升较快, 但是极易陷入过拟合, 反而较小的学习率使得模型的泛化能力得以提升, 尽管训练精度的提升速度较慢.

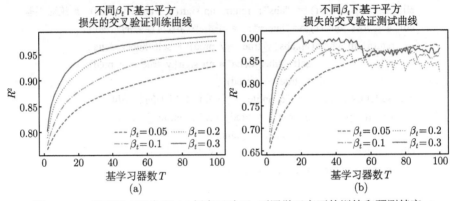

图 10-11　基于平方损失和 10 折交叉验证, 不同学习率下的训练和预测精度

　　设定学习率 $\beta_t = 0.05$, Huber 损失超参数 $\delta = 0.9$, 如图 10-12 所示, 对于训练样本和测试样本而言, 随着基学习器数量的增加, 精度均逐步提升, 由于学习率较小, 所以提升较为平稳. 其中绝对值 (Absolute) 损失可为相当优秀, 更好地体现了其鲁棒性. 当前参数下, 并未出现过拟合现象.

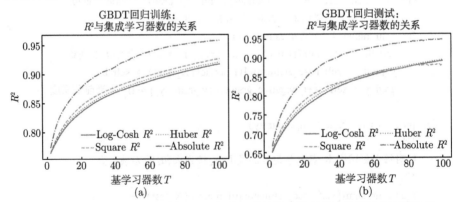

图 10-12　基于 10 折交叉验证和不同损失函数的梯度提升算法的训练和预测结果

10.1.4　分类问题的 GBDT 算法

　　分类问题的梯度提升算法与回归问题的梯度提升算法流程一致, 都采用 CART 回归树, 区别在于所采用的损失函数不同, 且分类问题的目标值是类别 $y_i \in \{C_1, C_2,$

$\cdots, C_K\}, \hat{y}_i = h(\boldsymbol{x}_i).$

若采用交叉熵损失函数 $\mathcal{L}(y, \hat{y}) = -y \log \hat{y} - (1-y) \log(1-\hat{y})$, 且 $y \in \{0, 1\}$, 则

$$\begin{cases} h_0(\boldsymbol{x}) = \log \dfrac{p_1}{1 - p_1}, \quad p_1 = \dfrac{1}{n} \sum_{i=1}^{n} \mathbb{I}(y_i = 1), \\[3mm] r_{t,i} = -\left[\dfrac{\partial \mathcal{L}(y_i, h(\boldsymbol{x}_i))}{\partial h(\boldsymbol{x}_i)}\right]_{h(\boldsymbol{x}) = h_{t-1}(\boldsymbol{x})} = y_i - \dfrac{1}{1 + \exp(-h_{t-1}(\boldsymbol{x}_i))}, \quad (10\text{-}35) \\[3mm] c_{t,j} = \sum_{\boldsymbol{x}_i \in R_{t,j}} r_{t,i} \Big/ \sum_{\boldsymbol{x}_i \in R_{t,j}} (y_i - r_{t,i})(1 - y_i + r_{t,i}), \quad j = 1, 2, \cdots, J. \end{cases}$$

若采用负二项对数似然损失函数 (negative binomial log-likelihood) $\mathcal{L}(y, \hat{y}) = \log(1 + \mathrm{e}^{-2y\hat{y}})$, 且 $y \in \{+1, -1\}$, 则

$$\begin{cases} h_0(\boldsymbol{x}) = \dfrac{1}{2} \log\left(\dfrac{P(y=1|\boldsymbol{x})}{P(y=-1|\boldsymbol{x})}\right), \\[3mm] r_{t,i} = -\left[\dfrac{\partial \mathcal{L}(y_i, h(\boldsymbol{x}_i))}{\partial h(\boldsymbol{x}_i)}\right]_{h(\boldsymbol{x}) = h_{t-1}(\boldsymbol{x})} = \dfrac{2y_i}{1 + \exp(2y_i h_{t-1}(\boldsymbol{x}_i))}, \quad (10\text{-}36) \\[3mm] c_{t,j} = \sum_{x_i \in R_{t,j}} r_{t,i} \Big/ \sum_{x_i \in R_{t,j}} |r_{t,i}|(2 - |r_{t,i}|), \quad j = 1, 2, \cdots, J. \end{cases}$$

多分类问题首先对目标值进行 One-Hot 编码, 设 $y \in \{C_1, C_2, \cdots, C_K\}$, 即编码为 $y_k = 1(C_k = k)$, 定义 $p_k(\boldsymbol{x}) = P\{y_k = 1 | \boldsymbol{x}\}$ 为样本 $\boldsymbol{x}$ 属于类别 C_k 的概率, 则多元对数似然损失 (multinomial logistic loss) 函数为

$$\mathcal{L}\left(\{y_k, h_k(\boldsymbol{x})\}_{k=1}^{K}\right) = -\sum_{k=1}^{K} y_k \log p_k(\boldsymbol{x}). \quad (10\text{-}37)$$

结合 Softmax 函数和目标值的 One-Hot 编码, 多分类问题的 GBDT 算法流程 [6] 如下. 设训练 T 轮, 类别数为 K, 则共需 $T \times K$ 个基学习器, 即编码后的每个类别在每轮中均需训练一个基学习器.

1. 初始化 $h_{k,0}(\boldsymbol{x}), k = 1, 2, \cdots, K.$
2. for $t = 1, 2, \cdots, T$ do:
3.   基于 $h_t(\boldsymbol{x})$ 计算每个样本 $\boldsymbol{x}_i (i = 1, 2, \cdots, n)$ 预测为每个类别的概率

$$p_k\left(\boldsymbol{x}_i\right) = \exp\left(h_k\left(\boldsymbol{x}_i\right)\right) \bigg/ \sum_{k=1}^{K} \exp\left(h_k\left(\boldsymbol{x}_i\right)\right), \quad k = 1, 2, \cdots, K.$$

4.　　for $k = 1, 2, \cdots, K$ do:

5.　　　　计算负梯度 $r_{i,k} = y_{i,k} - p_k\left(\boldsymbol{x}_i\right)$, $i = 1, 2, \cdots, n$.

6.　　　　以 $\left\{\left(\boldsymbol{x}_i, r_{i,k}\right)\right\}_{i=1}^{n}$ 学习 $h_{t,k}(\boldsymbol{x})$, 并生成叶结点区域 $\left\{R_{j,k,t}\right\}_{j=1}^{J}$.

7.　　　　计算叶结点区域的输出值

$$\gamma_{j,k,t} = \frac{K-1}{K}\left[\sum_{\boldsymbol{x}_i \in R_{j,k,t}} r_{i,k} \bigg/ \sum_{\boldsymbol{x}_i \in R_{j,k,t}} |r_{i,k}|\left(1 - |r_{i,k}|\right)\right], \quad j = 1, 2, \cdots, J. \tag{10-38}$$

8.　　　　更新 $h_{k,t}(\boldsymbol{x}) = h_{k,t-1}(\boldsymbol{x}) + \sum_{j=1}^{J} \gamma_{j,k,t}\mathbb{I}\left(\boldsymbol{x} \in R_{j,k,t}\right)$.

由于二分类问题可由多分类问题实现, 故仅实现多分类问题的 GBDT 算法. 此外, 基学习器采用第 6 章的回归树, 即 CARTRegression(criterion="log_loss", max_depth=2), 则其预测输出值按式 (10-38) 计算.

```python
# file_name: gradient_boost_c.py
class GradientBoostingClassifier:
    """
    梯度提升树多分类算法
    """
    def __init__(self, base_estimator=None, n_estimators: int = 10, lr: float = 1.0):
        # 略去部分实例属性的初始化和基学习器的设置, 参考AdaBoostRegression
        self.base_estimators = []  # 扩展T × K组分类器

    def fit(self, X_train: np.ndarray, y_train: np.ndarray):
        """
        梯度提升多分类算法训练, 即每轮针对每个类别分别训练基学习器,
        共T × K个基学习器, 按类别分别计算负梯度值, 然后训练后续基学习器
        """
        K = len(set(y_train))  # 类别数
        y_encoded = one_hot_encoding(y_train)  # One-Hot编码
        # 深拷贝K个分类器, 与类别数相同, 每个类别T个基学习器
        self.base_estimators = [copy.deepcopy(self.base_estimator) for _ in range(K)]
        # y_pred_score列表存储每个类别所训练的基学习器预测, 维度形状(K, n)
        y_pred_score = list(np.zeros((len(y_train), K)))
```

```
        grad_y = y_encoded − np.ones((len(y_train), K)) / K  # 每个类别的负梯度
        c_ = (K − 1) / K  # 系数常数
        # 训练后续模型, 共计T轮, 每轮针对每个类别, 分别训练一个基学习器
        for t in range(self.n_estimators):
            y_pred_score_k = []  # 当前轮每个类别的预测
            for k in range(K):
                self.base_estimators[k][t].fit(X_train, grad_y[:, k])
                y_pred_score_k.append(c_ * self.base_estimators[k][t].predict(X_train))
            y_pred_score += np.c_[y_pred_score_k].T * self.lr
            grad_y = y_encoded − softmax_func(y_pred_score)  # 计算负梯度

    def predict_proba(self, X_test: np.ndarray):
        """
        预测测试样本所属类别概率, 即按照多个类别, 每个类别下的T个基学习器预测值
        求和, 然后进行Softmax强化结果, 按照类别概率大者判定所属类别
        """
        y_hat_score = []  # 存储每个样本在每个类别下的预测值
        for k in range(len(self.base_estimators)):
            estimator = self.base_estimators[k]  # 取当前第k类别的T个基学习器
            # 多个类别在多个基学习器下的预测结果, 按类别求和, 即按维度axis=0求和
            y_hat_score.append(np.sum(  # 每个类别共T个基学习器
                [estimator[0].predict(X_test)] +
                [self.lr * estimator[t].predict(X_test)
                 for t in range(1, self.n_estimators)], axis=0))
        return softmax_func(np.c_[y_hat_score].T)  # Softmax函数

    def predict(self, X_test: np.ndarray):
        """
        预测测试样本X_test所属类别
        """
        return np.argmax(self.predict_proba(X_test), axis=1)
```

例 6 "Letter Recognition"[①]数据集共包含 20000 个样本, 每个样本 16 个特征属性, 目标标签对应于 A ∼ Z 的 26 个字母. 基于 5 折交叉验证, 分别设置基学习器 CART 深度为 2 和 4, 构建 GBDT 分类模型并预测.

设置学习率 0.9, 如图 10-13 所示, 随着基学习器数量的增加, 训练和测试的精度逐渐提升, 并未出现过拟合现象. 如果基学习器较弱, 要想获得较高的精度, 则需集成更多的基学习器. 故而, 实际使用时, 可使用稍强些的基学习器, 以减少

---

① http://archive.ics.uci.edu/ml/datasets/Letter+Recognition.

基学习器的数量.

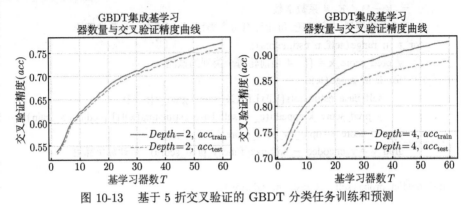

图 10-13　基于 5 折交叉验证的 GBDT 分类任务训练和预测

■ 10.2　Bagging 与随机森林

若想集成学习获得较强的泛化性能, 则集成中的个体学习器应尽可能相互独立, 而 "独立" 在现实任务中常难以做到, 可设法使基学习器尽可能具有较大的差异. 给定一个训练集 D, 一种可能的做法是对训练样本进行采样, 产生出若干个不同的子集, 再从每个数据子集中训练出一个基学习器. 由于训练数据不同, 训练所得的基学习器之间具有较大的差异, 即一定程度上满足多样性的要求. 然而, 为获得好的集成, 同时希望个体学习器不能太弱. 如果采样出的每个子集都完全不同, 则每个基学习器只用到了一小部分训练数据, 那甚至不能进行有效的学习, 更不必谈确保产生比较好的基学习器了. 于是, 为了解决这个问题, 使用相互有交叠的采样子集.

10.2.1　Bagging

袋装法 Bagging (Bootstrap Aggregating, 也称自举汇聚法) 基于自助采样 (bootstrap sampling) 法. 给定包含 n 个样本的数据集, 初始训练集中约有 63.2% 的样本出现在采样集中.

Bagging 需要不同的/独立的 (diverse/independent) 基学习器, 太过稳定的模型不适合这种集成方法, 如 k-近邻是稳定的, 决策树是不稳定的, 特别是未剪枝的决策树 (对于每一份数据的拟合可能很不一样). 此外, 集成模型的性能在基学习器的数量达到一定规模之后, 将收敛. Bagging 在单个基学习器具有高方差和低偏差的情况下非常有效. 图 10-14 为 Bagging 的基本流程.

采样出 T 个含 n' 个训练样本的采样集 $D_{\mathrm{bs}}^{(t)}$, 然后基于每个采样集 $D_{\mathrm{bs}}^{(t)}$ 训练出一个基学习器, 再集成. 对于分类任务, Bagging 的结合策略通常采用简单投票法

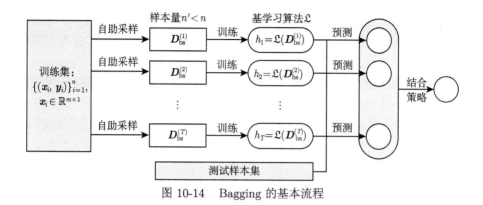

图 10-14 Bagging 的基本流程

$$H\left(\boldsymbol{x}\right) = \arg\max_{y \in \mathcal{Y}} \sum_{i=1}^{T} \mathbb{I}\left(h_t\left(\boldsymbol{x}\right) = y\right). \tag{10-39}$$

若分类预测时出现两个类收到同样票数的情形, 则最简单的做法是随机选择一个, 也可进一步考察学习器投票的置信度来确定最终胜者. 对回归任务使用简单平均法

$$H\left(\boldsymbol{x}\right) = \frac{1}{T} \sum_{i=1}^{T} h_t\left(\boldsymbol{x}\right). \tag{10-40}$$

表 10-1 为 Bagging 方法与 Boosting 方法在五个方面的主要区别.

表 10-1　Bagging 与 Boosting 的主要区别

角度	集成方法	区别
样本选择	Bagging	原始训练集中有放回采样, 各轮训练集之间是独立的.
	Boosting	每一轮的训练集不变, 只是训练集中每个样本在分类器中的权重发生变化, 且权值根据上一轮的分类或回归误差率进行调整.
样本权重	Bagging	使用均匀采样, 每个样本的权重相等.
	Boosting	根据错误率不断调整样本的权值, 错误率越高则权重越大.
基学习器权重	Bagging	所有基学习器的权重相等.
	Boosting	每个基学习器都有相应的权重, 误差小的基学习器会有更大的权重.
并行或串行计算	Bagging	不存在依赖关系, 各个基学习器可以并行生成.
	Boosting	存在强依赖关系, 各个基学习器只能串行生成, 后续模型训练和优化需要前一轮模型预测结果.
方差与偏差	Bagging	使用强基学习器, 低偏差, 侧重于降低模型的方差, 提高模型稳定性.
	Boosting	使用弱基学习器, 高偏差, 侧重于降低模型的偏差, 将弱学习器逐步提升为强学习器. 方差不是 Boosting 的主要考虑因素.

　　假设基学习器的计算复杂度为 $O\left(m\right)$, 则 Bagging 的复杂度大致为 $T \cdot (O\left(m\right) + O\left(s\right))$, 考虑到采样、投票与平均过程的复杂度 $O\left(s\right)$ 很小, 而 T 通常是一个不太大的常数, 因此, 训练一个 Bagging 集成与直接使用基学习算法训练一个学习

器的复杂度同阶. 故而, Bagging 是一个很高效的集成学习算法. 此外, 与标准的 AdaBoost 只适用于二分类任务不同, Bagging 能不经修改地用于多分类、回归等任务.

自助采样过程给 Bagging 带来了另一个优点: 由于每个基学习器只使用了初始训练集中约 63.2% 的样本, 剩下约 36.8% 的样本可用作验证集来对泛化性能进行 "包外估计"(out-of-bag estimate). 不妨令 $\boldsymbol{D}_t$ 表示 h_t 实际使用的训练样本集, 令 $H^{\text{oob}}(\boldsymbol{x})$ 表示对样本 $\boldsymbol{x}$ 的包外预测, 即仅考虑那些未使用 $\boldsymbol{x}$ 训练的基学习器在 $\boldsymbol{x}$ 上的预测, 有

$$H^{\text{oob}}(\boldsymbol{x}) = \arg\max_{y \in \mathcal{Y}} \sum_{t=1}^{T} \mathbb{I}(h_t(\boldsymbol{x}) = y) \cdot \mathbb{I}(\boldsymbol{x} \notin \boldsymbol{D}_t), \tag{10-41}$$

则 Bagging 泛化误差的包外估计为

$$\varepsilon^{\text{oob}} = \frac{1}{|\boldsymbol{D}|} \sum_{(\boldsymbol{x},y) \in \boldsymbol{D}} \mathbb{I}(H^{\text{oob}}(\boldsymbol{x}) \neq y). \tag{10-42}$$

Bagging 算法实现, 包括分类和回归任务, 需导入第 6 章决策树类 CART-Classifier 和 CARTRegression.

```python
# file_name: bagging_c_r.py
class BaggingClassifierRegressor:
    """
    Bagging的基本流程: 采样T个含m个训练样本的采样集, 然后基于每个采样集训练出
    一个基学习器, 再集成. 预测时, 分类任务采用简单投票法, 回归任务采用均值法.
    """
    def __init__(self, base_estimator=None, n_estimators=10, task="C", is_OOB=False):
        self.base_estimator = base_estimator    # 基学习器, 允许异质或同质
        self.n_estimators = n_estimators    # 基学习器迭代数量
        if task.lower() not in ["c", "r"]:
            raise ValueError("Bagging集成算法仅限分类任务(C), 回归任务(R). ")
        self.task = task    # 分类任务C或回归任务R
        if self.base_estimator is None:    # 默认使用决策树
            estimator = CARTClassifier(max_depth=1) if self.task.lower() == "c" \
                else CARTRegression(max_depth=1) # 分类或回归 (自编码算法)
        else:    # 接受传参任务
            estimator = self.base_estimator
        self.base_estimator = [copy.deepcopy(estimator)
                               for _ in range(self.n_estimators)]
        self.is_OOB = is_OOB    # 是否进行包外估计
```

```
        self.oob_indices = []   # 包外估计使用的样本索引, 即训练未使用到的样本
        self.y_oob_hat = None   # 包外估计样本预测值(回归)或预测概率(分类)
        self.oob_score = []   # 包外估计评分, 分类和回归

    def fit(self, X_train: np.ndarray, y_train: np.ndarray):
        """
        Bagging算法训练: 重采样, 训练基学习器, 对于分类和回归任务, 相同思路
        """
        for estimator in self.base_estimator:
            # 1. 有放回随机重采样训练集, n次(样本量), 获取样本索引
            indices = np.random.choice(X_train.shape[0], X_train.shape[0], replace=True)
            indices = np.unique(indices)   # 去重
            x_bootstrap, y_bootstrap = X_train[indices, :], y_train[indices]
            # 2. 基于采样数据, 训练基学习器
            estimator.fit(x_bootstrap, y_bootstrap)
            # 存储每个基学习器未使用的样本索引
            n_indices = set(np.arange(X_train.shape[0])).difference(set(indices))
            self.oob_indices.append(list(n_indices))
        # 3. 包外估计
        if self.is_OOB:
            if self.task.lower() == "c":
                self._oob_error_classifier(X_train, y_train)
            else:
                self._oob_error_regressior(X_train, y_train)

    def _oob_error_classifier(self, X_train, y_train):
        """
        分类问题的包外估计
        """
        self.y_oob_hat, y_true = [], []   # 用于存储样本预测概率和对应真值
        for i in range(X_train.shape[0]):   # 针对每个训练样本
            y_hat_i = []   # 当前样本在每个基学习器下的预测概率
            for t in range(self.n_estimators):   # 针对每个基学习器
                if i in self.oob_indices[t]:   # 如果该样本属于包外估计
                    # 计算该样本的预测类别概率
                    y_hat = self.base_estimator[t].predict_proba(X_train[i, np.newaxis])
                    y_hat_i.append(y_hat[0])
            if y_hat_i:   # 非空, 计算各基学习器预测类别概率下的均值
                self.y_oob_hat.append(np.mean(np.c_[y_hat_i], axis=0))
                y_true.append(y_train[i])   # 存储对应真值
```

```python
        self.y_oob_hat = np.asarray(self.y_oob_hat)
        self.oob_score = accuracy_score(y_true, np.argmax(self.y_oob_hat, axis=1))

    def _oob_error_regressior(self, X_train, y_train):
        """
        回归问题的包外估计
        """
        self.y_oob_hat, y_true = [], []  # 用于存储样本预测值和对应真值
        for i in range(X_train.shape[0]):  # 针对每个训练样本
            y_hat_i = []
            for idx in range(self.n_estimators):  # 针对每个基学习器
                if i in self.oob_indices[idx]:  # 如果该样本属于包外估计
                    # 计算该样本的预测值
                    y_hat = self.base_estimator[idx].predict(X_train[i, np.newaxis])
                    y_hat_i.append(y_hat[0])
            if y_hat_i:  # 非空，计算各基学习器预测值的均值
                self.y_oob_hat.append(np.mean(y_hat_i))
                y_true.append(y_train[i])  # 存储对应真值
        self.y_oob_hat = np.asarray(self.y_oob_hat)
        self.oob_score = r2_score(y_true, self.y_oob_hat)  # R^2 拟合优度

    def predict_proba(self, X_test: np.ndarray):
        """
        预测测试样本X_test所属类别概率
        """
        if self.task.lower() != "c":
            raise ValueError("predict_proba方法仅限分类任务！")
        y_test_hat = []  # 用于存储测试样本所属类别概率
        for estimator in self.base_estimator:
            y_test_hat.append(estimator.predict_proba(X_test))
        # 投票法，可取每个基学习器对当下测试样本预测概率的均值
        return np.mean(y_test_hat, axis=0)

    def predict(self, X_test: np.ndarray):
        """
        分类任务：预测测试样本所属类别，类别概率大者为所属类别
        回归任务：预测测试样本，对每个基学习器预测值取均值
        """
        if self.task.lower() == "c":
            return np.argmax(self.predict_proba(X_test), axis=1)
```

```
        elif  self. task. lower () == "r":
            y_hat = []   # 预测值
            for  estimator in self.base_estimator :
                y_hat. append( estimator. predict (X_test))
            return  np.mean(y_hat, axis=0)
```

例 7 以 sklearn.datasets.load_wine 数据集为例, 采用 Bagging 集成算法, 共自助采样 100 个子采样集, 基于每个子采样集进行训练和集成.

如图 10-15(a) 所示, 基于每个子采样集的学习器训练后, 其测试样本的预测精度存在一定的方差, 图中仅显示前 50 个精度数据的折线. (b) 图为 100 个自助采样训练基学习器平均后的混淆矩阵, 可见整体精度得以提升 (相比于 (a) 图中单个基学习器).

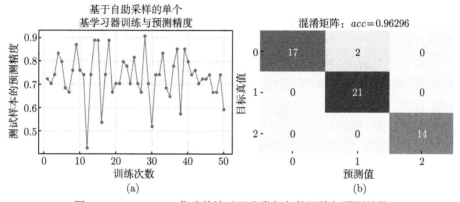

图 10-15   Bagging 集成算法对于分类任务的训练与预测结果

例 8 以 $f(x) = 0.5e^{-(x+3)^2} + e^{-x^2} + 1.5e^{-(x-3)^2} + 0.1\varepsilon$ 生成 200 个样本数据, 其中 $x \sim U(-5, 5)$, $\varepsilon \sim N(0, 1)$, 采用 Bagging 集成算法, 共自助采样 200 个子采样集, 基于每个采样集进行训练和集成.

```
be_r = CARTRegression(max_depth=7)  # 第6章的自编码CART回归树
bcr = BaggingClassifierRegressor(be_r, n_estimators=200, task="r", is_OOB=True)
# 等距产生测试样本
X_test = np. linspace (1.1 * X.min(axis=0), 1.1 * X.max(axis=0), 1000). reshape (-1, 1)
```

如图 10-16 所示, Bagging 对 200 个基学习器训练、预测取均值后, 其泛化性能比单个 CART 回归决策树要好很多. CART 对于训练数据的拟合 R^2 为 0.98263, 而对于测试样本的 R^2 却为 0.95377, Bagging 相比 CART, 在一定程度上缓解了过拟合现象, 增强了泛化能力, 且在非线性数据拟合方面的优势较为明显.

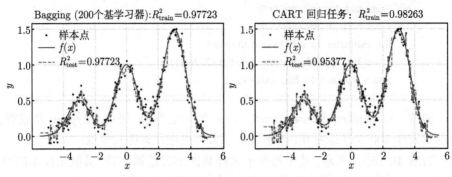

图 10-16　Bagging 回归和 CART 回归任务的训练与预测结果

例 9　以 "空气质量等级" 数据集为例, 选择特征变量 "$PM_{2.5}, PM_{10}, SO_2,$
CO, NO_2, O_3" 构成样本集, 以 AQI 为目标变量, 通过 10 折交叉验证, 以及包外估
计, 选择合适的 CART 树深度 (CART 树其他参数默认), 其中 Bagging 集成 20
个基学习器.

如图 10-17 所示, 包外估计用于选择决策树的深度, 训练精度随深度的增加,
逐渐提升, 测试样本在 CART 深度为 5 时, 达到最优精度, 同时包外估计的精度在
CART 深度为 5 时, 逐步呈现下降趋势, 尽管后期略有提升, 但模型随着深度的增
加而变得更复杂, 且陷入过拟合现象, 即训练精度提高而泛化能力却在降低. 由于
自主采样和特征抽样的随机性, 结果具有较小的随机性, 可增加基学习器数量, 减
小随机性.

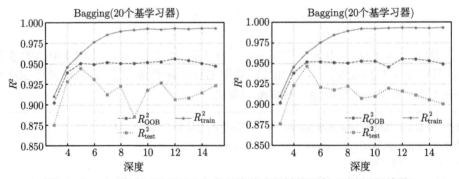

图 10-17　10 折交叉验证结合包外估计法选择树的深度 (两次运行结果)

10.2.2　随机森林

Bagging 可降低预测方差. 假设来自同一总体、方差等于 σ^2 的 T 个预测值
$\hat{y}_t = h_t(\hat{\boldsymbol{x}})$, 因彼此独立使得其均值的方差降至 σ^2/T. 事实上, 这种独立往往难以

保证, 因为 Bagging 中树之间的差异很小, 导致预测结果有很高的一致性. 此时, 若预测值两两相关系数均等于 ρ, 则方差等于 $\rho\sigma^2 + (1-\rho)\sigma^2/T$, 即

$$\text{Var}(\bar{y}) = \text{Var}\left(\frac{1}{T}\sum_{t=1}^{T}\hat{y}_t\right) = \frac{1}{T^2}\left[T\sigma^2 + T(T-1)\rho\sigma^2\right] = \rho\sigma^2 + \frac{1-\rho}{T}\sigma^2.$$

可见, 随着 T 的增加, 第二项趋于 0, 此时方差的高低取决于 ρ 的大小. 随机森林 (Random Forest, RF) 的泛化误差依赖于森林中树间的多样性和个体树的强度, 并通过组合高方差、低偏差且弱相关的树, 实现泛化能力的提升. 一般来说, 森林中不同树之间的相关性 (高相关的决策树必然给出高相关的预测值) 越高, 集成的泛化误差越大; 每个决策树的性能越强, 集成的泛化误差越小. 降低树间相关性的基本策略是采用多样性增强. 所谓多样性增强, 就是在学习过程中增加随机扰动, 包括对训练数据 (行采样)、特征变量 (列采样) 以及算法参数增加随机性扰动等.

随机森林是 Bagging 的一个扩展变体, 其在以决策树为基学习器构建 Bagging 集成的基础上, 进一步在决策树的训练过程中引入了随机属性选择, 即对训练样本和输入特征变量增加随机扰动. 具体来说, 对个体决策树的每个结点, 先从该结点的属性集合 (假设有 m 个属性) 中随机选择一个包含 k 个属性的子集, 然后再从这个子集中选择一个最优属性用于划分. 参数 k 控制了随机性的引入程度, 一般情况下, 分类任务选择 $k = [\log_2 m]$ 或 $k = [\sqrt{m}]$ ([·] 表示取整), 回归任务选择 $k = [m/3]$. 随机森林的基本流程如图 10-18 所示.

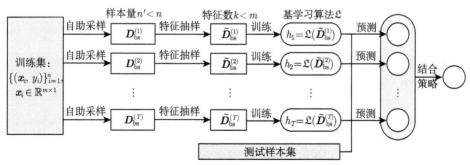

图 10-18　随机森林训练和预测的基本流程

随机森林简单、容易实现、计算开销小, 它在很多现实任务中展现出强大的性能, 被誉为 "代表集成学习技术水平的方法". RF 的特点和优点: (1) 准确率高, 高效 (树之间可以并行训练). (2) 不用降维也可以处理高维特征. (3) 给出了度量特征重要性的方法. (4) 建树过程中内部使用无偏估计. (5) 有很好的处理缺失值的算法. (6) 对于类别不平衡数据能够平衡误差. (7) 能够度量样本

之间的相似性, 并基于这种相似性对样本进行聚类和筛选异常值. (8) 提出了一种衡量特征交互性的经验方法 (数据中存在冗余特征时能很好地处理). (9) 可以被扩展到无监督学习. (10) 产生的模型可以被应用到其他数据上. (11) 原型的计算提供了有关变量和分类之间关系的信息. RF 的缺点: 黑盒, 不可解释性强; 在某些噪声较大的分类和回归任务上会过拟合; 模型会非常大, 越准确意味着越多的树.

随机森林通过添加随机化噪声的方式度量输入变量的重要性. 首先, 对 $h_t(t = 1, 2, \cdots, T)$ 计算基于 OOB 的测试误差, 记为 $e(h_t)$; 然后, 为测度第 $j(1 \leqslant j \leqslant d)$ 个输入变量对输出变量的重要性, 进行如下计算:

(1) 随机打乱 h_t 的 OOB 在第 j 个输入变量上的取值顺序, 重新计算 h_t 的基于 OOB 的误差 $e^{(j)}(h_t)$;

(2) 计算第 j 个输入变量添加噪声前后 h_t 的 OOB 误差的变化

$$\varepsilon_{h_t}^{(j)} = e^{(j)}(h_t) - e(h_t). \tag{10-43}$$

重复上述步骤 T 次, 得到 T 个 $\varepsilon_{h_t}^{(j)}$. 最后, 计算均值 $\dfrac{1}{T}\sum\limits_{t=1}^{T}\varepsilon_{h_t}^{(j)}$, 它是第 j 个输入变量添加噪声后所导致的随机森林总的 OOB 误差变化, 变化值越大, 第 j 个输入变量越重要.

随机森林算法设计, 包括分类和回归任务, 需导入第 6 章决策树类 CARTClassifier 和 CARTRegression.

```python
# file_name: random_forest_c_r.py
class RandomForest:
    """
    RF在以决策树为基学习器构建Bagging集成的基础上, 进一步在决策树的训练
    过程中引入了随机属性选择. 包括分类任务和回归任务, 由参数task控制; 参数
    feature_importance控制是否评估特征变量的重要性
    """
    def __init__(self, base_estimator=None, n_estimators=10, feature_sampling_rate=0.5,
                 task="C", OOB=False, feature_importance=False):
        self.base_estimator = base_estimator  # 基学习器, 允许异质或同质
        self.n_estimators = n_estimators  # 基学习器迭代数量
        if task.lower() not in ["c", "r"]:
            raise ValueError("随机森林任务仅限分类任务(C), 回归任务(R). ")
        self.task = task  # 分类任务C或回归任务R
        if self.base_estimator is None:  # 默认使用决策树
            estimator = CARTClassifier() if self.task.lower() == "c" \
                else CARTRegression()  # 分类或回归 (自编码算法)
```

```
        else:  # 接受传参任务
            estimator = self.base_estimator
    self.base_estimator = [copy.deepcopy(estimator) for _ in range(self.n_estimators)]
    self.feature_sampling_rate = feature_sampling_rate  # 特征抽样率
    self.feature_sampling_indices = []  # 记录每个基学习器选择的特征索引
    self.OOB = OOB  # 是否进行包外估计
    self.oob_indices = []  # 包外估计使用的样本索引, 即训练未使用到的样本
    self.y_oob_hat = None  # 包外估计样本预测值 (回归) 或预测概率 (分类)
    self.oob_score = []  # 包外估计评分, 分类和回归
    self.feature_importance = feature_importance  # 是否进行特征重要性评估
    self.feature_importance_scores = None  # 特征变量的重要性评分


def fit(self, X_train: np.ndarray, y_train: np.ndarray):
    """
    随机森林训练, 先对样本有放回采样, 然后对特征变量进行采样
    """
    n_samples, n_features = X_train.shape  # 样本量和特征数
    for estimator in self.base_estimator:
        # 1. 有放回随机重采样训练集
        indices = np.random.choice(n_samples, n_samples, replace=True)
        indices = np.unique(indices)  # 去重
        x_bootstrap, y_bootstrap = X_train[indices, :], y_train[indices]
        # 2. 对特征抽样
        fb_num = int(n_features * self.feature_sampling_rate)  # 特征抽样数
        feature_idx = np.random.choice(n_features, fb_num, replace=False)
        self.feature_sampling_indices.append(feature_idx)  # 特征抽样索引
        x_bootstrap = x_bootstrap[:, feature_idx]  # 根据索引, 获取训练样本
        # 3. 基于采样数据和采样特征, 训练基学习器
        estimator.fit(x_bootstrap, y_bootstrap)
        # 存储每个基学习器未使用的样本索引
        n_indices = set(np.arange(n_samples)).difference(set(indices))
        self.oob_indices.append(list(n_indices))
    # 4. 包外估计
    if self.OOB:
        if self.task.lower() == "c":
            self._oob_error_classifier(X_train, y_train)
        else:
            self._oob_error_regressior(X_train, y_train)
    # 5. 特征重要性估计
    if self.feature_importance:
```

```python
            if  self.task.lower() == "c":
                self._feature_importance_score_classifier(X_train, y_train)
            else:
                self._feature_importance_score_regressor(X_train, y_train)

    def _oob_error_classifier(self, X_train, y_train):
        """
        分类问题的包外估计
        """
        self.y_oob_hat, y_true = [], []  # 用于存储样本预测值和对应真值
        for i in range(X_train.shape[0]):  # 针对每个训练样本
            y_hat_i = []  # 当前样本在每个基学习器下的预测值
            for t in range(self.n_estimators):  # 针对每个基学习器
                if i in self.oob_indices[t]:  # 如果该样本属于包外估计
                    # 计算该样本的预测值
                    x_sample = X_train[i, self.feature_sampling_indices[t]]
                    y_hat = (self.base_estimator[t].
                                predict_proba(x_sample.reshape(1, -1)))
                    y_hat_i.append(y_hat[0])
            if y_hat_i:  # 非空, 计算各基学习器预测值的均值
                self.y_oob_hat.append(np.mean(np.c_[y_hat_i], axis=0))
                y_true.append(y_train[i])  # 存储对应真值
        self.y_oob_hat = np.asarray(self.y_oob_hat)
        self.oob_score = accuracy_score(y_true, np.argmax(self.y_oob_hat, axis=1))

    def _oob_error_regressior(self, X_train, y_train):
        """
        回归问题的包外估计
        """
        self.y_oob_hat, y_true = [], []  # 用于存储样本预测概率和对应真值
        for i in range(X_train.shape[0]):  # 针对每个训练样本
            y_hat_i = []
            for t in range(self.n_estimators):  # 针对每个基学习器
                if i in self.oob_indices[t]:  # 如果该样本属于包外估计
                    # 计算该样本的预测类别概率
                    x_sample = X_train[i, self.feature_sampling_indices[t]]
                    y_hat = self.base_estimator[t].predict(x_sample.reshape(1, -1))
                    y_hat_i.append(y_hat[0])
            if y_hat_i:  # 非空, 计算各基学习器预测类别概率下的均值
                self.y_oob_hat.append(np.mean(y_hat_i))
```

```
            y_true.append(y_train[i])  # 存储对应真值
    self.y_oob_hat = np.asarray(self.y_oob_hat)
    self.oob_score = r2_score(y_true, self.y_oob_hat)  # R²拟合优度

def _feature_importance_score_classifier(self, X_train, y_train):
    """
    分类问题的特征变量重要性度量
    """
    n_features = X_train.shape[1]  # 特征数
    self.feature_importance_scores = np.zeros(n_features)  # 特征重要性评分
    for f_j in range(n_features):  # 针对每一个特征
        f_i_scores = []  # 存储每个基学习器基于OOB的特征重要性评分
        for t, estimator in enumerate(self.base_estimator):
            # 该基学习器训练的特征索引
            f_s = list(self.feature_sampling_indices[t])
            if f_j in f_s:  # 如果该特征在基学习器的随机特征选取列表中
                # 1. 计算基于OOB的测试误差error的计算
                # 包外样本集, 以及特征抽样
                x_samples = X_train[self.oob_indices[t], :][:, f_s]
                y_hat = estimator.predict(x_samples)
                error = 1 - accuracy_score(y_train[self.oob_indices[t]], y_hat)
                # 2. 计算第f_j个特征变量打乱取值顺序后的误差估计
                np.random.shuffle(x_samples[:, f_s.index(f_j)])  # 原地打乱取值
                y_hat_j = estimator.predict(x_samples)
                error_j = 1 - accuracy_score(y_train[self.oob_indices[t]], y_hat_j)
                f_i_scores.append(error_j - error)
        # 3. 计算所有基学习器对当前特征变量评分的均值
        self.feature_importance_scores[f_j] = np.mean(f_i_scores)
    return self.feature_importance_scores

def _feature_importance_score_regressor(self, X_train, y_train):
    """
    回归问题的特征变量重要性度量
    """
    n_features = X_train.shape[1]  # 特征数
    self.feature_importance_scores = np.zeros(n_features)  # 特征重要性评分
    for f_j in range(n_features):  # 针对每一个特征
        f_i_scores = []  # 存储每个基学习器基于OOB的特征重要性评分
        for t, estimator in enumerate(self.base_estimator):
            # 如果该特征在基学习器的随机特征选取列表中
```

```
                    f_s = list(self.feature_sampling_indices[t])   # 训练的特征索引
                    if f_j in f_s:   # 计算基于OOB的测试误差error的计算
                        # 包外样本集特征抽样
                        x_samples = X_train[self.oob_indices[t],  :][:, f_s]
                        y_hat = estimator.predict(x_samples)   # 未打乱前预测
                        error = 1 - r2_score(y_train[self.oob_indices[t]], y_hat)
                        # 随机打乱第f_j个特征取值, 计算添加噪声后的误差
                        np.random.shuffle(x_samples[:, f_s.index(f_j)])   # 打乱
                        y_hat_j = estimator.predict(x_samples)   # 打乱后预测
                        r2 = r2_score(y_train[self.oob_indices[t]], y_hat_j)
                        if r2 <= 0.0:   # 打乱后, 可能存在R²为负值情况
                            error_j = 1.0
                        else:
                            error_j = 1 - r2_score(y_train[self.oob_indices[t]], y_hat_j)
                        f_i_scores.append(error_j - error)
                self.feature_importance_scores[f_j] = np.mean(f_i_scores)
        return self.feature_importance_scores

    def predict_proba(self, X_test: np.ndarray):
        """
        预测测试样本所属类别概率
        """
        if self.task.lower() != "c":
            raise ValueError("predict_proba()方法仅限分类任务! ")
        y_test_hat = []   # 用于存储测试样本所属类别概率
        for t, estimator in enumerate(self.base_estimator):
            # 对测试样本按照特征抽样获取, 以便对应基学习器预测
            x_test_bootstrap = X_test[:, self.feature_sampling_indices[t]]
            y_test_hat.append(estimator.predict_proba(x_test_bootstrap))
        return np.mean(y_test_hat, axis=0)

    def predict(self, X_test: np.ndarray):
        """
        分类任务: 预测测试样本所属类别, 类别概率大者为所属类别
        回归任务: 预测测试样本, 对每个基学习器预测值取均值
        """
        if self.task.lower() == "c":
            return np.argmax(self.predict_proba(X_test), axis=1)
        elif self.task.lower() == "r":
            y_hat = []   # 预测值
```

```
          for t, estimator in enumerate(self.base_estimator):
              x_test_bootstrap = X_test[:, self.feature_sampling_indices[t]]
              y_hat.append(estimator.predict(x_test_bootstrap))
          return np.mean(y_hat, axis=0)
```

例 10 以 "sklearn.datasets.load_wine" 数据集为例, 采用随机森林创建分类模型, 并评估特征的重要性.

数据集一次分层采样随机划分以及基学习器和随机森林参数设置如下, 结果如图 10-19 所示. 由于算法中包含对训练集自助采样以及特征抽样, 且数据量不大, 故而, 特征变量的重要性评分有一定的随机性.

```
X_train, X_test, y_train, y_test = \
    train_test_split(X, y, test_size=0.3, shuffle=y, random_state=42)
base_estimator = CARTClassifier(max_depth=10, max_bins=10, is_feature_all_R=True)
classifier = RandomForest(base_estimator=base_estimator, n_estimators=100, task="c",
                    feature_sampling_rate=0.4, OOB=True, feature_importance=True)
```

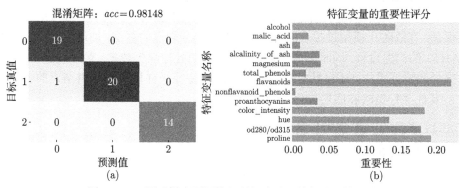

图 10-19   测试样本预测的混淆矩阵以及特征重要性评分

例 11 以 "空气质量等级" 数据集为例, 选择特征变量 "$PM_{2.5}, PM_{10}, SO_2,$ CO, NO_2, O_3" 构成样本集, 以 AQI 为目标变量, 采用随机森林创建回归模型, 并评估特征的重要性.

数据集一次随机划分以及基学习器和随机森林参数设置如下, 结果如图 10-20 所示.

```
X_train, X_test, y_train, y_test = \
    train_test_split(X, y, test_size=0.25, random_state=33)
base_estimator = DecisionTreeRegressor(max_depth=10)  # sklearn
model = RandomForest(base_estimator, n_estimators=50, task="r", OOB=True,
                    feature_importance=True)
```

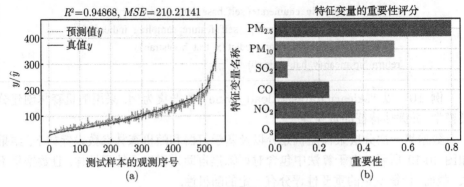

图 10-20　测试样本预测结果以及特征重要性评分

■ 10.3　*XGBoost

XGBoost[7],[①](eXtreme Gradient Boosting) 是经过优化的分布式梯度提升库, 具有高效、灵活且可移植的特点. XGBoost 在 GBDT 基础上做进一步优化: 对目标函数进行二阶 Taylor 展开, 扩展并统一不同类型的损失函数, 且可更高效拟合误差, 有效防止模型过拟合; 提出了一种估计分裂点的算法, 加速 CART (不限 CART) 的构建过程, 同时可处理稀疏数据, 自动处理缺失数据; 支持采样, 包括样本采样和特征采样 (还包括对树的每一层级的特征采样以及每棵树结点的特征采样). 其他并行策略和底层优化, 不再叙述.

10.3.1　XGBoost 模型与学习

1. 树的结构与定义

设数据集 $D = \{x_i, y_i\}_{i=1}^n$, $x_i \in \mathbb{R}^{m \times 1}$, $y_i \in \mathbb{R}$, XGBoost 重新定义一棵决策树, 包括两部分: (1) 叶结点的权重向量 $w \in \mathbb{R}^{|f| \times 1}$, 其元素代表各叶结点的权重, 并假设此树有 $|f|$ 个叶结点. (2) 样本 x 到叶结点的映射关系 $q(x): \mathbb{R}^{m \times 1} \to |f|$, 其本质是树的分支结构, 将输入 x 映射到某个叶结点. 设 XGBoost 集成 T 棵树, 则样本 x 的预测输出定义为

$$\hat{y} = \phi(x) = \sum_{t=1}^{T} f_t(x), \quad f_t \in \mathcal{F}, \quad 其中 \mathcal{F} = \{f(x) = w_{q(x)}\}. \tag{10-44}$$

如图 10-21 所示, 两棵树的叶结点权重向量分别为 $w_1 = (2, 0.1, -1)^{\mathrm{T}}$ 和 $w_2 = (0.9, -0.9)^{\mathrm{T}}$. 样本预测时, 落入某个叶结点, 如 $q(x_1) = 1$, $q(x_5) = 3$, 则对于两棵树而言,

---

① XGBoost 在许多机器学习竞赛 (如 Kaggle) 和工业应用中表现优异. 官网: https://xgboost.ai/.

$$\phi\left(\boldsymbol{x}_1\right) = f_1\left(\boldsymbol{x}_1\right) + f_2\left(\boldsymbol{x}_1\right) = \boldsymbol{w}_1\left[q\left(\boldsymbol{x}_1\right)\right] + \boldsymbol{w}_2\left[q\left(\boldsymbol{x}_1\right)\right] = 2 + 0.9 = 2.9$$

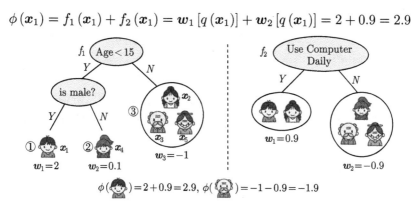

图 10-21　XGBoost 树的结构与定义

2. 目标函数

XGBoost 和 GBDT 均是 Boosting 方法, 它们最大不同是对目标函数的定义. 设学习第 t 棵树, XGBoost 是由 T 个基学习器组成的一个加法模型, 设第 t 次迭代要训练的树模型是 $f_t\left(\boldsymbol{x}\right)$, 则有

$$\hat{y}^{(t)} = \sum_{k=1}^{t} f_k\left(\boldsymbol{x}\right) = \hat{y}^{(t-1)} + f_t\left(\boldsymbol{x}\right). \tag{10-45}$$

模型的预测精度由其偏差和方差共同决定, 可微凸损失函数 $\mathcal{L}$ 代表了模型的偏差, 想要方差小则需要在目标函数中添加正则项 $\Omega\left(f\right)$, 用于降低过拟合风险. $\Omega\left(f\right)$ 表示决策树的复杂度, 且复杂度可由叶结点数 $|f|$ 构成, 叶结点也不应含有过高的权重. 故正则化的目标函数由 $\mathcal{L}$ 与 $\Omega\left(f\right)$ 组成, 定义为

$$\mathcal{J}\left(\boldsymbol{\phi}\right) = \sum_{i=1}^{n} \mathcal{L}\left(y_i, \hat{y}_i\right) + \sum_{t=1}^{T} \Omega\left(f_t\right), \quad 其中 \Omega\left(f_t\right) = \gamma |f_t| + \frac{1}{2}\lambda \|\boldsymbol{w}_t\|_2^2. \tag{10-46}$$

正则化有助于使最终学习到的权重更加平滑, 避免过拟合, 且倾向于选择简单的预测模型. $\Omega\left(f_t\right)$ 中还可包含 L1 正则化项 $\alpha \|\boldsymbol{w}_t\|_1$, 以促进稀疏性.

3. 目标函数二阶 Taylor 展开与近似转换

学习第 t 棵树, 由式 (10-45) 和 (10-46), XGBoost 目标函数可写成

$$\mathcal{J}^{(t)} = \sum_{i=1}^{n} \mathcal{L}\left(y_i, \hat{y}_i\right) + \Omega\left(f_t\right) = \sum_{i=1}^{n} \mathcal{L}\left(y_i, \hat{y}_i^{(t-1)} + f_t\left(\boldsymbol{x}_i\right)\right) + \Omega\left(f_t\right). \tag{10-47}$$

$\mathcal{J}^{(t)}$ 的第一项 $\mathcal{L}$ 对 $\hat{y}_i^{(t-1)}$ 进行二阶 Taylor 展开, 得

$$\mathcal{J}^{(t)} \simeq \sum_{i=1}^{n} \left[\mathcal{L}\left(y_i, \hat{y}_i^{(t-1)}\right) + g_i f_t\left(\boldsymbol{x}_i\right) + \frac{1}{2} h_i f_t^2\left(\boldsymbol{x}_i\right)\right] + \Omega\left(f_t\right), \tag{10-48}$$

其中

$$g_i = \frac{\partial \mathcal{L}\left(y_i, \hat{y}_i^{(t-1)}\right)}{\partial \hat{y}_i^{(t-1)}}, \quad h_i = \frac{\partial^2 \mathcal{L}\left(y_i, \hat{y}_i^{(t-1)}\right)}{\partial \left(\hat{y}_i^{(t-1)}\right)^2}, \tag{10-49}$$

g_i 和 h_i 分别表示第 $t-1$ 棵树的损失函数的一阶偏导数和二阶偏导数. 即前 $t-1$ 棵树预测后, 通过 g_i 和 h_i 将第 $t-1$ 棵树的预测损失信息传递给第 t 棵树. $\mathcal{L}\left(y_i, \hat{y}_i^{(t-1)}\right)$ 是常量, 对优化目标没有影响, 可忽略.

4. 叶结点归组

权重 w_j 为第 j 个叶结点取值, 将属于第 j 个叶结点的样本索引编号归入到一个集合中, 数学形式表示为 $I_j = \{i | q\left(\boldsymbol{x}_i\right) = j\}$, 忽略常量 $\mathcal{L}\left(y_i, \hat{y}_i^{(t-1)}\right)$, 则 XGBoost 的目标函数 (式 (10-48), 改写 $\simeq$ 为 $=$) 可写成

$$\begin{aligned}
\tilde{\mathcal{J}}^{(t)} &= \sum_{i=1}^{n} \left[g_i f_t\left(\boldsymbol{x}_i\right) + \frac{1}{2} h_i f_t^2\left(\boldsymbol{x}_i\right) \right] + \Omega\left(f_t\right) \\
&= \sum_{i=1}^{n} \left[g_i \boldsymbol{w}_{q(\boldsymbol{x}_i)} + \frac{1}{2} h_i \boldsymbol{w}_{q(\boldsymbol{x}_i)}^2 \right] + \gamma\left|f_t\right| + \frac{1}{2}\lambda \sum_{j=1}^{|f_t|} w_j^2 \\
&= \sum_{j=1}^{|f_t|} \left(\sum_{i \in I_j} g_i w_j + \frac{1}{2} \left(\sum_{i \in I_j} h_i + \lambda \right) w_j^2 \right) + \gamma\left|f_t\right| \\
&= \sum_{j=1}^{|f_t|} \left(G_j w_j + \frac{1}{2} w_j^2 \left(H_j + \lambda\right) \right) + \gamma\left|f_t\right|,
\end{aligned} \tag{10-50}$$

其中 $G_j = \displaystyle\sum_{i \in I_j} g_i, H_j = \displaystyle\sum_{i \in I_j} h_i$ 为前 $t-1$ 步得到的结果, 可视为常数, 只有最后一棵树的叶结点 w_j 不确定.

5. 确定树的形状

$\tilde{\mathcal{J}}^{(t)}$ 可看作关于 w_j 的一元二次函数, 当第 t 棵树的结构已知时, 计算出 $\tilde{\mathcal{J}}^{(t)}$ 的最小值在

$$w_j^* = -\frac{\displaystyle\sum_{i \in I_j} g_i}{\displaystyle\sum_{i \in I_j} h_i + \lambda} = -\frac{G_j}{H_j + \lambda} \tag{10-51}$$

时取得, 当 w_j 取得最优值的时候, $\tilde{\mathcal{J}}^{(t)}$ 可简化为

$$\tilde{\mathcal{J}}^{(t)} = -\frac{1}{2} \sum_{j=1}^{|f_t|} \frac{G_j^2}{H_j + \lambda} + \gamma |f_t|. \tag{10-52}$$

图 10-22 为树结构的评分计算, 其值越小, 即综合损失越小, 则树的结构越好.

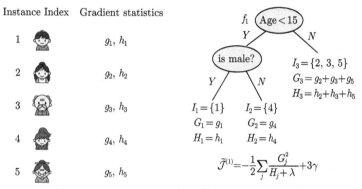

图 10-22   XGBoost 对第 1 棵树结构的评分计算

6. 最优切分点分裂算法

上述优化基于已知树的形状结构. 在实际训练过程中, 当建立第 t 棵树时, 一个非常关键的问题是如何找到叶结点的最优切分点, XGBoost 支持两种分裂结点的方法: 精确贪心算法 (exact greedy algorithm) 和近似算法 (不再介绍).

寻找最优分裂点的贪心算法流程如下所示. 从树的深度为 0 开始, (1) 对每个叶结点枚举所有的可用特征; (2) 针对每个特征, 把属于该结点的训练样本根据该特征值进行升序排列, 通过线性扫描的方式来决定该特征的最佳分裂点, 并记录该特征的分裂收益; (3) 选择收益最大的特征作为分裂特征, 用该特征的最佳分裂点作为分裂位置, 在该结点上分裂出左右两个新的叶结点, 并为每个新结点关联对应的样本集; (4) 回到第 (1) 步, 递归执行直到满足特定条件为止. 贪心算法在连续特征和大数据量时计算成本较高.

输入: 当前叶结点的样本索引集 $\boldsymbol{I}$, 样本特征维度 m.

1. 令 $G \leftarrow \sum_{i \in \boldsymbol{I}} g_i$, $H \leftarrow \sum_{i \in \boldsymbol{I}} h_i$.
2. for $k = 1, 2, \cdots, m$ do:
3. $G_{\mathrm{L}} \leftarrow 0$, $H_{\mathrm{L}} \leftarrow 0$.
4.   for j in sorted $(\boldsymbol{I}, \text{by } x_{j,k})$ do:
5. $G_{\mathrm{L}} \leftarrow G_{\mathrm{L}} + g_j$, $H_{\mathrm{L}} \leftarrow H_{\mathrm{L}} + h_j$.
6. $G_{\mathrm{R}} \leftarrow G - G_{\mathrm{L}}$, $H_{\mathrm{R}} \leftarrow H - H_{\mathrm{L}}$.

7.
$$score \leftarrow \max \left(score, \frac{G_{\mathrm{L}}^2}{H_{\mathrm{L}} + \lambda} + \frac{G_{\mathrm{R}}^2}{H_{\mathrm{R}} + \lambda} - \frac{G^2}{H + \lambda} \right).$$

输出: 基于最大收益 $score$ 分裂.

计算每个特征的分裂收益, 选择能使损失函数下降最多的特征进行分裂. 当生成第 t 棵树时, 每次选择分裂结点时, 希望式 (10-52) 的数值能够减少得更多一些, 假设当前结点左右子树的一阶偏导和与二阶偏导和分别为 $G_{\mathrm{L}}, H_{\mathrm{L}}, G_{\mathrm{R}}, H_{\mathrm{R}}$, 则分裂前后, 期望最大化

$$\mathcal{J}_{\mathrm{split}} = -\frac{1}{2} \frac{(G_{\mathrm{L}} + G_{\mathrm{R}})^2}{H_{\mathrm{L}} + H_{\mathrm{R}} + \lambda} + \gamma |f_t| - \left(-\frac{1}{2} \frac{G_{\mathrm{L}}^2}{H_{\mathrm{L}} + \lambda} - \frac{1}{2} \frac{G_{\mathrm{R}}^2}{H_{\mathrm{R}} + \lambda} + \gamma (|f_t| + 1) \right)$$

$$= \frac{1}{2} \left[\frac{G_{\mathrm{L}}^2}{H_{\mathrm{L}} + \lambda} + \frac{G_{\mathrm{R}}^2}{H_{\mathrm{R}} + \lambda} - \frac{(G_{\mathrm{L}} + G_{\mathrm{R}})^2}{H_{\mathrm{L}} + H_{\mathrm{R}} + \lambda} \right] - \gamma,$$

即分裂后的收益为

$$\mathrm{Gain} = \frac{1}{2} \left[\frac{G_{\mathrm{L}}^2}{H_{\mathrm{L}} + \lambda} + \frac{G_{\mathrm{R}}^2}{H_{\mathrm{R}} + \lambda} - \frac{(G_{\mathrm{L}} + G_{\mathrm{R}})^2}{H_{\mathrm{L}} + H_{\mathrm{R}} + \lambda} \right] - \gamma. \tag{10-53}$$

基尼值越大, 分裂后损失减小越多, 该特征收益也可作为特征重要性输出的重要依据.

对于每次分裂, 都需要枚举所有特征可能的分割方案, 且某个特定的分裂点要计算左右子树的导数和. 如图 10-23 所示, 可以发现对于所有的分裂点 a, 只需做一遍从左到右的扫描就可以枚举出所有分割的梯度和 G_{L}, G_{R}, 然后用式 (10-53) 计算每个分裂方案的收益即可. 由式 (10-53) 可知, 结点分裂不一定会使得结果变好, 因为有一个引入新叶的惩罚项 γ, 可通过引入阈值, 若分裂带来的增益小于该阈值, 则可剪掉这个分裂.

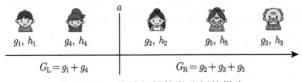

图 10-23　线性扫描枚举分割的梯度

7. 损失函数

对于回归问题, 除常见的损失函数外, Tweedie 分布 (1984 年由苏格兰数学家 William Tweedie 提出) 是广义线性模型中使用的一种概率分布, 常用于处理具有

过度离散 (zero-inflation, 数据中存在大量零值) 和过度连续 (heavy-tailed, 数据具有长尾分布) 的非负连续数据. Tweedie 分布函数可表示一类具有特定数学特性的分布函数, 由一个超参数 p 控制, p 不同, 其对应的分布函数也不同. 当 $p = 1$ 时为泊松分布, 当 $p = 2$ 时为 gamma 分布. Tweedie 分布的损失函数为

$$\mathcal{L}(y, \hat{y}) = \begin{cases} e^{\hat{y}} - y\hat{y}, & p = 1, \\ \hat{y} + ye^{-\hat{y}}, & p = 2, \\ \dfrac{e^{\hat{y}(2-p)}}{2-p} - y\dfrac{e^{\hat{y}(1-p)}}{1-p}, & p \neq 1, 2. \end{cases} \quad (10\text{-}54)$$

损失函数 $\mathcal{L}$ 对 $\hat{y}$ 的一阶导为

$$\frac{\partial \mathcal{L}(y, \hat{y})}{\partial \hat{y}} = \begin{cases} e^{\hat{y}} - y, & p = 1, \\ 1 - ye^{-\hat{y}}, & p = 2, \\ e^{\hat{y}(2-p)} - ye^{\hat{y}(1-p)}, & p \neq 1, 2. \end{cases} \quad (10\text{-}55)$$

损失函数 $\mathcal{L}$ 对 $\hat{y}$ 的二阶导为

$$\frac{\partial^2 \mathcal{L}(y, \hat{y})}{\partial \hat{y}^2} = \begin{cases} e^{\hat{y}}, & p = 1, \\ ye^{-\hat{y}}, & p = 2, \\ (2-p)e^{\hat{y}(2-p)} - (1-p)ye^{\hat{y}(1-p)}, & p \neq 1, 2. \end{cases} \quad (10\text{-}56)$$

对于分类问题, 无论是二分类还是多分类, 可统一采用 Softmax 函数并结合交叉熵损失. 设 $\hat{\boldsymbol{y}} \in \mathbb{R}^{K \times 1}$ 和 $\boldsymbol{y} \in \mathbb{R}^{K \times 1}$ 分别为预测值向量和 One-Hot 编码后的真值向量, K 为类别数, 由于 $\boldsymbol{y}$ 向量仅有一个分量为 1, 故损失函数为

$$\mathcal{L}(\hat{\boldsymbol{y}}, \boldsymbol{y}) = -\sum_{k=1}^{K} y_k \ln \left(e^{\hat{y}_k} \bigg/ \sum_{j=1}^{K} e^{\hat{y}_j} \right) = \ln \left(\sum_{k=1}^{K} e^{\hat{y}_k} \right) - \sum_{k=1}^{K} y_k \hat{y}_k, \quad (10\text{-}57)$$

易知其对 $\hat{\boldsymbol{y}}$ 的一阶导和二阶导为

$$\frac{\partial \mathcal{L}(\hat{\boldsymbol{y}}, \boldsymbol{y})}{\partial \hat{\boldsymbol{y}}} = \text{softmax}(\hat{\boldsymbol{y}}) - \boldsymbol{y}, \quad \frac{\partial^2 \mathcal{L}(\hat{\boldsymbol{y}}, \boldsymbol{y})}{\partial \hat{\boldsymbol{y}}^2} = \text{softmax}(\hat{\boldsymbol{y}}) \odot (\boldsymbol{1} - \text{softmax}(\hat{\boldsymbol{y}})).$$

$$(10\text{-}58)$$

10.3.2 XGBoost 分类与回归算法

1. XGBoost 重新定义基树

XGBoost 重新定义了树, 故需要递归创建适合 XGBoost 的基学习器.

如下算法为 XGBoost 的简单实现[①], 仅包括基学习器的创建和预测, 其他功能可在此基础上进行拓展.

```python
# file_name: xgb_base_tree.py
class TreeNode(object):
    """
    XGBoost树结点, 用于存储结点信息以及关联子结点
    """
    def __init__(self, feature_idx: int = None, feature_val: float = None,
                 y_hat: float = None, score: float = None, left_child_node=None,
                 right_child_node=None, n_samples: int = None):
        self.feature_idx = feature_idx    # 特征变量的索引编号
        self.feature_val = feature_val    # 特征取值
        self.y_hat = y_hat    # 预测值, 叶结点的最佳权重
        self.score = score    # 损失函数值
        self.left_child_node = left_child_node    # 左孩子结点
        self.right_child_node = right_child_node    # 右孩子结点
        self.n_samples = n_samples    # 样本量


class XGBoostBaseTree:
    """
    XGBoost基学习器, 重新定义的树, 包含特征分裂, 递归创建树和预测
    """
    def __init__(self, max_depth: int = None, min_samples_split: int = 2,
                 min_samples_leaf: int = 1, gamma: float = 1e-2, lambda_: float = 1e-1):
        self.max_depth = max_depth    # 树的最大深度
        self.min_samples_split = min_samples_split    # 划分结点的最小样本数
        self.min_samples_leaf = min_samples_leaf    # 叶结点上的最小样本数
        self.gamma = gamma    # 损失函数中的γ
        self.lambda_ = lambda_    # 损失函数中λ
        self.root_node: TreeNode() = None    # 树的根结点初始化

    def _score(self, g, h):
        """
        根据一阶导数g和二阶导数h计算损失, 损失评分
        """
        G, H = np.sum(g), np.sum(h)    # 叶结点一阶导数值、二阶导数值之和
        return 0.5 * G ** 2 / (H + self.lambda_) - self.gamma
```

[①] 算法思路参考 Zhu Lei 的相关算法.

```
def fit(self, X_train: np.ndarray, g: np.ndarray, h: np.ndarray):
    """
    基于训练样本集x_train和一阶导数g和二阶导数h训练模型, 递归创建决策树
    """
    self.root_node = TreeNode()  # 构建空的根结点
    self._build_tree(0, self.root_node, X_train, g, h)  # 递归构建树

def _build_tree(self, cur_depth, cur_node: TreeNode, X, g, h):
    """
    核心算法: 参数均为当前结点信息, 递归进行特征选择, 构建树
    """
    # 1.递归时, 当前树结点的必要信息计算和存储
    n_samples, m_features = X.shape  # 样本量和特征数
    G, H = np.sum(g), np.sum(h)  # 计算G和H
    # 计算当前的预测值, 最优叶结点权重系数
    cur_node.y_hat = -1 * G / (H + self.lambda_)
    cur_node.n_samples = n_samples  # 当前结点样本量
    cur_node.score = self._score(g, h)  # 计算当前损失评分
    if n_samples < self.min_samples_split: break  # 判断停止切分的条件
    if self.max_depth and cur_depth > self.max_depth: break  # 树深, 递归出口
    # 2. 寻找最佳的特征以及取值, 贪心算法
    best_fk, best_fval, best_gain = None, None, 0.0
    for k in range(m_features):  # 针对每个特征
        for val in sorted(set(X[:, k])):  # 当前特征值升序排序
            l_indices = np.where(X[:, k] <= val)  # 左孩子索引
            r_indices = np.where(X[:, k] > val)  # 右孩子索引
            left_score = self._score(g[l_indices], h[l_indices])  # 左孩子损失评分
            right_score = self._score(g[r_indices], h[r_indices])  # 右孩子损失评分
            gain = left_score + right_score - cur_node.score  # 当前分裂增益
            if gain > best_gain:
                best_gain, best_fk, best_fval = gain, k, val
    if best_fk is None: return  # 如果减少不够 (值None) 则停止
    # 3. 切分, 最佳划分特征索引和特征值存储
    cur_node.feature_idx, cur_node.feature_val = best_fk, best_fval
    selected_x = X[:, best_fk]  # 最佳划分特征
    # 4. 递归创建左孩子结点
    left_indices = np.where(selected_x <= best_fval)
    # 如果切分后的点太少, 以致都不能做叶结点, 则停止分割
    if len(left_indices[0]) >= self.min_samples_leaf:
```

```
            left_child_node = TreeNode()  # 创建左孩子结点
            cur_node. left_child_node = left_child_node  # 存储当前结点的左孩子
            self. _build_tree(cur_depth + 1, left_child_node, X[left_indices],
                          g[left_indices], h[left_indices])  # 递归
        # 5. 递归创建右孩子结点
        right_indices = np.where(selected_x > best_fval)
        # 如果切分后的点太少, 以致都不能做叶结点, 则停止分割
        if len(right_indices[0]) >= self.min_samples_leaf:
            right_child_node = TreeNode()  # 创建右孩子结点
            cur_node. right_child_node = right_child_node  # 存储当前结点的右孩子
            self. _build_tree(cur_depth + 1, right_child_node, X[right_indices],
                          g[right_indices], h[right_indices])   # 递归

    def _search_node(self, cur_node: TreeNode, X):
        """
        基于当前节点cur_node对样本X递归检索叶结点的结果
        """
        # 如果左子树不空, 搜索左子树
        if cur_node.left_child_node is not None and \
                X[cur_node. feature_idx] <= cur_node.feature_val:
            return self._search_node(cur_node. left_child_node, X)
        # 如果右子树不空, 搜索右子树
        elif cur_node.right_child_node is not None and \
                X[cur_node. feature_idx] > cur_node.feature_val:
            return self._search_node(cur_node. right_child_node, X)
        else:
            return cur_node.y_hat   # 返回叶结点值

    def predict(self, X_test: np.ndarray):
        """
        预测测试样本X_test值, 即搜索树, 返回叶结点值
        """
        y_hat = []   # 存储预测结果值
        for i in range(X_test.shape[0]):
            y_hat.append(self._search_node(self.root_node, X_test[i]))
        return np.asarray(y_hat)
```

2. XGBoost 回归算法

```python
# file_name: xgb_regressor.py
class XGBoostRegressor:
    """
    XGBoost回归算法的简单实现,采用贪心算法,支持不同的损失函数,
    未实现样本抽样和特征抽样,请自行拓展
    """
    def __init__(self, n_estimators: int = 10, alpha: float = 1.0, loss: str = "square",
                 tp: int = 0, max_depth: int = None, min_samples_split: int = 2,
                 min_samples_leaf: int = 1, gamma: float = 1e-2, lambda_: float = 1e-1):
        self.n_estimators = n_estimators    # 基学习器迭代数量
        self.alpha = alpha    # 防止过拟合参数
        estimator = XGBoostBaseTree(max_depth, min_samples_split,
                                    min_samples_leaf, gamma, lambda_)
        self.base_estimator = [copy.deepcopy(estimator) for _ in range(n_estimators)]
        assert loss.lower() in ["square", "logcosh", "tweedie"]
        self.loss = loss    # 损失函数类型,支持square、logcosh、tweedie
        self.tp = tp    # 对tweedie损失函数有效

    def _get_gradient_hess(self, y_true: np.ndarray, y_hat: np.ndarray):
        """
        根据(y_true, y_hat)获取不同损失函数(可扩展)的一阶、二阶导数信息
        """
        if self.loss.lower() == "square":    # 平方误差损失
            return y_hat - y_true, np.ones_like(y_true)
        elif self.loss.lower() == "logcosh":    # 对数双曲余弦损失
            y_s = np.tanh(y_true - y_hat)
            return -y_s, 1 - y_s ** 2
        elif self.loss.lower() == "tweedie":    # tweedie回归损失
            if self.tp == 1:    # 对应泊松回归损失
                y_s = np.exp(y_hat)
                return y_s - y_true, y_s
            elif self.tp == 2:    # 对应gamma回归损失
                y_s = y_true * np.exp(-1.0 * y_hat)
                return 1.0 - y_s, y_s
            else:    # 复合损失函数
                y1 = np.exp(y_hat * (1.0 - self.tp))
                y2 = np.exp(y_hat * (2.0 - self.tp))
                return (y2 - y_true * y1,
                        (2.0 - self.tp) * y2 - (1.0 - self.tp) * y_true * y1)
```

```python
    def fit(self, X_train: np.ndarray, y_train: np.ndarray):
        """
        回归问题的XGBoost模型训练,即树的结构训练以及一阶导二阶导计算
        """
        y_pred = np.zeros_like(y_train, dtype=np.float64)  # 初始预测值
        g, h = self._get_gradient_hess(y_train, y_pred)  # 当前损失一阶导和二阶导
        for t in range(self.n_estimators):
            self.base_estimator[t].fit(X_train, g, h)  # 训练一棵树
            y_pred += self.base_estimator[t].predict(X_train) * self.alpha  # 预测
            g, h = self._get_gradient_hess(y_train, y_pred)  # 当前损失梯度计算

    def predict(self, X_test: np.ndarray):
        """
        预测测试样本X_test的值,注意tweedie对预测值的转换
        """
        y_hat = np.sum([self.alpha * self.base_estimator[t].predict(X_test)
                        for t in range(self.n_estimators)], axis=0)
        y_hat = np.exp(y_hat) if self.loss.lower() == "tweedie" else y_hat
        return y_hat
```

3. XGBoost 分类算法

```python
# file_name: xgb_classifier.py
class XGBoostClassifier:
    """
    XGBoost分类算法, 基于XGBoost重新定义的基树XGBoostBaseTree
    """
    def __init__(self, n_estimators: int = 10, alpha: float = 1.0,
                 max_depth: int = None, min_samples_split: int = 2,
                 min_samples_leaf: int = 1, gamma: float = 1e-2, lambda_: float = 1e-1):
        self.n_estimators = n_estimators  # 基学习器迭代数量
        self.alpha = alpha  # 防止过拟合参数
        estimator = XGBoostBaseTree(max_depth, min_samples_split,
                                    min_samples_leaf, gamma, lambda_)
        self.base_estimator = [copy.deepcopy(estimator) for _ in range(n_estimators)]
        self.expand_base_estimators = []  # 扩展class_num组分类器

    def fit(self, X_train: np.ndarray, y_train: np.ndarray):
        """
```

```
    基于训练集(X_train, y_train)训练XGBoost分类器
    """
    n_samples, class_num = len(y_train), len(set(y_train))  # 样本量与类别数
    y_train = one_hot_encoding(y_train)  # One-Hot编码
    # 扩展分类器, 适应多分类任务
    self.expand_base_estimators = [copy.deepcopy(self.base_estimator)
                                   for _ in range(class_num)]
    y_pred_score_ = np.zeros(shape=(n_samples, class_num))  # 初始假设预测为0
    sfv = softmax_func(y_pred_score_)  # Softmax函数
    g, h = sfv - y_train, sfv * (1 - sfv)  # 一阶导和二阶导信息
    for t in range(self.n_estimators):
        y_pred_score = []  # 存储当前预测类别概率
        for k in range(class_num):
            self.expand_base_estimators[k][t].fit(X_train, g[:, k], h[:, k])
            y_pred_score.append(self.expand_base_estimators[k][t].predict(X_train))
        y_pred_score_ += np.c_[y_pred_score].T * self.alpha  # alpha防止过拟合
        sfv = softmax_func(y_pred_score_)  # Softmax函数
        g, h = sfv - y_train, sfv * (1 - sfv)  # 一阶导和二阶导信息


def predict_proba(self, X_test: np.ndarray):
    """
    预测测试样本X_test所属类别概率
    """
    y_pred_score = []  # 存储测试样本的预测概率
    for k in range(len(self.expand_base_estimators)):
        estimator_k = self.expand_base_estimators[k]
        y_pred_score.append(np.sum([self.alpha * estimator_k[t].predict(X_test)
                                    for t in range(self.n_estimators)], axis=0))
    return softmax_func(np.c_[y_pred_score].T)


def predict(self, X_test: np.ndarray):
    """
    预测测试样本X_test所属类别
    """
    return np.argmax(self.predict_proba(X_test), axis=1)
```

例 12 设函数 $f(x) = 0.5e^{-(x+3)^2} + e^{-x^2} + 1.5e^{-(x-3)^2}$, 基于均匀分布 $x \sim U(-5, 5)$ 随机采样, 以 $f(x) + 0.1\varepsilon$, $\varepsilon \sim N(0, 1)$ 为目标函数生成 200 个训练样本, 并在 $[-5, 5]$ 等距产生 1000 个测试样本 $\{x_i, f(x_i)\}_{i=1}^{1000}$. 采用不同的损失函数, 建立 XGBoost 并进行预测分析, 基学习器的数量为 20.

设置参数 $\lambda = 1.0$, $\gamma = 0.01$, $\alpha = 0.5$, 预测结果如图 10-24 所示, 标题信息 (其中 Square, LogCosh 等为算法中损失函数名称) 与图中实线为测试样本的预测结果, 可见不同的损失函数对回归结果有一定的影响, 当前情况下, $p = 1$ 时的 Tweedie 损失最小.

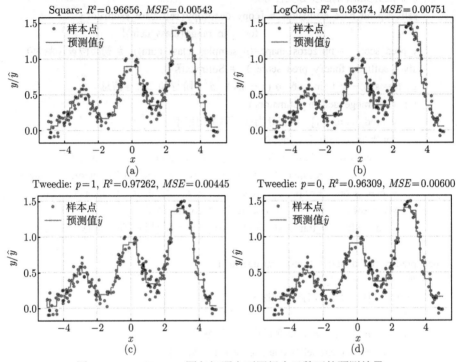

图 10-24   XGBoost 回归问题在不同损失函数下的预测结果

例 13   以波士顿房价数据集为例, 集成 50 个基学习器, 构建 XGBoost 回归模型.

设置参数 $\lambda = 1.0$, $\gamma = 0.05$, $\alpha = 0.5$. 基学习器最大深度为 5, 结点最小分裂样本量 15, 叶结点最小样本量 7. 对数据集进行一次随机划分, 基于两种不同的损失函数的预测结果如图 10-25 所示.

基于**例 6** 的 Letter Recognition 多分类数据集, 训练参数设置和数据集分层采样随机划分如下, 则预测精度为 91%. 由于共 26 个类别, 不便可视化混淆矩阵, 可在算法中打印分类报告, 此处略去.

```
X_train, X_test, y_train, y_test = \
    train_test_split(X, y, test_size=0.3, random_state=42, stratify=y, shuffle=True)
classifier = XGBoostClassifier(n_estimators=50, max_depth=5, alpha=0.5,
                               min_samples_split=20, min_samples_leaf=10)
```

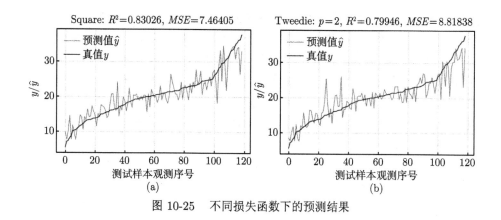

图 10-25 不同损失函数下的预测结果

■ 10.4 习题与实验

1. 通过偏差与方差, 叙述 Boosting 算法和 Bagging 算法的异同.

2. 请推导 AdaBoost 的基学习器 h_t 的权重系数 α_t 的公式.

3. Bagging 和随机森林有何异同? 并阐述包外估计在 Bagging 和随机森林中的作用.

4. 如果在相同训练集上学习得到 5 个不同模型, 且均有较高 (如 95%) 的精度, 是否能结合这些模型获得更好的精度? 并分析原因.

5. 已知玻璃类型 Glass Identification (UCI)[①]数据集, 请下载并了解相关信息, 如特征变量和类别变量的含义. 选取类别为 1, 2 和 7 的三个类别数据, 试用随机森林进行学习, 并分析特征变量的重要性.

6. 已知阿尔及利亚森林火灾 Algerian Forest Fires (UCI) 数据集, 请下载并了解相关信息, 如特征变量和类别变量的含义, 并对数据集进行预处理, 如对特征变量数据标准化后添加较小的数据扰动. 选择不同的集成学习分类算法, 训练并预测, 可考虑交叉验证与模型参数的选择. 基学习器可选择 sklearn.tree.Decision-TreeClassifier, 以提高训练效率.

■ 10.5 本章小结

在有监督学习算法中, 学习目标是训练出一个稳定且在各方面都表现优良的模型, 然而事实情况往往不那么理想, 有时只能得到多个有偏好的模型, 也意味着弱模型, 在某些方面表现较好, 但其他方面表现不好. 集成学习就是组合弱监督学

---

① https://archive.ics.uci.edu/datasets.

习模型, 使其成为一个更全面的强监督学习模型, 从而获得比单个学习器更好的泛化性能, 故而, 即使某个模型表现不那么理想, 但集成后增强了容错能力.

本章主要讨论了集成学习中非常有代表性的两种集成策略, 一是基学习器间存在强依赖关系、必须串行生成的序列化方法, 代表是 Boosting, 具体包括 AdaBoost、GBDT 和 XGBoost, 主要关注减少偏差; 一是基学习器间不存在强依赖关系, 可同时生成的并行化方法, 代表是 Bagging 和随机森林, 主要关注减少方差. 两种集成策略均以分类和回归任务为例, 探讨了其基本原理和算法实现. 其中 XGBoost 是一个较为优秀的 Boosting 算法, 拥有众多优点, XGBoost 对树进行了重新定义, 对目标函数进行二阶 Taylor 展开, 提出了一种估计分裂点的算法, 扩展并统一不同类型的损失函数, 且可更高效拟合误差, 有效防止模型过拟合. 此外, 还有 Stacking 方法, 首先训练出多个不同的模型, 然后把之前训练的各个模型的输出作为输入来训练一个模型, 以得到一个最终的输出, 常用逻辑回归作为组合策略.

Scikit-learn 官网提供了较为全面的集成学习算法[1], 读者可阅读官方文档了解各模型算法的参数含义和使用策略, 并结合原理和演示示例, 训练和调试自己的模型, 或对比自编码算法和库函数的训练和预测结果.

■ 10.6 参考文献

[1] Géron A. 机器学习实战: 基于 Scikit-Learn、Keras 和 TensorFlow [M]. 2 版 宋能辉, 李娴, 译. 北京: 机械工业出版社, 2020.

[2] 周志华. 机器学习 [M]. 北京: 清华大学出版社, 2016.

[3] 李航. 统计学习方法 [M]. 2 版 北京: 清华大学出版社, 2019.

[4] 薛薇, 等. Python 机器学习: 数据建模与分析 [M]. 北京: 机械工业出版社, 2021.

[5] Zhu J, Zou H, Rosset S, et al. Multi-class AdaBoost. Statistics and Its Interface, 2009, 2: 349-360.

[6] Friedman J H. Greedy function approximation: a gradient boosting machine. Annals of Statistics, 2001, 29: 1189-1232.

[7] Chen T, Guestrin C. XGBoost: a scalable tree boosting system. Proceedings of the 22nd ACM SIGKDD International Conference on Knowledge Discovery and Data Mining. San Francisco, 2016: 785-794.

① Ensembles: Gradient boosting, random forests, bagging, voting, stacking.

## 第 11 章

聚类

聚类 (clustering) 是无监督学习中研究最多, 应用最广的学习任务. 聚类依据样本特征的相似度或距离, 自动形成簇 (cluster) 结构, 每个簇可能对应一个潜在的、事先未知的概念 (类别). 聚类的目的是通过得到的若干个簇发现样本数据的内在分布结构或对数据进行分析处理.

■ 11.1 聚类的性能度量和距离度量

聚类的性能度量可对聚类结果进行评价或作为聚类过程的优化目标, 一般通用的度量标准为 "物以类聚", 即簇内 (intra-cluster) 相似度高且簇间 (inter-cluster) 相似度低[1].

两类性能度量: 外部指标 (external index) 将聚类结果与某个参考模型 (如将领域专家给出的划分结果作为参考模型) 进行比较; 内部指标 (internal index) 直接考察聚类结果而不利用任何参考模型.

设 $\boldsymbol{\mathcal{X}} = \{\boldsymbol{x}_i\}_{i=1}^n$, 其中 $\boldsymbol{x}_i = (x_{i,1}, x_{i,2}, \cdots, x_{i,m})^{\mathrm{T}}$, 对 $\boldsymbol{\mathcal{X}}$ 假定通过聚类给出簇划分 $\boldsymbol{\mathcal{C}} = \{C_1, C_2, \cdots, C_k\}$, 参考模型给出的簇划分 $\boldsymbol{\mathcal{C}}^* = \{C_1^*, C_2^*, \cdots, C_s^*\}$, 相应地, 令 λ 与 λ^* 分别表示与 $\boldsymbol{\mathcal{C}}$ 和 $\boldsymbol{\mathcal{C}}^*$ 对应的簇标记. 考虑将样本两两配对, 定义[1] 为

$$
\begin{cases}
a = |SS|, & SS = \left\{ (\boldsymbol{x}_i, \boldsymbol{x}_j) \,|\, \lambda_i = \lambda_j, \lambda_i^* = \lambda_j^*, i < j \right\}, \\
b = |SD|, & SD = \left\{ (\boldsymbol{x}_i, \boldsymbol{x}_j) \,|\, \lambda_i = \lambda_j, \lambda_i^* \neq \lambda_j^*, i < j \right\}, \\
c = |DS|, & DS = \left\{ (\boldsymbol{x}_i, \boldsymbol{x}_j) \,|\, \lambda_i \neq \lambda_j, \lambda_i^* = \lambda_j^*, i < j \right\}, \\
d = |DD|, & DD = \left\{ (\boldsymbol{x}_i, \boldsymbol{x}_j) \,|\, \lambda_i \neq \lambda_j, \lambda_i^* \neq \lambda_j^*, i < j \right\},
\end{cases}
\tag{11-1}
$$

由于每个样本对 $(\boldsymbol{x}_i, \boldsymbol{x}_j)$ 仅能出现在一个集合中, 故 $a + b + c + d = n(n-1)/2$ 成立.

常用的外部指标包括Jaccard系数 (Jaccard Coefficient, JC), FM 指数 (Fowlkes-

Mallows Index, FMI), Rand 指数 (Rand Index, RI), 分别定义[1] 为

$$\mathrm{JC} = \frac{a}{a+b+c}, \quad \mathrm{FMI} = \sqrt{\frac{a}{a+b} \cdot \frac{a}{a+c}}, \quad \mathrm{RI} = \frac{2(a+d)}{n(n-1)}. \tag{11-2}$$

三种性能度量的结果值均在 $[0,1]$ 区间, 值越大越好.

考虑聚类结果的簇划分 $\boldsymbol{C} = \{C_1, C_2, \cdots, C_k\}$, 定义[1]

$$\begin{aligned}
\mathrm{avg}\,(C) &= \frac{2}{|C|\,(|C|-1)} \sum_{1 \leqslant i < j \leqslant |C|} \mathrm{dist}\,(\boldsymbol{x}_i, \boldsymbol{x}_j), \\
\mathrm{diam}\,(C) &= \max_{1 \leqslant i < j \leqslant |C|} \mathrm{dist}\,(\boldsymbol{x}_i, \boldsymbol{x}_j), \\
d_{\min}\,(C_i, C_j) &= \min_{\boldsymbol{x}_i \in C_i, \boldsymbol{x}_j \in C_j} \mathrm{dist}\,(\boldsymbol{x}_i, \boldsymbol{x}_j), \\
d_{\mathrm{cen}}\,(C_i, C_j) &= \mathrm{dist}\,(\boldsymbol{\mu}_i, \boldsymbol{\mu}_j), \quad \boldsymbol{\mu} = \frac{1}{|C|} \sum_{1 \leqslant i \leqslant |C|} \boldsymbol{x}_i,
\end{aligned} \tag{11-3}$$

其中, $\mathrm{dist}\,(\cdot, \cdot)$ 用于计算两个样本之间的距离, $\boldsymbol{\mu}$ 表示簇 C 的中心点, $\mathrm{avg}\,(C)$ 表示簇 C 内样本间的平均距离, $\mathrm{diam}\,(C)$ 表示簇 C 内样本间的最远距离, $d_{\min}\,(C_i, C_j)$ 表示簇 C_i 与簇 C_j 最近样本间的距离, $d_{\mathrm{cen}}\,(C_i, C_j)$ 对应于簇 C_i 与簇 C_j 中心点的距离.

由距离定义 (11-3), 可导出常见的两种内部指标, DB 指数 (Davies-Bouldin Index, DBI), 值越小越好; Dunn 指数 (Dunn Index, DI), 值越大越好. 分别定义[1] 为

$$\mathrm{DBI} = \frac{1}{k} \sum_{i=1}^{k} \max_{j \neq i} \left(\frac{\mathrm{avg}\,(C_i) + \mathrm{avg}\,(C_j)}{d_{\mathrm{cen}}\,(\boldsymbol{\mu}_i, \boldsymbol{\mu}_j)} \right), \quad \mathrm{DI} = \min_{1 \leqslant i \leqslant k} \left\{ \min_{j \neq i} \left(\frac{d_{\min}\,(C_i, C_j)}{\max\limits_{1 \leqslant l \leqslant k} \mathrm{diam}\,(C_l)} \right) \right\}. \tag{11-4}$$

由于外部指标中参考模型的簇划分 $\boldsymbol{C}^*$ 不易得, 故仅在学习向量量化算法中实现. 具体到不同的聚类算法, 可额外分析聚类的性能度量标准. 内部指标 DBI 和 DI 的算法实现如下.

```
# file_name: validity_utils.py
class InnerValidityIndex:
    """
    内部指标度量, 仅包括DBI指数和DI指数
    """
    def __init__(self, clusters: dict):
```

```python
        self.clusters = clusters    # 由簇划分的样本集
        self.cluster_dist_mat = dict()    # 簇内距离矩阵
        self.n_clusters = len(self.clusters)    # 簇数
        self.dist_obj = DistanceUtils("minkoswki", 2)    # 欧氏距离

    def _cal_cluster_dist_matrix(self):
        """
        计算簇内样本距离, 此处默认了欧氏距离
        """
        for i in range(self.n_clusters):
            cluster_x = self.clusters[i]    # 簇内样本集
            self.cluster_dist_mat[i] = self.dist_obj.cal_dist(cluster_x, cluster_x)

    def davies_bouldin_index(self):
        """
        计算DBI(Davies-Bouldin Index, DBI), 值越小越好
        """
        self._cal_cluster_dist_matrix()    # 计算簇内样本距离, 默认了欧氏距离
        avg_dist = np.zeros(self.n_clusters)    # 簇内样本的平均距离
        cluster_centers = []    # 簇中心向量
        for i in range(self.n_clusters):
            # 取上三角元素索引
            dist_mat_up_idx = np.triu_indices_from(self.cluster_dist_mat[i], k=1)
            # 簇内样本的平均距离
            avg_dist[i] = np.mean(self.cluster_dist_mat[i][dist_mat_up_idx])
            cluster_centers.append(np.mean(self.clusters[i], axis=0))    # 簇中心向量
        c_centers = np.asarray(cluster_centers)
        # 簇间中心向量距离
        cluster_centers_dist = self.dist_obj.cal_dist(c_centers, c_centers)
        DBI = np.zeros(self.n_clusters)    # 存储各簇的DBI指数值
        for i in range(self.n_clusters):
            # 标记C_i与其他簇的最大DBI
            max_dbi = [(avg_dist[i] + avg_dist[j]) / cluster_centers_dist[i, j]
                       for j in range(self.n_clusters) if i != j]
            DBI[i] = np.max(max_dbi)
        return np.mean(DBI)


    @staticmethod
    def _cal_dist_between_cluster(Ci, Cj):
        """
```

```
        计算簇$C_i$和$C_j$间的样本距离
        """
        dist_mat = np.zeros((Ci.shape[0], Cj.shape[0]))  # 任意两个样本之间的距离
        for i in range(Ci.shape[0]):
            dist_mat[i, :] = (((Ci[i, :] - Cj) ** 2).sum(axis=1)) ** (1 / 2)
        return dist_mat


    def dunn_index(self):
        """
        Dunn指数 (Dunn Index, DI), 值越大越好
        """
        diam_dist = np.zeros(self.n_clusters)  # 簇内样本间的最远距离
        min_dist = np.zeros((self.n_clusters, self.n_clusters))  # 各簇样本间最近距离
        for i in range(len(self.clusters)):
            # 取上三角元素索引
            dist_mat_up_idx = np.triu_indices_from(self.cluster_dist_mat[i], k=1)
            diam_dist[i] = np.max(self.cluster_dist_mat[i][dist_mat_up_idx])
        for i in range(self.n_clusters):
            for j in np.r_[0: i, i + 1: self.n_clusters]:
                dist_mat_ij = self._cal_dist_between_cluster(self.clusters[i],
                                                              self.clusters[j])
                dist_mat_up_idx = np.triu_indices_from(dist_mat_ij, k=1)
                min_dist[i, j] = np.min(dist_mat_ij[dist_mat_up_idx])
        DI = np.zeros(self.n_clusters)  # 存储各簇的DI指数值
        for i in range(len(self.clusters)):
            # 标记$C_i$与其他簇的最小DI
            min_di = [min_dist[i, j] / np.max(diam_dist)
                          for j in range(self.n_clusters) if i != j]
            DI[i] = np.min(min_di)  # 取最小者
        return np.min(DI)
```

　　闵可夫斯基距离 (见第 7 章) 适用于计算连续特征属性, 对于离散属性尤其是无序属性可采用 VDM[1](Value Difference Metric). 令 $n_{u,a}$ 表示在属性 u 上取值为 a 的样本数, $n_{u,a,i}$ 表示在第 i 个样本簇中在属性 u 上取值为 a 的样本数, k 为聚类的簇数, 则属性 u 上两个离散值 a, b 之间的 VDM 距离为

$$\mathrm{VDM}_p(a, b) = \sum_{i=1}^{k} \left| \frac{n_{u,a,i}}{n_{u,a}} - \frac{n_{u,b,i}}{n_{u,b}} \right|^p. \tag{11-5}$$

将闵可夫斯基距离和 VDM 结合可处理混合属性[1]. 假定有 n_c 个有序属性、$n - n_c$

个无序属性, 不失一般性, 令有序属性排列在无序属性之前, 则

$$\mathrm{MinkoVDM}_p\left(\boldsymbol{x}_i, \boldsymbol{x}_j\right) = \left(\sum_{u=1}^{n_c} |x_{i,u} - x_{j,u}|^p + \sum_{u=n_c+1}^{n} \mathrm{VDM}_p\left(x_{i,u}, x_{j,u}\right)\right)^{\frac{1}{p}}.$$
(11-6)

当样本空间中不同属性的重要性不同时, 可使用加权距离[1](weighted distance). 以加权闵可夫斯基距离为例, 表示为

$$\mathrm{dist}_{\mathrm{wmk}}\left(\boldsymbol{x}_i, \boldsymbol{x}_j\right) = \left(w_1 \cdot |x_{i,1} - x_{j,1}|^p + \cdots + w_n \cdot |x_{i,n} - x_{j,n}|^p\right)^{\frac{1}{p}}, \qquad (11\text{-}7)$$

其中 w_i 表征不同属性的重要性, 且 $w_i \geqslant 0$, $\sum_{i=1}^{n} w_i = 1$.

余弦相似度是指两个向量夹角的余弦. 当对高维数据向量的大小不关注时, 可用余弦相似度. 如文本分析, 当数据以单词计数表示时, 常用此度量. 定义为

$$d_{\cos}\left(\boldsymbol{x}_i, \boldsymbol{x}_j\right) = \cos\theta = \frac{\boldsymbol{x}_i^{\mathrm{T}} \boldsymbol{x}_j}{\|\boldsymbol{x}_i\|_2 \cdot \|\boldsymbol{x}_j\|_2}. \tag{11-8}$$

两个方向完全相同的向量的余弦相似度为 1, 而两个彼此相对的向量的余弦相似度为 −1. 余弦相似度不关注向量的大小, 只关心在方向上的度量. 如果将向量归一化为长度均为 1 的向量, 则 $\cos\theta = \boldsymbol{x}_i^{\mathrm{T}} \boldsymbol{x}_j$.

样本之间的相似度也可用相关系数表示, 相关系数的绝对值越接近于 1, 则样本越相似, 相反, 越接近于 0, 则样本越不相似. 定义为

$$d_\rho\left(\boldsymbol{x}_i, \boldsymbol{x}_j\right) = \frac{(\boldsymbol{x}_i - \mu_i)^{\mathrm{T}} (\boldsymbol{x}_j - \mu_j)}{\sqrt{\left((\boldsymbol{x}_i - \mu_i)^{\mathrm{T}} (\boldsymbol{x}_i - \mu_i)\right) \left((\boldsymbol{x}_j - \mu_j)^{\mathrm{T}} (\boldsymbol{x}_j - \mu_j)\right)}}, \quad \mu_i = \frac{1}{m} \sum_{j=1}^{m} x_{j,i}.$$
(11-9)

马哈拉诺比斯 (Mahalanobis) 距离, 简称马氏距离, 其考虑各个特征之间的相关性并与各个特征的尺度无关. 马氏距离越大相似度越小, 距离越小相似度越大. 给定样本集 $\boldsymbol{\mathcal{X}}$, 其协方差矩阵为 $\boldsymbol{S}$, 马氏距离定义为

$$d_{\mathrm{m}}\left(\boldsymbol{x}_i, \boldsymbol{x}_j\right) = \left[(\boldsymbol{x}_i - \boldsymbol{x}_j)^{\mathrm{T}} \boldsymbol{S}^{-1} (\boldsymbol{x}_i - \boldsymbol{x}_j)\right]^{\frac{1}{2}}. \tag{11-10}$$

当 $\boldsymbol{S}$ 为单位矩阵时, 即样本数据的各个特征相互独立且各个特征的方差为 1 时, 马氏距离就是欧氏距离.

距离度量函数工具类, 仅实现了闵氏距离和马氏距离, 其他距离度量可进行扩展.

```python
# file_name: distance_utils.py
class DistanceUtils:
    """
    距离度量函数, 仅允许样本ndim为1或2, 且各维度长度一致的样本间距离计算
    """
    def __init__(self, dist_method: str = "minkoswki", p: int = 2):
        self.method = dist_method  # 默认闵可夫斯基距离
        self.p = p  # 该参数仅限于闵可夫斯基距离

    def cal_dist(self, xi: np.ndarray, xj: np.ndarray):
        """
        计算样本xᵢ和xⱼ之间的距离, 可拓展其他计算距离方法
        """
        xi, xj = np.asarray(xi), np.asarray(xj)  # 类型转换
        if self.method.lower() == "minkoswki":  # 闵可夫斯基距离
            return self._minkowski_dist(xi, xj)
        elif self.method.lower() == "mahalanobis":  # 马氏距离
            return self._mahalanobis_dist(xi)

    def _minkowski_dist(self, xi, xj):
        """
        闵可夫斯基距离
        """
        if self.p == 2:  # 欧氏距离
            if xi.ndim == 1 and xj.ndim == 1:
                return (((xi - xj) ** 2).sum()) ** (1 / 2)
            elif (xi.ndim == 1 and xj.ndim == 2) or (xi.ndim == 2 and xj.ndim == 1):
                return (((xi - xj) ** 2).sum(axis=1)) ** (1 / 2)
            elif (xi.ndim == 2 and xj.ndim == 2) and (np.all(xi.shape == xj.shape)):
                # 任意两个样本之间的距离
                dist_mat = np.zeros((xi.shape[0], xj.shape[0]))
                for i in range(xi.shape[0]):
                    dist_mat[i, :] = (((xi[i, :] - xj) ** 2).sum(axis=1)) ** (1 / 2)
                return dist_mat
        elif self.p == 1:  # 曼哈顿距离
            if xi.ndim == 1 and xj.ndim == 1:
                return (np.abs(xi - xj)).sum()
            elif (xi.ndim == 1 and xj.ndim == 2) or (xi.ndim == 2 and xj.ndim == 1):
                return (np.abs(xi - xj)).sum(axis=1)
```

```
            elif (xi.ndim == 2 and xj.ndim == 2) and (np.all(xi.shape == xj.shape)):
                dist_mat = np.zeros((xi.shape[0], xj.shape[0]))
                for i in range(xi.shape[0]):
                    dist_mat[i, :] = np.abs((xi[i, :] − xj)).sum(axis=1)
                return dist_mat
        elif self.p is np.inf:  # 切比雪夫距离
            if xi.ndim == 1 and xj.ndim == 1:
                return np.max(np.abs(xi − xj))
            elif (xi.ndim == 1 and xj.ndim == 2) or (xi.ndim == 2 and xj.ndim == 1):
                return np.max(np.abs(xi − xj), axis=1)
            elif (xi.ndim == 2 and xj.ndim == 2) and (np.all(xi.shape == xj.shape)):
                dist_mat = np.zeros((xi.shape[0], xj.shape[0]))
                for i in range(xi.shape[0]):
                    dist_mat[i, :] = np.max(np.abs(xi[i, :] − xj), axis=1)
                return dist_mat
        else:
            raise ValueError("目前仅支持p=1, p=2, p = np.inf三种距离 ...")

def _mahalanobis_dist(self, X: np.ndarray):
    """
    样本集X的马氏距离度量
    """
    dist_mat = np.zeros((X.shape[0], X.shape[0]))  # 距离矩阵
    sigma = np.cov(X.T)  # 样本协方差矩阵
    for i in range(0, X.shape[0] − 1):
        for j in range(i + 1, X.shape[0]):
            d_ij = X[i, :] − X[j, :]
            dist_mat[i, j] = np.sqrt(d_ij @ (np.linalg.inv(sigma) @ d_ij))
            dist_mat[j, i] = dist_mat[i, j]
    return dist_mat
```

■ 11.2 原型聚类

原型聚类亦称基于原型的聚类 (prototype-based clustering), 此类算法假设聚类结构能通过一组原型刻画, 在现实聚类任务中极为常用. 通常情况下, 算法先对原型进行初始化, 然后对原型进行迭代更新求解. 采用不同的原型表示、不同的求解方法, 将产生不同的算法[1]. 常见的原型聚类算法有 k-均值 (k-means)、学习向量量化 (Learning Vector Quantization, LVQ) 和高斯混合 (Mixture of Gaussian, MG) 聚类.

11.2.1 k-means 聚类

当簇是密集的、球状或团状的, 且簇与簇之间的区别明显时, 聚类效果较好. 给定样本集 $\boldsymbol{\mathcal{X}}$, k-means 算法针对聚类所得簇划分 $\boldsymbol{\mathcal{C}} = \{C_1, C_2, \cdots, C_k\}$, 最小化平方误差

$$\mathcal{L}_{\text{square}} = \sum_{i=1}^{k} \sum_{\boldsymbol{x} \in C_i} \|\boldsymbol{x} - \boldsymbol{\mu}_i\|_2^2, \quad \boldsymbol{\mu}_i = \frac{1}{|C_i|} \sum_{\boldsymbol{x} \in C_i} \boldsymbol{x}. \tag{11-11}$$

式 (11-11) 在一定程度上刻画了簇内样本围绕簇均值向量的紧密程度, $\mathcal{L}_{\text{square}}$ 值越小则簇内样本相似度越高. 但最小化上式 $\mathcal{L}_{\text{square}}$ 值并不容易, 找到它的最优解需考察样本集所有可能的簇划分, 这是一个 NP 难问题. 如 n 个样本分到 k 个簇, 所有可能的分法数目[2] 是

$$S(n, k) = \frac{1}{k!} \sum_{l=1}^{k} (-1)^{k-l} \begin{pmatrix} k \\ l \end{pmatrix} l^n,$$

$S(n, k)$ 是指数级的. k-means 算法采用了贪心策略, 通过迭代优化来近似求解, 其算法流程如下.

输入: 样本集 $\boldsymbol{\mathcal{X}}_{n \times m}$, 聚类簇数 k.

输出: $\boldsymbol{\mathcal{C}} = \{C_1, C_2, \cdots, C_k\}$.

1. 从 $\boldsymbol{\mathcal{X}}$ 中随机选取 k 个样本作为初始均值向量 $\{\boldsymbol{\mu}_1, \boldsymbol{\mu}_2, \cdots, \boldsymbol{\mu}_k\}$, 并令 $C_i = \varnothing$, $i = 1, 2, \cdots, k$.

2. 计算各样本 $\boldsymbol{x}_j (j = 1, 2, \cdots, n)$ 与各均值向量 $\boldsymbol{\mu}_i (i = 1, 2, \cdots, k)$ 的距离 $d_{j,i} = \|\boldsymbol{x}_j - \boldsymbol{\mu}_i\|_2$. 根据距离最近的均值向量的索引确定 $\boldsymbol{x}_j$ 的簇标记

$$\lambda_j = \underset{i \in \{1, 2, \cdots, k\}}{\arg\max} \, d_{j,i},$$

将样本 $\boldsymbol{x}_j$ 划入相应的簇 $C_{\lambda_j} = C_{\lambda_j} \cup \{\boldsymbol{x}_j\}$.

3. 计算新均值向量

$$\boldsymbol{\mu}'_i = \frac{1}{|C_i|} \sum_{\boldsymbol{x} \in C_i} \boldsymbol{x}, \quad i = 1, 2, \cdots, k.$$

如果当前均值向量 $\boldsymbol{\mu}'_i \neq \boldsymbol{\mu}_i$, 则更新 $\boldsymbol{\mu}_i$ 为 $\boldsymbol{\mu}'_i$, 否则不更新.

4. 重复步骤 2 和 3, 直到所有均值向量均未更新.

轮廓系数 (silhouette coefficient) 是最常用的聚类算法的评价指标. 它是针对每个样本而定义, 能够同时衡量样本与自身簇中样本的相似度以及样本与其他簇

中样本的相似度. 样本 $\boldsymbol{x}_i$ 与其自身所在的簇 C_l 中的其他样本 $\boldsymbol{\mathcal{X}}_l - \boldsymbol{x}_i$ 的相似度 a, 等于样本与同一簇中所有其他样本之间的平均距离, 即

$$a_{\boldsymbol{x}_i \in \boldsymbol{\mathcal{X}}_l} = \frac{1}{|\boldsymbol{\mathcal{X}}_l|} \sum_{\boldsymbol{x}_j \in \boldsymbol{\mathcal{X}}_l, \boldsymbol{x}_j \neq \boldsymbol{x}_i} \text{dist}\,(\boldsymbol{x}_i, \boldsymbol{x}_j). \tag{11-12}$$

样本 $\boldsymbol{x}_i$ 与其他簇中样本的相似度 b, 等于样本与下一个最近的簇 C_{idx} 中的所有样本 $\boldsymbol{\mathcal{X}}_{\text{idx}}$ 之间的平均距离, 即

$$b_{\boldsymbol{x}_i \in \boldsymbol{\mathcal{X}}_l} = \frac{1}{|\boldsymbol{\mathcal{X}}_{\text{idx}}|} \sum_{\boldsymbol{x}_j \in \boldsymbol{\mathcal{X}}_{\text{idx}}} \text{dist}\,(\boldsymbol{x}_i, \boldsymbol{x}_j), \quad \text{idx} = \operatorname*{arg\,min}_{1 \leqslant j \leqslant k, j \neq l} \text{dist}\,(\boldsymbol{x}_i, \boldsymbol{\mu}_j). \tag{11-13}$$

根据聚类 "簇内差异小, 簇外差异大" 的原则, 希望 b 永远大于 a, 并且大得越多越好. 单个样本 $\boldsymbol{x}$ 的轮廓系数定义为

$$sc = \frac{b - a}{\max\,(a, b)}. \tag{11-14}$$

轮廓系数 $sc \in (-1, 1)$, 值越接近于 1 表示样本与自己所在簇中的样本越相似, 且与其他簇中样本越不相似, 当样本与簇外的样本更相似的时候, 轮廓系数变为负值. 当轮廓系数为 0 时, 则代表两个簇中的样本相似度一致, 即这两个簇本应该是一个簇. 如果一个簇中的大多数样本具有比较高的轮廓系数, 簇会有较高的总轮廓系数, 则整个数据集的平均轮廓系数越高, 表明聚类是合适的; 如果许多样本点具有低轮廓系数甚至负值, 则聚类是不合适的, 聚类的超参数 k 可能设定得太大或者太小.

卡林斯基–哈拉巴斯指数 (Calinski-Harabaz Index, CHI) 也被称为方差比标准, 取值越大越好. 对于有 k 个簇的聚类而言, CHI 计算公式为

$$\text{CHI}\,(k) = \frac{\text{tr}\,(\boldsymbol{B}_k)}{\text{tr}\,(\boldsymbol{W}_k)} \cdot \frac{N - k}{k - 1}, \tag{11-15}$$

其中 N 为样本量, k 为簇数. $\text{tr}\,(\cdot)$ 为矩阵的迹, 数据之间的离散程度越高, 协方差矩阵的迹就会越大. $\boldsymbol{B}_k$ 是簇间离散矩阵, 即不同簇之间的协方差矩阵, $\boldsymbol{W}_k$ 是簇内离散矩阵, 即一个簇内样本的协方差矩阵, 公式为

$$\boldsymbol{B}_k = \sum_{i=1}^{k} n_i\,(\boldsymbol{\mu}_i - \boldsymbol{\mu})^{\text{T}}\,(\boldsymbol{\mu}_i - \boldsymbol{\mu}), \quad \boldsymbol{W}_k = \sum_{i=1}^{k} \sum_{\boldsymbol{x} \in C_i} (\boldsymbol{x} - \boldsymbol{\mu}_i)^{\text{T}}\,(\boldsymbol{x} - \boldsymbol{\mu}_i), \tag{11-16}$$

其中 n_i 为第 i 个簇内样本量, $\boldsymbol{\mu}_i$ 为其簇中心, $\boldsymbol{\mu}$ 为所有样本中心.

k-means 擅长处理球状分布的数据, 当结果聚类是密集的, 而且类和类之间的区别比较明显时, k-means 的效果比较好. 对于处理大数据集, k-means 算法是相对可伸缩的和高效的, 其复杂度为 $O(n \cdot k \cdot t)$, 其中 n 是样本数, k 是簇数, t 是迭代次数. 相比其他的聚类算法, k-means 比较简单、易掌握, 这也是其得到广泛使用的原因之一.

k-means 算法也存在一些问题: 算法的初始中心点选择与算法的运行效率密切相关, 而随机选取中心点有可能导致迭代次数很大或者陷于某个局部最优状态; 通常 $k \ll n$ 且 $t \ll n$, 所以算法常以局部最优收敛. k-means 的最大问题是要求用户必须事先给出簇数 k, k 的选择一般都基于一些经验值和多次试验的结果, 对于不同的数据集, k 的取值没有可借鉴性. k-means 本质上是一种基于欧氏距离度量的数据划分方法, 均值和方差大的维度将对数据的聚类结果产生决定性影响. 所以在聚类前对数据做归一化或标准化, 以及单位统一至关重要. k-means 对噪声和离群点数据是敏感的, 少量的这类数据就能对平均值造成极大的影响, 导致中心偏移, 因此对于噪声和离群点数据可进行预处理.

k-means++ 算法受初始质心影响较小, 表现上往往优于 k-means 算法. 其方法为:

(1) 从样本中随机选择 1 个样本作为初始聚类中心;

(2) 对于任意一个非质心样本 $\boldsymbol{x} \in \boldsymbol{\mathcal{X}}^{-}$, $\boldsymbol{\mathcal{X}}^{-}$ 表示剩余待选样本集, 计算 $\boldsymbol{x}$ 与现有聚类中心的最短距离, 记作 $d_{\text{nearest}}(\boldsymbol{x})$;

(3) 基于距离计算概率

$$p = \frac{d_{\text{nearest}}(\boldsymbol{x})^2}{\sum_{\boldsymbol{x} \in \boldsymbol{\mathcal{X}}^{-}} d_{\text{nearest}}(\boldsymbol{x})^2},$$

按照轮盘赌法选择下一个质心, 即距离当前质心较远的点被选中作为簇中心的概率较大;

(4) 重复步骤 (2) 与 (3), 直到选择 k 个质心为止.

k-means 算法设计如下, 需导入距离度量工具类 DistanceUtils.

```python
# file_name: k_means.py
class KMeansCluster:
    """
    基于原型的k-means聚类, 固定采用欧氏距离, 初始簇中心采用k-means++算法, 并不断
    更新簇中心直到收敛. 计算轮廓系数和CHI, 以及相应的可视化.
    """
    def __init__(self, n_clusters: int = 3, tol: float = 1e-3, max_epochs: int = 200):
        self.n_clusters = n_clusters   # 聚类簇数
```

```
        self.max_epochs = max_epochs # 最大迭代次数
        self.tol = tol   # 精度要求, 算法停止优化的条件
        self.dist_obj = DistanceUtils("minkoswki", 2)  # k-means算法采用欧氏距离
        self.cluster_centers = dict()  # 记录簇中心坐标
        # 样本量、特征变量数和样本集
        self.n_samples, self.m_features, self.X = 0, 0, None
        self.labels_ = None # 样本所属簇标记
        self.silhouette_score = None # 轮廓系数, 字典存储, 键为簇标记
        self.chi = 0.0  # CHI

    def _init_cluster_center(self):
        """
        选择初始化聚类中心: 采用k-means++算法选择
        """
        r_i = np.random.choice(self.n_samples, 1)[0]  # 随机选择一个簇中心的样本索引
        self.cluster_centers[0] = np.copy(self.X[r_i, :])
        selected_idx = [r_i]  # 已经选择的样本索引, 使得选择的簇中心不重复
        while len(self.cluster_centers) < self.n_clusters:
            idx = list(set(np.arange(self.n_samples)) - set(selected_idx))  # 除去已选
            dist_mat = np.zeros((len(self.cluster_centers), len(idx)))
            for i in range(len(self.cluster_centers)):
                dist_mat[i, :] = self.dist_obj.cal_dist(self.cluster_centers[i],
                                                        self.X[idx, :])
            # 每个样本距离所有簇中心的最短距离
            nearest_dist = np.min(dist_mat, axis=0)
            prob = nearest_dist ** 2 / np.sum(nearest_dist ** 2)  # 概率
            best_center_idx = np.random.choice(idx, p=prob)  # 按概率抽样
            self.cluster_centers[len(self.cluster_centers)] = \
                np.copy(self.X[best_center_idx, :])

    def fit(self, X):
        """
        k-means聚类核心算法, 其实质就是不断更新簇中心向量
        """
        self.X = np.asarray(X)  # 样本集
        self.n_samples, self.m_features = self.X.shape  # 样本量和特征数
        idx_samples = np.arange(self.n_samples)
        self._init_cluster_center()  # 初始化簇中心
        for epoch in range(self.max_epochs):
            cluster = dict()  # 存储各簇样本索引, 以簇索引为键
```

```
            dist_mat = np.zeros((self.n_clusters, self.n_samples))
            for k in range(self.n_clusters):
                dist_mat[k, :] = self.dist_obj.cal_dist(self.cluster_centers[k], self.X)
            # 各样本距离簇中心最短距离的簇索引
            self.labels_ = np.argmin(dist_mat, axis=0)
            for k in range(self.n_clusters):
                cluster[k] = idx_samples[self.labels_ == k]  # 各簇所包含的样本索引
            # 更新簇中心均值向量
            dist_eps = 0.0  # 簇中心的变动精度
            for i in range(self.n_clusters):
                mu_i = np.mean(X[cluster[i], :], axis=0)  # 各簇中心均值向量
                # 各簇内距离之和
                dist_eps += self.dist_obj.cal_dist(mu_i, self.cluster_centers[i])
                self.cluster_centers[i] = mu_i  # 更新簇中心
            if dist_eps < self.tol: break
        return self.labels_


    def _calinski_harabaz_index(self):
        """
        CHI
        """
        Wk = np.zeros((self.m_features, self.m_features))  # 簇中离散矩阵
        Bk = np.zeros((self.m_features, self.m_features))  # 簇间离散矩阵
        c_all = np.mean(self.X, axis=0)  # 样本各特征变量的样本均值
        for k in range(self.n_clusters):
            ck = self.cluster_centers[k]  # 第k个簇中心
            Xk = self.X[self.labels_ == k, :]  # 第k个簇的样本集
            Wk += (Xk - ck).T @ (Xk - ck)  # 累加簇中离散矩阵
            Bk += Xk.shape[0] * (ck - c_all).T @ (ck - c_all)  # 累加簇间离散矩阵
        self.chi = np.trace(Bk) / np.trace(Wk) * \
                   (self.n_samples - self.n_clusters) / (self.n_clusters - 1)
        return self.chi


    def silhouette_coefficient(self):
        """
        轮廓系数计算
        """
        self.silhouette_score = dict()  # 所有样本的轮廓系数
        for k in range(self.n_clusters):
            Xk = self.X[self.labels_ == k, :]  # 选取当前簇的所有样本
```

```python
        self.silhouette_score[k] = []  # 存储当前簇中各样本的轮廓系数得分
        for i in range(Xk.shape[0]):
            # 1. 样本与其自身所在的簇中的其他样本的相似度a
            a_i = np.mean(self.dist_obj.cal_dist(Xk[i, :],
                                    np.r_[Xk[:i, :], Xk[i + 1:, :]]))
            # 2. 样本与其他簇中的样本的相似度b
            cluster_idxs = np.delete(np.arange(self.n_clusters), k)  # 其他簇标记
            dist_other_clusters = \
                [self.dist_obj.cal_dist(Xk[i, :], self.cluster_centers[j])
                    for j in range(self.n_clusters) if j != k]
            idx = np.argmin(dist_other_clusters)  # 下一个最近距离索引
            nearest_idx = cluster_idxs[int(idx)]  # 下一个最近的簇标记
            Xj = self.X[self.labels_ == nearest_idx, :]  # 最近的簇的所有样本
            b_i = np.mean(self.dist_obj.cal_dist(Xk[i, :], Xj))  # 距离均值
            # 计算并存储轮廓系数
            self.silhouette_score[k].append((b_i - a_i) / max([a_i, b_i]))
    return self.silhouette_score

def plt_silhouette(self, is_show=True):
    """
    可视化轮廓系数, is_show用于控制子图绘制, 若要绘制子图, 则为False
    """
    if not self.silhouette_score:
        self.silhouette_coefficient()  # 计算轮廓系数
    if self.chi == 0.0:
        self._calinski_harabaz_index()  # 计算卡林斯基-哈拉巴斯指数
    all_silhouette = self.silhouette_score[0]  # 每个样本的轮廓系数
    for i in range(1, self.n_clusters):
        all_silhouette.extend(self.silhouette_score[i])
    silhouette_avg = np.mean(all_silhouette)  # 整体的轮廓系数
    # 把每个样本的轮廓系数作为横坐标, 并且进行升序排列
    sample_silhouette_scores = np.sort(all_silhouette)
    y_lower = 10  # 设置y轴初始取值, 以免最下面的轮廓图过于贴近x轴
    if is_show: plt.figure(figsize=(7, 5))  # 子图控制
    for k in range(self.n_clusters):
        ith_cluster_sc = np.sort(sample_silhouette_scores[self.labels_ == k])
        # 当前簇的纵坐标是y_lower + 当前簇的样本量
        y_upper = y_lower + len(ith_cluster_sc)
        # cm.nipy_spectral (别称cm)是使用小数来调用颜色的函数
        color = cm.nipy_spectral(float(k) / self.n_clusters)
```

```
            # 绘制某个簇的填充图, 以及轮廓标记
            plt.fill_betweenx (np.arange(y_lower, y_upper), ith_cluster_sc,
                            facecolor=color, alpha=0.7)
            plt.text(−0.05, y_lower + 0.4 ∗ len(ith_cluster_sc), str(k), fontsize=16)
            y_lower = y_upper + 10
        # 绘制整体轮廓系数, 即整体系数的均值
        plt.axvline(x=silhouette_avg, color="red", linestyle="−−")
        plt.title(r"$Silhouette  Plot  for  Various  Clusters  (CHI=%.2f)$" % self.chi,
                fontsize=18)  # 标题
        plt.xlabel(r"$Silhouette  Coefficient  Values$", fontsize=16)  # x 轴标记名称
        plt.ylabel(r"$Cluster Labels$", fontsize=16)  # y 轴标记名称
        plt.yticks([])  # 删除 y 轴刻度
        plt.xticks([−0.1, 0, 0.2, 0.4, 0.6, 0.8, 1])  # 设置 x 轴刻度
        plt.tick_params(labelsize=16)  # 修饰刻度值大小
        if is_show: plt.show()  # 子图控制


def _predict(self, X: np.ndarray):
    """
    预测新样本所属的簇
    """
    dist_mat = np.zeros((self.n_clusters, X.shape[0]))
    for k in range(self.n_clusters):
        dist_mat[k, :] = self.dist_obj.cal_dist(self.cluster_centers[k], X)
    return np.argmin(dist_mat, axis=0)  # 各样本距离簇中心最短距离的簇索引


def plt_cluster_centroid(self, is_show=True):
    """
    绘制分类结果图, 并绘制分类边界和簇中心
    """
    if is_show: plt.figure(figsize=(7, 5))  # 子图控制
    x1_min, x2_min = self.X.min(axis=0)
    x1_max, x2_max = self.X.max(axis=0)
    margin1, margin2 = (x1_max − x1_min) / 10, (x2_max − x2_min) / 10
    t1 = np.linspace(x1_min − margin1, x1_max + margin1, 150)
    t2 = np.linspace(x2_min − margin2, x2_max + margin2, 150)
    x1, x2 = np.meshgrid(t1, t2)  # 生成网格采样点
    x_i = np.stack((x1.flat, x2.flat), axis=1)  # 模拟样本
    y_show_hat = self._predict(x_i)  # 预测所属簇标记
    y_show_hat = y_show_hat.reshape(x1.shape)  # 重塑
    # 预测值的显示, 分类边界, 以及样本散点图
```

```
plt. contourf(x1, x2, y_show_hat, cmap=cm.get_cmap("winter"), alpha=0.4)
plt. scatter(self.X[:, 0], self.X[:, 1], c=self._predict(self.X).ravel(), s=45)
for k in range(self.n_clusters):  # 绘制聚类中心
    center = self.cluster_centers[k]
    plt. scatter(center[0], center[1], marker="o", c="k", s=200)
    plt. scatter(center[0], center[1], marker="$%d$" % k, c="w", s=50)
plt. xlim(x1_min - margin2, x1_max + margin1)
plt. ylim(x2_min - margin2, x2_max + margin2)
# 略去图像修饰代码, 坐标轴及其标题设置
if is_show: plt.show()
```

例 1　基于 sklearn.datasets.make_blobs 生成包含 2 个特征属性、4 个类别的 500 个样本数据, 采用 k-means 算法聚类, 簇数 $k \in \{3, 4, 5, 6\}$.

数据生成、数据标准化和 k-means 聚类对象参数初始化代码如下.

```
X, y = make_blobs(n_samples=500, n_features=2, centers=4, random_state=1)  # 样本数据
X = StandardScaler().fit_transform(X)  # 标准化
kmc = KMeansCluster(n_clusters=4, tol=1e-4, max_epochs=2000)  # 参数设置
```

如图 11-1 和图 11-2 所示, 显然聚类簇数 4 拥有更高的卡林斯基–哈拉巴斯 CHI 指数值, 且总体轮廓系数值较高. 如表 11-1 所示, 相对其他簇数, 当簇数为 4 时呈现出最佳指数值, 各簇中心向量为

$$\mu_0^* = (0.0328524, -0.1120338)^{\mathrm{T}}, \quad \mu_1^* = (-1.20371678, -0.25345176)^{\mathrm{T}},$$

$$\mu_2^* = (1.45785578, 1.53881252)^{\mathrm{T}}, \quad \mu_3^* = (-0.27709885, -1.17219561)^{\mathrm{T}}.$$

同样条件下, 与库函数 sklearn.cluster.KMeans 聚类结果一致.

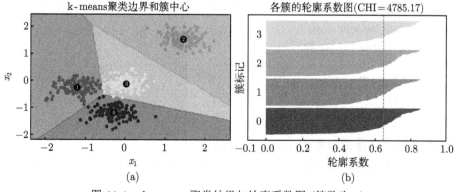

图 11-1　k-means 聚类结果与轮廓系数图 (簇数为 4)

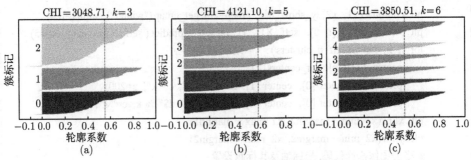

图 11-2   k-means 聚类结果与轮廓系数图

表 11-1   k-means 聚类在不同簇数下的 DBI 和 DI

簇数	DBI	DI	簇数	DBI	DI
$k=3$	0.90619005	0.03055430	$k=5$	0.94451696	0.03582560
$k=4$	0.67905103	0.03595336	$k=6$	1.22110644	0.01056313

11.2.2 *学习向量量化

学习向量量化[1](LVQ) 假设样本带有类别标记, 学习过程利用样本的监督信息来辅助聚类. 设样本实例 $\boldsymbol{x} = (x_1, x_2, \cdots, x_m)^{\mathrm{T}} \in \boldsymbol{\mathcal{X}}$, 标记 $y \in \boldsymbol{\mathcal{Y}}$, LVQ 的目标是学得一组 m 维原型向量 $\{\boldsymbol{p}_1, \boldsymbol{p}_2, \cdots, \boldsymbol{p}_k\}$, 每个原型向量代表一个聚类簇, 簇标记 $t_i \in \boldsymbol{\mathcal{Y}}$. 在学得一组原型向量 $\{\boldsymbol{p}_1^*, \boldsymbol{p}_2^*, \cdots, \boldsymbol{p}_k^*\}$ 后, 即可实现对样本空间 $\boldsymbol{\mathcal{X}}$ 的簇划分. 对任意样本 $\boldsymbol{x}$, 它将被划入与其距离最近的原型向量所代表的簇中; 每个原型向量 $\boldsymbol{p}_i \, (1 \leqslant i \leqslant k)$ 定义了与之相关的一个区域 R_i, 该区域中每个样本与 $\boldsymbol{p}_i$ 的距离不大于它与其他原型向量 $\boldsymbol{p}_{i'}$ 的距离, 即

$$R_i = \{\boldsymbol{x} \in \boldsymbol{\mathcal{X}} | \, \|\boldsymbol{x} - \boldsymbol{p}_i\|_2 \leqslant \|\boldsymbol{x} - \boldsymbol{p}_{i'}\|_2, i' \neq i\}. \tag{11-17}$$

由此形成了对样本空间 $\boldsymbol{\mathcal{X}}$ 的簇划分 $\{R_1, R_2, \cdots, R_k\}$, 该划分通常称为 Voronoi 剖分 (Voronoi tessellation).

学习向量量化算法流程[1]:

输入: 样本集 $\boldsymbol{\mathcal{D}} = \{(\boldsymbol{x}_i, y_i)\}_{i=1}^{n}$, 原型向量个数 k, 各原型向量预设的类别标记 $\{t_1, t_2, \cdots, t_k\}$, 学习率 $\eta \in (0, 1)$.

输出: 原型向量 $\{\boldsymbol{p}_1, \boldsymbol{p}_2, \cdots, \boldsymbol{p}_k\}$.

1. 初始化一组原型向量 $\{\boldsymbol{p}_1, \boldsymbol{p}_2, \cdots, \boldsymbol{p}_k\}$.

2. 从样本集 $\boldsymbol{\mathcal{D}}$ 中随机选取样本 $(\boldsymbol{x}_j, y_j)$, 计算样本 $\boldsymbol{x}_j$ 与 $\boldsymbol{p}_i \, (1 \leqslant i \leqslant k)$ 的距

离 $d_{j,i} = \|\boldsymbol{x}_j - \boldsymbol{p}_i\|_2$，找出与 $\boldsymbol{x}_j$ 距离最近的原型向量 $\boldsymbol{p}_{i^*}$，其中

$$i^* = \underset{i \in \{1,2,\cdots,k\}}{\arg\min}\; d_{j,i}.$$

如果 $y_j = t_{i^*}$，则 $\boldsymbol{p}' = \boldsymbol{p}_{i^*} + \eta \cdot (\boldsymbol{x}_j - \boldsymbol{p}_{i^*})$，如果 $y_j \neq t_{i^*}$，则 $\boldsymbol{p}' = \boldsymbol{p}_{i^*} - \eta \cdot (\boldsymbol{x}_j - \boldsymbol{p}_{i^*})$。

3. 将原型向量 $\boldsymbol{p}_{i^*}$ 更新为 $\boldsymbol{p}'$。

4. 重复步骤 2 和 3，直到满足停止条件。

学习向量量化算法实现. LVQ 算法受初始化的原型向量选取的影响, 若选取不当, 可能导致不收敛. 本算法采用随机选取, 可自行拓展其他选取方法. 学习率不宜过大.

```python
# file_name: lvq_cluster.py
class LVQCluster :
    """
    基于原型聚类: 学习向量量化算法, 并计算外部指标
    """
    def __init__(self, eta : float = 1e-3, tol : float = 1e-3, max_epochs : int = 1000,
                 dist_metric : str = "minkoswki", p : int = 2):
        self.max_epochs = max_epochs  # 最大迭代次数
        self.eta, self.tol = eta, tol  # 学习率与停机精度
        if dist_metric.lower() == "minkoswki":  # 距离方法
            self.dist_obj = DistanceUtils("minkoswki", p)  # 欧氏距离
        else :
            raise ValueError("请扩展其他距离方法")
        self.n_samples, self.n_clusters = 0, 0  # 样本量, 特征变量数
        self.cluster_centers_ = dict()  # 记录簇中心坐标, 以类别为键
        self.X, self.y = None, None  # 样本集与目标集
        self.labels_ = None  # 各样本的簇标记
        self.Jaccard, self.FMI, self.Rand = 0, 0, 0  # 外部指标

    def fit(self, X : np.ndarray, y : np.ndarray):
        """
        学习向量量化LVQ核心算法, 即根据样本类别, 不断更新原型向量
        """
        self.X, self.y = np.asarray(X), np.asarray(y)
        self.n_samples, self.n_clusters = self.X.shape[0], len(np.unique(y))
        random_index = np.random.choice(self.n_samples, self.n_clusters, replace=False)
        for k, r_idx in enumerate(random_index):  # 随机初始化一组原型向量
```

```
                self. cluster_centers_ [k] = np.copy( self .X[r_idx,  :])
        for  _  in  range (self.max_epochs):
            cluster_centers_old = copy .deepcopy( self . cluster_centers_ )
            sample_index = list (range (self.n_samples))  # 根据样本量生成列表
            np. random. shuffle (sample_index)  # 随机打乱样本索引, 以便随机选择样本点
            for  j  in  sample_index:
                # 计算样本与原型向量p_i 之间的距离, 且查找最近距离的原型p_i^*
                best_distance , best_cid = np. infty, None
                for  k  in  range (self.n_clusters):
                    dist = self. dist_obj . cal_dist(X[j,  :], self. cluster_centers_ [k])
                    if  dist < best_distance :
                        best_distance , best_cid = dist , k  # 更新距离及其对应原型标记
                if  best_cid  is  None: continue
                # 更新原型向量, 计算更新量delta
                delta = self. eta ∗ ( self.X[j, :] − self. cluster_centers_ [best_cid])
                if  y[j] == best_cid : # 原型向量p_j 在更新为p_j^*之后将更接近x_j
                    self. cluster_centers_ [best_cid] = \
                        self. cluster_centers_ [best_cid] + delta
                else : # 原型向量p_j 在更新为p_j^*之后将更远离x_j
                    self. cluster_centers_ [ best_cid ] = \
                        self. cluster_centers_ [best_cid] − delta
            eps_stop = np. zeros (self. n_clusters )  # 判断终止条件
            for  k  in  range (self.n_clusters):
                eps_stop[k] = self.dist_obj.cal_dist (cluster_centers_old[k],
                                                    self. cluster_centers_ [k])
            if  np.max (eps_stop) < self. tol :
                break  # 以原型向量更新前后的距离最大值作为终止条件

    def  predict (self,  X: np.ndarray):
        """
        预测样本 (或未知样本), 则根据样本与簇中心的距离判断属于哪个簇
        """
        dist_mat = np.zeros (( self.n_clusters, X.shape [0]))
        for  k  in  range (self.n_clusters):
            dist_mat [k,  :] = self .dist_obj . cal_dist (self. cluster_centers_ [k], X)
        # 各样本距离簇中心最短距离的簇索引
        self. labels_ = np.argmin (dist_mat,  axis=0)
        return  self. labels_

    def  cal_external_index (self ):
```

```
        """
        外部指标度量, 三种性能度量的结果值均在[0, 1]区间, 值越大越好
        """
        if self.labels_ is None:
            self.predict(self.X)
        a, b, c, d = 0, 0, 0, 0  # 初始化各指标变量
        for i in range(self.n_samples):
            for j in range(i + 1, self.n_samples):
                if self.labels_[i] == self.labels_[j] and self.y[i] == self.y[j]:
                    a += 1  # 在C中隶属于相同簇且在C*中也隶属于相同簇的样本对
                elif self.labels_[i] == self.labels_[j] and self.y[i] != self.y[j]:
                    b += 1  # 在C中隶属于相同簇且在C*中隶属于不同簇的样本对
                elif self.labels_[i] != self.labels_[j] and self.y[i] == self.y[j]:
                    c += 1  # 在C中隶属于不同簇且在C*中隶属于相同簇的样本对
                elif self.labels_[i] != self.labels_[j] and self.y[i] != self.y[j]:
                    d += 1  # 在C中隶属于不同簇且在C*中也隶属于不同簇的样本对
        self.Jaccard = a / (a + b + c)  # Jaccard系数
        self.FMI = np.sqrt(a / (a + b) * a / (a + c))  # FMI指数
        self.Rand = 2 * (a + d) / self.n_samples / (self.n_samples - 1)  # RI指数
        return self.Jaccard, self.FMI, self.Rand

    def plt_lvq_cluster(self, is_show: bool = True, is_large_volume_data: bool = False):
        """
        可视化样本的聚类和簇标记, 略去具体代码
        """
```

例 2 基于 sklearn.datasets.make_blobs 生成包含 2 个特征属性、4 个类别的 500 个样本数据, 采用学习向量量化算法进行聚类.

```
X, y = make_blobs(n_samples=500, n_features=2, centers=4, random_state=1)
X = StandardScaler().fit_transform(X)  # 标准化
lvq = LVQCluster(eta=0.001, tol=1e-3, max_epochs=2000)
```

图 11-3 为学习向量量化聚类的结果, 外部指标值 (见图标题) 较高, 聚类效果较好. LVQ 收敛的原型向量为

$$\boldsymbol{p}_0^* = (1.4571181, 1.5373685)^{\mathrm{T}}, \quad \boldsymbol{p}_1^* = (-1.24686213, -0.26598523)^{\mathrm{T}},$$

$$\boldsymbol{p}_2^* = (-0.2727443, -1.18756697)^{\mathrm{T}}, \quad \boldsymbol{p}_3^* = (0.06758161, -0.09251186)^{\mathrm{T}}.$$

LVQ 算法与 k-means 算法的簇中心向量较为接近. 实际上, 簇 3 中有两个样本划分为了簇 1 和簇 2, 可通过对样本预测簇标记, 进而判别对比.

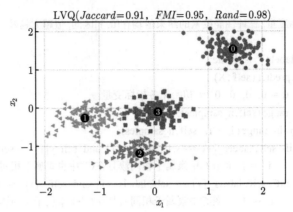

图 11-3　LVQ 聚类结果与外部指标值

11.2.3　高斯混合聚类

高斯混合 (Mixture of Gaussian) 聚类[1] 采用概率模型来表达聚类原型. 对 m 维样本空间 $\mathcal{X}$ 中的随机向量 $\boldsymbol{x}$, 若 $\boldsymbol{x}$ 服从多元高斯分布, 其概率密度函数定义为

$$p\left(\boldsymbol{x}|\boldsymbol{\mu},\boldsymbol{\Sigma}\right)=\frac{1}{(2\pi)^{\frac{m}{2}}\left|\boldsymbol{\Sigma}\right|^{\frac{1}{2}}}\exp\left(-\frac{1}{2}\left(\boldsymbol{x}-\boldsymbol{\mu}\right)^{\mathrm{T}}\boldsymbol{\Sigma}^{-1}\left(\boldsymbol{x}-\boldsymbol{\mu}\right)\right),\qquad(11\text{-}18)$$

其中 $\boldsymbol{\mu}$ 是 m 维均值向量, $\boldsymbol{\Sigma}$ 是 $m\times m$ 的协方差矩阵. 高斯分布完全由均值向量 $\boldsymbol{\mu}$ 和协方差矩阵 $\boldsymbol{\Sigma}$ 确定.

高斯混合分布共由 k 个混合成分组成, 每个混合成分对应一个高斯分布, 定义为

$$p_{\mathcal{M}}\left(\boldsymbol{x}\right)=\sum_{i=1}^{k}\alpha_{i}\cdot p\left(\boldsymbol{x}|\boldsymbol{\mu}_{i},\boldsymbol{\Sigma}_{i}\right),\qquad(11\text{-}19)$$

其中 $\alpha_{i}\geqslant 0$ 为相应的混合系数 (mixture coefficient), 且 $\sum_{i=1}^{k}\alpha_{i}=1$.

假定样本的生成过程由高斯混合分布给出, 首先根据 $\alpha_{1},\alpha_{2},\cdots,\alpha_{k}$ 定义的先验分布选择高斯混合成分, 其中 α_{i} 为选择第 i 个混合成分的概率; 然后再根据被选择的混合成分的概率密度函数进行采样, 从而生成相应的样本. 若训练集 $\mathcal{X}=\{\boldsymbol{x}_{i}\}_{i=1}^{n}$ 由上述过程生成, 令随机变量 $z_{j}\in\{1,2,\cdots,k\}$ 表示生成样本 $\boldsymbol{x}_{j}$ 的高斯混合成分, 其取值未知. z_{j} 的先验概率 $P\left(z_{j}=i\right)$ 对应于 α_{i}. 根据贝叶斯定

理, z_j 的后验概率对应于

$$p_{\mathcal{M}}\left(z_j = i | \boldsymbol{x}_j\right) = \frac{P\left(z_j = i\right) \cdot p_{\mathcal{M}}\left(\boldsymbol{x}_j | z_j = i\right)}{p_{\mathcal{M}}\left(\boldsymbol{x}_j\right)} = \frac{\alpha_i \cdot p\left(\boldsymbol{x}_j | \boldsymbol{\mu}_i, \boldsymbol{\Sigma}_i\right)}{\sum\limits_{i=1}^{k} \alpha_i \cdot p\left(\boldsymbol{x}_j | \boldsymbol{\mu}_i, \boldsymbol{\Sigma}_i\right)}. \quad (11\text{-}20)$$

$p_{\mathcal{M}}\left(z_j = i | \boldsymbol{x}_j\right)$ 给出了样本 $\boldsymbol{x}_j$ 由第 i 个高斯混合成分生成的后验概率, 将其简记为 $\gamma_{j,i}\,(i = 1, 2, \cdots, k)$.

当高斯混合分布已知时, 高斯混合聚类将把样本集 $\boldsymbol{\mathcal{X}}$ 划分为 k 个簇 $\boldsymbol{\mathcal{C}} = \{C_1, C_2, \cdots, C_k\}$, 每个样本 $\boldsymbol{x}_j$ 的簇标记 λ_j 由

$$\lambda_j = \underset{i \in \{1, 2, \cdots, k\}}{\arg\max} \gamma_{j,i} \quad (11\text{-}21)$$

确定. 因此, 从原型聚类的角度来看, 高斯混合聚类是采用概率模型 (高斯分布) 对原型进行刻画, 簇划分则由原型对应后验概率确定.

高斯混合模型参数的求解: 给定样本集 $\boldsymbol{\mathcal{X}}$, 可采用极大似然估计, 即最大化对数似然

$$l\left(\boldsymbol{\mathcal{X}}\right) = \ln\left(\prod_{j=1}^{n} p_{\mathcal{M}}\left(\boldsymbol{x}_j\right)\right) = \sum_{j=1}^{n} \ln\left(\sum_{i=1}^{k} \alpha_i \cdot p\left(\boldsymbol{x}_j | \boldsymbol{\mu}_i, \boldsymbol{\Sigma}_i\right)\right). \quad (11\text{-}22)$$

常采用 EM 算法[2](expectation maximization algorithm, 期望极大算法) 进行迭代优化求解. EM 算法用于在含有隐变量 (latent variable) 的概率模型中寻找参数的极大似然估计或极大后验估计.

若参数 $\{(\alpha_i, \boldsymbol{\mu}_i, \boldsymbol{\Sigma}_i) | 1 \leqslant i \leqslant k\}$ 能使式 (11-22) 最大化, 则由 $l\left(\boldsymbol{\mathcal{X}}\right)$ 分别对 $\boldsymbol{\mu}_i, \boldsymbol{\Sigma}_i$ 的一阶偏导数为零, 再由式 (11-20) 以及 $\gamma_{j,i} = p_{\mathcal{M}}\left(z_j = i | \boldsymbol{x}_j\right)$, 得

$$\boldsymbol{\mu}_i = \frac{\sum\limits_{j=1}^{n} \gamma_{j,i} \boldsymbol{x}_j}{\sum\limits_{j=1}^{n} \gamma_{j,i}}, \quad \boldsymbol{\Sigma}_i = \frac{\sum\limits_{j=1}^{n} \gamma_{j,i}\left(\boldsymbol{x}_j - \boldsymbol{\mu}_i\right)\left(\boldsymbol{x}_j - \boldsymbol{\mu}_i\right)^{\mathrm{T}}}{\sum\limits_{j=1}^{n} \gamma_{j,i}}, \quad (11\text{-}23)$$

即各混合成分的均值可通过样本加权平均来估计, 样本权重是每个样本属于该成分的后验概率.

对于混合系数 α_i, 除了要最大化 $l\left(\boldsymbol{\mathcal{X}}\right)$, 还需满足 $\alpha_i \geqslant 0$ 与 $\sum\limits_{i=1}^{k} \alpha_i = 1$. 考虑

$l(\mathcal{X})$ 的拉格朗日形式

$$\mathcal{L}(\boldsymbol{\alpha}) = l(\mathcal{X}) + \lambda \left(\sum_{i=1}^{k} \alpha_i - 1 \right), \tag{11-24}$$

其中 $\boldsymbol{\alpha} = (\alpha_1, \alpha_2, \cdots, \alpha_k)$, 上式 $\mathcal{L}(\boldsymbol{\alpha})$ 对 α_i 求一阶偏导数且等于 0, 有

$$\sum_{j=1}^{n} \frac{p(\boldsymbol{x}_j | \boldsymbol{\mu}_i, \boldsymbol{\Sigma}_i)}{\sum_{i=1}^{k} \alpha_i \cdot p(\boldsymbol{x}_j | \boldsymbol{\mu}_i, \boldsymbol{\Sigma}_i)} + \lambda = 0. \tag{11-25}$$

两边同乘以 α_i, 对所有样本求和可知 $\lambda = -n$, 有

$$\alpha_i = \frac{1}{n} \sum_{j=1}^{n} \gamma_{j,i}, \tag{11-26}$$

即每个高斯成分的混合系数由样本属于该成分的平均后验概率确定.

赤池信息标准 (Akaike Information Criterion, AIC) 是建立在信息熵的基础上, 用来衡量模型拟合优良性的一种指标, 计算公式

$$AIC = -2 \ln L + 2k, \tag{11-27}$$

其中 L 为似然函数, k 为模型自由参数量.

贝叶斯信息标准 (Bayesian Information Criterions, BIC) 考虑了样本数量, 当样本数量过多时, 可有效防止模型精度过高造成的模型复杂度过高, 计算公式

$$BIC = -2 \ln L + \ln(n) \cdot k, \tag{11-28}$$

其中 n 为样本量.

高斯混合聚类算法流程:

输入: 样本集 $\mathcal{X} = \{\boldsymbol{x}_i\}_{i=1}^{n}$, 高斯混合成分个数 k.

输出: 簇划分 $\mathcal{C} = \{C_1, C_2, \cdots, C_k\}$.

1. 初始化高斯混合分布模型的参数 $\{\alpha_i, \boldsymbol{\mu}_i, \boldsymbol{\Sigma}_i | 1 \leqslant i \leqslant k\}$.

2. 重复如下步骤 (1) 和 (2), 直到满足停止条件.

 (1) 对 $j = 1, 2, \cdots, n$, 根据式 (11-20) 计算 $\boldsymbol{x}_j$ 由各混合成分生成的后验概率, 即 $\gamma_{j,i} (i = 1, 2, \cdots, k)$.

 (2) 对 $i = 1, 2, \cdots, k$, 根据式 (11-23) 和 (11-26) 计算模型的新参数 $\{\alpha_i', \boldsymbol{\mu}_i', \boldsymbol{\Sigma}_i' | 1 \leqslant i \leqslant k\}$, 并更新为 $\{\alpha_i, \boldsymbol{\mu}_i, \boldsymbol{\Sigma}_i | 1 \leqslant i \leqslant k\}$.

3. $C_i = \varnothing (1 \leqslant i \leqslant k)$.

4. 对 $j = 1, 2, \cdots, n$, 根据式 (11-21) 确定 $\boldsymbol{x}_j$ 的簇标记 λ_j, 将 $\boldsymbol{x}_j$ 划入相应的簇: $C_{\lambda_j} = C_{\lambda_j} \cup \{\boldsymbol{x}_j\}$.

高斯混合聚类算法设计如下.

```python
# file_name: gmm_cluster.py
class GaussianMixtureCluster:
    """
    高斯混合聚类算法, 采用EM算法不断优化模型参数
    """
    def __init__(self, n_components: int = 1, tol: float = 1e-3, max_epochs: int = 1000):
        self.n_components = n_components  # 高斯混合模型数量k
        self.tol = tol    # -log likehold增益 < tol时, 停止训练
        self.max_epochs = max_epochs  # 最大迭代次数
        self.gmc_params_ = []  # 高斯模型参数, 由于参数维度不一致, 故采用列表存储
        self.n_samples, self.m_features = 0, 0  # 训练样本的样本量和特征数
        self.X = None  # 训练样本集
        self.AIC, self.BIC = np.inf, np.inf  # 赤池信息准则和贝叶斯信息准则

    def _gauss_nd(self, X: np.ndarray, mu: np.ndarray, sigma: np.ndarray):
        """
        多元高斯函数. X: 样本数据, mu: 均值, sigma: 协方差矩阵
        """
        left_c = 1.0 / (np.power(2 * np.pi, self.m_features / 2) *
                        np.sqrt(np.linalg.det(sigma)))  # 结果为标量
        # exp函数内部表达式计算, 结果为一维数组
        inner_ = np.sum(-0.5 * (X - mu) @ np.linalg.inv(sigma) * (X - mu), axis=1)
        return left_c * np.exp(inner_)

    def fit(self, X: np.ndarray):
        """
        高斯混合聚类核心算法
        """
        self.X = np.asarray(X)  # 类型转换, 便于矢量化计算
        self.n_samples, self.m_features = self.X.shape  # 样本量和特征属性数
        # 初始化参数, cov默认情况下每一行代表一个变量(属性), 每一列代表一个样本
        mu, sigma = np.mean(self.X, axis=0), np.cov(self.X.T)
        alpha = 1.0 / self.n_components  # 混合系数$\alpha_i, i = 1, 2, \cdots, k$
        # 各特征变量的最大最小值
        max_v, min_v = np.max(self.X, axis=0), np.min(self.X, axis=0)
        for _ in range(self.n_components):
```

```
        # 每个高斯模型的权重系数初始化一致, 均值在整体均值的基础上添加一个随
        # 机的bias. 方差初始化一致, 且使用整体的方差
        self.gmc_params_.append([alpha, mu + np.random.random() *
                                    (max_v + min_v) / 2, sigma])
    # 1. 计算当前的隐变量, E步
    cur_log_loss, gamma = self._update_gamma(self.X)
    for _ in range(self.max_epochs):  # 迭代优化训练
        # 2. 更新高斯模型参数, 即M步
        for k in range(self.n_components):
            self.gmc_params_[k][0] = np.mean(gamma[:, k])  # 2.1 更新α
            # 2.2 更新均值, gamma[:, [k]]取值, 构成m × 1
            self.gmc_params_[k][1] = (np.sum(gamma[:, [k]] * self.X, axis=0) /
                                        gamma[:, k].sum())
            # 2.3 更新协方差
            self.gmc_params_[k][2] = ((gamma[:, [k]] *
                                        (self.X - self.gmc_params_[k][1])).T @
                                        (self.X - self.gmc_params_[k][1]) /
                                        gamma[:, k].sum())
        new_log_loss, gamma = self._update_gamma(self.X)  # 更新当前的隐变量
        if abs(new_log_loss - cur_log_loss) > self.tol:  # 3. 终止条件
            cur_log_loss = new_log_loss  # 更新当前所有样本的对数极大似然均值
        else: break


def _cal_gamma(self, X: np.ndarray):
    """
    计算每个样本在每个GMM中的高斯分布函数值, 即 γ_{j,i} = p(x_j | μ_i, Σ_i)
    """
    gamma = [alpha * self._gauss_nd(X, mu, sigma)
                for alpha, mu, sigma in self.gmc_params_]
    return np.asarray(gamma).T  # 维度形状为n × k, 即n * n_components


def _update_gamma(self, X: np.ndarray):
    """
    E步, 计算每个样本由每个GMM模型生成的后验概率 P_M(z_j = i | x_j),
    以及对数极大似然均值
    """
    gamma = self._cal_gamma(X)  # 计算每个样本在每个GMM中的分布函数值
    log_loss = np.mean(np.log(gamma.sum(axis=1)))  # 计算对数极大似然均值
    gamma = gamma / np.sum(gamma, axis=1, keepdims=True)  # 归一化并保持维度
    return log_loss, gamma
```

```python
def predict_proba(self, X: np.ndarray) -> np.ndarray:
    """
    预测样本在第i个高斯模型上的概率分布值, 即p(X|μᵢ, Σᵢ)
    """
    gamma = self._cal_gamma(X)  # 计算样本在每个高斯模型上的概率分布值
    return gamma / np.sum(gamma, axis=1, keepdims=True)  # 归一化

# 预测样本产生于概率最大的高斯模型所属的簇标记, lambda函数定义
predict = lambda self, X: np.argmax(self.predict_proba(X), axis=1)

# 返回样本的生成概率, 式(11-20)按轴1求和, lambda函数定义
_sample_generate_proba = lambda self, X: np.sum(self._cal_gamma(X), axis=1))

# 样本的对数似然均值, lambda函数定义
_samples_score = lambda self, X: np.log(self._cal_gamma(X).sum(axis=1)))

# 所有样本的对数似然均值, lambda函数定义
_mean_score = lambda self, X: np.mean(self._samples_score(X))

def cal_AIC_BIC(self, X):
    """
    计算AIC信息准则和BIC信息准则
    """
    # 如下参考sklearn库函数: 协方差参数只计算对角线及以下元素数
    k = self.n_components * self.m_features * (self.m_features + 1) / 2.0
    # 均值向量参数数与特征数相同, 以及n_components(k)个簇, k = 参数数 − 1
    k += self.m_features * self.n_components + self.n_components - 1
    n_ms = -2 * self._mean_score(X) * self.n_samples  # AIC与BIC公式第一项
    self.AIC = n_ms + 2 * k  # 赤池信息准则
    self.BIC = n_ms + k * np.log(self.n_samples)  # 贝叶斯信息准则
    return self.AIC, self.BIC

def plt_gmm_contour(self, lines: int = 5, is_show: bool = True):
    """
    绘制高斯混合聚类模型的等值线, 参数lines表示绘制等值线条数
    if is_show: plt.figure(figsize=(7, 5))
    x = np.linspace(self.X[:, 0].min(), self.X[:, 0].max(), 50)  # 离散等分
    y = np.linspace(self.X[:, 1].min(), self.X[:, 1].max(), 50)  # 离散等分
    X_, Y_ = np.meshgrid(x, y)  # 生成网格数据
```

```
sgp = (self._sample_generate_proba(np.c_[X_.reshape(-1), Y_.reshape(-1)]).
        reshape(X_.shape))  # 计算生成概率
C = plt.contour(X_, Y_, sgp, levels=lines, linestyles="-", zorder=1)  # 等值线
plt.clabel(C, inline=1, fontsize=10)  # 等值线标记
labels = self.predict(self.X)  # 预测簇标记
markers = "o<>sp*"  # 点标记
for label in np.unique(labels):
    cluster = self.X[labels == label]  # 获取每个簇的样本集并绘制样本
    plt.scatter(cluster[:, 0], cluster[:, 1], marker=markers[label], s=20)
for k, param in enumerate(self.gmc_params_):  # 绘制簇标记
    plt.scatter(param[1][0], param[1][1], marker="o", c="k", s=200, zorder=10)
    plt.scatter(param[1][0], param[1][1], marker="$%d$" % k, c="w",
                s=50, zorder=10)
aic, bic = self.cal_AIC_BIC(self.X)  # 计算AIC和BIC准则
plt.title(r"$Gaussian Mixture Cluster of EM Algorithm$" + "\n" +
        r"$(AIC=%.2f, BIC=%.2f)$" % (aic, bic), fontdict={"fontsize": 18})
# 略去图像修饰, 坐标轴及其刻度大小等
if is_show: plt.show()
```

例 3　基于 sklearn.datasets.make_blobs 生成包含 2 个特征属性、4 个类别的 400 个样本数据, 采用高斯混合聚类, 聚类簇数为 4 和 3.

```
X, _ = make_blobs(n_samples=400, centers=4, cluster_std=0.6, random_state=0)
gmm = GaussianMixtureCluster(n_components=4, tol=1e-10, max_epochs=1000)
```

如图 11-4 所示, 从 AIC 或 BIC 可以看出, 聚类 4 个簇具有更好的拟合效果, 符合训练样本的 4 个类别. 4 个高斯模型 (簇) 的参数如表 11-2 所示, 与 sklearn.mixture.GaussianMixture 所求结果一致.

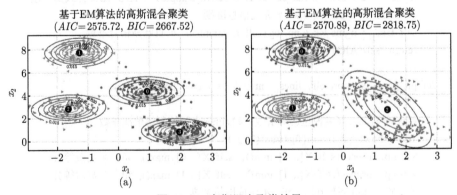

图 11-4　高斯混合聚类结果

表 11-2 高斯混合聚类 4 个簇的参数

λ_i	α_i	μ_i	Σ_i	
0	0.25498193	$(0.93020097, 4.36354384)^{\mathrm{T}}$	$\begin{pmatrix} 0.36998634 & -0.00353669 \\ -0.00353669 & 0.40973223 \end{pmatrix}$	
1	0.24852057	$(-1.27798445, 7.76358457)^{\mathrm{T}}$	$\begin{pmatrix} 0.28705239 & 0.01501342 \\ 0.01501342 & 0.36396526 \end{pmatrix}$	
2	0.24691837	$(-1.62887371, 2.84381188)^{\mathrm{T}}$	$\begin{pmatrix} 0.37324546 & 0.02689341 \\ 0.02689341 & 0.38451751 \end{pmatrix}$	
3	0.24957913	$(1.95817377, 0.83729325)^{\mathrm{T}}$	$\begin{pmatrix} 0.34158341 & -0.02417921 \\ -0.02417921 & 0.29735074 \end{pmatrix}$	

■ 11.3 密度聚类

密度聚类[1] 亦称基于密度的聚类 (density-based clustering), 此类算法假设聚类结构能通过样本分布的紧密程度确定. DBSCAN (Density-Based Spatial Clustering Of Applications With Noise) 是一种著名的密度聚类算法, 它基于一组邻域 (neighborhood) 参数 $(\varepsilon, MinPts)$ 来刻画样本分布的紧密程度. DBSCAN 算法将簇定义为密度相连的样本的最大集合, 能够将密度足够高的区域划分为簇, 不需要给定簇数量, 并可在有噪声的空间数据集中发现任意形状的簇.

给定数据集 $\boldsymbol{\mathcal{X}} = \{\boldsymbol{x}_i\}_{i=1}^n$, 对 $\boldsymbol{x}_j \in \boldsymbol{\mathcal{X}}$, 其 ε-邻域包含样本集 $\boldsymbol{\mathcal{X}}$ 中与 $\boldsymbol{x}_j$ 的距离不大于 ε 的样本, 即

$$N_\varepsilon(\boldsymbol{x}_j) = \{\boldsymbol{x}_i \in \boldsymbol{\mathcal{X}} | \mathrm{dist}(\boldsymbol{x}_i, \boldsymbol{x}_j) \leqslant \varepsilon\}. \tag{11-29}$$

若 $\boldsymbol{x}_j$ 的 ε-邻域至少包含 $MinPts$ 个样本, 即 $|N_\varepsilon(\boldsymbol{x}_j)| \geqslant MinPts$, 则 $\boldsymbol{x}_j$ 是一个核心对象 (core object); 若 $\boldsymbol{x}_j$ 位于 $\boldsymbol{x}_i$ 的 ε-邻域中, 且 $\boldsymbol{x}_i$ 是核心对象, 则称 $\boldsymbol{x}_j$ 由 $\boldsymbol{x}_i$ 密度直达 (directly density-reachable); 对 $\boldsymbol{x}_i$ 与 $\boldsymbol{x}_j$, 若存在样本序列 $\boldsymbol{p}_1, \boldsymbol{p}_2, \cdots, \boldsymbol{p}_l$, 其中 $\boldsymbol{p}_1 = \boldsymbol{x}_i$, $\boldsymbol{p}_l = \boldsymbol{x}_j$, 且 $\boldsymbol{p}_{i+1}$ 由 $\boldsymbol{p}_i$ 密度直达, 则称 $\boldsymbol{x}_j$ 由 $\boldsymbol{x}_i$ 密度可达 (density-reachable); 对 $\boldsymbol{x}_i$ 与 $\boldsymbol{x}_j$, 若存在 $\boldsymbol{x}_k$ 使得 $\boldsymbol{x}_i$ 与 $\boldsymbol{x}_j$ 均由 $\boldsymbol{x}_k$ 密度可达, 则称 $\boldsymbol{x}_i$ 与 $\boldsymbol{x}_j$ 密度相连 (density-connected). 图 11-5 为 DBSCAN 概念示意图[1], 其中 $MinPts = 3$, 虚线为 ε-邻域, 则 $\boldsymbol{x}_1$ 为核心对象, $\boldsymbol{x}_2$ 由 $\boldsymbol{x}_1$ 密度直达, $\boldsymbol{x}_3$ 由 $\boldsymbol{x}_1$ 密度可达, $\boldsymbol{x}_3$ 与 $\boldsymbol{x}_4$ 密度相连.

DBSCAN 簇是由密度可达关系导出的最大密度相连接样本集合, 即给定邻域参数 $(\varepsilon, MinPts)$, 簇 $C \subseteq \boldsymbol{\mathcal{X}}$ 是满足以下性质的非空样本子集:

(1) 连接性 (connectivity): $\boldsymbol{x}_i \in C$, $\boldsymbol{x}_j \in C \Rightarrow \boldsymbol{x}_i$ 与 $\boldsymbol{x}_j$ 密度相连;

(2) 最大性 (maximality): $\boldsymbol{x}_i \in C$, $\boldsymbol{x}_j$ 由 $\boldsymbol{x}_i$ 密度直达 $\Rightarrow \boldsymbol{x}_j \in C$.

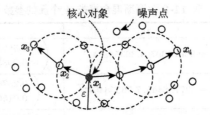

图 11-5   DBSCAN 定义的基本概念示意图

DBSCAN 算法流程[1]:

输入: 样本集 $\boldsymbol{\mathcal{X}} = \{\boldsymbol{x}_1, \boldsymbol{x}_2, \cdots, \boldsymbol{x}_n\}$, 邻域参数 $(\varepsilon, MinPts)$;

输出: 簇划分 $\boldsymbol{\mathcal{C}} = \{C_1, C_2, \cdots, C_k\}$.

1. 初始化核心对象集合 $\Omega = \varnothing$.

2. 确定 n 个样本 $\boldsymbol{x}_j$ 的 ε 邻域 $N_\varepsilon(\boldsymbol{x}_j)$, 如果 $|N_\varepsilon(\boldsymbol{x}_j)| \geqslant MinPts$, 则将样本 $\boldsymbol{x}_j$ 加入核心对象集合 $\Omega = \Omega \cup \{\boldsymbol{x}_j\}, j = 1, 2, \cdots, n$.

3. 初始化聚类簇数 $k = 0$, 初始化未访问样本集合 $\Gamma = \boldsymbol{\mathcal{X}}$.

4. while $\Omega \neq \varnothing$, do:

    (1) 记录当前未访问样本集合 $\Gamma_{\mathrm{old}} = \Gamma$;

    (2) 随机选取一个核心对象 $\boldsymbol{o} \in \Omega$, 初始化队列 $Q = \langle \boldsymbol{o} \rangle$;

    (3) $\Gamma = \Gamma \setminus \langle \boldsymbol{o} \rangle$;

    (4) while $Q \neq \varnothing$ do:

        ① 取出队列 Q 中的首个样本 $\boldsymbol{q}$;

        ② 如果 $|N_\varepsilon(\boldsymbol{q})| \geqslant MinPts$, 则令 $\Delta = N_\varepsilon(\boldsymbol{q}) \cap \Gamma$, 将 Δ 中的样本加入队列 Q, $\Gamma = \Gamma \setminus \Delta$.

    (5) $k = k + 1$, 生成聚类簇 $C_k = \Gamma_{\mathrm{old}} \setminus \Gamma$;

    (6) $\Omega = \Omega \setminus C_k$.

    DBSCAN 算法的优点: 不需要事先给定簇的数目 k; 适于稠密的非凸数据集, 可以发现任意形状的簇; 可以在聚类时发现噪声点, 对数据集中的异常点不敏感; 对样本输入顺序不敏感. 但 DBSCAN 对于高维数据效果不好, 不适于样本密度差异很小的数据集. DBSCAN 需对参数组合 $(\varepsilon, MinPts)$ 调优. 给定 ε, 选择过大的 $MinPts$ 会导致核心对象数量减少, 使得一些包含对象 (样本) 较少的自然簇被丢弃; 选择过小的 $MinPts$ 会导致大量对象被标记为核心对象, 从而将噪声归入簇. 给定 $MinPts$, 选择过小的 ε 会导致大量的对象被误标为噪声, 一个自然簇被误拆为多个簇; 选择过大的 ε 则可能有很多噪声被归入簇, 而本应分离的若干自然簇也被合并为一个簇. 数据量很大时算法收敛的时间较长.

    DBSCAN 算法实现, 基于队列数据结构, 需导入 queue.Queue.

```python
# ile_name: densitycluster.py
class DBSCANClustering:
    """
    DBSCAN算法, 即Density-Based Spatial Clustering Of Applications With Noise
    """
    def __init__(self, epsilon: float = 0.5, min_pts: int = 3,
                 dist_metric: str = "minkoswki", p: int = 2):
        self.epsilon = epsilon  # ε邻域半径
        self.min_pts = min_pts  # 核心对象的ε邻域半径内的最少样本量
        if dist_metric.lower() == "minkoswki":  # 距离方法
            self.dist_obj = DistanceUtils("minkoswki", p)  # 由距离工具类实例化
        else:
            raise ValueError("请扩展其他距离算法")
        self.n_samples, self.m_features = 0, 0  # 样本量, 特征属性数
        self.X = None  # 样本集
        self.labels_ = None  # 记录样本标签, -1表示噪声点

    def fit(self, X: np.ndarray):
        """
        DBSCAN核心算法, 拟合样本集. 采用队列结构, 先进先出
        """
        self.n_samples, self.m_features = X.shape  # 样本量和特征属性数
        self.X = X  # 样本集
        self.labels_ = -1 * np.ones(self.n_samples)  # 记录样本标签, -1表示噪声点
        # 计算任意两个样本间的距离, 且是对称矩阵
        dist_mat = self.dist_obj.cal_dist(X, X)
        core_objects = set()  # 初始化核心对象集合
        for i in range(self.n_samples):
            # 对每一个样本确定其邻域, 找出核心对象
            if np.sum(dist_mat[i] <= self.epsilon) >= self.min_pts:
                core_objects.add(i)  # 添加核心对象索引
        k = 0  # 初始化聚类簇数, 簇标记
        unvisited_set = set(range(self.n_samples))  # 初始化未访问样本集合
        while len(core_objects) > 0:
            unvisited_set_old = unvisited_set.copy()  # 记录当前未访问样本集合
            obj = np.random.choice(list(core_objects))  # 随机选择一个核心对象
            queue_object = Queue()  # 初始化队列
            queue_object.put(obj)  # 入队列
            unvisited_set = unvisited_set - {obj}  # 未访问集合中去掉核心对象obj
```

```
                while not queue_object.empty():  # 若队列非空
                    q = queue_object.get()  # 取出首个样本
                    if q in core_objects:  # 判断是否为核心对象
                        # 获取邻域内样本与未访问样本的交集
                        delta_1 = set(np.argwhere(dist_mat[q] <= self.epsilon).
                                        reshape(-1).tolist())
                        delta = delta_1 & unvisited_set  # 交集
                        for d in delta:
                            queue_object.put(d)  # 将其放入队列
                        unvisited_set = unvisited_set - delta  # 从未访问集合中去掉
                # 获取聚类簇idx
                cluster_k = unvisited_set_old - unvisited_set
                k_idx = list(cluster_k)
                self.labels_[k_idx] = k  # 该簇内样本标记为同一个簇标记
                k += 1  # 簇标记+1, 以标记下一个簇
                core_objects = core_objects - cluster_k  # 去掉在当前簇中的核心对象
            return self.labels_

    def plt_dbscan_cluter(self, is_show: bool = True,
                            is_large_volume_data: bool = False):
        """
        可视化样本的聚类和簇标记. 略去具体代码
        """
```

例 4 基于 sklearn.datasets.make_blobs 生成包含 2 个特征属性、5 个类别的 2000 个样本数据, 采用 DBSCAN 算法进行聚类.

数据的生成、标准化, 以及 DBSCAN 算法对象参数的初始化如下.

```
# 各簇的中心向量
centers = np.array([[0.2, 2.3], [-1.5, 2.3], [-2.8, 1.8], [-2.8, 2.8], [-2.2, 1.3]])
std = np.array([0.3, 0.2, 0.1, 0.15, 0.1])  # 各簇的样本标准差
X, _ = make_blobs(n_samples=2000, n_features=2, centers=centers, cluster_std=std,
                    random_state=7)  # 生成数据
X = StandardScaler().fit_transform(X)  # 标准化
dbc = DBSCANClustering(epsilon=0.25, min_pts=5)  # 可修改参数值
```

如图 11-6 所示, 不同的邻域参数 ε 影响了聚类的簇数, 当 $\varepsilon = 0.25$ 时, 簇数为 5, 且包含了较少的噪声点, 符合样本集为五类的假设. 而当 $\varepsilon = 0.3$ 时, 则把左下角两个簇归并为一个簇. 缩小参数 ε 的值, 可减少核心对象的数量, 反而使得噪声点更多. 对于参数 $MinPts$ 的测试, 可修改各簇的中心向量或标准差, 然后自行

测试. 注意: 簇标记符号仅为区别不同的簇, 并不表示顺序.

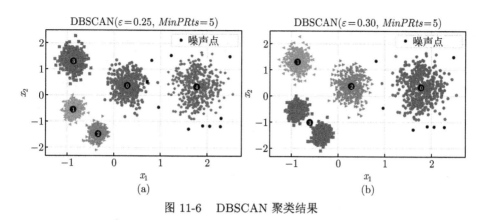

图 11-6 DBSCAN 聚类结果

例 5 数据集 "lidar_subset.mat[①]" 是通过激光雷达扫描车辆周围的物体, 并存储为三维坐标点的集合. 为突出显示车辆周围的环境, 将感兴趣的区域设置为横跨车辆左右 20 米、车辆前后 20 米以及路面上方的区域. 数据集共包含 19070 个样本.

如图 11-7 所示, DBSCAN 共识别了 11 个集群 (簇), 并将车辆放置在一个单独的集群中 (箭头所指). 其中标记为 "×" 的样本点为噪声点, DBSCAN 参数设置见标题信息. 读者可改变参数组合值, 观察 DBSCAN 对车辆周围不同物体的聚类效果.

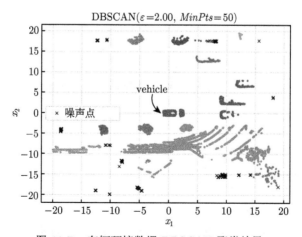

图 11-7 车辆环境数据 DBSCAN 聚类结果

---

① 数据来源于 MATLAB R2024b, dbscan.

■ 11.4 层次聚类

层次聚类[1] (hierarchical clustering) 试图在不同层次对数据集进行划分, 从而形成树形的聚类结构. 数据集的划分可采用 "自底向上" 的聚合策略, 也可采用 "自顶向下" 的分拆策略.

AGNES (agglomerative nesting) 是一种采用自底向上聚合策略的层次聚类算法, 它先将数据集中的每个样本看作一个初始聚类簇, 然后在算法运行的每一步中找出距离最近的两个聚类簇进行合并, 该过程不断重复, 直至达到预设的聚类簇个数.

给定簇 C_i 与 C_j, 其最小距离或称单链接 (single-linkage) 定义为

$$d_{\min}(C_i, C_j) = \min_{\boldsymbol{x} \in C_i, \boldsymbol{z} \in C_j} \text{dist}(\boldsymbol{x}, \boldsymbol{z}). \tag{11-30}$$

最大距离或称全链接 (complete-linkage) 定义为

$$d_{\max}(C_i, C_j) = \max_{\boldsymbol{x} \in C_i, \boldsymbol{z} \in C_j} \text{dist}(\boldsymbol{x}, \boldsymbol{z}). \tag{11-31}$$

平均距离或称均链接 (average-linkage) 定义为

$$d_{\text{avg}}(C_i, C_j) = \frac{1}{|C_i|\,|C_j|} \sum_{\boldsymbol{x} \in C_i} \sum_{\boldsymbol{z} \in C_j} \text{dist}(\boldsymbol{x}, \boldsymbol{z}). \tag{11-32}$$

AGNES 算法流程[1]:

输入: 样本集 $\boldsymbol{\mathcal{X}} = \{\boldsymbol{x}_1, \boldsymbol{x}_2, \cdots, \boldsymbol{x}_n\}$, 距离度量函数 d, 聚类簇数 k;
输出: 簇划分 $\boldsymbol{\mathcal{C}} = \{C_1, C_2, \cdots, C_k\}$.

1. 对 $j = 1, 2, \cdots, n$, $C_j = \{\boldsymbol{x}_j\}$, 即每个样本自成一簇.
2. 计算距离矩阵 $\boldsymbol{M} = (m_{i,j})_{n \times n}$, 其中 $m_{i,j} = m_{j,i} = d(C_i, C_j)$, $i = 1, 2,$ $\cdots, n$, $j = 1, 2, \cdots, n$.
3. 初始化当前簇数 $q = n$.
4. while $q > k$, do:
    (1) 找出距离最近的两个簇 C_{i*} 和 C_{j*}.
    (2) 合并簇 C_{i*} 和 C_{j*}, 即 $C_{i*} = C_{i*} \cup C_{j*}$.
    (3) 对 $j = j^* + 1, j^* + 2, \cdots, q$, 将聚类簇 C_j 重编号 C_{j-1}.
    (4) 删除距离矩阵 $\boldsymbol{M}$ 的第 j^* 行与第 j^* 列.
    (5) 对 $j = 1, 2, \cdots, q-1$, 令 $m_{i*,j} = m_{j,i*} = d(C_{i*}, C_j)$.

(6) 令 $q = q - 1$.

基于 AGNES 算法流程实现 AGNES 聚类算法如下.

```python
# file_name: agnes_cluter.py
class HierarchicalClustering_AGNES:
    """
    AGNES层次聚类算法, 自底向上聚合策略
    """
    def __init__(self, n_clusters: int = 3, dist_metric: str = "minkoswki",
                 p: int = 2, linkage: str = "average"):
        self.n_clusters = n_clusters  # 聚类簇数
        self.linkage = linkage  # 簇间距离度量
        if dist_metric.lower() == "minkoswki":  # 样本间距离度量
            self.dist_obj = DistanceUtils("minkoswki", p)  # 欧氏距离
        elif dist_metric.lower() == "mahalanobis":
            self.dist_obj = DistanceUtils("mahalanobis")  # 马氏距离
        else: raise ValueError("请扩展其他距离算法.")
        self.n_samples, self.m_features = 0, 0  # 样本量, 特征变量数
        self.X, self.dist_mat = None, None  # 样本集与样本距离矩阵
        self.cluster_X, self.cluster_X_idx = None, None  # 簇内样本以及索引编号
        self.cluster_centers = {}  # 记录聚类中心点
        self.labels_ = None  # 各样本的簇标记

    def _dist_cluster_func(self, i_, j):
        """
        类间距离度量函数, 可在此拓展其他方法. 参数表示两个簇的簇标记
        """
        # 获取两个簇的距离矩阵d_mat
        d_mat = self.dist_mat[self.cluster_X_idx[i_], :][:, self.cluster_X_idx[j]]
        if self.linkage.lower() == "average":  # 两个簇内样本距离的均值
            return np.mean(d_mat)
        elif self.linkage.lower() == "single":  # 两个簇之间的最短距离
            return np.min(d_mat)
        elif self.linkage.lower() == "complete":  # 两个簇之间的最长距离
            return np.max(d_mat)
        else: raise ValueError("仅限于average、single和complete, 请进行扩展...")

    def fit(self, X: np.ndarray):
        """
        层次聚类核心算法, 划分样本到簇中, 并计算各簇中心向量
```

```python
        """
        self.n_samples, self.m_features = X.shape  # 样本量和样本特征数
        # 初始化簇及其簇标记, 即每个样本各自构成一个簇
        self.cluster_X, self.cluster_X_idx = dict(), dict()
        for j in range(self.n_samples):
            self.cluster_X[j], self.cluster_X_idx[j] = np.copy(X[[j]]), j
        dist_mat = self.dist_obj.cal_dist(X, X)  # 计算每个样本间距离, 对称矩阵
        self.dist_mat = np.copy(dist_mat)  # 副本, 用于簇间距离计算
        q = self.n_samples  # 设置当前聚类簇数为样本量
        while q > self.n_clusters:  # 停止条件, 满足要求的簇数
            # 寻找最近的两个聚类簇$C_{i*}$, $C_{j*}$
            dist_mat_up_idx = np.triu_indices_from(dist_mat, k=1)  # 取上三角元素索引
            # 上三角元素中的最小值 索引
            min_idx = np.argmin(dist_mat[dist_mat_up_idx])
            i_, j_ = dist_mat_up_idx[0][min_idx], dist_mat_up_idx[1][min_idx]
            # 合并$C_{i*}$和$C_{j*}$两个簇, 以及合并两个簇的样本索引
            self.cluster_X[i_] = \
                np.concatenate([self.cluster_X[i_], self.cluster_X[j_]])
            self.cluster_X_idx[i_] = \
                np.r_[self.cluster_X_idx[i_], self.cluster_X_idx[j_]]
            # 针对$j$后续的簇, 将聚类簇$C_j$重编号为$C_{j-1}$
            for j in range(j_ + 1, q):
                self.cluster_X[j - 1] = self.cluster_X[j]  # 更新编号
                self.cluster_X_idx[j - 1] = self.cluster_X_idx[j]
            del self.cluster_X[q - 1]  # 删除cluster_X[q], 即最后一个
            del self.cluster_X_idx[q - 1]  # 同时删除cluster_X_id[q]
            # 删除距离矩阵的第$j$行与第$j$列, 方阵且对称
            dist_mat = np.delete(dist_mat, j_, axis=0)  # 按列删
            dist_mat = np.delete(dist_mat, j_, axis=1)  # 按行删
            for j in range(q - 1):  # 更新距离, 以簇为单位
                dist_mat[i_, j] = self._dist_cluster_func(i_, j)
                dist_mat[j, i_] = dist_mat[i_, j]  # 对称
            q -= 1  # 更新$q$, 每一步中找出距离最近的两个聚类簇进行合并
        for idx in self.cluster_X:  # 计算簇中心向量
            self.cluster_centers[idx] = np.mean(self.cluster_X[idx], axis=0)
        self.labels_ = np.arange(self.n_samples)
        for key in self.cluster_X_idx.keys():
            self.labels_[self.cluster_X_idx[key]] = key  # 各样本的簇标记

    def predict(self, X: np.ndarray):
```

```
"""
如果有新样本 X, 则根据簇中心向量, 预测样本所属簇标记
"""
dist_mat = np.zeros((self.n_clusters, X.shape[0]))
for k in range(self.n_clusters):
    dist_mat[k, :] = self.dist_obj.cal_dist(self.cluster_centers[k], X)
return np.argmin(dist_mat, axis=0)

def plt_agnes_cluster(self, is_show: bool = True,
                      is_large_volume_data: bool = False):  # 可视化, 略去具体代码
```

例 6 基于 sklearn.datasets.make_blobs 生成包含 2 个特征属性、5 个类别的 500 个样本数据, 采用 AGNES 算法进行聚类.

数据的生成、标准化, 以及 AGNES 算法对象参数的初始化如下.

```
# 设置各簇的样本标准差和中心向量
std = np.array([0.3, 0.2, 0.15, 0.15, 0.2])
centers = np.array([[0.2, 2.3], [-1.0, 2.3], [-3.0, 2.0], [-2.0, 2.8], [1.0, 3.0]])
X, _ = make_blobs(n_samples=500, n_features=2, centers=centers, cluster_std=std,
                  random_state=7)  # 生成数据
X = StandardScaler().fit_transform(X)  # 标准化
agens = HierarchicalClustering_AGNES(n_clusters=5, linkage="average",
                                     dist_metric="minkoswki")  # 修改参数取值
```

表 11-3 为层次聚类法各簇内所含样本量, 以及 DBI 和 DI 指数. 从内部指数来看, 样本间采用欧氏距离、簇间采用均链接法的聚类效果最好. 注: 簇标记只作为标记号存在, 不作为先后顺序.

表 11-3   簇内样本量和 DBI 与 DI 指数

距离度量方法	C_0	C_1	C_2	C_3	C_4	DBI	DI
欧氏距离, complete	117	100	67	129	87	1.06039952	0.03371074
欧氏距离, average	117	100	170	98	15	0.78007784	0.05407924
马氏距离, average	105	100	45	98	152	1.00186961	0.05204115

如图 11-8 和图 11-9 所示, 样本间距离采用欧氏距离, 簇间距离度量无论采用全链接还是均链接, AGNES 层次聚类法的结果与采用库函数 sklearn.cluster. AgglomerativeClustering 聚类结果完全一致 (假设忽略簇标记), 且簇中心向量一致. 对于此例来说, 簇间距离若采用单链接, 聚类效果不佳, 其中三个簇均包含一个样本, 不再可视化. 若样本间距离采用曼哈顿距离度量, 则聚类结果与库函数所求聚类结果一致.

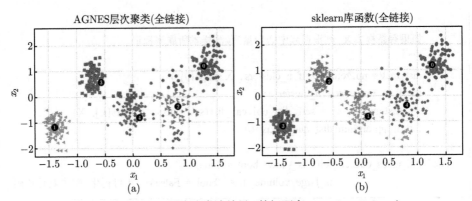

图 11-8　AGNES 层次聚类法结果 (簇间距离 complete-linkage)

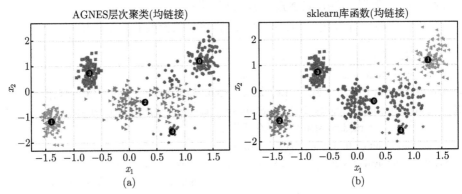

图 11-9　AGNES 层次聚类法结果 (簇间距离 average-linkage)

如图 11-10 所示, 样本间采用了马氏距离, 不同簇间距离采用了均链接度量, 自编码算法与库函数所求聚类结果也一致.

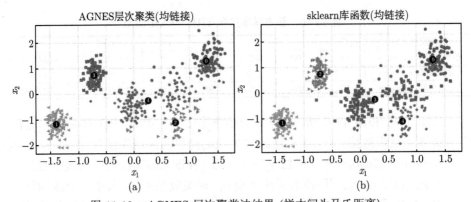

图 11-10　AGNES 层次聚类法结果 (样本间为马氏距离)

■ 11.5 习题与实验

1. 什么是聚类? 它与分类有什么区别?

2. 解释 "簇内距离" 和 "簇间距离", 并说明它们在聚类评估指标中的作用.

3. 试推导高斯混合聚类中第 i 个混合成分的 $\boldsymbol{\mu}_i$ 和 $\boldsymbol{\Sigma}_i$ 公式.

4. 分析 k-means、高斯混合聚类和 DBSCAN 对数据分布形态的偏好, 以及对异常值的敏感性. 如果数据分布呈现非球形 (如环形), k-means 和 DBSCAN 哪个更适用? 为什么?

5. 现有数据集 $\{(2.0, 2.0), (3.0, 3.0), (3.5, 2.0), (7.0, 2.5), (7.5, 3.5), (8.5, 3.0), (4.7, 5.0), (4.0, 5.6), (5.6, 5.3), (5.0, 3.5)\}$. 假设划分为 3 个簇, 试选择不同聚类算法并结合其流程给出最终的聚类结果, 给出计算过程. 必要时可结合算法进行计算, 并输出中间计算结果.

6. 部分餐饮客户的消费行为[9] 特征数据 (consumption_data.csv), 共有 940 个样本数据, 其中指标 R 表示最近一次消费时间间隔, F 表示消费频率, M 表示消费总金额. 选取不同的聚类算法, 建立合理的客户价值评估模型, 对客户进行分群, 分析比较不同客户群的客户价值, 并制定相应的营销策略.

7. 数据集 "palmerpenguins[①]" 包含了南极洲三个岛屿上三种企鹅 (阿德利企鹅, 巴布亚企鹅和帽带企鹅) 的测量数据, 其中 4 个形态特征为喙长度 (bill_length_mm)、喙深度 (bill_depth_mm)、鳍状肢长度 (flipper_length_mm) 和体重 (body_mass_g). 假设不考虑缺失数据, 请根据 4 个形态特征数据, 采用不同的聚类方法进行聚类分析, 选择合适的聚类指标进行度量分析.

■ 11.6 本章小结

聚类可形象化为 "方以类聚, 物以群分". 本章主要讨论了无监督学习中的聚类任务, 聚类在很多领域都有相当成功的应用. 聚类既能作为一个单独过程, 用于寻找数据内在的分布结构, 又可作为分类等其他学习任务的前驱过程. 本章共介绍了五种聚类算法, 以及聚类质量的度量标准, 并进行了算法设计与实现.

k-means 聚类计算简便, 速度快, 需事先预知聚类簇数 k, 也可通过度量标准选择最佳的聚类簇数, 簇中心的初始化对 k-means 比较重要. k-means 对离群点和噪声点敏感, 一些过大的异常值会带来很大影响. 当簇是密集的、球状或团状的, 而且簇与簇之间区别明显时, k-means 的聚类效果很好. k-means++ 给出了初始簇中心选择的有效方法, 且聚类效果通常优于 k-means. 学习向量量化可以利用样本的监督信息来辅助聚类, 通过初始化原型向量, 并根据样本距离最近的原型向量

---

① 参考官网下载数据集: https://python-graph-gallery.com/web-text-repel-with-matplotlib/.

以及标记来不断更新原型向量, 直到满足精度要求, 故而原型向量的初始化也尤为重要. 高斯混合模型假设样本点是高斯分布的, 并使用 EM 算法不断优化, 更新参数组合 $\{(\alpha_i, \boldsymbol{\mu}_i, \boldsymbol{\Sigma}_i) | 1 \leqslant i \leqslant k\}$. 高斯混合聚类使用概率模型, 一个数据点可以属于多个簇, 有混合系数 α_i 表示, 且使用均值向量和协方差矩阵, 簇可以呈现出椭圆形而不仅仅限制于圆形. DBSCAN 是一种著名的密度聚类算法, 该算法不需要预知簇数, 而是首先任选一个核心对象, 再由此出发, 根据邻域参数 $(\varepsilon, MinPts)$ 不断划分样本, 确定对应的聚类簇, 故而邻域参数需要调优. DBSCAN 可以在聚类的同时发现异常点, 对数据集中的异常点不敏感. 如果样本集的密度不均匀、聚类间距相差较大时, DBSCAN 聚类质量较差. AGNES 是一种自底向上的层次聚类算法, 初始时每个样本自成一个簇, 每一步合并两个最近的簇, 并依据簇间距离度量方法, 更新距离矩阵. AGNES 试图在不同层次对数据集进行划分, 从而形成树形的聚类结构, 但计算复杂度高.

Scikit-learn 官网提供了众多无监督学习方法, 其中包括各种聚类算法, 读者可通过阅读官网资料和具体演示示例, 搭建自己的聚类模型.

■ 11.7 参考文献

[1] 周志华. 机器学习 [M]. 北京: 清华大学出版社, 2016.

[2] 李航. 统计学习方法 [M].2 版 北京: 清华大学出版社, 2019.

[3] 薛薇, 等. Python 机器学习: 数据建模与分析 [M]. 北京: 机械工业出版社, 2021.

[4] Arthur D, Vassilvitskii S. k-means++: The advantages of careful seeding[C]//Proceedings of the eighteenth annual ACM-SIAM symposium on Discrete algorithms. New Orleans Society for Industrial and Applied Mathematics, 2007: 1027-1035.

[5] Xu L, Jordan M I. On convergence properties of the em algorithm for gaussian mixtures[J]. Neural Computation. 1996, 8: 129-151.

[6] Bilmes J A. A Gentle Tutorial of the EM algorithm and its application to parameter estimation for Gaussian mixture and hidden Markov models[J]. Technical Report TR-97-021, Department of Electrical Engineering and Computer Science, University of California at Berkeley, Berkeley, CA. 1998.

[7] Ester M, Kriegel H, Sander J, et al. A density-based algorithm for discovering clusters in large spatial databases with noise[J]. Proceedings of the 2nd International Conference on Knowledge Discovery and Data Mining(KDD), 1996: 226-231.

[8] Dempster A P, Laird N M, Rubin D B. Maximum-likelihood from imcomplete data via the EM algorithm[J]. Journal of the Royal Statisitc Society (Series B), 1977, 39(1): 1-38.

[9] 张良均, 王路, 谭立云, 等. Python 数据分析与挖掘实战 [M]. 北京: 机械工业出版社, 2015.

第 12 章

前馈神经网络

前馈神经网络 (Feedforward Neural Network, FNN) 简称神经网络, 是最基本、最经典的一种人工神经网络结构, 拥有广泛的应用场景. 图 12-1 是一种常见的多层前馈神经网络 (假设共 $L+1$ 层), 包括单一的输入层 (input layer)、多个隐藏层 (hidden layer) 和单一的输出层 (output layer), 这些神经元间具有相互连接的权重 $\boldsymbol{W}^{(l)}$, $l = 1, 2, \cdots, L$, 数据从输入层传播到第一个隐藏层, 然后逐层在隐藏层传播, 最后到达输出层. 在传播过程中, 信息只在一个方向上流动, 即从输入层经过隐藏层到输出层, 没有反馈回路. 仅有输入层和输出层的神经网络称为单层神经网络, 只有一个隐藏层的神经网络称为浅层神经网络, 含有两个或多个隐藏层的多层神经网络称为深度神经网络. 多层前馈神经网络还包括多层感知机、径向基神经网络和卷积神经网络等经典网络模型.

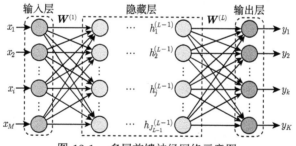

图 12-1　多层前馈神经网络示意图

神经网络中最基本的成分是神经元 (neuron) 模型. 如图 12-2 所示, 在生物神经网络中, 每个神经元与其他神经元相连, 当它 "兴奋" 时, 就会向相连的神经元发送化学物质, 从而改变这些神经元内的电位; 如果某神经元的电位超过了一个阈值 (threshold), 那么它就会被激活, 即 "兴奋" 起来, 向其他神经元发送化学物质. 1943 年, McCulloch and Pitts 将上述情形抽象为图 12-3 所示的简单模型, 神经元接收来自其他 n 个神经元传递的输入信号, 这些输入信号通过带权重的连接进行传递, 神经元接收到的总输入值将与神经元的阈值比较, 然后通过激活函数 (activation function) 处理, 最终产生神经元的输出.

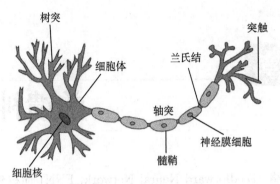

图 12-2　生物神经元结构

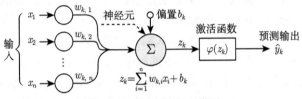

图 12-3　M-P 神经元模型

记 $\hat{y}_k$ 为神经元 k 的输出, 函数 φ 为激活函数或转移函数 (transfer function), z_k 为净激活 (net activation). 若将阈值 (偏置) b_k 看成是神经元 k 的一个输入 x_0 的权重 $w_{k,0}$, 且记

$$\boldsymbol{x} = (x_0, x_1, x_2, \cdots, x_n)^{\mathrm{T}}, \quad \boldsymbol{w}_k = (w_{k,0}, w_{k,1}, w_{k,2}, \cdots, w_{k,n})^{\mathrm{T}},$$

则神经元 k 的输出与输入的关系表示为

$$z_k = \sum_{i=1}^{n} w_{k,i} x_i + b_k = \boldsymbol{w}_k^{\mathrm{T}} \boldsymbol{x} = \sum_{i=0}^{n} w_{k,i} x_i, \quad \hat{y}_k = \varphi(z_k). \tag{12-1}$$

这种 "阈值加权和" 的神经元模型称为 M-P 模型 (McCulloch-Pitts Model, 麦卡洛克–皮特斯模型), 也称为神经网络的一个处理单元 (Processing Element, PE).

神经网络的监督学习任务流程[1] 如图 12-4 所示, 假设为多输出任务, 具体为:

(1) 用适当的值初始化权重矩阵 $\boldsymbol{W}^{(l)}$, $l = 1, 2, \cdots, L$.

(2) 正向传播 (forward propagation), 从数据集 $\boldsymbol{\mathcal{D}} = \{(\boldsymbol{x}_i, y_i)\}_{i=1}^{n}$ 中获得输入矩阵 $\boldsymbol{X} = (x_{i,j})_{n \times (m+1)}$(含偏置), 然后将 $\boldsymbol{X}$ 传递到神经网络模型中, 经过隐藏层的计算, 从模型获得预测输出向量 $\hat{\boldsymbol{y}}$, 并依据正确输出向量 $\boldsymbol{y}$ 计算误差向量 $\boldsymbol{E}$.

(3) 反向传播 (BackPropagation, BP), 依据链式法则计算梯度和权重改变量 ΔW, 并调整权重以减少误差. 权重矩阵的每个元素决定了输入特征对输出的贡献程度, 神经网络模型的学习就是权重的调整过程, 即调整权重以突出重要特征, 抑制无关 (或不太重要) 特征.

(4) 重复第 (2) 和 (3) 步, 直至网络收敛.

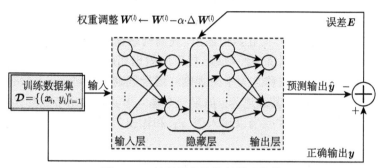

图 12-4 神经网络的监督学习流程

■ 12.1 单层神经网络

以 K 分类任务为例, 单层神经网络仅包含输入层和输出层, 无隐藏层, 且以权重的形式存储网络信息, 输入节点数取决于样本的特征维度, 输出节点数对应于类别数 K (二分类任务为单输出节点). 设输入样本 $x \in \mathbb{R}^{m \times 1}$, 并记神经网络的预测输出为 $\hat{y} = (\hat{y}_1, \hat{y}_2, \cdots, \hat{y}_K)^{\mathrm{T}} \in \mathbb{R}^{K \times 1}$, 若令 $w_{i,j}$ 为第 i 个输入节点到第 j 个输出节点的权重, 则单层神经网络相应的权重矩阵为

$$
W = \begin{pmatrix}
w_{1,1} & w_{2,1} & \cdots & w_{m,1} \\
w_{1,2} & w_{2,2} & \cdots & w_{m,2} \\
\vdots & \vdots & \ddots & \vdots \\
w_{1,K} & w_{2,K} & \cdots & w_{m,K}
\end{pmatrix} \in \mathbb{R}^{K \times m}. \tag{12-2}
$$

记偏置向量 $b = (b_1, b_2, \cdots, b_K)^{\mathrm{T}} \in \mathbb{R}^{K \times 1}$, 则网络的净输出 $z \in \mathbb{R}^{K \times 1}$ 和预测输出 $\hat{y}$ 为

$$
z = W \cdot x + b, \quad \hat{y} = \varphi(z) = \varphi(W \cdot x + b). \tag{12-3}
$$

偏置的主要作用是给网络增加平移的能力 (输入 x 不是以 0 为中心分布的), 是对神经元激活状态的控制, 同时增强模型的表达能力, 缓解梯度消失/爆炸, 避免落入激活函数的饱和区.

激活函数的主要作用是提供网络的非线性建模能力. 如果没有激活函数, 那么该网络仅能够表达线性映射, 此时即便有再多的隐藏层, 其整个网络跟单层神经网络也是等价的. 常见的激活函数: Sigmoid, Tanh, ReLU 及其改进型 (如 Leaky-ReLU、P-ReLU、R-ReLU 等), Swish(google 大脑团队提供), GLU (Gated Linear Units, facebook 提出). 有些激活函数满足可微性, 单调性和有界性, 如 Sigmod、Tanh、Softmax, 有些激活函数可能不满足, 如 ReLU 在 $x = 0$ 处不可微且是无界的, Swish 非单调. 无界激活函数可避免梯度饱和, 更适合深层网络的隐藏层; 有界激活函数更适合输出层, 防止数值溢出, 提高网络训练的稳定性.

为了能用新的信息训练神经网络, 权重应做出相应的变化. 根据给定的信息来更新权重的系统性方法称之为学习规则. 增量规则[1] (delta rule) 是典型的单层神经网络的学习规则, 其表述为: 如果一个输入节点对输出节点的误差有贡献, 那么这两个节点间的权重应当以输入值 x_j 和输出值误差 e_i 成比例地调整, 形式化为

$$w_{i,j} = w_{i,j} - \alpha e_i x_j, \quad i = 1, 2, \cdots, K, \quad j = 1, 2, \cdots, m, \qquad (12\text{-}4)$$

其中学习率 $\alpha \, (0 < \alpha < 1)$ 用于调整权重改变量的大小.

对于任意一个激活函数, 都可用

$$w_{i,j} = w_{i,j} - \alpha \delta_i x_j \qquad (12\text{-}5)$$

表示增量规则, 称其为广义增量规则. δ_i 定义为

$$\delta_i = \varphi'(z_i) \cdot e_i, \qquad (12\text{-}6)$$

其中 e_i 为输出节点 i 的误差, z_i 为输出节点 i 的加权和 (净输出), φ' 为输出节点 i 的激活函数的一阶导数. 若采用线性激活函数 $\varphi(x) = x$, 则 $\varphi'(x) = 1$, $\delta_i = e_i$. 若采用 Sigmoid 激活函数, 则权重的改变量

$$\Delta w_{i,j} = \alpha \delta_i x_j = \alpha \cdot \varphi'(z_i) \cdot e_i \cdot x_j = \alpha \cdot \varphi(z_i) \cdot (1 - \varphi(z_i)) \cdot e_i \cdot x_j. \qquad (12\text{-}7)$$

注 基于 12.2 节 BP 神经网络算法, 设置参数 hidden=None 即可实现单层神经网络的学习. 单层神经网络的按任务不同可对应于逻辑回归与线性回归.

例 1 考虑最简单形式, 表 12-1 包含 4 个样本, 每个样本包含 3 个输入节点和 1 个输出节点, 学习规则基于 Sigmoid 和 Tanh 激活函数以及广义增量规则.

表 12-1 训练样本集[1]

ID	样本 $\boldsymbol{x}_i$ 与输入节点值 $x_{i,j}$			输出节点值 y_i
1	0	0	1	0
2	0	1	1	0
3	1	0	1	1
4	1	1	1	1

分别以随机梯度下降、小批量梯度下降 (每批次包含样本量为 2) 和批量梯度下降算法训练单层神经网络, 权重系数基于 $w_i \sim N\left(0, 0.01^2\right)$ 随机初始化, 故而训练结果具有一定的随机性. 学习率 $\alpha = 0.05$, 分别以 Sigmoid 和 Tanh 为激活函数, 训练 20000 次. 如图 12-5 所示, 显然随机梯度下降法的优化速度最快, 且 Tanh 激活函数要比 Sigmoid 激活函数优化效率更高. 注: 若采用 Tanh 激活函数, 则样本预测类别概率和未必是 1.0.

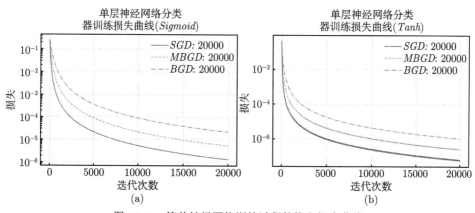

图 12-5　简单神经网络训练过程的均方损失曲线

如表 12-2 所示, 各样本在单层神经网络下的预测类别概率也表明, 随机梯度下降算法优化的结果更加接近于真值, 且 Tanh 比 Sigmoid 激活函数的预测类别概率更接近于真值. 基于随机梯度下降法和 Tanh 训练的网络权重和偏置项分别为

$$\boldsymbol{w} = \left(4.49135724, -2.73571164 \times 10^{-6}, -7.46301485 \times 10^{-3}\right)^{\mathrm{T}}, \quad b = 0.00771147.$$

预测类别概率为

$$\hat{\boldsymbol{P}}_{\boldsymbol{y}} = \left(2.48457418 \times 10^{-4}, 2.45721706 \times 10^{-4}, 0.99974903, 0.99974903\right)^{\mathrm{T}}$$
$$\approx (0, 0, 1, 1)^{\mathrm{T}}.$$

表 12-2　各种优化算法在不同激活函数下各样本的预测类别概率

目标真值	优化方法 SGD (Sigmoid)	优化方法 MBGD (Sigmoid)	优化方法 BGD (Sigmoid)
0	1.39658395e−03	0.00280542	0.00564883
0	1.11615265e−03	0.00224069	0.00450766
1	9.99107245e−01	0.99820798	0.99639570
1	9.98882879e−01	0.99775608	0.99548218
目标真值	优化方法 SGD (Tanh)	优化方法 MBGD (Tanh)	优化方法 BDG (Tanh)
0	2.48457418e−04	4.87728531e−04	0.00101623
0	2.45721706e−04	4.81818603e−04	0.00101414
1	9.99749033e−01	9.99496192e−01	0.99898585
1	9.99749032e−01	9.99496186e−01	0.99898584

例 2　以线性可分数据集 "breast_cancer" 为例, 基于一次分层采样随机划分, 训练单层神经网络, 并进行预测分析.

数据集的划分比例 $7 : 3$, 随机种子为 0. 采用小批量梯度下降法, 网络参数设置如下, 未进行调参. 训练与预测结果如图 12-6 所示.

snn = BPNNClassifier(hidden=None, alpha=0.5, stop_eps=1e-5, batch_size=50,
　　　　　　　　decay_strategy="frac", init_W_type=(None, None))

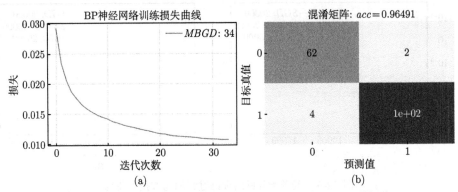

(a) 　　　　　　　　　　　　　　　　(b)

图 12-6　训练样本的平方损失曲线与测试样本的预测混淆矩阵

单层神经网络简单、优化效率高, 但只能解决线性可分数据集问题, 因为单层神经网络是一种使用超平面线性分割输入特征空间的模型, 如图 12-7 (a) 所示, 其中 "圈数字" 为样本类别标签. 为了克服单层神经网络的限制, 需要为网络增加更多的节点层 (即隐藏层) 以及作用于隐藏层的非线性激活函数, 以实现非线性可分问题, 如图 12-7 (b) 所示.

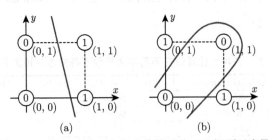

(a) 　　　　　　　　　　　　　　(b)

图 12-7　线性可分 (a) 与非线性可分 (b) 问题示意图

针对**例 1** 样本, 假设目标集为 $\{0, 1, 1, 0\}$, 则采用随机梯度下降算法并结合 Sigmoid 激活函数, 训练 20000 次的结果为 $\{0.50070400, 0.49989038, 0.49995955, 0.49914594\}$, 可见难以实现线性可分.

■ 12.2 BP 神经网络

多层感知机 (MultiLayer Perceptron, MLP) 是最基础且广泛应用的一种前馈神经网络, 至少包含一个隐藏层, 能够解决复杂的非线性问题. BP 神经网络 (BackPropagation Neural Network, BPNN) 是 1986 年由 Rumelhart 和 McClelland 为首的科学家提出的概念, 特指采用反向传播 (BP) 算法训练的多层前馈神经网络. BPNN 在结构上属于多层感知机, 每层神经元全连接, 即每层都是全连接层 (fully connected layer), 也称为稠密层 (dense Layer), 解决了单层感知机无法处理非线性问题 (如 XOR) 的缺陷. BPNN 的主要特点是信号通过输入层、隐藏层和输出层正向 (前向) 传播, 而误差从输出层反向 (后向) 传播, 直至到达输入层右侧的那个隐藏层, 然后通过不断调整网络权重值, 使得网络的最终输出与真实输出尽可能接近, 以达到训练目的.

隐藏层通过多层次的非线性变换实现数据的逐层抽象和分布式表示. 对于分类任务, 把输入数据的特征, 逐层抽象到不同的维度空间, 来展现其更抽象化的特征, 以更好地线性划分不同类别的数据. 隐藏层数并非越多越好, 较多的隐藏层一方面会使参数爆炸式增长, 也会导致梯度消失 (gradient vanish), 另一方面, 到了一定层数, 即使再加深隐藏层, 也未必增强分类效果.

12.2.1 BP 神经网络训练原理

神经网络是层级结构, 每层包括正向传播和反向传播, 且每层具有相似的计算规则. 为便于更好理解, 以具体神经网络结构为例, 如图 12-8 所示, 假设不考虑偏置. 设输入向量 $\boldsymbol{x} = (x_1, x_2)^{\mathrm{T}} \in \mathbb{R}^{2 \times 1}$, 两个隐藏层向量分别为

$$\boldsymbol{h}^{(1)} = \left(h_1^{(1)}, h_2^{(1)}, h_3^{(1)}\right)^{\mathrm{T}} \in \mathbb{R}^{3 \times 1}, \quad \boldsymbol{h}^{(2)} = \left(h_1^{(2)}, h_2^{(2)}\right)^{\mathrm{T}} \in \mathbb{R}^{2 \times 1},$$

网络预测输出 $\hat{y} \in \mathbb{R}$, 正确输出 y. 各层的激活函数为 φ_i, $i = 1, 2, 3$. 为统一计算, 且便于写成加权和 $\boldsymbol{W} \cdot \boldsymbol{x}$ 的形式, 神经网络的权重均为矩阵, 维度尺寸为 $(n_{\mathrm{out}}, n_{\mathrm{in}})$, 下标为各层输出与输入神经元数, 具体表示为

$$\boldsymbol{W}^{(1)} = \begin{pmatrix} w_{11}^{(1)} & w_{21}^{(1)} \\ w_{12}^{(1)} & w_{22}^{(2)} \\ w_{13}^{(1)} & w_{23}^{(2)} \end{pmatrix} \in \mathbb{R}^{3 \times 2}, \quad \boldsymbol{W}^{(2)} = \begin{pmatrix} w_{11}^{(2)} & w_{21}^{(2)} & w_{31}^{(2)} \\ w_{12}^{(2)} & w_{22}^{(2)} & w_{32}^{(2)} \end{pmatrix} \in \mathbb{R}^{2 \times 3},$$

$$\boldsymbol{W}^{(3)} = \left(w_{11}^{(3)}, w_{21}^{(3)}\right) \in \mathbb{R}^{1 \times 2},$$

其中 $w_{i,j}^{(l)}$ 表示第 l 个权重矩阵从第 i 个输入节点到第 j 个输出节点的权重.

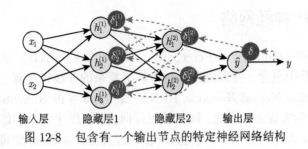

输入层　　　隐藏层1　　　隐藏层2　　　输出层
图 12-8　包含有一个输出节点的特定神经网络结构

正向传播 (图 12-8 实线箭头方向) 的计算过程为:

(1) 以 $\boldsymbol{x}$ 为输入向量, 输入层的净输出向量 $\boldsymbol{z}^{(1)} \in \mathbb{R}^{3 \times 1}$ 和预测输出向量 $\boldsymbol{h}^{(1)} \in \mathbb{R}^{3 \times 1}$ 计算为

$$
\boldsymbol{z}^{(1)} = \boldsymbol{W}^{(1)} \cdot \boldsymbol{x} = \begin{pmatrix} w_{11}^{(1)} & w_{21}^{(1)} \\ w_{12}^{(1)} & w_{22}^{(1)} \\ w_{13}^{(1)} & w_{23}^{(1)} \end{pmatrix} \begin{pmatrix} x_1 \\ x_2 \end{pmatrix} = \begin{pmatrix} w_{11}^{(1)} x_1 + w_{21}^{(1)} x_2 \\ w_{12}^{(1)} x_1 + w_{22}^{(1)} x_2 \\ w_{13}^{(1)} x_1 + w_{23}^{(1)} x_2 \end{pmatrix}
$$

$$
= \begin{pmatrix} z_1^{(1)} \\ z_2^{(1)} \\ z_3^{(1)} \end{pmatrix}, \quad \boldsymbol{h}^{(1)} = \varphi_1\left(\boldsymbol{z}^{(1)}\right) = \begin{pmatrix} h_1^{(1)} \\ h_2^{(1)} \\ h_3^{(1)} \end{pmatrix}.
$$

(2) 以 $\boldsymbol{h}^{(1)}$ 为输入向量, 隐藏层 1 到隐藏层 2 的净输出向量 $\boldsymbol{z}^{(2)} \in \mathbb{R}^{2 \times 1}$ 和预测输出向量 $\boldsymbol{h}^{(2)} \in \mathbb{R}^{2 \times 1}$ 计算为

$$
\boldsymbol{z}^{(2)} = \boldsymbol{W}^{(2)} \cdot \boldsymbol{h}^{(1)} = \begin{pmatrix} w_{11}^{(2)} & w_{21}^{(2)} & w_{31}^{(2)} \\ w_{12}^{(2)} & w_{22}^{(2)} & w_{32}^{(2)} \end{pmatrix} \begin{pmatrix} h_1^{(1)} \\ h_2^{(1)} \\ h_3^{(1)} \end{pmatrix} = \begin{pmatrix} \sum_{i=1}^{3} w_{i1}^{(2)} h_i^{(1)} \\ \sum_{i=1}^{3} w_{i2}^{(2)} h_i^{(1)} \end{pmatrix}
$$

$$
= \begin{pmatrix} z_1^{(2)} \\ z_2^{(2)} \end{pmatrix}, \quad \boldsymbol{h}^{(2)} = \varphi_2\left(\boldsymbol{z}^{(2)}\right) = \begin{pmatrix} h_1^{(2)} \\ h_2^{(2)} \end{pmatrix}.
$$

(3) 以 $\boldsymbol{h}^{(2)}$ 为输入向量, 隐藏层 2 到输出层的净输出值 $z \in \mathbb{R}$ 和预测输出值 $\hat{y} \in \mathbb{R}$ 计算为

$$
z = \boldsymbol{W}^{(3)} \cdot \boldsymbol{h}^{(2)} = \left(w_{11}^{(3)}, w_{21}^{(3)}\right) \begin{pmatrix} h_1^{(2)} \\ h_2^{(2)} \end{pmatrix} = w_{11}^{(3)} h_1^{(2)} + w_{21}^{(3)} h_2^{(2)}, \quad \hat{y} = \varphi_3\left(z\right).
$$

考虑二分类问题, 输出层采用交叉熵损失和 Sigmoid 激活函数. 反向传播如图 12-8 虚线箭头所示. 记损失梯度为误差, 即逐层反向传播误差, 计算过程为:

(1) 根据预测输出 $\hat{y}$ 和正确输出 y 计算损失 $\mathcal{L}(y, \hat{y})$, 并记损失 $\mathcal{L}$ 关于 $\hat{y}$ 的一阶偏导为误差 $e = \hat{y} - y$, 则输出节点的误差增量为 $\delta = \varphi_3'(z) \cdot e$. 权重矩阵 $\boldsymbol{W}^{(3)}$ 的更新增量为 $\Delta \boldsymbol{W}^{(3)} = \delta \cdot \left(\boldsymbol{h}^{(2)}\right)^{\mathrm{T}} \in \mathbb{R}^{1 \times 2}$, 权重更新为 $\boldsymbol{W}^{(3)} = \boldsymbol{W}^{(3)} - \alpha \cdot \Delta \boldsymbol{W}^{(3)}$. 事实上, 若权重 $\boldsymbol{W}^{(3)}$ 能令损失 $\mathcal{L}$ 最小化, 则按照链式法则

$$\Delta w_{11}^{(3)} = \frac{\partial \mathcal{L}(y, \hat{y})}{\partial w_{11}^{(3)}} = \frac{\partial \mathcal{L}(y, \hat{y})}{\partial \hat{y}} \frac{\partial \hat{y}}{\partial z} \frac{\partial z}{\partial w_{11}^{(3)}} = e \cdot \varphi_3'(z) \cdot h_1^{(2)} = \delta \cdot h_1^{(2)},$$

$$\Delta w_{21}^{(3)} = \frac{\partial \mathcal{L}(y, \hat{y})}{\partial w_{21}^{(3)}} = \frac{\partial \mathcal{L}(y, \hat{y})}{\partial \hat{y}} \frac{\partial \hat{y}}{\partial z} \frac{\partial z}{\partial w_{21}^{(3)}} = e \cdot \varphi_3'(z) \cdot h_2^{(2)} = \delta \cdot h_2^{(2)}.$$

(2) 反向传播, 计算输出层到隐藏层 2 各节点的误差值向量 $\boldsymbol{e}^{(2)} \in \mathbb{R}^{2 \times 1}$ 和节点增量值向量 $\boldsymbol{\delta}^{(2)} \in \mathbb{R}^{2 \times 1}$ 分别为

$$\boldsymbol{e}^{(2)} = \left(\boldsymbol{W}^{(2)}\right)^{\mathrm{T}} \cdot \delta, \quad \boldsymbol{\delta}^{(2)} = \varphi_2'\left(\boldsymbol{z}^{(2)}\right) \odot \boldsymbol{e}^{(2)},$$

其中 $\odot$ 为阿达马 (Hadamard) 积. 权重矩阵 $\boldsymbol{W}^{(2)}$ 的更新增量 $\Delta \boldsymbol{W}^{(2)} \in \mathbb{R}^{2 \times 3}$ 为

$$\Delta \boldsymbol{W}^{(2)} = \boldsymbol{\delta}^{(2)} \cdot \left(\boldsymbol{h}^{(1)}\right)^{\mathrm{T}} = \left(\delta_1^{(2)}, \quad \delta_2^{(2)}\right)^{\mathrm{T}} \cdot \left(h_1^{(1)}, h_2^{(1)}, h_3^{(1)}\right),$$

权重更新为 $\boldsymbol{W}^{(2)} = \boldsymbol{W}^{(2)} - \alpha \cdot \Delta \boldsymbol{W}^{(2)}$. 事实上, 若权重 $\boldsymbol{W}^{(2)}$ 分量 $w_{11}^{(2)}$ 能令损失 $\mathcal{L}$ 最小化, 则按照链式法则

$$\frac{\partial \mathcal{L}(y, \hat{y})}{\partial w_{11}^{(2)}} = \frac{\partial \mathcal{L}(y, \hat{y})}{\partial \hat{y}} \frac{\partial \hat{y}}{\partial z} \frac{\partial z}{\partial h_1^{(2)}} \frac{\partial h_1^{(2)}}{\partial z_1^{(2)}} \frac{\partial z_1^{(2)}}{\partial w_{11}^{(2)}} = e \cdot \varphi_3'(z) \cdot w_{11}^{(3)} \cdot \varphi_2'\left(z_1^{(2)}\right) \cdot h_1^{(1)}$$

$$= \delta \cdot w_{11}^{(3)} \cdot \varphi_2'\left(z_1^{(2)}\right) \cdot h_1^{(1)} = e_1^{(2)} \cdot \varphi_2'\left(z_1^{(2)}\right) \cdot h_1^{(1)} = \delta_1^{(2)} \cdot h_1^{(1)}.$$

(3) 计算隐藏层 2 到隐藏层 1 的各节点的误差值向量 $\boldsymbol{e}^{(1)} \in \mathbb{R}^{3 \times 1}$ 和节点增量值向量 $\boldsymbol{\delta}^{(1)} \in \mathbb{R}^{3 \times 1}$ 分别为

$$\boldsymbol{e}^{(1)} = \left(\boldsymbol{W}^{(1)}\right)^{\mathrm{T}} \boldsymbol{\delta}^{(2)}, \quad \boldsymbol{\delta}^{(1)} = \varphi_1'\left(\boldsymbol{z}^{(1)}\right) \odot \boldsymbol{e}^{(1)},$$

权重矩阵 $\boldsymbol{W}^{(1)}$ 的更新增量 $\Delta \boldsymbol{W}^{(1)} \in \mathbb{R}^{3 \times 2}$ 为

$$\Delta \boldsymbol{W}^{(1)} = \boldsymbol{\delta}^{(1)} \cdot (\boldsymbol{x})^{\mathrm{T}} = \left(\delta_1^{(1)}, \delta_2^{(1)}, \delta_3^{(1)}\right)^{\mathrm{T}} \cdot (x_1, x_2),$$

权重更新为 $\boldsymbol{W}^{(1)} = \boldsymbol{W}^{(1)} - \alpha \cdot \Delta \boldsymbol{W}^{(1)}$.

　　从表 12-3 和表 12-4 可以看出, 无论是正向传播还是反向传播, 每层均具有相似的计算规则, 其中输出层仅包含一个输出节点, 故为标量值. 对于反向传播, 除输出层误差计算不同外, 其他各层的计算规则均一致. 实际编码计算时, 为便于计算规则的统一, 可把标量当作仅包含一个元素的向量.

表 12-3　　正向传播过程中各层输入与输出变量

正向传播层次	输入向量	净输出	预测输出
输入层到隐藏层 1	$\boldsymbol{h}^{(0)} = \boldsymbol{x} \in \mathbb{R}^{2 \times 1}$	$\boldsymbol{z}^{(1)} = \boldsymbol{W}^{(1)} \cdot \boldsymbol{h}^{(0)}, \ \boldsymbol{z}^{(1)} \in \mathbb{R}^{3 \times 1}$	$\boldsymbol{h}^{(1)} = \varphi_1\left(\boldsymbol{z}^{(1)}\right)$
隐藏层 1 到隐藏层 2	$\boldsymbol{h}^{(1)} \in \mathbb{R}^{3 \times 1}$	$\boldsymbol{z}^{(2)} = \boldsymbol{W}^{(2)} \cdot \boldsymbol{h}^{(1)}, \ \boldsymbol{z}^{(2)} \in \mathbb{R}^{2 \times 1}$	$\boldsymbol{h}^{(2)} = \varphi_2\left(\boldsymbol{z}^{(2)}\right)$
隐藏层 2 到输出层	$\boldsymbol{h}^{(2)} \in \mathbb{R}^{2 \times 1}$	$z = \boldsymbol{W}^{(3)} \cdot \boldsymbol{h}^{(2)}, \ z \in \mathbb{R}$	$\hat{y} = \varphi_3\left(z\right)$

表 12-4　　反向传播过程中各层输入与输出变量

反向传播层次	误差	节点增量	权重更新增量
输出层到隐藏层 2	$e = \hat{y} - y$	$\delta = \varphi_3'\left(z\right) \cdot e$	$\Delta \boldsymbol{W}^{(3)} = \delta \cdot \left(\boldsymbol{h}^{(2)}\right)^{\mathrm{T}}$
隐藏层 2 到隐藏层 1	$\boldsymbol{e}^{(2)} = \left(\boldsymbol{W}^{(2)}\right)^{\mathrm{T}} \cdot \delta$	$\boldsymbol{\delta}^{(2)} = \varphi_2'\left(\boldsymbol{z}^{(2)}\right) \odot \boldsymbol{e}^{(2)}$	$\Delta \boldsymbol{W}^{(2)} = \boldsymbol{\delta}^{(2)} \cdot \left(\boldsymbol{h}^{(1)}\right)^{\mathrm{T}}$
隐藏层 1 到输入层	$\boldsymbol{e}^{(1)} = \left(\boldsymbol{W}^{(1)}\right)^{\mathrm{T}} \boldsymbol{\delta}^{(2)}$	$\boldsymbol{\delta}^{(1)} = \varphi_1'\left(\boldsymbol{z}^{(1)}\right) \odot \boldsymbol{e}^{(1)}$	$\Delta \boldsymbol{W}^{(1)} = \boldsymbol{\delta}^{(1)} \cdot \left(\boldsymbol{h}^{(0)}\right)^{\mathrm{T}}$

　　一般来说, 并考虑多输出, 如图 12-9 所示, 假设 BP 网络共 L 层, 从输入层经过隐藏层到输出层的权重矩阵和偏置向量分别为 $\boldsymbol{W}_{\text{out,in}}^{(l)}$ 和 $\boldsymbol{b}_{\text{out}}^{(l)}$, $l = 1, 2, \cdots, L$, 其中下标为各层输出与输入神经元数, 上标为当前第 l 层. 输入样本 $\boldsymbol{x} \in \mathbb{R}^{M \times 1}$, 预测输出向量 $\hat{\boldsymbol{y}} \in \mathbb{R}^{K \times 1}$. 为统一表示, 记输入层为 $\boldsymbol{h}^{(0)} = \boldsymbol{x}$, 输出层 $\boldsymbol{h}^{(L)} = \hat{\boldsymbol{y}}$, 则每一层的阈值加权和 (净输出) 向量 $\boldsymbol{z}^{(t)}$ 与激活输出向量 $\boldsymbol{h}^{(t)}$ 为

$$\boldsymbol{z}^{(l)} = \boldsymbol{W}^{(l)} \boldsymbol{h}^{(l-1)} + \boldsymbol{b}^{(t)}, \quad \boldsymbol{h}^{(l)} = \varphi\left(\boldsymbol{z}^{(l)}\right), \quad l = 1, 2, \cdots, L, \tag{12-8}$$

且输出的向量长度与下一层神经元数相同, 如 $\boldsymbol{z}^{(1)} \in \mathbb{R}^{J_1 \times 1}$, $\boldsymbol{h}^{(1)} \in \mathbb{R}^{J_1 \times 1}$, $\boldsymbol{z}^{(L)} \in \mathbb{R}^{K \times 1}$, $\boldsymbol{h}^{(L)} \in \mathbb{R}^{K \times 1}$.

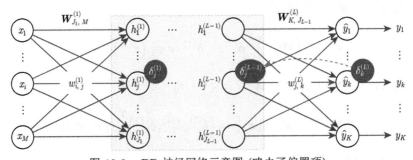

图 12-9　BP 神经网络示意图 (略去了偏置项)

如果采用小批量梯度下降法, 记 $\boldsymbol{H}^{(0)} = \boldsymbol{X} \in \mathbb{R}^{M \times N_{\mathrm{bt}}}$, N_{bt} 为某批次样本量, 则

$$\boldsymbol{Z}^{(l)} = \boldsymbol{W}^{(l)} \boldsymbol{H}^{(l-1)} + \boldsymbol{b}^{(t)}, \quad \boldsymbol{H}^{(l)} = \varphi\left(\boldsymbol{Z}^{(l)}\right), \quad l = 1, 2, \cdots, L. \tag{12-9}$$

若记 $J_L = K$, 则 $\boldsymbol{Z}^{(l)} \in \mathbb{R}^{J_l \times N_{\mathrm{bt}}}$ 和 $\boldsymbol{H}^{(l)} \in \mathbb{R}^{J_l \times N_{\mathrm{bt}}}$ 均是矩阵, 对应于 N_{bt} 个样本在各层的输出.

令 $\hat{\boldsymbol{y}} = \boldsymbol{h}^{(L)}$ 为网络的预测输出, 基于式 (12-8) 正向传播, 反向传播算法步骤:

(1) 若结合 Softmax 函数与交叉熵损失, 则输出层的节点增量值向量 $\boldsymbol{\delta}^{(L)} \in \mathbb{R}^{K \times 1}$ 为

$$\boldsymbol{\delta}^{(L)} = \hat{\boldsymbol{y}} - \boldsymbol{y}. \tag{12-10}$$

(2) 计算反向传播各层节点的误差值向量 $\boldsymbol{E}^{(l)} \in \mathbb{R}^{J_l \times 1}$ 和增量值向量 $\boldsymbol{\delta}^{(l)} \in \mathbb{R}^{J_l \times 1}$, 直至计算到输入层右侧的那一隐藏层为止. 即

$$\boldsymbol{E}^{(l)} = \left(\boldsymbol{W}^{(l)}\right)^{\mathrm{T}} \cdot \boldsymbol{\delta}^{(l+1)}, \quad \boldsymbol{\delta}^{(l)} = \varphi'\left(\boldsymbol{z}^{(l)}\right) \odot \boldsymbol{E}^{(l)}, \quad l = L-1, L-2, \cdots, 1. \tag{12-11}$$

(3) 在反向计算节点增量值向量 $\boldsymbol{\delta}^{(l)}$ 的同时, 逐次计算各层的权重更新增量 $\Delta \boldsymbol{W}^{(l)} \in \mathbb{R}^{J_l \times J_{l-1}}$ 和偏置更新增量 $\Delta \boldsymbol{b}^{(l)} \in \mathbb{R}^{J_l \times 1}$, 更新各层参数, 即

$$\Delta \boldsymbol{W}^{(l)} = \boldsymbol{\delta}^{(l)} \cdot \left(\boldsymbol{h}^{(l-1)}\right)^{\mathrm{T}}, \quad \Delta \boldsymbol{b}^{(l)} = \boldsymbol{\delta}^{(l)}, \quad l = L, L-1, \cdots, 1, \tag{12-12}$$

$$\boldsymbol{W}^{(l)} \leftarrow \boldsymbol{W}^{(l)} - \alpha \cdot \Delta \boldsymbol{W}^{(l)}, \quad \boldsymbol{b}^{(l)} \leftarrow \boldsymbol{b}^{(l)} - \alpha \cdot \Delta \boldsymbol{b}^{(l)}, \quad l = L, L-1, \cdots, 1. \tag{12-13}$$

(4) 重复第 (1)~(3) 步, 直到神经网络得到了合适的训练.

对于小批量梯度下降法, 基于式 (12-9) 正向传播, 并假设在第 $l (\neq L)$ 层反向传播, 其中 $\boldsymbol{h}^{(l-1)} \in \mathbb{R}^{J_{l-1} \times N_{\mathrm{bt}}}$, $\boldsymbol{\delta}^{(l)} \in \mathbb{R}^{J_l \times N_{\mathrm{bt}}}$, 则 $\Delta \boldsymbol{W}^{(l)} = \boldsymbol{\delta}^{(l)} \cdot \left(\boldsymbol{h}^{(l-1)}\right)^{\mathrm{T}}$ 的点积运算暗含了 N_{bt} 个样本的训练损失在反向传播中对于权重更新增量的和. 故而, 更新各层参数时可取平均, 即

$$\boldsymbol{W}^{(l)} \leftarrow \boldsymbol{W}^{(l)} - \alpha \frac{1}{N_{\mathrm{bt}}} \Delta \boldsymbol{W}^{(l)},$$

$$\boldsymbol{b}^{(l)} \leftarrow \boldsymbol{b}^{(l)} - \alpha \frac{1}{N_{\mathrm{bt}}} \Delta \boldsymbol{b}^{(l)}, \quad l = L, L-1, \cdots, 1. \tag{12-14}$$

具体推导过程. 设一个批次的样本集 $\boldsymbol{X} = \{\boldsymbol{x}_p\}_{p=1}^{N_{\mathrm{bt}}}$, 其中 $\boldsymbol{x}_p \in \mathbb{R}^{M \times 1}$. 定义误差函数, 设第 p 个样本输入到网络后得到输出 $\hat{y}_{p,k}$, $k = 1, 2, \cdots, K$. 设损失函

数 $\mathcal{L}(y, \hat{y})$, 其对 $\hat{y}$ 的一阶偏导数为 $\nabla_{\hat{y}}\mathcal{L}$, 可得第 p 个样本的误差 e_p 和 N_{bt} 个样本的平均误差 E

$$e_p = \sum_{k=1}^{K} \mathcal{L}(y_{p,k}, \hat{y}_{p,k}), \quad E = \frac{1}{N_{\mathrm{bt}}} \sum_{p=1}^{N_{\mathrm{bt}}} \sum_{k=1}^{K} \mathcal{L}(y_{p,k}, \hat{y}_{p,k}) = \frac{1}{N_{\mathrm{bt}}} \sum_{p=1}^{N_{\mathrm{bt}}} e_p. \quad (12\text{-}15)$$

输出层权重 $w_{j,k}^{(L)}$ 的调整. 基于累计误差, 欲使 E 最小化, 则 E 对 $w_{j,k}^{(L)}$ 求一阶偏导数, 并定义

$$\Delta w_{j,k}^{(L)} = \frac{1}{N_{\mathrm{bt}}} \frac{\partial E}{\partial w_{j,k}^{(L)}} = \frac{1}{N_{\mathrm{bt}}} \frac{\partial}{\partial w_{j,k}^{(L)}} \left(\sum_{p=1}^{N_{\mathrm{bt}}} e_p \right) = \frac{1}{N_{\mathrm{bt}}} \sum_{p=1}^{N_{\mathrm{bt}}} \left(\frac{\partial e_p}{\partial w_{j,k}^{(L)}} \right) \quad (12\text{-}16)$$

为权值参数 $w_{j,k}^{(L)}$ 的改变量, 其中 $j = 1, 2, \cdots, J_{L-1}$. 定义第 p 个样本第 k 个输出的节点增量值为

$$\delta_{p,k}^{(L)} = \frac{\partial e_p}{\partial z_{p,k}^{(L)}} = \frac{\partial e_p}{\partial \hat{y}_{p,k}} \cdot \frac{\partial \hat{y}_{p,k}}{\partial z_{p,k}^{(L)}}, \quad k = 1, 2, \cdots, K, \quad (12\text{-}17)$$

其中 $\partial \hat{y}_{p,k} / \partial z_{p,k}^{(L)}$ 是输出层激活函数的偏微分, 且

$$\frac{\partial e_p}{\partial \hat{y}_{p,k}} = \frac{\partial}{\partial \hat{y}_{p,k}} \left(\sum_{k=1}^{K} \mathcal{L}(y_{p,k}, \hat{y}_{p,k}) \right) = \nabla_{\hat{y}_{p,k}} \mathcal{L}, \quad \frac{\partial \hat{y}_{p,k}}{\partial z_{p,k}^{(L)}} = \varphi_L' \left(z_{p,k}^{(L)} \right).$$

注意 e_p 对 $\hat{y}_{p,k}$ 的一阶偏导数仅与第 k 个输出 $\hat{y}_{p,k}$ 有关. 于是, 式 (12-17) 可写为

$$\delta_{p,k}^{(L)} = \frac{\partial e_p}{\partial z_{p,k}^{(L)}} = \frac{\partial e_p}{\partial \hat{y}_{p,k}} \cdot \frac{\partial \hat{y}_{p,k}}{\partial z_{p,k}^{(L)}} = \nabla_{\hat{y}_{p,k}} \mathcal{L} \cdot \varphi_L' \left(z_{p,k}^{(L)} \right). \quad (12\text{-}18)$$

输出层若采用交叉熵损失函数 $\mathcal{L}$ 和 Softmax 激活函数 φ_L, 则 $\delta_{p,k}^{(L)} = \hat{y}_{p,k} - y_{p,k}$. 由链式法则得

$$\frac{\partial e_p}{\partial w_{j,k}^{(L)}} = \frac{\partial e_p}{\partial \hat{y}_{p,k}} \cdot \frac{\partial \hat{y}_{p,k}}{\partial z_{p,k}^{(L)}} \cdot \frac{\partial z_{p,k}^{(L)}}{\partial w_{j,k}^{(L)}} = \delta_{p,k}^{(L)} \cdot h_{p,j}^{(L-1)}. \quad (12\text{-}19)$$

于是输出层各神经元的权重调整公式为

$$\Delta w_{j,k}^{(L)} = \frac{1}{N_{\mathrm{bt}}} \sum_{p=1}^{N_{\mathrm{bt}}} \nabla_{\hat{y}_{p,k}} \mathcal{L} \cdot \varphi_L' \left(z_{p,k}^{(L)} \right) \cdot h_{p,j}^{(L-1)} = \frac{1}{N_{\mathrm{bt}}} \sum_{p=1}^{N_{\mathrm{bt}}} \delta_{p,k}^{(L)} \cdot h_{p,j}^{(L-1)}. \quad (12\text{-}20)$$

可见 $\Delta w_{j,k}^{(L)}$ 的调整与该批次样本的误差损失以及输入 $h_{p,j}^{(L-1)}$ 与输出 $z_{p,k}^{(L)}$ 有关.

隐藏层权重的调整. 针对第 $L-1$ 个隐藏层, 定义权值参数的改变量为

$$\Delta w_{i,j}^{(L-1)} = \frac{1}{N_{\mathrm{bt}}} \frac{\partial E}{\partial w_{i,j}^{(L-1)}} = \frac{1}{N_{\mathrm{bt}}} \sum_{p=1}^{N_{\mathrm{bt}}} \left(\frac{\partial e_p}{\partial w_{i,j}^{(L-1)}} \right), \qquad (12\text{-}21)$$

其中 $i = 1, 2, \cdots, J_{L-2}, j = 1, 2, \cdots, J_{L-1}$. 定义节点增量值为

$$\delta_{p,j}^{(L-1)} = \frac{\partial e_p}{\partial z_{p,j}^{(L-1)}} = \frac{\partial e_p}{\partial h_{p,j}^{(L-1)}} \cdot \frac{\partial h_{p,j}^{(L-1)}}{\partial z_{p,j}^{(L-1)}} = \frac{\partial e_p}{\partial h_{p,j}^{(L-1)}} \cdot \varphi'_{L-1}\left(z_{p,j}^{(L-1)} \right), \quad (12\text{-}22)$$

注意到 e_p 对 $h_{p,j}^{(L-1)}$ 的影响来自于下层的 K 个输出, 且

$$\frac{\partial e_p}{\partial h_{p,j}^{(L-1)}} = \sum_{k=1}^{K} \left(\nabla_{\hat{y}_{p,k}} \mathcal{L} \cdot \frac{\partial \hat{y}_{p,k}}{\partial z_{p,k}^{(L)}} \cdot \frac{\partial z_{p,k}^{(L)}}{\partial h_{p,j}^{(L-1)}} \right)$$

$$= \sum_{k=1}^{K} \left(\nabla_{\hat{y}_{p,k}} \mathcal{L} \cdot \varphi'_L\left(z_{p,k}^{(L)} \right) \cdot w_{j,k}^{(L)} \right) = \sum_{k=1}^{K} \left(\delta_{p,k}^{(L)} \cdot w_{j,k}^{(L)} \right).$$

于是,

$$\delta_{p,j}^{(L-1)} = \sum_{k=1}^{K} \left(\delta_{p,k}^{(L)} \cdot w_{j,k}^{(L)} \right) \cdot \varphi'_{L-1}\left(z_{p,j}^{(L-1)} \right). \qquad (12\text{-}23)$$

可见, 反向传播中节点增量 $\delta_{p,j}^{(L-1)}$ 与下一层的节点增量、权重以及当前层的输入有关. 由链式法则得

$$\frac{\partial e_p}{\partial w_{i,j}^{(L-1)}} = \frac{\partial e_p}{\partial h_{p,j}^{(L-1)}} \cdot \frac{\partial h_{p,j}^{(L-1)}}{\partial z_{p,j}^{(L-1)}} \cdot \frac{\partial z_{p,j}^{(L-1)}}{\partial w_{i,j}^{(L-1)}} = \delta_{p,j}^{(L-1)} \cdot h_{p,i}^{(L-2)}. \qquad (12\text{-}24)$$

从而得到隐藏层各神经元的权重调整公式为

$$\Delta w_{i,j}^{(L-1)} = \frac{1}{N_{\mathrm{bt}}} \sum_{p=1}^{N_{\mathrm{bt}}} \left[\delta_{p,j}^{(L-1)} \cdot h_{p,i}^{(L-2)} \right]. \qquad (12\text{-}25)$$

可见 $\Delta w_{i,j}^{(L-1)}$ 的调整与该批次样本在反向传播中的节点增量 $\delta_{p,j}^{(L-1)}$ 以及输入 $h_{p,i}^{(L-2)}$ 有关. 继续反向传播更新其他隐藏层的权重参数, 偏置更新规则类似.

12.2.2　Affine 层设计

式 (12-9) 中 $\boldsymbol{Z}^{(l)} = \boldsymbol{W}^{(l)}\boldsymbol{H}^{(l-1)} + \boldsymbol{b}^{(t)}$ 表示为一次线性变换和一次平移, 对应于正向传播中加权运算与加偏置运算. 正向传播中的矩阵乘积运算在几何学领域称为仿射变换 (affine transformation). 为了使得一个批次的样本量 n_{bt} 作为上一层输入 $\boldsymbol{X}$ 的第一个维度, 设置权重矩阵维度形状为 $(n_{\text{in}}, n_{\text{out}})$, 如图 12-10 所示.

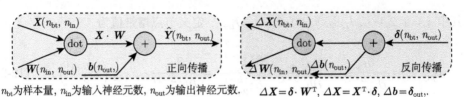

n_{bt} 为样本量, n_{in} 为输入神经元数, n_{out} 为输出神经元数.　　$\Delta\boldsymbol{X} = \boldsymbol{\delta}\cdot\boldsymbol{W}^{\text{T}}$, $\Delta\boldsymbol{X} = \boldsymbol{X}^{\text{T}}\cdot\boldsymbol{\delta}$, $\Delta\boldsymbol{b} = \delta_{\text{out}}$,

图 12-10　小批量梯度下降法的 Affine 层正向传播和反向传播运算过程

```python
# file_name: layers.py
class Affine:
    """
    神经网络的仿射变换层: z = X · W + b, 以及反向传播、计算梯度和更新增量
    """
    def __init__(self, W: np.ndarray, b: np.ndarray):
        self.W, self.b = W, b  # 网络参数, 权值矩阵和偏置向量
        self.X, self.X_shape = None, None  # 网络层的输入和尺寸, 用于反向传播
        self.dW, self.db = None, None  # 权重和偏置参数的导数

    def forward(self, X: np.ndarray):
        """
        基于上一层的输出 X, 正向传播, 计算当前网络层的净输出
        """
        self.X_shape = X.shape  # 当前网络输入的尺寸, 便于反向传播重塑 dX
        X = X.reshape(self.X_shape[0], -1)  # 最后一个维度重塑为列向量
        self.X = X  # 标记当前网络层的输入, 便于反向传播
        Z = self.X @ self.W + self.b  # 净输出, 仿射变换
        return Z

    def backward(self, delta: np.ndarray):
        """
        基于下一层的 delta 增量, 反向传播, 计算误差增量和各网络参数的更新增量
        """
        dX = delta @ self.W.T  # 反向传播过程中的误差
        self.dW = self.X.T @ delta / self.X_shape[0]  # 权值的更新增量
```

```
        self.db = np.mean(delta, axis=0)  # 偏置的更新增量
        return dX.reshape(* self.X_shape)
```

12.2.3 BP 神经网络架构设计

仅实现二分类, 且限定 1 个输出节点, 输入节点数等同于样本的特征变量数. 隐藏层结构采用列表存储, 如 $[10, 6]$ 表示网络共包含两个隐藏层, 第 1 个隐藏层节点数为 10, 第 2 个隐藏层节点数为 6. 为更好地适应多隐藏层和模块化设计思路, 分别设计隐藏层类和输出层类, 每层包括正向传播、反向传播和当前层的参数更新. 需导入相应的激活函数工具方法 activity_func 和网络权重初始化类 InitWeights.

1. 基于仿射变换层 Affine 的输出层与隐藏层类设计

```python
# file_name: layers.py
class OutputLayer:
    """
    BP神经网络输出层: 正向传播 + 反向传播 + 网络参数更新
    """
    def __init__(self, n_inout: tuple, args):
        self.activity_fun = af.activity_functions(args[0])  # 当前层的激活函数
        self.X, self.y_hat = None, None  # 当前层的输入和激活输出
        self.grad_X = None  # 反向传播的网络误差
        # 随机初始化类, 与原理略有区别, 维度shape为(n_in, n_out)
        self.W, self.b = InitWeights(n_inout, args[1]).initialize()  # 需导入, 参见12.4.2节
        self.affine = Affine(self.W, self.b)  # 仿射变换层

    def forward(self, X: np.ndarray):
        """
        基于输入X, 正向传播计算, 得到网络的最终激活输出
        """
        Z = self.affine.forward(X)  # 净输出
        self.y_hat = self.activity_fun[0](Z)  # 激活输出

    def backward(self, target: np.ndarray):
        """
        基于样本目标值target反向传播计算
        """
        delta = self.y_hat - target  # 反向的误差增量
        self.grad_X = self.affine.backward(delta)  # 反向传播, 传播误差
```

```python
    def update(self, alpha: float):
        """
        基于当前学习率alpha更新当前层的网络参数
        """
        self.W -= alpha * self.affine.dW  # 更新权重系数
        self.b -= alpha * self.affine.db  # 更新偏置项


class HiddenLayer:
    """
    BP神经网络中间隐藏层，且包含由输入层到第一个隐藏层的计算
    """
    def __init__(self, n_inout: tuple, args):
        self.activity_fun = af.activity_functions(args[0])  # 当前层的激活函数
        # 当前层的输入、净输出和激活输出
        self.X, self.Z, self.y_hat = None, None, None
        self.grad_X = None  # 反向传播的网络误差
        self.W, self.b = InitWeights(n_inout, args[1]).initialize()  # 初始化网络参数
        self.affine = Affine(self.W, self.b)  # 仿射变换层

    def forward(self, X: np.ndarray):
        """
        基于当前层的输入X，当前层的正向传播计算
        """
        self.Z = self.affine.forward(X)
        self.y_hat = self.activity_fun[0](self.Z)  # 激活函数输出

    def backward(self, grad_X: np.ndarray):
        """
        基于反向传播的grad_X反向传播计算
        """
        delta = grad_X * self.activity_fun[1](self.Z)  # 反向的增量
        self.grad_X = self.affine.backward(delta)  # 反向传播, 传播误差

    def update(self, alpha: float):
        self.W -= alpha * self.affine.dW  # 更新权重系数
        self.b -= alpha * self.affine.db  # 更新偏置项
```

2. BP 神经网络的整体架构类设计

图 12-11 为包含多个隐藏层的 BP 神经网络结构, 按层级结构正向传播、反

向传播、更新参数, 不断迭代优化, 直至达到训练要求. 此外, 每层可引入优化算法, 不限于普通的梯度下降法.

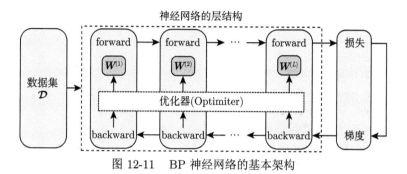

图 12-11   BP 神经网络的基本架构

```python
# file_name: bpnn_architecture.py
class BPNN_Architecture:
    """
    包含多个隐藏层的BP神经网络, 隐藏层的层数由参数hidden来指定, 实现二分类
    """
    def __init__(self, hidden: list = None, alpha: float = 1e-2, batch_size: int = 20,
                 h_activity: str = "tanh", o_activity: str = "sigmoid",
                 decay_rate: float = 1e-3, decay_strategy: str = "",
                 max_epoch: int = 10000, stop_eps: float = None,
                 loss: str = "Square", init_W_type: tuple = ("he_n", "xavier_n"),
                 is_classified_tasks: bool = True):
        self.hidden = hidden  # 隐藏层结构, 不包括输入层和输出层, 列表如[10, 6]
        # 训练参数: 学习率alpha, 最大迭代次数max_epoch, 终止精度stop_eps
        self.alpha, self.max_epoch, self.stop_eps = alpha, max_epoch, stop_eps
        # 学习率和控制学习率的减缓幅度, 学习率的衰减策略: 分数frac和exp
        self.decay_rate, self.decay_strategy = decay_rate, decay_strategy
        self.batch_size = batch_size  # 批量大小: 控制梯度下降法的三种方法
        self.loss = loss if is_classified_tasks else "Square"  # 计算损失的方法
        o_activity = o_activity if is_classified_tasks else "linear"  # 输出激活函数
        # 隐藏层和输出层参数: 激活函数和初始化方法
        self.h_args = (h_activity, init_W_type[0])  # 隐藏层参数
        self.o_args = (o_activity, init_W_type[1])  # 输出层参数
        self.is_classified_tasks = is_classified_tasks  # 是否是分类任务
        self.W, self.b = [], []  # 网络最终训练的参数
        self.layers = []  # 存储网络各层对象, 以便统一计算
        self.n_samples, self.m_features = 0, 0  # 训练样本量和特征数
        self.train_loss = []  # 训练过程的损失值
```

```python
def _init_network(self):
    """
    初始化神经网络, 即各网络层对象初始化
    """
    if self.hidden:
        # 1. 输入层到第一个隐藏层
        n_inout = (self.m_features, self.hidden[0])  # 输入输出神经元数
        self.layers.append(HiddenLayer(n_inout, self.h_args))
        # 2. 中间各隐藏层对象
        for i in range(len(self.hidden) - 1):
            n_inout = (self.hidden[i], self.hidden[i+1])  # 输入输出神经元数
            self.layers.append(HiddenLayer(n_inout, self.h_args))
    else:
        self.hidden = [self.m_features]  # 用于统一初始化输出层对象
    # 3. 输出层对象, 固定输出层为单个神经元节点
    self.layers.append(OutputLayer((self.hidden[-1], 1), self.o_args))


def _forward(self, b_X: np.ndarray):
    """
    根据当前批次输入b_X逐层进行正向传播
    """
    h = b_X  # 标记当前层的输出和下一层的输入
    for layer in self.layers:  # 针对每一层
        layer.forward(h)  # 当前层的正向传播
        h = layer.y_hat  # 当前层的激活输出, 传播到下一层
    return h


def _backward(self, target: np.ndarray):
    """
    基于样本目标真值target逐层进行反向传播
    """
    grad_X = target  # 标记当前层的输入梯度, 反向传播到上一层
    for layer in reversed(self.layers):  # 从输出层到输入层反向传播
        layer.backward(grad_X)  # 当前层的反向传播
        grad_X = layer.grad_X  # 当前层的输入梯度, 传播到上一层
    return grad_X


def _update(self):
    """
```

逐层更新网络权重和偏置项
"""
```python
        for layer in self.layers:  # 逐层更新网络权重和偏置项
            layer.update(self.alpha)

    def fit(self, X_train: np.ndarray, y_train: np.ndarray):
        """
        基于训练样本(X_train, y_train)实现BP神经网络训练, 分为正向传播和反向传播
        """
        self.n_samples, self.m_features = X_train.shape  # 训练样本量和特征数
        self._init_network()  # 神经网络初始化
        batch_nums = self.n_samples // self.batch_size  # 批次
        for k in range(self.max_epoch):
            train_samples = np.c_[X_train, y_train]  # 组合训练集和目标集
            np.random.shuffle(train_samples)  # 打乱样本顺序, 模拟随机性
            self.alpha = ada_learning_rate(self, k, batch_nums)  # 学习率的调整策略
            for idx in range(batch_nums):
                # 选取数据, 维度均为二维ndarray, 其中y为(batch_size,1)
                batch_xy = train_samples[idx * self.batch_size:
                                         (idx + 1) * self.batch_size]  # 选取数据
                batch_x, batch_y = batch_xy[:, :-1], batch_xy[:, -1:]  # 拆分
                self._forward(batch_x)  # 逐层正向传播
                self._backward(batch_y)  # 逐层反向传播
                self._update()  # 逐层更新网络参数
            # 计算训练过程中的损失函数值
            y_prob = self._forward(X_train)  # 当前训练样本的预测类别概率
            if self.loss.lower() == "square":
                loss_mean = cal_square_loss(y_train, y_prob)  # 计算均方误差损失
            else:
                loss_mean = cal_cross_entropy(y_train, y_prob)  # 计算交叉熵损失
            self.train_loss.append(loss_mean)  # 存储训练过程的损失
            # 给定停机精度stop_eps, 则根据相邻两次损失差的绝对值作为停机条件
            cond = self.stop_eps is not None and k > 10  # 给定精度, 且最少训练10次
            if cond and np.abs(self.train_loss[-1] - self.train_loss[-2]) < self.stop_eps:
                break

    def get_params(self):
        """
        获取网络权重系数和偏置项
        """
```

```
    for layer in self.layers:
        self.W.append(layer.W)
        self.b.append(layer.b)
    return self.W, self.b


def predict_prob(self, X_test: np.ndarray):
    """
    神经网络预测测试样本X_test类别概率
    """
    y_prob = self._forward(X_test).flatten()  # 预测概率
    return np.asarray([1 - y_prob, y_prob]).T


def predict(self, X_test: np.ndarray):
    """
    神经网络对测试样本X_test的类别预测(分类任务)和实值预测(回归任务)
    """
    if self.is_classified_tasks:  # 分类任务
        y_hat_prob = self.predict_prob(X_test)
        return np.argmax(y_hat_prob, axis=1)
    else:  # 回归任务
        return self._forward(X_test)
```

针对 **例 1** 示例样本, 假设目标集为 $\{0, 1, 1, 0\}$, 隐藏层结构分别为 $[4]$ 和 $[4, 2]$, 权重初始化方法为 $w_{i,j} \sim N(0, 2/n_{\text{in}})$, 采用随机梯度下降法, 学习率 $\alpha = 0.1$, 训练 20000 次, 结果如表 12-5 所示. 可见, 当添加隐藏层后, 非线性可分数据集变得可分, 故隐藏层提升了网络的非线性建模能力. 当激活函数为 Softplus 时, 训练效果相比于 Sigmoid 更为理想.

表 12-5　非线性可分数据集训练结果 (有一定随机性)

真值	Sigmoid, [4, 2]	Softplus, [4, 2]	Sigmoid, [4]	Softplus, [4]
0	4.15331645e−04	7.33424502e−06	9.85960997e−04	4.14336243e−05
1	9.99143963e−01	9.99732230e−01	9.98888898e−01	9.99944168e−01
1	9.99139910e−01	9.99746585e−01	9.99002091e−01	9.99939313e−01
0	7.25962462e−04	7.10003490e−06	9.08361739e−04	5.86401673e−05

图 12-12 为 BP 神经网络的训练损失曲线, 显然基于 Softplus 激活函数的损失值下降速度更快. 由于此例共 4 个简单样本, 从纵轴的数值刻度可知, 单隐藏层结构要比两个隐藏层的性能更好. BP 神经网络的深度并非越深越好, 要视具体问题而言, 同时也与优化算法、权重初始化、激活函数、学习率等因素有关.

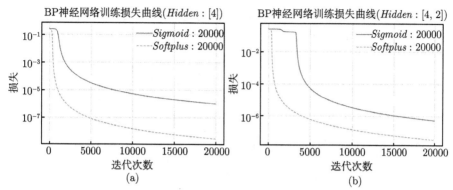

图 12-12　非线性可分数据集基于隐藏层的 BP 神经网络训练的均方损失曲线

针对**例 2** 示例, 添加单隐藏层结构 [50] 且采用激活函数 Tanh, 结果如图 12-13 所示, 对于线性可分数据集, 添加隐藏层可能未必使得整体性能提升.

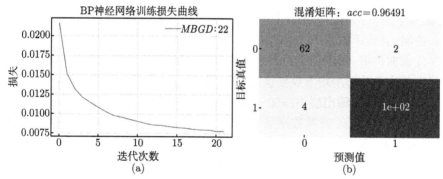

图 12-13　包含单隐藏层结构的 BP 神经网络损失曲线与测试样本的预测混淆矩阵

例 3　以函数 sklearn.datasets.make_moons 随机生成 500 个二分类非线性可分数据集, 构建 BP 神经网络预测.

样本数据的生成、划分, 以及网络结构和参数的设计如下:

```
X, y = make_moons(noise=0.20, n_samples=500, random_state=0) # 生成数据
X = StandardScaler().fit_transform(X)  # 标准化处理
X_train, X_test, y_train, y_test = \
    train_test_split(X, y, test_size=0.3, shuffle=True, stratify=y, random_state=0)
bpnn = BPNNClassifier(n_hidden=[20, 10], alpha=0.8, stop_eps=1e-10, batch_size=50,
                      decay_method="frac", hidden_activity="tanh",
                      weight_init_type=["xavier_n", "xavier_n"])
```

结果如图 12-14 (a) 所示, 包含 2 个隐藏层的 BP 神经网络, 对输入特征逐层

抽象, 提升了非线性建模能力, 实现了更好的分类效果. 若不包含隐藏层, 则仅能实现线性可分, 如 (b) 图所示.

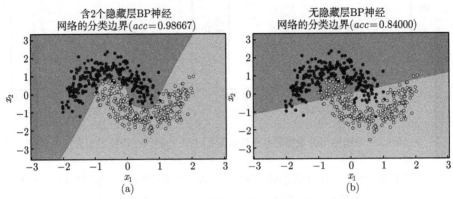

图 12-14　BP 神经网络对非线性可分数据集的训练和分类边界

区别于 BP 网络的分类任务, 其回归任务由参数 is_classified_tasks: bool = False 控制, 且设计如下:

(1) 前向传播, 输出层无需激活函数, 或设置线性激活函数;

(2) 损失函数采用均方误差损失 (或适于回归任务的其他损失函数);

(3) 反向传播, 输出层不添加一阶导数值, 直接用误差作为增量规则反向传播;

(4) 训练网络前, 需对数据集 $\mathcal{D} = \{(\boldsymbol{x}_i, y_i)\}_{i=1}^n$ 标准化, 然后基于数据集划分或交叉验证, 训练网络或优化参数组合, 并对测试样本的预测输出反标准化 (inverse standardization), 即数据原始尺度的还原.

例 4　以非线性函数 $y = \sin 2x + 0.05x^2 + 0.2\varepsilon$ 生成 100 个训练数据, 其中 $\varepsilon \sim N(0, 1)$, $x \in [-1, 5]$, 随机种子为 0, 对非线性数据进行拟合并预测.

网络结构及其参数设置如下, 可调参. 注意对训练数据和测试数据的标准化和预测结果的标准化还原 (可参考例 5 的测试代码).

```
BPNN_Architecture(hidden=[10, 5], alpha=0.5, batch_size=10, h_activity ="tanh",
                  max_epoch=10000, stop_eps=1e-10,
                  init_W_type=("xavier_n", "xavier_n"), decay_strategy="frac",
                  is_classified_tasks =False)
```

结果如图 12-15 所示, 可见神经网络对于非线性数据的拟合效果非常好, 其可决系数 $R^2 = 0.990$. 由于网络参数随机初始化, 结果带有较小的随机性. 损失曲线在初始训练时下降较快, 并伴随着一定程度的随机波动 (较大的学习率和较小的批次量), 随着迭代优化, 逐渐收敛到停机精度. 此外, 若损失值的数量级变化较大, 则损失曲线可采用对数刻度函数 semilogy 可视化.

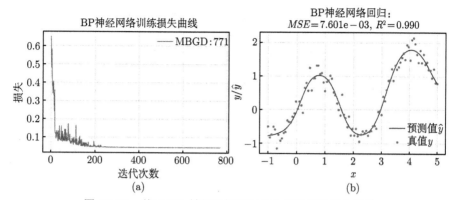

图 12-15　基于 BP 神经网络回归的非线性函数拟合结果

例 5　以波士顿房价数据集为例, 选择房价小于等于 40 的样本, 基于一次随机划分, 训练 BP 神经网络, 并进行预测分析.

如图 12-16 所示, 训练初期, 损失曲线下降的同时伴随着随机波动, 随着迭代优化, 趋于平稳收敛, 且有着不错的拟合度 (与数据集划分有一定关系).

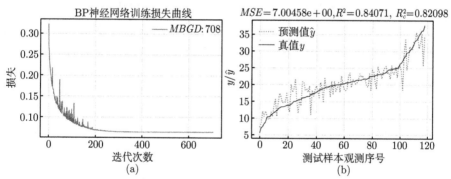

图 12-16　BP 神经网络训练的均方误差损失曲线和测试样本的预测结果

此外, 数据集的选择和划分, 数据集的标准化和反标准化还原数据, 以及网络参数的设定和训练如下:

```
boston = fetch_openml(name="boston", version=1, as_frame=False)  # 加载数据
X, y = boston.data, boston.target  # 获取样本特征值集合和目标集
X, y = X[y <= 40], y[y <= 40]  # 不考虑目标值小于40的样本集
X = StandardScaler().fit_transform(X)  # 数据标准化
ss_obj = StandardScaler()  # 目标值标准化对象, 以便预测值后反标准化
y_ss = ss_obj.fit_transform(y.reshape(-1, 1))  # 对目标值进行标准化
X_train, X_test, y_train, y_test = \
    train_test_split(X, y_ss, test_size=0.25, random_state=0)  # 数据集划分
bpnn_r = BPNN_Architecture(hidden=[30, 10, 5], alpha=0.1, stop_eps=1e-10,
```

```
                          batch_size=50, h_activity ="tanh", decay_strategy="frac",
                          init_W_type=("xavier_n", "xavier_n"),
                          is_classified_tasks =False)  # 神经网络对象参数初始化
bpnn_r.fit(X_train, y_train)  # 训练BP神经网络
y_hat = bpnn_r.predict (X_test)  # BP神经网络预测
y_predict = ss_obj.inverse_transform(y_hat)  # 反标准化,预测值
y_test = ss_obj.inverse_transform(y_test)  # 反标准化,真值
```

12.2.4　加速优化学习方法

记目标函数关于当前第 t 步的参数的梯度为 $\boldsymbol{g}_t$, 根据历史梯度计算一阶动量 $\boldsymbol{m}_t$ 和二阶动量和 $\boldsymbol{v}_t$, 且 $\boldsymbol{m}_0 = \boldsymbol{0}$, $\boldsymbol{v}_0 = \boldsymbol{0}$. 本节介绍较为常见的动量法、AdaGrad 法、RMSProp 法、Adam 以及 Adam 改进方法[5]. 如下不特殊说明, 皆指向量或矩阵中对应各分量的计算.

1. 动量法

动量梯度下降 (gradient descent with momentum) 法简称动量法, 它通过引入动量项来加速收敛并减少震荡, 是一个添加到 delta 规则中用于调整权重的项[1]. 动量法模拟了物理中的动量概念, 使用动量项推动权重在一定程度上向某个特定方向调整, 而不是产生立即性改变. 公式为

$$\begin{cases} \boldsymbol{m}_t = \beta\boldsymbol{m}_{t-1} + \alpha\boldsymbol{g}_t, \\ \boldsymbol{w}_t \leftarrow \boldsymbol{w}_{t-1} - \boldsymbol{m}_t, \end{cases} \quad t = 1, 2, \cdots, \tag{12-26}$$

其中 $\beta \in (0, 1)$ 表示历史梯度的影响力. 令 $\Delta\boldsymbol{w}_t = \alpha\boldsymbol{g}_t$, 动量随时间变化可得

$$\boldsymbol{m}_t = \Delta\boldsymbol{w}_t + \beta\boldsymbol{m}_{t-1} = \Delta\boldsymbol{w}_t + \beta\Delta\boldsymbol{w}_{t-1} + \cdots + \beta^{t-1}\Delta\boldsymbol{w}_1, \quad t = 1, 2, \cdots. \tag{12-27}$$

在式 (12-27) 中, $\boldsymbol{m}_t$ 保留了之前更新方向的指数加权平均, 故当前更新方向是历史方向与当前梯度的加权组合. 一方面, 由于 $\beta < 1$, 权重更新增量随时间推移而减弱, 但仍存在于动量之中, 故而, 权重不仅仅受某个特定更新增量的影响, 学习的稳定性得以提高; 另一方面, 动量随着权重更新而逐渐增大, 权重更新量也随之越来越大, 因此, 学习的效率也提高了.

2. AdaGrad 法

AdaGrad 法于 2011 年由 Duchi 等研究人员提出, 是一种自适应学习率的梯度下降优化算法, 公式为

$$\begin{cases} \boldsymbol{v}_t = \boldsymbol{v}_{t-1} + \left(\boldsymbol{g}_t\right)^2, \\ \boldsymbol{w}_t \leftarrow \boldsymbol{w}_{t-1} - \alpha\dfrac{1}{\sqrt{\boldsymbol{v}_t + \varepsilon}}\boldsymbol{g}_t, \end{cases} \quad t = 1, 2, \cdots. \tag{12-28}$$

在式 (12-28) 中, $\boldsymbol{v}_t$ 基于历史梯度的平方和进行调整, 每个参数 (考虑分量) 都有独立的学习率, 适用于稀疏数据、特征尺度差异大的场景, 如 NLP. AdaGrad 法对于之前更新的总和比较小的权重, 所产生的新的更新量会较大, 相反, 所产生的新的更新量则会较小. 故在刚开始时在比较大的范围进行搜索, 然后逐渐将范围缩小, 实现更为高效的搜索. AdaGrad 法的学习率是单调递减的, 可能在训练过程中出现更新量几乎为零的情况, 导致后期训练停滞.

3. RMSProp 法

RMSProp (Root Mean Square Prop) 法 (Geoff Hinton 在 Coursera 网络教育平台的教材中提到) 克服了 AdaGrad 法中由于更新量变小而导致学习进度停滞不前的问题. RMSProp 法采用指数加权移动平均法调整学习率, 使网络在训练过程中更加稳定. 公式为

$$
\begin{cases}
\boldsymbol{v}_t = \rho \boldsymbol{v}_{t-1} + (1-\rho)\left(\boldsymbol{g}_t\right)^2, \\
\boldsymbol{w}_t \leftarrow \boldsymbol{w}_{t-1} - \alpha \dfrac{1}{\sqrt{\boldsymbol{v}_t + \varepsilon}} \boldsymbol{g}_t,
\end{cases} \quad t = 1, 2, \cdots. \tag{12-29}
$$

RMSProp 法引入衰减因子 ρ, 可以实现对过去的 $\boldsymbol{v}_t$ 以适当的比例进行 "忘记", 从而避免学习率无限下降, 比 AdaGrad 法更适合训练深度神经网络, 适合非平稳 (non-stationary) 目标函数优化问题. Hinton 推荐设置 $\rho = 0.9$ 左右的值.

4. Adam 法

Adam (Adaptive Moment Estimation) 法于 2014 年由 Kingma 等[3] 研究人员提出, 可以看作是 RMSProp 与 Momentum 的结合. Adam 对其他算法的优点实现了兼收并蓄, 故而, 相比其他优化算法表现出更好的性能. 公式为

$$
\begin{cases}
\boldsymbol{m}_t = \beta_1 \boldsymbol{m}_{t-1} + (1-\beta_1)\boldsymbol{g}_t, \\
\boldsymbol{v}_t = \beta_2 \boldsymbol{v}_{t-1} + (1-\beta_2)\left(\boldsymbol{g}_t\right)^2, \\
\hat{\boldsymbol{m}}_t = \dfrac{\boldsymbol{m}_t}{1-\beta_1^t}, \hat{\boldsymbol{v}}_t = \dfrac{\boldsymbol{v}_t}{1-\beta_2^t}, \\
\boldsymbol{w}_t \leftarrow \boldsymbol{w}_{t-1} - \alpha \dfrac{\hat{\boldsymbol{m}}_t}{\sqrt{\hat{\boldsymbol{v}}_t} + \varepsilon},
\end{cases} \quad t = 1, 2, \cdots. \tag{12-30}
$$

推荐使用的参数值: $\beta_1 = 0.9$, $\beta_2 = 0.999$, $\alpha = 0.001$, $\varepsilon = 10^{-8}$. Adam 法的特点如下:

(1) 惯性保持, 引入动量机制. Adam 法记录了梯度的一阶矩 $\boldsymbol{m}_t$, 其是各个时刻梯度方向的指数移动平均值, 使得每一次更新时, 上一次更新的梯度与当前更新的梯度不会相差太大, 即梯度平滑、稳定地过渡, 可以适应不稳定的目标函数.

(2) 环境感知, Adam 法记录了梯度的二阶矩 v_t, 即梯度平方的指数加权移动平均, 体现了环境感知能力, 为不同参数产生自适应的学习速率.

(3) 偏差修正, 引入 $\hat{m}_t, \hat{v}_t$, 解决初始阶段估计偏差问题.

(4) 超参数, 即 $\alpha, \beta_1, \beta_2, \varepsilon$ 具有很好的解释性, 且通常无需调整或仅需很少的微调.

Adam 法鲁棒性更强, 适用于各种网络结构, 尤其是深度学习. 但 Adam 法可能不收敛, 也可能错过全局最优解, 在需要极高精度的任务时, 可能表现不如动量法.

5. AdaMax 法

AdaMax 法是基于无穷范数的 Adam 法的变体 (a variant of Adam based on the infinity norm), 即使用无穷范数 (取历史梯度分量的最大绝对值)L_∞ 替代了二阶矩估计中的 L_2 范数, 公式为

$$\begin{cases} \boldsymbol{m}_t = \rho \boldsymbol{m}_{t-1} + (1-\rho)\, \boldsymbol{g}_t, \\ \boldsymbol{u}_t = \max\left(\beta_2 \boldsymbol{m}_{t-1}, |\boldsymbol{g}_t|\right), \\ \boldsymbol{w}_t \leftarrow \boldsymbol{w}_{t-1} - \alpha \dfrac{1}{\boldsymbol{u}_t} \dfrac{\boldsymbol{m}_t}{1-\beta_1^t}, \end{cases} \qquad t = 1, 2, \cdots. \tag{12-31}$$

多数情况下, Adam 法仍是首选, 但 AdaMax 法提供了一个有价值的替代选项. AdaMax 法减少了计算量, 对大梯度更鲁棒, 故使得在某些情况下表现更稳定, 尤其是高维参数空间、梯度稀疏或存在显著异常值时.

6. Nadam 法

Nadam[4](Nesterov-accelerated Adaptive Moment Estimation) 法是 Adam 和 Nesterov 加速梯度 (NAG, 见第 4 章) 两种算法的结合, 公式为

$$\begin{cases} \boldsymbol{m}_t = \beta_1 \boldsymbol{m}_{t-1} + (1-\beta_1)\, \boldsymbol{g}_t, \\ \boldsymbol{v}_t = \beta_2 \boldsymbol{v}_{t-1} + (1-\beta_2)\left(\boldsymbol{g}_t\right)^2, \\ \hat{\boldsymbol{m}}_t = \dfrac{\boldsymbol{m}_t}{1-\beta_1^t},\ \hat{\boldsymbol{v}}_t = \dfrac{\boldsymbol{v}_t}{1-\beta_2^t}, \\ \hat{\boldsymbol{m}}_t = \beta_1 \hat{\boldsymbol{m}}_t + \dfrac{(1-\beta_1)}{1-\beta_1^t} \boldsymbol{g}_t, \\ \boldsymbol{w}_t \leftarrow \boldsymbol{w}_{t-1} - \alpha \dfrac{\hat{\boldsymbol{m}}_t}{\sqrt{\hat{\boldsymbol{v}}_t} + \varepsilon}, \end{cases} \qquad t = 1, 2, \cdots. \tag{12-32}$$

对比于 Adam 法, Nadam 法的关键在于 Nesterov 动量修正, 即在偏差校正后, 额外引入 Nesterov 法的 "展望" 梯度, 使参数更新方向更加准确, 从而加速收

敛, 尤其在优化高曲率或病态条件 (如神经网络损失函数) 时表现优异. 一般而言, 在想使用带动量的 RMSprop 法或 Adam 法的地方, 大多可以使用 Nadam 法取得更好的效果. Nadam 法适用于深度学习优化 (如 CNN、RNN、Transformer)、非凸优化问题 (如 GAN 训练)、需要快速收敛的任务 (如小样本学习).

7. AMSGrad 法

在某些非凸优化问题中, Adam 法可能因二阶矩的指数移动平均衰减过快而无法收敛到最优解. Reddi 等[6] 提出了一种新算法 AMSGrad 来解决这个问题, 它使用历史最大二阶矩来更新参数, 公式为 (不带有偏差校正估计, 或仅对 $\hat{m}_t$ 做偏差校正估计)

$$\begin{cases} \boldsymbol{m}_t = \beta_1 \boldsymbol{m}_{t-1} + (1 - \beta_1)\, \boldsymbol{g}_t, \\ \boldsymbol{v}_t = \beta_2 \boldsymbol{v}_{t-1} + (1 - \beta_2)\, (\boldsymbol{g}_t)^2, \\ \hat{\boldsymbol{v}}_t = \max\,(\hat{\boldsymbol{v}}_{t-1}, \boldsymbol{v}_t), \\ \boldsymbol{w}_t \leftarrow \boldsymbol{w}_{t-1} - \alpha \dfrac{\boldsymbol{m}_t}{\sqrt{\hat{\boldsymbol{v}}_t} + \varepsilon}, \end{cases} \qquad t = 1, 2, \cdots. \qquad (12\text{-}33)$$

$\hat{\boldsymbol{v}}_t$ 单调递增, 避免了 Adam 法中因衰减过快导致的学习率失控问题. 实验表明, 在小数据集和 CIFAR-10 数据集上, AMSGrad 法的性能比 Adam 法更好.

基于梯度优化的学习算法代码如下:

```python
# file_name: optimizer_utils.py
class OptimizerUtils :
    def __init__(self, theta: np.ndarray, beta1: float = 0.9, beta2: float = 0.999,
                 eps: float = 1e-8, optimizer : str = "adam"):
        self.theta = theta   # 待优化的模型参数, 一维数组或二维数组
        self.beta1, self.beta2 = beta1, beta2   # 衰减系数, 采用推荐的值
        self.eps = eps   # 较小的纠正参数, 避免被零除
        self.d_theta = np.zeros_like(theta)   # 参数更新的增量
        optimizer_list = ["mmt", "adagrad", "rmsprop", "adam",
                          "adamax", "nadam", "amsgrad", "sgd"]   # 优化方法函数名称
        assert optimizer.lower() in optimizer_list   # 断言
        idx = optimizer_list.index(optimizer.lower())   # 查找所采用的优化方法索引
        self.optimizer = eval("self." + optimizer_list[idx])   # 采用的优化方法
        self.iter_ = 0   # 迭代的次数
        self.m_ = np.zeros_like(theta)   # 梯度的一阶矩
        self.v_ = np.zeros_like(theta)   # 梯度的二阶矩

    def update(self, grad: np.ndarray, alpha: float = 1e-3):
```

```
        """
        基于当前梯度grad和学习率获得优化算法的增量, 并更新参数
        """
        self.iter_ += 1  # 更新的次数
        self.optimizer(grad, alpha)  # 得到参数更新的增量
        self.theta += self.d_theta  # 更新参数方法
        return self.theta

    def sgd(self, grad: np.ndarray, alpha: float):
        # 随机梯度下降算法
        self.d_theta = -1.0 * alpha * grad  # 参数更新的增量

    def mmt(self, grad: np.ndarray, alpha: float):
        # 动量 (gradient descent with momentum) 法调整策略
        self.d_theta = self.beta1 * self.d_theta - alpha * grad  # 参数更新的增量

    def adagrad(self, grad: np.ndarray, alpha: float):
        """
        AdaGrad学习率调整策略
        """
        self.v_ = self.v_ + grad ** 2  # 对梯度平方累计求和
        self.d_theta = -1.0 * alpha * grad / np.sqrt(self.v_ + self.eps)

    def rmsprop(self, grad: np.ndarray, alpha: float):
        """
        RMSprop (Root Mean Square Prop) 学习率调整策略
        """
        # 梯度平方的指数加权移动平均
        self.v_ = self.beta1 * self.v_ + (1 - self.beta1) * grad ** 2
        self.d_theta = -1.0 * alpha * grad / np.sqrt(self.v_ + self.eps)

    def adam(self, grad: np.ndarray, alpha: float):
        """
        Adam (Adaptive Moment Estimation) 学习率调整策略
        """
        t = self.iter_  # 更新的次数
        self.m_ = self.beta1 * self.m_ + (1 - self.beta1) * grad  # 一阶矩估计
        self.v_ = self.beta2 * self.v_ + (1 - self.beta2) * grad ** 2  # 二阶矩估计
        # 偏差校正估计
        m_hat, v_hat = self.m_ / (1 - self.beta1 ** t), self.v_ / (1 - self.beta2 ** t)
```

```
        # 参数更新的增量
        self.d_theta = −1.0 ∗ alpha ∗ m_hat / (np. sqrt (v_hat) + self.eps)


    def adamax(self, grad: np.ndarray, alpha: float):
        """
        AdaMax(基于无穷范数的Adam的变体)学习率调整策略
        """
        t = self. iter_
        self.m_ = self.beta1 ∗ self.m_ + (1 − self.beta1) ∗ grad  # 一阶矩估计
        self.v_ = np.maximum(self.beta2 ∗ self.v_, np.abs(grad))   # 指数加权无穷大范数
        self.d_theta = (−1.0 ∗ alpha / (1 − self.beta1 ∗∗ t) ∗ self.m_ /
                    ( self.v_ + self.eps))


    def nadam(self, grad: np.ndarray, alpha: float):
        """
        Nadam学习率调整策略
        """
        t = self. iter_   # 更新的次数
        self.m_ = self.beta1 ∗ self.m_ + (1 − self.beta1) ∗ grad  # 一阶矩估计
        self.v_ = self.beta2 ∗ self.v_ + (1 − self.beta2) ∗ grad ∗∗ 2 # 二阶矩估计
        m_hat = self.m_ / (1 − self.beta1 ∗∗ t)  # 偏差校正
        v_hat = self.v_ / (1 − self.beta2 ∗∗ t)  # 偏差校正
        # Nesterov动量
        m_hat = (1 − self.beta1) ∗ grad / (1 − self.beta1 ∗∗ t) + self.beta1 ∗ m_hat
        self.d_theta = −1.0 ∗ alpha ∗ m_hat / (np. sqrt (v_hat) + self.eps)


    def amsgrad(self, grad: np.ndarray, alpha: float):
        """
        AMSGrad学习率调整策略
        """
        t = self. iter_   # 更新的次数
        self.m_ = self.beta1 ∗ self.m_ + (1 − self.beta1) ∗ grad  # 一阶矩估计
        old_v = np.copy(self.v_)  # 记录最近一次二阶矩动量的历史值
        self.v_ = self.beta2 ∗ self.v_ + (1 − self.beta2) ∗ grad ∗∗ 2 # 二阶矩估计
        v_hat = np.maximum(old_v, self.v_)  # 使用过去平方梯度的最大值来更新参数
        self.d_theta = −1.0 ∗ alpha ∗ self.m_ / (np. sqrt (v_hat) + self.eps)
```

例 6 设凸函数 $f(x_1, x_2, x_3) = x_1^2 + 2x_2^2 + 0.8x_3^2$, 选择梯度优化方法, 以初值 $x_0 = (1.0, 1.0, 1.0)^{\mathrm{T}}$ 优化函数的极小值.

分别设置学习率 $\alpha = 0.01$ 和 $\alpha = 0.001$, 其他参数默认. 如图 12-17 所示, 在

不同学习率下分别训练 1000 次和 10000 次的极值优化过程. 其中近似直线为随机梯度下降算法 (SGD), 可见, Adam 法及其变体算法极大地提升了优化效率.

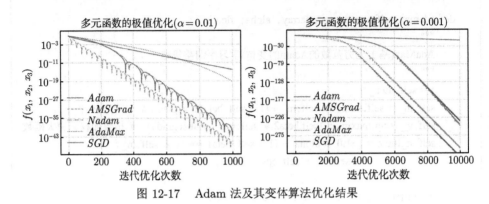

图 12-17 Adam 法及其变体算法优化结果

12.2.5 基于优化学习方法的 BP 神经网络算法设计

优化算法应用到 BP 神经网络, 需要修改隐藏层类、输出层类和 BP 神经网络架构类, 添加优化类对象或实例属性参数, 并重写相关的方法, 不再考虑学习率的调整策略. 此外, 可把各优化方法的超参数 (如 $\alpha, \beta_1, \beta_2, \varepsilon$ 等) 写入到类 BPNNOptimizer 实例属性中, 本算法未进行扩展.

1. 带优化算法的隐藏层和输出层类设计

```
# file_name: opt_layers.py
class OutputLayerOptimizer(OutputLayer):
    """
    带有优化方法的BP神经网络输出层, 继承OutputLayer类
    """

    def __init__(self, n_inout: tuple, args, optimizer: str = "adam"):
        OutputLayer.__init__(self, n_inout, args)
        self.optimizer_W = OptimizerUtils(theta=self.W, optimizer=optimizer)
        self.optimizer_b = OptimizerUtils(theta=self.b, optimizer=optimizer)


    def update(self, alpha: float):
        """
        基于当前学习率alpha更新当前层的网络参数
        """
        self.optimizer_W.update(self.affine.dW, alpha)
        self.optimizer_b.update(self.affine.db, alpha)
```

```python
class HiddenLayerOptimizer(HiddenLayer):
    """
    带有优化方法的BP神经网络中间各隐藏层, 继承HiddenLayer类
    """
    def __init__(self, n_inout: tuple, args, optimizer: str = "adam"):
        HiddenLayer.__init__(self, n_inout, args)
        self.optimizer_W = OptimizerUtils(theta=self.W, optimizer=optimizer)
        self.optimizer_b = OptimizerUtils(theta=self.b, optimizer=optimizer)

    def update(self, alpha: float):
        """
        基于当前学习率alpha更新当前层的网络参数
        """
        self.optimizer_W.update(self.affine.dW, alpha)
        self.optimizer_b.update(self.affine.db, alpha)
```

2. 带优化算法的 BP 神经网络类设计. 仅需添加优化算法的参数 optimizer 即可. 继承 BPNN_Architecture 且 decay_strategy 设置为空字符串.

```python
# file_name: bpnn_optimiter.py
class BPNNOptimization(BPNN_Architecture):
    """
    带有优化加速算法的多层神经网络, 隐藏层的层数由参数hidden来指定, 实现二分类
    """
    def __init__(self, hidden: list = None, alpha: float = 1e-2, batch_size: int = 20,
                 h_activity: str = "tanh", o_activity: str = "sigmoid",
                 max_epoch: int = 10000, stop_eps: float = None, loss: str = "Square",
                 init_W_type: tuple = ("he_n", "xavier_n"),
                 optimizer: str = "adam",  # 添加优化方法的实例属性
                 is_classified_tasks: bool = True):
        BPNN_Architecture.__init__(self, hidden, alpha, batch_size, h_activity,
                                   o_activity, 1e-3, "", max_epoch, stop_eps, loss,
                                   init_W_type, is_classified_tasks)  # 按位置参数传递
        self.optimizer = optimizer  # 优化方法

    def _init_network(self):
        """
        初始化神经网络, 即各网络层对象初始化
        """
        if self.hidden:
            n_inout = (self.m_features, self.hidden[0])  # 输入输出神经元数
```

```
            self.layers.append(HiddenLayerOptimizer(n_inout, self.h_args, self.optimizer))
            for i in range(len(self.hidden) − 1):
                n_inout = (self.hidden[i], self.hidden[i + 1])  # 输入输出神经元数
                self.layers.append(HiddenLayerOptimizer(n_inout, self.h_args,
                                                        self.optimizer))
        else:
            self.hidden = [self.m_features]  # 用于统一初始化输出层对象
        n_inout = (self.hidden[−1], 1)  # 输出层神经元结构
        self.layers.append(OutputLayerOptimizer(n_inout, self.o_args, self.optimizer))
```

　　针对 **例 1** 示例样本, 假设样本对应的目标集为 $\{0, 1, 1, 0\}$. 设隐藏层结构分别为 [4] 和 [4, 2], 激活函数分别对应 Softplus 和 Sigmoid, 基于随机梯度下降法, 学习率 $\alpha = 0.005$, 各优化算法的训练过程损失下降曲线如图 12-18 所示. 其中 Adam 和 AdaMax 优化方法表现非常好, 而普通的 SGD 方法 (图上方实线) 需经过大量的迭代优化, 才有所下降 (可增大学习率, 然后结合学习率衰减策略训练). 表 12-6 为基于 Adam 和 AdaMax 优化方法训练 20000 次的结果, 可见, 各加速优化方法相对于普通梯度下降法, 具有更加优秀的学习效率. 同样条件下, 激活函数 SoftPlus 相比于 Sigmoid 具有更快的学习效率.

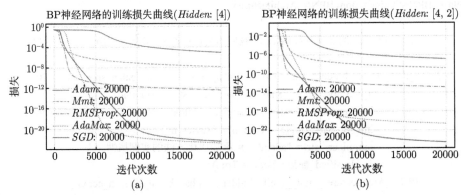

图 12-18　不同优化方法在不同隐藏层结构下的平方损失下降曲线 (激活函数为 Softplus)

表 12-6　基于 Adam 和 AdaMax 优化方法的非线性可分数据集训练结果

优化方法与隐藏层结构	激活函数	对真值 $\{0, 1, 1, 0\}$ 的训练结果 (保留 6 位小数)
Adam, [4]	SoftPlus	$\{4.013188e − 12, 1.000000e + 00, 1.000000e + 00, 7.018580e − 12\}$
AdaMax, [4]		$\{4.593552e − 12, 1.000000e + 00, 1.000000e + 00, 4.310056e − 12\}$
Adam, [4, 2]	SoftPlus	$\{3.107075e − 13, 1.000000e + 00, 1.000000e + 00, 2.003353e − 10\}$
AdaMax, [4, 2]		$\{2.689777e − 13, 1.000000e + 00, 1.000000e + 00, 6.533889e − 13\}$
Adam, [4, 2]	Sigmoid	$\{7.946711e − 11, 1.000000e + 00, 1.000000e + 00, 1.104864e − 10\}$
AdaMax, [4, 2]		$\{6.096903e − 11, 1.000000e + 00, 1.000000e + 00, 8.158337e − 11\}$

针对**例 2** 示例, 网络结构为单隐藏层 (40 个节点), $\alpha = 0.005$, 终止精度 10^{-5}, 并基于不同加速优化方法和随机梯度下降算法, 结果如图 12-19 所示, 其中上方实线为随机梯度下降 (SGD) 方法.

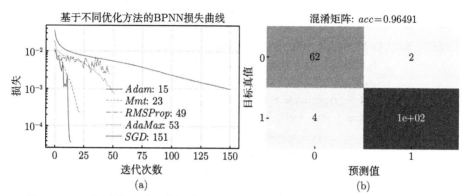

图 12-19   不同优化方法下的损失曲线和基于 Adam 法的 BPNN 预测的混淆矩阵

■ 12.3   神经网络多分类问题

神经网络的输出层结构通常取决于数据被分为多少个类别, 图 12-20 为多分类神经网络结构示意图. 类别数只影响输出层神经元节点数, 不影响隐藏层节点数. 多分类问题常结合 Softmax 激活函数, 且需通过 One-Hot 编码方式将类别标签转换为数值向量.

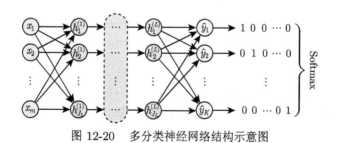

图 12-20   多分类神经网络结构示意图

BP 神经网络多分类算法实现. 网络训练 (fit 函数) 时, 需首先对目标集进行 One-Hot 编码, 在初始化网络时, 输出层节点数与类别数一致. 输出层固定采用 Softmax 激活函数, 以适应多分类问题. 如下算法继承带有优化算法的二分类 BP 神经网络类 BPNNOptimizer. 此外, 可单独定义 Softmax 层, 包含正向传播和反向传播, 且作为整个网络的最后一层.

```python
# file_name: bpnn_multiclassifier.py
class BPNNMClassifier(BPNNOptimizer):
    """
    包含多个隐藏层的BP神经网络, 基于各种优化加速算法, 实现多分类
    """
    def __init__(self, hidden: list = None, alpha: float = 1e-3, batch_size: int = 20,
                 h_activity: str = "tanh", max_epoch: int = 10000,
                 stop_eps: float = None, optimizer: str = "adam",
                 init_W_type: tuple = ("he_n", "xavier_n")):
        BPNNOptimizer.__init__(self, hidden, alpha, batch_size, h_activity,
                                o_activity="softmax",  # 固定激活函数为Softmax
                                max_epoch=max_epoch, stop_eps=stop_eps, loss="ce",
                                optimizer=optimizer, init_W_type=init_W_type)
        self.y_one_hot = None  # 目标值One-Hot编码
        self.k_class = 0  # 类别数

    def _init_network(self):
        """
        重写父类方法, 为各层类添加优化方法参数optimization, 以及输出层神经元数
        """
        if self.hidden:
            n_inout = (self.m_features, self.hidden[0])  # 输入输出神经元数
            self.layers.append(HiddenLayerOptimizer(n_inout, self.h_args, self.optimizer))
            for i in range(len(self.hidden) - 1):
                n_inout = (self.hidden[i], self.hidden[i + 1])  # 输入输出神经元数
                self.layers.append(HiddenLayerOptimizer(n_inout, self.h_args,
                                                        self.optimizer))
        else:
            self.hidden = [self.m_features]  # 用于统一初始化输出层对象
        n_inout = (self.hidden[-1], self.k_class)  # 输出层神经元结构, k个输出节点
        self.layers.append(OutputLayerOptimizer(n_inout, self.o_args, self.optimizer))

    def fit(self, X_train: np.ndarray, y_train: np.ndarray):
        """
        重写父类方法, 以适应多分类学习
        """
        self.n_samples, self.m_features = X_train.shape  # 训练样本量和特征数
        self.k_class = len(set(y_train))  # 类别数
        one_hot(self, y_train)  # 进行One-Hot编码
```

```
    self._init_network()  # 神经网络初始化
    batch_nums = self.n_samples // self.batch_size  # 批次数
    for k in range(self.max_epoch):
        train_samples = np.c_[X_train, self.y_one_hot]  # 组合训练集和目标集
        np.random.shuffle(train_samples)  # 打乱样本顺序, 模拟随机性
        for idx in range(batch_nums):
            batch_xy = train_samples[idx * self.batch_size :
                                     (idx + 1) * self.batch_size]
            # 选取数据时, 注意目标值进行了One-Hot编码, 轴1长同类别数
            batch_x = batch_xy[:, : self.m_features]  # 选取样本集
            batch_y = batch_xy[:, self.m_features :]  # 选取目标集
            self._forward(batch_x)  # 逐层正向传播
            self._backward(batch_y)  # 逐层反向传播
            self._update()  # 逐层更新网络参数
        # 计算训练过程中的损失函数值
        y_prob = self._forward(X_train)  # 正向传播过程中的预测输出
        loss_mean = cal_cross_entropy(self.y_one_hot, y_prob, True)  # 交叉熵损失
        self.train_loss.append(loss_mean)  # 存储训练过程的损失
        cond = self.stop_eps is not None and k > 10  # 给定精度, 且最少训练10次
        if cond and np.abs(self.train_loss[-1] - self.train_loss[-2]) < self.stop_eps:
            break

def predict_prob(self, X_test: np.ndarray):
    """
    神经网络预测测试样本X_test类别概率
    """
    return self._forward(X_test)  # 前向传播一次即可, 取最后的输出
```

例 7 图 12-21 为输入数据, 标记为 $\{1, 2, 3, 4, 5\}$ 的 5 个简单数字图像[1], 一个网格代表一个像素, 空白处为 0, 其他处为 1. 将输入图像展平为包含有 25 个 0、1 数值的向量, 表示一个样本.

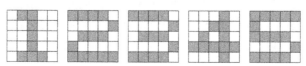

图 12-21   简单数字图像识别: 输入图像

设计包含单隐藏层神经网络, 参数设置如下, 其他参数默认.

```
BPNNMClassifier(hidden=[50], batch_size=1, alpha=0.001, stop_eps=1e-10,
                optimizer=opt,  # opt为各种优化算法, 修改即可
```

```
h_activity ="tanh", init_W_type=("norm", "norm"))
```

　　Adam 优化训练的最终结果如表 12-7 所示, 其数值对应目标集的 One-Hot 编码, 从对角线元素可以看出, Adam 优化结果与目标函数一致. 此外, 除 Mmt、SGD 和 AdaGrad 外, 其他优化方法的优化结果基本一致, 可通过算法打印输出. 此外, 可对个别优化方法的学习率单独调整, 如 SGD. 各优化方法的训练损失曲线如图 12-22 所示.

表 12-7　**Adam 优化算法训练的最终结果 (保留 6 位小数)**

样本编号	类别: 1	类别: 2	类别: 3	类别: 4	类别: 5
1	**1.000000e+00**	4.913512e−09	9.905747e−09	9.905747e−09	3.747008e−09
2	4.092206e−09	**1.000000e+00**	1.019628e−08	6.999084e−10	3.460018e−09
3	6.500316e−09	9.488420e−09	**1.000000e+00**	5.537629e−09	7.298197e−09
4	2.635275e−09	3.353260e−09	4.634416e−09	**1.000000e+00**	3.540455e−09
5	4.492901e−09	4.118138e−09	7.440677e−09	2.736517e−09	**1.000000e+00**

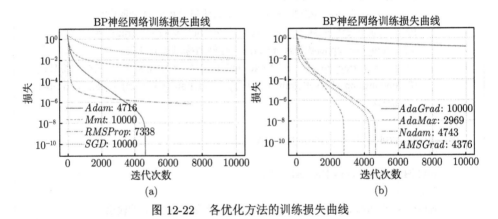

图 12-22　各优化方法的训练损失曲线

　　例 8　以 "sklearn.datasets.load_digits" 手写数字集为例, 其类别数为 10, 构建包含两个隐藏层的 BP 神经网络并预测.

　　网络结构以及参数设置如下. 基于一次分层采样随机划分的训练损失曲线与预测结果如图 12-23 所示, (b) 图为采用 Adam 优化方法训练的神经网络对测试样本的预测混淆矩阵, 预测精度约为 98%. 此外, 其他优化方法在测试样本上的预测精度均在 97% 以上.

```
X_train, X_test, y_train, y_test = \
    train_test_split(X, y, test_size =0.3, stratify =y, shuffle =True, random_state=0)
BPNNMClassifier(hidden=[100, 20], batch_size=20, alpha=0.001, max_epoch=1000,
        stop_eps=1e-8, optimizer=opt, # opt为各种优化算法, 修改即可
        h_activity ="tanh", init_W_type=("norm", "norm"))
```

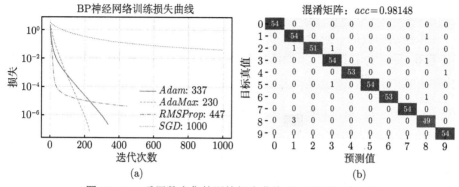

图 12-23   手写数字集的训练损失曲线以及预测混淆矩阵

■ 12.4   深度神经网络学习

深度学习的概念源于人工神经网络的研究, 含多个隐藏层的多层感知器就是一种深度学习结构. 深度学习是一种利用深度神经网络框架的机器学习技术, 是一种包含两个隐藏层以上的多层神经网络. 深度学习的核心是特征学习, 旨在通过分层网络获取分层次的特征信息, 即通过组合低层特征形成更加抽象的高层表示属性类别或特征, 以发现数据的分布式特征表示, 从而解决以往需要人工设计特征的重要难题.

区别于传统的浅层学习, 深度学习的不同在于:

(1) 强调了模型结构的深度, 通常有 5 层、6 层, 甚至 10 多层的隐藏层节点, 并结合适当的激活函数、参数初始化方法以及优化算法, 可建模高度复杂的函数, 适合解决非线性问题. 模型结构的深度也带来了训练方式和优化方法的挑战.

(2) 明确了特征学习的重要性和自动化. 通过逐层特征变换, 将样本在原空间的特征表示变换到一个新特征空间, 从而使分类或预测更容易; 直接从原始数据自动学习特征, 即端到端的学习, 无需人工干预.

(3) 扩展了对非结构化数据的学习, 即对图像、音频、文本等非结构化数据的学习表现更加卓越, 同时也需要大规模的数据训练.

深度学习是一个框架, 包含多个重要算法, 如卷积神经网络 (Convolutional Neural Networks, CNN), 自编码器 (AutoEncoder), 稀疏编码 (Sparse Coding), 限制玻尔兹曼机 (Restricted Boltzmann Machine, RBM), 深度置信网络 (Deep Belief Networks, DBN), 循环神经网络 (Recurrent Neural Network, RNN) 等.

本节主要介绍深度神经网络的学习策略. 在深度神经网络训练算法中, 反向传播算法面临着三个难题[1]: 梯度消失, 过拟合和计算量的增加. 权重的数量随着隐藏层数量的增加而呈几何式增长, 这会导致计算量的大幅增加.

12.4.1　梯度消失和激活函数

一个激活函数的一阶导数在负半轴趋向于 0, 称之为左饱和, 相反, 在正半轴趋向于 0, 称之为右饱和. 当激活函数既满足左饱和又满足右饱和时, 称之为饱和 (saturation). 即

$$\lim_{x \to -\infty} \varphi'(x) = 0, \qquad \lim_{x \to +\infty} \varphi'(x) = 0, \tag{12-34}$$

典型的饱和激活函数如 Sigmoid 和 Tanh. 当激活函数出现饱和现象时, 对于正向传播, 落在激活函数饱和范围内的网络层的值将会逐渐得到许多相同的输出值, 这会导致整个模型出现同样的数据流, 即协方差偏移 (covariate shift) 现象. 对于反向传播, 饱和范围内的导数为零, 由此导致网络几乎无法再学习到任何新 "东西".

如图 12-24 所示, 假设每一层仅有一个神经元, 令 $h_i = \varphi(z_i) = \varphi(w_i h_{i-1} + b_i)$, 代价函数 $\mathcal{J}$ 对 w_1 的偏导数, 按链式法则的计算结果为

$$\frac{\partial \mathcal{J}}{\partial w_1} = \frac{\partial \mathcal{J}}{\partial h_L} \frac{\partial h_L}{\partial z_L} \frac{\partial z_L}{\partial h_{L-1}} \cdots \frac{\partial h_2}{\partial z_2} \frac{\partial z_2}{\partial h_1} \frac{\partial h_1}{\partial z_1} \frac{\partial z_1}{\partial w_1}$$

$$= \frac{\partial \mathcal{J}}{\partial h_L} \cdot \varphi'(z_L) \cdot w_L \cdots \varphi'(z_2) \cdot w_2 \cdot \varphi'(z_1) \cdot x.$$

若采用 Sigmoid 激活函数, 则其导数在 $\varphi'(0) = 1/4$ 时达到最大值, 且大部分数值都被推向两侧饱和区域, 这就导致大部分数值经过 Sigmoid 激活函数之后, 其导数都非常小 (权重初始通常小于 1), 多个小于等于 1/4 的数值相乘, 其运算结果将是一个非常小的数. 随着神经网络层数的加深, 梯度反向传播到浅层网络时, 基本无法引起参数的扰动, 甚至无法将损失的信息传递到浅层网络, 即梯度消失. 若权重与激活函数的乘积的绝对值 $|w \cdot \varphi'(z)| > 1$, 则可能产生梯度爆炸 (gradient explode), 进而导致模型不稳定, 更新过程中的损失出现显著变化, 甚至模型损失值变成 NaN.

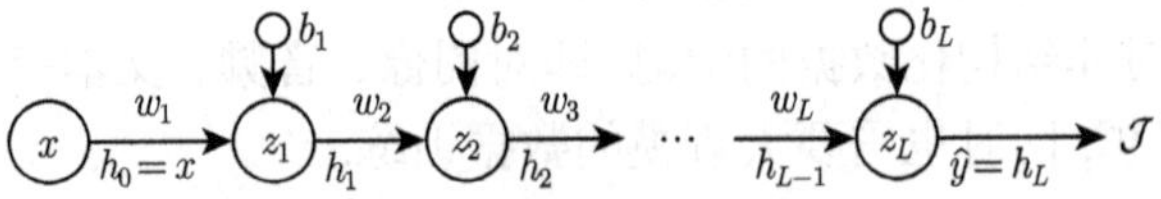

图 12-24　简单深度神经网络示例

解决梯度消失问题的典型方法是将修正线性单元 (Rectified Linear Unit, ReLU)[7] 函数作为激活函数, 如图 12-25 所示, 它比 Sigmoid 能更好地传递误差. ReLU 比较适合隐藏层, 广泛应用于深度学习模型. 定义为

$$\varphi(x) = \begin{cases} x, & x > 0, \\ 0, & x \leqslant 0 \end{cases} = \max(0, x), \qquad \varphi'(x) = \begin{cases} 1, & x > 0, \\ 0, & x \leqslant 0. \end{cases} \tag{12-35}$$

ReLU 是分段线性函数, 但通过多层的组合能逼近复杂的非线性映射. 当输入 $x < 0$ 时, 输出为 0, 使得部分神经元被 "关闭", 形成稀疏激活, 提升模型泛化能力. ReLU 的主要贡献还在于: 解决了梯度消失问题, 计算高效, 加速了网络的训练. ReLU 同时也存在一些缺点: 对学习率敏感, 输出不是以 0 为中心的; 如果对于所有的样本输入, 该激活函数的输入都是负的, 那么该神经元再也无法学习, 称为神经元 "死亡" 问题; 梯度更新的方向可能呈现锯齿状 (zigzagging) 路径的特征.

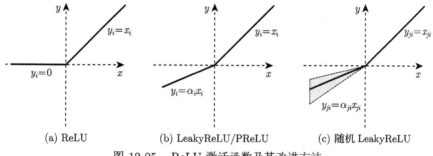

图 12-25　ReLU 激活函数及其改进方法

渗漏修正线性单元 LeakyReLU 的提出就是为了解决神经元 "死亡" 问题, 定义为

$$\varphi(x) = \begin{cases} x, & x > 0, \\ \alpha x, & x \leqslant 0 \end{cases} = \max(\alpha x, x), \quad \varphi'(x) = \begin{cases} 1, & x > 0, \\ \alpha, & x \leqslant 0. \end{cases} \tag{12-36}$$

实际中, LeakyReLU 的 $\alpha = 0.01$. 从式 (12-36) 可知, 在反向传播过程中, 当 $x \leqslant 0$ 时也可计算得到梯度, 避免了 ReLU 梯度方向锯齿问题. 其改进的方法还包括随机 LeakyReLU (Randomized LeakyReLU) 和 PReLU (Parametrized ReLU). 随机 LeakyReLU 的超参数 α 取值分布满足 $\alpha \sim N(0,1)$, PReLU 把超参数 α 作为网络需要学习的参数.

SoftPlus[8] 是 ReLU 的平滑版本, 返回大于 0 的任何值, 且一阶导数是连续且非零的, 可以防止神经元 "死亡"(图 12-26(a)). 定义为

$$\varphi(x) = \frac{1}{\beta} \ln\left(1 + e^{\beta x}\right), \quad \varphi'(x) = \frac{1}{1 + e^{-\beta x}}. \tag{12-37}$$

当 $\beta \to \infty$ 时, 即为 ReLU. SoftPlus 函数中包含指数对数, 计算成本高; SoftPlus 不以 0 为中心, 且一阶导数总是小于 1, 可能存在梯度消失问题; 输出恒为正 $(0, \infty)$, 但无稀疏性.

理想的激活函数应满足两个条件: 输出的分布是零均值的, 可以加快训练速度; 激活函数是单侧饱和的, 可以更好地收敛. LeakyReLU 和 PReLU 满足第 1 个条件, 不满足第 2 个条件; 而 ReLU 满足第 2 个条件, 不满足第 1 个条件. 指数线性单元 ELU (Exponential Linear Unit) 满足上述两个条件, 定义为

$$\varphi(x) = \begin{cases} x, & x > 0, \\ \alpha(\mathrm{e}^x - 1), & x \leqslant 0 \end{cases} = \max(x, \alpha(\mathrm{e}^x - 1)),$$

$$\varphi'(x) = \begin{cases} 1, & x > 0, \\ \alpha \mathrm{e}^x, & x \leqslant 0. \end{cases} \tag{12-38}$$

超参数 α 取值一般为 1.0 (图 12-26(b)). ELU 在负数区间引入指数函数 (平滑过渡), 解决了 ReLU 的神经元 "死亡" 问题, 同时保持了正区间的线性特性, 使输出接近零均值化, 平衡了 ReLU 的稀疏性和 LeakyReLU 的稳定性. 改进的 ELU 还包括缩放指数线性单元 SELU (Scaled Exponential Linear Units), 连续可微指数线性单元 CELU (Continuously Differentiable Exponential Linear Units) 和高斯误差线性单元 GELU (Gaussian Error Linerar Units).

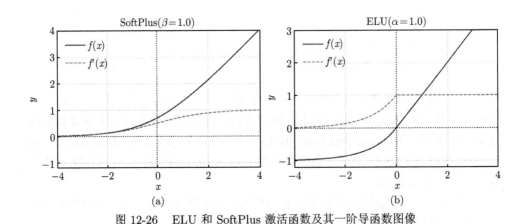

图 12-26 ELU 和 SoftPlus 激活函数及其一阶导函数图像

9 种常见激活函数的算法实现, 可在此基础上拓展其他激活函数.

```python
# file_name: activity_func_utils.py
def activity_functions(type: str):
    """
    使用函数作为返回值, 定义激活函数. 参数type为激活函数类型. x的类型为ndarray
```

```
    """
    linear = lambda x: x   # x的类型为ndarray
    diff_linear = lambda x: np.ones(x.shape)

    sigmoid = lambda x: expit(x)   # from scipy.special import expit
    diff_sigmoid = lambda x: expit(x) * (1 - expit(x))

    tanh = lambda x: np.tanh(x)
    diff_tanh = lambda x: 1 - tanh(x) ** 2

    def softmax(x: np.ndarray):
        vals = np.exp(x - np.max(x, axis=1, keepdims=True))  # 避免溢出
        sum_val = np.sum(vals, axis=1, keepdims=True)
        return np.array(vals / sum_val)

    relu = lambda x: np.where(x > 0, x, 0)   # np.maximum(0, x)
    diff_relu = lambda x: np.where(x > 0, 1, 0)

    softplus = lambda x, beta=1.0: np.log(1 + np.exp(beta * x)) / beta
    diff_softplus = lambda x, beta=1.0: expit(beta * x)

    leaky_relu = lambda x, alpha=0.01: np.where(x > 0, x, alpha * x)
    diff_leaky_relu = lambda x, alpha=0.01: np.where(x > 0, 1, alpha)

    elu = lambda x, alpha=1.0: np.where(x > 0, x, alpha * (np.exp(x) - 1))
    diff_elu = lambda x, alpha=1.0: np.where(x > 0, 1, alpha * np.exp(x))

    scale = 1.0507009873554804934193349852946   # 缩放因子,确保方差稳定
    alpha = 1.6732632423543772848170429916717   # 负数区间的饱和值
    selu = lambda x: scale * np.where(x > 0, x, alpha * (np.exp(x) - 1))
    diff_selu = lambda x: scale * np.where(x > 0, 1, alpha * np.exp(x))

    assert type.lower() in ["linear", "sigmoid", "softplus", "tanh", "softmax",
                            "relu", "leakyrelu", "elu", "selu"]  # 断言
    if type.lower() == "linear": return linear, diff_linear   # 线性激活函数
    elif type.lower() == "sigmoid": return sigmoid, diff_sigmoid  # Sigmoid激活函数
    elif type.lower() == "softplus": return softplus, diff_softplus  # Softplus激活函数
    elif type.lower() == "tanh": return tanh, diff_tanh  # Tanh激活函数
    elif type.lower() == "softmax":  # Softmax激活函数,针对多分类问题
        return softmax, diff_linear
```

```
elif  type.lower() == "relu": return relu, diff_relu  # 修正线性单元ReLU
elif  type.lower() == "leakyrelu": return leaky_relu, diff_leaky_relu  # LeakyReLU
elif  type.lower() == "elu": return elu, diff_elu  # 指数修正单元ELU
elif  type.lower() == "selu": return selu, diff_selu  # 缩放指数线性单元SELU
```

12.4.2　网络权重初始化方法

神经网络的权重参数学习是基于梯度下降算法优化的, 网络权重的初始化是网络训练的重要基础环节, 将会对模型的性能、收敛性、收敛速度等产生重要的影响. 初始化值过大可能会导致梯度爆炸, 过小可能会导致梯度消失. 故而, 初始化时应保证各层的激活值不会出现饱和现象, 各层的激活值不为 0. 为了防止以上问题的出现, 经验原则为激活函数的平均值应为 0, 方差应在每一层保持不变.

设当前层权重矩阵 $\boldsymbol{W} = (w_{i,j})_{n_{\mathrm{in}} \times n_{\mathrm{out}}}$, 其中 n_{in} 和 n_{out} 为输入和输出的神经元数, 常见权重初始化方法:

(1) 全 0 或等值初始化, 此方法对神经网络不适宜, 因为每个神经元学到的更新梯度一致, 将会导致对称性 (symmetry) 权重现象.

(2) 随机初始化, 正态分布 $w_{i,j} \sim N(0, 1/n_{\mathrm{in}})$, 均匀分布 $w_{i,j} \sim U(-1/\sqrt{n_{\mathrm{in}}}, 1/\sqrt{n_{\mathrm{in}}})$. 其优势是保证参数初始化的均值为 0, 正负交错或正负参数大致上数量相等. 然而网络输出数据分布的方差会受每层神经元个数的影响, 且不适宜深度神经网络, 尤其是以 ReLU 为激活函数的网络.

(3) Xavier 初始化[9], 各层的激活值的方差要保持一致, 各层对净激活值的梯度的方差要保持一致. 针对 Tanh 激活函数, 其正态分布和均匀分布初始化方法为

$$w_{i,j} \sim N\left(0, \frac{2}{n_{\mathrm{in}} + n_{\mathrm{out}}}\right), \quad w_{i,j} \sim U\left(-\sqrt{\frac{6}{n_{\mathrm{in}} + n_{\mathrm{out}}}}, \sqrt{\frac{6}{n_{\mathrm{in}} + n_{\mathrm{out}}}}\right). \quad (12\text{-}39)$$

针对 Sigmoid 激活函数, 其正态分布和均匀分布初始化方法为

$$w_{i,j} \sim N\left(0, 16 \times \frac{2}{n_{\mathrm{in}} + n_{\mathrm{out}}}\right),$$

$$w_{i,j} \sim U\left(-4\sqrt{\frac{6}{n_{\mathrm{in}} + n_{\mathrm{out}}}}, 4\sqrt{\frac{6}{n_{\mathrm{in}} + n_{\mathrm{out}}}}\right). \quad (12\text{-}40)$$

Xavier 初始化不适用于 ReLU 激活函数.

(4) He 初始化[10], 是一种针对 ReLU 的初始化方法, 对 Xavier 初始化方法进行了调整: 正向传播时, 净激活值的方差保持一致; 反向传播时, 关于激活值的梯

度的方差保持一致. 其正态分布和均匀分布初始化方法为

$$w_{i,j} \sim N\left(0, \frac{2}{n_{\text{in}}}\right), \quad w_{i,j} \sim U\left(-\sqrt{\frac{6}{n_{\text{in}}}}, \sqrt{\frac{6}{n_{\text{in}}}}\right). \tag{12-41}$$

(5) LeCun 正态初始化, 由 Yann LeCun 团队提出的一种权重初始化方法, 专为配合特定激活函数 (如 SELU, Tanh) 设计, 方法为

$$w_{i,j} \sim N\left(0, \sqrt{\frac{1}{n_{\text{in}}}}\right). \tag{12-42}$$

LeCun 方法适用于全连接层结构的网络. 此外, SELU 通过自归一化特性, 解决了深层网络的梯度不稳定问题, 无需批归一化. 对 Tanh 等对称激活函数, LeCun 方法能避免早期层的梯度消失或爆炸.

```python
# file_name: weights_init.py
class InitWeights:
    """
    权重初始化方法: 包括普通随机初始化, Xavier、He和LeCun正态初始化
    """
    def __init__(self, n_inout: tuple, init_type: str = "xavier_n"):
        self.n_in, self.n_out = n_inout  # 当前层输入和输出神经元数
        self.init_type = init_type  # 初始化方法
        self.b = np.zeros(self.n_out)  # 偏置统一初始化为0向量

    def _uniform(self, r):
        # 在范围[-r, r]内均匀分布随机化
        W = np.random.uniform(low=-r, high=r, size=(self.n_in, self.n_out))
        return W, self.b

    def _norm(self, scale):
        # 正态分布N(0, scale)随机初始化
        W = np.random.normal(loc=0, scale=scale, size=(self.n_in, self.n_out))
        return W, self.b

    def initialize(self):
        """
        按照初始化类型, 对权重矩阵进行初始化
        """
        if self.init_type:
            assert self.init_type.lower() in ["norm", "uniform", "xavier_n", "xavier_u",
```

```
                                      "he_n", "he_u", "lecun"]  # 断言
    if  self.init_type.lower() == "norm":
        return  self._norm(1 / np.sqrt(self.n_in))
    elif  self.init_type.lower() == "uniform":
        return  self._uniform(1 / np.sqrt(self.n_in))
    elif  self.init_type.lower() == "xavier_n":
        return  self._norm(np.sqrt(2 / (self.n_in + self.n_out)))
    elif  self.init_type.lower() == "xavier_u":
        return  self._uniform(np.sqrt(6 / (self.n_in + self.n_out)))
    elif  self.init_type.lower() == "he_n":
        return  self._norm(np.sqrt(2 / self.n_in))
    elif  self.init_type.lower() == "he_u":
        return  self._uniform(np.sqrt(6 / self.n_in))
    elif  self.init_type.lower() == "lecun":
        return  self._norm(np.sqrt(1 / self.n_in))
else:  return  self._norm(0.01)
```

12.4.3　过拟合和节点丢弃

机器学习训练模型的最终目的是对未知数据的预测. 模型在训练数据上的优秀表现并不一定代表它在未知数据上具有较好的泛化能力. 过拟合就是导致这个差距的重要因素, 当一个模型过于复杂后, 它可以很好地 "记忆" 每一个训练数据中随机噪声的部分而忘记了要去 "学习" 训练数据中的一般趋势.

深度神经网络导致过拟合的原因是它含有更多的隐藏层和更多的权重参数, 而使网络变得复杂化. 节点丢弃 (dropout) 是深度神经网络中广泛使用的一种正则化技术, 由 Hinton 等[11] 在 2012 年提出, 能有效缓解过拟合. 在隐藏层采用 dropout, 即每层只训练那些随机挑选的节点, 而不是全部节点. 图 12-27 为两次训练中被随机选择需丢弃的节点 (虚线表示). 作为一种添加噪声的方法, 输入层也可采用节点丢弃策略. 隐藏层和输入层较为合适的丢弃比例分别为 50%(平衡丢弃与保留) 和 10%~20%(在保留足够信息和引入适度噪声之间平衡).

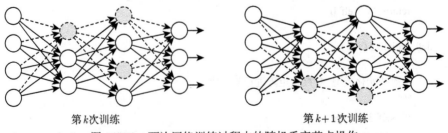

第 k 次训练　　　　　　　　　　　　　　　第 $k+1$ 次训练

图 12-27　两次网络训练过程中的随机丢弃节点操作

采用伯努利分布思想, 针对中间隐藏层的每一层 $l\ (1 \leqslant l \leqslant L)$, 设丢弃节点的概率为 p_l, 随机生成概率 p_l 的 $m_l \times n_l$ 个数据构成的矩阵 $\boldsymbol{r}^{(l)}$, 按照大数定理, 其中值为 1 的个数占比接近于 p_l. 对没有被丢弃的神经元做一个重缩放 (rescale), 即乘以一个系数 $1/(1-p_l)$, 弥补因为随机丢弃节点而造成的输出减少的副作用, 保持期望输出大小不变. 丢弃节点方法具体表示为

$$\boldsymbol{r}^{(l)} = \left(r_{i,j}^{(l)}\right)_{m_l \times n_l}, \quad r_{i,j}^{(l)} \sim B\left(1, p_l\right),$$

$$\hat{\boldsymbol{y}}^{(l+1)} = \varphi\left(\left(\boldsymbol{w}^{(l+1)} \cdot \boldsymbol{r}^{(l)}\right)^{\mathrm{T}} \hat{\boldsymbol{y}}^{(l)} + \boldsymbol{b}^{(l+1)}\right), \quad l = 1, 2, \cdots, L. \tag{12-43}$$

若训练阶段未做重缩放, 则需在测试阶段对权重进行重缩放, 具体为 $p_l \cdot \hat{\boldsymbol{y}}^{(l)}$. 神经网络不依赖于任何一个具体的输入特征, dropout 将产生收缩权重的平方范数的效果, 和 L_2 正则化类似, 并完成一些预防过拟合的外层正则化.

算法设计为:

```
def _dropout(neurons: np.ndarray, ratio: float):
    """
    随机选择ratio比例的节点, 即随机丢弃百分比1−ratio的神经元节点
    """
    m, n = neurons.shape  # 当前神经元的权重结构
    # 通过伯努利分布, 选取百分比ratio的神经元节点, 即丢弃1 − ratio
    r = bernoulli.rvs(size=m * n, p=ratio).reshape(neurons.shape)
    neurons = neurons * r * 1 / (1 − ratio)  # 对没有被dropout的神经元做一个rescale
    return neurons
```

另一个防止过拟合的方法是, 给代价函数增加能够提供权重大小的正则项, 在训练时限制权值变大, 以尽可能地简化神经网络结构, 进而降低过拟合的风险. 即对每层权重改变量添加 L_2 正则化, 定义为

$$\Delta \boldsymbol{W}^{(k)} = \alpha \boldsymbol{\delta}^{(k)} \left(\boldsymbol{v}^{(k-1)}\right)^{\mathrm{T}} + 2\lambda \boldsymbol{W}^{(k)}, \quad k = L+1, L, \cdots, 1, \tag{12-44}$$

其中 $\lambda\ (\geqslant 0)$ 是指正则项系数, 如果发生梯度爆炸, 权值的范数就会变得非常大, 通过正则化项, 可以部分限制梯度爆炸的发生. 事实上, 在深度神经网络中, 往往是梯度消失出现得更多一些.

实际上, 解决过拟合最有效的方法是使用大量训练数据, 降低特定数据的潜在偏差, 让模型 "看见" 尽可能多的 "例外情况", 它就会不断修正自己, 从而得到更好的结果. 具体可通过数据增强的方法获得更多训练数据. 一般来说, 过拟合主要是由两个原因造成的: 一是数据太少且模型太复杂, 可通过减少网络的层数、神

经元个数等限制网络的拟合能力; 一是训练时间越长, 部分网络权值可能越大. 在合适时间停止训练, 就可以将网络的能力限制在一定范围内.

添加随机节点丢弃方法和正则化的多分类深度神经网络算法实现. 为便于对算法进行扩展, 单独设计丢弃节点层 RandDropoutLayer 类, 简单化为随机生成均匀分布矩阵 $r^{(l)} = \left(r_{i,j}^{(l)}\right)_{m_l \times n_l}$, 其中 $r_{i,j}^{(l)} \sim U(0,1)$, 进而与丢弃比例参数做判别, 获得类 bool 数组 (bool 类型为 int 的子集), 某个位置上的元素值为 1 则意味着选中该神经元, 值为 0 则意味着丢弃.

```python
class RandDropoutLayer:
    """
    随机丢弃节点层, 分为正向传播和反向传播, 以及是训练还是预测
    """
    def __init__(self, dropout_ratio: float):
        self.dropout_ratio = dropout_ratio   # 当前层丢弃节点比例
        self.dropout_neurons = None # 按比例丢弃的神经元, bool数组
        self.y_hat = None # 获取使用丢弃策略的神经元输出
        self.grad_x = None # 使用丢弃策略时反向传播的输入梯度

    def forward(self, X: np.ndarray, is_train: bool = True):
        """
        正向传播时, 基于当前神经元X, 采用丢弃策略
        """
        if is_train:  # 训练, 则采用丢弃节点策略
            r_mat = np.random.rand(*X.shape)  # 均匀U(0,1)随机矩阵, 用于获取丢弃节点
            # 获取按比例丢弃的神经元, 返回类bool数组
            self.dropout_neurons = np.where(r_mat > self.dropout_ratio, 1, 0)
            self.y_hat = X * self.dropout_neurons  # 当前神经元输出
        else:
            self.y_hat = (1 - self.dropout_ratio) * X  # 预测时rescale输出

    def backward(self, grad_y: np.ndarray):
        """
        反向传播时, 丢弃的神经元不进行反向传播
        """
        self.grad_x = grad_y * self.dropout_neurons  # 丢弃的节点不进行反向传播

    def update(self, alpha: float):
        pass  # 不进行权重更新, 但为了训练的统一性, 设置此方法
```

重写隐藏层类和输出层类, 以适应丢弃节点、L_2 正则化, 以及批归一化.

```python
# file_name: deep_layers.py
class DeepOutputLayer(OutputLayerOptimizer):
    """
    带有丢弃节点和L₂正则化的BP神经网络输出层, 继承OutputLayerOptimizer类
    """
    def __init__(self, n_inout: tuple, args, optimizer: str = "adam",
                lambda_: float = 0.01):
        OutputLayerOptimizer.__init__(self, n_inout, args, optimizer)
        self.lambda_ = lambda_  # 正则化系数

    def backward(self, target: np.ndarray):
        """
        为适应L₂正则化, 重写父类方法, 基于样本目标值target反向传播计算
        """
        delta = self.y_hat - target  # 反向的误差增量
        self.grad_X = self.affine.backward(delta)  # 反向传播
        # 权重系数和偏置项的梯度 + L₂正则化
        self.affine.dW += 2 * self.lambda_ * self.affine.W / len(target)
        self.affine.db += 2 * self.lambda_ * self.affine.b / len(target)


class DeepHiddenLayer(HiddenLayerOptimizer):
    """
    带有丢弃节点和L₂正则化的BP神经网络各隐藏层, 继承HiddenLayerOptimizer类
    """
    def __init__(self, n_inout: tuple, args, optimizer: str = "adam",
                lambda_: float = 0.01):
        HiddenLayerOptimizer.__init__(self, n_inout, args, optimizer)
        self.lambda_ = lambda_  # 正则化系数

    def backward(self, grad_X: np.ndarray):
        """
        为适应L₂正则化, 重写父类方法, 基于grad_X反向传播计算
        """
        delta = grad_X * self.activity_fun[1](self.Z)  # 反向的节点增量
        self.grad_X = self.affine.backward(delta)  # 反向传播
        self.affine.dW += 2 * self.lambda_ * self.affine.W / len(grad_X)
        self.affine.db += 2 * self.lambda_ * self.affine.b / len(grad_X)
```

例 9　如图 12-28 所示, 输入数据为 10 个简单数字图像, 一个网格代表一个像素, 空白处为 0, 其他为 1, 且对数字 2, 3, 4, 5 分别添加了噪声 (阴影区域), 噪声也标记为 1. 10 个图像分别表示类别 $\{1, 2, \cdots, 10\}$. 将每个输入图像展平为包含有 25 个 0、1 数值的向量, 表示一个样本.

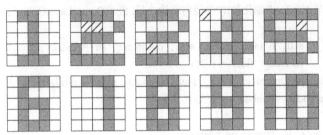

图 12-28　　简单图形数字识别: 输入数据

训练过程采用节点丢弃策略, 不考虑正则化, 网络的参数设置和网络结构如下, 其中参数 rd_ratio 值若为 None 或 [0.0], 则不采用节点丢弃层, 若值为空列表 [ ], 则采用默认的节点丢弃比例. 注: 深度神经网络算法设计在 12.4.4 节实现.

```
DeepBPNNClassifier(hidden=[40], batch_size=1, alpha=0.001, stop_eps=1e-12,
                   optimizer=opt, h_activity ="SELU", lambda_=0.0, rd_ratio=[0.0],
                   init_W_type=("LeCun", "LeCun"))  # 修改丢弃比例即可
```

基于 Adam 和 AdaMax 优化方法和 SELU 激活函数, BPNN 的训练损失曲线如图 12-29 所示, (a) 图不采用节点丢弃, (b) 图采用了节点丢弃策略. 由于数据量较小且训练过程包含随机丢弃节点策略, 故而训练过程的损失曲线以及训练结果均有一定的随机性, 但幅度非常小, 从纵轴的刻度 (semilogy) 可以看出.

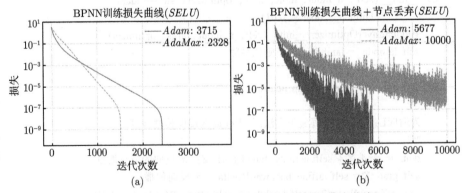

图 12-29　基于随机丢弃节点的各优化方法的损失曲线

表 12-8 仅列出各样本预测类别概率矩阵对角线元素, 即属于各个类别的概

率. 从中可以看出, 基于 Adam 优化均达到了最优结果. 注: 仅是对训练数据的预测, 不代表泛化能力.

表 12-8　基于随机丢弃节点策略的 BPNN 对各数字的一次优化结果

优化方法 (激活函数)	数字 1	数字 2	数字 3	数字 4	数字 5
Adam (SELU)	1.00000000	1.00000000	1.00000000	1.00000000	1.00000000
AdaMax(SELU)	0.99999999	1.00000000	0.99999999	1.00000000	1.00000000
优化方法 (激活函数)	数字 6	数字 7	数字 8	数字 9	数字 10
Adam (SELU)	1.00000000	1.00000000	1.00000000	1.00000000	1.00000000
AdaMax(SELU)	0.99999949	0.99999993	0.99999922	0.99999973	1.00000000

针对**例 8** 示例, 考虑随机节点丢弃和正则化, 网络结构以及参数设置如下. 如图 12-30 所示, (a) 图为不同优化方法的损失下降曲线, 在下降的同时体现了随机性. 尽管不同的优化方法收敛效率不同, 但预测结果基本一致, (b) 图为基于 Adam 优化算法的 BPNN 训练预测结果.

```
DeepBPNNClassifier(hidden=[100], batch_size=50, alpha=0.001, lambda_=0.01,
                   stop_eps=1e−6, optimizer=opt, h_activity ="SELU", rd_ratio=[ ],
                   init_W_type=("LeCun", "LeCun"))
```

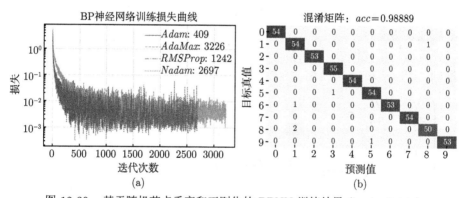

图 12-30　基于随机节点丢弃和正则化的 BPNN 训练结果 (load_digists)

12.4.4　批归一化

Google 的 S. Ioffe 等于 2015 年提出批归一化[12] (Batch Normalization, BN), 在网络隐藏层中使用 BN 可在一定程度上减缓对网络参数初始化尺度的依赖. 对于训练中某一个批次的数据, BN 可以对网络中任意一层数据进行归一化. BN 调整了数据的分布, 使得每一层的输出归一化到了均值为 0 方差为 1 的分布上, 保证了梯度的有效性, 有效避免了因数据偏差而导致的过拟合现象, 进而加快模型的收敛速度, 缓解深层网络中学习崩溃的问题, 提高网络的泛化性能.

设某个隐藏层一个批次的输入数据 $\boldsymbol{\mathcal{B}} = \{\boldsymbol{x}_i\}_{i=1}^m$, 其维度形状 (shape) 为 (m, n_{out}), 待学习参数向量 $\boldsymbol{\gamma}$ 和 $\boldsymbol{\beta}$, 其中向量长度等于当前层的输出神经元数, 批归一化正向传播计算过程为

(1) 计算该批次数据的均值和方差

$$\boldsymbol{\mu_B} \leftarrow \frac{1}{m} \sum_{i=1}^m \boldsymbol{x}_i, \quad \boldsymbol{\sigma_B^2} \leftarrow \frac{1}{m} \sum_{i=1}^m \left(\boldsymbol{x}_i - \boldsymbol{\mu_B}\right)^2. \tag{12-45}$$

(2) 归一化该批次数据

$$\hat{\boldsymbol{x}}_i \leftarrow \frac{\boldsymbol{x}_i - \boldsymbol{\mu_B}}{\sqrt{\boldsymbol{\sigma_B^2} + \varepsilon}}, \tag{12-46}$$

其中 ε 为很小的数, 避免分母为 0.

(3) 平移缩放 (scale and shift)

$$\boldsymbol{y}_i \leftarrow \boldsymbol{\gamma} \cdot \hat{\boldsymbol{x}}_i + \boldsymbol{\beta} \equiv \text{BN}_{\boldsymbol{\gamma}, \boldsymbol{\beta}} \left(\boldsymbol{x}_i\right), \tag{12-47}$$

其中 $\boldsymbol{\gamma}$ 为缩放因子, $\boldsymbol{\beta}$ 为平移因子, $\boldsymbol{\gamma}$ 和 $\boldsymbol{\beta}$ 可通过网络学习得到. BN 首先计算当前批次数据 $\boldsymbol{\mathcal{B}}$ 中的均值向量 $\boldsymbol{\mu_B}$ 和方差向量 $\boldsymbol{\sigma_B^2}$, 然后对每个元素进行标准化 $\hat{\boldsymbol{x}}_i$. 虽然 BN 将每一层的数据进行了归一化, 但会导致网络表达能力下降, 于是 BN 通过尺度缩放和偏移来增加性能, 通过参数 $\boldsymbol{\gamma}$ 和 $\boldsymbol{\beta}$ 实现恒等变换, 补偿网络的非线性表达能力.

在反向传播过程中, 记来自于下一层反向传播的梯度为 $\partial\mathcal{L}/\partial\boldsymbol{y}$, 通过链式求导法则, 求出 $\boldsymbol{\gamma}$ 和 $\boldsymbol{\beta}$ 以及相关权值, 方法为

$$\begin{cases} \dfrac{\partial\mathcal{L}}{\partial\hat{\boldsymbol{x}}_i} = \dfrac{\partial\mathcal{L}}{\partial\boldsymbol{y}_i} \cdot \boldsymbol{\gamma}, \\[2mm] \dfrac{\partial\mathcal{L}}{\partial\boldsymbol{\sigma_B^2}} = -\dfrac{1}{2} \sum_{i=1}^m \dfrac{\partial\mathcal{L}}{\partial\hat{\boldsymbol{x}}_i} \cdot \left(\boldsymbol{x}_i - \boldsymbol{\mu_B}\right) \cdot \left(\boldsymbol{\sigma_B^2} + \varepsilon\right)^{-\frac{3}{2}}, \\[2mm] \dfrac{\partial\mathcal{L}}{\partial\boldsymbol{\mu_B}} = -\sum_{i=1}^m \dfrac{\partial\mathcal{L}}{\partial\hat{\boldsymbol{x}}_i} \cdot \dfrac{1}{\sqrt{\boldsymbol{\sigma_B^2} + \varepsilon}} - \dfrac{\partial\mathcal{L}}{\partial\boldsymbol{\sigma_B^2}} \cdot \dfrac{2}{m} \sum_{i=1}^m \left(\boldsymbol{x}_i - \boldsymbol{\mu_B}\right), \\[2mm] \dfrac{\partial\mathcal{L}}{\partial\boldsymbol{x}_i} = \dfrac{\partial\mathcal{L}}{\partial\hat{\boldsymbol{x}}_i} \cdot \dfrac{1}{\sqrt{\boldsymbol{\sigma_B^2} + \varepsilon}} + \dfrac{2}{m} \cdot \dfrac{\partial\mathcal{L}}{\partial\boldsymbol{\sigma_B^2}} \cdot \left(\boldsymbol{x}_i - \boldsymbol{\mu_B}\right) + \dfrac{1}{m} \cdot \dfrac{\partial\mathcal{L}}{\partial\boldsymbol{\mu_B}}, \\[2mm] \dfrac{\partial\mathcal{L}}{\partial\boldsymbol{\gamma}} = \sum_{i=1}^m \dfrac{\partial\mathcal{L}}{\partial\boldsymbol{y}_i} \cdot \hat{\boldsymbol{x}}_i, \\[2mm] \dfrac{\partial\mathcal{L}}{\partial\boldsymbol{\beta}} = \sum_{i=1}^m \dfrac{\partial\mathcal{L}}{\partial\boldsymbol{y}_i}. \end{cases} \tag{12-48}$$

BPNN 预测数据 $\boldsymbol{x}$ 时, 依然使用公式 (12-46) 和 (12-47) 来计算, 然而均值 $\boldsymbol{\mu}$ 和方差 $\boldsymbol{\sigma}^2$ 发生了改变, 均值和方差是基于所有批次 (整个训练集) 的期望计算所得, 表示为

$$\mathbb{E}\left(\boldsymbol{x}\right) \leftarrow \mathbb{E}_{\boldsymbol{\mathcal{B}}}\left(\boldsymbol{\mu}_{\boldsymbol{\mathcal{B}}}\right), \quad \mathbb{V}\left(\boldsymbol{x}\right) \leftarrow \frac{m}{m-1}\mathbb{E}_{\boldsymbol{\mathcal{B}}}\left(\boldsymbol{\sigma}_{\boldsymbol{\mathcal{B}}}^2\right). \tag{12-49}$$

故而, 在训练过程中需要记录每个批次均值和方差, 然后基于

$$\hat{\boldsymbol{y}} = \frac{\boldsymbol{\gamma}}{\sqrt{\mathbb{V}\left(\boldsymbol{x}\right)+\varepsilon}} \cdot \boldsymbol{x} + \left(\boldsymbol{\beta} - \frac{\boldsymbol{\gamma} \cdot \mathbb{E}\left(\boldsymbol{x}\right)}{\sqrt{\mathbb{V}\left(\boldsymbol{x}\right)+\varepsilon}}\right) \tag{12-50}$$

预测. 实际中, 为避免存储每个批次的均值和方差, 可采用指数滑动平均 (Exponential Moving Average, EMA) 法, 即

$$\boldsymbol{\mu}_{\text{total}} = \rho\boldsymbol{\mu}_{\text{total}} + (1-\rho)\,\boldsymbol{\mu}_{\boldsymbol{\mathcal{B}}}, \quad \boldsymbol{\sigma}_{\text{total}}^2 = \rho\boldsymbol{\sigma}_{\text{total}}^2 + (1-\rho)\,\boldsymbol{\sigma}_{\boldsymbol{\mathcal{B}}}^2, \tag{12-51}$$

其中 $\rho \in (0,1)$ 为衰减系数.

批归一化层算法设计如下:

```
class BatchNormLayer:
    """
    批归一化层 (Batch Normalization, BN): 正向传播、反向传播和参数更新
    """
    def __init__(self, n_out: int, decay: float = 0.1, optimizer: str = "adam"):
        self.gamma = np.ones(n_out)  # BN方法待优化的平移因子初始化
        self.beta = np.zeros(n_out)  # BN方法待优化的缩放因子初始化
        self.decay = decay  # 均值和方差的EMA法的衰减系数
        # 用于预测时的指数滑动平均累计均值和方差
        self.ema_mu, self.ema_var = np.zeros(n_out), np.ones(n_out)
        self.eps = 1e-8  # 归一化操作时, 防止分母为0, 极小数
        # 反向传递过程中的临时变量
        self.var_eps, self.X_hat = None, None  # 归一化公式的分母以及归一化的数据
        self.ct_X, self.mu, self.var = None, None, None  # 去中心化、均值和方差向量
        self.y_hat = None  # 平移缩放后的输出
        self.grad_gamma, self.grad_beta = None, None  # 参数的更新梯度
        self.grad_X = None  # 反向传播时的梯度增量
        self.optimizer_gamma = OptimizerUtils(theta=self.gamma, optimizer=optimizer)
        self.optimizer_beta = OptimizerUtils(theta=self.beta, optimizer=optimizer)

    def forward(self, X: np.ndarray, is_train: bool = True):
        """
```

```
    批归一化层的正向传播
    """
    if is_train:  # 训练网络
        self.mu = np.mean(X, axis=0)  # 均值向量
        self.ct_X = X − self.mu  # 去中心化
        self.var = np.mean(self.ct_X ** 2, axis=0)  # 方差向量
        self.var_eps = np.sqrt(self.var + self.eps)  # 归一化公式的分母
        self.X_hat = self.ct_X / self.var_eps  # 归一化
        # 记录训练过程中每个批次数据的均值和方差, 采用指数滑动平均法
        self.ema_mu = self.decay * self.mu + (1 − self.decay) * self.ema_mu  # 均值
        self.ema_var = self.decay * self.var + (1 − self.decay) * self.ema_var  # 方差
    else:  # 用已训练的网络预测
        self.X_hat = (X − self.ema_mu) / np.sqrt(self.ema_var + self.eps)  # 预测
    self.y_hat = self.gamma * self.X_hat + self.beta  # 平移缩放后的输出


def backward(self, grad_X: np.ndarray):
    """
    批归一化层的反向传播, 计算γ, β的梯度和上一层的梯度
    """
    m = len(grad_X)  # 当前批次的数据量
    self.grad_gamma = np.mean(self.X_hat * grad_X, axis=0)  # 缩放因子梯度
    self.grad_beta = np.mean(grad_X, axis=0)  # 平移因子梯度
    # 以下用于计算上一层的梯度增量过程
    grad_X_hat = self.gamma * grad_X  # 归一化数据的x_hat梯度
    grad_var = −0.5 / (self.var_eps ** 3) * np.mean(self.ct_X * grad_X_hat, axis=0)
    grad_ct_X = grad_X_hat / self.var_eps + 2 * self.ct_X / m * grad_var
    grad_mu = −1.0 * np.mean(grad_ct_X, axis=0)  # 均值梯度
    self.grad_X = grad_ct_X + grad_mu / m  # 上一层的梯度


def update(self, alpha: float = 0.001):
    """
    更新批归一化中的缩放因子γ和平移因子β
    """
    self.optimizer_gamma.update(self.grad_gamma, alpha)
    self.optimizer_beta.update(self.grad_beta, alpha)
```

深度 BP 神经网络算法设计如下, 重写父类方法.

注　参数设置中, 若 rd_ratio 为 None, 则不采用节点丢弃层, 若为空列表 [ ], 则采用默认节点丢弃比例; 若 lambda__ 为 0.0, 则不使用正则化; 若 bn_decay 为 None, 则不采用批归一化层.

```
# file_name: deep_bpnn_classifier.py
class  DeepBPNNClassifier(BPNNMClassifier):
    """
    深度BP神经网络, 基于各种优化加速算法 + 各种激活函数 + 随机丢弃节点 +
    L₂正则化 + 批归一化(BN), 实现多分类
    """
    def __init__(self, hidden: list = None, alpha: float = 1e-3, batch_size: int = 20,
                 h_activity: str = "tanh", max_epoch: int = 10000, stop_eps: float = None,
                 rd_ratio: list = None, lambda_: float = 0.0,  # 节点丢弃 + L₂正则化
                 bn_decay: float = None,  # 基于EMA法的衰减系数
                 optimizer: str = "adam", init_W_type: tuple = ("he_n", "xavier_n")):
        BPNNMClassifier.__init__(self, hidden, alpha, batch_size, h_activity,
                                     max_epoch, stop_eps, optimizer, init_W_type)
        self.lambda_ = lambda_  # 正则化系数
        self.rd_ratio = rd_ratio  # 每层丢弃节点比例
        self.rd_layers = []  # 丢弃节点层对象
        self.bn_decay = bn_decay  # 批归一化中均值和方差基于EMA法的衰减系数
        self.bn_layers = []  # 批归一化层对象

    def _add_layers(self, n_inout: tuple, i: int):
        """
        基于输入输出节点数n_inout和层数i, 添加网络对象: 隐藏层、BN层和节点丢弃层
        """
        dhl = DeepHiddenLayer(n_inout, self.h_args, self.optimizer, self.lambda_)
        self.layers.append(dhl)  # 存储隐藏层对象
        if self.bn_decay and isinstance(self.bn_decay, float):  # 批归一化层
            bnl = BatchNormLayer(n_inout[1], self.bn_decay, self.optimizer)
            self.bn_layers.append(bnl)  # 存储批归一化层
        if self.rd_ratio and isinstance(self.rd_ratio, list):  # 丢弃节点层
            self.rd_layers.append(RandDropoutLayer(self.rd_ratio[i]))

    def _init_network(self):
        """
        重写父类方法, 添加各层对象, 包括丢弃节点比例列表的处理
        """
        # 1. 丢弃节点比例列表的默认处理
        if self.rd_ratio == [] and self.hidden is not None:
            self.rd_ratio = [0.2 * 0.95 ** i for i in range(len(self.hidden))]
        if self.rd_ratio:
```

```
                self. rd_ratio. reverse ()    # 越接近于输入层, 丢弃的比例相对低
            # 2. 网络各层对象初始化, 包括丢弃节点层
            if  self.hidden:
                self. _add_layers ((self. m_features, self. hidden [0]) ,  0)
                for  i  in range (1, len (self.hidden)):
                    self. _add_layers ((self. hidden[i − 1], self. hidden[i]) ,  i)
            else : self. hidden = [self. m_features]   # 用于统一初始化输出层对象
            n_inout = (self. hidden [−1], self. k_class )   # 输出层神经元结构, k个输出节点
            self. layers. append (DeepOutputLayer (n_inout, self. o_args, self. optimizer,
                                            self. lambda_))

    def _forward (self, b_X: np. ndarray,  is_train : bool = True):
        """
        正向传播, 为便于丢弃节点策略和批归一化, 重写父类方法
        """
        h = b_X  # 标记当前层的输出和下一层的输入
        for  i  in range (len (self. layers [:−1])):
            self. layers [i]. forward (h)   # 当前层的正向传播
            if  self. bn_decay:   # 批归一化正向传播
                self. bn_layers [i]. forward (self. layers [i]. y_hat, is_train)
            y_hat = self. bn_layers [i]. y_hat if self. bn_decay else  self. layers [i]. y_hat
            if  self. rd_ratio:   # 丢弃节点层的正向传播
                self. rd_layers[i]. forward (y_hat, is_train)
            h = self. rd_layers[i]. y_hat if self. rd_ratio else  y_hat   # 传播到下一层
        self. layers [−1]. forward (h)   # 输出层的正向传播
        return  self. layers [−1]. y_hat

    def _backward (self, target : np. ndarray):
        """
        根据真值target逐层进行反向传播, 重写父类方法
        """
        layers = list (reversed (self. layers ))   # 反转, 反向从输出层到输入层
        layers [0]. backward (target)   # 输出层的反向传播
        grad_X = layers [0]. grad_X  # 标记输出层的输入梯度, 反向传播到上一层
        rd_layers, bn_layers = [], []   # 初始化
        if  self. rd_ratio: rd_layers = list (reversed (self. rd_layers ))   # 节点丢弃层反转
        if  self. bn_decay: bn_layers = list (reversed (self. bn_layers ))   # 批归一化层反转
        for  i  in range (1,  len (layers)):
            if  self. rd_ratio:
                rd_layers[i − 1]. backward (grad_X)  # 丢弃节点层的反向传播
```

```
        if self.bn_decay:
            bn_layers[i - 1].backward(grad_X)  # 批归一化层的反向传播
        layers[i].backward(grad_X)  # 当前层的反向传播
        grad_X = layers[i].grad_X  # 当前层的输入梯度, 传播到上一层
    return grad_X

def _update(self):
    """
    逐层更新网络权重和偏置项, 以及BN的参数γ和β
    """
    for i in range(len(self.layers[:-1])):
        self.layers[i].update(self.alpha)  # 隐藏层更新
        if self.bn_decay: self.bn_layers[i].update(self.alpha)  # BN层更新
    self.layers[-1].update(self.alpha)

def predict_prob(self, X_test: np.ndarray):
    """
    重写父类方法. 对于预测, 对采用节点丢弃层的权重进行rescale;
    对于批归一化, 对均值和方差采用了指数滑动平均法.
    """
    return self._forward(X_test, is_train=False)  # 预测, 故 is_train 为False
```

针对**例 9** 示例, 考虑批归一化, 由于训练集共有 10 个样本数据, 故每批次量设置为 5, 共两个批次. 网络结构以及参数设置如下. 基于四种优化方法和两个不同激活函数, BP 网络的训练损失曲线如图 12-31 所示, 尽管优化效率不同, 但优化的最终结果基本一致. 损失曲线下降的同时伴随着较小的波动, 其中优化算法 RMSProp 表现最好.

```
DeepBPNNClassifier(hidden=[40, 20], batch_size=5, alpha=0.001, stop_eps=1e-12,
            bn_decay=0.1,  # 批归一化参数
            optimizer=opt,  # 设计循环, 修改优化方法即可
            h_activity="SELU",  # 修改隐藏层的激活函数
            init_W_type=("LeCun", "LeCun"))  # 修改权重初始化方法
```

例 10 以 "MNIST" 手写数字为例, 训练集共 60000 个样本, 每个样本代表一个 28×28 的手写黑白数字图像, 可展平为包含 784 个特征变量的一维数组, 测试集共 10000 个样本.

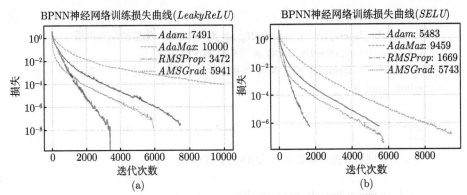

图 12-31　带有批归一化层的 BP 神经网络在不同优化方法和激活函数下的损失曲线

　　网络结构以及参数设置如下. 训练和预测结果如图 12-32 所示, 具有不错的预测精度 (基于 Adam 法).

```
DeepBPNNClassifier(hidden=[100, 30], batch_size=1000, alpha=0.001, stop_eps=1e−5,
                  optimizer=opt, h_activity ="leakyrelu", bn_decay=0.1
                  init_W_type=("xavier_n", "he_n"))
```

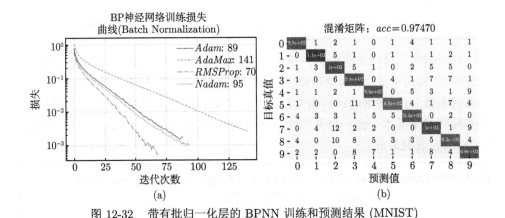

图 12-32　带有批归一化层的 BPNN 训练和预测结果 (MNIST)

■ 12.5　径向基函数神经网络

　　径向基函数 (Radial Basis Function, RBF) 神经网络具有对非线性连续函数的一致逼近能力, 收敛速度快且有较强的泛化性能. 最常见的 RBF 是高斯径向基函数, 与 SVM 的高斯核函数一致. RBF 神经网络属于前馈神经网络, 但网络拓扑结构简单, 仅包含输入层、单隐藏层和输出层. 图 12-33 为仅包含一个输出节点的 RBF 网络结构, $\boldsymbol{x} = (x_1, x_2, \cdots, x_m)^{\mathrm{T}} \in \mathbb{R}^{m \times 1}$ 为训练样本, $\boldsymbol{\mu}_i \in \mathbb{R}^{m \times 1}$ 为中心向量, $\sigma_i \in \mathbb{R}$ 为 RBF 核宽, $\boldsymbol{w} = (w_1, w_2, \cdots, w_k)^{\mathrm{T}} \in \mathbb{R}^{k \times 1}$ 为输出层权重向量, $b \in \mathbb{R}$ 为偏置项, $\hat{y}$ 为 RBF 网络对样本 $\boldsymbol{x}$ 的预测输出, 其中 m 为样本特征属性数, k 为隐藏层神经元数. 网络由输入空间经过 RBF 映射到高维空间, 即用 RBF 作为隐藏层神经元的 "基", 构成隐藏层的空间, 这样就可以直接将输入样本向量映射到隐藏层空间, 而无需权重连接, 如果 RBF 的参数确定, 则映射关系也就确定了; 输出层采用加权线性组合, 作为网络的预测输出.

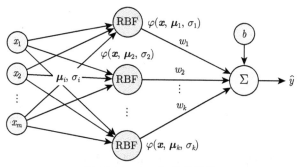

图 12-33　RBF 网络结构

　　RBF 网络学习通常包含两步, 一是选取神经元的中心, 通常采用 k-means 聚类法选取中心, 也可采用有监督学习选取 RBF 的中心; 二是利用 BP 算法优化网络的参数. 假设隐藏层神经元数为 k, 采用高斯径向基函数, 不考虑偏置项, 则 RBF 网络定义为

$$f(\boldsymbol{x}) = \sum_{j=1}^{k} w_j \cdot \varphi(\boldsymbol{x}, \boldsymbol{\mu}_j, \sigma_j), \quad \varphi(\boldsymbol{x}, \boldsymbol{\mu}_j, \sigma_j) = \exp\left(-\frac{\|\boldsymbol{x} - \boldsymbol{\mu}_j\|_2^2}{2\sigma_j^2}\right). \quad (12\text{-}52)$$

均方误差代价函数为

$$\mathcal{J}(\boldsymbol{w}, \boldsymbol{\mu}, \boldsymbol{\sigma}) = \frac{1}{2n} \sum_{i=1}^{n} (f(\boldsymbol{x}_i) - y_i)^2$$

$$= \frac{1}{2n} \sum_{i=1}^{n} \sum_{j=1}^{k} (w_j \cdot \varphi(\boldsymbol{x}_i, \boldsymbol{\mu}_j, \sigma_j) - y_i)^2. \quad (12\text{-}53)$$

　　假设把高斯径向基函数 $\varphi(\boldsymbol{x}, \boldsymbol{\mu}, \boldsymbol{\sigma})$ 的中心向量 $\boldsymbol{\mu}$、核宽 $\boldsymbol{\sigma}$ 作为超参数, 在迭代优化过程中生成, 则基于代价函数最小化原则, 结合 BP 反向传播算法, 并采用梯度下降法更新参数, 可得 RBF 网络各参数的更新梯度增量公式.

　　(1) 输出层神经元的权重 $w_j (j = 1, 2, \cdots, k)$ 的更新增量:

$$\Delta w_j = \frac{\partial \mathcal{J}(\boldsymbol{w}, \boldsymbol{\mu}, \boldsymbol{\sigma})}{\partial w_j} = \frac{1}{n} \sum_{i=1}^{n} (f(\boldsymbol{x}_i) - y_i) \cdot \varphi(\boldsymbol{x}_i, \boldsymbol{\mu}_j, \sigma_j). \quad (12\text{-}54)$$

(2) 隐藏层的神经元中心向量 $\boldsymbol{\mu}_j$ 和核宽 σ_j 的更新增量:

$$\Delta\boldsymbol{\mu}_j = \frac{\partial \mathcal{J}(\boldsymbol{w}, \boldsymbol{\mu}, \boldsymbol{\sigma})}{\partial \boldsymbol{\mu}_j} = \frac{\partial \mathcal{J}(\boldsymbol{w}, \boldsymbol{\mu}, \boldsymbol{\sigma})}{\partial \varphi(\boldsymbol{x}_i, \boldsymbol{\mu}_j, \sigma_j)} \cdot \frac{\partial \varphi(\boldsymbol{x}_i, \boldsymbol{\mu}_j, \sigma_j)}{\partial \boldsymbol{\mu}_j}$$

$$= \frac{1}{n} \sum_{i=1}^{n} (f(\boldsymbol{x}_i) - y_i) \cdot w_j \cdot \frac{\partial \varphi(\boldsymbol{x}_i, \boldsymbol{\mu}_j, \sigma_j)}{\partial \boldsymbol{\mu}_j}$$

$$= \frac{w_j}{n\sigma_j^2} \sum_{i=1}^{n} (f(\boldsymbol{x}_i) - y_i) \cdot \varphi(\boldsymbol{x}_i, \boldsymbol{\mu}_j, \sigma_j) \cdot (\boldsymbol{x}_i - \boldsymbol{\mu}_j), \tag{12-55}$$

$$\Delta\sigma_j = \frac{\partial \mathcal{J}(\boldsymbol{w}, \boldsymbol{\mu}, \boldsymbol{\sigma})}{\partial \sigma_j} = \frac{\partial \mathcal{J}(\boldsymbol{w}, \boldsymbol{\mu}, \boldsymbol{\sigma})}{\partial \varphi(\boldsymbol{x}_i, \boldsymbol{\mu}_j, \sigma_j)} \cdot \frac{\partial \varphi(\boldsymbol{x}_i, \boldsymbol{\mu}_j, \sigma_j)}{\partial \sigma_j}$$

$$= \frac{w_j}{n\sigma_j^3} \sum_{i=1}^{n} (f(\boldsymbol{x}_i) - y_i) \cdot \varphi(\boldsymbol{x}_i, \boldsymbol{\mu}_j, \sigma_j) \cdot \|\boldsymbol{x}_i - \boldsymbol{\mu}_j\|_2^2. \tag{12-56}$$

RBF 网络算法实现, 不考虑偏置项. 假设隐藏层神经元数为 k, 训练样本的特征变量数为 m, 初始化网络参数为

$$\boldsymbol{\mu} = \begin{pmatrix} \mu_{1,1} & \mu_{1,2} & \cdots & \mu_{1,m} \\ \mu_{2,1} & \mu_{2,2} & \cdots & \mu_{2,m} \\ \vdots & \vdots & \ddots & \vdots \\ \mu_{k,1} & \mu_{k,2} & \cdots & \mu_{k,m} \end{pmatrix}, \quad \boldsymbol{\sigma} = \begin{pmatrix} \sigma_1 \\ \sigma_2 \\ \vdots \\ \sigma_k \end{pmatrix}, \quad \boldsymbol{w} = \begin{pmatrix} w_1 \\ w_2 \\ \vdots \\ w_k \end{pmatrix}.$$

```python
# file_name: rbf_nn.py
class RBFNeuralNetwork:
    """
    高斯径向基函数神经网络, 即RBFNN类的设计
    """
    def __init__(self, n_hidden_neurons: int = 10, max_iter: int = 1000,
                 stop_eps: float = 1e-5, optimizer: str = "adam"):
        self.n_hidden_neurons = n_hidden_neurons  # 隐藏层神经元数k
        self.max_iter, self.stop_eps = max_iter, stop_eps  # 最大迭代次数和终止精度
        self.W, self.b = None, 0.0  # 输出层的权重向量和偏置项
        self.mu, self.sigma = None, None  # 隐藏层神经元RBF的中心向量以及核宽
        self.training_loss_values = []  # 训练过程中的损失值
        self.n_samples, self.m_features = 0, 0  # 样本量和特征变量数
        self.optimizer = optimizer  # 优化方法
        self.optimizer_w, self.optimizer_mu, self.optimizer_sigma = None, None, None
```

```python
def _init_net_params(self):
    """
    网络参数的初始化, 全部为二维数组, 以及优化对象的初始化
    """
    self.W = np.random.randn(self.n_hidden_neurons, 1)  # 输出层的权重向量
    # 中心向量参数的初始化
    self.mu = np.random.randn(self.n_hidden_neurons, self.m_features)
    self.sigma = np.random.randn(self.n_hidden_neurons, 1)  # 核宽参数的初始化
    self.optimizer_w = OptimizerUtils(theta=self.W, optimizer=self.optimizer)
    self.optimizer_mu = OptimizerUtils(theta=self.mu, optimizer=self.optimizer)
    self.optimizer_sigma = OptimizerUtils(theta=self.sigma, optimizer=self.optimizer)

def _rbf(self, X: np.ndarray) -> np.ndarray:
    """
    RBF计算, 针对每个隐藏层的神经元中心向量, 计算len(X)个值, 故shape = (n, k)
    """
    # 隐藏层RBF计算, 初始化rbf_out
    rbf_out = np.zeros((len(X), self.n_hidden_neurons), dtype=np.float32)
    for i in range(self.n_hidden_neurons):  # 逐个神经元计算
        rbf_out[:, i] = np.exp(-np.linalg.norm(X - self.mu[i, :], axis=1) ** 2 /
                               (2 * self.sigma[i] ** 2))
    return rbf_out

def fit(self, X_train: np.ndarray, y_train: np.ndarray):
    """
    基于训练集(X_train, y_train)的RBF网络训练
    """
    assert len(X_train.shape) == 2  # 训练样本集 X 为二维数组
    self.n_samples, self.m_features = X_train.shape  # 样本量和特征属性变量数
    y_train = np.asarray(y_train).reshape(-1, 1)  # 重塑为二维数组(n, 1)
    self._init_net_params()  # 网络参数的初始化
    for k in range(self.max_iter):
        # 1. 正向传播计算
        rbf_out = self._rbf(X_train)  # RBF计算, (n, k)
        y_hat = rbf_out.dot(self.W)  # 输出层的结果 (n, 1)
        # 2. 反向传播计算各个参数的梯度更新增量
        error = y_hat - y_train  # 误差 (n, 1)
        # 权重的更新增量(k, 1)
        delta_W = rbf_out.T.dot(error) / self.n_samples
        delta_mu = np.zeros_like(self.mu)  # (n_hidden_neurons, m)
```

```
            delta_sigma = np.zeros_like(self.sigma)
            for j in range(self.n_hidden_neurons):
                delta_mu[j, :] = np.mean(error * rbf_out[:, [j]] *
                                        (X_train − self.mu[j, :]), axis=0)
                l2_norm = np.linalg.norm(X_train − self.mu[j, :], axis=1) ** 2
                delta_sigma[j, :] = np.mean(error.reshape(−1) *
                                        rbf_out[:, j] * l2_norm, axis=0)
            delta_mu *= self.W / self.sigma ** 2
            delta_sigma *= self.W / self.sigma ** 3
            # 3. 更新各参数
            self.optimizer_w.update(delta_W)       # 更新输出层权重向量
            self.optimizer_mu.update(delta_mu)     # 隐藏层神经元RBF的中心向量
            self.optimizer_sigma.update(delta_sigma)   # 隐藏层神经元RBF的核宽参数
            # 4. 计算当前迭代的均方误差, 并判断终止条件
            self.training_loss_values.append(np.mean((y_train.reshape(−1) −
                                        y_hat.reshape(−1)) ** 2))
            if k % 100 == 0:  # 每训练100次, 打印输出一次训练结果
                print("k = %d, LOSS = %.5f" % (k, self.training_loss_values[−1]))
            if k > 5:  # 训练5次后评估, 评估停机精度
                last_loss = np.max(np.abs(np.diff(self.training_loss_values[−5:])))
                if last_loss < self.stop_eps: break

    def predict(self, X_test: np.ndarray):
        """
        对测试样本X_test的预测
        """
        assert len(X_test.shape) == 2   # 测试样本集为二维数组
        rbf_out = self._rbf(X_test)   # RBF计算, (n, k)
        return rbf_out.dot(self.W)   # 输出层的结果形状(n, 1)

    def cal_mse_r2(self, y_test: np.ndarray, y_hat: np.ndarray):
        """
        模型预测的均方误差MSE, 可决系数和修正可决系数
        """
        return cal_mse_r2(self, y_test, y_hat)
```

例 11　采用 RBF 网络逼近如下一元和二元函数:

(1) $f(x) = 0.5\mathrm{e}^{-(x+3)^2} + \mathrm{e}^{-x^2} + 1.5\mathrm{e}^{-(x-3)^2} + 0.05\varepsilon,\ x \in [-5,5],\ \varepsilon \sim N(0,1)$.

(2) $f(x,y) = x^2 - 10\cos(2\pi x) + y^2 - 10\cos(2\pi y),\ x,y \in [-1.5,1.5]$.

训练样本按均匀分布随机生成, 测试样本按等距生成. 如图 12-34 所示, RBF

网络对含有噪声的非线性样本拟合效果非常好, 且损失曲线稳定下降. 图 12-35
为二元函数的拟合结果和残差图形, 从中可以看出, RBF 网络的预测效果在数据
边缘处的误差较大, 在其他数值处的拟合效果较好. 网络的输出和函数值之间的
差值在隐藏层神经元的个数为 100 时已经接近于 0, 说明网络输出能非常好地逼
近函数.

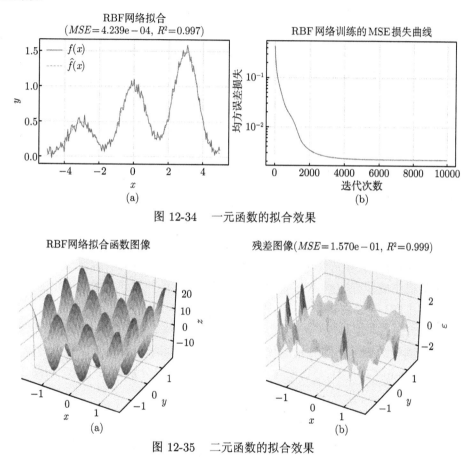

图 12-34　　一元函数的拟合效果

图 12-35　　二元函数的拟合效果

对**例 5** 波士顿房价进行训练和预测, 假设隐藏层神经元数 50 个, 训练 10000
次, 结果如图 12-36 所示, 损失曲线持续下降, 且具有不错的测试精度.

■ 12.6　习题与实验

1. 基于表 12-1 数据, 构建仅包含 3 个输入节点和 1 个输出节点的单层神经
网络, 采用随机梯度下降法, 并结合 Sigmoid 激活函数. 假设仅训练一轮, 请给出
前向传播和后向传播的计算过程, 计算过程结果保留 2 位有效数字.

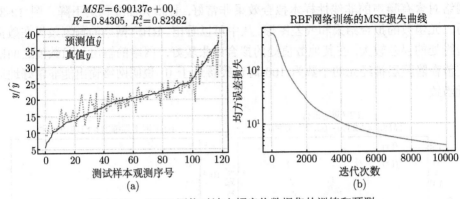

图 12-36　RBF 网络对波士顿房价数据集的训练和预测

2. 基于图 12-8, 给出其反向传播计算过程的标量 (向量的分量) 公式形式.

3. 请分析神经网络和逻辑回归在处理多分类任务上的异同, 分析神经网络输出层的反向传播计算.

4. 深度神经网络在学习时面临的难题是什么? 其相应的对策是什么?

5. 简述批归一化的作用. 查阅资料, 试推导批归一化的反向传播计算公式.

6. 试构造一个多元非线性函数 $y = f(\boldsymbol{x})$, 其中 $\boldsymbol{x} = (x_1, x_2, \cdots, x_m)$. 在指定区间随机生成训练数据 $\boldsymbol{X}_{n \times m}$, 得到 $\boldsymbol{Y}_n = f(\boldsymbol{X})$, 并对样本增加一定的随机噪声. 请采用 BP 神经网络和 RBF 网络分别训练并预测.

7. 假设以 $y = f(x_1, x_2) = x_1^2 + 9x_2^2$ 为损失函数, 请选择不同的优化算法, 分析在相同学习率下不同算法的优化路径, 分析不同学习率对算法收敛效率的影响, 其中 Adam 与 SGD、Mmt 与 Nadam 的优化情况分别如图 12-37 和图 12-38 所示.

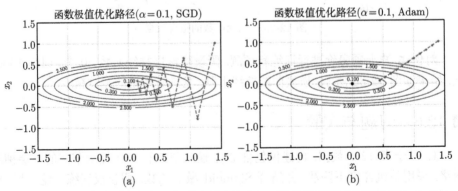

图 12-37　学习率为 0.1 时, SGD 与 Adam 的优化路径 (10 次迭代)

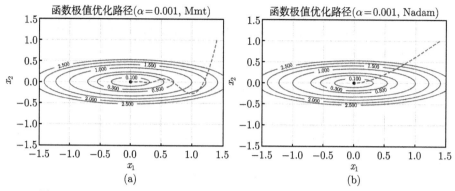

图 12-38　学习率为 0.001 时, Mmt 与 Nadam 的优化路径 (5000 次迭代)

■ 12.7　本章小结

本章主要探讨了前馈神经网络, 从简单的单层神经网络到复杂的深度神经网络, 从二分类到多分类, 从梯度下降算法到各种优化技术, 从常见的 Sigmoid、Tanh 激活函数到 ReLU、ELU 及其改进的激活函数, 并进行了算法设计与案例测试. 此外, 在深度神经网络中, 随着网络结构层次的加深, 训练和优化的复杂度将大幅增加. 本章主要探讨了深度神经网络学习过程中常出现的梯度消失、过拟合及其应对策略, 这包括激活函数、权重初始化方法、节点丢弃和批归一化. RBF 网络是仅包含一个隐藏层的三层网络, 隐藏层使用 RBF 结合了核函数的思想, 输出层仅仅是加权线性组合, 结构简单, 可有效实现函数的一致性逼近, 具有较好的性能.

单层神经网络仅能实现线性可分数据集, 对于非线性可分数据集, 需引入更多的节点层. 反向传播算法是多层神经网络的代表性学习规则. 输出节点的数量和激活函数的选择通常取决于它是一个二分类器还是多分类器. 本章所编写算法中, 二分类维持单个输出节点, 并基于交叉熵损失计算误差, 进而反向传播更新网络参数; 多分类对应多个输出节点, 通常等于类别数, 输出层的激活函数为 Softmax, 故需对目标集进行 One-Hot 编码, 以便适应 Softmax. 如果存在多个隐藏层, 需考虑单侧饱和的激活函数以避免梯度消失现象, 通过节点丢弃策略、正则化和批归一化方法可有效避免过拟合现象, 提升网络的泛化性能.

■ 12.8　参考文献

[1] Kim P. 深度学习: 基于 MATLAB 的设计实例 [M]. 邹伟, 王振波, 王燕妮, 译. 北京: 北京航空航天大学出版社, 2018.

[2] Qian N. On the momentum term in gradient descent learning algorithms[J]. Neural Networks: the Official Journal of the International Neural Network Society, 1999, 12(1):145-151.

[3] Kingma D P, Ba L. Adam: a method for stochastic optimization[J]. International Conference on Learning Representations, pages 1-13, 2015.

[4] Dozat T. Incorporating nesterov momentumin to Adam[J]. ICLRWorkshop, 2016, (1): 2013-2016.

[5] Ruder S. An overview of gradient descent optimization algorithm[J]. arXiv:1609.04747v2, [cs.LG], 2017.

[6] Reddi S J, Kale S &, Kumar S. On the convergence of a dam and beyond[J]. Published as a conference paper at ICLR 2018.

[7] Vinod N, Geoffrey H E. Rectified linear units improve restricted boltzmann machines[J]. Proceedings of the 27th international conference on machine learning (ICML-10), 807-814, 2010.

[8] Glorot X, Bordes A, Bengio Y. Deep sparse rectifier neural network[J]. AISTATS 2011, Fort Lauderdale, FL, USA. Volume 15 of JMLR: W&CP 15. 315-323, 2011.

[9] Glorot X, Bengio Y. Understanding the difficulty of training deep feedforward neural networks[J]. http://proceedings.mlr.press/v9/glorot10a/glorot10a.pdf. 2010.

[10] He K M, Zhang X Y, Ren S Q, et al. Delving deep into rectifiers:surpassing human-level performance on ImageNet classification[J]. arXiV prrprint arXiv:1502.01852v1. 2015.

[11] Hinton G E, Srivastava N, Krizhevsky A, et al. Improving neural networks by preventing co-adaptation of feature detectors[J]. arXiV preprint arXiv:1207.0580v1. 2012.

[12] Ioffe S, Szegedy C. Batch normalization: accelerating deep network training by reducing internal covariate shift[J]. arXiV preprint arXiv:1502.03167. 2015.

[13] 周志华. 机器学习 [M]. 北京: 清华大学出版社, 2016.

[14] 李航. 机器学习方法 [M]. 北京: 清华大学出版社, 2022.

[15] 薛薇, 等. Python 机器学习: 数据建模与分析 [M]. 北京: 机械工业出版社, 2021.

## 第 13 章

卷积神经网络

深度神经网络的重要性在于它打开了通向知识分层处理的复杂非线性模型和系统性方法的大门[1]. 卷积神经网络 (Convolutional Neural Network, CNN) 是专门做图像识别的深度神经网络, 也是一种模仿大脑视觉皮质进行图像处理和识别图像的深度网络. 从 2012 年开始, CNN 引领着大多数的计算机视觉领域[4].

如图 13-1 所示, CNN 包含一个提取输入图像特征的神经网络和一个进行图像分类的神经网络. 特征提取神经网络包括大量成对的卷积层和池化层, 图 13-1 包含两对卷积池化层. 特征提取神经网络的层数越深, 图像识别的效果越好, 而其代价是训练过程的复杂度较高. 分类神经网络通常采用普通的多分类神经网络. 故而, 卷积神经网络的层级结构包括: 数据输入层, 卷积层 (convolutional layer), 激活层, 池化层 (pooling layer) 和全连接层 (fully connected layer), 如表 13-1 所示, 其中 $W_1 \times H_1 \times 3$ 对应原始图像或经过预处理后的像素矩阵的形状 (shape), K 表示卷积层中过滤器的个数, $W_3 \times H_3$ 为池化后特征图的形状, $(W_2 \cdot H_2 \cdot K)$ 是将多维特征展平为列向量后的长度, C 对应的则是图像类别数.

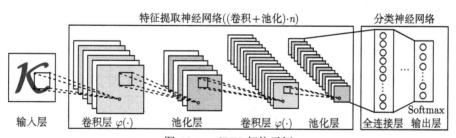

图 13-1　CNN 架构示例

表 13-1　CNN 层次结构及其作用

层次结构	输出形状 (长度)	作用
输入层	$W_1 \times H_1 \times 3$	输入三通道的原始图像或预处理的像素矩阵.
卷积层	$W_2 \times H_2 \times K$	通过局部连接和参数共享, 从全局特征图提取局部特征并降维处理.
激活层	$W_2 \times H_2 \times K$	将卷积的输出结果进行非线性映射, 增强网络的表征能力.
池化层	$W_3 \times H_3 \times K$	筛选感受域内的特征, 有效降低输出特征尺度, 减少模型所需要的参数量.
全连接层	$(W_3 \cdot H_3 \cdot K) \cdot C$	特征汇总, 将多维特征层展平为 2 维特征, 低维度特征对应任务的学习目标.

CNN 将输入层导入的原始数据逐层抽象, 如从底层的边缘、纹理到中层的局部形状、物体部件, 进而形成高层语义特征, 再送到全连接层做分类, 这一正向过程为前馈运算. 全连接层将其目标任务形式化表达为目标函数. 通过输出层的误差, 结合反向传播算法, 将误差逐层向后反馈, 从而更新网络连接的权值.

■ 13.1　卷积层

卷积层是 CNN 的核心组件, 通过局部关联 (local connectivity) 和权值共享 (weight sharing) 高效提取图像、语音、文本等数据的空间或时序特征. 如图 13-2 所示, 为便于可视化, 假定 $w = h = 5$. 在 CNN 中, 卷积层有两个关键操作:

(1) 局部关联. 每个神经元可看作一个卷积过滤器 (filter), 其包含 K 个卷积核, 第 $l+1$ 层的每一个神经元都只和第 l 层 (共 $w \times h \times d$ 个神经元) 的一个局部窗口内的神经元相连, 即每个神经元只感受局部的图像区域, 构成一个局部连接网络, 而无需感受全局图像, 在更高层将这些感受不同局部的神经元综合起来就可以得到全局的信息, 其中局部窗口也称为感受域 (receptive field) 或感受野, 大小等于卷积核 (如 $3 \times 3 \times 1$), 深度与第 l 层深度保持一致; 局部关联也称为稀疏连接 (sparse connectivity), 通常 $3 \ll w$、$3 \ll h$. 利用每一个卷积核去扫描整张图片, 即对图像中的所有像素点与卷积核进行线性变化组合, 形成下一层的神经元.

(2) 窗口滑动, 按照滑动步长 (stride, 或称步幅) 从左到右、从上到下的方式, 针对卷积核对局部数据计算. 即每次滑动选取与卷积核同等大小的一部分像素, 每一部分中的像素值与卷积核中的值对应相乘后求和, 通过不断滑动, 最后卷积的结果构成一个矩阵 (或多维数组). 此例中滑动步长为 1, 即每次移动一个像素的位置. 步长越大, 卷积计算得到的特征图越小, 其中运算符 ⊛ 表示卷积运算.

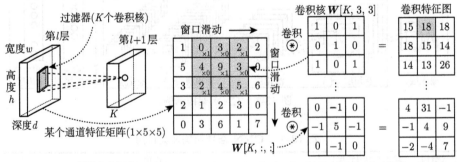

线性变化组合：$1 \times 0 + 0 \times 3 + 1 \times 2 + 0 \times 4 + 1 \times 9 + 0 \times 3 + 1 \times 2 + 0 \times 4 + 1 \times 5 = 18$

图 13-2　CNN 中的卷积计算

卷积层生成的新图像叫做特征映射 (或卷积特征), 它突出了原始图像的独特特征. 每个卷积核提取的特征都有各自的侧重点, 多个卷积核的叠加效果要比单个卷积核的分类效果好得多. 表 13-2 为常见的几种 3×3 的卷积核, 可对图像提取不同的特征. 除此之外, 还有一阶微分算子和二阶微分算子类型的卷积核, 可以提取图像中物体在各个方向上的边缘, 以及加大的卷积核, 如 5×5 的卷积核.

表 13-2　常见的卷积核

类型	卷积核	类型	卷积核	类型	卷积核
同一性	$\begin{pmatrix} 0 & 0 & 0 \\ 0 & 1 & 0 \\ 0 & 0 & 0 \end{pmatrix}$	边缘检测	$\begin{pmatrix} -1 & -1 & -1 \\ -1 & 8 & -1 \\ -1 & -1 & -1 \end{pmatrix}$	锐化	$\begin{pmatrix} 0 & -1 & 0 \\ -1 & 5 & -1 \\ 0 & -1 & 0 \end{pmatrix}$
均值模糊	$\frac{1}{9}\begin{pmatrix} 1 & 1 & 1 \\ 1 & 1 & 1 \\ 1 & 1 & 1 \end{pmatrix}$	浮雕	$\begin{pmatrix} -2 & -1 & 0 \\ -1 & 1 & 1 \\ 0 & 1 & 2 \end{pmatrix}$	高斯模糊	$\frac{1}{16}\begin{pmatrix} 1 & 2 & 1 \\ 2 & 4 & 2 \\ 1 & 2 & 1 \end{pmatrix}$

如图 13-3 所示, 原始图像为人工智能之父约翰·麦卡锡 (John McCarthy), 使用不同的卷积核, 对图像卷积计算可以提取图像的不同特征. 在卷积神经网络中, 卷积核中的数值并不指定, 而是随机初始化, 作为训练的权重参数的一部分.

图 13-3　不同卷积核的卷积计算效果

1. 卷积计算过程

一般情况下, 输入图像的每个像素点都包含 RGB 三种颜色, 即这幅图像的通道 (channel) 数 (或称深度) 为 3. 如图 13-4 所示, 输入图像的通道数为 3, 每张图像的形状为 $W_{\text{in}} \times H_{\text{in}}$. 设过滤器的数量为 K, 且卷积过滤器与输入图像拥有相同的通道数, 每个过滤器形状为 $w \times h \times 3$, 即卷积核权重矩阵的形状为 $w \times h$. 卷积计算过程: (1) 对于过滤器 $k\,(k=1,2,\cdots,K)$ 的每个通道分别进行卷积计算, 产生 3 幅图像 ($W_{\text{out}} \times H_{\text{out}} \times 3$); (2) 将每个卷积后的图像中的对应像素点相加, 输出一幅图像 ($W_{\text{out}} \times H_{\text{out}} \times 1$); (3) 相加后的图像中每个像素与偏置项相加, 并经过激活函数 $\varphi(\cdot)$ 非线性映射, 输出特征映射图像 ($W_{\text{out}} \times H_{\text{out}} \times K$), 特征图像的张数 K 与过滤器的总数量 K 是相同的.

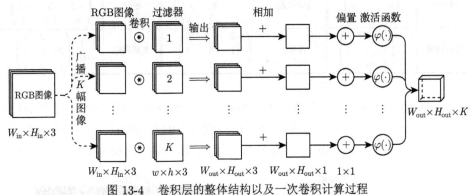

图 13-4　卷积层的整体结构以及一次卷积计算过程

当然, 卷积计算不限于对原始输入图像的卷积, 如图 13-5 所示, 特征图像 FI_1 由 K_1 个过滤器与原始图像卷积计算而得, 特征图像 FI_2 由 K_2 个过滤器与 FI_1 卷积计算而得, 且 $W_3 < W_2 < W_1$、$H_3 < H_2 < H_1$. 图像的特征通过不断提取和压缩, 最终可得到比较高层次特征, 然后利用最后一层特征进行任务学习.

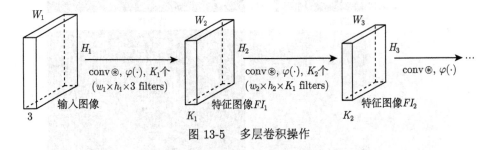

图 13-5　多层卷积操作

2. 填充

卷积计算过程中, 一方面卷积核的大小并不一定被输入特征数据矩阵的维度大小整除; 一方面边缘上的像素点难以位于卷积核中心, 如图 13-2 所示, 上边缘的像素值 $[1,0,3,2,2]$ 不会位于卷积核中心. 更重要的是希望卷积前后的图像尺寸保持相同, 以保持边界的信息. 故而, 可对输入图像的像素矩阵进行填充 (padding), 即在矩阵的边界上填充一些值, 以增加矩阵的大小.

如图 13-6 所示, 设卷积核的大小为 3×3, 滑动步长 $s=1$, 在像素矩阵 5×5 边界填充 0, 构成 7×7 的输入矩阵, 则边缘上的像素点位于卷积核的中心. 滑动步长 s 越小, 提取的特征越多, 但步长 s 一般不取 1, 主要考虑时间效率的问题. 步长 s 也不能太大, 否则会漏掉图像上的信息.

$$\begin{array}{|c|c|c|c|c|c|c|}\hline 0&0&0&0&0&0&0\\\hline 0&1&1&1&1&1&0\\\hline 0&1&2&2&1&1&0\\\hline 0&1&2&2&2&1&0\\\hline 0&0&1&2&2&1&0\\\hline 0&0&1&1&1&1&0\\\hline 0&0&0&0&0&0&0\\\hline\end{array} \circledast \begin{array}{|c|c|c|}\hline 0&-1&0\\\hline -1&5&-1\\\hline 0&-1&0\\\hline\end{array} = \begin{array}{|c|c|c|c|c|}\hline 3&1&1&2&3\\\hline 1&4&4&4&2\\\hline 2&4&2&4&1\\\hline -2&0&4&4&1\\\hline -1&3&1&1&3\\\hline\end{array}$$

图 13-6 像素矩阵的填充 (运算符 $\circledast$ 表示卷积运算)

通常有两种填充方式: 有效填充 (valid padding) 和等大填充 (same padding).

(1) 有效填充: 忽略无法计算的边缘像素单元, 即 padding = 0, 不填充. 当 $s=1$ 时, 图像的输入与输出维度尺寸大小的关系为

$$W_{\text{out}}=W_{\text{in}}-W_{\text{kernel}}+1,\quad H_{\text{out}}=H_{\text{in}}-H_{\text{kernel}}+1. \tag{13-1}$$

(2) 等大填充: 在输入矩阵的周围填充若干圈 "合适的值", 即允许卷积核超出原始图像边界, 使得输入矩阵的边界处的大小与卷积核大小匹配, 并使得卷积后结果的大小与原来的一致. 所谓 "合适的值", 具体包括填充最邻近边缘的像素值和零值填充 (zero-padding). 图 13-6 即为零值填充. 图像的输入与输出维度尺寸大小的关系为

$$\begin{aligned} W_{\text{out}}&=\left\lfloor\frac{W_{\text{in}}+2W_{\text{padding}}-W_{\text{kernel}}}{W_{\text{stride}}}\right\rfloor+1,\\ H_{\text{out}}&=\left\lfloor\frac{H_{\text{in}}+2H_{\text{padding}}-H_{\text{kernel}}}{H_{\text{stride}}}\right\rfloor+1, \end{aligned} \tag{13-2}$$

其中 W_{padding} 和 H_{padding} 分别表示在水平、垂直维度上的补零高度, W_{stride} 和 H_{stride} 分别表示在水平、垂直维度上的步长大小.

3. 权值共享

每个神经元只感受局部的图像区域, 局部关联相对于全连接大大降低了参数的数量. 考虑单通道图像, 如图 13-7 所示, 假设下一层拥有 100 个神经元, 则全连接共需 $32\times 32\times 100=102400$ 个参数, 而局部关联则需要 $3\times 3\times 100=900$ 个参数. 同一张图像当中可能会出现相同的特征, 共享卷积核能够进一步减少权值参

数. 如果每个神经元用同一个过滤器去卷积图像, 即 $3 \times 3 = 9$ 个参数是相同的, 则只需 9 个参数, 即权值共享. (b) 图所示, 对一张图像通常需要多个不同的过滤器, 分别提取不同的特征. 假设有 5 个不同的过滤器, 每个过滤器的参数不一样, 表示提取输入图像的不同特征, 则采用权值共享共需要 $3 \times 3 \times 5 = 45$ 个参数即可.

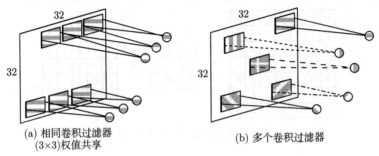

(a) 相同卷积过滤器
(3×3)权值共享

(b) 多个卷积过滤器

图 13-7　权值共享

4. 激活层

激活层是对卷积层的输出结果做非线性映射. 因为只有加入了非线性激活函数, 深度神经网络才具备分层的非线性映射学习能力. 激活层的实践经验表明, 不要采用 Sigmoid, 首先尝试 ReLU, 如果失效, 可尝试 LeakyReLU 或 Maxout, 某些情况下 Tanh 也有不错的表现.

5. 图像与矩阵的相互转换[6,7]

设一张图像的三维数组包含通道数、高和宽, 记为 (I_{ch}, I_h, I_w), 若基于小批量梯度下降算法, 则每批次图像集构成四维数组, 即形状为 $(N_{bt}, I_{ch}, I_h, I_w)$, 如图 13-8 所示. 卷积计算通常涉及局部关联、窗口滑动, 以及局部窗口内的像素值与卷积核的运算, 为提高运算效率, 将输入四维图像转化为二维数组.

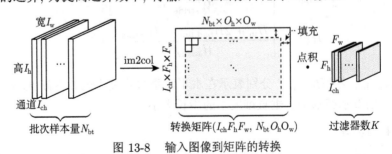

图 13-8　输入图像到矩阵的转换

如图 13-9 所示, 考虑单个通道的单张图像 $\boldsymbol{A}$, 转换方法同卷积核扫描同样大小的局部图像的方法一致, 不考虑填充, 基于滑动步长 $s = 1$ 从左到右、从上到下的顺序扫描, 同时所扫描的局部二维像素值展平为一列, 其转换矩阵的大小为

$(F_h \times F_w, O_h \times O_w) = (2 \times 2, 3 \times 3)$, 其中列数 $O_h \times O_w$ 恰好等于图像与卷积核卷积运算后的图像的像素数, 见式 (13-2), 则卷积计算方法为 $(\boldsymbol{B}^{\mathrm{T}}\boldsymbol{C})_{9 \times 1} \xrightarrow{\text{reshape}} (\boldsymbol{B}^{\mathrm{T}}\boldsymbol{C})_{3 \times 3}$. 对于批次图像集中的每张图像的每个通道, 皆作此转换, 故转换矩阵的形状 (shape) 为 $(I_{\mathrm{ch}} \times F_h \times F_w, N_{\mathrm{bt}} \times O_h \times O_w)$.

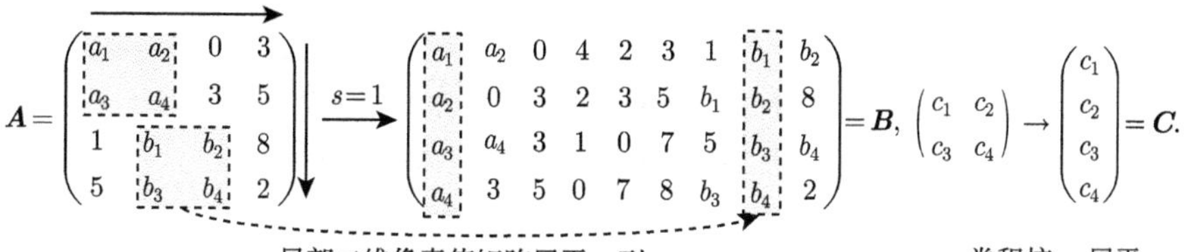

图 13-9 单通道二维图像转换为二维矩阵

图像到矩阵的转换函数 im2col(image to column) 的算法设计:

```
def im2col(X: np.ndarray,  # 输入特征图像, 维度形状: (批次量, 通道数, 高, 宽)
           f_h: int, f_w: int,  # 过滤器的高和宽
           o_h: int, o_w: int,  # 输出的特征图像的高和宽
           stride: int, pad: int):  # 滑动步长stride和填充pad
    """
    将表示特征图像的四维数组转化为二维矩阵, 主要应用于卷积层和池化层的正向传播
    """
    n, c, h, w = X.shape  # 获取特征图像的维度并解包
    # pad函数: https://numpy.org/doc/stable/reference/generated/numpy.pad.html
    X_pad = np.pad(X, [(0, 0), (0, 0), (pad, pad), (pad, pad)], "constant")
    col = np.zeros((n, c, f_h, f_w, o_h, o_w))  # 转换矩阵初始化
    for _h in range(f_h):  # 扫描, 按轴axis = 0, 从上到下
        h_lim = _h + stride * o_h  # 按列与步长选取的元素个数
        for _w in range(f_w):  # 扫描, 按轴axis = 1, 从左到右
            w_lim = _w + stride * o_w  # 按行与步长选取的元素个数
            # 先逐行后逐列, 扫描与卷积核同等大小的像素元素值
            col[:, :, _h, _w, :, :] = X_pad[:, :, _h: h_lim: stride, _w: w_lim: stride]
    # 由(批次, 通道, 核高, 核宽, 输出高, 输出宽)按轴转化为(通道, 核高, 核宽, 批次,
    # 输出高, 输出宽), 然后重塑为二维矩阵(通道·核高·核宽, 批次·输出高·输出宽)
    col = col.transpose((1, 2, 3, 0, 4, 5)).reshape(c * f_h * f_w, n * o_h * o_w)
    return col
```

由此, 卷积核与图像之间的卷积计算通过 im2col 函数转换为矩阵 (或向量) 之间的点积计算. 四维图像到二维矩阵的转换, 主要在卷积层和池化层的正向传播中应用到, 而在反向传播过程中, 需要逆向转换操作, 即把二维矩阵逆转化为四

维图像. 具体方法为, 将矩阵的每一列恢复到过滤器所覆盖的局部区域中, 并在转换时对重复的位置进行求和处理, 如图 13-10 所示.

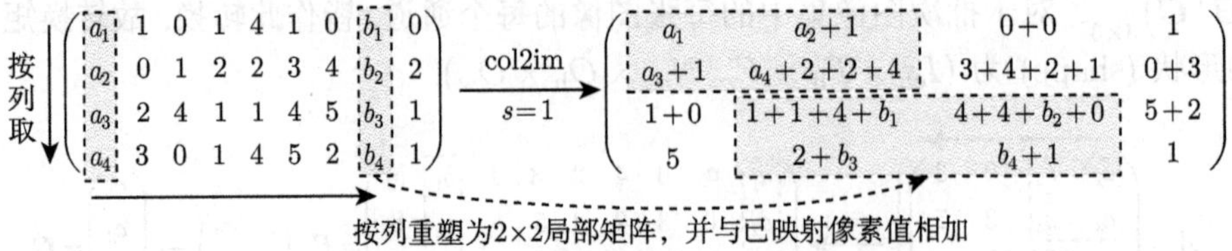

按列重塑为2×2局部矩阵, 并与已映射像素值相加

图 13-10　二维矩阵逆转换为单通道的图像

矩阵到图像的逆转换函数 col2im(column to image) 的算法设计:

```
def col2im(col: np.ndarray,  # 待转换的二维数组
            X_shape,  # 图片的尺寸. 以下参数含义参考函数col2im
            f_h: int, f_w: int, o_h: int, o_w: int, stride: int, pad: int):
    """
    将矩阵col转化为表示特征图像的四维矩阵X, 主要应用于卷积层和池化层的反向传播
    """
    n, c, h, w = X_shape # 特征图像的维度解包
    # 重塑, 并按轴转换, 即把批次n移到第0轴, c, f_h, f_w顺序后移, o_h, o_w不变
    col = col.reshape(c, f_h, f_w, n, o_h, o_w).transpose(3, 0, 1, 2, 4, 5)
    X = np.zeros((n, c, h + 2 * pad + stride - 1, w + 2 * pad + stride - 1))
    for _h in range(f_h):
        h_lim = _h + stride * o_h
        for _w in range(f_w):
            w_lim = _w + stride * o_w
            # 将矩阵的每一列恢复到过滤器所覆盖的区域中, 并在转换时对重复的位置
            # 进行求和处理
            X[:, :, _h: h_lim: stride, _w: w_lim: stride] += col[:, :, _h, _w, :, :]
    return X[:, :, pad: h + pad, pad: w + pad]
```

　　im2col 和 col2im 是 CNN 中用于高效实现卷积运算的关键操作, 在研究底层实现时非常重要. 现在的深度学习框架可能使用更高效的卷积算法, 如 Winograd、FFT 卷积、分组卷积 (grouped convolution)、稀疏卷积 (sparse convolution) 等.

■ 13.2　池化层

　　池化层也称为子采样层, 夹在连续的卷积层之间, 是 CNN 重要组成部分. 池化层通过降维压缩、特征提取、不变性增强和扩大感受野来优化 CNN 的计算效率与泛化性能. 具体来说, (1) 池化层通过下采样减少特征图像的空间尺寸, 显著减少后续层的参数数量, 提升模型的学习效率, 降低过拟合风险, 防止网络过深导致的计算资源爆炸; (2) 池化层通过最大池化提取关键特征并过滤冗余信息, 通过平均池化平滑特征图像并抑制噪声干扰, 起到正则化的作用; (3) 池化层可增强网络的平移不变性与鲁棒性, 池化窗口的滑动操作使网络对输入数据的微小平移、旋转或缩放具有容忍度, 提高泛化能力, 同时更适应测试数据的分布变化; (4) 池化层可扩大感受野, 池化操作后的神经元能覆盖输入图像中更大的区域, 从而捕捉更高层次的抽象特征, 帮助网络逐步从局部特征 (如边缘) 过渡到全局特征 (如物体形状).

池化层采用的方法主要有最大池化 (max pooling) 和平均池化 (average pooling), 而实际用的较多的是最大池化. 假设池化窗口大小为 2×2, 如图 13-11 所示, (1) 最大池化对于每个 2×2 的窗口选出最大值作为输出矩阵的相应元素的值; (2) 平均池化对于每个 2×2 的窗口选出该窗口所有元素的均值数作为输出矩阵的相应元素的值. 最大池化提取窗口内最显著特征, 对微小平移、旋转不敏感, 平移不变性增强; 平均池化可以平滑特征, 保留整体分布.

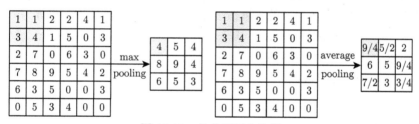

图 13-11 池化层正向传播

对于最大池化, 在正向计算时, 选取每个窗口区域中的最大值, 并记录下最大值在每个小区域中的位置. 在反向传播时, 只有那个最大值对下一层有贡献, 所以将残差传递到该最大值的位置, 区域内其他 $2 \times 2 - 1 = 3$ 个位置置零. 具体过程如图 13-12 所示 (假设了 3×3 的残差矩阵), 其中 6×6 矩阵中非零的位置即为图 13-11 计算出来的每个小区域的最大值的位置. 对于平均池化, 需要把残差平均分成 $2 \times 2 = 4$ 份, 传递到图 13-11 小区域的 4 个单元即可.

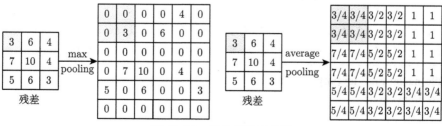

图 13-12 池化层反向传播

■ 13.3　卷积神经网络的算法设计

CNN 的核心思想是将局部关联、权值共享以及池化这三种结构思想结合起来获得某种程度的平移、尺度不变性. CNN 架构中的核心结构包含卷积层、池化层和全连接层, 每层包括正向传播、反向传播和参数更新. 本节在算法设计思路上借鉴了文献[6−8], 并在此基础上做了改进, 其中全连接层采用普通的多分类神经网络, 其输入特征为池化层的输出, 并展平为向量, 输出为图像的类别.

13.3.1　卷积层的算法设计

如图 13-13 所示, 在正向传播过程中, 首先需随机初始化过滤器的权重参数 W 和偏置项 b, 其中每个过滤器的通道数与输入图像保持一致, 偏置项的个数与过滤器的个数保持一致. 传播计算主要基于 NumPy 的矢量化计算, 故而主要困难在于计算的两个数组的维度匹配问题, 其中输入和输出需保持相同的维度尺寸, 即 (批次量, 过滤器个数, 特征图像的高, 特征图像的宽), 以便进行下一层的传播计算. 反向传播过程中, 输出梯度增量 Δy 与激活输出 $\hat{y}$ 的维度保持一致, 按照增量规则 δ 反向计算各参数的梯度改变量 Δ, 进而更新参数 W 和 b, 并计算需反向上一层的输入梯度增量 ΔX. 由于卷积计算通过 im2col 和 col2im 函数转化为矩阵之间的点积运算, 故 CNN 的反向传播算法与普通的全连接神经网络相似, 但 CNN 中数组的维度较高.

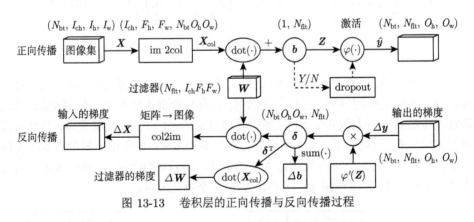

图 13-13　卷积层的正向传播与反向传播过程

依据图 13-13 的正向和反向传播流程, 卷积层算法设计如下, 在参数的更新过程中, 引入了各种优化方法, 激活函数可以通过参数 "activity_type" 指定.

```python
# file_name: conv_layer.py
class ConvLayer:
    """
    卷积层实现, 包括正向传播、反向传播和参数的更新
```

```
    """
    def __init__(self, X_nd: tuple, filter_nd: tuple, stride: int = 1, pad: int = 1,
                 activity_type: str = "ReLU", alpha: float = 1e-3,
                 optimizer: str = "adam"):
        self.c, self.h, self.w = X_nd  # 输入特征图像shape解包为 (通道数, 高, 宽)
        # 过滤器的shape解包为 (过滤器数量, 高, 宽)
        self.f_n, self.f_h, self.f_w = filter_nd
        self.stride, self.pad = stride, pad  # 窗口的滑动步长和像素矩阵的填充
        self.batch_size = None  # 批次大小
        self.activity_fun = activity_functions(activity_type)  # 激活函数
        # 初始化过滤器的参数值: 形状(n, c, h, w), 通道数与输入特征图像一致
        scale = np.sqrt(2.0 / (self.c * self.h * self.w))  # He初始化, 针对ReLU
        self.W = np.random.randn(self.f_n, self.c, self.f_h, self.f_w) * scale
        self.b = np.random.randn(1, self.f_n) * scale  # 每个过滤器对应一个偏置
        self.conv_kernel = None  # 卷积核像素矩阵, 也即对初始权重系数值的重塑
        self.o_c = self.f_n  # 输出的通道数量, 等于过滤器的个数
        self.o_h, self.o_w = self._out_shape()  # 卷积层输出的高和宽
        # 加速优化算法的应用
        self.alpha = alpha  # 学习率
        self.opt_W = OptimizerUtils(theta=self.W, optimizer=optimizer)
        self.opt_b = OptimizerUtils(theta=self.b, optimizer=optimizer)
        # 其他计算过程中的变量, 包括预测输出和梯度
        self.X_col, self.W_col = None, None  # im2col转化为矩阵
        self.Z, self.y_hat = None, None  # 卷积层的净输出和激活输出
        self.d_W, self.d_b, self.grad_X = None, None, None  # 更新增量和梯度

    def _out_shape(self):
        """
        卷积层输出特征图像的高和宽的计算
        """
        o_h = (self.h + 2 * self.pad - self.f_h) // self.stride + 1  # 输出的高度
        o_w = (self.w + 2 * self.pad - self.f_w) // self.stride + 1  # 输出的宽度
        return o_h, o_w

    def forward(self, X: np.ndarray):
        """
        卷积层正向传播, 始终保持输入和输出的图像形状: (批次量$n_{bs}$, 通道$c$, 高$h$, 宽$w$)
        """
        self.batch_size = X.shape[0]  # 批次量大小
        # 将输入图像转换成矩阵, 以便与卷积核进行卷积运算
```

```
        self.X_col = im2col(X, self.f_h, self.f_w, self.o_h, self.o_w, self.stride, self.pad)
        # 重塑n个过滤器的参数值矩阵(n_bs, c · h · w), 对应转换后的矩阵的列
        self.conv_kernel = self.W.reshape((self.f_n, self.c * self.f_h * self.f_w))
        Z = (self.conv_kernel @ self.X_col).T + self.b  # 卷积层的净输出
        # 重塑, 把通道数c移到第2轴, 高h移动到第3轴, 宽w移到第4轴, 即(n_bs, c, h, w),
        # 始终与下一层或池化层的输入维度形状匹配
        self.Z = (Z.reshape(self.batch_size, self.o_h, self.o_w, self.o_c).
                  transpose(0, 3, 1, 2))
        self.y_hat = self.activity_fun[0](self.Z)  # 激活函数

    def backward(self, grad_X: np.ndarray):
        """
        卷积层反向传播算法, grad_X为下一层反向传播的梯度 (对应卷积层Relu的输出)
        """
        delta = grad_X * self.activity_fun[1](self.Z)  # 激活函数一阶导, 增量规则
        # 移动轴, 并重塑为(n_bs · h · w, c), 便于与输入的像素矩阵运算
        delta = delta.transpose(0, 2, 3, 1).reshape(self.batch_size * self.o_h *
                                                    self.o_w, self.o_c)
        d_W = self.X_col @ delta  # 过滤器的权值参数梯度改变量
        self.d_W = d_W.T.reshape(self.f_n, self.c, self.f_h, self.f_w)  # 重塑数组
        self.d_b = np.sum(delta, axis=0)  # 偏置项的梯度改变量
        grad_X = delta @ self.conv_kernel  # 输入的梯度(上一层输出的梯度)
        X_shape = (self.batch_size, self.c, self.h, self.w)
        # 转化为图像, 继续反向传播
        self.grad_X = col2im(grad_X.T, X_shape, self.f_h, self.f_w,
                             self.o_h, self.o_w, self.stride, self.pad)


    def update(self):
        """
        基于优化方法, 更新权重和偏置项
        """
        self.opt_W.update(self.d_W, self.alpha)  # 更新权值参数(过滤器)
        self.opt_b.update(self.d_b, self.alpha)  # 更新偏置项
```

13.3.2　池化层的算法设计

如图 13-14 所示, 池化层接受卷积层的输入特征图像, 其维度特征仍是四维数组. 不同的是, 池化层根据最大池化方法进一步压缩图像, 并记录下根据池化过滤器扫描的局部窗口的最大值索引, 以便于反向传播时, 把输出的梯度更新到对应的最大值索引所在位置中.

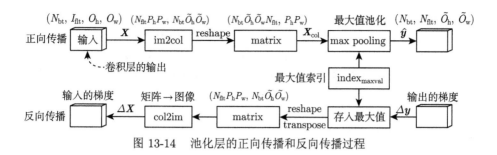

图 13-14　池化层的正向传播和反向传播过程

此外, 池化层不同于卷积层, 没有明确指明池化层 stride 大小时, stride 默认是池化窗口的大小. 设池化窗口大小为 $k \times k$, 输入特征图像大小为 $h \times w$, s 为滑动步长, 则输出特征图像的大小可表示为

$$\left\lceil \frac{h-k}{s} + 1 \right\rceil \times \left\lceil \frac{w-k}{s} + 1 \right\rceil = \left\lceil \frac{h-k}{k} + 1 \right\rceil \times \left\lceil \frac{w-k}{k} + 1 \right\rceil = \left\lceil \frac{h}{k} \right\rceil \times \left\lceil \frac{w}{k} \right\rceil.$$

算法设计如下:

```python
# file_name: pooling_layer.py
class PoolingLayer:
    """
    池化层实现, 包括正向传播和反向传播, 池化层不包含网络权重参数
    """
    def __init__(self, X_nd: tuple, pool_size: int = 2, pad: int = 0):
        self.c, self.h, self.w = X_nd  # 输入图像特征维度解包, 对应通道数, 高和宽
        self.o_c = X_nd[0]  # 输出的通道数量
        self.o_h = self.h // pool_size if self.h % pool_size == 0 \
            else self.h // pool_size + 1  # 输出的高度
        self.o_w = self.w // pool_size if self.w % pool_size == 0 \
            else self.w // pool_size + 1  # 输出的宽度
        self.y_hat, self.max_idx, self.grad_X = None, None, None
        self.pool = pool_size  # 池化区域的尺寸
        self.pad = pad  # 填充的幅度

    def forward(self, X: np.ndarray):
        """
        池化层正向传播, 按最大池化
        """
        n = X.shape[0]  # n_bt:批次维度
        # 将输入图像转换成矩阵
        X_col = im2col(X, self.pool, self.pool, self.o_h, self.o_w, self.pool, self.pad)
```

```
        X_col = X_col.T.reshape((n * self.o_h * self.o_w * self.c, self.pool * self.pool))
        y_hat = np.max(X_col, axis=1)    # 输出的计算: 最大池化
        # 保持输出维度特征为 (批次量, 通道数, 高, 宽), 故而重塑并切换轴
        self.y_hat = y_hat.reshape((n, self.o_h, self.o_w, self.c)).transpose(0, 3, 1, 2)
        self.max_idx = np.argmax(X_col, axis=1)    # 保存最大值的索引值


    def backward(self, grad_X: np.ndarray):
        """
        池化层反向传播
        """
        n = grad_X.shape[0]    # 当前批次量
        # 对输出的梯度进行轴切换, 保持与池化层输出一致
        grad_X = grad_X.transpose(0, 2, 3, 1)
        # 创建新的矩阵, 只对每个列中具有最大值的元素所处位置中存入输出的梯度
        d_X = np.zeros((self.pool * self.pool, grad_X.size))
        d_X[self.max_idx.reshape(-1), np.arange(grad_X.size)] = grad_X.flatten()
        d_X = d_X.reshape((self.pool, self.pool, n, self.o_h, self.o_w, self.o_c))
        d_X = d_X.transpose(5, 0, 1, 2, 3, 4)
        d_X = d_X.reshape(self.o_c * self.pool * self.pool, n * self.o_h * self.o_w)
        X_shape = (n, self.c, self.h, self.w)
        self.grad_X = col2im(d_X, X_shape, self.pool, self.pool,
                             self.o_h, self.o_w, self.pool, self.pad)    # 输入的梯度
```

13.3.3　CNN 算法设计架构

如图 13-15 所示, 在 CNN 算法架构中, 可以实现多组 "卷积, 池化, 节点丢弃". 每一个卷积层包含有多个与输入特征图像相同通道数的过滤器, 全连接层可包含多个中间隐藏层 (包含节点丢弃层), 但输出层仅有一个. 正向传播顺着图中实线箭头方向进行, 反向传播则顺着实线箭头的反方向进行, 同时进行卷积层和全连接层的参数更新.

CNN 算法架构设计与实现. "卷积, 池化, 节点丢弃" 组的个数由过滤器参数 "filters" 确定, 其结构为列表, 其元素为传入的多个不同的过滤器. 同时, 每个卷积层中的窗口滑动参数 "c_stride"、填充参数 "c_pad" 与参数 "filters" 的长度一致. 参数 "fc_neurons" 为一个列表结构, 其长度为隐藏层的层数, 其元素为每个隐藏层的神经元数. 其他参数多为全局参数, 算法未对每一个不同的层结构设置独立的参数, 可在此基础上修改. 节点丢弃层 RandDropoutLayer 通过参数 ratio 控制, 其值表示为仅包含两个元素的列表, 第一个元素为池化层处理后节点丢弃的比例, 第二个元素为分类神经网络各隐藏层节点丢弃的比例; 若不使用节点丢

弃, 则可设置其值 [0.0, 0.0].

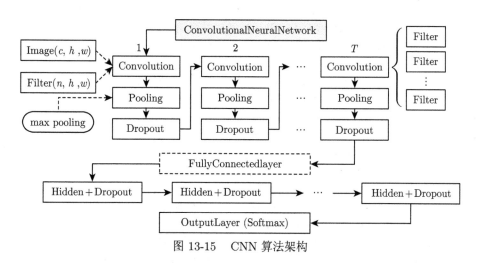

图 13-15　　CNN 算法架构

```
# file_name: cnn_architecture.py
class DeepConvNeuralNetwork:
    """
    深度卷积神经网络CNN, 可实现多个"卷积+池化"对和全连接层的多个隐藏层,
    包含了丢弃节点策略和优化算法
    """
    def __init__(self, img_nd: tuple,  # 输入图像, 且是Image对象, 包括(通道数, 高, 宽)
                 filters: list,  # 过滤器, 格式: [Filter(n_flt, flt_h, flt_w), ...]
                 fc_neurons: list,  # 分类神经网络的隐藏层结构, 如[100, 64]
                 c_pad: list, c_stride: list,  # 每个卷积层的填充和滑动步长
                 p_pad: list,  # 每个池化层的填充
                 pool_size: int = 2,  # 每个池化层的池化过滤器大小
                 class_K: int = 10,  # 分类神经网络输出层中对应训练集的类别数
                 alpha: float = 0.001, optimizer: str = "adam",  # 对应优化方法
                 batch_size: int = 100,  # 对应所采用的SGD, MBGD或BGD
                 activity_fun: str = "ReLU",  # 激活函数, 未区分卷积层或全连接层
                 ratio: list = None,  # 节点丢弃比例, 如[0.5, 0.5]
                 max_epoch: int = 1000, stop_eps: float = 1e-15,  # 网络终止训练参数
                 ):  # 其他参数可在此基础上扩展
        self.max_epoch, self.stop_eps = max_epoch, stop_eps  # 最大迭代次数和停机精度
        self.batch_size = batch_size  # 每次训练的图像批次
        self.img_nd = img_nd  # 图像的尺寸维度
        self.optimizer = optimizer  # 优化方法
        if ratio is None:
```

```
        ratio = [0.25, 0.5]   # 卷积层与全连接层丢弃节点的比例
    # 1. 初始化"卷积, 池化, 丢弃"层, 可进行多组初始化
    self.CPs, self.n_CP = [ ], len(filters)  # "卷积, 池化, 丢弃"对象, 组数
    X_nd = img_nd  # 初始化输入特征图像的维度shape
    for i in range(self.n_CP):  # 多个"卷积, 池化, 丢弃"初始化
        cl = ConvLayer(X_nd, filters[i], c_stride[i], c_pad[i],
                        activity_fun, alpha, optimizer)
        pl = PoolingLayer((cl.o_c, cl.o_h, cl.o_w), pool_size, p_pad[i])
        dl = RandDropoutLayer(dropout_ratio=ratio[0])  # 节点丢弃层对象
        self.CPs.append([cl, pl, dl])  # 存储一组"卷积, 池化, 丢弃"对象
        X_nd = (pl.o_c, pl.o_h, pl.o_w)
    # 2. 全连接(FC)层的初始化, 可实现多个隐藏层
    pl_fc = self.CPs[-1][1]  # 获取最后一个池化对象的特征维度作为FC层的输入
    n_fc = pl_fc.o_c * pl_fc.o_h * pl_fc.o_w  # 全连接层输入的神经元数
    self.n_fc_layers = len(fc_neurons)  # 全连接隐藏层的个数
    # 便于实现FC层的多个隐藏层, 存储多个隐藏层对象, 包括对应的节点丢弃层
    self.fc_layers, self.fc_drop_layers = [ ], [ ]
    fc_neurons.insert(0, n_fc)  # 便于初始化, 增加池化层的输出节点数
    for i in range(self.n_fc_layers):
        hl = HiddenLayer(fc_neurons[i], fc_neurons[i + 1],
                        activity_fun, alpha, optimizer)  # 隐藏层对象初始化
        self.fc_layers.append(hl)  # 存储隐藏层对象
        self.fc_drop_layers.append(RandDropoutLayer(ratio[1]))  # 节点丢弃层对象
    # 初始化输出层对象
    self.o_layer = OutputLayer(fc_neurons[-1], class_K, alpha=alpha)
    # 3. 训练过程中训练样本和测试样本的损失和预测精度, 可用于判断是否过拟合
    self.train_loss, self.test_loss = [ ], [ ]  # 交叉熵损失
    self.train_acc, self.test_acc = [ ], [ ]  # 精度

def _forward(self, b_X: np.ndarray, is_train: bool = True):
    """
    针对一个批次的样本b_X实现CNN的正向传播计算
    """
    cl, pl, dl = self.CPs[0]  # 获取第1组卷积、池化和丢弃对象
    # 获取数组各维度值: (批次量, 通道, 高, 宽)
    bs, (c, h, w) = b_X.shape[0], self.img_nd
    cl.forward(b_X.reshape(bs, c, h, w))  # 卷积层正向传播
    pl.forward(cl.y_hat)  # 池化层正向传播, 以卷积层的输出作为输入
    dl.forward(pl.y_hat, is_train)  # 节点丢弃层的正向传播
    self.CPs[0] = [cl, pl, dl]  # 更新已训练过的一组"卷积, 池化, 丢弃"
```

```
        for i in range(1, self.n_CP):  # 针对多组 "卷积, 池化, 丢弃"
            cl, pl, dl = self.CPs[i]  # 当前 "卷积, 池化, 丢弃" 对象
            cl.forward(self.CPs[i - 1][2].y_hat)  # 卷积层正向传播
            pl.forward(cl.y_hat)  # 池化层正向传播
            dl.forward(pl.y_hat, is_train)  # 节点丢弃层正向传播
            self.CPs[i] = [cl, pl, dl]  # 更新一组
        # 节点丢弃层的输出作为全连接层的输入, 展平
        fc_in = self.CPs[-1][2].y_hat.reshape(bs, -1)
        for i in range(self.n_fc_layers):
            y_hat = self.fc_layers[i].forward(fc_in)  # 第i个隐藏层正向传播
            self.fc_drop_layers[i].forward(y_hat, is_train)  # 节点丢弃
            # 第i个隐藏层经过节点丢弃后的激活输出
            fc_in = self.fc_drop_layers[i].y_hat
        self.o_layer.forward(fc_in)  # 输出层正向传播
        return self.o_layer.y_hat

    def _backward(self, targets: np.ndarray):
        """
        基于某一批次的目标值target对CNN的反向传播计算更新
        """
        grad_X = self.o_layer.backward(targets)  # 输出层, 获取反向梯度
        for i in range(self.n_fc_layers - 1, -1, -1):  # 反向传播
            self.fc_drop_layers[i].backward(grad_X)  # 节点丢弃层
            # 隐藏层的反向梯度
            grad_X = self.fc_layers[i].backward(self.fc_drop_layers[i].grad_X)
        cl, pl, dl = self.CPs[-1]  # 获取最后一组 "卷积, 池化, 丢弃"
        grad_X = grad_X.reshape(targets.shape[0], pl.o_c, pl.o_h, pl.o_w)
        dl.backward(grad_X)  # 节点丢弃层的反向传播
        pl.backward(dl.grad_X)  # 池化层的反向传播
        cl.backward(pl.grad_X)  # 卷积层的反向传播
        for i in range(self.n_CP - 1, 0, -1):  # 针对多组 "卷积, 池化, 丢弃"
            cl_out = self.CPs[i][0]  # 反向角度, 上一组的输出对象
            cl, pl, dl = self.CPs[i - 1]  # 当前组的对象
            dl.backward(cl_out.grad_X)  # 节点丢弃层的反向传播
            pl.backward(dl.grad_X)  # 池化层的反向传播
            cl.backward(pl.grad_X)  # 卷积层的反向传播
            self.CPs[i - 1] = [cl, pl, dl]  # 更新

    def _update(self):
        """
```

```
        权重和偏置的更新, 仅卷积层和全连接层更新
        """
        for cp in self.CPs:
            cp[0].update()  # 仅更新卷积层中的过滤器参数权重
        for i in range(self.n_fc_layers):
            self.fc_layers[i].update()  # 隐藏层的权重更新
        self.o_layer.update()  # 输出层的权重更新


    @staticmethod
    def _get_loss(targets, y_hat):
        """
        计算交叉熵损失
        """
        targets, y_hat = targets.reshape(-1), y_hat.reshape(-1)  # 重塑一列
        return -1.0 * np.mean(targets * np.log(y_hat + 1e-8))


    def fit(self, X_train: np.ndarray, y_train: np.ndarray,
            X_test: np.ndarray = None, y_test: np.ndarray = None):
        """
        CNN的训练过程, 若传参测试集, 则计算测试样本的损失和精度
        """
        n_samples, m_features = X_train.shape  # 样本数和特征数
        y_train = one_hot(self, y_train)  # 对目标集进行One-Hot编码
        if y_test is not None:
            y_test = one_hot(self, y_test)  # 若传参, 则测试目标集进行One-Hot编码
        n_batch = n_samples // self.batch_size  # 每次迭代所需训练的批次数
        best_acc, y_hat_best = 0.0, None  # 保存训练过程中最佳精度所对应的预测类别
        for k in range(self.max_epoch):
            train_samples = np.c_[X_train, y_train]  # 组合训练集和目标集
            np.random.shuffle(train_samples)  # 打乱样本顺序, 模拟随机性
            for j in range(n_batch):  # 基于每个批次分别学习
                batch_xy = train_samples[j * self.batch_size: (j + 1) * self.batch_size]
                batch_x, batch_y = batch_xy[:, :m_features], batch_xy[:, m_features:]
                self._forward(batch_x)  # 前向传播
                self._backward(batch_y)  # 反向传播
                self._update()  # 更新参数
            # 训练过程中训练样本和测试样本的精度, 用于可视化
            y_hat_train = self._forward(X_train)  # 正向传播一次, 获取类别
            n_correct = np.sum(np.argmax(y_hat_train, axis=1) ==
                               np.argmax(y_train, axis=1))
```

```
        self.train_acc.append(n_correct / n_samples)  # 存储训练的平均精度
        if X_test is not None:  # 评估测试集
            y_hat_test = self._forward(X_test)  # 正向传播一次, 获取类别
            n_correct = np.sum(np.argmax(y_hat_test, axis=1) ==
                               np.argmax(y_test, axis=1))  # bool向量求和
            if n_correct > best_acc:  # 记录当前最佳的精度和预测值
                best_acc, y_hat_best = n_correct, np.copy(y_hat_test)
            self.test_acc.append(n_correct / X_test.shape[0])
            self.test_loss.append(self._get_loss(y_test, y_hat_test))
        # 计算训练过程的损失并存储, 用于可视化, 并打印损失和精度
        self.train_loss.append(self._get_loss(y_train, y_hat_train))
        print("Epoch: " + str(k + 1) + "/" + str(self.max_epoch),
              ", Train Loss: " + str(self.train_loss[-1]),
              ", Test Loss: " + str(self.test_loss[-1]))  # 打印训练和测试损失
        print("Train Accuracy: ", str(self.train_acc[-1]) +
              ", Test Accuracy: ", str(self.test_acc[-1]))  # 打印训练和预测精度
        # 给定精度, 则根据相邻两次损失差的绝对值作为停机条件
        cond = self.stop_eps is not None and k > 10  # 训练10次后评估
        if cond and np.abs(self.train_loss[-1] - self.train_loss[-2]) < self.stop_eps:
            break
    if y_test is not None:
        return np.argmax(y_hat_best, axis=1)

def predict_prob(self, X_test: np.ndarray):
    """
    预测测试样本X_test的类别概率
    """
    return self._forward(X_test, is_train=False)

def predict(self, X_test: np.ndarray):
    """
    预测测试样本X_test的类别
    """
    return np.argmax(self.predict_prob(X_test), axis=1)
```

例 1 以 "MNIST" 手写数字为例, 包含 60000 个训练图像样本, 每个图像的特征维度为 $(1, 28, 28)$, 10000 个测试样本, 构建卷积神经网络, 训练 30 次并预测.

CNN 架构设计和网络参数说明:

(1) 基于小批量梯度下降算法, 每批次包含样本量 100, 优化算法为 Adam 法,

Adam 法参数默认, 激活函数为 ReLU, 采用丢弃节点策略, 池化层丢弃比例为 0.3, 全连接层丢弃比例为 0.5;

(2) 仅包含一个 "卷积 + 池化" 组, 卷积层包含 30 个过滤器 $(30, 9, 9)$ (为便于可视化过滤器权重值, 故设置较大尺寸的过滤器), 滑动步长 $s = 2$, 填充 $p = 1$, 池化层过滤器尺寸 2×2, 则对应输出形状分别为 $(30, 11, 11)$、$(30, 6, 6)$.

(3) 全连接层包含一个隐藏层, 神经元节点数为 256, 输出节点数为 10.

结果如图 13-16 所示, 较少的训练次数即可达到较高的预测精度, 测试样本的预测精度为 99.14%. 从混淆矩阵可以看出, 真实数字为 5 和 9 分别被预测为 3 和 4 的错误分类样本有 7 和 6 个, 图 13-17 为部分预测错误样本示例, 可从中观察问题原因, 其中个别数字笔墨不清晰, 也较为容易判别为其他数字.

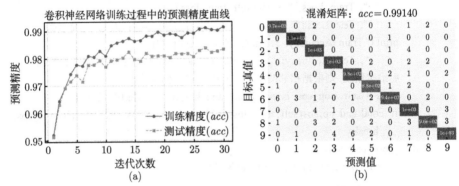

图 13-16　训练和测试样本的精度曲线与最终的预测混淆矩阵 (MINST)

图 13-17　部分预测错误样本 (子标题含义为 "正确标签: 预测标签")

若该问题不采用丢弃节点策略, 则尽管可以提高训练精度, 可以达到 99.8% 左右, 但测试精度却未必如此, 极易出现过拟合现象.

图 13-18 为 30 个过滤器权重系数的可视化, 最小值显示为黑色 (0), 最大值显示为白色 (255). 训练之初的过滤器的权重系数是随机的, 而训练最终的过滤器权重系数值有规律的多, 它在观察边缘 (颜色变化的分界线) 或斑块 (局部的块状

区域), 白色色块或呈现横向、或呈现不同方向的 45° 或居于中心, 不同的过滤器用于从不同层面提取图像特征.

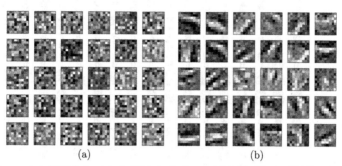

(a)　　　　　　　　　　　　(b)

图 13-18　训练之初 (a) 与训练完成后 (b) 的过滤器权重系数的可视化

例 2　"Fashion-MNIST" 数据集[①]是德国 Zalando 公司提供的衣物图像数据集, 包含 60000 个样本的训练集和 10000 个样本的测试集. 每个样本都是 $1 \times 28 \times 28$ 的灰度图像, 且关联 10 个类别标签[②], 分别为 T-Shirt/Top、Trousers、Pullover、Dress、Coat、Sandals、Shirt、Sneaker、Bag 和 Ankle boots, 对应类别编码 0 到 9, 如表 13-3 所示, 其中 Shirt 与 T-Shirt/Top、Coat 与 Pullover 的部分样本的区别度不高.

　　CNN 架构设计和网络参数如下, 考虑到一般性能计算机的计算复杂度, 仅设计三组卷积池化对, 且过滤器的数量不是很多, 输出形状分别为

$$[(16, 28, 28), (16, 14, 14), (32, 14, 14), (32, 7, 7), (64, 7, 7), (64, 4, 4)].$$

```
DeepConvNeuralNetwork(img_nd=(1, 28, 28), filters = [(16, 3, 3), (32, 3, 3), (64, 3, 3)],
                      c_stride =[1,1,1], c_pad =[1,1,1], pool_size=2, p_pad=[1,1,1],
                      batch_size=100, max_epoch=40, fc_neurons=[100, 64],
                      ratio =[0.3, 0.5], activity_fun="relu", optimizer="adam")
```

　　结果如图 13-19 所示, 训练和测试的精度随着迭代优化不断提高, 从混淆矩阵可以看出, 当真实衣物类别为 6 时, 却错误预测为类别 0 的样本较多, 即 "Shirt" 预测为 "T-Shirt/Top". 同时, T-Shirt/Top、Pullover 和 Coat 被预测为 Shirt 的样本也较多, 如果统计分类报告, 可知类别 Shirt 的查准率为 70%, 而查全率为 65%.

　　① 网址: https://github.com/zalandoresearch/fashion-mnist, utils 文件夹中的 "mnist_reader.py" 包含 python 读取数据集方法.

　　② Fashion-MNIST: a Novel Image Dataset for Benchmarking Machine Learning Algorithms: https://arxiv.org/pdf/1708.07747.pdf.

表 13-3　Fashion-MNIST 数据集样本类别及其部分示例

类别	名称	样本示例
0	T-Shirt/Top	
1	Trousers	
2	Pullover	
3	Dress	
4	Coat	
5	Sandals	
6	Shirt	
7	Sneaker	
8	Bag	
9	Ankle boots	

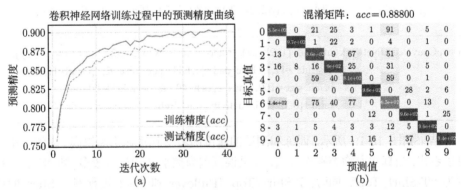

图 13-19　训练和测试样本的精度曲线与最终的预测混淆矩阵 (Fashion-MNIST)

例 3　以 "CIFAR-10" 数据集[①]为例, 该数据集共包含 60000 幅彩色图像, 平均分为 6 个批次, 每个图像的特征维度 $3 \times 32 \times 32$, 共包含 10 个类别: airplane、

---

① Alex Krizhevsky, Vinod Nair, Geoffrey Hinton, https://www.cs.toronto.edu/ kriz/cifar.html. 通过官网可了解和下载数据集, 且提供了 Python 读取数据集的方法.

automobile、bird、cat、deer、dog、frog、horse、ship 和 truck, 每个类别 6000 个样本, 如表 13-4 所示.

表 13-4 CIFAR-10 数据集样本类别及其部分示例

类别	名称	样本示例
0	airplane	
1	automobile	
2	bird	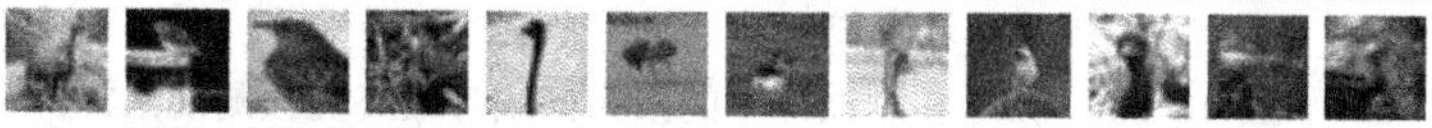
3	cat	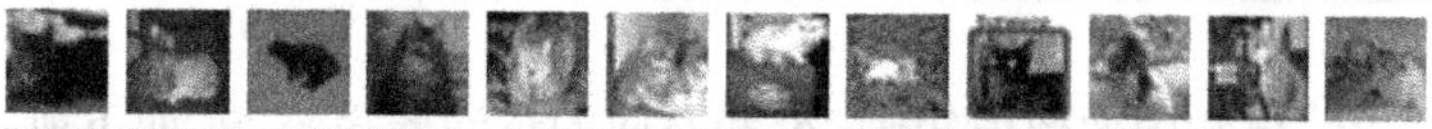
4	deer	
5	dog	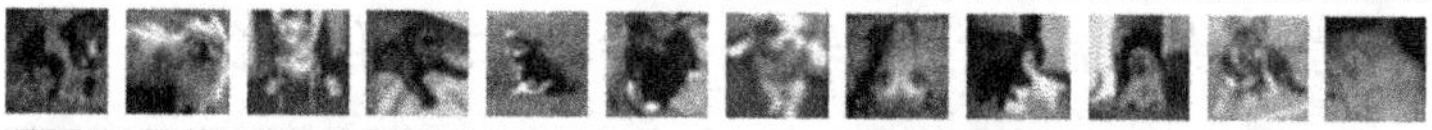
6	frog	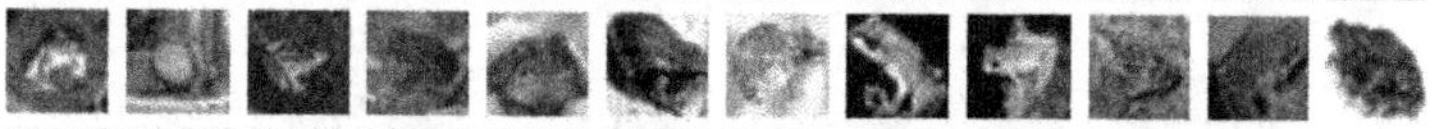
7	horse	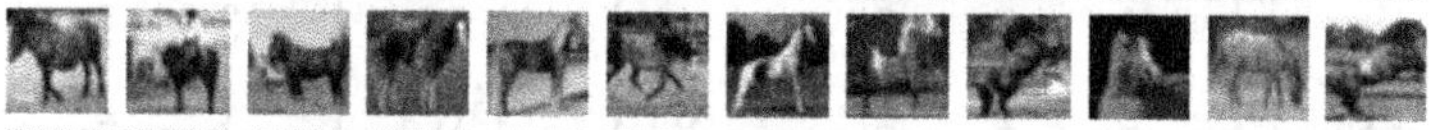
8	ship	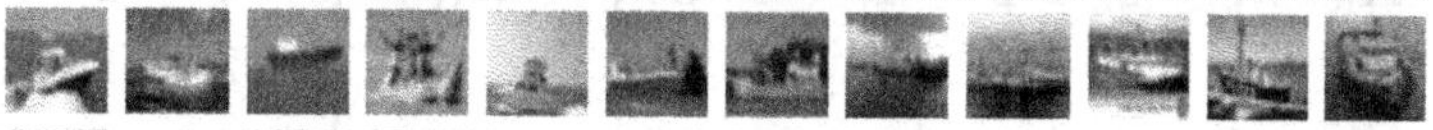
9	truck	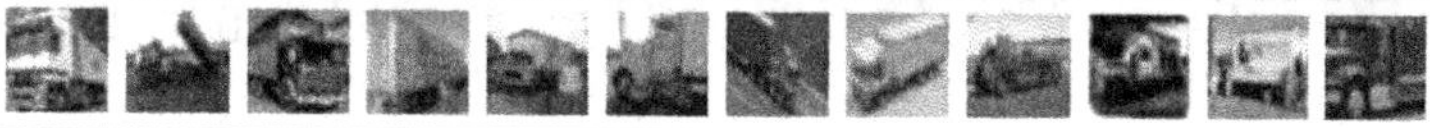

因训练 CNN 消耗资源较多, 故选择其中五类样本示例训练和测试, 且重新编码, 即

$$0 : \text{automobile},\ 1 : \text{deer},\ 2 : \text{frog},\ 3 : \text{horse},\ 4 : \text{ship}.$$

CNN 架构设计和网络参数同例 2, 其中 img_nd=(3, 32, 32), filters=[(32, 5, 5), (64, 3, 3)], 全连接层神经元节点数 256, 学习率 0.0005, 训练 60 次. 如图 13-20 所示, 尽管采用了节点丢弃策略 (ratio=[0.3, 0.5]), 训练过程仍然出现了过拟合现象, 最终测试精度为 90.56%. 可通过查阅资料和文献, 合理设计 CNN 架构和参数, 以及数据增强的方法, 提高预测的精度.

■ 13.4 习题与实验

1. 简述卷积操作和池化操作在 CNN 中的作用, 为什么 CNN 的卷积核通常是奇数尺寸? CNN 中需要学习的参数是什么? 如果输入图像各维度尺寸为 $32 \times 32 \times 3$, 64 个 5×5 的卷积核, 并考虑偏置项, 则总参数量是多少?

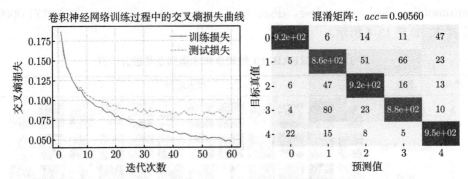

图 13-20 训练和测试样本的损失曲线与最终的预测混淆矩阵 (CIFAR-10)

2. 已知图像数值矩阵 $\boldsymbol{A}$ 和对应的过滤器矩阵 $\boldsymbol{F}$ 如下所示 (下标表示 RGB 三通道), 对图像进行零值填充, 自行设置滑动步长. 假设卷积层不采用激活函数和偏置, 请给出卷积计算的输出, 并给出最大池化的输出.

$$
\boldsymbol{A}_R = \begin{pmatrix} 1 & 1 & 1 & 1 & 1 \\ -1 & 0 & -3 & 0 & 1 \\ 2 & 1 & 1 & -1 & 0 \\ 0 & -1 & 1 & 2 & 1 \\ 1 & 2 & 1 & 1 & 1 \end{pmatrix}, \quad \boldsymbol{A}_G = \begin{pmatrix} 1 & 1 & -1 & 1 & -2 \\ 3 & 1 & 1 & 0 & -4 \\ -1 & 2 & 1 & -1 & 0 \\ -2 & -1 & 1 & 1 & -3 \\ 0 & 2 & 0 & 1 & 0 \end{pmatrix},
$$

$$
\boldsymbol{A}_B = \begin{pmatrix} -3 & -1 & 1 & -2 & 1 \\ -2 & -1 & 0 & 0 & 1 \\ 0 & 1 & -1 & 0 & 2 \\ -1 & -1 & 3 & -2 & -1 \\ -1 & 0 & 2 & 2 & 1 \end{pmatrix},
$$

$$
\boldsymbol{F}_R = \begin{pmatrix} 1 & 0 & 0 \\ 0 & 0 & 0 \\ 0 & 0 & -1 \end{pmatrix}, \quad \boldsymbol{F}_G = \begin{pmatrix} 1 & 0 & 1 \\ 0 & 1 & 0 \\ 1 & 0 & 1 \end{pmatrix}, \quad \boldsymbol{F}_B = \begin{pmatrix} 0 & 0 & 1 \\ 1 & 0 & 0 \\ -1 & 1 & 0 \end{pmatrix}.
$$

3. 考虑一个 3 通道图像, 简述卷积层和池化层的反向传播的计算方法.

4. 调整例 2 中 CNN 的模型参数, 以提高训练和预测的精度, 注意避免过拟合. 选择部分类别的 "Fashion-MNIST" 数据集, 重新训练一个 CNN.

5. * 在掌握 CNN 原理的基础上, 采用 TensorFlow 或 PyTorch 搭建 CNN, 其架构设计采用 LeNet-5[①], 基于 MNIST 训练和预测.

① 1998 年由 Yann LeCun(https://yann.lecun.com/index.html) 创建, 广泛应用于 MNIST.

■ 13.5　本章小结

　　卷积神经网络主要用来对图像进行特征提取和分类. 本章主要探讨了卷积神经网络 (CNN) 的网络架构、训练方法及其算法设计. CNN 区别于普通深度神经网络之处在于 CNN 提供了 "特征提取神经网络", 可包含多组 "卷积, 池化". 卷积层主要作用在于通过训练优化过滤器提取图像的特征, 池化层的主要作用是对卷积层中提取的特征进一步筛选, 即对重复、不重要的特征进行过滤, 保留重要特征. 池化层处理后的特征图像经过节点丢弃层处理, 以避免过拟合现象. 卷积层和池化层都可以对输入的特征图像进行压缩. 通过 im2col 和 col2im 函数, 卷积计算在正向传播和反向传播中的计算变得简单高效. 全连接层主要实现分类神经网络, 一般采用普通的 BP 神经网络即可, 并以池化层经过节点丢弃层处理后的输出结果作为输入特征. CNN 训练需要较大的计算量和内存.

　　较为经典的 CNN 架构示例包括 AlexNet、GoogleNet、VGGNet、ResNet、Inception、Xception、MobileNet、DenseNet、胶囊网络等, 它们几乎都与 ImageNet 大规模视觉识别挑战赛有关, 且是获胜者. 此外还有结合注意力机制的 SENet. TensorFlow、Keras 或 PyTorch 均提供了开源的机器学习库和优秀的深度学习框架, 可较为容易地架构 CNN, 当然更可以借鉴经典 CNN 架构示例的经验. 在计算机视觉领域, 还有图像风格迁移、图像检测、图像标题生成和图像语义分割 (image semantic segmentation) 等.

■ 13.6　参考文献

[1]　Kim P. 深度学习: 基于 MATLAB 的设计实例 [M]. 邹伟, 王振波, 王燕妮, 译. 北京: 北京航空航天大学出版社, 2018.

[2]　LeCun Y Bottou L, Bengio Y, et al. Gradient-Based Learning Applied to Document Recognition [J]. Proceedings of the IEEE 1998, 86(11): 2278-2324.

[3]　Hinton G E, Salakhutdinov R R. Reducing the dimensionality of data with neural networks [J]. Science, 2006, 313(5786): 504-507.

[4]　Krizhevsky A, Sutskever I, Hinton G E. Imagenet classification with deep convolutional neural networks[C]. Advances in neural information processing systems(In NIPS). 2012: 1097-1105.

[5]　LeCun Y, Bengio Y, Hinton G. Deep learning [J]. Nature, 2015, 521(7553): 436-444.

[6]　我妻幸长. 写给新手的深度学习 [M]. 陈欢, 译. 北京: 中国水利水电大学出版社, 2021.

[7]　斋藤康毅. 深度学习入门: 基于 Python 的理论与实现 [M]. 陈宇杰, 译. 北京: 人民邮电出版社, 2018.

[8]　张玉宏. 深度学习之美 [M]. 北京: 电子工业出版社, 2018.

## 第 14 章

循环神经网络与自然语言处理

循环神经网络 (Recurrent Neural Network, RNN) 是一种主要用于学习序列 (sequence) 数据 (如自然语言、音频、股票市场价格走势等) 并预测 (或生成) 的神经网络, 在自然语言处理 (Natural Language Processing, NLP) 领域被广泛应用. 区别于传统的前馈神经网络, RNN 具有记忆功能, 其核心特点是隐藏状态 (隐状态) 的循环传递, 使得网络能够考虑当前输入与历史信息的关联, 即网络的隐藏层不仅接收当前输入, 还接收上一位置 (在本章中 "位置" 也可称为 "时刻") 的隐状态. RNN 之所以被称为 "循环" 神经网络, 是因为它们在序列的每个位置上具有相同的结构或执行相同的任务. 双向循环神经网络 (Bidirectional RNN, Bi-RNN) 和长短期记忆网络 (Long Short-Term Memory network, LSTM) 是常见的 RNN, RNN 又根据叠加层数分为浅层循环神经网络和深层循环神经网络.

■ 14.1 简单循环神经网络模型

14.1.1 S-RNN 模型与学习

设输入实数向量序列 $x_1, x_2, \cdots, x_T$, 其中 $x_t = (x_{t,1}, x_{t,2}, \cdots, x_{t,n})^{\mathrm{T}} \in \mathbb{R}^{n \times 1}$, 在第 $t\,(t = 1, 2, \cdots, T)$ 个位置上对 x_t 预测的概率分布向量为 $p_t = (p_{t,1}, p_{t,2}, \cdots, p_{t,l})^{\mathrm{T}} \in \mathbb{R}^{l \times 1}$, 整体输出的概率分布构成序列 $p_1, p_2, \cdots, p_T$.

图 14-1 是简单循环神经网络 (Simple RNN, S-RNN) 示意图, 也称 Elman[①] 神经网络, 循环核按序列数据展开, 即在每个位置 t 上重复使用同一个神经网络结构, 这也意味着不同位置的参数共享, 折叠形式的 "内部循环" 用来保留序列的上下文信息, 实现了对时间序列的信息提取, 因而循环核具有记忆力. h_t 是隐藏层 (隐层) 的输出, 表示第 t 个位置上状态 $(h_{t,1}, h_{t,2}, \cdots, h_{t,m})^{\mathrm{T}} \in \mathbb{R}^{m \times 1}$, 其中

---

① 1986 年, Michael Jordan 借鉴了 Hopfield 网络的思想, 将循环连接拓扑结构引入神经网络. 1990 年, 杰弗里·埃尔曼 (Jeffrey Elman) 在 Jordan 的研究基础上, 正式提出了 RNN 模型, 且 RNN 具备有限短期记忆的优势.

$m \in \mathbb{Z}^+$ 表示隐藏层的神经元数. $\boldsymbol{h}_t$ 的值不仅取决于当前位置 $\boldsymbol{x}_t$ 的输入, 还取决于上一位置 $\boldsymbol{h}_{t-1}$ 的输入, 其中 $\boldsymbol{h}_0$ 是计算第 1 个隐藏层所需要的, 通常初始化为零向量, 然后顺演进方向计算 $\boldsymbol{h}_1$. 此外, $\boldsymbol{W} \in \mathbb{R}^{m \times n}$, $\boldsymbol{U} \in \mathbb{R}^{m \times m}$ 和 $\boldsymbol{V} \in \mathbb{R}^{l \times m}$ 是权重矩阵, $\boldsymbol{b} = (b_1, b_2, \cdots, b_m)^{\mathrm{T}} \in \mathbb{R}^{m \times 1}$ 和 $\boldsymbol{c} = (c_1, c_2, \cdots, c_l)^{\mathrm{T}} \in \mathbb{R}^{l \times 1}$ 为偏置向量, 也是 S-RNN 需要训练的模型参数, 且 S-RNN 共享相同的参数.

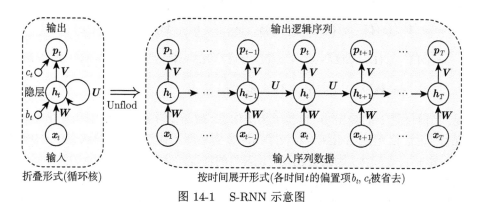

图 14-1　S-RNN 示意图

图 14-2 为 S-RNN 正向传播的学习计算流程, 实际上就是矩阵 (向量) 间的线性运算和作用于其上的非线性映射. 第 t 位置的正向计算过程可形式化为[1]

$$\boldsymbol{r}_t = \boldsymbol{U} \cdot \boldsymbol{h}_{t-1} + \boldsymbol{W} \cdot \boldsymbol{x}_t + \boldsymbol{b}, \tag{14-1}$$

$$\boldsymbol{h}_t = \varphi(\boldsymbol{r}_t), \tag{14-2}$$

$$\boldsymbol{z}_t = \boldsymbol{V} \cdot \boldsymbol{h}_t + \boldsymbol{c}, \tag{14-3}$$

$$\boldsymbol{p}_t = \mathrm{softmax}(\boldsymbol{z}_t), \tag{14-4}$$

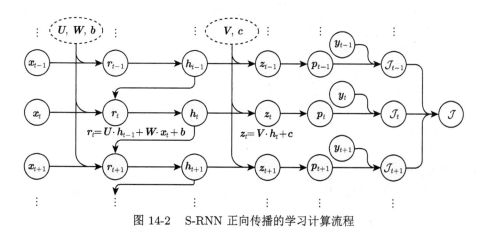

图 14-2　S-RNN 正向传播的学习计算流程

其中运算符号 "·" 表示点积运算, $\boldsymbol{r}_t \in \mathbb{R}^{m \times 1}$ 是隐藏层的净输入向量, $\boldsymbol{z}_t \in \mathbb{R}^{l \times 1}$ 是输出层的净输入向量, $\varphi(\cdot)$ 是隐藏层的激活函数, $\boldsymbol{p}_t$ 为净输出 $\boldsymbol{z}_t$ 的 Softmax 激活输出.

对式 (14-1)~(14-4) 合并, 并循环递推, 记输出层的激活函数为 $\psi(\cdot)$, 则

$$
\begin{aligned}
\boldsymbol{p}_t &= \psi\left(\boldsymbol{V} \cdot \varphi\left(\boldsymbol{U} \cdot \boldsymbol{h}_{t-1} + \boldsymbol{W} \cdot \boldsymbol{x}_t + \boldsymbol{b}\right) + \boldsymbol{c}\right) \\
&= \psi\left(\boldsymbol{V} \cdot \varphi\left(\boldsymbol{U} \cdot \varphi\left(\boldsymbol{U} \cdot \boldsymbol{h}_{t-2} + \boldsymbol{W} \cdot \boldsymbol{x}_{t-1} + \boldsymbol{b}\right) + \boldsymbol{W} \cdot \boldsymbol{x}_t + \boldsymbol{b}\right) + \boldsymbol{c}\right) \\
&= \psi\big(\boldsymbol{V} \cdot \varphi\big(\boldsymbol{U} \cdot \varphi\big(\boldsymbol{U} \cdot \cdots \cdot \varphi\left(\boldsymbol{U} \cdot \varphi\left(\boldsymbol{U} \cdot \boldsymbol{h}_0 + \boldsymbol{W} \cdot \boldsymbol{x}_1 + \boldsymbol{b}\right) + \boldsymbol{W} \cdot \boldsymbol{x}_2 + \boldsymbol{b}\right) \\
&\quad + \cdots + \boldsymbol{W} \cdot \boldsymbol{x}_{t-1} + \boldsymbol{b}\big) + \boldsymbol{W} \cdot \boldsymbol{x}_t + \boldsymbol{b}\big) + \boldsymbol{c}\big).
\end{aligned}
$$

可见, 当前位置 t 的输出 $\boldsymbol{p}_t$ 包含了历史信息, 故而循环神经网络对历史信息进行了保持 (记忆). 但是 S-RNN 对长序列的数据处理不佳, 在最后的状态中, 中短期的记忆影响占比较大, 因此会出现 "遗忘" 的情况. 改善 RNN 的 "遗忘" 问题可采用长短期记忆网络 LSTM.

例 1　现有字母序列 A, B, C, D, E, 且已经过 One-Hot 编码, 设序列长度 $T = 3$, 则构造 5 个训练样本和对应目标值为

$$
[(A, B, C) \to D, (B, C, D) \to E, (C, D, E) \to A, (D, E, A) \to B, (E, A, B) \to C].
$$

设隐藏层的神经元数为 3, 采用激活函数 $\tanh(\cdot)$. 假设当前输入为 (B, C, D), 试采用 S-RNN 正向计算一次, 仅考虑最后位置的输出值, 即预测下一个字母的输出概率.

假设 S-RNN 已经过一定程度的迭代优化, 且 S-RNN 已学习的模型参数如下

$$
\boldsymbol{W} = \begin{pmatrix} -1.5 & 1.2 & 0.2 & 0.7 & -0.7 \\ 0.1 & -0.3 & -1.2 & 0.6 & 0.4 \\ 0.1 & -0.6 & 1.0 & -0.2 & -0.1 \end{pmatrix}, \quad
\boldsymbol{U} = \begin{pmatrix} 0.0 & -0.8 & 1.3 \\ -1.1 & -0.7 & 1.0 \\ 2.3 & -0.3 & 1.5 \end{pmatrix},
$$

$$
\boldsymbol{V} = \begin{pmatrix} -0.5 & -1.2 & 2.3 \\ -1.4 & 1.8 & -0.6 \\ 0.2 & -0.9 & -1.8 \\ -0.2 & -2.7 & -0.7 \\ 1.9 & 1.9 & -0.5 \end{pmatrix}, \quad
\boldsymbol{b} = \begin{pmatrix} -0.1 \\ 0.1 \\ -0.6 \end{pmatrix}, \quad
\boldsymbol{c} = \begin{pmatrix} 0.5 \\ -0.3 \\ 0.2 \\ -0.1 \\ -0.3 \end{pmatrix},
$$

初始的 $\boldsymbol{h}_0 = (0, 0, 0)^{\mathrm{T}}$.

(1) 当前输入字母为 B, 对应的 One-Hot 编码为 $\boldsymbol{x}_1 = (0, 1, 0, 0, 0)^{\mathrm{T}}$, 则

$$
\boldsymbol{h}_1 = \tanh\left(\boldsymbol{U} \cdot \boldsymbol{h}_0 + \boldsymbol{W} \cdot \boldsymbol{x}_1 + \boldsymbol{b}\right)
$$

$$= \tanh\left((0,0,0)^{\mathrm{T}} + (1.2, -0.3, -0.6)^{\mathrm{T}} + (-0.1, 0.1, -0.6)^{\mathrm{T}}\right)$$

$$= (0.80049902, -0.19737532, -0.83365461)^{\mathrm{T}}.$$

(2) 当前输入字母为 C, 对应的 One-Hot 编码为 $\boldsymbol{x}_2 = (0,0,1,0,0)^{\mathrm{T}}$, 则

$$\boldsymbol{h}_2 = \tanh\left(\boldsymbol{U} \cdot \boldsymbol{h}_1 + \boldsymbol{W} \cdot \boldsymbol{x}_2 + \boldsymbol{b}\right) = (-0.67824175, -0.99056814, 0.78175909)^{\mathrm{T}}.$$

(3) 当前输入字母为 D, 对应的 One-Hot 编码为 $\boldsymbol{x}_3 = (0,0,0,1,0)^{\mathrm{T}}$, 则

$$\boldsymbol{h}_3 = \tanh\left(\boldsymbol{U} \cdot \boldsymbol{h}_2 + \boldsymbol{W} \cdot \boldsymbol{x}_3 + \boldsymbol{b}\right) = (0.98395551, 0.99421332, -0.71146631)^{\mathrm{T}}.$$

(4) 预测输出通过全连接完成, 由下式求得最终输出

$$\boldsymbol{p}_3 = \mathrm{softmax}\left(\boldsymbol{V} \cdot \boldsymbol{h}_3 + \boldsymbol{c}\right)$$

$$= (0.00120521, 0.0347086, 0.04428739, 0.00169033, 0.91810846)^{\mathrm{T}}.$$

可见, 模型预测下一个字母为 E 的概率为 91.8%, 而预测为其他字母的概率非常小.

记要学习的 S-RNN 为 $f(\boldsymbol{x}; \boldsymbol{\theta})$, $\boldsymbol{\theta}$ 为模型参数, 在输入序列 $\boldsymbol{x}_1, \boldsymbol{x}_2, \cdots, \boldsymbol{x}_T$ 条件下产生输出序列 $\boldsymbol{p}_1, \boldsymbol{p}_2, \cdots, \boldsymbol{p}_T$ 的条件概率为[1]

$$P(\boldsymbol{y}_1, \boldsymbol{y}_2, \cdots, \boldsymbol{y}_T | \boldsymbol{x}_1, \boldsymbol{x}_2, \cdots, \boldsymbol{x}_T) = \prod_{t=1}^{T} P(\boldsymbol{y}_t | \boldsymbol{x}_1, \boldsymbol{x}_2, \cdots, \boldsymbol{x}_t). \tag{14-5}$$

条件概率 $P(\boldsymbol{y}_t | \boldsymbol{x}_1, \boldsymbol{x}_2, \cdots, \boldsymbol{x}_t)$ 由 $f(\boldsymbol{x}; \boldsymbol{\theta})$ 计算得出, 取负对数似然 (Negative Log-Likelihood, NLL) 函数作为损失函数, 则序列整体的代价为

$$\mathcal{J} = \sum_{t=1}^{T} \mathcal{J}_t = -\sum_{t=1}^{T} \log P(\boldsymbol{y}_t | \boldsymbol{x}_1, \boldsymbol{x}_2, \cdots, \boldsymbol{x}_t). \tag{14-6}$$

S-RNN 的学习算法采用反向传播算法, 以式 (14-6) 为目标函数, 通过随机梯度下降法不断优化参数, 使得整体代价最小化. 故而, 梯度计算是 S-RNN 反向传播算法中的关键. 图 14-3 为 S-RNN 反向传播梯度计算过程[1], 又称为基于时间的反向传播 (BackPropagation Through Time, BPTT) 算法. 假设隐藏层的激活函数 $\varphi(\cdot)$ 为 Tanh, 并记 $\varphi'(\cdot) = 1 - (\varphi(\cdot))^2$, 输出层的激活函数 $\psi(\cdot)$ 为 Softmax, 具体如下.

(1) 输出层的梯度 (形状 (shape) 为 $(l, 1)$)

$$\Delta^{(t)} = \frac{\partial \mathcal{J}}{\partial \boldsymbol{z}_t} = \boldsymbol{y}_t - \boldsymbol{p}_t, \quad t = T, \cdots, 2, 1. \tag{14-7}$$

(2) 隐藏层的梯度 (形状为 $(m, 1)$)

$$\Delta_r^{(t)} = \frac{\partial \mathcal{J}}{\partial \boldsymbol{r}_t} = \begin{cases} \varphi'\left(\boldsymbol{r}_t\right) \odot \left(\boldsymbol{V}^{\mathrm{T}} \cdot \Delta^{(t)}\right), & t = T, \\ \varphi'\left(\boldsymbol{r}_t\right) \odot \left(\boldsymbol{U}^{\mathrm{T}} \cdot \Delta_r^{(t+1)}\right) + \varphi'\left(\boldsymbol{r}_t\right) \odot \left(\boldsymbol{V}^{\mathrm{T}} \cdot \Delta^{(t)}\right), \\ \quad t = T - 1, T - 2, \cdots, 1. \end{cases} \tag{14-8}$$

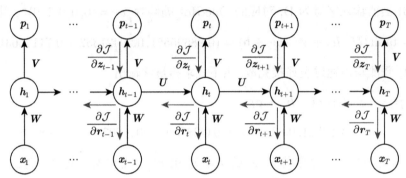

图 14-3   简单循环神经网络反向传播梯度计算

(3) 权重矩阵的梯度 (形状分别为 (l, m), (m, m) 和 (m, n))

$$\frac{\partial \mathcal{J}}{\partial \boldsymbol{V}} = \sum_{t=1}^{T} \Delta^{(t)} \cdot \boldsymbol{h}_t^{\mathrm{T}}, \quad \frac{\partial \mathcal{J}}{\partial \boldsymbol{U}} = \sum_{t=1}^{T} \Delta_r^{(t)} \cdot \boldsymbol{h}_{t-1}^{\mathrm{T}}, \quad \frac{\partial \mathcal{J}}{\partial \boldsymbol{W}} = \sum_{t=1}^{T} \Delta_r^{(t)} \cdot \boldsymbol{x}_t^{\mathrm{T}}. \tag{14-9}$$

(4) 偏置项的梯度 (形状分别为 $(l, 1)$ 和 $(m, 1)$)

$$\frac{\partial \mathcal{J}}{\partial \boldsymbol{c}} = \sum_{t=1}^{T} \Delta^{(t)}, \quad \frac{\partial \mathcal{J}}{\partial \boldsymbol{b}} = \sum_{t=1}^{T} \Delta_r^{(t)}. \tag{14-10}$$

(5) 更新模型参数. 假设权重矩阵和偏置项统一记为 $\boldsymbol{\theta}$, 则参数更新公式为

$$\boldsymbol{\theta} := \boldsymbol{\theta} - \alpha \frac{\partial \mathcal{J}}{\partial \boldsymbol{\theta}}. \tag{14-11}$$

梯度计算采用链式法则, 梯度消失和梯度爆炸是神经网络中常出现的问题, 尤其在深层神经网络中. 对于 S-RNN 来说, 梯度计算依赖于 $\boldsymbol{A}_t = \mathrm{diag}\left(\varphi'\left(\boldsymbol{r}_t\right)\right) \cdot \boldsymbol{U}^{\mathrm{T}}$ 的连乘 (其中 $\mathrm{diag}\left(\varphi'\left(\boldsymbol{r}_t\right)\right)$ 为以向量 $\varphi'\left(\boldsymbol{r}_t\right)$ 为对角元素构成的对角矩阵), 当历史梯度衰减时 (特别地, 当输入较大值时, 某些激活函数会饱和, 其导数趋近于零), 随着循环计算, 矩阵或向量中某些元素逐渐趋近于 0, 出现梯度消失现象; 反之, 当历史梯度增加时, 随着循环计算, 出现 NaN 值, 进而出现梯度爆炸现象. 总之, 梯

度消失或爆炸的一个根本原因就在于每个位置 t 上都使用共享参数矩阵 (权重矩阵), 那么当偏导数中存在权重矩阵的指数形式时, 如果参数矩阵中某些值或小或大, 就会导致梯度消失或梯度爆炸.

梯度范数裁剪[2] (gradient clipping) 常被用于防止梯度爆炸, 假设 $\nabla\boldsymbol{\theta}$ 表示当前模型参数的梯度, γ 表示最大 L_2 范数的阈值, 如 $\gamma = 0.02 \cdot \text{size}(\nabla\boldsymbol{\theta})$, $\text{size}(\nabla\boldsymbol{\theta})$ 表示 $\nabla\boldsymbol{\theta}$ 中元素数量, 则整体梯度剪裁可表示为

$$\nabla\boldsymbol{\theta} = \frac{\gamma}{\|\nabla\boldsymbol{\theta}\|_2}\nabla\boldsymbol{\theta}. \tag{14-12}$$

梯度剪裁算法实现如下:

```
# file_name: rnn_utils.py
def clip_grad(grad: np.ndarray, max_norm: float):
    """
    使用梯度范数剪裁解决梯度爆炸问题, 参数max_norm为给定的最大范数
    """
    l2_norm = np.linalg.norm(grad)  # 梯度的L2范数
    if l2_norm > 1:
        ratio = max_norm / l2_norm # 计算缩放比例
        return grad * ratio if ratio < 1 else grad  # 整体剪裁与否
    return grad
```

14.1.2 S-RNN 算法设计

S-RNN 是自回归模型 (auto-regressive model), 在序列数据的每一个位置上的预测只使用之前位置的信息, 适用于时间序列的预测. 为便于 S-RNN 对时间序列的自回归训练, 需对序列数据构造训练集 $(\boldsymbol{X}, \boldsymbol{Y})$. 设序列数据 $\boldsymbol{x}_1, \boldsymbol{x}_2, \cdots, \boldsymbol{x}_N$, 其中 $\boldsymbol{x}_i \in \mathbb{R}^{m \times 1}$, 样本序列长度 $T < N$, 则第 1 个样本为 $\boldsymbol{X}_1 = (\boldsymbol{x}_1, \boldsymbol{x}_2, \cdots, \boldsymbol{x}_T)^{\mathrm{T}} \in \mathbb{R}^{T \times m}$, 对应目标值 $\boldsymbol{y}_1 = \boldsymbol{x}_{T+1}$, 第 2 个样本为 $\boldsymbol{X}_2 = (\boldsymbol{x}_2, \boldsymbol{x}_3, \cdots, \boldsymbol{x}_{T+1})^{\mathrm{T}}$, 对应目标值为 $\boldsymbol{y}_2 = \boldsymbol{x}_{T+2}$, 如此进行, 共构成 $n = N - T$ 个样本, 又称为重叠窗口 (overlapping windows) 方法. 训练样本集 $\boldsymbol{X} = (\boldsymbol{X}_1, \boldsymbol{X}_2, \cdots, \boldsymbol{X}_n)^{\mathrm{T}}$ 为三维数组, 即 $\boldsymbol{X} \in \mathbb{R}^{n \times T \times m}$, 目标集 $\boldsymbol{Y} = (\boldsymbol{y}_1, \boldsymbol{y}_2, \cdots, \boldsymbol{y}_n)^{\mathrm{T}} \in \mathbb{R}^{n \times m}$. 假设有 8 个序列数据, $m = 1, T = 4$, 具体转换方法如图 14-4 所示.

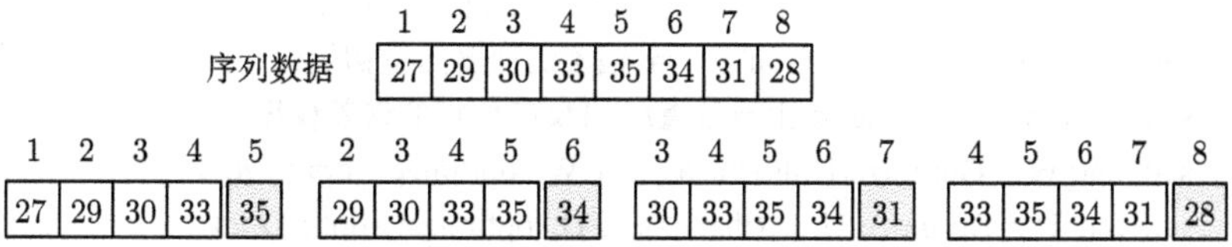

图 14-4 序列数据到样本数据的构造

序列数据构造样本数据的实现方法如下:

```python
def transform_sequence_to_samples(sequence_data: np.ndarray, T: int):
    """
    根据序列数据sequence_data创建适合S-RNN训练的样本数据, T为样本包含的序列
    数据长度, 假设为多对一的序列构造
    """
    n_samples = len(sequence_data)  # 序列数据的长度
    X = np.zeros((n_samples - T, T, 1))  # 样本数据集, 每个样本仅包括一个特征变量
    y = np.zeros((n_samples - T, 1))  # 目标集, 每个目标值仅包含一个值
    for i in range(n_samples - T):  # 构造样本数据
        X[i] = sequence_data[i: i + T].reshape(-1, 1)  # 三维数组
        y[i] = sequence_data[i + T: i + T + 1]  # 目标值位于输入之后的一位
    return X, y
```

S-RNN 算法设计, 对训练数据按批次划分, 采用小批量梯度下降法并结合其他高效的优化算法, 故实际计算方法与理论公式略有差异.

1. 输入层到隐藏层的计算类

```python
# file_name: srnn_hidden.py
class SRNNHiddenLayer:
    """
    S-RNN从输入层到隐藏层, 并基于t位置, 实现正向传播、反向传播以及参数的更新
    """
    def __init__(self, n_in: int, n_out: int, activity_fun, rd_seed=None,
                 max_grad: float = 0.02, optimizer: str = "adam"):
        self.activity_fun = activity_fun  # 隐藏层的激活函数
        if rd_seed is not None:  # 若给定随机种子参数, 则设置随机种子, 便于重现
            np.random.seed(rd_seed)
        self.W = np.random.randn(n_in, n_out) / np.sqrt(n_in)  # 可修改
        self.U = np.random.randn(n_out, n_out) / np.sqrt(n_out)  # 可修改
        self.b = np.zeros(n_out)  # 输入层到隐藏层的偏置向量
        self.max_grad = max_grad  # 模型参数剪裁的常数
        self.ht = None  # 第t个位置的隐藏层的激活输出
        # 权重的梯度矩阵初始化
        self.d_W, self.d_U = np.zeros_like(self.W), np.zeros_like(self.U)
        self.d_b = np.zeros_like(self.b)  # 偏置的梯度向量初始化
        self.d_ht_prev = None  # 上一位置t - 1反向传播的误差梯度
        self.opt_W = OptimizerUtils(theta=self.W, optimizer=optimizer)
        self.opt_U = OptimizerUtils(theta=self.U, optimizer=optimizer)
        self.opt_b = OptimizerUtils(theta=self.b, optimizer=optimizer)
```

```python
def forward(self, X: np.ndarray, ht_prev: np.ndarray):
    """
    基于第t位置的样本X和前一位置的输出h_{t-1}, 正向传播计算一次
    """
    rt = ht_prev @ self.U + X @ self.W + self.b  # 净输入值, 形状(len(X), n_out)
    self.ht = self.activity_fun[0](rt)  # 激活后作为隐藏层的输入
    return self.ht

def backward(self, X, ht_plus1, ht_cur, d_ht):
    """
    基于隐状态ht_plus1(h_{t+1})和ht_cur(h_t), 以及输出梯度d_ht, 第t位置的反向传播计算
    """
    delta = d_ht * self.activity_fun[1](ht_plus1)  # 更新增量计算, 公式(14-8)(1)
    self.d_W += X.T @ delta  # 输入层到隐藏层的权重矩阵更新增量, 公式(14-9)
    self.d_U += ht_cur.T @ delta  # 隐藏层的权重矩阵更新增量, 公式(14-9)
    self.d_b += delta.sum(axis=0)  # 偏置向量更新增量, 公式(14-10)
    self.d_ht_prev = delta @ self.U.T  # 上一个位置t-1的误差梯度, 公式(14-8)(2)

def reset_zeros_grad(self):
    """
    重置权重矩阵为零矩阵和偏置向量为零向量, 便于反向传播梯度的累加计算
    """
    self.d_W, self.d_U = np.zeros_like(self.W), np.zeros_like(self.U)
    self.d_b = np.zeros_like(self.b)

def update(self, alpha: float):
    """
    更新S-RNN的模型参数, 先剪裁后更新
    """
    self.d_W = clip_grad(self.d_W, self.max_grad * self.d_W.size)
    self.d_U = clip_grad(self.d_U, self.max_grad * self.d_U.size)
    self.d_b = clip_grad(self.d_b, self.max_grad * self.d_b.size)
    self.opt_W.update(self.d_W, alpha=alpha)
    self.opt_U.update(self.d_U, alpha=alpha)
    self.opt_b.update(self.d_b, alpha=alpha)
```

　　2. 隐藏层到输出层的基类. 本章介绍的三种循环神经网络 S-RNN、LSTM 和 GRU 对于该层的计算一致, 故定义循环神经网络输出层基类.

```python
# file_name: rnn_base_out.py
class RNNBaseOutLayer:
    """
    适用于S-RNN、LSTM和GRU, 从隐藏层到输出层的正向和反向传播, 以及参数更新
    """
    def __init__(self, n_in: int, n_out: int, activity_fun, rd_seed=None,
                 max_grad: float = 0.02, optimizer: str = "adam"):
        self.activity_fun = activity_fun  # 输出层的激活函数
        if rd_seed is not None:  # 给定随机种子参数, 则设置随机种子, 便于重现
            np.random.seed(rd_seed)
        self.V = np.random.randn(n_in, n_out) / np.sqrt(n_in)
        self.c = np.zeros(n_out, dtype=np.float64)  # 隐藏层到输出层的偏置向量
        self.max_grad = max_grad  # 模型参数剪裁的常数
        # 当前参数的梯度初始化
        self.d_V, self.d_c = np.zeros_like(self.V), np.zeros_like(self.c)
        self.ht, self.d_ht = None, None  # 当前隐藏层的输出, 以及反向传播的误差梯度
        self.y_hat = None  # 输出层的预测输出
        self.opt_V = OptimizerUtils(theta=self.V, optimizer=optimizer)
        self.opt_c = OptimizerUtils(theta=self.c, optimizer=optimizer)

    def forward(self, ht):
        """
        基于第t位置的隐藏层输出$h_t$, 正向传播计算一次
        """
        self.ht = np.copy(ht)  # 当前隐藏层的输出
        zt = ht @ self.V + self.c  # 净输出
        self.y_hat = self.activity_fun[0](zt)  # 激活函数输出

    def backward(self, y_target):
        """
        第t位置的反向传播计算, 根据误差计算各个参数的梯度
        """
        delta = self.y_hat - y_target  # 公式(14-7), 激活函数的一阶导信息
        self.d_V += self.ht.T @ delta  # 输出层到隐藏层的权重矩阵, 公式(14-9)
        self.d_c += delta.sum(axis=0)  # 偏置向量, 公式(14-10)
        self.d_ht = delta @ self.V.T  # 反向的误差梯度, 公式(14-8)的一部分

    def update(self, alpha):
        """
```

更新RNN的模型参数, 即权重向量和偏置向量
"""
```python
self.d_V = clip_grad(self.d_V, self.max_grad * self.d_V.size)
self.d_c = clip_grad(self.d_c, self.max_grad * self.d_c.size)
self.opt_V.update(self.d_V, alpha)
self.opt_c.update(self.d_c, alpha)
```

3. 简单循环神经网络的架构类

```python
# file_name: srnn.py
class SRNNArchitecture:
    """
    简单循环神经网络架构, 样本数据的格式为三维数组, 形状为(n_samples, T, m_features),
    目标集为二维数组, 形状为(n_samples, k_out)
    """
    def __init__(self, n_hidden: int = 10, T: int = 10, alpha: float = 0.001,
                 batch_size: int = 20, max_epoch: int = 1000, eval_interval: int = 100,
                 h_activity: str = "tanh", o_activity: str = "linear",
                 optimizer: str = "adam", stop_eps: float = 1e-10,
                 max_grad: float = 0.02, rd_seed=None, task: str = "r"):
        self.n_hidden = n_hidden  # 隐藏层的神经元数
        self.alpha = alpha  # 学习率
        self.batch_size = batch_size  # 批量大小: 控制梯度下降法的三种方法
        self.max_epoch = max_epoch  # 网络训练的最大次数
        self.eval_interval = eval_interval  # 打印输出显示处理进度的间隔数
        self.h_activity = af.activity_functions(h_activity)  # 隐藏层激活函数
        self.o_activity = af.activity_functions(o_activity)  # 输出层激活函数
        self.stop_eps = stop_eps  # 网络训练中代价损失值的容忍度, 以便提前终止训练
        self.T = T  # 时间序列的长度T
        # 随机种子rd_seed, 梯度剪裁的最大值max_grad, 优化方法optimizer
        self.params = (rd_seed, max_grad, optimizer)  # 参数元组封包
        assert task.lower() in ["c", "r"]  # 断言, 仅能是分类任务c或回归任务r
        self.task = task  # 控制选择分类任务c或回归任务r
        self.n_samples, self.m_features = 0, 1  # 样本量和特征变量数
        self.k_out = None  # 针对每个输入样本, 对应目标值的数量
        self.h_layer, self.o_layer = None, None  # S-RNN单层网络对象
        self.training_loss = []  # 网络训练过程的损失

    def _sample_info(self, X: np.ndarray, y: np.ndarray):
        """
        样本信息的度量
```

```
        """
        self.X, self.y = np.copy(np.asarray(X)), np.copy(np.asarray(y))   # 拷贝一份
        assert len(self.X.shape) == 3 and len(self.y.shape) == 2  # 断言训练集维度
        assert self.X.shape[1] == self.T  # 第2轴为序列长度T
        self.n_samples, self.m_features = self.X.shape[0], self.X.shape[2]
        self.k_out = self.y.shape[1]   # 每个目标向量所包含的元素数

    def _init_net_object(self):
        """
        初始化S-RNN隐藏层对象和输出层对象
        """
        n_in, n_h, n_out = self.m_features, self.n_hidden, self.k_out
        self.h_layer = SRNNHiddenLayer(n_in, n_h, self.h_activity, *self.params)
        self.o_layer = RNNBaseOutLayer(n_h, n_out, self.o_activity, *self.params)

    def fit(self, X_train: np.ndarray, y_train: np.ndarray):
        """
        基于训练集(X_train, y_train)的S-RNN训练, 基于SGD的各种优化方法
        """
        self._sample_info(X_train, y_train)   # 样本信息的度量
        self._init_net_object()   # 初始化S-RNN网络对象
        for epoch in range(self.max_epoch):
            idx = np.arange(self.n_samples)   # 训练样本的索引编号
            np.random.shuffle(idx)   # 将样本索引编号随机打乱, 模拟随机性
            n_batch = self.n_samples // self.batch_size   # 批次
            for j in range(n_batch):   # 基于每一个批次样本学习
                mb_idx = idx[j * self.batch_size: (j + 1) * self.batch_size]   # 索引
                batch_X, batch_y = self.X[mb_idx, :], self.y[mb_idx, :]   # 选取样本
                self._time_forward_backward(batch_X, batch_y)   # 训练一次S-RNN
            loss = cal_mse(self) if self.task.lower() == "r" \
                else cal_cross_entropy(self)   # 计算MSE损失或平均交叉熵损失
            self.training_loss.append(loss)   # 存储MSE损失或平均交叉熵损失
            if epoch > 5:   # 训练5轮后进行停机精度的判断
                if np.abs(self.training_loss[-2] - self.training_loss[-1]) < self.stop_eps:
                    break
            if epoch % self.eval_interval == 0:   # 打印输出当前训练损失
                print("epoch = %d: loss = %.15f" % (epoch, self.training_loss[-1]))

    def _time_forward_backward(self, X: np.ndarray, y: np.ndarray):
        """
```

基于当前批次的数据集$(\boldsymbol{X}, \boldsymbol{y})$对S-RNN训练一次, 包括各层的正向和反向计算
"""
```
# 1. 正向传播: 对每个位置t, 从输入层到隐藏层的正向计算
ht = np.zeros((len(X), self.T + 1, self.n_hidden))  # 每个位置t的输出
ht_prev = ht[:, 0, :]  # 表示上一个位置隐藏层的输出, 初始为全0
for t in range(self.T):
    xt = X[:, t, :]  # 第t位置的样本数据
    self.h_layer.forward(xt, ht_prev)  # 正向传播计算
    ht[:, t + 1, :] = self.h_layer.ht  # 隐藏层的下一个位置的输出更新
    ht_prev = self.h_layer.ht  # 更新上一个位置的输出, 以便循环
# 正向传播: 对于最后一个位置, 从隐藏层到输出层的正向计算
self.o_layer.forward(self.h_layer.ht)
# 2. 反向传播: 针对输出层和隐藏层依次反向计算各个位置的反向输入梯度
self.o_layer.backward(y)  # 根据目标值进行反向传播
d_ht = self.o_layer.d_ht  # 第T个位置隐藏层的反向输入梯度
# 反向传播: 从第T到第1个位置, 循环计算反向输入梯度
self.h_layer.reset_zeros_grad()  # 重置参数为零矩阵, 便于累加每个位置的梯度
for t in reversed(range(self.T)):  # T − 1, T − 2, · · · , 0
    ht_cur, ht_plus1 = ht[:, t, :], ht[:, t + 1, :]  # 取隐藏层输出值
    self.h_layer.backward(X[:, t, :], ht_plus1, ht_cur, d_ht)  # 反向传播
    d_ht = self.h_layer.d_ht_prev  # 来自于上一个位置t − 1的梯度
# 3. 对S-RNN模型参数的更新
self.h_layer.update(self.alpha)  # 输入层到隐藏层
self.o_layer.update(self.alpha)  # 隐藏层到输出层

def predict(self, X: np.ndarray):
    """
    对样本X的预测, 返回正向传播中输出层的预测输出
    """
    ht_prev = np.zeros((len(X), self.n_hidden), dtype=np.float64)
    for t in range(self.T):  # 正向传播: 针对每个位置重复循环计算
        self.h_layer.forward(X[:, t, :], ht_prev)  # 取第t个位置的数据并正向计算
        ht_prev = self.h_layer.ht  # 更新并循环计算
    self.o_layer.forward(ht_prev)  # 第T个位置隐藏层到输出层正向计算
    return self.o_layer.y_hat

def predict_recurrent(self, X_test: np.ndarray, future_T: int = 1):
    """
    对测试样本X_test的预测, 根据future_T的次数进行循环预测
    """
```

```
y_hat = np.zeros((len(X_test), future_T), dtype=np.float32)  # 预测值
assert len(X_test.shape) == 3  # 三维数组
for i in range(len(X_test)):
    predicted = X_test[i].reshape(-1).tolist()  # 起始的输入
    for t in range(future_T):
        # 循环选择序列长度为T的数据进行预测,并首先重塑为三维数组
        x_t = np.array(predicted[-self.T:]).reshape((1, self.T, self.m_features))
        y_pred = self.predict(x_t)  # 对单个样本进行预测
        # 将输入添加到当前predicted的尾部,继续循环预测
        predicted.extend(y_pred[0].tolist())
    y_hat[i, :] = np.asarray(predicted[-future_T:])  # 取最后预测的值
return y_hat
```

基于**例 1**, 以学习率 $\alpha = 0.01$ 训练 1000 次, 结果如表 14-1 所示, 对应字母的预测概率基本接近于 1(保留 8 位小数的值在 9.99999998e−01 左右), 而预测为其他字母的概率接近于 0.

表 14-1　S-RNN 训练和预测概率 (结果带有一定的随机性)

样本 \ 预测概率	$\hat{p}_A$	$\hat{p}_B$	$\hat{p}_C$	$\hat{p}_D$	$\hat{p}_E$
$(A, B, C) \to D$	1.800144e−09	1.068552e−09	1.339878e−11	**1.000000e+00**	6.775132e−19
$(B, C, D) \to E$	1.965440e−10	9.230256e−12	3.376645e−09	2.274295e−16	**1.000000e+00**
$(C, D, E) \to A$	**1.000000e+00**	2.216906e−10	3.621126e−22	6.519150e−10	1.557663e−09
$(D, E, A) \to B$	1.476180e−13	**1.000000e+00**	3.477029e−09	4.739774e−10	5.835867e−15
$(E, A, B) \to C$	4.843757e−20	3.291977e−10	**1.000000e+00**	4.268509e−11	9.500875e−10

例 2　以 $f(x) = 0.5\mathrm{e}^{-(x+3)^2} + \mathrm{e}^{-x^2} + 1.5\mathrm{e}^{-(x-3)^2} + 0.05\varepsilon$ 随机生成 300 个序列数据, 其中 $x \sim U(-10, 10)$, $\varepsilon \sim N(0, 1)$, 构建 S-RNN 并进行预测.

基于通常的机器学习训练和测试流程, 需要根据序列数据, 构建适合 S-RNN训练的数据和测试数据. 假设 $T = 10$, 构造数据的具体代码以及 S-RNN 模型的参数设置如下:

```
T = 10  # 样本序列数据长度
f = lambda x: (0.5 * np.exp(-(x + 3) ** 2) + np.exp(-x ** 2) +
               1.5 * np.exp(-(x - 3) ** 2))  # 模拟函数
np.random.seed(0)  # 设置随机种子
X_ = np.random.rand(300) * 10 - 5  # 随机生成数据, 范围[-5,5]
seq_data = f(np.sort(X_)) + 0.05 * np.random.randn(300)  # 添加随机噪声的序列数据
# 构造训练数据200个和测试数据90个
X_train, y_train = transform_sequence_to_samples(seq_data[:210], T)
X_test, y_test = transform_sequence_to_samples(seq_data[200:], T)
# 构建模型, 初始化参数设置
```

```
srnn = SRNNArchitecture(n_hidden=50, T=n_time, batch_size=20, alpha=0.0001,
                        optimizer="sgd", h_activity ="relu ", max_epoch=1000)
srnn. fit(X_train, y_train)  # 训练
y_hat = srnn. predict_recurrent(X_train)  # 对训练样本的预测
y_val_test = srnn. predict_recurrent(X_test)  # 对测试样本的预测
y_hat = np.r_[y_hat.reshape(-1), y_val_test.reshape(-1)]  # 组合预测值
y_true = np.r_[y_train.reshape(-1), y_test.reshape(-1)]  # 组合目标真值
```

如图 14-5 所示, 整个训练过程, MSE 损失值持续下降, 并未出现较为严重的梯度爆炸现象, S-RNN 对 90 个测试数据的预测精度非常高, 如 (a) 图标题所示的性能度量. 此外, (a) 图中从 "观测数据序号" 200 位置开始为测试样本的真值与预测值曲线.

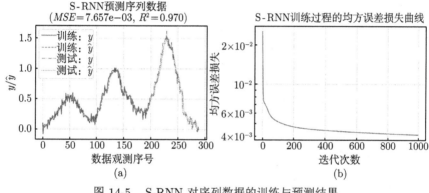

图 14-5　S-RNN 对序列数据的训练与预测结果

例 3　现有 Box & Jenkins 航空公司 1949~1960 年每月国际航线乘客数, 如表 14-2 所示, 且是季节性数据 (来源于 R 语言自带的数据集 AirPassengers).

表 14-2　Box & Jenkins 航空公司 1949-1960 年每月国际航线乘客季节性数据

Year	Jan	Feb	Mar	Apr	May	Jun	Jul	Aug	Sep	Oct	Nov	Dec
1949	112	118	132	129	121	135	148	148	136	119	104	118
1950	115	126	141	135	125	149	170	170	158	133	114	140
1951	145	150	178	163	172	178	199	199	184	162	146	166
1952	171	180	193	181	183	218	230	242	209	191	172	194
1953	196	196	236	235	229	243	264	272	237	211	180	201
1954	204	188	235	227	234	264	302	293	259	229	203	229
1955	242	233	267	269	270	315	364	347	312	274	237	278
1956	284	277	317	313	318	374	413	405	355	306	271	306
1957	315	301	356	348	355	422	465	467	404	347	305	336
1958	340	318	362	348	363	435	491	505	404	359	310	337
1959	360	342	406	396	420	472	548	559	463	407	362	405
1960	417	391	419	461	472	535	622	606	508	461	390	432

　　设数据序列长度 $T = 12$, 构造序列数据, 以 1949~1958 年数据为训练数据, 以 1959 和 1960 年数据为测试数据. 搭建 S-RNN 模型, 隐藏层激活函数为 Relu, 优化方法 Adam, 小批次样本量 20, 学习率 0.0001, 其他参数默认, 训练 1500 次的结果如图 14-6 所示, 可见训练与预测的效果非常好, 不仅呈现出较好的季节性且拟合精度较高. 本例采用了梯度剪裁, 损失曲线后期存在小幅度震荡.

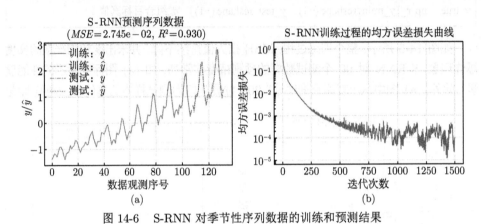

图 14-6　S-RNN 对季节性序列数据的训练和预测结果

■ 14.2　长短期记忆网络

　　S-RNN 对序列数据的短距离依存关系可以有效地表示和学习, 而长距离依存关系在模型中会被 "遗忘", 即信息的传递往往会因为时间间隔太长而逐渐衰减. 长短期记忆网络 LSTM 能够有效地克服 S-RNN 的长期依赖问题, 能够对长期记忆和短期记忆同时保持, 同时也引入了更多的训练参数. LSTM 广泛应用于各种序列建模任务, 如文本生成、机器翻译、语音识别等.

14.2.1　LSTM 模型与学习

　　LSTM 是循环神经网络的一种改进结构, 引入了记忆元 (memory cell) 和门控 (gated control) 机制. 记忆元用于记录之前位置的状态信息, 即用于保持过去的记忆. 门控是指用门函数来控制状态信息的使用, 是一种让信息选择性通过的方法, 包括遗忘门 (forget gate)、输入门 (input gate) 和输出门 (output gate). 遗忘门用于调整过去记忆残留的比例, 输入门用于调整新记忆的添加比例, 输出门用于调整记忆元中的内容反映到输出数据中的比例. 门控通过 Sigmoid 函数把输入信息映射到 0~1 之间的数值, 其中 1 表示门是开放状态, 允许任何信息通过, 0 表示门是关闭状态, 不允许任何信息通过, 如图 14-7 所示.

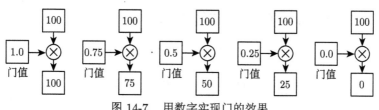

图 14-7　用数字实现门的效果

如图 14-8 所示, 在第 t 个位置上的 "LSTM 单元" 相当于一个函数, 以当前位置的输入 x_t、上一位置的记忆元 c_{t-1}、上一位置的状态 h_{t-1} 为输入, 以当前位置的状态 h_t 和当前位置的记忆元 c_t 为输出. 其中 LSTM 单元包含了门控的三种门机制, 具体内部结构如图 14-9 所示.

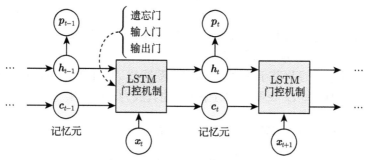

图 14-8　LSTM 的网络架构

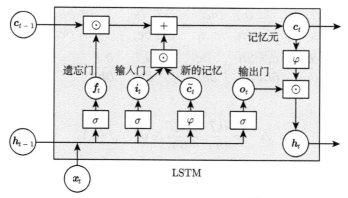

图 14-9　LSTM 单元内部结构[1]

图 14-9 中, 在 LSTM 中的每个位置 $t\,(t = 1, 2, \cdots, T)$ 上, 设 LSTM 单元包含状态 h_t、记忆元 c_t、输入门 i_t、遗忘门 f_t 和输出门 o_t, 且均为 m 维列向量, 各偏置向量 b_g 和各权重矩阵 W_g, U_g 形状与含义同 S-RNN, 其中下标 $g \in \{\mathrm{i,f,o,c}\}$

表示各门控的符号, 则 LSTM 可形式化地表示 [1] 为

$$i_t = \sigma\left(\boldsymbol{U}_\mathrm{i} \cdot \boldsymbol{h}_{t-1} + \boldsymbol{W}_\mathrm{i} \cdot \boldsymbol{x}_t + \boldsymbol{b}_\mathrm{i}\right), \tag{14-13}$$

$$\boldsymbol{f}_t = \sigma\left(\boldsymbol{U}_\mathrm{f} \cdot \boldsymbol{h}_{t-1} + \boldsymbol{W}_\mathrm{f} \cdot \boldsymbol{x}_t + \boldsymbol{b}_\mathrm{f}\right), \tag{14-14}$$

$$\boldsymbol{o}_t = \sigma\left(\boldsymbol{U}_\mathrm{o} \cdot \boldsymbol{h}_{t-1} + \boldsymbol{W}_\mathrm{o} \cdot \boldsymbol{x}_t + \boldsymbol{b}_\mathrm{o}\right), \tag{14-15}$$

$$\tilde{\boldsymbol{c}}_t = \varphi\left(\boldsymbol{U}_\mathrm{c} \cdot \boldsymbol{h}_{t-1} + \boldsymbol{W}_\mathrm{c} \cdot \boldsymbol{x}_t + \boldsymbol{b}_\mathrm{c}\right), \tag{14-16}$$

$$\boldsymbol{c}_t = \boldsymbol{i}_t \odot \tilde{\boldsymbol{c}}_t + \boldsymbol{f}_t \odot \boldsymbol{c}_{t-1}, \tag{14-17}$$

$$\boldsymbol{h}_t = \boldsymbol{o}_t \odot \varphi\left(\boldsymbol{c}_t\right), \tag{14-18}$$

其中 $\sigma(\cdot)$ 表示 Sigmoid 函数, $\varphi(\cdot)$ 为激活函数 (如 Tanh), $\tilde{\boldsymbol{c}}_t$ 为中间结果. 从式 (14-17) 中可以看出, t 位置的记忆元 $\boldsymbol{c}_t$ 取决于对过去信息 $\boldsymbol{c}_{t-1}$ 的遗忘比例 $\boldsymbol{f}_t$ 和当前新信息 $\tilde{\boldsymbol{c}}_t$ 的输入比例 $\boldsymbol{i}_t$; 记忆元 $\boldsymbol{c}_t$ 的更新是逐元素乘法和加法, 其梯度在反向传播时更稳定, 避免指数级衰减.

LSTM 的学习过程基于 BPTT 算法. 观察式 (14-13)~(14-16), 实际计算时, 可对权重矩阵 $\boldsymbol{W}$ 和 $\boldsymbol{U}$ 在第 0 轴上拓展, 使其成为三维数组, 即

$$\boldsymbol{W} = \left(\boldsymbol{W}_\mathrm{f}, \boldsymbol{W}_\mathrm{i}, \boldsymbol{W}_\mathrm{c}, \boldsymbol{W}_\mathrm{o}\right)^\mathrm{T}, \quad \boldsymbol{U} = \left(\boldsymbol{U}_\mathrm{f}, \boldsymbol{U}_\mathrm{i}, \boldsymbol{U}_\mathrm{c}, \boldsymbol{U}_\mathrm{o}\right)^\mathrm{T}.$$

输出层的 BPTT 与 S-RNN 相同. 位置 t 的各门控均与记忆元 $\boldsymbol{c}_t$ 和隐状态 $\boldsymbol{h}_t$ 有关, 以 t 位置为基准, 则反向传播到上一位置 $t-1$ 的梯度为

$$\begin{aligned}
\frac{\partial \mathcal{J}}{\partial \boldsymbol{c}_{t-1}} &= \frac{\partial \mathcal{J}}{\partial \boldsymbol{c}_t}\frac{\partial \boldsymbol{c}_t}{\partial \boldsymbol{c}_{t-1}} + \frac{\partial \mathcal{J}}{\partial \boldsymbol{h}_t}\frac{\partial \boldsymbol{h}_t}{\partial \boldsymbol{c}_{t-1}} = \frac{\partial \mathcal{J}}{\partial \boldsymbol{c}_t}\frac{\partial \boldsymbol{c}_t}{\partial \boldsymbol{c}_{t-1}} + \frac{\partial \mathcal{J}}{\partial \boldsymbol{h}_t}\frac{\partial \boldsymbol{h}_t}{\partial \boldsymbol{c}_t}\frac{\partial \boldsymbol{c}_t}{\partial \boldsymbol{c}_{t-1}} \\
&= \left(\frac{\partial \mathcal{J}}{\partial \boldsymbol{c}_t} + \frac{\partial \mathcal{J}}{\partial \boldsymbol{h}_t}\frac{\partial \boldsymbol{h}_t}{\partial \boldsymbol{c}_t}\right)\frac{\partial \boldsymbol{c}_t}{\partial \boldsymbol{c}_{t-1}} = \left(\frac{\partial \mathcal{J}}{\partial \boldsymbol{c}_t} + \frac{\partial \mathcal{J}}{\partial \boldsymbol{h}_t} \odot \boldsymbol{o}_t \odot \varphi'\left(\boldsymbol{c}_t\right)\right) \odot \boldsymbol{f}_t.
\end{aligned}$$

记

$$\Delta^{(t)} = \frac{\partial \mathcal{J}}{\partial \boldsymbol{c}_t} + \frac{\partial \mathcal{J}}{\partial \boldsymbol{h}_t} \odot \boldsymbol{o}_t \odot \varphi'\left(\boldsymbol{c}_t\right). \tag{14-19}$$

则门控与记忆元的梯度为

$$\begin{cases}
\Delta_{\boldsymbol{f}}^{(t)} = \Delta^{(t)} \odot \boldsymbol{c}_{t-1} \odot \sigma'\left(\boldsymbol{f}_t\right), \\
\Delta_{\boldsymbol{i}}^{(t)} = \Delta^{(t)} \odot \tilde{\boldsymbol{c}}_t \odot \sigma'\left(\boldsymbol{i}_t\right), \\
\Delta_{\tilde{\boldsymbol{c}}}^{(t)} = \Delta^{(t)} \odot \boldsymbol{i}_t \odot \varphi'\left(\tilde{\boldsymbol{c}}_t\right), \\
\Delta_{\boldsymbol{o}}^{(t)} = \dfrac{\partial \mathcal{J}}{\partial \boldsymbol{h}_t} \odot \varphi\left(\boldsymbol{c}_t\right) \odot \sigma'\left(\boldsymbol{o}_t\right).
\end{cases} \tag{14-20}$$

模型参数的梯度为 $(g \in \{i, f, o, c\})$

$$\frac{\partial \mathcal{J}}{\partial \boldsymbol{W}_g} = \sum_{t=1}^{T} \Delta_g^{(t)} \cdot \boldsymbol{x}_t^{\mathrm{T}}, \quad \frac{\partial \mathcal{J}}{\partial \boldsymbol{U}_g} = \sum_{t=1}^{T} \Delta_g^{(t)} \cdot \boldsymbol{h}_{t-1}^{\mathrm{T}}, \quad \frac{\partial \mathcal{J}}{\partial \boldsymbol{b}_g} = \sum_{h=1}^{H} \Delta_{g,h}^{(t)}, \quad (14\text{-}21)$$

其中下标 $g \in \{\boldsymbol{f}, \boldsymbol{i}, \tilde{\boldsymbol{c}}, \boldsymbol{o}\}$ 表示式 (14-20) 中各梯度下标符号, 对应于正向计算的结果符号, H 表示隐藏层神经元数. 上一位置隐藏层输出和记忆元的梯度为

$$\frac{\partial \mathcal{J}}{\partial \boldsymbol{h}_{t-1}} = \Delta_{\boldsymbol{f}}^{(t)} \cdot \boldsymbol{U}_{\mathrm{f}}^{\mathrm{T}} + \Delta_{\boldsymbol{i}}^{(t)} \cdot \boldsymbol{U}_{\mathrm{i}}^{\mathrm{T}} + \Delta_{\tilde{\boldsymbol{c}}}^{(t)} \cdot \boldsymbol{U}_{\mathrm{c}}^{\mathrm{T}} + \Delta_{\boldsymbol{o}}^{(t)} \cdot \boldsymbol{U}_{\mathrm{o}}^{\mathrm{T}}, \quad \frac{\partial \mathcal{J}}{\partial \boldsymbol{c}_{t-1}} = \Delta^{(t)} \odot \boldsymbol{f}_t. \quad (14\text{-}22)$$

14.2.2 LSTM 算法设计

1. 从输入层到隐藏层的网络对象

```python
# file_name: lstm_hidden.py
class LSTMHiddenLayer(SRNNHiddenLayer):
    """
    LSTM网络从输入层到隐藏层, 对第t位置实现正向传播和反向传播, 以及参数的更新
    """
    def __init__(self, n_in: int, n_out: int, activity_fun, rd_seed=None,
                 max_grad: float = 0.02, optimizer: str = "adam"):
        SRNNHiddenLayer.__init__(self, n_in, n_out, activity_fun,
                                 rd_seed, max_grad, optimizer)  # 按位置参数传参
        self.gate_activity_fun = af.activity_functions("sigmoid")  # 门控激活函数, 固定
        if rd_seed is not None:  # 给定随机种子参数, 则设置随机种子, 便于重现
            np.random.seed(rd_seed)
        self.W = np.random.randn(4, n_in, n_out) / np.sqrt(n_in)  # 三维数组
        self.U = np.random.randn(4, n_out, n_out) / np.sqrt(n_out)  # 三维数组
        self.b = np.zeros((4, n_out))  # 输入层到隐藏层的偏置向量, 二维数组
        self.ct = None  # 第t位置的记忆元
        self.lstm_cell = None  # 用于标记LSTM内部单元的三个门和中间结果的记忆元
        self.d_ct_prev = None  # 记忆门的误差梯度
        self.opt_W = OptimizerUtils(theta=self.W, optimizer=optimizer)
        self.opt_U = OptimizerUtils(theta=self.U, optimizer=optimizer)
        self.opt_b = OptimizerUtils(theta=self.b, optimizer=optimizer)

    def forward(self, X: np.ndarray, ht_prev: np.ndarray, ct_prev: np.ndarray):
        """
        基于第t位置的样本X和前一位置的输出h_{t-1}和记忆c_{t-1}, 正向传播计算一次
        """
```

```python
    # 三个门的净输入值ifo, 其为in, forget , out的简写
    ifo = X @ self.W + ht_prev @ self.U + self.b.reshape((4, 1, -1))
    # 按照LSTM单元内部结构顺序依次取值
    ft = self.gate_activity_fun[0](ifo[0])  # 遗忘门
    it = self.gate_activity_fun[0](ifo[1])  # 输入门
    ct_ = self.gate_activity_fun[0](ifo[2])  # 新记忆元的中间结果
    ot = self.gate_activity_fun[0](ifo[3])  # 输出门
    self.lstm_cell = np.stack((ft, it, ct_, ot))
    self.ct = ft * ct_prev + it * ct_  # 记忆元
    self.ht = ot * self.activity_fun[0](self.ct)  # 激活后作为隐藏层的输入


def backward(self, X, ct_plus1, ht_cur, ct_cur, lstm_cell, d_ht, d_ct):
    """
    基于反向过来的梯度、上一位置信息和当前位置信息, 对第t位置反向传播计算
    """
    ft, it, ct_, ot = lstm_cell  # 门控与记忆元, 解包
    delta = d_ct + d_ht * ot * self.activity_fun[1](ct_plus1)  # 更新增量
    d_ft = delta * ct_cur * self.gate_activity_fun[1](ft)  # 遗忘门的delta增量
    d_it = delta * ct_ * self.gate_activity_fun[1](it)  # 遗忘门的delta增量
    d_ct = delta * it * self.activity_fun[1](ft)  # 记忆元的delta增量
    # 输出门的delta增量
    d_ot = d_ht * self.activity_fun[0](ct_plus1) * self.gate_activity_fun[1](ot)
    deltas = np.stack((d_ft, d_it, d_ct, d_ot))  # 便于统一计算
    self.d_W += X.T @ deltas  # 对应输入序列数据的权重矩阵更新增量
    self.d_U += ht_cur.T @ deltas  # 对应隐状态的权重矩阵更新增量
    self.d_b += deltas.sum(axis=1)  # 偏置向量更新增量, 针对门控或记忆元求和
    # 反向传播到上一个位置的梯度
    self.d_ht_prev = np.sum(deltas @ self.U.transpose(0, 2, 1), axis=0)
    self.d_ct_prev = delta * ft  # ct_prev的梯度
```

2. LSTM 网络整体架构, 继承 S-RNN.

```python
# file_name: lstm.py
class LSTMArchitecture(SRNNArchitecture):
    """
    长短期记忆网络LSTM架构, 继承S-RNN架构类SRNNArchitecture
    """
    def __init__(self, n_hidden: int = 10, T: int = 10, alpha: float = 0.01,
                 batch_size: int = 20, max_epoch: int = 1000,
                 eval_interval: int = 100, h_activity: str = "tanh",
```

```
                    o_activity: str = "linear", optimizer: str = "adam",
                    stop_eps: float=1e−10, max_grad=0.02, rd_seed=None, task: str = "r"):
        SRNNArchitecture.__init__(self, n_hidden, T, alpha, batch_size, max_epoch,
                    eval_interval, h_activity, o_activity, optimizer,
                    stop_eps, max_grad, rd_seed, task)  # 继承

    def _init_net_object(self):
        """
        初始化LSTM网络中隐藏层对象和输出层对象, 重写父类方法
        """
        n_in, n_h, n_out = self.m_features, self.n_hidden, self.k_out
        self.h_layer = LSTMHiddenLayer(n_in, n_h, self.h_activity, *self.params)
        self.o_layer = RNNBaseOutLayer(n_h, n_out, self.o_activity, *self.params)

    def _time_forward_backward(self, X: np.ndarray, y: np.ndarray):
        """
        重写父类方法, LSTM训练一次, 包括各层的正向计算和反向计算
        """
        # 1. 正向传播: 对每个位置t, 从输入层到隐藏层的正向计算
        ht = np.zeros((len(X), self.T + 1, self.n_hidden))  # 每个位置t的输出
        ct = np.zeros((len(X), self.T + 1, self.n_hidden))  # 每个位置t的记忆元
        # 每个位置t的门控和记忆元, 四维数组
        lstm_cell_t = np.zeros((4, len(X), self.T + 1, self.n_hidden))
        ht_prev = ht[:, 0, :]  # 表示上一个位置隐藏层的输出, 初始为全0
        ct_prev = ct[:, 0, :]  # 表示上一个位置的记忆元, 初始为全0
        for t in range(self.T):
            xt = X[:, t, :]  # 第t位置的样本数据
            self.h_layer.forward(xt, ht_prev, ct_prev)  # 正向计算
            ht[:, t + 1, :] = self.h_layer.ht  # 隐藏层的输出更新
            ht_prev = self.h_layer.ht  # 更新上一个位置的输出, 以便循环
            ct[:, t + 1, :] = self.h_layer.ct  # 记忆元的更新
            ct_prev = self.h_layer.ct  # 更新上一个位置的记忆元, 以便循环
            # t位置的门控和记忆元中间结果
            lstm_cell_t[:, :, t, :] = self.h_layer.lstm_cell
        self.o_layer.forward(self.h_layer.ht)  # 最后一个位置, 输出层的正向计算
        # 2. 反向传播: 针对输出层和隐藏层依次反向计算各个位置的反向输入梯度
        self.o_layer.backward(y)  # 根据目标值进行反向传播
        d_ht = self.o_layer.d_ht  # 第T个位置隐藏层的反向输入梯度
        d_ct = np.zeros_like(self.h_layer.ct)  # 记忆元的反向梯度初始化
        # 反向传播: 从第T到第1个位置, 循环计算反向输入梯度
```

```
        self.h_layer.reset_zeros_grad()  # 重置参数为零矩阵, 便于累加每个位置的梯度
        for  t  in  reversed(range(self.T)):
            xt, ht_cur = X[:, t, :], ht[:, t, :]  # 取第t位置的数据, 以及隐藏层输出值
            ct_cur, ct_plus1 = ct[:, t, :], ct[:, t + 1, :]  # 取记忆元
            lstm_cell = lstm_cell_t[:, :, t, :]  # 取第t位置的门控和记忆元中间结果
            self.h_layer.backward(xt, ct_plus1, ht_cur, ct_cur, lstm_cell, d_ht, d_ct)
            d_ht, d_ct = self.h_layer.d_ht_prev, self.h_layer.d_ct_prev
        # 3. 对LSTM模型参数的更新
        self.h_layer.update(self.alpha)  # 输入层到隐藏层
        self.o_layer.update(self.alpha)  # 隐藏层到输出层

    def  predict(self, X: np.ndarray):
        """
        对样本X的预测, 返回正向传播中输出层的输出, 重写父类方法
        """
        ht_prev = np.zeros((len(X), self.n_hidden), dtype=np.float32)
        ct_prev = np.zeros((len(X), self.n_hidden), dtype=np.float32)
        for  t  in  range(self.T):  # 正向传播: 针对每个位置重复循环计算
            # 取第t个位置的数据并正向计算
            self.h_layer.forward(X[:, t, :], ht_prev, ct_prev)
            ht_prev, ct_prev = self.h_layer.ht, self.h_layer.ct  # 循环计算
        self.o_layer.forward(ht_prev)  # 第T个位置隐藏层到输出层正向计算
        return  self.o_layer.y_hat
```

例 4　股票价格预测①, 数据集包含从 2001-01-25 到 2021-09-29 的谷歌股票数据, 数据是按照天数频率统计的, 共包含 5203 个样本数据.

以开盘价 "Open" 为时间序列数据, 并进行标准化和反标准化, 其中构建滑窗数据, 沿时间序列创建数据样本, 以及模型参数设置如下:

```
T = 30  # 序列长度, 即重叠窗口的大小
# 训练集和测试集序列数的构造
X_train, y_train = transform_sequence_to_samples(seq_data[:4203], n_time)
X_test, y_test = transform_sequence_to_samples(seq_data[4203 − n_time:], n_time)
lstm = LSTMArchitecture(n_hidden=128, T=T, batch_size=64, alpha=0.001,
                        max_epoch=200, eval_interval=5, optimizer="sgd")  # 构建模型
```

图 14-10 为 LSTM 基于历史信息对训练数据和测试数据预测结果, 可见预测相当准确.

---

① 数据源: https://github.com/sksujan58/Multivariate-time-series-forecasting-using-LSTM.

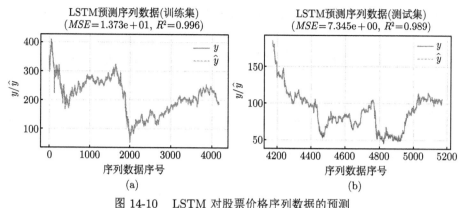

图 14-10 LSTM 对股票价格序列数据的预测

例 5 以毛主席的两首词《沁园春·雪》和《沁园春·长沙》构成一段文字 text, 设序列长度 $T = 5$, 构建 LSTM, 训练并生成文本.

首先针对 text 构建序列数据和训练集. 假设文本为 "北国风光, 千里冰封, 万里雪飘.", 则不同字符数 (包括标点符号) 共有 13 个, 字典编码 id_to_char 的编号格式为

$$\{\ 0: `.', 1: `万', 2: `光', 3: `冰', 4: `北', 5: `千', 6: `国', 7: `封',$$
$$8: `里', 9: `雪', 10: `风', 11: `飘', 12: `,'\},$$

序列数据 seqchars 的生成格式同例 1, 本例为

$$\{(`北国风光, ' \to `千'), (`国风光, 千' \to `里'), \cdots\},$$

依次类推, 则针对每个字符构成的编码格式的形状 (shape) 为 $(\cdot, \cdot, 13)$, 第一个序列数据的第一个字符为 "北", 对应 id_to_char 的 One-Hot 编码为

$$[0, 0, 0, 0, 1, 0, 0, 0, 0, 0, 0, 0, 0],$$

即 "北" 在 id_to_char 中的键值为 4, 故索引位置为 4 的编码为 1, 其他位置为 0. 故而每个序列数据的编码格式的形状为 $(\cdot, 5, 13)$, 整个训练集的编码格式的形状为 $(10, 5, 13)$, 目标值的编码格式的形状为 $(10, 13)$. 如果学习大数据量文本, 则词汇表非常大, 按 One-Hot 编码生成的词向量的维度也非常大, 计算复杂度高, 且难以捕获语义相似性.

对于文本生成预测, 以种子文本如 "北国风光, " 为起始点, 预测下一个字符. 若预测下一个字符为 "千", 则重新构建种子文本 "国风光, 千", 并继续预测下一个字符, 依次类推. 此外, 为适应大数据量的训练和文本生成的多样化, 基于下一个字符预测的概率分布, 采用负采样 (negative sampling) 的方法随机选择一个字符作为下一个预测字符. 具体来说, 首先对概率分布取 0.75 次方, 并归一化作为

下一个字符的预测概率. 假设文本中不同字符共 n 个, 表示为

$$\tilde{P}\left(w_i\right) = \left(P\left(w_i\right)\right)^{0.75} \Big/ \sum_{i=1}^{n}\left(P\left(w_i\right)\right)^{0.75}, \quad i = 1, 2, \cdots, n.$$

设计代码如下:

```
T = 5  # 序列长度
char_to_id = dict()  # 字符作为键值, ID作为数据的字典
id_to_char = dict()  # ID作为键值, 字符作为数据的字典

def characters_preprocessing ():
    """
    文件读取, 编码处理, 以及序列数据和样本数据的生成
    """
    # 1. 读取用于训练的文本文件
    with open ("../../data/poet.txt", mode="r", encoding="utf-8") as file:
        text = file.read()  # 文件的读入, 注意打开文件的路径, 根据实际情况修改
    # 2. 文字与索引的关联
    diff_chars_list = sorted(list(set(text)))  # 使用集合set函数去除重复字符
    n_diff_chars = len(diff_chars_list)  # 无重复字符数, 可打印输出
    for idx, char in enumerate(diff_chars_list):
        char_to_id[char] = idx  # 对应某个字符编码为索引
        id_to_char[idx] = char  # 某个索引对应某个字符
    # 3. 按时间序列排列的字符, 及其下一个字符
    seq_chars, y_chars = [], []  # 用于存储序列数据和对应的下一个字符
    for i in range(len(text) - T):
        seq_chars.append(text[i: i + T])  # 字符序列数据
        y_chars.append(text[i + T])  # 对应的下一个字符, 即目标
    # 4. 构造训练的样本数据, 并使用One-Hot格式表示样本数据和目标值
    X_train = np.zeros((len(seq_chars), T, n_diff_chars), dtype=np.bool_)
    y_train = np.zeros((len(seq_chars), n_diff_chars), dtype=np.bool_)
    for i, chars in enumerate(seq_chars):
        y_train[i, char_to_id[y_chars[i]]] = 1  # 使用One-Hot格式编码目标值
        for j, char in enumerate(chars):
            X_train[i, j, char_to_id[char]] = 1  # 使用One-Hot格式表示输入数据
    return X_train, y_train  # 可打印输出查看维度形状

def create_text(rnn_obj, seed_text: str = "北国风光, ", n_pred_text: int = 100):
    """
    根据预测数据创建包含n_pred_text个汉字的文字
```

```
"""
assert len(seed_text) == T  # 与序列数据的长度相同
created_text = seed_text  # 生成的字符
for i in range(n_pred_text):  # 生成n_pred_text个字符的文章
    # 将输入数据转换为One-Hot格式
    x = np.zeros((1, T, len(char_to_id)))
    for idx, char in enumerate(seed_text):
        x[0, idx, char_to_id[char]] = 1
    y_hat = rnn_obj.predict(x)  # 进行预测, 得到下一个字符
    p = y_hat[0] ** 0.75  # 概率分布的调整
    p = p / np.sum(p)  # 重新归一化为概率分布
    # 根据概率分布, 随机选择一个字符索引
    next_index = np.random.choice(len(p), size=1, p=p)
    next_char = id_to_char[int(next_index[0])]  # 下一个字符
    created_text += next_char  # 对预测的文本进行连接
    seed_text = seed_text[1:] + next_char  # 下一个待预测的种子数据
print("生成的文章: \n", created_text)


X_train, y_train = characters_preprocessing()
lstm = LSTMArchitecture(n_hidden=50, T=T, batch_size=1, max_epoch=200,
                        eval_interval=10, alpha=0.005, o_activity="softmax",
                        task="c", stop_eps=1e-50, optimizer="sgd")  # 初始化对象
lstm.fit(X_train, y_train)  # 训练
create_text(lstm)  # 生成文章
srnn.plt_loss_curve(model_name="LSTM", is_show=True, is_semilogy=True)
```

图 14-11 为训练过程的交叉熵损失曲线, 训练过程较为平稳.

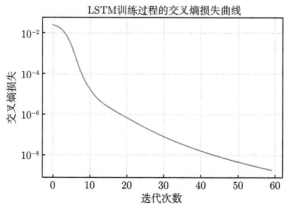

图 14-11　LSTM 训练过程的交叉熵损失曲线

表 14-3 为不同种子文本生成的文本 (保持 Python 打印输出的格式). 可见生成的文本与原文本基本一致, 包括标点符号、换行符等. 由于训练文本数据较少, 且不重复的字符与原文本长度相差不大, 每个样本之间基本不同, 因此循环预测的下一个字符基本都是精确的, 故而生成的文本的多样性欠缺, 或说创新性不足. 事实上, 本例更类似于有限个序列数据的预测, 而非真正意义上的生成.

表 14-3　LSTM 生成的文本结果

种子文本	生成的文本 (包括换行符和标点符号)
"北国风光,"	北国风光, 千里冰封, 万里雪飘. 望长城内外, 惟余莽莽; 大河上下, 顿失滔滔. 山舞银蛇, 原驰蜡象, 欲与天公试比高. 须晴日, 看红装素裹, 分外妖娆. 江山如此多娇, 引无数英雄竞折腰. 惜秦皇汉武, 略输文采; 唐宗宋祖,
"风华正茂;"	风华正茂; 书生意气, 挥斥方遒. 指点江山, 激扬文字, 粪土当年万户侯. 曾记否, 到中流击水, 浪遏飞舟! 层林尽染; 漫江碧透, 百舸争流. 鹰击长空, 鱼翔浅底, 万类霜天竞自由. 怅寥廓, 问苍茫大地, 谁主沉浮? 携来百

如果计算机的计算性能允许, 可尝试学习一部小说, 然后基于训练的 LSTM 生成文本, 进而自主写作. 或者基于 TensorFlow 搭建 LSTM, 学习我国古典诗词, 并对古典诗词文本做预处理, 如剔除孤僻字、分词、转换词向量等, 并基于学习的 LSTM 进行诗词创作. 自然语言处理结合 LSTM 可以更加高效地生成富有深刻含义的文本.

■ 14.3　门控循环单元网络

门控循环单元 (Gated Recurrent Unit, GRU) 网络的作用与 LSTM 类似, 但比 LSTM 更加简单和容易训练, GRU 的参数比 LSTM 少, 仅包含一个重置门 (reset gate) 和一个更新门 (update gate), 旨在解决简单循环神经网络中的梯度消失、梯度爆炸以及长期依赖的问题. 具体来说, 在 GRU 中, 对 LSTM 的输入门和遗忘门进行合并, 统一为更新门, 同时, 记忆元和输出门被去除, 重置门的作用是将过去继承的数据进行清零.

14.3.1　GRU 模型与学习

GRU 网络架构如图 14-12 所示, 在每一个位置 t 上有状态、重置门和更新门, 构成一个 GRU 单元, 以当前位置输入 x_t 和上一个位置状态 h_{t-1} 为输入, 以当前位置的状态 h_t 为输出的函数. RGU 单元的内部结构如图 14-13 所示.

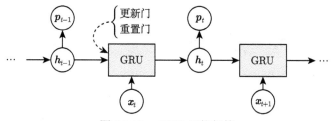

图 14-12　GRU 网络架构

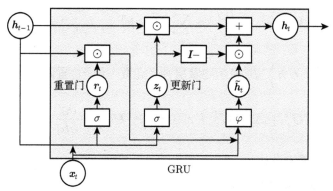

图 14-13　GRU 单元内部结构[1]

基于图 14-12 和图 14-13, t 位置的 GRU 单元正向计算可形式化表示[1] 为

$$\boldsymbol{r}_t = \sigma\left(\boldsymbol{U}_{\mathrm{r}} \cdot \boldsymbol{h}_{t-1} + \boldsymbol{W}_{\mathrm{r}} \cdot \boldsymbol{x}_t + \boldsymbol{b}_{\mathrm{r}}\right), \tag{14-23}$$

$$\boldsymbol{z}_t = \sigma\left(\boldsymbol{U}_{\mathrm{z}} \cdot \boldsymbol{h}_{t-1} + \boldsymbol{W}_{\mathrm{z}} \cdot \boldsymbol{x}_t + \boldsymbol{b}_{\mathrm{z}}\right), \tag{14-24}$$

$$\tilde{\boldsymbol{h}}_t = \varphi\left(\boldsymbol{U}_{\mathrm{h}} \cdot \boldsymbol{r}_t \odot \boldsymbol{h}_{t-1} + \boldsymbol{W}_{\mathrm{h}} \cdot \boldsymbol{x}_t + \boldsymbol{b}_{\mathrm{h}}\right), \tag{14-25}$$

$$\boldsymbol{h}_t = (\boldsymbol{I} - \boldsymbol{z}_t) \odot \tilde{\boldsymbol{h}}_t + \boldsymbol{z}_t \odot \boldsymbol{h}_{t-1}, \tag{14-26}$$

其中 $\boldsymbol{r}_t$ 是重置门, $\boldsymbol{z}_t$ 是更新门, $\tilde{\boldsymbol{h}}_t$ 是中间结果, 皆为向量. 式 (14-25) 中 $\boldsymbol{r}_t \odot \boldsymbol{h}_{t-1}$ 使用重置门 $\boldsymbol{r}_t$ 控制上一位置状态有多少信息被写入到当前的候选集 $\tilde{\boldsymbol{h}}_t$ 上, 再与序列数据输入 $\boldsymbol{x}_t$ 连接, 通过激活函数 $\varphi = \tanh$ 将数据映射到 $-1 \sim 1$ 之间, $\tilde{\boldsymbol{h}}_t$ 相当于记忆了当前位置的状态. 式 (14-26) 中, 使用一个更新门 $\boldsymbol{z}_t$ 同时进行选择性遗忘 $\boldsymbol{z}_t \odot \boldsymbol{h}_{t-1}$ 和选择性记忆 $(\boldsymbol{I} - \boldsymbol{z}_t) \odot \tilde{\boldsymbol{h}}_t$, 即更新门 $\boldsymbol{z}_t$ 控制前一位置的状态信息被代入到当前状态中的程度.

输出层的 BPTT 算法与 S-RNN 相同, 则 GRU 单元在位置 t 的反向传播计

算方法为

$$
\begin{cases}
\Delta_{\boldsymbol{z}}^{(t)} = \dfrac{\partial \mathcal{J}}{\partial \boldsymbol{h}_t} \odot \left(\tilde{\boldsymbol{h}}_t - \boldsymbol{h}_{t-1} \right) \Delta^{(t)} \odot \sigma' \left(\boldsymbol{z}_t \right), \\[3mm]
\Delta_{\tilde{\boldsymbol{h}}}^{(t)} = \dfrac{\partial \mathcal{J}}{\partial \boldsymbol{h}_t} \odot \boldsymbol{z}_t \odot \varphi' \left(\tilde{\boldsymbol{h}}_t \right), \\[3mm]
\Delta_{\boldsymbol{r}}^{(t)} = \Delta_{\tilde{\boldsymbol{h}}}^{(t)} \boldsymbol{U}_t^{\mathrm{T}} \odot \boldsymbol{h}_{t-1} \odot \sigma' \left(\boldsymbol{r}_t \right).
\end{cases}
\tag{14-27}
$$

模型参数的梯度为 $(g \in \{\mathrm{r, z, h}\})$

$$
\frac{\partial \mathcal{J}}{\partial \boldsymbol{W}_g} = \sum_{t=1}^{T} \Delta_{\boldsymbol{g}}^{(t)} \cdot \boldsymbol{x}_t^{\mathrm{T}}, \quad
\frac{\partial \mathcal{J}}{\partial \boldsymbol{V}_g} = \sum_{t=1}^{T} \Delta_{\boldsymbol{g}}^{(t)} \cdot \boldsymbol{h}_{t-1}^{\mathrm{T}}, \quad
\frac{\partial \mathcal{J}}{\partial \boldsymbol{b}_g} = \sum_{h=1}^{H} \Delta_{\boldsymbol{g},h}^{(t)}, \tag{14-28}
$$

其中下标 $\boldsymbol{g} \in \left\{ \boldsymbol{z}, \boldsymbol{r}, \tilde{\boldsymbol{h}} \right\}$, H 表示隐藏层神经元数. 上一位置隐藏层输出的梯度为

$$
\frac{\partial \mathcal{J}}{\partial \boldsymbol{h}_{t-1}} = \Delta_{\boldsymbol{r}}^{(t)} \cdot \boldsymbol{U}_{\mathrm{r}}^{\mathrm{T}} + \Delta_{\boldsymbol{z}}^{(t)} \cdot \boldsymbol{U}_{\mathrm{z}}^{\mathrm{T}} + \boldsymbol{r}_t \odot \left(\Delta_{\tilde{\boldsymbol{h}}}^{(t)} \cdot \boldsymbol{U}_{\mathrm{h}}^{\mathrm{T}} \right) + \frac{\partial \mathcal{J}}{\partial \boldsymbol{h}_t} \odot \left(\boldsymbol{I} - \boldsymbol{z}_t \right). \tag{14-29}
$$

14.3.2　GRU 算法设计

1. 从输入层到隐藏层的网络对象

```python
# file_name: gru_hidden.py
class GRUHiddenLayer(SRNNHiddenLayer):
    """
    GRU网络从输入层到隐藏层, 基于t位置实现正向传播和反向传播, 以及参数的更新
    """
    def __init__(self, n_in: int, n_out: int, activity_fun, rd_seed=None,
                 max_grad: float = 0.02, optimizer: str = "adam"):
        SRNNHiddenLayer.__init__(self, n_in, n_out, activity_fun, rd_seed,
                                 max_grad, optimizer)
        self.gate_activity_fun = af.activity_functions("sigmoid")  # 门控激活函数, 固定
        if rd_seed is not None:  # 给定随机种子参数, 则设置随机种子, 便于重现
            np.random.seed(rd_seed)
        self.W = np.random.randn(3, n_in, n_out) / np.sqrt(n_in)
        self.U = np.random.randn(3, n_out, n_out) / np.sqrt(n_out)
        self.b = np.zeros((3, n_out))  # 输入层到隐藏层的偏置向量
        self.gru_cell = None  # 用于标记GRU内部单元的2个门和中间结果
        self.opt_W = OptimizerUtils(theta=self.W, optimizer=optimizer)
        self.opt_U = OptimizerUtils(theta=self.U, optimizer=optimizer)
        self.opt_b = OptimizerUtils(theta=self.b, optimizer=optimizer)
```

```python
def forward(self, X: np.ndarray, ht_prev: np.ndarray):
    """
    基于第t位置的样本X和前一位置的输出h_{t-1}, 正向传播计算一次
    """
    # 计算更新门z_t, 重置门r_t, 中间结果h̃_t
    zt = self.gate_activity_fun[0](X @ self.W[0] + ht_prev @ self.U[0]) + self.b[0]
    rt = self.gate_activity_fun[0](X @ self.W[1] + ht_prev @ self.U[1]) + self.b[1]
    ht_ = self.activity_fun[0](X @ self.W[2] + (rt * ht_prev) @ self.U[2]) + self.b[2]
    self.gru_cell = np.stack((zt, rt, ht_))  # 组合一个GRU单元
    self.ht = (1 - zt) * ht_prev + zt * ht_  # 激活后作为隐藏层的输入

def backward(self, X, ht_cur, gru_cell, d_ht):
    """
    基于反向梯度、上一位置信息和当前位置信息, 对第t位置进行反向传播计算
    """
    zt, rt, ht_ = gru_cell  # GRU单元, 解包
    # 计算中间结果的梯度
    d_ht_ = d_ht * zt * self.activity_fun[1](ht_)
    self.d_W[2] += X.T @ d_ht_
    self.d_U[2] += (rt * ht_cur).T @ d_ht_
    # 计算更新门的梯度
    d_zt = d_ht * (ht_ - ht_cur) * self.gate_activity_fun[1](zt)
    self.d_W[0] += X.T @ d_zt
    self.d_U[0] += ht_cur.T @ d_zt
    # 计算重置门的梯度
    d_rt = (d_ht_ @ self.U[2].T) * ht_cur * self.gate_activity_fun[1](rt)
    self.d_W[1] += X.T @ d_rt
    self.d_U[1] += ht_cur.T @ d_rt
    deltas = np.stack((d_zt, d_rt, d_ht_))
    self.d_b += deltas.sum(axis=1)  # 偏置向量, 针对门控或中间结果求和
    # 上一个位置的梯度信息
    self.d_ht_prev = d_zt @ self.U[0].T + d_rt @ self.U[1].T + \
                    d_rt * (d_ht_ @ self.U[2].T) + d_ht * (1 - zt)
```

2. GRU 网络整体架构, 继承 S-RNN.

```python
# file_name: gru.py
class GRUArchitecture(SRNNArchitecture):
    """
    门控循环单元网络架构, 继承S-RNN架构类SRNNArchitecture
```

```python
    """
    def __init__(self, n_hidden: int = 10, T: int = 10, alpha: float = 0.01,
                 batch_size: int = 20, max_epoch: int = 1000,
                 eval_interval: int = 100, h_activity: str = "tanh",
                 o_activity: str = "linear", optimizer: str = "adam",
                 stop_eps: float =1e-10, max_grad=0.02, rd_seed=None, task: str = "r"):
        SRNNArchitecture.__init__(self, n_hidden, T, alpha, batch_size, max_epoch,
                                  eval_interval, h_activity, o_activity, optimizer,
                                  stop_eps, max_grad, rd_seed, task)  # 继承


    def _init_net_object(self):
        """
        初始化GRU网络中隐藏层对象和输出层对象, 重写父类方法
        """
        n_in, n_h, n_out = self.m_features, self.n_hidden, self.k_out
        self.h_layer = GRUHiddenLayer(n_in, n_h, self.h_activity, *self.params)
        self.o_layer = RNNBaseOutLayer(n_h, n_out, self.o_activity, *self.params)


    def _time_forward_backward(self, X: np.ndarray, y: np.ndarray):
        """
        基于小批次样本集(𝑿, 𝒚), GRU训练一次, 包括各层的正向计算和反向计算
        """
        # 1. 正向传播: 对每个位置t, 从输入层到隐藏层的正向计算
        ht = np.zeros((len(X), self.T + 1, self.n_hidden))  # 每个位置t的输出
        # 每个位置t的门控初始化
        gru_cell_t = np.zeros((3, len(X), self.T + 1, self.n_hidden))
        ht_prev = ht[:, 0, :]  # 表示上一个位置隐藏层的输出, 初始全为0
        for t in range(self.T):
            xt = X[:, t, :]  # 第t位置的样本数据
            self.h_layer.forward(xt, ht_prev)  # 正向传播计算
            ht[:, t + 1, :] = self.h_layer.ht  # 隐藏层的输出更新
            ht_prev = self.h_layer.ht  # 更新上一个位置的输出, 以便循环
            # t位置的门控和记忆元中间结果
            gru_cell_t[:, :, t, :] = self.h_layer.gru_cell
        self.o_layer.forward(self.h_layer.ht)  # 最后位置, 隐藏层到输出层的正向计算
        # 2. 反向传播: 针对输出层和隐藏层依次反向计算各个位置的反向输入梯度
        self.o_layer.backward(y)  # 根据目标值进行反向传播
        d_ht = self.o_layer.d_ht  # 第T个位置隐藏层的反向输入梯度
        # 反向传播: 从第T到第1个位置, 循环计算反向输入梯度
        self.h_layer.reset_zeros_grad()  # 重置参数为零矩阵, 便于累加每个位置的梯度
```

```
    for  t  in  reversed(range(self.T)):
        ht_cur = ht[:, t, :]  # 取隐藏层输出值
        gru_cell = gru_cell_t[:, :, t, :]  # 取t位置的门控和记忆元中间结果
        self.h_layer.backward(X[:, t, :], ht_cur, gru_cell, d_ht)
        d_ht = self.h_layer.d_ht_prev
    # 3. 对GRU模型参数的更新
    self.h_layer.update(self.alpha)  # 输入层到隐藏层
    self.o_layer.update(self.alpha)  # 隐藏层到输出层

def  predict(self, X: np.ndarray):
    """
    对样本X的预测, 返回正向传播中输出层的输出, 重写父类方法
    """
    ht_prev = np.zeros((len(X), self.n_hidden), dtype=np.float64)
    for  t  in  range(self.T):  # 正向传播: 针对每个位置重复循环计算
        self.h_layer.forward(X[:, t, :], ht_prev)  # 取第t个位置的数据并正向计算
        ht_prev = self.h_layer.ht  # 循环计算
    self.o_layer.forward(ht_prev)  # 第T个位置隐藏层到输出层正向计算
    return  self.o_layer.y_hat
```

例 6 以 sklearn.datasets.load_digits 数据集为例, 共 1797 张图片样本, 每张图片为 8×8 的手写数字图像, 设 $T = 4$ 和 $T = 6$, 按照图 14-14 重叠窗口方法构造序列样本, 训练并生成图像.

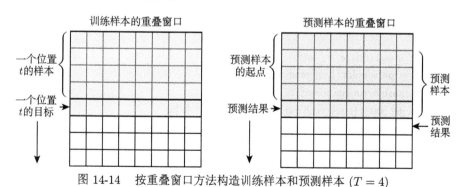

图 14-14   按重叠窗口方法构造训练样本和预测样本 $(T = 4)$

假设 $T = 4$, 每个样本可划分为 $8 - T$ 个样本数据. 即第 1 个样本为前 4 行图像像素 (4×8), 目标为第 5 行像素值 (1×8), 第 2 个样本为第 $2 \sim 5$ 行像素值, 目标为第 6 行像素值, 以此类推, 故为多输入多输出的序列数据. 预测时, 给定预测生成样本的起点样本数据, 根据预测结果重叠构造新样本, 进而不断循环生成预测.

　　序列样本的生成方法、GRU 参数的初始化、GRU 的训练和预测生成如下代码所示.

```
T = 6  # 时间序列的长度, 可修改为4
n_predict = 10  # 用于预测生成图像的张数
digits = datasets.load_digits()  # 加载数据
digits = np.asarray(digits.data)  # 获取样本数据, 形状(1797, 64)
digits_imgs = digits.reshape((-1, 8, 8))  # 重塑, 形状(1797, 8, 8)
digits_imgs /= 15  # 像素映射到0 ~ 1
predict_imgs = digits_imgs[: n_predict]  # 用于显示结果
train_images = digits_imgs[n_predict :]  # 用于训练
n_sample_by_image = 8 - T  # 一张图像可构造的样本数
n_sample = len(train_images) * n_sample_by_image  # 需构造的样本数
# 构造适宜训练的样本集和目标集
X = np.zeros((n_sample, T, 8))  # GRU的样本数据, 形状(3574, 6, 8)
y = np.zeros((n_sample, 8))  # 目标集, 形状(3574, 8)
for i in range(len(train_images)):  # 针对每一张图片
    for j in range(n_sample_by_image): # 该图片可构造的样本数
        sample_id = i * n_sample_by_image + j  # 对应存储的样本索引编号
        X[sample_id] = train_images[i, j:j + T]  # 第i个图像的第j到j + T - 1行
        y[sample_id] = train_images[i, j + T]  # 第i个图像的第j + T行


def generate_images(clf):
    """
    生成并显示图像, clf为训练的GRU对象
    """
    def plt_image(image, i: int):
        ax = plt.subplot(1, n_predict, i + 1)
        plt.imshow(image.tolist())
        ax.get_xaxis().set_visible(False)  # 不显示坐标轴
        ax.get_yaxis().set_visible(False)

    plt.figure(figsize=(10, 1))  # 用于显示原始图像
    for i in range(n_predict):
        plt_image(predict_imgs[i], i)  # 在指定位置显示图像
    plt.show()
    gen_imgs = predict_imgs.copy()
    plt.figure(figsize=(10, 1))  # 基于GRU预测生成图像
    for i in range(n_predict):
        for j in range(n_sample_by_image):
            x = gen_imgs[i, j:j + T].reshape(1, T, 8)
```

```
            gen_imgs[i, j + T] = clf.predict(x)[0]   # 预测
        plt_image(gen_imgs[i], i)
    plt.show()

gru = GRUArchitecture(n_hidden=128, T=T, alpha=0.001, batch_size=32,
                    max_epoch=201, eval_interval=5, optimizer="adam")
gru.fit(X, y)   # 训练GRU模型
generate_images(gru)   # 显示并预测生成图像
```

如图 14-15 所示, 第 1 行为原数字图像, 当 $T = 6$ 时, 对应第 3 行图像的预测生成, 效果不错; 而当 $T = 4$ 时, 对应第 2 行图像的预测生成, 对每张图像的后四行的预测效果不是特别理想, 其中 0, 1, 6 生成稍好.

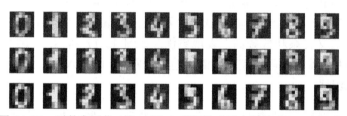

图 14-15   原数字图像 (第 1 行) 与预测生成数字图像 (第 2 和 3 行)

■ 14.4   自然语言处理

自然语言处理 (NLP) 是人工智能领域处理自然语言的学科, 其目的是让计算机理解、生成和处理人类自然语言, 故 NLP 的主要任务包括语言理解、语言生成和语言表示. NLP 按发展历程可包括统计学习方法、深度学习方法和 Transformer 模型.

14.4.1   word2vec 模型

语言由单词组成, 让计算机理解单词的含义尤为重要, 词向量就是将自然语言转化为计算机可理解的语言, 即把自然语言的单词映射到实数向量空间, 也称之为词嵌入 (word embedding), 进而将自然语言问题转换为机器学习的问题. 主流的词向量方法主要有独热编码表示 (one-hot encoding representation) 模型和分布式表示 (distributed representation) 模型, 而分布式表示代表性的方法有: 基于计数的方法和基于推理的方法. 如图 14-16 所示, 基于推理的方法通过输入上下文, 预测输出各个单词的出现概率.

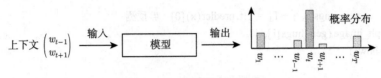

图 14-16　基于推理的方法

word2vec (word to vector) 是基于推理方法的代表性模型, 由 Google 的 Tomas Mikolov[7] 于 2013 年创建, 是一种无监督的, 基于预测性深度学习的模型, 主要用于计算和生成高质量、分布式和连续稠密 (dense) 向量表示的词汇, 以捕获上下文和语义的相似度. 该模型可以吸收大量文本语料库, 创建可能的词汇表, 并为代表该词汇表的向量空间中的每个单词生成稠密的词嵌入. Mikolov 主要提出连续词袋 CBOW (continuous bag-of-words) 模型和跳元加负采样 (skip-gram model with negative sampling) 模型, 简称 skip-gram 词向量模型. CBOW 适用于小型语料库, 对高频词表现更好, 而 skip-gram 在大型语料库中表现更好, 在捕捉复杂语义关系和低频词上表现更优. 如图 14-17 所示, 考虑窗口大小为 2 的上下文, 两种模型都可以表示为简单的神经网络, 由输入层、投影 (projection) 层和输出层组成.

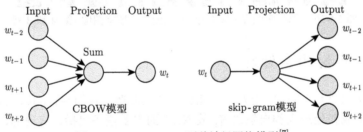

图 14-17　word2vec 两种神经网络模型[7]

假设包含单词 $w_1, w_2, \cdots, w_T$ 的语料库, 训练 word2vec 模型, 以 CBOW 为例, 如图 14-18 所示, 不断滑动窗口可获得训练样本. CBOW 模型假设每个单词的选取都由相邻的单词决定, 故而其输入是 w_t 周边的词, 预测输出 w_t, 即 $(w_{t-2}, w_{t-1}, w_{t+1}, w_{t+2}) \rightarrow w_t$, 形式化表示为条件概率 $P(w_t|w_{t-2}, w_{t-1}, w_{t+1}, w_{t+2})$. 假设上下文窗口大小为 m, 则模型输入是 $2m$ 个上下文词的向量表示, 输出是中心目标词的概率分布, 则在整个语料库上的代价函数可表示为负对数似然

$$\mathcal{J} = -\frac{1}{T} \sum_{t=1}^{T} \log P(w_t|w_{t-m}, \cdots, w_{t-1}, w_{t+1}, \cdots, w_{t+m}). \qquad (14\text{-}30)$$

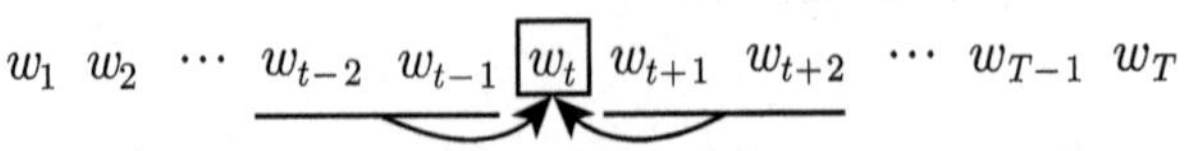

$$w_1 \quad w_2 \quad \cdots \quad w_{t-2} \quad w_{t-1} \quad \boxed{w_t} \quad w_{t+1} \quad w_{t+2} \quad \cdots \quad w_{T-1} \quad w_T$$

图 14-18　CBOW 模型: 从上下文的单词预测目标词

CBOW 类似于 "完形填空", skip-gram 模型则相反, 其类似于 "词语联想". skip-gram 假设句子中的每个词都决定了相邻词的选取, 故其输入是 w_t, 预测输出是 w_t 周边的词, 即 $w_t \to (w_{t-2}, w_{t-1}, w_{t+1}, w_{t+2})$, 形式化表示为条件概率 $P(w_{t-2}, w_{t-1}, w_{t+1}, w_{t+2}|w_t)$. 假设上下文单词之间独立, 考虑中心词作为输入单词预测上下文单词, 窗口大小为 m, 则在整个语料库上的代价函数可表示为

$$\mathcal{J} = -\frac{1}{T} \sum_{t=1}^{T} \big(\log P(w_{t-m}|w_t) + \cdots + \log P(w_{t-1}|w_t)$$

$$+ \log P(w_{t+1}|w_t) + \cdots + \log P(w_{t+m}|w_t) \big). \tag{14-31}$$

从式 (14-31) 可以看出, skip-gram 模型的预测次数和上下文单词数一样多. 从单词的分布式表示的准确度来说, 大多数情况下, skip-gram 模型的结果更好.

在处理大规模语料库时, CBOW 模型存在着计算和存储效率问题. Embedding(源于 word embedding) 就是用一个数值向量表示一个对象 (object) 的方法, 是将稀疏高维特征向量转换成稠密低维特征向量的过程, 具有降维的作用. 通过训练得到的 Embedding 向量融合了大量有价值信息, 这些向量能够捕捉原始数据的语义、结构或关系, 故而 Embedding 也是融合大量基本特征生成高阶特征向量的有效手段, 具有升维的作用. Embedding 具有计算效率高、表达能力强的特点. 如图 14-19 所示, word2vec 是 Embedding 的一种代表性的词嵌入方法.

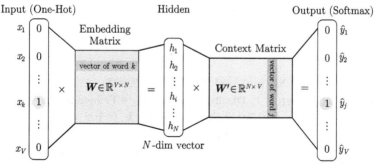

图 14-19　word2vec 模型通过 Embedding 提取词向量

在图 14-19 中, 输入层和输出层的维度都是 V, 即语料库词典大小, 输入向量 (假设一个单词) 是由输入单词转换而来的 One-Hot 向量, 输出向量则是由多个输出单词转换而来的 Multi-Hot 编码向量. 显然, 基于 skip-gram 模型的 word2vec 解决的是一个多分类问题. 隐藏层的维度是 N (通常比输入层的节点少, 将预测单词所需的信息压缩保存), 需调参, 取决于模型效果和模型复杂度间的权衡, 且每个词的 Embedding 向量维度也由 N 决定, 无需激活函数, 而输出层神经元

采用 Softmax 作为激活函数. 训练完 word2vec 的神经网络后, 每个词对应的 Embedding 向量就蕴含在输入向量矩阵 $\boldsymbol{W}_{V\times N}$ 中, 其每一个行向量对应的就是要查找的词向量, 保存着每个单词的分布式表示 (不同的语料库, 单词的分布式表示也不一样). 如要查找词典里第 k 个词对应的 Embedding 向量, 因为输入向量已经过 One-Hot 编码, 记为 $\boldsymbol{x} \in \mathbb{R}^{V\times 1}$, 所以输入向量的第 k 维是 1, 则输入向量矩阵 $\boldsymbol{W}_{V\times N}$ 第 k 行的行向量自然就是该词的 Embedding 向量, 实际上是向量与矩阵的乘积 $\boldsymbol{W}^{\mathrm{T}}\boldsymbol{x}$. 输出向量矩阵 $\boldsymbol{W}'$ 也遵循这个原理, 其在列方向上保存了各个单词的分布式表示, 但一般习惯于使用输入向量矩阵作为词向量矩阵, 且转换为词向量查找表 (lookup table).

算法设计如下:

```python
class TimeEmbedding:
    """
    T个位置的Embedding, 顺序执行Embedding单元, 实现正向传播、反向传播和参数更新
    """
    def __init__(self, W: np.ndarray, optimizer: str):
        self.W = W  # Embedding的权重矩阵
        self.d_W = np.zeros_like(W) # 初始化权重矩阵的更新增量
        self.layers = None # 记录T个状态的Embedding对象, 便于反向传播
        self.opt_W = OptimizerUtils(theta=W, optimizer=optimizer)  # 优化方法

    def forward(self, Xs: np.ndarray):
        """
        基于输入的序列数据Xs, 其维度形状为(N,T), 进行T个位置的正向传播
        """
        (N, T), (_, D) = Xs.shape, self.W.shape # 维度解包
        he_hat = np.empty((N, T, D), dtype=np.float64) # Embedding预测输出
        self.layers = [] # 记录T个状态的Embedding对象, 便于反向传播
        for t in range(T): # 针对每个位置, 正向传播
            layer = Embedding(self.W) # 初始化第t个位置状态的Embedding
            he_hat[:, t, :] = layer.forward(Xs[:, t]) # 正向传播
            self.layers.append(layer) # 存储已正向传播的第t个位置对象
        return he_hat

    def backward(self, d_out: np.ndarray):
        """
        基于反向的梯度d_out, 进行T个位置的反向传播, d_out维度形状(N,T,D)
        """
        for t in range(d_out.shape[1]): # 针对每个位置, 反向传播
```

```
        self.layers [t].backward(d_out[:, t, :])   # 反向传播
        self.d_W += self.layers [t].d_W # 累加梯度

    update = lambda self : self.opt_W.update(self.d_W)  # 更新Embedding模型参数


class Embedding:
    """
    某t位置的Embedding层, 保存单词的分布式表示, 无激活函数
    """
    def __init__(self, W: np.ndarray):
        self.W = W # 权重
        self.d_W = np.zeros_like(W) # 梯度
        self.idx = None  # 标记单词ID, 便于反向传播

    def forward(self, idx: np.ndarray):
        self.idx = idx  # 单词ID对应的索引行
        return  self.W[idx]  # 返回单词ID对应的权重, 二维数组

    def backward(self, d_out: np.ndarray):
        np.add.at(self.d_W, self.idx, d_out)  # 根据idx指定的索引进行dW + d_out
```

14.4.2 Seq2Seq 模型

Seq2Seq (Sequence-to-Sequence) 是一种用于处理序列数据的神经网络结构, 顾名思义, Seq2Seq 将输入序列转换为输出序列. Seq2Seq 由一个编码器 Encoder 和一个解码器 Decoder 组成, 且编码器和解码器都有一个 RNN (LSTM 或 GRU), 又叫 Encoder-Decoder 模型. 编码器的作用是将输入序列转换成一个固定长度的上下文向量, 解码器的任务是从上下文向量中生成输出序列. Seq2Seq 模型广泛应用于机器翻译、自动摘要、问答系统和自动图像描述等领域.

如图 14-20 所示, 对于编码器, h_0 为初始化隐状态, $x_1, x_2, \cdots, x_T$ 是输入单词序列, 编码器的输出被丢弃, 在 Seq2Seq 中没有作用, 只关心隐藏的编码器状态 $h_1, h_2, \cdots, h_T$. 上下文向量 (context vector) h_c 由编码器的最后一个隐状态 h_T 得到, 是一个固定长度的向量, 包含了输入单词序列的信息. 对于解码器, h_c 为输入, $\hat{y}_1, \hat{y}_2, \cdots, \hat{y}_{T'}$ 是输出单词序列, 在每个位置, 解码器基于上一个位置的输出、当前的隐状态和上下文向量来生成当前位置的输出. 故而, Seq2Seq 将输入序列经过一个 RNN 获得隐状态 h_c 后, 再用另一个 RNN 来对 h_c 解码, 得到输出序列. Seq2Seq 架构的设计方式使其可以接受可变数量的输入并产生可变数量的输

出, 可以理解为一种 $T \times T'$ 的模型. Seq2Seq 模型有各种变体, 如图 14-21, (a) 图可以将 $\boldsymbol{h}_c$ 作为解码器的每一位置的输入, (b) 图将解码器每一位置的输出作为下一位置的输入 (自回归模型), 也可在 (a) 图基础上将解码器每一位置的输出作为下一位置的输入 ((b) 图虚线箭头).

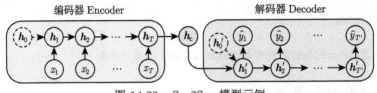

图 14-20　Seq2Seq 模型示例

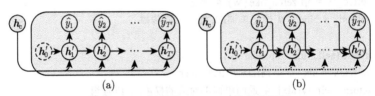

(a)　　　　　　　　　　　　　(b)

图 14-21　解码器 Decoder 的变体示例

Seq2Seq 模型形式化为最大化条件概率

$$P(\hat{y}_1, \hat{y}_2, \cdots, \hat{y}_{T'}|x_1, x_2, \cdots, x_T) = \prod_{t=1}^{T'} P(\hat{y}_t|\boldsymbol{h}_c, \hat{y}_1, \hat{y}_2, \cdots, \hat{y}_{t-1}), \qquad (14\text{-}32)$$

其中 $P(\hat{y}_t|\boldsymbol{h}_c, \hat{y}_1, \hat{y}_2, \cdots, \hat{y}_{t-1})$ 是输出序列第 t 个位置上单词出现的条件概率. 式 (14-32) 展开为

$$P(\hat{y}_1, \hat{y}_2, \cdots, \hat{y}_{T'}|x_1, x_2, \cdots, x_T)$$
$$= P(\hat{y}_1|\boldsymbol{h}_c) P(\hat{y}_2|\boldsymbol{h}_c, \hat{y}_1) \cdots P(\hat{y}_{T'}|\boldsymbol{h}_c, \hat{y}_1, \hat{y}_2, \cdots, \hat{y}_{T'-1}).$$

以 LSTM 为例, 假设 $\boldsymbol{h}_0 = \boldsymbol{0}$, 编码器的隐状态是

$$\boldsymbol{h}_t = f(\boldsymbol{x}_t, \boldsymbol{h}_{t-1}), \quad t = 1, 2, \cdots, T, \qquad (14\text{-}33)$$

其中 $\boldsymbol{h}_t$ 是当前位置的隐状态, $\boldsymbol{h}_{t-1}$ 是前一个位置的隐状态, $\boldsymbol{x}_t$ 是当前位置的输入单词的词向量 (如经过 Embedding 层后输出的词向量), f 是 LSTM 处理单元. 设 q 为某种变换函数, 上下文向量 $\boldsymbol{h}_c$ 可由如下三种形式

$$\boldsymbol{h}_c = \boldsymbol{h}_T, \quad \boldsymbol{h}_c = q(\boldsymbol{h}_T), \quad \boldsymbol{h}_c = q(\boldsymbol{h}_1, \boldsymbol{h}_2, \cdots, \boldsymbol{h}_T) \qquad (14\text{-}34)$$

得到. 即 $\boldsymbol{h}_c$ 可以直接使用最后一个神经元的隐状态 $\boldsymbol{h}_T$ 表示, 可以在 $\boldsymbol{h}_T$ 上进行某种变换 $q(\boldsymbol{h}_T)$ 而得到, 也可以使用所有神经元的隐状态计算变换 $q(\boldsymbol{h}_1, \boldsymbol{h}_2, \cdots, \boldsymbol{h}_T)$ 得到. 得到 $\boldsymbol{h}_c$ 之后, 需要传递到解码器.

　　解码器有多种不同的结构, 针对图 14-20 结构, 可表示为

$$\boldsymbol{h}'_1 = \sigma\left(\boldsymbol{W} \cdot \boldsymbol{h}_c + \boldsymbol{b}\right), \quad \boldsymbol{h}'_t = \sigma\left(\boldsymbol{W} \cdot \boldsymbol{h}'_{t-1} + \boldsymbol{b}\right), \quad \hat{\boldsymbol{y}}_t = \sigma\left(\boldsymbol{V} \cdot \boldsymbol{h}'_t + \boldsymbol{c}\right). \quad (14\text{-}35)$$

针对图 14-21 (a) 结构, 可表示为

$$\boldsymbol{h}'_t = \sigma\left(\boldsymbol{W} \cdot \boldsymbol{h}_c + \boldsymbol{U} \cdot \boldsymbol{h}'_{t-1} + \boldsymbol{b}\right), \quad \hat{\boldsymbol{y}}_t = \sigma\left(\boldsymbol{V} \cdot \boldsymbol{h}'_t + \boldsymbol{c}\right). \quad (14\text{-}36)$$

针对图 14-21 (b) 结构, 可表示为

$$\boldsymbol{h}'_t = \sigma\left(\boldsymbol{W} \cdot \boldsymbol{h}_c + \boldsymbol{U} \cdot \boldsymbol{h}'_{t-1} + \boldsymbol{V} \cdot \hat{\boldsymbol{y}}_{t-1} + \boldsymbol{b}\right), \quad \hat{\boldsymbol{y}}_t = \sigma\left(\boldsymbol{V} \cdot \boldsymbol{h}'_t + \boldsymbol{c}\right). \quad (14\text{-}37)$$

此外, 针对式 (14-37), 解码器使用了一个称为强制教学 (teacher forcing) 的过程, 解码器在第 t 位置的输入不是第 $t-1$ 位置的输出, 相反, 第 t 位置的输入始终是第 $t-1$ 位置的目标序列中的正确字符, 如图 14-22 所示, 其中 $y_1, y_2, \cdots, y_{T'-1}$ 为正确字符. 之所以引入强制教学, 是因为如果上一个神经元的输出是错误的, 则下一个神经元的输出也很容易错误, 导致错误会一直传递下去.

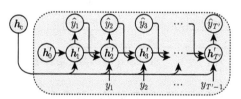

图 14-22　　使用强制教学的 Decoder

Seq2Seq 训练的技巧:

　　(1) 反转输入数据序列的顺序, 如 $ABC \rightarrow \mathcal{WXYZ}$ 转化为 $CBA \rightarrow \mathcal{WXYZ}$. 若输入序列不反转, 则源句中每个源单词与输出对应单词距离较远, 而反转输入序列, 输入、输出单词之间的平均距离不变, 且第一个输入的单词会彼此相邻, 梯度可以直接传递. 故而反转数据后梯度的传播更加平滑, 学习效率更高.

　　(2) 编码器将输入语句转化为固定长度的向量 $\boldsymbol{h}_c$, 且 $\boldsymbol{h}_c$ 集中了编码器所需的全部信息, 为了更充分利用 $\boldsymbol{h}_c$, 将 $\boldsymbol{h}_c$ 分配给所有位置的 Affine 层和 LSTM 层, 不仅仅存在于 LSTM 层, 也即其他层也能 "偷窥" (peeky) 到信息 $\boldsymbol{h}_c$, 如图 14-23 所示.

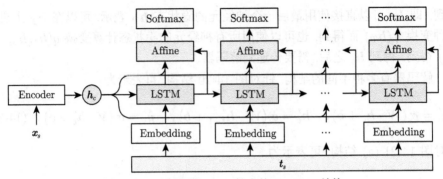

图 14-23　添加了 peeky 技术的 Seq2Seq 结构

为适应图 14-23 的架构, 需重写 LSTM 类, 并对 T 个位置的 LSTM 进行封装, 便于整体计算和信息的传播, 构成类 TimeLSTM, 同理设计仿射变换层 TimeAffine、嵌入层 TimeEmbedding 和 Softmax 层的 TimeSoftmax, 如图 14-24 所示. 限于篇幅, 不再列出详细代码[①].

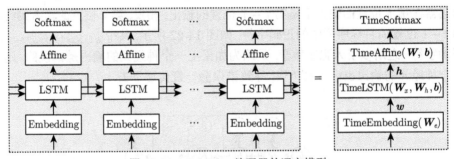

图 14-24　Seq2Seq 编码器的语言模型

1. 编码器 Encoder 的算法设计. Encoder 仅需要 TimeEmbedding 和 TimeL-STM, 隐状态向量 h_c 由 Encoder 最后一个隐状态 h_T 获得.

```
class Encoder:
    """
    Seq2Seq编码器, 包括TimeEmbedding +Time LSTM, 正向传播、反向传播和参数更新
    """
    def __init__(self, V: int, D: int, H: int, optimizer: str):
        We = np.random.randn(V, D) / 100.0  # TimeEmbedding权重
        self.embed = TimeEmbedding(We, optimizer)  # 初始化TimeEmbedding对象
        Wx = np.random.randn(D, 4 * H) / np.sqrt(D)  # He初始化, 组合了门控和记忆元
        Wh = np.random.randn(H, 4 * H) / np.sqrt(H)  # He初始化
```

①　在算法设计思路上, 本节参考了文献 [6], 并做了修改. 可通过下载本书源代码具体查看各层实现.

```
        b = np.zeros(4 * H, dtype=np.float64)  # 偏置项, 零向量
        self.lstm = TimeLSTM(Wx, Wh, b, optimizer, stateful=False)  # TimeLSTM对象
        self.hs = None  # 记录TimeLSTM隐状态结果, 便于反向传播

    def forward(self, Xs: np.ndarray):
        """
        基于序列数据Xs (一个批次量N, 样本序列长度T), 编码器的正向传播
        """
        Xs = self.embed.forward(Xs)  # TimeEmbedding, 输出Xs维度形状(N, T, D)
        self.hs = self.lstm.forward(Xs)  # TimeLSTM, hs维度形状(N, T, H)
        hc = self.hs[:, -1, :]  # 最后一个隐状态的结果向量
        return hc

    def backward(self, d_hc: np.ndarray):
        """
        基于解码器反向的梯度d_hc, 编码器的反向传播
        """
        d_hs = np.zeros_like(self.hs)  # 初始化, 维度形状(N, T, H)
        d_hs[:, -1, :] = d_hc  # 赋值给最后一个隐状态, 继续反向
        d_out = self.lstm.backward(d_hs)  # TimeLSTM, 输出维度形状(N, T, D)
        self.embed.backward(d_out)  # TimeEmbedding反向传播

    def update(self, max_grad_norm: float):
        self.embed.update()  # TimeEmbedding层更新模型参数
        self.lstm.update(max_grad_norm)  # TimeLSTM层更新模型参数
```

2. 解码器 Decoder 的算法设计. Decoder 包含了 TimeEmbedding、TimeL-STM 和 TimeAffine.

```
class Decoder:
    """
    Seq2Seq解码器, 包含反转和peeky偷窥技术, 采用了强制学习策略
    """
    def __init__(self, V: int, D: int, H: int, optimizer: str):
        self.embed = TimeEmbedding(np.random.randn(V, D) / 100.0, optimizer)
        Wx = np.random.randn(H + D, 4 * H) / np.sqrt(H + D)  # 使用了peeky
        Wh = np.random.randn(H, 4 * H) / np.sqrt(H)  # 隐状态不使用peeky
        b = np.zeros(4 * H, dtype=np.float64)  # 偏置, 零向量
        self.lstm = TimeLSTM(Wx, Wh, b, optimizer, stateful=True)  # TimeLSTM初始化
        W = np.random.randn(H + H, V) / np.sqrt(H + H)  # 使用了peeky
        b = np.zeros(V, dtype=np.float64)  # TimeAffine的偏置项
```

```
        self.affine = TimeAffine(W, b, optimizer)  # TimeAffine初始化
        self.H = H  # 由于使用peeky技术, 便于组合信息, 故标记隐藏层节点数

    def forward(self, ts: np.ndarray, hc: np.ndarray):
        """
        基于目标序列数据ts[:, :-1]和编码器的隐状态hc, 实现解码器的正向传播
        """
        (N, T), (N, H) = ts.shape, hc.shape  # 维度解包
        self.lstm.set_state(hc)  # TimeLSTM设置状态
        e_out = self.embed.forward(ts)  # TimeEmbedding正向传播, 强制教学
        hs = np.repeat(hc, T, axis=0).reshape(N, T, H)  # hc重复T个位置, peeky技术
        hs_in = np.concatenate((hs, e_out), axis=2)  # 组合, 以便同时输入TimeLSTM
        hs_in = self.lstm.forward(hs_in)  # TimeLSTM正向传播
        hs_in = np.concatenate((hs, hs_in), axis=2)  # 组合, 以便同时输入TimeAffine
        score = self.affine.forward(hs_in)  # TimeAffine层正向传播
        return  score

    def backward(self, d_score: np.ndarray):
        """
        基于TimeSoftmax层的反向传播的梯度d_score, 实现解码器的反向传播
        """
        d_out = self.affine.backward(d_score)  # TimeAffine层反向传播
        # 由于正向传播使用了peeky技术对hs和out进行组合, 故需要解组合
        d_out, d_hs0 = d_out[:, :, self.H:], d_out[:, :, :self.H]
        d_out = self.lstm.backward(d_out)  # TimeLSTM层反向传播
        d_embed, d_hs1 = d_out[:, :, self.H:], d_out[:, :, :self.H]
        self.embed.backward(d_embed)  # TimeEmbedding层反向传播
        d_hs = d_hs0 + d_hs1  # TimeAffine和TimeEmbedding隐状态hc的梯度和
        d_hc = self.lstm.d_h + np.sum(d_hs, axis=1)  # 解码器反向的hc梯度
        return  d_hc

    def update(self, max_grad_norm: float):
        self.embed.update()  # TimeEmbedding层更新模型参数
        self.lstm.update(max_grad_norm)  # TimeLSTM层更新模型参数
        self.affine.update()  # TimeAffine层更新模型参数

    def generate(self, hc: np.ndarray, start_id: int, sample_size: int):
        """
        基于编码器输出的隐状态hc, 开始输入的字符ID和生成的字符数量, 生成目标文本
        """
```

```
        gen_samples = []  # 列表存储生成的文本
        char_id = start_id  # 开始的字符ID, 从此开始生成
        self.lstm.set_state(hc)  # 重设LSTM的隐状态
        peeky_h = hc.reshape(1, 1, hc.shape[1])  # 重塑, 与TimeEmbedding层输出同维度
        for _ in range(sample_size):
            char = np.array([char_id]).reshape((1, 1))  # 重塑为一个样本序列
            out = self.embed.forward(char)  # TimeEmbeding正向传播
            out = np.concatenate((peeky_h, out), axis=2)  # peeky技术, 组合
            out = self.lstm.forward(out)  # TimeLSTM正向传播
            out = np.concatenate((peeky_h, out), axis=2)  # peeky技术, 组合
            score = self.affine.forward(out)  # TimeAffine正向传播
            # 获取得分最大值的字符ID(char_id), 继续以char_id生成后续文本
            char_id = np.argmax(score.flatten())
            gen_samples.append(char_id)  # 存储生成的字符ID
        return gen_samples
```

3. 基于 NLP 的 Seq2Seq 模型架构设计, 包含了 Encoder、Decoder 和 Time-Softmax.

```
class Seq2SeqNLP:
    """
    使用了peeky技术的Seq2Seq架构, 并根据参数is_reverse是否反转数据序列
    """
    def __init__(self, vocab_size: int,  # 语料库词典大小, 输入节点数
                 wordvec_size: int,  # 词向量大小, Embeding隐藏层节点数
                 hidden_size: int,  # LSTM隐藏层节点数
                 is_reverse: bool = True,  # 是否反转数据序列
                 optimizer: str = "adam", max_grad_norm: float = None,
                 max_epoch: int = 10, batch_size: int = 32, eval_interval: int = 20):
        # 初始化编码器和解码器
        self.encoder = Encoder(vocab_size, wordvec_size, hidden_size, optimizer)
        self.decoder = Decoder(vocab_size, wordvec_size, hidden_size, optimizer)
        self.softmax = TimeSoftmax()  # 初始化带有交叉熵损失的Softmax层
        self.eval_interval = eval_interval  # 每隔 eval_interval 个批次评估一次训练损失
        self.max_epoch = max_epoch  # 最大训练次数
        self.n_bt = batch_size  # 训练样本的批次量
        self.max_grad_norm = max_grad_norm  # 梯度剪裁的最大梯度范数值
        self.is_reverse = is_reverse  # 是否对输入数据反转
        self.training_loss = []  # 存储训练过程的损失
        self.current_epoch = 0  # 模拟全局变量, 外层训练次数
```

```python
def _forward(self, Xs: np.ndarray, ts: np.ndarray):
    """
    基于一个批次的样本序列Xs和目标ts, Seq2Seq的正向传播
    """
    hc = self.encoder.forward(Xs)  # 编码器的正向传播, 获得全部信息的hc向量
    # 采用了强制教学(teacher forcing), 解码器的输入不包括最后一个目标
    score = self.decoder.forward(ts[:, :-1], hc)  # 解码器的正向传播
    # 采用了强制教学, TimeSoftmax层的输入不包括第一个目标
    loss = self.softmax.forward(score, ts[:, 1:])  # TimeSoftmax层
    return loss

def _backward(self):
    """
    Seq2Seq的反向传播
    """
    d_out = self.softmax.backward(1.0)  # TimeSoftmax层的反向传播
    d_hc = self.decoder.backward(d_out)  # 解码器的反向传播
    self.encoder.backward(d_hc)  # 编码器的反向传播

def _update(self):
    self.encoder.update(self.max_grad_norm)  # 编码器更新
    self.decoder.update(self.max_grad_norm)  # 解码器更新

def fit(self, X_train, y_train):
    """
    基于训练数据(X_train, y_train)的Seq2Seq训练
    """
    if self.is_reverse: X_train = X_train[:, ::-1]  # 反转序列数据
    n_batch = len(X_train) // self.n_bt  # 小批量, 样本共分的批次数
    total_loss, count_loss, avg_loss = 0, 0, 0  # 损失与评估损失次数
    for epoch in range(self.max_epoch):
        idx = np.random.permutation(np.arange(len(X_train)))  # 随机样本索引
        X, y = X_train[idx], y_train[idx]  # 根据随机样本索引打乱样本
        for j in range(n_batch):
            batch_X = X[j * self.n_bt: (j + 1) * self.n_bt]  # 小批次样本
            batch_y = y[j * self.n_bt: (j + 1) * self.n_bt]  # 小批次样本目标
            batch_loss = self._forward(batch_X, batch_y)  # Seq2Seq正向传播
            self._backward()  # Seq2Seq反向传播, 计算梯度和参数更新增量
            self._update()  # Seq2Seq更新各模型参数
            total_loss, count_loss = total_loss + batch_loss, count_loss + 1
```

```
                    if (self.eval_interval is not None) and (j % self.eval_interval) == 0:
                        avg_loss = total_loss / count_loss  # 平均损失
                        print ("epoch %d | iter  %d / %d | avg_loss %.2f"
                                % (self.current_epoch + 1, j + 1, n_batch, avg_loss))
                        total_loss, count_loss = 0, 0  # 重置
                self.training_loss.append(float(avg_loss))  # 存储平均损失
                self.current_epoch += 1  # 整体训练次数增一

    def generate(self, Xs: np.ndarray, start_id: int, sample_size: int):
        """
        基于待生成的数据序列Xs、开始输入的字符ID和生成的字符数量, 生成目标文本
        """
        hc = self.encoder.forward(Xs)  # 编码器正向传播, 获得隐状态 hc
        return self.decoder.generate(hc, start_id, sample_size)

    def eval_seq2seq(self, Xs: np.ndarray, Ts: np.ndarray, id_to_char: dict,
                        verbose: bool = False):
        """
        评估模型Seq2Seq训练过程的精度, Xs为待预测的数据序列, Ts为目标字符ID
        """
        Ts = Ts.flatten()  # 目标字符ID展平
        start_id, Ts = Ts[0], Ts[1:]  # 拆分开头的分隔符和目标字符ID
        pred_chars = self.generate(Xs, start_id, len(Ts))  # 以 start_id 开始循环生成字符
        # 数据序列ID对应的字符串
        X_chars = ''.join([id_to_char[int(c)] for c in Xs.flatten()])
        T_chars = ''.join([id_to_char[int(c)] for c in Ts])  # 目标字符ID对应的字符串
        pred_chars = ''.join([id_to_char[int(c)] for c in pred_chars])  # 预测的字符串
        if verbose:  # 是否打印输出
            X_chars = X_chars[::-1] if self.is_reverse else X_chars  # 是否需要反转
            pred_out = "\n√: " + pred_chars if T_chars == pred_chars \
                    else "\n×: " + pred_chars
            print("Q:", X_chars, "\nT:", T_chars, pred_out + "\n" + "=" * 30)
        return 1 if pred_chars == T_chars else 0
```

例 7 加法数据集[1][6], 共包含 50000 个加法样本. 加数范围 0~999, 故输入的最大字符数为 7, 输出字符添加了分隔符 "_", 故最大输出字符数为 5. 数据示例如下:

---

① 数据集制作参考 Keras 的 Seq2Seq 的实现. Implementation of sequence to sequence learning for performing additon of two numbes (as strings).

$$(52 + 607, \ \_659), (5 + 3, \ \_8), (706 + 796, \ \_1502), \cdots.$$

加法数据集共包含不同的字符 13 个, 分别是数字 0~9、空白字符 " "、加号 "+" 和下划线 "_".

针对不同的加法样本, 由于输入和输出字符数长度不一致, 故是可变长度的序列数据. 具体训练和预测时, 可对输入序列和输出序列填充空白字符, 使得所有输入和输出长度均为 (7,5). 主要测试代码如下:

```
vocab_size, wordvec_size, hidden_size = len(char_to_id), 20, 128 # 设置参数
X_test = X_test [:, ::-1]  # 反转测试数据, 共5000个
model = Seq2SeqNLP(vocab_size, wordvec_size, hidden_size, is_reverse=True,
                   optimizer="adam", eval_interval=20, max_epoch=1,
                   batch_size=128, max_grad_norm=1.0) # 对象初始化, 参数设置
acc_test_list = []  # 用于存储训练过程中测试样本的精度列表
for epoch in range(25):  # 训练评估25次
    model.fit(X_train, y_train)  # 训练一次, 训练样本45000个
    correct_num = 0  # 记录预测正确的样本数
    for i in range(len(X_test)):  # 针对每一个测试样本
        Q, T = X_test[[i]], y_test[[i]]  # 获取输入数据序列和目标序列
        verbose = i < 10  # 一个bool值, 只显示前10个问题
        correct_num += model.eval_seq2seq(Q, T, id_to_char, verbose)  # 评估
    acc = float(correct_num) / len(X_test)  # 计算精度
    acc_test_list.append(acc)  # 存储
```

结果如图 14-25 所示, 基于 peeky 技术, 在反转数据序列的情况下, 经过几次训练, 训练和测试样本的预测精度提升非常快, 测试精度略低于训练精度, 无过拟合现象. 对比数据序列反转与否, 测试样本的预测精度有一定的差异. 通常情况下, 反转输入数据序列的训练和预测效果更好.

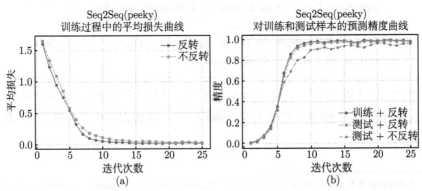

图 14-25　Se2Seq 模型训练过程中的损失曲线和对测试样本的预测精度曲线

14.4.3 Attention 机制

在深度学习领域, 随着模型性能的提升, 模型的计算复杂度和参数数量也在迅速增加, 如何让模型更高效地捕获输入数据中的信息是近年来研究的热点, 而注意力机制 (attention mehanism, 简称 Attention) 是深度学习领域最重要的技术之一. 基于 Attention, Seq2Seq 可以像人类的视觉系统一样, 将有限的 "注意力" 集中在必要的信息上, 并根据信息的重要性来分配注意力, 从而节省资源, 快速捕获最有效的信息. Attention 分为空间注意力和时间注意力, Attention 结合 CNN 卷积操作可以提取重要特征, 对图像进行处理; Attention 结合 LSTM, 对所有步骤的隐藏层进行加权, 把注意力集中到整段文本中比较重要的隐藏层信息, 用于自然语言处理. 本节仅介绍基于 Seq2Seq 的 Attention.

在 Seq2Seq 模型中, 编码器的输出向量 $\boldsymbol{h}_c$ 是固定长度的, 表示能力有限, 上下文语义信息受到了限制. 在自然语言中, 一个句子中的不同部分有不同含义和重要性, 如 "I enjoy deep learning", 在情感分析场景, 应该对单词 "enjoy" 做更多的关注. 故而, 编码器的输出长度应该根据输入文本的长度相应地改变, 在 Attention 机制中, 可通过获取 LSTM 所有隐藏层的状态 $\boldsymbol{h}_1, \boldsymbol{h}_2, \cdots, \boldsymbol{h}_T$ 来实现, 且各个位置的隐状态包含了大量当前位置的输入单词的信息, 则编码器的输出隐状态集合 $\boldsymbol{H} = \{\boldsymbol{h}_t\}_{t=1}^T$ 可视为各个单词对应的向量集合, 如图 14-26 所示.

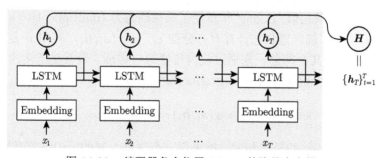

图 14-26   编码器各个位置 LSTM 的隐状态向量

```
class AttentionEncoder(Encoder):
    """
    带有Attention机制的编码器, 继承Encoder, 由于解码器需要计算编码器的全部隐状态,
    故重写父类的正向传播和反向传播算法, 模型参数与Seq2Seq相同.
    """
    def forward(self, Xs: np.ndarray):
        Xs = self.embed.forward(Xs)    # TimeEmbedding的正向传播, 获得词向量集合
        return self.lstm.forward(Xs)   # 返回T个位置的LSTM的所有隐状态
```

```
def backward(self, d_enc_hs: np.ndarray):
    d_out = self.lstm.backward(d_enc_hs) # 基于所有隐状态梯度d_enc_hs, 反向传播
    return self.embed.backward(d_out) # TimeEmbedding的反向传播
```

解码器提供了一种计算方法来处理所有编码器的 LSTM 隐状态, 而不仅是最后一个状态. 解码器所做的工作是提取单词对齐 (alignment) 信息, 具体来说, 就是从 H 中选出与各个位置解码器输出的单词有对应关系的单词向量. 如图 14-27 所示, h_i 是编码器的 LSTM 层第 i 个隐状态向量, s_t 是解码器的 LSTM 层第 t 个隐状态向量, 注意力机制通过在编码器和解码器之间插入一个额外的上下文向量 c_t 来工作, c_t 表示为所有编码器的 LSTM 层隐状态的加权和, 包含了当前 t 位置进行变换 (如翻译) 所需的信息, 即

$$c_t = \sum_{i=1}^{T} \alpha_{t,i} h_i, \quad \alpha_{t,i} = \mathrm{softmax}\left(e_{t,i}\right) = \exp\left(e_{t,i}\right) \Big/ \sum_{j=1}^{T} \exp\left(e_{t,j}\right), \quad (14\text{-}38)$$

其中 T 为编码器隐状态数, $\alpha_{t,i}$ 是当前解码器在第 t 位置的上下文中与 h_i 关联的标量权重, 如果权值 $\alpha_{t,i}$ 很大, 则解码器就会重视 t 位置的 h_i. $e_{t,i}$ 是一个对齐分数模型, 表示输入数据序列位置 i 的元素和输出序列位置 t 的元素匹配 (或对齐) 的程度, 或表示为解码器的 LSTM 隐状态 s_t 在多大程度上与编码器的 LSTM 隐状态 h_i 的单词向量相似. Luong[11] 使用了乘性注意力 (multiplicative attention), 使用当前 t 位置的解码器状态计算对齐分数 $e_{t,i} = a\left(s_t, h_i\right)$, 其中 a 是一个可微函数, 它与系统的其余部分一起通过反向传播进行训练. 最常见的为没有任何参数的基本点积, 即点积注意力 (dot-product attention)

$$e_{t,i} = a\left(s_t, h_i\right) = s_t^{\mathrm{T}} h_i, \quad (14\text{-}39)$$

这要求向量 h_i 和 s_t 的长度相同. 或采用一个注意力层的可训练权重矩阵 W_a,

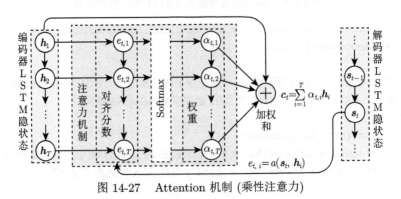

图 14-27　Attention 机制 (乘性注意力)

此时, 向量 $\boldsymbol{h}_i$ 和 $\boldsymbol{s}_t$ 的长度可以不同, 即双线性注意力 (bilinear attention)

$$e_{t,i} = a\left(\boldsymbol{s}_t, \boldsymbol{h}_i\right) = \boldsymbol{s}_t^{\mathrm{T}} \boldsymbol{W}_a \boldsymbol{h}_i. \tag{14-40}$$

获得上下文向量 $\boldsymbol{c}_t$ 后, 与 LSTM 的隐状态 $\boldsymbol{s}_t$, 一起经过 Affine 层、Softmax 层计算, 即可获得输出字符 $\hat{y}_t$.

不同的注意力还包括软注意力 (soft attention)、多头注意力 (multi-head attention)、自注意力 (self-attention) 、交叉注意力 (cross-attention) 和双向注意力 (bi-directional attention) 等. 此外, Bahdanau[12] 使用了加性注意力 (additive attention), 如

$$e_{t,i} = a\left(\boldsymbol{s}_t, \boldsymbol{h}_i\right) = \boldsymbol{v}^{\mathrm{T}} \tanh\left(\boldsymbol{W}_s \boldsymbol{s}_t + \boldsymbol{W}_h \boldsymbol{h}_i\right), \tag{14-41}$$

其中 $\boldsymbol{v}$, $\boldsymbol{W}_s$ 和 $\boldsymbol{W}_h$ 都是可以学习的参数, 即把编码器和解码器的输出分别与两个参数矩阵相乘, 转化为同一维度, 再做计算. 基于点积注意力设计算法[6,10], 一个 Attention 机制层所包含的功能分为权重类 AttentionWeight 与加权和类 WeightedSum, 如图 14-28 所示, 主要功能是通过 AttentionWeight 获得当前 t 位置的 $\boldsymbol{\alpha}_t$ 向量, 进而通过 WeightedSum 加权和获得上下文向量 $\boldsymbol{c}_t$.

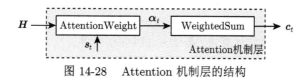

图 14-28　Attention 机制层的结构

1. 加权和计算类, 基于式 (14-38) 计算

```
class AttentionWeight :
    """
    Attention 权重类, 使用无参数的乘性注意力, 并通过Softmax获取归一化的权重向量
    """
    def __init__(self):
        self.softmax = Softmax()  # 初始化Softmax层, 归一化, 独立类
        self.cache = None  # 用于缓存信息, 使得反向传播共享正向传播的信息

    def forward(self, enc_H: np.ndarray, dec_st: np.ndarray):
        """
        基于编码器所有隐状态enc_H和解码器LSTM层的第t位置隐状态向量dec_st,
        获得权重向量α_t
        """
        # N小批次样本量, T表示共T个位置, H表示LSTM隐藏层神经元数
```

```
    N, T, H = enc_H.shape  # 元组解包
    dec_st_T = dec_st.reshape(N, 1, H).repeat(T, axis=1)  # h重复T个位置
    et = np.sum(enc_H * dec_st_T, axis=2)  # 乘性注意力, 内积, 获得单词之间相似度
    alpha = self.softmax.forward(et)  # Softmax正向传播, 归一化, 获得权重向量
    self.cache = [(enc_H, dec_st_T), (N, T, H)]
    return  alpha

def backward(self, d_alpha: np.ndarray):
    """
    基于反向传播的权重梯度d_alpha, 计算所有隐状态H梯度和第t位置的编码器
    隐状态s_t梯度
    """
    (enc_H, dec_st_T), (N, T, H) = self.cache  # 解包
    d_alpha = self.softmax.backward(d_alpha)  # Softmax层反向传播
    # d_alpha重复(N, T) → (N, T, H)
    d_alpha_H = d_alpha.reshape(N, T, 1).repeat(H, axis=2)
    d_enc_H = d_alpha_H * dec_st_T  # 编码器各隐状态的梯度
    # 内积, 获得解码器t位置的隐状态梯度
    d_dec_st = np.sum(d_alpha_H * enc_H, axis=1)
    return  d_enc_H, d_dec_st
```

2. Attention 机制的权重类, 基于式 (14-39) 计算

```
class WeightedSum:
    """
    加权和类, 基于编码器的所有隐状态H和权重向量α, 加权和获得上下文向量c
    """
    def __init__(self):
        self.cache = None  # 用于缓存信息, 使得反向传播共享正向传播的信息

    def forward(self, enc_H: np.ndarray, alpha: np.ndarray):
        """
        基于编码器的所有隐状态enc_H和权重向量alpha, 计算加权和
        """
        # N小批次样本量, T为位置数, H/2表示LSTM隐藏层神经元数
        N, T, H = enc_H.shape  # 元组解包
        alpha_r = alpha.reshape(N, T, 1).repeat(H, axis=2)  # 维度形状(N, T, H)
        c = np.sum(enc_H * alpha_r, axis=1)  # 对T个位置加权和获得 c矩阵, (N, H)
        self.cache = [(enc_H, alpha_r), (N, T, H)]  # 缓存信息, 以便反向传播
        return  c
```

```
def backward(self, d_c: np.ndarray):
    """
    基于上下文向量反向梯度d_c,计算编码器各隐状态enc_H梯度和权重向量α梯度
    """
    (enc_H, alpha_r), (N, T, H) = self.cache  # 信息解包
    d_c_T = d_c.reshape(N, 1, H).repeat(T, axis=1)  # d_c, (N, H) → (N, T, H)
    d_enc_H = d_c_T * alpha_r  # 编码器各隐状态H梯度
    d_alpha = np.sum(d_c_T * enc_H, axis=2)  # 权重向量梯度
    return d_enc_H, d_alpha
```

3. 某位置的 Attention 类, 以及封装 T 个位置的 TimeAttention 类

如图 14-29 所示, s_t 为解码器中 LSTM 第 t 个位置的隐状态向量.

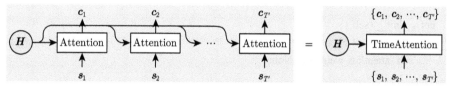

图 14-29　TimeAttention 结构

```
class Attention:
    """
    某个位置的Attention单元, 按加性注意力实现算法
    """
    def __init__(self):
        self.aw_layer = AttentionWeight()  # 权重类
        self.ws_layer = WeightedSum()  # 加权和类
        self.attention_weight = None  # 标记权重

    def forward(self, enc_H: np.ndarray, dec_st: np.ndarray):
        """
        基于编码器的全部隐状态enc_H和解码器的LSTM当前t位置隐状态dec_st,
        实现正向传播
        """
        alpha = self.aw_layer.forward(enc_H, dec_st)  # 计算权重
        c = self.ws_layer.forward(enc_H, alpha)  # 加权和
        self.attention_weight = alpha  # 缓存信息
        return c

    def backward(self, d_c: np.ndarray):
```

```
    """
    基于反向的上下文向量梯度d_c,实现反向传播,更新权重与编码器和解码器隐状态
    """
    d_enc_H0, d_alpha = self.ws_layer.backward(d_c)  # 获取编码器隐状态和权重梯度
    # 获得编码器所有隐状态梯度d_enc_hs1和解码器t位置的隐状态梯度d_dec_ht
    d_enc_H1, d_dec_st = self.aw_layer.backward(d_alpha)
    d_enc_H = d_enc_H0 + d_enc_H1 # 编码器的隐状态梯度
    return d_enc_H, d_dec_st


class TimeAttention:
    """
    对T个位置的Attention封装,便于整体计算和信息的传播
    """
    def __init__(self):
        self.layers = None
        self.attention_weights = None

    def forward(self, enc_H: np.ndarray, dec_S: np.ndarray):
        """
        基于编码器隐状态enc_H和解码器的隐状态dec_S,实现正向传播
        """
        N, T, H = dec_S.shape  # 解码器所有隐状态维度解包
        c_T = np.empty_like(dec_S)  # 存储T个位置的上下文向量
        self.layers = []  # 存储每个位置的各层对象
        self.attention_weights = []  # 存储每个位置的权重向量
        for t in range(T):
            layer = Attention()  # 初始化一个Attention单元
            # 基于编码器的所有隐状态和第t位置的解码器状态,计算权重和上下文向量
            c_T[:, t, :] = layer.forward(enc_H, dec_S[:, t, :])
            self.layers.append(layer)
            self.attention_weights.append(layer.attention_weight)
        return c_T

    def backward(self, d_c_T: np.ndarray):
        """
        基于T个位置的上下文向量反向梯度,计算编码器和解码器的隐状态梯度
        """
        N, T, H = d_c_T.shape  # T个位置的上下文向量的维度解包
        d_enc_H = 0.0  # 初始化编码器的隐状态梯度
```

```
        d_dec_S = np.empty_like(d_c_T) # 初始化解码器的隐状态梯度
        for t in range(T):
            layer = self.layers[t] # 获取一个Attention
            d_H, d_st = layer.backward(d_c_T[:, t, :]) # t位置反向传播
            d_enc_H += d_H
            d_dec_S[:, t, :] = d_st
        return d_enc_H, d_dec_S
```

带有 Attention 机制的 Seq2Seq 架构如图 14-30 所示, 其中 w 为 Embedding 层输出的词向量, $\tilde{s}$ 为 TimeAffine 层的输出, 并与目标序列 t 一起经过 TimeSoftmax 层, 可获得预测输出 $\hat{y}$ 和交叉熵损失.

重写具有 Attention 机制的解码器, 而带有 Attention 机制的 Seq2Seq 架构与 Seq2Seq 相同, 仅需继承并初始化编码器和解码器即可.

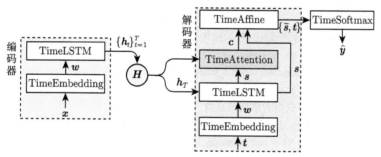

图 14-30　具有 Attention 的 Seq2Seq 架构

```
class AttentionDecoder:
    """
    带有Attention机制的解码器
    """
    def __init__(self, V: int, D: int, H: int, optimizer: str = "adam"):
        self.embed = TimeEmbedding(np.random.randn(V, D) / 100, optimizer)
        Wx = np.random.randn(D, 4 * H) / np.sqrt(D)
        Wh = np.random.randn(H, 4 * H) / np.sqrt(H)
        b = np.zeros(4 * H, dtype=np.float64)
        self.lstm = TimeLSTM(Wx, Wh, b, optimizer, stateful=True)
        self.attention = TimeAttention()
        W = np.random.randn(2 * H, V) / np.sqrt(2 * H)
        b = np.zeros(V, dtype=np.float64)
        self.affine = TimeAffine(W, b, optimizer)
```

```python
    def forward(self, ts: np.ndarray, enc_H: np.ndarray):
        """
        带有Attention机制的解码器, enc_H为编码器的全部隐状态
        """
        # 重置状态, 使得h成为TimeLSTM的输入隐状态
        self.lstm.set_state(enc_H[:, -1])
        word_vec = self.embed.forward(ts)  # TimeEmbedding正向传播, 获得词向量矩阵
        dec_S = self.lstm.forward(word_vec)  # T个位置的TimeLSTM的所有解码器隐状态
        # TimeAttention正向传播, 获取上下文向量
        C = self.attention.forward(enc_H, dec_S)
        C_S = np.concatenate((C, dec_S), axis=2)  # 在H维度连接, (N, T, 2H)
        score = self.affine.forward(C_S)  # TimeAffine接收C和S, 正向传播计算
        return  score

    def backward(self, d_score: np.ndarray):
        """
        带有Attention机制的解码器, 反向传播
        """
        d_C_S = self.affine.backward(d_score)
        N, T, H2 = d_C_S.shape
        H = H2 // 2  # 获得隐藏层节点数
        d_C, d_dec_S0 = d_C_S[:, :, :H], d_C_S[:, :, H:]  # 拆分梯度
        d_enc_H, d_dec_S1 = self.attention.backward(d_C)
        d_dec_S = d_dec_S0 + d_dec_S1  # 解码器的隐状态梯度
        d_word_vec = self.lstm.backward(d_dec_S)  # TimeLSTM的反向传播
        d_enc_H[:, -1] += self.lstm.d_h  # 最后一个状态加上TimeLSTM返回的梯度
        self.embed.backward(d_word_vec)  # TimeEmbedding
        return  d_enc_H

    def update(self, max_grad_norm: float):
        self.embed.update()  # TimeEmbedding层更新模型参数
        self.lstm.update(max_grad_norm)  # TimeLSTM层更新模型参数
        self.affine.update()  # TimeAffine层更新模型参数

    def generate(self, enc_H: np.ndarray, start_id: int, sample_size: int):  # 略去

class AttentionNLP(Seq2SeqNLP):
    def __init__(self, vocab_size: int, wordvec_size: int, hidden_size: int,
                 is_reverse: bool = True, optimizer: str = "adam",
                 max_grad_norm: float = None, max_epoch: int = 10,
```

```
            batch_size: int = 32, eval_interval : int = 20):
Seq2SeqNLP.__init__(self, vocab_size, wordvec_size, hidden_size, is_reverse,
                optimizer, max_grad_norm, max_epoch, batch_size,
                eval_interval)
args = vocab_size, wordvec_size, hidden_size, optimizer
self.encoder = AttentionEncoder(*args)   # 初始化Attention编码器
self.decoder = AttentionDecoder(*args)   # 初始化Attention解码器
self.softmax = TimeSoftmax()  # 初始化TimeSoftmax层
```

例 8 日期格式转换问题[6], 将使用英语的国家或地区所使用的各种各样的日期格式转换为标准格式. 如

$$september\ 27, 1994 \rightarrow 1994\text{-}09\text{-}27;\ JUN\ 17, 2013 \rightarrow 2013\text{-}06\text{-}17;$$

$$2/10/93 \rightarrow 1993\text{-}02\text{-}10;\ \cdots.$$

输入的日期格式序列存在各种各样的版本, 转换规则较为复杂, 尝试将所有转换规则全部写出来是费力的. 该问题的输入序列和输出序列存在明显的年月日对应关系, 可以确认 Attention 有没有正确关注各自的对应元素. 该数据集共有 50000 个样本, 其中训练样本 45000 个, 测试样本 5000 个, 样本不同的字符数 29 个, 故输入样本序列长度为 29, 输出序列长度为 11, 且为每个输出序列前添加了下划线 "_".

参数设置同例 7, 训练和预测结果如图 14-31 所示, Attention 机制相对于 Seq2Seq, 学习速度更快, 训练四次即可达到 100％ 的正确率.

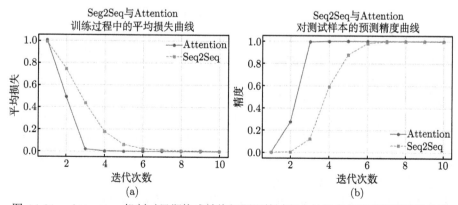

图 14-31 Attention 机制对日期格式转换问题训练过程中的损失曲线和预测精度曲线

对 Attention 进行可视化, 在进行日期格式转换时, 可以观察 Attention 注意哪些元素. 如图 14-32 所示, 横轴表示输入语句, 纵轴表示输出语句, 图中元素越

接近于白色, 其值越大. 从第一幅图像可以看出, 当输入序列年份 "2010" 和日期 "13" 时, 恰好对应于纵轴的输出 "2010" 和 "13", "November" 则对应于表示月份的 "11", 而表示星期的 "Saturday" 则没有对应的元素.

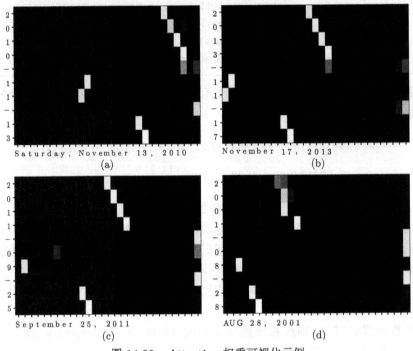

图 14-32　Attention 权重可视化示例

此外, 在 Attention 基础上, 发展而来的模型有 Transformer、BERT、GPT (Generative Pre-trained Transformer) 等. Transformer 完全基于注意力机制, 避开了传统的 RNN 或 CNN 结构, 为后续的大规模预训练语言模型奠定了基础. Transformer 引入了 Self-Attention 机制, 使模型可以对输入序列中的所有元素进行关联建模, 而多头注意力 (multi-head attention) 使得模型能够从多个角度捕获输入序列的信息. BERT (Bidirectional Encoder Representations from Transformers) 是一种语言表示模型, 其结构是一个多层双向 Transformer 编码器. BERT 旨在通过联合调节所有层中的左右上下文来预训练深度双向表示. 因此, 只需要一个额外的输出层, 就可以对预训练的 BERT 表示进行微调, 从而为广泛的任务 (如回答问题和语言推断任务) 创建最先进的模型, 而无需对特定任务进行大量模型结构的修改. 注意力机制还被引入了视觉领域, 如 Vision Transformer (ViT)、Swin Transformer. 读者可阅读相关资料, 进一步了解 Transformer 的原理.

■ 14.5 习题与实验

1. RNN 与其他神经网络有何不同? RNN 网络参数有哪些?

2. 使用矩阵或向量的分量形式表示 S-RNN 正向计算的公式, 分析其具体计算过程. 试基于 BPTT 算法推导 S-RNN 中各梯度计算公式.

3. 设 S-RNN 网络参数[14] 初始化为 $\boldsymbol{b} = (0.2, -0.1)^{\mathrm{T}}$, $c = 0.25$, $\boldsymbol{V} = (0.5, 1)$,

$$\boldsymbol{W} = \begin{pmatrix} 0.8 & -0.1 \\ -0.12 & 0.8 \end{pmatrix}, \quad \boldsymbol{U} = \begin{pmatrix} 2 & -1 \\ 1 & 1 \end{pmatrix}.$$

(1) 若输入 $\boldsymbol{x}^{(t)} = (\sin 0.2\pi t, \cos 0.5\pi t)^{\mathrm{T}}$, 请基于 S-RNN 正向计算在 $1 \leqslant t \leqslant 10$ 的范围内输出的 $\hat{y}^{(t)}$ 序列, 必要时请借助编码计算.

(2) 对于该网络, 若采用误差平方作为目标函数, 且给出一个序列样本集

$$\left\{ \left((1,2)^{\mathrm{T}}, -1\right), \left((-1,0)^{\mathrm{T}}, 1\right), \left((1,-1)^{\mathrm{T}}, 2\right) \right\},$$

请利用 BPTT 算法对网络参数进行更新.

4. 什么是梯度消失和梯度爆炸问题? 什么是梯度剪裁? 其作用是什么?

5. 简述 LSTM 和 GRU 中的门控机制及其作用, 分析它们是如何解决 S-RNN 的长期依赖问题的.

6. * 在掌握 LSTM 网络原理的基础上, 试用 TensorFlow 或 PyTorch 搭建网络, 学习一部小说或古诗词, 并根据 "种子" 生成一段文本或一首诗歌.

7. 在掌握 Seq2Seq 和 Attention 原理基础上, 试用 TensorFlow 或 PyTorch 搭建网络, 对例 8 日期转换格式数据集重新训练和预测.

■ 14.6 本章小结

RNN 可有效地训练和预测具有序列特性的数据, 它能挖掘数据中的时序信息以及语义信息, 这使深度学习模型能够解决语音识别、语言模型、机器翻译以及时序分析等 NLP 领域的问题.

本章主要探讨了 RNN 中最具代表性的三种模型 S-RNN、LSTM、GRU, 以及 NLP 中的 Seq2Seq 模型和带有 Attention 机制的 Seq2Seq 模型. S-RNN 可以记住每个位置上的上下文信息, 但对于长序列的数据处理不佳, 最后状态中中短期的记忆影响占比较大, LSTM 和 GRU 都可以通过门控机制有选择性地记忆和遗忘信息, 可以解决长期依赖问题, 以及梯度消失和梯度爆炸问题. Seq2Seq 模型可以组合两个 RNN, 实现一个时序数据到另一个时序数据的转换, 编码器对输入语句

进行编码, 获得上下文向量, 解码器通过输入上下文向量, 解码获得输出语句. 基于反转输入序列和 peeky 技术, Seq2Seq 可以获得更高效的学习效率. Attention 机制从数据中学习两个时序数据之间的对应关系, Attention 使用较为简单的点积注意力计算向量之间的相似度, 进而获得加权权重和上下文向量. 此外, 还有双向 RNN (Bidirection RNN) 和深度 RNN, 以及 Transformer.

　　TensorFlow、PyTorch、Keras 等深度学习框架都对 RNN、Seq2Seq、Attention 和 Transformer 等进行了很好的封装和更高层次的集成, 更有助于完成各种神经网络的学习任务. 读者在通晓原理的基础上, 可通过深度学习框架搭建模型而不必过多关注底层实现, 高效实现更为复杂的学习任务.

■ 14.7　参考文献

[1]　李航. 机器学习方法 [M]. 北京: 清华大学出版社, 2022.

[2]　Pascanu R, Mikolov T, Bengio Y. On the difficulty of training recurrent neural networks [J]. ICML 2013.

[3]　Hochreiter S, Schmidhuber J. Long short-term memory [J]. Neural Computation, 1997, 9(8): 1735.

[4]　我妻幸长. 写给新手的深度学习 2 [M]. 陈欢, 译. 北京: 中国水利水电大学出版社, 2022.

[5]　张玉宏. 深度学习之美 [M]. 北京: 电子工业出版社, 2018.

[6]　斋藤康毅. 深度学习进阶: 自然语言处理 [M]. 陆宇杰, 译. 北京: 人民邮电出版社, 2020.

[7]　Mikolov T, Chen K, Corrado G, et al. Efficient estimation of word representations invector space [J]. arXiv:1301.3781v3 [cs.CL]. 2013.07.

[8]　Sutskever I, Vinyals O, Le Q V. Sequence to sequence learning with neural networks [J]. arXiv:1409.3215v3 [cs.CL]. 2014.12.

[9]　Vaswani A, Shazeer N, Parmar N, et al. Attention is all you need [J]. arXiv:1706.03762 [cs.CL]. 2017.06.

[10]　瓦西列夫. Python 深度学习: 模型、方法与实现 [M]. 冀振燕, 赵子涵, 等译. 北京: 机械工业出版社, 2021.

[11]　Luong M T, Pham H, Manning C D. Effective approaches to attention-based neural machine translation [J]. arXiv:1508.04025 [cs.CL]. 2015.09.

[12]　Bahdanau D, Cho K, Bengio Y. Neural machine translation by jointly learning to align and traslate [J]. arXiv:1409.0473 [cs.CL]. 2016.

[13]　Devlin J, Chang M W, Lee K, et al. BERT: Pre-training of deep bidirectional transformers for language understanding [J]. arXiv:1810.04805v2 [cs.CL]. 2019.

[14]　张旭东. 机器学习 [M]. 北京: 清华大学出版社, 2024.

第 15 章*

自组织映射神经网络

Teuvo Kohonen 在 1980 年引入自组织映射 (Self Organizing Maps, SOM), 称为自组织映射神经网络或称自组织竞争神经网络, 属于无监督学习方法. SOM 网络通过学习输入空间中的数据, 生成一种在输出空间中保留数据的拓扑结构 (对输入数据的低维、离散的映射表示), 即 SOM 网络可将相互关系复杂且非线性的高维数据, 映射到具有简单几何结构及相互关系的低维空间中展示, 且低维映射能够反映高维特征之间的拓扑结构 (意味着二维映射包含了数据点之间的相对距离, 输入空间中相邻的样本会被映射到相邻的输出神经元). SOM 网络主要用于高维数据可视化、聚类、分类和特征抽取等任务, 具有很高的泛化能力.

SOM 网络不同于基于代价函数的反向传播学习的神经网络, 而是运用竞争学习 (competitive learning) 策略, 依靠神经元之间互相竞争逐步优化网络, 且使用近邻关系函数 (neighborhood function) 来维持输入空间的拓扑结构. 如图 15-1 所示, SOM 共两层, 即输入层和竞争层. 输入层接收输入数据, 神经元数等于输入数据的维度. 竞争层通常是二维网格结构, 每个神经元代表一个原型向量. 因此, SOM 模型由一个二维 (或多维) 的神经元网络组成, 每个神经元表示映射空间中的一个位置, 它们之间通过权重连接形成一个拓扑结构. 在训练过程中, SOM 通过调整神经元之间的权重, 使其逐渐适应输入数据的分布特征, 最终实现对输入数据的聚类或可视化等.

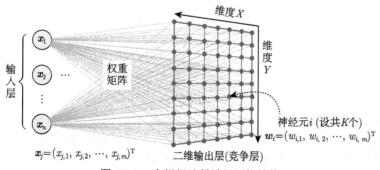

图 15-1　自组织映射神经网络结构

■ 15.1　SOM 网络模型和学习

SOM 网络结构中竞争层以二维最常见, 有利于可视化. 竞争层有两种二维平面结构, 即 Rectangular 和 Hexagonal, 如图 15-2 所示.

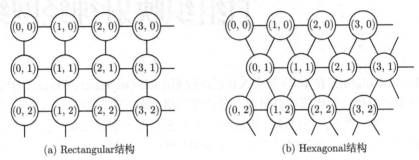

(a) Rectangular结构　　　　　　　　　(b) Hexagonal结构

图 15-2　竞争层两种二维平面结构

SOM 网络竞争层神经元的数量决定了最终模型的粒度与规模, 对最终模型的精度与泛化能力影响较大. 经验上, 竞争层最少节点数量 $\sqrt{5\sqrt{N}}$, N 为训练集的样本量.

SOM 网络的训练过程包括初始化、竞争、自组织 (合作)、更新权重 (适应), 进而不断迭代优化. 竞争层以二维 Rectangular 结构为例. 假设训练集 $\boldsymbol{X} \in \mathbb{R}^{n \times m}$, 竞争层的参数 $C_X = C_Y = \sqrt{5\sqrt{N}}$, 权重为三维数组 $\boldsymbol{W} \in \mathbb{R}^{C_X \times C_Y \times m}$, 最大迭代次数 K, 则 (如下运算皆为标量运算):

(1) 初始化过程. 归一化或标准化数据集 (用于相似度计算), 初始化权重矩阵 $\boldsymbol{W}$ 为较小的随机数或 PCA 初始化, 让网络向输入数据能力最大的方向延伸, 令迭代次数 $k = 0$, 初始化邻域半径 $\sigma^{(k)}$、学习率 $\alpha^{(k)}$, 设计竞争层结构.

(2) 竞争过程. 输出节点相互竞争以被激活, 一次只能激活一个节点. 随机取一个输入样本 $\boldsymbol{x}_i \in \boldsymbol{X}$, 遍历竞争层中 $C_X \times C_Y$ 个神经元节点, 计算 $\boldsymbol{x}_i$ 与节点之间的相似度, 通常使用欧氏距离

$$\boldsymbol{D}(i, j) = \|\boldsymbol{x}_i - \boldsymbol{W}(i, j)\|_2, \quad i = 1, 2, \cdots, C_X, \quad j = 1, 2, \cdots, C_Y. \tag{15-1}$$

选取距离最小的节点作为优胜节点 (winner node) 或称激活节点, 也称最佳匹配单元 (Best Matching Unit, BMU).

(3) 自组织过程. 根据邻域半径 $\delta^{(k)}$ 确定优胜邻域所包含的节点, 即优胜节点决定了兴奋神经元拓扑邻域的空间位置, 并通过近邻关系函数计算它们各自更新的幅度, 越靠近 BMU 节点更新幅度越大, 越远离 BMU 节点更新幅度越小. 高斯

函数为常见的近邻关系函数, 记当前选择的 BMU 节点下标索引为 (x_c, y_c), 则高斯函数表示为

$$\boldsymbol{G}(i,j) = \exp\left(-\frac{(x_c-i)^2}{2\left(\sigma^{(k)}\right)^2}\right) \cdot \exp\left(-\frac{(y_c-j)^2}{2\left(\sigma^{(k)}\right)^2}\right),$$

$$i = 1, 2, \cdots, C_X, \quad j = 1, 2, \cdots, C_Y. \tag{15-2}$$

当 $\delta^{(k)}$ 取值较小时, 只有优胜节点更新幅度是 1, 其余几乎都接近 0; 当 $\delta^{(k)}$ 取值较大时, 衰退的程度很慢, 即使是边缘的节点, 也有较大的更新幅度.

由于高斯函数包含指数项, 计算量较大, 可用 Bubble 函数近似估计高斯函数. Bubble 函数在优胜节点的邻域范围内是个常数, 故而邻域内的所有神经元更新的幅度是相同的, 且由邻域参数 $\delta^{(k)}$ 唯一确定有多少神经元参与更新, 表示为

$$\boldsymbol{B}(i,j) = \begin{cases} 1, & i - x_c \in \left[-\sigma^{(k)}, \sigma^{(k)}\right] \text{ 且 } j - y_c \in \left[-\sigma^{(k)}, \sigma^{(k)}\right], \\ 0, & \text{其他.} \end{cases} \tag{15-3}$$

当 $\delta^{(k)} = 0.5$ 时, 仅优胜节点 (x_c, y_c) 的更新幅度为 1; 当 $\delta^{(k)} = 1.0$ 时, 可选择 (x_c, y_c) 周围一圈 $3 \times 3 - 1 = 8$ 个邻近节点, 更新幅度相同; 若 $\delta^{(k)} \in (1, 2]$, 则与 $\delta^{(k)} = 1.0$ 效果一致; 当 $\delta^{(k)} = 2.5$ 时, 可选择 (x_c, y_c) 周围两圈 $5 \times 5 - 1 = 24$ 个邻近节点.

邻域半径影响着聚类效果, 定义动态收缩的半径函数

$$\sigma(k) = \sigma_{\max} - \frac{(k+1.0) \times (\sigma_{\max} - \sigma_{\min})}{K} \quad \text{或} \quad \sigma(k) = \frac{\sigma^{(0)}}{1 + k/(K/2)}, \tag{15-4}$$

使得 $\delta^{(k)} (= \sigma(k))$ 随着迭代次数 k 的增加而不断收缩, 其中 $\sigma_{\max}$ 与 $\sigma_{\min}$ 分别为预设的最大与最小半径.

(4) 更新优胜邻域内节点的权重, 统一记更新幅度矩阵为 $\boldsymbol{G} \in \mathbb{R}^{C_X \times C_Y}$,

$$\boldsymbol{W}_{i,j}^{(k)} = \boldsymbol{W}_{i,j}^{(k-1)} + \alpha^{(k)} \cdot \boldsymbol{G}_{i,j} \cdot \left(\boldsymbol{x}_i - \boldsymbol{W}_{i,j}^{(k-1)}\right), \quad i = 1, 2, \cdots, C_X, \quad j = 1, 2, \cdots, C_Y, \tag{15-5}$$

其中 $\alpha^{(k)}$ 为第 k 次迭代的学习率, 常采用的衰减策略为

$$\alpha^{(k)} = \frac{\alpha^{(0)}}{1 + k/(K/2)}. \tag{15-6}$$

(5) 令 $k = k + 1$, 返回 (2), 直到满足最大迭代次数 K 或终止精度.

优胜节点更新后会更靠近输入样本 x_i 在空间中的位置. 优胜节点拓扑上的邻近节点也类似地被更新. 这就是 SOM 网络的竞争调节策略.

U-Matrix (unified distance matrix) 是 SOM 中用于可视化聚类结构的重要工具, 包含每个节点与它的近邻节点 (在输入空间) 的欧氏距离. 在矩阵中较小的值表示该节点与其邻近节点在输入空间靠得近, 在矩阵中较大的值表示该节点与其邻近节点在输出空间离得远. 因此, U-matrix 可以看作输入空间中数据点概率密度在二维平面上的映射. 通常使用 Heatmap(热图) 函数来可视化 U-matrix, 且用颜色编码, 数值越大, 颜色越深.

■ 15.2　SOM 算法设计

SOM 算法设计. 首先对 SOM 网络参数初始化, 主要包括数据的标准化处理和权重的初始化, 然后根据 SOM 训练流程不断迭代优化, 更新网络权重. 可根据训练的权重, 实现对数据的降维、聚类、分类和可视化.

```python
# file_name: som_nn.py
import seaborn as sns  # 热图绘制, 可视化U-Matrix
from collections import defaultdict, Counter  # 字典子类, Counter为计数字典子类
from matplotlib import gridspec  # 网格布局类

class SelfOrganizingMapsNN:
    """
    自组织映射SOM神经网络, 可实现降维、聚类、分类以及可视化功能
    """
    def __init__(self, Cl_x: int = None, Cl_y: int = None, alpha: float = 0.5,
                 neighbor_radius: float = 1.0, neighborhood_fun: str = "gauss",
                 init_weight: str = "pca", max_iter: int = 100,
                 random_state: int = None, interval: int = 10):
        self.Cl_x, self.Cl_y = Cl_x, Cl_y  # 竞争层二维Rectangular结构各边的神经元数
        self.alpha = alpha  # 初始的学习率
        self.neighbor_radius = neighbor_radius  # 邻域半径
        assert neighborhood_fun.lower() in ["gauss", "bubble"]  # 断言近邻关系函数
        if neighborhood_fun.lower() == "gauss":
            self.neighborhood_fun = self._gauss_neighborhood_fun  # 高斯函数
        else:
            self.neighborhood_fun = self._bubble_neighborhood_fun  # Bubble函数
        assert init_weight.lower() in ["pca", "rnd"]  # 断言初始权重的方法
        self.init_weight = init_weight  # 权重初始化的方法, 若为None, 则随机初始化
        self.max_iter = max_iter  # 最大迭代次数
```

```
        self.random_state, self.rng = random_state, None  # 随机种子, 及其对象
        self.interval = interval  # 每迭代 interval 次, 打印输出一次误差损失
        self.W = None  # SOM 网络权重矩阵
        self.n_samples, self.m_features = 0, 0  # 训练样本集的样本量和特征变量数
        self.X, self.y = None, None  # 标准化后的样本集, 目标集(仅针对有监督学习)
        self.mu, self.std = None, None  # 样本均值和标准差, 用于对测试样本标准化
        # 计算竞争层的每个神经元节点上映射的每个样本的类别
        self.bmu_map_labels = defaultdict(list)
        self.train_map_loss = []  # 训练过程中的映射损失

    def _init_net_paras(self, X, y):
        """
        初始化 SOM 网络参数: 数据的标准化, 权重系数的初始化
        """
        assert len(X.shape) == 2  # 训练样本集为二维数组
        self.n_samples, self.m_features = X.shape  # 样本量 n 与特征属性变量数 m
        if self.Cl_x is None and self.Cl_y is None:
            self.Cl_x = self.Cl_y = int(np.ceil(np.sqrt(5 * np.sqrt(self.n_samples))))
            print("竞争层二维 Rectangular 结构为: %d * %d" % (self.Cl_x, self.Cl_y))
        self.mu = np.mean(X, axis=0, keepdims=True)  # 按特征变量计算样本均值 μ
        self.std = np.std(X, axis=0, keepdims=True)  # 按特征变量计算样本标准差 σ
        self.X = (X - self.mu) / self.std  # 样本数据标准化处理, 并标记为 self.X
        self.y = np.copy(y) if y is not None else None  # 针对分类问题的目标集
        if self.random_state is not None:
            # 根据随机种子获取随机化对象
            self.rng = np.random.RandomState(self.random_state)
        else:
            self.rng = np.random.RandomState(np.random.randint(0, 100))  # 随机种子
        if self.init_weight.lower() == "pca":
            self.W = np.zeros((self.Cl_x, self.Cl_y, self.m_features), dtype=np.float32)
            # 方差矩阵特征值分解
            eig_values, eig_vectors = np.linalg.eig(np.cov(self.X.T))
            sort_idx = np.argsort(eig_values)[::-1]  # 特征值的降序索引
            for i, c1 in enumerate(np.linspace(-1, 1, self.Cl_x)):
                for j, c2 in enumerate(np.linspace(-1, 1, self.Cl_y)):
                    self.W[i, j] = c1 * eig_vectors[sort_idx[0]] + \
                                   c2 * eig_vectors[sort_idx[1]]
        else:  # 按正态分布随机初始化, 并正则化
            self.W = self.rng.randn(self.Cl_x, self.Cl_y, self.m_features)
            self.W /= np.linalg.norm(self.W, axis=-1, keepdims=True)  # 正则化
```

```python
def fit(self, X: np.ndarray, y: np.ndarray = None):
    """
    基于训练集X的训练, 若为无监督学习, 则无需y目标值
    """
    self._init_net_paras(X, y)  # 初始化网络参数
    for iter_ in range(self.max_iter):
        # 通过打乱样本集索引的方式模拟随机性
        rnd_samples_idx = self.rng.permutation(np.arange(self.n_samples))
        for k, idx in enumerate(rnd_samples_idx):
            xi = self.X[idx]  # 随机选择样本
            bmu_loc = self._get_BMU_loc(xi)  # 获取最佳匹配节点的位置
            # 获取动态衰减的学习率α和邻域半径
            alpha, neighbor_radius = \
                self._decay_alpha_neighbor_radius(self.n_samples * iter_ + k)
            # 计算近邻关系
            nh_G = self.neighborhood_fun(c_idx=bmu_loc, sigma=neighbor_radius)
            self.W += alpha * np.expand_dims(nh_G, -1) * (xi - self.W)  # 更新权重
        # 存储训练过程中的映射误差, 并打印训练过程的映射误差
        self.train_map_loss.append(self._cal_similarity_difference())
        if iter_ % self.interval == 0 or iter_ == self.max_iter - 1:
            print(" iter = %d, map_error = %.4f" % (iter_, self.train_map_loss[-1]))
    if self.y is not None:  # 计算竞争层的每个神经元节点上映射的每个样本的类别
        for xi, yi in zip(self.X, self.y):
            # 映射结果. 如(1, 2): [0, 0, 0, 0, 1], 表示在位置(1, 2)邻域的样本有
            # 5个, 其类别为0, 0, 0, 0, 1
            self.bmu_map_labels[self._get_BMU_loc(xi)].append(yi)

def _cal_euclidean_dist(self, Xi):
    """
    计算Xᵢ与W的欧氏距离, 度量相似度
    """
    return np.linalg.norm(np.expand_dims(Xi, axis=(0, 1)) - self.W, axis=-1)

def _gauss_neighborhood_fun(self, c_idx, sigma):
    """
    根据中心点的位置c_idx, 以近邻关系函数为高斯函数计算邻域内权重
    """
    x_idx, y_jdx = np.arange(self.Cl_x), np.arange(self.Cl_y)  # 索引位置
    gx = np.exp(-1.0 * (x_idx - c_idx[0]) ** 2 / (2 * sigma ** 2))  # 高斯函数
```

```
        gy = np.exp(-1.0 * (y_jdx - c_idx[1]) ** 2 / (2 * sigma ** 2))  # 高斯函数
        return np.outer(gx, gy)  # 对竞争层的神经元按Rectangular结构构成矩阵(外积)

    def _bubble_neighborhood_fun(self, c_idx, sigma):
        """
        根据中心点的位置c_idx, 以近邻关系函数为Bubble函数计算邻域内权重
        """
        x_idx, y_jdx = np.arange(self.Cl_x), np.arange(self.Cl_y)
        # 获取满足关系的bool向量b_x和b_y, 并根据竞争层的布局, 构成bool矩阵
        b_x = np.logical_and(x_idx - c_idx[0] > -sigma, x_idx - c_idx[0] < sigma)
        b_y = np.logical_and(y_jdx - c_idx[1] > -sigma, y_jdx - c_idx[1] < sigma)
        return 1.0 * np.outer(b_x, b_y)  # 通过外积构成满足条件的bool矩阵

    def _decay_alpha_neighbor_radius(self, k):
        """
        根据当前迭代次数k, 计算学习率和邻域半径的衰减
        """
        new_alpha = self.alpha / (1 + k / (self.max_iter * self.n_samples / 2))
        new_neighbor_radius = self.neighbor_radius / \
                              (1 + k / (self.max_iter * self.n_samples / 2))
        return new_alpha, new_neighbor_radius

    def _get_BMU_loc(self, Xi):
        """
        按欧氏距离, 获取最佳匹配单元(优胜节点, 激活节点)的位置
        """
        dist = self._cal_euclidean_dist(Xi)  # 计算输入样本和各个节点的距离
        loc_idx = np.where(dist == np.min(dist))  # 获取距离最小的索引下标
        return loc_idx[0][0], loc_idx[1][0]

    def _cal_similarity_difference(self):
        """
        计算输入层每个样本点和竞争层映射点之间的平均距离, 值越小, 映射的相似度越高
        """
        w_x, w_y = zip(*[self._get_BMU_loc(x) for x in self.X])  # BMU位置向量
        return np.mean(np.linalg.norm(self.X - self.W[w_x, w_y], axis=-1))

    def predict_cluster(self, X_test: np.ndarray = None):
        """
        获取每个样本的聚类簇号. 给定测试集, 则预测测试集.
```

```
    """
    X = (X_test − self.mu) / self.std if X_test is not None else np.copy(self.X)
    cluster_labels = []  # 存储每个样本的簇编号
    for i in range(self.n_samples):
        loc = self._get_BMU_loc(X[i])  # 获取当前样本在竞争层的最佳匹配节点
        # 由于BMU编号格式为 (i, j) 且是Rectangular, 故簇号为 xc * Cl_y + yc
        cluster_labels.append(loc[0] * self.Cl_y + loc[1])  # 计算簇号
    return np.asarray(cluster_labels)

def predict_classify(self, X_test: np.ndarray = None):
    """
    预测测试样本的类别
    """
    X = (X_test − self.mu) / self.std if X_test is not None else np.copy(self.X)
    if self.bmu_map_labels == {}:
        raise ValueError("fit(X, y), 请传参目标值向量y.")
    bmu_lab = defaultdict(list)  # BMU近邻样本中最多类别为该BMU的类别
    for key in self.bmu_map_labels.keys():
        bmu_lab[key] = max(self.bmu_map_labels[key],
                           key=self.bmu_map_labels[key].count)
    y_hat = []  # 存储测试样本的预测类别
    for xi in X:
        loc = self._get_BMU_loc(xi)
        label = bmu_lab[loc] if loc in bmu_lab.keys() else −np.inf
        y_hat.append(label)
    return np.asarray(y_hat)


def _get_u_matrix(self):
    """
    计算U-Matrix, 即每个输出节点和周边节点之间的关系, 用当前节点和周围8个
    近邻点的欧氏距离之和归一化后来评估
    """
    u_matrix = np.nan * np.zeros((self.Cl_x, self.Cl_y, 8))  # 8邻域
    # 周围点相对坐标索引
    i_idx, j_idx = [0, −1, −1, −1, 0, 1, 1, 1], [−1, −1, 0, 1, 1, 1, 0, −1]
    for c_x in range(self.Cl_x):
        for c_y in range(self.Cl_y):
            c_node = self.W[c_x, c_y]  # 当前竞争层的神经元的位置
            # 遍历周边, 从正下方的近邻顺时针方向
            for k, (i, j) in enumerate(zip(i_idx, j_idx)):
```

```
                    # 若不超出边界, 按欧氏距离计算U-Matrix
                    if self.Cl_x > c_x + i >= 0 and self.Cl_y > c_y + j >= 0:
                        neighbor = self.W[c_x + i, c_y + j]  # 周边一个
                        u_matrix[c_x, c_y, k] = np.linalg.norm(neighbor - c_node)
        u_matrix = np.nansum(u_matrix, axis=2)  # 对周边的近邻点欧氏距离求和
        return u_matrix / u_matrix.max()  # 归一化

    def plt_u_matrix(self, y_labels: np.ndarray):
        """
        可视化U-Matrix, 单元内标记表示类别, 颜色深浅表示数值大小
        """
        u_mat = self._get_u_matrix()  # 获取U-Matrix
        plt.figure(figsize=(7, 5))
        c_map = sns.heatmap(u_mat.T, cmap="bone_r")  # 以距离映射矩阵为背景
        c_bar = c_map.collections[0].colorbar  # 获取颜色bar
        c_bar.ax.tick_params(labelsize=16)  # 修改颜色bar的字体大小
        c_map.invert_yaxis()  # 反转y坐标轴
        plt.tick_params(labelsize=16)  # 绘图的刻度大小
        markers = ["o", "s", "D", "H", "p", "*", "<", ">", "^", "v"]  # 点标记
        diff_labels = np.unique(y_labels)  # 不同的类别取值
        colors = ["C" + str(i) for i in range(len(diff_labels))]  # 颜色
        for i in range(len(diff_labels)):
            y_labels[y_labels == diff_labels[i]] = i  # 重新编码
        for i in range(self.n_samples):
            loc = self._get_BMU_loc(self.X[i])  # 获取当前输入点的最佳匹配点
            plt.plot(loc[0] + 0.5, loc[1] + 0.5, markers[y_labels[i]],
                     markerfacecolor="None", markeredgecolor=colors[y_labels[i]],
                     markersize=10, markeredgewidth=1.5)
        plt.show()

    def plt_competitive_pie(self, y_labels: np.ndarray, radius: float = 1.4):
        """
        绘制竞争层神经元的饼图, 颜色表示类别, 数字表示样本数量. 如下可视化代码
        可根据不同需求适当修改
        """
        label_names = np.unique(y_labels)  # 不同的类别取值
        if self.bmu_map_labels != {}:
            bmu_map_ = np.copy(self.bmu_map_labels)
        else:
            bmu_map_ = defaultdict(list)  # 初始BMU映射为字典
```

```
    for xi, label in zip(self.X, y_labels):
        bmu_map_[self._get_BMU_loc(xi)].append(label)
# 统计竞争层每个神经元节点上映射的每个类别数据的样本量
bmu_map = defaultdict(Counter)   # Counter跟踪值出现的次数
for loc in bmu_map_:
    bmu_map[loc] = Counter(bmu_map_[loc])  # 如 (7, 7): Counter({0: 4})
fig = plt.figure(figsize=(7, 5))
grid = gridspec.GridSpec(self.Cl_y, self.Cl_x, fig)  # 按照竞争层分布进行分格
for loc in bmu_map.keys():  # 在每个格子里面画饼图
    # 每个神经元每个类别样本数，如[k, 0, 0]表示3个类别，第1个类别包含样本数k
    scores = [bmu_map[loc][lab] for lab in label_names]
    plt.subplot(grid[self.Cl_y - 1 - loc[1], loc[0]], aspect=1)  # 一个子图
    plt.pie(scores, radius=radius)  # 绘制饼图
    # 标记近邻域样本量
    plt.text(loc[0] / 100, loc[1] / 100, str(len(list(bmu_map[loc].elements()))),
             color="black", fontdict={"size": 16}, va="center", ha="center")
plt.legend(label_names, loc="upper left ", bbox_to_anchor=(-2, 12),
           ncol=3, fontsize=12)  # 根据需求修改
plt.show()
```

例 1   1989 年 Kohonen 给出一个 SOM 网络的著名应用实例，即把不同的动物按其属性映射到二维输出平面上，使属性相似的动物在 SOM 网络输出平面上的位置也相近. 如表 15-1 所示，训练集选了 16 种动物，即 16 个样本，每个动物包含 13 个特征属性，用 1 或 0 表示该动物是否有此属性.

表 15-1   不同动物属性数据 (1)

动物属性	鸽子	母鸡	鸭	鹅	猫头鹰	隼	鹰	狐狸	狗	狼	猫	虎	狮	马	斑马	牛
小	1	1	1	1	1	1	0	0	0	0	1	0	0	0	0	0
中	0	0	0	0	0	0	1	1	1	1	0	0	0	0	0	0
大	0	0	0	0	0	0	0	0	0	0	0	1	1	1	1	1
2 条腿	1	1	1	1	1	1	1	0	0	0	0	0	0	0	0	0
4 条腿	0	0	0	0	0	0	0	1	1	1	1	1	1	1	1	1
毛	0	0	0	0	0	0	0	1	1	1	1	1	1	1	1	1
蹄	0	0	0	0	0	0	0	0	0	0	0	0	0	1	1	1
鬃毛	0	0	0	0	0	0	0	0	0	1	0	0	1	1	1	0
羽毛	1	1	1	1	1	1	1	0	0	0	0	0	0	0	0	0
猎	0	0	0	0	1	1	1	1	0	1	1	1	1	0	0	0
跑	0	0	0	0	0	0	0	1	1	1	0	1	1	1	1	0
飞	1	0	0	1	1	1	1	0	0	0	0	0	0	0	0	0
泳	0	0	1	1	0	0	0	0	0	0	0	0	0	0	0	0

竞争层的结构为 6×6, 近邻关系函数为 Bubble 函数，近邻半径初始化为 $\sigma =$

1.5. 映射结果如图 15-3 (a) 所示, 属性相似的位置相邻, 实现了特征的有序分布. 观察数据, 其中猫头鹰和隼、马和斑马在所有属性上取值一致, 故在映射后, 其相似度差异为 0, 即在数据意义上是完全一致的. 若添加两个属性 "飞速" 和 "斑纹" 以区分猫头鹰与隼、马与斑马, 如表 15-2 所示, 则结果如图 15-3 (b) 所示.

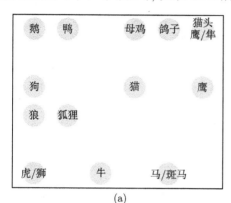
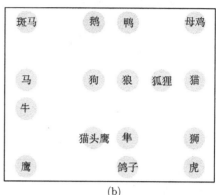

(a)　　　　　　　　　　　　　　　　　　　　(b)

图 15-3　SOM 对动物数据集的映射结果

表 15-2　不同动物属性数据 (2)

动物属性	鸽子	母鸡	鸭	鹅	猫头鹰	隼	鹰	狐狸	狗	狼	猫	虎	狮	马	斑马	牛
飞速	1	0	0	0	0	1	1	0	0	0	0	0	0	0	0	0
斑纹	0	0	0	0	0	0	0	0	0	0	0	1	0	0	1	0

　　例 2　以 sklearn.datasets.load_wine 葡萄酒数据集为例, 该数据集共包含 178 个样本, 每个样本 13 个特征属性, 用 SOM 网络进行训练分析.

　　竞争层二维 Rectangular 结构为 9×9, 根据训练的权重矩阵, 计算每个神经元距离它的邻近神经元的距离, 其 U-Matrix 可视化后如图 15-4(a) 所示, 颜色越浅表示值越小, 即该节点与其邻近节点在输入空间靠得越近, 类别边界位置的颜色要深于其他位置的颜色. 对于每个神经元邻域内样本点数及其类别的纯度可绘制饼图, 如图 15-4(b) 所示, 其排列方式与 U-Matrix 一致, 聚类的效果非常明显, 但分类边界位置的样本量较少, 从中也可看出部分神经元并没有被激活.

　　如图 15-5 所示, 随着训练的进行, 学习率和邻域半径逐渐衰减和收缩, 输入层到竞争层的映射误差也逐渐下降, 同时体现了训练过程中对激活节点选择的随机性. 高斯函数除 BMU 节点外的更新幅度为 1, 周围邻近的节点也随着距离的远近更新幅度由大到小, 而 Bubble 却不同, 邻域半径衰减到一定程度, 损失会跳跃式下降, 其跟周围的节点选择有关. 模型参数设置如下:

```
SelfOrganizingMapsNN(alpha=0.5, neighbor_radius=1.5, random_state=20,
                     max_iter=2000, init_weight="rnd", neighborhood_fun="gauss")
```

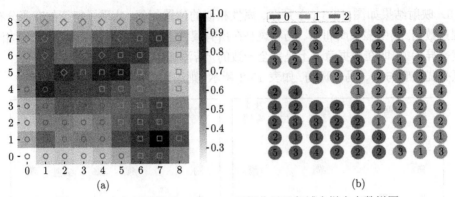

图 15-4 竞争层神经元 U-Matrix 可视化以及邻域内样本点数饼图

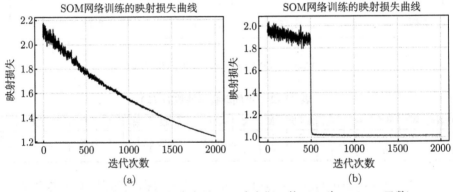

图 15-5 训练过程的相似度度量 ((a) 为高斯函数, (b) 为 Bubble 函数)

通过 make_blobs 函数构造包含 500 个样本的 4 个类别数据, 每个样本包含 20 个特征, 训练结果如图 15-6 所示, 可见映射的结果非常好, 类别边界位置的神经元没有被激活, 显然聚类结果为 4 个簇. 数据生成和模型参数如下:

```
X, y = make_blobs(n_samples=500, n_features=20, centers=4, random_state=1)
SelfOrganizingMapsNN(Cl_x=9, Cl_y=9, alpha=0.5, neighbor_radius=1.5, random_state=20,
                max_iter=2000, init_weight="rnd", neighborhood_fun="gauss")
```

对葡萄酒数据集进行一次分层采样随机划分, 基于 Bubble 函数训练, 则对测试样本的预测精度为 0.9815.

```
X_train, X_test, y_train, y_test = \
    train_test_split(X, y, test_size=0.3, random_state=42, stratify=y)
SelfOrganizingMapsNN(Cl_x=7, Cl_y=7, neighbor_radius=0.8, random_state=0,
                max_iter=200, neighborhood_fun="bubble", init_weight="rnd")
```

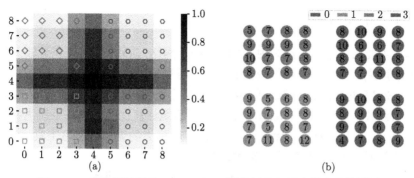

图 15-6   竞争层神经元 U-Matrix 可视化以及邻域内样本点数饼图

假设聚类簇数为 3, 设置竞争层网络结构为 3×1, 则葡萄酒数据集前两个特征变量和后两个特征变量的聚类效果如图 15-7 所示, 若对比真实目标值和每个样本的聚类簇标记, 则正确率为 0.9382, 对于无监督学习任务, 具有不错的精度.

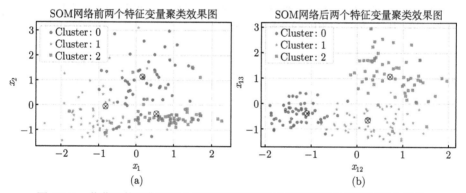

图 15-7   葡萄酒数据集前两个特征变量和后两个特征变量的聚类可视化效果

■ 15.3   习题与实验

1. 什么是 SOM 神经网络? 其竞争层的训练结果如何进行可视化?

2. SOM 神经网络的网络权重更新是否采用反向传播算法? 请给出权重更新的方法?

3. SOM 神经网络的训练过程包含哪几个部分? 请分别简述之.

4. 参考第三方库 minisom.MiniSom, 选择鸢尾花数据集 (或 UCI 中自行选择适宜的数据集) 进行 SOM 神经网络的训练, 并对竞争层神经元进行可视化, 考虑不同参数的组合.

■ 15.4　本章小结

本章主要探讨了自组织映射 (SOM) 神经网络, SOM 网络仅包含输入层和输出层 (竞争层), 可将高维数据映射到低维 (通常是二维) 空间, 同时保留数据的拓扑关系. SOM 网络的核心思想是竞争学习和拓扑保持, 其基本流程分为初始化网络结构和参数、通过竞争获取获胜节点、自组织计算优胜邻域、更新优胜邻域内节点的权重, 进而不断迭代优化. SOM 是一种强大的无监督学习工具, 特别适合于探索性数据分析 (数据降维、聚类) 和可视化任务.

第三方库 minisom.MiniSom 提供了对 SOM 网络的训练、预测和可视化.

■ 15.5　参考文献

[1]　Kohonen T. Self-organized formation of topologically correct feature maps [J]. Biological Cybernetics, 1982, 43(1): 59-69. doi: 10.1007/bf00337288.

[2]　Kohonen T. Essentials of the self-organizing map [J]. Neural Networks, 2013, 37: 52-65. doi: 10.1016/j.neunet.2012.09.018.

第 16 章

生成式深度学习

深度学习是一类机器学习算法, 它通过构建多个堆叠隐藏层的神经网络, 来学习非结构化数据的高层表示. 所谓非结构化数据是指不能自然地将特征组织成列形式的数据, 如图形、音频和文本. 图形具有空间结构, 录音具有时间结构, 而视频数据兼具时空结构[1]. 任何通过多层结构学习输入数据的高级表征的系统都是深度学习的一种形式.

判别模型是推动机器学习发展的主要力量, 生成学习已是机器学习的前沿技术. 生成学习是解锁更复杂且超出判别模型实现范围的人工智能形式的关键技术[1], 其重要性体现在三个方面: (1) 从理论角度, 人们不满足于对数据分类, 而是更全面了解数据的生成方式; 生成数据是一个更复杂的问题, 从高维的可行域中生成属于某类的数据, 且在这个过程中可使用判别模型. (2) 生成学习极有可能成为驱动机器学习其他领域未来发展的关键, 如为强化学习生成训练环境, 让车辆通过想象环境中的学习尽快掌握实际路段的驾驶. (3) 如果人类制造的机器在智力方面与人类旗鼓相当, 那么生成学习必然在其解决方案中占据一席之地; 当前的神经科学理论表明, 人类对现实的感知并不是一个高度复杂的判别模型, 而是一个非常了不起的生成模型, 在脑海中生成真实世界的模拟世界, 如构思和想象一个约会场景、小说的结局、未来暑假的规划.

生成式深度学习 (generative deep learning) 最流行的两种方法是 VAE 和 GAN 及其变体. 当然 LSTM 也可以生成序列数据, 如用音符序列生成音乐, 用笔画序列生成绘画等.

■ 16.1 变分自编码器

自编码器 (Auto-Encoder, AE) 由 Rumelhart 在 1986 年提出, 是一种无监督学习算法, 可用于数据降维、特征抽取和数据可视化分析等, 也可扩展并应用于生成模型中. AE 试图将一个输入数据样本压缩成一个低维特征向量表示, 然后由该低维特征向量重构 (reconstruction) 出原数据样本.

如图 16-1 所示, AE 由编码器 (Encoder) 和解码器 (Decoder) 组成, 可以是

普通全连接网络或 CNN, 故又称为编码器网络 (记为 NN Encoder) 和解码器网络 (记为 NN Decoder), 记映射函数分别为 q_ϕ 和 p_θ, 其中 ϕ 和 θ 为网络参数并可采用 BP 算法来学习. AE 将高维原数据 $x \in \mathbb{R}^{n \times 1}$ 输入编码器 q_ϕ, 利用 q_ϕ 将高维空间映射到一个低维空间, 表示为隐变量 (latent variable) $z \in \mathbb{R}^{m \times 1}$ (也称 code), 即 $z = q_\phi(x)$; 然后将低维空间的特征 z 输入解码器 p_θ 进行解码, 以此来重构原输入数据 $\hat{x}$, 即 $\hat{x} = p_\theta(z) = p_\theta(q_\phi(x))$. AE 的目标为重构的数据和原数据近似一致, 即最小化重构误差 $\|x - \hat{x}\|^2 = \|x - p_\theta(q_\phi(x))\|^2$.

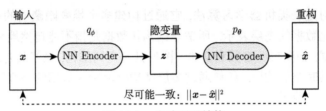

图 16-1   自编码器结构

AE 对应的网络结构如图 16-2 所示, 如果隐藏层较多, 则为深层 AE 网络模型. 通常来说, 深度网络越深越能够学习到更加抽象的高级语义特征, 隐藏层节点数越多, 越能够学习到更加丰富的特征表示. 如果不考虑图 16-2 中的隐藏层和激活函数, 则 AE 实际上为 PCA. PCA 本质上也是一种特征降维技术, 但 PCA 的主要成分是输入变量的线性组合, 学习能力有限, 即对于非线性变换, PCA 显得无能为力. 尽管 AE 可以重构数据, 但它并不是真正意义上的生成模型, 其改进方法可通过增加输入的多样性从而增强输出的鲁棒性.

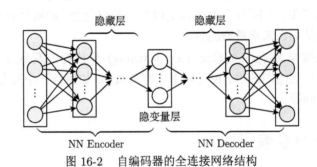

图 16-2   自编码器的全连接网络结构

16.1.1   VAE 模型和学习

变分自编码器 (Variational Auto-Encoder, VAE) 是 AE 的变体, 且是生成模型, 2013 年由 Kingma 等[2]提出, 其核心思想是利用变分推断 (variational inference) 的方法, 从隐变量空间的概率分布中学习潜在属性, 对训练数据的特征进行捕捉, 从而实现自动生成具有与训练数据类似特征的新数据. 如图 16-3 所示, 首先通过 Encoder 从输入数据 $\boldsymbol{x}$ 中计算得到均值向量 $\boldsymbol{\mu}$ 和标准差向量 $\boldsymbol{\sigma}$, 然后根据 $\boldsymbol{\mu}$ 和 $\boldsymbol{\sigma}$ 按照一定的概率生成采样到隐变量 $\boldsymbol{z}$ 中, 再通过 Decoder 从 $\boldsymbol{z}$ 中的输出数据实现对原有数据的重构. VAE 的一大特点是通过对隐变量 $\boldsymbol{z}$ 的调整可以实现对连续变化数据的自动生成. 从隐变量空间中采样的数据 $\boldsymbol{z}$ 遵循原数据 $\boldsymbol{x}$ 的概率分布, 这样根据采样数据 $\boldsymbol{z}$ 生成的新数据 $\hat{\boldsymbol{x}}$ 也遵循原数据的概率分布.

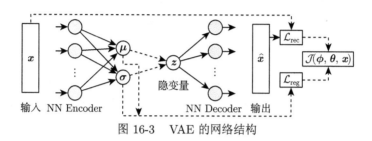

图 16-3　VAE 的网络结构

具体地[2], 考虑由连续或离散随机变量 $\boldsymbol{x}$ 的 N 个独立同分布样本组成的数据集 $\boldsymbol{X} = \{\boldsymbol{x}_i\}_{i=1}^{N}$, 并假设数据由一些随机过程产生, 且包含一个未观察到的随机变量 $\boldsymbol{z}$, 则生成过程包含两个步骤: 值 $\boldsymbol{z}_i$ 是从某个先验分布 $p_{\boldsymbol{\theta}^*}(\boldsymbol{z})$ 生成的, 值 $\boldsymbol{x}_i$ 是从一些依赖于 $\boldsymbol{z}_i$ 的条件分布 $p_{\boldsymbol{\theta}^*}(\boldsymbol{x}|\boldsymbol{z}=\boldsymbol{z}_i)$ 生成的, 其中 $p_{\boldsymbol{\theta}^*}(\boldsymbol{z})$ 和 $p_{\boldsymbol{\theta}^*}(\boldsymbol{x}|\boldsymbol{z})$ 来自于 $p_{\boldsymbol{\theta}}(\boldsymbol{z})$ 和 $p_{\boldsymbol{\theta}}(\boldsymbol{x}|\boldsymbol{z})$ 的参数化族. 故需考虑三个问题:

(1) 参数 $\boldsymbol{\theta}$ 的有效近似极大后验概率 (Maximum A Posteriori, MAP) 估计或极大似然 (Maximum Likelihood, ML) 估计. 解决了参数估计问题, 就能全面刻画数据的生成过程, 如图像生成.

(2) 基于参数 $\boldsymbol{\theta}$ 的选择, 给定观测值 $\boldsymbol{x}$ 的隐变量 $\boldsymbol{z}$ 的有效近似后验推断, 即 $p_{\boldsymbol{\theta}}(\boldsymbol{z}|\boldsymbol{x})$. 解决了后验推断问题, 就能对观测值 $\boldsymbol{x}$ 做表征学习或维度压缩.

(3) 随机变量 $\boldsymbol{x}$ 的有效近似边际分布推断, 即 $p_{\boldsymbol{\theta}}(\boldsymbol{x})$. 解决了边际分布推断问题, 边际分布 $p_{\boldsymbol{\theta}}(\boldsymbol{x})$ 就能适用于任何需要对观测值 $\boldsymbol{x}$ 做先验假设的场景.

综上, 希望找到一个参数 $\boldsymbol{\theta}^*$ 来最大化生成真实数据的概率

$$\boldsymbol{\theta}^* = \underset{\boldsymbol{\theta}}{\arg\max} \prod_{i=1}^{N} p_{\boldsymbol{\theta}}(\boldsymbol{x}_i) = \underset{\boldsymbol{\theta}}{\arg\max} \sum_{i=1}^{N} \log p_{\boldsymbol{\theta}}(\boldsymbol{x}_i), \tag{16-1}$$

其中 $p_{\boldsymbol{\theta}}(\boldsymbol{x}_i)$ 可以通过积分

$$p_{\boldsymbol{\theta}}(\boldsymbol{x}_i) = \int_{\boldsymbol{z}} p_{\boldsymbol{\theta}}(\boldsymbol{x}_i|\boldsymbol{z}) p_{\boldsymbol{\theta}}(\boldsymbol{z})\mathrm{d}\boldsymbol{z} \tag{16-2}$$

得到, 然而积分是难以处理的. 为此, 变分推断引入后验分布 $p_{\boldsymbol{\theta}}(\boldsymbol{z}|\boldsymbol{x}_i)$ 联合建模,

根据贝叶斯公式, 有

$$p_{\theta}\left(z|x_{i}\right)=\frac{p_{\theta}\left(z,x_{i}\right)}{p_{\theta}\left(x_{i}\right)}=\frac{p_{\theta}\left(x_{i}|z\right)p_{\theta}\left(z\right)}{\displaystyle\int_{z}p_{\theta}\left(x_{i}|z\right)p_{\theta}\left(z\right)\mathrm{d}z}. \tag{16-3}$$

联合建模如图 16-4(a) 所示, 实线代表想要得到的生成模型 $p_{\theta}\left(x|z\right)p_{\theta}\left(z\right)$, 其中先验分布 $p_{\theta}\left(z\right)$ 往往是事先定义好的 (如标准正态分布), 而 $p_{\theta}\left(x|z\right)$ 可用一个网络来学习, 对于给定的一个隐变量 z, 它给出的是样本点 x 所有可能取值的分布, 那么此网络可看成一个概率解码器 (probability decoder), 又称为生成模型 (generative model); 虚线代表对后验分布 $p_{\theta}\left(z|x\right)$ 的变分估计, 记为 $q_{\phi}\left(z|x\right)$, 也可用一个网络来学习, 可看成一个概率编码器 (probability encoder), 又称为识别模型 (recognition model), 其以 x 为输入、以 z 为输出, 且输出的不是确定的值, 而是 z 所有可能取值的分布. 故而, 概率编码器和概率解码器学习两个分布, 如图 16-4(b) 所示.

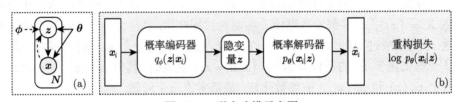

图 16-4　联合建模示意图

变分法允许通过将统计推理问题转化为优化问题来避免棘手的积分问题, VAE 通过最小化 $q_{\phi}\left(z|x_{i}\right)$ 和 $p_{\theta}\left(z|x_{i}\right)$ 之间的 KL (Kullback-Leibler, KL) 散度解决后验推理问题. 为了简化计算, 将对识别模型和生成模型的参数 ϕ 和 θ 进行联合优化, 即

$$\phi^{*},\theta^{*}=\underset{\phi,\theta}{\arg\min}\,D_{\mathrm{KL}}\left(q_{\phi}\left(z|x_{i}\right)\|p_{\theta}\left(z|x_{i}\right)\right). \tag{16-4}$$

VAE 的目标可以通过最大化证据下界 (Evidence Lower Bound, ELBO)[3] 来评估. 推导式 (16-4) 的 KL 散度, 可得

$$D_{\mathrm{KL}}\left(q_{\phi}\left(z|x_{i}\right)\|p_{\theta}\left(z|x_{i}\right)\right)$$

$$=D_{\mathrm{KL}}\left(q_{\phi}\left(z|x_{i}\right)\|p_{\theta}\left(z\right)\right)-\mathbb{E}_{q_{\phi}\left(z|x_{i}\right)}\log p_{\theta}\left(x_{i}|z\right)+\log p_{\theta}\left(x_{i}\right), \tag{16-5}$$

其中 $\log p_{\theta}\left(x_{i}\right)$ 是边际分布 $p_{\theta}\left(x\right)$ 在观测点 x_{i} 的对数似然, 且是一个常数, 故式 (16-4) 的优化问题等价于

$$\phi^{*},\theta^{*}=\underset{\phi,\theta}{\arg\max}\,\mathrm{ELBO}$$

$$= \arg\max_{\boldsymbol{\phi}, \boldsymbol{\theta}} \left[-D_{\mathrm{KL}}\left(q_{\boldsymbol{\phi}}\left(\boldsymbol{z}|\boldsymbol{x}_i\right) \| p_{\boldsymbol{\theta}}\left(\boldsymbol{z}\right)\right) + \mathbb{E}_{q_{\boldsymbol{\phi}}\left(\boldsymbol{z}|\boldsymbol{x}_i\right)}\left[\log p_{\boldsymbol{\theta}}\left(\boldsymbol{x}_i|\boldsymbol{z}\right)\right] \right], \quad (16\text{-}6)$$

其中, $D_{\mathrm{KL}}\left(q_{\boldsymbol{\phi}}\left(\boldsymbol{z}|\boldsymbol{x}_i\right) \| p_{\boldsymbol{\theta}}\left(\boldsymbol{z}\right)\right)$ 表示潜在变量分布 $q_{\boldsymbol{\phi}}\left(\boldsymbol{z}|\boldsymbol{x}_i\right)$ 与先验分布 $p_{\boldsymbol{\theta}}\left(\boldsymbol{z}\right)$ 之间的 KL 散度, 它衡量了 $q_{\boldsymbol{\phi}}\left(\boldsymbol{z}|\boldsymbol{x}_i\right)$ 与 $p_{\boldsymbol{\theta}}\left(\boldsymbol{z}\right)$ 之间的距离, 即 $q_{\boldsymbol{\phi}}\left(\boldsymbol{z}|\boldsymbol{x}_i\right)$ 是否能够很好地表示先验分布 $p_{\boldsymbol{\theta}}\left(\boldsymbol{z}\right)$, KL 散度值越小越好; $\mathbb{E}_{q_{\boldsymbol{\phi}}\left(\boldsymbol{z}|\boldsymbol{x}_i\right)}\left[\log p_{\boldsymbol{\theta}}\left(\boldsymbol{x}_i|\boldsymbol{z}\right)\right]$ 表示在给定编码器输出 $q_{\boldsymbol{\phi}}\left(\boldsymbol{z}|\boldsymbol{x}_i\right)$ 下解码器输出 $p_{\boldsymbol{\theta}}\left(\boldsymbol{x}_i|\boldsymbol{z}\right)$ 的对数的期望, 其值越大越好. 式 (16-6) 等价于最小化代价函数

$$\mathcal{J}\left(\boldsymbol{\phi}, \boldsymbol{\theta}, \boldsymbol{x}_i\right) = D_{\mathrm{KL}}\left(q_{\boldsymbol{\phi}}\left(\boldsymbol{z}|\boldsymbol{x}_i\right) \| p_{\boldsymbol{\theta}}\left(\boldsymbol{z}\right)\right) - \mathbb{E}_{q_{\boldsymbol{\phi}}\left(\boldsymbol{z}|\boldsymbol{x}_i\right)}\left[\log p_{\boldsymbol{\theta}}\left(\boldsymbol{x}_i|\boldsymbol{z}\right)\right], \quad (16\text{-}7)$$

其中 $-\mathbb{E}_{q_{\boldsymbol{\phi}}\left(\boldsymbol{z}|\boldsymbol{x}_i\right)}\left[\log p_{\boldsymbol{\theta}}\left(\boldsymbol{x}_i|\boldsymbol{z}\right)\right]$ 等价于最小化重构误差, 记为 $\mathcal{L}_{\mathrm{rec}}$, 即训练数据 $\boldsymbol{x}$ 和解码器生成的数据 $\hat{\boldsymbol{x}}$ 之间的差异, 可以用交叉熵或 MSE 度量方法计算. 对于一个小批次样本集, 样本量为 h, 交叉熵损失定义为

$$\mathcal{L}_{\mathrm{rec}} = \frac{1}{h} \sum_{i=1}^{h} \left[\sum_{j=1}^{m} -\left(x_{i,j} \log \hat{x}_{i,j} + (1 - x_{i,j}) \log\left(1 - \hat{x}_{i,j}\right)\right) \right], \quad (16\text{-}8)$$

其中 m 为输入层与输出层神经元的数量. KL 散度正则项 $D_{\mathrm{KL}}\left(q_{\boldsymbol{\phi}}\left(\boldsymbol{z}|\boldsymbol{x}_i\right) \| p_{\boldsymbol{\theta}}\left(\boldsymbol{z}\right)\right)$ 定义为

$$\mathcal{L}_{\mathrm{reg}} = \frac{1}{h} \sum_{i=1}^{h} \left[-\frac{1}{2} \sum_{j=1}^{n} \left(1 + \log\left(\sigma_{i,j}^2\right) - \mu_{i,j}^2 - \sigma_{i,j}^2\right) \right], \quad (16\text{-}9)$$

其中 n 为隐藏层神经元数.

在训练过程中, VAE 的目标是最小化重构误差 $\mathcal{L}_{\mathrm{rec}}$ 和潜在变量分布 $q_{\boldsymbol{\phi}}\left(\boldsymbol{z}|\boldsymbol{x}\right)$ 与先验分布 $p_{\boldsymbol{\theta}}\left(\boldsymbol{z}\right)$ 之间的 KL 散度 $\mathcal{L}_{\mathrm{reg}}$. 由于 $q_{\boldsymbol{\phi}}\left(\boldsymbol{z}|\boldsymbol{x}\right)$ 一般是一个高斯分布, 从 $q_{\boldsymbol{\phi}}\left(\boldsymbol{z}|\boldsymbol{x}\right)$ 采样是无法计算梯度的, VAE 采用一种重参数化技巧 (reparameterization trick) 来解决反向传播算法中的梯度计算问题. 具体来说, 可以通过编码器网络将输入数据 $\boldsymbol{x}$ 映射到均值向量 $\boldsymbol{\mu}$ 和方差向量 $\boldsymbol{\sigma}^2$, 然后从均值和方差的分布中采样隐变量 $\boldsymbol{z}$, 表示为

$$\boldsymbol{\mu} = f_{\boldsymbol{\mu}}\left(\boldsymbol{x}\right), \quad \boldsymbol{\sigma} = f_{\boldsymbol{\sigma}}\left(\boldsymbol{x}\right), \quad \boldsymbol{z} = \boldsymbol{\mu} + \boldsymbol{\varepsilon} \odot \mathrm{e}^{\boldsymbol{\sigma}/2}, \quad (16\text{-}10)$$

其中 $\boldsymbol{\varepsilon} \sim N\left(\boldsymbol{0}, \boldsymbol{I}\right)$ 是一个噪声向量. 如图 16-5 所示, 如此, 反向传播过程中梯度可以传递到编码器.

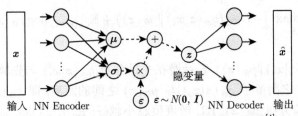

图 16-5   Reparametrization trick 结构示意图[4]

假设 VAE 的网络架构如图 16-6 所示, Encoder 基于全连接并采用 ReLU 激活函数, 计算正态分布参数网络层采用线性 (Linear) 激活函数 $\varphi(x) = x$, 采样层根据输入的参数 $(\boldsymbol{\mu}, \boldsymbol{\sigma})$ 采样生成 $\boldsymbol{z}$, Decoder 基于全连接并采用 ReLU 激活函数, 输出层采用 Sigmoid 激活函数.

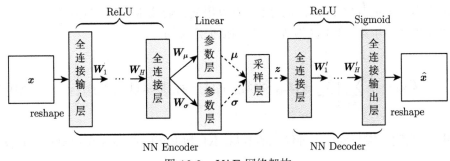

图 16-6   VAE 网络架构

对于全连接层, 可基于 BP 神经网络的反向传播算法计算梯度. 设训练样本集 $\boldsymbol{X} = \{\boldsymbol{x}_i\}_{i=1}^N$, 代价函数损失为 $\mathcal{J} = \mathcal{L}_{\text{rec}} + \mathcal{L}_{\text{reg}}$, 其中重构误差和 KL 散度的权重系数相等. 记 $\boldsymbol{u}$ 为输出层的净激活值, 则 $\hat{\boldsymbol{x}} = 1/(1 + \mathrm{e}^{-\boldsymbol{u}})$ 为输出层的激活输出值, 则其反向传播的误差增量为

$$\boldsymbol{\delta} = \frac{\partial \mathcal{J}}{\partial \boldsymbol{u}} = \frac{\partial \mathcal{J}}{\partial \hat{\boldsymbol{x}}} \frac{\partial \hat{\boldsymbol{x}}}{\partial \boldsymbol{u}} = \frac{\partial}{\partial \hat{\boldsymbol{x}}} (\mathcal{L}_{\text{rec}} + \mathcal{L}_{\text{reg}}) \cdot \frac{\partial \hat{\boldsymbol{x}}}{\partial \boldsymbol{u}} = \left(-\frac{\boldsymbol{x}}{\hat{\boldsymbol{x}}} + \frac{1 - \boldsymbol{x}}{1 - \hat{\boldsymbol{x}}} \right) \cdot \hat{\boldsymbol{x}} \left(1 - \hat{\boldsymbol{x}} \right) = \hat{\boldsymbol{x}} - \boldsymbol{x}.$$

$$(16\text{-}11)$$

采样层的反向传播计算, 均值向量 $\boldsymbol{\mu}$ 的梯度为

$$\frac{\partial \mathcal{J}}{\partial \boldsymbol{\mu}} = \frac{\partial}{\partial \boldsymbol{\mu}} (\mathcal{L}_{\text{rec}} + \mathcal{L}_{\text{reg}}) = \frac{\partial \mathcal{L}_{\text{rec}}}{\partial \boldsymbol{z}} \frac{\partial \boldsymbol{z}}{\partial \boldsymbol{\mu}} + \frac{\partial \mathcal{L}_{\text{reg}}}{\partial \boldsymbol{\mu}} = \frac{\partial \mathcal{L}_{\text{rec}}}{\partial \boldsymbol{z}} + \boldsymbol{\mu}, \qquad (16\text{-}12)$$

记 $\boldsymbol{\psi} = \log \boldsymbol{\sigma}^2$, 则对数方差的梯度为

$$\frac{\partial \mathcal{J}}{\partial \boldsymbol{\psi}} = \frac{\partial}{\partial \boldsymbol{\psi}} (\mathcal{L}_{\text{rec}} + \mathcal{L}_{\text{reg}}) = \frac{\partial \mathcal{L}_{\text{rec}}}{\partial \boldsymbol{z}} \frac{\partial \boldsymbol{z}}{\partial \boldsymbol{\psi}} + \frac{\partial \mathcal{L}_{\text{reg}}}{\partial \boldsymbol{\psi}} = \frac{\partial \mathcal{L}_{\text{rec}}}{\partial \boldsymbol{z}} \odot \frac{\boldsymbol{\varepsilon}}{2} \odot \mathrm{e}^{\boldsymbol{\psi}/2} - \frac{1}{2} \left(1 - \mathrm{e}^{\boldsymbol{\psi}} \right),$$

$$(16\text{-}13)$$

其中 $\dfrac{\partial \mathcal{L}_{\text{rec}}}{\partial z}$ 是解码器输入的梯度, 可从解码器的反向传播中得到.

除 VAE 外, 自编码器还包括稀疏自编码器 (Sparse Auto-Encoder, SAE)、去噪自编码器 (Denoising Auto-Encoder, DAE)、收缩自编码器 (contractive Auto-Encoder, CAE) 等.

16.1.2 VAE 算法设计

基于图 16-6 的 VAE 网络架构, 设计 VAE 算法. 由于编码器和解码器的全连接层正向传播、反向传播和参数更新方法类似, 故设计全连接层基类, 且默认采用 Adam 优化算法.

1. 全连接层基类

需导入激活函数的工具函数 activity_func_utils 和优化方法的工具类 OptimizerUtils.

```
# file_name: base_nn_layer.py
class Base_VAE_NN_Layer:
    """
    VAE各层采用普通全连接实现, 且参数的初始化、正向传播、反向传播和更新参数的
    操作类似
    """
    def __init__(self, n_in, n_out, init_param_type: str, activity_fun ="relu",
                optimization ="adam"):
        if init_param_type.lower() == "he":
            self.W = np.random.randn(n_in, n_out) * np.sqrt(2 / n_in)  # He的初始值
        elif init_param_type.lower() == "xavier":
            self.W = np.random.randn(n_in, n_out) / np.sqrt(n_in)  # Xavier的初始值
        self.b = np.zeros(n_out)  # 偏置项
        # 生成器中间层的激活函数
        self.activity_fun = af.activity_functions(activity_fun)
        self.x, self.net_val, self.y_hat = None, None, None # 正向传播中的变量
        self.grad_W, self.grad_b, self.grad_x = None, None, None # 反向传播的梯度变量
        self.optimizer_W = OptimizerUtils(theta=self.W, optimizer=optimization)
        self.optimizer_b = OptimizerUtils(theta=self.b, optimizer=optimization)

    def forward(self, x):
        """
        基于当前批次输入x, 正向传播计算
        """
        self.x = x  # 标记当前的输入, 用于反向传播
        self.net_val = np.dot(x, self.W) + self.b  # 净输出值
```

```
        self.y_hat = self.activity_fun[0] (self.net_val)    # 激活函数输出

    def backward(self, grad_y):
        """
        基于下一层反向传播的梯度增量grad_y, 反向传播计算
        """
        # grad_y * 激活函数的一阶导
        delta = grad_y * self.activity_fun [1] (self.net_val )
        self.grad_W = self.x.T @ delta   # 权重更新梯度
        self.grad_b = np.sum(delta, axis=0)   # 偏置的更新梯度
        self.grad_x = delta @ self.W.T # 反向上一层的梯度增量

    def update (self):
        """
        更新当前层的模型参数, 默认采用Adam优化方法
        """
        self.optimizer_W.update (self.grad_W)
        self.optimizer_b.update (self.grad_b)
```

2. VAE 各层实现类

考虑重构误差 $\mathcal{L}_{\mathrm{rec}}$ 和 KL 损失 $\mathcal{L}_{\mathrm{reg}}$ 的权重系数, 设 $\mathcal{J} = \rho\mathcal{L}_{\mathrm{rec}} + (1-\rho)\,\mathcal{L}_{\mathrm{reg}}$, $0 < \rho < 1$, 则

$$\boldsymbol{\delta} = \frac{\partial \mathcal{J}}{\partial \boldsymbol{u}} = \frac{\partial}{\partial \hat{\boldsymbol{x}}} \left(\rho\mathcal{L}_{\mathrm{rec}} + (1-\rho)\,\mathcal{L}_{\mathrm{reg}}\right) \cdot \frac{\partial \hat{\boldsymbol{x}}}{\partial \boldsymbol{u}} = \rho\,(\hat{\boldsymbol{x}} - \boldsymbol{x})\,,$$

$$\frac{\partial \mathcal{J}}{\partial \boldsymbol{\mu}} = \frac{\partial}{\partial \boldsymbol{\mu}} \left(\rho\mathcal{L}_{\mathrm{rec}} + (1-\rho)\,\mathcal{L}_{\mathrm{reg}}\right) = \rho\frac{\partial \mathcal{L}_{\mathrm{rec}}}{\partial \boldsymbol{z}} + (1-\rho)\,\boldsymbol{\mu}\,,$$

$$\frac{\partial \mathcal{J}}{\partial \boldsymbol{\psi}} = \frac{\partial}{\partial \boldsymbol{\psi}} \left(\rho\mathcal{L}_{\mathrm{rec}} + (1-\rho)\,\mathcal{L}_{\mathrm{reg}}\right) = \rho\frac{\partial \mathcal{L}_{\mathrm{rec}}}{\partial \boldsymbol{z}} \odot \frac{\boldsymbol{\varepsilon}}{2} \odot \mathrm{e}^{\boldsymbol{\psi}/2} - \frac{(1-\rho)}{2}\left(1 - \mathrm{e}^{\boldsymbol{\psi}}\right).$$

为便于各层模块化的设计, 以及多个隐藏层模拟深度 VAE 的实现, 独立设计隐藏层、参数网络层、采样层和输出层类.

```
# file_name: vae_layers.py
class CommonHiddenLayer(Base_VAE_NN_Layer):
    # 编码器网络或解码器网络的公共全连接隐藏层
    def __init__(self, n_in, n_out, activity_fun="relu", optimizer="adam"):
        Base_VAE_NN_Layer.__init__(self, n_in, n_out, init_param_type="He",
                                   activity_fun= activity_fun, optimizer=optimizer)
```

```
class  NormParamsLayer(Base_VAE_NN_Layer):
    # 正态分布的参数网络层
    def __init__(self, n_in, n_out, optimizer="adam"):
        Base_VAE_NN_Layer.__init__(self, n_in, n_out, init_param_type="xavier",
                                    activity_fun="linear", optimizer=optimizer)


class  LatentVariableLayer:
    # 对隐变量进行采样的网络层
    def __init__(self, rou_loss):
        self.rou_loss = rou_loss   # 重构损失的权重系数
        self.mu, self.log_var, self.eps, self.z = None, None, None, None
        self.grad_mu, self.grad_log_var = None, None


    def forward(self, mu, log_var):
        self.mu, self.log_var = mu, log_var   # 均值和方差的对数
        self.eps = np.random.randn(*log_var.shape)   # 标准正态分布采样
        self.z = mu + self.eps * np.exp(log_var / 2)   # 对隐变量采样


    def backward(self, grad_z):
        self.grad_mu = self.rou_loss * grad_z + (1 − self.rou_loss) * self.mu
        self.grad_log_var = self.rou_loss * grad_z * self.eps / 2 * \
                            np.exp(self.log_var / 2) − \
                            0.5 * (1 − self.rou_loss) * (1 − np.exp(self.log_var))


class  OutputLayer(Base_VAE_NN_Layer):
    # 解码器网络的输出层
    def __init__(self, n_in, n_out, rou_loss, activity_fun="sigmoid", optimizer="adam"):
        Base_VAE_NN_Layer.__init__(self, n_in, n_out, init_param_type="xavier",
                                    activity_fun=activity_fun, optimizer=optimizer)
        self.rou_loss = rou_loss   # 重构损失的权重系数


    def backward(self, t):
        delta = self.rou_loss * (self.y_hat − t)   # 输出层的误差增量
        self.grad_W = self.x.T @ delta   # 权重更新梯度
        self.grad_b = np.sum(delta, axis=0)   # 偏置的更新梯度
        self.grad_x = delta @ self.W.T   # 反向delta增量
```

3. VAE 架构和训练

　　编码器和解码器多个隐藏层的实现, 基本功能包括各层的正向传播、反向传播和参数更新, 以及隐变量空间的可视化和从隐变量空间采样生成图像的可视化.

```python
# file_name: vae_architecture.py
from gan_vae_16.vae.vae_layers import *

class VAEArchitecture:
    """
    变分自编码器网络架构和训练, 包括正向、反向传播、参数更新和z空间可视化
    """
    def __init__(self, n_in_out: int, n_hidden: list, n_latent_z: int,
                 rou_loss: float = 0.5, max_iter: int = 1000,
                 batch_size: int = 20, interval: int = 10):
        self.n_in_out = n_in_out  # 输入层和输出层的神经元数
        self.n_hidden = n_hidden  # 多个隐藏层神经元数, 列表, 其长度代表隐藏层深度
        self.n_latent_z = n_latent_z  # 隐变量z的神经元数
        self.rou_loss = rou_loss  # 重构损失的权重系数
        self.max_iter = max_iter  # 最大迭代次数
        self.batch_size = batch_size  # 批次大小
        self.interval = interval  # 显示处理进度的间隔训练轮数
        # 初始化编码器对象
        self.hidden_layer_enc, self.mu_layer, self.log_var_layer = [], None, None
        self.z_layer = None  # 隐变量, 编码层
        self.hidden_layer_dec, self.output_layer = [], None  # 解码器对象
        self.reg_error, self.rec_error = [], []  # 误差
        self.X_train = None  # 标记训练样本集

    def _init_vae_nets(self):
        """
        VAE网络各层对象的初始化
        """
        # 1. Encoder网络各层的初始化
        self.hidden_layer_enc.append(CommonHiddenLayer(self.n_in_out, self.n_hidden[0]))
        for i in range(1, len(self.n_hidden)):  # 多个隐藏层对象初始化
            self.hidden_layer_enc.append(CommonHiddenLayer(self.n_hidden[i - 1],
                                                           self.n_hidden[i]))
        # 参数网络层对象初始化
        self.mu_layer = NormParamsLayer(self.n_hidden[-1], self.n_latent_z)
        self.log_var_layer = NormParamsLayer(self.n_hidden[-1], self.n_latent_z)
        self.z_layer = LatentVariableLayer(self.rou_loss)  # 采样层
        # 2. Decoder网络各层的初始化
        self.hidden_layer_dec.append(CommonHiddenLayer(self.n_latent_z,
```

```
                                                    self.n_hidden[-1]))
        for i in range(len(self.n_hidden) - 1, 0, -1):  # 多个隐藏层对象初始化
            self.hidden_layer_dec.append(CommonHiddenLayer(self.n_hidden[i],
                                                    self.n_hidden[i - 1]))
        # 输出层对象初始化
        self.output_layer = OutputLayer(self.n_hidden[0], self.n_in_out, self.rou_loss)

    def fit(self, X_train: np.ndarray):
        """
        基于训练集X_train的VAE变分自编码器的网络训练
        """
        self._init_vae_nets()  # 初始化网络各层对象
        self.X_train = X_train  # 标记训练集
        n_batch = len(X_train) // self.batch_size  # 每轮的批次数量
        for k in range(self.max_iter):
            index_random = np.arange(len(X_train))  # 训练集样本索引编号集
            np.random.shuffle(index_random)  # 原地随机打乱索引顺序, 模拟随机性
            for j in range(n_batch):  # 对于每个批次训练
                mb_idx = index_random[j * self.batch_size: (j + 1) * self.batch_size]
                X_mb = X_train[mb_idx, :]  # 小批次样本集
                self.forward_propagation(X_mb)  # 正向传播, 采样生成图像
                self.back_propagation(X_mb)  # 反向传播, 计算梯度
                self.update_params()  # 权重与偏置的更新
            self.forward_propagation(X_train)  # 正向传播一次, 计算整体的误差损失
            # 计算重构误差和正则项误差
            rec_error = self._cal_rec_error(self.output_layer.y_hat, X_train)
            reg_error = self._cal_reg_error(self.mu_layer.y_hat,
                                            self.log_var_layer.y_hat)
            self.rec_error.append(rec_error)  # 重构误差损失
            self.reg_error.append(reg_error)  # KL散度损失
            if k % self.interval == 0:  # 进度打印
                print("Epoch:", k, "Rec_error:", rec_error, ", Reg_error:", reg_error)

    def forward_propagation(self, X_mb):
        """
        根据批次样本集X_mb进行一次正向传播
        """
        # 1. Encoder各层对象正向传播
        self.hidden_layer_enc[0].forward(X_mb)  # Encoder的隐藏层的正向传播
        for i in range(1, len(self.n_hidden)):  # 多个隐藏层
```

```python
        self.hidden_layer_enc[i].forward(self.hidden_layer_enc[i - 1].y_hat)
    self.mu_layer.forward(self.hidden_layer_enc[-1].y_hat)  # 参数网络层的正向传播
    self.log_var_layer.forward(self.hidden_layer_enc[-1].y_hat)
    self.z_layer.forward(self.mu_layer.y_hat, self.log_var_layer.y_hat)  # 采样层
    # 2. Decoder各层对象正向传播
    self.hidden_layer_dec[0].forward(self.z_layer.z)  # Decoder隐藏层的正向传播
    for i in range(1, len(self.n_hidden)):  # 多个隐藏层
        self.hidden_layer_dec[i].forward(self.hidden_layer_dec[i - 1].y_hat)
    self.output_layer.forward(self.hidden_layer_dec[-1].y_hat)  # 输出层的正向传播


def back_propagation(self, T_mb):
    """
    根据批次样本集T_mb(原图像)进行一次反向传播
    """
    # 1. Decoder各层对象反向传播
    self.output_layer.backward(T_mb)  # 输出层的反向传播
    self.hidden_layer_dec[-1].backward(self.output_layer.grad_x)  # Decoder隐藏层
    for i in range(len(self.n_hidden) - 1, 0, -1):  # 多个隐藏层的反向传播
        self.hidden_layer_dec[i - 1].backward(self.hidden_layer_dec[i].grad_x)
    # 2. Encoder各层对象反向传播
    self.z_layer.backward(self.hidden_layer_dec[0].grad_x)  # 采样层的反向传播
    self.log_var_layer.backward(self.z_layer.grad_log_var)  # 参数网络层的反向传播
    self.mu_layer.backward(self.z_layer.grad_mu)  # 参数网络层的反向传播
    self.hidden_layer_enc[-1].backward(self.mu_layer.grad_x +
                                       self.log_var_layer.grad_x)
    for i in range(len(self.n_hidden) - 1, 0, -1):
        self.hidden_layer_enc[i - 1].backward(self.hidden_layer_enc[i].grad_x)


def update_params(self):
    """
    VAE各网络层的参数更新
    """
    for i in range(len(self.n_hidden)):
        self.hidden_layer_enc[i].update()  # Encoder多个隐藏层的参数更新
    self.mu_layer.update()  # 参数网络层的参数更新
    self.log_var_layer.update()  # 参数网络层的参数更新
    for i in range(len(self.n_hidden) - 1, -1, -1):
        self.hidden_layer_dec[i].update()  # Decoder多个隐藏层的参数更新
    self.output_layer.update()  # 输出层的参数更新
```

```python
def _cal_rec_error(self, X_hat, X):
    """
    根据训练样本 X 和重构样本 X̂, 计算重构误差, 按交叉熵计算
    """
    ce_loss = np.sum(X * np.log(X_hat + 1e-8) +
                     (1 - X) * np.log(1 - X_hat + 1e-8)) / len(X_hat)
    return -1.0 * self.rou_loss * ce_loss

def _cal_reg_error(self, mu, log_var):
    """
    根据均值向量 μ 和对数标准差向量 logvar, 计算 KL 散度, 也即正则项
    """
    return -1.0 * (1 - self.rou_loss) * \
        np.sum(1 + log_var - mu ** 2 - np.exp(log_var)) / len(mu)

def plt_error_curve(self, is_show=True):  # 误差曲线可视化, 略去代码

def plt_latent_variable_space(self, target, is_show=True):
    """
    基于样本目标集 target, 对隐变量空间可视化, 针对采样层仅包含两个神经元的情况
    """
    self.forward_propagation(self.X_train)  # 计算隐变量
    if is_show: plt.figure(figsize=(7, 5))  # 如果绘制子图, 则设置为 False
    for i in range(len(set(target))):  # 针对每个类别
        zt = self.z_layer.z[target == i]  # 获取当前类别的隐变量
        z_1, z_2 = zt[:200, 0], zt[:200, 1]  # 获取隐变量空间的采样值
        marker = "$" + str(i) + "$"  # 将数值作为标识
        plt.scatter(z_2.tolist(), z_1.tolist(), marker=marker, s=75)
    # 略去图形修饰, 包括坐标轴标记, 刻度值大小等
    plt.title(r"隐变量$\boldsymbol{z}$空间两个维度的可视化", fontsize=18)
    if is_show: plt.show()

def plt_generate_image_random(self, img_size: int = 28, n_img: int = 16):
    """
    隐变量空间随机采样, 生成图像可视化, 针对手写数字集合.
    """
    img_size_spaced = img_size + 2  # 每个图像的绘图空间
    # 用于存储原图像 original_imgs 和生成图像 generate_imgs
    original_imgs = np.zeros((img_size_spaced * n_img, img_size_spaced * n_img))
    generate_imgs = np.zeros((img_size_spaced * n_img, img_size_spaced * n_img))
```

```
    # 从隐变量空间随机采样, 随机生成不重复的待采样索引
    idx = np.random.choice(len(self.X_train), n_img * n_img, replace=False)
    for i in range(n_img):
        for j in range(n_img):
            x = self.z_layer.z[idx[i * n_img + j], :]  # 从隐变量空间随机采样
            self.hidden_layer_dec[0].forward(x)  # Decoder正向传播
            for k in range(1, len(self.n_hidden)):  # 多个隐藏层
                self.hidden_layer_dec[k].forward(self.hidden_layer_dec[k - 1].y_hat)
            self.output_layer.forward(self.hidden_layer_dec[-1].y_hat)  # Decoder
            # 生成图像并计算存储空间位置top, left
            gen_image = self.output_layer.y_hat.reshape(img_size, img_size)
            top, left = i * img_size_spaced, j * img_size_spaced
            generate_imgs[top: top + img_size, left: left + img_size] = gen_image
            original_imgs[top: top + img_size, left: left + img_size] = \
                self.X_train[idx[i * n_img + j], :].reshape(img_size, img_size)
    plt.figure(figsize=(20, 10))
    plt.subplot(121)  # 1行2列的第1个子图
    plt.imshow(original_imgs.tolist(), cmap="Greys_r")  # 原图像
    plt.tick_params(labelbottom=False, labelleft=False, bottom=False, left=False)
    plt.subplot(122)  # 1行2列的第2个子图
    plt.imshow(generate_imgs.tolist(), cmap="Greys_r")  # 采样生成图像
    plt.tick_params(labelbottom=False, labelleft=False, bottom=False, left=False)
    plt.show()

def plt_generate_image_continuous(self, img_size: int = 28, n_img: int = 16):
    """
    隐变量空间等分连续采样, 生成图像可视化, 针对手写数字集合
    """
    img_size_spaced = img_size + 2  # 每个图像的绘图空间
    # 初始化变量img_mat, 用于存储图像
    img_mat = np.zeros((img_size_spaced * n_img, img_size_spaced * n_img))
    z_1 = np.linspace(3, -3, n_img)  # 行, 正态分布最有效区间[-3, 3]
    z_2 = np.linspace(-3, 3, n_img)  # 列, 正态分布最有效区间[-3, 3]
    for i, z1 in enumerate(z_1):
        for j, z2 in enumerate(z_2):
            x = np.array([[float(z1), float(z2)]])  # 隐变量空间采样
            # 其他代码参考函数plt_generate_image_random
```

例 1　基于手写数字集合 "MNIST", 以测试集的 10000 个样本图像为训练集, 编码器和解码器隐藏层数为 3, 采样层的神经元数分别为 2 和 20.

读取数据, 样本归一化处理, VAE 模型参数的设置和训练, 以及可视化隐变量空间、生成图像的主要代码如下所示:

```
mnist = pd.read_csv("datasets / mnist_test .csv").values  # 获取数据, 根据实际路径修改
X_train = np. asarray (mnist [:,  1:])  # 训练样本集
X_train = X_train / 256  # 像素映射范围为0到1之间
target = np. asarray (mnist [:,  0])  # 目标集, 可用于标记隐变量空间的样本
# 通过修改隐藏层神经元数和隐变量空间神经元数, 以及重构损失权重系数, 对网络训练
vae = VAEArchitecture(n_in_out=28 * 28, n_hidden=[1000, 500, 250], n_latent_z =2,
                      rou_loss =0.5, batch_size =1000, max_iter=501)  # VAE模型的构建
vae.fit(X_train)  # VAE的训练
vae. plt_error_curve (is_show=False)  # 损失曲线, 子图1
vae. plt_latent_variable_space (target, is_show=False)  # 对隐变量空间的可视化, 子图2
vae. plt_generate_image_continuous (img_size=28, n_img=20) # 从隐变量空间连续生成图像
vae. plt_generate_image_random(img_size=28)  # 从隐变量空间随机生成图像
```

图 16-7(b) 为隐变量空间的可视化, 各个标识以数字为单位聚集在一起, 表示每个标签占领着不同隐变量空间的区域, 其中有单个标签占领的区域 (如 1, 2, 6) 和多个标签重叠占领的区域 (如 3, 5, 8).

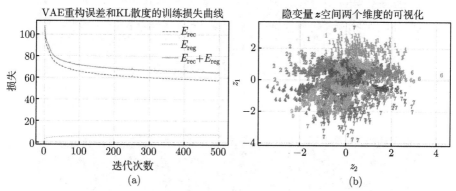

图 16-7   VAE 的误差曲线和隐变量空间的可视化 (前 200 个采样)

图 16-8 为使用 VAE 模型生成的 20×20 幅图像, 其中隐变量的取值在 $[-3,3]$ 之间变化, 图像同时也发生了变化. 从图中可以看出, 存在介于两个数字之间的图像, 如 7 和 9 之间、0 和 6 之间等; 标签没有重叠的单一标签所对应区域中数字是清晰的, 如左右边界处的数字 7, 3, 4 和 9, 而多个标签重叠的区域中数字则是模糊的.

从隐变量空间随机采样生成图像, 结果如图 16-9 (b) 所示, 对比 (a) 图, 除个别图像生成较为模糊且个别图像重建失败之外, 其他生成图像较为清晰. 若设置采样层神经元数为 20, 如图 16-10 所示, 生成图像 (b) 较为清晰, 几乎重构了原图

像 (a), 可见隐变量的神经元数量极大地影响了 VAE 的表现能力.

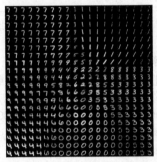

图 16-8　采样层神经元数 2, 从隐变量空间等距连续采样生成图像

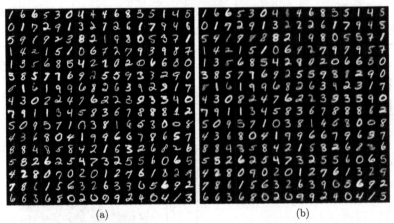

图 16-9　采样层神经元数 2, 原图像 (a) 与从隐变量空间随机生成图像 (b)

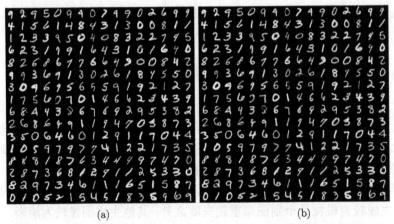

图 16-10　采样层神经元数 20, 原图像 (a) 与从隐变量空间随机生成图像 (b)

■ 16.2 生成式对抗网络

生成式对抗网络 (Generative Adversarial Networks, GAN) 是一种基于博弈的深度学习生成模型, 由 Ian Goodfellow 等于 2014 年提出, 属于无监督学习方法, GAN 由生成器 (generator) 和判别器 (discriminator) 构成, 也称为生成网络和判别网络, 通常均表示为深度神经网络, 并通过它们之间的相互对抗学习, 使得噪声样本分布与真实数据分布足够接近, 达到 "以假乱真". GAN 在图像生成、图像编辑、跨模态生成 (如文本到图像, 语音合成)、视频生成等领域应用广泛.

图 16-11 为 GAN 模型示意图, 生成网络捕捉样本数据的潜在分布, 试图使生成样本在分布上与训练样本相似. 具体来说, 生成网络将来自于某一分布 (如高斯分布) 的随机样本 $z \in \mathbb{R}^d$ 转化为与真实训练样本 $x \in \mathbb{R}^m$ 相似的生成样本 (如图片、文本和语音等), 表示为 $G(z): \mathbb{R}^d \to \mathbb{R}^m$; 判别网络是一个二类分类器, 可表示为 $D(x): \mathbb{R}^m \to [0, 1]$, 用于估计一个样本来自于训练数据 (而非生成数据) 的概率, 如果样本来自于真实的训练数据, 则输出概率较大, 否则输出概率较小. 故而, 生成网络和判别网络不断通过优化自己网络的参数进行对抗学习, 从而达到自己期望收益的最大值. 鉴宝类节目中, 生成网络与判别网络类似于赝品制作者与专业鉴别师, 且都可以通过不断积累经验知识来提高自己制造赝品和鉴别真伪的能力.

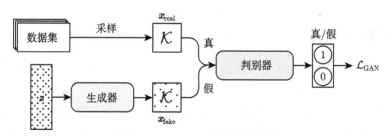

图 16-11　GAN 模型示意图

此外, GAN 存在一些缺点和改进方法[9], 如训练过程的不稳定、可解释性差、出现模式崩溃 (model collapse) 等. 模式崩溃意味着只生成一些简单、重复的样本, 缺乏多样性. 针对 GAN 的优化模型有很多, 如深度卷积生成式对抗网络[8] (Deep Convolutional Generative Adversarial Networks, DCGAN) 是在 GAN 模型中进一步引入 CNN 而组成的模型, 该模型中判别网络和生成网络都采用 CNN. 本节仅介绍经典 GAN 模型及其算法实现, 以及转置卷积的原理和工具函数实现, 其他模型可结合 TensorFlow、PyTorch 等较为容易地实现 DCGAN 架构的设计和学习.

16.2.1 GAN 模型和学习

图 16-12 为 GAN 模型框架[5], 训练集 $\mathcal{D}$ 中样本服从 $P_{\text{data}}(\boldsymbol{x})$ 分布, 其中 $\boldsymbol{x} \in \mathbb{R}^{m \times 1}$ 表示为列向量; $\boldsymbol{x} = G(\boldsymbol{z}; \boldsymbol{\theta})$ 表示生成网络, 由输入向量 (种子) $\boldsymbol{z} \in \mathbb{R}^{d \times 1}$、网络参数 $\boldsymbol{\theta}$ 和输出向量 (生成数据) $\boldsymbol{x}$ 组成, 其中 $\boldsymbol{z}$ 服从 $P_{\text{seed}}(\boldsymbol{z})$ 分布, 如标准正态分布或均匀分布; 判别网络是一个二类分类器, 定义为 $P(1|\boldsymbol{x}) = D(\boldsymbol{x}; \boldsymbol{\varphi})$, 其中 $\boldsymbol{\varphi}$ 是网络参数, $P(1|\boldsymbol{x})$ 表示输入来自训练 (真实) 数据的概率, $1 - P(1|\boldsymbol{x})$ 表示输入来自生成数据的概率. 生成网络生成的数据分布表示为 $P_{\text{gen}}(\boldsymbol{x})$, 由 $P_{\text{seed}}(\boldsymbol{z})$ 和 $\boldsymbol{x} = G(\boldsymbol{z}; \boldsymbol{\theta})$ 决定.

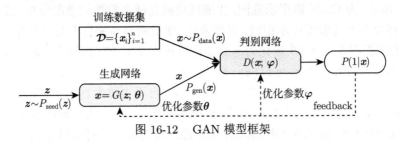

图 16-12   GAN 模型框架

生成网络和判别网络通过相互博弈不断迭代优化各自的网络参数, 从而达到自己期望收益的最大值, 即达到纳什均衡 (Nash equilibrium), 此时, 生成网络可以以假乱真地生成数据, 而判别网络却不能判断数据的真假. 除生成和判别外, GAN 还包含第三个部分, 即对抗, 表示为 GAN 的交替训练过程. 故而, 如果生成网络参数 $\boldsymbol{\theta}$ 固定, 判别网络最大化自己辨别真假数据的能力, 即目标函数

$$\max_{\boldsymbol{\varphi}} \left\{ \mathbb{E}_{\boldsymbol{x} \sim P_{\text{data}}(\boldsymbol{x})} \left[\log D(\boldsymbol{x}; \boldsymbol{\varphi}) \right] + \mathbb{E}_{\boldsymbol{z} \sim P_{\text{seed}}(\boldsymbol{z})} \left[\log \left(1 - D(G(\boldsymbol{z}; \boldsymbol{\theta}); \boldsymbol{\varphi}) \right) \right] \right\},$$

(16-14)

其中 $\mathbb{E}_{\boldsymbol{x} \sim P_{\text{data}}(\boldsymbol{x})} \left[\log D(\boldsymbol{x}; \boldsymbol{\varphi}) \right]$ 表示从真实数据分布中采样的样本 $\boldsymbol{x}$ 被判别网络 $D(\boldsymbol{x}; \boldsymbol{\varphi})$ 判定为真实样本概率 $P(1|\boldsymbol{x})$ 的对数的数学期望, 预测为正样本 (真实样本) 的概率越接近 1 越好, 即整体期望值越大越好; $\mathbb{E}_{\boldsymbol{z} \sim P_{\text{seed}}(\boldsymbol{z})}[\log(1 - D(G(\boldsymbol{z}; \boldsymbol{\theta}); \boldsymbol{\varphi}))]$ 表示将生成网络生成的数据 $G(\boldsymbol{z}; \boldsymbol{\theta})$ 输入到判别网络 $D(G(\boldsymbol{z}; \boldsymbol{\theta}); \boldsymbol{\varphi})$, 并被判定为生成样本概率 $1 - P(1|\boldsymbol{x})$ 的对数的数学期望, 整体期望值越大, 说明其被判别网络判定为负样本 (生成样本) 的概率越接近 1. 实际计算时, 期望通常基于均值估计.

如果判别网络参数 $\boldsymbol{\varphi}$ 固定, 通过最小化目标函数

$$\min_{\boldsymbol{\theta}} \left\{ \mathbb{E}_{\boldsymbol{z} \sim P_{\text{seed}}(\boldsymbol{z})} \left[\log \left(1 - D(G(\boldsymbol{z}; \boldsymbol{\theta}); \boldsymbol{\varphi}) \right) \right] \right\}$$ (16-15)

学习生成网络参数 $\boldsymbol{\theta}$, 使其具备以假乱真地生成数据的能力. 实际中, 常采用最大

化原则

$$\max_{\boldsymbol{\theta}} \left\{ \mathbb{E}_{\boldsymbol{z} \sim P_{\text{seed}}(\boldsymbol{z})} \left[\log \left(D \left(G \left(\boldsymbol{z}; \boldsymbol{\theta} \right); \boldsymbol{\varphi} \right) \right) \right] \right\}. \tag{16-16}$$

生成网络和判别网络相互博弈, 由式 (16-14) 和 (16-15), GAN 的学习目标函数定义为极小极大问题

$$\min_{\boldsymbol{\theta}} \max_{\boldsymbol{\varphi}} \left\{ \mathbb{E}_{\boldsymbol{x} \sim P_{\text{data}}(\boldsymbol{x})} \left[\log D \left(\boldsymbol{x}; \boldsymbol{\varphi} \right) \right] + \mathbb{E}_{\boldsymbol{z} \sim P_{\text{seed}}(\boldsymbol{z})} \left[\log \left(1 - D \left(G \left(\boldsymbol{z}; \boldsymbol{\theta} \right); \boldsymbol{\varphi} \right) \right) \right] \right\}. \tag{16-17}$$

直观上, 对于给定的生成器 $G(\boldsymbol{z}; \boldsymbol{\theta})$, $\max_{\boldsymbol{\varphi}}(\cdot)$ 优化判别器 $D(\boldsymbol{x}; \boldsymbol{\varphi})$ 以区分生成的样本 $G(\boldsymbol{z})$, 其原理是尝试将高值分配给来自分布 $P_{\text{data}}(\boldsymbol{x})$ 的真实样本, 并将低值分配给生成样本 $G(\boldsymbol{z})$. 相反, 对于给定的判别器 $D(\boldsymbol{x}; \boldsymbol{\varphi})$, $\min_{\boldsymbol{\theta}}(\cdot)$ 优化 $G(\boldsymbol{z}; \boldsymbol{\theta})$, 使得生成的样本 $G(\boldsymbol{z})$ 将试图 "愚弄" 判别器 $D(\boldsymbol{x}; \boldsymbol{\varphi})$ 以分配高值.

全局优化首先固定生成器, 优化判别器, 满足式 (16-17) 极大问题的最优解的判别器为

$$D_G^*(\boldsymbol{x}) = \frac{P_{\text{data}}(\boldsymbol{x})}{P_{\text{data}}(\boldsymbol{x}) + P_{\text{gen}}(\boldsymbol{x})}. \tag{16-18}$$

如果 $D_G^*(\boldsymbol{x})$ 已知, 生成器要得到最优解, 则需要生成器产生的分布和真实分布一致, 即

$$P_{\text{data}}(\boldsymbol{x}) = P_{\text{gen}}(\boldsymbol{x}), \tag{16-19}$$

此时 $D_G^*(\boldsymbol{x}) = 1/2$. 然而, 生成网络和判别网络表示为学习参数 $\boldsymbol{\theta}$ 和 $\boldsymbol{\varphi}$, 在对抗学习过程中, 由于 $\boldsymbol{\theta}$ 和 $\boldsymbol{\varphi}$ 是通过不断迭代优化而得, 故难以保证求得最优解.

图 16-13 为 GAN 的学习过程[5], 下面横线表示生成网络输入 $\boldsymbol{z}$ 的分布, 且假设服从均匀分布, 以及生成网络输出 $\boldsymbol{x}$ 的分布, 有向实线表示生成网络的映射 $\boldsymbol{x} = G(\boldsymbol{z}; \boldsymbol{\theta})$, $D(\boldsymbol{x})$ 表示判别网络的判别分布. GAN 学习过程为

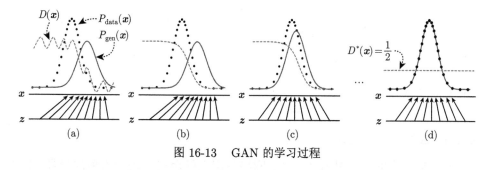

图 16-13　GAN 的学习过程

(1) 图 (a), 训练初始, 生成数据分布 $P_{\text{gen}}(\boldsymbol{x})$ 和真实数据分布 $P_{\text{data}}(\boldsymbol{x})$ 相差较远, 判别网络的判别概率也不准确;

(2) 图 (b), 固定生成网络, 训练判别网络, 其判别概率趋于式 (16-18);

(3) 图 (c), 固定判别网络, 训练生成网络, 其生成数据分布和真实数据分布趋于接近;

(4) 图 (d), 训练收敛后, 生成网络达到最优 $P_{\text{gen}}^*(\boldsymbol{x}) = P_{\text{data}}(\boldsymbol{x})$, 判别网络也达到最优 $D^*(\boldsymbol{x}) = 1/2$.

GAN 的学习算法[5]:

输入: 训练集 $\mathcal{D}$, 对抗训练次数 T, 判别网络训练次数 S, 小批次样本数量 M,
　　　学习率 η.

输出: 生成网络 $G(\boldsymbol{z}; \boldsymbol{\theta})$.

1. 随机初始化网络参数 $\boldsymbol{\theta}$ 和 $\boldsymbol{\varphi}$.

2. for $t = 1, 2, \cdots, T$:

　　　# 训练判别网络 $D(\boldsymbol{x}; \boldsymbol{\varphi})$.

3. 　　for $s = 1, 2, \cdots, S$:

4. 　　　　从训练数据中随机采样 M 个样本 $\{\boldsymbol{x}_m\}_{m=1}^M$.

5. 　　　　根据分布 $P_{\text{seed}}(\boldsymbol{z})$ 随机采样 M 个噪声样本 $\{\boldsymbol{z}_m\}_{m=1}^M$.

6. 　　　　计算梯度, 并使用小批量梯度上升法更新参数 $\boldsymbol{\varphi}$:

$$\boldsymbol{g}_{\boldsymbol{\varphi}} = \nabla_{\boldsymbol{\varphi}} \left[\frac{1}{M} \sum_{m=1}^M \left[\log D(\boldsymbol{x}_m; \boldsymbol{\varphi}) + \log(1 - D(G(\boldsymbol{z}_m; \boldsymbol{\theta}); \boldsymbol{\varphi})) \right] \right], \quad (16\text{-}20)$$

$$\boldsymbol{\varphi} \leftarrow \boldsymbol{\varphi} + \eta \boldsymbol{g}_{\boldsymbol{\varphi}}. \quad (16\text{-}21)$$

　　　# 训练生成网络 $G(\boldsymbol{z}; \boldsymbol{\theta})$.

7. 　　根据分布 $P_{\text{seed}}(\boldsymbol{z})$ 随机采样 M 个噪声样本 $\{\boldsymbol{z}_m\}_{m=1}^M$.

8. 　　计算梯度, 并使用小批量梯度上升法更新参数 $\boldsymbol{\theta}$:

$$\boldsymbol{g}_{\boldsymbol{\theta}} = \nabla_{\boldsymbol{\theta}} \left[\frac{1}{M} \sum_{m=1}^M \log(D(G(\boldsymbol{z}_m; \boldsymbol{\theta}); \boldsymbol{\varphi})) \right], \quad (16\text{-}22)$$

$$\boldsymbol{\theta} \leftarrow \boldsymbol{\theta} + \eta \boldsymbol{g}_{\boldsymbol{\theta}}. \quad (16\text{-}23)$$

9. 输出生成网络 $G(\boldsymbol{z}; \boldsymbol{\theta})$.

16.2.2　GAN 算法设计

无论是生成网络还是判别网络, 网络各层之间用权重表示模型的参数, 其基本的运算法则与 BP 神经网络相似. 如图 16-14 和图 16-15 所示, 在一次迭代过程中, 对于判别网络的训练, 由于 $P(1|\boldsymbol{x}) = D(\boldsymbol{x}; \boldsymbol{\varphi})$ 表示数据来源于训练数据的

概率, 则训练数据标记为 1, 噪声数据标记为 0, 判别网络分别对训练数据和噪声数据进行正向传播、反向传播和参数更新; 对于生成网络的训练, 首先, 生成网络对噪声数据生成图像, 并标记为 1, 然后由判别网络进行判别, 进而反向传播更新生成网络的参数.

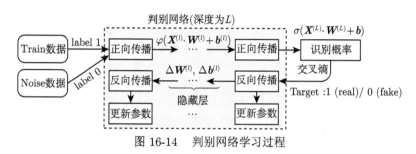

图 16-14　判别网络学习过程

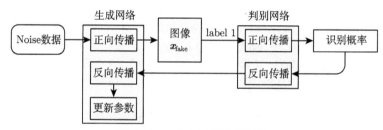

图 16-15　生成网络学习过程

以判别网络的训练数据为例, 假设为单通道图像, 每幅图像重塑为一列向量 $\boldsymbol{x}_i \in \mathbb{R}^{m \times 1}$. 假设第 l 层的输入为 $\boldsymbol{X}^{(l-1)} \in \mathbb{R}^{n \times m}$, 其中 n 为当前小批次样本量, 当前层的网络权重为 $\boldsymbol{W}^{(l)} \in \mathbb{R}^{m \times k}$, 偏置项为 $\boldsymbol{b}^{(l)} \in \mathbb{R}^{k \times 1}$, 意味着下层的神经元数为 k, 则正向传播计算为

$$\boldsymbol{X}^{(l)} = \varphi\big(\boldsymbol{z}^{(l)}\big) = \varphi\big(\boldsymbol{X}^{(l-1)} \cdot \boldsymbol{W}^{(l)} + \boldsymbol{b}^{(l)}\big).$$

假设网络输出层误差增量为 $\boldsymbol{\delta}^{(L)}$, 则第 l 层的反向传播的梯度增量为

$$\boldsymbol{\delta}^{(l)} = \varphi'\big(\boldsymbol{z}^{(l)}\big) \odot \big(\boldsymbol{\delta}^{(l+1)} \cdot \big(\boldsymbol{W}^{(l)}\big)^{\mathrm{T}}\big),$$

更新网络参数为

$$\boldsymbol{W}^{(l)} \leftarrow \boldsymbol{W}^{(l)} - \alpha \Delta \boldsymbol{W}^{(l)} = \boldsymbol{W}^{(l)} - \alpha \cdot \big(\boldsymbol{X}^{(l-1)}\big)^{\mathrm{T}} \cdot \boldsymbol{\delta}^{(l)}.$$

1. 判别网络和生成网络中间各层的算法设计

默认生成网络中间各层的激活函数为 ReLU, 判别网络中间各层的激活函数为 LeakyReLU, 默认优化方法为 Adam. 若知晓 GAN 原理, 可结合 TensorFlow 框架搭建 GAN, 以及其他改进的 GAN 模型, 而不必过多关注其底层实现.

```python
# file_name: base_gan_layer.py
import fnn_12.common.activity_func_utils as af  # 激活函数工具
from fnn_12.common.optimizer_utils import OptimizerUtils  # 优化方法


class BaseGANLayer:
    """
    生成器和判别器网络层的学习, 即正向传播、反向传播和参数更新
    """
    def __init__(self, n_inout: list, init_param_type: str, nn_type: str,
                 is_out_layer: bool = False, optimizer: str = "adam"):
        if init_param_type.lower() == "he":  # He的初始值
            self.W = np.random.randn(n_inout[0], n_inout[1]) * np.sqrt(2 / n_inout[0])
        elif init_param_type.lower() == "xavier":  # Xavier的初始值
            self.W = np.random.randn(n_inout[0], n_inout[1]) / np.sqrt(n_inout[0])
        self.b = np.zeros(n_inout[1])  # 偏置项初始化
        if nn_type.lower() == "gen" and is_out_layer is False:
            self.activity_fun = af.activity_functions("relu")  # 生成器隐藏层激活函数
        elif nn_type.lower() == "dis" and is_out_layer is False:
            # 判别器隐藏层激活函数
            self.activity_fun = af.activity_functions("LeakyReLU")
        if nn_type.lower() == "gen" and is_out_layer:
            self.activity_fun = af.activity_functions("tanh")  # 生成器输出层激活函数
        elif nn_type.lower() == "dis" and is_out_layer:
            self.activity_fun = af.activity_functions("sigmoid")  # 判别器输出层激活函数
        # 初始化训练过程中的变量, 输入x, 净输出net_Val和预测输出ŷ
        self.x, self.net_val, self.y_hat = None, None, None
        self.grad_W, self.grad_b, self.grad_x = None, None, None  # 初始化梯度变量
        self.optimizer_w = OptimizerUtils(theta=self.W, optimizer=optimizer)
        self.optimizer_b = OptimizerUtils(theta=self.b, optimizer=optimizer)

    def forward(self, x: np.ndarray):
        """
        基于上层的输出x, 当前层以x为输入的正向传播
        """
        self.x = x  # 标记当前的输入, 用于反向传播
        self.net_val = x @ self.W + self.b  # 净输出值
        self.y_hat = self.activity_fun[0](self.net_val)  # 激活函数输出

    def backward(self, grad_y: np.ndarray):
```

```
    """
    当前层的反向传播, 计算模型参数的更新梯度, 以及反向的delta增量
    """
    delta = grad_y * self.activity_fun[1](self.net_val)  # 反向的梯度增量
    self.grad_W = self.x.T @ delta  # 权重更新梯度
    self.grad_b = np.sum(delta, axis=0)  # 偏置的更新梯度
    self.grad_x = delta @ self.W.T  # 反向delta增量

def update(self):
    """
    更新当前层的模型参数, 默认采用Adam优化方法, 可增加梯度剪裁
    """
    self.optimizer_w.update(self.grad_W)
    self.optimizer_b.update(self.grad_b)
```

2. GAN 输出层算法设计

判别网络输出层的激活函数为 Sigmoid, 并基于交叉熵损失, 计算反向传播的误差增量. 生成网络输出层的激活函数为 Tanh.

```
# file_name: gan_layers.py
from gan_16.base_gan_layer import BaseGANLayer

class GeneratorOutLayer(BaseGANLayer):
    """
    生成网络的输出层, 采用Tanh激活函数, 继承BaseGANLayer实现网络的学习
    """
    def __init__(self, n_inout: list, optimizer: str = "adam"):
        BaseGANLayer.__init__(self, n_inout, init_param_type="xavier", nn_type="gen",
                              is_out_layer=True, optimizer=optimizer)

class DiscriminatorOutLayer(BaseGANLayer):
    """
    判别网络的输出层, 采用Sigmoid激活函数, 继承BaseGANLayer实现实现网络的学习
    """
    def __init__(self, n_inout: list, optimizer: str = "adam"):
        BaseGANLayer.__init__(self, n_inout, init_param_type="xavier", nn_type="dis",
                              is_out_layer=True, optimizer=optimizer)

    def backward(self, target):
        """
        基于目标值target反向传播一次, 由于delta无需激活函数一阶导, 故重写父类方法
```

```
        """
        delta = self.y_hat − target   # 基于交叉熵损失的误差增量
        self.grad_W = self.x.T @ delta   # 权重更新梯度
        self.grad_b = np.sum(delta, axis=0)   # 偏置的更新梯度
        self.grad_x = delta @ self.W.T   # 反向delta增量
```

3. GAN 的架构算法设计

　　GAN 在训练过程中, 每轮迭代更新两次判别网络参数 (真假样本各一次), 更新一次生成网络参数, 未采用批归一化. 此外, 可增加类初始化的参数, 如不同网络的学习率和激活函数, 以适应不同的学习任务; 可按照算法流程设定参数 S(构成内循环), 并按照式 (16-20) 每步 $(s = 1, 2, \cdots, S)$ 整体更新一次判别网络参数. 需导入基类 BaseGANLayer、生成网络输出层类 GeneratorOutLayer 和判别网络输出层类 DiscriminatorOutLayer.

```
# file_name: gan_architecture.py
class  GAN_Architecture:
        """
        生成式对抗神经网络GAN, 仅针对生成图像功能, 可实现多个隐藏层, 构成深度GAN
        """
        def __init__(self, generator_frame: list, discriminator_frame: list,
                     batch_size: int = 64, max_iter: int = 10000,
                     interval: int = 100, optimizer: str = "adam"):   # 可增加参数
            self.generator_frame = generator_frame   # 生成网络的结构
            self.discriminator_frame = discriminator_frame   # 判别网络的结构
            self.latent_dim = generator_frame[0][0]   # 隐变量的向量长度
            self.img_size = int(np.sqrt(generator_frame[−1][−1]))   # 图像的尺寸
            self.batch_size = batch_size   # 小批次样本量的大小
            self.max_iter = max_iter   # 网络训练的最大次数
            self.interval = interval   # 打印输出显示处理进度的间隔
            self.optimizer = optimizer   # 优化方法
            self.train_loss = np.zeros((self.max_iter, 3))   # 训练过程的损失
            self.train_accuracy = np.zeros((self.max_iter, 3))   # 训练过程的精度
            self.obj_gen, self.obj_dis = [], []   # 生成网络和判别网络的对象

        def _init_gan_framework(self):
            """
            初始化GAN框架, 即生成网络和判别网络的结构
            """
            # 初始化生成网络和判别网络各层对象, 假设包含多个隐藏层, 可增加批归一化
            for i in range(len(self.generator_frame) − 1):
```

```python
        self.obj_gen.append(BaseGANLayer(self.generator_frame[i],
                                         init_param_type="he", nn_type="gen",
                                         optimizer=self.optimizer))
        self.obj_dis.append(BaseGANLayer(self.discriminator_frame[i],
                                         init_param_type="he", nn_type="dis",
                                         optimizer=self.optimizer))
    # 最后一层为输出层
    self.obj_gen.append(GeneratorOutLayer(self.generator_frame[-1], self.optimizer))
    self.obj_dis.append(DiscriminatorOutLayer(self.discriminator_frame[-1],
                                              self.optimizer))

def fit(self, X_train: np.ndarray):
    """
    基于数据集X_train的GAN对抗训练
    """
    assert len(X_train.shape) == 2  # 训练数据为二维数组
    batch_half = self.batch_size // 2  # 一个批次内: 真实图像和噪声图像各一半
    self._init_gan_framework()  # 初始化GAN框架, 即生成网络和判别网络的结构
    # 判别网络, 若来源于噪声数据, 则目标标记为0; 若来源于训练数据, 则标记为1
    fake_target = np.zeros((batch_half, 1))  # 目标标记为0
    real_target = np.ones((batch_half, 1))  # 目标标记为1
    # 来源于噪声数据, 但训练生成网络, 故目标标记为1
    gen_target = np.ones((self.batch_size, 1))  # 生成网络目标标记为1
    for k in range(self.max_iter):
        # 1. 来源于噪声数据的判别网络的训练
        noise = np.random.randn(batch_half, self.latent_dim)  # 噪声数据, N(0,1)
        images_fake = self._forward(noise, self.obj_gen)  # 正向传播, 图像的生成
        # 训练判别网络, 并存储训练损失和精度
        loss, acc = self._train_gen_dis_adv(images_fake, fake_target, self.obj_dis)
        self.train_loss[k][0], self.train_accuracy[k][0] = loss, acc
        # 2. 来源于训练数据的判别网络的训练
        # 随机选择样本数据, 获得随机样本索引
        rand_idx = np.random.randint(0, X_train.shape[0], size=batch_half)
        # 训练判别网络, 并存储训练损失和精度
        loss, acc = self._train_gen_dis_adv(X_train[rand_idx, :], real_target,
                                            self.obj_dis)
        self.train_loss[k][1], self.train_accuracy[k][1] = loss, acc
        # 3. 生成网络的训练, 仅更新生成网络的参数
        noise = np.random.randn(self.batch_size, self.latent_dim)  # 高斯噪声数据
        loss, acc = self._train_gen_dis_adv(noise, gen_target, self.obj_gen +
```

```
                                            self. obj_dis , self. obj_gen)
        self. train_loss [k][2] , self. train_accuracy[k][2] = loss , acc  # 存储
        # 4. 每训练interval次, 打印训练信息(略去), 以及当前生成后的图像
        if  k  %  self. interval == 0:
            self. plt_generate_images ()  # 生成图像


def _train_gen_dis_adv (self, x, target, obj_layers, obj_update=None):
    """
    GAN三部分: 生成、判别和对抗, 进行正向传播、反向传播和参数的更新
    """
    y_hat = self._forward(x, obj_layers)  # 生成网络或判别网络, 正向传播计算
    grad_y = np.copy(target)  # 初始时的目标值, 用于反向传播
    for obj in reversed(obj_layers):  # 生成网络和判别网络, 反向传播计算
        obj. backward(grad_y)  # 反向传播
        grad_y = obj. grad_x  # 反向梯度增量迭代更新
    if obj_update is None:
        obj_update = np.copy(obj_layers)  # 需要更新的网络各层对象
    for obj in obj_update:
        obj. update ()  # 更新各层的网络参数
    # 计算平均交叉熵损失和精度
    loss = -1.0 * np.mean(target * np.log (y_hat + 1e-8) +
                        (1 - target ) * np.log (1 - y_hat + 1e-8))
    acc = np.mean(np.where(y_hat < 0.5,  0,  1) == target)  # 精度, bool向量均值
    return  loss, acc


@staticmethod
def _forward (x, obj_layers) :
    """
    对于生成网络或判别网络, 正向传播计算
    """
    y_hat = np.copy(x)  # 输入值到输出值按各层更新迭代
    for obj in obj_layers :  # 对于生成网络和判别网络, 正向传播计算
        obj. forward(y_hat)  # 正向传播
        y_hat = obj. y_hat  # 输出值作为下一层的输入值
    return  y_hat


def plt_generate_images ( self, n_rows: int = 12, n_cols: int = 12):
    """
    图像的生成, 生成图片的张数 = 行数 * 列数
    """
```

```
noise = np.random.randn(n_rows * n_cols, self.latent_dim)
gen_images = self._forward(noise, self.obj_gen)  # 正向传播, 生成图像
gen_images = gen_images / 2 + 0.5  # 指定为 0 ~ 1 范围
img_size_spaced = self.img_size + 2  # 一张图像的显示尺寸
# 初始化全体的图像矩阵 matrix_image
matrix_image = np.zeros((img_size_spaced * n_rows, img_size_spaced * n_cols))
for r in range(n_rows):
    for c in range(n_cols):
        # 重塑图像, 并计算存储空间位置
        images = gen_images[r * n_cols + c].reshape(self.img_size, self.img_size)
        top, left = r * img_size_spaced, c * img_size_spaced
        # 在指定位置存储图像
        matrix_image[top: top + self.img_size, left: left + self.img_size] = images
plt.figure(figsize=(8, 8))
plt.imshow(matrix_image.tolist())  # 显示
plt.tick_params(labelbottom=False, labelleft=False, bottom=False, left=False)
plt.show()  # plt.savefig("gen_images/%s.png" % str(k))  # 传参 k 并保存图像


def plt_gan_loss_acc(self):
    """
    可视化生成网络和判别网络的损失曲线和判别精度, 略去了图像修饰代码
    """
    # 计算判别网络的训练损失均值 d_loss
    d_loss = (self.train_loss[:, 0] + self.train_loss[:, 1]) / 2
    plt.plot(d_loss, "-", label="Discriminator Loss")
    plt.plot(self.train_loss[:, 2], ":", label="Generator Loss")
    # 计算判别网络的训练精度均值 d_acc
    d_acc = (self.train_accuracy[:, 0] + self.train_accuracy[:, 1]) / 2
    plt.plot(d_acc, "-", label="Discriminator Acc")
    plt.plot(self.train_accuracy[:, 2], ":", label="Generator Acc")
    plt.plot(0.5 * np.ones(len(self.train_accuracy[:, 0])), ":", lw=2)
```

例 2 以 sklearn.datasets.load_digits 为例, 包含 1784 个手写数字图像, 每个图像的特征维度为 8×8, 构建 GAN 网络并生成图像.

首先对手写数字的像素值映射到范围 $[-1, 1]$, 然后搭建生成器和判别器结构, 构建 GAN 模型, 训练并生成图像. 具体如下:

```
X_train = X_train / 15 * 2 - 1  # 像素映射范围为 -1 到 1 之间
latent_dim = 32  # 潜在变量 noise 的向量长度
gen_frame = [[latent_dim, 32], [32, 64], [64, 8 * 8]]  # 生成器的结构
```

```
dis_frame = [[8 * 8, 64], [64, 32], [32, 1]]   # 判别器的结构
gan = GAN_Architecture(gen_frame, disc_frame, max_iter=20001,
                       interval =1000, batch_size=128)   # 初始化GAN并设置参数
gan.fit(X_train)   # 训练GAN并生成图像
gan.plt_gan_loss_acc()   # 可视化训练损失和精度曲线
```

　　在迭代过程中, 判别器的训练损失和判别精度分别为真实数据与噪声数据损失和精度的均值. 如图 16-16 所示, 从损失曲线可以看出, 生成器和判别器不断优化迭代, 趋于收敛, 最终达到一种平衡状态. 理想情况下, 生成器会收敛到 0.5, 使得生成的图像对于判别器来说, 难以分辨, 即生成图像的分布与真实数据的分布趋于一致; 而判别器会收敛到 1, 对于噪声数据或真实数据, 均能够准确地判别. 从图中可以看出, 生成器与判别器也近似达到了一种平衡. 图 16-17 为初始迭代与最终迭代生成的图像, 可见生成图像的效果较为不错, 能够清晰地辨别出数字.

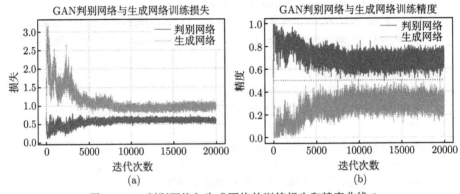

图 16-16　判别网络与生成网络的训练损失和精度曲线 1

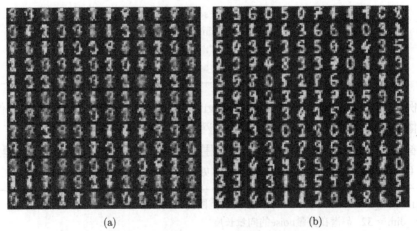

图 16-17　Digits 初始训练 1000 次与最终训练的图像生成效果

例 3 "MNIST" 手写数字, 包含 60000 个训练图像样本, 每个图像的特征维度为 28×28, 构建 GAN 网络并生成图像.

判别网络和生成网络的中间隐藏层的激活函数均采用 LeakyReLU. 数据的映射、网络的结构和模型参数设置如下:

```
X_train = X_train / 256 * 2 − 1   # 像素映射范围为−1到1之间
latent_dim = 100   # 潜在变量noise的向量长度
# 生成器的结构和判别器的结构
generator_frame = [[latent_dim,  64], [64, 128], [128, 256], [256, 28 * 28]]
discriminator_frame = [[28 * 28, 256], [256, 128], [128, 64], [64, 1]]
# 设置参数并初始化GAN对象
gan = GAN_Architecture(generator_frame, discriminator_frame, max_iter=50001,
                       interval =1000, batch_size=128, optimization ="adam")
gan.fit(X_train)   # 训练GAN并生成图像
```

如图 16-18 所示, 从训练第 3000 次开始绘制, 初始时, 判别器的损失较低, 反而精度较高, 较强的判别器不能给生成器提供有效的指导, 且可能存在生成器的梯度消失问题, 此时过早停止训练, 则会出现对抗失衡. 随着训练的继续, GAN 逐渐在生成器和判别器之间找到一个相对的平衡点. 然而, 实际训练过程中较难保证达到最优, GAN 训练过程是不稳定的, 这也是经典的 GAN 模型固有的问题[10].

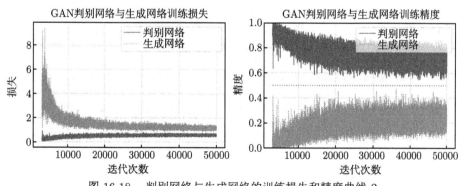

图 16-18　判别网络与生成网络的训练损失和精度曲线 2

图 16-19 为 GAN 对 MINST 手写数字图像的学习与生成过程. 初始训练时, 生成的图像存在较多的数字 1, 呈现模式崩溃, 倾向于生成一些简单、重复的样本; 随着训练的进行, 生成图像的多样性得以增强、质量得以提高, 但仍存在极个别的噪声数据不能有效生成图像. 此外, GAN 对于大尺寸图像生成质量不高, 无法控制生成的字符类别.

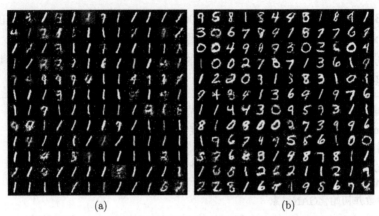

(a)　　　　　　　　　　　　　　(b)

图 16-19　GAN 训练过程中生成 MNIST 数字图像过程示例

Martin Arjovsky 等 [10] 从理论上分析了经典 GAN 的问题所在, 并针对性地给出了改进要点, 作者又提出了改进的算法流程[11], 如判别网络的输出层去掉激活函数 Sigmoid; 生成网络和判别网络的目标函数不取对数 log; 每次更新判别网络的参数之后, 截断参数的绝对值不超过固定常数 $c(=0.01)$, 即 $w \leftarrow$ clip$(w, -c, c)$; 不采用基于动量的优化算法 (包括 Momentum 法和 Adam 法), 推荐使用 RMSProp 优化算法. 改进算法的实现可参考如下[①].

此外, 标签平滑是改善 GAN 稳定性的一种简单方法. 在判别网络中, 对于正、负样本的标签, 分别采用 [0.9, 1] 和 [0, 0.1] 范围的随机数代替, 而非单纯的 1 和 0. 给标签加噪声, 即训练判别网络时, 随机翻转 10% 比例的样本标签. 图 16-20 为基于标签平滑技术的 GAN 学习过程, 图 16-21 为先后生成数字图像的质量及其多样性, 在训练初期并未出现明显的模式崩溃现象.

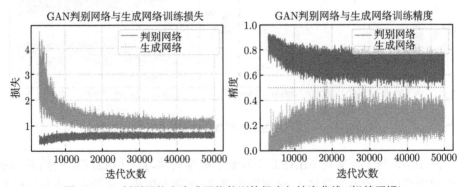

图 16-20　判别网络和生成网络的训练损失与精度曲线 (标签平滑)

---

① https://github.com/martinarjovsky/WassersteinGAN

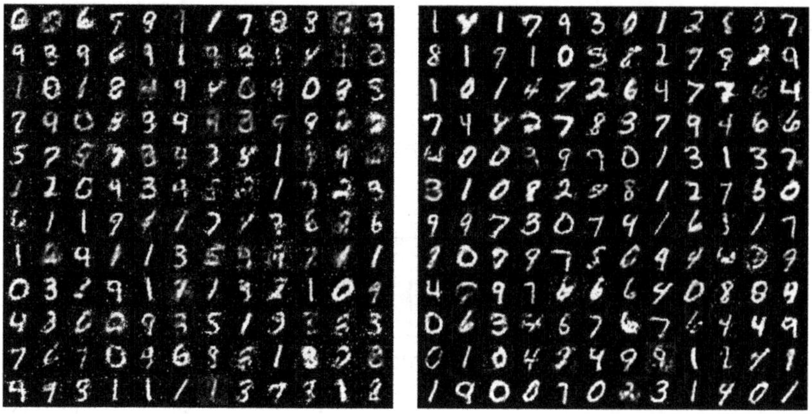

(a)   (b)

图 16-21   GAN 训练过程中生成 MNIST 数字图像过程示例 (标签平滑)

■ 16.3* 深度卷积生成式对抗网络 DCGAN

在深度学习的视觉领域中, 卷积操作可以提取图像特征, 但输出的特征图像尺寸往往会变小, 而在图像的语义分割和生成网络中, 需要将图像恢复到原来的尺寸. 卷积可以用于图像数据尺寸的缩小, 转置卷积 (transposed convolution) 可以用于图像数据尺寸的放大, 分别称之为下采样 (down sampling) 和上采样 (upsampling).

DCGAN 整体架构如图 16-22 所示, 生成网络使用转置卷积进行上采样, 判别网络使用卷积进行下采样. 生成网络和判别网络均无全连接的隐藏层, 也没有池化层.

卷积操作是通过卷积核在输入特征图像上滑动进行的, 但滑动计算效率不高. 卷积计算与转置卷积计算均可以表示为线性变换. 假设卷积计算中填充为 0、滑动步长为 1, 且假设输入特征图像 $\boldsymbol{X} \in \mathbb{R}^{4\times4}$、卷积核 $\boldsymbol{W} \in \mathbb{R}^{3\times3}$ 与输出特征图像 $\boldsymbol{Y} \in \mathbb{R}^{2\times2}$ 为

$$\boldsymbol{X} = \begin{pmatrix} x_{11} & x_{12} & x_{13} & x_{14} \\ x_{21} & x_{22} & x_{23} & x_{24} \\ x_{31} & x_{32} & x_{33} & x_{34} \\ x_{41} & x_{42} & x_{43} & x_{44} \end{pmatrix}, \quad \boldsymbol{W} = \begin{pmatrix} w_{11} & w_{12} & w_{13} \\ w_{21} & w_{22} & w_{23} \\ w_{31} & w_{32} & w_{33} \end{pmatrix},$$

$$\boldsymbol{Y} = \begin{pmatrix} y_{11} & y_{12} \\ y_{21} & y_{22} \end{pmatrix}.$$

易知卷积计算表示为在滑动窗口中卷积核与输入特征图像对应元素的线性组合,

$\boldsymbol{Y}$ 中前两个分量表示为

$$y_{11} = w_{11}x_{11} + w_{12}x_{12} + \cdots + w_{33}x_{33}, \qquad y_{12} = w_{11}x_{12} + w_{12}x_{13} + \cdots + w_{33}x_{34}.$$

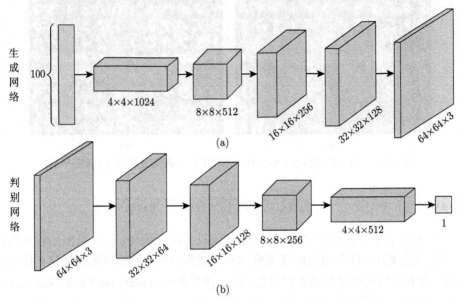

(a)

(b)

图 16-22　　DCGAN 整体的架构 (用特征图表示)[5]

按照卷积计算, 可通过对卷积核 $\boldsymbol{W}$ 构造稀疏矩阵 $\boldsymbol{C} \in \mathbb{R}^{4 \times 16}$, 行数对应了输出特征图像元素数 2×2, 列数对应了输入特征图像元素数 4×4, y_{ij} 对应权值系数填充到 $\boldsymbol{C}$ 的一行中, 表示为

$$\boldsymbol{C} = \begin{pmatrix} w_{11} & w_{12} & w_{13} & 0 & w_{21} & w_{22} & w_{23} & 0 & w_{31} & w_{32} & w_{33} \\ 0 & w_{11} & w_{12} & w_{13} & 0 & w_{21} & w_{22} & w_{23} & 0 & w_{31} & w_{32} \\ 0 & 0 & 0 & 0 & w_{11} & w_{12} & w_{13} & 0 & w_{21} & w_{22} & w_{23} \\ 0 & 0 & 0 & 0 & 0 & w_{11} & w_{12} & w_{13} & 0 & w_{21} & w_{22} \\[1em] 0 & 0 & 0 & 0 & 0 \\ w_{33} & 0 & 0 & 0 & 0 \\ 0 & w_{31} & w_{32} & w_{33} & 0 \\ w_{23} & 0 & w_{31} & w_{32} & w_{33} \end{pmatrix}.$$

对输入特征图像重塑为列向量 $\boldsymbol{X}_{\mathrm{rs}} \in \mathbb{R}^{16 \times 1}$ (下标为 reshape 缩写), 表示为

$$\boldsymbol{X}_{\mathrm{rs}} = (x_{11}, x_{12}, x_{13}, x_{14}, x_{21}, x_{22}, x_{23}, x_{24}, x_{31}, x_{32}, x_{33}, x_{34}, x_{41}, x_{42}, x_{43}, x_{44})^{\mathrm{T}},$$

则卷积计算可表示为矩阵乘法, 即 $\boldsymbol{Y}_{\mathrm{rs}} = \boldsymbol{C} \cdot \boldsymbol{X}_{\mathrm{rs}} = (y_{11}, y_{12}, y_{21}, y_{22})^{\mathrm{T}}$, 重塑为 2×2 矩阵 $\boldsymbol{Y}$ 即可.

　　转置卷积也称为微步卷积 (fractionally strided convolution) 或反卷积 (deconvolution), 转置卷积同样可以使用矩阵乘法来表示. 假设输入特征图像 $\boldsymbol{Y} \in \mathbb{R}^{2 \times 2}$ 和卷积核 $\boldsymbol{W} \in \mathbb{R}^{3 \times 3}$, 则 $\boldsymbol{X}_{\mathrm{vec}} = \boldsymbol{C}^{\mathrm{T}} \cdot \boldsymbol{Y}_{\mathrm{rs}}$ 的结果为 16×1 的列向量, 重塑 $\boldsymbol{X}_{\mathrm{vec}}$ 为 4×4 的矩阵 $\boldsymbol{X}'$ 即可实现上采样. 注意转置卷积不是卷积的逆运算, 且 $\boldsymbol{X}' \neq \boldsymbol{X}$, 仅仅是尺寸上进行了恢复. 其计算过程等同于如下操作:

$$
\boldsymbol{Y}' = \begin{pmatrix} 0 & 0 & 0 & 0 & 0 & 0 \\ 0 & 0 & 0 & 0 & 0 & 0 \\ 0 & 0 & y_{11} & y_{12} & 0 & 0 \\ 0 & 0 & y_{21} & y_{22} & 0 & 0 \\ 0 & 0 & 0 & 0 & 0 & 0 \\ 0 & 0 & 0 & 0 & 0 & 0 \end{pmatrix}, \quad \boldsymbol{W}' = \mathrm{rot}\,180\,(\boldsymbol{W}) = \begin{pmatrix} w_{33} & w_{32} & w_{31} \\ w_{23} & w_{22} & w_{21} \\ w_{13} & w_{12} & w_{11} \end{pmatrix},
$$

$$
\boldsymbol{X}' = \boldsymbol{Y}' \circledast \boldsymbol{W}',
$$

其中 $\circledast$ 为卷积计算, $\mathrm{rot}\,180$ 表示对矩阵顺时针旋转 $180°$. 在 PyTorch 框架中, Conv2DTranspose 采用此计算思路.

　　一般化来说, 假设转置卷积的滑动步长为 $s\,(\geqslant 1)$, 填充为 $p\,(\geqslant 0)$, 卷积核的尺寸为 $k\,(\geqslant 2)$, 输入特征图像 $\boldsymbol{Y}$ 的尺寸为 i, 且均为方阵, 则

　　(1) 先在输入特征图像的元素之间填充 $s-1$ 行和 $s-1$ 列的 0, 得到新的输入特征图像尺寸为 $i + (i-1) \times (s-1)$, 再在输入特征图的四周填充 $k-p-1$ 行和 $k-p-1$ 列的 0, 记为 $\boldsymbol{Y}'$;

　　(2) 将卷积核的元素进行上下、左右的翻转, 即 $\mathrm{rot}\,180$, 记为 $\boldsymbol{W}'$;

　　(3) 卷积运算 $\boldsymbol{X}' = \boldsymbol{Y}' \circledast \boldsymbol{W}'$, 其输出特征图像的尺寸为 $o = (i-1) \times s - 2p + k$, 对于宽和高两个维度均适用.

　　若 $\boldsymbol{Y}_1 \in \mathbb{R}^{2 \times 2}$, 即 $i = 2$, 令 $s = 2$, $p = 0$, $k = 3$, 则 $o = 5$; 若 $\boldsymbol{Y}_2 \in \mathbb{R}^{3 \times 3}$, 即 $i = 3$, 令 $s = 2$, $p = 1$, $k = 3$, 则 $o = 5$. 输入特征图像的填充分别表示为

$$
\boldsymbol{Y}'_1 = \begin{pmatrix} 0 & 0 & 0 & 0 & 0 & 0 & 0 \\ 0 & 0 & 0 & 0 & 0 & 0 & 0 \\ 0 & 0 & y_{11} & 0 & y_{12} & 0 & 0 \\ 0 & 0 & 0 & 0 & 0 & 0 & 0 \\ 0 & 0 & y_{21} & 0 & y_{22} & 0 & 0 \\ 0 & 0 & 0 & 0 & 0 & 0 & 0 \\ 0 & 0 & 0 & 0 & 0 & 0 & 0 \end{pmatrix}, \quad \boldsymbol{Y}'_2 = \begin{pmatrix} 0 & 0 & 0 & 0 & 0 & 0 & 0 \\ 0 & y_{11} & 0 & y_{12} & 0 & y_{13} & 0 \\ 0 & 0 & 0 & 0 & 0 & 0 & 0 \\ 0 & y_{21} & 0 & y_{22} & 0 & y_{23} & 0 \\ 0 & 0 & 0 & 0 & 0 & 0 & 0 \\ 0 & y_{31} & 0 & y_{32} & 0 & y_{33} & 0 \\ 0 & 0 & 0 & 0 & 0 & 0 & 0 \end{pmatrix}.
$$

对于 $\boldsymbol{Y}_1'$, 先在特征图像的元素之间填充 $s-1(=1)$ 行和列的 0, 再在四周填充 $k-p-1(=2)$ 行和列的 0. 对于 $\boldsymbol{Y}_2'$, 先在特征图像的元素之间填充 $s-1(=1)$ 行和列的 0, 再在四周填充 $k-p-1(=1)$ 行和列的 0.

分析 $\boldsymbol{C}$ 易知, 可首先构造 $\boldsymbol{C}$ 的第一行元素, 其他行与第一行元素具有相似的规律, 仅仅是前面填充的 0 数量不一致. 按照窗口滑动方向, 先横向后纵向, 假设横向滑动 x 次, 纵向滑动 y 次, 卷积核 $\boldsymbol{W}$ 的尺寸为 k, 规则如下:

(1) 当 $y=0$ 时, 若 $x=0$, 则对应 $\boldsymbol{C}$ 第 1 行; 若 $x=i(>0)$, 则需在前填充 i 个 0.

(2) 当 $y=j(>0)$, $x=i$ 时, 对应 $\boldsymbol{C}$ 的第 $x\times j+i+1$ 行, 纵向滑动了 j 次, 前面填充的 0 数为 $(k-1)\times j$, 前面已经滑动 $x\times j$ 次, 共需填充 $(k-1)\times j+x\times j+i$ 个 0.

(3) 由于稀疏矩阵 $\boldsymbol{C}$ 的列数与输入特征图像的元素数 $h\times w$ 相同, 基于 $\boldsymbol{C}$ 的第 1 行, $\boldsymbol{C}$ 每一行前面填充多少个 0, 则后面需删除相同个数的 0.

假设在横向和纵向滑动步长一致, 参数含义如表 16-1 所示.

表 16-1　卷积与转置卷积的参数含义

参数	维度或类型	说明
$\boldsymbol{X}$	(n, c, h, w)	输入特征图像, 分别表示一个批次样本量、图像的通道数, 以及高和宽.
$\boldsymbol{W}$	(n_k, c_k, h_k, w_k)	卷积核, 分别表示卷积核的数量、通道数、高和宽, 其中 $c_k=c$.
s	$\mathbb{Z}^+$	滑动 (stride) 步长, 可采用元组分别设置横向和纵向的滑动步长.
p	$\mathbb{Z}^+$	填充 (padding), 正整数.
o_p	$\mathbb{Z}^+$	输出填充 (output padding), 仅在最后行或列填充, 非周围填充.
mode	str, {"conv", "deconv"}	卷积计算的模式包括卷积 "conv" 和转置卷积 "deconv" 两种.
return_C	bool, {True, False}	值为 True, 则返回输出特征图像 $\boldsymbol{Y}$ 和稀疏矩阵 $\boldsymbol{C}$, 否则仅返回 $\boldsymbol{Y}$.

基于 NumPy 的算法设计如下.

```
# file_name: conv2d_T_utils.py
def conv2d(X: np.ndarray, W: np.ndarray, s: int = 1, p: int = 0, return_C: bool = False):
    """
    卷积计算 Y = X ⊛ Y, 实际计算时转化为 Y = C · X_rs
    """
    n, c, h, w = X.shape  # 获取输入特征图像的维度形状shape
    # 初始化, 在周围填充p行和p列的0
    _X = np.zeros((n, c, h + 2 * p, w + 2 * p), dtype=np.float32)
    _X[:, :, p:h + p, p:w + p] = X  # 在轴h和w上回填原输入特征图像X
    o_s = cal_outputs_shape(_X, W, s, "conv")  # 计算输出特征图像各维度尺寸
```

```
        C = _unroll_kernel (_X, W, o_s, "conv")  # 对卷积核构造稀疏矩阵C
        _X = _X.reshape((n, c, -1))  # 对输入特征图像在h和w轴展平, 后两个维度为列向量
        # _X形状(in, c, h*w), C形状(c, h*w, oh*os, kn), 沿指定轴计算张量点积
        Y = np. tensordot (_X, C, axes=((1, 2), (0, 1)))  # 结果形状(in, oh*ow, kn)
        Y = Y.transpose (0, 2, 1).reshape(o_s)  # 重塑, 形状(in, kn, oh, ow)
        Y = _stride (Y, s, "conv")  # 按照滑动步长s取卷积结果
        return (Y, C) if return_C else Y


def conv2d_transpose(X: np.ndarray, W: np.ndarray, s: int, o_s: tuple,
                     p: int = 0, o_p: int = 0, return_C: bool = False):
    """
    转置卷积, 首先对输入特征图像进行填充, 再对W构造稀疏矩阵C, 然后矩阵乘法
    """
        _X = _stride (X, s, "deconv", o_p)  # 按规则滑动填充0
        C = _unroll_kernel (_X, W, o_s, "deconv")  # 对卷积核构造稀疏矩阵C
        _X = _X.reshape((_X.shape[0], _X.shape[1], -1))  # 对输入特征图像在h和w轴展平
        Y = np. tensordot (_X, C, axes=((1, 2), (0, 1)))  # 沿指定轴计算张量点积
        Y = Y.transpose (0, 2, 1).reshape(o_s)  # 重塑, 形状(n, kn, oh, ow)
        _, _, oh, ow = Y.shape  # 获取转置卷积的结果height和width
        Y = Y[:, :, p:oh - p, p:ow - p]  # 转置卷积, 剪裁
        return (Y, C) if return_C else Y


def _stride (X: np.ndarray, s: int, mode: str, o_p: int = 0):
    """
    仅在轴h和轴w进行滑动取值, 当s > 1时有效
    """
        n, c, h, w = X.shape
        if mode == "conv":  # 卷积计算输出特征图像取值
            return X[:, :, ::s, ::s]  # 每隔s取元素
        elif mode == "deconv":  # 对输入特征矩阵进行0填充
            # 计算新的输入特征图像的维度尺寸, 注意仅在_X后面添加o_p行和列, 不是周围
            _h, _w = h + (h-1) * (s-1) + o_p, w + (w-1) * (s-1) + o_p
            _X = np. zeros((n, c, _h, _w), dtype=np. float32)
            _X[:, :, ::s, ::s] = X  # 每隔s填充原输入特征图像元素
            return _X


def _unroll_kernel (X: np.ndarray, W: np.ndarray, o_s: tuple, mode: str):
    """
    对卷积核按照卷积计算规则, 构成稀疏矩阵C, 维度形状(c, h*w, oh*os, kn)
    """
```

```
    i_s = X.shape
    if mode == "deconv":  # 转置卷积
        i_s, o_s = o_s, X.shape  # 交换输入输出的维度尺寸
        W = W.transpose(1, 0, 2, 3)  # 交换轴为(c, n.h, w)
    (_, ic, ih, iw), (_, oc, oh, ow) = i_s, o_s  # 输入输出特征图像的维度
    kn, kc, kh, kw = W.shape  # 卷积核的维度尺寸
    C = np.zeros((kc, ih, iw, kn), dtype=np.float32)  # 初始化
    # 交换轴并填充, 实际上最后ih − kh行和iw − kw列仍保持0元素
    C[:, :kh, :kw, :] = W.transpose(1, 2, 3, 0)
    C = C.reshape(kc, −1, kn)  # 重塑, 得到C的第1行元素
    # 基于当前C, 计算卷积核W元素在整个稀疏矩阵C的位置坐标.
    r = np.arange(oh * ow) // ow * (kw − 1)  # 每纵向滑动一次, 前面补充的0数
    # y对应了C中的列(ih * iw, 1), x对应了C中的行(1, oh * ow), 均是二维数组
    y, x = np.ogrid[:ih * iw, :oh * ow]
    # x + r对应了前面应该空的0元素, 如下为广播运算
    loc_idx = (y − (x + r)) % (ih * iw)  # 维度对应了(ih*iw, oh*ow)
    if mode == "deconv":
        loc_idx = loc_idx.T  # C转置
    return C[:, loc_idx, :]


def cal_outputs_shape(X: np.ndarray, W: np.ndarray, s: int, mode: str, o_p: int = 0):
    """
    计算输出特征图像的维度尺寸
    """
    (n, c, h, w), (kn, kc, kh, kw) = X.shape, W.shape
    if mode == "conv":
        return (n, kn, h − kh + 1, w − kw + 1)
    elif mode == "deconv":
        # 注意仅仅在_X后面添加o_p行和列, 不是周围, 即不能是2o_p
        return (n, kc, (h − 1) * s + kh + o_p, (w − 1) * s + kw + o_p)
```

假设卷积计算的输入特征图像 $\boldsymbol{X}$ 的维度尺寸 $(n, c, h, w) = (5, 3, 6, 6)$, 卷积核 $\boldsymbol{W}$ 的维度尺寸 $(n_k, c_k, h_k, w_k) = (2, 3, 3, 3)$, 以卷积输出的特征图像 $\boldsymbol{Y}$ 作为转置卷积的输入特征图像, 则计算方式为

```
X = 10 * np.random.rand(5, 3, 6, 6)  # 输入特征图像, 假设随机生成
W = np.random.rand(2, 3, 3, 3)  # 卷积核, 假设随机生成
s, p, o_p = 2, 2, 1  # 滑动、填充和输出填充参数值, 修改即可
Y, C = conv2d(X, W, s=s, p=p, return_C=True)  # 卷积计算
o_s = cal_outputs_shape(Y, W, s=s, mode="deconv", o_p=o_p)  # 转置卷积的输出维度尺寸
# 转置卷积计算
```

X_, C = conv2d_transpose (Y, W, s=s, o_s=o_s, p=p, o_p=o_p, return_C=True)

不同参数组合下的卷积与转置卷积计算结果的维度尺寸如表 16-2 所示. 如第 3 组, 若 $o\_p = 0$, 则转置卷积的输出 X' 维度尺寸为 $(5, 3, 5, 5)$, 不能恢复 X 的维度尺寸, 故需设置输出的填充 $o\_p = 1$.

表 16-2 不同参数下的卷积与转置卷积计算结果的维度尺寸

组数	参数组合	C 维度尺寸	卷积 Y 维度尺寸	C^{T} 维度尺寸	转置卷积 X' 维度尺寸
1	$s = 1, p = 0, o\_p = 0$	$(3, 36, 16, 2)$	$(5, 2, 4, 4)$	$(2, 16, 36, 3)$	$(5, 3, 6, 6)$
2	$s = 2, p = 0, o\_p = 1$	$(3, 36, 16, 2)$	$(5, 2, 2, 2)$	$(2, 16, 36, 3)$	$(5, 3, 6, 6)$
3	$s = 2, p = 1, o\_p = 1$	$(3, 64, 36, 2)$	$(5, 2, 3, 3)$	$(2, 36, 64, 3)$	$(5, 3, 6, 6)$
4	$s = 2, p = 2, o\_p = 1$	$(3, 100, 64, 2)$	$(5, 2, 4, 4)$	$(2, 64, 100, 3)$	$(5, 3, 6, 6)$

■ 16.4 习题与实验

1. 什么是生成式模型? 与判别式模型有何区别?

2. 简述 VAE 的损失函数, 其学习准则是什么? 如何获取隐变量 z?

3. 相对于普通神经网络, 简述 VAE 特有的网络参数及其含义, 如何学习网络参数?

4. *掌握 VAE 原理的情况下, 尝试采用 TensorFlow 或 PyTorch 搭建 VAE 网络模型, 并对例 1 中的 MINST 数据集进行训练和生成, 与自编码结果进行对比.

5. 简述 GAN 的网络结构, 其对抗的含义或在学习中的作用是什么?

6. 简述 GAN 中的网络参数及其含义, GAN 的学习准则和优化方法是什么?

7. *在掌握 GAN 原理的情况下, 尝试采用 TensorFlow 或 PyTorch 搭建 GAN 网络模型, 并对例 4 中的 MINST 数据集进行训练和生成, 与自编码结果进行对比.

8. *尝试采用 TensorFlow 或 PyTorch 搭建 DCGAN 网络模型, 并对例 4 中的 MINST 数据集进行训练和生成, 与 GAN 结果进行对比. 选择经典的图像数据集 (如 CelebA[①]), 模拟进行图像生成实验.

■ 16.5 本章小结

本章探讨了变分自编码器 VAE 的基本原理、学习过程和算法实现. VAE 的提出有助于解决含有隐变量的生成式模型的三大问题: 参数估计, 后验推断和边

---

① Liu Ziwei, Luo Ping, Wang Xiaogang, Tang Xiaoou 的 CelebA.

际推断. 变分法通过将统计推理问题转化为优化问题, 构造出损失函数为 Negative ELBO 的参数优化问题, 并通过重参数化技巧和小批量随机梯度下降进行学习. 变分方法引入的识别模型与原有的条件似然函数, 对应了自编码器结构, 又可解释为概率编码器和概率解码器, 而损失函数可解释为参数正则项和重构损失的组合.

GAN 是深度学习领域最重要的生成模型之一, GAN 对深度学习的贡献可从生成 (G)、对抗 (A) 和网络 (N) 出发. 本章主要探讨了经典的生成式对抗网络 GAN 的原理、学习过程以及算法实现. GAN 可以生成与真实数据相似的新数据, 具有广泛的应用前景, 包括图像合成、图像编辑、风格迁移、图像超分辨率以及图像转换, 数据增强等 [11-13]. 然而 GAN 的训练过程呈现不稳定和饱和等问题. GAN 的改进和优化模型有很多, 如 DCGAN、f-GAN、EBGAN、GLS-GAN、WGAN、WGAN-GP 和 LS-GAN, 以及指定类别来生成的 CGAN, 图像翻译的 Pix2Pix、CycleGAN、StarGAN, 有一定可解释性的生成模型 InfoGAN 和判别器多分类 AC-GAN (Auxiliary Classifier GAN) 等. GAN 在 NLP 和语音领域也取得了比较重要的成果, 如 NLP 领域的 SeqGAN 和 NDG, 语音领域的 WaveGAN 等. 此外, 本章还介绍了 DCGAN 中的卷积和转置卷积的原理和算法实现, 并未具体实现 DCGAN, 读者在理解 DCGAN 原理的基础上, 可通过成熟的框架 PyTorch 来搭建, 进而训练和生成数据.

■ 16.6　参考文献

[1] Foster D. 生成式深度学习 [M]. 马晶慧, 译. 北京: 中国电力出版社, 2023.

[2] Kingma D P, Welling M. Auto-encoding variational Bayes [J]. arXivpreprint arXiv:1312.6114, 2013.

[3] Lucas J, Tucker G, et al. Understanding Posterior Collapse in Generative Latent Variable Models[J]. Published as a workshop paper at ICLR 2019.

[4] 我妻幸长. 写给新手的深度学习 2 [M]. 陈欢, 译. 北京: 中国水利水电大学出版社, 2022.

[5] 李航. 机器学习方法 [M]. 北京: 清华大学出版社, 2022.

[6] Goodfellow I J, Pouget-Abadie J, Mirza M, et al. Generative adversarial nets [J]. arXiv:1406.2661v1, 2014.

[7] Wang Y. A mathematical introduction to generative adversarial nets (gan) [J]. arXiv:2009.00169v1, 2020.

[8] Radford A, Metz L, Chintala S. Unsupervised Representation Learning with Deep Convolutional Generative Adversarial Networks. arXiv:1511.06434v2 [cs.LG], 7 Jan 2016.

[9] Tim S, et al. Improved techniques for training gans [J]. Advances in Neural Information Processing Systems. 2016.

[10] Arjovsky M, Chintala S, Léon Bottou. Towards principled methods for training gener-

ative adversarial networks [J]. arXiv:1701.04862, 2017.

[11] Arjovsky M, Chintala S, Bottou L. Wasserstein GAN [J]. arXiv:1701.07875, 2017.

[12] Dumoulin V, Visin F. A guide to convolution arithmetic for deep learning [J]. arXiv:1603. 07285v2, 2018.

[13] 瓦西列夫. Python 深度学习: 模型、方法与实现 [M]. 冀振燕, 赵子涵, 等译. 北京: 机械工业出版社, 2021.